W0370050

Steinbachs

Großer Tier- und Pflanzenführer

Heiko Bellmann, Xaver Finkenzeller
Helmut und Renate Grünert, Uwe Hartmann
Klaus Janke, Bruno P. Kremer, Anne Puchta
Klaus Richarz

2110 Farbfotos
620 Zeichnungen

Ulmer

Inhalt

Zum Buch

Naturerleben steht seit Jahrzehnten ganz weit oben in der Rangliste der beliebtesten Freizeitbeschäftigungen. Natur richtig und intensiv zu erleben, kann bedeuten, dem leisen Säuseln des Windes in den Baumkronen eines Laubwaldes zuzuhören, sich am Gesang der Vögel zu erfreuen oder zu beobachten, wie Bienen und Schmetterlinge im Sommergarten geschäftig von Blüte zu Blüte eilen. Die grüne Kulisse, die uns so wohltuend vom Getöse einer Stadt abschirmt, bietet aber noch viel mehr als nur ein erholsames Kontrasterlebnis zu verlärmten Straßen und hektischer Betriebsamkeit – sie zeigt nämlich auch eine fast unglaubliche Vielfalt. Eine Wiese besteht eben nicht nur aus monoton grünen Halmen, sondern kann erstaunlich bunt und artenreich sein. Solche Fülle wahrzunehmen und eventuell sogar beim Namen nennen zu können, muss man allerdings ein wenig trainieren. Außerdem – das hat schon Johann Wolfgang von Goethe zu Recht betont: Man sieht nur das, was man weiß bzw. benennen kann.

Dieses Buch unternimmt einen umfassenden Streifzug durch die heimische Natur und stellt mehr als 1700 Arten vor. Ein Buch dieses Zuschnitts kann natürlich nicht vollständig sein und den gesamten Artenbestand behandeln. Daher bietet die hier zusammengeführte Auswahl einen repräsentativen Querschnitt der in Mitteleuropa von den Alpen bis zu den Küsten vorkommenden Arten und zeigt deren häufigste, wichtigste bzw. schönste Vertreter. Fallweise sind auch Arten darunter, die erst während der letzten Jahrzehnte aus anderen Kontinenten eingeschleppt wurden und sich heute in Mitteleuropa wie angestammte heimische Formen verhalten. Fauna und Flora sind dynamische Größen – und das nicht erst seit der Globalisierung der Verkehrs- und Handelsrouten.

Die Spanne der vorgestellten Lebensformen und Bauplantypen ist beachtlich: Sie reicht bei den Tieren von den Vögeln und Säugetieren bis zu so seltsamen Tiergestalten wie Medusen, Polypen und Schwämmen. Bei den Pflanzen beginnt der Bogen mit den Nadel- und Laubbäumen, schließt die Sträucher, Wildblumen, Gräser und Farne ein und endet mit den vergleichsweise winzigen Moosen. Schließlich geht der Blick auch noch zu den eigenartigen Pilzen und Flechten, die weder zu den Pflanzen noch zu den Tieren gehören.

Die heimische Tierwelt

Die heimischen Vertreter der Wirbeltiere sind in ihrer Formenvielfalt durchaus noch überschaubar. Dagegen ist das Heer der Wirbellosen so groß, dass deren genaue Kenntnis nur wenigen Spezialisten vorbehalten bleibt. Um eine Ordnung in die weltweit in die Millionen gehende Artenzahl an Tieren zu bringen, werden diese, wie die Pflanzen auch, nach ihren verwandtschaftlichen Beziehungen in einem „natürlichen System" sortiert. Miteinander verwandte Formen weisen nicht nur ähnliche Baumerkmale auf, sondern sind auch durch Gemeinsamkeiten ihrer Abstammung miteinander verbunden. So gliedert man das Tierreich gegenwärtig in 30 Stämme als übergeordnete Einheiten. An den äußeren Enden der Zweige dieses vielästigen Stammbaumes befinden sich die einzelnen Tierarten. Zwischen den Stämmen als Ausgangspunkten und den Arten als Endpunkten werden in absteigender Reihenfolge die Gruppierungsebenen Klasse, Ordnung, Familie und Gattung verwendet.

Säugetiere – zu Hause in allen Elementen

In der Entwicklungsgeschichte des Wirbeltier-Stammes bilden Säugetiere die jüngste Klasse. Bei wahrscheinlich mehreren Millionen Tierarten auf der Erde nehmen sich die weltweit rund 4680 Säugetierarten eher bescheiden aus. Dennoch ist ihre im Zeitalter der Trias vor 225 bis 195 Millionen Jahren begonnene Entwicklung eine echte Erfolgsgeschichte, die zur Eroberung fast aller Lebensräume führte. Dies verdanken die Säugetiere ihrer Fähigkeit, eine gleichbleibende, von der Außentemperatur unabhängige Körpertemperatur zu bewahren. Dank ihres dauerwarmen Blutes und ihres schützenden Haarkleides erschlossen sich den Säugern nicht nur die gemäßigten und kühlen Klimazonen. Vielen Arten gelang auch die Eroberung der Meere, der Nacht und der Luft. Als weiterer exklusiver Vorteil stellte sich das Heranwachsen des Keimes im Mutterleib und die Versorgung der Jungen nach der Geburt mit einem Drüsensekret (Milch) heraus. Die zunächst ernährungsbedingte Abhängigkeit jedes Säugetiers von seiner Mutter bedeutet ein starkes Band, das es vor allem den entwicklungsgeschichtlich jüngeren und komplexer organisierten Arten (z. B. Affen und Menschen) ermöglicht, über die biologisch bedingte enge Mutter-Kind-Beziehung hinaus wichtige, nicht als Erbgut voll ausgebildete Fähigkeiten sowie erworbene Erfahrungen an den Nachwuchs weiterzureichen.

Rekorde in jeder Richtung

Säugetiere zeichnen sich sowohl durch eine breite Formen- und Funktionsvielfalt als auch durch ihre enorme Flexibilität aus. Offensichtlich können es sich nur Säugetiere „leisten", zwischen knapp 2 g leicht zu bleiben (Thailändische Hummelfledermaus, europäische Etruskerspitzmaus) oder bis zu 130 Tonnen schwer zu werden (Blauwal). Mit diesem gewaltigen Gewicht, 100 Millionen Mal so schwer wie die kleinsten Säugetiere, und einer Länge bis zu 35 m ist der Blauwal das größte jemals auf der Erde existierende Tier.

Unsere derzeit lebenden Säugetiere lassen sich in etwa 1100 Gattungen, 139 Familien, 28 Ordnungen und zwei Unterklassen unterteilen. Letztere markieren die vor 20 Millionen Jahren erfolgte Trennung zwischen Eier legenden Säugetieren (mit den Schnabeligeln und dem Schnabeltier) und den lebend gebärenden Säugetieren. In Europa kommen etwa 190 Säugetierarten in zehn Ordnungen vor.

Vom Grundbauplan der ursprünglich vierfüßigen Tiere mit fünf Fingern oder Zehen haben sich Meeressäuger (Wale, Robben) sowie Fledertiere durch Anpassungen ihrer Extremitäten an das Leben im Wasser (Flossen) und in der Luft (Vorderextremitäten zu Flügeln) am weitesten entfernt. Die schon vor 80 Millionen Jahren in der Oberen Kreidezeit belegte Ordnung der Herrentiere (Primaten) zeigt die fortschrittlichste Gehirnentwicklung aller Säuger. Ihr Leben im dreidimensionalen Raum der Baumkronen hat die Entwicklung aller Primatenarten entscheidend geprägt. So das binokulare, räumliche Sehen und das Greifen der Hände, das den Menschenaffen und uns Menschen ein „Begreifen" erst ermöglichte.

Vögel – aus Schuppen wurden Federn

Die Geschichte der Vögel begann vor etwa 150 Millionen Jahren. Damals in der Kreidezeit entwickelten einige Reptilien aus ihren Hautschuppen ein Federkleid, um sich schließlich als Vögel in die Lüfte zu erheben. Die Ergebnisse dieser wohl komplexesten Hautbildung im Tierreich können wir heute bei fast 10 000 Arten in nahezu allen Regionen der Erde bestaunen.

Von Kolibris und Straußen

Anders als bei den Land- und Meeressäugern zwingen die physikalischen Gesetze des Fliegens – wie das Verhältnis zwischen Energieaufwand, Belastbarkeit des Knochenapparates und der zu bewegenden Last – den zweibeinigen Vögeln im Körperbau viel engere Grenzen auf. Immerhin, die Spanne reicht von der knapp 1,9 g leichten und inklusive Schnabel 5 bis 6 cm winzigen Bienenelfe (Kolibriart) bis zum Königsalbatros mit seinen knapp 3,50 m Flügelspannweite. Schwergewichtler unter den Fliegern

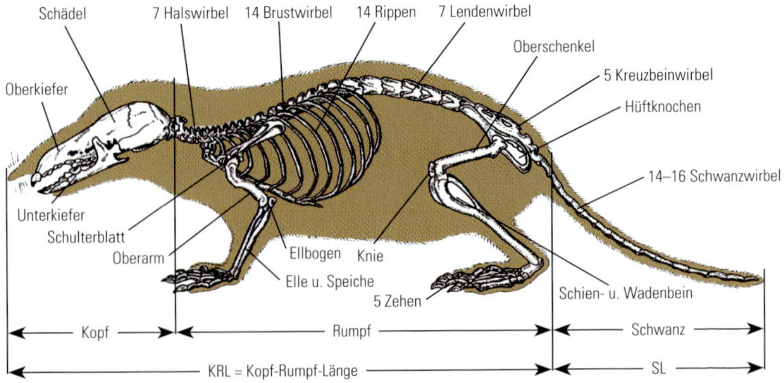

Körper- und Skelettteile eines Säugetiers am Beispiel der Waldspitzmaus

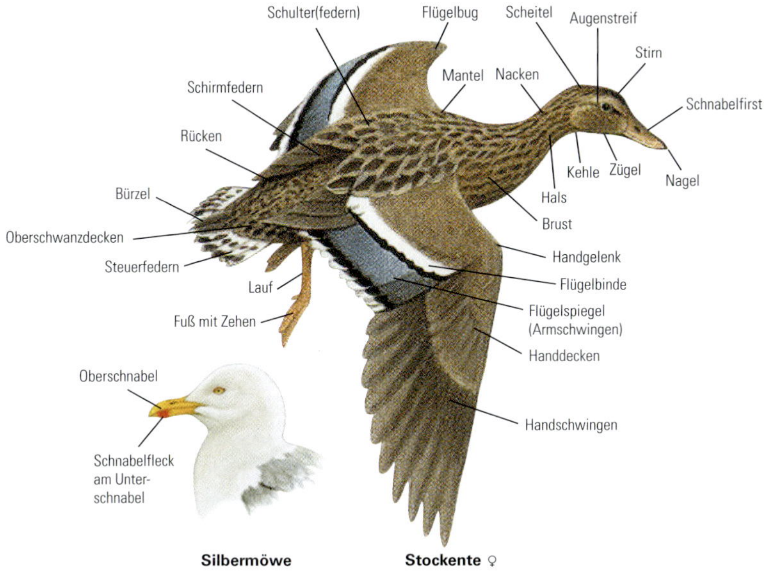

Körperteile, Gefieder und Kennzeichen eines Vogels am Beispiel der Stockente und Silbermöwe

sind Schwäne und Trappen mit bis zu 20 kg Körpergewicht. Unter den flugunfähigen Landvögeln ist der Afrikanische Strauß mit 165 kg Gewicht und bis zu 2,75 m Scheitelhöhe der lebende Rekordhalter.

Gemeinsamkeiten und Unterschiede

Während sich die Vögel im Grundbauplan ziemlich ähnlich sind, bieten ihre sehr unterschiedlichen Flügel, Beine, Hälse und Schnäbel recht sichere Erkennungsmerkmale für ihre Anpassungen an unterschiedlichste Lebensräume und Ernährungsweisen. Selbst das Ei verlassen junge Vögel höchst unterschiedlich. Während Nesthocker beim Schlüpfen blind, fast nackt und auf die elterliche Fürsorge angewiesen sind, schlüpfen Nestflüchter schon weit entwickelt mit voll funktionsfähigen Sinnesorganen. Ein dichtes Dunenkleid schützt sie zudem vor Auskühlung. Oft verlassen Nestflüchter schon am ersten Tag unter Führung und Bewachung mindestens eines Elternteiles ihr Nest und müssen ihre Nahrung selber finden.

Wanderer zwischen den Welten

Auf die gravierenden Änderungen ihrer Lebensbedingungen im Wechsel der Jahreszeiten reagieren viele Vögel mit Wanderbewegungen in Gegenden mit günstigeren Nahrungssituationen. Dabei entwickelten die Arten unterschiedliche Zugtraditionen und Steuerungsmechanismen. Den Zugvögeln dienen zur Orientierung Sonnenstand, Sternenhimmel, das Magnetfeld der Erde und charakteristische Landmarken, wobei sie oft gleichzeitig oder abwechselnd mehrere Systeme nutzen. Allein von Eurasien nach Afrika sind heute jährlich etwa 200

Vogelarten mit über fünf Milliarden Individuen als Wanderer zwischen den Welten unterwegs.

Amphibien und Reptilien – sie kamen aus dem Meer

Vor 360 Millionen Jahren verließen die Vorfahren der heutigen Amphibien und Reptilien das Meer, um sich dem Landleben zu stellen. Amphibien repräsentieren dabei die ursprünglichste Klasse der Landwirbeltiere. Als Abkömmlinge der Fische ist für die meisten das Wasser immer noch ein Lebenselement. Bis auf die extremitätenlose Ordnung der Blindwühlen haben die beiden anderen Ordnungen der Amphibienklasse, die Schwanzlurche (Salamander und Molche) und Froschlurche (Kröten und Frösche) in der Regel vierfingrige Hände und fünfzehige Füße. Während bei den Schwanzlurchen die Befruchtung der Eizelle im Mutterleib als innere Befruchtung stattfindet, geben Froschlurchmännchen ihren Samen über die frisch abgelegten Eier im Gewässer ab.

Die Amphibienlarven (Kaulquappen) atmen nach dem Schlüpfen zusätzlich zur Hautatmung durch Kiemen, um dann nach ihrer Verwandlung (Metamorphose) zu lungen- und hautatmenden Schwanz- und Froschlurchen zu werden. Obwohl auch die ursprünglichen Schwanzlurche Laute erzeugen, sind erst die Froschlurche mit ihren Stimmbändern und Schallblasen richtig stimmgewaltig.

Wie die Amphibien hängen auch die Reptilien (Kriechtiere) – Eidechsen, Schlangen und Schildkröten – als wechselwarme Tiere von ihrer Umgebungstemperatur ab. Im Gegensatz zu den Amphibien ist ihre Haut nicht feucht, sondern durch Hornschuppen oder -schilder geschützt. Damit sind die Reptilien bestens an das Landleben angepasst. Auch für die Fortpflanzung sind sie nicht mehr ans Wasser gebunden. Ihre Embryonalentwicklung geschieht in dotterreichen Eiern, die an Land abgelegt und vergraben oder bis zum Schlüpfen der Jungen im mütterlichen Körper getragen werden.

Fische – Sammelbegriff für drei Klassen

Sie sind die erdgeschichtlich ältesten Wirbeltiere und brachten in ihrer rund 400 Millionen Jahre langen Entwicklungsgeschichte etwa so viele Arten hervor wie alle anderen Wirbeltierklassen zusammen. Die echten Fische stammen von der Wirbeltier-Überklasse der Kieferlosen (Agnatha) ab, von denen sich heute noch als Nachfahren die Neunaugen durch Flüsse und Meere schlängeln. Neben dieser Klasse der kieferlosen Rundmäuler zählen noch die Klasse der Knorpelfische (Haie und Rochen) sowie die artenreichste Klasse der Knochenfische zu den Fischen. Trotz ihres Formenreichtums folgen Fische einem recht einheitlichen Bauplan mit Kopf, Rumpf und Schwanz als Achse für paarige und unpaarige Flossen. Völlig aus dieser Reihe tanzen dabei die Seepferdchen.

Körperform und Flossen verraten viel über Lebensraum und Lebensweise eines Fischs. So ist der Hecht mit seinem torpedoförmigen Körper und weit nach hinten verlagerten Flossen ein pfeilschneller Überraschungsjäger. Die Flunder als typischer Bodenfisch passt sich in Form und Farbe so geschickt dem Untergrund an, dass sie sowohl von ihren Beutetieren als auch von ihren Feinden leicht übersehen wird.

Körperteile eines Knochenfischs am Beispiel des Zanders

Im Wasser atmen, mit der Seite spüren

Mithilfe ihres Kiemenapparates nehmen Fische im Wasser gelösten Sauerstoff auf. Obwohl das Auge bei den meisten Arten für die Nahrungssuche und Orientierung eine wichtige Rolle spielt, hilft ihnen ein Seitenlinienorgan, Bewegungen und Hindernisse auch im Trüben wahrzunehmen. In flachen, vom Kopf bis zum Schwanz reichenden Rinnen erfassen bewegungsempfindliche Sinneszellen die Richtung und Stärke von Druckwellen ihrer Umgebung. Darin liegt auch das Geheimnis, wie sich Fische sicher und synchron im Schwarm bewegen können.

Stachelhäuter – gepanzerte Meeresbewohner

In früheren Erdzeitaltern traten Stachelhäuter sehr viel artenreicher auf als die heutigen Vertreter der Seelilien, Seesterne, Schlangensterne, Seeigel und Seegurken. Allen gemeinsam ist, dass sie im Meer leben und sich von allen anderen höher entwickelten Tieren mit zweiseitiger (bilateraler) Symmetrie durch ihre fünfstrahlige Körperform unterscheiden. Dicht unterhalb ihrer Haut bilden Stachelhäuter ein inneres Skelett (Endoskelett) in Form einer Panzerung aus Kalkplatten aus, wobei die Kalkplatten miteinander verwachsen oder frei beweglich sein können. An den Panzerplatten sitzen häufig noch die namensgebenden Stacheln, die bei den Seeigeln auf einem Kugelgelenk befestigt und so frei beweglich sind. Mit ihren Saugfüßchen, die in Lochreihen aus den Kalkplatten heraustreten und sich synchron bewegen, können sich die Stachelhäuter am Untergrund festhalten oder erbeutete Muscheln öffnen.

Insekten – das artenreichste Heer

Zusammen mit den Spinnentieren und Tausendfüßern zählen Insekten zum Stamm der Gliederfüßer. Weltweit sind rund eine Million Insektenarten beschrieben, und fast täglich kommen zu dieser bei weitem artenreichsten Tierklasse neu entdeckte Vertreter hinzu. Vor allem in den Tropen verbergen sich wohl noch so viele Arten, dass man die tatsächliche Artenzahl an Insekten in der riesigen Schwankungsbreite

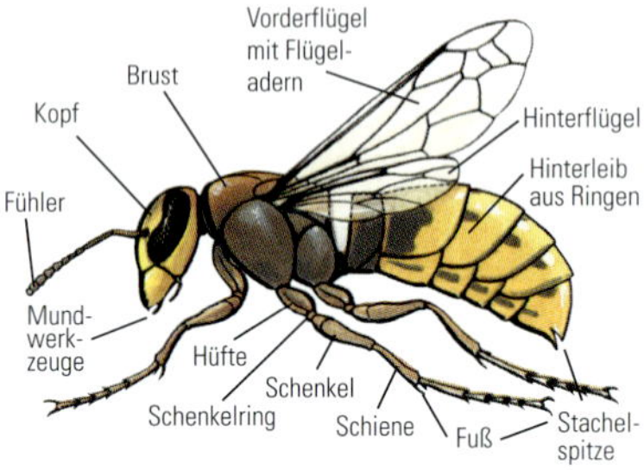

Körperteile eines Insekts am Beispiel der Hornisse

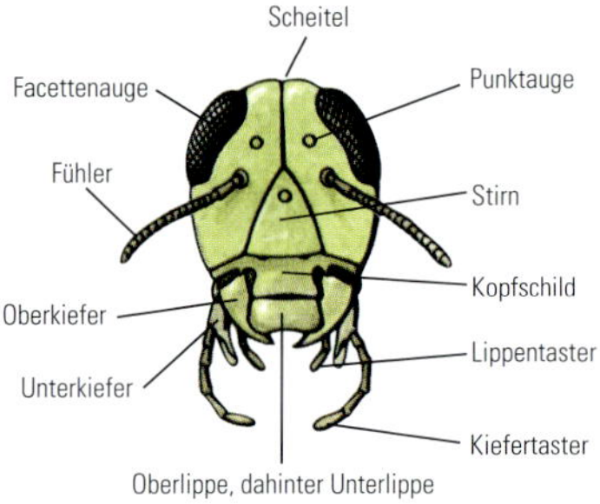

Kopfmerkmale eines Insekts am Beispiel des Heupferds (Heuschrecke)

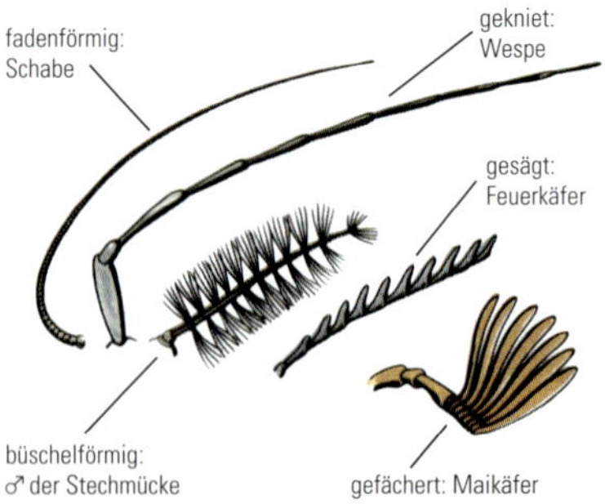

Antennenformen verschiedener Insekten

von 2 bis 20 Millionen Arten schätzt. Allein bei uns leben 30 000 Insektenarten, die sich in 30 Ordnungen gliedern lassen. Allen gemeinsam ist, dass ihr Körper in die drei Abschnitte Kopf, Brust (Thorax) und Hinterleib (Abdomen) gegliedert ist. Auffälligstes Merkmal aller Gliederfüßer ist eine feste äußere Körperhülle, die als „Außenskelett" aus Segmenten (Ringen) und Halbringen besteht und über dehnbare Häute elastisch miteinander verbunden ist. Vom Grundbauplan der Insekten weichen die einzelnen Gruppen und Arten je nach Lebens- und Ernährungsweise erheblich ab. Laufen, Fliegen, Springen, Schwimmen und Tauchen gehören zum Insekten-Repertoire.

Schubweise Wachsen und Wandeln

Das recht starre Außenskelett setzt dem Wachstum ihres Trägers enge Grenzen. Wenn die Dehnfähigkeit der Häute zwischen den Segmenten erreicht ist, wird die gesamte Körperhülle gehäutet. An ihre Stelle tritt eine neue, größere. Im Laufe ihres Lebens häuten sich Insekten arttypisch fünf bis fünfzehn Mal. Die Häutungen dienen sowohl dem schubweisen Wachstum wie auch einem mehr oder weniger deutlichen Gestaltwandel.

Einige Insekten, wie beispielsweise die Heuschrecken und die Zikaden, entwickeln sich so nach und nach zu ihrer endgültigen Form. Man nennt sie Hemimetabola, Insekten mit unvollkommener Verwandlung. Bei anderen, wie den Schmetterlingen oder Käfern, schlüpft aus dem Ei eine gefräßige Larve (Raupe), die sich nach mehreren Häutungen verpuppt, bis schließlich aus der Puppenhülle ein Geschlechtstier (der Schmetterling oder Käfer) entsteigt. Wegen dieser vollkommenen Verwandlung heißen sie Holometabola.

Tausendfüßer, Spinnen- und Krebstiere

Sie bilden drei weitere, stets ungeflügelte Gruppen des Gliederfüßer-Stammes. Mit weltweit etwa 100 000 Arten sind sie deutlich weniger artenreich als die Insekten. Gemeinsam haben sie mit diesen das äußere Chitinskelett.

Die Zahl der Beinpaare der Tausendfüßer ist zwar beachtlich, aber deutlich weniger als tausend. Tausendfüßer ist der veraltete Name für eine Tiergruppe, die man heute in vier Klassen einteilt: Hundert-, Doppelt-, Zwerg- und Wenigfüßer. Während Hundertfüßer schnelle Jäger mit Giftklauen sind, bewegen sich Doppelfüßer eher langsam und ernähren sich vorzugsweise von abgestorbenen Pflanzenteilen. Letztere tragen als namensgebende Besonderheit an jedem Segmentring zwei Beinpaare.

Neben der bekannten Ordnung der Spinnen gehören zu der Klasse der Spinnentiere unter anderem noch Skorpione, Pseudoskorpione, Weberknechte und Milben. Im Unterschied zu allen anderen Gliederfüßern fehlen den Spinnentieren Fühler. Anders als bei den dreigeteilten Insekten setzt sich ein Spinnenkörper aus zwei Abschnitten, dem Vorder- und Hinterleib, zusammen.

Zum Beutefang „weben" viele Spinnen arttypische Netze. Bei Arten, die keine Fangnetze bauen, etwa den Springspinnen, sind einige der bis zu vier Augenpaare stark vergrößert.

Spinnen töten ihre Beute durch Gift aus ihren Giftklauen. Mit dem aus der Mundöffnung ausgeschiedenen Verdauungssekret werden die Innereien der Beute zur breiigen Mahlzeit, die bis auf deren Hülle aufgesogen wird. Den Weberknechten fehlen

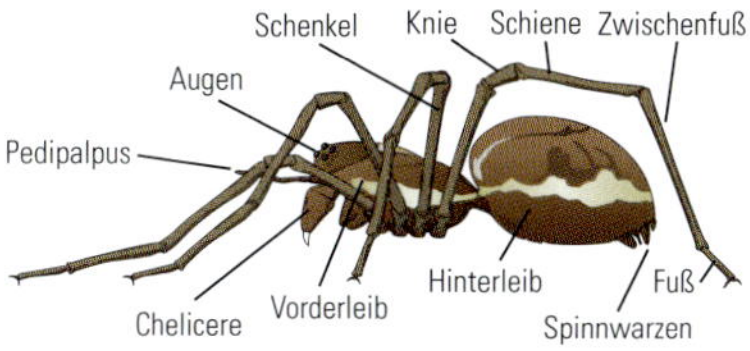

Körperteile einer Spinne am Beispiel der Jagdspinne

die Giftdrüsen. Sie töten ihre Beute durch Kaubewegungen und Verdauungssekret. Milben bohren je nach Art Pflanzen oder Tiere mit ihren stechenden Mundwerkzeugen an.

Krebse schließlich unterscheiden sich von den anderen Gliedertieren durch ihre zwei Paar Fühler. Sie leben von Mikroorganismen (beispielsweise die Wasserflöhe), Pflanzensubstanz (Asseln) oder von Pflanzen und Tieren, einschließlich eigener Artgenossen.

Unter den Krebstieren gibt es Riesen und Zwerge. Während Wasserflöhe und Bachflohkrebse nur wenige Millimeter groß sind, hält die Japanische Riesenkrabbe mit einer Körperlänge von bis zu 45 cm und einer maximalen Beinspannweite von 3,69 m den Größenrekord. Gewichtsmäßig wird sie noch vom Amerikanischen Hummer übertroffen, von dem ein Rekordexemplar 20,14 kg auf die Waage brachte.

Während die meisten Krebstiere im Wasser leben, ist der Palmendieb als Bewohner tropischer Inseln und Atolle im Pazifik und Indischen Ozean ein reiner Landbewohner und mit bis zu 1 m Beinspannweite und gut 4 kg Gewicht zugleich das größte an Land lebende Krustentier. Bei uns jedermann bekannte landlebende Krebse sind die Asseln, beispielsweise die Kellerassel.

Weichtiere – mehr als Sammlerstücke

Schnecken und Muscheln kennt man vor allem als reizvolle Sammlerstücke. Zusammen mit den Tintenfischen bilden diese den Stamm der Weichtiere (Mollusca), mit etwa 130 000 Arten weltweit der zweit artenreichste Tierstamm. Ihr Gehäuse dient als Schutz für den weichen, durch kein inneres Skelett gestützten Körper. Die vorwiegend aus kohlensaurem Kalk bestehende Schale ist in der Regel bei Schnecken einteilig, bei Muscheln immer zweiklappig und wird von einer Hautfalte, dem Mantel, ausgeschieden. Tintenfische haben eine äußere (Nautilus), eine innere (Sepia) oder gar keine Schale.

Die Lichtsinnesorgane der Mollusken reichen von unter der Haut liegenden, einfachen Sinneszellen bis hin zu den mit unseren Linsenaugen vergleichbaren, hochentwickelten Augen der Tintenfische.

Würmer sind nicht gleich Würmer

Die Gruppe der „Würmer" bildet keinen engen Verwandtschaftskreis wie die anderen Tiergruppen. Ihr Bauplan als langgestreckter, schmaler Organismus mit mehr oder weniger strukturiertem Vorder- und Hinterende entwickelte sich im Laufe der Evolution mehrfach und unabhängig voneinander.

Ringelwürmer (Borsten- und Gürtelwürmer) sind nach innen und außen deutlich segmentiert. Nur Nerven, Blutgefäße und Darm durchziehen in Längsrichtung den ganzen Wurmkörper. Sie sind erstaunlich formenreich: Man vergleiche nur einmal den bekannten Regenwurm mit dem im Meer lebenden Dreikant-Röhrenwurm.

Hohltiere und Schwämme

Die seit dem Kambrium vor 530 Millionen Jahren bekannten Schwämme stellen die ursprünglichste Gruppe aller mehrzelligen Tiere dar. Sie stammen aus dem Meer, das auch heute noch ihr Hauptverbreitungsgebiet ist.

Im Gegensatz zu allen anderen mehrzelligen Tieren entwickeln Schwämme kein Zellgewebe und demzufolge auch keine inneren Organe für spezielle Aufgaben. Nach der Beschaffenheit der filigranen Skelette, die den Schwammkörper tragen, werden Kalk- und Kieselschwämme unterschieden.

Damit die Spermien der festsitzenden, getrenntgeschlechtlichen Tiere zu den Weibchen kommen, verlassen sie mit dem Wasserstrom des inneren Kanalsystems den männlichen Schwamm, werden von Kragengeißelzellen im Weibchen erkannt und von diesen zwecks Befruchtung zu den Eiern transportiert. Als kleine Wimpernlarven verlässt der Nachwuchs den weiblichen Schwamm, um nach einer Phase des Herumkriechens am Boden schließlich zum Schwamm zu werden, der sich auch ungeschlechtlich (vegetativ) fortpflanzen kann.

Im Gegensatz zu den Schwämmen besitzen die Hohltiere schon ein echtes Körpergewebe, das spezielle Funktionen übernommen hat. Neben den ziemlich standorttreuen Polypen, die oft in ganzen Kolonien (beispielsweise in Form von Korallen) leben, gibt es unter den Hohltieren frei schwebende, solitäre Medusen (Quallen). Die zwei großen Hohltiergruppen lassen sich in Nesseltiere mit den Nesselkapselzellen als besonderen Wehrorganen und Rippenquallen unterscheiden.

Die heimische Pflanzenwelt

Die Artenausstattung der heimischen Lebensräume mit Pflanzen überrascht mit einer beachtlichen Typenfülle jeglicher Größenordnung: Bis in die mikroskopische Dimension reichen die Mikroalgen. Meist deutlich größer, aber oft kaum wahrgenommen sind die Moose, die ersten Besiedler des Festlandes, in Mitteleuropa mit rund 1300 (von weltweit ca. 21 000) Arten vertreten. Die Farne kommen in Mitteleuropa mit nur 77 Arten vor, weltweit sind es immerhin rund 12 000.

Alle diese Verwandtschaftsgruppen setzt man begrifflich von den Blüten- bzw. Samenpflanzen ab, die heute im Wesentlichen die Festlandsvegetation prägen. In Mitteleuropa kann man wildwachsend knapp 4000 verschiedene Arten erleben, weltweit sind es annähernd 240 000. Diese Pflanzentypen weisen als gemeinsames Merkmal die Fortpflanzung über Samen auf, die nach Bestäubung und Befruchtung aus den Samenanlagen in den Blüten hervorgehen. Blütenpflanzen (und ebenso die Farne) stellen gleichzeitig Gefäßpflanzen dar. Alle diese Pflanzen bestehen aus einem Vegetationskörper mit den drei Grundorganen Wurzel, Sprossachse (Stängel) und Blatt. Dieser einfache Generalbauplan hat bei den verschiedenen Arten allerdings die unterschiedlichsten Abwandlungen erfahren. Allein die grünen Blätter sind in ihrer Aus-

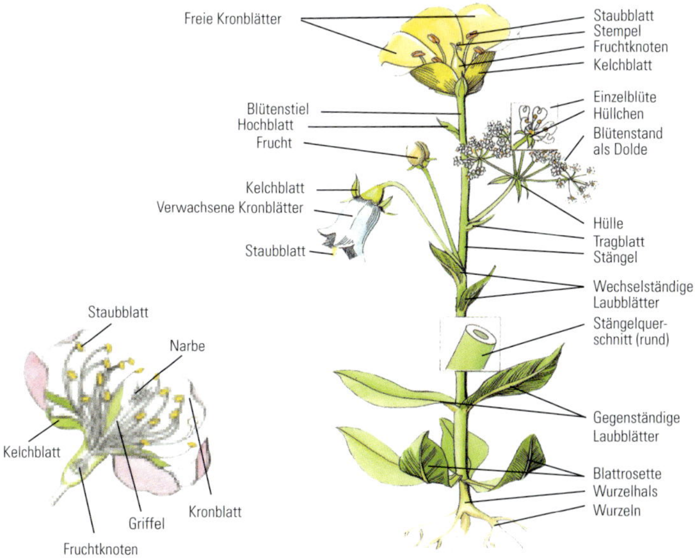

Bau und Organe einer krautigen Blütenpflanze

gestaltung so typenreich, dass man sie als „Personalausweise" der Arten betrachten und als Bestimmungshilfe verwenden kann.

Blüten und Blumen

Obwohl eine Blüte völlig anders aussieht als die beblätterten Abschnitte der Sprossachse, besteht sie nur aus umgewandelten und ihrem jeweiligen Spezialauftrag angepassten Blättern. Entsprechend unterscheidet man bei den Blütenblättern von außen nach innen (bzw. unten nach oben) Kelch-, Kron-, Staub- und Fruchtblätter. Blüten stehen am Ende von Sprossachsen oder deren Seitenzweigen. Sie entwickeln sich erst, wenn eine Pflanze ihre Grundmasse aus Wurzeln und Stängeln erreicht hat. Anzahl und genauere Form der Blütenbauteile sind wichtige Hilfen zum Unterscheiden der einzelnen Arten.

Blüten sind also buchstäblich ein Höhepunkt im Leben der Pflanzen. Manche fallen allerdings nicht weiter auf: Sie werden vom Wind bestäubt und kommen daher mit einfachsten Formen aus, da sie keine Insekten anlocken müssen. Windblütig sind beispielsweise alle Nadelgehölze, ein großer Teil der waldbildenden Laubbäume (Birken, Buchen, Eichen) sowie die Gräser, aber auch viele Wegerich-Arten und die Brennnesseln.

Die meisten Blütenpflanzen setzen für ihre Fortpflanzung und Verbreitung jedoch auf tierische Mithilfe – ihre Blüten müssen dann z. B. Insekten für die Bestäubung anlocken. Eine Blüte wirbt aber nicht nur als Farbklecks mit Fernwirkung, sondern bietet ein Servicepaket mit Orientierungsplan und hochwertiger Nahrung, außerdem Landehilfen für die Fluginsekten. Hilfreich ist dabei das Prinzip Zielscheibe – der Farbkontrast zwischen Blütenzentrum und -rand. Nahezu alle von Insekten bestäubten Blüten färben ihre Blütenmitte entweder heller oder dunkler als die umgebenden Randbereiche der Blütenkrone und signalisieren den Tieren damit, wo genau sie nach Nektar und Pollen zu suchen haben. Linienmuster, die auf das Blütenzentrum zulaufen, verstärken diese Wirkung.

Vom Baum zum Kraut

Aus praktischen Gründen teilt man die Blütenpflanzen nach ihrer jeweiligen Lebensform in Bäume, Strauchgehölze, Kräuter und Gräser ein. Kräuter und Gräser bleiben in allen Teilen unverholzt. Bei Sträuchern und Bäumen sind die Wurzeln und Sprossachsen dagegen verholzt und deswegen dauerhafter. Den Unterschied zwischen einem Strauch und einem Baum legt die jeweilige Verzweigungstechnik fest: Sträucher sind immer mehrstämmig und verzweigen sich unmittelbar über dem Boden, während ein Baum seine Krone auf einem zunächst unverzweigten Einzelstamm trägt.

Bäume – erfolgreiche Riesen

Seit fast 350 Millionen Jahren wachsen auf der Erde baumförmige Pflanzen – ein offenbar erfolgreiches Gestaltungsprinzip. Der Erfolg lässt sich in der natürlichen Pflanzendecke ablesen: Wo die Klimaverhältnisse es zulassen, endet die ungestörte Entwicklung der Vegetation immer mit Gehölzbeständen bzw. Wäldern.

Trotz des relativ hohen Waldanteils (etwa ein Drittel der Bodenfläche) enthält die heimische Baumflora nicht besonders viele Arten. In Mitteleuropa sind von Natur aus nicht einmal drei Dutzend verschiedene Baumarten heimisch (gegenüber mehr als

100 Straucharten). Diese kleine Artenzahl ist eine Folge der letzten Eiszeiten. Nur wenige der ursprünglich heimischen Baumarten konnten vor den Gletscherfronten nach Süden/Südosten ausweichen, weil die ost-westlich verlaufenden Hochgebirge unüberwindbare Barrieren bildeten. In Nordamerika dagegen verlaufen die großen Gebirge in Nord-Süd-Richtung. Daher konnten dort wärmeliebende Baumarten der Klimaverschlechterung wesentlich erfolgreicher ausweichen – so blieb die neuweltliche Baumflora weit artenreicher als diejenige nördlich der Alpen.

Strauchgehölze – Kronen ohne Hauptstamm

Die zweite Pflanzengruppe in diesem Buch stellen die heimischen Sträucher dar. Von den voll verholzten Sträuchern sind die so genannten Halbsträucher zu unterscheiden – Pflanzen mit fließenden Übergängen zu Kräutern bzw. Stauden. Nur die Basis ihrer meist mehreren Stämmchen und die Hauptäste sind verholzt. Sie überdauern die Wintermonate, verlängern sich in der neuen Vegetationsperiode durch Spitzenwachstum und verholzen erst im zweiten oder dritten Jahr. Viele bewährte Aromapflanzen wie Salbei oder Thymian sind daher keine Gewürz-„Kräuter", aber auch keine richtigen Strauchgehölze, sondern eben Halbsträucher.

Einige Gehölzarten können sich sowohl zur Strauch- als auch zur Baumgestalt entwickeln – etwa der Schwarze Holunder, der meist als Hollerbusch vorkommt, aber ebenso auch Holunderbaum sein kann. Unter besonderen Wuchsbedingungen unterliegen selbst sonst festgelegte Gehölzarten einem markanten Gestaltwandel: Die Rot-Buche, die üblicherweise imposante Baumgestalten aufbaut, wird nahe der klimatischen Baumgrenze im Hochgebirge oder an der natürlichen Verbreitungsgrenze in Nordeuropa zu einem breitkronigen Strauch mit bodenanliegendem Astwerk.

Lebensstil und Wuchsgestalt bedingen sich gegenseitig. Viele Strauchgehölze stehen unter dem Zwang besonderer ökologischer Umweltbedingungen und weichen vom Normalbild eines sommergrünen Mittelstrauchs ab. Beispiele sind die Hartlaubsträucher mit ihren derben, mehrjährigen Blättern oder die Rutensträucher, die sich mit extrem kleinflächigen Blättern an unzuverlässige Wasserversorgung anpassen. Oberhalb der Waldgrenze im Hochgebirge oder in der arktischen Tundra kommen ungewöhnlich kleinwüchsige Weiden-Arten wie Netz- und Kraut-Weide vor. Von diesen Gehölzen sind oft nur die streichholzlangen Endabschnitte der Stämmchen oder Äste zu sehen, soweit sie aus dem Boden ragen. Man bezeichnet diese Arten als Spaliersträucher.

Kräuter und Gräser – weiche, saftige Stängel

Die Kräuter oder krautigen Pflanzen unterscheiden sich von den Gehölzen dadurch, dass ihre Wurzeln und Stängel unverholzt bleiben. Neben einjährigen Kräutern, die ihre gesamte Entwicklung in einer Saison abschließen, gibt es zahlreiche mehrjährige Formen, die man auch Stauden nennt. Viele davon überwintern mit unterirdischen Organen wie Knollen, Zwiebeln oder Erdsprossen (Rhizomen). Andere überstehen die kalte Jahreszeit mit einer dem Boden anliegenden Blattrosette.

Auch Gräser sind ein- bis mehrjährige Kräuter. Sie unterscheiden sich von den üblichen krautigen Arten lediglich durch

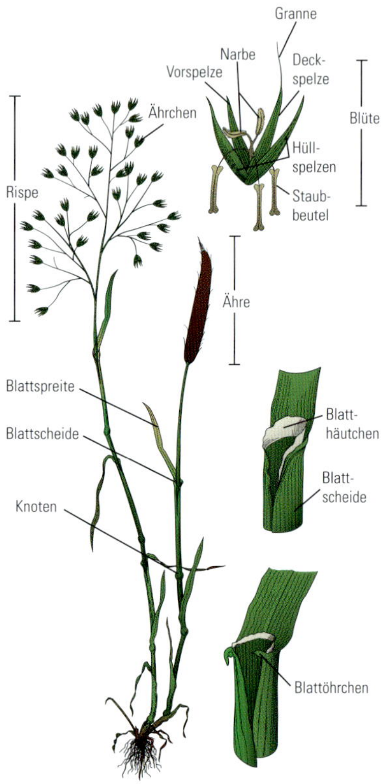

Bau und Organe eines Süßgrases

ihr Erscheinungsbild mit schlanken Halmen und schmalen, streifennervigen Blättern. Außerdem haben sie ihren Blütenbau stark vereinfacht: Die in Ähren oder Rispen gruppierten Grasblüten sind recht unscheinbar. Ihre Blütenhülle besteht fast nur aus schuppigen Spelzen. Dennoch bringen sie in diesem zurückhaltenden Design ästhetisch sehr ansprechende Formen zustande. Hinter der so einheitlich erscheinenden Grastracht stehen recht unterschiedliche Pflanzenfamilien, die nicht einmal besonders nahe miteinander verwandt sind. Ausgedehnte Grasbestände erfüllen in vielen festländischen Lebensräumen als Bodendecker, Erosionsschutz und Futterpflanzen für Herdentiere wichtige ökologische Funktionen.

Farnpflanzen: Bärlappe, Schachtelhalme und Wedelfarne

Die so genannten Niederen Pflanzen spielen in unserer Wahrnehmung eine eher untergeordnete Rolle, obwohl sie für sich betrachtet mindestens so schön wie Blumen und für den Naturhaushalt völlig unentbehrlich sind.

Farne und Moose – Leben in zwei Generationen

Gemeinsam ist den Farnpflanzen ein Fortpflanzungszyklus, bei dem sich jeweils zwei verschieden aussehende Generationen wechselseitig ablösen: Auf eine Generation, die sich geschlechtlich fortpflanzt (Gametophyt) folgt eine mit ungeschlechtlicher Fortpflanzung (Sporophyt). Einige der zugehörigen Entwicklungs- und Funktionsstadien sind sehr klein: Die Gametophyten der Farnpflanzen sind meist deutlich kleiner als ein 1-Cent-Stück. Was man draußen als Bärlapp, Schachtelhalm oder Farnwedel sieht, ist immer die Sporophytengeneration.

Bei den Moosen kehren sich die Größenverhältnisse der beiden Generationen um: Die grüne Moospflanze ist immer der Gametophyt, während der Sporophyt nur aus den darauf sitzenden, hübschen Sporenkapseln besteht. Lebermoose stellen die einfacheren Varianten dar, sie sind oft lappig organisiert, während die Laubmoose eine klare Gliederung in Stämmchen und Blättchen zeigen. Allerdings fehlen auch ihnen voll funktionstüchtige Wurzeln. Obwohl Moose recht klein sind, erweisen sich die Moosteppiche in Wäldern und Heidegebieten als wahre Bodenschätze: Mit ihrer ausgeprägten Wasserspeicherfähigkeit regulieren sie den Wasserhaushalt ganzer Landschaften und helfen auch der übrigen Artengemeinschaft, in Mangelzeiten über die Runden zu kommen.

Pilze und Flechten – ein eigener Weg des Lebens

Pilze überraschen mit vielerlei Merkwürdigkeiten: Pinselschimmel produzieren Antibiotika, Hausschwämme zersetzen das Gebälk, Trüffel verzückt den Feinschmecker und ein Knollenblätterpilz wirkt fast immer tödlich giftig.

Was man üblicherweise als Pilz bezeichnet, ist lediglich der saisonal erscheinende Fruchtkörper, der an Lamellen, in Röhrchen oder an anderen Strukturen Unmengen von Sporen zur Vermehrung und Verbreitung erzeugt. Der eigentliche Pilzorganismus besteht dagegen aus feinen Zellfäden (= Hyphen), die sich zu dickeren Strängen (= Myzel) zusammenschließen. Man sieht sie beispielsweise, wenn man die Rinde eines morschen Baumstamms abhebt.

Während Pilze zunächst in die Zuständigkeit der Botanik fielen, räumt man ihnen heute aus mancherlei Gründen ein eigenes Organismenreich ein. Grüne Pflanzen sind photosynthetisch aktiv und ernähren sich praktisch nur von Licht und Luft. Tiere leben von „Fertignahrung", die sie portionsweise abbeißen und verschlucken. Auch Pilze sind auf organische Stoffe angewiesen. Sie zerlegen sie jedoch außerhalb ihrer Fadengeflechte und nehmen die bis auf Moleküle zerkleinerten Bruchstücke mit ihrer gesamten Oberfläche auf. Drei Wege der Nahrungsbeschaffung stehen ihnen dabei offen: Als Parasiten befallen sie lebende Organismen und saugen sie bis an die Grenze der Lebensfähigkeit aus. Andere Pilze bauen nur organische Totstoffe ab und sind damit wichtige Mitglieder der großen natürlichen Recyclingbetriebe. Einige bodenlebende Pilze verhalten sich sogar räuberisch – sie fangen kleine Fadenwürmer mit ausgelegten Leimruten oder strangulierenden Schlingen.

Eine vierte Gruppe von Pilzen gründet mit pflanzlichen Partnern zum gegenseitigen Nutzen besondere Betriebsgemeinschaften. Beispiele sind die unersetzliche Mykorrhiza (Pilzwurzel) der Waldbäume oder der enge und dauerhafte Zusammenschluss mit Algen in den Flechten. Diese seltsamen Doppelorganismen sehen völlig anders aus als die beteiligten Pilze und Algen allein – sichtbarer Ausdruck für die enge Kooperation, die bis in die Gestaltbildung reicht.

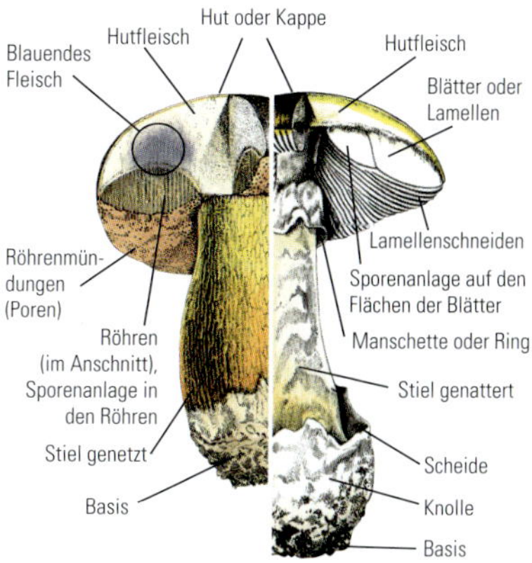

Bau und Organe von Röhren- und Blätterpilzen

Fachbegriffe zu den Tieren

Antennen paarige, aus Gliedmaßen hervorgegangene Anhänge am Kopf von Insekten

Art Gesamtheit der Individuen, die sich auf natürliche Weise untereinander uneingeschränkt fortpflanzen und in allen typischen Merkmalen untereinander und mit ihren Nachkommen übereinstimmen

Barteln Körperanhänge im Mundbereich von Fischen mit Geschmackssinneszellen

Bürzel Federpartie am Anfang der Schwanzoberseite bei Vögeln

Cheliceren erstes Extremitätenpaar am vorderen Körperabschnitt der Spinnentiere, als Schere ausgebildet

cribellat Spinnen mit einem Spinnsieb vor den Spinnwarzen zur Erzeugung von Fäden

Domestikation Haustierwerdung. Züchten von ausgewählten Individuen/Arten/Populationen unter menschlichem Einfluss nach bestimmten Kriterien

Durchzügler Bezeichnung für eine Vogelart, die durch ein Gebiet zieht und zumindest kurzzeitig in diesem Gebiet auch rasten kann, aber dort nicht brütet

Facettenaugen = Komplexaugen: aus mehreren bis vielen länglichen Teilaugen (Ommatidien) halbkugelförmig zusammengesetzt (z. B. bei Insekten)

Fettflosse an der Oberseite zwischen Rücken- und Schwanzflosse sitzende kleine Flosse; kennzeichnend für forellenartige Fische (kommt auch bei Welsen und Salmlern vor)

Friedfisch Fisch, der sich vor allem von wirbellosen Tieren und Pflanzen ernährt

Gattung Kategorie einer systematischen Ordnung der Lebewesen, die zwischen Art und Familie steht. Das erste Wort des lateinischen Namens ist der Gattungname

Gezeitenzone Küstenbereich mit wechselnden Wasserständen (Watt)

Glochidien parasitische Larven der Flussperl- und Flussmuscheln

Imago „ausgewachsenes" Insekt, z. B. der Schmetterling nach den Stadien Raupe (Larve) und Puppe. Subimago = Vorstadium der Imago, das es nur bei den Eintagsfliegen gibt

Jugendkleid erstes komplettes Federkleid bei Vögeln, in dem ein Jungvogel flugfähig wird

Kammschuppen Schuppen mit kleinen Dornen am Hinterrand bei Fischen

Kulturflüchter Sammelbezeichnung für alle Lebewesen, die sich vom Menschen beeinflussten Gebieten (z. B. Kulturlandschaften) nicht, nicht so erfolgreich oder kaum anpassen und sich weitgehend daraus zurückziehen

Kulturfolger Arten, die sich der vom Menschen für Menschen veränderten Umwelt besonders gut anpassen und sich dort besser verbreiten als in naturnahen oder sogar natürlichen Landschaften

Laich Eier von Fischen und Amphibien, mit einer Gallerthülle umgeben

Larven selbstständige, meist freilebende Jugendstadien von Fischen, Insekten und Amphibien mit wesentlich anderer Organisation und Lebensweise als die der geschlechtsreifen Tiere

Mantelbucht Vertiefung auf der Innenseite der Mantelklappe von Muscheln, in die die Kiemen und Ausführungsgänge von Nieren, After und Geschlechtsdrüsen hineinragen

Mauser periodischer Wechsel des Federkleides bei Vögeln

Metamorphose „Verwandlung" der Insektenlarve über das Puppenstadium zum fertigen Insekt (Imago)

Nominatform namensgebende Form einer Art

Nymphe Jugendstadium von Insekten, bei dem die Larven den erwachsenen Tieren in der Struktur weitgehend ähneln, jedoch noch ungeflügelt und sexuell nicht ausgereift sind (z. B. bei Heuschrecken)

Parasit Tierart, die einen Wirt als Nahrungsquelle, Biotop oder zur Jungenaufzucht nutzt

Plankton schwebende oder nur langsam bewegliche, passiv mitgeführte Organismen in Gewässern; Zooplankton: kleine Tiere; Phytoplankton: pflanzliche Organsimen

Population Gesamtheit der Individuen einer Art mit gemeinsamen genetischen Gruppenmerkmalen innerhalb eines bestimmten Raumes

Prachtkleid besonders prächtiges Federkleid, das einige Vogelarten zur Paarungszeit tragen (vgl. Schlichtkleid)

Puppe Zwischenstadium bei zahlreichen Insekten, bei dem in äußerer Ruhe innerlich große Umbauprozesse zur Ausbildung des fertigen Geschlechtstieres (Imago) stattfinden

Raubfisch Fisch, der sich v. a. von anderen Fischen ernährt

Rundschuppen Schuppen mit glattem Hinterrand bei Fischen

Schlichtkleid weniger prächtiges Federkleid, das einige Vogelarten außerhalb der Paarungszeit tragen (vgl. Prachtkleid)

Schloss eine einfache oder gezähnte Leiste, durch die bei den Muscheln die beiden Schalenklappen gelenkig miteinander verbunden sind

Seitenlinie Organ am Fischkörper zur Wahrnehmung von Strömungen und Änderungen des Wasserdruckes

Sipho/Siphonalrinne vom Mantel geformte Röhre bei Mollusken, die dem Wassertransport dient. Bei Vorderkiemerschnecken oft als mehr oder weniger langer Fortsatz zur Einleitung des Atemwassers ausgebildet; bei Muscheln zwei Öffnungen am Hinterende (Atem- u. Aftersipho)

Sommerruhe lethargische Ruhephase im Sommer

Standvogel Sammelbezeichnung für Vogelarten, die sich (mehr oder weniger) ganzjährig in einem bestimmten Raum aufhalten

Strichvogel Vogelarten, die insbesondere in Abhängigkeit von Witterungsbedingungen ihr Aufenthaltsgebiet ändern

Subimago siehe Imago

Symbiose gesetzmäßiges Zusammenleben zwischen Organismen, aus dem beide Partner Nutzen ziehen

Teilzieher Vogelarten, bei denen ein Teil der Individuen einer Population bzw. Art wegzieht, ein Teil im Brutgebiet verbleibt

Tympanalorgan Gehörorgan am Hinterleib vieler Nachtfalter zum Erkennen der hochfrequenten Echoortungsrufe von Fledermäusen (Fressfeinde der Falter)

Unterart Artengruppe, deren Angehörige eine gemeinsame Ausgangsart haben, aus der sich die einzelnen Unterarten entwickelten, die nun unterschiedliche geographische Räume bewohnen

Warntracht Farb- und Zeichnungsmuster von wehrhaften Tieren und solchen mit Giften, auf potenzielle Fressfeinde abschreckend wirkend

Watvogel Stelzvogel. Systematische Bezeichnung für Limikolen

Wintergast Vogelart, die in einem Gebiet als Gast auftritt, dort aber nicht brütet

Winterruhe Aktivitätsminderung im Winter mit langen Schlafperioden ohne Absinken der Bluttemperatur

Winterschlaf Aktivitätsminderung im Winter mit Absinken der Bluttemperatur

Wirbellose alle Tiere ohne Rückgrat

Wirbeltiere Tiere mit einem Rückgrat, einer aus einzelnen Wirbeln zusammengesetzten Wirbelsäule

Zugvogel Vogelarten, die regelmäßig, d. h. periodisch wandern, meist den Winter in wärmeren Gebieten der Erde verbringen und zur Fortpflanzung wieder in die Gebiete zurückkehren, aus denen sie stammen

Fachbegriffe zu den Pflanzen und Pilzen

Achsel oberer Winkel zwischen dem Blattstiel und seinem Zweig, auch Winkel zwischen zwei größeren Blattnerven

Ährchen bei Gräsern: kleine Einheit innerhalb einer Rispe oder Ähre, enthält mehrere Blüten

Bedecktsamer hochentwickelte Verwandtschaftsgruppen der Blütenpflanzen, bei denen die Samenanlagen in einem Fruchtknoten aus verwachsenen Fruchtblättern eingeschlossen sind

Blattbucht Vertiefung bzw. Einschnitt zwischen zwei Spreitenlappen

Blattöhrchen öhrchenförmige Anhänge oder Lappen am Blattgrund, z. B. bei der Stiel-Eiche

Blattspreite flächiger Anteil eines Laubblattes

Blattvene auch als Blattader oder Blattrippe bezeichnetes Leit- und Verstärkungsgewebe in der Blattspreite

Dolde Blütenstandsform mit Blüten, deren Stiele alle vom gleichen Achsenpunkt ausgehen

Doldenrispe flach ausgebreiteter, doldenartiger Blütenstand, bei dem sich die äußeren Blüten zuerst öffnen, häufig auch als Scheindolde bezeichnet

Dorn spitz auslaufende Sprossachse

eingeschlechtige Blüte Blüte, die nur Staub- oder nur Fruchtblätter enthält

einhäusig rein männliche und weibliche Blüten(stände) kommen getrennt auf dem gleichen Individuum vor wie beim Haselstrauch

Fieder Teil eines zusammengesetzten = gefiederten Blattes, oft auch Blattfieder oder Blättchen genannt

Flügelfrucht Frucht mit anhängendem Segelorgan, beispielsweise bei den Ahorn-Arten

Fruchtkörper bei Pilzen: der sichtbare „Pilz", bildet Sporen zur Vermehrung

Gametangien Zellen, aus denen männliche oder weibliche Keimzellen hervorgehen

gegenständig zwei Blätter stehen sich am gleichen Blattknoten direkt gegenüber

gekämmt regelmäßige Ausrichtung von Nadelblättern beiderseits eines Triebs, oft auch als gescheitelt bezeichnet

gestutzt abruptes Vorderende einer Blattspreite, sieht aus wie abgeschnitten

Habitus Gesamterscheinungsbild eines Gehölzes

Hochblatt umgestaltetes Blattorgan im Bereich der Blüten oder Blütenstände; bei manchen Arten sind sie wesentlich auffälliger als die eigentlichen Blütenblätter

Hybride Kreuzungsprodukt bzw. Bastard zwischen Vertretern, die nicht der gleichen Art angehören, wird im wissenschaftlichen Namen durch ein Kreuzungszeichen (×) angegeben

Kätzchen dichter, meist langer und hängender Blütenstand mit schmucklosen, männlichen oder weiblichen Blüten

kegelförmig Wuchsform vieler Baumarten, unten meist schmal und mit parallelen Flanken, nach oben zunehmend spitz

Kelch meist grünliche, becherförmige, aus den Kelchblättern zusammengesetzte äußere Schutzhülle der Blüte

Krone oberer Teil eines Strauches oder Baumes, umfasst das Ast- und Blattwerk; bei der Blüte bezeichnet die Krone die Gesamtheit aller Kronblätter (Blütenblätter)

Leittrieb Haupttrieb der Krone, die das Längenwachstum übernimmt, kann auch seitlich überhängen und damit ein wichtiges Erkennungsmerkmal bieten

Lentizellen korkige, warzige, meist auch farblich abgehobene Erhebungen am Zweig, sind porös und dienen der Luftversorgung der tieferen Rindengewebe

Mark weiches, meist unverholztes Gewebe im Inneren von Zweigen

Mittelrippe Hauptblattnerv, meist in der Mitte der Blattspreite

Mykorrhiza Pilzwurzelgeflecht auf den Wurzeln höherer Pflanzen, kann partnerschaftlich oder parasitisch sein

Myzel Vegetationskörper der Pilze, ein fädiges Geflecht, häufig im Boden

Nabel helle, meist rundliche Marke an einem Samen, kennzeichnet dessen Ansatzstelle an der Fruchtwand

Nacktsamer ursprüngliche Verwandtschaftsgruppe innerhalb der Blütenpflanzen, bei denen die Samenanlagen frei auf den unverwachsenen Fruchtblättern liegen

Obergräser Gräser, die ähnlich Getreide einen höheren Halm- als Blattanteil haben und v. a. in Horsten wachsen

Photosynthese Prozess, bei dem das Blattgrün aus anorganischen Stoffen mit Sonnenenergie organische Stoffe bildet

Rhachis Mittelrippe eines Fiederblattes oder Hauptachse eines Blütenstands

Rispe Komplexer Blütenstand, bei dem die zahlreichen Einzelblüten auf verzweigten Seitenästen sitzen

Ruderalfläche unter dauerndem menschlichen Einfluss stehende, meist nährstoffreiche Fläche (z. B. Schuttplatz)

Samenanlage fertiler Teil des Fruchtblattes bzw. Fruchtknotens, bildet nach der Befruchtung den Samen

säulenförmig Wuchsform mancher Bäume, beispielsweise der Pyramiden-Pappel, mit dichter, schlanker Krone aus nahezu senkrecht gestellten Hauptästen

Scheide meist bleiche, am Grunde angebrachte Umhüllung beispielsweise der Nadelbündel von Kiefern

Sporangium vielzelliger „Behälter" bei Farnpflanzen, in dem Sporen gebildet werden

Sporen ungeschlechtliche Keim- und Fortpflanzungszellen

Sporenpulver Ansammlung von Sporen; Farbe oft bei der Pilzbestimmung wichtig

Sporophyll Blattgebilde bei Farnpflanzen, die Sporangien tragen

Stachel spitzer Auswuchs der Rinde (z. B. bei Rosen, Brombeeren)

Stängel unverholzte Sprossachse einer krautigen Pflanze

Stiel achsenförmiges Tragorgan einer Blüte oder einer Frucht, im Unterschied zum Stängel = Sprossachse(nabschnitt)

Stielchen Befestigung eines Fiederblattes an der Hauptrippe

Stipeln Nebenblätter, meist an der Basis des Blattstiels

Stoma Spaltöffnung, nadelstichfeine und mikroskopisch kleine Öffnung meist auf der Blattunterseite, dienen dem Gasaustausch der Blätter mit dem umgebenden Luftraum

Streuwiese Wiese zur Gewinnung von Einstreu/Heu für Haustiere

Traube Blütenstand mit gestielten Einzelblüten auf unverzweigten Seitenästen

Untergräser Gräser mit niedriger Wuchsform und relativ hohem Blattanteil

versenkte Blattadern bei Betrachtung von der Oberseite erscheinen die Blattadern in die Blattspreite abgesenkt, z. B. bei Hasel

Velum Hülle bei Blätterpilzen, die Hut und Stiel oder die Unterseite des Hutes bedeckt

wechselständig Blätter stehen entlang einer Zweigachse allein am Blattknoten bzw. bilden zusammen eine aufsteigende Spirale

Wirtel an einem Blattknoten sitzen mehr als zwei Blattorgane, auch als Blattquirle bezeichnet

zweihäusig ausschließlich männliche und weibliche Blüten erscheinen getrennt auf verschiedenen Individuen

zwittrig männliche und weibliche Organe sind in der gleichen Einzelblüte kombiniert

Blüten- und Blattformen

Für die Beschreibung von Pflanzen und ihrer Organe bewähren sich die hier dargestellten Begriffe – ergänzend zu der „Musterpflanze" Seite 13 und zum Glossar ab Seite 20.

Den „Kronblättern" zweikeimblättriger Pflanzen entsprechen die „Blütenblätter" der Einkeimblättrigen, z. B. der Liliengewächse. Diesen fehlen Kelchblätter.

vier Kronblätter
(Mohn)

acht Kronblätter
(Adonisröschen)

fünf Kronblätter
(Rosengewächse)

Blütenstand mit Röhrenblüten (innen) und Zungenblüten (außen)

sechs Kronblätter
(Windröschen)

Blütenstand mit Zungenblüten

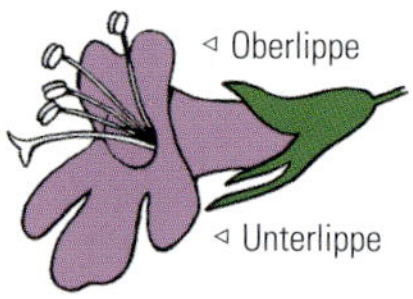

Lippenblüte
(Wiesen-Salbei)

zweiseitig-symmetrisch

Körbchen
im Längsschnitt

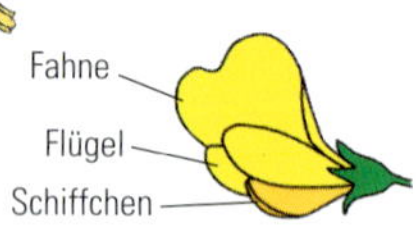

Schmetterlingsblüte

getrenntblättrig

verwachsenblättrig

sieben Blütenblätter
(Siebenstern)

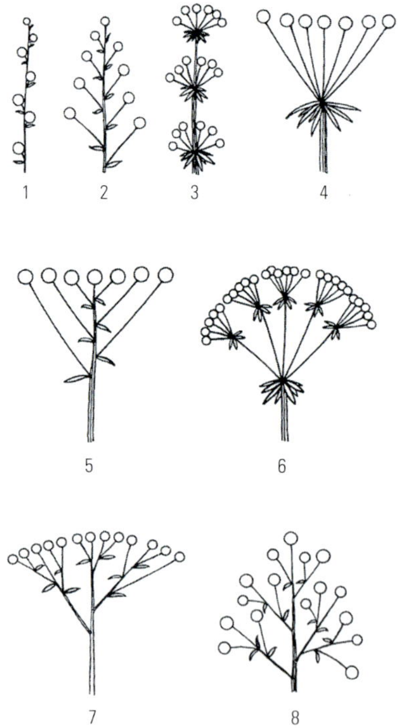

Blütenstände

1 Ähre 2 Traube 3 Quirl 4 Dolde mit Hülle
5 Doldentraube 6 zusammengesetzte Dolde: Hüllchen und Hülle 7 Doldenrispe 8 Rispe

Blattansätze am Stiel
1 gestielt 2 sitzend 3 geöhrt 4 durchwachsen
5 u. 6 verwachsen 7 herablaufend

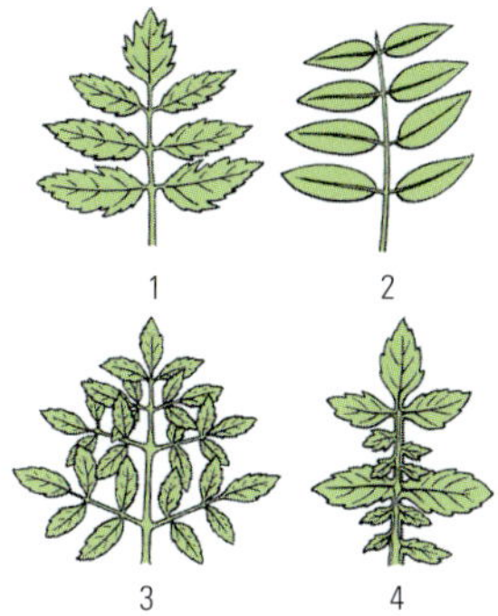

Zusammengesetzte Blätter
1 unpaarig gefiedert 2 paarig gefiedert
3 doppelt gefiedert 4 unterbrochen gefiedert

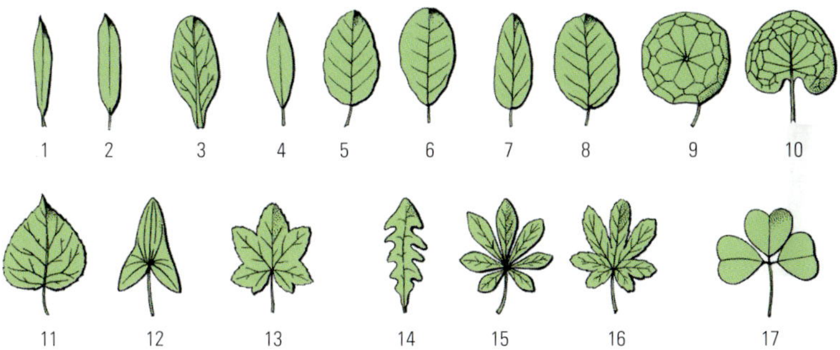

Blattspreiten
1 linealisch 2 lanzettlich 3 spatelig 4 länglich 5 eiförmig 6 verkehrt eiförmig 7 länglich eiförmig
8 rundlich 9 schildförmig 10 nierenförmig 11 herzförmig 12 pfeilförmig 13 handförmig gelappt
14 fiederschnittig 15 handförmig geteilt 16 handförmig zusammengesetzt (hier siebenzählig) 17 dreizählig

Blattränder
1 glattrandig 2 gewimpert 3 gekerbt 4 gebuchtet 5 gesägt 6 doppelt gesägt
7 gezähnt 8 dornig gezähnt 9 gezähnt gebuchtet

Tiere

Zwergspitzmaus *Sorex minutus*

SPITZMÄUSE

Merkmale: Ähnlich der Waldspitzmaus, aber viel kleiner; KRL 4,2–6,2 cm, SL 3,3–4,6 cm, G 2,5–6 g; Rücken und Flanken graubraun, Bauchseite grauweiß, Schwanzoberseite braun, -unterseite weißlich.

Verbreitung: EU und N-Asien bis zum Baikalsee.

Wissenswertes: Z. leben nur 1,5 Jahre, pflanzen sich im 2. Jahr fort. Sie zeigen nur wenig Grabetätigkeit. Gejagt werden v. a. Spinnen, Weberknechte und Käfer. Weil diese im Winter nur spärlich vorkommen, besetzen Z. viel größere Territorien (bis fast 2000 qm) als die Waldspitzmaus (bis zu 500 qm). Wie diese zeigt die Z. im Winter eine Größen- und Gewichtsreduktion, bei der Organe, Wirbel und sogar die Schädelkapsel wieder kleiner werden. Während die Z. wie alle Arten der Unterfamilie der *Soricinae* mit den Gattungen *Sorex* und *Neomys* rote Zahnspitzen haben, sind die *Crociduridae* (Weißzahn- oder Wimperspitzmäuse wegen ihrer einzelnen langen, meist abstehenden Wimperhaare am Schwanz) weißzähnig. **§!**

Waldspitzmaus *Sorex araneus*

SPITZMÄUSE

Merkmale: Mittelgroße Spitzmaus; KRL 6,6–8,8 cm, SL 3–5,7 cm, G 7–13 g; weiches, glänzendes Fell, Oberseite dunkelbraun, Flanken heller, Bauch weißlich grau.

Verbreitung: In M.-EU häufigste Spitzmaus, fehlt auf Irland und Island, in großen Teilen der Iberischen Halbinsel und auf den Mittelmeerinseln.

Wissenswertes: Die sehr anpassungsfähigen Tiere kommen in Wäldern, Sümpfen, Verlandungszonen, dichtem Gras, Hecken, Feldern, Siedlungsgebieten und Gebirgen (bis in 2000 m Höhe) vor. W. leben einzelgängerisch, sind tag- und nachtaktiv und bewohnen bevorzugt verlassene Wühlmaus- und Maulwurfsgänge. Ihr hoher täglicher Nahrungsbedarf während der bis zu 15 Aktivitätsperioden entspricht etwa 2000 Käfern von 5 mm Länge! Typisch für Spitzmäuse ist ihr moschusartiger Geruch. Die sehr stimmfreudigen Tiere geben häufig zwitschernde und quietschende Laute von sich, die auch im Ultraschallbereich liegen können. **§!**

Wasserspitzmaus *Neomys fodiens*

SPITZMÄUSE

Merkmale: Rel. große Spitzmaus; KRL 7–9,6 cm, SL 4,6–7,7 cm, G 10–22 g; Fell dicht, samtartig; zweifarbig mit schiefergrauer bis schwarzer Oberseite und weißem Bauch; Ohren fast völlig im Fell verborgen; als Anpassung ans Wasserleben eine Reihe harter Härchen an der Schwanzunterseite, eine Art Ruder bildend; am Außenrand der großen Füße ein weißlicher Schwimmborstensaum.

Verbreitung: M.- und N-EU, von N-Spanien mit Ausnahme des Balkans bis zum Baikalsee.

Wissenswertes: Ein Großteil der Nahrung, kleine Wassertiere, wird schwimmend und tauchend erbeutet. Die tag- und nachtaktiven W. ruhen dazwischen in selbst gegrabenen Bauen oder ufernahen Maulwurf- oder Mäusegängen, immer mit einem Ausgang zum Wasser. Ausgefressene Schneckenhäuser und Ansammlungen von Fischgräten am Ufer verraten ihre Anwesenheit. Oft tragen die Tiere auch Beutetiere als Vorrat in Verstecke. Die stimmfreudigen W. zwitschern sehr viel. **RL, §!**

Feldspitzmaus *Crocidura leucodon*

SPITZMÄUSE

Merkmale: Mittelgroße Spitzmaus; KRL 6,4–8,7 cm, SL 2,8–4,1 cm, G 6–13 g; im Allgemeinen von anderen Arten der Gattung *Crocidura* durch ihr zweifarbiges Fell unterscheidbar: Oberseite dunkel graubraun bis schiefergrau, Unterseite weißlich grau, von der Oberseite scharf abgesetzt; Schwanz etwas kürzer als bei der Hausspitzmaus, zweifarbig mit einzeln stehenden, langen Wimperhaaren, oberseits wie der Rücken gefärbt, unterseits weißlich; Ohrmuscheln deutlich aus dem Fell ragend.

Verbreitung: Von Frankreich ostwärts bis Vorderer Orient, nördliche Verbreitungsgrenze in M.-EU.

Wissenswertes: Die F. besiedelt trockene, sonnige Biotope, auch in Ortslagen, und kommt im Winter auch in Gebäude. Die Paarungszeit reicht von III–IX. Wie bei anderen Wimperspitzmäusen flüchten die Jungen bei Beunruhigung im Schlepptau der Mutter, indem sie sich jeweils an der Schwanzwurzel des vor ihnen laufenden Tieres festbeißen („Spitzmauskarawane"). **§!**

Europäischer Igel *Erinaceus europaeus* IGEL

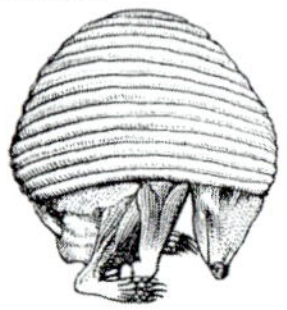

Merkmale: Im Aussehen unverwechselbar; KRL 25–30 cm, SL ca. 2–4 cm, G 400–1100 g; ab Stirn auf Rücken inkl. Flanken Stachelkleid aus etwa 16 000 2–3 cm langen, 1 mm dicken graubraunen Stacheln mit hellen Spitzen; Kopf, Unterseite und Beine mit hell- bis dunkelbraunen Haaren, in variablen Farbmustern vorkommend.

Verbreitung: S-, W-, M.- und Teile von N-EU.

Wissenswertes: Unterwuchsreiche Laub- und Mischwälder, Waldränder, Feldflur mit Gehölzen, vor allem auch Siedlungsraum mit Gärten, Streuobstwiesen und Parks sind der Lebensraum des E.I. Die wenig scheuen, dämmerungs- und nachtaktiven Tiere werden durch ihr Verteidigungsverhalten (Zusammenrollen zu einer Stachelkugel durch ruckartiges Zusammenziehen ihres Muskelpanzers) leicht zu Opfern des zunehmenden Straßenverkehrs. In Gärten ziehen Komposthaufen, herumstehendes Katzen- und Hundefutter oder die Massenvermehrung von Nacktschnecken die Allesfresser mit Neigung zur Insektenkost an. Sie lassen sich hauptsächlich von ihrem ausgezeichneten Geruchssinn leiten. E.I. bevorzugen für ihre Aktivitäten Temperaturen zwischen 8 und 20 °C. Da mangelnde Feuchtigkeit die Aktivitäten ihrer Beutetiere beschränkt, fallen in Trockenperioden v.a. im Mittelmeerraum E.I. in eine Sommerruhe. Nur die ♀ sind während der Fortpflanzungsperiode strikt ortstreu mit Revieren von 3–5 ha. Dagegen wechseln ♂ regelmäßig ihr Aufenthaltsgebiet. Die ♀ haben bis zu 2 Würfe pro Jahr mit 3–8 Jungen. Während der Geburt sind die Erstlingsstacheln in die angeschwollene Haut eingebettet. Als einzige Vertreter der Insektenfresser halten E.I. einen echten Winterschlaf in einem ausgepolsterten Nest unter einem Versteck. Die volkstümlichen Bezeichnungen Hunds- und Schweinsigel beschreiben nicht 2 verschiedene Arten, sondern den unterschiedlichen Ernährungszustand vor und nach dem Winterschlaf. **§!**

Maulwurf *Talpa europaea* MAULWÜRFE

Merkmale: KRL 11–16 cm, SL 2–4,2 cm, G 60–130 g; von allen heimischen Säugern am perfektesten an ein Leben unter der Erde angepasst; walzenförmiger Körper, kurze, kräftige Vorder- und Hinterbeine; Vorderfüße zu „Grabeschaufeln" umgebildet; Schnauze rüsselartig verlängert, winzige Augen, Ohrmuscheln fehlen; dichtes, samtartiges Fell, dessen Haarstruktur und -wuchs verhindern, dass Erde und Wasser bis zur Haut durchdringen; fehlender Haarstrich erleichtert das Rückwärtsgehen in Gängen.

Verbreitung: Gemäßigte Breiten Eurasiens, von Großbritannien bis Sibirien.

Wissenswertes: Weil M. ihre eigenen Gangsysteme graben, in denen sie leben und mithilfe ihres ausgezeichneten Geruchs- und Tastsinns nach Nahrung (v.a. Regenwürmern, aber auch Insekten, Larven, Tausendfüßern und Schnecken) suchen, hängt ihr Vorkommen von der Bodenbeschaffenheit ab (locker, feucht). Die strikten Einzelgänger treffen sich nur zur Paarungszeit (IV–VI), wobei sich ♂ erbittert bekämpfen. M. werfen das Aushubmaterial ihrer Gänge als Maulwurfshaufen (ca. 10–20 cm groß) auf. Deren Lage zeigt den Verlauf der Gänge (meist in 5–50 cm Tiefe), die weit verzweigt und bis zu 200 m lang sein können. Unter großen Hügeln befinden sich die Sommernester, in denen die jeweils 2–9 nackten, blinden, nur etwa bohnengroßen Jungen geboren werden. Unter sehr großen Hügeln (80–100 cm) liegen die Winterburgen mit Nest und Vorratskammern. In letzteren lagern als Wintervorrat große Mengen an Regenwürmern, die vom M. durch einen Biss bewegungsunfähig gemacht wurden. M. können gut schwimmen. Sie werden u.a. von Fuchs, Dachs, Eulen, Bussard und Weißstorch gefressen. **§!**

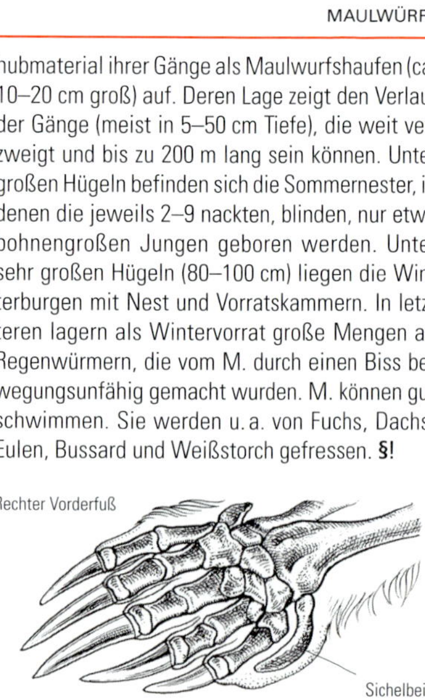

Kleine Hufeisennase *Rhinolophus hipposideros*

HUFEISENNASEN

Merkmale: Kleinste europäische Hufeisennase; KRL 3,7–4,5 cm, SL 2,3–3,3 cm, UL 3,7–4,25 cm, FS 19,2–25,4 cm, G 5,6–9 g; lockeres, weiches Fell; Haarbasis hellgrau, Oberseite bräunlich rauchfarben ohne rötlichen Ton, Unterseite grau bis grauweiß; Jungtiere dunkelgrau.
Verbreitung: Am weitesten nach N verbreitete Hufeisennase, erreicht den 52. Breitengrad, aber insbesondere an der nördlichen Verbreitungsgrenze starke Rückgänge und dort z.T. nur noch in isolierten Populationen vorkommend.
Wissenswertes: K.H. leben in wärmebegünstigten, höhlenreichen Gebieten. In niedrig schwirrendem Flug jagen sie kleine Insekten oder nehmen diese sowie Spinnen vom Boden auf. Im N befinden sich ihre Sommer-/Wochenstubenquartiere in Gebäuden auf warmen, zugluftfreien Dachböden, in Kanälen oder Schächten von Heizungsanlagen. Im Winterquartier (Höhlen, Stollen oder Keller) hängen K.H. immer auf Distanz, im Winterschlaf völlig in ihre Flughäute eingehüllt. **RL! §!**

Wasserfledermaus *Myotis daubentonii*

GLATTNASEN

Merkmale: Mittelgroße bis kleine Art mit rötlich braunem Gesicht und auffällig großen Füßen mit langen Borsten; KRL 4,5–5,5 cm, SL 3,1–4,5 cm, UL 3,5–4,2 cm, FS 24–27,5 cm, G 7–15g; Schwanz und Ohren relativ kurz; lockeres Fell, oberseits braungrau bis dunkel bronzefarben, Unterseite silbergrau, meist scharf von Oberseite abgegrenzt.
Verbreitung: Fast ganz EU, nordwärts etwa bis zum 63. Breitengrad.
Wissenswertes: Eine Waldfledermaus, meist in Gewässernähe zu finden. Winterquartiere in Höhlen u.ä., dort meist in Spalten, aber auch in Trauben an den Wänden hängend und einzeln im Bodengeröll; Sommerquartiere (Wochenstuben) meist in Baumhöhlen. W. fliegen auf festen Flugrouten in ihre Jagdgebiete, wo sie dicht über dem Wasser oder bis in 5 m Höhe kleine Fluginsekten und Schmetterlinge erbeuten. Sie können mit Hinterfüßen und Schwanzflughaut auch Beute (einschließl. kleiner Fische) von der Wasseroberfläche aufnehmen. **§!**

Bechsteinfledermaus

Myotis bechsteinii

GLATTNASEN

Merkmale: Mittelgroß mit auffallend großen Ohren; KRL 4,5–5,5 cm, SL 4,1–4,5 cm, UL 3,9–4,7 cm, FS 25–28,6 cm, G 7–12 g; nach Langohr-Fledermäusen (⇨ S. 34) längste Ohren, die sich an der Basis allerdings nicht berühren.
Verbreitung: In gemäßigten Zonen von EU; offenbar nur lokal verbreitet, nirgends häufig.
Wissenswertes: Eine Waldfledermaus; bevorzugt feuchte Mischwälder, kommt auch in von Nadelholz dominierten Wäldern und im Kiefernwald vor, meist aber in strukturreichen Laubwäldern mit vielen Baumhöhlen; Sommerquartiere (Wochenstuben) in Baumhöhlen und Fledermauskästen; Flug gaukelnd mit geschickten Manövern auf engstem Raum, auch Rüttelflug; liest Insekten und Spinnen von Zweigen oder vom Boden auf; Jagdgebiet immer direkt um Tagesquartier; Winterquartiere in Höhlen u.ä., manchmal auch in Baumhöhlen, meist einzeln frei an Decke oder Wand hängend; Ohren auch im Winterschlaf gerade ausgestreckt (Unterschied zu Langohr-Fledermäusen!). **RL, §!**

Großes Mausohr *Myotis myotis*

GLATTNASEN

Merkmale: Größte in D heimische Fledermausart; KRL 6,7–7,9 cm, SL 4,5–6 cm, UL 5,4–6,7 cm, FS 35–43 cm, G 28–40 g; kurze Ohren; dichtes, kurzes Fell, Oberseite hell graubraun, Unterseite weißgrau; Schnauze, Ohren und Flughäute braungrau; Jungtiere rauchgrau.
Verbreitung: M.- und S-EU.
Wissenswertes: Wärme liebende Fledermaus, die klimatisch begünstigte Täler, offenes Wald- und Weideland und Gebiete mit traditioneller Landwirtschaft bevorzugt; Sommerquartiere (Wochenstuben) auf Dachböden und Kirchtürmen, auch unter Brücken, im S in Höhlen, Kolonien aus bis zu 2000 ♀; ♂ im Sommer meist einzeln lebend, auf Dachböden, in Baumhöhlen oder Nistkästen; nach einer Tragzeit von 50–70 Tagen (abhängig von Umgebungstemperatur und Ernährung) meist 1 Junges. Wenn die Mütter zum Jagen ausfliegen, bleiben die Jungen wie bei allen Insekten fressenden Arten im Quartier zurück. Die Winterquartiere (in Höhlen) liegen bis über 100 km entfernt. **RL, §!**

Kleine Bartfledermaus

Myotis mystacinus GLATTNASEN

Merkmale: Eine der kleinsten europäischen *Myotis*-Arten; KRL 3,5–4,8 cm, SL 3–4,3 cm, UL 3,2–3,6 cm; FS 19–22,5 cm, G 4–8 g; Schnauze, Ohren und Flughäute schwarzbraun; Basis von Ohrdeckel (Tragus) und innerem Ohrrand im Gegensatz zur nur unwesentlich größeren, aber heller braunen Großen Bartfledermaus *(M. brandtii)* nicht aufgehellt; Unterseite dunkel- bis hellgrau; Jungtiere dunkler, Haarbasis schwarz; relativ schmale Flügel.

Verbreitung: Fast ganz EU, in N-EU bis etwa zum 65. Breitengrad.

Wissenswertes: Nicht so deutlich an Wald und Gewässer gebunden wie die Gr. Bartfl., mehr in Parks, Gärten und Dörfern; Sommerquartiere /Wochenstuben meist in spaltenartigen Hohlräumen an und in Gebäuden; Winterschlaf frei hängend in Höhlen u. ä. Die anpassungsfähige K. B. fliegt bereits in der frühen Dämmerung aus, im Frühjahr und Herbst mitunter sogar tagsüber, und jagt praktisch in jedem Biotoptyp in schnellem, wendigem, kurvenreichem Flug nach kleinen Insekten. **RL, §!**

Abendsegler *Nyctalus noctula*

GLATTNASEN

Merkmale: Große Art; KRL 6–8,2 cm, SL 4–6 cm, UL 4,8–5,8 cm, FS 32–40 cm, G 19–40 g; kurze, rundliche Ohren und – wie bei allen *Nyctalus*-Arten – kurzer, pilzförmiger Ohrdeckel (Tragus); kurzes, eng anliegendes Fell, einfarbige Haare; Oberseite im Sommer rotbraun, nach dem Haarwechsel (VIII/IX) oberseits matt fahlbraun; Schnauze, Ohren und Flughäute schwarzbraun; Jungtiere insgesamt dunkler; Flügel lang und schmal.

Verbreitung: Ganz EU außer Irland, Schottland, N-Skandinavien; erreicht im N den 60. Breitengrad.

Wisenswertes: Vorzugsweise im Tiefland in Laub- und Mischwäldern und Parks mit Altholzbeständen, oft in oder in der Nähe von Siedlungen; Sommerquartiere (Wochenstuben) meist in alten Baumhöhlen; Winterquartiere in hohlen, dickwandigen Bäumen, tiefen Felsspalten, Mauern; wandernde Art, z.T. auch tagziehend. A. jagen in geradlinigem, schnellem Flug mit Wendungen und Sturzflügen (mit Mauerseglern (⇨ S. 130) zu verwechseln!) größere Fluginsekten. **RL, §!**

Breitflügelfledermaus

Eptesicus serotinus GLATTNASEN

Merkmale: Große Art; KRL 6,3–8,2 cm, SL 4,6–5,4 cm, UL 4,8–5,7 cm, FS 31,5–38,1 cm, G 14,4–33,5 g; relativ kurze Ohren; langes Fell mit dunkelbrauner Haarbasis, oberseits dunkelrauchbraun mit z. T. leicht glänzenden Haarspitzen, unterseits gelbbraun; Ohren und Schnauze schwarz, Flughäute dunkel schwarzbraun; Flügel breit; Jungtiere insgesamt dunkler.

Verbreitung: Ganz EU bis zum 55. Breitengrad.

Wissenswertes: Vorwiegend im Flachland, dort im Siedlungsraum (Hausfledermaus) mit Gärten, Wiesen, auch in Parks; Sommerquartiere (Wochenstuben) in Spalten an und in Gebäuden; Winterquartiere in Höhlen u. ä., auch in den gleichen Gebäuden wie im Sommer; eher ortstreu, aber wanderfähig. Kurz nach Sonnenuntergang ausfliegend, jagen B. mit ruhigem, gleichmäßigem Flügelschlag in 3–10 m Höhe oder dicht am Boden in Gärten, an Waldrändern, über Müllplätzen oder um Straßenlaternen nach Großinsekten, die sie auch vom Boden aufnehmen können. **V, §!**

Zwergfledermaus *Pipistrellus pipistrellus*

GLATTNASEN

Merkmale: Nach der Mückenfledermaus *(P. pygmaeus)* kleinste europ. Art; KRL 3,6–5,1 cm, SL 2,3–3,6 cm, UL 2,8–3,5 cm, FS 18–24 cm, G 3,5–8 g; Ohren kurz, dreieckig, abgerundete Spitze; Fell oberseits rot-, kastanien- oder dunkelbraun, unterseits gelb- bis graubraun; Flügel schmal.

Verbreitung: Nahezu ganz EU, im N bis zum 61. Breitengrad.

Wissenswertes: Lebt in Dörfern und Städten in Parks, Alleen, Obstgärten und Waldungen; vorwiegend eine Hausfledermaus; Sommerquartiere (Wochenstuben) in von außen zugängigen Spalten an Gebäuden; Winterquartiere hinter Verkleidungen, in Fels- und Mauerspalten, hinter Bildern in Kirchen, gelegentlich auch in Höhlen. Z. sind relativ kälteunempfindlich. Der Ausflug erfolgt früh, z.T. vor Sonnenuntergang, im Herbst auch tagsüber. 1–2 km vom Quartier entfernt jagen Z. in schnellem, wendigem Flug über Teichen, an Waldrändern, in Gärten und um Straßenlaternen nach Fluginsekten, vor allem Mücken. **§!**

Rauhautfledermaus
Pipistrellus nathusii GLATTNASEN

Merkmale: Kleine Art, ähnlich der Zwergfledermaus (⇨ S. 32), aber etwas größer als diese; KRL 4,6–5,5 cm, SL 3,2–4 cm, UL 3,2–3,7 cm, FS 23–25 cm, G 6–15,5 g; kurzer, leicht nach innen gebogener Ohrdeckel (Tragus).
Verbreitung: Schwerpunktmäßig nördliches M.-EU und O-EU mit Wochenstuben im NO des Verbreitungsgebiets; in D nur Wochenstuben in den nordöstlichen Bundesländern.
Wissenswertes: Waldfledermaus; besiedelt Wälder von feuchten Laub- bis zu trockenen Kiefernwäldern, auch Parks, seltener Siedlungen, v. a. im Tiefland; Sommerquartiere (Wochenstuben) zumeist in Baumhöhlen, in Fledermauskästen, seltener in Gebäudespalten; Winterquartiere in Felsspalten, Mauerrissen, auch Baumhöhlen oder Holzstapeln. Die wandernde R. folgt oft Küstenlinien und Flusstälern in Richtung W oder SW. Gleich nach Sonnenuntergang beginnen R. mit der Jagd nach Fluginsekten entlang von Waldrändern, Wegen oder über Wasserflächen. **(RL), §!**

Mopsfledermaus *Barbastella barbastellus*
GLATTNASEN

Merkmale: Mittelgroße Art; unverwechselbares Gesicht mit mopsartig gedrungener Schnauze; KRL 4,5–5,8 cm, SL 3,8–5,2 cm, UL 3,65–4,35 cm, FS 26–29 cm, G 6–13,5 g; seidiges, schwarzes Fell, oberseits mit weißlichen Haarspitzen; Flügel lang und schmal.
Verbreitung: EU bis etwa zum 60. Breitengrad, nirgendwo zahlreich.
Wissenswertes: Bevorzugt waldreiche Vorgebirgs- und Gebirgsregionen; Sommerquartiere in Spalten an Gebäuden und Bäumen (v. a. hinter loser Rinde); im Winter kältehart (2–5 °C, seltener bis -3 °C), in Spalten und frei an Wänden, z. T. in großen Trauben; Ausflug in früher Dämmerung; jagt in schnellem Flug in Baumkronenhöhe. M. sind auf Nachtfalter spezialisiert, die aber ihrerseits Fledermausortungsrufe zu hören vermögen und so den Jägern ausweichen können. **RL, §!**

Braunes Langohr *Plecotus auritus*
GLATTNASEN

Merkmale: Mittelgroß; KRL 4,2–5,3 cm, SL 3,7–5,5 cm, UL 3,7–4,2 cm, FS 24–28,5 cm, G 4,6–11,3 g; auffallend lange Ohren, dünne, sich an der Basis berührende Ohrmuscheln, langer, spitzer Ohrdeckel; lockeres, langes Fell, dunkel graubraune Haarbasis; breite Flügel.
Verbreitung: Fast ganz EU, in Skandinavien bis zum 64. Breitengrad; in S-Spanien, S-Italien und S-Griechenland nicht nachgewiesen.
Wissenswertes: Bewohnt Waldgebiete im Tiefland und Mittelgebirge, offene Baum- und Buschlandschaften, auch Parks und Gärten; Sommerquartiere (Wochenstuben) in Baumhöhlen, auch in Vogel- und Fledermauskästen und Dachböden; Winterquartiere in Höhlen u. ä.; ortstreu; langsamer, gaukelnder Flug; kann im Rüttelflug Beutetiere, v. a. Tag- und Nachtfalter, Raupen und Spinnen, von Unterlagen ablesen; faltet beim Schlafen die Ohren nach hinten und klemmt sie unter die Unterarme. Nur die Ohrdeckel stehen dann nach vorn und täuschen kleine Öhrchen vor. **V, §!**

Bulldoggfledermaus *Tadarida teniotis*
BULLDOGGFLEDERMÄUSE

Merkmale: Große Art; KRL 8,1–9,2 cm, SL 4,4–5,7 cm UL 5,7–6,4 cm, FS um 41 cm, G 25–50 g; breite Ohren, die das Gesicht nach vorn überragen und sich an der Basis berühren; schmale, lange Flügel; Schwanz zu 1/3 bis 1/2 aus der Flughaut ragend.
Verbreitung: S-EU, Mittelmeerraum, Kanaren; in den Alpen bis etwa 46° 20′ nördlicher Breite.
Wissenswertes: Felsenfledermaus; besiedelt klimatisch warme Gebiete mit hohen Felswänden oder Gebäuden; Sommerquartiere/Wochenstuben sowie auch Winterquartiere in Spalten; Winterschlaf wird oft, z. T. alle 5–10 Tage, unterbrochen, um selbst bei niedrigen Temperaturen in hohem, schnellem Flug nach großen Fluginsekten zu jagen; ruft weit hörbar mit scharfen „tsick"-Lauten oder Pfeiftönen. Beim Kriechen in engen Spalten fungiert das freie Schwanzende als Tastorgan.

Feldhase *Lepus europaeus*

HASENARTIGE

Merkmale: KRL 48–76 cm, SL 7–12,5 cm, Ohren 9–15 cm, G 2,5–8 kg; lange Hinterbeine; Fell braun, Bauch sowie Schwanzunterseite reinweiß, Schwanzoberseite und Ohrspitzen stets schwarz.

Verbreitung: EU außer N-Skandinavien, in Irland eingebürgert; ostwärts bis Mittelasien, ferner NW-Afrika. (Wird auf der Iberischen Halbinsel durch den etwas kleineren, sonst sehr ähnlichen Andalusischen Hasen *(L. granatensis)* vertreten.)

Wissenswertes: Ursprünglich Steppenbewohner; höchste Dichten in Ackerbaugebieten mit hoher Bodenqualität und warmtrockenem Klima, kommt in M.-EU jedoch in allen Landlebensräumen bis zur alpinen Waldgrenze vor; dämmerungs- und nachtaktiv; ernährt sich von Kräutern, Gräsern, Kulturpflanzen, Knospen, Zweigen und Rinde. Der F. ist ein typisches Fluchttier, das sich regungslos in eine gescharrte Mulde („Sasse") duckt oder Haken schlagend, schwimmend und sogar kletternd flüchtet. Er lebt in Gruppen mit festen Rangordnungsbeziehungen und Gruppenrevieren. Rivalisierende ♂ liefern sich in der Paarungszeit (in M.-EU I–VIII) Boxkämpfe um die ♀. Die 1–5 Jungen (rechtes Bild) werden behaart und mit offenen Augen geboren (Nestflüchter), nur ein- oder zweimal pro Tag gesäugt und sind mit 4 Wochen schon entwöhnt. Die ♀ können kurz vor der Geburt bereits erneut befruchtet werden. **RL, §!**

Schneehase *Lepus timidus*

HASENARTIGE

Merkmale: Etwas kleiner als ein Feldhase; KRL 48–68 cm, SL 4–7 cm, Ohren 6–10 cm, G 1,7–5,8 kg; Kopf kürzer als beim Feldhasen; Färbung im Sommer rotbraun bis bräunlich grau, im Winter reinweiß, z. Zt. des Fellwechsels gescheckt (linkes Bild); Ohrspitzen immer schwarz.

Verbreitung: Nominatform *L. timidus timidus* im nördl. Eurasien von Irland bis Sachalin; im Alpengebiet die kleinere Unterart *L. timidus varronis*.

Wissenswertes: Der S. war nach der Eiszeit in ganz M.-EU verbreitet. Heute lebt er im borealen Nadelwald (Taiga) und in der Tundra sowie in hoch gelegenen Nadelwäldern und waldfreien Regionen der Alpen ab etwa 1300 m bis in rund 3000 m Höhe. Er ist hervorragend an einen kalten, schneereichen Lebensraum angepasst: weißes Winterfell (Tarnung vor Feinden), stark behaarte, breite, spreizbare Pfoten (Schneeschuhprinzip bei lockerem Tiefschnee), relativ kurze Ohren (wenig Wärmeabstrahlung). Wegen der rauen klimatischen Bedingungen in seinem Lebensraum gibt es in einer S.-Population weniger Zuwachs als bei Feldhase oder Wildkaninchen. Zweimal, manchmal auch dreimal im Jahr wirft das ♀ nach einer Tragzeit von rund 50 Tagen 1–5 Junge. Die Kleinen kommen behaart und sehend zur Welt und werden etwa 1 Monat lang gesäugt. S. sind eine wichtige Beute für den Steinadler (⇨ S. 88). **(RL), §!**

Wildkaninchen *Oryctolagus cuniculus*

HASENARTIGE

Merkmale: Hasenähnlich, jedoch kleiner, Kopf rundlicher mit kürzeren, stets aufgerichteten Ohren; KRL 35–45 cm, SL 4–8 cm, Ohrlänge 6–8,2 cm, G 1–3 kg; Oberseite sandfarben bräunlich, selten auch hellgrau oder schwarz, Bauchseite grauweißlich; dichtes, wolliges Fell; Ohren immer ohne schwarze Spitzen.

Verbreitung: Ursprünglich nur in Spanien und NW-Afrika, doch schon im Altertum im übrigen EU ausgesetzt und verbreitet; heute in EU bis S-Schweden, ostwärts bis zur Weichsel.

Wissenswertes: W. bevorzugen trockenwarme Landschaften und sandige Böden. Sie graben weit verzweigte Baue und bilden Großfamilien mit strenger Rangordnung (1 erwachsenes ♂, mehrere ♀ und Junge). Bei Gefahr schlagen sie zur Warnung mit den Hinterbeinen auf den Boden (Trommeln). Die Jungen, pro Wurf meist 1–9, maximal 14, kommen nach einer Tragzeit von 28–31 Tagen nackt und blind zur Welt (Nesthocker). Mit ca. 4 Wochen sind sie bereits ausgewachsen. **§!**

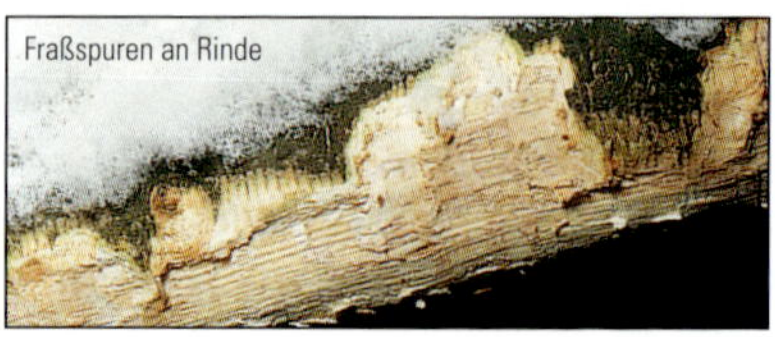
Fraßspuren an Rinde

Eichhörnchen *Sciurus vulgaris*

HÖRNCHEN

Merkmale: Langer, buschiger Schwanz; KRL 20–25 cm, SL 15–20 cm, G 200–480 g; Fellfärbung sehr variabel, von hellrot bis fast schwarz; im Winter an den Ohrspitzen auffällige Haarbüschel, die im Sommer nur angedeutet sind; Winterfell hell- bis dunkelgraubraun.
Verbreitung: Waldregion Eurasiens von England über ganz EU und Asien bis Japan und Sachalin.
Wissenswertes: Außerhalb der Paarungszeit leben E. einzeln. Zur Paarungszeit (XII–VI/VII) veranstalten die ♂ wilde Hetzjagden hinter den ♀ her. E. bauen in den Baumkronen kugelförmige Reisignester (Kobel). Sie halten keinen Winterschlaf. Im Herbst sammeln sie Vorräte, die sie vergraben, in Baumhöhlen verstecken oder in Rindenritzen und Astgabeln festklemmen. Nüsse oder Eicheln legen sie bevorzugt an Baumwurzeln und -stämmen ab. Dabei merken sie sich ihre Verstecke nicht, sondern finden sie im Winter durch Absuchen des Geländes mithilfe ihres ausgezeichneten Geruchssinns wieder. **§!**

Europäischer Biber *Castor fiber*

BIBER

Merkmale: Größtes Nagetier von EU; fuchsgroße, plumpe Gestalt; KRL 80–100 cm, SL 30–40 cm, G 23–35 kg; Schwanz (Kelle) breit, abgeplattet, von Schuppen bedeckt und unbehaart; zu verwechseln mit Nutria (*Myocastor coypus*, kleiner) und Bisamratte (viel kleiner, beide mit schmalem Schwanz).
Verbreitung: Ehemals in ganz Eurasien; war durch menschliche Verfolgung fast ausgestorben.
Wissenswertes: Bewohnt Flussauen; vorwiegend dämmerungs- und nachtaktiv; guter Schwimmer und Taucher; lautes Aufschlagen der Kelle aufs Wasser als Warnsignal; lebt in Familien mit dies- und letztjährigen Jungen. B. gestalten ihren Lebensraum aktiv. Neben Erdbauten legen sie Burgen an und regulieren durch Dammbauten den Wasserstand ihrer Wohngewässer so, dass die Eingänge des Baus ganzjährig unter Wasser liegen. Während sie im Sommer von grünen Pflanzenteilen leben, verzehren sie im Winter hauptsächlich Rinde. Dazu sowie zum Bau der Burgen und Dämme fällen B. Bäume. **RL, §!**

Alpenmurmeltier *Marmota marmota*

HÖRNCHEN

Merkmale: Größter Vertreter der Hörnchen-Familie, unverwechselbar; KRL 47–61 cm, SL 13–20 cm, G 4–8 kg; Behaarung dicht, dunkel graubraun.
Verbreitung: Beheimatet nur in den W-Alpen, im W-Teil der O-Alpen (Schweiz, Frankreich, Italien, W-Österreich, in D im Allgäu und Berchtesgadener Land) und in der Hohen Tatra; aber erfolgreich in vielen anderen Gebirgsregionen in EU ausgesetzt.
Wissenswertes: Die tagaktiven A. besiedeln in Familiengruppen waldfreie Flächen zwischen 800 m und 3200 m Höhe. In einer Kolonie halten einzelne Tiere auf erhöhten Stellen oft „Männchen machend" Wache, um bei nahender Gefahr (Steinadler, Uhu, Kolkrabe oder Raubsäuger) mit schrillen Pfiffen ihre Artgenossen zu warnen, die dann blitzartig in den Röhren ihres Baus verschwinden. Zur Paarungszeit (IV – Mitte V) besetzen, markieren und verteidigen die ♂ Reviere. Ihren Winterschlaf verbringen A. gemeinsam, zusammengerollt im mit trockenem Gras ausgepolsterten Schlafkessel ihrer umfangreichen Baue. **(RL)**

Bisamratte *Ondatra zibethicus*

WÜHLMÄUSE

Merkmale: Kaninchengroße, an das Wasserleben angepasste Wühlmaus; KRL 25–35 cm, SL 20–25 cm, G 600–1800 g; schuppiger Schwanz mit einzelnen Haaren, seitlich zusammengedrückt; kleine Ohrmuscheln, durch einen Ohrdeckel (Tragus) wasserdicht verschließbar; kleine Augen; Hinterfüße viel größer als die Vorderfüße, durch seitliche Schwimmborsten und Schwimmhäute am Zehengrund als Ruder dienend.
Verbreitung: Ursprünglich N-Amerika; 1905 bei Prag ausgesetzt, von dort und gestützt durch andere Aussetzungen über ganz M.-EU verbreitet.
Wissenswertes: Die ganzjährig aktiven Tiere besiedeln heute fast alle Gewässer. In grabfähigen Ufern legen B. Erdbaue, beim Fehlen grabfähiger Ufer sowie im Winter im Flachwasser Kegelburgen an, für die sie ausschließlich krautige Pflanzenteile der Umgebung verwenden. B. fressen Pflanzenteile, v.a. Wasserpflanzen, Schilf, aber auch Landpflanzen (Gemüse, Mais, Obst), im Winter zusätzlich Muscheln und Wasserschnecken.

Europäischer Ziesel *Spermophilus citellus*

HÖRNCHEN

Merkmale: Knapp eichhörnchengroß, schlanke Gestalt, kurze Ohren; KRL 18–23 cm, SL 3,8–7,4 cm, G 170–430 g; Oberseite gelblich grau, dicht mit weißgelblichen Tupfen besetzt, Bauchseite gelblich, Kehle und Kinn weißlich.
Verbreitung: M.- und SO-EU, von Polen über Tschechien und Österreich nach S-EU einschließlich der Balkanländer.
Wissenswertes: Die reinen Tagtiere bewohnen offene Landschaften, bevorzugen unbebaute Flächen mit niedriger, kümmerlicher Grasvegetation wie abgewirtschaftete Wiesen, Feldraine und Dämme, Kulturland mit Luzernefeldern, meiden Wälder, feuchte Gebiete und können im Gebirge bis in 2500 m Höhe vorkommen. Z. verzehren Samen, Blätter und Wurzeln von Gräsern, Luzerne, Klee oder auch anderen Feldfrüchten. Sie legen keine Vorräte in ihren Bauen an. Nach ca. 25 Tagen Tragzeit kommen 2–9 Junge zur Welt. Sie wachsen geschützt im Bau auf und werden im Alter von 1 Jahr geschlechtsreif. **RL!**

Hamster, Feldhamster *Cricetus cricetus*

HAMSTER

Merkmale: Rattengroßes, kurzschwänziges Nagetier, KRL 20–27 cm, SL 5–7 cm, G 220–460 g; „bunte" Fellfärbung; auch schwarze Tiere, Schecken, Gelblinge und reinweiße Exemplare.
Verbreitung: In W-EU in kleinen Gebieten Frankreichs, der Niederlande und Belgiens sowie von D nach O bis zum Jenissej und Altai-Gebirge.
Wissenswertes: Hauptverbreitungsgebiete sind die Steppen von O-EU, bei uns leben H. in reich strukturierten Agrarlandschaften. Die nachtaktiven, ungeselligen Tiere zeigen bei Gefahr und bei Streitigkeiten mit Artgenossen ein eindrucksvolles Imponiergehabe: Aufrichten, Zähnewetzen, Fauchen und Vergrößern des Kopfs durch Aufblasen der Backentaschen. H. graben tiefe Gangsysteme mit bis zu 10 m langen Gängen sowie Wohn- und Vorratsräumen, in denen sie bis auf die Zeit der Jungenaufzucht allein leben. In ihren Backentaschen tragen sie 1–2 kg Vorräte (v. a. Getreidekörner) zusammen, von denen sie während kurzer Unterbrechungen des Winterschlafs zehren. **RL, §!**

Rötelmaus *Clethrionomys glareolus*

WÜHLMÄUSE

Merkmale: Farbigste heimische Wühlmaus; KRL 8–13,5 cm, SL 3,5–7 cm, G 15–40 g; rotbrauner Rücken; von Erd- und Feldmaus (⇨ S. 42) durch größere Ohren und längeren Schwanz unterscheidbar.
Verbreitung: EU außer S-EU und den äußersten N, ostwärts bis W-Sibirien, außerdem Kleinasien.
Wissenswertes: R. bewohnen Unterholz und vegetationsreiche Laub- und Mischwälder, auch Flurgehölze und Parks. Wie alle Wühlmäuse legen sie ihre Baue in der Erde an, wobei die Gänge oberflächennah verlaufen und in der Laubschicht enden. Die Nester liegen unter Baumwurzeln oder in -stümpfen. Im Gegensatz zu anderen Wühlmäusen klettern R. oft bis zu 5 m hoch auf Bäume und Sträucher. Sie verzehren Kräuter, Gräser, Blätter, Früchte, Samen, wirbellose Tiere, und legen Vorratslager unter dem Laub an. Im Winter benagen sie auch Rinde. Die ♀ gebären jährlich 2–4 Würfe mit je 2–8 Jungen, die mit 9 Wochen ihrerseits schon geschlechtsreif sind. Hauptfeinde der R. sind Waldkauz, Marder und Wildkatze.

Schermaus *Arvicola terrestris*

WÜHLMÄUSE

Merkmale: Große Wühlmaus, variiert stark in Größe und Färbung; KRL 14–20 cm, SL 6–10 cm, G 70–320 g; gelblich braun bis fast schwarz.
Verbreitung: EU, Asien bis zum Baikalsee.
Wissenswertes: S. leben an Gewässern, aber auch im Offenland und in Wäldern. Sie können gut schwimmen und tauchen. In Steilufern graben sie weit verzweigte Gangsysteme mit Nestern, Vorratskammern und Zugängen unter und über dem Wasserspiegel. Abseits von Gewässern legen sie oberflächennahe Gänge im Boden an, die als Erdwälle erkennbar sind. Neben den Eingängen befinden sich oft Erdhaufen, die mit Maulwurfshügeln zu verwechseln sind. S. ernähren sich von Wasserpflanzen, Kräutern, Wurzeln, Gräsern, Feldfrüchten und Knollen. Die ♀ gebären nach 3-wöchiger Tragzeit jährlich zwei- bis fünfmal 1–11 Junge.

Ähnlich: **Südwesteurop. Schermaus** *A. sapidus*, etwas größer als die S.; Iberische Halbinsel, N- bis Mittelfrankreich; immer in Wassernähe.

Erdmaus *Microtus agrestis*

WÜHLMÄUSE

Merkmale: Langhaariger, brauner und dunkler als die Feldmaus; KRL 10–13 cm, SL 3,2–4,5 cm, G 25–55 g; Schwanz kurz, mit Haarpinsel.
Verbreitung: Weite Teile von EU, nach O bis zur Mongolei und nach N-China.
Wissenswertes: Bevorzugt krautige und vergraste Stellen mit dichter Bodenvegetation, besiedelt sowohl feuchte Biotope wie trockene Hochstaudenfluren, Kahlschläge und Forstkulturen; gesellig; erwachsene Tiere einer Kolonie nutzen Streifgebiete von 200–1000 qm; beinahe ganzjährig fortpflanzungsfähig; bis zu 6 Würfe im Jahr mit jeweils 4–7 (maximal 10) Jungen, die ihrerseits mit 2 Monaten bereits geschlechtsreif sind; ernährt sich von Gräsern, Binsen, Kräutern, Samen, Wurzeln, nagt im Winter häufig Rinde von Bäumen und Sträuchern (Forstschädling!).
E.-Populationen zeigen alle 2–4 Jahre ausgeprägte zyklische Dichteschwankungen. Von normalerweise 10–15 Tieren pro ha kann die Dichte dann bis auf 300 Tiere pro ha ansteigen.

Feldmaus *Microtus arvalis*

WÜHLMÄUSE

Merkmale: KRL in M.-EU 9–12 cm, SL 2,5–4,5 cm, G 20–40 g; Oberseite gelbgrau, Unterseite heller; kurzer Schwanz.
Verbreitung: EU, Mittelasien bis Mandschurei.
Wissenswertes: Besiedelt Gras- und Kulturland; tag- und nachtaktiv; legt unterirdische Baue mit Wurfhöhlen, Vorratskammern und mehreren Gängen an und nagt oberirdisch Laufgänge in die Vegetation; frisst grüne Teile von Gräsern und Kräutern, Samen, unterirdische Pflanzenteile und wirbellose Tiere; kann Vorräte anlegen; Fortpflanzung ganzjährig möglich; 3–6 Würfe im Jahr mit je 2–12 Jungen, die mit 14 Tagen schon wieder fortpflanzungsfähig sind. Die F.-Dichte beträgt für gewöhnlich 25–500 Tiere pro ha, kann aber auch bis über 1000 Tiere ansteigen. Alle 2–4 Jahre kommt es zu Massenvermehrungen mit darauf folgenden Zusammenbrüchen der Population. Sie beeinflussen stark den Fortpflanzungserfolg der auf Wühlmäuse spezialisierten Beutegreifer wie Mauswiesel, Mäusebussard und Schleiereule.

Zwergmaus *Micromys minutus*

ECHTE MÄUSE

Merkmale: Sehr kleine, zierliche Langschwanzmaus; KRL 5–7,8 cm, SL 4,5–7,5 cm, G 3,5–13 g; Greifschwanz; Ohren kaum aus dem Fell ragend.
Verbreitung: N-Spanien, M.- und O-EU bis Japan; isolierte Vorkommen in SO-Tibet und S-China.
Wissenswertes: Die dämmerungs- und nachtaktiven Z. sind als spezialisierte Halmkletterer eigentlich an hochgrasige, feuchte Wiesen angepasst. Ihr ursprünglicher Lebensraum zeichnet sich durch hohe Grundwasserstände oder häufige Überschwemmungen aus, die eine dauerhafte Besiedlung durch bodenbewohnende Arten nicht zulassen. Dies gilt aber auch für Äcker, die regelmäßig umgepflügt werden. Im Halmwald finden die geschickten Kletterer ihre Nahrung in Form von Gras-, Getreide- und Krautsamen, Insekten und deren Larven. Dort bauen sie im Sommer, meist in 60–100 cm Höhe, ihre kugeligen oder ovalen Hochnester. Die Schlafnester von 5–7 cm Durchmesser haben 2 seitliche Eingänge, das 6–10 cm große Wurfnest hat nur einen Eingang. **V, §!**

Waldmaus *Apodemus sylvaticus*

ECHTE MÄUSE

Merkmale: Ähnlich der Gelbhals- und Hausmaus (⇨ S. 44), aber ohne vollständiges gelbes Halsband; KRL 8–11 cm, SL 7–11 cm, G 15–32 g; oberseits graubraun, ältere Tiere mit rotbraunem Anflug, unterseits weißlich grau, zwischen den Vorderfüßen mehr oder weniger deutlich ausgeprägter rotgelber oder ockerfarbener länglicher Fleck; große Augen und Ohren; 3 Paar Zitzen.
Verbreitung: EU außer N, im O bis Altai; N-Afrika.
Wissenswertes: Die sehr anpassungsfähigen W. leben in Hecken, an Waldrändern, auch im geschlossenen Wald, auf Ruderalflächen, in Parks und Gärten. Im Winter, besonders in höheren Lagen, dringen sie auch in Häuser ein. In O-EU sind sie häufig auf Äckern (Rüben, Kartoffeln etc.) zu finden. W. springen sehr gut und klettern gern auf Bäume. Ihre Nester aus trockenem Laub und Moos legen sie meist in einem Erdbau an. Die nachtaktiven W. fressen bevorzugt Samen von Kräutern, Gräsern und Bäumen, daneben auch Insekten, und legen Vorräte an. **§!**

Gelbhalsmaus *Apodemus flavicollis*

ECHTE MÄUSE

Merkmale: Sehr ähnlich der Waldmaus (⇨ S. 42), aber Augen und Ohren etwas größer, Schwanz meist mehr als körperlang; KRL 8,5–13 cm, SL 9,5–13,5 cm, G 22–45 g; oberseits gelbbraun, Unterseite meist reinweiß mit scharfer Farbgrenze, zwischen den Vorderfüßen ockergelbes Querband oder wenigstens runder Fleck, breiter als bei der Waldmaus; Jungtiere ohne scharfe Farbgrenzen.
Verbreitung: Von S-England über M.-EU und S-EU nach O bis zum Ural und Kaukasus; in großen Teilen von W-EU fehlend.
Wissenswertes: G. sind typische Waldtiere, sie bevorzugen Laubwälder mit hohem Altholzanteil, insbesondere Buchen und Eichen-Hainbuchenwälder mit Haselsträuchern. Die guten Kletterer und Springer nutzen intensiv die Baum- und Strauchschicht. Ihre Baue legen die G. vorwiegend unter Wurzelwerk oder Steinblöcken an, nutzen aber auch verlassene Vogel- oder Haselmausnester sowie Nistkästen. Baumsamen werden z.T. in Verstecken gehortet. **§!**

Wanderratte *Rattus norvegicus*

ECHTE MÄUSE

Merkmale: Größer und gedrungener als die Hausratte; KRL 20–28 cm, SL 17–23 cm, G 270–580 g; im Vergleich zur Hausratte stumpfere Schnauze, kleinere Ohren, dickerer Schwanz, kürzer als der Körper; Fell rauer, weniger glänzend; besonders lange Grannenhaare am Rücken.
Verbreitung: Ursprünglich O-Asien; durch den Menschen heute weltweit verbreitet.
Wissenswertes: Obwohl W. selbstständig in der Natur vorkommen können, leben sie hauptsächlich in Nähe des Menschen. In Städten bewohnen sie Abwasserkanäle und die unteren Teile von Gebäuden, kommen aber auch in der Feldflur und an Gewässern vor. Die Nahrung der dämmerungs- und nachtaktiven Tiere, die gut schwimmen, tauchen und klettern können, ist sehr variabel: Nahrungsmittel und Abfälle, pflanzliche und tierische Kost jeder Art, ebenso Aas. Die geselligen Tiere leben in Familienverbänden mit bis zu 200 Mitgliedern und hierarchischer Rangordnung. Ihr Sozialleben gleicht weitgehend dem der Hausratte.

Westliche Hausmaus *Mus domesticus*

ECHTE MÄUSE

Merkmale: Ähnlich der Waldmaus (⇨ S. 42), jedoch kleiner; KRL 7,2–10,3 cm, SL 5–10,2 cm, G 10–36 g; körperlanger Schwanz; kleinere Augen und Ohren, kürzere Hinterfüße als die Waldmaus; W. H., die in menschlichen Behausungen leben, zeigen eine Tendenz zu dunklerer Fellfärbung.
Verbreitung: Ursprünglich in den Steppen Zentralasiens; Anschluss an den Menschen schon in vorgeschichtlicher Zeit; mit dem Getreideanbau und Warenverkehr nach und in EU aktiv und passiv verbreitet, heute weltweit vorkommend.
Wissenswertes: Die dämmerungs- und nachtaktiven Tiere halten sich tagsüber in ihren Verstecken auf, in Gebäuden in Hohlräumen, im Freien in selbst gegrabenen Erdbauen mit Nest- und Vorratskammern. Sie leben in Familienverbänden mit einem dominanten ♂, mehreren erwachsenen ♀ und Jungen jeden Alters. Das Familienrevier wird mit Urin markiert, jede Sippe hat offenbar ihren eigenen Familiengeruch. Neben Pflanzenkost und menschlichen Vorräten fressen W. H. auch Insekten.

Hausratte *Rattus rattus*

ECHTE MÄUSE

Merkmale: KRL 16–24 cm, SL 18–26 cm, G 150–250 g; kleiner und schlanker als die Wanderratte, schmalere Silhouette und spitzere Schnauze; große Ohren, die nach vorn geklappt die großen Augen bedecken; Schwanz mehr als körperlang.
Verbreitung: In frühgeschichtlicher Zeit durch den Menschen aus SO-Asien nach EU eingeschleppt; heute weltweit vorkommend und viel häufiger als die Wanderratte, v. a. im Inneren der Kontinente; in N-, W- und M.-EU nicht überall verbreitet, gebietsweise durch die Wanderratte verdrängt.
Wissenswertes: H. sind vorwiegend nachtaktiv. Im Gegensatz zu Wanderratten klettern sie sehr gut, schwimmen aber nur ungern. Ihre Nester legen sie auf dem Boden, auf Bäumen oder in unterirdischen Höhlen an. H. leben in kleinen Gruppen mit hierarchischer Rangordnung (1 dominantes ♂ und mehrere untergeordnete ♀) in abgegrenzten Territorien. Neben der Jungenaufzucht verteidigen die ♀ auch aktiv das Territorium, insbesondere gegen fremde ♂.

Siebenschläfer *Glis glis*

SCHLÄFER

Merkmale: Größte Schläferart, eichhörnchenähnlich; KRL 13–20 cm, SL 10–18 cm, G 70–180 g; große Augen, kurze, gerundete Ohren; graues Fell und buschiger Schwanz.

Verbreitung: Von N-Spanien über S und M.-EU ostwärts bis zur Wolga und zum Kaukasus, vereinzelt in Anatolien; in S-England seit 1902 ausgesetzt.

Wissenswertes: Lebensraum der dämmerungs- und nachtaktiven, gewöhnlich ortstreuen S. sind unterholzreiche Wälder, auch Gärten und Parks. S. leben in lockeren Gruppen zusammen. Ihr breites Lautrepertoire reicht von Zwitschern und Pfeifen über Quieken bis zu Surren. Die Nester aus Gras, Blättern und Moos bauen S. in Baumhöhlen, Felsspalten, Dachböden oder Nistkästen. Im Sommer bringen die ♀ einen Wurf mit meist 5–7 Jungen zur Welt, die mit 8 Wochen selbstständig sind. S. verzehren neben pflanzlicher Kost auch Insekten, Vogeleier und -nestlinge und legen manchmal Vorräte an. Schon im IX/X beginnen sie ihren Winterschlaf und wachen erst im V/VI wieder auf. **§!**

Gartenschläfer *Eliomys quercinus*

SCHLÄFER

Merkmale: KRL 11–17 cm, SL 9–13 cm, G 50–150 g (im Herbst noch schwerer); kleiner, schlanker und spitzköpfiger als der Siebenschläfer, wesentlich größere und längere Ohren als dieser; auffällige schwarze Gesichtszeichnung bis hinter die Ohren.

Verbreitung: Von Portugal über M.- und S-EU bis zum Ural, ferner N-Afrika.

Wissenswertes: G. bewohnen felsige Gebiete mit Nadel- und Mischwäldern, Karstlandschaften, Kulturland mit Lesesteinmauern und Weingärten. Bisweilen halten sich die Tiere ganzjährig in Häusern (Vorratskammern) auf. Die sehr stimmfreudigen G. grunzen, keckern und pfeifen oft. Als Allesfresser ernähren sie sich von Baumsamen, Früchten, Knospen, Rinde und – mehr als die anderen Schläfer – von tierischer Kost (Insekten, kleine Reptilien, Nagetiere, Vogeleier und -junge). **§!**

Haselmaus *Muscardinus avellanarius*

SCHLÄFER

Merkmale: Kleinste Schläferart, hausmausgroß; KRL 6,5–8,5 cm, SL 5,5–7,8 cm, G 15–35 g; Felloberseite rotbraun bis orangefarben, Unterseite gelblich weiß; große Knopfaugen und runde, gut sichtbare Ohren; langer, buschiger Schwanz mit schwarzbrauner Endquaste.

Verbreitung: Von S-Frankreich nach O bis zur Wolga, in N-EU und Kleinasien fehlend.

Wissenswertes: H. leben hauptsächlich in unterholzreichen Laub- und Mischwäldern, wo sie sich als ausgezeichnete Kletterer fast nur im Gezweig aufhalten. Die dämmerungs- und nachtaktiven Tiere bauen ihre kugeligen Nester aus dürrem Gras, Bast und Laub mit seitlichem Eingang freistehend in dichtem Gebüsch oder jungen Bäumen. Ihre Nahrung besteht v. a. aus Knospen, Blättern, Blumen, Beeren und Steinobst, im Sommer verzehren sie auch Insekten und Weichtiere. Die ungeselligen H. bewohnen ihre Schlaf- und Wurfnester meist allein. Sie überwintern am Boden unter Laub, in Erdlöchern oder in ihren Nestern. **V, §!**

Baumschläfer *Dryomys nitedula*

SCHLÄFER

Merkmale: Vom Gartenschläfer durch geringere Größe, kürzere Ohren und Fehlen einer Schwanzquaste unterscheidbar; KRL 8–12 cm, SL 7–10 cm, G 17–40 g; Rücken aschgrau bis rotbraun, Flanken heller, von gelblicher Unterseite scharf abgesetzt; buschiger Schwanz; schwarze Binde vom Auge bis zum Ohr.

Verbreitung: M.-, SO- und O-EU sowie von Kleinasien bis Pakistan und zum Altai.

Wissenswertes: B. leben in Nadel- und Mischwäldern, gebietsweise auch in reinen Laubwäldern, bis in 2300 m Höhe. Die meist nachtaktiven B. bewegen sich v. a. auf Bäumen und im Unterholz, schlafen tagsüber in Nestern aus Blättern und trocknem Gras, die sie in Büschen errichten. Den Winterschlaf verbringen B. in ausgepolsterten Nestern in Erdhöhlen, zwischen Baumwurzeln oder niedrig im Buschwerk. **RL, §!**

Wolf *Canis lupus*

HUNDE

Merkmale: Etwa wie ein kräftiger, hochbeiniger Schäferhund; KRL 100–160 cm, SL 30–50 cm, SH 50–100 cm, G 25–60 kg; Fell meist graubraun.

Verbreitung: Ursprünglich gesamte nördliche Hemisphäre, in vielen Ländern heute ausgerottet. Neuerdings breiten sich W. in Polen und in den Balkanländern nach W, in Italien nach NW aus und bilden in Frankreich und im O von D neue Populationen.

Wissenswertes: W. leben in Familien (Rudeln) aus den beiden Eltern sowie diesjährigen und älteren Jungtieren. Sie erkennen sich am Geruch und kennzeichnen ihre Reviere mit Duftmarken. Das Rudel verteidigt ein großes Territorium gegen andere Rudel. Als Verständigungsmittel dient neben einer vielseitigen Gestik auch gemeinsames, lang gezogenes, weithin hörbares Heulen (vor allem im Herbst/Winter sowie nach Sonnenuntergang).

W. ernähren sich sehr vielseitig, v. a. aber von Huftieren, Kleinsäugern, auch Haustieren, Aas. Im Winter jagen sie im Rudel, im Sommer, wenn viele unerfahrene Jungtiere erbeutet werden können, einzeln. Nur die beiden ranghöchsten Tiere paaren sich. Nach einer Tragzeit von rund 62 Tagen bringt das ♀ einen Wurf mit 4–7 Jungen zur Welt. Alle Rudelmitglieder beteiligen sich an der Aufzucht der Jungen. Sie würgen Teile ihres Fraßes vor den Welpen halb verdaut wieder aus. **RL! §! A**

Rotfuchs *Vulpes vulpes*

HUNDE

Merkmale: Unverwechselbare Gestalt; KRL 50–90 cm, SL 30–50 cm, SH 35–45 cm, G 2,5–10 kg; dichtes, weiches Fell, oberseits gelbrot bis rotbraun, unterseits hellgrau bis weiß, Schwanzspitze oft weiß; Neugeborene schiefergrau.

Verbreitung: Fast ganz EU; große Teile N- und Zentralasiens sowie N-Amerikas.

Wissenswertes: Der vorwiegend dämmerungs- und nachtaktive R. kommt in nahezu allen Landlebensräumen bis über die Waldgrenze vor, auch in Siedlungen, sogar inmitten von Großstädten. Außerhalb der Fortpflanzungszeit gibt er sich einzelgängerisch. Zum Schlafen und zur Jungenaufzucht dient ihm ein Erdbau, den er selbst gräbt oder vom Dachs (⇨ S. 50) übernimmt. Sein Territorium markiert er mit Harn und Kot. Streitende Füchse keckern, in der Paarungszeit ist oft ein kreischendes Bellen zu hören. Der R. ist ein ausgesprochener Allesfresser, der sich von Kleinsäugern, Vögeln, Insekten, Regenwürmern, Aas, Obst und Beeren ernährt. Seine Hauptbeute jedoch sind Mäuse. Wegen seiner Häufigkeit, seiner weiten Verbreitung und seiner Anpassungsfähigkeit (Leben in Siedlungen) ist der R. der bedeutendste Tollwutüberträger. In vielen Ländern (auch in D) ist der R. Träger des Fuchsbandwurms, dessen Entwicklungsstadien beim Menschen zu schwerer Erkrankung und sogar zum Tod führen können. **§!**

Marderhund *Nyctereutes procyonoides*

HUNDE

Merkmale: Fuchsgroß; KRL 50–80 cm, SL 15–25 cm, G 4–6 kg (Sommer), 6–10 kg (Winter); kurzbeinig, langhaariges Fell; spitze Schnauze, abgerundete Ohren, die kaum aus dem Fell herausragen; Gestalt, Gesichtsmaske und Fell waschbärähnlich (⇨ S. 50).

Verbreitung: Heimisch in O-Asien, China, Korea, Japan; nach der Einbürgerung als Pelztier in der Ukraine (1928–1955) kontinuierliche Ausbreitung in Richtung W, nach M.- und S-EU, aber ebenso nach N-EU (Finnland). Im Jahr 2000 waren bereits alle ostdeutschen Bundesländer von ihm besiedelt.

Wissenswertes: Lebensraum des M. sind busch- und schilfreiche Flusstäler, Laub- und Mischwälder, häufig in Gewässernähe. Der vorwiegend nachtaktive Hund lebt recht versteckt, meist als Einzelgänger oder paarweise, gelegentlich auch im Familienverband. Meist ruhen die Tiere tagsüber in selbst gegrabenen Erdbauen, in vorhandenen Höhlen oder auf Schilflagern. Sie sind gute Schwimmer, klettern aber nicht, laufen langsam und „bummeln" eher durch ihr Revier. Der M. ist mehr ein Sammler als ein Jäger, der, wenngleich Allesfresser, doch vorwiegend tierische Nahrung aufnimmt. Von XII–II hält er Winterruhe in einem selbst gegrabenen Bau. Das ♀ bringt nach einer Tragzeit von 59–63 Tagen durchschnittlich 6–8 Junge zur Welt.

Waschbär *Procyon lotor*

KLEINBÄREN

Merkmale: Größer als Hauskatze; KRL 40–70 cm, SL 20–30 cm, G 5–16 kg; charakteristische schwarze Gesichtsmaske, gedrungener Körper, kurze Beine, buschiger, schwarz geringelter Schwanz.
Verbreitung: Heimisch in N- und M.-Amerika. 1934 wurden W. in Hessen ausgesetzt, 1945 sind 25 Exemplare in Brandenburg aus einer Pelztierfarm entkommen. Seither sind W. in EU in Ausbreitung begriffen, zurzeit leben sie in D, Frankreich, Luxemburg, den Niederlanden und Österreich.
Wissenswertes: Bewohnt Laub- und Mischwälder, Feuchtgebiete, auch den Siedlungsraum; dämmerungs- und nachtaktiver Einzelgänger, tagsüber versteckt in Baum- und Erdhöhlen; Allesfresser, benutzt Vorderpfoten als Hände; hält in kalten Wintern Winterruhe (mit häufigen Unterbrechungen). Der W. ist stark abhängig von Baumhöhlen. Er bevorzugt als Lebensraum Eichenwälder, an den glatten Buchen kann er nur schlecht emporklettern und Nadelbäume haben keine Höhlen. Andererseits passt er sich hervorragend an menschliche Siedlungen an. Er hat sehr bewegliche Greifhände, mit denen er Eier und Jungvögel in engen Bruthöhlen erfassen kann. Außerdem konkurriert er mit Marder und Waldkauz um Baumhöhlen. Daher gilt er als Feind der Baumbrüter, doch konnte ein quantitativer Einfluss auf andere Arten bisher nicht nachgewiesen werden.

Braunbär *Ursus arctos*

BÄREN

Kratzspuren markieren Revier

Merkmale: Groß, gedrungen; europ. Unterart: KRL 170–250 cm, SL 6–14 cm, SH 90–110 cm, G 120–250 kg.
Verbreitung: Heute in EU nur noch Restvorkommen. In Schweden leben über 1000 B. (Tendenz steigend), in Rumänien etwa 6600, in den Balkanländern etwa 4000. Kleine Populationen halten sich in Kantabrien, in den Abruzzen, in SO-Polen, der Slowakei und im Baltikum. In den Pyrenäen und in N-Italien (Trentino) steht der B. vor dem Aussterben. In Österreich und NO-Italien ist durch Zuwanderung aus Slowenien und durch Aussetzungen eine kleine Population neu entstanden.
Wissenswertes: Dämmerungs- und nachtaktiver Einzelgänger; lebt in großräumigen Waldgebieten und Gebirgswäldern, auch in der Tundra; Reviere 10–1600 qkm groß; Allesfresser, hauptsächlich aber vegetarische Kost; hält unregelmäßig Winterruhe. In Ländern mit regelmäßiger Schneelage verschlafen B. den Winter von XI–V. Eine B.-Population hat nur wenig Nachwuchs, die ♀ gebären nur jedes 2./3. Jahr 2–3 Junge. Weit umherstreifende B. sind fast immer junge ♂. In aller Regel meiden B. den Menschen. **RL! §! A**

Dachs *Meles meles*

MARDER

Merkmale: Plumper Körper; KRL 60–90 cm, SL 15–20 cm, G 7–13 kg (Sommer), 15–25 kg (Herbst/Winter); Kopf schwarz-weiß längsgestreift; Vorderpfoten mit langen, starken Krallen.
Verbreitung: EU (außer Island, N-Skandinavien, Sardinien, Sizilien, Korsika), im O bis Mittelasien.
Wissenswertes: Bewohner von Laub- und Mischwäldern, Parklandschaften und Flussauen, im Gebirge bis in 2000 m Höhe, auch in Siedlungen. Der dämmerungs- und nachtaktive Einzelgänger lebt paarweise oder im Familienverband. Er gräbt umfangreiche Baue mit verzweigten Gangsystemen und einem oder mehreren Kesseln. In ihrem Revier legen D. regelrechte Latrinen an, Erdlöcher, in denen sie ihren Kot absetzen. Damit markieren sie den Besitz ihres Reviers gegenüber Artgenossen. Sie dulden jedoch durchaus z. B. eine Fuchsfamilie als „Untermieter" – allerdings mit getrenntem Kessel – in ihrem Bau. Im Herbst fressen sich D. einen mächtigen Fettvorrat für die Winterruhe an. Sie können dann das doppelte Gewicht im Vergleich zum Frühjahr erreichen. Bei der Nahrungswahl sind sie recht flexibel: Kleinsäuger und -vögel, Eier, Amphibien, Reptilien, Insekten, Schnecken, Regenwürmer (örtlich bis zu 80 %), Obst, Nüsse, Beeren und Feldfrüchte – alles kommt ihnen gelegen. Pro Wurf bringt ein ♀ 1–6, meist aber 2 Junge zur Welt. **§!**

Mauswiesel *Mustela nivalis*

MARDER

Merkmale: Kleinstes Raubtier der Welt, mausgroß; KRL 13–26 cm (♂), 11–22,5 cm (♀), SL 57 cm, G 75–200 g (♂), 45–110 g (♀); Fell oberseits rot- bis graubraun, unterseits weiß bis gelblich weiß, Farbgrenze gezackt; Schwanz im Gegensatz zum Hermelin ohne schwarze Spitze. Nur in nördlichen Verbreitungsgebieten und im Hochgebirge tragen M. zeitweise ein weißes oder weiß geflecktes Fell sowie ein geflecktes Übergangskleid.

Verbreitung: Ganz EU außer Island und Irland; ferner Asien, Afrika und N-Amerika.

Wissenswertes: Die Verbreitungsgebiete von M. und Hermelin zeigen eine große Überlappung, doch während das Hermelin problemlos größere Nager erbeutet, ist das M. ein ausgesprochener Jäger kleiner Wühlmausarten. M. bewohnen deckungsreiche Habitate und benutzen als Verstecke Maulwurfsgänge und Wühlmausnester. Im Winter sind sie auch im Siedlungsraum zu finden. Die ♀ werfen ein- bis zweimal im Jahr 3–12 nesthockende, zunächst noch blinde Junge. **V, §!**

Steinmarder *Martes foina*

MARDER

Merkmale: Etwa katzengroß; KRL 40–50 cm, SL 21–27 cm, G 1,7–2,3 kg (♂), 1,1–1,5 kg (♀); schlanker, gestreckter Körper, kurze Beine; graubraunes Fell lichter und gröber als beim Baummarder, meist gegabelter weißer Kehlfleck.

Verbreitung: EU, nur auf Island, in Großbritannien, Skandinavien und auf Mittelmeerinseln fehlend; in Asien bis China und Mongolei.

Wissenswertes: S. sind überaus anpassungsfähig und ausgesprochene Kulturfolger. In EU werden fast alle Landschaftstypen besiedelt, auch Städte. Die Nahrung der fast ausschließlich nachtaktiven S. ist sehr vielseitig: Nagetiere, Vögel, Eier, Insekten und Regenwürmer, im Sommer bis zu 80% Früchte. S. bewohnen gern Dachböden, sind dort sehr geräuschvoll und richten z. T. Schäden an Isoliermaterial an (für Nestbau). Auch dringen S. auf ihren nächtlichen Streifzügen oft in Motorräume geparkter Fahrzeuge ein, riechen dort evtl. den Duft von Rivalen und reagieren gegen das „Phantom" mit Zerbeißen von Plastik- und Gummiteilen. **§!**

Hermelin, Wiesel *Mustela erminea*

MARDER

Merkmale: Rattengroß; sehr schlanker, langer Körper; KRL 18–32,5 cm (♂), 17–27 cm (♀), SL 5–12 cm, G bis 350 g (♂), bis 200 g (♀); Oberseite im Sommer hell- bis zimtbraun, geradlinig gegen gelblich weiße Unterseite abgesetzt; Schwanz stets mit schwarzer Spitze; im Winter Fell außer der Schwanzspitze völlig weiß; Haarwechsel zum Winterfell rasch, im Frühjahr länger dauernd, dann oft braun-weiß gescheckte Tiere zu sehen.

Verbreitung: Ganz EU außer Island und dem Mittelmeerraum; ferner Asien und N-Amerika.

Wissenswertes: H. besiedeln Tundren-, Steppen- und Waldgebiete, Parklandschaften, Siedlungen, Gärten und Parks, im Gebirge kommen sie bis ca. 3000 m Höhe vor. Die vorwiegend nachtaktiven Marder leben als Einzelgänger oder im Familienverband. Ihre Verstecke liegen in Stein- oder Reisighaufen, Erd- und Baumhöhlen oder Nagetierbauen. Sie erbeuten Kleinsäuger bis Kaninchengröße, auch Lurche, Kriechtiere, Fische, Vögel und deren Eier bzw. Brut. **§!**

Baummarder *Martes martes*

MARDER

Merkmale: ♂ größer als ♀, KRL 40–53 cm, SL 22–28 cm, G 1,2–2,4 kg (♂), 0,8–1,4 kg (♀); kastanienbraunes, feinseidiges Fell; dottergelber bis rötlich gelber Kehlfleck; im Gegensatz zum Steinmarder dunkler Nasenspiegel.

Verbreitung: EU, nur auf Island, im nördlichsten Skandinavien, in großen Teilen der Iberischen Halbinsel und Griechenlands fehlend; im O bis Sibirien, auch Klein- und Vorderasien.

Wissenswertes: B. bewohnen die verschiedensten Wälder und bevorzugen höhlenreiche Altholzbestände mit gutem Kleinsäugervorkommen. Die hauptsächlich nachtaktiven Einzelgänger sind gewandte Kletterer. **V, §!**

Pfotenabdruck (Ballen behaart)

Spur

Waldiltis, Iltis *Mustela putorius*

MARDER

Merkmale: Kleiner als Hauskatze; typische marderartige Gestalt; KRL 35–46 cm (♂), 30–40 cm (♀), SL 12–17 cm (♂), 8–15 cm (♀), G 1–1,5 kg (♂), 600–800 g (♀); buckelartige Rückenlinie; Fellfärbung dunkelbraun bis schwarz mit gelblicher Unterwolle; gelblich weiße Gesichtsmaske.
Verbreitung: EU (außer Irland, N-Skandinavien, Balkan, N-Russland), Asien, N-Afrika.
Wissenswertes: Meist nachtaktiver Einzelgänger, bewohnt Wälder, Wiesen, Felder, Park- u. Heckenlandschaften, oft auch in Gewässer- und Siedlungsnähe, vom Tiefland bis in 2000 m Höhe; ernährt sich von Kleinsäugern, v. a. Wühl- und Waldmäusen, Ratten, auch Amphibien, Vögeln, Eiern, Reptilien, Schnecken, Regenwürmer und Insekten. Stark riechendes Analdrüsen-Sekret. Die hellen bis weißen Frettchen *Mustela putorius* f. *furo* sind die domestizierte Form des W. und werden von alters her zu Kaninchenfang und Rattenbekämpfung eingesetzt. **V, §!**

Fischotter *Lutra lutra*

MARDER

Merkmale: Rotfuchsgroß, durch kurze Beine und langen, starken, spitz zulaufenden Schwanz gedrungen und schlank zugleich wirkend; KRL 60–95 cm, SL 25–55 cm, G 5,5–10 kg; ♂ meist größer und schwerer als ♀; zwischen den Zehen Schwimmhäute.
Verbreitung: EU außer Island und den Mittelmeerinseln; ferner N-Afrika, Kleinasien, im O bis Japan; in vielen Gebieten bereits ausgerottet oder stark bedroht.
Wissenswertes: F. bewohnen die verschiedensten Gewässer. Zu ihrer Beute zählen fast alle am, auf und im Wasser lebenden Tiere, ggf. auch Aas. Die territorialen F. leben einzeln, paarweise oder im Familienverband. In Otterrevieren finden sich oft gut getarnte Ausstiege („Ottersteige") sowie Kot-, Abfall- und Markierungsstellen. Ihre Baue legen F. in Uferböschungen in vorgefundenen oder selbst gegrabenen Erdhöhlen an. Als Fischverzehrer wurden F. früher erbarmungslos verfolgt. **RL! §! A**

Wildkatze *Felis silvestris*

KATZEN

Merkmale: Nur mit verwilderten Hauskatzen verwechselbar; KRL 45–80 cm, SL 30–40 cm, G 3,515 kg (♂), 3–10 kg (♀); in M.-EU mit dick buschigem, stumpf endendem Schwanz und schwärzlichem Aalstrich auf der Rückenmitte.
Verbreitung: EU außer Island, Irland, Skandinavien, N-Polen und Baltikum; Afrika, Vorderasien.
Wissenswertes: Die vorwiegend nachtaktiven W. leben außerhalb der Paarungszeit weitgehend einzelgängerisch. Die ♂ (Kuder) nutzen große Aktionsräume, Kätzinnen bewohnen kleinere Reviere, die mit denen der ♂ überlappen können. Zur Paarungszeit (I/II) werden größere Wanderungen unternommen. V. a. die aktiveren ♂ werden in dieser Zeit häufiger zu Verkehrsopfern oder (unberechtigterweise) erlegt. W. erbeuten Kleinsäuger, vor allem Wühlmäuse, in manchen Regionen großteils Wildkaninchen, daneben Vögel, Reptilien, Amphibien, Wirbellose und Aas. Gelegentlich werden auch Gräser und Früchte aufgenommen. **RL, §! A**

Luchs *Lynx lynx*

KATZEN

Merkmale: Etwa schäferhundgroß; KRL 80–130 cm, SL 15–25 cm, SH 50–75 cm, G 12–32 kg; hochbeinig; stummelförmiger Schwanz, am Ende gestutzt; spitze, dreieckige Ohren mit langen, schwarzen Haarpinseln; Fell fahlgrau bis rotgelb, mehr oder weniger stark gefleckt bis ungefleckt.
Verbreitung: EU, Asien; in vielen Gebieten von W- und M.-EU ausgerottet.
Wissenswertes: Der einzelgängerische L. lebt in Wald- und Buschgebieten. In ihren etwa 100 (♀) bis 300 (♂) qkm großen Streifgebieten dulden L. keine gleichgeschlechtlichen Artgenossen. Der Pirschjäger schleicht sich an seine Beute heran und überrascht sie aus kurzer Entfernung mit wenigen Sprüngen. Rehe und andere große Beutetiere tötet er mit einem Kehlbiss durch Erdrosseln. Seine Hauptbeutetiere sind rehgroße Huftiere (Rehe, Gämsen), im N auch Schneehasen und Raufußhühner. L. wurden in mehreren europ. Ländern erfolgreich wieder angesiedelt. **RL, §! A**

Seehund *Phoca vitulina*

HUNDSROBBEN

Merkmale: KRL 140–190 cm, G 60–110 kg; ♂ größer u. schwerer als ♀; kleiner Kopf, relativ deutliche Ohröffnungen; kurze Vorderflossen, die oft faustartig eingekrümmt werden; Färbung variabel.
Verbreitung: Europäische Atlantikküste (einschließlich Nordsee, in der Ostsee selten) bis Spanien; Küsten N-Amerikas und des N-Pazifiks.
Wissenswertes: Am häufigsten sieht man die an Land unbeholfenen S. auf Sandbänken im Watt oder auf Felsstränden ruhen. S. jagen viele Fischarten, Kopffüßer, Krebs- und Weichtiere, im Watt v. a. junge Plattfische. Ihre Beute finden sie im Oberflächenwasser wie auf Tauchgängen von bis zu 100 m Tiefe und 30 Minuten Länge. Oft jagen S. im Verbund und treiben sich dabei die Beute zu. Die fast ausschließlich tagaktiven Robben sind weitgehend gebietstreu, nur jüngere S. wandern. Bei Abwesenheit oder Verlust der Mutter geben die jungen S. einen charakteristischen heulenden Laut von sich, der ihnen ihren Namen „Heuler" einbrachte. **RL, §!**

Mönchsrobbe *Monachus monachus*

HUNDSROBBEN

Merkmale: KRL 230–340 cm, G 280–320 kg, ♂ kleiner als ♀; relativ kleiner, flacher Kopf; Fell oberseits dunkelbraun, unterseits blasser, hellere Bereiche an Kopf und Nacken, einige Tiere mit weißem Bauch; Jungtiere mit schwarzem Wollhaar.
Verbreitung: Mittelmeer mit Schwerpunkten Ägäis und Adria sowie südwestliches Schwarzes Meer; auch Atlantikküste NW-Afrikas; heute nur noch in kleinen Restpopulationen.
Wissenswertes: M. sind sehr scheu und meiden menschliche Kontakte. Sie halten sich an ungestörten Sand- und Felsküsten mit Klippen und Grotten auf. Höhlen und Felsüberhänge, die von Land unzugänglich sind und z.T. nur tauchend erreicht werden können, gehören zu den bevorzugten Aufenthaltsorten der M., die einzeln oder in kleinen Gruppen leben. Sie ernähren sich hauptsächlich von Fischen, daneben auch von Tintenfischen.
Die Bestände der M. sind durch die hohe Belastung und Überfischung ihrer Gewässer sowie den ausufernden Tourismus extrem gefährdet. **A**

Kegelrobbe *Halichoerus grypus*

HUNDSROBBEN

Merkmale: Größer als der Seehund; KRL 180–230 cm, G 105–310 kg; spindelförmige Gestalt; langer, kegelförmiger Kopf, Schnauze den Unterkiefer überragend; Färbung variabel.
Verbreitung: Nordatlantik, Küsten von Island, Großbritannien, Irland, Färöerinseln, Nord- und Ostsee; O-Küste Kanadas; bevorzugt in Meeresteilen mit Klippen sowie Fels- und Geröllküsten.
Wissenswertes: Die tagaktiven, sehr scheuen K. leben meist in kleinen Gruppen. Gewöhnlich paaren sich die ♂ mit mehreren ♀ und kämpfen dabei um ihr Fortpflanzungsrecht in Imponier-, selten Beschädigungskämpfen. Die Fortpflanzungszeit reicht von IX–III. Die Jungen werden an Land oder auf dem Eis (Ostsee) geboren, nach 4–6 Wochen wechseln sie ihr grauweißes Babyfell. Ihre Nahrung besteht aus einer Vielzahl von Küsten- und Hochseefischen sowie Wirbellosen, die in Tauchtiefen bis zu 130 m und Tauchlängen bis zu 20 Minuten erbeutet werden. K. sind heute v. a. durch die Meeresverschmutzung bedroht. **RL, §!**

Schweinswal *Phocoena phocoena*

SCHWEINSWALE

Merkmale: Kleiner Wal mit rundlichem Kopf ohne Schnabelbildung; KRL 1,20–1,50 m (♂), 1,30–1,80 m (♀); niedrige, dreieckige Rückenflosse (Finne); braungraue Oberseite, helle Unterseite.
Verbreitung: In küstennahen kühleren Gewässern der Nordhalbkugel; im Atlantik; Ost- und Nordseeraum; isolierte Populationen im Schwarzen und Asowschen Meer.
Wissenswertes: S. leben einzeln oder in kleinen Gruppen bis zu 10 Tieren. Am häufigsten schwimmen sie zu zweit. Zwischen Müttern und ihren Kälbern sowie in der Paarungszeit zwischen ♂ und ♀ gibt es eine enge Bindung. Die Tiere schwimmen mit langsamen, „rollenden" Bewegungen und vermeiden es im Gegensatz zu anderen Delfinen aus dem Wasser zu springen. S. ernähren sich hauptsächlich von Fischen, v. a. Hering, Makrele, Wittling und Kabeljau. Die moderne Fischerei stellt die größte Gefährdung für S. dar. Die Tiere verheddern sich in den Netzen, die sie nicht orten können, ertrinken oder verletzen sich schwer. **RL, §! A**

Wildschwein *Sus scrofa*

SCHWEINE

Merkmale: KRL 110–180 cm, SL 15–25 cm, SH 60–115 cm, G 50–350 kg; schwarz- bis graubraunes, borstiges Fell; ♂ (Keiler) mit kräftigen, äußerlich sichtbaren Eckzähnen im Unterkiefer.
Verbreitung: Eurasien bis Indien, Japan, N-Afrika (in 18 Unterarten).
Wissenswertes: W. besiedeln Laub- und Mischwälder und andere deckungsreiche Landschaften; zur Nahrungsaufnahme ziehen die tag- und nachtaktiven Allesfresser auch auf Felder. ♀ (Bachen) und Jungtiere (Frischlinge bzw. Überläufer) leben in Familienverbänden (Rotten) mit bis zu 50 Tieren unter Führung des ältesten ♀. Das ♀ baut zur Geburt ein großes Nest. Männliche Tiere werden ab 1 1/2 Jahren nicht mehr geduldet und leben dann als Einzelgänger. Ursachen für die starke Vermehrung der W. sind großflächiger Maisanbau und mehrere Eichen- und Buchenmastjahre in Folge (hochwertige Nahrung), schneearme Winter und nachlässige Bejagung. W. leben heute in unmittelbarer Stadtnähe und nutzen Müll und Abfälle. **§!**

Damhirsch *Dama dama*

HIRSCHE

Merkmale: Kleiner als ein Rothirsch; KRL 130–230 cm, SL 15–20 cm, SH 85–110 cm, G 45–150 kg; ♂ größer und schwerer als ♀; ♂ mit Schaufelgeweih (ab 2. Jahr); Geweihabwurf IV/V; Sommerfell rotbraun mit weißen Flecken, Winterfell dunkler, schwächer gefleckt; Schwanz oberseits mit dunklem Mittelstreifen, unterseits weiß; weiße, oben schwarz gerandete Analregion; grauschwarze, weiße und gelbbraune Farbvarianten.
Verbreitung: Einst in Mittelmeerländern und Vorderasien, in EU schon im Altertum ausgerottet, ursprüngl. Bestände nur noch im S Kleinasiens; seit dem Mittelalter in EU wieder eingebürgert, heute frei lebende Bestände in vielen Ländern.
Wissenswertes: Die vorwiegend dämmerungs- und tagaktiven D. bevorzugen Mischwälder der Ebenen und Mittelgebirge. Im Winter leben ♂ und ♀ in großen Rudeln zusammen, im Frühjahr trennen sie sich. Während der Brunft (X–XI) kämpfen die ♂ um ♀-Rudel und schlagen mit dem Geweih an bestimmten Plätzen Erdgruben. **§!**

Rothirsch *Cervus elaphus*

HIRSCHE

Merkmale: Größte Art der Gattung mit vielen Unterarten; KRL 165–250 cm, SL 12–15 cm, SH 120–150 cm, G 100–220 kg (♂), 70–150 kg (♀); ♂ mit starkem Stangengeweih, ♀ geweihlos; Fell im Sommer rötlich bis zimtbraun, im Winter graubraun; ♂ im Herbst/Winter mit Halsmähne; Jungtiere mit Längsreihen heller Flecken.
Verbreitung: Viele Einzelpopulationen in EU (außer Island und gr. Teilen Skandinaviens); Unterarten in Asien (Maral), N-Amerika (Wapiti), N-Afrika.
Wissenswertes: R. leben in Wäldern mit Freiflächen, im Sommer bis zur Mattenregion, auch in waldlosem Heide-Hochland. Die tag- und nachtaktiven Pflanzenfresser wechseln täglich zwischen Deckungs- und Äsungsflächen, saisonal zwischen Sommer- und Wintereinständen. ♀ bilden mit den Jungtieren Rudel, ♂ schließen sich im Sommer oft zu Gruppen zusammen, im IX wandern sie einzeln zu den Brunftplätzen. Ältere ♂ erobern einen Harem und verteidigen diesen mit dröhnendem Brunftgeschrei (Röhren) gegen Rivalen.

Reh *Capreolus capreolus*

HIRSCHE

Merkmale: Kleinste in EU heimische Hirschart; KRL 95–135 cm, SL 1–2 cm, SH 60–90 cm, G 15–35 kg; ♂ mit bis ca. 30 cm langem Geweih mit meist 6 Enden; Sommerfell rotbraun, Winterfell graubraun mit weißer Analregion („Spiegel").
Verbreitung: EU mit Ausnahme von Island, Irland, dem hohen N und einigen Mittelmeergebieten.
Wissenswertes: Wenngleich typische Waldrandbewohner, sind R. doch in fast allen Landlebensräumen bis zur Waldgrenze anzutreffen. Sie leben einzeln (Böcke) oder in kleinen Familiengruppen, in großflächigen Agrarlandschaften im Winter auch in großen Rudeln. ♂ besetzen im Frühjahr ein Territorium, markieren es mit dem Sekret einer Stirndrüse sowie durch Scharren am Boden (dem sog. „Plätzen") und Blankschaben von Zweigen und Stämmchen („Fegen") und vertreiben jeden anderen Bock. In der Brunft treibt der Bock die Ricke (♀) längere Zeit. R. benötigen Kräuter und Knospen und tragen durch Verbiss von Laubbäumen und Tannen zur Verfichtung des Walds bei. **§!**

Elch *Alces alces*

HIRSCHE

Merkmale: Größte Hirschart; KRL 200–310 cm, SL ca. 5 cm, SH 150–230 cm, G 270–800 kg; langbeinig, breite, überhängende Oberlippe (Muffel), große Ohren; nur ♂ mit Geweih, bei jüngeren Tieren stangen-, bei alten meist schaufelförmig (bis zu 2 m breit und 20 kg schwer).

Verbreitung: Skandinavien, NO-EU, Sibirien, ferner Kanada und Alaska.

Wissenswertes: Der E. ist ein Bewohner der Taiga, aber auch von Laubmischwäldern, im Sommer ebenso der Bergtundra. Seine Nahrung besteht vor allem aus Laub, jungen Kieferntrieben sowie Wasser- und Sumpfpflanzen. Im Grunde sind E. Einzelgänger, nur im Winter schließen sie sich auch zu kleinen Rudeln unter ♀-Führung zusammen. Die südliche Verbreitungsgrenze des E. ist durch die Temperatur bestimmt. Durch seine große Körpermasse ist er gut an Kälte, aber schlecht an Wärme angepasst. Im Winter wird es ihm bei 5 °C, im Sommer bei 14–16 °C zu warm. Kühlung sucht er zu allen Jahreszeiten im Wasser. **RL! §!**

Alpensteinbock *Capra ibex*

HORNTRÄGER

Merkmale: Etwa ziegengroß, aber kräftiger; KRL 75–170 cm, SL 12–15 cm, SH ♂ 85–94 cm, ♀ 70–78 cm, G ♂ 70–125, ♀ 40–50 kg; Böcke mit kurzem Bart; säbelförmig nach hinten gekrümmte Hörner, bei ♂ bis 1 m, bei ♀ (Geißen) bis 35 cm.

Verbreitung: Gebirgsmassive von EU; Mitte des 19. Jh. nur noch 50–100 Tiere im Gran Paradiso (Aostatal/Italien); von dort Wiedereinbürgerung im Alpenraum.

Wissenswertes: Der A. ist hervorragend an das Hochgebirgsleben angepasst. Mit seinen spreizbaren Hufen kann er sich an kleinsten Unebenheiten im Fels festklammern. Als Nahrung dienen den vorwiegend tagaktiven A. Kräuter, Gräser, Knospen, Triebe, Flechten und Moose. Sie kommen mit zähem Gras durch den Winter. Außerhalb der Paarungszeit (XII/I) leben A. in getrennten Bock- und Geißverbänden. Nach einer Tragzeit von 165–170 Tagen bringen die Geißen, gewöhnlich im Juni, 1–2 Junge zur Welt, die der Mutter schon nach 1 Tag in den Fels folgen können. **(RL), §!**

Gämse *Rupicapra rupicapra*

HORNTRÄGER

Merkmale: Ziegenähnlich; KRL 110–140 cm, SL 10–15 cm, SH 70–85 cm, G 22–62 kg (♂), 14–50 kg (♀); beide Geschlechter mit Hörnern; Fell im Sommer rötlich braun mit dunklem Aalstrich auf dem Rücken, im Winter mehr schwarzbraun; verlängerte Haare auf der Kruppe („Gamsbart").

Verbreitung: Alpen, Gebirge von SO und S-EU, Kaukasus, Kleinasien; in verschiedenen Mittelgebirgen in und außerhalb von EU eingebürgert (in D im Schwarzwald und der Sächsischen Schweiz).

Wissenswertes: Als hervorragende Kletterer bewohnen G. offenes und felsiges Gelände. Die tagaktiven Tiere leben in Rudeln oder einzeln. Bei Beunruhigung warnen sie die anderen durch Aufstampfen mit den Füßen und heiseres Pfeifen. Ihre Nahrung besteht aus Gräsern, Kräutern, Knospen und Beerensträuchern, ihre natürlichen Feinde sind v. a. Luchs, Wolf und Adler. Im Sommer leben G. oberhalb der Waldgrenze. Weibliche G. bilden zusammen mit Kitzen und Jährlingen große Rudel, Böcke leben in kleinen Gruppen oder allein. **§!**

Mufflon *Ovis ammon*

HORNTRÄGER

Merkmale: Schaftyp; KRL 110–130 cm, SL 4–8 cm, SH 65–80 cm, G 25–55 kg; im Unterschied zum Hausschaf anliegendes, kurzhaariges Fell; ♂ im Sommer kräftig rotbraun, im Winter schwarzbraun, meist mit hellem Rückenfleck (Sattel), starkes Gehörn, schneckenförmig nach vorn gedreht; ♀ im Sommer bräunlich, im Winter graubraun, Gehörn nur kurz nach hinten gebogen oder fehlend.

Verbreitung: Sardinien u. Korsika; zu Jagdzwecken in vielen Gebiete von M.- und S-EU eingeführt.

Wissenswertes: M. halten sich vorzugsweise in hügeligem Gelände auf. Sie sind nicht territorial. Die geselligen Tiere leben in Rudeln, die von einem alten Mutterschaf angeführt werden. Außerhalb der Brunftzeit bilden die Widder oft eigene Verbände. Die Nahrung der sehr genügsamen M. setzt sich aus Gräsern, Kräutern und Laub zusammen. Im IV/V werden nach 5 Monaten Tragzeit die Lämmer geboren, die Säugezeit beträgt rund 4 Monate. Mit etwa 2 Jahren erlangen die Jungtiere die Geschlechtsreife. **§!**

Prachttaucher *Gavia arctica*

SEETAUCHER

Merkmale: 55–75 cm groß; im Winter oberseits einfarbig schwarzgrau, Vorderhals hell; in allen Kleidern weißes Feld im hinteren Flankenbereich.
Verbreitung und Lebensraum: Brutvogel im nördlichen Eurasien und in N-Amerika an großen, offenen und bewaldeten Seen der Tundra; in M.-EU regelmäßiger Durchzügler und Wintergast, v. a. an der Küste, einzelne auch im Binnenland.
Wissenswertes: Sibirische P. ziehen nach der Brutzeit direkt in die Winterquartiere ans Schwarze Meer und ins Kaspigebiet, auf dem Heimzug fliegen sie jedoch in NW-Richtung über die Ostsee und kehren, dem auftauenden Eis folgend, von W in ihr Brutgebiet zurück. ♂ und ♀ treffen gemeinsam am Brutplatz ein, sie bleiben in der Regel ihr Leben lang zusammen. Das einfache Nest befindet sich meist direkt am Wasser. Beide Partner brüten und füttern die Jungen. Bei ihren Tauchgängen auf der Jagd nach Fischen können P. bis in Tiefen von 45–50 m vordringen. **§!**

Haubentaucher *Podiceps cristatus*

LAPPENTAUCHER

Merkmale: 45–50 cm; im Prachtkleid unverwechselbar; Jungvögel mit gestreiften Wangen.
Verbreitung und Lebensraum: In M.-EU verbreiteter Brutvogel vorwiegend an größeren Seen mit gut ausgeprägter Ufervegetation; Winterquartier von N-EU bis N-Afrika und Vorderasien.
Balz: Bei der Balz (ab II/III) schwimmen die Partner aufeinander zu und schütteln mit abstehendem Halskragen die Köpfe. Beim sog. „Pinguin-Tanz" präsentiert das ♂ oder ♀ dem Partner Wasserpflanzen im Schnabel. Dann richten sich beide Vögel soweit auf, dass ihre Körper fast gänzlich aus dem Wasser ragen.
Brut: Das schwimmende Nest wird in der Ufervegetation aus Wasserpflanzen gebaut. ♂ und ♀ brüten abwechselnd. Nach 27–29 Tagen schlüpfen die Jungen, die anfangs von den Eltern im Rückengefieder getragen werden. Zunächst werden sie mit Insekten, später mit Fischen gefüttert. Im Alter von 10–11 Wochen sind sie selbstständig.

Zwergtaucher *Tachybaptus ruficollis*

LAPPENTAUCHER

Merkmale: 23–30 cm, kleinster europäischer Lappentaucher, in der Gestalt an ein Entenküken erinnernd; im Prachtkleid Kopfseiten, Kehle und Vorderhals kastanienbraun, Schnabelwinkel auffällig grünlich gelb.
Verbreitung und Lebensraum: In M.-EU weit verbreiteter Brutvogel an stehenden und langsam fließenden, auch kleinen Binnengewässern mit Ufervegetation, im Gebirge bis in 1700 m Höhe.
Wissenswertes: Durch seinen lauten, leicht an- und abschwellenden Triller verrät der sehr versteckt lebende Z. seine Anwesenheit. Die Brutzeit beginnt im IV und dauert häufig bis VII/VIII. Bis zu 3 Jahresbruten sind nachgewiesen. Dabei kommt es regelmäßig zu sog. Schachtelbruten: Während das ♀ bereits ein 2. Mal brütet, kümmert sich das ♂ noch um die Jungen der vorherigen Brut.
Z. ernähren sich überwiegend von Insekten, Weichtieren, Krebschen und Kaulquappen, nur im Winter spielen kleine Fische eine Rolle. **RL, §!**

Schwarzhalstaucher *Podiceps nigricollis*

LAPPENTAUCHER

Merkmale: 28–34 cm; im Prachtkleid mit goldgelben Ohrbüscheln und schwarzem Hals, im winterlichen Schlichtkleid schwarze Kopfkappe und weiße Wangen, am Hinterkopf weiße halbmondförmige Zeichnung; aufgeworfener Schnabel arttypisch.
Verbreitung: Lückenhaft von W-EU bis Mittelasien, ferner NO-Asien und Afrika, N-Amerika; in M.-EU vor allem in Tschechien, D und Polen; regelmäßiger Durchzügler und Wintergast auf den großen Voralpenseen.
Wissenswertes: Der S. kehrt im (III)IV/V in das Brutgebiet zurück, wo er sein Nest in dichter Ufervegetation an flachen Seen und Teichen anlegt. Auf Störungen durch Freizeitbetrieb reagiert er empfindlich. Das ♀ legt im V/VI 3–4(6) Eier, beide Partner brüten. Nach 20–21 Tagen schlüpfen die Jungen, die anfangs von den Altvögeln im Rückengefieder getragen und mit Wasserinsekten, Krebschen und Weichtieren gefüttert werden. Nach 4–5 Wochen sind die Jungen selbstständig. **(RL), §!**

Altvogel im Prachtkleid

Jungvogel, ins 1. Winterkleid wechselnd

Prachtkleid

Schlichtkleid

Basstölpel *Sula bassana*

TÖLPEL

Merkmale: 85–100 cm; Spannweite 170–190 cm; unverwechselbar.
Verbreitung und Lebensraum: Brütet in z.T. großen Kolonien auf Felsinseln oder an Steilküsten in der nördl. Nordsee und im N-Atlantik, in M.-EU nur auf Helgoland; Teilzieher. V. a. Jungvögel ziehen im Herbst bis ans Mittelmeer und vor W-Afrika.
Brut: Die Nester einer Kolonie liegen eng beisammen, die kleinen Nistterritorien werden von den Brutpaaren pausenlos bewacht und gegenüber Artgenossen heftig verteidigt. Das Gelege enthält meist nur 1 Ei und wird von ♂ und ♀ 42–45 Tage bebrütet. Dabei bleibt ein Altvogel meist länger als 24 Stunden auf dem Nest. ♂ und ♀ füttern den Nestling 10–11 Wochen lang. Dann erlischt die Familienbindung und der Jungvogel stürzt sich, noch flugunfähig, vom Brutfelsen ins Wasser und schwimmt auf das offene Meer hinaus.
Nahrung: Der B. ist ein Stoßtaucher: Hat er einen Fisch im Wasser erspäht, stößt er aus 10–40 m Höhe kopfüber nach unten. **(RL), §!**

Kormoran *Phalacrocorax carbo*

KORMORANE

Merkmale: 75–100 cm; Spannweite 120–150 (160) cm; im Prachtkleid mit weißem Schenkelfleck und weißen Federn an Kopf und Hals; Vögel mit weißem Bauch sind Jungvögel.
Verbreitung und Lebensraum: Brütet auf Felsklippen an den Küsten von W-EU und N-EU, ferner von den Niederlanden bis ins Baltikum sowie in SO-EU an Binnenseen auf Bäumen; v. a. im südlichen M.-EU auch auf dem Durchzug und im Winter.
Brut: K. brüten in Kolonien, die Tausende von Paaren umfassen können. Für den Nestbau brechen ♂ und ♀ Äste und Zweige von Bäumen. Das ♀ legt 3–4 Eier, die von beiden Partnern 23–30 Tage bebrütet werden. Das Futter für die Jungen wird von den Eltern im Kropf transportiert und am Nest halb verdaut wieder hochgewürgt. Die Jungen sind im Alter von 12–13 Wochen selbstständig.
Wissenswertes: Seine Nahrung, v.a. Fische, erbeutet der K. tauchend. Da sein Gefieder nicht Wasser abweisend ist, muss er es anschließend mit ausgestreckten Flügeln trocknen. **§!**

Rosapelikan *Pelecanus onocrotalus*

PELIKANE

Merkmale: Schwanengroßer Schwimmvogel, Spannweite 250–300 cm; unverwechselbar.
Verbreitung: Verstreute Brutkolonien in SO-EU, im Schwarzmeergebiet und in Kleinasien. Die meisten europäischen Brutvögel ziehen im Winter nach Afrika. In M.-EU ist der R. ein seltener Gast.
Wissenswertes: R. sind hervorragende Segelflieger, die thermische Aufwinde geschickt zu nutzen wissen. Auf längeren Flügen in der Gruppe reiht sich ein Vogel seitlich versetzt hinter die Schwingenspitzen des anderen. So profitiert jeder vom Auftrieb seines vor ihm fliegenden Artgenossen; der Anführer der Staffel wechselt regelmäßig.
R. legen ihre Nester in z. T. sehr großen Kolonien auf Schilfinseln in flachen, fischreichen Seen und Flussdeltas an. ♂ und ♀ brüten und ziehen gemeinsam meist 2 Junge groß. Zum Beutefang schwimmen R. in Reihen nebeneinander und treiben Fische in seichtes Wasser oder kreisen sie ein. Mit ihrem Kescherschnabel können sie sie dann aus dem Wasser schöpfen.

Rohrdommel *Botaurus stellaris*

REIHER

Merkmale: 70–80 cm; Balzruf des ♂ ein tiefes, weit hörbares „whuump“, wie ein Nebelhorn.
Verbreitung: Brütet lokal von S-Schweden, England, Spanien und N-Afrika bis an den Pazifik, ferner in S-Afrika; in M.-EU selten; europäische Vögel sind Teilzieher.
Brut: Das ♂ verteidigt ab III ein recht großes Territorium in ausgedehnten Verlandungszonen mit mehrjährigen Schilf- und Rohrkolbenbeständen. Häufig befinden sich die Nester von bis zu 5 ♀ in einem Revier. Auch Bebrütung und Jungenaufzucht sind Sache des ♀.
Wissenswertes: Die R. ist perfekt an das Leben im Schilf angepasst. Bei Gefahr erhöht sie die Tarnwirkung des Gefieders, indem sie Kopf und Schnabel steil in die Höhe reckt und die Bewegungen des im Wind schwankenden Schilfs nachahmt (sog. Pfahlstellung). Aus regungslosem Ansitz plötzlich zupackend oder langsam durch seichtes Wasser pirschend erbeutet die R. Fische, Amphibien, Wasserinsekten, Würmer oder Krebstiere. **RL! §!**

Prachtkleid

Zwergdommel *Ixobrychus minutus*

REIHER

Merkmale: Mit 33–38 cm etwa hähergroß; beim ♂ Scheitel und Oberseite schwarz, helleres Flügelfeld als ♀, unterseits weniger deutlich gestreift.
Verbreitung: In EU weit verbreitet; ferner in Afrika, N-Indien und Australien; überwintert in Afrika südlich der Sahara.
Brut: Z. kehren ab V in ihre Brutgebiete zurück: Verlandungszonen größerer und kleinerer Gewässer, auch Auwälder und Sümpfe. Der dumpfe Balzruf des ♂, ein kurzes „wru", ist vor allem abends und nachts zu hören. Aus dürren Zweigen und Halmen errichten ♂ und ♀ ein Nest im Röhricht. Das ♀ legt 5–6 Eier, die von beiden Brutpartnern bebrütet werden. Nach knapp 3 Wochen schlüpfen die Jungen. Bei Gefahr nehmen Dunenjunge wie Altvögel eine charakteristische „Pfahlstellung" ein, bei der sie Kopf und Schnabel steil in die Höhe recken.
Nahrung: Fische, Frösche, Kaulquappen und Wasserinsekten erbeutet die Z. vom Ansitz aus: Reglos z. B. auf einem Ast dicht über dem Wasser sitzend, stößt sie dann blitzschnell zu. **RL! §!**

Graureiher, Fischreiher *Ardea cinerea*

REIHER

Merkmale: 85–100 cm; Spannweite 155–175 cm; fliegt stets mit s-förmig eingezogenem Hals.
Verbreitung: Brutvogel in fast ganz EU sowie in Asien; Teilzieher; nördl. und östl. Vögel ziehen im Herbst in den Mittelmeerraum und nach Afrika; in M.-EU ganzjährig zu beobachten.
Brut: G. brüten in M.-EU in z.T. recht großen Kolonien auf Bäumen, meist in Waldrandnähe und oft nahe am Wasser, selten auch im Schilf. Aus groben Ästen und Reisig errichten ♂ und ♀ ab II/III ein sperriges Nest im Wipfelbereich eines Nadel- oder Laubbaums. Das ♀ legt 3–5 Eier, die von beiden Partnern 25–28 Tage bebrütet werden. Beide Altvögel jagen das Futter (v. a. Weißfische) für die Jungen und erbrechen es im Nest. Die Jungvögel sind im Alter von 6–7 Wochen flugfähig.
Nahrung: Jagende G. sieht man bewegungslos am Gewässerrand auf Beute lauern oder durch seichtes Wasser schreiten, wo sie u.a. Fische, Amphibien und Insekten erbeuten. Auch Kleinsäuger stehen auf ihrem Speisezettel.

Nachtreiher *Nycticorax nycticorax*

REIHER

Merkmale: 58–65 cm; gedrungener Körperbau, Jungvögel dunkelbraun mit weißen Tropfenflecken, erst im 3. Sommer voll ausgefärbt; Flugruf rau „quak".
Verbreitung und Lebensraum: Brütet in Kolonien in Sümpfen, Flussauen und an Teichen; in S-EU lokal häufiger Brutvogel, in M.-EU vereinzelt in den Niederlanden, in Österreich, Tschechien und im S von D; überwintert im tropischen Afrika.
Wissenswertes: N. leben überwiegend dämmerungs- und nachtaktiv, tagsüber halten sie sich in der Vegetation versteckt. Ihre Nester errichten sie auf Bäumen oder im Gebüsch. Das ♂ wählt den Nistplatz aus und trägt Zweige herbei, die vom ♀ verbaut werden. Beide Partner brüten abwechselnd. Die Jungvögel verlassen die Kolonien bereits im VII/VIII, um zunächst in unbestimmte Richtung, ab IX/X dann ebenso wie die Altvögel nach S fortzuziehen. Im III/IV kehren die N. wieder in ihre Brutgebiete zurück. Noch nicht brutreife Tiere übersommern meist abseits der Kolonien. **RL! §!**

Silberreiher *Egretta alba*

REIHER

Merkmale: Größe wie Graureiher; weißes Gefieder; Schnabel im Prachtkleid schwarz, im Schlichtkleid gelb.
Verbreitung: Weltweit verbreitet, in EU seltener Brutvogel, vom Neusiedler See südostwärts, einzelne Brutvorkommen in den Niederlanden; Winterquartiere am Mittelmeer, am Schwarzen Meer und im südlichen M.-EU; in D ganzjähriger Gast.
Brut: S. kehren bereits ab Ende II an ihre Brutkolonien in ausgedehnten Schilfröhrichten größerer Seen zurück, wo sie sich jedes Jahr neu verpaaren. ♂ und ♀ bauen gemeinsam ein Nest aus vorjährigen Schilfhalmen. Beide Partner brüten und füttern die Jungen, die im Alter von 40–50 Tagen flügge sind und ab VII ihren Geburtsort verlassen.
Wissenswertes: Seit einigen Jahren werden S. zunehmend das ganze Jahr über in D beobachtet, stellenweise gibt es hier sogar Brutversuche. Diese Entwicklung hängt mit der Zunahme der Brutbestände in SO-EU zusammen und dürfte durch eine Reihe milder Winter gefördert worden sein. **§!**

Schwarzstorch *Ciconia nigra*

STÖRCHE

Merkmale: Wenig kleiner als der Weißstorch; unverwechselbar.

Verbreitung: Brütet lokal von W.-EU quer durch Eurasien bis an den Pazifik; ferner in Afrika; in M.-EU selten, zu den Zugzeiten regelmäßiger Gast; überwintert in Afrika. Nachdem der S. in EU ab Mitte des 19. Jh. erhebliche Bestandseinbußen erlitten hat, dehnt er sein Brutgebiet derzeit – ausgehend von O-EU – wieder nach W aus.

Brut: S. kehren im III/IV in ihre Brutgebiete zurück: naturnahe Laub- und Mischwälder mit Feuchtwiesen, Sümpfen, Bächen und Waldteichen. ♂ und ♀ bauen das Nest im Wipfelbereich von Bäumen. Ihr Aktionsraum kann bis zu 250 qkm umfassen. Beide Partner brüten, bis nach 32–40 Tagen die Jungen schlüpfen. Anfangs hält sich stets ein Altvogel am Nest auf, während der andere auf Futtersuche ist. Nach 9–10 Wochen sind die Jungen flügge.

Nahrung: S. sind stärker an Wasser gebunden als Weißstörche. Sie ernähren sich von Fischen, Amphibien und Wasserinsekten. **RL, §!**

Löffler *Platalea leucorodia*

IBISSE

Merkmale: 80–93 cm; unverwechselbar durch den löffelförmigen Schnabel; zur Brutzeit mit Nackenschopf.

Verbreitung und Lebensraum: Seltener Brutvogel in Sümpfen und Schilfgebieten in S- und W-EU, Vorderasien und NO-Afrika; in M.-EU am Ijsselmeer (Niederlande) und in Ungarn, ferner eine kleine Kolonie am Neusiedler See; außerhalb der Brutzeit auch an der Küste; überwintert im Mittelmeerraum und im nördlichen Afrika.

Wissenswertes: L. brüten in ausgedehnten Verlandungszonen, häufig in Gesellschaft mit Reihern. Das Nest bauen ♂ und ♀ aus Schilfhalmen in Altschilfbestände nahe am Wasser, seltener nisten sie auf Bäumen. Beide Partner brüten und füttern die Jungen. Auf der Futtersuche müssen die Altvögel oft weite Strecken fliegen. Sie finden ihre Nahrung (Wasserinsekten, Fische, Weichtiere, Krebstiere und Amphibien) durch Tasten mit dem Schnabel, indem sie mit pendelnden Kopfbewegungen Wasser oder Schlamm durchseihen. **§!**

Weißstorch *Ciconia ciconia*

STÖRCHE

Merkmale: Unverwechselbar; 95–110 cm groß; Spannweite etwa 180–220 cm.

Verbreitung und Lebensraum: Brutvogel der offenen Kulturlandschaft und feuchter Wiesen, v. a. in den Niederungen und Flusstälern, in EU hauptsächlich auf der Iberischen Halbinsel und im östl. M.-EU; überwintert in Afrika südl. der Sahara.

Brut: Als Kulturfolger brütet der W. heute vielfach nicht mehr auf Bäumen, sondern auf Gebäuden. Das Nest bauen ♂ und ♀ nach der Ankunft am Brutplatz (im III/IV) aus Ästen und Reisig, meist auf eine künstliche Nestunterlage. Das ♀ legt 3–5 Eier, die von beiden Partnern 33–34 Tage abwechselnd bebrütet werden. Die Jungen sind im Alter von rund 2 Monaten flugfähig.

Zug: W. verlassen ihr Brutgebiet im VIII/IX. Als Segelflieger nutzen sie warme Aufwinde über dem Land. Mitteleurop. und iberische Brutvögel wandern über die Meerenge von Gibraltar nach W-Afrika, Vögel aus dem NO von D und aus O-EU über den Bosporus und Israel nach O- und S-Afrika. **RL, §!**

Rosaflamingo *Phoenicopterus ruber*

FLAMINGOS

Merkmale: 125–145 cm; unverwechselbar.

Verbreitung und Lebensraum: Brütet in großen Kolonien an flachen Salzseen und Brackwasserlagunen, in EU in der Camargue, in Spanien und in der Türkei. In M.-EU beobachtete R. sind meist Zooflüchtlinge.

Nahrung: Der R. ist ein Spezialist, der das einförmige, aber üppige Nahrungsangebot salzhaltiger Gewässer zu nutzen weiß. Kopf und Hals ins Wasser getaucht, schreitet er mit pendelnden Kopfbewegungen voran. Dabei durchpflügt er mit leicht geöffnetem Schnabel den schlammigen Boden und filtriert mithilfe feiner Lamellen am Schnabel kleine Krebse, Würmer, Insektenlarven und Algen aus dem Gewässergrund, während Sandpartikel und Salzwasser bei geschlossenem Schnabel durch die Lamellen wieder ausgepresst werden.

Brut: Ihre Nester errichten R. am Schlickufer aus kleinen Schlammkügelchen, die sie zu einem konischen Haufen aufschichten. Das einzige Ei wird von beiden Partnern 28–32 Tage bebrütet.

Höckerschwan *Cygnus olor*

ENTENVÖGEL

Merkmale: 140–160 cm groß, Spannweite 200–260 cm, Gewicht bis zu 22,5 kg; im Flug ein pfeifendes oder wummerndes Schwingengeräusch.
Verbreitung und Lebensraum: In EU ursprünglich nur im NO verbreitet; in M.-EU als Parkvogel ausgesetzt und inzwischen an Gewässern aller Art brütend; in M.- und W-EU Stand- und Strichvogel.
Nahrung: H. ernähren sich überwiegend von Wasserpflanzen, die sie schnatternd von der Wasseroberfläche, durch Eintauchen des Halses ins Wasser oder gründelnd aufnehmen.
Brut: Meist brüten H. erst ab einem Alter von 3–4 Jahren, die Brutpartner bleiben oft ihr Leben lang beisammen. Das Nest aus Reisig, Schilfhalmen, Plastik u. ä. befindet sich am Ufer in dichter Vegetation oder völlig frei. Im IV/V legt das ♀ 5–8 (11) Eier, die es alleine bebrütet, während das ♂ sich in Nestnähe aufhält und etwaige Rivalen aus dem Revier vertreibt. Beide Eltern führen die Jungen, die nach 4–5 Monaten selbstständig sind.

Singschwan *Cygnus cygnus*

ENTENVÖGEL

Merkmale: Größe wie Höckerschwan, Stirn flach, Schnabel keilförmig mit gelber Basis; laute, trompetende Rufe (Name!).
Verbreitung und Lebensraum: Brütet an Tundra- und Waldseen, in Mooren und an Flussmündungen in N-Eurasien, von Island bis O-Sibirien; in M.-EU nur wenige Brutpaare, aber häufiger Wintergast, vor allem auf Seen und Tieflandflüssen an Nord- und Ostseeküste, einige auch im Binnenland.
Brut: Bei der Ankunft am Brutplatz im IV/V sind S. bereits verpaart, die Brutpartner bleiben meist ihr Leben lang zusammen. Das Nest, ein großer Haufen aus Pflanzenmaterial, wird vom ♀ gebaut und befindet sich im Schilf oder frei am Ufer. Auch das Brüten ist Sache des ♀. Die Jungen werden von beiden Eltern geführt und verteidigt. Ab IX/X ziehen die Familien in die Winterquartiere.
Nahrung: S. ernähren sich überwiegend von Wasserpflanzen, im Winter suchen sie aber auch auf Raps- und Getreidefeldern nach Nahrung. **§!**

Saatgans *Anser fabalis*

ENTENVÖGEL

Merkmale: Wenig kleiner als eine Graugans (⇨ S. 72); Kopf und Hals dunkelbraun; Beine orangefarben; Altvögel oft mit weißer Befiederung am Schnabelgrund, ähnlich einer Blessgans.
Verbreitung und Lebensraum: Brütet in Mooren, Sümpfen und an Teichen in der Taiga und der feuchten Tundra N-Eurasiens; in M.-EU häufiger Wintergast von X/XI bis III. S. treffen nicht vor Mitte IV/V an den Brutplätzen ein.
Überwinterung: Wichtige Rast- und Überwinterungsgebiete in M.-EU im Ostseeraum, an der Nordseeküste (Dollart), an Nieder- und Oberrhein und in der pannonischen Region (Ungarn, Neusiedler See). Hier versammeln sich S. abends zu Hunderten an störungsarmen Gewässern mit großen Flachwasserbereichen. Im Morgengrauen verlassen sie die Schlafplätze und verteilen sich im Umkreis von bis zu 25 km und mehr auf ihre Äsungsgebiete, wo sie auf Kartoffel- und Rübenfeldern nach Ernteabfällen suchen oder auf Grünland weiden.

Blessgans *Anser albifrons*

ENTENVÖGEL

Merkmale: 64–78 cm; Altvögel mit weißer, bis auf die Stirn reichender Blesse und schwarzer Bauchbänderung; Beine orangefarben.
Verbreitung und Lebensraum: Brutvögel der nordsibirischen Tundra überwintern in W-, M.- und SO-EU, große Ansammlungen v. a. im Ost- und Nordseeraum und am Neusiedler See. Grönländische Vögel ziehen nach Irland und Schottland.
Überwinterung: In M.-EU erscheinen die ersten B. im X/XI, Höchstwerte werden aber erst im Spätwinter erreicht. An der Anzahl der Jungvögel in den Trupps lassen sich die Witterungsbedingungen und der Räuberdruck im Brutgebiet ablesen: bei ungünstigen Verhältnissen ist der Anteil gering. B. nutzen im Winterquartier Salzwiesen, Wintersaatfelder und Grünland als Äsungsgebiete. Die Verfügbarkeit der Nahrung entscheidet über den Beginn des Heimzugs. In milden Wintern, wenn bereits im I/II frisches Gras herangewachsen ist, beginnt der Abzug ins Brutgebiet früher.

Balz

Graugans *Anser anser*

ENTENVÖGEL

Merkmale: 75–90 cm; Gefieder heller als bei allen anderen grauen Gänsen; Beine fleischfarben.

Verbreitung und Lebensraum: Lückig verbreitet von den gemäßigten und nördlichen Breiten in EU bis nach O-Asien mit Schwerpunkt in O- und NO-EU, Brutvorkommen im westlichen M.-EU gehen auf Ansiedlungen zurück; brütet an Binnengewässern mit freier Wasserfläche, Deckungsmöglichkeiten und angrenzendem Grünland für die Nahrungssuche; in M.-EU auch halbzahm in Stadtparks; in NW-EU Stand- und Strichvogel, nördliche und östliche Vögel ziehen im Herbst südwest- bzw. südwärts nach S-Spanien bzw. N-Afrika.

Brut: Ab Ende II kehren G. an ihre Brutplätze zurück. Das Nest befindet sich an schwer zugänglichen Stellen, z. B. im Röhricht oder auf Kopfweiden. Nach 4-wöchiger Bebrütung schlüpfen die Jungen, die von beiden Eltern geführt werden.

Nahrung: G. ernähren sich vielseitig und suchen im Winter auch auf Saatfeldern nach Nahrung.

Ringelgans *Branta bernicla*

ENTENVÖGEL

Merkmale: Mit 55–60 cm kleinste europ. Gans. Kopf recht klein, wie die Brust schwarz; Schwanz unterseits leuchtend weiß; weißer Halsseitenfleck; ruft guttural „r´rott".

Verbreitung und Lebensraum: Brutvogel der küstennahen arktischen Tundra. Auf Grönland und Spitzbergen brütende R. ziehen im Herbst über Island bzw. Dänemark auf die Britischen Inseln. Sibirische R. überwintern in großen Trupps im niederländischen Wattenmeer und an den Küsten Englands und Frankreichs. Im III/IV verlassen sie das Winterquartier, legen aber an der Nordseeküste zwischen Holland und Dänemark eine bis 2 Monate lange Zwischenrast ein, um hier Fettreserven für den Flug zu den Brutplätzen anzufressen.

Nahrung: Auf dem Zug und im Winter suchen R. ihre Nahrung auf den Seegraswiesen im Wattenmeer, wo sie neben Seegras auch Grünalgen, Tange und Queller fressen. In jüngerer Zeit nutzen R. verstärkt auch Wiesen und Wintersaatfelder.

Kanadagans *Branta canadensis*

ENTENVÖGEL

Merkmale: 90–100 cm, damit etwas größer als die Graugans; langhalsig; Oberseite graubraun, Unterseite heller, schwarzer Hals davon scharf abgesetzt; Kopf schwarz mit auffallendem, weißem Kehlstreifen, der nicht bis zu den Augen reicht; stimmfreudig; nasal trompetender Flugruf „a-honk" (2. Silbe höher).

Verbreitung und Lebensraum: Brutvogel in N-Amerika, in EU erfolgreich eingebürgert und als Parkvogel häufig, auch frei brütend an Binnenseen, Kleingewässern, Kiesgruben und Fischteichen mit nahe gelegenen Weidegründen. Skandinavische Brutvögel überwintern im Nord- und Ostseeraum.

Wissenswertes: Im 17. Jh. wurden K. durch König Karl II. nach England gebracht, heute leben dort über 50 000 Vögel. Sie überwintern im Brutgebiet und suchen auf Getreidefeldern nach Nahrung. In D brüteten Parkvögel erstmals in den 1920er-Jahren. Ob heimische Arten durch die konkurrenzstarke K. verdrängt werden, ist noch unklar.

Nilgans *Alopochen aegyptiacus*

ENTENVÖGEL

Merkmale: 63–73 cm, oberseits düster braun bis olivgrau gefärbt, unterseits graubeige; im Flug mit weißem Vorderflügel; Altvögel mit dunklem Augen- und Bauchfleck, Beine und Schnabel rosa.

Verbreitung: Brutvogel Afrikas, nordwärts im Niltal bis Ägypten, bis Ende des 17. Jh. auch in SO-EU; in England eingebürgert; in M.-EU Gefangenschaftsflüchtling, in Holland, Belgien und D brütet die N. auch in Freiheit und hat sich inzwischen fest etabliert; die N. breitet sich zurzeit von den Niederlanden sehr rasch ostwärts aus.

Wissenswertes: Der Erfolg der N. in W- und M.-EU beruht u. a. auf dem günstigen Nahrungsangebot (Grünland, Getreidefelder, Silage) durch die moderne Landwirtschaft. Negative Auswirkungen auf heimische Brutvogelarten durch die N. wurden bisher nicht bekannt. Der Fortpflanzungserfolg der europ. N. hängt stark vom Witterungsverlauf im Frühjahr ab. Am Niederrhein etwa brüten nur 10–20 % aller Paare erfolgreich.

Rostgans *Tadorna ferruginea*
ENTENVÖGEL

Merkmale: Deutlich größer als eine Stockente; Gefieder orangebraun, Kopf blasser, zimtfarben; Schwungfedern, Schwanz und Bürzel schwarz; im Flug weißer Vorderflügel auffällig; Schnabel schwarz; ♂ im Prachtkleid mit dünnem, schwarzem Halsring; ruft im Flug laut, nasal „ang".
Verbreitung: Brutvogel der Steppen und Halbwüsten Zentralasiens, nach W bis SO- und S-EU sowie N-Afrika; in NW- und M.-EU häufiger Gefangenschaftsflüchtling.
Wissenswertes: In M.-EU gehört die R. wie die Nilgans (⇨ S. 72) zu den sog. Neozoen, die ihr Vorkommen in einem Gebiet, in dem sie ursprünglich nicht heimisch waren, dem Menschen verdanken. In zunehmendem Maße brüten R. bei uns auch frei; so wurden z. B. 2004 in der Schweiz 21 Bruten bekannt. Vom Brutplatz, meist in alten Gebäuden wie Kirchtürmen oder Scheunen, führen die Eltern die Küken schon bald nach dem Schlüpfen ans Wasser. In SO- und S-EU wild brütende R. sind durch den Verlust von Wasserflächen gefährdet. **§!**

Mandarinente *Aix galericulata*
ENTENVÖGEL

Merkmale: 40–45 cm; ♂ im Prachtkleid unverkennbar, bunt mit orangefarbenen „Segeln"; ♀ mit grauem Kopf und kleiner Haube, weißer Augenring läuft nach hinten in weiße Bogenlinie aus, Flanken bräunlich mit großen, weißlichen Flecken.
Verbreitung und Lebensraum: Brutvogel O-Asiens; in EU seit dem 18. Jh. häufig als Ziervogel an Parkseen und Gartenteichen gehalten, z. T. frei fliegend; in England, den Niederlanden, Belgien, S-Schweden, der Schweiz, Österreich und in D auch frei brütend; in England fest etabliert.
Balz und Brut: Die aktive Rolle bei der Partnerwahl fällt – im Gegensatz zu anderen Enten – dem ♀ zu. Auch den Nistplatz (meist eine Baumhöhle) wählt die Ente aus; sie brütet allein und zieht die Jungen ohne Mithilfe des ♂ groß.
Wissenswertes: In ihrer Heimat ist die M. stark gefährdet, sie gehört zu den global bedrohten Vögeln. Eine Ausbreitung von England nach M.-EU wird daher z. T. auch vom Artenschutz begrüßt und gefördert. **§!**

Brandgans *Tadorna tadorna*
ENTENVÖGEL

Merkmale: 55–65 cm; ♀ ohne Schnabelhöcker.
Lebensraum und Verbreitung: Brutvogel der Küsten von NW-EU, an Nord- und Ostsee und im westl. Mittelmeergebiet; ferner in SO-EU und in Asien; brütet an sandigen Flachküsten, Flussmündungen und in Dünen, zunehmend im Binnenland.
Brut: Wegen ihres auffälligen Gefieders brütet die B. nur dort im Freien, wo sie vor Landräubern sicher ist, z. B. auf Halligen. Meist dient eine Höhle als Nistplatz, sehr häufig ein Kaninchenbau. Die Gans legt 8–10 Eier und brütet allein, während der Ganter die Höhle bewacht. Wenn die Jungen nach 29–31 Tagen schlüpfen, werden sie sofort zum Wasser geführt. Auf dem Weg dorthin kann es zu Verlusten kommen, wenn Silbermöwen oder Krähen die Familien angreifen. Im Aufzuchtgebiet bilden sich oft „Kindergärten", wobei ein Altvogel bis zu 50 oder gar 100 Küken führt.
Mauser: Nach der Brutzeit zieht fast die gesamte europ. Population zum Knechtsand in der Deutschen Bucht, wo bis zu 200 000 B. von VII–IX mausern.

Pfeifente *Anas penelope*
ENTENVÖGEL

Merkmale: Kleiner als Stockente, mit rundlichem Kopf und kleinem Schnabel; beim ♂ im Prachtkleid Kopf kastanienbraun und Stirn gelblich weiß, Brust rosa getönt, Steiß schwarz, scharf gegen den weißen Bauch abgesetzt, übriges Gefieder grau; ♀ überwiegend grau- bis rötlich braun. Der ganzjährig zu hörende, laute, hohe Pfiff der Erpel „whii-u" hat der Art ihren Namen gegeben.
Verbreitung und Lebensraum: Brutvogel N-Eurasiens, in M.-EU selten, aber häufiger Durchzügler und Wintergast, v. a. an der Küste der Nord- und Ostsee sowie an küstennahen Binnenseen.
Nahrung: P. verbringen viel Zeit mit Fressen, da ihre Hauptnahrung aus schlecht verdaulichen Gräsern besteht. Bedingt durch einen Anstieg der nordwesteuropäischen Gesamtpopulation haben auch die Winterbestände an der deutschen Nordseeküste zugenommen. Gefördert wurde diese Entwicklung nicht nur durch eine Reihe milder Winter, sondern auch durch eine Ausweitung der Anbaufläche von Wintersaaten. **(RL)**

Schnatterente *Anas strepera*

ENTENVÖGEL

Merkmale: Kleiner als eine Stockente; ♂ im Prachtkleid grau, Kopf und Hals graubraun, Steiß schwarz; ♀ ähnlich Stockente, aber mit hellem Bauch und kleinem, weißem Spiegel; Schnabel oberseits grau, seitlich orange.

Verbreitung und Lebensraum: Brutvogel des gemäßigten Eurasiens, ferner in N-Amerika; in M.-EU lückig verbreitet; brütet an flachen Seen und Teichen mit gut entwickelter Unterwasservegetation, auch an größeren Seen mit Flachwasserzonen; überwintert auf den großen Voralpenseen, im Mittelmeerraum, in Zentralasien und in N-Afrika.

Wissenswertes: Die S. ernährt sich v. a. pflanzlich von auf dem Wasser schwimmenden Wasserlinsen oder untergetauchten Wasserpflanzen. Das ♀ legt 8–12 Eier, die es allein bebrütet. Im VI verlassen die Erpel das Brutgebiet und ziehen zur Mauser an einen nahrungsreichen und störungsarmen Ort. Ein bedeutendes Mauserquartier in M.-EU ist das Ismaninger Teichgebiet bei München.

Stockente *Anas platyrhynchos*

ENTENVÖGEL

Merkmale: 50–60 cm; ♂ im Prachtkleid unverwechselbar; ♀ unscheinbar braun, dunkel geschuppt, Schnabel orange mit dunkler Zeichnung; ♂ im Schlichtkleid ähnlich dem ♀; ♂ balzt mit kurzen, hellen Pfiffen; ♀ ruft laut quakend. Die S. ist die Stammform unserer Hausente.

Verbreitung und Lebensraum: Brutvogel Eurasiens und N-Amerikas; in M.-EU weit verbreitet, die häufigste Ente von der Küste bis ins Gebirge, selbst in Großstädten; brütet an Gewässern aller Art, häufig zahm auf Parkteichen; im Winter Zuzug aus N und O-EU.

Brut: Nestbau und Bebrütung sind Sache des ♀, nach dem Schlüpfen der bis zu 11 Jungen (nach 27–28 Tagen) zieht sich das ♂ an einen Mauserplatz zurück. Die Jungen werden vom ♀ großgezogen, bis sie nach 50–60 Tagen flügge sind.

Nahrung: S. ernähren sich pflanzlich (Wasserpflanzen, Bucheckern, Kräuter) und tierisch (Mückenlarven, Krebstiere, Käfer), sie tauchen nur selten.

Krickente *Anas crecca*

ENTENVÖGEL

Merkmale: Mit 34–38 cm kleinste europ. Ente; Kopf des ♂ im Prachtkleid rostbraun mit grünen, gelb eingefassten Seiten, Steißseiten leuchtend gelb; ♀ unscheinbar bräunlich mit weißem Längsstreif entlang der Schwanzseiten; ♂ ruft häufig hell „krick" oder „krilük" (Name!).

Verbreitung und Lebensraum: Brutvogel N-Eurasiens und N-Amerikas; in M.-EU verbreitet, aber selten, an seichten Binnengewässern mit reicher Ufervegetation; häufiger Durchzügler und Wintergast von X–III, an der Küste v. a. im Wattenmeer, im Binnenland im Flachwasserbereich von Seen und Tieflandflüssen.

Wissenswertes: In M.-EU treffen K. verpaart im Brutgebiet ein. Das ♀ baut das Nest in dichter Vegetation und brütet allein, das ♂ hält sich in Nestnähe auf. Die Jungen werden vom ♀ geführt. Zur Nahrungssuche halten sich K. gern auf Schlickflächen auf, um den Untergrund nach Wirbellosen oder Samen von Wasserpflanzen zu durchseihen.

Spießente *Anas acuta*

ENTENVÖGEL

Merkmale: Etwa stockentengroß, aber schlanker; langhalsig mit langem, spitzem Schwanz; ♂ im Prachtkleid (ab IX) durch 10 cm langen Schwanzspieß unverkennbar; ♀ im Gegensatz zur Stockente mit grauem Schnabel und fast einfarbig hellbraunem Kopf.

Verbreitung und Lebensraum: Brutvogel N-Eurasiens und Amerikas; in W- und M.-EU selten und z. T. unregelmäßig brütend an flachen Seen mit Ufervegetation; im Winter v. a. an Flussmündungen und an der Küste in W- und M.-EU, im Mittelmeergebiet, in Vorderasien und v. a. in Afrika.

Wissenswertes: S. suchen ihre Nahrung v. a. nachts. Beim Gründeln erreichen sie Wassertiefen von 50 cm und mehr. Neben Wasserpflanzen und Sämereien gehören auch kleine Schnecken, Krebstiere und Insektenlarven zu ihrer vielseitigen Kost. Nestbau, Brüten und Jungenaufzucht sind allein Sache des ♀, der Paarzusammenhalt erlischt häufig schon zu Beginn der Brutzeit. **RL**

♂
♀

♀
♂

♂

Balz

♂

♀

Knäkente *Anas querquedula*

ENTENVÖGEL

Merkmale: Kaum größer als die Krickente; ♂ im Prachtkleid mit verlängerten, schwarz-weiß gestreiften Schulterfedern; ♀ sehr ähnlich der Krickente (⇨ S. 76), aber ohne weißen Längsstrich an den Schwanzseiten.

Verbreitung und Lebensraum: Brutvogel des gemäßigten Eurasiens von W-EU über S-Skandinavien bis O-Asien; in S- und M.-EU lückig verbreitet; brütet an nahrungs- und deckungsreichen Binnenseen, die oft nur kleine offene Wasserflächen aufweisen; Langstreckenzieher, überwintert in Afrika, südlicher als alle anderen europ. Entenarten.

Wissenswertes: Gleich nach der Ankunft im Brutgebiet (im III/IV) wird der Nistplatz ausgewählt, meist gut versteckt in der Vegetation und nicht zu dicht am Wasser. Die Jungen schlüpfen nicht vor VI, sie sind nach etwa 6 Wochen selbstständig. Der Wegzug beginnt Ende VII, Anfang X haben die meisten K. M.-EU verlassen. K. ernähren sich überwiegend pflanzlich. **RL**

Löffelente *Anas clypeata*

ENTENVÖGEL

Merkmale: Kleiner als Stockente; mit großem, löffelförmigem Schnabel; beim ♂ im Prachtkleid Kopf grünschwarz, Brust weiß, Bauch und Flanken kastanienbraun; ♀ ähnlich Stockente, aber mit viel größerem Schnabel.

Verbreitung: Brutvogel des nördl. Eurasiens und N-Amerikas, in W- und M.-EU sehr selten; überwintert in W-EU, im Mittelmeergebiet, im tropischen Afrika und in Vorderasien; in M.-EU Durchzügler und spärlicher Wintergast.

Brut: Nach Ankunft im Brutgebiet – nährstoffreichen, flachen Binnengewässern oder Sümpfen mit freier Wasserfläche – wählen ♂ und ♀ gemeinsam den Brutplatz aus, der Nestbau ist allein Sache des ♀. Während es brütet, wacht das ♂ in Nestnähe. Mitunter hilft das ♂ zu Beginn der Jungenaufzucht, meist aber verlässt es im VI das Brutgebiet und zieht ins Mauserquartier (Wolgadelta).

Nahrung: L. ernähren sich v. a. von Plankton, d. h. im Wasser schwebenden Kleinstorganismen.

Kolbenente *Netta rufina*

ENTENVÖGEL

Merkmale: Stockentengroß; ♂ im Prachtkleid mit fuchsbraunem Kopf und rotem Schnabel; ♀ oberseits braun, unterseits heller, hellgraue Wangen und Kehle in Kontrast zum dunklen Scheitel; Schnabel dunkelgrau mit hellroter Spitze; ♂ im Schlichtkleid wie ♀, aber mit rotem Schnabel.

Verbreitung und Lebensraum: Hauptverbreitungsgebiet in Mittelasien; europ. Brutvorkommen aufgesplittert, v. a. im westlichen Mittelmeergebiet; in M.-EU lokal auf Voralpenseen (z. B. Bodensee) sowie im N von D und in den Niederlanden; europäische K. überwintern in Spanien, Frankreich und im nördlichen Alpenvorland; Brutplätze in M.-EU in mildem Klima an flachen Seen mit guter Wasserqualität, reichlichem Wasserpflanzenvorkommen und dichter Ufervegetation; z. T. auch als Ziervogel gehalten und gelegentlich verwildert; neuerdings auch in Städten.

Nahrung: Die K. gründelt und taucht nach Wasserpflanzen wie Laichkräutern und Algen. **RL**

Tafelente *Aythya ferina*

ENTENVÖGEL

Merkmale: Kaum größer als eine Reiherente, mit flacher Stirn und hohem Scheitel; bei ♂ im Prachtkleid Kopf und Hals kastanienbraun, Brust und Steiß schwarz; ♀ unscheinbar graubraun.

Verbreitung und Lebensraum: Brutvogel der mittleren Breiten Eurasiens; brütet an nährstoffreichen Binnengewässern mit offener Wasserfläche und gut ausgeprägter Ufervegetation; im Herbst und Winter vor allem auf größeren Seen, oft in großen Trupps zu beobachten; überwintert von W- und S-EU bis N-Afrika, in M.-EU vor allem im S und SW.

Mauser: Nach der Brutzeit suchen T. traditionelle Mauserplätze auf, um Kleingefieder und Schwingen zu mausern. Die Erpel treffen bereits ab VI dort ein, die Enten nach der Jungenaufzucht.

Nahrung: T. ernähren sich sowohl pflanzlich als auch tierisch. Nachdem in den 1960er-Jahren die Dreikantmuschel in die Voralpenseen eingeschleppt wurde, gehört sie zur Hauptnahrung der dort rastenden und überwinternden T.

Reiherente *Aythya fuligula*

ENTENVÖGEL

Merkmale: 40–47 cm; ♂ im Prachtkleid durch Federschopf am Hinterkopf unverkennbar, im Schlichtkleid braunschwarz mit bräunlichen Flanken; ♀ recht einheitlich dunkelbraun mit helleren Flanken, Schopf kurz.
Verbreitung und Lebensraum: Brutvogel im nördl. Eurasien bis an den Pazifik; breitet sich seit 19. Jh. von O-EU über M.-EU nach W aus; in M.-EU mittlerweile recht häufig an Gewässern aller Art bis ins Bergland (über 1800 m Höhe), auch in Städten; sehr zahlreicher Durchzügler und Wintergast an der Küste und auf größeren Binnenseen.
Wissenswertes: Im Brutgebiet treffen R. im IV(V) verpaart ein. Das ♀ legt 6–11 Eier und bebrütet sie 23–28 Tage. Außer den eigenen Jungen führt es nicht selten auch diejenigen fremder ♀. In den Winterquartieren im Alpenvorland ist die R. Hauptvertilger der Dreikantmuschel, die in den 1960er-Jahren in die Voralpenseen eingeschleppt wurde. Dabei taucht sie tiefer als die Tafelente (⇨ S. 78).

Eiderente *Somateria mollissima*

ENTENVÖGEL

Merkmale: Mit 60–70 cm größte europ. Ente, mit großem Kopf, der flachstirnig in den keilförmigen Schnabel übergeht; ♂ im Prachtkleid weiß und schwarz, am Hinterkopf hell moosgrün, ♀ braun, dicht schwarz gebändert; ♂ rufen bei der Balz an- und absteigend „ahóu".
Verbreitung: Brutvogel an den Küsten des N-Atlantiks, NO-Sibiriens und des nördlichen N-Amerikas; an den Küsten und auf den Inseln vor Holland, D und Dänemark z. T. recht häufig; sehr zahlreicher Mauser- und Wintergast an Nord- und Ostsee.
Brut: E. brüten in Kolonien, die Hunderte oder Tausende von Nestern umfassen können. Gleich nach dem Schlüpfen wird die Kükenschar an seichte Küstenabschnitte geführt, wo sich häufig mehrere Mütter zusammenschließen, um ihre Jungen in „Kindergärten" gemeinsam zu betreuen.
Nahrung: E. ernähren sich von Muscheln, v. a. Miesmuscheln, die sie dank ihres kräftigen Muskelmagens mitsamt Schale verzehren können. **RL**

Schellente *Bucephala clangula*

ENTENVÖGEL

Merkmale: Größe wie Reiherente; großer Kopf, steile Stirn, hoher Scheitel; Kopf des ♂ im Prachtkleid grün schillernd mit weißem Zügelfleck; ♀ grau mit dunkelbraunem Kopf und weißem Halsring.
Verbreitung und Lebensraum: Brütet im N Eurasiens und N-Amerikas an Seen, Teichen und langsam fließenden Flüssen der Nadelwaldzone; in M.-EU seltener Brutvogel, vor allem im N und O von D; als Wintergast häufig an Ost- und Nordseeküste und am Nordrand der Alpen.
Brut: Das ♀ sucht eine Baumhöhle als Bruthöhle aus, gerne in Wassernähe. Während das ♀ brütet, verteidigt das ♂ den Nestbezirk gegen Artgenossen. Die frisch geschlüpften Küken klettern, dem Lockruf der Mutter folgend, zum Loch der Höhle und verlassen sie mit einem kräftigen Sprung.
Nahrung: Mit ihrem feinen Pinzettenschnabel picken S. vor allem kleine Organismen, z. B. Köcherfliegenlarven und kleine Muscheln, von steinigem Substrat und aus Spalten zwischen den Steinen.

Gänsesäger *Mergus merganser*

ENTENVÖGEL

im Flug überwiegend weiß wirkend

Merkmale: 58–70 cm; langer und schmaler, roter Schnabel mit scharfem Haken an der Spitze; ♂ im Schlichtkleid (ab VI) ähnlich ♀.
Verbreitung: Brutvogel auf Island, in Schottland und im N Eurasiens bis O-Sibirien; brütet in M.-EU an der Ostseeküste und am Nordrand der Alpen; hier auch häufiger Mausergast, Durchzügler (ab VII) und Wintergast, auch an der Nordseeküste.
Brut: Das ♀ brütet 30–32 Tage in einer Baumhöhle in der Nähe großer fischreicher Seen und Flüsse. Nach dem Schlüpfen bleiben die Jungen noch 1–2 Tage in der Bruthöhle, bevor sie aus der Höhle klettern und sich nach unten fallen lassen. Von der Mutter werden sie sofort zum Wasser geführt.
Nahrung: Mit eingetauchtem Kopf spähen G. nach kleinen Fischen, die sie tauchend erbeuten. **RL**

♂
♀

♂

♀
♂

mit Jungen
♀

Gänsegeier *Gyps fulvus*

HABICHTARTIGE

Merkmale: Größer als ein Steinadler, breite Flügel, am Ende tief gefingert; kurzer und breiter Schwanz; langer, nur mit weißlichen Dunen besetzter Hals; heller Kopf mit eingezogenem Hals, im Flug wenig auffällig. G. hängen für ihren Gleit- und Segelflug von Aufwinden ab. Sie segeln mit charakteristisch v-förmig angehobenen Flügeln.
Verbreitung: Trockengebiete in S-EU, N-Afrika sowie Vorder- bis Zentralasien und N-Indien; aus M.-EU bis auf eine regelmäßig übersommernde Nichtbrüter-Population in den österreichischen Alpen inzwischen weitgehend verschwunden.
Wissenswertes: Als reine Aasverzehrer leben G. hauptsächlich von mittelgroßen bis großen, frischtoten oder verwesenden Säugetieren. Zur Nahrungssuche schrauben sich die Geier von ihren Übernachtungs- und Brutplätzen (mit 10–20 Paaren) in Felswänden hoch in die Luft. Kadaver finden sie auf weite Entfernung. Vom Aas nehmen sie nur Eingeweide und Fleisch. Am Boden bewegen sich G. schreitend oder hopsend fort. **RL!**

Bartgeier *Gypaetus barbatus*

HABICHTARTIGE

Merkmale: Sehr groß und langflügelig; Flugsilhouette durch die schmalen, spitzen Flügel und den langen, keilförmigen Schwanz unverwechselbar. Der namengebende „Bart" ist ein schwarzer Augenstreif, der sich in borstenartigen Federn unter dem Schnabel fortsetzt.
Verbreitung: Felsige, schluchtenreiche Gebirge, v.a. Hochgebirge, von den Pyrenäen bis Zentralasien sowie in afrikanischen Gebirgen; in den Alpen ausgerottet und neuerdings wiedereingebürgert.
Nahrung: B. patrouillieren segelnd ihr riesiges Revier nach Freßbarem ab. Sie können jedoch allenfalls kleine Wirbeltiere selbst schlagen. Hauptsächlich ernähren sich B. von Fleisch und Knochen frischtoter Säugetiere und Vögel. Um ans Mark zu gelangen beißen sie kleinere Knochen durch, größere Knochen oder auch Schildkröten lassen sie aus dem Flug fallen. Selbst große Knochenteile werden verschluckt und im Magen verdaut.
Wissenswertes: B.-Paare leben in Dauerehe. Auf Horsten in Felswänden ziehen sie 1 Junges auf.

Rotmilan *Milvus milvus*

HABICHTARTIGE

Merkmale: Deutlich größer und langflügeliger als der Mäusebussard (⇨ S. 86); charakteristischer langer, tief gegabelter, rostroter Schwanz, der im Flug fast ständig gedreht wird; segelt auf geraden oder schwach gebogenen Flügeln.
Verbreitung: Anders als beim Schwarzmilan nur kleines Verbreitungsgebiet, das im Wesentlichen W- und M.-EU umfasst, dazu inselartige Vorkommen bis O-Anatolien und zum Schwarzen Meer.
Brut: R. brüten vor allem in lichten Laubwäldern. Beim Besetzen des Reviers im Frühjahr zeigt das Paar Sturzflüge über dem Horstplatz. Typischerweise kleiden R. ihr Nest mit alten Lumpen und anderem Abfall aus. Die meist 2–3 Eier bebrütet das ♀ allein, das vom ♂ mit Nahrung versorgt wird.
Wissenswertes: Das Jagdgebiet des R. umfasst offene Ackerflächen, Straßenränder und Müllkippen. Seine Nahrung enthält vor allem Kleinsäuger. Als Kurzstreckenzieher fliegen die europäischen R. im Herbst ins Mittelmeergebiet. Manche überwintern auch in M.-EU.

Schwarzmilan *Milvus migrans*

HABICHTARTIGE

Merkmale: Mittelgroßer Greifvogel mit schmalem, nur leicht gegabeltem Schwanz; vom Rotmilan außer durch den kürzeren, niemals rostfarbenen Schwanz auch am dunkleren Gefieder und den proportional kürzeren Flügeln unterscheidbar.
Verbreitung: In 6 Unterarten über die gemäßigten, subtropischen und tropischen Regionen Eurasiens und Afrikas verbreitet, außerdem in SO-Asien, Neuguinea und Australien. Damit hat der S. das größte Verbreitungsgebiet aller Greifvögel.
Nahrung: S. sind Jäger und Aasfresser. Oft lesen sie kranke und tote Fische von der Wasserfläche oder vom Ufer auf. Kleinsäuger und Kleinvögel erbeuten sie häufig selbst, jagen sie aber auch nicht selten anderen Greifvögeln ab.
Wissenswertes: Neben den Rotmilanen gehören S. zu den geselligsten Greifvögeln. Sie bilden oft große Nahrungs- oder Schlafgesellschaften und brüten bei guten Bedingungen kolonieweise (in M.-EU in den Rheinauen). Größere Ansammlungen finden sich insbesondere an Mülldeponien.

Rohrweihe *Circus aeruginosus*

HABICHTARTIGE

Merkmale: Mit einer Flügelspannweite bis zu 135 cm etwa so groß wie ein Mäusebussard (⇨ S. 86); wie alle Weihen lange Flügel, die im Segel- und Gleitflug in deutlicher V-Stellung gehalten werden; Kopf und Rumpf schlank; Schwanz lang und schmal, am Ende leicht gerundet; ♂ mit scharf abgesetzten schwarzen Flügelspitzen und einfarbig blaugrauem Schwanz, an Kopf und Brust gelblich weiß getönt; ♀ und Jungvögel mit dunkelbraunem Gefieder, Scheitel und Kehle cremeweiß, ♀ teilweise auch mit hellem Flügelbug und Brustfleck.

Verbreitung: Gemäßigte und subtropische Zone von W-EU bis Mittelsibirien und Zentralasien; südlichste Brutplätze in N-Afrika und im Mittleren Osten; Zugvogel, nördliche Tiere ziehen bis zu 5000 km weit.

Brut: Wie alle Weihen ist die R. ein Brutvogel der offenen Landschaften. Sie erweist sich als sehr eng an Verlandungszonen von Binnengewässern gebunden. Gewöhnlich nistet sie in dichtem Schilf, seit einigen Jahrzehnten kann man sie auch zunehmend in Getreide- und Rapsfeldern sowie auf Grünland beobachten. Das Männchen bebrütet das Gelege allein. Manche Männchen haben zwei Weibchen zugleich.

Wissenswertes: Die Jagdgebiete der R. sind Schilfgürtel und daran angrenzende Wasserflächen, Verlandungszonen, Wiesen und Dünen. R. greifen ihre kleinen bis mittelgroßen Beutetiere (Kleinsäuger, Vögel, Insekten) meist am Boden. In der Brutzeit handelt es sich dabei vor allem um Jungvögel und Nestlinge sowie Eier. Schwimmvögel bis Teich- und Blässhuhngröße werden auf dem Wasser verfolgt und auch in der Ufervegetation gejagt.

Nach Ankunft am Brutplatz zeigen R. auffällige Schauflüge mit Rollern, Sich-Fallen-Lassen und Überschlägen. Im Zuge der Balz übergibt das Männchen dem Weibchen auch Beutegeschenke in der Luft.

Kornweihe *Circus cyaneus*

HABICHTARTIGE

Merkmale: Größer und breitflügeliger als die Wiesenweihe, rundere Flügelspitzen; Spannweite bis zu 120 cm; bei ausgefärbten ♂ hellgraue Flügel mit scharf abgegrenzten schwarzen Spitzen; ♀ und Jungvögel mit weißem Bürzel, nur sehr schwer von der Wiesenweihe unterscheidbar.

Verbreitung: Von einigen Lücken in den Tieflagen W- und M.-EU abgesehen zusammenhängendes Areal vom mittleren und nördlichen EU bis zum Pazifik; eine zweite Unterart in N-Amerika; heute in M.-EU nur noch 300–400 Brutpaare.

Brut: K. brüten in M.-EU in offenen Naturlandschaften (z. B. Moore, Dünen). Ihr Nest legen die Vögel am Boden als Mulde zwischen höher stehenden Pflanzen an. Im V/VI brütet das ♀ darin gewöhnlich 4–6 Eier aus.

Wissenswertes: K. sind Kurzstreckenzieher; Vögel aus nördlicheren Gebieten überwintern regelmäßig in M.-EU. Sie suchen oft in Gruppen Schlafplätze in Schilf u. ä. auf. Im Suchflug gaukeln sie auf der Jagd nach Kleinsäugern über ihr Revier. **RL!**

Wiesenweihe *Circus pygargus*

HABICHTARTIGE

Merkmale: Schlanker als die Kornweihe, schmalere Flügel, Spannweite um 110 cm; ♂ grau, mit oberseits 1, auf der Unterseite 2 schwarzen Flügelbinden, die hellere Körperunterseite grau, schwach rostbraun gestrichelt; ♀ braun mit heller, dunkel gestrichelter Unterseite; bei Jungvögeln die helleren Gefiederpartien intensiv rostfarben getönt. In manchen Gegenden treten auch dunkelbraun gefärbte Tiere auf.

Verbreitung: In EU nur lückenhaft verbreitet, ostwärts bis Zentralsibirien; in M.-EU kaum mehr als 700–1000 Brutpaare. Zugvogel, überwintert hauptsächlich in Afrika.

Wissenswertes: W. brüten in feuchten Niederungen und offenen Buschlandschaften sowie auf trockenem Wiesen- und Ackerland. Großinsekten und Reptilien stehen oft an der Spitze der Beuteliste. W. sind geselliger als Kornweihen. Mehrere Paare können auf engem Raum brüten, denn die Vögel verteidigen nur die unmittelbare Umgebung ihres Nests gegen Artgenossen. **RL!**

Habicht *Accipiter gentilis*

HABICHTARTIGE

Merkmale: Mittelgroßer, kräftiger Greifvogel mit bemerkenswertem Größenunterschied zwischen den Geschlechtern: ♀ mit einer Flügelspannweite bis zu 125 cm fast mäusebussardgroß, ♂ kaum größer als ein Sperber-♀ (Spannweite höchstens 105 cm); Alttiere unterseits grau gebändert, Jungvögel braun gefleckt („Rot-H."). Die relativ kurzen, breiten Flügel und der lange Schwanz machen den H. zu einem überaus wendigen Flieger.
Verbreitung: In der Nadelwaldzone der gesamten Nordhalbkugel der Erde. In M.-EU sind H. im Wesentlichen Standvögel.
Nahrung: Die größeren ♀ schlagen meist auch größere Beute (bis Hühner- und Hasengröße) als die ♂. Ganz oben auf dem Speiseplan stehen Tauben, Rabenvögel und drosselgroße Singvögel.
Wissenswertes: H. benötigen vielgestaltige, deckungsreiche Landschaften. Ihre Horste liegen bevorzugt in Hochwäldern mit alten Baumbeständen. Kein anderer Greifvogel wurde und wird bei uns so verfolgt wie der „Hühnerhabicht".

Mäusebussard *Buteo buteo*

HABICHTARTIGE

Merkmale: Spannweite bis 135 cm; breitflügelig und relativ kurzschwänzig; Färbung sehr variabel, von fast einfarbig dunkelbraun bis zu weißlich.
Verbreitung: Der M. ist der am weitesten verbreitete und häufigste mittelgroße Greifvogel unserer Region; in etwa 10 Unterarten in den gemäßigten und kalten Breiten ganz Eurasiens vertreten.
Wissenswertes: M. jagen im offenen Kulturland und benötigen zum Brüten Wälder oder größere Gehölze. Die Horste werden hoch in Bäumen angelegt und oft über Jahre hinweg genutzt, wodurch mächtige, halbmeterhohe „Horstburgen" entstehen. Im Frühjahr kreisen die Paare mit weithin hörbaren, miauenden Rufen über ihrem Revier und vertreiben so Artgenossen. Die Partner halten mehrjährig oder sogar lebenslang zusammen. Gelegegröße und Bruterfolg der M. hängen stark von der Zahl der Feldmäuse, ihrer Hauptbeutetiere, ab. Vor allem im Winter sieht man M. oft in Straßennähe, wo sie nach überfahrenen Tieren und nach Mäusen Ausschau halten.

Sperber *Accipiter nisus*

HABICHTARTIGE

Merkmale: Das ♂ mit einer Spannweite bis zu 65 cm kleiner als ein Turmfalke (⇨ S. 90), das ♀ mit einer Spannweite bis 80 cm etwas größer als dieser; im Flugbild kurze, gerundete Flügel und langer Schwanz, der auf den mittleren Steuerfedern 4–5 dunkle Bänder trägt. Charakteristisch sind taubenartig kurze Flügelschläge und eine wellenförmige Flugbahn.
Verbreitung: In 6 Unterarten von W-EU und N-Afrika ostwärts bis zum Pazifik; in EU Schwerpunkte der Verbreitung im N sowie in Russland.
Wissenswertes: S. brauchen abwechslungsreiche Landschaften mit ausreichendem Kleinvogelbestand. Etwa 90 % ihrer Nahrung bestehen nämlich aus Vögeln bis Drosselgröße. S. verfolgen ihre Beute aus einer Deckung heraus über kurze Strecken mit hoher Geschwindigkeit. Sie nisten bevorzugt in Nadelbaumbeständen, vor allem auf Fichten. Jedes Jahr wird ein neues Nest gebaut. Das Gelege enthält etwa 5–7 Eier, die vom ♀ allein bebrütet werden .

Wespenbussard *Pernis apivorus*

HABICHTARTIGE

Merkmale: Leicht zu verwechseln mit dem gleich großen Mäusebussard; Färbung überaus variabel; auffällig schlanker Hals und kleiner, kuckucksähnlicher Kopf; im Flugbild Kopf und Hals deutlich vorragend, Schwanz länger und kräftiger als beim Mäusebussard. W. halten ihre Flügel im Gleit- und Segelflug waagrecht bis leicht abwärts gebogen.
Verbreitung: In sommerwarmen, niederschlagsarmen Gebieten der mittleren und höheren Breiten von SW-EU bis W-Sibirien; in M.-EU von Vorgebirgen bis in Hochlagen.
Nahrung: Neben dem Vorhandensein geeigneter Brutbiotope wie lichte Laub- und Mischwälder hängt das Vorkommen v. a. vom Nahrungsangebot ab. W. fressen bevorzugt alle Entwicklungsstadien von sozialen Wespenarten, daneben Amphibien, Reptilien, (Jung-)Vögel, selten auch Kleinsäuger.
Wissenswertes: W. zählen zu den wenigen ausgeprägten Langstreckenziehern unter den europäischen Greifvögeln mit Winterquartieren in Äquatorial- und Südafrika.

Seeadler *Haliaeetus albicilla*

HABICHTARTIGE

Merkmale: Mit einer Körperlänge von 75–90 cm und einer Spannweite von 190–245 cm größter Greifvogel des nördlichen EU; breite Flügel mit rechteckiger Silhouette, stark gefingert; Schwanz kurz und keilförmig, bei Altvögeln weiß.

Verbreitung und Lebensraum: Brutvogel von S-Grönland und NW-EU quer durch Eurasien bis O-Asien; in M.-EU vor allem im Gebiet der waldreichen Seenplatten im NO; hier Stand- und Strichvogel, nur Jungvögel wandern weitere Strecken (nach S/SW); nördliche Populationen ziehen nach M.-EU.

Brut: S. brüten im Alter von 5 Jahren das erste Mal. Die Brutpartner bleiben sich gewöhnlich ein Leben lang treu. Das Nest aus Ästen wird fast immer auf hohen Bäumen errichtet. Ab II/III legt das ♀ 1–3 Eier, die von beiden Partnern 38–42 Tage bebrütet werden. Erst nach 80–90 Tagen sind die Jungen voll flugfähig.

Nahrung: Der S. jagt Fische und Wasservögel vom Ansitz aus oder im Suchflug und stößt mit ausgestreckten Fängen hinab. **RL!**

Steinadler *Aquila chrysaetos*

HABICHTARTIGE

Merkmale: Viel größer als ein Mäusebussard, im Flugbild schlanker wirkend; lange, an den Enden breit gefächerte Flügel, die beim Segeln leicht v-förmig gehalten werden; Altvögel an Kopf und Nacken goldbraun, sonst dunkelbraun, Jungvögel einige Jahre lang mit weißen Gefiederpartien.

Verbreitung: In EU ostwärts bis Japan und Korea, N-Afrika sowie N-Amerika; in EU und den USA fast nur noch in Hochlagen und abgelegenen Gebieten. Die meisten der 5000–7200 europäischen Brutpaare kommen in Spanien und Skandinavien vor, die Mehrzahl der 500–650 mitteleuropäischen Brutpaare lebt im Alpenraum.

Wissenswertes: S. leben in Dauerehe und nisten im Hochgebirge meist in Felswänden unterhalb der Baumgrenze, vereinzelt auch in Baumhorsten. Das brütende ♀ wird vom ♂ versorgt. Von den zwei Jungen wird meist nur eines flügge wird. Je nach Lebensraum erbeuten S. Murmeltiere, Schneehasen, Ziesel oder Raufußhühner, manchmal auch Jungtiere von größeren Säugetieren. **RL!**

Fischadler *Pandion haliaetus*

FISCHADLER

Merkmale: Langflügeliger Greifvogel, mit einer Spannweite von rund 160 cm etwas größer als ein Mäusebussard; weiße Körperunterseite, dunkle Armschwingen und dunkler Fleck am Flügelbug, heller Kopf mit dunkler Maske; kurzer, am Ende ziemlich gerader Schwanz; unverwechselbare Flugsilhouette mit meist deutlich abgewinkelten Flügeln.

Verbreitung: Nahezu weltweit in 5 Unterarten; ursprünglich auch in ganz EU beheimatet, wurde in M.- und W-EU jedoch im 19. Jh. und zu Beginn des 20. Jh. bis auf Restbestände ausgerottet. In ganz EU brüten heute noch etwa 8000 Paare, davon in Deutschland wieder 470 Paare, die als Mittel- und Langstreckenzieher im Mittelmeerraum oder in Afrika überwintern.

Nahrung: Der F., ein hoch spezialisierter Fischjäger, jagt an Binnengewässern ebenso wie an Meeresküsten. Von einem Ansitz aus, während eines langsamen Suchflugs oder im Rüttelflug über der Wasserfläche stehend späht er nach Beute. Hat er einen Fisch entdeckt, greift er ihn im Sturzflug an.

Dabei stößt er mit 30–60 km/h aus der Luft herab. Erst unmittelbar vor dem Eintauchen streckt er die Füße vor, um die Beute mit seinen ausnehmend langen, dünnen und scharfen Krallen blitzschnell zu packen. Der erfolgreiche Jäger kann sekundenlang ganz unter Wasser tauchen und auch eine Weile mit ausgebreiteten Flügeln auf der Wasserfläche schwimmen, ehe er mit kraftvollen Flügelschlägen, den Fisch in den Fängen, zum Fraßplatz oder Horst abfliegt. Berichte, dass große Fische ihren Jäger in die Tiefe gezogen und ertränkt hätten, erwiesen sich als Fischerlatein, ein angebliches Beweisfoto als schlichte Fälschung.

Wissenswertes: Während die Horste von F. früher hauptsächlich auf einzeln stehenden Bäumen an den Ufern fischreicher Gewässer zu finden waren, nisten heute viele Paare mit größerem Erfolg auf hohen Starkstrommasten. **RL**

Turmfalke *Falco tinnunculus*

FALKEN

Merkmale: Langflügeliger und langschwänziger Falke, Spannweite rund 75 cm; häufig rüttelnd; erwachsenes ♂ mit blaugrauem Bürzel und Oberschwanz, dunkler Schwanzendbinde und grauem Kopf, Oberseite rotbraun, schwarz gepunktet; beim ♀ Oberseite weniger rötlich, Kopf gestrichelt, Bürzel und Oberschwanz gebändert.
Verbreitung: Häufigster und am weitesten verbreiteter Falke: kommt in nahezu ganz EU bis O-Asien und Afrika südlich der Sahara vor. In M.-EU in allen Regionen vom Tiefland bis in die Hochalpen.
Lebensraum: T. brüten im Kulturland sowie in Dünen- und Steppengebieten. Nistplätze finden sich in Felswänden mit Nischen und Höhlen, auf Simsen oder in Mauerlöchern höherer Gebäude, sowie auf Bäumen, vor allem in alten Greifvogel-, Elstern- oder Rabenkrähennestern.
Nahrung: Typische Jagdgebiete sind freie Flächen mit niedrigem Bewuchs für die Bodenjagd auf Kleinsäuger. Bei manchen T. in der Stadt machen Kleinvögel die Hauptnahrungsmenge aus.

Baumfalke *Falco subbuteo*

FALKEN

Merkmale: Etwa turmfalkengroß; schmale, spitze Sichelflügel, kurzer Schwanz; Oberseite dunkel, Unterseite hell mit dunklen Längsstrichen, am Kopf ein kräftiger, dunkler Bartstreif, der sich scharf vom Weiß der Kehle und der Backen abhebt; Altvögel mit rostfarbenen Federn an den Unterschenkeln („Hosen").
Verbreitung: In EU (Teile Großbritanniens sowie das nördliche Skandinavien ausgenommen) und N-Afrika ostwärts bis Japan; im S bis Israel und Iran, im N über die Wald- und Waldsteppenzone Asiens. Langstreckenzieher, überwintern im tropischen Afrika.
Brut: B. brüten meist in alten Krähennestern am Rand alter Nadelwälder, in lichten Wäldern und Feldgehölzen, auch in Parks und Gärten.
Wissenswertes: Als rasante Luftjäger erbeuten B. Kleinvögel und große Fluginsekten, z. B. Libellen, in Siedlungsnähe oft Schwalben und selbst Mauersegler. B. jagen oft bis weit in die Dämmerung hinein und greifen dann auch Fledermäuse. **RL**

Rötelfalke *Falco naumanni*

FALKEN

Merkmale: Etwas kleiner als der Turmfalke (Flügelspannweite bis 70 cm), schlanker, mit schmaleren und spitzeren Flügeln und etwas kürzerem Schwanz, dessen mittlere Federn leicht herausragen, was ihn im Flug dreieckig wirken lässt; ♂ mit blaugrauem Feld auf dem Oberflügel, ohne Wangenstreif; ♀ und Jungvögel dem Turmfalken überaus ähnlich.
Verbreitung: Vom Mittelmeerraum über Klein- u. Vorderasien bis Mongolei und China; in EU größte Bestände in Spanien, Italien und Griechenland.
Wissenswertes: R. leben hauptsächlich von Insekten wie Heuschrecken, Libellen, Käfer, die sie am Boden oder in der Luft greifen. Sie sind viel geselliger als Turmfalken und jagen vor allem schwärmende Insekten oft in Trupps. Sie brüten häufig in Kolonien in Felsspalten, Mauernischen oder Baumhöhlen. Trockenwarme, offene Landschaften sowie extensiv genutztes, offenes Kulturland mit vielen Insekten sind Lebensraum dieser in ihren Beständen überall stark gefährdeten Zugvögel.

Wanderfalke *Falco peregrinus*

FALKEN

Merkmale: Großer Falke mit gedrungenem Körper und langen, spitzen, im Flug meist angewinkelten Flügeln; ♀ deutlich größer als ♂ (Spannweite ♀ 105 cm, ♂ 90 cm); Alttiere oberseits dunkel blaugrau, ähnlich dem Baumfalken, unterseits weißlich mit schwarzer Querbänderung; breiter, deutlich von weißer Kehle und Wangen abgesetzter schwarzer Backenstreif. Am Brutplatz oft klagend klingende Rufe („Lahnen").
Verbreitung: In etwa 19 Unterarten nahezu weltweit; in M.-EU wieder steigende Bestände.
Wissenswertes: W. besiedeln die verschiedensten Lebensräume. In M.-EU brüten W. bevorzugt in Nischen und Halbhöhlen steiler Felswände in Flusstälern und bewaldeten Gebirgen, in Steinbrüchen, zunehmend auch an hohen Gebäuden in Siedlungsnähe (z. B. Kühltürmen) und in Innenstädten. Sie erbeuten v. a. Vögel, die sie vorwiegend in offener Landschaft jagen. Beim Herabstürzen auf die Beute können sie kurzzeitig Geschwindigkeiten von über 200 km/h erreichen. **RL**

Haselhuhn *Bonasa bonasia*

RAUFUSSHÜHNER

Merkmale: Rebhuhnähnlicher Vogel, grau und rostbraun mit komplizierter Zeichnung, die im Lichtspiel des Waldbodens als hervorragende Tarnung wirkt; ♂ mit kurzer, aufrichtbarer Haube und schwarzem, weiß umrandetem Kehlfleck; Schwanz mit schwarz-weißem Endband, im Flug gerundet; beim Abfliegen burrendes Geräusch.
Verbreitung: Von M.-EU und Skandinavien bis Sibirien, Schwerpunkt im nördl. Nadelwaldgürtel.
Wissenswertes: H. ernähren sich vorwiegend pflanzlich, doch sind Insekten und deren Larven sowohl als Zusatzkost für Altvögel wie zur Jungenaufzucht wichtig. Als Standvögel brauchen sie großflächige, unterholzreiche, stark gegliederte Wälder mit reichem Deckungs- und Nahrungsangebot. Durch das Verschwinden solcher Lebensräume sind H. in M.-EU ebenso wie die Birkhühner in ihrem Bestand stark gefährdet. Die Brut im gut versteckten Bodennest (meist 7–11 Eier) wie das anschließende Führen und Hudern der Küken obliegen allein den Hennen. **RL**

Alpenschneehuhn *Lagopus mutus*

RAUFUSSHÜHNER

Merkmale: Etwas größer als ein Rebhuhn (⇨ S. 94), Spannweite bis 60 cm; jahreszeitliche Änderung der Gefiederfärbung, nur Flügel, Bauch und Fußgefieder stets weiß; ♂ mit roten „Rosen“ über den Augen; im Brutkleid ♂ schwarzbraun marmoriert, ♀ eher gelbbraun gebändert; im Winter beide Geschlechter weiß (zur Tarnung) mit schwarzem Schwanz, ♂ mit schwarzem Zügelstreif von der Schnabelwurzel durchs Auge; Übergangskleider mehr oder weniger scheckig.
Verbreitung: In der arktischen und subarktischen Zone rund um den Pol, von Island über den N Eurasiens bis N-Amerika; isolierte Vorkommen in den Hochlagen der Alpen, Pyrenäen und Zentraljapans auf steinigen Hängen und Plateaus.
Wissenswertes: Fast ausschließlich vegetarische Nahrung. Herbst- und Frühjahrsbalz mit auffälligen Balzflügen; ♂ verteidigen danach ihre Reviere und bleiben in Nähe des allein brütenden ♀, das sein Nest mit 6–9 Eiern hinter Steinen und in Bodenvertiefungen angelegt hat. **(RL)**

Birkhuhn *Tetrao tetrix*

RAUFUSSHÜHNER

Merkmale: Etwa so groß wie ein Haushuhn, Hahn deutlich größer als Henne; ♂ (Foto) schwarz, schillernd, weiße Unterflügel und Unterschwanzdecken, sichelförmige, nach außen gebogene Steuerfedern, nackte rote Hautstellen über den Augen („Rosen“), die im Frühjahr stark anschwellen; ♀ dunkelbraun gemustert, leicht gegabelter Schwanz (Unterschied zur größeren Auerhenne).
Verbreitung: Nördliche Nadelwaldzone von N-EU bis O-Asien sowie im Bereich der Waldgrenze im Hochgebirge, in Teilen Großbritanniens, M.- und O-EU; im Tiefland in wenigen Moorgebieten.
Wissenswertes: Die Standvögel benötigen halboffenes, niedrig bewachsenes Gelände mit reichem Beerenangebot. Birkhähne zeigen eine gemeinsame Arenabalz mit auffälligen Verhaltensweisen und Geräuschen („Kullern“). **RL!**

Auerhuhn *Tetrao urogallus*

RAUFUSSHÜHNER

Merkmale: Größter Hühnervogel von EU; Hahn mehr als gänsegroß, dunkles Gefieder, Flügel braun mit weißem Schulterfleck, schwarzer Kehlbart, über dem Auge rote, nackte Hautstelle, Brust metallisch blaugrün glänzend; Henne nur etwas mehr als halb so groß wie der Hahn, erinnert an große Birkhenne.
Verbreitung: Von den Wäldern Schottlands über N-EU bis Zentralsibirien; im übrigen EU einzelne Verbreitungsinseln wie den Pyrenäen, den Alpen und einigen Mittelgebirgen (u. a. Schwarzwald, Karpaten, Bayerischer Wald und Jura).
Wissenswertes: Zur Balz (Spätwinter bis Frühjahr) versammeln sich die ♂ an speziellen Balzplätzen und versuchen durch Haltung und „Gesang“ (Schnabelklappern, Schlucken, wetzende Geräusche) den Hennen zu imponieren. Brutgeschäft und Jungenbetreuung sind Sache der ♀. **RL!**

♂

♂ Sommerkleid

♂ Winterkleid

♂

♂

Rebhuhn *Perdix perdix*

GLATTFUSSHÜHNER

Merkmale: Höchstens halb so groß wie ein Haushuhn, kompakt, rundlich; im Unterschied zu anderen Glattfußhühnern gestrichelte, nie zeichnungslose Oberseite, Gesicht orange, Flanken weniger auffällig gebändert; hellgrauer Vorderkörper, dunkelbrauner Bauchfleck (fehlt bei ♀ manchmal).
Verbreitung: Von W-EU bis Zentralsibirien mit Lücken in S- und N-EU. Ursprünglich Steppen- und Waldsteppenbewohner, besiedelt in M.-EU als Kulturfolger offene Ackerflächen, Weideflächen und Heiden in klimatisch milden Lagen; nur im Tiefland (bis 600 m).
Wissenswertes: Als Standvögel sind R. ganzjährig auf ein ausreichendes Nahrungsangebot angewiesen. In kalten, schneereichen Wintern und feuchten Frühjahren/-sommern können sie hohe Verluste erleiden. Ihr Lebensraum im Kulturland muss aus einem Mosaik offener Flächen mit Ackerrainen, Hecken und abwechselnden Fruchtfolgen bestehen. Die moderne Landwirtschaft ist Hauptursache für die Bestandsverluste des R. **RL**

Wachtelkönig *Crex crex*

RALLEN

Merkmale: An ein schmales Rebhuhn erinnernd, aber nur halb so groß; von allen europ. Rallen am wenigsten an Wasser gebunden; selten zu beobachten, am ehesten durch die zweisilbigen, schnarrenden Rufe der ♂ nachzuweisen („rärrp rärrp", oft in langer Folge).
Verbreitung: Mittlere Breiten von W-EU bis Sibirien; in M.-EU ungleichmäßig, z. T. inselartig verbreitet, die meisten Brutpaare in Polen. Europäische W. ziehen zum Überwintern nach Afrika. Bestand weltweit bedroht.
Wissenswertes: Ursprünglich lebten W. in halboffenen Auen, schütter bewachsenen Verlandungszonen, Seggenmooren und auf Bergwiesen. Inzwischen nutzen sie auch offenes, extensiv genutztes Kulturland mit deckungsreicher Vegetation, in M.-EU insbesondere winter- und frühjahrsüberschwemmte Flächen. Das ♀ bebrütet in einem Bodennest 6–14 Eier. Die schwarzen Küken sind Nestflüchter. Beide Geschlechter wurden schon bei der Führung der Jungen beobachtet. **RL! §!**

Wachtel *Coturnix coturnix*

GLATTFUSSHÜHNER

Beide Geschlechter sind sich sehr ähnlich.

Merkmale: Mit Abstand kleinster Hühnervogel von EU, nur ungefähr starengroß, kurzschwänzig, rundlich, erdbraun gefärbt; versteckt lebend, bester Nachweis: Revierruf des ♂ („pick-wer-wick").
Verbreitung: Von N-Afrika bis N-EU und Großbritannien, ostwärts bis N-Indien und Baikalsee; überwintert als einziger Zugvogel der Familie überwiegend im Mittelmeerraum.
Wissenswertes: W. bevorzugen warme Standorte und leben in offenen Feldfluren, v. a. in (Winter-) Getreidefeldern, Brachflächen, Luzerne- und Kleeschlägen, sommers auch zwischen Hackfrüchten. Während der Brutzeit von V–IV sind W. stark auf Insektennahrung angewiesen, um anschließend auf Sämereien zu wechseln. Nur das ♀ brütet, während das ♂ Wache hält. Die Küken können mit 11 Tagen bereits etwas fliegen. **(RL)**

Fasan *Phasianus colchicus*

GLATTFUSSHÜHNER

Merkmale: Etwa hühnergroß, langschwänzig, hochbeiniger als Rebhuhn; ♂ deutlich größer als ♀, überlanger Schwanz, buntes Prachtkleid, am Kopf leuchtend rote Hautlappen; ♀ braun, hell-dunkel gemustert; Jungvögel wie ♀, nur kurzschwänzig.
Verbreitung: Ursprünglich in den Trockengebieten Asiens, von Kleinasien bis Japan, in vielen Unterarten und Rassen; schon seit der Römerzeit in W- und M.-EU immer wieder eingebürgert.
Wissenswertes: In Kulturlandschaften mit offenen Flächen zur Nahrungssuche (Sämereien, Früchte, Pflanzenteile, Regenwürmer, Schnecken, Insekten) und Balz sowie Bäumen und Büschen als Schlafplätze. Im Frühjahr grenzen die ♂ durch lauten, durchdringenden Gesang („göö-gock", „gogock"), gefolgt von lautem Flügelklatschen, ihre Reviere gegeneinander ab.

Blesshuhn, Blessralle *Fulica atra*

RALLEN

Merkmale: 36–42 cm; Gefieder rußschwarz, Stirnschild und Schnabel weiß; häufigste Rufe „köck" (♀) und ein stimmloses „tp" oder „pix" (♂); schwimmt mit leicht nickendem Kopf.

Verbreitung und Lebensraum: Brutvogel in Eurasien, N-Afrika, Australien und Neuguinea; in M.-EU weit verbreitet und häufig an stehenden und langsam fließenden Gewässern mit gut ausgeprägter Ufervegetation; Stand- und Strichvogel, vor allem nordöstliche Populationen ziehen im Herbst südwestwärts.

Brut: Das Nest wird von ♂ und ♀ gemeinsam aus Pflanzenmaterial gebaut und meist als Schwimmnest in dichter Ufervegetation verankert. Das ♀ legt 5–10 Eier, die von beiden Partnern bebrütet werden. Ein Teil der Küken wird vom ♀, der andere vom ♂ geführt und 4–5 Wochen gefüttert.

Nahrung: B. können auf Veränderungen im Nahrungsangebot flexibel reagieren. Im Sommer ernähren sie sich v. a. pflanzlich, im Herbst/Winter spielen Muscheln gebietsweise eine große Rolle.

Kranich *Grus grus*

KRANICHE

Merkmale: 95–120 cm groß, Spannweite 180–220 cm; Schirmfedern verlängert und überhängend; im Flug Hals ausgestreckt, trompetende Rufe; zieht in Keilformation.

Verbreitung und Lebensraum: Brutvogel der Waldtundra und Waldsteppenzone Eurasiens von N- und M.-EU bis O-Sibirien, auch am Mittelmeer; in D v. a. im NO; brütet in M.-EU in feuchten bis nassen Niederungsgebieten, z. B. Bruchwäldern, Nieder- und Hochmooren, vernässten Wiesen. Mitteleurop. und skandinavische Vögel ziehen im X/XI nach Spanien oder Portugal, z. T. bis NW-Afrika. Neuerdings überwintern immer mehr K. bereits in NO-Frankreich oder sogar im Brutgebiet (D).

Wissenswertes: Die berühmten K.-Tänze können an den Rastplätzen im Frühjahr beobachtet werden: ♂ und ♀ bilden kleine Gruppen, verbeugen sich, springen, schlagen mit den Flügeln, rennen im Kreis oder im Zickzack. K. brüten mit 4–6 Jahren das erste Mal. Mit dem einmal ausgewählten Partner bleiben sie lebenslang zusammen. **§!**

Teichhuhn, Teichralle *Gallinula chloropus*

RALLEN

Merkmale: 30–35 cm; deutlich kleiner als Blesshuhn, schlanker, grünliche Beine und lange Zehen; ruft guttural „kürrk" oder „kirreck", ferner lang gereiht „ick-ick..."; nickt beim Schwimmen.

Verbreitung und Lebensraum: Nahezu weltweit verbreitet; in M.-EU Brutvogel an stehenden und langsam fließenden, nährstoffreichen, auch kleinsten Gewässern mit ausgedehntem Verlandungsgürtel, z. T. auch im Siedlungsraum; vielfach Standvogel, nord- und osteuropäische Populationen ziehen im Winter südwestwärts.

Brut: Das Nest wird direkt am Ufer oder in Ufernähe als Schwimmnest, dicht über dem Wasser oder am Boden, seltener im Gebüsch errichtet. Ab IV legt das ♀ 5–11 Eier, die von beiden Brutpartnern 19–22 Tage bebrütet werden. Das ♀ kann mit einer Zweitbrut beginnen, während das ♂ die Jungen der Erstbrut alleine führt.

Nahrung: Früchte, Blätter und Sprossteile von Wasser- und Sumpfpflanzen sowie Insekten, Muscheln und andere kleine Wirbellose. **§!**

Großtrappe *Otis tarda*

TRAPPEN

Merkmale: Größer als eine Gans; ♂ über 30 % größer und mit bis zu 18 kg doppelt so schwer wie das ♀, zählt zu den schwersten flugfähigen Vögeln; Spannweite bis 260 cm; ältere ♂ mit dickem, weißem Hals und Bartfedern, rotbraunem Brustband; ♀ am Kopf mehr aschgrau mit Gelbton.

Verbreitung: Inselartig von S- und M.-EU über Vorderasien bis Mongolei und Mandschurei.

Wissenswertes: G. leben in weiten, baumlosen, trockenen Grassteppen sowie in „Kultursteppen" mit einem Mosaik aus Getreideflächen, Brachen und Weidegebieten. Balzende ♂ verwandeln sich durch Hochklappen von Schwanz und weißen Flügelfedern sowie Aufblasen von Hals und Brust zu grotesken Federkugeln. Die ♀ werden mit ca. 4 Jahren geschlechtsreif, die ♂ nicht vor 5–6 Jahren. Im Frühjahr kommen die ♀ in Trupps zu den Balzplätzen. Die Anlage der flachen Nestmulde und das Bebrüten der 1–3 Eier erledigen die ♀. Die Küken bleiben noch bis Herbst bei der Mutter, die sich mit anderen ♀ zusammenschließt. **RL!**

Austernfischer *Haematopus ostralegus*
AUSTERNFISCHER

Merkmale: 40–45 cm groß; durch schwarz-weißes Gefieder und roten, langen Schnabel unverwechselbar; sehr stimmfreudig und laut, häufigster Ruf „kwie-wiep“, „kliip“ o.ä., bei Erregung immer schneller und in einem langen Triller endend.

Verbreitung und Lebensraum: Küstenvogel von NW- und M.-EU, seltener am Mittelmeer; brütet in M.-EU vor allem auf Salzwiesen und in Dünen an der Küste; zu den Zugzeiten und im Winter große Trupps an der Küste. Während A. bei Ebbe im Wattenmeer nach Würmern und Muscheln suchen, dienen bei Flut Sandstrände und Inseln als sichere Hochwasserfluchtplätze.

Brut: A. brüten im Alter von 3–5 Jahren das erste Mal, ein Teil der Altvögel schreitet aber nicht alljährlich zur Brut, sondern lebt das ganze Jahr über im Schwarm. Das Nest, eine einfache, flache Mulde, wird spärlich mit Muschelschalen ausgelegt und über viele Jahre benutzt. Die Jungen sind zwar Nestflüchter, müssen aber die Technik der Nahrungsaufnahme von ihren Eltern lernen. **§!**

Säbelschnäbler *Recurvirostra avosetta*
STELZENLÄUFER

Merkmale: 42–46 cm; unverkennbar durch den dünnen, aufwärts gebogenen Schnabel, das schwarz-weiße Gefieder und die langen, graublauen Beine, die im Flug den Schwanz weit überragen; Ruf laut und flötend „kliep“ oder „klu-it“.

Verbreitung: In zahlreichen Verbreitungsinseln an den Küsten von N-, M.-, W- und S-EU brütend; ferner in Steppen und Halbwüsten vom südöstl. M.-EU bis Zentralasien sowie lokal in O- und S-Afrika; europ. Brutvögel überwintern an den Küsten des Atlantiks und des Mittelmeers sowie in Afrika.

Lebensraum: S. brüten in Kolonien an seichten, vegetationsarmen, salzhaltigen Gewässern in offener Landschaft, auch an Steppenseen im Binnenland.

Nahrung: Mit mähenden Bewegungen führen S. den leicht geöffneten Schnabel durch schlammigen Boden und ergreifen dabei Zuckmückenlarven, Würmer und andere Wirbellose. Auf ähnliche Weise schwenken sie den Schnabel auch durch das flache Wasser, um dort Kleinkrebse oder kleine Fische zu erhaschen. **§!**

Stelzenläufer *Himantopus himantopus*
STELZENLÄUFER

Merkmale: Unverwechselbar; etwa taubengroß, wirkt grazil durch den nadelfeinen Schnabel und die extrem langen, roten Beine, im Prachtkleid ♂ und ♀ mit reinweißem Kopf oder auf Scheitel und Nacken teilweise schwarz.

Verbreitung und Lebensraum: In EU lückenhaft verbreitet, in küstennahen Niederungen und an Steppenseen, in M.-EU nur in Ungarn regelmäßig brütend; gebunden an Verlandungszonen von Süßgewässern oder salzhaltigen Seen in offener, warmer Landschaft. Bruten in Reisfeldern, Klärteichen oder Salinen sind keine Seltenheit. S. überwintern v.a. in Afrika. Im Lauf des 20. Jh. hat der S. sein Brutgebiet weit nach N ausgedehnt. Bei anhaltender Trockenheit im Mittelmeerraum kommt es zu starken Vorstößen nach M.-EU und immer wieder auch zur Ansiedlung von Brutpaaren.

Nahrung: S. picken ihre Nahrung – Insekten, kleine Krebse, Kaulquappen und Fischchen – aus dem flachen Wasser auf. Nicht selten gehen sie dabei bis zum Bauch ins Wasser. **§!**

Triel *Burhinus oedicnemus*
TRIELE

Merkmale: Gut taubengroß und langbeinig, im Aussehen an einen übergroßen Regenpfeifer (⇨ S. 100) erinnernd; sandfarbenes Gefieder mit schwarzen und weißen Flügelmarken; große, gelbe Augen, gelber Schnabel mit schwarzer Spitze.

Verbreitung: Von W- und S-EU über Kleinasien und O-EU bis Zentralasien; in EU Schwerpunkte in Russland, Frankreich u. Iberien. Brütet in Steppen und Halbwüsten sowie auf Ödland, Schotterflächen großer Flüsse und trockenem Kulturland.

Wissenswertes: Die dämmerungs- und nachtaktiven Tiere nehmen v.a. Kleintiere vom Boden auf. Bei Gefahr drücken sie sich meist bewegungslos zu Boden oder laufen geduckt weg. Die Partner halten für eine Brutsaison zusammen. Während der Balz und beim Bebrüten der beiden Eier wird das ♀ vom ♂ gefüttert. Bodenbewohnende Wirbellose und kleine Wirbeltiere sowie Pflanzen zählen zur T.-Nahrung. Außer in Ungarn sind T. in M.-EU infolge der Kultivierung ihrer Lebensräume fast ganz verschwunden. **RL! §!**

Flussregenpfeifer *Charadrius dubius*
REGENPFEIFER

Merkmale: Mit 14–16 cm etwa so groß wie ein Sperling, kleiner und schlanker als der Sandregenpfeifer; zwischen braunem Scheitel und schwarzem Stirnband ein weißer Saum; gelber Lidring; häufigster Ruf ein laut flötendes „Ti-u".
Verbreitung und Lebensraum: Brutvogel ganz Eurasiens sowie N-Afrikas; fehlt an der Küste; brütet auf vegetationsarmen Flächen, ursprünglich auf Kiesbänken und Schotterinseln von Flüssen; in M.-EU nach dem Ausbau und der Begradigung nahezu aller Fließgewässer heute v. a. in Ersatzbiotopen wie Kies- und Sandgruben, Großbaustellen, Ödflächen und Flachdächern; überwintert in Afrika.
Brut: In fledermausartigem Singflug umkreist das ♂ ab Ende III/IV sein Revier. Im kiesigen Untergrund dreht es mehrere Nestmulden, von denen das ♀ eine auswählt. Die Küken nehmen vom 1. Tag an selbstständig Nahrung auf und werden von den Eltern geführt, bewacht und gehudert.
Nahrung: Spinnen, Flohkrebse, Käfer, Zuckmückenlarven und Würmer. **§!**

Seeregenpfeifer *Charadrius alexandrinus*
REGENPFEIFER

Merkmale: Größe wie Flussregenpfeifer, etwas hochbeiniger; Gefieder hell, ohne durchgehendes dunkles Brustband, Beine schwärzlich; ♂ im Prachtkleid mit schwarzen Brustflecken und schwarzer Kopfzeichnung, Scheitel und Nacken rostbraun; rollende und pfeifende Rufe.
Verbreitung: Brutvogel der Küsten und Steppengebiete Eurasiens, erreicht in S-Schweden seinen nördlichsten Vorposten; ferner in N-Afrika. Die Winterquartiere mitteleuropäischer Brutvögel reichen vom Mittelmeerraum bis W-Afrika.
Lebensraum: Der S. brütet in M.-EU fast ausschließlich an der Nordsee, v. a. an hochwassersicheren Sandstränden und Spülsäumen. Auch im Binnenland ist er an Salzwasser gebunden. Im Gegensatz zum Flussregenpfeifer fehlt er an vom Menschen geschaffenen Standorten. Mit dem Aufkommen höherer und dichterer Vegetation sowie bei Aussüßung werden die Brutplätze aufgegeben. Nach der Brutzeit versammeln sich S. an Mauserplätzen im Watt der Nordseeküste. **RL, §!**

Sandregenpfeifer *Charadrius hiaticula*
REGENPFEIFER

Merkmale: Etwas größer und kräftiger als der Flussregenpfeifer; Schnabel orange mit schwarzer Spitze; Beine orange; ohne gelben Lidring; im Flug weißer Flügelstreif auffallend; ruft weich flötend und nach oben gezogen „tü-ip".
Verbreitung: Von Grönland und Island über das gesamte nördliche Eurasien bis zur W-Küste des arktischen N-Amerikas. Hauptwinterquartier der mitteleurop. Brutvögel ist die Atlantikküste von Frankreich bis N-Afrika.
Lebensraum: In M.-EU Brutvogel offener Flächen des küstennahen Tieflands, z. B. auf Sand- und Kiesböden sowie kurzrasigen Wiesen; im Binnenland auch an See- und Flussufern ohne Bewuchs.
Brut: Sofort nach Ankunft im Brutgebiet (ab III) grenzt das ♂ sein Revier ab, indem es kehlig-heiser singend über offenem Gelände kreist. Mit scharrenden Beinbewegungen dreht es im Kies oder Sand mehrere Nistmulden, von denen das ♀ eine auswählt. Beide Partner brüten und ziehen die Jungen groß. **§!**

Goldregenpfeifer *Pluvialis apricaria*
REGENPFEIFER

Ruhekleid unauffällig bräunlich

Merkmale: Gut amselgroß, in allen Kleidern weiße Achselfedern; im Brutkleid oberseits braunschwarz, mit goldgelben Federspitzen übersät, Gesicht und Unterseite schwarz, weiß umrahmt.
Verbreitung: Nördl. Eurasien bis Zentralsibirien; in M.-EU nur 10–30 Brutpaare in Niedersachsen.
Wissenswertes: Die Brutplätze des G. sind offene Flächen mit kurzer Vegetation, seien es arktische Tundren oder nasse Heide-, Gras- und Hochmoore. Auf dem Durchzug im Binnenland rasten die Kurzstreckenzieher in dichten Trupps, oft zusammen mit Kiebitzschwärmen, auf Wiesen und Äckern. Sie ernähren sich v. a. von Insekten und anderen Kleintieren des Bodens, den sie mit ihrem kurzen Schnabel umgraben. In knapp 4 Wochen erbrüten G. gemeinsam meist 4 Junge, die als Nestflüchter von den Eltern geführt werden. **RL! §!**

Kiebitz *Vanellus vanellus*

REGENPFEIFER

Merkmale: Etwa taubengroß; unverwechselbar durch auffällig schwarz-weißes Federkleid mit metallisch glänzender Oberseite, am Kopf langer, abstehender Federschopf; Schwanz weiß mit breiter, dunkler Endbinde, Unterschwanzdecken rostfarben; im Flugbild Flügel breit, mit weißer Unterseite und schwarzer Spitze, langsamer Flügelschlag; häufigster Ruf ein weinerliches „kie-wi".

Verbreitung: Gemäßigte und mediterrane Breiten von W-EU bis zum Ussuri; 3/4 des europ. Brutbestands im N von D, in den Niederlanden u. Polen. Als Kurzstreckenzieher überwintern mitteleurop. K. im Mittelmeergebiet und in N-Afrika. In milden Gegenden sind sie auch Stand- und Strichvögel.

Wissenswertes: K. leben in offenen Landschaften mit wenig strukturierten Flächen und kurzer Vegetation; früher v. a. Feuchtwiesen und Flachmoore, heute vielerorts landwirtschaftliche Wiesen und Felder. Zur Balz im März zeigen die ♂ Ausdrucksflüge über den Brutrevieren mit atemberaubenden Flugkapriolen. Als Rufe beim Aufsteigen sind „chä-chuit", in der Höhe „wit-wit-wit-wit", im Sturzflug „chiu-wit" sowie wuchtelnde Fluggeräusche vernehmbar. Wenn immer möglich, leben K. gesellig. Gemeinsam greifen sie dann oft auch Eindringlinge in ihr Brutgebiet, wie etwa Greifvögel, Krähen oder Wiesel, an. Bei Brutbeginn sollte die Vegetation nicht höher als 8 cm stehen, damit weder die brütenden Vögel in ihrer Sicht noch später die nestflüchtenden Küken im Laufen behindert werden. Auf intensiv bewirtschaftetem Kulturland wachsen jedoch infolge der Düngung die Pflanzen oft zu rasch. Zudem sind Gelege und Jungvögel des K. durch die entsprechend frühe Mahd gefährdet, die Verwendung von Umweltchemikalien lässt Kleininsekten, die Hauptnahrung der Jungen, fehlen. So hält sich der K. heute in M.-EU vielerorts nur noch durch Zuzug von Artgenossen aus O-EU. **RL, §!**

Knutt *Calidris canutus*

SCHNEPFENVÖGEL

Merkmale: Mit 23–26 cm größter Strandläufer; wirkt plump durch kurzen Hals und relativ kurze Beine; Schnabel gerade, etwa kopflang; im Prachtkleid unterseits rostbraun, im Schlichtkleid einheitlich grau mit feiner dunkler Strichelung; Beine grünlich; im Flug langflügelig, schmale, weiße Flügelbinde und hellgrauer Bürzel zu sehen.

Verbreitung: Brutvogel der hocharktischen Tundra von Kanada und Grönland bis N-Sibirien. Brutvögel Grönlands sowie der kanadischen Inseln verbringen den Winter an europäischen Küsten, während sibirische Brutvögel an der Atlantikküste W-Afrikas überwintern.

Wissenswertes: K. brüten in küstennaher Flechten- und Moostundra. Außerhalb der Brutzeit halten sie sich auf Sand- und Schlickflächen der Gezeitenzone, im Binnenland an größeren Seen auf. Im Wattenmeer suchen K., oft in großen Trupps, nach Wirbellosen, v. a. Muscheln und Schnecken. Auf dem Zug legen K. Entfernungen von bis zu 5000 km im Nonstop-Flug zurück.

Sanderling *Calidris alba*

SCHNEPFENVÖGEL

Merkmale: Mit 18–21 cm etwa so groß wie der Alpenstrandläufer (⇨ S. 104); kurzer, gerader Schnabel, Beine schwarz; im Prachtkleid Oberseite und Brust rostbraun; im Frühjahr Rotfärbung weniger deutlich (entsteht erst im Lauf des Sommers durch Abnutzung der hellen Federsäume); nach der Mauser (VII–IX) sehr hell, Oberseite hellgrau, Flügelbug schwarz; in allen Kleidern im Flug weißer Flügelstreif; ruft kurz „twitt".

Verbreitung und Lebensraum: Brutvogel der Tundrenzone von Mittelsibirien über das arktische N-Amerika bis Grönland; in M.-EU an der Nordseeküste in geringer Zahl ganzjährig, zahlreicher zu den Zugzeiten im V und VII–IX; im Binnenland spärlicher Durchzügler; überwintert an den Küsten und auf Inseln der gemäßigten Zone.

Nahrung: Mit sehr schnellen Schritten läuft der S. an Sandstränden im Rhythmus der heranrollenden Wellen hin und her und pickt von der Flut angespülte Nahrung, z. B. Insekten, Krebstiere und Muscheln, auf.

Prachtkleid

Schlichtkleid

Jugendkleid

Schlichtkleid

Meerstrandläufer *Calidris maritima*

SCHNEPFENVÖGEL

Merkmale: Mit 19–22 cm etwas größer als der Alpenstrandläufer; wirkt durch den kurzen Hals und die kurzen Beine etwas plump; Schnabel ungefähr kopflang, schwach gebogen, Beine und Schnabelbasis mattgelb; Schwanz überragt Flügelspitzen; im Prachtkleid an Mantel und Schultern durch weiße und rostbraune Federsäume gesprenkelt, Kehle und Flanken stark gefleckt; im Schlichtkleid Kopf, Brust und Oberseite einheitlich düster grau.

Verbreitung: Brütet von NO-Amerika über Grönland, Island, die Hochflächen Skandinaviens bis zur Kolahalbinsel; weiter nach O lückig verbreitet bis Mittelsibirien; überwintert nördlicher als alle anderen Watvögel, südwärts bis N-Spanien.

Lebensraum: M. brüten auf trockenen, steinigen Böden an der Küste oder in der Bergtundra, z. T. weitab vom Meer. Außerhalb der Brutzeit an steinigen und felsigen Küsten des Atlantiks, aber auch an Hafenmolen. Bei Hochwasser stehen sie oft dicht beisammen auf einzelnen Felsen.

Nahrung: Auf Steinen und Felsen in der Brandung sucht der M., geschickt den Wellen ausweichend, nach Muscheln, Schnecken und Krebstieren.

Alpenstrandläufer *Calidris alpina*

SCHNEPFENVÖGEL

Merkmale: 16–22 cm, starengroß; häufigster Strandläufer; gedrungen, relativ kurze, schwarze Beine; Schnabel lang und leicht gebogen; im Prachtkleid schwarzer Bauchfleck kennzeichnend, oberseits rostbraun; im Schlichtkleid oberseits braungrau, unterseits weiß mit feinen grauen Bruststrichen; im Flug Flügelstreifen und Bürzelseiten weiß; häufigster Ruf gepresst „trrü"; rasanter Flug und wendige Flugmanöver in großen Trupps typisch.

Verbreitung: Brutvogel auf Grönland, Island, den Brit. Inseln, im nördl. Eurasien und in N-Amerika.

Lebensraum: In M.-EU brütet der A. in kleinen Restpopulationen auf kurzrasigen Strandwiesen an Nord- und Ostseeküste, im N in Feuchtwiesen, Mooren und in der Tundra, vom Flachland bis in höhere Lagen. Nach der Brutzeit (VI/VII–X) versammeln sich mehrere 100 000 A. im Wattenmeer, um zu mausern. Auch zu den Zugzeiten und im Winter halten sich A. an der Küste in riesigen Schwärmen auf; im Binnenland ist die Art dagegen weniger zahlreich, aber regelmäßig anzutreffen.

Nahrung: Im weichen Wattboden oder Schlick stochern A. nach Würmern, Schnecken, Muscheln, Mückenlarven und Krebschen. **RL! §!**

Kampfläufer *Philomachus pugnax*

SCHNEPFENVÖGEL

Merkmale: ♂ (29–32 cm) größer als ♀ (22–26 cm), im Prachtkleid (IV/V–VI/VII) mit bunten Schmuckfedern in Form von Kopfbüscheln und einer Halskrause; gedrungener Körper, relativ langer Hals und kleiner Kopf, Schnabel leicht nach unten gebogen; Beine der Altvögel rotorange; bei ♀ im Prachtkleid Oberseite, Hals und Brust graubraun mit schwarzen Feldern; im Schlichtkleid oberseits recht einfarbig braungrau mit schwacher Schuppenzeichnung, Unterseite weißlich.

Verbreitung: Brutvogel im N Eurasiens von NW-EU bis O-Sibirien, in M.-EU in der Tiefebene von den Niederlanden bis Polen; häufiger Durchzügler im Frühjahr (III–V) und Herbst (VII–IX) in nassen Wiesen und auf Schlammflächen; überwintert v. a. in Afrika südlich der Sahara.

Balz und Brut: Zur Gruppenbalz versammeln sich die ♂ in kleinen Gruppen auf traditionellen Balzplätzen. Die Partnerwahl trifft das ♀. K. brüten in feuchten Wiesen, in Mooren und in der Tundra, in D meist in Küstennähe. **RL! §!**

Jungvogel

Prachtkleid

Jugendkleid

Bekassine *Gallinago gallinago*

SCHNEPFENVÖGEL

Merkmale: Etwa amselgroß; häufigste, verbreitetste Sumpfschnepfe; relativ kurzbeinig; langer, gerader Schnabel; Gefieder braun bis rotbraun, kräftig gestreift und gefleckt; nasales „ätch" beim Abflug, hartes „tükke" zur Brutzeit am Boden und im Flug.

Verbreitung: In 9 Unterarten in mittleren Breiten Eurasiens; in M.-EU starke Abnahme.

Wissenswertes: B. werden wegen der meckernden Laute, die sie während ihrer Flüge über dem Revier durch Vibrationen der äußeren Steuerfedern zustande bringen, auch „Himmelsziegen" genannt. Die ♂ besetzen die Reviere. Die ♀ wählen den Nistplatz und brüten, während die ♂ in der Nähe Wache halten. Der lange Schnabel fungiert bei der Nahrungssuche in weichem Schlamm als Sondiergerät und als Pinzette. **RL, §!**

Waldschnepfe *Scolopax rusticola*

SCHNEPFENVÖGEL

Merkmale: Ungefähr taubengroßer, gedrungener, breitflügeliger Waldvogel, Spannweite bis zu 60 cm; langer, gerader Schnabel zum Sondieren im weichen Boden („Stecher" genannt), kurze Beine; tarnfarben braun gemustertes Gefieder.

Verbreitung: Waldzone Eurasiens von W-EU bis Japan, größere Lücken in Hochgebirgen Asiens.

Wissenswertes: W. brüten in lichten, meist feuchten Hochwäldern oder in Niederwäldern mit ausgeprägter Kraut- und Strauchschicht. Für ihre Balzflüge brauchen sie Lichtungen. Der „Schnepfenstrich", bei dem das ♂ im Flug ein dumpfes Quorren mit anschließendem hohen „Pfuitzen" vorträgt, dient der Findung der Geschlechter und der Markierung des Brutgebiets. Das ♀ zieht die meist 4 Jungen alleine groß, die mit 10 Tagen kurze Strecken fliegen, mit 1 Monat flugfähig sind.

Uferschnepfe *Limosa limosa*

SCHNEPFENVÖGEL

Merkmale: Großer Watvogel mit langem, geradem Schnabel; im Brutkleid Hals und Brust rostbraun, Bauch weiß, Oberseite braun und grau.

Verbreitung: Von Island und Großbritannien ostwärts bis W-Sibirien; isolierte Populationen von Zentralsibirien bis China; südlichste Brutgebiete in Italien und Frankreich. Die mitteleurop. U. überwintern als Mittel- und Langstreckenzieher an der Atlantikküste Frankreichs, im Mittelmeergebiet, in NW-Afrika, der Sahelzone und Vorderasien.

Wissenswertes: Ursprünglich in natürlichen Feuchtgebieten lebend, kommen U. heute in M.-EU vielfach in Sekundärbiotopen wie extensiv genutzten Wiesen oder Rieselfeldern vor. U. profitierten offenbar von dem verglichen mit Mooren und Heiden günstigeren Nahrungsangebot der feuchten Niederungswiesen im nordwestl. M.-EU. Auf dem Durchzug sind U. oft in Überschwemmungsgebieten und Verlandungszonen zu beobachten, wo sie, bis zum Bauch im Wasser stehend, nach Kleintieren suchen. **RL, §!**

Pfuhlschnepfe *Limosa lapponica*

SCHNEPFENVÖGEL

Merkmale: 33–42 cm; kurzbeiniger als die ähnliche Uferschnepfe, Schnabel etwas kürzer, deutlich aufgeworfen; ♂ im Prachtkleid unterseits ziegelrot, ♀ beige bis orange, Brust undeutlich gestrichelt; im Schlichtkleid oberseits graubraun mit schwarzer Strichelung, unterseits weiß, Brust schwach gestrichelt; im Flug Weiß des Bürzels als Keil bis auf den Rücken reichend; ruft nasal „gägägä...".

Verbreitung: Brutvogel im N Eurasiens von Lappland bis nach W-Alaska; in M.-EU an der Küste sehr häufiger Durchzügler und Wintergast, an der Nordseeküste auch übersommernd; spärlicher Gast zu den Zugzeiten (IV/V und IX/X) im Binnenland; Winterquartiere von den nordwesteurop. Küsten bis zur Atlantikküste Afrikas.

Brut: P. brüten in der arktischen Tundra und in Mooren am Rand der nördl. Nadelwaldzone. Ihre Nester bauen sie gern in die Nähe der Brutplätze von Falkenraubmöwen, die durch ihr aggressives Verhalten Beutegreifer wie Eisfüchse oder Großmöwen in die Flucht schlagen können.

♂
Prachtkleid

Großer Brachvogel *Numenius arquata*
SCHNEPFENVÖGEL

Merkmale: Gut krähengroß; größter Watvogel von EU; langer, kräftig gebogener Schnabel, graubraunes Gefieder, gefleckt und gestreift; ♀ etwas größer als ♂, außerdem mit längerem Schnabel; beim wellenförmigen Reviermarkierungsflug flötend melodische Rufe.
Verbreitung: Mittlere und nördliche Breiten von W-EU bis O-Sibirien; nach S hin zunehmend lückig, südlichste Brutvorkommen in SW-Frankreich und am Alpenrand; in M.-EU Kurz- bis Mittelstreckenzieher, Überwinterung von der Atlantikküste Frankreichs bis ins Mittelmeergebiet und W-Afrika.
Wissenswertes: Ursprünglich in feuchten Mooren brütend, ist der G.B. heute vor allem in extensiv genutzten Wiesengebieten anzutreffen, zunehmend auch – mit zu geringem Bruterfolg – auf intensiv genutzten Fett- und Mähwiesen sowie auf Ackerflächen. Der lange Schnabel wird nicht nur zum Absammeln von Kleintieren am Boden und der Aufnahme von Pflanzenteilen eingesetzt, sondern auch zum Stochern in weichem Boden. **RL, §!**

Grünschenkel *Tringa nebularia*
SCHNEPFENVÖGEL

Merkmale: Mit 30–35 cm größter Wasserläufer; langer Schnabel, schwach aufgeworfen; lange Beine, graugrün; Prachtkleid oberseits braungrau mit schwarzen Flecken, Kopf, Brust und Flanken kräftig dunkel gefleckt bzw. gestrichelt; Schlichtkleid oberseits einheitlich hellgrau, unterseits weiß; im Flug in allen Kleidern dunkle Flügel und breiter weißer Keil auf dem Rücken; Flugruf härter als beim Rotschenkel, ein rasches „kjück-jük-jük".
Verbreitung: Brütet im nördl. Eurasien von Schottland und den Hochlagen Skandinaviens bis O-Sibirien; in M.-EU an der Küste und im Binnenland häufiger Durchzügler im Frühjahr (IV/V) und im Herbst (VII–IX); überwintert im atlantischen W-EU, im Mittelmeergebiet, in Vorderasien und Afrika.
Lebensraum: G. brüten in der offenen Taiga und in Tundrenlandschaften. Auf dem Durchzug sieht man sie einzeln oder in kleineren Trupps auf der Suche nach kleinen Fischen u. a. im Watt oder in der Flachwasserzone von Binnengewässern.

Rotschenkel *Tringa totanus*
SCHNEPFENVÖGEL

Merkmale: 25–30 cm; lange, rote Beine, Schnabel gerade, rot mit dunkler Spitze; Prachtkleid oberseits braun, dunkel gefleckt, Unterseite weiß, Brust und Flanken gestrichelt; Schlichtkleid oberseits einfarbig graubraun, unterseits undeutlich gefleckt; Flugbild sehr typisch durch großen, weißen Rückenkeil und breiten, weißen Flügelhinterrand, Zehen den Schwanz nur wenig überragend; ruft beim Auffliegen melodisch „tjü dü dü".
Verbreitung: Brutvogel Eurasiens von W-EU bis O-Sibirien, von der Nadelwaldzone im N bis an den nördlichen Rand der Mittelmeerregion; in M.-EU häufiger Durchzügler, v. a. an der Küste; überwintert im atlantischen EU, im Mittelmeerraum, in Vorder- und S-Asien sowie in Afrika.
Lebensraum: In M.-EU brüten R. überwiegend an der Küste in feuchten, extensiv genutzten Wiesen, ferner im Binnenland in Ried- und Moorgebieten, auf Überschwemmungsflächen und Hutweiden. Ihre recht kleinen Nestreviere verteidigen sie mit einem Singflug. **RL, §!**

Waldwasserläufer *Tringa ochropus*
SCHNEPFENVÖGEL

Merkmale: 21–24 cm, gut starengroß; gedrungener als der Bruchwasserläufer (⇨ S. 110), wippt ebenfalls mit dem Hinterkörper; Oberseite dunkelbraun, wirkt im Kontrast zu weißer Unterseite und weißem Bürzel schwarz, Brust dunkel gestreift; Schwanz breit gebändert; im Flug dunkle Flügelunterseite, Zehen überragen den Schwanz kaum; ruft beim Auffliegen melodisch „dluit iht iht".
Verbreitung: Brutvogel der Nadelwaldzone Eurasiens von Norwegen bis O-Sibirien, in M.-EU v. a. in Polen; seit Mitte des 20. Jh. Arealausweitung nach SW und S; Überwinterungsgebiet vom atlant. W-EU über das Mittelmeergebiet bis Vorderasien und ins tropische Afrika reichend.
Lebensraum: W. brüten in Bruch- und Auwäldern, gehölzreichen Mooren und am Ufer von Waldseen. Als Nistplatz dienen vorjährige Drosselnester. In M.-EU ist der W. häufiger Durchzügler, bevorzugt an Süßwasser, nicht selten an Kleinstgewässern wie Waldtümpeln oder Gräben, manchmal auf offenen Schlammflächen. **§!**

Dunkler Wasserläufer *Tringa erythropus*

SCHNEPFENVÖGEL

Merkmale: Etwas größer als der Rotschenkel (⇨ S. 108), Beine und Hals länger, Schnabel sehr lang, dünn und gerade; im Prachtkleid fast schwarz, oberseits weiße Flecken; im Schlichtkleid ähnlich dem Rotschenkel, aber grauer; im Flug weißes Oval auf dem Rücken, Zehen Schwanzende weit überragend; häufigster Ruf ein flötendes „Tju-it".

Verbreitung und Lebensraum: Brutvogel in der arktischen und der nördl. Nadelwaldzone Eurasiens, von N-Norwegen bis O-Sibirien; brütet in Mooren, Sümpfen und anderen offenen Flächen der Taiga und in der Tundra; in M.-EU häufiger Durchzügler im Frühjahr (III–V) und v. a. im Herbst (VII–X), sowohl an der Küste, als auch im Binnenland; zieht in breiter Front über das europ. Binnenland und entlang der Küsten in die Winterquartiere in Afrika, im südl. Mittelmeergebiet und in Vorderasien; wenige überwintern auch in W- und S-EU.

Wissenswertes: Bei der Nahrungssuche gehen D. W. häufig bis zum Bauch ins Wasser und schwimmen manchmal sogar.

Flussuferläufer *Actitis hypoleucos*

SCHNEPFENVÖGEL

Merkmale: 18–21 cm, kurzbeinig, relativ langer Schwanz; wippt häufig mit dem Hinterkörper; fliegt mit schnellen, zuckenden Flügelschlägen niedrig über das Wasser, während der kurzen Gleitphasen Flügel nach unten gebogen, breiter, weißer Flügelstreif sichtbar; Beine graugrün; Ruf wie „hii-dii-dii".

Verbreitung: Brutvogel Eurasiens von Großbritannien und Spanien bis Japan; in W- und M.-EU heute nur noch lückenhaft verbreitet; mitteleurop. Brutvögel überwintern v. a. in Afrika, südlich der Sahara, ferner im Mittelmeerraum; auch Überwinterungen in M.-EU sind nachgewiesen.

Lebensraum: Brütet an unverbauten Flüssen von den Tieflagen bis in über 1900 m Höhe auf locker und niedrig bewachsenen Kies- und Sandbänken; auf dem Zug (IV/V und VII–X/XI) an Binnengewässern aller Art, ohne Bevorzugung eines bestimmten Ufertyps. Durch Flussbegradigungen und Uferverbauungen wurden viele ehemalige Brutplätze des F. zerstört. **RL, §!**

Bruchwasserläufer *Tringa glareola*

SCHNEPFENVÖGEL

Merkmale: Mit 19–21 cm knapp starengroß, viel kleiner als der ähnliche Grünschenkel (⇨ S. 108); wippt ab und an mit dem Hinterkörper; am ehesten mit dem Waldwasserläufer (⇨ S. 108) zu verwechseln, doch oberseits heller und Brust undeutlich grau gefleckt, wirkt daher weniger kontrastreich; Schwanz feiner gebändert; im Flug Flügelunterseite hell, Zehen überragen Schwanz deutlich; Flugruf schnell und laut „giff giff giff".

Verbreitung: Brutvogel der Nadelwald- und Tundrenzone Eurasiens, von Schottland ostwärts bis O-Sibirien; überwintert im südl. Mittelmeerraum, in Afrika und im südl. Vorderasien. Wichtige Rast- und Mauserplätze befinden sich u.a. in der Camargue und im Ebrodelta.

Lebensraum: In M.-EU heute nur noch wenige Brutpaare in Hochmooren mit offenen Wasserflächen und geringem Gehölzbestand. Auf dem Durchzug (IV/V und VII–IX) an der Küste und v. a. im Binnenland an flachen Seeufern, auf Schlickflächen und überschwemmten Wiesen. **RL! §!**

Steinwälzer *Arenaria interpres*

SCHNEPFENVÖGEL

Merkmale: 20–24 cm, knapp amselgroß; kurze orangefarbene Beine; im Prachtkleid oberseits orangebraun mit schwarzen Schultern, Kopf und Hals schwarz-weiß gezeichnet; im Schlichtkleid oberseits dunkelbraun, dunkler Brustlatz, im Flug oberseits kontrastreiches Schwarz-Weiß-Muster.

Verbreitung und Lebensraum: Zirkumpolar von NW-EU über Eurasien und das arktische N-Amerika bis Grönland verbreitet, v. a. in der Tundren- und Nadelwaldzone, in D aktuell nur in Schleswig-Holstein; brütet vor allem auf küstennahen Inseln auf sandigem oder steinigem Boden; an der Küste häufiger Durchzügler, Übersommerer und Wintergast sowohl im Watt und auf Muschelbänken als auch an felsigen Küsten und Hafenmolen.

Nahrung: Seinen Namen verdankt der S. einer besonderen Technik des Nahrungserwerbs. Um an versteckte Beute, insbesondere Garnelen und andere Krebstiere, zu gelangen, wälzt er mithilfe seines Schnabels geschickt Steine, Tang und Treibgut um. **(RL), §!**

Prachtkleid

Skua, Große Raubmöwe
Stercorarius skua RAUBMÖWEN

Merkmale: Mit 53–60 cm größte Raubmöwe; Körper gedrungen, wirkt im Flug schwer, Flügel breit, Schwanz kurz; dunkelbraunes Gefieder mit halbmondförmigem Feld im dunklen Handflügel; mittlere Steuerfedern überragen den Schwanz, anders als bei verwandten Arten, nur wenig.

Verbreitung: In Europa ist die S. Brutvogel auf Island, den Färöern und Schottland und erscheint regelmäßig an den Küsten von M.-EU, im Binnenland sehr selten. Außerhalb der Brutzeit leben S. auf dem offenen Meer. Jungvögel ziehen ab VIII in die Winterquartiere im N- und S- Atlantik, nur wenige kehren schon im nächsten Jahr in die Heimatgewässer zurück. Altvögel überwintern z. T. in der weiteren Umgebung des Brutplatzes.

Brut: S. sind erst im Alter von 4–8(9) Jahren brutreif, 3- bis 4-jährige Vögel leben in kleinen Trupps in der Nähe der Brutkolonien, die sich in hoch gelegenen, nassen Mooren oder auf felsigen Inseln befinden. Ihr Nest verteidigen S. gegenüber Eindringlingen mit gewandten Flugattacken.

Lachmöwe *Larus ridibundus*
MÖWEN

Merkmale: 35–40 cm; in allen Kleidern weißer Keil am Vorderrand des Handflügels; Altvögel etwa von (I)III–VIII/XI mit brauner Gesichtsmaske, Schnabel und Beine rot; im Winter Kopf hell mit dunklen Flecken an Auge und Ohr.

Verbreitung: Brutvogel des mittleren und nördl. Eurasiens von NW-EU bis O-Sibirien; in M.-EU v.a. an der Küste und in tieferen Lagen; in M.-EU Standvogel oder Kurzstreckenzieher, überwintert in fast ganz EU und im Mittelmeerraum; nördliche und östliche Populationen weichen im Winter nach S bzw. SW aus.

Lebensraum: L. brüten in z. T. sehr großen Kolonien in der Verlandungszone stehender oder langsam fließender Gewässer sowie auf kleinen, bewachsenen Inseln. Zur Nahrungssuche halten sie sich tagsüber mitunter weitab vom Wasser auf Wiesen und frisch gepflügten Äckern, Müllplätzen, an Kläranlagen, in Häfen und selbst inmitten der Städte auf. Abends, oft erst bei Dunkelheit, kehren sie an die Schlafplätze auf dem Wasser zurück.

Schwarzkopfmöwe *Larus melanocephalus*
MÖWEN

Merkmale: 37–40 cm; Altvögel sehr hell, grau mit weißen Schwungfedern, Schnabel dunkelrot; im Prachtkleid (ab II) mit bis in den Nacken reichender, schwarzer Kapuze, die im Schlichtkleid nur als dunkle Maske angedeutet ist; erst mit 2 1/2 Jahren voll ausgefärbt; ruft nasal „äja“, „höaou“ o. ä., ganz anders als Lach- oder Sturmmöwe.

Verbreitung: Bis Mitte des 20. Jh. fast ausschließlich an der ukrainischen Schwarzmeerküste verbreitet; seit 1960 rasanter Bestandsanstieg und Ausdehnung des Brutgebiets nach O bis zum Kaspischen Meer, nach W bis an die französische Mittelmeer- und Atlantikküste sowie entlang der Donau nach M.-EU und schließlich bis an die Nord- und Ostsee; wichtigste mitteleurop. Brutvorkommen heute im Rhein-Maas-Schelde-Delta und in der ungarischen Tiefebene.

Lebensraum: Brütet auf küstennahen Inseln, in Lagunen, Sumpfgebieten, an Flussmündungen und flachen Seen, in M.-EU meist in Lach- oder Sturmmöwenkolonien. **(RL)**

Silbermöwe *Larus argentatus*
MÖWEN

Merkmale: 54–60 cm; häufigste Großmöwe; Altvögel oberseits hellgrau, Flügelspitze schwarz mit großen, weißen Flecken; Kopf weiß, im Schlichtkleid grau gestrichelt; Schnabel gelb mit rotem Fleck; Beine fleischfarben; erst im Alter von 3 1/2 Jahren voll ausgefärbt, vorher von anderen Großmöwen nur schwer zu unterscheiden.

Verbreitung und Lebensraum: Im nördl. N-Amerika, an den Küsten von NW- und N-EU sowie vom Baltikum nordwärts bis N-Finnland und NW-Russland verbreitet; in M.-EU fast ausschließlich an Nord- und Ostseeküste auf felsigen oder sandigen, spärlich bewachsenen Flächen brütend; an der Nordsee Standvogel und Teilzieher; nordosteurop. Vögel ziehen im Winter nach SW.

Nahrung: Segelnd erspähen S. an den Strand gespülte Krebs- und Stacheltiere oder Aas und folgen Fisch- und Krabbenkuttern. Im Watt treten sie Muscheln aus dem feuchten Grund. Auch Eier und Küken von Seevögeln gehören zum Speisezettel der S. Im Winter besuchen sie gern Müllplätze.

Prachtkleid

Schlichtkleid

Heringsmöwe *Larus fuscus*

MÖWEN

Merkmale: Etwas kleiner als eine Silbermöwe (⇨ S. 112); deutlich kleiner als die Mantelmöwe, mit schmaleren Flügeln, die beim stehenden Vogel den Schwanz weit überragen; Schnabel schlanker; baltische H. *(L. f. fuscus)* auf Rücken und Oberflügel schwarz, westeurop. H. *(L. f. graellsii)* schiefergrau mit schwarzen Flügelspitzen, H. aus SW-Skandinavien *(L. f. intermedius)* zwischen beiden Formen stehend; Altvögel mit gelben Beinen; erst mit 3 1/2 Jahren voll ausgefärbt, vorher sehr ähnlich anderen jungen Großmöwen.

Verbreitung: In 3 Unterarten von NW-EU bis Zentral-Sibirien verbreitet: *L. f. graellsii* an der Atlantikküste von Spanien bis Island, *L. f. intermedius* im SW von Skandinavien und *L. f. fuscus* in N-Norwegen und von Mecklenburg nordostwärts; heute brüten H. auch auf den friesischen Inseln, oft mit Silbermöwen; westl. Populationen ziehen ab VII entlang der Küsten bis W-Afrika, östliche über Land durch M.- und O-EU bis zum östl. Mittelmeer, Schwarzen Meer und nach O-Afrika.

Sturmmöwe *Larus canus*

MÖWEN

Merkmale: 38–44 cm, etwas größer als die Lachmöwe (⇨ S. 112) und viel kleiner als die im Flug sehr ähnliche Silbermöwe (⇨ S. 112); bei Altvögeln Rücken und Oberflügel grau mit weißem Hinterrand, Flügelspitze schwarz mit großem, weißem Fleck; Kopf weiß, im Schlichtkleid grau gestrichelt; Schnabel gelb, im Winter grau mit dunkler Binde; Beine grünlich gelb; mit 2 1/2 Jahren ausgefärbt.

Verbreitung: Brutvogel im nördl. Eurasien und in Alaska; in M.-EU Brutvorkommen auf die Küste und küstennahe Gebiete konzentriert, erst ab Mitte des 20. Jh. zunehmend auch im Binnenland; Standvogel und Kurzstreckenzieher; überwintert an der Nord- und Ostsee sowie an der Atlantikküste von W-EU, nach S bis Frankreich, wenige auch im Mittelmeer; im mitteleurop. Binnenland bis an den Nordrand der Alpen.

Lebensraum: S. brüten in kleinen bis mittelgroßen Kolonien, an der Küste auf Inseln, Sandstränden und in Dünen, im Binnenland v. a. auf Kiesbänken und Schotterinseln in Seen und Flüssen.

Mantelmöwe *Larus marinus*

MÖWEN

Merkmale: 60–75 cm, Spannweite 145–170 cm, größte Möwe; massige Gestalt, kräftiger Schnabel, gelb mit rotem Fleck, breite Flügel; Altvögel mit schwarzem Mantel und schwarzen Oberflügeln, im Handflügel mit größerem weißem Spitzenfleck als Heringsmöwe, Beine rosagrau; erst mit 3 1/2 Jahren voll ausgefärbt.

Lebensraum und Verbreitung: Brutvogel an den Küsten von NW- und N-EU, im Baltikum, Russland, auf Inseln der Arktis sowie an der NO-Küste N-Amerikas; brütet in losen Kolonien an felsigen Küsten, auf küstennahen Inseln, an Flussmündungen und in Dünen, in M.-EU meist in Silbermöwen-Kolonien. An Nord- und Ostseeküste brütende M. sind Standvögel oder Kurzstreckenzieher; nördl. Populationen ziehen nach S bzw. SW. Verbesserte Ernährungsbedingungen, v. a. durch den Beifang der Hochseefischer, führten dazu, dass die M. wie fast alle Möwenarten seit Anfang des 20. Jh. stark zugenommen und ihr Brutareal ausgedehnt hat. Seit 1984 brütet sie auch im N von D. **(RL)**

Dreizehenmöwe *Rissa tridactyla*

MÖWEN

Merkmale: 37–42 cm, kurze, dunkle Beine; Altvögel mit einfarbig schwarzer Flügelspitze; dunkelgraue Flügeloberseite wird zur schwarzen Flügelspitze hin immer heller, fast weiß; Schnabel gelb; im Prachtkleid weißer Kopf, im Schlichtkleid (ab VIII/X) mit dunkelgrauem Ohrfleck und hellgrauem Hinterkopf; erst mit 2 1/2 Jahren voll ausgefärbt.

Verbreitung: Von der gemäßigten Zone bis in die Hocharktis an den Küsten von SW- bis NW-EU (mit Island), Grönlands, W-Russlands, O-Sibiriens und N-Amerikas verbreitet, in M.-EU nur auf Helgoland; außerhalb der Brutzeit Hochseevogel.

Brut: Die Kolonien der D. befinden sich in steilen Felswänden direkt am Meer und umfassen oft Tausende von Nestern. Beim Brüten wechseln sich ♂ und ♀ ab, nach 25–32 Tagen schlüpfen die Jungen. Als reine Nesthocker verlassen sie das Nest bis zum Ausfliegen nicht.

Nahrung: D. erbeuten kleine Fische stoßtauchend, folgen regelmäßig Schiffen und nutzen wie andere Möwen den Beifang der Hochseefischerei. **(RL)**

Prachtkleid

Flussseeschwalbe *Sterna hirundo*

Merkmale: 34–37 cm; wie alle Seeschwalben mit langen, spitzen Flügeln, langem, gegabeltem Schwanz, dünnem, spitzem Schnabel und kurzen Beinen; im Prachtkleid schwarze Kopfkappe, orangeroter Schnabel mit schwarzer Spitze; ab VII/VIII Stirn weiß werdend, Schnabel schwarz und Flügelbug dunkel; am stehenden Vogel überragen die Schwanzspieße die Flügelspitzen nicht; äußere Handschwingen bilden im Sommer dunklen Keil auf dem Oberflügel; ruffreudig, bei Störung am Brutplatz scharf „kiärrr(ih)", „kirri kirri..." u. ä.
Verbreitung und Lebensraum: Brutvogel Eurasiens und N-Amerikas, isolierte Brutvorkommen in NW- und N-Afrika; brütet in Kolonien auf vegetationsarmen Sand- oder Kiesflächen an flachen Küsten; im Binnenland ursprünglich auf Kies- und Schotterbänken naturnaher Flüsse, in M.-EU heute vielfach auf künstliche Nisthilfen (Brutflöße) angewiesen. Ab VIII/IX ziehen F. in ihre afrikanischen Winterquartiere. **§!**

Küstenseeschwalbe *Sterna paradisaea*

Merkmale: Kaum kleiner als die Flussseeschwalbe (F.), dieser sehr ähnlich, doch längere Schwanzspieße, gänzlich roter Schnabel, kürzere Beine und schmalere Flügel; Brust und Bauch dunkler grau; Oberflügel einfarbig hellgrau; Mauser beginnt erst im X im Winterquartier, Schlichtkleid in EU daher selten zu sehen; ruft schriller als die F.
Verbreitung: Zirkumpolar verbreitet von der Nadelwaldzone bis in die Hocharktis; in M.-EU v. a. an der Nordsee, seltener an der Ostsee. Von ihren arktischen Brutgebieten wandern K. im Herbst bis vor die Küsten Chiles und S-Afrikas und weiter bis in antarktische Gewässer.
Brut: K. brüten in Kolonien auf vegetationsarmen Sand- und Kiesflächen und auf Salzwiesen. Luft- und Bodenfeinde werden im Sturzflug angegriffen.
Nahrung: Wie die F. bleibt die K. auf der Jagd nach Fischen rüttelnd über dem Wasser stehen und fängt ihre Beute dann stoßtauchend. Daneben erbeuten K. auch Krebstiere. **§!**

Brandseeschwalbe *Sterna sandvicensis*

Prachtkleid

Merkmale: 37–43 cm, etw. größer als Lachmöwe; Flügel lang, schmal; Schnabel lang, schwarz, gelbe Spitze; schwarze Kappe, verlängerte Hinterkopffedern, Stirn ab VI/VII weiß; ruft kratzend „kärrick".
Verbreitung: Brutvogel an den Küsten ganz Amerikas sowie von NW-EU, am westl. Mittelmeer, am Schwarzen Meer und im Kaspigebiet; zieht nach der Brutzeit (ab VII) zunächst an die Nordsee, dann im VIII/IX entlang der Atlantikküste in die Winterquartiere an den Küsten von SW-EU bis S-Afrika; Rückkehr ab Ende III.
Lebensraum: B. brüten in z. T. großen Kolonien auf vegetationsarmen Inseln, auf Sand- und Kiesbänken und in Dünen, fast nur an Salz- und Brackwasser.
Nahrung: Bis zu 20 cm lange Fische erbeutet die B. durch Stoßtauchen. **(RL), §!**

Zwergseeschwalbe *Sterna albifrons*

Flussseeschwalbe

Zwergseeschwalbe

Merkmale: Mit 20–25 cm kleinste europ. Seeschwalbe; zierlich, mit kurz gegabeltem Schwanz; im Prachtkleid mit schwarzer Kopfkappe, schwarzem Zügel und weißer Stirn, Schnabel gelb mit schwarzer Spitze, Beine orangegelb; im Schlichtkleid (ab VIII) ohne schwarzen Zügel, Schnabel schwarz.
Verbreitung und Lebensraum: In der gemäßigten, tropischen und subtropischen Zone nahezu weltweit; in M.-EU heute fast nur noch an der Nord- und Ostseeküste; brütet in lockeren Kolonien auf Sandstränden und auf Kiesbänken in Flüssen. Wie andere Seeschwalben ist sie auf sog. Pionierstandorte angewiesen, die durch eine beginnende Vegetationsentwicklung gekennzeichnet sind und daher immer wieder neu (z. B. nach Hochwasser) entstehen müssen. **RL, §!**

Schlichtkleid

Trottellumme *Uria aalge*

ALKEN

Merkmale: 38–46 cm; Oberseite grauschwarz, Kopf und Hals bräunlich, bei der „Ringellumme", einer Varietät, mit weißer Brillenzeichnung; Unterseite weiß, Flanken meist dunkel gestrichelt; im Flug überragen die Zehen den kurzen, gerundeten Schwanz; im Schlichtkleid mit weißer Kehle und weißen Kopfseiten; mausert ab XII ins Prachtkleid; ruft am Brutplatz laut und hoch schnarrend „uarrr" o. ä., daneben bellende Laute.
Verbreitung und Lebensraum: In mehreren Unterarten an den Küsten des N-Atlantiks, der Barents-See und des N-Pazifiks verbreitet; brütet an Felsklippen auf schmalen Simsen; in M.-EU nur an den Sandsteinfelsen Helgolands eine große Kolonie (2002: rund 2600 Paare); lebt außerhalb der Brutzeit auf dem offenen Meer.
Brut: Das einzige Ei wird von ♂ und ♀ auf den Füßen ausgebrütet. Im Alter von rund 3 Wochen springen die jungen T. ins Meer (sog. Lummensprung) und werden von einem Altvogel, meist dem ♂, betreut, bis sie flugfähig sind. **(RL), §!**

Gryllteiste *Cepphus grylle*

ALKEN

Schlichtkleid

Merkmale: 32–38 cm; spitzer, schwarzer Schnabel; im Prachtkleid schwarz mit weißem Flügelfeld, Füße rot; im Schlichtkleid unterseits weiß, oberseits von VII–XI immer heller werdend, zuletzt weiß mit dunkler Bänderung, Flügel und Schwanz schwarz.
Verbreitung und Lebensraum: Brutvogel auf arktischen Inseln und an den Küsten des N-Pazifiks und N-Atlantiks, in EU südwärts bis Irland, Dänemark, S-Schweden und Estland; brütet einzeln oder in kleinen Kolonien, meist in Nischen und Höhlen am Fuß von Steilküsten; überwintert v. a. in flachen Küstengewässern in der weiteren Umgebung der Brutplätze, nach S bis zur südl. Ostsee, einzelne ziehen bis zur franz. Atlantikküste.
Wissenswertes: Die hoch pfeifenden Rufe, die zu einem Triller gereiht sein können, erinnern an das Zirpen einer Grille (Name!).

Tordalk *Alca torda*

ALKEN

Merkmale: 38–43 cm; Oberseite dunkler als bei der Trottellumme, fast schwarz; Flanken weiß; Schnabel kurz und hoch, seitlich zusammengedrückt, mit weißem Streifen; vom Schnabel zum Auge eine dünne, weiße Linie, die im Schlichtkleid fehlt; Schwanz lang und spitz, verdeckt im Flug die Zehen; hellere Unterflügeldecken als die Trottellumme, im Flug mehr Weiß an den Seiten des Bürzels; ruft tief und rau knarrend „urrr", doch auch am Brutplatz nicht stimmfreudig.
Verbreitung und Lebensraum: Brütet an Felsküsten des N-Atlantiks, in EU südlich bis zur Bretagne; in M.-EU nur auf Helgoland in wenigen Paaren; Nester häufig in (Halb-)Höhlen; überwintert in Küstengewässern des N-Atlantiks, südwärts bis N-Afrika und westliches Mittelmeer; Jungvögel ziehen weiter als Altvögel.
Nahrung: Wie für Alken typisch taucht der T. mit Hilfe der Flügel, d. h. er „fliegt" unter Wasser und erbeutet dabei kleine Fische. Viele T. ertrinken bei ihren Tauchgängen in Fischnetzen. **(RL), §!**

Papageitaucher *Fratercula arctica*

ALKEN

Merkmale: 28–30 cm; großer Kopf, kurzer Schwanz; Halskragen dunkel; im Prachtkleid unverwechselbar durch großen, papageiartigen, bunten Schnabel; nach der Brutzeit (VIII/IX) wird die Hornscheide des Schnabels abgeworfen, er ist dann kleiner und weniger intensiv gefärbt; helle Kopfseiten werden grau.
Verbreitung und Lebensraum: Brutvogel des N-Atlantiks und des Nordpolarmeers, in EU von Spitzbergen im N bis Bretagne im S; bis 1830 auch auf Helgoland; brütet in Kolonien in selbst, von Kaninchen oder Sturmtauchern gegrabenen Höhlen an grasbewachsenen Steilküsten oder in Geröll- und Blockfeldern; außerhalb der Brutzeit auf dem offenen Meer, vom N-Atlantik südwärts bis NW-Afrika und westl. Mittelmeer; in M.-EU im Winter regelmäßiger Gast vor der Küste.
Brut: Das einzige Ei bebrüten ♂ und ♀ abwechselnd. Ihr Junges füttern sie mit kleinen Schwarmfischen, die sie tauchend im Umkreis von bis zu 100 km um den Brutplatz erbeuten. **RL! §!**

Felsentaube *Columba livia*

TAUBEN

Merkmale: In Gestalt und Gefieder ähnlich der Hohltaube, auf Mantel und Flügeloberseite aber heller grau, weiße Flügelunterseite; beim Balzflug mit v-förmiger Fügelhaltung und gurrendem „duu-ru-duu" segelnd.

Verbreitung: W-EU an felsigen Küsten, in Mittelmeerländern hauptsächlich in felsigen Berg- und Wüstengebieten, NW-Afrika, SW-Asien.

Wissenswertes: Die F. ist die Stammform der Straßentauben. Sie brütet in Felsen und Ruinen, niemals wie die Hohltaube in Bäumen. Neben dem Balzflug zeigen die ♂ eine Bodenbalz, bei der sie sich mit geblähter Brust und vielen „Ruggediguhh" vor dem ♀ verbeugen. F. suchen ihre Nahrung, v. a. Sämereien, Grünpflanzen, Beeren, auf Äckern, Feldern und anderen offenen Flächen am Boden.

Hohltaube *Columba oenas*

TAUBEN

Merkmale: Etwa haustaubengroß, deutlich kleiner und kurzschwänziger als die Ringeltaube, fliegt zudem mit schnelleren Flügelschlägen; Gefieder blaugrau mit grün und weinrot schimmerndem Halsfleck; Unterflügel und Rücken grau (bei Felsentaube weiß); oft in gemischten Schwärmen mit Ringeltauben, durch die Größe und das Fehlen weißer Flügelabzeichen jedoch unterscheidbar.

Verbreitung: Gemäßigte Klimazone von Großbritannien u. Irland bis W-Sibirien, südwärts bis NW-Afrika und N-Iran; fehlt in waldarmen Gebieten weitgehend. H. sind Zugvögel, die größtenteils im Mittelmeerraum überwintern. Nur in milden Gegenden bleiben einige den Winter über in M.-EU.

Wissenswertes: H. brüten meist in Randbereichen von (Buchen-) Altholzbeständen, in Feldgehölzen, Obstwiesen und Parks, mancherorts auch im Siedlungsbereich. An der Küste werden sie zu Bodenbrütern und nutzen Höhlungen in Dünen. In M.-EU stehen Schwarzspechthöhlen und Nistkästen als Brutplätze an erster Stelle.

Ringeltaube *Columba palumbus*

TAUBEN

Merkmale: Größte Taube in EU, Spannweite bis 80 cm, deutlich größer als eine Straßentaube mit im Verhältnis längerem Schwanz und kleinerem Kopf; bei Altvögeln auffallend weißer Halsseitenfleck (namengebender „Ring"), oben und unten von metallisch glänzenden Federn begrenzt; beim Auffliegen lautes Flügelklatschen hörbar.

Verbreitung: Von NW-Afrika, Madeira, Azoren und W-EU ostwärts bis SW-Sibirien, südwärts bis Kleinasien, Irak und Kaschmir; in D, Großbritannien und Frankreich 50 % des europ. Gesamtbestands von 8–14 Mio. Brutpaaren.

Wissenswertes: R. brüten in Wäldern aller Art und in Baumgruppen in Feldernähe. Vor allem im nördl. M.-EU tauchen sie zunehmend in Siedlungen auf. Die Nester auf Bäumen und Büschen sind sehr einfach aus Zweigen gebaut. Die beiden weißen Eier kann man manchmal von unten durchschimmern sehen. Bei 2–3 Jahresbruten reicht die Legezeit von IV–VI. ♂ und ♀ lösen sich beim Brüten ab. Die Jungen erhalten zunächst „Kropfmilch".

Türkentaube *Streptopelia decao*

TAUBEN

Merkmale: Mittelgroße, schlanke, langschwänzige Taube; Spannweite bis 55 cm; hell sandfarbenes Gefieder, halber schwarzer Halsring; bei zusammengefaltetem Schwanz dessen Unterseite fast rein weiß; Jungvögel noch ohne Halsring.

Verbreitung: Ursprünglich Vorderasien bis Japan, südwärts bis Sri Lanka und Arabien; in EU bis 1930er-Jahre nur auf der Balkanhalbinsel, seither Arealausweitung über fast ganz EU.

Wissenswertes: In EU leben die Altvögel ganzjährig in nächster Nähe zum Menschen in Dörfern und Städten. Neben Samen und Früchten holen sie sich ihren Anteil an ausgestreutem Tierfutter und Abfällen. Schon im März werden die Brutreviere von den ♂ besetzt und durch den typischen dreisilbigen Revierruf „gu-guu-gu" (Betonung auf der 2. Silbe) sowie einen akrobatischen Ausdrucksflug markiert. T. brüten bis zu viermal jährlich, gelegentlich sogar im Winter, wobei sie in den Städten neben der Verfügbarkeit von Futter auch vom milderen Klima profitieren.

Turteltaube *Streptopelia turtur*

TAUBEN

Merkmale: Kleine Taube, von der Türkentaube durch viel auffälligere Färbung und Musterung mit leuchtend rostgelben Federsäumen um schwarze Federzentren auf Schultern und Armdecken zu unterscheiden; Altvögel mit Halsfleck aus schwarzen und weißen oder bläulichen Streifen, der bei den eher einfarbigen Jungvögeln fehlt.

Verbreitung: Von den Kanarischen Inseln über N-Afrika, den Sudan und Afghanistan ostwärts bis NW-China; in M.-EU vor allem in trockenwarmen Gebieten der Tiefebene und in Flussniederungen; überwintern als Langstreckenzieher im Savannengürtel von NW-Afrika bis Äthiopien und kehren erst Anfang bis Mitte Mai zurück.

Wissenswertes: Als Brutvögel von Steppen und Waldsteppen bevorzugen T. in der halboffenen Kulturlandschaft Gehölzstrukturen meist in Wassernähe. Sie brüten in Auwäldern, Feldgehölzen, Hecken, aufgelockerten Wäldern, Weinbaugebieten, Streuobstwiesen sowie Parkanlagen und Gärten mit einzelnen herausragenden Bäumen.

Kuckuck *Cuculus canorus*

KUCKUCKE

Merkmale: Ungefähr taubengroß, Spannweite bis 60 cm; schlank, langschwänzig; wirkt im Flug sperberähnlich, hat aber spitzere Flügel; oberseits ziemlich einheitlich blaugrau, seltener auch rostbraun (Foto) gefärbt, Unterseite weißlich mit feiner dunkler Querbänderung; unverwechselbarer Ruf des ♂, meist 2-, manchmal auch 3-silbig „kuckuck", dem bei Erregung ein heiseres „hachhachhach" vorausgeht.

Verbreitung: In der gemäßigten und Waldzone Eurasiens von W-EU und N-Afrika bis Kamtschatka und Japan, in Asien südwärts bis zum Rand der Tropen; fehlt in EU nur in Island; überwintert in Afrika südlich des Äquators.

Wissenswertes: Als einziger Vogel in M.-EU ist der K. ein Brutparasit: Das ♀ legt seine 10–20 Eier – einzeln – in Nester anderer Arten, um sie von den Wirtseltern ausbrüten und die Jungen aufziehen zu lassen. Während der raschen Eiablage frisst das ♀ häufig ein Ei der Wirtseltern; die übrigen Eier werden vom Jungkuckuck herausgeworfen.

Häherkuckuck *Clamator glandarius*

KUCKUCKE

Merkmale: In der Größe ähnlich dem Kuckuck, Schwanz etwas länger und schmaler, Flügel breiter und stumpfer endend; Spannweite bis 60 cm; Oberseite mit kleinen weißen Flecken übersät; Altvögel grau mit kleiner Haube, Kehle und Brust gelblich weiß; Jungvögel insgesamt dunkler; Reviergesang des ♂ dumpfe, abfallende „ki-u"-Rufe; außerdem raues Keckern wie „kakakakarrkarr" und elsterartiges Schackern; Warnruf krähenähnlich „krak".

Verbreitung: S-EU, W-Asien, Afrika; südeuropäische H. überwintern in Afrika südlich der Sahara.

Wissenswertes: Auch der H. ist ein Brutparasit, der seine Eier (insgesamt 6–9) in fremde Nester legt. Seine Wirtsvögel sind durchweg Rabenvögel, in Afrika auch Glanzstare. H.-♀ legen mehrere Eier pro Wirtsnest ab. Die größeren Wirtseltern schaffen es, mehrere H. aufzuziehen. Den jungen H. fehlt der Trieb, Wirtseier oder -geschwister aus dem Nest zu werfen.

Halsbandsittich *Psittacula krameri*

PAPAGEIEN

Merkmale: Knapp amselgroß, Spannweite bis 48 cm, schlank, an einen Bienenfresser erinnernd, aber langer, spitzer Schwanz; smaragdgrünes Gefieder, schmales, schwarzes und orangerosa Halsband; typisch gebogener Papageienschnabel; fliegt schnell und direkt, dunkle Schwungfedern.

Verbreitung: Savannenzone N-Afrikas, Asien von Pakistan bis SO-China; weltweit viele Einbürgerungen; in M.-EU 900–1200 Brutpaare.

Wissenswertes: Die kreischenden Rufe der sehr stimmfreudigen H. erinnern etwas an junge Wacholderdrosseln. Die Vögel sind erstaunlich winterhart und ernähren sich von Früchten und Körnern. Sie nisten in Baumhöhlen, vor allem in Parks oder Friedhöfen größerer Städte, wo sie von der Zufütterung durch Menschen profitieren. Um die Brutplätze konkurrieren sie mit Dohlen und Staren, Brutverluste können durch Aaskrähen entstehen. Die Paare der sonst sehr geselligen H. sondern sich zum Bebrüten ihrer 3–6 Eier ab.

Waldkauz *Strix aluco*

EULEN

Merkmale: Mittelgroße, gedrungene Eule, mit breiten, gerundeten Flügeln und vergleichsweise großem Kopf ohne Federohren; Grundfärbung der Altvögel unabhängig vom Geschlecht entweder rindengrau oder – seltener – rostbraun; Reviergesang des ♂ „huuu-hu-uuuuuu" (1. Silbe betont), häufigster Ruf des ♀ „kuit".

Verbreitung: 11 Unterarten in zwei Rassegruppen: westliche Gruppe von SW- und W-EU (ohne Irland) und N-Afrika ostwärts bis W-Sibirien; östliche Gruppe von S-Russland bis Ostküste Chinas.

Wissenswertes: Der W. kommt in M.-EU vom Tiefland bis in Gebirgswälder und selbst in Großstädten vor. Grund für seine Häufigkeit ist nicht zuletzt die große Anpassungsfähigkeit bei der Wahl des Brutplatzes. Seine jeweils 3–5 Jungen zieht der W. in Baumhöhlen (meist Buchen), aber auch in Gebäudenischen, auf Dachböden, in alten Greifvogelhorsten oder in Fels- und Erdhöhlen auf. Als Dämmerungs- und Nachtjäger jagt er seine Beute aus dem Suchflug oder von einem Ansitz aus.

Uhu *Bubo bubo*

EULEN

Merkmale: Größte europ. Eule, Spannweite bis 190 cm; runder Kopf mit langen Federohren, die bei Erregung aufgestellt werden, sonst schräg nach seitlich hinten stehen; große, orangegelbe Augen; Gefieder oberseits rostbraun, dunkel gefleckt und gebändert, unterseits heller rostfarben, mit kräftiger Längsfleckung der Brust.

Verbreitung: Lückenhaft in S-, M.-und N-EU, auch N-Afrika sowie fast ganz Asien; insgesamt etwa 20 Unterarten; in M.-EU ca. 1800–2400 Brutpaare, vorwiegend in Mittelgebirgen und den Alpen, neuerdings Ausbreitung auch ins Tiefland.

Wissenswertes: Als Nistplätze nutzen U. Felsbänder und -nischen, schütter bewachsene Steilhänge, gelegentlich Greifvogel- und Reiherhorste, Baumhöhlen oder einfach den Erdboden. Vor allem im Herbst und Vorfrühling lassen sie die typischen, namengebenden „Uhu"-Rufe hören. U. können andere Eulen und Greifvögel sowie Säugetiere bis Rehkitzgröße schlagen, ernähren sich aber häufig von Ratten und Igeln. **RL**

Habichtskauz *Strix uralensis*

EULEN

Merkmale: Waldkauzähnlich, jedoch größer (Spannweite gut 120 cm) und langschwänziger; Gefiederfärbung meist heller; rahmfarbener, fast runder Gesichtsschleier; Reviergesang des ♂ dumpf „huh", Revierruf des ♀ ähnlich, aber krächzend, an Graureiher erinnernd, Warnruf ein hundeähnliches Bellen.

Verbreitung: In etwa 10 Unterarten in der Taigazone Eurasiens von Skandinavien bis zum N-Pazifik; isoliert in Mittelgebirgen in D, Polen, Slowakei, Tschechien und Ungarn mit 600–800 Brutpaaren.

Wissenswertes: In reich strukturierten Bergmischwäldern nutzt der H. alte Greifvogelhorste als Nest. Die meist 3–4 Jungen werden von den Eltern durch heftige Angriffsflüge auch gegen Menschen verteidigt. Diese Angriffslust bei der Verteidigung seiner Jungen trugen dem H. seinen schwedischen Namen „slaguggla" (Schlageule) ein. Neben Mäusen jagt der H. als Ansitzjäger auch Eichhörnchen, Spitzmäuse, Vögel bis Birkhuhngröße, seltener Frösche und Insekten. **(RL)**

Raufußkauz *Aegolius funereus*

EULEN

Merkmale: Ziemlich kleine Eule, etwa so groß wie der Steinkauz (⇨ S. 126), Spannweite bis 60 cm; heller Gesichtsschleier, seitlich schwarzbraun umrandet; Gefieder oberseits dunkelbraun, weiß geperlt, unterseits verwaschene graubraune Flecken; Füße bis zu den Krallen dicht weiß befiedert (Name!); Jungvögel fast einheitlich dunkelbraun, nur Flügel und Schwanz weiß geperlt; Flug geradlinig, nicht bogenförmig wie beim Steinkauz.

Verbreitung: In einem breiten Gürtel quer durch das nördliche Eurasien und N-Amerika, südwärts bis M.-EU, Zentralasien und China; in M.-EU 5000–6000 Brutpaare.

Wissenswertes: Als Höhlenbrüter braucht der R. Altholzbestände mit Schwarzspechthöhlen, er nimmt aber auch Nistkästen an. Daher kann er auch in einförmigen Fichtenbeständen mit Nistkasten-Angebot vorkommen. Kleinsäuger und bis zu drosselgroße Vögel stellen die Hauptnahrung des R. dar, in der Brutzeit vor allem Mäuse. Der Reviergesang der ♂ ist ein „hu-hu-hu".

Graue Form

Sperlingskauz *Glaucidium passerinum*

EULEN

Merkmale: Nur starengroß, kann im Flug mit diesem verwechselt werden; Spannweite bis 36 cm; runder Kopf, proportional kleiner als beim Raufuß- und Steinkauz; über den gelben Augen ein auffällig weißer Überaugenstreif; Schwanz mit 5 weißen Querbinden, wird in Erregung seitwärts geschlagen (wie Würger) oder nach oben gestelzt (wie Zaunkönig); Flugbild mit rundlichen Flügeln und fächerförmigem Schwanz.
Verbreitung: Nadelwaldzone von NO-EU quer durch Eurasien bis O-Sibirien und Amurgebiet; in M.-EU vermutlich als Eiszeitrelikt im Alpenraum sowie in Mittelgebirgen in Tschechien und D.
Wissenswertes: S. brauchen deckungsreiche Tageseinstände, Altholzbestände mit (Buntspecht-) Höhlen als Brut- und Depotplätze für ihre Beute im Winter, Rufwarten sowie Freiflächen zur Mäuse- und Singvogeljagd. Der Reviergesang des ♂ besteht aus einer „Tonleiter". Die Kleinvögel im Lebensraum des S. kennen den Ruf, was zu heftigem Schimpfen und Zetern führt.

Steinkauz *Athene noctua*

EULEN

Merkmale: Kleiner als eine Taube, Spannweite rund 50 cm; kurzschwänzig; große, gelbe Augen, weiße Überaugenstreifen, die wie Augenbrauen wirken; oberseits dunkelbraun, dicht weißlich gefleckt und gebändert; Unterseite hell, breit dunkelbraun gestreift; teilweise tagaktiv, sitzt gern exponiert; duckt sich bei Beunruhigung flach nieder, wippt bei Aufregung heftig auf und ab.
Verbreitung: In gemäßigter, mediterraner sowie Steppen- und Wüstenzone in EU, N-Afrika, Teilen des Himalajas sowie China; in Neuseeland und Großbritannien erfolgreich eingebürgert; in M.-EU v. a. in waldfreien Tieflagen unter 500–600 m.
Wissenswertes: Der S. lebt im offenen Flach- und Hügelland, vom Kulturland bis zur Wüste; gern in alten Obstgärten, auf Weiden und Mähwiesen mit Kopfbäumen, in Steinbrüchen, Ruinen und Dörfern. Er jagt seine vielseitigen Nahrungstiere meist von einem Ansitz aus, aber auch in niedrigem Suchflug, oder er sucht zu Fuß nach Regenwürmern und Insekten. **RL**

Waldohreule *Asio otus*

EULEN

Spannweite bis 95 cm

Merkmale: Etwa krähengroß; viel schlanker als ein Waldkauz; lange, auffällige Federohren, die in Ruhe und beim Fliegen angelegt werden; orangegelbe Augen; der Reviergesang des ♂ ist ein verhaltenes, weithin hörbares, monoton gereihtes „huh". Nestlinge fauchen bei Störungen katzenartig.
Verbreitung: In 5 Unterarten über ganz Eurasien einschließlich der Azoren und Kanaren sowie Japan, im N bis zur Tundragrenze, im S bis N-Afrika, Vorderasien und zum Himalaja; auch in N-Amerika; in M.-EU weit verbreitet.
Wissenswertes: Die dämmerungs- und nachtaktive W. brütet bevorzugt in Nestern von Rabenkrähen und Elstern in kleineren Baumbeständen, selbst auf Einzelbäumen sowie vor allem an Waldrändern. Halboffene, kleinräumig strukturierte Landschaften werden zur Jagd auf Kleinsäuger genutzt. Ihre Beute, überwiegend Wühlmäuse, erjagt die W. aus dem Flug heraus. Im Winter und in wühlmausarmen Jahren zur Brutzeit stehen mehr Vögel auf der Beuteliste. ♂ und ♀ führen meist eine Saisonehe. Bei der Flugbalz ab Mitte Februar werden vom ♂ die Handschwingen immer wieder klatschend zusammengeschlagen.
Das ♀ legt ab Mitte März 4–5, in starken Mäusejahren auch doppelt so viele Eier im Legeabstand von 2 Tagen. Weil die Eier ab dem ersten Tag bebrütet werden, schlüpfen die Jungen auch nacheinander. Die Nestgeschwister sind daher verschieden weit entwickelt. Das ♂ geht auf Jagd und versorgt das ♀ und die mit lautem Pfeifen um Futter bettelnden Jungen mit Beute. Schon im weißen Dunenkleid werden bei jungen W. die Federohren sichtbar. W. tauchen im Winter oft im Siedlungsbereich auf, gehen dort auf Singvogeljagd und bilden tagsüber in Bäumen manchmal ganze Schlafgesellschaften.

Die Federohren können angelegt (oben) oder aufgestellt werden (rechts).

Sumpfohreule *Asio flammeus*

EULEN

Merkmale: Ähnlich der Waldohreule (⇨ S. 126), aber kurze Federohren, die nur bei Erregung gut sichtbar sind; lange, schmale und recht spitze Flügel, Spannweite bis 105 cm; Gefieder hell, lebhaft gestreift (am Boden gute Tarnung); Gesicht fahl, gelbe Augen, schwarze Augenumrandung.
Verbreitung: In 9 Unterarten im nördlichen Eurasien, N-, Mittel- und S-Amerika sowie auf Inselgruppen im Pazifik; in EU Schwerpunkte in Russland, Skandinavien und Großbritannien; in M.-EU nur 180–620 Brutpaare; Überwinterungsgebiete vom nördl. M.-EU bis ins Mittelmeergebiet.
Wissenswertes: S. bewohnen offene Landschaften wie Tundren, Moore, Heiden, Dünen und sumpfige Niederungen. Sie brüten am Boden, tragen als einzige Eulenart in EU etwas Nistmaterial ein und jagen im niedrigen Suchflug, gelegentlich auch rüttelnd, nach Mäusen und Kleinvögeln. S. sind auch am Tag aktiv und jagen einen Teil ihrer Beutetiere Weihen oder Turmfalken ab. Durch Lebensraumverlust sind sie bei uns gefährdet. **RL!**

Zwergohreule *Otus scops*

EULEN

Merkmale: Mit knapp 20 cm die kleinste Ohreule, etwas kleiner und schlanker als der Steinkauz (⇨ S. 126); rindenfarbiges Tarngefieder; Iris zitronengelb; kleine Federohren, die wie Hörner wirken; sitzt tagsüber oft dicht am Baumstamm.
Verbreitung: In 3 Rassegruppen in S-Eurasien bis SO-Indonesien, SW-Arabien, Afrika außerhalb der Tropen und Wüsten; in EU Mittelmeerländer, nördlich bis Mittelfrankreich, Elsass, der S-Schweiz, Österreich, Ungarn, der S-Slowakei, Rumänien, Ukraine, Mittelrussland; durch Zugverlängerung gelegentlich auch weiter nördlich mit Bruten.
Wissenswertes: Z. leben in halboffenen, trockenen, klimatisch milden Gebieten, in denen sie v. a. Großinsekten, aber auch Spinnen, Regenwürmer, Laubfrösche, Kleinvögel und Mäuse jagen. Der monotone Reviergesang des ♂ kann mit den Rufen der Geburtshelferkröte verwechselt werden. Das ♂ bietet dem ♀ mehrere Bruthöhlen (Baum-, Felshöhlen, auch Gebäudenischen) an, wovon das ♀ eine auswählt.

Schleiereule *Tyto alba*

SCHLEIEREULEN

Merkmale: Größer als eine Krähe; helle, langbeinige Eule; an ihrem herzförmigen, weißlichen Gesichtsschleier (namengebend!) von allen anderen Eulen unterscheidbar; Unterseite entweder rostgelb mit kleinen dunklen Flecken (in N- und O-EU) oder weiß ohne Fleckung (in S- und W-EU); Flügel lang und schlank, Spannweite bis zu 95 cm.
Verbreitung: In 34 Unterarten mit Verbreitungslücken in fast allen Regionen der Welt, v. a. in tropischen und subtropischen Breiten (eines der größten Verbreitungsgebiete aller Landvogelarten!); in EU nordwärts bis Dänemark und N-England.
Wissenswertes: Nest in Mauer- oder Felsspalten sowie in Baumhöhlen, in M.-EU überwiegend auf Dachböden oder in speziellen Nistkästen; meist 4–7, manchmal auch bis zu 15 oder aber nur 1–3 Eier, die gewöhnlich auf eine Schicht zerfallener oder zerbissener alter Gewölle gelegt werden. Das ♀ brütet allein und wird dabei vom ♂ versorgt. Nach 34 Tagen schlüpfen in 2-tägigem Abstand die Jungen, sodass die Nestgeschwister später recht verschieden groß sind. Weil S. hauptsächlich von Feldmäusen leben, hängt ihr Bruterfolg wesentlich von der Mäusedichte im Wohngebiet ab. Ist diese gering, schreiten bis zu 60 % der S. überhaupt nicht zur Brut. Dagegen finden in guten Mäusejahren sogar 2 Jahresbruten statt. Auch Gelegegröße und Aufzuchterfolg schwanken erheblich, je nachdem, wieviel Nahrung verfügbar ist. Als reine Standvögel leiden S. in harten Wintern unter Nahrungsmangel, was oft zur Dezimierung ihrer Bestände führt. Nachhaltig gefährdet sind S. aber vor allem durch die Intensivierung der Landwirtschaft.

Im Bild die rostgelbe Form der S.

Ziegenmelker *Caprimulgus europaeus*

NACHTSCHWALBEN

Merkmale: Ungefähr amselgroß, sehr langflügelig und langschwänzig; große, schwarze Augen; sehr kleine Füße; auffallend kleiner Schnabel, aber tiefer, breiter Rachen; Gefieder eulenartig weich, rindenartig gefärbt und gemustert; ♂ mit weißen Flecken an den Flügelspitzen und den äußeren Schwanzfedern, im Flug sichtbar. Flugruf „ku-ik".
Verbreitung: In N-Afrika, EU (in N-Skandinavien fehlend), Vorder- und Zentralasien; Langstreckenzieher, Winterquartier im tropischen Afrika; bei uns Ende IV bis Anfang VIII.
Wissenswertes: Der Z. kommt bei uns in trockenen Heide- und Dünengebieten und in lichten Kiefernwäldern vor. Die jeweils 2, durch ihre Fleckenzeichnung gut getarnten Eier werden ohne Nest auf den Boden gelegt und überwiegend vom ♀ erbrütet. Die Anwesenheit des gut getarnten, dämmerungs- und nachtaktiven Insektenjägers ist am ehesten durch den minutenlangen, schnurrenden Balzgesang und das Flügelknallen der ♂ bei ihren Imponierflügen festzustellen. **RL, §!**

Alpensegler *Apus melba*

SEGLER

Merkmale: Größer als Mauersegler (Spannweite bis 58 cm); oberseits braun, Bauch und Kehle weiß; fliegt gemächlicher, Flügelschläge langsamer.
Verbreitung: SW-EU, Afrika bis Indien und Sri Lanka; nördlichste Brutplätze im südlichen M.-EU.
Wissenswertes: Die langlebigen A. leben monogam in Dauerehe und brüten mit großer Brutplatztreue an Felsen und hohen Bauwerken. Die Flugrufe dieser Insektenjäger sind tiefer und weniger schrill als die der Mauersegler. Die Gebäudebrüter konnten sich am Nordrand ihrer europ. Verbreitungsgrenze (Schweiz, S von D) durch die warmen Sommer in letzter Zeit etwas ausbreiten.

Ähnlich: **Fahlsegler** *Apus pallidus*, in der Größe wie der Mauersegler, aber breitere Flügel, Rumpf gedrungener, Stirn und Kehle heller; Rufe etwas tiefer und gepresster als beim Mauersegler; kommt an den Mittelmeerküsten vor, in M.-EU nur eine einzige Kolonie in der S-Schweiz.

Mauersegler *Apus apus*

SEGLER

Merkmale: Schwalbenähnlich, jedoch größer; lange, sichelförmige Flügel, Spannweite bis 44 cm; kurzer, gegabelter Schwanz; im Gegensatz zu Schwalben einheitlich dunkle Unterseite, nur Kehle aufgehellt; reißender Flug mit raschen Flügelschlägen und kurzen Gleitphasen; gegen Abend Flugjagden, mit hohen, schrillen Rufen wie „srih" .
Verbreitung: In 2 Unterarten lückenhaft von NW-EU und N-Afrika ostwärts bis zum Baikalsee und Innerasien; in M.-EU vor allem in größeren Ortschaften und Ballungsgebieten bis in 1000 m Höhe; Zugvogel, überwintert im tropischen Afrika; bei uns von Ende IV bis Anfang IX.
Wissenswertes: In M.-EU brüten M. gewöhnlich an Gebäuden, östl. der Elbe auch in Baumhöhlen; die meist 2–3 Jungen können während anhaltender Schlechtwetterperioden in einen Hungerschlaf fallen. M. fangen ausschließlich Fluginsekten, die sie im Kehlsack zu einem Futterballen formen und an ihre Jungen verfüttern. Bis auf die Zeit des Brütens sind M. ständig in der Luft.

Eisvogel *Alcedo atthis*

EISVÖGEL

Merkmale: Etwas über sperlingsgroß, gedrungen, sehr kurzschwänzig; gerader, kräftiger, langer Schnabel; Oberseite kobaltblau bis türkisfarben schillernd, Unterseite orangebraun; Ruf ein scharfes, gedehntes „tjie".
Verbreitung: Von W-EU ostwärts bis Sachalin und Japan, südwärts bis Indien, Taiwan und Inselformen bis Melanesien; Stand- oder Zugvogel; Vögel aus Regionen mit kontinental ausgeprägten Wintern (vor allem aus N- und O-EU) ziehen im Herbst in wintermildere Gebiete.
Wissenswertes: Der E. ist ein vom Ansitz aus stoßtauchender Fischjäger. Zum Brüten legen E. in Abbruchkanten von Gewässern leicht ansteigende, mehrfach genutzte Röhren an, die mit einem backofenförmigen Nestkessel enden. An günstigen Brutplätzen kommt es nicht selten zu Schachtelbruten: Während das ♂ noch die vorangegangene Brut füttert, bebrütet das ♀ bereits das 2. oder 3. Gelege. So können E. Verluste durch lange, harte Winter wieder ausgleichen. **(RL), §!**

Bienenfresser *Merops apiaster*

BIENENFRESSER

Merkmale: Etwa amselgroß, aber viel schlanker; auffällig bunt gefärbt; langer, abwärts gebogener Schnabel; Oberkopf und Rücken bei Altvögeln kräftig kastanienbraun, zum Bürzel hin gelb (Jungvögel oberseits mehr grünlich), Kinn und Kehle leuchtend gelb, durch schwarzes Band von grünlich blauer Unterseite abgesetzt; verlängerte mittlere Schwanzfedern (bei Jungvögeln fehlend).
Verbreitung: SW-EU und NW-Afrika ostwärts über Vorderasien bis N-Indien und China; nördl. Grenze in M.-EU, hier v. a. in Ungarn, der Slowakei, SO-Polen; Langstreckenzieher, in M.-EU V–VII.
Wissenswertes: B. jagen von Sitzwarten aus mittlere bis große Fluginsekten. Bienen und Wespen werden mit der Schnabelspitze meist in der Körpermitte gepackt. Zur Entgiftung des Stachelapparats wird ihr Hinterleibsende auf einer Unterlage gewetzt. B. brüten kolonieweise. ♂ und ♀ graben etwa 1 m tiefe Röhren mit Brutkammern in sandige oder lehmige Steilufer von Flüssen, Böschungen, Löß- und Sandgruben. **RL, §!**

Wiedehopf *Upupa epops*

WIEDEHOPFE

Merkmale: Kaum größer als ein Star, durch Gefiederfärbung in Orangebraun, Schwarz und Weiß unverwechselbar; Schnabel lang und gebogen, bei der Nahrungssuche mit ruckartigen, nickenden Kopfbewegungen im Boden stochernd; mit angelegter Federhaube Kopf hammerartig; Haube wird beim Auffliegen und bei Erregung gefächert; flatternder, wellenförmiger Flug, durch schwarzweiße Bänderung von Schwingen und Schwanz an Riesenschmetterling oder Eichelhäher erinnernd.
Verbreitung: Von SW-EU und NW-Afrika nach O bis Sumatra, im N vom Baltikum bis zum Baikalgebiet; in Afrika auch südlich der Sahara; Zugvogel, bei uns Ende IV–IX.
Wissenswertes: Lebt in offenen, reich strukturierten, warmtrockenen Gebieten. Insekten am und im Boden zählen zur Hauptnahrung. Sein Balzruf ist ein gedämpftes, aber weit tragendes „up-up-up“. Die 5–8 Junghopfe in Bruthöhlen aller Art verteidigen sich gegen Feinde durch Fauchen sowie mit Kotspritzen. **RL! §!**

Blauracke *Coracias garrulus*

RACKEN

Merkmale: Etwa dohlen- oder eichelhähergroßer Vogel; kräftig gebaut. Das Gefieder ist überwiegend türkisblau, rötlich brauner Mantel; kräftiger, schwarzer Schnabel; im Flug sehr auffällig mit intensiv blauen, dunkel gesäumten Flügeln und dunklem Schwanz mit breiter, türkisfarbener Endbinde.
Verbreitung: Von NW-Afrika und S-EU nach NO und O bis Baltikum, Russland, Himalaja und Altai; in EU erhebliche Arealverluste; in M.-EU nur noch 530–960 Brutpaare; Langstreckenzieher, in EU von IV/V–VIII/IX.
Wissenswertes: Die B. ist ein Brutvogel warmer, offener Landschaften. Sie jagt von einem Ansitz aus nach Großinsekten (bevorzugt langsam fliegende Insekten wie Käfer) und kleinen Wirbeltieren wie junge Reptilien. Ihr Ruf ist ein raues „rack-rack“. Das Nest wird in Baumhöhlen, Erdwänden oder Mauerlöchern angelegt. Bejagung, Nahrungsknappheit und Lebensraumverlust führten zu starkem Rückgang der B. **RL! §!**

Wendehals *Jynx torquilla*

SPECHTE

Merkmale: Spannweite bis 27 cm; schlanker Vogel mit kurzem Schnabel, an einen Singvogel erinnernd; tarnfarbenes Gefieder mit baumrindenartiger Zeichnung; dunkelbrauner Augenstreif und Längsstreif auf dem Rücken; Unterseite gelblich weiß mit graubraunen Querwellen an Kehle und Flanken; erinnert im Flug an einen Neuntöter.
Verbreitung: Von EU bis nach O-Asien, isoliert im NW-Himalaja, zudem in N-Afrika; in M.-EU meist in tieferen Regionen; Langstreckenzieher, Winterquartiere im tropischen Afrika, bei uns IV–IX.
Wissenswertes: Im Gegensatz zu den anderen Spechten klettert der W. nicht, trommelt nicht und zimmert sich auch keine Höhle. Weg- u. Wiesenameisen samt Puppen werden mit der Klebe-Zunge aus ihren Nestern geangelt. Der W. ist auf vorhandene Spechthöhlen, Fäulnishöhlen oder Nistkästen angewiesen. In 1–2 Jahresbruten ziehen W. jeweils 7–11 Junge auf. Ihre Anwesenheit verraten sie v. a. durch die im Duett vorgetragenen „wied“- oder „wäd“-Laute. **RL, §!**

Balzendes Paar

Grauspecht *Picus canus*

SPECHTE

Merkmale: Kleiner als eine Krähe, Spannweite bis 40 cm; dem Grünspecht ähnlich, jedoch etwas kürzerer und schwächerer Schnabel, Kopf mit weniger Schwarz, beim ♂ nur Stirn und Vorderscheitel rot, ♀ ganz ohne Rot; im Flug kurzhalsig wirkend; wohlklingende, abfallende „kü"-Rufreihe, ohne den lachenden Tonfall des Grünspechts.
Verbreitung: Mit 9 Unterarten in schmalem Band von W-Frankreich über M.-EU und Teile Skandinaviens ostwärts bis zum Pazifik, ebenso NO-Indien und SO-Asien; Standvogel und Teilzieher.
Wissenswertes: Der G. bewohnt ähnliche Lebensräume wie der Grünspecht, ist in EU aber weniger weit verbreitet als dieser. Er zimmert Höhlen selber oder nutzt vorhandene Spechtlöcher. Die Brutzeit reicht von Ende III im S bis V/VI im N. In 1 Jahresbrut werden meist 6–7 Junge aufgezogen, die nach 23–25 Tagen die Bruthöhle verlassen und noch ca. 2 Wochen von den Eltern betreut werden. Hauptnahrung sind Ameisen und andere Insekten, im Winter auch Samen und Früchte. **§!**

Schwarzspecht *Dryocopus martius*

SPECHTE

Merkmale: Bei weitem größter Specht, krähengroß und schwarz; ♂ mit rotem Scheitel von der Stirn bis zum Nacken, beim ♀ nur Nacken rot; Flug nicht wellenförmig wie der anderer Spechte, sondern langsam und unregelmäßig, eher wie ein Eichelhäher; typische, weithin hörbare Rufe: zur Fortpflanzungszeit Rufreihen wie „kwoih-kwihkwihk-kwihkkwihkkwik...", Flugruf „kürr-kürrkürr...", Standortruf „kijah"; Trommelwirbel des ♂ mit 17 Schlägen/sec, des ♀ mit 14–15 Schlägen.
Verbreitung: Von EU bis O-Asien, fehlt auf den Brit. Inseln, in weiten Teilen Spaniens, Italiens und Griechenlands; in M.-EU Standvogel, im N Teilzieher.
Wissenswertes: S. brüten in glattrindigen, astfreien Stämmen, die im Höhlenbereich mindestens 35 cm Umfang erreichen müssen (in M.-EU über 100-jährige Altholzbestände). Holzbewohnende Ameisen, Käfer und andere Insekten holt der S. in aufgelockerten Nadel- und Mischwäldern aus kranken und abgestorbenen Bäumen und modernden Baumstümpfen. **§!**

Grünspecht *Picus viridis*

SPECHTE

Merkmale: Kleiner als eine Krähe, etwas größer als der Grauspecht; beide Geschlechter mit roter Kopfkappe, die von der Stirn bis in den Nacken reicht; Bartstreif beim ♂ mit Rot, beim ♀ ohne Rot; Oberseite und Schwanz olivgrün, Unterseite hell grünlich grau; Rufe zur Brutzeit wie Gelächter. G. trommeln sehr selten und dann sehr schwache, unregelmäßige Wirbel.
Verbreitung: In 3 Unterarten von S-Skandinavien und Großbritannien bis Mittelmeerraum sowie Kaukasus bis N-Iran und Turkmenien; Standvogel.
Wissenswertes: Der G. brütet an den Rändern von Laub- und Mischwäldern, im Gebirge auch von Nadelwäldern, in Parkanlagen und vor allem in Streuobstgebieten. Die Bruthöhle wird übernommen oder meistens in morsche Laubbäume gezimmert. Wie der Wendehals (⇨ S. 132) ein Ameisenspezialist, sucht der G. seine Nahrung bevorzugt am Boden. Die klebrige und mit Widerhaken ausgestattete Zunge kann dabei bis zu 10 cm tief in die Gänge der Ameisenbaue eindringen. **§!**

Buntspecht *Dendrocopos major*

SPECHTE

♂ mit scharlachrotem Nackenfleck, der dem ♀ fehlt

Merkmale: Spannweite bis 44 cm; sehr kontrastreich gefärbt; Rücken schwarz, große, weiße Schulterflecken, Unterschwanzdecken rot, schwarzer Bart und Ohrstreif bis in den Nacken durchgehend; lange Trommelserien an guten Resonanzkörpern (abgestorbene Bäume, Blechdächer, Antennen etc.).
Verbreitung: Im Nadel- und Laubwaldgürtel Eurasiens und N-Afrikas; in M.-EU häufigster und am weitesten verbreiteter Specht; Standvogel.
Wissenswertes: B. leben von holzbewohnenden Insekten, sammeln andere von Bäumen ab, schlagen Bäume an, um den Blutungssaft zu trinken, plündern aber auch Nester mit Eiern oder Jungvögeln. Im Winter leben B. von fettreichen Samen v. a. von Nadelbäumen, die sie in sog. „Schmieden" aus den in Stammritzen eingeklemmten Zapfen herausschlagen. Junge B. hört man in der Höhle lärmen.

♂

♂

♂Jungvogel

♂

Mittelspecht *Dendrocopos medius*

SPECHTE

schwarzer Wangenstreif reicht nicht bis zum Schnabel

Merkmale: Knapp buntspechtgroß; leuchtend hellrote Kopfplatte ohne schwarze Einfassung (wie bei jungen Buntspechten); häufigste Rufreihe „geg-geg-geg…", auffälliges Quäken wie „quää" statt Trommeln.
Verbreitung: EU und Vorderasien, 3 Unterarten.
Wissenswertes: Der M. lebt in der Laubwaldzone und zieht warme Gegenden vor. Er brütet in Hartholzauen und artenreichen Laubmischwäldern und hat gebietsweise eine starke Bindung an Eichen. Sofern Eichenbestände in der Nähe sind, ist der M. auch in Obstwiesen, Parks und Villenvierteln zu finden. Als Spezialisten fürs Stochern suchen M. rauborkige Stämme und Äste nach versteckten Gliedertieren und Larven ab. Auch M. trinken im Frühjahr Saft an Birken und Hainbuchen, stellen aber im Gegensatz zum Buntspecht (⇨ S. 134) die „Ringel" wahrscheinlich nicht selber her. **(RL), §!**

Kleinspecht *Dendrocopos minor*

SPECHTE

ohne weiße Schulterflecken

Merkmale: Kleinster Kletterspecht in EU, kaum größer als ein Sperling; Spannweite bis 27 cm; ♂ mit rotem Scheitel, ♀ ohne Rot im Gefieder, dafür mit schmutzig weißem Scheitelfleck; in tiefen Bögen fliegend; laute „kikiki…"-Rufe, die an einen Turmfalken erinnern.
Verbreitung: In ca. 13 Unterarten von SW-EU und Großbritannien über ganz Asien bis Japan.
Wissenswertes: K. brüten in Laubwäldern mit alten Bäumen, in Auwäldern sowie Obstgärten und Parks mit stehendem morschen und toten Holz, in dem die Partner die Bruthöhle gemeinsam aushacken. Im Sommer lesen K. vor allem Blattläuse von Blättern und Zweigen ab, im Winter holen sie die unter der Rinde überwinternden Insekten heraus. Zur Balzzeit im Frühjahr vollführt das ♂ häufig Schauflüge, indem es mit ausgebreiteten Flügeln zu einem Baum gleitet, auf dem das ♀ sitzt.

Weißrückenspecht *Dendrocopos leucotos*

SPECHTE

quergestreifte Oberseite ohne große weiße Schulterflecken

Merkmale: Sehr ähnlich dem Buntspecht (⇨ S. 134), etwas größer; weißer Hinterrücken.
Verbreitung: Von O-EU über südl. Taigagürtel bis Kamtschatka und Japan (ca. 14 Unterarten); isolierte Populationen in den Pyrenäen, Abruzzen, auf Korsika, bei uns in O-Alpen und Böhmerwald.
Wissenswertes: W. brüten in Laub- und Mischwäldern mit hohem Anteil an Altholz. Ihre Nesthöhlen legen sie fast nur in bereits abgestorbenen oder stark vermorschten Stämmen und Ästen an. W. leben in erster Linie von den Larven größerer holzbewohnender Insekten im Fallholz. Bei der Futtersuche stemmt der W. oft Rinde ab und hackt tiefe Löcher in das Holz. Ein Hinweis seiner Anwesenheit sind bearbeitete umgestürzte Stämme mit tiefen Löchern. Der W. ist wegen des Fehlens alter Wälder in ganz EU gefährdet. **(RL), §!**

Dreizehenspecht *Picoides tridactylus*

SPECHTE

breites weißes Längsband auf der Rückenmitte, Flügel ohne weiße Schulterflecken

Merkmale: Kleiner als eine Amsel; schwarzweißer Specht ohne Rot im Gefieder; ♂ mit gelber Kopfplatte, diese beim ♀ schmutzig weiß bis schwarz mit feiner weißer Längsstrichelung; die helle Unterseite kräftig schwarz quergebändert.
Verbreitung: Ca. 10 Unterarten von N-EU und M.-EU im Nadelwaldgürtel bis Kamtschatka und Japan; außerdem N-Amerika; in EU Gebirgsvogel.
Wissenswertes: Der wenig ruffreudige D. ist Brutvogel lichter, altholzreicher Nadelwälder. Er ernährt sich v. a. von Baumsaft. Dazu schlägt er Löcherreihen in die Rinde, d. h., er „ringelt" diese. Daneben verzehrt er Insekten. D. zimmern jedes Jahr eine neue Höhle in einem kranken oder toten Nadelbaum, die nachfolgend nicht selten vom Sperlingskauz übernommen wird. In 1 Jahresbrut werden im V/VI 4–5 Junge aufgezogen. **(RL), §!**

Feldlerche *Alauda arvensis*

Fuß mit „Lerchensporn"

Merkmale: Mit 18 cm Länge deutlich größer als ein Sperling; kurze Haube, nur bei gesträubten Scheitelfedern sichtbar; oberseits braun mit schwarzen Streifen, unterseits bräunlich weiß mit dunkler Bruststreifung; Schnabel relativ kurz; langer Schwanz; beim Fliegen dicht über dem Boden weißlicher Saum am Flügelhinterrand und weiße Schwanzaußenkanten erkennbar.

Verbreitung: In mindestens 12 Unterarten vom westlichen EU und NW-Afrika bis O-Sibirien und Japan; Teil- und Kurzstreckenzieher.

Brut: 2 Jahresbruten ab Mitte IV; je 3–5 Eier in einem Bodennest; 10–14 Tage Bebrütung durch das ♀, die Jungen werden von beiden Eltern gefüttert.

Wissenswertes: Die F. trägt ihren Gesang, eine lang dauernde Folge von wirbelnden und trillernden Tönen, meist im Flug vor. Solche Singflüge, die der Reviermarkierung dienen, sind charakteristisch für Offenlandbewohner. Die Vögel gleichen damit das Fehlen von hohen, exponierten Singwarten aus. Der kraftaufwändige Steigflug auf 50–100 m Höhe mit bis zu 8 Minuten langem Gesang ist eine atemtechnische Höchstleitung. In letzter Zeit verschwindet die F. mehr und mehr aus unserer Landschaft, weil ihr durch die Methoden der intensivierten Landwirtschaft die Lebensgrundlagen genommen werden. **(RL)**

Ähnlich der Haubenlerche: **Theklalerche** *Galerida theklae*, etwas kleiner, kürzerer Schnabel, weicherer, melodischerer Gesang. Kleines, zweigeteiltes Brutareal: Iberische Halbinsel (dort in SO-Spanien größte Dichte), SW-Frankreich und Balearen sowie Libyen und O-Afrika. Standvogel; Bewohner steiniger Steppengebiete.

Haubenlerche *Galerida cristata*

LERCHEN

Merkmale: Etwas kleiner als die Feldlerche, aber gedrungener und kurzschwänziger als diese; spitze Haube, auch gefaltet am Hinterkopf sichtbar; dunkler Schwanz mit gelbbraunen Außenkanten.

Verbreitung: EU, besonders häufig in S-EU, nördlich bis Ostsee und S-Skandinavien; Asien bis Korea, N- und Mittelafrika; Standvogel.

Wissenswertes: H. bevorzugen trockenwarme, sandige Flächen mit nur geringer Vegetation. In M.-EU sind sie deshalb auf Bauland, Industrieflächen, in vielen Städten fast ausschließlich auf Neubaugebiete mit frühen Vegetationsstadien, im ländlichen Raum auf Ruderalflächen beschränkt. H. leben von Sämereien, kleinen Bodeninsekten und Spinnen sowie Grasspitzen. Brutzeit IV–VI; in 2, manchmal 3 Jahresbruten werden meist 3–5 Junge aufgezogen, die nach 9 Tagen das Nest verlassen. **RL**

Heidelerche *Lullula arborea*

LERCHEN

Merkmale: Kleiner, sowohl kurzschnäbliger als auch kurzschwänziger als die Feldlerche; abgerundete, wenig auffällige Haube; weißliche, sich v-förmig im Nacken treffende Überaugenstreifen; rotbraune Ohrdecken; Flügel mit heller Binde, ohne weißen Hinterrand; weiße Schwanzspitze.

Verbreitung: In 2 Unterarten von W-EU und NW-Afrika bis Zentral-Russland, südlich bis N-Irak; Teil- und Kurzstreckenzieher, bei uns II/III–X/XI.

Wissenswertes: Die H. lebt in steppenartigen Lebensräumen mit mageren Böden und schütterer Vegetation zur Nahrungsaufnahme, platziert ihr Nest am Boden meist versteckt in Vertiefungen und nutzt Bäume als Singwarten. Ihr melodischer Gesang, vorgetragen von einem Baum aus, am Boden oder im Flug beim Aufsteigen, um dann mit angelegten Flügeln wieder herunterzustürzen, zählt zu den schönsten Vogelgesängen. Die ♂ können mehr als eine Stunde singend in der Luft bleiben und singen auch nachts. Man nennt die H. daher auch „Heidenachtigall". **RL, §!**

Uferschwalbe *Riparia riparia*

SCHWALBEN

Merkmale: Kleinste europ. Schwalbe, kleiner als ein Sperling; Oberseite graubraun, Unterseite weiß, scharf abgesetztes braunes Brustband; leicht gegabelter Schwanz; schmale Flügel, rasante, abrupte Flugweise, weniger segelnd und flatternd als andere Schwalben.

Verbreitung: Von W-EU bis zum Pazifik sowie N-Amerika; Langstreckenzieher, bei uns IV–IX, Winterquartiere in O- und S-Afrika.

Wissenswertes: Waagrechte Bruthöhlen mit querovalem Einschlupfloch, ursprünglich in Prallhängen von Fließgewässern. Während natürliche Brutplätze durch den Ausbau der Fließgewässer in M.-EU immer seltener wurden, fanden U. in Steilwänden von Sand-, Kies- und Lehmgruben neue Brutmöglichkeiten. Am Graben und Ausscharren der Brutröhre beteiligen sich beide Partner. Beim Bebrüten der 4–5 Eier sowie beim Füttern der Jungen helfen beide Partner. U. sind gesellige Vögel mit z. T. Koloniegrößen von über 1000 Paaren, die an oder über Gewässern Insekten jagen. **RL, §!**

Mehlschwalbe *Delichon urbica*

SCHWALBEN

Merkmale: Kleiner und schlanker als ein Sperling; kurzer, gegabelter Schwanz ohne stark verlängerte Federn; Oberseite blauschwarz, Unterseite durchgehend weiß; reinweißer Bürzel; Jungvögel oberseits bräunlich schwarz, graue Kehle; Flug weniger reißend als bei der Rauchschwalbe, mehr flatternd, Jagdflüge nicht so bodennah; Flugruf „schrrip" oder „brrit", Warnruf schrilles „sier", Gesang leise schwätzendes Gezwitscher, weniger melodisch als bei der Rauchschwalbe.

Verbreitung: In fast ganz EU (außer Island), N-Afrika und im außertropischen Asien; Langstreckenzieher, bei uns IV–IX/X, überwintert in Afrika südlich der Sahara.

Wissenswertes: Koloniebrüter; Lehmnester unter Vorsprüngen von Bauwerken oder Felsen angeklebt; Nest bis auf ein halbrundes Einflugloch eine geschlossene Halbkugel aus Lehm mit Pflanzenfasern; bis zu 3 Jahresbruten mit je 2–6 Jungen. M. jagen v. a. in Gewässernähe oder über offenen Landschaften truppweise nach Fluginsekten.

Rauchschwalbe *Hirundo rustica*

SCHWALBEN

Merkmale: Ungefähr sperlingsgroß, aber viel schlanker; einzige Schwalbenart in M.-EU mit langen Schwanzspießen; Unterseite rahmgelb bis rötlich überhaucht; Stirn und Kehle tief kastanienrot, darunter metallisch blaues Kropfband; oberseits einheitlich metallisch dunkelblau.

Verbreitung: Eurasien, N-Amerika, N-Afrika, in EU nur ganz im N fehlend; Langstreckenzieher, bei uns Ende III–X, überwintert im tropischen Afrika.

Wissenswertes: Siedlungsfolger des Menschen (wie die Mehlschwalben); kleben ihr Lehmnest, eine oben offene Viertelkugel, an senkrechte Flächen, meist in Gebäuden knapp unter der Decke, aber auch unter Brücken. Insbesondere Gehöfte mit Viehställen sind beliebte Brutplätze, weil die R. hier gleich ein ergiebiges Nahrungsangebot an fliegenden Kleininsekten wie Stall- und Stubenfliegen vorfinden. Nach der Brutzeit fallen R. oft zu Tausenden in Schilfflächen zum Schlafen ein. Deshalb glaubte man früher, sie würden im Gewässerschlamm überwintern. **(RL)**

Rötelschwalbe *Hirundo daurica*

SCHWALBEN

Merkmale: Größe etwa wie Rauchschwalbe, wie diese auch lange, spitze Schwanzspieße, aber mit rostrotem Bürzel und rostbraunem Nackenband; helle Unterseite diffus dunkel längsgestrichelt; im Flug von unten an heller Kehle und schwarzen Unterschwanzdecken leicht zu unterscheiden.

Verbreitung: S-EU, Asien, Afrika; Zugvogel, überwintert in Afrika.

Wissenswertes: R. bewohnen offenes, meist felsiges Gelände. Sie brüten an Klippen und Steilküsten, in Höhlungen von Gebäuden und Ruinen sowie unter Brücken. R. leben einzeln oder in kleinen Kolonien und kleben ihre nach Mehlschwalbenart gemörtelten Nester, die mit einer vorgezogenen Einschlupfröhre ausgestattet sind, an die Decke ihres Nistplatzes. Ab Ende April ziehen sie in 2 Jahresbruten jeweils 2–7 Junge auf, die 22–26 Tage im Nest bleiben und ca. ab dem 16. Tag am Röhreneingang gefüttert werden. R. jagen gerne über Buschland und landwirtschaftlichen Flächen, v. a. im Hügelland bis ins Hochgebirge.

Brachpieper *Anthus campestris*

STELZEN

Merkmale: Gut sperlingsgroß; sandfarbenes Gefieder, unterseits ungestreift; Beine blassgelb.
Verbreitung: Südl. und mittlere Breiten Eurasiens; in M.-EU hauptsächlich in Polen und Ungarn; Langstreckenzieher, bei uns IV–X.
Wissenswertes: Der elegante Flug des B. wirkt wegen der wellenförmigen Flugbahn, seiner langen Flügel und des langen Schwanzes stelzenartig. Um Fressfeinde nicht auf die Brut aufmerksam zu machen, laufen B. ein Stück zu ihrem gut getarnten Bodennest. Als Insekten fressender Bewohner von trockenem Ödland und Steppen ist der B. in M.-EU durch Lebensraumverluste gefährdet. **RL, §!**

Wiesenpieper *Anthus pratensis*

STELZEN

Merkmale: In Größe und Gefieder sehr ähnlich dem Baumpieper, aber grauer; auch anhand von Stimme und Lebensraum unterscheidbar.
Verbreitung: Brutgebiete in W-, M.- und N-EU bis nördl. W-Sibirien; Kurzstreckenzieher, bei uns III–X.
Wissenswertes: W. rufen im Fliegen hoch „hist". Der dünne Gesang wird im Singflug vorgetragen und ist eintönig klirrend. W. brüten mit 2 Bruten im Jahr in offenen, gehölzarmen, feuchten Flächen. Die 4–6 Eier werden 11–15 Tage bebrütet. Nach einer Nestlingszeit von 10–14 Tagen werden die Jungen noch 40 Tage von den Eltern betreut, allerdings meist nur noch ca. 9 Tage weiter gefüttert.

Bergpieper *Anthus spinoletta*

STELZEN

Merkmale: Etwa sperlingsgroß, gedrungen; oberseits graubraun, Brust im Brutkleid rosa gefärbt, im Ruhekleid düster gestreift; Beine schwärzlich.
Verbreitung: EU, Asien, N-Amerika; Kurzstreckenzieher.
Wissenswertes: B. leben auf Wiesen und Hochmatten oberhalb der Baumgrenze, vereinzelt auch in Mittelgebirgen, meist in Wassernähe. Zur Brutzeit tragen sie ihren Gesang in wellenförmigen Singflügen vor. Im Winter ziehen die Brutvögel der Alpen nach Norden in das mitteleurop. Tiefland, dort v. a. an Fluss- und Gewässerufer, und übernachten oft in größeren Trupps in Feuchtwiesen.

Baumpieper *Anthus trivialis*

STELZEN

Merkmale: Etwas kleiner als eine Bachstelze, mit kürzerem Schwanz; bräunlicher als Wiesenpieper.
Verbreitung: Gemäßigte Breiten Eurasiens bis Zentralsibirien; Langstreckenzieher, überwintert im tropischen Afrika, bei uns IV–X.
Wissenswertes: Der B., häufigster Pieper in M.-EU, bewohnt offenes Gelände mit Baumgruppen, Waldränder und Lichtungen, auch Parks und Streuobstwiesen. Seinen laut schmetternden Gesang trägt er von Baumspitzen oder im Singflug vor. Dabei steigt der B. rasch auf, um mit fallschirmartig ausgebreiteten Flügeln und gespreiztem Schwanz singend zur Singwarte abwärtszugleiten.

Rotkehlpieper *Anthus cervinus*

STELZEN

Merkmale: In Größe und Gestalt wie der Baumpieper; Altvögel im Sommer mit ziegelroter Kehle, bei manchen (meist ♂) auch Stirn und Vorderbrust ziegelrot; kräftig dunkel gestreifte Oberseite.
Verbreitung: N-EU, N-Asien; bei uns IV/V und IX/X, auf dem Durchzug von und nach Afrika.
Wissenswertes: Lebensräume des R. sind v. a. sumpfige Tundren und feuchte Wiesen, in Küstenbereichen (während des Zugs) auch Felder mit lichtem Baumbestand. R. teilen ihre Rast-, stellenweise auch die Brutgebiete mit dem Wiesenpieper. Der häufigste Ruf des R. ist ein scharf angeschlagenes, dann gedehntes „zieh". Sein schmetternder Fluggesang endet mit zweistimmigen Pfeiflauten. Wie alle Pieper legen R. ihr Nest gut versteckt am Boden unter Grasbüscheln an. Die meist 3–6 Eier werden vom ♀ allein rund 14 Tage bebrütet, während es vom ♂ gefüttert wird. Am Füttern der Jungen beteiligen sich beide Eltern. Die Jungpieper sind noch nicht voll flugfähig, wenn sie im Alter von 14 Tagen das Nest verlassen. Bei Störungen können die Jungvögel auch zu früh das schützende Nest verlassen und dann leicht unterkühlen oder von Beutegreifern gefunden werden. Pieper leben v. a. von bodenbewohnenden Insekten und anderen Kleintieren. Am Strand suchen R. oft zusammen mit Bachstelzen und kleinen Watvögeln Tangreste nach Nahrung ab.

Bachstelze *Motacilla alba*

STELZEN

Merkmale: Sperlingsgroß; langer, schwarzer Schwanz mit weißen Außenkanten, beinahe ständig wippend; kontrastreiches schwarz-weißes Gefieder; als einzige Stelze schwarzes Brustband.
Verbreitung: In 11 Unterarten von NW-Afrika über ganz EU ostwärts bis zur Pazifikküste; überwiegend Kurzstreckenzieher, bei uns II–XI.
Wissenswertes: Ursprünglicher Lebensraum der B. waren wohl Schotterbänke an Flüssen. Jetzt kommt die Art als Kulturfolger vor allem in offenen und halboffenen Landschaften vor, insbesondere in Agrarlandschaften sowie in städtischen Bereichen. B. legen ihre Nester in Halbhöhlen und Löchern am Wasser, an Gebäuden, aber auch in Holzstößen oder Felslöchern an. Sie jagen nach fliegenden und am Boden laufenden Insekten. B. suchen manchmal an Straßen Nahrung und weichen dabei geschickt Fahrzeugen aus. Häufig fangen sie auch Insekten in einer kurzen Flugjagd. Greifvögel werden von ihnen oft zu mehreren und mit zwitscherndem Gesang verfolgt.

Schafstelze *Motacilla flava*

STELZEN

Merkmale: Etwas kleiner als die Bachstelze, kurzschwänziger; an gelber Kehle, olivgrünem Rücken und Bürzel sowie kürzerem Schwanz von der Gebirgsstelze unterscheidbar; Unterseite beim ♂ schwefelgelb; ♀ blasser mit olivgrünem Kopf.
Verbreitung: In etwa 18 Unterarten (davon allein mindestens 7 in M.-EU, deren unterschiedliche Kopffärbung von fast vollständig gelb bis schwarz reicht) von NW-Afrika über fast ganz EU bis Kamtschatka und Sachalin, im NW von N-Amerika; Langstreckenzieher, überwintert in Savannen Afrikas, bei uns III/IV–IX/X.
Wissenswertes: Optimale Brutbiotope der S. sind feuchte, kurzrasige Wiesen oder Weiden mit einzelnen Hochstauden, Sträuchern oder Zaunpfosten als Sitzwarten. Im gut versteckten, tiefmuldigen, mit Säugetierhaaren ausgepolsterten Bodennest werden hauptsächlich vom ♀ 4–6 Eier ausgebrütet. Grundwasserabsenkungen, Intensivierung der Bodennutzung und Verluste an Kleinstrukturen machen der S. zu schaffen. **RL**

Gebirgsstelze *Motacilla cinerea*

STELZEN

Merkmale: Sperlingsgroß, Schwanz länger als bei anderen Stelzen; ♂ im Prachtkleid mit schwarzer Kehle und gelber Unterseite.
Verbreitung: Mittlere Breiten von W-EU bis O-Asien, fehlt auf Island sowie im nördlichen Skandinavien; Teilzieher.
Wissenswertes: G. leben an Fließgewässern mit Wildbachcharakter, auch an Wehren und Fischtreppen, nisten in Höhlungen am Ufer und ernähren sich von kleinen Wasser- und Ufertieren. Dazu halten sie sich gerne auf Geröll am Ufer auf, fangen ihre Beutetiere im Flachwasser, am Boden, im Hochspringen oder im kurzen Verfolgungsflug.

Seidenschwanz *Bombycilla garrulus*

SEIDENSCHWÄNZE

Merkmale: Etwa starengroß, kompakt gebaut; durch rötlich beigefarbenes Gefieder und große Scheitelhaube kaum verwechselbar; Flügel beim ♂ mit lackroten Hornplättchen an den Spitzen der Armschwingen; Schwanz mit gelber Endbinde.
Verbreitung: Brutgebiete in N-EU, N-Asien und N-Amerika; Teilzieher, überwintert zumeist unmittelbar südlich des Brutgebiets; bei uns X/XI–IV.
Wissenswertes: S. tauchen in M.-EU in unregelmäßigen Abständen als Wintergäste auf, dann oft in großen Trupps. Solche invasionsartigen Einflüge werden wohl durch Nahrungsknappheit bzw. Übervölkerung im Brutgebiet ausgelöst. S. brüten in lockeren Kolonien in Birken- und Nadelwäldern. Frisch ausgeflogene, noch graue S.-Junge nehmen eine rohrdommelartige Tarnhaltung (⇨ S. 64) an und wirken dann wie ein abgestorbener Ast. Im Sommer jagen sie nach kleinen Insekten, im Winter fressen sie vor allem Beeren. Dabei müssen sie sich oft mit Wacholderdrosseln auseinandersetzen, die ihre Winternahrung heftig verteidigen.

Wasseramsel *Cinclus cinclus*

WASSERAMSELN

Merkmale: Etwa starengroß; mit ihrer rundlichen Statur und dem kurzen, oft hochgestellten Schwanz an einen Zaunkönig erinnernd; Körperoberseite einheitlich schwarzbraun, Kopf heller, Kehle und Brust leuchtend weiß, Bauch rotbraun; kurze, abgerundete Flügel; Jungtiere fahlgrau, ober- und unterseits gebändert; knickst oft beim Sitzen; Flug geradlinig mit schwirrenden Flügelschlägen.

Verbreitung: EU, Vorder- und Zentralasien, Teile N-Afrikas; in Gebirgen und in N-EU bis über die Baumgrenze.

Wissenswertes: Die W. lebt an schnell fließenden Gewässern mit klarem Wasser. Als einziger Singvogel kann sie schwimmen und tauchen (nach kleinen Wassertieren). Mit dem Sekret ihrer Bürzeldrüsen macht sie ihr Gefieder wasserdicht. Ihre schweren, mit Mark gefüllten Knochen wirken wie Bleigewichte, die rudernden Flügel arbeiten gegen den Auftrieb. Ihr backofenförmiger Nestbau findet sich meist dicht am Wasser, zwischen Baumwurzeln, in Felslöchern oder auf Brückenträgern. **RL**

Heckenbraunelle *Prunella modularis*

BRAUNELLEN

Merkmale: Knapp sperlingsgroß; auf der Oberseite braun gemustert ähnlich einem Haussperling, Kopf und Brust aber charakteristisch bleigrau; dünner Schnabel (Insektenfresser!).

Verbreitung: In 8 Unterarten in EU, Kleinasien und N-Iran; fehlt in EU nur im S sowie um die Schwarzmeerküste; Kurzstrecken- und Teilzieher.

Wissenswertes: Obwohl die H. ein weit verbreiteter Brutvogel in Gärten, Parks, Nadel- und Mischwäldern ist, fällt sie durch ihr Tarngefieder und die versteckte Lebensweise im Gestrüpp kaum auf. Am besten sind H. durch ihren Gesang auszumachen, ein eiliges und wirbelndes Zwitschern, das die ♂ im Frühjahr von einer exponierten Singwarte aus vortragen. Ab Mitte April werden in 2 Jahresbruten jeweils 4–5 Eier in ein napfförmiges Nest abgelegt und vom ♀ erbrütet. H. sind polygam; oft ist ein ♀ mit zwei ♂ verpaart, die sich beide um die Jungenaufzucht kümmern und das allein brütende ♀ füttern. Beide Geschlechter verteidigen gleichermaßen Reviere.

Zaunkönig *Troglodytes troglodytes*

ZAUNKÖNIGE

Kugelnest

Merkmale: Nur 1/3 Sperlingsgröße; nach den Goldhähnchen kleinster Vogel von EU; rundliche Gestalt, kurzer Schwanz meist hochgestellt; harte „tek-tek..."- Rufe, bei größerer Erregung auch „drrr"; schnurrender, geradliniger Flug.

Verbreitung: 30 Unterarten in warmen und gemäß. Breiten Eurasiens und N-Amerikas; Teilzieher.

Wissenswertes: Auf der Suche nach Insekten und Kleintieren schlüpfen Z. mäuseartig durchs Gebüsch. Sie singen, auch im Winter, auffallend laut, mit trillernden und schmetternden Abschnitten. Schon ab März bauen die ♂ ihre kunstvollen Nester aus Laub, Halmen und Moos. Ein ♂ baut mehrere halbfertige Nester, wovon das ♀ ein Brutnest auswählt, indem es den Rohbau durch „Innenausbau" fertig stellt. Im Winter bilden die sonst unverträglichen Z. Schlafgesellschaften.

Alpenbraunelle *Prunella collaris*

BRAUNELLEN

Merkmale: Größer als ein Sperling; Kopf grau, weiße Kehle mit schwarzer Schuppenzeichnung.

Verbreitung: Hochgebirgsvogel von N-Afrika, S-, W- und M.-EU bis Japan; Standvogel mit Abwanderungen und Kurzstreckenzug.

Wissenswertes: A. leben oberhalb der Baumgrenze, wo sie nach Insekten, Spinnen und Sämereien suchen. Ihren Gesang mit lerchenartigen Trillern tragen sie am Boden oder im Singflug vor. Das ♀ baut das Nest und brütet. Beide Eltern füttern die 5–6 Jungen. Wenn diese kältestarr und sperrunwillig sind, werden sie zum Sperren bewegt durch Zupfen, Hacken oder sogar Draufspringen – eine Anpassung an extreme Klimabedingungen. **RL**

Heckenbraunelle Alpenbraunelle

Jungvogel noch ohne weiß-schwarze Kehle

Nachtigall *Luscinia megarhynchos*

DROSSELN

Merkmale: Etwas größer und schlanker als ein Sperling; Oberseite braun, rostroter Ton auf Schwanz und Bürzel, unterseits hellbeige; relativ große, schwarze Augen; Jungvögel ähnlich gefleckt wie junge Rotkehlchen, aber größer und rotbrauner Schwanz.

Verbreitung: W- und S-EU, Vorderasien bis W-Sibirien; fehlt im nordwestl. EU, in Skandinavien und großen Teilen von O-EU; Langstreckenzieher, überwintert im afrikan. Regenwald, bei uns IV–X.

Wissenswertes: Die N. hat ihren Namen von ihrem schönen, melodisch-traurigen Gesang, den sie vor allem nachts vorträgt und für den sie von jeher bewundert wurde. Wenige Tage nach ihrer Rückkehr aus dem Winterquartier besetzen die ♂ ihre Reviere und beginnen mit dem Gesang, der nachkommenden Geschlechtsgenossen die Zentren der besetzten Reviere und damit indirekt auch die noch freien Plätze zeigt. N. brauchen unterholzreiche Laub- und Mischwälder oder verwilderte Parkanlagen und Gärten mit einer dichten Strauchschicht zur Deckung des Nests sowie mit reichlich Falllaub, unter dem sie nach Insekten suchen. In einer Jahresbrut werden ab Anfang Mai 4–6 Junge aufgezogen. Das ♀ brütet allein. Die Jungen verlassen das Nest schon bevor sie richtig fliegen können, verstecken sich in der Umgebung und folgen dann den Eltern.

Ähnlich: **Sprosser** *Luscinia luscinia*, oberseits dunkler graubraun als die Nachtigall, Schwanz und Bürzel weniger rotbraun, Brust dunkel gewölkt; Gesang langsamer, eintöniger und tiefer als der der Nachtigall; Brutgebiete nördlicher und östlicher als die der Nachtigall: in N- und O-EU, westwärts bis Schleswig-Holstein. Wo beide Arten nebeneinander vorkommen, besiedelt der S. feuchtere Lebensräume.

Rotkehlchen *Erithacus rubecula*

DROSSELN

Merkmale: Etwa sperlingsgroß; bräunliches Gefieder, Gesicht, Kehle und Brust orangefarben; Jungvögel dunkel gefleckt, ohne Orangerot; hüpft am Boden rasch und mit hängenden Flügeln, dabei knickst es und stelzt kurz den Schwanz auf.

Verbreitung: EU außer Island, N-Skandinavien und Teilen Russlands; auch N-Afrika, Kleinasien. Während ein Teil unserer Rotkehlchen im Herbst in die Mittelmeerländer zieht, bleibt der größere Teil den Winter über im Brutgebiet und bekommt noch Zuwachs durch Artgenossen aus Skandinavien, die bei uns überwintern.

Wissenswertes: R. leben im Unterholz von Wäldern sowie in Gärten. Am Boden umherhüpfend suchen sie nach Wirbellosen, v. a. im Herbst/Winter auch nach Beeren. Oft liegt noch Schnee, wenn die ♂ bereits mit Revierauseinandersetzungen beschäftigt sind. Die aufgeplusterte orangerote Brust wirkt auf Rivalen als Drohgebärde. Der Reviergesang des ♂ ist melancholisch flötend. Nest in dichtem Bodenbewuchs oder in Höhlungen.

Weißsterniges Blaukehlchen

Luscinia svecica cyanecula DROSSELN

Merkmale: Sperlingsgroß; ♂ im Prachtkleid (Foto) mit leuchtend blauer Kehle, auf der ein weißer Fleck („Stern") sitzt; die rotsternige Unterart *L. s. svecica* dort mit einem rostroten Fleck; im Schlichtkleid Kehle bis auf einen blauen Rand weißlich, Unterarten nicht mehr unterscheidbar; ♀ hingegen ganzjährig unscheinbar braun.

Verbreitung: Im nördlichen und mittleren Eurasien bis zum Pazifik; die weißsternige Unterart besiedelt M.-EU, lokale Populationen auch in W- und SW-EU, etwa in Spanien; Mittel- und Langstreckenzieher, überwintert im Mittelmeergebiet oder nördlichen Afrika; bei uns III–X.

Wissenswertes: Brutvogel des Tieflands, in M.-EU an deckungsreichen Ufern oder in Sumpfbereichen, z. B. mit Altschilf bewachsenen Gräben, Hochstaudenfluren oder feuchtem, dichtem Gebüsch. Der abwechslungsreiche Gesang mit Imitationen anderer Vögel setzt erst zögernd ein und beschleunigt dann. Er wird auf freier Sitzwarte oder im Flug vorgetragen. **RL, §!**

Gartenrotschwanz *Phoenicurus phoenicurus*

DROSSELN

♂ mit heller Kopfkappe und rötlicher Brust

Merkmale: Schlank und hochbeinig; beim ♂ Stirn leuchtend weiß, Gesicht schwarz, Oberkopf hellgrau; Brust, Bürzel und Schwanz rostrot; ♀ bräunlich mit hellerer Unterseite und Kehle; häufiges Knicksen und ständiges Schwanzzittern.

Verbreitung: Von EU bis Zentralsibirien; Langstreckenzieher, bei uns IV–X.

Wissenswertes: Der Gesang des G. fängt mit einem hohen, gedehnten „huit" an, dem einige stakkatohafte tiefere Töne folgen. Daran schließen abwechslungsreiche Elemente, auch Imitationen anderer Vogelstimmen, an. G. brüten in lichten Wäldern mit alten Bäumen sowie Obstgärten, gern auch in Halbhöhlen-Nistkästen. Das ♀ legt 5–7 Eier, die 13–14 Tage hauptsächlich vom ♀ bebrütet werden. **RL**

Hausrotschwanz *Phoenicurus ochruros*

DROSSELN

♂ mit rußschwarzer Brust

Merkmale: Größe, Gestalt, Verhalten dem Gartenrotschwanz sehr ähnlich; rostroter Schwanz und Bürzel; ♂ grauschwarz, weißer Flügelfleck, im 1. Jahr graubraun, ohne Flügelspiegel, ähnlich ♀.

Verbreitung: EU außer nördl. Großbritannien, Skandinavien, Russland; Klein- bis Zentralasien; Kurzstreckenzieher; Überwinterung der europ. Brutvögel im Mittelmeerraum, in N-Afrika und im Nahen Osten, gelegentlich auch in M.-EU; bei uns III–XI.

Wissenswertes: H. beginnen ihren Gesang mit gepressten Tönen oft schon vor der Morgendämmerung. Die ursprünglichen Felsbewohner sind in den letzten Jh. in Dörfer und Städte auch im Tiefland eingewandert. Heute kommt der H. in D häufiger vor als der Gartenrotschwanz.

Braunkehlchen *Saxicola rubetra*

DROSSELN

♂

♀

Merkmale: Kleiner als ein Sperling; in Gestalt und Verhalten an Schwarzkehlchen erinnernd, jedoch kürzerer Schwanz und breiter, heller Überaugenstreif; ♂ oberseits braun, stark gestreift, kontrastreiche Kopfzeichnung; ♀ und Jungvögel matter gefärbt, Überaugenstreif gelblich statt weiß.

Verbreitung: EU mit Ausnahme des S und äußersten N, ostwärts bis Zentralsibirien; Langstreckenzieher, bei uns IV–X.

Wissenswertes: B. sind typische Brutvögel offener, reich strukturierter Wiesen- und Feuchtgebiete. Sie nutzen höhere Stauden und Weidezäune als Singwarte und Ansitz zur Insektenjagd. Auf ihrer Warte sitzen sie nicht ganz so aufrecht und zucken nicht so hektisch mit Flügeln und Schwanz wie Schwarzkehlchen. B. verloren durch intensive Grünland-Nutzung vielerorts ihren Lebensraum. **RL**

Schwarzkehlchen *Saxicola torquata*

DROSSELN

♂

♀

Merkmale: Kleiner als ein Sperling; ♂ an Kopf und Kehle schwarz, an Hals und Schultern weiß; im Gegensatz zum ähnlichen Braunkehlchen Überaugenstreif nur undeutlich, meist fehlend.

Verbreitung: In mind. 21 Unterarten in Eurasien sowie Afrika südl. der Sahara; fehlt vom nordöstl. M.-EU bis Ural; Kurzstreckenzieher, Winterquartier in W-EU und Mittelmeerländern, bei uns III–X.

Wissenswertes: S. brüten im dicht bewachsenen Offenland, in M.-EU v. a. auf Brachflächen, Ödland und Wiesen. Aufrecht auf Buschspitzen oder Drähten sitzend, zucken S. heftig mit Flügeln und Schwanz und tragen ihr pfeifendes Lied vor. Wie beim Braunkehlchen baut das ♀ allein das Nest am Boden, das nach oben gut geschützt wird. In 2–3 Jahresbruten werden meist 5–6 Junge erbrütet, die von den Eltern gemeinsam gefüttert werden. **RL**

Blaumerle *Monticola solitarius*

DROSSELN

Merkmale: Deutlich kleiner als eine Amsel, schlank, langer Schnabel; ♂ einheitlich dunkel blaugrau; ♀ bräunlich, Unterseite geschuppt.
Verbreitung: In 5 Unterarten in S-EU, S-Asien, NW-Afrika; nördlichste Vorkommen in den S-Alpen; in M.-EU nur 20–25 Brutpaare in der Schweiz; im Mittelmeerraum vorwiegend Standvogel, aus den Alpen im Herbst nach N-Afrika ziehend.
Wissenswertes: Die ungesellige B. bewohnt steile, besonnte Felswände, Berghänge und Schluchten, am Mittelmeer auch Felsküsten, Steinbrüche und alte Gemäuer. Das ♀ baut sein Nest in Felsspalten und Mauerlöchern. Lebensraumzerstörung durch touristische und industrielle Erschließung gefährdet die B. stark. Die flötenden Gesangsstrophen der B. erinnern an den Amselgesang, trotz mancher kratziger Laute.

Steinschmätzer *Oenanthe oenanthe*

DROSSELN

Merkmale: Beide Geschlechter mit auffällig schwarz-weiß gemustertem Schwanz; ♂ Scheitel und Rücken aschgrau, schwarze Augenmaske, Kehle und Brust zart ockergelb getönt, Flügel schwarz; ♀ wie ♂ im Ruhekleid bräunlich ohne Kopfzeichnung; Jungvögel bräunlich gesprenkelt.
Verbreitung: Auf der Nordhalbkugel bis in die Subtropen, vor allem in baumarmen Regionen des nördlichen Eurasiens, NW-Afrikas und N-Amerikas; Langstreckenzieher, überwintert im tropischen Afrika, bei uns III–X.
Wissenswertes: S. brüten in offenem, steinigem, kurz oder karg bewachsenem Gelände, das Sitzwarten zur Jagd nach Insekten und kleinen Bodentieren sowie Spalten oder Höhlungen zur Nestanlage aufweist. In M.-EU erfüllen besonnte alpine Berghänge und Matten, im Tiefland z. B. Bahndämme, Kiesgruben, Kahlschläge oder Torfstiche die Bedürfnisse der S. Auf dem Durchzug bei uns v. a. auf Sturzäckern, an steinigen Flussufern, auf Dämmen und kurzrasigen Wiesen zu sehen. **RL**

Steinrötel *Monticola saxatilis*

DROSSELN

Merkmale: Kleiner als Amsel; ♂ an Kopf und Hals graublau, Unterseite und Schwanz rostrot; ♀ bräunlich geschuppt, Schwanz rostrot.
Verbreitung: Ohne Unterarten von NW-Afrika über S-EU und Kleinasien bis zu den Gebirgen Innerasiens; in M.-EU 600–900 Brutpaare in Alpen, Karpaten und Restvorkommen in Ungarn; Langstreckenzieher, überwintert im tropischen Afrika, im Brutgebiet IV–IX.
Wissenswertes: S. brüten an sonnigen Felshängen mit Geröll und spärlicher Vegetation, aber auch in Weinbergen, Steinbrüchen, Kiesgruben und gelegentlich an Ruinen. Die scheuen Einzelgänger ernähren sich v. a. von Insekten, Spinnen und Würmern, die sie am Boden suchen. Der S. zeigt einen sehr auffälligen Singflug, wobei das ♂ mit gefächertem Schwanz lerchenähnlich aufsteigt, um zur Warte herab zu schweben. **§!**

Ringdrossel *Turdus torquatus*

DROSSELN

Merkmale: Fast amselgroß, etwas schlanker und langhalsiger als diese, ♂ durch halbmondförmiges, weißes Brustband sicher zu unterscheiden; kein gelber Augenring; Gefieder schwärzlich, an Flügeln und Unterseite durch helle Federsäume geschuppt wirkend; ♀ dunkelbraun, mit grauem bis bräunlich weißem Brustband; Jungvögel ohne weiße Abzeichen, stärker geschuppt.
Verbreitung: In 3 Unterarten von W- und SW-EU bis Vorderasien. Die nördliche Unterart *T. t. torquatus* (dunkler, amselähnlicher) brütet in Großbritannien und Skandinavien, die südliche Unterart *T. t. alpestris* im Hochgebirge sowie in einigen höheren Mittelgebirgen in M.-EU; Kurzstreckenzieher, bei uns III–X.
Wissenswertes: R. bewohnen in M.-EU schattige und feuchte Standorte in nadelholzreichen Bergwäldern bis hinauf zur Krummholzzone, im Norden Moore, Heiden und die Tundra. Regenwürmer und andere kleine Bodentiere, im Spätsommer Beeren von Zwergsträuchern, sind ihre Hauptnahrung.

Amsel *Turdus merula*

DROSSELN

Merkmale: Der Zweitname „Schwarzdrossel" bezieht sich auf das schwarz gefiederte ♂; bei diesem nur Schnabel und schmale Augenringe kräftig orangegelb; ♀ oberseits dunkelbraun, unterseits braun gefleckt, Kehle mehr oder weniger aufgehellt; Jungvögel wie ♀, aber oberseits mit dunklen Schaftstrichen; junge ♂ schwarzbraun mit zunächst noch dunklem Schnabel, der sich erst zu Beginn des 2. Kalenderjahrs nach Gelb umfärbt.
Verbreitung: In etwa 15 Unterarten in EU, Asien und NW-Afrika; in M.-EU brütende A. vorwiegend Standvögel oder Teilzieher, nach N zunehmend Zugvögel. „Stadtamseln" neigen eher dazu, im Brutgebiet zu überwintern als „Waldamseln".
Wissenswertes: Die ♂ beginnen oft schon ab dem Spätwinter mit ihrem Reviergesang. Bei der Verteidigung ihrer Reviere gehen A. recht grob miteinander um. Da bei Stadtamseln der Lege- und Brutbeginn deutlich ins Frühjahr vorverschoben ist, können diese bis zu viermal im Jahr brüten, meist mit 4–7 Eiern.

Singdrossel *Turdus philomelos*

DROSSELN

an der „Drosselschmiede"

Merkmale: Kleiner als eine Amsel; Oberseite braun, Unterseite rahmweiß, schwarzbraun gefleckt; im Flug rostgelbe Unterflügel sichtbar.
Verbreitung: In 5 Unterarten von EU bis zum Baikalsee, Kleinasien und Kaukasus; fehlt in baumfreien Gebieten; Kurzstreckenzieher mit Winterquartier in W- und S-EU sowie N-Afrika, bei uns II–XI.
Wissenswertes: S. brüten in unterholzreichen Laub-, Misch- und Auwäldern, in Hochlagen auch in reinen Nadelwäldern, ebenso in Feldgehölzen, Parks und Gärten. Ihren abwechslungsreichen Gesang mit weichen Flötentönen und Nachahmungen tragen S. von einer Singwarte aus vor. S. nutzen zum Öffnen von Gehäuseschnecken sog. „Drosselschmieden". Dazu fassen sie den Mündungsrand des Gehäuses mit dem Schnabel und zertrümmern es auf einer festen Unterlage (Stein/Holz).

Wacholderdrossel *Turdus pilaris*

DROSSELN

Merkmale: Etwas größer als eine Amsel; Kopf, Nacken und Bürzel hellgrau, Mantel rotbraun getönt, Brust und Flanken mit pfeilförmigen schwarzen Flecken übersät; Unterflügel weiß.
Verbreitung: In den letzten Jahrzehnten starke Ausweitung des Brutareals, ausgehend von der sibirischen Taiga heute bis W-EU reichend, südliche Grenze derzeit im Mittelmeerraum; in M.-EU überwiegend Kurzstreckenzieher.
Wissenswertes: In M.-EU brüten W. in halboffenen Landschaften mit Feldgehölzen und Baumhecken oder in Obstgärten, Parks und Gärten. Im Herbst und Winter sind sie auf Flächen mit reichem Beeren- und Fallobstangebot anzutreffen. Ihre Nester legen W. hoch in Bäumen an, meist in lockeren Kolonien. Dort eindringende Greifvögel, Eulen oder Krähen werden schwarmweise im Flug attackiert und zur Abwehr mit Kot bespritzt. Der eintrocknende, hart werdende Kot kann die Flugfähigkeit des Angegriffenen beeinträchtigen oder sogar zu dessen Hungertod führen.

Rotdrossel *Turdus iliacus*

DROSSELN

Merkmale: Etwas kleiner als die Singdrossel; auffälliger rahmweißer Überaugen- und Bartstreif, Flanken und Unterflügeldecken rostrot; Oberseite braun, Unterseite weißlich, dunkelbraun gefleckt.
Verbreitung: In 2 Unterarten von N-EU bis O-Sibirien; Kurz- und Mittelstreckenzieher, bei uns Durchzügler und Wintergast X–IV, auf Wiesen und Feldern oft mit Wacholderdrosseln zusammen.
Wissenswertes: Auf ihrem nächtlichen Zug oder beim Abflug lassen R. sehr typische gedehnte und durchdringende „zieh"-Rufe hören (Singdrosseln hingegen ein hohes, kurzes „zipp"). In ihren Brutgebieten bewohnen R. junge Nadelwälder, Birken-, Weiden- und Erlenwälder sowie die Randgebiete der Tundra, brüten aber auch in Parks und Gärten. Gelegentlich bilden sie lockere Kolonien. In M.-EU kommen R. zur Zugzeit oft in gemischten Trupps mit Wacholderdrosseln vor. Gemeinsam besuchen sie dann im Herbst Beeren tragende Sträucher oder suchen auf einer Wiese nach Nahrung (Regenwürmer, Insekten).

Gartengrasmücke *Sylvia borin*

ZWEIGSÄNGER

Merkmale: Kleiner als ein Sperling, unscheinbar; kurzer, ziemlich stumpfer Schnabel; Oberseite graubraun, leicht oliv getönt, Unterseite rahmfarben; keine Färbungsunterschiede zwischen beiden Geschlechtern und zwischen Alt- und Jungvögeln.
Verbreitung: Brutvogel in ganz EU außer großen Teilen der Mittelmeerländer und des hohen N; ostwärts bis W-Sibirien; vom Meeresniveau bis zur Baumgrenze im Hochgebirge; Langstreckenzieher mit Winterquartieren in Afrika südlich der Sahara; bei uns IV–IX/X.
Wissenswertes: Im Sommer- und Winterquartier nutzen G. ein breites Spektrum an Lebensräumen: von Bruch- und Auwäldern über Nadelwälder mit reicher Strauchschicht, Weiden- und Grünerlengebüsche bis zu unterwuchsreichen Parks und verwilderten Gärten. Nest aus Grashalmen und feinen Wurzeln in dichtem Gestrüpp. Das Brüten und die Jungenaufzucht erfolgen durch beide Eltern.

Mönchsgrasmücke *Sylvia atricapilla*

ZWEIGSÄNGER

Merkmale: Kleiner als Sperling; ♂ grau, mit schwarzer Kopfplatte bis zu den Augen; ♀ mit rotbrauner Kopfplatte, bauchseits bräunlich; junge ♂ im ersten Herbst mit dunkel rotbrauner Kopfplatte.
Verbreitung: In EU (außer nördl. Skandinavien) bis W-Sibirien; Kurz- und Langstreckenzieher, bei uns III–XI; bei uns die am weitesten verbreitete und vielerorts auch häufigste Grasmücke.
Wissenswertes: Die M. bewohnt Gehölze aller Art und hat daneben keine speziellen Ansprüche an den Lebensraum. So kommt sie in unterholzreichen Auwäldern ebenso vor wie in jungen Baumschonungen oder Park- und Gartengehölzen. Der Gesang der M. ist eine perlende Melodie mit klaren Flötentönen und Imitationen. Er endet oft mit lautem, wehmütigem Flöten. Das ♂ baut im dichten Gestrüpp von Krautpflanzen, Büschen oder Jungfichten mehrere Spielnester, von denen das ♀ eines auswählt und fertig baut. Der Nestrand wird oft mit Spinnweben durchwoben.

Klappergrasmücke *Sylvia curruca*

ZWEIGSÄNGER

Merkmale: Sehr ähnlich der Dorngrasmücke, aber kleiner, kurzschwänziger und Flügel ohne rostbraunen Farbton.
Typischstes Merkmal der K. ist ihr monoton klappernder Gesang. Er wird von einem leise schwätzenden Vorgesang eingeleitet, den man aber nur aus nächster Nähe gut hört.
Verbreitung: Von Großbritannien und N-Frankreich bis O-Sibirien und Zentralasien; häufiger Brutvogel in M.-EU, mit der Hälfte des Bestands in D; Langstreckenzieher, überwintert in Afrika südlich der Sahara; bei uns IV–X.
Wissenswertes: K. besiedeln Gehölze aller Art, auch in Siedlungsnähe, in den Alpen Bergwälder bis zur Krummholzzone. Beide Partner bauen am Nest, bebrüten die 3–5 Eier und füttern die Jungen. Wenn die oft noch nicht voll flugfähigen Jungvögel nach ca. 12 Tagen das meist nur etwa kniehoch im Gezweig verankerte Napfnest verlassen, werden sie noch 3 Wochen von den Eltern betreut.

Sperbergrasmücke *Sylvia nisoria*

ZWEIGSÄNGER

Merkmale: Größer als andere mitteleurop. Grasmücken; kräftiger Schnabel, langer Schwanz; beim ♂ Oberseite bleigrau, Unterseite weißlich, dunkelgrau „gesperbert", leuchtend gelbe Iris; ♀ blasser.
Verbreitung: Östl. M.-EU bis Altai; Langstreckenzieher, überwintert v. a. im Sudan; bei uns IV–IX.
Wissenswertes: S. leben in extensiv genutzten, reich strukturierten Landschaften, oft neben dem Neuntöter (⇨ S. 172). **RL, §!**

Dorngrasmücke *Sylvia communis*

ZWEIGSÄNGER

Merkmale: Kleiner als ein Sperling; ziemlich langschwänzig; weiße Schwanzaußenkanten, rostbraune Flügel und leuchtend weiße Kehle.
Verbreitung: In 3 Unterarten von EU bis Mittelasien, im N fehlend; Langstreckenzieher, bei uns IV–IX.
Wissenswertes: D. brüten in offenen Landschaften mit Hecken und Gestrüpp. Schwätzender Gesang von Baumspitzen und im Singflug. Das vom ♂ gebaute Nest wird vom ♀ ausgekleidet. **(RL)**

Andrang vor einer reifen Feige. Die beiden äußeren Vögel sind junge ♂.

Schilfrohrsänger *Acrocephalus schoenobaenus* ZWEIGSÄNGER

Merkmale: Kleiner als Sperling; weißlicher Überaugenstreif, zum dunklen Augenstreif und Scheitel kontrastierend; Unterseite cremefarben, im Brutkleid stets ungestreift.
Verbreitung: Vom Tiefland bis in Mittelgebirgslagen, EU bis W-Sibirien, fehlt aber auf der Iberischen Halbinsel, in Teilen Griechenlands und Skandinaviens; Langstreckenzieher, überwintert in Afrika südlich der Sahara; bei uns IV–X. Von den 3 in M.-EU lebenden gestreiften Rohrsänger-Arten ist der S. mit Abstand der häufigste.
Wissenswertes: S. bewohnen unterschiedliche Feuchtgebiete, von Schilfbeständen über Seggensümpfe mit Büschen bis zu feuchten Hochstaudenfluren, verwachsenem Uferdickicht entlang von Gräben und schilfbestandenen Bruchwaldrändern, manchmal auch Getreidefelder. Das Nest aus Halmen und Moos wird von beiden Partnern gebaut (meist in vorjährigen Stauden). Trotz ihres Namens sind S. weniger aufs Halmklettern spezialisiert als Teich- oder Drosselrohrsänger. **RL, §!**

Teichrohrsänger *Acrocephalus scirpaceus* ZWEIGSÄNGER

Merkmale: Kleiner als Sperling, schlank; dem Sumpfrohrsänger ähnlich; wie kleiner Drosselrohrsänger, auch in Gesang, Nest und Lebensraum diesem ähnlich; oberseits rötlich braun; kurzer, heller Überaugenstreif; spitzer Kopf mit flachem Scheitel, Schnabel lang und schmal; Rufe schnarrend; Gesang rhythmisch, mit vielen kratzenden Lauten.
Verbreitung: Von W-EU und NW-Afrika bis Mittelasien; fehlt in Island, Irland, Schottland und N-Skandinavien; Langstreckenzieher, überwintert im trop. Afrika, bei uns IV–IX/X.
Wissenswertes: Wie alle Rohrsänger sind auch T. hervorragend an die speziellen Bedingungen von Pflanzenbeständen in offenen Feuchtgebieten angepasst. Im Gegensatz zu Wäldern und Hecken sind waagrechte Strukturen hier Mangelware. Als Schilfkletterer haben T. Klammerfüße entwickelt, mit denen sie geschickt an den Halmen hochklettern oder kopfabwärts durch das vertikale Dickicht schlüpfen können. Das Napfnest wird zwischen Halme geflochten.

Sumpfrohrsänger *Acrocephalus palustris* ZWEIGSÄNGER

Merkmale: Sehr ähnlich dem Teichrohrsänger; am besten durch den Gesang und unterschiedlichen Lebensraum auseinander zu halten; eher olivbraun, unterseits mehr gelblich getönt, etwas kürzerer Schnabel; Beine hell gelblich rosa anstatt braungrau wie beim Teichrohrsänger.
Verbreitung: M.- und O-EU bis W-Sibirien; rund 3/4 des Weltbestands in EU; Langstreckenzieher, Winterquartier im tropischen Afrika, bei uns V–IX.
Wissenswertes: S. leben nicht nur im Schilf und Weidengebüsch, sondern brüten auch weitab von Wasser in dichter Staudenvegetation, gelegentlich auch in Gärten oder Getreide- und Rapsfeldern. Ihr sehr lebhafter Gesang steckt neben charakteristischen nasalen „tzä-bii" voller Nachahmungen anderer (auch afrikanischer) Vogelarten. Die Ausbreitung des S. wurde durch Überdüngung mit zunehmendem Brennnessel-Wachstum sowie der Verbuschung von Feuchtgebieten gefördert. Dagegen werden Bruten durch Mäharbeiten an Gewässerufern und Wegen zerstört.

Drosselrohrsänger *Acrocephalus arundinaceus* ZWEIGSÄNGER

Merkmale: Größter Rohrsänger in EU, fast singdrosselgroß; gleicht einem übergroßen Teichrohrsänger, aber deutlicher Überaugenstreif und drosselartig langer Schnabel; Oberseite braun, Unterseite beige. Ruf ein hartes „kreck", fast wie ein Teichhuhn, Bettelruf der Jungen ein drosselartiges „kräh".
Verbreitung: Von SW-EU und NW-Afrika bis Sachalin und N-Japan, fehlt im nördlichen Skandinavien; seit starken Bestandseinbrüchen in den 1970er-Jahren große Verbreitungslücken in M.-EU; Langstreckenzieher, überwintert im tropischen Afrika, bei uns IV–IX.
Wissenswertes: D. fangen vor allem Insekten, die an den Schilfhalmen sitzen, schnappen sich aber auch, kopfüber am Schilfrohr hängend, Insekten und kleine Amphibien von der Wasseroberfläche. Der D. kommt nur in ausgedehnten Schilfwäldern vor. Sein überaus lautstarker Gesang ähnelt dem des Teichrohrsängers, ist aber deutlich gröber. Gefährdet ist der D. u. a. durch Ausdünnung der Schilfbestände und Wassersport. **RL, §!**

Feldschwirl *Locustella naevia*

ZWEIGSÄNGER

Merkmale: Kleiner als ein Sperling; Oberseite olivbraun, kräftig dunkel gestreift, Unterseite schmutzig weiß mit wenigen Stricheln auf der Brust; Beine rosa.

Verbreitung: In 4 Unterarten von mittleren Breiten in EU bis Mittelasien, fehlt in den meisten Mittelmeerländern; Langstreckenzieher, bei uns IV–X.

Lebensraum: Unsere häufigste Schwirlart lebt sehr versteckt in offenem Gelände mit dichter Krautschicht und höheren Sitzwarten. Während die Bodenfeuchtigkeit eine untergeordnete Rolle spielt, sind Schilf-, Gras- oder Ruderalflächen ohne Sitzwarten für den F. ungeeignet.

Wissenswertes: Meist macht sich der F. nur durch seinen weit hörbaren Gesang, ein eintöniges, an Laubheuschrecken erinnerndes Schwirren, bemerkbar. Er wird – mit kurzen Pausen – minutenlang, nachts auch manchmal stundenlang vorgetragen. Zum Singen sitzt das ♂ auf einem hochragenden Zweig, sonst laufen und klettern F. meist bodennah und fast mäuseähnlich durch den dichten Bewuchs. Ihr Nest aus Halmen und Gras mit einem Unterbau aus Blättern steht am Boden oder nahe darüber in der dichten Vegetation. Brutbeginn ist ab Ende V, oft gibt es 2 Bruten im Jahr. Wo die Elternvögel immer wieder huschend zum Nest laufen, um die 4–6 Jungen mit Insekten zu füttern, entsteht ein Pfad wie von Mäusen.

Ähnlich: **Cistensänger** *Cisticola juncidis*, mit nur 10 cm Länge kaum größer als ein Zaunkönig, kompakt und kurzschwänzig; oberseits stärker hell-dunkel gestreift als der Feldschwirl; beim wellenfömigen Singflug kontrastreiches Schwarz-Weiß-Muster am gerundeten Schwanzende erkennbar; Gesang ein taktfestes, monotones „zip-zip-zip“; in S-EU, S-Asien und Afrika im offenen Grasland und auf Brachflächen.

Singflug des ♂

Schlagschwirl *Locustella fluviatilis*

ZWEIGSÄNGER

Merkmale: Kleiner als ein Sperling; von Feld- und Rohrschwirl unterscheidbar durch seine ungestreifte, olivbraune Oberseite in Kombination mit der verwaschen dunkel längsgestreiften Kehle und Brust; Schwanz relativ lang und breit, am Ende gerundet; Unterschwanzdecken olivbraun, bis fast zur Schwanzspitze reichend, durch weißliche Federspitzen apart gezeichnet; Beine rosafarben.

Verbreitung: Ursprünglich östliches M.-EU und O-EU bis W-Sibirien; in den letzten Jahrzehnten starke Ausbreitungstendenz nach W und NW; westlichster Brutnachweis in D im südwestlichen Hessen; Langstreckenzieher, Winterquartiere im tropischen Afrika, bei uns V–IX.

Wissenswertes: S. brüten in dicht bewachsenen Flächen, die nach oben Sichtschutz und am Boden Bewegungsfreiheit bieten. Zusätzlich müssen Büsche und Bäume als Singwarten vorhanden sein. Der Gesang des S.-♂ ist kein Schwirren, sondern eine lange Reihe wetzender, getrennt wahrzunehmender Silben.

Rohrschwirl *Locustella luscinioides*

ZWEIGSÄNGER

Merkmale: Knapp sperlingsgroß, etwas größer als der Feldschwirl; oberseits ungestreift braun, unterseits weißlich, Flanken und Brust leicht rostbraun getönt.

Verbreitung: In 2 Unterarten von S- und W-EU bis Mittelasien, mit großen Verbreitungslücken; Langstreckenzieher, bei uns Ende IV bis Mitte IX.

Wissenswertes: Der wenig scheue R. brütet in ausgedehnten, hohen Schilfbeständen an Gewässern und braucht vorjähriges Röhricht als Singwarte sowie Bülten oder geknicktes Schilf zur Nestanlage. Sein Gesang ähnelt dem des Feldschwirls, ist aber schneller und tiefer, ein hartes, fast klangloses Surren und erinnert etwas an die Stimmen einer Maulwurfsgrille oder Wechselkröte, knapp unterhalb des Schilfwipfels vorgetragen. Das ziemlich große, keilförmige Nest wird niedrig über dem Boden oder Wasserspiegel aus Halmen und Schilfblättern gefertigt. In gewöhnlich 2 Jahresbruten ziehen R. je 4–6 Junge auf, wobei hauptsächlich das ♀ brütet, beide Eltern dann aber füttern. **(RL), §!**

Gelbspötter *Hippolais icterina*

ZWEIGSÄNGER

Merkmale: Kleiner als Sperling; Oberseite graugrün, Unterseite hellgelb; kurzer gelber Überaugenstreif; orangefarbener Schnabel; Scheitelfedern oft etwas gesträubt; Jungvögel unterseits blasser.
Verbreitung: M.- und O-EU, im N bis zum südlichen Skandinavien, im S bis zum Alpenrand, westwärts bis Sibirien; Langstreckenzieher, bei uns V–IX.
Wissenswertes: Braucht lichte Baumbestände mit geringer Kronendeckung und reichlich Unterwuchs, z. B. in Auwäldern, lichten Laubwäldern, aber auch in Parks, Friedhöfen und verwilderten Obstgärten.
Lebensweise: G. gehen in den Baumkronen auf Insekten- und Spinnenjagd. Ihr napfförmiges Nest verankern sie in einer Astgabel, meist wesentlich höher als 1 m über dem Boden. Bei seinem lauten, kratzigen, sehr abwechslungsreichen Reviergesang ahmt das ♂ zahlreiche andere Vogelstimmen nach. G. gehören zu den Zugvogelarten, die am spätesten aus ihrem tropischen Winterquartier bei uns eintreffen.

Fitis *Phylloscopus trochilus*

ZWEIGSÄNGER

Merkmale: Bedeutend kleiner als ein Sperling; sehr ähnlich dem Zilpzalp, aber insgesamt gelblicher, auffallend heller Überaugen- und dunkler Augenstreif; Beine häufig heller als beim Zilpzalp; oberseits olivgrün, unterseits gelblich weiß, Brust eher oliv getönt.
Verbreitung: In 3 Unterarten von W-EU bis O-Sibirien, nordwärts bis zur polaren Waldgrenze (nördlicher als der Zilpzalp), südl. Grenze in Frankreich und Tälern der Zentralalpen; fehlt im Mittelmeergebiet und in SO-EU; Langstreckenzieher, überwintert in Afrika südlich der Sahara; bei uns IV–X.
Wissenswertes: Der F. ist ein häufiger Brutvogel in lichten, buschreichen Wäldern, aber auch in Gärten und Parkanlagen, gerne in Gewässernähe. Die Zwillingsarten F. und Zilpzalp lassen sich im Freiland nur am Gesang sicher unterscheiden. Der F. singt wehmütig schmachtend, in hellen Tönen dahinfließend und mit weichem, absterbenden Schnörkel endend. Seine Rufe sind ein weiches „hü-it", deutlicher zweisilbig als beim Zilpzalp.

Waldlaubsänger *Phylloscopus sibilatrix*

ZWEIGSÄNGER

Merkmale: Größer als der Zilpzalp, aber immer noch kleiner als ein Sperling; ziemlich lange Flügel; Oberseite gelblich grün, Kehle und Brust gelb, Bauch weiß, zitronengelber Überaugenstreif.
Verbreitung: EU außer Teilen des Mittelmeers u. nördl. Skandinavien; Langstreckenzieher, überwintert in Afrika südl. der Sahara; bei uns IV–IX.
Wissenswertes: In seinen Lebensraumansprüchen ist der W. spezialisierter als der Fitis oder Zilpzalp: Er bevorzugt lockeren, im Inneren schattigen, schwach verkrauteten Laubmischwald, vor allem lichten Buchenwald. Sein Gesang ist eine Serie klirrender „zipp"-Laute, die sich beschleunigen und in ein metallisches Schwirren übergehen. Er wird in kurzen, von Ast zu Ast führenden Singflügen vorgetragen. In das backofenförmige Nest am Boden legt das ♀ meist 5–7 Eier. Beim Füttern der Jungen mit Insekten hilft das ♂. Die Nestlingszeit beträgt 12–13, die Führungszeit weitere 12–14 Tage. Verschiedene Insektenarten oder Larven bilden die Nahrung.

Zilpzalp *Phylloscopus collybita*

ZWEIGSÄNGER

Merkmale: Sehr ähnlich dem Fitis, im Freien nur am Gesang sicher von diesem zu unterscheiden; heller Überaugenstreif undeutlicher als beim Fitis; Unterseite schmutzig weiß; Beine schwarzbraun.
Verbreitung: In etwa 8 Unterarten von W-EU bis O-Sibirien; vorwiegend Kurzstreckenzieher, Winterquartiere in Mittelmeerländern; bei uns III–X.
Wissenswertes: Die sich ständig bewegenden Vögel bewohnen unterholzreiche Laub- und Mischwälder ebenso wie Flussauen, Gärten und Parks. Der namengebende Gesang des Z. besteht aus einer Reihe zusammengesetzter Silben wie „zilp zalp zalp zilp zilp zalp...", die oft mit einem harten „tret tret..." begonnen werden. Meist hört man ihn aus Baumkronen. Z. leben von Insekten u. a. Kleintieren, denen sie flatternd und hüpfend nachjagen. Ihr kugelförmiges Nest mit seitlichem Einschlupf liegt am oder dicht über dem Boden. Das ♀ brütet und hudert allein. Z. verzehren neben Insekten und Spinnen auch Blütennektar und können als Pollenüberträger wirken.

Wintergoldhähnchen
Regulus regulus ZWEIGSÄNGER

gelber Scheitelstreif

Merkmale: Zusammen mit dem Sommergoldhähnchen kleinste europäische Vogelart; Länge einschließlich Schwanz nur rund 9 cm, Gewicht 5 g; beim ♂ Scheitelstreif gelb mit (meist verborgenem) orangefarbenem Mittelstreif, beim ♀ heller gelb; Jungvögel ohne Scheitelzeichnung; im Unterschied zum Sommergoldhähnchen ohne dunklen Strich durchs Auge.
Verbreitung: Von EU (außer dem hohen N) mit Lücken bis O-Sibirien, in S-EU nur regional; Standvogel oder Teilzieher, überwintert im Brutgebiet oder zieht in den Mittelmeerraum bis NW-Afrika.
Wissenswertes: Eng an Nadelbäume gebunden, vorzugsweise Fichtenwälder mit lückig stehenden Altfichten, die gut ausgebildete Kammäste und Flechtenbewuchs aufweisen. Das Nest wird als Hängenest zwischen herabhängenden Seitenzweigen äußerer Äste gebaut. Nur das ♀ brütet.

Sommergoldhähnchen
Regulus ignicapillus ZWEIGSÄNGER

♂ mit orangefarbenem Scheitelstreif

Merkmale: Ebenso klein wie das Wintergoldhähnchen; von diesem unterscheidbar durch einen schwarzen Augenstreif, weißen Überaugenstreif und insgesamt lebhaftere Färbung; der schwarz gesäumte Scheitel nur beim ♀ gelb, beim ♂ dagegen orangerot.
Verbreitung: V. a. auf W-, M.- und S-EU sowie NW-Afrika beschränkt; Kurzstrecken- und Teilzieher, v. a. auf Iberischer Halbinsel und im Mittelmeerraum überwinternd, zunehmend auch in M.-EU.
Wissenswertes: S. sind weniger stark an Fichten gebunden als Wintergoldhähnchen und brüten in Gärten, Parks oder Friedhöfen, im westl. M.-EU sogar in weitgehend nadelholzfreien Eichen- und Buchenwäldern. S. bevorzugen gegenüber dem Wintergoldhähnchen vergleichsweise größere Beuteinsekten und Spinnen, die sie häufiger auf den Astoberseiten suchen.

Grauschnäpper *Muscicapa striata*
SCHNÄPPER

Merkmale: Etwa rotkehlchengroß; oberseits bräunlich grau, keine auffälligen Abzeichen; Oberkopf, Kehle und Brust dunkelgrau längsgestrichelt; Unterseite heller bis weißlich; ♂ und ♀ gleich gefärbt, Jungvögel oberseits und auf der Brust gefleckt.
Verbreitung: Von W-EU bis Mittelsibirien; Langstreckenzieher, Winterquartier im tropischen und südlichen Afrika; bei uns IV–IX.
Wissenswertes: G. brüten an Waldrändern und Lichtungen sowie in offenem Gelände mit Gehölz- und Baumgruppen wie z. B. Alleen, Parks und Gärten. In M.-EU leben sie überwiegend in Kulturland und im Siedlungsbereich. Auch auf dem Durchzug sind die Ansitz- und Flugjäger auf Insekten in ähnlichen Lebensräumen anzutreffen. Beide Partner bauen ein lockeres Nest aus Moos, Federn und Tierhaaren, das sie in Halbhöhlen und Nischen unter Dachvorsprüngen, in Mauerlöchern, hinter Kletterpflanzen oder in Astkehlen alter Bäume anlegen. Die meist 4–5 Eier werden 11–15 Tage lang nur vom ♀ bebrütet.

Trauerschnäpper *Ficedula hypoleuca*
SCHNÄPPER

Merkmale: Kleiner als ein Sperling; gedrungen, kräftig; ♂ im Prachtkleid (Foto) an Kopf und Oberseite tiefschwarz bis dunkel graubraun, Stirn, Flügelfleck, Schwanzkanten und Unterseite reinweiß, im Schlichtkleid ebenso wie ♀ und Jungvögel braun und eher schmutzig weiß gefärbt.
Verbreitung: Von NW-Afrika, Spanien und Großbritannien ostwärts bis Zentralsibirien; fehlt in Italien, Griechenland und Kleinasien; in M.-EU im Tiefland und in unteren Gebirgslagen; Langstreckenzieher, Winterquartiere im tropischen Afrika; bei uns IV–IX.
Wissenswertes: T. leben in naturnahen, altholzreichen Wäldern und haben die höchsten Dichten in offenen Laub- und Laubmischwäldern mit wenig ausgeprägter Krautschicht. Nach N hin besiedeln sie zunehmend Nadelwälder, kommen sonst aber auch in Feldgehölzen, Parks und Gärten vor. Der begrenzende Faktor ist für T. in vielen Gebieten das Angebot an natürlichen Höhlen. Durch Nistkästen kann die Situation verbessert werden.

Kohlmeise *Parus major*

MEISEN

Merkmale: Größte Meise in M.-EU; schwarzer Kopf mit weißen Wangen; unterseits gelb mit schwarzem Längsstrich in der Mitte, der beim ♂ länger und breiter ist als beim ♀; Jungvögel insgesamt blasser und mit gelblichen Wangen.
Verbreitung: In Eurasien vom Atlantik bis Pazifik, fehlt in der nördl. Tundra; Stand- und Strichvogel.
Wissenswertes: K. bewohnen praktisch alle Waldtypen, bevorzugt jedoch Mischwälder und lichte oder offene Baumbestände, im Siedlungsraum auch Gärten, kleine Buschgruppen und selbst weitgehend baumloses Gelände mit Brutplatzangebot (Nistkästen). Höhlenbrüter; 1–2 Jahresbruten ab Ende März; 6–12 Eier, vom ♀ etwa 2 Wochen lang bebrütet. Das ♂ hilft während der knapp 3-wöchigen Nestlingszeit beim Füttern der Jungen. Danach bleibt die Familie noch bis zu 3 Wochen zusammen. K. fressen Insekten und andere Kleintiere sowie Sämereien und werden oft so zahm, dass sie Futter von der Hand nehmen.

Tannenmeise *Parus ater*

MEISEN

Merkmale: Kleinste Meise in M.-EU; Kopfzeichnung ähnlich der Kohlmeise, aber zusätzlich zu weißen Kopfseiten noch ein großer weißer Nackenfleck; unterseits weißlich bis rahmfarben, ohne Gelb; Oberseite bläulich bis olivgrau.
Verbreitung: Von N- und W-EU ostwärts bis Japan, fehlt nur in nadelwaldarmen Gebieten, trockenen Kiefernwäldern und im mediterranen Tiefland; Stand- und Strichvogel.
Wissenswertes: T. sind die häufigste Meisenart in geschlossenen Fichten- und Tannenwäldern. Die Rufe bei Erregung sind, anders als bei den übrigen Meisen, nasal gedehnt „tüi" oder kurz „zit". Ihr Stimmfühlungsruf ist ein feines „si si si", ähnlich dem des Goldhähnchens, ihr Gesang erinnert an Kohlmeisen, klingt aber schneller und feiner. Weil in Nadelwäldern Spechthöhlen selten sind, legen T. als Höhlenbrüter ihre Nester in Nistkästen, oft auch in ausgefaulten Baumstümpfen, Wurzelstöcken und sogar in Mauslöchern am Boden an.

Blaumeise *Parus caeruleus*

MEISEN

Merkmale: Kleiner als die Kohlmeise; einziger Kleinvogel in EU mit blau-gelbem Gefieder; auffallend vor allem der leuchtend blaue Scheitel und die gelbe Unterseite mit schwarzem Mittelstreif; ♀ etwas matter, Jungvögel viel blasser gefärbt.
Verbreitung: In 10–14 Unterarten in ganz EU außer N-Skandinavien, ostwärts bis zum Ural, südwärts bis N-Afrika und Iran; Stand- und Strichvogel, nördliche Populationen auch Invasionsvögel.
Wissenswertes: Bevorzugter Lebensraum der B. sind von Eichen dominierte Auwälder, aber auch in lichten, sonnigen Laub- und Mischwäldern, in reich strukturierten Nadelwäldern und, sofern das Nisthöhlenangebot vorhanden ist, auch in Feldgehölzen, Gärten, Parks oder Buschwerk. Im Winter halten sie sich nahrungssuchend gern im Schilf auf. Neben Insekten und Spinnen stehen im Frühjahr auch Weidennektar, Knospen und Blüten, im Herbst Beeren und Sämereien auf ihrem Speiseplan. Bei Erregung rufen B. zeternd „tscherretetet" oder hoch „ziii zi zi".

Haubenmeise *Parus cristatus*

MEISEN

Merkmale: Etwa blaumeisengroß; durch schwarzweiß geschuppte, spitze Federhaube unverwechselbar; schwarzweiße Gesichtszeichnung; Oberseite braun, Unterseite rahmfarben mit bräunlichen Flanken.
Verbreitung: Von Spanien und Frankreich ostwärts bis zum Ural, nordwärts bis zum Polarkreis; fehlt in Großbritannien (Ausnahme: Schottland), in Italien, S-Griechenland und Kleinasien; Standvogel.
Wissenswertes: H. brüten hauptsächlich in Nadelwäldern, auch in Mischwäldern mit größerem Koniferen- und Totholzanteil, seltener in Gärten, Parks und Friedhöfen mit Nadelholzgruppen. Als Höhlenbrüter wählen H. für ihr Nest meist enge Naturhöhlen und Spalten in Bäumen, Baumstümpfen oder Wurzelstöcken aus. In abgestorbenem oder morschem Holz erweitert oder zimmert das ♀ die Bruthöhle selbst. Neben Insekten und anderen Kleintieren werden v. a. im Winter verstärkt Koniferensamen verzehrt. H. sind weniger gesellig als die übrigen Meisenarten.

Weidenmeise *Parus montanus*

MEISEN

Merkmale: Sehr ähnlich der Sumpfmeise, Unterscheidung im Freiland oft schwierig; W. mit etwas größerem Kopf, nicht glänzender schwarzer Kopfplatte, etwas größerem schwarzem Kehlfleck und hellem Flügelfeld.

Verbreitung: Von W-EU bis Japan; fehlt in Irland, Spanien, W-Frankreich, Italien und Griechenland; Stand- und Strichvogel.

Wissenswertes: W. bewohnen meist feuchte oder sumpfige Biotope wie Auwälder, Weidenbestände und Moore, kommen aber auch in verwilderten Gärten und Feldgehölzen sowie Nadel- und Mischwäldern im Gebirge vor. Als Kulturflüchter überlassen sie Siedlungsbiotope eher ihrer Zwillingsart, der Sumpfmeise. Im Gegensatz zu den meisten anderen Meisen zimmern W. ihre Bruthöhlen in morschen Strünken oder abgestorbenen Bäumen selbst oder erweitern zumindest vorhandene Faulstellen oder Spechtlöcher. Das ♀ brütet ab April allein, während der Partner bei der Jungenaufzucht hilft. Rufe nasal, gedehnt und rau.

Schwanzmeise *Aegithalos caudatus*

SCHWANZMEISEN

Merkmale: Viel kleiner als ein Sperling; mit sehr langem, stufigem Schwanz, im Flug wie ein Federbällchen mit Stiel aussehend; Kopf weiß mit sehr breiten, schwarzen Überaugenstreifen, die in den schwarzen Rücken münden; Bauch und Flanken hell rötlichbraun; bei der nordeuropäischen Rasse Kopf und Unterseite vollständig weiß.

Verbreitung: In EU außer im hohen N; außerdem von Kleinasien bis China, Kamtschatka und Japan; Stand- und Strichvogel, der invasionsartige Wanderungen unternimmt.

Wissenswertes: Im Gegensatz zu den echten Meisen bauen S. kunstvolle kugelige Nester aus Flechten, Moos, dürren Grashalmen und Spinnfäden, meist hoch im Gebüsch oder in Astgabeln, mit einer dicken, verfilzten Nestwand und seitlichem Eingang. Das ♀ bebrütet 8–12 Eier und wird vom ♂ gefüttert. S. sammeln ihre Nahrung, kleine Insekten und Spinnen, von den äußersten Zweigspitzen ab. Der Kontaktruf dieser geselligen Vögel ist ein weiches, metallisches „pit", im Flug ein hohes „zieh".

Sumpfmeise *Parus palustris*

MEISEN

Merkmale: Kleiner als ein Sperling, sehr ähnlich der Weidenmeise; Kopfplatte und Nacken glänzend schwarz; kleiner schwarzer Kehlfleck; Jungvögel matter gefärbt, von der Weidenmeise im Freiland praktisch nicht zu unterscheiden.

Verbreitung: In 8–15 Unterarten von Großbritannien und Spanien bis zum Ural, nordwärts bis S-Skandinavien, südwärts bis zu den Pyrenäen, Italien und N-Griechenland; Standvogel.

Wissenswertes: Entgegen ihrem Namen kommen S. keineswegs nur in sumpfigen Gebieten vor, sondern auch in altholzreichen Laub- und Mischwäldern, Ufer- und Feldgehölzen, Obstgärten und Parks. Ihr moosreiches Nest bauen sie in Baumhöhlen oder zwischen Wurzeln und in Baumstrünken. Sie rufen explosiv niesend „pitschü" oder pfeifend „tschiü-tschiü". Der Gesang ist eine Serie gleicher Töne wie „pitji-pitji-pitji..." Im Sommer ernähren sich S. von Insekten und Spinnen, aber auch von Samen und Baumsaft, im Frühjahr auch von Obstbaumknospen.

Bartmeise *Panurus biarmicus*

PAPAGEIMEISEN

Merkmale: Kleiner als ein Sperling; sehr langer, stufiger Schwanz; ♂ mit hellgrauem Kopf und schwarzen „Bart"-Streifen; ♀ mit braunem Kopf, ohne Bart.

Verbreitung: Stark zersplittertes Verbreitungsareal von Großbritannien und Spanien bis Kasachstan und der Mongolei; weitgehend Standvogel; teilweise invasionsartige Wanderungen.

Wissenswertes: B. sind an große, zusammenhängende Schilfwälder gebunden. Dort suchen sie, geschickt zwischen den senkrechten Schilfhalmen kletternd, nach Nahrung. In schwirrenden Bogenflügen sind ganze Trupps dicht über dem Schilf unterwegs. Als häufigsten Ruf lassen sie ein nasales „tschin tschin", bei steigender Erregung ein härteres „tjieck" hören. Das napfförmige Nest aus Blättern und Samenständen wird auf geknickten Rohrstängeln gebaut. Im Sommer fast ausschließlich von Insekten lebend, stellt sich ihr Insektenfressermagen im Winter auf Samen von Rohrkolben und Schilf um. **(RL)**

Beutelmeise *Remiz pendulinus*

BEUTELMEISEN

Merkmale: Kleiner als ein Sperling; Altvögel mit schwarzer Augenmaske, hellgrauem Kopf und rotbraunem Rücken; ♀ mit kleinerer und blasserer Maske als ♂; Jungvögel ohne Maskenzeichnung.
Verbreitung: In 7–8 Unterarten über die gemäßigte Klimazone Eurasiens, von W-EU bis China, jedoch mit großen Lücken; aus O-EU in den letzten Jahrzehnten Ausbreitung nach M.-EU, wo inzwischen 20–40 000 Brutpaare; Mittelstreckenzieher.
Wissenswertes: B. brüten in Busch- und Baumbeständen von Flussauen, Verlandungszonen, Kiesgruben und an Gräben. Auf der Suche nach kleinen Gliedertieren, vor allem nach Blattläusen, klettern sie meisenartig durchs Schilf und Gebüsch. Ihre typischen hohen Rufe sind ein herabgezogenes „ziih" oder „siiiüü". B. bauen am Ende von Weiden- oder Pappelzweigen ein geschlossenes Beutelnest mit seitlicher Eingangsröhre. Brut und Aufzucht nur durch 1 Tier (meist ♀). Die Nester sind so stabil, dass sie früher von Kindern am Neusiedler See als Pantoffeln angezogen wurden.

Mauerläufer *Tichodroma muraria*

KLEIBER

Merkmale: Etwas größer als ein Sperling; große, gerundete Flügel, kurzer Schwanz; langer, dünner, gebogener Schnabel; durch rot-schwarze Flügel mit weißen Flecken unverkennbar; Gefiederfärbung sonst überwiegend grau-schwarz; ♂ im Brutkleid mit schwarzer Kehle und Brust und viel Rot auf den Flügeln, ♀ im Brutkleid mit grauweißer Kehle und weniger Rot auf den Flügeln; im Ruhekleid bei ♂ und ♀ Kehle und Brust hell grauweiß.
Verbreitung: Im Hochgebirge von der Iberischen Halbinsel bis zur Mongolei; in M.-EU auf die Alpen und Karpaten sowie das Juragebirge beschränkt, von rund 350 m bis über 2500 m Höhe; Stand- und Strichvogel, im Winter bis in Tallagen.
Wissenswertes: M. bewohnen stark gegliederte Felsgebiete mit windgeschützten sowie sonnigen und schattigen Bereichen; im Winter auch in Mittelgebirgen, in Steinbrüchen und an Gebäuden im Siedlungsbereich. M. klettern auf der Suche nach Insekten und Spinnen ruckweise und schmetterlingsartig flatternd felsaufwärts. **(RL)**

Kleiber *Sitta europaea*

KLEIBER

Merkmale: Ungefähr sperlingsgroß; kurzschwänzig, gedrungen; spitzer, spechtartiger Schnabel; langer, schwarzer Augenstreif; Oberseite blaugrau, Unterseite ockergelb bis rostbraun, bei nordeurop. Unterart weißlich; ♂ mit intensiv rotbraunen Flanken.
Verbreitung: In 23–25 Unterarten von EU über den Waldgürtel Asiens bis zum Pazifik, in O-Asien bis an den Rand der Tropen; fehlt in Irland, Schottland, Island und N-Skandinavien; Standvogel in Laub- u. Mischwäldern, auch in Parks und Gärten.
Nahrung: Insekten, deren Larven und andere Kleintiere, die aus Rindenritzen, Spalten und unter der Borke hervorgeholt werden; bei der Nahrungssuche oft spechtähnliches Schnabelklopfen; daneben auch Sämereien.
Brut: Der K. baut sein Nest meist in alten Spechtlöchern. Der Name Kleiber kommt von „kleben", da der Eingang zur Bruthöhle mit feuchter Erde auf die passende Weite verkleinert wird. Als Nistmaterial dienen Rindenstücke; gewöhnlich 6–7 Eier, die vom ♀ bis zu 19 Tage bebrütet werden. Das ♂ füttert die Partnerin am Nest. Die Nestlinge werden 3–4 Wochen lang von beiden Eltern gefüttert.
Wissenswertes: K. sind aufs Klettern spezialisiert. Ohne Einsatz des Schwanzes klettern sie stammauf- und -abwärts und selbst an der Unterseite waagrechter Äste. Im Unterschied zu den Spechten und Baumläufern können alle K. kopfvoran abwärts klettern. Zur Stimmfühlung dient den ungeselligen K. ein meisenähnliches „sit", bei Erregung rufen sie hart und laut „träck träck".

Ähnlich: **Korsenkleiber** *Sitta whiteheadi*, unterseits ohne jedes Rotbraun, Scheitel einheitlich dunkel, beim ♂ schwärzlich, beim ♀ blaugrau, weißer Überaugenstreif; nur auf Korsika. Dort die einzige Kleiberart. Er lebt in den Wäldern der Korsischen Schwarzkiefer, deren Zapfen er hoch oben in den Bäumen bearbeitet.

Waldbaumläufer *Certhia familiaris*

BAUMLÄUFER

Merkmale: Kleiner als ein Sperling; sehr ähnlich dem Gartenbaumläufer, aber etwas kürzerer Schnabel, deulicherer weißer Überaugenstreif, Unterseite reiner weiß; Oberseite rindenfarben.
Verbreitung: Viel weiter als der Gartenbaumläufer: von W-EU über den gesamten Waldgürtel Asiens bis Japan; fehlt in großen Teilen von S-EU und in N-Skandinavien; Standvogel.
Wissenswertes: Der W. brütet in großen, altholzreichen Nadel-, Misch- und Laubwäldern, vorzugsweise in Berg- und subalpinen Wäldern, in die der Gartenbaumläufer kaum vordringt. Aber auch in Parks und Gärten kommt er vor. Gesang länger und leiser als der des Gartenbaumläufers, mit einem langen, abfallenden Triller und meist einem Endschnörkel. Das Nest aus Reisern, Moos und Gras wird in Baumspalten oder hinter abstehender Rinde gebaut. W. sind wenig gesellig. Sie schlafen i. d. R. einzeln an senkrechten Stämmen oder Ästen und schaffen sich mit dem Schnabel in der weichen Rinde oder dem morschen Holz zuvor eine Mulde.

Gartenbaumläufer *Certhia brachydactyla*

BAUMLÄUFER

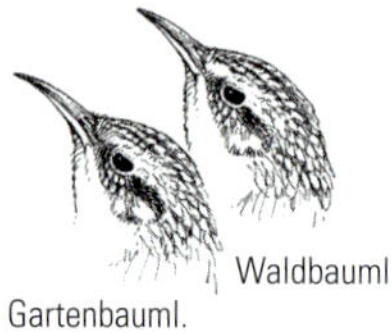

Merkmale: Sehr ähnlich dem Waldbaumläufer, meist etwas längerer Schnabel, Überaugenstreif undeutlicher, unterseits schmutziger weiß gefärbt; im Freiland am besten an der Stimme vom Waldbaumläufer zu unterscheiden.
Verbreitung: Mittleres und südliches EU, ostwärts bis zum Schwarzen Meer; Standvogel.
Wissenswertes: G. bewohnen lichte Laubwälder mit hohem Eichenanteil, aber auch Feldgehölze, Streuobstwiesen, Parks und Friedhöfe. Ihr Gesang ist kürzer und lauter als der des Waldbaumläufers und besteht aus einer kurzen, am Ende ansteigenden Pfeifstrophe mit etwas holprigem Rhythmus. Bei Erregung lassen G. ein durchdringendes, weit hörbares „tui" erklingen. G. schließen sich in kalten Winternächten gerne an Baumstämmen zu Schlafgesellschaften mit bis zu 20 Tieren zusammen.

Neuntöter, Rotrückenwürger *Lanius collurio*

WÜRGER

Merkmale: Größer als ein Sperling; langer Schwanz und kräftiger Schnabel, leicht hakenförmiger Oberschnabel; ♂ mit breiter, schwarzer Augenmaske, Oberkopf und Nacken hell aschgrau, Mantel rotbraun (Name Rotrückenwürger!); ♀ oberseits matt rostbraun, unterseits bräunlich weiß mit dunkler Schuppenzeichnung; Jungvögel ♀-ähnlich, aber unterseits kräftiger gezeichnet.
Verbreitung: Von W- und NO-EU bis Kasachstan; fehlt in großen Teilen Spaniens und auf einigen Mittelmeerinseln, in Irland, Großbritannien und N-Skandinavien; Langstreckenzieher, überwintert in O- und S-Afrika; bei uns IV/V–IX.
Wissenswertes: N. bevorzugen reich strukturierte Landschaften mit Dornensträuchern und Hecken, Moor- und Heideflächen. Sie jagen und verzehren Großinsekten, kleine Reptilien, gelegentlich Kleinsäuger, nicht selten Nestlinge anderer Singvögel. Mit dem Aufspießen größerer Beutetiere auf Zweige oder Stacheldraht schaffen sich N. einen Vorrat für schlechtere Jagdtage. **(RL)**

Raubwürger *Lanius excubitor*

WÜRGER

Merkmale: Fast amselgroß; schwarze Maske bis zur Ohrgegend; Oberseite hellgrau, schwarze Flügel mit weißem Spiegel; langer schwarzer Schwanz mit weißen Außenkanten; ♀ wie ♂, jedoch mit schwach gebänderten Flanken; Jungvögel graubraun, unterseits quergebändert; bei Erregung seitliche Schwanzbewegungen.
Verbreitung: Von Kanarischen Inseln bis Sibirien u. China, im N bis zur nördlichen Baumgrenze; NO-Afrika über Arabische Halbinsel bis Indien; in M.-EU nur noch lückenhaft; Standvogel und Teilzieher; als einziger Würger auch im Winter bei uns.
Wissenswertes: Der R. braucht großflächige Heckenlandschaften mit Baumgruppen, Streuobstwiesen und Moor-Randzonen. Oft sitzt er auf exponierten Warten wie Bäumen oder Leitungen. Er hat das breiteste Nahrungsspektrum von allen Würgern in EU. Neben Mäusen, Kleinvögeln, Eidechsen und Fröschen erbeuten R. auch Großinsekten. Wenn in schneereichen Wintern die Mäuse unerreichbar sind, leben R. v. a. von der Vogeljagd. **RL! §!**

Blauelster *Cyanopica cyana*

KRÄHENVÖGEL

Merkmale: Gestalt elsterähnlich, aber wesentlich kleiner; glänzend schwarzer Oberkopf und Nacken, zur weißlichen Kehle kontrastierend; Brust, Bauch und Mantel braunrosa, Flügel und der sehr lange, abgestufte Schwanz hellblau; Schnabel und Beine schwarz; Jungvögel blasser gefärbt.

Verbreitung: Iberische Halbinsel, hauptsächlich aber in O-Asien; Jahresvogel.

Wissenswertes: Die wachsamen und recht scheuen Vögel ziehen außerhalb der Brutzeit in Familiengruppen oder größeren Verbänden umher. Auf der Suche nach großen Insekten, Beeren, Oliven u. a. Früchten gleiten sie flink durch die Baumkronen. B. nisten in lockeren Kolonien. Ihre Zweignester sind im Gegensatz zu denen der Elster oben offen und liegen gut im Blattwerk verborgen. Das ♀ erbrütet im April/Mai die gewöhnlich 5–7 Eier. Die Nestlinge werden von beiden Partnern betreut und aus dem Kropf mit Nahrung versorgt. B. wurden wohl schon vor Jahrhunderten von Seefahrern nach EU gebracht.

Eichelhäher *Garrulus glandarius*

KRÄHENVÖGEL

Merkmale: Kleiner als eine Krähe; hell rötlich braun; kennzeichnendes hellblaues, fein schwarz gebändertes Feld auf dem Flügelbug; breiter, schwarzer Backenstreif; flappender, schwerfällig wirkender Flug.

Verbreitung: Von W-EU und N-Afrika bis O- und SO-Asien; in EU nach N bis zum Polarkreis; Standvogel und Teilzieher; bei uns auch Wintergäste und gelegentlich Invasionen nördlicher und östlicher Populationen.

Wissenswertes: E. leben in reich strukturierten Wäldern, größeren Feldgehölzen und halboffenen Landschaften mit Baumgruppen; neuerdings auch in Parkanlagen und großen verwilderten Gärten. Bei reichem Angebot im Spätsommer und Herbst sammeln E. Eicheln, Haselnüsse und Bucheckern und verstecken sie als Vorrat zwischen Wurzeln, in Rindenspalten oder in der Erde. Der häufigste Ruf des E. ist ein lautes, durchdringendes Rätschen als Alarmruf. Der Gesang des ♂ klingt wie ein bauchrednerisches Schwätzen.

Elster *Pica pica*

KRÄHENVÖGEL

Merkmale: Kleiner als eine Krähe; unverwechselbar schwarz-weiß mit sehr langem, grün schillerndem Schwanz; Flügel blau schillernd, im Flug weiße Handschwingen sichtbar; beide Geschlechter gleich gefärbt; Jungvögel mit kürzerem Schwanz und matterem Gefieder.

Verbreitung: In ganz EU (Island und einige Mittelmeerinseln ausgenommen), in N-Afrika, den größten Teilen Asiens sowie N-Amerika; ausgesprochener Standvogel.

Wissenswertes: E. benötigen neben ausreichender Deckung auch niedrig bewachsene oder vegetationsfreie Flächen. So sind sie in vielerlei Lebensräumen zu Hause, von lichten Wäldern über offene Landschaften mit Steppencharakter bis zu Siedlungsgebieten. Ihr großes, meist mit Erde ausgestrichenes Reisignest legen E. gewöhnlich in Baum- und Dornengestrüpp an. Zum Schutz vor Nesträubern ist es in der Regel mit Reisig überdacht. Alte E.-Nester werden häufig von Vögeln bezogen, die keine eigenen Nester bauen.

Tannenhäher *Nucifraga caryocatactes*

KRÄHENVÖGEL

Merkmale: Etwa eichelhähergroß, aber kürzerer Schwanz; Gefieder dunkel schokoladenbraun, außer am Oberkopf mit weißen, tropfenförmigen Flecken übersät; Flügel und Schwanz schwarzbraun, nur Schwanzspitze und Steißregion weiß; Sibirischer T. *(N. c. macrorhynchos)*, der im Winter bei uns gelegentlich invasionsartig auftritt, mit schlankerem Schnabel und schmalerer weißer Schwanzendbinde. Laut schnarrendes „krärrkrärr" bei Erregung, Gesang ein leises Schwätzen mit Imitationen anderer Vogelstimmen.

Verbreitung: Von S-Skandinavien und dem westlichen M.-EU (einschl. N-Italien) bis O-Asien; in M.-EU Stand- und Strichvogel.

Wissenswertes: Bewohnt Nadel- und Mischwälder, in den Alpen v. a. Zirbelkiefernbestände, sonst Mischbestände mit Fichten und Haselnüssen. Für den Zirbelkieferbestand sind die T. von entscheidender Bedeutung, geht doch wahrscheinlich der gesamte Jungwuchs abseits fruchtender Altbäume auf vergessene Samenvorräte von T. zurück.

Dohle *Corvus monedula*

KRÄHENVÖGEL

Kopf schwarz und grau

Merkmale: Taubengroß; überwiegend schwarz; Nacken, Hinterkopf und Ohrdecken dunkelgrau; Iris hellblau; schwarze Oberseite mit blauem Schimmer; Jungvögel leicht bräunlich getönt.

Verbreitung: In 3–4 Unterarten von EU und NW-Afrika mit Lücken bis Zentralasien; fehlt in Island, N-Skandinavien und N-Russland; Stand- und Strichvogel; bei uns regelmäßig Populationen aus N- und O-EU als Wintergäste.

Wissenswertes: D. bevorzugen Parklandschaften und offenes Gelände mit Laubwäldern. Die geselligen Vögel brüten kolonieweise in (Schwarzspecht-) Höhlen in lichten bis lückigen Altholzbeständen, teilweise auch in geschlossenen Buchenwäldern, ebenso in Nischen von Felswänden, Ruinen oder an Gebäuden, selbst mitten in Altstadtkernen. Manchmal nehmen sie auch verlassene Nester anderer Rabenvögel oder gar Kaninchenbauten an. Die Nahrung ist wie bei allen Krähenvögeln sehr vielseitig und wird insbesondere auf Äckern, Wiesen und Brachen, in Städten auch auf Müllkippen gesucht. V. a. während der Brutzeit ist eine ausreichende Menge an Insekten wichtig. Daneben werden Würmer, Schnecken, Mäuse, Beeren, im Winter verstärkt auch Samen und Abfälle aufgenommen. Der charakteristische Ruf der D. ist ein helles, weithin hörbares „kja", auch ein gedehntes und schnarrendes „kjarr" lassen sie oft hören. D.-Paare bleiben meist ihr Leben lang zusammen. Die jährlich 4–7 Eier werden vom ♀ allein ausgebrütet, während der Partner es mit Futter versorgt. Die Jungen werden dann etwa 30–35 Tage im Nest und bis zu 4 Wochen nach dem Ausfliegen von beiden Eltern gefüttert. Handaufgezogene Dohlen werden dem Menschen gegenüber äußerst vertraut. Sie lernen menschliche Stimmen und Geräusche nachzuahmen. Verhaltensstudien, allen voran die des Nobelpreisträgers Konrad Lorenz, haben ergeben, dass das Sozialverhalten vorwiegend erlernt wird. **RL**

Alpenkrähe *Pyrrhocorax pyrrhocorax*

KRÄHENVÖGEL

Merkmale: Sehr ähnlich der Alpendohle, aber langschwänziger; schwarzes Gefieder, bläulich glänzend; langer, gebogener roter Schnabel, rote Beine; im Flug Handschwingen stark gespreizt.

Verbreitung: In 5–8 Unterarten in gemäßigter und mediterraner Zone Eurasiens, ebenso in Gebirgsregionen und felsigen Steppengebieten; in M.-EU nur noch kleine Restpopulation von 40–60 Brutpaaren im Schweizer Wallis; Standvogel.

Wissenswertes: Die A. bevorzugt Felsgebiete in warmen, trockenen Lagen mit nur kurzzeitiger Schneebedeckung. Ihre Nester, umfangreiche Baue aus sperrigen Ästen, legen A. meist an unzugänglichen Stellen in Felsnischen an. Während das ♀ brütet, wird es vom ♂ gefüttert, das für die 37–40 Tage dauernde Nestlingszeit das Hudern der 2–6 Jungen übernimmt. Die geselligen Tiere brüten in lange bestehenden Kolonien. Mit ihrem langen Schnabel stochern sie im Boden und in Felsritzen nach Würmern, Insekten u. a. Kleintieren. Ihr Ruf ist ein raues, gedämpftes „kjerr".

Alpendohle *Pyrrhocorax graculus*

KRÄHENVÖGEL

Merkmale: Kleiner als eine Krähe, etwas größer als die Dohle; Gefieder einheitlich glänzend schwarz; Schnabel gelb, Beine orangerot; Jungvögel ohne Gefiederglanz, bräunlicher Schnabel.

Verbreitung: Brutvogel der Hochgebirge in den gemäßigten Breiten Eurasiens (2 Unterarten); Standvogel.

Wissenswertes: A. nisten kolonieweise oder einzeln in Felshöhlen und -spalten, mitunter auch an Gebäuden, Bergstationen und Ruinen. Von allen Hochgebirgsvögeln haben sie sich am engsten an den Menschen angeschlossen. An Bergstationen und viel bestiegenen Gipfeln halten sich die Vögel in großen Trupps auf, um sich von den Besuchern füttern zu lassen. Die 3–5 Eier werden vom ♀ allein bebrütet, die Jungen werden dann von beiden Eltern versorgt.

Saatkrähe *Corvus frugilegus*

KRÄHENVÖGEL

Merkmale: Größe wie Rabenkrähe; Gefieder schwarz, mit deutlichem Blauschiller; Altvögel mit unbefiederter grauweißer Hautpartie um den Schnabelgrund, Jungvögel noch ohne diese nackte Stelle.

Verbreitung: In 2 Unterarten von W-EU bis O-Asien; in Großbritannien nur stellenweise; fehlt in weiten Teilen Skandinaviens; Standvogel, Teil-, Kurz- oder Langstreckenzieher; bei uns regelmäßig auch als Wintergast aus N und O.

Wissenswertes: Die S. lebt in M.-EU vor allem in offenen Feldlandschaften mit Baumgruppen als Nistmöglichkeiten und einem reichen Angebot an bodenbewohnenden Wirbellosen. Ihr häufigster Ruf ist ein tiefes, heiseres „krra" oder „korr". Die Tiere brüten in Kolonien, wobei die Nester immer hoch oben im Geäst angelegt werden. Brutkolonien der S. finden sich oft mitten in Städten. Das ♀ brütet allein die 3–6 Eier aus und lässt sich in dieser Zeit vom ♂ füttern. Während der Nestlingszeit versorgen beide Partner die Jungen. S. ernähren sich stärker pflanzlich als Rabenkrähen und bevorzugen besonders keimende Körner. Die im Winterhalbjahr oft in großen Schwärmen auftretenden S. sind Zuzügler aus nordöstlichen Brutgebieten, die auf Feldern oder Müllhalden Nahrung suchen und abends zu ihren traditionellen Schlafplätzen auf hohen Bäumen, oft mitten in Städten, einfliegen.

Rabenkrähe *Corvus corone corone*

KRÄHENVÖGEL

Merkmale: Gut 45 cm lang; Gefieder einheitlich schwarz, weniger glänzend als bei der Saatkrähe; Schnabel an der Spitze deutlich abwärts gebogen.

Verbreitung: M.- und W-EU, östl. Grenze durch Schleswig-Holstein, östliches D, Tschechien und östliches Österreich; Standvogel und Teilzieher.

Wissenswertes: Die R., eine Unterart der Aaskrähe *(Corvus corone)*, besiedelt baumbestandene, offene Landschaften, Waldränder und Parks. Die Paare nisten stets einzeln und bauen ihr Nest in Baumkronen, während die Nichtbrüter in Trupps umherfliegen und im Winter oft große Schlafgesellschaften von mehreren 100 Tieren bilden.

Nebelkrähe *Corvus corone cornix*

KRÄHENVÖGEL

Merkmale: Bis auf die Gefiederfärbung wie die Rabenkrähe; grauer Rücken, graue Unterseite.

Verbreitung: Mit einer 70–150 km breiten Überschneidungszone ostwärts an das Areal der Rabenkrähe anschließend, nach O bis Japan; in EU Standvogel und Teilzieher.

Wissenswertes: Die N. ist die 2. mitteleurop. Unterart der Aaskrähe *(Corvus corone)*. Bekanntester Ruf beider Formen ist ein lautes, weniger heiseres „krah" als bei der Saatkrähe. In einer Jahresbrut werden 2–6 Junge vom ♀ erbrütet, das vom ♂ gefüttert wird. Die Jungen bleiben vier Wochen im Nest und werden bis zum 18. Tag vom ♀ gehudert.

Kolkrabe *Corvus corax*

KRÄHENVÖGEL

Merkmale: Wesentlich größer als die Rabenkrähe, mit über 60 cm Länge größter Singvogel der Welt; schwarzes, metallisch glänzendes Gefieder; sehr kräftiger Schnabel; lange Flügel.

Verbreitung: In 5–8 Unterarten in Eurasien, Grönland und N-Amerika; S-Grenze von Kanarischen Inseln über N-Afrika und N-Indien bis NO-China, N-Grenze in der Tundra; Standvogel.

Wissenswertes: Der K. lebt in Gebirgen, an felsigen Küsten, in Laub- und Nadelwäldern, südlichen Buschsteppen und wüstenähnlichen Landstrichen, in den Alpen bis in 2400 m Höhe. Trotz ihres großen Nahrungsspektrums, das von Insekten, Würmern, Schnecken, kleinen Wirbeltieren, Jungvögeln und Eiern bis zu Körnern und Früchten reicht, ernähren sich K. vor allem im Winter und im Gebirge von Aas und Abfällen von Müllkippen. Ihre mächtigen Nester legen die Paare auf Felswänden oder Bäumen an. Im Flug äußern sie ein tiefes, gutturales „grog" oder „kork". Die in Dauerehe lebenden Paare benutzen möglichst jedes Jahr denselben Nistplatz. Im Winter sammeln sich K. an Schlafplätzen. Hauptgefährdungsfaktor der Vögel war und ist die direkte Verfolgung. **RL**

Jungvogel (befiederter Schnabelgrund)

Star *Sturnus vulgaris*

STARE

Merkmale: Kleiner und kurzschwänziger als eine Amsel; Altvögel im Frühjahr mit schwarzem, grün bis violett schillerndem Gefieder, im Herbst und Frühwinter mit vielen weißen Federspitzen übersät („Perlstar"), die sich zum Frühjahr hin abreiben.
Verbreitung: In 9–11 Unterarten von NW- und W-EU bis Sibirien, S-Grenze im Mittelmeergebiet; u. a. in Amerika und Australien eingebürgert; in EU Standvogel, Teil- und Kurzstreckenzieher.
Wissenswertes: S. brauchen Baumhöhlen, Gebäudespalten oder Nistkästen für den Nestbau und kurzrasiges Grünland oder Äcker für die Suche nach Insekten und Würmern. Im Sommer und Herbst fallen sie gern in Obstgärten und Weinbergen ein, um die Früchte zu fressen. Die geselligen Vögel übernachten oft in großen Schwärmen. Der Gesang setzt sich aus zahlreichen Motiven zusammen. Stare imitieren dabei nicht nur andere Vogelstimmen, sondern auch weitere Tierstimmen und andere Umweltgeräusche, vom Rasenmäher bis zu ganz modernen Handy-Klingeltönen.

Pirol *Oriolus oriolus*

PIROLE

Merkmale: Ungefähr amselgroß; unverwechselbar gefärbt; beim ♂ Kopf, Rücken und Unterseite leuchtend gelb; Flügel schwarz mit gelbem Fleck am Handschwingenansatz; Schwanz schwarz, am Ende gelb gesäumt; ♀ oberseits gelbgrün, an Flügeln und Schwanz olivgrün, unterseits weißgrau mit dunklen Längsstreifen; beide Geschlechter mit rötlichem Schnabel.
Verbreitung: Von NW-Afrika und SW-EU nach O bis Mittelsibirien und Zentralasien, nach S bis Bangladesh; Langstreckenzieher, überwintert im äquatorialen Afrika, bei uns V–IX.
Wissenswertes: P. kann man in ihren Brutrevieren in Laubwäldern, vor allem Auwäldern, aber auch in Parks und großen Gärten mit altem Baumbestand zwar häufig singen hören, sie aber nur schwer entdecken. Sie halten sich meist hoch oben im dichten Blattwerk der Baumkronen auf, um dort nach Insekten sowie nach Früchten zu suchen und in einem vom ♀ gebauten Napfnest, dessen Ränder um die Zweige einer Astgabel geschlagen sind, zu nisten.

Haussperling, Spatz *Passer domesticus*

WEBERVÖGEL

Merkmale: Länge von Schnabel bis Schwanz 15 cm; kräftiger Körper und Schnabel; Gefieder oft aufgeplustert; beim ♂ Scheitel grau, Nacken kastanienbraun, Kinn und Kehle schwarz; ♀ und Jungvögel unscheinbar graubraun.
Verbreitung: In fast ganz EU außer Teilen N-Skandinaviens; auf Sardinien durch den Weidensperling *(P. hispaniolensis)*, in Italien durch den braunköpfigen *Passer × italiae*, einen Artenbastard aus H. und Weidensperling, ersetzt; NW-Afrika und fast ganz Asien; durch Einbürgerungen weltweit einer der verbreitetsten Landvögel; Standvogel.
Wissenswertes: H. nisten in Löchern aller Art, in denen sie ihre wenig sorgfältig gebauten Kugelnester anlegen. Gelegentlich bauen die Webervögel-Verwandten Freinester in Büschen und Bäumen. Die tschilpenden H. schließen sich gern zu großen Schwärmen zusammen. Ursprünglich stammt der H. wohl aus den Baumsavannen und Halbwüsten W-Asiens und hat als Kulturfolger des Menschen alle Kontinente erobert.

Feldsperling *Passer montanus*

WEBERVÖGEL

Merkmale: Ähnlich dem Haussperling, jedoch etwas kleiner und schlanker; Oberkopf und Nacken kastanienbraun, weißliche Kopfseiten mit schwarzem Ohrenfleck, kleiner schwarzer Kehllatz; Geschlechter gleich gefärbt.
Verbreitung: In 6 Unterarten von W-EU ostwärts bis Japan; in N-Amerika und Australien eingebürgert; überwiegend Standvogel.
Wissenswertes: In M.-EU nutzen F. zum Brüten vor allem das natürliche und künstliche Höhlenangebot in der Feldflur (alte Obstbäume, Fels- und Mauerlöcher, Nistkästen), in Siedlungen finden sie sich eher nur in Randlagen. In bis zu 3 Jahresbruten erbrütet und versorgt das Paar gemeinsam jeweils 3–7 Junge. Wie der Haussperling schließen sich F. zur Nahrungssuche und zum Übernachten gern zu Schwärmen zusammen, verhalten sich aber unauffälliger. Durch Verlust an Brutmöglichkeiten und Intensivierung der Landwirtschaft gingen die Bestände des F. in M.-EU gebietsweise dramatisch zurück. **(RL)**

Buchfink *Fringilla coelebs*

FINKENVÖGEL

Merkmale: Sperlingsgroß; in allen Kleidern Schulterfleck, Flügelbinde und äußere Steuerfedern weiß; ♂ an Scheitel und Nacken blaugrau, an Kopfseiten und Brust rostrot; ♀ und Jungtiere oberseits olivbraun, unterseits hell graubraun.
Verbreitung: In 11–13 Unterarten in ganz EU außer Island und N-Skandinavien, ostwärts bis Zentralsibirien; in M.-EU Teilzieher oder Standvogel.
Wissenswertes: B. brüten in Wäldern und Baumgruppen aller Art mit spärlicher Strauch- und Krautschicht, auch mitten in Städten. Ihre Nahrung, die sie v. a. am Boden suchen, besteht aus Sämereien, zur Brutzeit auch vermehrt aus Insekten. B.-Paare leben für eine Brutsaison zusammen Das kunstvolle Napfnest wird meist hoch in Bäumen gebaut. Neben einem mehrsilbigen „pink" lassen B. auch ein einsilbiges „wrüt" hören. Eine sehr bekannte Lautäußerung des B. ist das sog. „Rülschen" („Regenruf"). Den kurzen Reviergesang des ♂, den „Finkenschlag", kann man oft schon im Februar hören.

Grünfink, Grünling *Carduelis chloris*

FINKENVÖGEL

Merkmale: Sperlingsgroß, gelbgrünes Gefieder mit auffällig gelbem Flügelspiegel und Gelb an den Schwanzseiten; ♀ blasser graugrün; Jungvögel ober- und unterseits dunkel längsgestrichelt.
Verbreitung: In mindestens 4 Unterarten in EU (außer N-Skandinavien) und N-Afrika, ostwärts bis zum Ural; in M.-EU v. a. Stadtpopulationen Standvögel; auch Kurz- und Mittelstreckenzieher.
Wissenswertes: Landschaften mit hohen Bäumen, Gebüsch und Freiflächen sind die Heimat des G. Er zählt zu den häufigsten Singvögeln in Städten und Dörfern, wo er v. a. Gärten und Parks bewohnt. Die ♂ tragen ihren klingelnden Gesang von Baumspitzen oder Antennen oder im gaukelnden Singflug vor. Neben Sämereien, Knospen und Blüten verzehren G. zur Brutzeit auch kleine Insekten. G. besetzen ihre Brutreviere in Städten bereits Ende II. Das allein vom ♀ gebaute Nest wird gut versteckt in 2–6 m Höhe angelegt, im Siedlungsbereich auch in Rank- und Kletterpflanzen an Mauern, Grabsteinen sowie in Balkonkästen.

Bergfink *Fringilla montifringilla*

FINKENVÖGEL

Merkmale: Etwa sperlingsgroß; im Flug leicht an weißem Bürzel und Rücken zu erkennen; beim ♂ im Prachtkleid (oberes Foto) Kopf, Mantel und Schulterfedern glänzend blauschwarz, Kehle, Brust und Flügeldecken rostfarben; ♀ an Kopf und Rücken bräunlich geschuppt; Schlichtkleid des ♂ (unteres Foto) ähnlich ♀, aber gelber Schnabel.
Verbreitung: Skandinavien bis O-Asien; in M.-EU nur gelegentlich einzelne Brutpaare; Zugvögel oder Teilzieher; bei uns häufige Wintergäste (X–IV).
Wissenswertes: Wie der Buchfink, den er im N ersetzt, kommt der B. in allen Waldtypen vor. Masseneinflüge in unsere Wälder hängen mit der Buchenmast, d. h. Jahren mit hohem Bucheckernangebot zusammen. Dann wurden in M.-EU schon Schwärme von 10–70 Millionen B. registriert. Im Sommer ernähren sich die B. hauptsächlich von Insekten, bei Ankunft in ihrem Brutgebiet auch noch von vorjährigen. Vor allem größere und langsame Insekten und deren Raupen, wie Frostspanner, sind ihre Hauptbeute und Jungenfutter. **(RL)**

Girlitz *Serinus serinus*

FINKENVÖGEL

Merkmale: Kleinster heimischer Finkenvogel, viel kleiner als ein Sperling; Mantel und Bauch kräftig gestreift; ♂ an Stirn, Brust und Bürzel ungestreift gelb; ♀ an Kopf und Brust weißlich, am Bürzel grüngelb getönt.
Verbreitung: Mittleres und südliches EU, Kleinasien; Standvogel, Kurzstrecken- und Teilzieher.
Wissenswertes: G. brüten in Baumgruppen, an Waldrändern, in Gärten und Parks. Ihr Nest bauen sie in Büschen oder Bäumen. Neben weichen Samen suchen sie im Sommer auch kleine Insekten. Der Name ist die Umsetzung des Rufes „girlit", der im Flug klirrend „tirrillillit" vorgetragen wird. Der Gesang erinnert an eine quietschende Fahrradkette oder aneinander geriebene Glasscherben.

Ähnlich: **Zitronengirlitz** *Serinus citrinella*, mit grauem Kopf und zitronengelber Unterseite; Gebirge in M.- und S-EU. **§!**

♂

Stieglitz *Carduelis carduelis*

FINKENVÖGEL

Merkmale: Kleiner als ein Sperling; Altvögel durch rote Gesichtsmaske unverkennbar; schwarze Flügel mit breitem, gelbem Flügelstreif; Jungvögel graubraun, diffus gestreift, ohne rotes Gesicht.
Verbreitung: In 12 Unterarten von den Atlant. Inseln und W-EU ostwärts bis nach Zentralasien; Teilzieher, nördl. Populationen überwintern in S- und W-EU.
Wissenswertes: S. brüten in lichten Laub- und Mischwäldern, Kulturland mit Obstgärten, Feldgehölzen, Ruderalflächen und Gärten. Die Paarbildung der S. findet bereits in den Schwärmen im Vorfrühling statt. Das solide Napfnest baut das ♀ anschließend allein in etwa 3 m Höhe zwischen die äußersten Zweige einzeln oder im lockeren Verband stehender Bäume, gerne in Obst- oder Alleebäume. Im volkstümlichen Namen Distelfink kommt die Vorliebe der Vögel für Distelsamen zum Ausdruck, doch wurden in ihrer Nahrung nicht weniger als 152 verschiedene Pflanzenarten nachgewiesen. S. holen die Samen zumeist mit großer Akrobatik direkt aus den Samenständen.

Bluthänfling *Carduelis cannabina*

FINKENVÖGEL

Merkmale: Kleiner als ein Sperling; zimtbrauner Mantel; beim ♂ Stirn und Brust rot, Nacken grau; ♀ und Jungvögel ohne Rot, dunkel längsgestreift.
Verbreitung: In 5–6 Unterarten von W-EU und Kanaren, N-Afrika über Israel, N-Irak bis Kasachstan, mit Ausnahme N-Fennoskandiens; Kurz- und Mittelstrecken-, Teilzieher oder Standvogel.
Wissenswertes: Die typischen Kulturlandvögel leben u. a. in heckenreichen Agrarlandschaften, Heide- und Ödland, Dünengebieten sowie Gartenstädten und Parks. Sie brüten auf offenen, sonnenexponierten Flächen mit Sträuchern als Neststandorte. Von allen Finkenvögel sind B. am meisten von den Samen der Ackerwildkräuter abhängig. Weil die sog. „Unkräuter" in der modernen Landwirtschaft unterdrückt werden, entstehen für den B. Nahrungsengpässe. Regional starke Bestandseinbußen in M.-EU waren die Folge. Ab Ende III ziehen B. in 2 oder 3 Jahresbruten bis 6 Junge groß, die nur vom ♀ gehudert, aber von beiden Eltern aus dem Kropf gefüttert werden.

Erlenzeisig *Carduelis spinus*

FINKENVÖGEL

Merkmale: Viel kleiner als ein Sperling; gelbgrünes Gefieder; dunkle Flügel mit kontrastierend gelben Binden; Schwanzseiten an der Basis gelb; ♂ mit schwarzem Scheitel und Kinnfleck; Brust und Bürzel ungestreift grüngelb; beim ♀ Scheitel graugrün, Brust und Bürzel weißlich, diffus gestreift.
Verbreitung: EU mit Ausnahme des höchsten N, gemäßigte Breiten Asiens; im S fast nur in Hochgebirgen; Zugvogel und Teilzieher; bei uns ganzjährig, im Tiefland meist nur als Wintergast.
Wissenswertes: In M.-EU leben E. vor allem in lichten Nadelwäldern im Bergland, aber auch in Parks und Gärten. Ihre Nahrung sind Sämereien von Hochstauden, Erlen, Weiden und Birken. Im Winter gehören Fichtensamen zu ihrer Hauptnahrung, während der Brutzeit kleine Insekten (z. B. Blattläuse). Das kunstvolle, kompakte Nest wird meist hoch und weit außen auf Fichtenzweigen gebaut. Nicht selten zeitigen E. in einer Saison 2 Bruten an weiter auseinander liegenden Orten. E. neigen sehr zur Geselligkeit.

Birkenzeisig *Carduelis flammea*

FINKENVÖGEL

Merkmale: Deutlich kleiner als ein Sperling; oberseits mit dunklen Längsstreifen; Stirn leuchtend rot; kleiner schwarzer Kehlfleck; ♂ im Brutkleid mit rötl. Brust; Jungvögel ohne Rot u. ohne Kehlfleck.
Verbreitung: In mehreren Unterarten in den nördlichen Breiten der Nordhalbkugel und in Hochgebirgen; Kurzstrecken- und Teilzieher, nördl. Populationen Zugvögel, die in M.-EU überwintern.
Wissenswertes: B. nisten stammnah meist hoch in Bäumen, in Siedlungen oft in Hängebirken, im N auch im Gesträuch und dicht über dem Boden. Bei Bäumen mit ausladenden Ästen kann das Nest, von Zweigen überdacht weit außen liegen. Ihre Nahrung besteht aus kleinen Sämereien v. a. von Laubbäumen, zur Brutzeit auch aus kleinen Insekten. In M.-EU hat vor allem seit den 1970er-Jahren eine starke Ausbreitung des Alpenbirkenzeisigs (Unterart *C. f. cabaret*) stattgefunden. Von den verteilten Gebirgsvorkommen aus besiedelten die Vögel zunehmend das Tiefland, gebietsweise bis in Siedlungen hinein.

Dompfaff, Gimpel *Pyrrhula pyrrhula*

FINKENVÖGEL

Merkmale: Ungefähr sperlingsgroß, kompakter wirkend; kurzer, sehr kräftiger Schnabel; Kopf, Flügel und Schwanz tiefschwarz, breite, weiße Flügelbinde, leuchtend weißer Bürzel; ♂ mit leuchtend roter Unterseite und aschgrauem Mantel; ♀ unterseits beige, Mantel graubraun; Jungvögel ähnlich dem ♀, aber ohne schwarze Kopfplatte.
Verbreitung: In 9–10 Unterarten in EU mit Ausnahme der Mittelmeerregion, ostwärts bis Japan; im N Teilzieher, sonst überwiegend Standvogel.
Wissenswertes: D. brüten in dichten Nadel- und Mischwäldern sowie in Gärten, immer häufiger auch in größeren Städten. Für ihr Nest stellen D. erst einen flachen Unterbau aus Ästchen oder alten Krautstängeln her. Darauf flechten sie eine flache Mulde aus kleinen Würzelchen, die mit Halmen und Haaren ausgekleidet wird. Im Herbst leben D. in Familienverbänden. Ihre Nahrung besteht aus Samen, Früchten und Knospen, die Nestlingsnahrung zusätzlich aus Gliedertieren und Gehäuseschnecken. Ihr Gesang ist sehr leise.

Fichtenkreuzschnabel *Loxia curvirostra*

FINKENVÖGEL

Merkmale: Gut sperlingsgroß; überkreuzte Schnabelspitzen; gegabelter Schwanz; alte ♂ ziegelrot, junge ♂ orange bis grünlich gelb getönt; ♀ olivgrün gefärbt.
Verbreitung: In etwa 20 Unterarten in den Nadelwaldgebieten der Nordhalbkugel, im S auf Gebirge beschränkt; invasionsartige Wanderungen.
Wissenswertes: F. leben vor allem in Wäldern mit Fichten- und Tannenbeständen. Mit ihrem Spezialschnabel spreizen sie die Schuppen der Baumzapfen auseinander, um die Samen hervorzuholen. Ihre Brutzeit orientiert sich hauptsächlich am Nahrungsangebot. F. können noch bis –35 °C erfolgreich brüten.

Ähnlich: **Kiefernkreuzschnabel** *Loxia pytiopsittacus*, etwas größer, kräftigerer Schnabel; in Kiefernwäldern.

Kernbeißer *Coccothraustes coccothraustes*

FINKENVÖGEL

Merkmale: Viel größer als ein Sperling, etwa wie ein Star; gedrungen, kurzschwänzig; überaus großer, dicker Schnabel, im Sommer blaugrau, im Winter beige; Gefieder vorwiegend orange- und rotbraun, Schwanzspitze weiß; ♀ blasser als ♂; Jungvögel graubraun, Bauch dunkel gefleckt.
Verbreitung: In ca. 5 Unterarten in fast ganz EU mit Ausnahme des N, ostwärts bis Japan; Standvogel; Wanderungen nahrungsbedingt.
Wissenswertes: K. leben von Samen und können selbst Kirschkerne knacken. Zurückgezogen in den Baumkronen lebend, sind sie trotz ihrer Größe leicht zu übersehen. Die monogamen Vögel führen möglicherweise eine mehrjährige Ehe. Ihr großes, locker gebautes Nest errichten beide Partner meist über 10 m hoch auf einem Laubbaum. Mitunter brüten K. gesellig oder in lockeren Kolonien.

Karmingimpel *Carpodacus erythrinus*

FINKENVÖGEL

Merkmale: Etwa sperlingsgroß; beim ♂ ab 2. Jahr Kopf, Brust und Bürzel karminrot; ♀ grau- und olivbraun, dunkel gestrichelt; einjährige ♂ wie ♀.
Verbreitung: Von NO-Asien bis N- und O-EU, derzeit Ausbreitung über M.-EU; isolierte Bestände in Gebirgsregionen von S-EU bis Zentralchina; in M.-EU Langstreckenzieher mit Winterquartieren von Indien bis S- und SO-China; bei uns meist V–VIII.
Wissenswertes: K. brüten in einer Vielzahl von Lebensräumen, z. B. in lichten Auwäldern, an Waldrändern, in verbuschten Hochmooren, Feucht- und Nassbrachen, Verlandungszonen, gelegentlich auch in Gärten. Sie brauchen eine gut ausgebildete Gebüschstruktur und eine üppige Krautschicht. K. führen eine monogame Saisonehe, wobei manche Paare auch mehrere Jahre zusammen brüten. Das Nest liegt bodennah bis ca. 2 m hoch. Die Nahrung, auch die Nestlingsnahrung, besteht hauptsächlich aus Knospen, Trieben und Sämereien. Der Gesang ist ein klares, fast pirolartiges „titütehütja". **(RL), §!**

Rohrammer *Emberiza schoeniclus*

AMMERN

Merkmale: Sperlingsgroß; Gefieder überwiegend braun und beigeweiß mit dunkler Streifung; ♂ im Prachtkleid (Foto) mit schwarzem Kopf, breitem, weißem Nackenband und weißem Bartstreif; ♀ ebenso wie ♂ im Schlichtkleid und Jungvögel mit beigefarbenem Überaugenstreif, Scheitel und Ohrdecken graubraun getönt.

Verbreitung: In ganz EU außer Teilen des Mittelmeerraums, ostwärts bis Sachalin und Japan; je nach klimatischen Verhältnissen Zugvogel, Teilzieher und Standvogel; bei uns II/III–X/XI.

Wissenswertes: R. leben in Feuchtgebieten und Gebüschen auf feuchtem Untergrund, zunehmend auch abseits von Gewässern in Raps- und Getreidefeldern. Am häufigsten hört man von der R. gedehnte „zieh"-Rufe, auch im Flug. Die ♂ singen ihre abgehackten, schilpenden Strophen von einem Schilfhalm oder Busch aus. Mehr als andere Ammern leben R. von tierischer Nahrung, u. a. Insekten. Im Winter fressen sie Schilf- und Kräutersamen und besuchen auch Futterstellen.

Goldammer *Emberiza citrinella*

AMMERN

Merkmale: Etwas größer als ein Sperling; längerer Schwanz, dadurch schlanker wirkend; beim ♂ Kopf goldgelb, Scheitel und Wangen braun umrandet; Bürzel auffällig zimtbraun; ♀ und Jungvögel bräunlicher, stärker gestrichelt.

Verbreitung: In 2 Unterarten von EU bis zu den mittelasiatischen Steppengebieten; im S bis zum Mittelmeergebiet; überwiegend Standvogel; im N und O Kurzstreckenzug, Teilzieher.

Wissenswertes: G. bewohnen halboffene bis offene, abwechslungsreiche Kulturlandschaften mit Sträuchern, Hecken, Obstbäumen, Waldrändern und Ortsrandlagen, jeweils mit exponierten Stellen als Singwarten. Von II bis in den Herbst hinein trägt die G. ihren charakteristischen Gesang vor, der oft umschrieben wird mit „Wie, wie hab ich dich so lieb". Die G. ist eine der wenigen Vogelarten, die auch in der Mittagshitze singen. Das Nest wird vom ♀ in der Krautschicht oder niedrig im Gebüsch gebaut. Das ♂ bringt dem hudernden ♀ das Futter für die Jungen herbei.

Ortolan *Emberiza hortulana*

AMMERN

Merkmale: Gut sperlingsgroß; beim ♂ Kopf und Brust olivgrau, Bauch zimtbraun; Augenring, Kinn, Kehle und Bartstreif gelb; Schnabel braunrosa; ♀ und Jungvögel blasser, Brust dunkel gestrichelt.

Verbreitung: Abgesehen von Großbritannien und N-Skandinavien fast ganz EU, inselartig nach O bis zum Altai; Kurz- und Langstreckenzieher, Winterquartiere im tropischen Afrika; bei uns IV–X.

Wissenswertes: Der O. bewohnt trockenwarme Standorte mit wasserdurchlässigen Böden, z. B. terrassierte Weinberge, Trockenrasen, strukturreiche Landwirtschaftsflächen oder sonnige Waldränder, die an Felder angrenzen. Das Bodennest wird unter Büschen und Stauden im Gras angelegt. Die Nahrung besteht aus Sämereien und Pflanzenteilen, im Sommer auch aus Insekten, v. a. Heuschrecken, Fliegen, Spanner und Raupen, sowie Regenwürmern, die einen großen Teil des Nestlingsfutters bilden. Der Gesang des O. ähnelt dem der Goldammer, klingt aber melodischer und reiner geflötet. **RL, §!**

Zaunammer *Emberiza cirlus*

AMMERN

Merkmale: Größer als ein Sperling; recht ähnlich der Goldammer; beim ♂ im Brutkleid Augenstreif und Kehle schwarz, beides von gelbem Band gesäumt; ♀ sehr ähnlich der Goldammer, statt rotbraunem aber olivgrau gefärbter Bürzel.

Verbreitung: W- und S-EU einschließlich N-Afrika und Kleinasien; in M.-EU kleine Bestände in Österreich und der Schweiz, in D in Rheinland-Pfalz, Baden-Württemberg und Bayern (insg. nur 500–1000 Brutpaare); Standvogel und Teilzieher.

Wissenswertes: Z. brüten an Waldrändern, auf Lichtungen und in größeren Parks, in M.-EU bevorzugt an trockenwarmen, meist südexponierten Hängen, z. B. in Weinbergen oder Streuobstgärten. Das ♂ singt mit weit offenem Schnabel sein hölzern klapperndes „zitetetet-tetetet". Z. leben in Dauerehe. Gemeinsam geht das Paar auf die Suche nach einem geeigneten Nistplatz. Ihr umfangreiches Nest legen sie gut versteckt in dichter Vegetation meist unter 2 m Höhe an, in Weinbaugebieten auch auf niedrigen Mauern. **RL, §!**

Zippammer *Emberiza cia*

AMMERN

Merkmale: Größer als ein Sperling und auch langschwänziger; in allen Kleidern kontrastreiche Kopfzeichnung; grauer Kopf, beim ♂ mit schwarzem Scheitelseiten-, Augen- und Wangenstreif; ♀ matter, dunkle Kopfzeichnung mehr schwarzbraun; Bauch und Flanken rostbraun; Flügel mit 2 feinen, weißen Flügelbinden; weiße Schwanzkanten.
Verbreitung: In 8–10 Unterarten in der gemäßigten, mediterranen und Steppenzone Eurasiens; N-Grenze in EU in Mittelfrankreich, SW- und W-D und Karpatenbogen; Standvogel oder Teilzieher.
Wissenswertes: Die Z. ist in M.-EU ein Brutvogel trockenwarmer, steiniger oder felsiger Hänge mit Vegetationslücken, Bäumen, Büschen oder Ginsterweiden, z. B. in aufgelassenen Steinbrüchen oder extensiv genutzten Weinbergen. Ihr Nest legt sie am Boden zwischen Grasbüscheln, in Gesteinsspalten oder niedrigem Gebüsch an. Die Wintereinstände der Z. liegen oft im gleichen Gebiet talwärts. Süddeutsche Brutvögel überwintern in S- und SW-Frankreich. **RL! §!**

Schneeammer *Plectrophenax nivalis*

AMMERN

Merkmale: Größer als ein Sperling; ♂ im sommerlichen Prachtkleid auffallend schwarz-weiß gefärbt; ♀ und Jungvögel hingegen oberseits graubraun gefleckt, unterseits schmutzig weiß, mit kleinerem weißem Flügelfeld als ♂; im winterlichen Schlichtkleid beim ♂ Kopf sandfarben, Brustseiten bräunlich, ♀ dann dem ♂ ähnlich, nur am kleineren weißen Flügelfeld gut zu unterscheiden.
Verbreitung: Arktis; in EU auf Island und Spitzbergen, in Schottland und Skandinavien; in D regelmäßiger Wintergast entlang der Küste, südwärts bis zum Mittelgebirgsrand, in kleiner Zahl auch in Süddeutschland, Österreich und der Schweiz.
Wissenswertes: Die S. brütet von allen Singvögeln am weitesten nördlich. Karge, steinige Tundren, steile Felsküsten und felsige Gipfel in Eis und Schnee mit max. 2 °C sind ihr unwirtlicher Lebensraum. Im Winter suchen S. ähnlich karge Landschaften auf wie in der Brutzeit, bei uns z. B. kurzrasige, küstennahe Flächen, im Binnenland vor allem Ödland.

Spornammer *Calcarius lapponicus*

AMMERN

Merkmale: Etwa sperlingsgroß; ähnlich der Rohrammer (⇨ S. 188); sehr lange Hinterkralle (Name!); ♂ an Kopf und Vorderbrust schwarz, Schnabel gelb, Nacken rotbraun; gelblich weißer Streifen im Bogen um Wangen herumlaufend; Rücken und Flügeldecken lebhaft gefleckt; ♀ und Jungvögel ohne Schwarz am Kopf, Gefieder bräunlicher und kontrastärmer.
Verbreitung: Tundragürtel Eurasiens, N-Amerika, Grönland; meist Zugvogel; bei uns seltener Durchzügler und Wintergast, v. a. an der Küste.
Wissenswertes: Die S. brütet meist an feuchten Stellen in Gebieten mit viel Weidengebüsch. Weil in diesen Landschaften wenig Singwarten vorhanden sind, markieren die ♂ ihr Revier durch häufige Singflüge. Der kurze, aber vielsilbige Gesang klingt frisch, hell und einsam. S. nisten zwischen Zwergsträuchern, am Rand von Mooren und im Weidendickicht an Gewässern, manchmal in kleinen Brutkolonien. Das ♀ brütet im Bodennest, das ♂ hilft jedoch beim Füttern.

Grauammer *Miliaria calandra*

AMMERN

Merkmale: Mit 18 cm Länge größte europ. Ammer; kräftige, gedrungene Gestalt; unscheinbares, lerchenähnlich graubraunes Gefieder mit dunkler Strichelung; kräftiger, gelbrosa getönter Schnabel; ♀ wie ♂, Jungvögel stärker gestrichelt.
Verbreitung: Von W-EU und N-Afrika bis Kasachstan; erreicht im N die Shetlandinseln, S-Skandinavien und Teile des Baltikums, fehlt im übrigen Skandinavien und in NO-EU; Standvogel, Kurzstrecken- und Teilzieher; bei uns III–X.
Wissenswertes: Die G. brütet in EU überwiegend in extensiv genutzten, offenen Agrarlandschaften. Dort benötigt sie einzelne höhere Strukturen als Singwarten, dichte Bodenvegetation als Nestdeckung und Flächen mit niedriger Vegetation zur Nahrungssuche. Solche Bedingungen finden sich auf feuchtem, extensiv genutztem Grünland, auf Ödland und in Ackerlandschaften. G. fliegen oft kurze Strecken mit hängenden Beinen und in tiefen Wellen. Bei Störungen fliegen sie flatternd oft einen großen Bogen. **RL**

Winterkleid

Zauneidechse *Lacerta agilis*

ECHTE EIDECHSEN

Merkmale: Häufigste heimische Eidechse; Gesamtlänge 20–24 cm; ♀ bräunlich mit dunklen, weiß gekernten Flecken am Körper, ♂ v. a. im Frühjahr mit intensiv grünen, dunkel gefleckten Körperseiten; auf der Rückenmitte ein breiter, bräunlicher, hell gesäumter und fleckiger Streifen, der bis auf den Schwanz reicht.

Verbreitung: Von S-England und Frankreich über Dänemark und S-Schweden bis zum Baikalsee, südwärts bis zu einer Linie Pyrenäen, Alpen-Nordrand, nördliche Balkan-Halbinsel und Kaukasusgebiet bis M.-Asien.

Wissenswertes: Als ausgesprochene Bodenbewohner besiedeln Z. offene, gut besonnte Lebensräume (Waldränder bis Bahndämme, Heidelandschaften, lichte Wälder, Gärten, Parks). Zur Paarungszeit (V/VI) tragen die territorialen ♂ Rivalenkämpfe aus. Aus den 10–14 vom ♀ vergrabenen, weichschaligen Eiern schlüpfen nach 7–10 Wochen, je nach Temperatur, die hell getupften, 5–6 cm langen Jungtiere. **RL, §!**

Mauereidechse *Podarcis muralis*

ECHTE EIDECHSEN

Merkmale: Etwa 19–25 cm lang, davon rund 2/3 Schwanz; Körper deutlich abgeflacht; sehr variabel gefärbt und gezeichnet, typischerweise aber mit netzartigem Fleckenmuster, dunkler Längslinie auf dem Rücken und dunklem Flankenband; Unterseite hell mit rostroten oder dunklen Flecken, besonders auf Hals und Kehle.

Verbreitung: In M.- und S-EU weit verbreitet; nördl. bis franz. Kanalküste und S-Holland, im S bis M.-Spanien, S-Italien, gesamte Balkanhalbinsel, Kleinasien; bei uns inselartig in klimatisch milden Gebieten (Rheintal, Kaiserstuhl, angesiedelt im Elbtal bei Meißen und bei Passau).

Wissenswertes: M. bevorzugen sonnige Hänge mit Felsen und Geröll, klettern gern, sonnen sich an Mauern und werden so zu Kultur- und Siedlungsfolgern. Sie ernähren sich hauptsächlich von Gliedertieren. Zur Fortpflanzungszeit im Frühjahr besetzen die ♂ Reviere, die sie gegen Rivalen verteidigen. Zum Paarungsspiel gehört das Beißen des ♂ in Schwanz und Flanke der Partnerin. **RL, §!**

Waldeidechse, Bergeidechse *Lacerta vivipara*

ECHTE EIDECHSEN

Merkmale: Gesamtlänge 10–15 cm, Körperlänge bis 6,5 cm; Grundfärbung braun, mit dunklem Längsstreifen auf dem Rücken sowie heller Längslinie am oberen Flankenrand (Längsbänder können in Einzelflecken aufgelöst sein); Bauch beim ♂ gelb oder orange mit dunklen Flecken, beim ♀ weißlich; Jungtiere sehr dunkel bis schwarz.

Verbreitung: Ganz M.-EU bis N-Spanien sowie N-EU bis NO-Asien.

Wissenswertes: W. bewohnen lichte Wälder, Heiden, Moore, Waldränder, feuchte Wiesen und Gärten. Die gedrungenen, kurzbeinigen Tiere bewegen sich recht langsam, können aber gut schwimmen und tauchen. W. ernähren sich von Würmern, Tausendfüßern, Spinnen und Insektenlarven. Nach der Winterruhe von X–II/III ist von IV–VI Paarungszeit. Die Embryonalentwicklung verläuft in der Regel im mütterlichen Körper. Nach einer Trächtigkeit von ca. 3 Monaten werden bis 10 Jungtiere geboren, die während des Geburtsvorgangs aus der häutigen Eihülle schlüpfen (Ovoviviparie). **§!**

Smaragdeidechse *Lacerta bilineata*

ECHTE EIDECHSEN

Merkmale: Große Eidechse mit 39 cm Gesamtlänge, davon 1/3 Kopf-Rumpf, 2/3 Schwanz; erwachsene ♂ und viele ♀ mit grasgrüner oder gelblich grüner Oberseite, die meist von zahllosen schwarzen Pünktchen durchsetzt ist; während der Paarungszeit bei ♂, z. T. auch bei alten ♀ Kehle leuchtend blau; Halbwüchsige und manche ♀ einfarbig braun mit schwarzen Flecken und 2–4 hellen Längsstreifen; Unterseite gelblich bis weiß.

Verbreitung: Weit verbreitet in W-, M.- und S-EU und im nördlichen Kleinasien; bei uns Westliche S. in der Rheinregion (sonst N-Spanien und Frankreich) und Östliche S. in SO-Bayern (bei Passau) sowie in der Mark Brandenburg.

Wissenswertes: S. leben an buschreichen Hängen und in lichten Kiefernwäldern. Sie ernähren sich v. a. von Kerbtieren, Würmern und Schnecken, erbeuten aber manchmal auch kleinere Eidechsen oder Jungschlangen. Auch nehmen sie saftige Früchte auf. Zur Fortpflanzungszeit kommt es zwischen ♂ zu ritualisierten Rivalenkämpfen. **RL! §!**

Blindschleiche *Anguis fragilis*

SCHLEICHEN

Merkmale: Beinloses, mit den Eidechsen verwandtes Reptil, bis 45 cm lang, davon 2/3 Schwanz; drehrunder, glatter Körper; Oberseite sehr variabel gefärbt, oft mit dunkler Längslinie, Bauch dunkelgrau; Augen mit beweglichen Lidern.
Verbreitung: Fast ganz EU außer Irland, N-Skandinavien und großen Teilen der Iber. Halbinsel.
Wissenswertes: B. bewohnen Laubwälder, Moore, Wiesen, Heiden, Gärten und Parks. Mit Dämmerungsbeginn schleichen sie bedächtig ihrer Beute nach, etwa Regenwürmern, Nacktschnecken und nachtklammen Insekten. Wie alle Reptilien sind B. wechselwarm und müssen „erstarren", wenn die Umgebungstemperatur zu weit sinkt. Ihr wissenschaftlicher Name „zerbrechliche Schleiche" spielt auf die Fähigkeit der B. an (die sie mit Eidechsen teilt), beim Zugriff eines Räubers den zappelnden Schwanz als Ablenkungsmanöver zurückzulassen. Und „Blind-" kommt vom althochdeutschen Wort für „blendend", was sich auf ihre glänzende bleigraue, kupfer- oder bronzefarbene Haut bezieht. **§!**

Schling- oder Glattnatter
Coronella austriaca

NATTERN

Merkmale: 50–70 cm lang; ungiftig; mit glatten, ungekielten Schuppen; Auge mit runder Pupille; Färbung graugelb bis rostrot, am Rücken meist eine zeilenartige Punkt- oder Strichelzeichnung, dadurch oft mit Kreuzotter (⇨ S. 196) verwechselt.
Verbreitung: Von Iber. Halbinsel über M.- und N-Frankreich bis S-Skandinavien, S-England, M.-EU, Italien, Balkanhalbinsel, Kleinasien, Kaukasus.
Wissenswertes: S. bewohnen Heiden, Waldränder, Auwälder, Weinberge und verwilderte Gärten. Die tagaktive Schlange versucht bei Gefahr kaum zu fliehen, sondern vertraut auf die Tarnwirkung ihrer Färbung. Die Nahrungsspezialistin spürt vor allem nach Eidechsen in ihren Verstecken, die sie durch rasches Umschlingen (Name!) erwürgt. Nach der Winterruhe beginnen sich S. im IV/V zu paaren. Dabei setzt das ♂ beim ♀ einen Nackenbiss an. Im VIII/IX schlüpfen die 7–14 bis 15 cm langen Jungen, die sich durch eine dunkle Rückenzeichnung und rote Bäuche auszeichnen. Ergriffene S. wehren sich durch sofortiges Beißen. **RL, §!**

Ringelnatter *Natrix natrix*

NATTERN

Merkmale: Ziemlich große und kräftige Wassernatter; ungiftig; ♂ 60–70 cm, ♀ 80–100 cm lang; Kopf vom Körper deutlich abgesetzt; Grundfarbe grau, am Hinterkopf charakteristische gelbe, dunkel gerandete „Halbmondflecken"; Pupillen rund.
Verbreitung: NW-Afrika, Iber. Halbinsel, M.- und O-EU, S-England, S-Skand., Italien, viele Mittelmeerinseln, Balkan, Türkei, Russl. bis Baikalsee.
Wissenswertes: R. bevorzugen die Uferbereiche naturnaher Gewässer, kommen in Auwäldern, an Waldrändern und -lichtungen, in Mooren, Gärten und Parks vor. Die guten Schwimmer und Taucher jagen überwiegend Frösche, auch Schwanzlurche und Fische, seltener Mäuse und Eidechsen. Zur Paarung ab Mitte IV treffen sich viele Tiere an einem Platz. Die ♀ legen oft gemeinsam ihre 20–50 weißen, weichschaligen Eier in Kompost- oder Laubhaufen ab. Die nach 4–8 Wochen geschlüpften Jungschlangen fressen zunächst v. a. Würmer und Kaulquappen. R. zischen bei Bedrohung sehr heftig, ohne aber zu beißen. **RL, §!**

Würfelnatter *Natrix tessellata*

NATTERN

Merkmale: Wassernatter von 60–90 cm, selten (alte ♀) bis 140 cm Länge; ungiftig; Körperproportionen wie Ringelnatter, Kopf aber gestreckter, etwas kantig wirkend; Grundfarbe meist grau, mit dunkler Würfelfleckung auf dem Rücken, Bauchschilder grau bis rötlich mit dunkler Fleckung; nach oben stehende Nasenlöcher und schräg nach oben gerichtete Augen.
Verbreitung: Südliches M.- und S-EU, Kleinasien, Mittelasien bis W-China und NW-Indien.
Wissenswertes: W. leben in vegetationsreichen Uferzonen von Seen und Flüssen. Nur zur Paarung und Eiablage entfernen sie sich etwas weiter von ihren Wohngewässern. Ufernahes Steingeröll und über dem Wasser hängende Zweige sind ihre Lieblingsplätze. Als echte Wassernatter fängt die W. ihre Beute (Fische, Kaulquappen, Frösche) ausschließlich tauchend und am Gewässerboden lauernd. An der bulgarischen Schwarzmeerküste kann man W. als „Seeschlangen" beobachten, wenn sie am Grund schwimmend nach Fischen jagen. **RL, §!**

Äskulapnatter *Elaphe longissima*

NATTERN

Merkmale: Größte Schlange in M.-EU, durchschnittlich 140–160 cm lang, im S des Verbreitungsgebiets bis 200 cm; ungiftig; Körperschuppen glatt und glänzend, Grundfärbung hell- bis dunkelbraun, erwachsene Exemplare einfarbig wirkend, Jungtiere bunt mit dunklen Flecken auf hellerem Grund und 2 hellgelben Flecken am Hinterkopf (Verwechslungsmöglichkeit mit Ringelnattern (⇨ S. 194), aber Kopf schmaler und eiförmig).
Verbreitung: Vom NO der Iber. Halbinsel bis M.-, S-, SO-EU und Kleinasien; in D nur noch Restpopulationen im Taunus, Odenwald (Hessen) und in SO-Bayern (entlang der Salzach).
Wissenswertes: In Mittelgebirgen bewohnen Ä., die sich elegant bewegen und hervorragend klettern können, bevorzugt südexponierte Hänge, ansonsten Flussufer und andere feuchte Regionen sowie lichte Laubwälder mit Geröll und Efeu, auch Steinbrüche, verfallenes Mauerwerk u. ä. Hauptsächlich jagen die Tiere Kleinsäuger bis Schermausgröße sowie Jungvögel. **RL, §!**

Aspisviper *Vipera aspis*

OTTERN

Merkmale: Giftschlange; 60–70 cm lang, Kopf deutlich vom Rumpf abgesetzt; Überaugenschilder vom Auge zum Nasenschild eine scharfe Kante bildend; am Rücken dunkle, versetzt stehende Rechteckflecken (Unterschied zur Kreuzotter).
Verbreitung: Von den Pyrenäen über Frankreich und W-Schweiz bis in den südl. Schwarzwald in D.
Wissenswertes: Die typische Mittelgebirgsbewohnerin bevorzugt sonnige Wiesenhänge mit Buschwerk und Geröllhalden. Bei Bedrohung flieht die A. regelmäßig in ihren Unterschlupf. Sie ernährt sich hauptsächlich von Mäusen, Jungschlangen von Eidechsen und Fröschen. A. paaren sich kurz nach der Überwinterungshäutung im Frühjahr, gelegentlich auch im Herbst. Die ♀ sind lebendgebärend und bringen im Spätsommer, bei Herbstpaarungen entsprechend früher, 5–16 Junge zur Welt. Der Biss einer A. ist auch für den Menschen gefährlich. Dank moderner Behandlungsmethoden mit Antiserum kommt es aber kaum noch zu tödlichen Bissunfällen. **RL! §!**

Kreuzotter *Vipera berus*

OTTERN

Merkmale: Giftschlange; Länge 60–75 cm; ♀ größer als ♂; Rücken mit typischem dunklem Zickzackband; neben normal gezeichneten Exemplaren auch einheitlich schwarz oder rotbraun gefärbte Tiere; vorgewölbtes Überaugenschild und senkrecht stehende, geschlitzte oder ovale Pupillen.
Verbreitung: Iber. Halbinsel im W, England, Skandinavien, Russland bis Sachalin, nördlich bis über den Polarkreis, im S bis Balkanhalbinsel.
Wissenswertes: K. leben in Mooren, Sumpfgebieten, auf Bergwiesen, Waldlichtungen, Heiden, an Waldrändern, Bahndämmen, in Steinbrüchen u. ä. Die tagaktiven Tiere sind bei schwülwarmem Wetter besonders lebhaft. Sie ernähren sich von Mäusen, Jungvögeln, Reptilien und Fröschen, die sie mit einem Giftbiss töten. Ihr Biss ist auch für Menschen gefährlich, aber selten tödlich. Die ♂ führen zur Paarungszeit (IV–V) häufig ritualisierte Turnierkämpfe am Paarungsplatz auf. K.-♀ gebären bis zu 20 Junge, die zunächst von jungen Fröschen und Waldeidechsen leben. **RL, §!**

Europ. Sumpfschildkröte *Emys orbicularis*

LANDSCHILDKRÖTEN

Merkmale: Panzerlänge meist 15–20 cm; Rückenpanzer oval, Vorderlappen des Bauchpanzers durch ein Querscharnier beweglich; Panzer dunkelbraun oder schwarz mit gelben, oft strahlenförmig verlaufenden Punkten; auch an Kopf, Hals und Beinen gelbe Punkte; ♂ erkennbar an konkav eingedrücktem Bauchpanzer und langem Schwanz.
Verbreitung: EU außer N-EU und Verbreitungslücken im westl. M.-EU, in D wenige echte Restvorkommen; ostwärts bis Aralsee; NW-Afrika.
Wissenswertes: S. bewohnen stehende Gewässer mit schlammigem Grund, kommen aber auch an langsamen Fließgewässern vor. Sie suchen regelmäßig feste Plätze zum Sonnenbaden auf, oft im Wasser liegende Stämme. In der Dämmerung und nachts gehen S. am Gewässergrund auf Nahrungssuche und lassen sich dabei vom Geruchssinn leiten. Von Kleintieren bis zu Fischen und Fröschen wird alles verzehrt. S. überwintern im Bodengrund ihrer Wohngewässer. Sie können 50–70, vielleicht sogar 100 Jahre alt werden. **RL! §!**

Bergmolch *Triturus alpestris*

SALAMANDER UND MOLCHE

Merkmale: Sehr bunter Wassermolch; ♂ bis 9 cm, ♀ bis 12 cm lang; Rücken dunkelbraun bis gelblich braun marmoriert; leuchtend orangeroter Bauch ohne Flecken; ♂ mit niedriger, gelb-schwarz gefleckter Rückenleiste, während der Paarungszeit auf Rücken und Seiten intensiv blau gefärbt, seitlich stark gepunktet; ♀ insgesamt unscheinbarer.
Verbreitung: In EU von N- und O-Frankreich bis Russland, im N bis S-Dänemark; in Skandinavien, auf Britischen und Mittelmeer-Inseln fehlend.
Wissenswertes: Zur Fortpflanzungszeit (Anfang III bis Ende V, im Gebirge bis Ende VI) sind B. in den Laichgewässern (flache Teiche, Tümpel, Gräben in Waldgebieten, auch kühle Bergseen) zu finden. An Land leben sie versteckt unter Steinen oder liegendem Holz. Beim Balzspiel fächelt das ♂ dem ♀ im Wasser mit eingebogenem Schwanz Duftstoffe zu, umläuft es erregt und setzt schließlich den Samenträger am Boden ab, der vom ♀ mit der Kloake aufgenommen wird. Die bis 250 Eier werden einzeln an Wasserpflanzen abgesetzt. **§!**

Kammmolch *Triturus cristatus*

SALAMANDER UND MOLCHE

Merkmale: Mittelgroßer bis großer Wassermolch von 12–18 cm Länge; gelber Bauch mit dunklen Flecken; ♂ zur Fortpflanzungszeit im Wasser mit hohem, gezacktem Rückenkamm, der sich durch eine tiefe Einbuchtung vom etwa körperlangen, seitlich zusammengedrückten Schwanz absetzt.
Verbreitung: EU außer Iber. Halbinsel, S- und SW-Frankreich; Kaukasus u. angrenzendes Vorderasien.
Wissenswertes: K. verbringen ihr Landleben tagsüber versteckt, um ab der Dämmerung Regenwürmer, Nacktschnecken oder Gliederfüßer zu jagen. Ab Ende II wandern sie in größere und tiefere, stehende oder langsam fließende, vegetationsreiche Gewässer ein, in denen sie oft bis VIII bleiben. Die ♂ sind territorial und verteidigen in der Paarungszeit kleine Stellen am Gewässerboden. Bei der Balz drückt das ♂ die Körperseite gegen den Kopf des ♀ und fächelt ihm katzbuckelnd mit wellenförmigen Schwanzbewegungen seine Duftstoffe zu. Die 200–400 Eier legt das ♀ einzeln in von ihm zusammengefaltete Wasserpflanzenblätter ab. **RL, §!**

Teichmolch *Triturus vulgaris*

SALAMANDER UND MOLCHE

Merkmale: Gesamtlänge 6–11 cm; kleiner als Kammmolch; Rücken grau bis braun, Bauch orangerot oder gelb mit dunklen Flecken, Flanken gepunktet, Kopf gestreift; ♂ zur Paarungszeit mit gewelltem Rückenkamm.
Verbreitung: W- und M.-EU inkl. Britischer Inseln, S-Skandinavien, S- bis M.-Italien und Balkan; fehlt in SW-Frankreich und auf Iberischer Halbinsel.
Wissenswertes: T. leben in offenen Kulturlandschaften mit Wäldern, Gärten und Parks, im Gebirge bis in 1000 m Höhe. Die nachtaktiven Tiere sind an Land schwer zu finden. Man sieht sie am ehesten ab II/III in den Laichgewässsern (stark verkrautete Klein- und Kleinstgewässer). Ab 8 °C Wassertemperatur entwickeln die ♂ den Rückenkamm und breiten Schwanzsaum. Ihr Paarungsspiel ähnelt dem des Bergmolchs. Jahreszeitlich wie lebensraumbedingt (Wasser/Land) ernähren sich die Molche unterschiedlich. Ihre Fressfeinde sind Libellenlarven, Larven verschiedener Wasserinsekten, Fische und Vögel. **§!**

Fadenmolch *Triturus helveticus*

SALAMANDER UND MOLCHE

Merkmale: Mit 6–9 cm kleinster heimischer Molch; Rücken bräunlich; Bauch zumindest in der Mitte ungefleckt; dunkler Längsstreifen durchs Auge; ♂ während Paarungszeit ohne Kamm, dafür mit niedriger Hautlängsleiste und 5–10 mm langem Schwanzfaden (Name!).
Verbreitung: W-EU vom N der Iberischen Halbinsel bis Beneluxländer, östlich bis W-Schweiz, in Großbritannien bis Schottland, nicht in Irland; in D nur im W bis Thüringer Wald.
Wissenswertes: Zur Laichzeit von III–V lebt der F. v. a. in Kleinstgewässern der Mittelgebirgslagen (auch Pfützen und Wagenspuren), an der Küste sogar im Brackwasser. Wenn kleine Wohngewässer rasch austrocknen, ist die Landphase oft sehr ausgedehnt. Die Larven entwickeln sich dann sehr rasch in ca. 6 Wochen. Die nur 1,4 cm großen Jungmolche sitzen in Schlupfwinkeln an Land. **§!**

Feuersalamander *Salamandra salamandra*

SALAMANDER UND MOLCHE

Merkmale: Länge bis 20 cm; glänzend schwarz mit gelben oder orangeroten Flecken oder Streifen, Bauch grau- bis braunschwarz; Ohrdrüsen und 2 Drüsenleisten längs der Rückenmitte.

Verbreitung: EU, NW-Afrika, NW-Küste Kleinasiens; isoliertes Vorkommen in Persien.

Wissenswertes: Der F., eine Charakterart der Laubwälder des Hügel- und Berglands, lebt in bewaldeten Tälern mit Wasserläufen. Er ist vorwiegend nachtaktiv, bei Regenwetter aber auch tagaktiv („Regenmännchen"). Körperlich feuchtkalt, gleichzeitig aber brennend heiß durch ihr Drüsengift, wurden F. im Mittelalter vielfach Opfer des Aberglaubens. Bei den Paarungsspielen im IV/V versucht das ♂ vor Absetzen des Spermaträgers das ♀ auf dem Rücken zu tragen. Im Sommer setzen die ♀ meist fertige Larven, seltener Eier, in die sauerstoffreichen Bäche, wo sie sich während ihrer 2-monatigen bis 2-jährigen Entwicklungszeit (abhängig von Nahrung und Temperatur) von kleinen Wassertieren ernähren. **§!**

Alpensalamander *Salamandra atra*

SALAMANDER UND MOLCHE

Merkmale: Länge bis 16 cm; immer einfarbig braunschwarz bis tiefschwarz; schlanker Körperbau, oft „mager" wirkend, daher nicht verwechselbar mit den selten vorkommenden Schwärzlingen des Feuersalamanders.

Verbreitung: EU von den Alpen bis zur nordwestlichen Balkanhalbinsel.

Wissenswertes: A. sind Charaktertiere der höheren Gebirgslagen (800 m–3000 m). Als Tagesverstecke werden Steinplatten, Totholz oder Mauslöcher aufgesucht, die oft auch als Winterquartiere genutzt werden. Paarungsspiel ähnlich wie beim Feuersalamander. Nach einer Tragzeit von 2–4 Jahren werden 2–4 voll ausgebildete, lungenatmende Jungtiere von 4–5 cm Länge geboren. Damit haben A. ihre gesamte Fortpflanzung vom Wasser abgekoppelt, während die kiemenatmenden Larven der meisten anderen Amphibienarten Wasser brauchen. A. wehren sich gegen Fressfeinde (wie Alpendohle, Elster, Kreuzotter) durch Ausscheiden giftiger Hautsekrete. **(RL), §!**

Gelbbauchunke *Bombina variegata*

SCHEIBENZÜNGLER

Merkmale: Bis zu 5,5 cm lang; Oberseite lehmfarben, warzig; Kehle, Bauch und Innenseiten der Beine leuchtend gelb-schwarz gefleckt (Warntracht); herzförmige Pupillen.

Verbreitung: M.- und S-EU, im W bis fast zur franz. Atlantikküste, im N bis Weserbergland und Harz, im O bis zum Schwarzen Meer; südlichste Vorkommen auf Sizilien und einigen griechischen Inseln.

Wissenswertes: G. sind typische Bewohner des Hügel- und Berglands. Ihre bevorzugten Aufenthalts- und Laichbiotope sind flache Tümpel und Gräben, auch wassergefüllte Wagenspuren oder größere Pfützen reichen ihnen aus. Während die dämmerungs- und nachtaktiven Tiere in Überwinterung, Paarung und Ernährung der Rotbauchunke sehr ähneln, verläuft ihre Larvenentwicklung um einige Tage schneller. G. rufen leise, melodisch und in schneller Folge „uh-uh-uh". Bei Gefahr zeigen sie wie die Rotbauchunke den Unkenreflex als Schreckstellung. **RL, §!**

Rotbauchunke *Bombina bombina*

SCHEIBENZÜNGLER

Merkmale: Körperlänge bis 5 cm; sehr ähnlich der Gelbbauchunke, aber Körperunterseite mit roten oder orangen Flecken; Oberseite graubraun; Körperseiten und dunkle Hautbezirke unterseits mit weißlichen Punkten.

Verbreitung: Im W bis Weser und Dänemark, im N bis Finnischen Meerbusen, im O bis Ural, im S bis Schwarzes Meer und Bulgarien.

Wissenswertes: R. bevorzugen kleine, pflanzenreiche Gewässer im Tiefland. Die ♂ rufen eintönig, aber klangvoll „uuh-uuh-uuh", wobei sie aufgeblasen auf der Wasseroberfläche liegen und den gesamten Körper als Resonanzboden nutzen. Wenn zahlreiche Tiere im Chor rufen, ist ein lautes, schwingendes „uuhuuuhuuh" weit hörbar. Nach dem Winterschlaf in Erdhöhlen kommt es ab Ende III bis V zu ersten Paarungen, bei denen die ♀ Eiklümpchen an Wasserpflanzen oder am Gewässerboden absetzen. Der Nachwuchs aus späteren Gelegen kann als Larven überwintern. **RL! §!**

Geburtshelferkröte *Alytes obstetricans*

SCHEIBENZÜNGLER

Merkmale: Klein und gedrungen, bis 5,5 cm Körperlänge; Kopf relativ groß, Augen stark vortretend, mit senkrecht schlitzförmiger Pupille; Hautoberfläche warzig, grau- bis olivbraun, an den Körperseiten je 1 Reihe rötlicher Warzen.
Verbreitung: Vorwiegend SW-EU mit Vorkommen in Portugal, Spanien, Frankreich, auch Belgien, Luxemburg, Niederlande, D, Schweiz u. Marokko.
Wissenswertes: G. verlassen erst abends zur Nahrungssuche ihre Verstecke. Sie leben gewöhnlich nicht weit von Kiesgruben, Teichen, Bächen und Gräben entfernt, halten sich aber die meiste Zeit außerhalb des Wassers auf. Ab Einbruch der Dunkelheit sind die Paarungsrufe der ♂ zu hören, die aus der Ferne an Glockenläuten („Glockenfrosch") erinnern. Das ♂ umklammert das paarungsbereite ♀, besamt die austretenden, zu Laichschnüren verbundenen 30–80 Eier, die es sich um seine Hinterbeine wickelt und bis zu 4 Wochen mit sich herumträgt. Erst kurz vor dem Schlupf wird der Laich in flaches, stehendes Wasser abgestreift. **RL, §!**

Erdkröte *Bufo bufo*

ECHTE KRÖTEN

Merkmale: ♂ bis 9 cm, ♀ bis 15 cm lang; Haut warzig; Oberseite bräunlich, oliv, gelblich oder rötlich, Unterseite grauweiß und dunkel marmoriert; am Hinterkopf große Drüsenpolster; Iris goldfarben.
Verbreitung: Große Teile von EU, nur in Irland, auf einigen Mittelmeerinseln und im nordöstlichen Skandinavien fehlend.
Wissenswertes: Die dämmerungs- und nachtaktiven Tiere leben in Wäldern, in der Kulturlandschaft sowie im Gebirge. Zur Fortpflanzung (ab II, hauptsächlich aber in III/IV) suchen die laichplatztreuen E. mittelgroße bis große, stabile Gewässer auf, und zwar jeweils diejenigen, in denen sie selbst sich entwickelt haben. Bereits verpaarte ♀ tragen dabei den Partner Huckepack zum Laichgewässer. Während die ♀ nur 3–6 Tage im Wasser bleiben, um ihre meterlangen Laichschnüre mit 3000–8000 schwarzen Eiern um Pflanzen und Äste zu spannen, bleiben die ♂ länger im Laichgewässer. Ihre charakteristischen, kurzen und hohen Rufe hören sich an wie „oäck-oäck". **§!**

Knoblauchkröte *Pelobates fuscus*

KRÖTENFRÖSCHE

Merkmale: ♂ 5–7 cm, ♀ 6–8 cm lang; Körper gedrungen, Kopf relativ groß, mit weit hervorstehenden Augen, senkrechte Pupille; Oberseite graubraun bis gelboliv mit dunklen Flecken und roten Punkten, Haut relativ glatt; Hinterfuß mit stark ausgeprägter Grabkante vor der kleinsten Zehe.
Verbreitung: Vor allem im Flachland von M.- und O-EU, westlichste Vorkommen in NW-Frankreich.
Wissenswertes: Die nachtaktiven K. leben in offenem, oft trockenem Gelände mit sandigem Boden, in den sie sich tagsüber bis zu 1 m tief eingraben. Zur Paarungszeit (meist II/IV) halten sie sich in Gewässern auf, an die sie keine besonderen Ansprüche stellen, selbst in Ansammlungen landwirtschaftlicher Abwässer. Sie rufen unter Wasser kurz abgesetzt „wock-wock-wock". Bei der Paarung umklammert das ♂ sein ♀ in der Lendengegend. Aus den 1–2 kurzen Laichschnüren (mit bis zu 3000 Eiern) verwandeln sich die Larven Ende VI – Ende VIII in fertige Kröten. K. produzieren ein nach Knoblauch riechendes Sekret. **RL, §!**

Kreuzkröte *Bufo calamita*

ECHTE KRÖTEN

Merkmale: Mit 6–8 cm (♀ selten bis 10 cm) Länge kleiner als Erdkröte, von dieser durch gelblich grüne Iris und hellen Längsstrich in der Rückenmitte („im Kreuz", daher der Name!) zu unterscheiden.
Verbreitung: Mittleres und südwestliches EU.
Wissenswertes: Die K. ist eine Pionierart der offenen, trockenwarmen Lebensräume, v. a. mit lockeren, sandigen Böden. Die Tiere kommen an der Meeresküste in Sanddünen, im Binnenland auf Schwemmsandbereichen von Fluss- und Bachauen, in Heidelandschaften, Sand- und Kiesgruben, vegetationsarmen Ruderalflächen, Industriebrachen u. ä. vor, können aber auch offene Lebensräume ohne grabbares Substrat besiedeln. Tagesverstecke und Winterquartiere liegen häufig nah beim flachen, oft vegetationsfreien, sehr warmen Laichgewässer, in dem die Larvalentwicklung sehr rasch verläuft (Schlupf ab 3. Tag, Metamorphose nach 1 Monat möglich). Die ♂ lassen nachts in Chören ihr lautes „ärr-ärr-ärr" erklingen. K. hüpfen nicht, sondern laufen mäuseartig. **RL, §!**

Wechselkröte *Bufo viridis*

ECHTE KRÖTEN

Merkmale: 6–10 cm groß; charakteristisches grünes Fleckenmuster auf der Körperoberseite, das von einzelnen rötlichen Punkten durchsetzt sein kann; gelbgrünliche Iris mit schwarzen Sprenkeln.
Verbreitung: Ursprünglich in Steppengebieten von SO-EU; bei uns in offenen, trockenen Landschaften in der „Kultursteppe", fehlt im Alpengebiet und im NW von D.
Wissenswertes: Die Wärme liebende W. pflanzt sich bei uns gewöhnlich erst Ende IV und im V fort, bei Wassertemperaturen von mindestens 15 °C. Die ♀ setzen den Laich als lange, gallertige Schnüre mit bis zu 15 000 Eiern in flachen, vegetationsarmen Tümpeln ab. Das nächtliche Trillern der ♂ ist in dieser Zeit weithin hörbar. Die Larven wachsen in 3–4 Monaten bis auf fast 5 cm Länge heran. Geschlechtsreif werden W. erst nach der 3. Überwinterung. Sie können wohl ähnlich alt werden wie die Erdkröte, von der im Freiland 10–12, in Gefangenschaft 36 (!) Jahre nachgewiesen sind. W. fressen v. a. Insekten (Ameisen) am Boden. **RL, §!**

Teichfrosch *Rana kl. esculenta*

ECHTE FRÖSCHE

Merkmale: Mischform aus Seefrosch (⇨ S. 206) und Kleinem Wasserfrosch, im Freiland schwer zu bestimmen; oberseits grün, graugrün oder grüngelb mit undeutlichem, dunklem Fleckenmuster; ♂ bis 9 cm, ♀ bis 11 cm groß.
Verbreitung: Deckt sich im Wesentlichen mit der des Kleinen Wasserfrosches.
Wissenswertes: Grünfrösche (mit meist grüner oder gelbgrüner Grundfärbung) leben im Unterschied zu den Braunfröschen ganzjährig an und in Gewässern. Der T. entstand in M.-EU nach der letzten Eiszeit durch die Bastardierung des Seefrosches mit dem Kleinen Wasserfrosch. Im wissenschaftlichen Namen wurde er mit dem Zusatz „kl."(von kleptos = Dieb) versehen, denn zur Sicherung seiner eigenen Fortpflanzung muss er von einer Elternart durch erneute Kreuzungen immer wieder Erbinformationen „stehlen". T. kommen in ihren Lebensräumen, Wäldern, Mooren, Parks und Gärten mit stehenden, wasserpflanzenreichen Gewässern, oft zus. mit den Elternarten vor. **§!**

Laubfrosch *Hyla arborea*

LAUBFRÖSCHE

Merkmale: Mit bis 5 cm Länge kleinste heimische Froschart; Oberseite glatt, einfarbig grün, gelegentlich grau oder braun, selten blau; dunkler Streifen von Nase über Auge bis zu Oberschenkeln; Bauch hell; an Fingern und Zehen Haftscheiben.
Verbreitung: Mit Ausnahme des N und Teilen des SW in ganz EU, vom Tiefland bis in 2000 m Höhe.
Wissenswertes: Die Wärme liebende Art verlässt in M.-EU erst im IV ihre Erdhöhlen. Fortpflanzungsbereite Tiere tauchen dann bis VI nachts an warmen, meist vegetationsreichen Gewässern auf. Tagsüber halten sich die sprunggewaltigen und sonnenhungrigen L. recht unbeweglich auf Blättern und Ästen auf. Die ♂ rufen mit ihrer großen, kehlständigen Schallblase in rhythmischen Rufreihen sehr laut und hart „äpp-äpp-äpp-äpp", oft als „Chorgesang" vorgetragen. Die ♀ setzen, vom ♂ fest umklammert, je 10–50 Eier, portioniert in walnußgroßen Klümpchen, an Wasserpflanzen ab. Nach 2–3 Tagen schlüpfen schon die Larven. L. sind keine Wetterpropheten. **RL, §!**

Kleiner Wasserfrosch *Rana lessonae*

ECHTE FRÖSCHE

Merkmale: 5–7 cm lang; Schnauze spitzer als beim Seefrosch; Oberseite gras- oder gelbgrün, bisweilen blaugrün, mit dunklen Flecken; innerer Fersenhöcker groß, halbkreisförmig hochgewölbt.
Verbreitung: Im größten Teil von M.- und O-EU, bis W-Frankreich und S-Schweden.
Wissenswertes: K. W. überwintern hauptsächlich in selbst gegrabenen Erdhöhlen an Land und erscheinen ab Ende III in den Wohngewässern. Während der Laichzeit von Ende IV bis Anfang VI versammeln sich die ♂ zu Rufgruppen an flachen Wasserstellen in der Uferzone pflanzenreicher Stillgewässer. Neben Revierrufen wie „uag-ua-guag" äußern sie mithilfe ihrer paarigen, weißen Schallblasen v. a. schnarrende Paarungsrufe mit zu- und abnehmender Lautstärke. Die ♂ sind dann oft auffällig gelb gefärbt, auch ihre Iris ist goldgelb. Die ♀ legen ihre bis zu 4000 Eier in wenigen Klumpen im Wasser bis 50 cm Tiefe ab. Die tag- und nachtaktiven K. W. sind meist nach der 2. Überwinterung geschlechtsreif. **(RL), §!**

Seefrosch *Rana ridibunda*

ECHTE FRÖSCHE

Merkmale: Größter heimischer Frosch mit einer Körperlänge bis 12 cm (♂) bzw. 14 cm (♀); Oberseite olivbräunlich, auch grasgrün mit meist größeren, unregelmäßig geformten, dunkelbraunen Pigmentflecken; 1. Zehe sehr lang; innerer Fersenhöcker klein und flach.

Verbreitung: Vom Rhein bis zum Baltikum im N, dem Oberlauf des Ural und Ili im O und Mesopotamien und Iran im S.

Wissenswertes: S. halten sich immer in oder an Gewässern auf. Sie sitzen gern in der prallen Sonne, sind aber auch dämmerungs- und nachtaktiv. Die Uferregionen von Flüssen, Seen und großen, tiefen Teichen sind Lebensräume der S., den Winter verbringen sie dort im Bodenschlamm. Die Paarungsrufe der ♂, die zur Fortpflanzungszeit ab Ende IV Rufgemeinschaften bilden, klingen wie lautes, abgehacktes Keckern. Die großen Laichballen werden an Wasserpflanzen befestigt. Die bis 10 cm groß werdenden Kaulquappen fressen bei Nahrungsmangel auch Amphibieneier und -larven. **RL, §!**

Springfrosch *Rana dalmatina*

ECHTE FRÖSCHE

Merkmale: 6–7 cm groß, ♀ bis 9 cm mit langen, dunkel gebänderten Hinterbeinen; am Körper nach vorn gebogene Fersengelenke die Schnauzenspitze überragend; Oberseite rötlich, bräunlich oder gelblich, Unterseite weiß; ♂ ohne Schallblasen.

Verbreitung: Von NO-Spanien und Frankreich über S-D und Tschechien bis Karpaten, im S bis Sizilien und Griechenland, isolierte Vorkommen in N-D, Dänemark und S-Schweden.

Wissenswertes: Lebensraum der nachtaktiven S. sind gewässerreiche, aber auch trockene Laub- und Mischwälder. Am Laichgewässer (nicht zu flache Kleingewässer) erscheinen sie oft schon vor den Grasfröschen (im II). Die meist unter Wasser rufenden ♂ klingen leise wie „wog-wog-wog". Die faustgroßen Laichballen werden eher vereinzelt und nicht an Gemeinschaftsplätzen (Grasfrosch!) im Wasser abgesetzt. Bei Gefahr machen S. nur einen oder wenige bis 2 m lange Sätze und versuchen dann, sich zu verkriechen. S. überwintern sowohl im Wasser als auch auf dem Trockenen. **RL, §!**

Grasfrosch *Rana temporaria*

ECHTE FRÖSCHE

Merkmale: Durchschnittlich 7–9 cm, maximal 11 cm großer, plumper Braunfrosch mit kurzer, stumpfer Schnauze; Oberseite dunkelbraun bis rötlich, mit dunklen Flecken; Hinterbeine im Verhältnis zum Körper kürzer als beim Springfrosch (nach vorn gebogenes Fersengelenk erreicht etwa den Augenbereich).

Verbreitung: Neben der Erdkröte in EU am weitesten verbreiteter Lurch; nur in großen Teilen der Iberischen und Apenninen-Halbinsel sowie auf dem Balkan und den Mittelmeerinseln fehlend.

Wissenswertes: Als Frühlaicher wandern G. oft schon ab Ende II zu ihren Laichplätzen, wobei viele ♀ das kleinere ♂ bereits huckepack mittragen. Die Tiere suchen Weiher, aber auch Gräben und Pfützen zum Ablaichen auf. Die großen Laichballen des G. bestehen aus 700–4500 Eiern, die bei ausreichend Wassertiefe auf den Grund sinken; ältere Laichballen schwimmen oft an der Oberfläche. Der Paarungsruf des G. ist ein leises, dumpfes Knurren. **V, §!**

Moorfrosch *Rana arvalis*

ECHTE FRÖSCHE

Merkmale: Körperlänge 5–6 cm; oberseits braun oder olivgrau, ♂ zur Paarungszeit hellblau oder violettblau gefärbt (Foto); häufig mit breitem, hellem Längstreifen auf dem Rücken; im Gegensatz zum Grasfrosch spitzer Vorderkopf.

Verbreitung: In großen Teilen von M.-, N- und O-EU sowie im westlichen Asien; fehlt in Großbritannien, Irland, dem größten Teil Frankreichs, auf der Iberischen Halbinsel, in Italien, der Schweiz und auf dem Balkan.

Wissenswertes: M. bevorzugen Flussniederungen, Moore, Auwälder, feuchte Wiesen und Teichgebiete im Flachland, kommen aber auch in ähnlichen Mittelgebirgslandschaften vor. Wie alle Braunfrösche kommen M. früh zum Laichgewässer (ab Anfang III bis Anfang V) und bleiben dort einige Tage (♀) bis Wochen (♂). Die meist in Gruppen in flachen Gewässerabschnitten sitzenden ♂ äußern eher leise Einzelrufe und Rufreihen wie „wug-wug-wug", die an das Glucksen einer Flasche bzw. an entferntes Hundegebell erinnern. **RL, §!**

Flussneunauge *Lampetra fluviatilis*

NEUNAUGEN

Merkmale: Länge 18–40 (49) cm; aalartig schlanke Gestalt; kieferloses Saugmaul.

Lebensweise: Wanderer; Filtrierer/Parasit; Nest-Kiesgrubenlaicher von II–VII; 10 000–40 000 Eier pro ♀; Höchstalter 7 Jahre.

Vorkommen: Hauptsächlich W- und M.-EU.

Wissenswertes: Bei einer Länge von 9–15 cm wandeln sich die Querder genannten augenlosen Larven zum Neunauge um und ziehen für 1/2–2 Jahre ins Meer. Während ihres küstennahen Aufenthalts ernähren sich F. von Fischen. Diejenigen F., die im Herbst wieder ins Süßwasser aufsteigen, halten im Fluss eine Winterruhe. Das Ablaichen geschieht in Gruppen, die etwa 1 mm großen Eier werden mit dem Schwanz in eine selbst gebaute Laichgrube eingewirbelt. Nach 9–20 Tagen schlüpfen die 5–6 mm langen Larven. Bis zur Aufzehrung des Dottersacks bleiben sie zwischen den Kieseln liegen. Anschließend leben sie als Querder für 3–5 Jahre an ruhigen Bachstellen im Sediment.

Gemeiner Stör *Acipenser sturio*

STÖRE

Merkmale: Länge 1,2–3 (6) m; 4 gleich lange Barteln; 5 Längsreihen von Knochenschildern.

Lebensweise: Wanderer; Friedfisch; Gesteinlaicher von VI–VIII; 0,2–5,7 Mio. schwärzliche Eier pro ♀; ♂ mit 7–15, ♀ mit 8–20 Jahren ab 0,9–1,8 m Länge geschlechtsreif; Höchstalter 60 Jahre.

Vorkommen: EU, früher in etwa 100 großen Laichflüssen, heute nur noch in der Gironde.

Wissenswertes: Das Meer dient als Fraßgebiet. Die Laichplätze liegen auf felsigem oder steinigem Grund entweder in starker Tidenströmung oder in scharfer Strömung bis zu gut 800 km flussaufwärts. Aus den an Steinen festklebenden, 2–3 mm großen Eiern schlüpfen nach 3–6 Tagen 1 cm lange Larven. Nach 1–3 Jahren verlässt der G.S. mit 20–60 cm Länge das Süßwasser. Der drastische Rückgang dieses wertvollen Kaviarlieferanten lag zunächst an der Überfischung, dann ging ein Laichfluss nach dem anderen durch Wasserverschmutzung, Damm- und Gewässerausbau verloren.

Aal *Anguilla anguilla*

AALE

Merkmale: Länge ♂ bis 51 cm, ♀ bis 150 cm; winzig kleine Rundschuppen.

Lebensweise: Fried- und Raubfisch; 4–10 Jahre zum Fressen als „Gelbaal" in Flüssen und Seen; Abwanderung als „Blankaal" in VIII–XI, um das 6000–7000 km entfernte Laichgebiet (Sargassomeer) zur Laichzeit im III zu erreichen; Freiwasserlaicher; 1–4 Mio. Eier pro ♀; Höchstalter ♂ 9 bzw. ♀ 12 Jahre, in Gefangenschaft 55 Jahre.

Vorkommen: Küsten- und Binnengewässer in EU.

Wissenswertes: Aus den in 100–150 m Tiefe treibenden Eiern schlüpfen nach ca. 2 Tagen 5–6 mm lange Larven. Diese driften als „Leptocephalus"-Larven passiv mit der nordatlantischen Strömung nach EU, wo sie im 3. Lebensjahr ankommen. In weniger als 1000 m Tiefe wandeln sie sich zu „Glasaalen" um und ziehen dann in die Küstengewässer, die Flüsse hinauf und weiter als pigmentierte „Steigaale" bis in entfernteste erreichbare Gewässer. Alle A. sterben nach dem Ablaichen.

Finte *Alosa fallax*

HERINGE

Merkmale: Länge 30–40 (55) cm; keine Seitenlinie; 55–65 große Rundschuppen in einer Längsreihe.

Lebensweise: Friedfisch; Freiwasserlaicher von IV–VII; 50 000–200 000 Eier pro ♀; ♂ mit 2–5, ♀ mit 3–6 Jahren ab 27–40 cm Länge geschlechtsreif; Lebensdauer bis zu 10 Jahre oder mehr.

Vorkommen: Küstengewässer des NO-Atlantiks und der südwestlichen Ostsee.

Wissenswertes: Im Meer bewohnt die F. das Freiwasser in Tiefen von 200–300 m. Zum Laichen dringt sie in den unteren Süßwasserbereich großer Flüsse ein, steigt aber kaum über die etwaige Gezeitengrenze hinaus auf. Die an der Wasseroberfläche abgelaichten, nicht haftenden Eier sinken ab, wobei sie in Flüssen mit Gezeitenwechsel mit dem Tidenstrom hin und her schweben. Nach 3–5 Tagen schlüpfen die 5–8 mm langen Larven. Die stromab schwimmenden Jungfische erreichen im VII–IX die Flussmündungen. Die F. ernährt sich von schwebenden Kleinkrebsen.

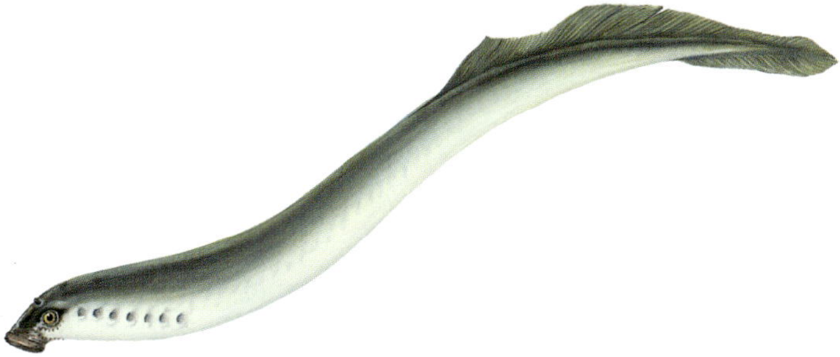

Lachs *Salmo salar* LACHSE

Merkmale: Länge 50–120 (150) cm; 110–130 Rundschuppen entlang der Seitenlinie; Fettflosse.
Lebensweise: Raubfisch; Kiesgrubenlaicher von IX–II; 2000–30 000 gelborange Eier pro ♀; mit 4–8 Jahren geschlechtsreif; Höchstalter 10 Jahre.
Vorkommen: Nordatlantische Region.
Wissenswertes: Nachdem der L. 1–5 Jahre im Fließgewässer verbracht hat, zieht er für 3–7 Jahre ins Meer. Im Sommer beginnt der Aufstieg in saubere, gefällereiche Oberläufe. Dort vergräbt das ♀ seine Eier im schnell überströmten, grobkiesigen Grund. 95 % der Laichlachse sterben nach dem Ablaichen. Die nach 70–200 Tagen aus den 6–7 mm großen Eiern schlüpfenden 2–2,6 cm langen Larven verweilen noch etwa 20 Tage im Kies. Der L. starb in großen Flüssen wie Rhein oder Elbe aufgrund von unüberwindbaren Dammbauten, Gewässerausbau und Wasserverschmutzung aus. Durch Besatz sowie Bau von Fischpässen und Kläranlagen nehmen die Bestände wieder zu.

Bachforelle *Salmo trutta* forma *fario* LACHSE

Merkmale: Länge 25–50 (60) cm; 110–130 kleine Rundschuppen entlang der Seitenlinie; Fettflosse.
Lebensweise: Bewohner sauberer Bäche (Forellenregion); Fried- und Raubfisch; Kiesgrubenlaicher von X–III; 500–3500 Eier pro ♀; mit 2–3 Jahren ab 18–25 cm Länge geschlechtsreif; Höchstalter 20 J.
Vorkommen: EU und Vorderasien.
Wissenswertes: Die Laichplätze der B. liegen in Bächen bis in 2500 m Höhe. Das ♀ schlägt mit dem Schwanz eine Laichgrube im flach und schnell überströmten, grobkiesigen Grund, um seine Eier zu vergraben. Aus den 3,8–5,5 mm großen Eiern schlüpfen nach 70–120 Tagen 1,2–2 cm lange Larven, die noch ca. 20 Tage im Kieslückensystem bleiben. Außerhalb der Laichzeit findet man die B. auch weiter unterhalb der Laichbäche, aber immer dort, wo sie Versteckmöglichkeiten hat. Durch Einbringen von Steinen, Holzstämmen oder ähnlichem kann die erwachsene B. selbst in begradigten Gewässern gehalten werden.

Regenbogenforelle *Oncorhynchus mykiss* LACHSE

Merkmale: Länge 30–75 (114) cm; 100–160 kleine Rundschuppen entlang der Seitenlinie; Fettflosse.
Lebensweise: Bewohner schnell fließender Gewässer oder aber Wanderfisch (Stealhead); Fried- und Raubfisch; Kiesgrubenlaicher von XII–V; 500–14 000 gelborange Eier pro ♀; mit 2–4 Jahren ab 20–50 cm Länge geschlechtsreif; Höchstalter 11 J.
Vorkommen: Westliches N-Amerika; die ersten Eier gelangten 1882 nach EU, jedoch nur in sehr wenigen Gewässern eingebürgert.
Wissenswertes: Die Laichplätze der R. liegen in gefällereichen Oberläufen. Das ♀ vergräbt seine 3–5 mm großen Eier im flach und schnell überströmten, grobkiesigen Gewässergrund. Nach 28–150 Tagen schlüpfen die ca. 1,6 cm langen Larven. Das Nahrungsspektrum der R. umfasst Insekten, Kleinkrebse und Fische.
Die R. ist ein wichtiger Fisch in der Aquakultur. Eine auf über 1,5 kg gemästete R. kommt unter dem Handelsnamen „Lachsforelle" in den Verkauf.

Renken, Felchen, Große Maränen *Coregonus* spp. RENKEN/FEL./MAR.

Merkmale: Länge 15–70 (120) cm; 72–107 mittelgroße Rundschuppen längs Seitenlinie; Fettflosse.
Lebensweise: Fische der Gattung *Coregonus* sind sowohl Bewohner größerer und kleinerer Seen als auch Wanderer; Friedfische; Freiwasser-Gesteinlaicher von IX–I; 2000–50 000 Eier pro ♀; mit 2–4 Jahren geschlechtsreif; Höchstalter 20 Jahre.
Vorkommen: Zirkumpolar.
Wissenswertes: Fische dieser Gattung kommen in vielerlei Formen vor. So gibt es in Seen Bodenrenken, die sich v. a. von kleinen Tieren des Gewässergrunds ernähren, und Schwebrenken, die hauptsächlich im Wasser schwebende Tiere fressen. Einige Formen laichen über den tiefsten Seestellen, andere über der flacheren Uferzone, wieder andere in Zu- oder Abflüssen der Seen. Daneben gibt es Wandermaränen, die sich im Meer- und Brackwasser von Bodentieren ernähren, zur Fortpflanzung aber in Fließgewässer ziehen. Alle Fische dieser Gattung sind äußerst schmackhaft.

Äsche *Thymallus thymallus*

ÄSCHEN

Merkmale: Länge 30–40 (60) cm; 74–96 mittelgroße Rundschuppen längs Seitenlinie; Fettflosse.
Lebensweise: Bewohner sauberer, kühler, schnell fließender Gewässer (Äschenregion), in Skandinavien auch in Seen; Friedfisch; Kiesgrubenlaicher von III–V; 600–14 000 bräunlich gelbe Eier pro ♀; ♂ mit 2, ♀ mit 3 Jahren ab 23–30 cm Länge geschlechtsreif; Höchstalter 14 Jahre.
Vorkommen: Sehr unregelmäßige Verbreitung in W-, M.-, O- und N-EU.

Wissenswertes: Gewöhnlich steht die Ä. in kleinen Scharen in tiefen Gumpen, die sich mit steinig-kiesigen Flachwasserstrecken abwechseln. Das ♀ schlägt mit dem Schwanz im flach und schnell überströmten, grobkiesigen Gewässergrund eine Laichgrube. Aus den im Kiesgrund vergrabenen Eiern schlüpfen nach 15–25 Tagen die 1–1,2 cm langen Larven. Nach kurzer Zeit verlassen sie das Kieslückensystem. Als Nahrung dienen der Ä. Insekten, Würmer und gelegentlich kleine Fische.

Hecht *Esox lucius*

HECHTE

Merkmale: Länge 40–120 (150) cm, ♂ nur bis 90 cm; 110–130 kleine Rundschuppen entlang der mitunter vielfach unterbrochenen Seitenlinie.
Lebensweise: Bewohner stehender und fließender Gewässer; Raubfisch; Pflanzenlaicher von II–V; 9000–400 000 rötlich braune Eier pro ♀; ♂ mit 2–4, ♀ mit 3–4 Jahren ab 25–40 cm Länge geschlechtsreif; Lebensdauer bis über 30 Jahre.
Vorkommen: Zirkumpolar über die Kontinente von EU, Asien und N-Amerika weit verbreitet.

Wissenswertes: Der H. bevorzugt als Standfisch die pflanzenreichen Uferbereiche. Im Brackwasser der Ostsee kommt er bei Salzgehalten bis zu 1 % vor. Zum Laichen sucht der H. krautbewachsene Uferstellen oder kleinere Seitengräben auf. Aus den klebrigen, an Pflanzen haftenden Eiern schlüpfen nach 10–30 Tagen die 6–8 mm langen Larven. Diese ruhen für 5–12 Tage, während sie mithilfe von Haftorganen am Kopf an den Pflanzen kleben. Ab 4–5 cm Länge erbeutet der H. andere Fische.

Plötze, Rotauge *Rutilus rutilus*

WEISSFISCHE

Merkmale: Länge 20–30 (50) cm; 42–45 große Rundschuppen entlang der Seitenlinie.
Lebensweise: Bewohner kleiner Weiher bis großer Seen und langsam fließender, tieferer Bäche bis großer Ströme, Ästuare, Brackgewässer; Friedfisch; Pflanzen-Gesteinlaicher von IV–VI; 50 000–200 000 Eier pro ♀; mit 2–4 Jahren ab 12–15 cm Länge geschlechtsreif; Höchstalter 18 Jahre.
Vorkommen: EU, nördlich der Pyrenäen und Alpen bis zum Ural und weiter bis Sibirien.

Wissenswertes: An seichten Stellen schießen kleine Gruppen von einem oder mehreren ♀ und mehreren ♂ unter lautem Geplätscher in Wasserpflanzenbestände hinein und geben dort gleichzeitig Eier und Milch ab. Die klebrigen, 1–1,5 mm großen Eier haften an den Pflanzen. Die nach 5–14 Tagen schlüpfenden 4,5–6,5 mm langen Larven durchleben, mit dem Kopf an Pflanzen festgeklebt, ein Ruhestadium. Die P. ernährt sich von tierischer und pflanzlicher Kost.

Rotfeder *Scardinius erythrophthalmus*

WEISSFISCHE

Merkmale: Länge 20–30 (45) cm; 37–45 große Rundschuppen entlang der Seitenlinie.
Lebensweise: Bewohner pflanzenreicher stehender und langsam fließender Gewässer mit weichem Grund sowie Brackwassergebiete der Ostsee; Friedfisch; Pflanzenlaicher von IV–VI; 90 000–230 000 Eier pro ♀; ♂ mit 3, ♀ mit 4 Jahren ab 14–15 cm Länge geschlechtsreif; Höchstalter 17 Jahre.
Vorkommen: Von Irland durch ganz M.-EU bis zum Ural und Aralsee, kaum über 700 m Höhe.

Wissenswertes: Die R. laicht in Scharen über Wasserpflanzen, an denen ihre klebrigen, 1–1,7 mm großen Eier anhaften. Nach 3–10 Tagen schlüpfen die 4,5–6 mm großen Larven, die zunächst, an Pflanzen angeheftet, eine Ruhephase durchleben. Die R. ernährt sich vorwiegend von pflanzlicher Kost, daneben auch von Insektenlarven und Weichtieren. Sowohl als Verwerter von Pflanzennahrung wie auch als Nahrung für Raubfische ist sie im Gewässerhaushalt bedeutsam.

Moderlieschen *Leucaspius delineatus*

WEISSFISCHE

Merkmale: Länge 5–9 (12) cm; 40–50 Rundschuppen in einer Längsreihe; die unvollständige Seitenlinie umfasst nur 2–12 Schuppen.
Lebensweise: Bewohner von Seen, Weihern und Gräben sowie ruhigen Fließgewässern; Friedfisch; Pflanzenlaicher von IV–VIII; 500–3500 Eier pro ♀; mit 1 Jahr ab 4–5 cm Länge geschlechtsreif; Höchstalter 7 Jahre.
Vorkommen: Stehende und langsam fließende Gewässer vom Einzugsgebiet des Rheins und der Donau bis zur Wolga und zum Südrand von N-EU, selten über 400 m Höhe hinausgehend.
Wissenswertes: In Schwärmen zieht dieser kleine Oberflächenfisch v. a. durchs vegetationsfreie Wasser in der Nähe von Pflanzenbeständen. Er unternimmt kurze Laichwanderungen, auch stromauf gegen stärker strömendes Wasser. Die Eier werden durch eine kurze Legeröhre perlschnurartig an Pflanzen angeklebt und vom ♂ bewacht. Nach 4–12 Tagen schlüpfen die 4–5,8 mm langen Larven.

Döbel, Aitel *Leuciscus cephalus*

WEISSFISCHE

Merkmale: Länge 30–50 (80) cm; 44–46 Rundschuppen entlang der Seitenlinie.
Lebensweise: Bewohner mäßig bis schnell fließender Gewässer; Friedfisch; Gesteinlaicher von IV–VI; 25 000–200 000 blassgelbe Eier pro ♀; ♂ mit 3–4, ♀ mit 4–5 Jahren ab 20–30 cm Länge geschlechtsreif; Höchstalter 20 J.
Vorkommen: EU von Portugal und Großbritannien bis zum Kaspischen Meer und Vorderasien.
Wissenswertes: Der D. ist typisch in abwechslungsreichen Flussläufen mit tiefen sandigen und flachen kiesigen oder steinigen Strecken. Er besiedelt Forellenbäche, kommt aber auch in organisch belasteten und ausgebauten Flüssen zurecht. Als schwarmbildender Jungfisch frisst er Pflanzen und wirbellose Tiere, mit zunehmendem Alter wird er immer mehr zum Einzelgänger und Allesfresser. Zum Laichen ziehen D. oft in kleinere Nebenbäche. Die Eier kleben an Kies und Steinen. Nach 5–9 Tagen schlüpfen die 7–8 mm langen Larven.

Elritze *Phoxinus phoxinus*

WEISSFISCHE

Merkmale: Länge 6–9 (14) cm; Seitenlinie unvollständig; 85–100 kl. Rundschuppen in Längsreihe.
Lebensweise: Bewohner schnell fließender Bäche und kleiner Flüsse, auch in nährstoffarmen Seen; Friedfisch; Kieslaicher von IV–VII; 200–1000 blassgelbe Eier pro ♀; mit 2 Jahren ab 5–6 cm Länge geschlechtsreif; Höchstalter 8 Jahre.
Vorkommen: Eurasien, bis in 2300 m Höhe.
Wissenswertes: Die E. ist ein lebhafter Schwarmfisch, der in flachen, kaum handtiefen, kiesigen Bereichen laicht. Die 1,2–1,5 mm großen Eier kleben an Kies und Steinen an, wobei eine gewisse Anzahl auch in die Lücken zwischen den Kieselsteinen gelangt. Die nach 3–6 Tagen schlüpfenden, 4–5 mm langen Larven fallen sofort in die Kieslücken, dringen wenn möglich noch tiefer ein, und liegen dort, bis ihr Dottersack aufgezehrt ist. In Gefahr, etwa in Gegenwart eines Raubfisches, gibt das Einzeltier einen Schreckstoff ins Wasser ab, der den ganzen Schwarm warnt.

Schleie *Tinca tinca*

WEISSFISCHE

Merkmale: Länge 20–40 (70) cm; 96–115 winzige Rundschuppen entlang Seitenlinie; 2 kurze Barteln.
Lebensweise: Bewohner warmer, weichgründiger, pflanzenreicher Seen und Weiher, leicht brackiger sowie fließender Gewässer und Altarme; Friedfisch; Pflanzenlaicher von VI–VIII; 30 000–900 000 grünlich gelbe Eier pro ♀; ♂ mit 2–3, ♀ mit 3–4 Jahren ab 12–30 cm Länge geschlechtsreif; Höchstalter 17 Jahre.
Vorkommen: EU bis Sibirien, bis in 1600 m Höhe.
Wissenswertes: Die S., die gegen Schwankungen in der Wasserqualität sehr unempfindlich ist, laicht in ruhigen, windgeschützten Buchten mit dichter Unterwasservegetation. Aus den 0,8–1,6 mm großen, an den Pflanzen klebenden Eiern schlüpfen nach 3–5 Tagen die 4–5 mm langen Larven. Diese heften sich mit Klebedrüsen am Kopf an Wasserpflanzen fest, bis sie schwimmfähig sind. So wird verhindert, dass sie im Schlamm der Laichplätze versinken.

Barbe *Barbus barbus*

WEISSFISCHE

Merkmale: Länge 30–60 (100) cm; 55–65 mittelgroße Rundschuppen entlang der Seitenlinie; 4 dicke Barteln.
Lebensweise: Bodenbewohner kiesgründiger Mittelläufe der Flüsse (Barbenregion); Friedfisch; Kieslaicher von V–VII; 3000–32 000 Eier pro ♀; mit 3–4 Jahren ab 25–30 cm Länge geschlechtsreif.
Vorkommen: Von SW-England bis zur Ukraine.
Wissenswertes: Die B. hält in tieferen, ruhigen Ausbuchtungen des Gewässers Winterruhe. Zur Laichzeit zieht sie in großen Schwärmen flussaufwärts, um auf sauberem, von Steinen durchmischtem Kiesgrund zu laichen. Aus den auf und zwischen den Kieseln festklebenden Eiern schlüpfen nach 6–15 Tagen die 7–8 mm langen Larven. Ins Kieslückensystem fallend, zehren sie verborgen und gut geschützt ihren Dottersack auf.
Obwohl grätenreich, wird die B. wegen ihres wohlschmeckenden Fleisches mit Netzen, Reusen und Angel gefischt. Ihr Rogen ist giftig!

Brassen, Brachsen, Blei *Abramis brama*

WEISSFISCHE

Merkmale: Länge 30–50 (80) cm; 51–60 Rundschuppen entlang Seitenlinie; vorstülpbares Maul.
Lebensweise: Bewohner langsamer Fließgewässer (Brassenregion), flacher und tiefer Seen, Stauseen, Kanäle und Brackgewässer mit weichem Grund; Friedfisch; Pflanzen-Gesteinlaicher von V–VI; 90 000–340 000 Eier pro ♀; ♂ mit 3–7, ♀ mit 4–7 Jahren ab 20–35 cm Länge geschlechtsreif; Höchstalter 23 Jahre.
Vorkommen: SO-England bis Sibirien, nördlich der Pyrenäen und Alpen bis Mittelskandinavien.
Wissenswertes: Der B. laicht an seichten Stellen in Scharen, indem kleine Gruppen aus einem oder mehreren ♀ und mehreren ♂ unter lautem Geplätscher in Wasserpflanzenbestände hineinschießen und gleichzeitig Eier und Milch abgeben. Die klebrigen, 1,5–2 mm großen Eier haften in großer Dichte an den Pflanzen fest. In nährstoffreichen Gewässern kommt es oft zur Massenvermehrung bei Kümmerwuchs (sog. Verbuttung).

Bitterling *Rhodeus amarus*

WEISSFISCHE

Merkmale: Länge 5–6 (10) cm; unvollständige Seitenlinie über 4–6 Schuppen.
Lebensweise: Bewohner warmer Seen, Weiher und gering strömender Fließgewässer; Friedfisch; Muschellaicher von IV–VIII; 40–100 ovale Eier pro ♀; mit 1–2 Jahren ab 4–5 cm Länge geschlechtsreif; Höchstalter 7 Jahre.
Vorkommen: M.- und O-EU von der Loire bis zur Wolga, außerdem nördliches Kleinasien.
Wissenswertes: Der B. ist an die Anwesenheit von Großmuscheln gebunden. Die laichreifen Tiere versammeln sich in flachen, muschelbewohnten Bereichen. Das ♂ wählt sich eine Muschel aus. Schwimmt ein ♀ hinzu und setzt einige der 2–3 mm großen Eier durch die Ausströmöffnung der Muschel in deren Kiemenraum, folgt ihm das ♂ und gibt Sperma ab, welches durch die Einströmöffnung zu den Eiern gelangt. Im Schutz der Muschel schlüpfen die Larven sehr bald, die Jungen verlassen die Muschel erst nach rund 1 Monat.

Karpfen *Cyprinus carpio*

WEISSFISCHE

Merkmale: Länge 30–80 (120) cm; 37–39 gr. Rundschuppen entlang Seitenlinie; vorstülpbares Maul.
Lebensweise: Bewohner warmer, langsam fließender und stehender Gewässer mit reichen Wasserpflanzenbeständen; Friedfisch; Pflanzenlaicher von V–VII; 40 000–2 000 000 klar gelbe Eier pro ♀; mit 2–4 Jahren ab 30–45 cm Länge geschlechtsreif; Höchstalter 50 Jahre.
Vorkommen: Als wichtigster Teichfisch schon im 13.–15. Jh. in fast ganz EU; heute weltweit.
Wissenswertes: Der K. laicht an seichten Stellen zwischen Pflanzen, an denen die 2–2,5 mm großen Eier kleben bleiben. Nach 3–6 Tagen schlüpfen die ca. 5 mm großen Larven. Diese heften sich mithilfe ihrer Klebedrüsen am Kopf im Pflanzenwerk an, um eine Ruheperiode durchzumachen.
Der K. besitzt ein wohlschmeckendes Fleisch mit 99 Gräten. Es gibt gestreckte oder hochrückige Züchtungen mit unterschiedlicher Beschuppung als Schuppen-, Spiegel-, Zeil- und Lederkarpfen.

Bachschmerle, Bartgrundel *Barbatula barbatula* BARTGRUNDELN

Merkmale: Länge 8–14 (20) cm; dünne Rundschuppen; vollständig entwickelte Seitenlinie; 6 Barteln an der Oberlippe.
Lebensweise: Bodenbewohner mäßig strömender, steiniger Bäche und kleiner Flüsse, daneben im Uferbereich klarer Staubecken und Seen; Friedfisch; Sandlaicher von IV–VIII; 1700–28 000 Eier pro ♀; mit 1–2 Jahren ab 7–8 cm Länge geschlechtsreif; Höchstalter 8 Jahre.
Vorkommen: M.- und O-EU, Asien bis Pazifik.
Wissenswertes: Tagsüber verbirgt sich die B. meist unter Steinen und Holzteilen, mit Eintritt der Dämmerung wird sie lebhafter und sucht mit ihren Barteln tastend nach Insektenlarven, Krebstieren, Würmern und Algen. Die B. laicht nachts. Ihre klebrigen Eier haften am Untergrund. Auf Sand fallende Eier binden Sandteilchen zu einer Art Schutzmantel. Nach 4–16 Tagen schlüpfen die 3–5 mm langen Larven, deren kurze Kiemenfäden unter den Kiemendeckeln verborgen bleiben.

Schlammpeitzger *Misgurnus fossilis* SCHMERLEN

Merkmale: Länge 20–25 (35) cm; unvollständige Seitenlinie; 135–175 winzige Rundschuppen in Längsreihe; 6 Barteln an Ober-, 4 an Unterlippe.
Lebensweise: Bewohner schlammiger, warmer und vorwiegend kleiner Gewässer (Weiher, Tümpel, Gräben, Wasserlöcher) sowie langsamer Fließgewässer mit ihren Alt- und Totarmen; Friedfisch; Pflanzenlaicher von IV–VII; 70 000–150 000 Eier pro ♀; mit 2–3 Jahren ab 12–20 cm Länge geschlechtsreif; Lebensdauer bis zu über 21 Jahre.
Vorkommen: M.- und O-EU.
Wissenswertes: Tagsüber meist im Schlamm verborgen, wird der S. in der Dämmerung lebhafter und sucht mit seinen Barteln tastend nach wirbellosen Tieren. Er laicht an seichten Stellen über Wasserpflanzen, an denen die klebrigen Eier haften. Der S. kann in ausgesprochen sauerstoffarmen Gewässern leben, weil die Larven über äußere Fadenkiemen verfügen und die Tiere später zur Darmatmung geschluckter Luft befähigt sind.

Wels, Waller *Silurus glanis* ECHTE WELSE

Merkmale: Länge 1–2 (3) m; schuppenlos; vollständig entwickelte Seitenlinie; Oberlippe mit 2 sehr langen, Unterlippe mit 4 kürzeren Barteln.
Lebensweise: Bodenbewohner größerer, langsam fließender und stehender Gewässer mit weichem Untergrund; Raubfisch; Nest-Pflanzenlaicher von V–VII; 0,1–4,5 Mio. Eier pro ♀; ♂ mit 2–5, ♀ mit 3–6 Jahren ab 60–70 cm Länge geschlechtsreif; Höchstalter 80 Jahre.
Vorkommen: M.-, O- und SO-EU, Kleinasien.
Wissenswertes: Tagsüber hält sich dieser nachtaktive Einzelgänger in seinen Schlupfwinkeln verborgen. Nachts oder bei Gewitter frisst er Tiere aller Art, die in sein großes Maul hineinpassen. An dicht bewachsenen Uferstellen hebt das ♂ eine flache Mulde aus, in die das ♀ seine ca. 3 mm großen, klebrigen Eier legt. Nach 3–14 Tagen schlüpfen die ca. 7 mm langen Larven. Erst nachdem sie ihren Dottersack aufgebraucht haben, verlassen sie die vom ♂ bewachte Nestmulde.

Quappe, Trüsche, Rutte *Lota lota* DORSCHE

Merkmale: Länge 30–60 (120) cm; winzige Rundschuppen; unvollständige Seitenlinie; 1 lange Bartel am Kinn, 2 sehr kurze an den Nasenlöchern.
Lebensweise: Bodenbewohner stehender und fließender Gewässer vom Unterlauf bis in die Forellenregion; Raubfisch; Freiwasser-Gesteinlaicher von XI–III; 0,3–7 Mio. Eier pro ♀; ♂ mit 3, ♀ mit 4 Jahren ab 20–30 cm geschlechtsreif; Höchstalter 25 Jahre.
Vorkommen: N von EU, Asien und N-Amerika.
Wissenswertes: Die nacht- und winteraktive Q. versteckt sich bei Tage unter Steinen oder in sonstigen Schlupfwinkeln und bevorzugt kühles, klares Wasser mit festem Grund. In flachem Wasser laicht sie in Gruppen über sauberen Kiesbänken. Die 1,2–1,8 mm großen Eier enthalten einen Öltropfen. Dadurch schweben sie in Seen leicht über Grund, treiben jedoch in Fließgewässern ab oder bleiben zwischen Kieselsteinen liegen. Nach 40–70 Tagen schlüpfen die 3 mm langen Larven.

Dreistachliger Stichling *Gasterosteus aculeatus*

STICHLINGE

Merkmale: Länge 5–8(11) cm; Knochenplatten; vollständige Seitenlinie.
Lebensweise: Bewohner von Küsten-, Brack- und Fließgewässern, Seen, Weihern, Gräben; Friedfisch; Nestlaicher von III–VII; 50–450 Eier pro ♀; mit 1–2 Jahren ab 5–6 cm Länge geschlechtsreif; Höchstalter 4 Jahre.
Vorkommen: Zirkumpolar in der kalten und gemäßigten Zone der nördlichen Erdhalbkugel.
Wissenswertes: Die Wanderform zieht im Frühjahr von den Meeresküsten oft in riesigen Laichschwärmen die Flüsse hinauf ins Süßwasser. Daneben gibt es eine kleiner bleibende, stationäre Binnenform. In einer Sandmulde baut das ♂ im flachen Wasser ein tunnelartiges Nest aus Pflanzenfasern, die durch ein klebriges Nierensekret verfestigt werden. Hier hinein drängt es ein oder auch nacheinander mehrere ♀ zur Eiablage. Das ♂ betreut und bewacht die Eier und die nach 8–14 Tagen schlüpfenden 7 mm langen Larven.

Flussbarsch, Barsch *Perca fluviatilis*

ECHTE BARSCHE

Merkmale: Länge 20–35(50) cm; 58–67 Kammschuppen entlang der Seitenlinie.
Lebensweise: Bewohner fließender und stehender Gewässer, verträgt Brackwasser gut; Raubfisch; Pflanzen-Gesteinlaicher von III–VI; 12 000–300 000 Eier pro ♀; ♂ mit 2–3 Jahren ab 9–10 cm, ♀ mit 3–4 Jahren ab 15–20 cm Länge geschlechtsreif; Höchstalter 28 Jahre.
Vorkommen: Weit verbreitet in EU und Asien.
Wissenswertes: Das ♀ legt seine in Schleim eingebetteten Eier in bis zu 1 m langen, netzartigen Laichbändern an Wasserpflanzen, versunkenen Ästen und Steinen im flachen Wasser ab. Während der Ablage besamen mehrere ♂ das Laichband. Aus den aufgequollenen Eiern schlüpfen nach 8–21 Tagen die 5–6 mm langen Larven. Der junge F. frisst wirbellose Kleintiere, der erwachsene hauptsächlich Fische, auch die der eigenen Art. In nährstoffreichen Gewässern neigt er bei Massenvermehrung zu Kümmerwuchs.

Zander *Sander lucioperca*

ECHTE BARSCHE

Merkmale: Länge 40–70(130) cm; 80–95 kleine Kammschuppen entlang der Seitenlinie.
Lebensweise: Bewohner nährstoffreicher Seen, Flüsse und Kanäle, gelegentlich im Brackwasser; Raubfisch; Nest-Pflanzenlaicher von IV–VI; 0,1–2 Mio. Eier pro ♀; ♂ mit 2–4 Jahren ab 25–37 cm, ♀ mit 3–5 Jahren ab 30–44 cm Länge geschlechtsreif; Lebensdauer bis zu über 16 Jahre.
Vorkommen: M.- und O-EU bis zum Aralgebiet, aber nicht allgegenwärtig.
Wissenswertes: Die laichreifen Z. suchen paarweise hartgründige, 1–3 m tiefe Uferpartien auf. Mit Schwanzschlägen entfernen sie Sand, sodass eine 50–80 cm große Laichgrube entsteht, über welcher das ♀ seine gesamten Eier auf einmal ablegt. Die klebrigen Eier haften an Pflanzenteilen, Kies und Steinen. Das ♂ bewacht und säubert das Nest, bis die 5–6 mm langen Larven nach 4–10 Tagen schlüpfen. Als Nahrung dienen dem im sommertrüben Freiwasser jagenden Z. kleine Fische.

Groppe, Koppe *Cottus gobio*

GROPPEN

Merkmale: Länge 10–15(18) cm; breiter, abgeplatteter Kopf; vollständige Seitenlinie.
Lebensweise: Bodenbewohner sauerstoffreicher Bäche und kleiner, flacher Flüsse sowie nährstoffarmer Seen; Friedfisch; Höhlenlaicher von III–VI; 100–300 Eier pro ♀; mit 1–2 Jahren ab 5–6 cm Länge geschlechtsreif; Höchstalter 6 Jahre.
Vorkommen: Pyrenäen bis Ural.
Wissenswertes: Tagsüber hält sich die G. in Hohlräumen zwischen Steinen versteckt. Mit einsetzender Dämmerung lauert sie vor allem auf Insektenlarven. Die G., der eine Schwimmblase fehlt, huscht nur kürzere Strecken im Zickzack dahin. Das ♂ gräbt eine kleine Höhle unter Steinen, an deren Unterseite das ♀ seine Eier in Klumpen anheftet. Anschließend bewacht das ♂ das Gelege und fächelt ihm frisches Wassser zu, bis nach 20–35 Tagen die Larven schlüpfen. Diese verweilen noch weitere 10 Tage unter der Obhut des ♂. Die G. ist eine Zeigerart für sauberes Wasser.

Kleingefleckter Katzenhai *Scyliorhinus canicula* KATZENHAIE

Merkmale: Länge 60–70(100) cm; langgestreckter, sehr schlanker Körper; unterständiges Maul mit kleinen, mehrspitzigen, in zahlreichen Reihen angeordneten Zähnen.
Lebensweise: Bodenbewohner, lebt meist in größeren Trupps in 3–110 m Tiefe; Raubfisch; Pflanzen-Gesteinlaicher von XI–VII; 18–20 Eier pro ♀; mit ca. 60 cm Länge geschlechtsreif.
Vorkommen: NO-Atlantik, Nordsee, Skagerrak, Kattegat, Ärmelkanal; Mittelmeer.
Wissenswertes: Nachts sucht der K. K. in schlängelnder Bewegung den Boden nach Weichtieren, Krebsen und kleinen Fischen ab. Im Spätsommer wandern die erwachsenen Tiere zur Paarung in tieferes Wasser. Danach schwimmen die ♀ zum Laichen ins Flachwasser. Die gelbbraunen Eier bestehen aus einer viereckigen, ca. 6 cm langen Hornkapsel und tragen an jeder Ecke einen bis zu 1 m langen Faden, der sich z. B. um Pflanzen wickelt. Nach 8–10 Monaten schlüpfen die Jungen.

Dornhai *Squalus acanthias* DORNHAIE

Merkmale: Länge 0,9–1,1 (1,6) m; unterständiges Maul mit 46–52 kleinen, gleichförmigen, spitzen Zähnen; 5 Kiemenspalten; raue, von feinen Knochenzähnen bedeckte Haut; beide Rückenflossen mit je 1 vorgestellten, kräftigen Dorn.
Lebensweise: Bodenbewohnender Raubfisch, zieht in 10–900 m Tiefe in Trupps bis zu 1000 Tieren umher; Lebendgebärer von V–VIII; 4–8 Junge pro ♀; ♂ mit 55–60 cm, ♀ mit 75–80 cm ab 12 Jahren geschlechtsreif; Höchstalter 65 Jahre.
Vorkommen: N-Atlantik von Afrika über EU und Grönland bis nach N-Amerika; Mittelmeer; Schwarzes Meer; Nordsee und Kattegat.
Wissenswertes: Auf ihren ausgedehnten Fraßwanderungen legen die D. täglich große Entfernungen zurück. Die ♀ ziehen zum Gebären in die Nähe der Küstengewässer. Nach einer Tragzeit von 18–22 Monaten bringt ein ♀ 20–33 cm lange Junge zur Welt. In D kommen die geräucherten Bauchlappen als „Schillerlocken" in den Handel.

Nagelrochen *Raja clavata* ROCHEN

Merkmale: Länge 0,6–1,0 (1,25) m; scheibenförmiger Körper mit zahlreichen Dornen; dünner Schwanz, dessen Dornenreihe sich bis hinter den Kopf fortsetzt; bauchseitiges, von 36–45 Zähnen bewehrtes Maul; bauchseitige Kiemenöffnungen.
Lebensweise: Bodenbewohner unterschiedlicher Untergründe in 2–100 m Tiefe; Raubfisch; Bodenlaicher von V–X; 50–170 Eier pro ♀; ♂ mit 7 Jahren ab 50 cm, ♀ mit 9 Jahren ab 65–80 cm Länge geschlechtsreif; Lebensdauer über 20 Jahre.
Vorkommen: O-Atlantik von Norwegen und Island bis S-Afrika, Nordsee; Mittelmeer; Schwarzes M.
Wissenswertes: Tagsüber auf dem Grund aufliegend oder im Sand eingegraben, sucht der N. in der Dämmerung und nachts nach Krebsen, Muscheln, Stachelhäutern und Fischen. Zur Fortpflanzung ziehen die Tiere ins Flachwasser. Aus den rechteckigen, 6–9 cm großen, hornigen Eiern, deren Ecken zu hohlen Spitzen ausgezogen sind, schlüpfen nach ca. 5 Monaten 10–12 cm lange Jungrochen.

Gemeiner Stechrochen *Dasyatis pastinaca* STECHROCHEN

Merkmale: Länge 0,5–1,0 (2,5) m; scheibenförmiger Körper mit glatter Haut; scharf abgesetzter, langer, dünner Schwanz mit 8–35 cm langem Stachel; bauchseitiges Maul mit kleinen Zähnen; bauchseitige Kiemenöffnungen.
Lebensweise: Bodenbewohner, lebt über unterschiedlichen, meist sandigen Untergründen in 5–60 (200) m Tiefe, vorwiegend in Küstennähe, auch im Brackwasser; Raubfisch; Lebendgebärer; 4–5 Junge pro ♀; Lebensdauer über 20 Jahre.
Vorkommen: O-Atlantik von NW-Afrika und Madeira bis S-Irland und in die südliche Nordsee, weiter nördlich nur vereinzelt; Mittelmeer.
Wissenswertes: Tagsüber oft im Sand eingegraben, beginnt diese nachtaktive Fischart mit einsetzender Dämmerung umherzuschwimmen, um nach Krebsen, Muscheln, Stachelhäutern und Fischen zu jagen. Der zur Verteidigung dienende, mit Widerhaken versehene Giftstachel kann sehr schmerzhafte Wunden verursachen.

Hering *Clupea harengus*

HERINGE

Merkmale: Länge 15–30 (45) cm; lang gestreckter Körper, oberständiges Maul; große, dünne, leicht abfallende Rundschuppen; keine Seitenlinie.

Lebensweise: Schwarmbildender Freiwasserbewohner, der sich in 1–250 m Tiefe aufhält, auch im Brackwasser; Friedfisch; Freiwasserlaicher; zahlreiche Lokalrassen laichen zu unterschiedlichen Jahreszeiten; 20 000–50 000 Eier pro ♀; mit 2–7 Jahren ab 10–30 cm Länge geschlechtsreif; Höchstalter 21 Jahre.

Vorkommen: NO-Atlantik von der Nordküste Asiens bis zur Biskaya, Nord- und Ostsee, auch Grönland und nordamerikanischer Atlantik.

Wissenswertes: H.-Schwärme können aus vielen Mio. Tieren bestehen. Tagsüber bleiben sie eher in tieferen Wasserschichten, nachts steigen sie zur Oberfläche empor. Der H. unternimmt Nahrungs- und Laichwanderungen. Er laicht in unterschiedlichen Tiefen über hartem Grund. Die Eier sinken zu Boden, wo sie oft dicke Schichten bilden.

Hornhecht *Belone belone*

HORNHECHTE

Merkmale: Länge 70–80 (100) cm; sehr lang gestreckter, schmaler Körper; schnabelförmiges Maul mit langen, dünnen Kiefern und kleinen, spitzen Zähnen; dünne Rundschuppen; bauchnah verlaufende Seitenlinie.

Lebensweise: Schwarmbildender Freiwasserbewohner von der Uferzone bis zur Hochsee; Raubfisch; Pflanzenlaicher von V–VI; 1000–35 000 Eier pro ♀; mit 2 Jahren ab 45–50 cm Länge geschlechtsreif; Höchstalter 18 Jahre.

Vorkommen: NO-Atlantik von Norwegen und Island bis N-Afrika einschließlich Nord- und Ostsee, Irische See; Mittelmeer; Schwarzes Meer.

Wissenswertes: Als ausgezeichnete Schwimmer oberer Wasserschichten schießen die H., wenn sie jagen oder ihrerseits von Thunfischen und Delfinen verfolgt werden, oft in langen Sätzen über die Wasseroberfläche hinaus. Die küstennah ziehenden Laichschwärme suchen steinige, Pflanzen bewachsene Stellen zur Fortpflanzung auf.

Kabeljau, Dorsch *Gadus morhua*

DORSCHE

Merkmale: Länge 50–80 (200) cm; langgestreckter Körper; kräftiger Kopf mit großem, unterständigem Maul; Bürstenzähne; 1 lange Bartel am Kinn; kleine Rundschuppen; helle Seitenlinie.

Lebensweise: Gesellig lebender Bodenbewohner in 5–600 m Tiefe bei 2–10 °C Wassertemperatur, auch im Brackwasser, mitunter im Freiwasser; Raubfisch; Freiwasserlaicher von I–VIII; 0,5–5 Mio. Eier pro ♀; mit 2–15 Jahren ab 30–100 cm Länge geschlechtsreif; Höchstalter 25 Jahre.

Vorkommen: NO-Atlantik (Spitzbergen bis Biskaya), Nord- und Ostsee, Grönland, N-Amerika.

Wissenswertes: Neben Stämmen mit weiten Nahrungs- und Laichwanderungen kommen auch stationäre Fjord- und Küstendorsche vor. Die Laichplätze liegen in 40–100 m Tiefe. Die glasklaren Eier steigen zur Oberfläche empor. Nach 1–3 Wochen schlüpfen die ca. 4 mm langen, frei schwebenden Larven, die mit etwa 2 Monaten bei einer Länge von 2–5 cm zum Bodenleben übergehen.

Schellfisch *Melanogrammus aeglefinus*

DORSCHE

Merkmale: Länge 35–70 (100) cm; langgestreckter Körper; kräftiger Kopf; unterständiges Maul; Bürstenzähne; 1 sehr kurze Bartel am Kinn; kleine Rundschuppen; schwarze Seitenlinie; schwarzer Fleck über der Brustflosse.

Lebensweise: Schwarmbildender Bodenbewohner in 10–300 m Tiefe; Fried- und Raubfisch; Freiwasserlaicher von II–VI bei 5–7 °C Wassertemperatur; 0,1–1 Mio. Eier pro ♀; mit 2–7 Jahren ab ca. 30 cm Länge geschlechtsreif; Höchstalter 20 Jahre.

Vorkommen: NO-Atlantik von Spitzbergen bis zur Biskaya, Nord- und westliche Ostsee, vor Grönland selten; nordamerikanischer Atlantik.

Wissenswertes: Auf den Laichplätzen, z. B. in der nördlichen Nordsee, vor Norwegen, den Färöern und Island, gehen lebhafte Balzspiele, bei denen sich die Paare Bauch an Bauch aneinander reiben, der Ei- und Samenabgabe voraus. Die Eier driften ebenso frei im Wasser wie die nach 10–20 Tagen geschlüpften, 4–5 mm langen Larven.

Große Schlangennadel *Entelurus aequoreus* SEENADELN/SEEPFERDCHEN

Merkmale: Länge 32–50 (60) cm; langer, dünner, außerhalb der Laichzeit fast drehrunder Körper; Hautskelett mit 28–31 Körperringen vor und 60–70 hinter der Afteröffnung; lange, röhrenförmige Schnauze mit kleiner, zahnloser Mundöffnung.
Lebensweise: Sowohl in Küstennähe stationär zwischen Algenwuchs als auch in größerer Entfernung von der Küste frei schwimmend in 0–20 (100) m Tiefe; Friedfisch; Laichzeit von VI–VII; 400–1000 Eier pro ♀; Geschlechtsreife mit 2 Jahren.
Vorkommen: NO-Atlantik von Island und der Norwegischen Küste bis Portugal und den Azoren.
Wissenswertes: Die ♀ der G. S. werden mit 45–60 cm viel größer als die ♂ mit 32–40 cm. Zur Laichzeit überträgt das ♀ seine kugeligen Eier nach einem ritualisierten Laichspiel auf die Bauchseite mehrerer ♂. Nach 4–5 Wochen schlüpfen die 11–12 mm langen Larven. Als Nahrung saugen G.S. kleinste Schwebkrebse und Fischlarven in ihre röhrenförmigen Münder ein.

Langschnauziges Seepferdchen *Hippocampus guttulatus* SEEPFERD.

Merkmale: Länge 8–12 (15) cm; röhrenförmig verlängerte Schnauze mit kleiner, zahnloser Mundöffnung; 7 Längsreihen knöcherner Hautschilder; Greifschwanz; ♂ mit bauchseitigem Brutorgan.
Lebensweise: Stationärer Bewohner von Seegraswiesen und Algenfeldern in 0–20 m Tiefe; Friedfisch; Lebendgebärer von VI–VIII; 300–500 Eier pro ♀; mit 2 Jahren geschlechtsreif; Höchstalter 5 J.
Vorkommen: Vom Schwarzen und Mittelmeer nordwärts bis in die südliche Nordsee.
Wissenswertes: Das L. S. schwimmt allein durch die kl. Rückenflosse angetrieben aufrecht durchs Wasser. Meist jedoch hält es sich mit seinem Greifschwanz an Wasserpflanzen fest. Aus dieser Position heraus saugt es kleinste im Wasser treibende Tiere auf. Zur Laichzeit werden die kaum 1 mm großen Eier vom ♀ in die Bruttasche des ♂ gelegt und dabei von diesem befruchtet. Nach 4–5 Wochen gebiert das ♂ unter kräftigen Pumpbewegungen die vollständig entwickelten Jungen.

Wolfsbarsch *Dicentrarchus labrax* WOLFSBARSCHE/STREIFENBARSCHE

Merkmale: Länge 40–60 (103) cm; langgestreckter Körper; großes, bezahntes, endständiges Maul; 65–82 große Rundschuppen längs der Seitenlinie.
Lebensweise: In Scharen lebender, freischwimmender Bewohner der Küsten von 2–70 m Tiefe; Raubfisch; Freiwasserlaicher von I–VI; 150 000–1 000 000 Eier pro ♀; mit 2–8 Jahren ab 23–43 cm Länge geschlechtsreif; Höchstalter 15 Jahre.
Vorkommen: O-Atlantik von Norwegen bis Marokko und den Kanarischen Inseln, Nordsee, Ostsee, Irische See; Mittelmeer und Schwarzes Meer.
Wissenswertes: Der W. jagt im Winter in tieferem, im Sommer in flacherem Wasser nach Heringen und anderen Schwarmfischen. In Ufernähe sucht er bevorzugt an Felsküsten, aber auch zwischen Wasserpflanzen nach Beute. Er laicht in ruhigen Nächten in der Nähe von Felsküsten zwischen 10 und 40 m Wassertiefe über Sand- oder Kiesgrund. Die Laichareale können sowohl im Meer als auch in Flussmündungsgebieten liegen.

Gefleckter Lippfisch *Labrus bergylta* LIPPFISCHE

Merkmale: Länge 30–35 (65) cm; kräftiger, gedrungener Körper; kleines, bezahntes, endständiges, wulstlippiges Maul; 41–47 mittelgroße Rundschuppen entlang der Seitenlinie.
Lebensweise: Einzelgänger, lebt in 5–30 m Tiefe über felsigem oder zumindest hartem, von Algen bewachsenem Grund, Friedfisch; Nestlaicher von V–VIII; ♂ mit 6–10, ♀ mit 5–9 Jahren geschlechtsreif; bekanntes Höchstalter 29 Jahre.
Vorkommen: O-Atlantik von Norwegen bis Marokko einschließlich Madeira, Azoren, Kanaren; sehr selten im westl. Mittelmeer.
Wissenswertes: Der tagaktive G. L. ernährt sich von Kleinkrebsen, Muscheln, Schnecken, Seesternen und Würmern. Nachts versteckt er sich in Höhlen und zwischen Felsspalten. Zur Fortpflanzung baut das ♂ ein Nest, indem es mit seinem Maul Algen in eine Felsspalte stopft. Hier hinein legen ein oder mehrere ♀ ihre Eier. Alle G. F. sind geborene ♀, die ihr Geschlecht mit 4–14 Jahren wechseln.

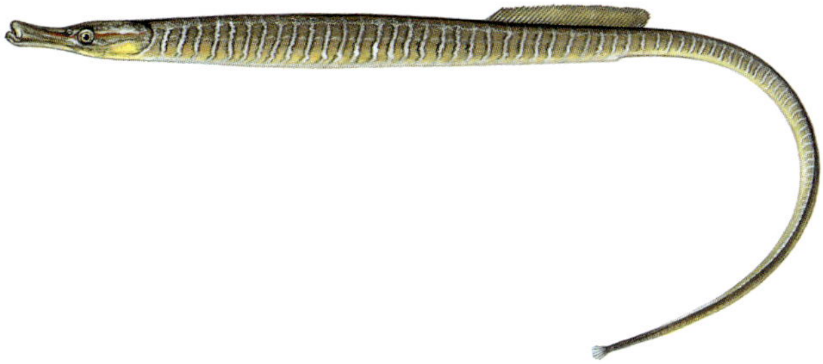

Petermännchen *Trachinus draco*

PETERMÄNNCHEN

Merkmale: Länge 20–35 (53) cm; seitlich abgeflachter Körper mit großem Kopf, großes, bezahntes, oberständiges Maul; 2–3 kleine Stacheln am oberen Rand der Augenhöhle; 78 kleine Rund- oder Kammschuppen entlang der Seitenlinie.
Lebensweise: Einzelgängerischer Bodenbewohner auf Sandgrund in 5–150 m Tiefe; Fried- und Raubfisch; Freiwasserlaicher von VI–VIII; 50 000–250 000 Eier pro ♀; ♂ mit 2–3, ♀ mit 3–4 Jahren geschlechtsreif; Lebensdauer über 14 Jahre.
Vorkommen: O-Atlantik von Norwegen bis Marokko, Madeira, Kanarische Inseln, westliche Ostsee (selten); Mittelmeer und Schwarzes Meer.
Wissenswertes: Während das P. nachts aktiv nach Krebsen und Fischen sucht, lauert es tagsüber auf Beute, indem es sich im Sand vergräbt, bis nur noch Maul und Augen frei sind. Der Stachel der 1. Rückenflosse besitzt ebenso wie der kräftige Stachel auf dem Kiemendeckel eine Giftdrüse. Stiche des P. verursachen schmerzhafte Schwellungen.

Aalmutter *Zoarces viviparus*

AALMUTTERN

Merkmale: Länge 20–35 (50) cm; lang gestreckter Körper; großer, schuppenloser Kopf; endständiges Maul; schleimige Haut; winzige Rundschuppen; unvollständige Seitenlinie; Rücken-, Schwanz- und Afterflosse zu einem Flossensaum vereinigt.
Lebensweise: Auf sandigem und schlammigem Grund lebender, sich gern unter Steinen versteckender, sesshafter Bodenbewohner in 1–40 m Tiefe, auch im Brackwasser bis 5 ‰ Salzgehalt; Fried- und Raubfisch; Lebendgebärer von XII–II; 20–400 Junge pro ♀; mit 1–2 Jahren ab 17–25 cm Länge geschlechtsreif; Höchstalter 9 Jahre.
Vorkommen: NO-Atlantik vom Weißmeer und der Barentssee bis zum Ärmelkanal und zur Nordirischen See, Ostsee.
Wissenswertes: A. fressen Krebstiere und kleine Fische. Sie paaren sich von VIII–IX. Die Ei- und Larvenentwicklung erfolgt im Mutterleib, nach einer Tragzeit von 4–5 Monaten werden die vollständig entwickelten, 3,5–5,5 cm langen Jungen geboren.

Dicklippige Meeräsche *Chelon labrosus*

MEERÄSCHEN

Merkmale: Länge 30–60 (90) cm; lang gestreckter, spindelförmiger Körper, abgeflachter Kopf; endständiges, zahnloses Maul, stark verdickte Oberlippe; große Rundschuppen; keine Seitenlinie.
Lebensweise: Bildet Trupps und Schwärme an Küsten in 0–5 (20) m Tiefe; Friedfisch; Freiwasserlaicher von XII–VIII; 0,1–3,5 Mio. Eier pro ♀; mit 2–3 Jahren geschlechtsreif; Höchstalter 25 Jahre.
Vorkommen: Mittelmeer; Schwarzes Meer; NO-Atlantik, Sommergast in Nord- und westl. Ostsee.
Wissenswertes: Die Laichaktivitäten der D. M. dauern bis zu 3 Monate. Aus den über dem Boden treibenden, ca. 1 mm großen Eiern schlüpfen nach etwa 1 Woche die ca. 4 mm langen Larven. Sie ernähren sich ebenso wie die sich oft zu großen Schwärmen zusammenfindenden Jungfische zunächst von Zooplankton, bevor sie im 2. Lebensjahr mit ca. 15 cm Länge ihre Ernährung auf Algen umstellen. Den Winter verbringt die D. M. ohne zu fressen in tieferen, wärmeren Wasserschichten.

Roter Knurrhahn *Chelidonichthys lucerna*

KNURRHÄHNE

Merkmale: Länge 25–50 (75) cm; langgestreckter, kegelförmiger Körper; großer, mit Hautknochen gepanzerter Kopf; endständiges, großes, bezahntes Maul; 70 kl. Rundschuppen längs der Seitenlinie.
Lebensweise: Auf sandigem, sandig-schlammigem und kiesigem Grund lebender Bodenbewohner in 5–200 m Tiefe; Fried- und Raubfisch; Freiwasserlaicher von V–VII; Höchstalter 15 Jahre.
Vorkommen: O-Atlantik von den Lofoten bis entlang der afrikanischen Küste zum Kap der Guten Hoffnung; Mittelmeer; Schwarzes Meer.
Wissenswertes: Mit den 3 untersten freistehenden, unabhängig voneinander beweglichen Brustflossenstrahlen schreitet der R. K. auf dem Grund umher. Doch er ist auch ein gewandter Schwimmer. Seine Nahrung besteht aus Krebsen, Muscheln und kleinen Fischen. Mithilfe besonderer Muskeln, die die Schwimmblase in Schwingung versetzen, kann der R. K. dumpfe, knurrende Geräusche hervorbringen.

Seehase *Cyclopterus lumpus*

LUMPFISCHE

Merkmale: Länge 35–50 (60) cm; Körper plump, rundlich; ♀ blaugrün, ♂ orangerot gefärbt; Haut schuppenlos, mit kleinen Knochenhöckern und Längsreihen großer Dornen bedeckt; Bauchflossen zu einer breiten, runden Haftscheibe verwachsen.
Lebensweise: Stationärer Bodenbewohner der Seegras- und Blasentangregion über steinigem Grund in 0–300 m Tiefe; Friedfisch; Pflanzen-Gesteinlaicher von II–V; 15 000–100 000 Eier pro ♀; mit 3–5 Jahren ab ca. 14 cm Länge geschlechtsreif.
Vorkommen: NO-Atlantik (Weißes Meer bis Biskaya), Ostsee, arktischer u. nordamerik. Atlantik.
Wissenswertes: S. saugen sich in Ruhephasen mit ihrer Haftscheibe am Untergrund fest. Krebstiere stellen ihre Hauptnahrung dar. Zum Laichen ziehen sie ins flache Wasser der Küstenzone. Das ♀ laicht seine gelbroten Eier in einem großen Klumpen an Steinen und Tang ab. Dieser wird vom ♂ bis zum Schlupf der Larven betreut. Der Rogen gefischter S. wird als preiswerter Kaviar verkauft.

Steinbutt *Psetta maxima*

PLATTFISCHE

Merkmale: Länge 30–60 (100) cm; Körper abgeflacht, fast kreisförmig; Maul endständig, groß, bezahnt; Augenseite schuppenlos, mit großen, unregelmäßig verteilten Knochenhöckern, übrige Haut von winzigen Rundschuppen bedeckt; vollständige, über der Brustflosse gewölbte Seitenlinie.
Lebensweise: Auf gemischtem Sand- bis Steingrund lebender Bodenbewohner von der Strandzone bis in ca. 70 m Tiefe, auch im Brackwasser; Raubfisch; Freiwasserlaicher von IV–VIII; 10–15 Mio. Eier pro ♀; mit 4–5 Jahren ab etwa 30 cm Länge geschlechtsreif; Höchstalter 26 Jahre.
Vorkommen: NO-Atlantik, Nord- und Ostsee; Mittelmeer; Schwarzes Meer.
Wissenswertes: Ohne eine ausgesprochene Laichwanderung zu unternehmen laicht der S. in 10–40 m Wassertiefe. Die Larven sind zunächst symmetrisch und wandeln sich, bis sie eine Länge von 25 mm erreicht haben, zum Plattfisch um. Erst mit 4–6 Monaten geht der S. zum Bodenleben über.

Scholle, Goldbutt *Pleuronectes platessa*

SCHOLLEN

Merkmale: Länge 30–60 (100) cm; ovaler, stark abgeflachter Körper; kleines, bezahntes Maul; 88–115 kleine Rundschuppen auf der vollständigen Seitenlinie; Hinterkopf mit 4–9 Knochenhöckern.
Lebensweise: In Scharen auf Sand- und Tongrund lebender Bodenbewohner von der Strandzone bis in ca. 200 m Tiefe, auch im Brackwasser; Friedfisch; Freiwasserlaicher von XI–VI; 50 000–520 000 Eier pro ♀; ♂ mit 2–4, ♀ mit 5–6 Jahren geschlechtsreif; Höchstalter 50 Jahre.
Vorkommen: NO-Atlantik, vom Weißmeer bis Marokko, Ostsee; westliches Mittelmeer.
Wissenswertes: Der Salzgehalt im Laichgewässer muss über 10 ‰ betragen, da die Eier sonst absinken und verderben. So liegen die Laichplätze in der südlichen Nordsee in 20–40 m, die der westlichen Ostsee in 60–90 m Tiefe. Die zunächst frei schwimmenden, symmetrischen Larven wandeln sich mit 10–15 mm Länge zum bodengebundenen Plattfisch um.

Seezunge *Solea solea*

SEEZUNGEN

Merkmale: Länge 30–40 (70) cm; länglich ovaler, stark abgeflachter Körper; kleines, halbkreisförmig gebogenes Maul; sehr kleine Rundschuppen.
Lebensweise: Bodenbewohner auf Sand- und Schlammgrund, von der Strandzone bis in 180 m Tiefe, auch im Brackwasser; Friedfisch; Freiwasserlaicher von XII–VI; 100 000–150 000 Eier pro ♀; mit 2–4 Jahren geschlechtsreif; Höchstalter 27 J.
Vorkommen: O-Atlantik (S-Norwegen bis Senegal), westl. Ostsee; Mittelmeer; Schwarzes Meer.
Wissenswertes: Die S. ist wie fast alle Plattfische fähig, sich außerordentlich rasch durch wellige Bewegungen der Rücken- und Afterflosse in den Grund einzugraben und sich diesem durch Farbwechsel anzugleichen. Tagsüber meist im Sand vergraben, sucht sie in der Dämmerung und nachts mittels tastempfindlicher Hautanhänge an der Blindseite des Kopfes nach Muscheln, Würmern und Krebsen. Die Jungfische gehen bei einer Länge von 12–15 mm zum Bodenleben über.

Gewöhnlicher Seestern *Asterias rubens* SEESTERNE

Merkmale: Gesamtdurchmesser bis zu 30 cm, Körperscheibe aber optisch durch die breiten Basen der 5 Arme völlig aufgelöst; Körper und Arme oberseits dicht besetzt mit kleinen, bestachelten Kalkplatten, die zwar alle dicht auf Lücke stehen, aber trotzdem immer noch frei gegeneinander beweglich sind. Die auf der Rückenseite leicht abgeflachten Arme verbreitern sich direkt oberhalb des Ansatzes und laufen anschließend zum Ende hin spitz zu. Direkt an den Armspitzen befindet sich jeweils ein blutroter Augenfleck. Bei einem aktiven Seestern sind die Spitzen der Arme meist leicht aufgedreht. Auf der Unterseite des Körpers sitzen zahlreiche, dicht gedrängte Reihen von Füßchen, die alle an der Spitze einen Saugnapf tragen (rechtes Bild). Die Färbung des Tieres ist sehr variabel, die Palette reicht von Hellgelb über Orange und Rot bis Violett und fast Schwarz. Exemplare aus tieferen Meeresbereichen sind relativ blass.

Vorkommen: Europäische Atlantikküsten, auch in der westlichen Ostsee (bis Rügen); auf Weichböden aller Art, auf Felsgründen, an Molen- und Spuntwänden, Pontons, Bojen und Schiffswracks sowie auf Muschelbänken, Jungtiere auch auf großen Braun- und Rotalgen; von der oberen Dauerflutzone bis in etwa 200 m Tiefe; auch in Gezeitentümpeln und Prielen des Wattenmeeres.

Wissenswertes: Der G. S. ist der häufigste Stachelhäuter unserer Küstengewässer. Harmlos anzuschauen, entpuppt er sich bei genauerer Beobachtung als ein gefräßiger Räuber, der auf seinen Saugfüßchen zielstrebig auf Muscheln zuwandert und diese attackiert. Zunächst stülpt er sich über sein Opfer und zieht mit seinen Armen dessen Klappen auseinander. Um die Attacke noch wirkungsvoller zu gestalten, verdeckt er mit einem Arm die Ein- und Ausstromöffnung der Muschel. Wenn die Muschel aus Sauerstoffmangel oder Muskelschwäche ihre Schale öffnet, stülpt der Seestern sofort seinen Magenlappen ins Muschelinnere, um den Weichkörper zu verdauen und ihn schließlich herauszusaugen.

G. S. haben eine große Fähigkeit zur Regeneration. Abgetrennte Arme wachsen wieder nach.

Zerbrechlicher Schlangenstern *Ophiothrix fragilis* SCHLANGENST.

Merkmale: Leicht an der starken Armbestachelung zu erkennen, Armlänge bis 8 cm; Körperscheibe bis zu 1,5 cm breit, häufig gestreift und gemustert, oberseits unterteilt in 5 radiär angeordnete Stachelplatten-Strahlen sowie gegenüber der Armbasis nackt bleibende Rückenfelder; Färbung sehr variabel, von dunkelviolett über blau, türkis, grün bis gelbrötlich und braun.

Vorkommen: Europäische Atlantikküsten, Mittelmeer; auf Felsgründen, Molenwänden, Polypenkolonien und aufrecht stehenden Schwämmen, seltener auch auf Weichböden, Jungtiere auch in Seegraswiesen und zwischen Algen; von der oberen Dauerflutzone bis in über 300 m Tiefe.

Wissenswertes: Die Arme des Z. S. brechen sehr leicht ab (Name!), sodass man selten ein Exemplar findet, bei dem nicht mindestens einer der Arme in Regeneration begriffen ist. Die beweglichen Tiere erklimmen mühelos auch steile Wände. Sie ernähren sich räuberisch von kleinen Weichtieren, Würmern und Krebsen, die sie vom Boden absammeln.

Kleiner Strandigel *Psammechinus miliaris* SEEIGEL

Merkmale: Durchmesser bis 4,5 cm; wie der Essbare Seeigel (⇨ S. 234) mit festem Gehäuse, welches aus vielen miteinander verwachsenen Kalkplatten besteht; Form insgesamt rund, ober- und unterseits deutlich abgeflacht; vom Scheitel bis zum Mund 5 Saugfußfelder; Gehäusefarbe überwiegend grün bis braun (unterseits heller), Stacheln grün mit violetten Spitzen.

Vorkommen: Europäischer Atlantik, Nord- und westliche Ostsee; auf Felsböden, Molen, Schiffswracks, Hummerkäfigen und großen Algen, auch in Seegraswiesen und den Prielen des Wattenmeeres; von der oberen Dauerflutzone bis in etwa 100 m Tiefe, auch in Gezeitentümpeln.

Wissenswertes: K. S. beweiden den Untergrund und fressen dabei Algen und kleine festsitzende Wirbellose. An geschützt gelegenen Strandabschnitten kann man sie im Angespül finden. K. S. können sich bestens tarnen, indem sie abgerissene Algen oder leere Muschelschalen mit ihren Saugfüßchen ergreifen und dicht am Körper festhalten.

Essbarer Seeigel

Echinus esculentus SEEIGEL

Merkmale: Durchmesser bis 16 cm; Gehäuse rund und abgesehen von der abgeflachten Mundseite (=Unterseite) hoch gewölbt, rundum mit Stacheln besetzt; vom Gehäusescheitel bis zum Mund 5 radiär angeordnete Doppelreihen von Saugfüßchen-Feldern (besonders bei toten und entstachelten Gehäusen gut sichtbar); Gehäusefärbung von blassrot bis kräftig rotviolett, Stacheln heller.

Vorkommen: Europäische Atlantikküsten; auf Felsböden, unterseeischen Muschelbänken, Schiffswracks, an Molen, Brückenpfeilern, in Seegraswiesen und Algenwäldern; von der oberen Dauerflutzone bis in 50 m Tiefe.

Wissenswertes: Der auffällige E. S. trägt seinen Namen wegen seiner schmackhaften Geschlechtsdrüsen, die früher roh aus den aufgebrochenen Tieren ausgelutscht wurden. Die zerbrechlichen Gehäuse werden nur selten vollständig angespült. Die Tiere ernähren sich, indem sie mit ihrem fünfstrahligen Mundwerkzeug vom Untergrund festsitzende Organismen aller Art abpflücken.

Kleiner Herzigel

Echinocardium cordatum HERZIGEL

Merkmale: Länge bis 9 cm; Schale asymmetrisch, oval bis herzförmig, auf der Rückenseite leicht aufgewölbt, Unterseite flach; im Lebendzustand mit einem Stachelpelz überzogen; dieser verdeckt 5 Paar Porenreihen, von denen 4 Paar sternenförmig auseinanderweichen, während die 5. zum Vorderende führt; Unterseite mit schlitzförmigem Mund und sehr viel kleinerem, rundem After am Hinterende; Färbung des Stachelpelzes irisierend braun bis gelb, Gehäuse schmutzig weiß bis grau.

Vorkommen: Europäischer Atlantik, Nordsee, Mittelmeer; in weichen Sedimentböden; von der unteren Gezeitenzone bis in 200 m Tiefe.

Wissenswertes: Die zerbrechlichen Gehäuse kann man häufig im Angespül finden. Im Lebendzustand bekommt man die Tiere kaum zu Gesicht. Sie graben sich mit ihren beweglichen Stacheln tief in den Boden ein und bilden eine Wohnhöhle, die sie mit einer Sekret-Tapete auskleiden. Herzigel ernähren sich von kleinen Wirbellosen, die sie im Sediment aufspüren.

Zwergseeigel

Echinocyamus pusillus SANDDOLLARS

Merkmale: Körper kaum 1,5 cm messend, mit einem dichten und kurzen Stachelpelz vollständig bedeckt, im Sonnenlicht irisierend, sonst blassgrün gefärbt; angespülte Schalen rein bis schmutzig weiß, sehr flach und etwa eiförmig, auf der Unterseite direkt im Zentrum der kreisrunde Mund, Aftermündung deutlich zum Rand hin verschoben und viel kleiner.

Vorkommen: Europäischer Atlantik, Nord- und westliche Ostsee, Mittelmeer; in Schlick-, Sand- und Kiesböden; von der oberen Dauerflutzone bis in eine Tiefe von 800 m.

Wissenswertes: Z., die kleinsten Vertreter der Gruppe der Herzigel an europ. Küsten, leben oberflächlich eingegraben im Sediment und durchwühlen dieses nach Mikroorganismen, daneben nehmen sie auch abgestorbene Pflanzenreste auf. Sie selbst sind eine geschätzte Speise für Grundfische. Nur selten werden die Z. unversehrt angespült. Meistens kommen sie bereits ohne Stachelpelz an den Strand (Bild).

Königsholothurie

Stichopus regalis SEEGURKEN

Merkmale: Länge bis zu 25 cm; unverkennbar an ihrer leuchtend orangen Färbung auf der Rückenseite, Unterseite viel heller und meist gelblich bis hellbraun getönt, in der Mitte mit einem roten Feld; Rücken und Unterseite deutlich abgeflacht; Oberhaut derb und rau, auf den Seiten des Rückens verläuft jeweils ein Feld mit dicht zusammenstehenden Poren für die zahlreichen Saugfüßchen. Die restlichen drei Fußleisten befinden sich auf der Unterseite und werden zur Fortbewegung benutzt. Der Mund liegt an der Spitze und besitzt kurze, schildförmige Tentakel.

Vorkommen: Europäischer Atlantik, Nordsee (Helgoland), Mittelmeer; auf Schlick- und Sandböden, in Seegraswiesen und Algenwäldern, auch auf hartem Untergrund wie z. B. Schiffswracks; in der Dauerflutzone von 5–200 m Tiefe.

Wissenswertes: Die K. ist die größte Seegurke der heimischen Gewässer. Als Substratfresser schaufelt sie das Sediment in den Mund und entlässt alles Unverdauliche wieder über den After.

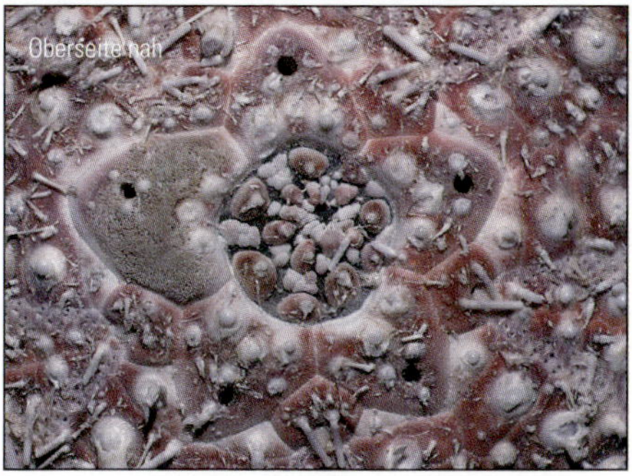
Oberseite nah

Schwarzer Wasserspringschwanz *Podura aquatica* SPRING.

Merkmale: Körperlänge 1–1,5 mm; flügellos, matt blauschwarz mit kurzen, 4-gliedrigen Fühlern, unter dem Hinterleib eine lange, nach vorn eingeklappte Sprunggabel. Fast ganzjährig.
Vorkommen: Auf der Oberfläche kleinerer und kleinster stehender Gewässer und an deren Ufern; überall häufig.
Wissenswertes: Springschwänze bewohnen in großer Artenzahl die Bodenoberfläche, einige (unter anderem diese Art) auch Wasserflächen. Der S. W. kann mehrere Zentimeter weite Sätze ausführen, indem er seine Sprunggabel nach unten-hinten schnellen lässt. Wie auch bei den übrigen Urinsekten findet die Paarung ohne körperliche Vereinigung der Partner statt. Das ♂ setzt am Boden vor dem ♀ mehrere gestielte Samentropfen (Spermatophoren) ab, die dieses in seine Geschlechtsöffnung aufnimmt. Die aus den Eiern schlüpfenden Jungtiere gleichen, von der geringeren Größe abgesehen, fast vollkommen den ausgewachsenen Tieren.

Felsenspringer *Lepismachilis y-notata* FELSENSPRINGER

Merkmale: Körperlänge 8–10 mm; flügellos, Hinterende mit 3 zumeist eng aneinander gelegten Schwanzfäden; Körperoberfläche mit dichtem, bunt metallisch schillerndem Schuppenkleid; Augen groß, von oben gesehen mit dunklem Y-Muster. Fast ganzjährig.
Vorkommen: Im Bergland an felsigen und steinigen Stellen gebietsweise nicht selten.
Wissenswertes: Diese recht lebhaften Urinsekten tummeln sich insbesondere in der Abenddämmerung gern scharenweise auf Felsschutthalden. Bei Gefahr bringen sie sich durch plötzliche Sprünge in Sicherheit, die fast halbmeterweit sein können. Zum Springen wird der Hinterkörper stark gekrümmt und dann blitzschnell wieder gestreckt. Zur Paarung setzt das ♂ auf einem Sekretfaden mehrere Spermatropfen ab, die dann vom ♀ aufgenommen werden.

Doppelschwanz *Campodea* sp. DOPPELSCHWÄNZE

Merkmale: Körperlänge 3–5 mm; flügellos, Körper sehr zart, weißlich, am Hinterende 2 lange, den Fühlern ähnelnde Schwanzfäden. Ganzjährig.
Vorkommen: Am Erdboden in Wäldern und offenem Gelände; überall ziemlich häufig.
Wissenswertes: Dieses sehr austrocknungsempfindliche, augenlose Urinsekt hält sich meist in Erdspalten und unter tief reichenden Steinen verborgen. Nur bei länger anhaltender feuchtkühler Witterung (vor allem im zeitigen Frühjahr und im Spätherbst) kann man es in den obersten Bodenschichten oder an der Unterseite flacher Steine antreffen. Es ernährt sich von Pflanzenresten und Pilzfäden, daneben auch von Aas, und trägt zur Humusbildung bei.
Zur Fortpflanzung wird, ähnlich wie bei den Springschwänzen, vor dem ♀ (oft aber auch ohne dessen Anwesenheit) eine nur 0,1 mm lang gestielte Spermatophore abgesetzt. Das ♀ legt seine Eier in einer kleinen Erdhöhle ab, wo es sie als gestielten Eiballen an die Decke heftet.

Silberfischchen *Lepisma saccharina* FISCHCHEN

Merkmale: Körperlänge 8–11 mm; Körper spindelförmig, mit einem silbrig glänzenden Schuppenkleid überzogen; am Hinterende mit 3 auseinanderspreizenden Schwanzfäden. Ganzjährig.
Vorkommen: Fast nur in Gebäuden, vor allem an feuchten Stellen; überall sehr häufig.
Wissenswertes: Das S. gehört sicher zu den bekanntesten Vertretern des Hausungeziefers, richtet aber, außer vielleicht bei sehr massivem Auftreten, keine nennenswerte Schäden an. Das sehr anspruchslose Urinsekt ernährt sich von allen möglichen Abfallstoffen und Vorräten, sogar Tapetenkleister. Die Paarung erfolgt gewöhnlich in einem Zimmerwinkel. Das ♂ spinnt dabei aus wenigen Fäden ein kleines Gespinstdach vom Boden zur Wand und setzt darunter einen Spermatropfen ab. Anschließend kriecht das ♀ unter die Fäden, bleibt über dem Tropfen stehen und nimmt die Samenflüssigkeit in seine Geschlechtsöffnung auf. Die Eier werden später mit dem kurzen Legebohrer in Bodenritzen abgelegt.

Große Eintagsfliege *Ephemera danica* EINTAGSFLIEGEN

Merkmale: Flügelspannweite 35–45 mm; Körper weichhäutig, hell gelblich oder grau, mit dunklen, kommaförmigen Zeichnungen auf den hinteren Hinterleibsringen, am Hinterende mit 3 langen Schwanzfäden; Flügel glasartig durchsichtig, mit feiner dunkler Fleckung, das vordere Paar deutlich größer als das hintere. Flugzeit V–IX.

Vorkommen: An sauberen Fließgewässern mit nicht allzu starker Strömung; fast überall ziemlich häufig.

Wissenswertes: Die Art hat wie alle Eintagsfliegen 2 geflügelte Stadien. Aus der Larve (kleines Foto oben) entwickelt sich die bereits geflügelte Subimago (linkes großes Bild), aus der dann wiederum die Imago (rechtes großes Bild) hervorgeht. Beide nehmen keine Nahrung mehr auf. Die Subimago ist durch ihre kürzeren Schwanzfäden und die milchig getrübten Flügel leicht von der fertigen Eintagsfliege zu unterscheiden. Sie häutet sich nach 1–2 Tagen. Da im Innern ihrer Flügel bereits die Flügel der Imago voll ausgebildet vorliegen, brauchen diese nicht noch durch Einpumpen von Blutflüssigkeit gestreckt zu werden, wie bei der letzten Häutung anderer Insekten.

Die ♂ tanzen in der Abenddämmerung oft in kleinen Schwärmen mit auf- und abpendelndem Flug über ihrem Heimatgewässer. Sobald ein ♀ in den Schwarm eindringt, wird es von einem der ♂ ergriffen, und beide sinken während der Paarung neben dem Wasser zu Boden. Kurz darauf fliegt das ♀ zum Gewässer zurück und taucht die Hinterleibsspitze mit den daraus hervorquellenden Eiern mehrmals kurz ins Wasser ein, sodass die Eier fortgespült werden.

Die wasserlebende Larve hat eine schmal zylindrische Körperform und kurze, kräftige Beine. Für ihre Entwicklung benötigt sie offenbar 2 Jahre. Sie gräbt Gänge im Bodenschlamm und ernährt sich von Pflanzenresten u. a. organischen Stoffen.

Kleine Eintagsfliege
Ephemerella ignita EINTAGSFLIEGEN

Merkmale: Flügelspannweite 15–24 mm; Hinterende mit 3 langen Schwanzfäden; Hinterflügel nur etwa 1/4 so lang wie Vorderflügel. Flugzeit V–IX.

Vorkommen: Vorzugsweise an fließenden, seltener an stehenden Gewässern; fast überall eine der häufigsten Eintagsfliegen.

Wissenswertes: Die Larve ist etwas untersetzt, mit ziemlich kleinen, auf der Oberseite des Hinterleibs liegenden Kiemenblättchen. Sie hält sich gewöhnlich zwischen Wasserpflanzen oder unter Steinen auf, wo sie sich von pflanzlichen und anderen organischen Stoffen ernährt. Am Ende ihrer Entwicklung häutet sie sich – meist abends – an der Wasseroberfläche zur Subimago, diese am darauf folgenden Morgen zur Imago.

Nach der Paarung quillt aus der Geschlechtsöffnung des ♀ ein kugelförmiger, dunkler Eiballen hervor, den das Tier längere Zeit mit sich herumträgt. Später wird die Eikugel ins Wasser abgeworfen, wo sie zerfällt. Die Eier verteilen sich dabei über den Gewässergrund.

Zweifädige Eintagsfliege
Epeorus sylvicola EINTAGSFLIEGEN

Merkmale: Imago (nicht abgebildet) mit rund 30–40 mm Flügelspannweite und nur 2 Schwanzfäden. Flugzeit VII–VIII.

Vorkommen: In schnell fließenden, turbulenten Bächen mit steinigem Grund; nur im Bergland und in den Alpen, nicht häufig.

Wissenswertes: Auch die Larve (Bild) hat nur 2 Schwanzfäden, außerdem einen stark abgeflachten Körper und flach ausgebreitete Kiemenblättchen. Durch ihre perfekt angepasste, strömungsgünstige Körperform vermag sie selbst in stärkster Strömung frei auf Steinen umherzulaufen, ohne fortgespült zu werden. In stehendem Wasser erstickt sie dagegen oft schon nach wenigen Minuten, da sie anders als die meisten übrigen E.-Larven ihre Kiemenblättchen nicht bewegen und somit kein frisches Atemwasser herbeistrudeln kann.

Ähnlich: Eine sehr ähnliche Körperform besitzen die Larven der Gattung *Ecdyonurus*. Sie haben jedoch 3 Schwanzfäden und an den Halsschildseiten jeweils 1 nach hinten gerichteten Fortsatz.

Große Steinfliege *Perla marginata*

Merkmale: Flügelspannweite 30–50 mm; Körper etwas abgeflacht, überwiegend dunkelgrau, am Hinterende mit 2 etwa fühlerlangen Schwanzfäden. Flugzeit V–VIII.

Vorkommen: An sauberen, schnell fließenden, meist steinigen Bächen; im Bergland stellenweise nicht selten, in den Alpen nur bis in eine Höhe von ca. 800 m.

Wissenswertes: Die fertig entwickelte Steinfliege nimmt offenbar keine Nahrung mehr zu sich. Sie sitzt meist träge in der Ufervegetation entlang ihres Entwicklungsgewässers, gern z. B. auf der Unterseite von Pestwurzblättern. Nur bei Störungen fliegt sie manchmal über kurze Stecken, häufiger lässt sie sich fallen und verkriecht sich am Boden. Die Larve (kl. Bild) sieht, von den Flügeln abgesehen, der Imago ähnlich, doch mit deutlicher, heller Fleckenzeichnung, langen Haarsäumen an den Beinen und hellen Kiemenbüscheln an den Brustsegmenten. Sie ist ein ausgesprochener Räuber, der sich von anderen Wassertieren ernährt. Die Beute kann dabei fast ihre eigene Körpergröße besitzen. **RL**

Ähnlich: Die beiden anderen Arten dieser Gattung, *Perla maxima* und *P. burmeisteriana*, ersetzen *P. marginata* in höher und tiefer gelegenen Fließwasserbereichen. Die oft mit *P. marginata* vergesellschaftete *Dinocras cephalotes* (Bild unten) ist vor allem an den kurzflügeligen ♂ (Bild) kenntlich.

Gewöhnliche Steinfliege
Nemoura sp. STEINFLIEGEN

Merkmale: Flügelspannweite 15–22 mm; Flügel kurz vor der Spitze mit x-förmiger Aderverzweigung, am Hinterleibsende nur winzige Stummel als verkümmerte Schwanzfäden. Flugzeit V–IX. Zahlreiche nur schwer unterscheidbare Arten.

Vorkommen: Vorwiegend in sauberen Fließgewässern, die häufigste Art (*Nemoura cinerea*, Larve kl. Bild oben) auch in Gräben und Tümpeln.

Wissenswertes: Beim ♀ quellen kurz vor der Eiablage die Eier aus der Hinterleibsspitze hervor (Bild). Sie werden anschließend im Wasser abgestreift. Die Larve besitzt schräg abstehende Flügelscheiden; ihr fehlen Kiemenbüschel. Im Gegensatz zu den räuberischen Larven der *Perla*-Arten ernährt sie sich von Pflanzenteilen.

Ähnlich: Die sehr ähnlichen Larven der Gattung *Protonemura* tragen unter der Vorderbrust 6 fingerförmige Kiemenschläuche.

Gebänderte Steinfliege
Brachyptera seticornis STEINFLIEGEN

Merkmale: Flügelspannweite 15–30 mm; Flügel rauchig getrübt, mit dunkleren Querbinden, werden im Sitzen leicht zigarrenförmig eingerollt; Schwanzfäden kurz, aus 2 Gliedern, an deren Spitze noch Reste eines 3. Glieds zu erkennen sind. Flugzeit je nach Höhenlage früher oder später im Zeitraum von III–VII.

Vorkommen: In Quellnähe an sehr sauberen, schnell fließenden Bergbächen mit steinigem Untergrund; in den Mittelgebirgen und im Alpenvorland stellenweise recht häufig, in den Alpen etwas seltener, hier aber bis in etwa 1500 m Höhe.

Wissenswertes: Die dunkelbraune Larve ähnelt einer *Nemoura*-Larve, ist aber schlanker. Außerdem ist bei ihr das zweite der 3 Fußglieder länger als das erste (bei *Nemoura* umgekehrt). Bei starker Beunruhigung rollt sie sich nach Art eines Igels zusammen, sodass die Fühler nach hinten, die Schwanzfäden nach vorn ragen. Sie ernährt sich vom Algenbewuchs der Steine und von pflanzlichen Abfällen.

Gewöhnliche Teichjungfer *Lestes sponsa*

TEICHJUNGFERN

Merkmale: Flügelspannweite 40–50 mm; Färbung grün oder kupfern metallisch, ♂ am Anfang und Ende des Hinterleibs sowie auf Teilen des Brustabschnitts hellblau bereift. Flugzeit VI–X.

Vorkommen: Vor allem an flachen, mit Binsen bewachsenen, oft moorigen Gewässern; gebietsweise durchaus häufig.

Wissenswertes: Wie alle *Lestes*-Arten spreizt die G. T. im Sitzen ihre Flügel schräg auseinander. Hierdurch unterscheidet die sich deutlich von den übrigen Kleinlibellen, zu denen außer den Teichjungfern auch noch die Prachtlibellen (⇨ S. 244) sowie die Feder- und Schlanklibellen (⇨ S. 244) gerechnet werden, die ihre Flügel meist flach über dem Hinterleib zusammenlegen.

Die G. T. zeigt recht häufig das für alle Libellen charakteristische Paarungsverhalten: Zunächst greift das ♂ mit seinen Hinterleibszangen ein ♀ hinter dem Kopf (linkes großes Bild), krümmt dann seinen Hinterleib so weit nach unten, bis dessen Spitze mit der Geschlechtsöffnung das Begattungsorgan an der Hinterleibsbasis berührt, und „betankt" dieses mit Sperma (linkes kleines Bild). Daraufhin biegt das ♀ seine Hinterleibsspitze zum Begattungsorgan des ♂. Dabei entsteht das typische herzförmige „Paarungsrad" (rechtes großes Bild). Nach der Paarung sticht das ♀ seine Eier mit dem Legebohrer in einen Binsenstängel hinein. Die Larve (rechtes kleines Bild) besitzt dunkel quergebänderte Kiemenblättchen. Sie verhält sich recht träge. Ihre Entwicklung bis zur fertigen Libelle dauert 8–10 Wochen. **§!**

Weidenjungfer *Lestes viridis*

TEICHJUNGFERN

Merkmale: Flügelspannweite 50–55 mm; Färbung grünmetallisch bis kupfern, ohne blaue Bereifung, Flügelmal hellbraun. Flugzeit VII–X.

Vorkommen: Vor allem an künstlichen Stillgewässern wie Fischteichen und Baggerseen; fast überall häufig.

Wissenswertes: Die W. legt ihre Eier ausschließlich in Zweigen von Ufergehölzen ab. Die Paare versammeln sich oft scharenweise an günstig liegenden, über das Wasser ragenden Erlen- oder Weidenzweigen, unter deren Rinde das ♀ die Eier einbohrt. Hierdurch kommt es zu paarigen, blasenförmigen Anschwellungen, zwischen denen das Einstichloch erkennbar ist (kleines Bild). Die Eier überwintern. Die im Frühjahr schlüpfenden Larven lassen sich ins Wasser hinabfallen. **§!**

Gewöhnliche Winterlibelle
Sympecma fusca

TEICHJUNGFERN

Merkmale: Flügelspannweite 45–50 mm; Färbung bei beiden Geschlechtern braun mit schwarzer, z.T. kupfern glänzender Zeichnung. Flugzeit VII–V.

Vorkommen: An Teichen und Tümpeln, v. a. mit schilfbewachsenen Ufern; stellenweise häufig.

Wissenswertes: Die G. W. legt wie die meisten Kleinlibellen, aber anders als die übrigen Arten ihrer Familie, in der Ruhelage ihre Flügel übereinander. Neben einer 2. Art ihrer Gattung (der sehr ähnlichen, aber viel selteneren Sibirischen Winterlibelle, *S. paedisca*) ist sie die einzige heimische Libelle, die den Winter als Imago übersteht. Sie sucht hierzu oft weit vom Entwicklungsgewässer entfernte, geschützt liegende Plätze auf und setzt sich dort in Bodennähe ab. Je nach Witterung kann sie dann einschneien oder vom Reif überzogen werden (Bild). Bei Temperaturen über dem Gefrierpunkt wird sie aber wieder mobil und wechselt von Zeit zu Zeit ihren Aufenthaltsort. Erst nach der Überwinterung schreitet sie im März oder April zur Fortpflanzung. **RL, §!**

Gebänderte Prachtlibelle *Calopteryx splendens* PRACHTLIBELLEN

Merkmale: Flügelspannweite rund 60–70 mm; Körper des ♂ (Bild) metallisch grün oder blau schillernd, Flügel in der Mitte mit breiter, ebenfalls grün oder blau schillernder, blauschwarzer Querbinde; ♀ etwas heller grünmetallisch, z.T. kupfern glänzend, mit leicht grünlich getönten Flügeln ohne dunkle Querbinde. Flugzeit V–IX.

Vorkommen: An besonnten Bächen und Flüssen; in den meisten Gegenden nicht selten, doch gebietsweise stark zurückgegangen.

Wissenswertes: Die ♂ der G.P. besetzen am Ufer von Fließgewässern jeweils eigene Reviere, die sie gegenüber ihren Geschlechtsgenossen durch drohendes Flügelspreizen und Flugattacken verteidigen. Erscheint dagegen ein ♀, biegt das ♂ seine Hinterleibsspitze empor und reckt sie diesem entgegen. Dabei wird eine leuchtend weiße Fläche an der Unterseite der letzten Hinterleibsringe sichtbar, die wie ein „weißes Schlusslicht" wirkt und dem ♀ signalisiert, dass es sich hier um ein ♂ der „richtigen", d.h. der eigenen Art handelt (vergleiche Blauflügel-Prachtlibelle). Nach der Paarung zeigt das ♂ dem ♀ unter auffallendem Auf- und Zuklappen seiner Flügel einen günstigen Eiablageplatz an. Dort setzt dieses sich auf im Wasser treibende Pflanzenstängel und deponiert darin seine Eier. Gelegentlich taucht es bei der Eiablage auch vollständig unter Wasser. **§!**

Blauflügel-Prachtlibelle *Calopteryx virgo* PRACHTLIBELLEN

Merkmale: Flügelspannweite 60–70 mm; Färbung des ♂ (großes Bild) ähnlich der oben vorgestellten Art, die grün oder blau schillernde Flügelbinde füllt aber fast die gesamte Flügelfläche aus; ♀ mit bräunlich getönten Flügeln. Flugzeit V–VIII.

Vorkommen: An sauberen, meist schmalen Fließgewässern mit naturnaher Ufervegetation; fast überall seltener als die Schwesterart.

Wissenswertes: Während die B. eher an etwas schattigen Uferabschnitten schnell fließender, schmaler Bäche auftritt, zeigt die andere ihre größte Häufigkeit an voll besonnten, träge dahinfließenden Flussabschnitten. Dennoch können beide auch oft gemeinsam im gleichen Lebensraum angetroffen werden. Zur Vermeidung von Fehlpaarungen besitzt das ♂ der B. ein deutlich anderes „Schlusslicht" als das der Gebänderten Prachtlibelle: Die Unterseite seiner Hinterleibsspitze leuchtet dem ♀ grell karminrot entgegen. Die Larve (kl. Bild) ist sehr schlank und langbeinig und trägt ziemlich lange Fühler. Ihre 3 Kiemenblättchen am Hinterende tragen jeweils eine helle Querbinde. Meist hält sich die Larve in Uferhöhlungen oder unter Pflanzenbüscheln, die ins Wasser ragen, verborgen. Mit ihren langen Fühlern ertastet sie möglicherweise bei schlechten Lichtverhältnissen ihre Beutetiere. Sie benötigt für ihre Entwicklung offenbar 2 Jahre. **RL, §!**

Gewöhnliche Federlibelle *Platycnemis pennipes* FEDERLIBELLEN

Merkmale: Flügelspannweite 40–50 mm; Schienen der Mittel- und Hinterbeine, insbesondere beim ♂ (Bild), verbreitert und abgeflacht, am Rand mit steifen Borsten. Flugzeit V–IX.

Vorkommen: An stehenden und langsam fließenden Gewässern meist nicht selten, besonders in den Auen größerer Flüsse.

Wissenswertes: Die ein wenig an Federn erinnernden, verbreiterten Schienen der G.F. werden als optische Signale bei der Balz eingesetzt: Die ♂ tanzen im Flug vor den in der Vegetation sitzenden ♀ und lassen dabei ihre Beine mit den hell leuchtenden Unterseiten locker herunterbaumeln. **§!**

Becher-Azurjungfer *Enallagma cyathigerum* SCHLANKLIBELLEN

Merkmale: Flügelspannweite 40–45 mm; Oberseite des 2. Hinterleibssegments beim ♂ mit knopfförmiger, an einen Becher erinnernder, schwarzer Zeichnung. Flugzeit V–IX.

Vorkommen: Vorwiegend an größeren stehenden Gewässern; ziemlich häufig.

Wissenswertes: Die himmelblau gefärbten ♂ der B. besiedeln oft in größerer Zahl vegetationsreiche Uferzonen von Seen. Sie setzen sich gern zu mehreren übereinander mit rechtwinklig abstehendem Körper an senkrechte Pflanzenstängel und sind allein schon an dieser Haltung bereits von weitem zu identifizieren. **§!**

Hufeisen-Azurjungfer *Coenagrion puella* SCHLANKLIBELLEN

Merkmale: Flügelspannweite 40–50 mm; 2. Hinterleibssegment des hellblau gefärbten ♂ mit hufeisenförmiger Zeichnung (Name!); ♀ gelbgrünlich, ohne auffallende Zeichnungen. Flugzeit V–IX.

Vorkommen: Vorzugsweise an kleineren stehenden Gewässern; eine der häufigsten heimischen Libellen.

Wissenswertes: Auch bei dieser Art bleiben die Partner zur Eiablage miteinander verbunden. Die ♀ setzen sich, oft zu mehreren dicht nebeneinander, auf im Wasser schwimmende Pflanzenteile und schieben mit ihrem Legebohrer die Eier ins Pflanzengewebe. In dieser Zeit stehen die ♂ mit steif aufgerichtetem Körper und angelegten Beinen über der Partnerin (Bild). Sie beobachten hierbei die Umgebung und können sich beim Auftauchen einer Gefahr zusammen mit ihrer Partnerin in Sicherheit bringen. Gleichzeitig verhindern sie Störungen der Eiablage durch andere paarungswillige ♂, die unentwegt auf Weibchensuche umherpatrouillieren.
Die Larve (kleines Bild) ist gelblich oder grünlich und hat ungezeichnete, an der Spitze meist abgerundete, relativ schmale Schwanzblättchen. **§!**

Frühe Adonislibelle *Pyrrhosoma nymphula* SCHLANKLIBELLEN

Merkmale: Flügelspannweite 40–50 mm; ♂ und ♀ rot mit schwarzen Zeichnungen. Flugzeit IV–VIII.
Vorkommen: An pflanzenreichen, kleineren Stillgewässern, auch an langsam fließenden Gräben und Bächen; ziemlich häufig.
Wissenswertes: Diese kaum verwechselbare Kleinlibelle verhält sich bei der Eiablage sehr unterschiedlich. Manchmal setzt sie sich paarweise übereinander an aufragende Pflanzenstängel, mal hintereinander auf im Wasser treibende Pflanzenteile, oder das ♂ steht, wie bei vielen Schlanklibellen, steif aufrecht über seiner auf Wasserpflanzen sitzenden Partnerin. **§!**

Große Moosjungfer *Leucorrhinia pectoralis* SEGELLIBELLEN

Merkmale: Flügelspannweite 60–70 mm; Stirn weiß, ♂ (Bild) mit auffallendem gelbem Fleck auf dem 7. Hinterleibssegment. Flugzeit V–VII.
Vorkommen: V. a. im Randbereich von Mooren an pflanzenreichen Kleingewässern; ziemlich selten, nur im östlichen D gebietsweise etwas häufiger.
Wissenswertes: Die Seltenheit dieser Art hängt offenbar damit zusammen, dass sie zu ihrer Entwicklung moorige Gewässer benötigt, die mit Laichkräutern und anderen Blütenpflanzen bewachsen sind, sich jedoch in den von Torfmoosen dominierten, sehr sauren Gewässern der Hochmoor-Kernbereiche nicht entwickeln kann. **RL, §!**

Große Pechlibelle *Ischnura elegans* SCHLANKLIBELLEN

Merkmale: Flügelspannweite 35–45 mm; meist beide Geschlechter blau, Hinterleib oberseits schwarz außer dem leuchtend blauen drittletzten Segment. Flugzeit V–IX.
Vorkommen: Vor allem an kleineren stehenden Gewässern, überall häufig.
Wissenswertes: Das ♀ legt, anders als bei allen übrigen heimischen Kleinlibellen, die Eier stets ohne Begleitung des Partners in schwimmenden Pflanzenteilen ab. Um dabei nicht unnötig durch Partner suchende ♂ gestört zu werden, sucht es sich hierfür meist versteckte Stellen im Schilfdickicht und bevorzugt eine spätere Tageszeit. **§!**

Gebänderte Heidelibelle *Sympetrum pedemontanum* SEGELLIB.

Merkmale: Flügelspannweite 45–55 mm; Flügel mit schwarzer Binde, Hinterleib und Flügelmal beim ♂ (Bild) rot, beim ♀ bräunlich. Flugzeit VII–X.
Vorkommen: An Teichen, Tümpeln und Gräben, auch an langsam fließenden Gewässern; in den meisten Gegenden ziemlich selten, doch gebietsweise in Ausbreitung begriffen; am häufigsten im östl. Alpenvorland, am Oberrhein und im östl. D.
Wissenswertes: Die dunklen Flügelbinden führen bei der fliegenden Libelle zu einem eigenartigen Flimmern, das die Körpergestalt optisch auflöst und dadurch offenbar eine Verfolgung durch Vögel und andere Fressfeinde erschwert. **RL, §!**

Gewöhnliche Heidelibelle
Sympetrum vulgatum SEGELLIBELLEN

Merkmale: Flügelspannweite 50–60 mm; Beine gelb gestreift, Hinterleib beim ♂ leuchtend rot, beim ♀ bräunlich. Flugzeit VII–XI.

Vorkommen: An stehenden Gewässern; fast überall häufig.

Wissenswertes: Die G. H. legt wie alle Heidelibellen die Eier paarweise ab. Nach der Paarung behält das ♂ seinen Zangengriff bei und fliegt mit der Partnerin als „Tandem" zum Gewässerufer. Hier wippt das ♀ mit dem Hinterleib und wirft dabei jedes Mal einige Eier ins flache Wasser. Die Larven schlüpfen im folgenden Frühjahr und ergeben bereits im Sommer die neue Generation. **§!**

Plattbauch *Libellula depressa*
SEGELLIBELLEN

Merkmale: Flügelspannweite 65–75 mm; Hinterleib sehr breit und flach, beim ♂ (Bild) blau bereift, beim ♀ braun, mit gelben, halbmondförmigen Randzeichnungen. Flugzeit V–VIII.

Vorkommen: An meist kleineren stehenden Gewässern mit schwach entwickelter Vegetation, sogar an Wegpfützen; ziemlich häufig.

Wissenswertes: Der P. gehört zu den regelmäßigen Erstbesiedlern frisch angelegter Gartenteiche. Wenn 2 Jahre später die nachfolgende Generation aus den Larven schlüpft, ist der Teich meist schon so dicht bewachsen, dass die Tiere wieder abwandern. **§!**

Zweigestreifte Quelljungfer
Cordulegaster boltonii QUELLJUNGFERN

Merkmale: Flügelspannweite 85–95 mm; mittlere Hinterleibsringe mit jeweils 2 gelben Querstreifen. Flugzeit VI–VIII.

Vorkommen: An sauberen, schmalen Fließgewässern, z. T. an winzigen Rinnsalen; nicht häufig.

Wissenswertes: Die Larve gräbt sich fast vollständig in den Bodengrund ein. Vorn bleiben aber Kopf und Vorderbeine, hinten die Hinterleibsspitze frei. So wird sie für Feinde fast unsichtbar, kann aber über ihre Enddarmöffnung den im Darm liegenden Kiemen frisches Atemwasser zuführen und gleichzeitig Beutetiere wahrnehmen. Für ihre Entwicklung benötigt sie bis zu 5 Jahre. **RL, §!**

Vierfleck *Libellula quadrimaculata*
SEGELLIBELLEN

Merkmale: Flügelspannweite 65–80 mm; beide Geschlechter braun, am Vorderrand jedes Flügels 2 schwarzbraune Male. Flugzeit V–VIII.

Vorkommen: An Teichen und Tümpeln ziemlich häufig, besonders an Moorgewässern.

Wissenswertes: Die Art zeigt von Zeit zu Zeit eine ausgesprochene Massenentwicklung, durch die es zur Ausbildung von Wanderschwärmen kommen kann. Die nur wenige Sekunden dauernde Paarung wird im Flug vollzogen. Anschließend kreist das ♂ über dem ♀, das seine Eier im Flug ins Wasser abwirft. In einer Gallerthülle geschützt sinken diese dann zum Gewässergrund hinab. **§!**

Gewöhnl. Smaragdlibelle
Cordulia aenea FALKENLIBELLEN

Merkmale: Flügelspannweite 60–70 mm; Färbung metallisch dunkelgrün bis kupfern, Augen leuchtend smaragdgrün; Hinterleib des ♂ keulenförmig erweitert. Flugzeit V–VIII.

Vorkommen: An pflanzenreichen Teichen u. Tümpeln; im südl. D ziemlich häufig, im N seltener.

Wissenswertes: Die ♂ fliegen ähnlich denen der Edellibellen (⇨ S. 250) sehr ausdauernd in Ufernähe über der Wasserfläche hin und her und setzen sich höchstens kurz ab. Die ♀ erscheinen nur zu Paarung und Eiablage am Gewässer. Kurz nach der Paarung werfen sie im Flug die Eier mit wippenden Hinterleibsbewegungen ins Wasser. **§!**

Gewöhnliche Keiljungfer
Gomphus vulgatissimus KEILJUNGFERN

Merkmale: Flügelspannweite 60–70 mm; Augen, anders als sonst bei Großlibellen üblich, deutlich voneinander getrennt; ♂ mit keilförmig erweitertem Hinterleib, Beine schwarz. Flugzeit V–VII.

Vorkommen: An sandigen oder steinigen, unverschmutzten Fließgewässern, auch an sauberen, kiesigen Seen; durch Wasserverunreinigung stark zurückgegangen.

Wissenswertes: Die Larve ist sehr breit und flach. Mit ihren kräftigen Grabbeinen vergräbt sie sich tagsüber meist vollständig im Gewässerboden. Nachts verlässt sie ihr Versteck und streift Beute suchend am Gewässergrund umher. **RL, §!**

Blaugrüne Mosaikjungfer *Aeshna cyanea*

EDELLIBELLEN

Merkmale: Flügelspannweite 90–100 mm; Augen, wie für fast alle Großlibellen (die auf dieser und der vorangegangenen Seite vorgestellten Familien) typisch, sehr groß und aneinander stoßend; ♂ (großes Bild) schwarzbraun mit hellgrüner, seitlich und hinten auch blauer, mosaikartiger Zeichnung, ♀ (linkes kleines Bild) ohne Blau. Flugzeit VI–XI.

Vorkommen: An kleineren, pflanzenreichen stehenden Gewässern, oft auch an Gartenteichen; überall häufig.

Wissenswertes: Das ♂ dieser durch ihre Größe beeindruckenden Libellenart sucht sehr ausdauernd an Gewässerufern nach ♀, die sich dort – ohne männliche Begleitung – zur Eiablage niederlassen (linkes kleines Bild). Dabei inspiziert es bisweilen ziemlich furchtlos auch Menschen, die sein Revier betreten haben, was nicht selten als Angriffsverhalten fehlgedeutet wird und zu Volksnamen wie „Teufelsnadel" und „Augenstecher" geführt hat. In Wahrheit können Libellen einen Menschen weder stechen noch ihm auf andere Weise gefährlich werden.
Die Larve der B. M. (rechtes kleines Bild) ist hellbraun bis fast schwarz gefärbt und hat schräg nach vorn gerichtete Augen. Sie entwickelt sich nicht selten in großer Zahl in Gartenteichen. Wie bei allen Libellenlarven bilden ihre Mundwerkzeuge eine so genannte Fangmaske, die in Ruhelage unter dem Kopf eingeklappt ist, zum Beutefang aber blitzartig vorgeschnellt werden kann. Mit ihr ergreift die Libelle z. B. Kaulquappen und Fischbrut, genauso aber auch unzählige Mückenlarven, die in vielen Gewässern ihre Hauptnahrung darstellen. **§!**

Große Königslibelle *Anax imperator*

EDELLIBELLEN

Merkmale: Mit 90–105 mm Flügelspannweite die größte heimische Libellenart; Brustabschnitt des ♂ (gr. Bild) fast einfarbig grün, Hinterleib blau mit schwarzem Längsband, beim ♀ Hinterleib grünblau mit braunem Band. Flugzeit VI–VIII.

Vorkommen: An pflanzenreichen, kleinen bis mittelgroßen Stillgewässern; in den meisten Gegenden nicht besonders selten.

Wissenswertes: Die ♂ dieser großen, kräftigen Art patrouillieren sehr ausdauernd in Ufernähe über ihrem Entwicklungsgewässer hin und her und vertreiben auch andere Libellenarten. Die Larve (kl. Bild) hat zur Seite gerichtete, breit gewölbte Augen. Im Gegensatz etwa zur Blaugrünen Mosaikjungfer, bei der sich der Schlupf der Imagines über längere Zeit verteilt, schlüpfen bei der G. K. die Tiere eines Gewässers fast gleichzeitig. **§!**

Kleine Mosaikjungfer *Brachytron pratense*

EDELLIBELLEN

Merkmale: Flügelspannweite 70–80 mm; Körper im Vergleich zu anderen Edellibellen etwas untersetzter und deutlicher behaart. Flugzeit V–VII.

Vorkommen: V. a. in Flusstälern an Gräben, Teichen und Altwassern; selten.

Wissenswertes: Diese auffallend kleine Edellibelle ist schon im Mai an ihren Entwicklungsgewässern zu beobachten. Die ♂ fliegen wie die der verwandten Arten sehr ausdauernd entlang der Ufer auf und ab und sind kaum einmal sitzend zu beobachten. Die Larve (kl. Bild) hat kleine, knopfförmige Augen. Sie sitzt gern an der Unterseite abgestorbener Pflanzenteile und Holzstücke, die auf dem Wasser schwimmen. Nimmt man diese Teile aus dem Wasser, presst sie sich eng an die Unterlage und ist dank Färbung und Körperform kaum noch zu erkennen. **RL, §!**

Küchenschabe *Blatta orientalis*

SCHABEN

Merkmale: Körperlänge 19–25 mm; Flügel beim ♂ (gr. Bild) rotbraun und etwas kürzer als der Hinterleib, beim ♀ (kl. Bild) schwarz und stark verkürzt. Ganzjährig.

Vorkommen: Nur in Gebäuden; früher überall häufig, heute vor allem noch in Altbauten, insbesondere in Gaststätten und Bäckereien.

Wissenswertes: Die ziemlich lichtscheue K. hält sich tagsüber gern hinter Möbeln und Wandverschalungen verborgen und kommt erst mit der Abenddämmerung aus ihrem Versteck hervor. Als Allesfresser ernährt sie sich von Küchenabfällen und Nahrungsvorräten und kann dabei durch ihre Exkremente auch Krankheiten übertragen. Ihre Eier werden zu jeweils etwa 15 Stück in einer festen, braunen Eikapsel abgelegt, die das ♀ an seiner Hinterleibsspitze mit sich herumträgt und erst kurz vor dem Schlupf der Larven abwirft.

Gewöhnlicher Ohrwurm *Forficula auricularia*

OHRWÜRMER

Merkmale: Hinterleib am Ende mit langen, ungegliederten Zangen, die beim ♂ (großes Bild) stark gebogen und innen gezähnt, beim ♀ (kleines Bild) fast gerade sind; Vorderflügel zu winzigen Schuppen reduziert. Ganzjährig.

Vorkommen: Besonders in offenem Gelände und im Siedlungsbereich überall häufig.

Wissenswertes: Unter den winzigen Vorderflügelschuppen liegen voll entwickelte, häutige Hinterflügel verborgen. Sie sind fächerförmig und zudem mehrfach quer gefaltet und ragen als kurze Zipfel unter den Schuppen hervor. Zu ihrer Entfaltung dienen die Hinterleibszangen, doch ist der G. O. offenbar flugunfähig. Man hat aber andere Arten schon fliegen sehen. Das ♀ legt im Frühjahr in einer Erdhöhle seine Eier ab, befreit sie von Zeit zu Zeit von Schimmelpilzen und bewacht sie bis zum Schlüpfen der Larven.

Gottesanbeterin *Mantis religiosa*

FANGSCHRECKEN

Merkmale: Körperlänge 45–75 mm; Färbung grün oder braun, selten gelb; Vorderbrust stark verlängert, Vorderbeine zu klappmesserartigen, stark bedornten Fangbeinen umgewandelt. VII–XI.

Vorkommen: In M.-EU nur an besonders warmen, klimatisch begünstigten Orten, z. B. im Oberrheintal, im Saartal, in Südtirol und der Südschweiz; selten, doch in letzter Zeit stellenweise in Ausbreitung begriffen.

Wissenswertes: Die G. lauert im Allgemeinen fast unbeweglich mit gebetsartig erhobenen Vorderbeinen auf Beute. Dabei ist sie durch ihre Färbung meist ausgezeichnet getarnt. Sie erbeutet verschiedene andere Insekten, etwa Fliegen und Grashüpfer, die – oft nach zeitlupenartigem Anpirschen – blitzschnell mit den Fangbeinen ergriffen und den Mundwerkzeugen zugeführt werden (oberes kleines Bild).

Nur das ♂ ist flugfähig. Zur Paarung schleicht es sich sehr vorsichtig von hinten an das ♀ heran und springt dann plötzlich auf den Rücken der Partnerin. Ist diese paarungswillig, verhält sie sich passiv

und lässt das ♂ die oft stundenlange Paarung vollziehen. Unmittelbar danach erwacht sie jedoch aus ihrer Lethargie und betrachtet den Gatten nunmehr als willkommene Beute, sollte dieser sich zwischenzeitlich nicht in Sicherheit gebracht haben. Nach einigen Tagen legt das ♀ die Eier, eingebettet in ein schaumiges, später erstarrendes Sekret (unteres kleines Bild), an einem Stein oder Zweig ab. Die Larven schlüpfen im folgenden Frühjahr. Sie ähneln sehr den erwachsenen Tieren und sind im Hochsommer ausgewachsen. **RL, §!**

Grünes Heupferd *Tettigonia viridissima* LAUBHEUSCHRECKEN

Merkmale: Körperlänge 28–42 mm; Färbung grün, oft am Rücken braun; Flügel die Hinterknie weit überragend, Legebohrer des ♀ etwa bis zur Flügelspitze reichend. VII–X.
Vorkommen: An Wegrändern, auf Trockenwiesen und im Siedlungsbereich überall häufig.
Wissenswertes: Diese recht große Art ernährt sich vorwiegend von Raupen und anderen Insekten, kaum dagegen von Pflanzen, ist also durchaus nützlich. Das ♂ lässt etwa ab den Mittagsstunden seinen schwirrenden Gesang ertönen. Dabei sitzt es Kopf unter meist auf einer etwas höheren Pflanze und reibt die beiden Vorderflügel aneinander. Der Ton entsteht, indem eine geriefte Schrillader auf der Unterseite des oben liegenden Flügels über eine vorstehende Kante des unteren Flügels gerieben wird. Eine rundliche Membran in den Flügeln dient als Verstärker. Das ♀ versenkt die Eier mit seinem langen Legebohrer ins Erdreich. Die Larven ähneln bis auf die fehlenden Flügel schon sehr ihren Eltern.

Gewöhnl. Strauchschrecke *Pholidoptera griseoaptera* LAUBHEUSCH.

Merkmale: Körperlänge 13–18 mm; Färbung grau oder braun, Bauch gelb; Flügel des ♂ (Bild) etwa von Halsschildlänge, beim ♀ winzig. VII–X.
Vorkommen: Vorwiegend an Waldrändern und in Gebüschen; fast überall häufig, nur im nördlichen D seltener.
Wissenswertes: Die G. S. hält sich vorzugsweise in Bodennähe im Gebüsch auf. Bei Gefahr entfernt sie sich mit weiten Sprüngen und ist dann im Pflanzengewirr nicht mehr zu finden. Sie lebt wie die meisten Langfühlerschrecken teils von tierischer, teils von pflanzlicher Nahrung. Das ♂ erzeugt sehr schrille, kurze Zirptöne. Selbst bei trübem Wetter und auch noch nach den ersten Nachtfrösten sind diese bis spät in die Nacht zu hören. Bei niedrigen Temperaturen verlangsamen sich aber die Flügelbewegungen; dann kann man feststellen, dass die vermeintlichen Einzellaute in Wirklichkeit jeweils aus 3 Tonstößen bestehen. Die Eier werden vom ♀ mit seinem Legebohrer entweder ins Erdreich, in Rindenritzen oder in Pflanzenstängel versenkt.

Warzenbeißer *Decticus verrucivorus* LAUBHEUSCHRECKEN

Merkmale: Körperlänge 24–44 mm; Färbung braun oder grün, gelegentlich fast schwarz, meist mit hell-dunkler Flügelfleckung. VI–X.
Vorkommen: Vorwiegend auf trockenem, niedrig mit Gras bewachsenem Gelände; im Bergland häufiger als in der Ebene.
Wissenswertes: Der Name Warzenbeißer geht auf einen alten Volksglauben zurück. Danach soll sich der Biss dieser Heuschrecke, bei dem meist auch etwas Darmsaft in die Bissstelle geträufelt wird, zur Bekämpfung von Warzen eignen. Der W. hält sich meist am Boden auf und ist deshalb auf sehr schütter bewachsene Flächen angewiesen. Sein Gesang besteht aus deutlich voneinander getrennten, hochfrequenten Tonstößen, die zunächst stockend, dann in immer schnellerer Folge aneinandergereiht werden. Das durch den Gesang angelockte ♀ besteigt das ♂ zur Paarung. Dieses heftet dann eine aus Gallerte mit darin eingebetteten Spermien bestehende Spermatophore an die Geschlechtsöffnung des ♀. **RL**

Gewöhnl. Eichenschrecke *Meconema thalassinum* LAUBHEUSCH.

Merkmale: Körperlänge 12–15 mm; Färbung hellgrün, Flügel nur wenig über die Hinterleibsspitze hinausragend; ♀ (Bild) mit langem, säbelförmigem Legebohrer. VII–XI.
Vorkommen: In Laubwäldern, insbesondere Eichenwäldern, regelmäßig auch in Gärten und Parkanlagen; überall ziemlich häufig.
Wissenswertes: Die nachtaktive Art hält sich tagsüber meist an der Unterseite von Eichenblättern verborgen. Sie ernährt sich offenbar ausschließlich von anderen Insekten, etwa Raupen und Blattläusen. Ungewöhnlich ist bei ihr die Tonerzeugung. Das ♂ setzt sich hierzu bei völliger Dunkelheit auf ein Blatt und erzeugt mit einem seiner Hinterbeine einige kurze, schnurrende Trommelwirbel. Das Blatt stellt dabei den Resonanzboden dar und bewirkt, dass dieses Trommeln durchaus einige Meter weit hörbar wird. Das Hörorgan liegt wie bei allen Langfühlerschrecken dicht unter den Knien der Vorderbeine. Hier ist es als ovale Öffnung gut zu erkennen.

Feldgrille *Gryllus campestris*

Merkmale: Körperlänge 20–26 mm; untersetzt und großköpfig, schwarz mit gelb gezeichneten Flügeln; ♀ mit langem, dünnem, ziemlich geradem Legebohrer. V–VII.

Vorkommen: An trockenen, sonnigen Stellen, z. B. auf Magerwiesen und Trockenrasen, besonders im süddeutschen Bergland (hier gebietsweise recht häufig), im norddeutschen Flachland sehr selten geworden.

Wissenswertes: Die Tiere leben in selbst gegrabenen Erdröhren, die ungefähr 20 cm schräg hinabführen. Vor der etwa fingerdicken Röhrenmündung wird eine kleine „Arena" durch Abbeißen der Vegetation frei gehalten. Von hier aus lassen die ♂ ihren recht lauten, wohlklingenden Gesang ertönen. Dabei heben sie, wie im großen Bild erkennbar, beide Vorderflügel etwas an und reiben sie gegeneinander. Bei einer Störung flüchten sie in ihre Erdröhre, lassen sich aber leicht durch einen Grashalm wieder hervorkitzeln.

Jedes ♂ verteidigt sein Territorium gegenüber Geschlechtsgenossen und liefert sich mit ihnen nicht selten erbitterte Kämpfe. Beim Auftauchen eines ♀ aber streckt es diesem die Hinterleibsspitze entgegen und geht zu einem viel zarteren Werbegesang über, bis die Partnerin schließlich aufsteigt (kleines Bild). Nun heftet das ♂ eine kleine,

bräunliche Spermatophore an die weibliche Geschlechtsöffnung und das Paar trennt sich wieder. Oft teilt es sich aber anschließend die Wohnung des ♂ für mehrere Tage, wobei es zu weiteren Paarungen kommt. Das ♀ legt seine Eier meist innerhalb der Wohnröhre im Boden ab.

Die im Hochsommer schlüpfenden, schwarzen Larven bleiben zunächst einige Zeit beisammen. Bis zum Herbst erreichen sie meist das drittletzte oder vorletzte Entwicklungsstadium und überwintern, inzwischen als Einzelgänger, in einem selbst gegrabenen Erdgang. **RL**

Maulwurfsgrille *Gryllotalpa gryllotalpa*

MAULWURFSGRILLEN

Merkmale: Körperlänge 35–50 mm; Vorderbeine zu kräftigen Grabschaufeln umgebildet. Ganzjährig.

Vorkommen: Vorzugsweise an feuchten Orten mit lehmig-sandigem oder torfigem Boden, z. B. in Gärten, Mooren oder Lehmgruben; sehr lückenhaft verbreitet, aber stellenweise häufig.

Wissenswertes: Die M. lebt in selbst gegrabenen, dicht unter dem Erdboden hinstreichenden, fingerdicken Gängen. Sie ernährt sich vor allem von im Boden lebenden Würmern und Insektenlarven, beißt bei ihrer Grabtätigkeit aber auch Pflanzenwurzeln durch und bringt hierdurch nicht selten Nutzpflanzen zum Absterben. Damit macht sie sich bei Gärtnern ausgesprochen unbeliebt und wird daher vielerorts erbittert bekämpft. Zur Paarungszeit (V/VI) lassen die ♂ v. a. in der Abenddämmerung einen gleichmäßig schnurrenden Gesang ertönen. Die ♀ bewachen im Frühsommer in einer Erdhöhle ihr Eigelege (Bild). Die Larvenentwicklung ist erst nach etwa 2 Jahren abgeschlossen, die fertigen Grillen leben danach noch 1 weiteres Jahr.

Blauflügelige Ödlandschrecke *Oedipoda caerulescens*

FELDHEUSCHR.

Körperlänge 15–25 mm

Merkmale: Grundfärbung grau, braun oder rötlich, manchmal fast weiß, Vorderflügel mit dunklen Querbinden, Hinterflügel hellblau gefärbt mit dunkelbrauner Binde. VII–X.

Vorkommen: An warmen Stellen auf sandigem oder steinigem Untergrund; in D ziemlich selten, in S-EU häufig.

Wissenswertes: B. Ö. können ihre Färbung im Lauf ihrer Entwicklung dem Untergrund anpassen und sind daher in ihrer natürlichen Umgebung oft nur schwer zu entdecken. So findet man z. B. auf alten Brandflächen nahezu schwarze Tiere, während die auf Kalkfelsen lebenden Exemplare oft weißlich gefärbt sind. Erst wenn man sie aufscheucht, fallen sie durch ihre bunten Hinterflügel ins Auge. **RL, §!**

Ähnlich: Die in M.-EU viel seltenere, noch stärker wärmebedürftige **Rotflügelige Ödlandschrecke** *Oedipoda germanica* hat rote Hinterflügel. **RL, §!**

Italienische Schönschrecke *Calliptamus italicus* KNARRSCHRECKEN

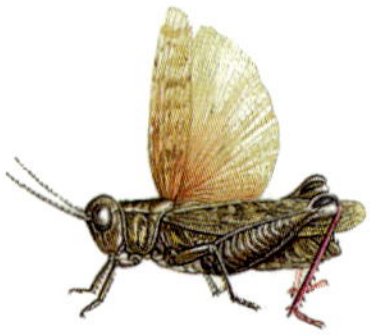

Merkmale: Körperlänge 15–34 mm; grau oder braun mit dunklerer Fleckenzeichnung und oft hellen Längsstreifen auf Halsschild und Vorderflügeln, Hinterflügel an der Wurzel rosa, nach außen glashell (Zeichnung); ♂ (großes Bild) mit langen, gebogenen Hinterleibszangen. VII–X.

Vorkommen: An ausgesprochen trockenwarmen Stellen mit sehr lückiger Vegetation; in D sehr selten (z. B. im Rheintal und in Brandenburg), in S-EU hingegen häufig.

Wissenswertes: Die I. S. ist durch ihre Färbung auf dem Erdboden gut getarnt, erst in der Bewegung, etwa auf der Flucht, werden ihre leuchtend roten Hinterschienen und die rosa getönten Hinterflügel sichtbar.

Die ♂ erzeugen, wie für die Vertreter der Knarrschrecken üblich, durch Aneinanderreiben ihrer Oberkiefer leise, etwa 50 cm weit hörbare Zirptöne, insbesondere wenn sie mit Artgenossen zusammentreffen.

Die Art war noch vor knapp 100 Jahren bei uns stellenweise so häufig, dass sie als Schädling bekämpft wurde. Mittlerweile gilt sie in D als vom Aussterben bedroht. **RL! §!**

Säbeldornschrecke *Tetrix subulata* DORNSCHRECKEN

Merkmale: Körperlänge 7–12 mm; Färbung sehr variabel, grau, braun oder schwarz mit unterschiedlichstem Zeichnungsmuster; Halsschild nach hinten in einen Dorn verlängert, der die Hinterleibsspitze deutlich überragt. Ganzjährig.

Vorkommen: Vorwiegend an feuchten Stellen in Gewässernähe, fast überall ziemlich häufig.

Wissenswertes: Bei dieser Art sind, wie bei allen Dornschrecken, die Vorderflügel zu winzigen, eiförmigen Schuppen rückgebildet (auf dem Bild vor dem Hinterschenkel sichtbar). Die Hinterflügel sind dagegen voll entwickelt und ragen nach hinten etwas über die Spitze des Dorns hinaus. Die S. kann damit sehr gut fliegen. Neben der normalen, langdornigen Form treten immer wieder auch Exemplare auf, deren Dorn die Hinterleibsspitze lediglich um etwa 1–2 mm überragt. Die Nahrung besteht neben Gräsern auch aus Moosen und Flechten. Die ♂ werben mit pantomimischen Bewegungen um die ♀; anders als die meisten übrigen Heuschrecken sind Dornschrecken stumm.

Ähnlich: Bei der **Gewöhnlichen Dornschrecke** *Tetrix undulata* ist der Dorn stärker gebogen und überragt die Hinterleibsspitze kaum.

Rote Keulenschrecke
Gomphocerus rufus FELDHEUSCHRECKEN

Merkmale: Körperlänge 11–17 mm; Fühler am Ende lanzettförmig verbreitert mit auffälligen weißen Spitzen, beim ♂ (Bild) annähernd körperlang. VII–XI.

Vorkommen: An Wald- und Wegrändern; ziemlich häufig, im N seltener.

Wissenswertes: Der Gesang des ♂ setzt sich aus 3–5 Sekunden langen Versen zusammen. Das Tier erzeugt ihn wie fast alle Feldheuschrecken, indem es seine Hinterbeine schnell an den Flügeln auf- und abstreicht. Dabei reibt eine gezähnte Leiste an der Innenseite des Schenkels über eine vorstehende Flügelader.

Gewöhnlicher Grashüpfer
Chorthippus parallelus FELDHEUSCHR.

Merkmale: Körperlänge 13–23 mm; Färbung sehr variabel, bunt gescheckte und einfarbige, graue, braune und grüne Tiere meist nebeneinander; Flügel beim ♀ (Bild) vor der Hinterleibsmitte endend, beim ♂ bis fast zur Hinterleibsspitze; Halsschild-Seitenkiele nach hinten auseinanderweichend. VI–XI.

Vorkommen: In mäßig trockenem bis mäßig feuchtem, offenem Gelände überall sehr häufig.

Wissenswertes: Das ♂ trägt etwa einsekündige, aus kurzen, kratzenden Einzeltönen bestehende Gesangsverse vor. Während die meisten Feldheuschrecken nur bei Sonnenschein singen, kann man diese Art z. T. auch nachts hören.

Wasserskorpion *Nepa rubra*

SKORPIONSWANZEN

Merkmale: Körperlänge 17–22 mm; Vorderbeine zu klappmesserartigen Fangbeinen umgewandelt, Hinterende mit Atemröhre. Ganzjährig.
Vorkommen: In stehenden und langsam fließenden Gewässern überall häufig.
Wissenswertes: Der W. hält sich überwiegend im flachen Wasser in Ufernähe auf und streckt seine Atemröhre zum Wasserspiegel empor. Mit seinen Fangbeinen erbeutet er verschiedene andere Wassertiere, die er mit seinem Stechrüssel aussaugt. Die im Frühjahr in Stängel und Blätter von Unterwasserpflanzen abgelegten Eier tragen 6–8 fadenförmige Atemfortsätze.

Rückenschwimmer *Notonecta glauca*

RÜCKENSCHWIMMER

Merkmale: Körperlänge 15–16 mm; Hinterbeine zu Schwimmbeinen umgewandelt; schwimmt immer mit dem Bauch nach oben. VII–V.
Vorkommen: In stehenden Gewässern aller Art; überall häufig.
Wissenswertes: Der R. speichert seine Atemluft in 2 von Borsten begrenzten Rinnen am Bauch. Durch den damit verbundenen bauchseitigen Auftrieb erklärt sich seine Schwimmlage. Zur Erneuerung des Luftvorrats hängt er sich an den Wasserspiegel und schiebt die Hinterleibsspitze etwas darüber hinaus. Mit seinem Rüssel kann er auch Menschen sehr schmerzhaft stechen.

Ruderwanze *Corixa punctata*

RUDERWANZEN

Merkmale: Körperlänge 13–15 mm; Rücken hell-dunkel marmoriert, Körper abgeflacht, Hinterbeine zu langen Ruderbeinen umgewandelt. VII–V.
Vorkommen: In stehenden, pflanzenreichen Gewässern ziemlich häufig.
Wissenswertes: Da die R. ihre Atemluft unter den Flügeln speichert, schwimmt sie, anders als der Rückenschwimmer, stets mit dem Rücken nach oben. Im Gegensatz zu den meisten anderen Wasserwanzen ernährt sie sich vorwiegend von pflanzlichen Abfallstoffen. Das ♂ kann deutlich hörbare Zirptöne erzeugen, indem es mit den Vorderbeinen über die Kante seines Kopfes streicht.

Stabwanze *Ranatra linearis*

SKORPIONSWANZEN

Merkmale: Körperlänge 30–40 mm; auffallend schmal und langgestreckt, Vorderbeine zu Fangbeinen umgewandelt, Hinterende mit langer Atemröhre, mit der die S. möglichst immer mit der Wasseroberfläche in Kontakt bleibt. VIII–VI.
Vorkommen: In pflanzenreichen stehenden Gewässern; in den meisten Gegenden nicht selten.
Wissenswertes: Die S. nimmt meist eine starre Schreckhaltung mit steif abgespreizten Beinen ein, sobald man sie aus dem Wasser nimmt. Die mit 2 langen, fadenförmigen Atemfortsätzen ausgestatteten Eier werden in Pflanzenteile abgelegt, die auf dem Wasser schwimmen.

Schwimmwanze *Ilyocoris cimicoides*

SCHWIMMWANZEN

Merkmale: Körperlänge 12–15 mm; Vorderbeine zu kurzen, klappmesserartigen Fangbeinen, Hinterbeine zu Schwimmbeinen umgewandelt, mit Borstensäumen besetzt. Ganzjährig.
Vorkommen: In stehenden, pflanzenreichen Gewässern; überall ziemlich häufig.
Wissenswertes: Die sehr an einen Käfer erinnernde S. ernährt sich wie die meisten übrigen Wasserwanzen räuberisch von anderen Wassertieren, vor allem von Insektenlarven, daneben aber auch von Kaulquappen und Fischbrut. Wie der Rückenschwimmer kann sie höchst unangenehm stechen, wenn man sie in die Hand nimmt.

Wasserläufer *Gerris* sp.

WASSERLÄUFER

Merkmale: Körperlänge 10–17 mm; Vorderbeine kurz, angewinkelt, Mittel- und Hinterbeine sehr lang, flach in Kreuzform ausgebreitet. Ganzjährig.
Vorkommen: Auf der Oberfläche stehender und langsam fließender Gewässer; überall häufig.
Wissenswertes: Die W. besiedeln oft scharenweise die Wasseroberfläche, auf der sie wie Schlittschuhfahrer dahingleiten. Die Behaarung auf der Unterseite ihrer Beine verhindert ein Einsinken. Sie leben v. a. von ins Wasser gefallenen Insekten. Neben Exemplaren mit verkümmerten Flügeln treten auch flugfähige Tiere auf, die sehr schnell neu entstandene Gewässer besiedeln können.

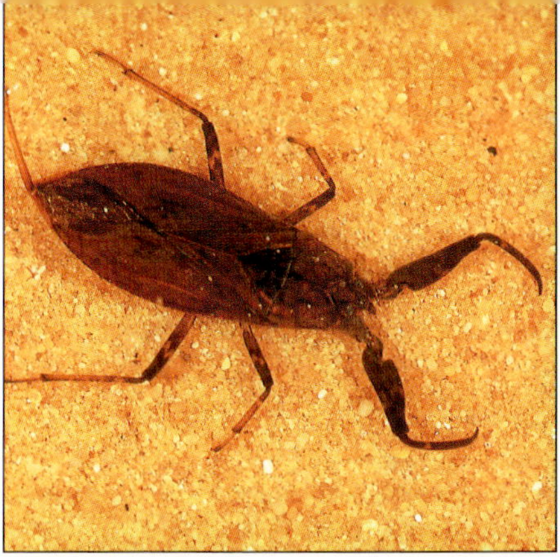

Rote Weichwanze *Deraeocoris ruber*

WEICHWANZEN

Merkmale: Körperlänge 6,5–7,5 mm; Körperform sehr breit; am Vorderrand des Halsschilds mit schmalem, unbehaartem Halsring; Färbung sehr variabel, neben der abgebildeten Form z. B. auch schwarze Tiere mit gelbem Schildchen und rotem Punkt auf den Vorderflügeln. VII–IX.

Vorkommen: Auf Wiesen im südlichen und mittleren D häufig, im N selten.

Wissenswertes: Die R. W. gehört zur artenreichsten heimischen Wanzenfamilie. Sie sitzt gern auf Brennnesseln oder Disteln und ernährt sich hier, anders als die meisten Weichwanzen, vorzugsweise von Blattläusen.

Bettwanze *Cimex lectularius*

BETTWANZEN

Merkmale: Körperlänge 5–6 mm; Körper sehr breit und extrem abgeflacht, Flügel zu rundlichen Schuppen zurückgebildet. Ganzjährig.

Vorkommen: Fast nur in Gebäuden; heute durch verbesserte Hygiene in M.-EU selten geworden.

Wissenswertes: Die B. ernährt sich ausschließlich von Blut. Tagsüber hält sie sich z. B. unter loser Tapete verborgen, nachts geht sie auf Nahrungssuche. Dabei wird sie durch Körperwärme und erhöhte Konzentration von Kohlendioxid angelockt. Nach einer Mahlzeit kann sie etwa ein halbes Jahr hungern. Sie saugt nicht nur am Menschen, sondern auch an Haustieren und Fledermäusen.

Fangwanze *Phymata crassipes*

RAUBWANZEN

Merkmale: Körperlänge 8–9 mm; Halsschild- und Hinterleibsränder flügelartig verbreitert, Vorderbeine zu Fangbeinen umgewandelt. V–VI.

Vorkommen: An warmen Stellen, z. B. auf Trockenrasen; im südlichen und mittleren D im Allgemeinen nicht selten.

Wissenswertes: Die abenteuerlich geformte, kleine Wanze sitzt gern auf Blüten (vor allem solchen von Margeriten) und lauert hier auf vorbeikommende Insekten. Nicht selten kann man sie mit recht großen Beutetieren, bis hin zu Schmetterlingen in Bläulingsgröße, beobachten. Die ähnlich bizarr geformten Larven sind fast weiß. **RL**

Blumenwanze *Anthocoris nemorum*

BLUMENWANZEN

Merkmale: Körperlänge 3,5–4,5 mm; im Unterschied zu den Weichwanzen mit 2 Punktaugen zwischen den Komplexaugen; horniger Basalteil des Vorderflügels hellbraun mit schwarzer Querbinde, membranöser Teil milchig mit verwaschener, dunkler Zeichnung. VII–V.

Vorkommen: In Wäldern, Gärten und offenem Gelände überall häufig.

Wissenswertes: Die B. hält sich weniger auf Blüten als vielmehr auf Blättern, häufig auf Brennnesseln, auf. Sie jagt andere Insekten, v. a. Blattläuse und kleine Fliegen, sticht aber oft auch Menschen und saugt bei ihnen Blut.

Rote Mordwanze *Rhinocoris iracundus*

RAUBWANZEN

Merkmale: Körperlänge 14–17 mm; Halsschild, Hinterleib und Beine kontrastreich schwarz-rot gezeichnet. V–VII.

Vorkommen: Auf Trockenwiesen und an sonnigen Waldrändern; im südlichen D nicht selten.

Wissenswertes: Diese kräftige Raubwanze lauert gern auf blühenden Pflanzen und erbeutet hier andere Insekten bis etwa zur eigenen Körpergröße, auch so wehrhafte Tiere wie Honigbienen. Man sollte sich vor ihrem Stechrüssel in Acht nehmen und sie besser nicht anfassen. Die mit einem weißen, stöpselförmigen Deckel versehenen Eier werden an Steinen oder Pflanzen festgekittet.

Sichelwanze *Nabis limbatus*

SICHELWANZEN

Merkmale: Körperlänge 7–9 mm; Körper schmal, Flügel meist verkürzt, selten voll entwickelt; Hinterleib mit 3 dunklen Längsstreifen. VII–IX.

Vorkommen: An Wegrändern und auf feuchten Wiesen fast überall häufig.

Wissenswertes: Diese kleine Wanze besitzt, ähnlich wie die Raubwanzen, einen bogenförmig gekrümmten Stechrüssel. Im Gegensatz zu letzteren ist er aber ziemlich dünn. Auch die S. ernährt sich räuberisch von anderen Insekten.

Ähnlich: Mehrere weitere *Nabis*-Arten sind oft lediglich nach Genitalmerkmalen sicher von dieser Art zu unterscheiden.

Lederwanze *Coreus marginatus*
RANDWANZEN

Merkmale: Körperlänge 11–16 mm; Färbung ziemlich einheitlich braun, Hinterleib stark verbreitert, Ränder in einen breiten Saum auslaufend, seitlich unter den Flügeln vorragend. Ganzjährig.
Vorkommen: An Waldrändern und auf Wiesen an etwas feuchten Stellen; überall häufig.
Wissenswertes: Die L. sitzt meist auf Ampferarten, von deren Saft sie sich auch ernährt. Sie überwintert ausgewachsen an geschützten Orten und nimmt während der Winterruhe eine fast schwarze Färbung an.

Ähnlich: Bei der etwas kleineren **Rautenwanze** *Syromastes rhombeus* ragen die Seitenränder des Hinterleibs als Dreiecke unter den Flügeln hervor. Sie lebt an sandigen, warmen Stellen und saugt v.a. an Nelkengewächsen.

Feuerwanze *Pyrrhocoris apterus*
FEUERWANZEN

Merkmale: Körperlänge 10–12 mm; Vorderflügel deutlich verkürzt, selten voll entwickelt, rot mit je 1 großen und kleinen schwarzen Fleck. VIII–V.
Vorkommen: Meist am Fuß alter Linden oder Robinien, vor allem im Siedlungsbereich; in den meisten Gegenden häufig.
Wissenswertes: Die F. saugt vorzugsweise an den alten, am Boden liegenden Samen von Linden und Robinien. Gelegentlich findet man sie aber auch auf Malvenfrüchten (Bild). Sie überwintert ausgewachsen. Besonders im zeitigen Frühjahr sieht man die Tiere oft in dichten Klumpen an Mauern oder am Fuß alter Bäume versammelt. In diesen Klumpen herrschen um einige Grade höhere Temperaturen als in der unmittelbaren Umgebung.
Ähnlich: Die Art wird oft mit der **Ritterwanze** *Lygaeus equestris* verwechselt, deren schwarze Zeichnung aber anders aufgeteilt ist und die zudem voll entwickelte Flügel besitzt. Die viel seltenere zweite Art dieser Gattung, *Pyrrhocoris marginatus*, ist dagegen unscheinbar bräunlich gefärbt.

Streifenwanze *Graphosoma lineatum*
SCHILDWANZEN

Merkmale: Körperlänge 8–12 mm; Oberseite rotschwarz längsgestreift, Seitenrand des Hinterleibs rot-schwarz gefleckt. VIII–VI.
Vorkommen: Auf Wiesen und Trockenrasen im S von M.-EU ziemlich häufig, seit einigen Jahren auch im nördlichen D in Ausbreitung begriffen.
Wissenswertes: Die S. saugt an verschiedenen Doldengewächsen und ist nicht selten in größerer Zahl auf deren Schirmblüten zu finden. Das bei der Mehrzahl der Wanzenarten nur kleine, dreieckige Schildchen an der Flügelbasis ist bei dieser Art stark vergrößert ausgebildet und bedeckt fast den ganzen Hinterleib.

Ähnlich: Bei der nur im Mittelmeerraum lebenden **Fleckigen Streifenwanze** *Graphosoma semipunctatum* ist das Halsschild gepunktet.

Grüne Stinkwanze *Palomena prasina*
SCHILDWANZEN

Merkmale: Körperlänge 12–14 mm; ganz grün gefärbt, ohne deutliche Zeichnungen. VIII–VI.
Vorkommen: An Waldrändern und in offenem Gelände, auch in Gärten überall häufig.
Wissenswertes: Die G. S. wird vor der Überwinterung oft braun, im Frühjahr dann aber wieder grün. Sie lebt vorzugsweise auf Bäumen und Sträuchern und saugt z.B. an Beerenfrüchten. Durch ihre Saugtätigkeit nehmen diesen den charakteristischen „Wanzengeschmack" an. Er wird durch ein Wehrsekret hervorgerufen, das die Tiere auch zur Abwehr von Fressfeinden aus Drüsenöffnungen an der Hinterbrust abscheiden.
Im Frühsommer werden die ebenfalls grünen Eier in dichten Eispiegeln an die Unterseite von Blättern geklebt. Kurz vor dem Schlüpfen der Larven schimmern deren rote Augen bereits durch (kleines Bild).

Bergzikade *Cicadetta montana*

SINGZIKADEN

Merkmale: Körperlänge 23–28 mm; schwarzbraun mit gelbroten Segmenträndern, Flügel glasartig, in Ruhe dachförmig getragen. V–VI.

Vorkommen: Auf Trockenrasen und an sonnigen Waldrändern; nur im südlichen und mittleren D, ziemlich selten.

Wissenswertes: Das ♂ der B. erzeugt hochfrequente, jeweils abrupt endende Schwirrlaute, die von älteren Menschen in der Regel nicht mehr gehört werden können. Die Larve, die über kräftige Grabbeine verfügt, entwickelt sich über mehrere Jahre hinweg im Erdboden, wo sie an Pflanzenwurzeln saugt. **RL, §!**

Wiesenschaumzikade

Philaenus spumarius SCHAUMZIKADEN

Merkmale: Körperlänge 5–7 mm; sehr variabel gefärbt und gezeichnet, von nahezu einfarbig bis zu den unterschiedlichsten Mustern. VII–X.

Vorkommen: Auf etwas feuchten Wiesen überall sehr häufig.

Wissenswertes: Die Larven umgeben sich wie die der Blutzikade mit einem feuchten Schaumgebilde, das im Volksmund allgemein als „Kuckucksspeichel" bekannt ist. Sie leben oberirdisch an den Stängeln meist krautiger Pflanzen (z. B. am Wiesenschaumkraut, das nach dieser Zikadenlarve benannt ist). In ihrem Schaumnest sind sie weitgehend vor Räubern geschützt.

Weiße Fliege *Trialeurodes vaporariorum*

MOTTENSCHILDLÄUSE

Merkmale: Körperlänge 1–2 mm; gelblich, mit dachförmig getragenen, durch Wachsstaub weiß bepuderten Flügeln. Ganzjährig.

Vorkommen: In Gewächshäusern und Blumenfenstern häufig, im Sommer auch im Freien.

Wissenswertes: Die W. F. ist ein gefürchteter Schädling an Nutz- und Zierpflanzen, vor allem an Gurken und Tomaten. Das ♀ legt seine Eier in einem geschlossenen Kreis ab, indem es sich bei der Eiablage immer ein kleines Stück weiter dreht, dabei aber mit dem Saugrüssel in der Pflanze verbleibt. Das letzte Larvenstadium ist unbeweglich und ähnelt einer Puppe.

Blutzikade *Cercopis vulnerata*

SCHAUMZIKADEN

Merkmale: Körperlänge 9–11 mm; Flügel schwarz mit 3 roten Binden, die äußere parallel zum Flügelrand. V–VIII.

Vorkommen: Auf Wiesen und an etwas feuchten Wegrändern, im südlichen und mittleren D häufig, nach N hin seltener.

Wissenswertes: Die Larven saugen unterirdisch an Pflanzenwurzeln; man findet sie gelegentlich beim Umdrehen von Steinen. Ein Großteil des beim Saugen aufgenommenen Pflanzensafts wird als Wasser wieder ausgeschieden, das durch Proteine entspannt und durch Einblasen von Luft aufgeschäumt wird. Dieser Schaum umgibt die Larven.

Große Distelblattlaus

Uroleucon jaceae aeneus BLATTLÄUSE

Merkmale: Körperlänge 4–5 mm; dunkelbraun mit Metallglanz, am Hinterende mit 2 langen, stabförmigen Röhren (Siphonen). V–IX.

Vorkommen: An Disteln überall häufig.

Wissenswertes: Die Tiere saugen kopfunter in dichten Kolonien an den Stängeln ihrer Wirtspflanzen. Im Sommer kommen ständig bereits fertig entwickelte Nachkommen zur Welt (Bild). Bei Angriffen durch räuberische Insekten wird an den Siphonen ein klebriges Abwehrsekret abgeschieden. Spezielle Blattlausfresser wie z. B. Marienkäfer lassen sich dadurch jedoch nicht wirklich abschrecken.

Schmierlaus *Planococcus citri*

SCHILDLÄUSE

Merkmale: ♂ nur 1–1,5 mm lang, geflügelt, mit 2 langen Wachsfäden an der Hinterleibsspitze; ♀ 3–5 mm lang, flügellos, vor allem an den Körperseiten mit Wachsausscheidungen. Ganzjährig.

Vorkommen: In Wohnungen und Gewächshäusern an Nutz- und Zierpflanzen (besonders an Kakteen); häufig.

Wissenswertes: Die winzigen ♂ sind vor allem im zeitigen Frühjahr zu beobachten. Sie paaren sich mit den zu diesem Zeitpunkt noch gut beweglichen, jungen ♀ (Bild). Diese werden später fast unbeweglich, scheiden große Mengen wolliger Wachsflocken ab und deponieren darin ihre Eier.

Rindenlaus *Loensia fasciata*

STAUBLÄUSE

Merkmale: Körperlänge 3–4 mm; Flügel ziemlich breit, nahe der Spitze mit hufeisenförmiger, schwarzer Binde. V–VIII (X).

Vorkommen: An Waldrändern und in Gärten auf Laub- und Nadelbäumen, in den meisten Gegenden nicht selten.

Wissenswertes: Die Staubläuse besitzen im Gegensatz zu fast allen übrigen Ordnungen der Schnabelkerfe noch beißende Mundwerkzeuge. Die hier vorgestellte Art ernährt sich vorzugsweise von Grünalgen, die auf Baumrinden wachsen, andere Arten auch von Schimmelpilzen. Das ♀ legt seine Eier einzeln auf Baumrinde ab und tarnt sie mit einer Schutzschicht aus Rindenteilchen und ähnlichen Feinpartikeln, die mit einer aus der Hinterleibsspitze abgegebenen Kittsubstanz verklebt werden. Die im Sommer schlüpfenden Larven entwickeln sich teilweise bis zum Herbst zu Imagines, die dann noch vor Winterbeginn Eier ablegen und sterben, andere wiederum überwintern im Larvenstadium.

Taubenfederling *Columbicula columbae*

HAARLINGE UND FEDERLINGE

Merkmale: Körperlänge um 2 mm; Körperform stark abgeflacht und ausgesprochen schmal, Kopf viel länger als breit, Fühler etwa in der Kopfmitte, nach hinten gerichtet. Ganzjährig.

Vorkommen: Im Federkleid von Tauben; häufig.

Wissenswertes: Die Haarlinge und Federlinge bilden zusammen mit den Echten Läusen die Ordnung der Tierläuse. Im Gegensatz zu den Echten Läusen besitzen sie meist noch kauende Mundwerkzeuge. Sie ernähren sich vom Horn der Haare bzw. Federn ihrer Wirte, daneben auch von Hautschuppen oder aus Wunden austretendem Blut. Ohne ihren jeweiligen Wirt können sie nur wenige Tage überleben.

Ähnlich: Der ebenfalls auf Tauben lebende **Federling** *Campanulotes bidentatus compar* besitzt einen breiteren Körperbau.

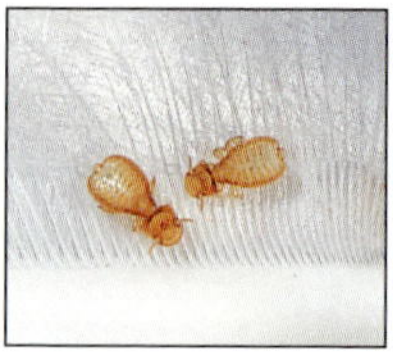

Fransenflügler *Parthenotrips dracenae*

FRANSENFLÜGLER

Merkmale: Körperlänge 1–1,3 mm; Flügel sehr schmal, weiß mit 2 dunklen Querbinden, am Rand mit langen Haarfransen. Ganzjährig.

Vorkommen: In Wohnungen und Gewächshäusern an Nutz- und Zierpflanzen; ziemlich häufig.

Wissenswertes: Die auch als Gebänderter Gewächshausthrips bezeichnete Art gehört zusammen mit einigen z. T. recht ähnlichen Verwandten zu den gefürchteten Schädlingen an Nutzpflanzen. Oft führt ihre Saugtätigkeit zur Verkrüppelung der Pflanzen, in anderen Fällen werden durch Viren oder Bakterien verursachte Pflanzenkrankheiten übertragen. Bei schwülem Wetter schwärmen verschiedene Arten (bekannt als „Gewitterfliegen"). Sie fliegen aber kaum aktiv, sondern werden vor allem mit dem Wind verdriftet. Sobald sie an die Augenschleimhäute geraten, können sie brennende Schmerzen hervorrufen.

Die Entwicklung der Larven verläuft über 2 oder 3 Ruhestadien und erinnert damit an die vollständige Metamorphose der höheren Insektenordnungen.

Kopflaus *Pediculus capitis*

ECHTE LÄUSE

Merkmale: Körperlänge 2,5–3 mm; Körper stark abgeflacht, nach vorn deutlich verschmälert, Beine mit typischen Klammerfüßen. Ganzjährig.

Vorkommen: Ausschließlich in der Kopfbehaarung des Menschen; deutlich seltener als früher, doch – evtl. durch Ferntourismus und veränderte Haarmode – immer wieder invasionsartig auftretend.

Wissenswertes: Die K. besitzt an jedem Bein nur eine Kralle, die klappmesserartig gegen das letzte Fußglied eingeschlagen wird. Hierdurch kann sich die Laus sehr effektiv an den Haaren festklammern. Sie ernährt sich ausschließlich vom Menschenblut, das sie mit ihren stechenden Mundwerkzeugen aufnimmt. Die Eier („Nissen", kl. Foto) werden mit einer Kittsubstanz an den Haaren befestigt. Schon 2 Wochen nach der Eiablage sind die Nachkommen ausgewachsen.

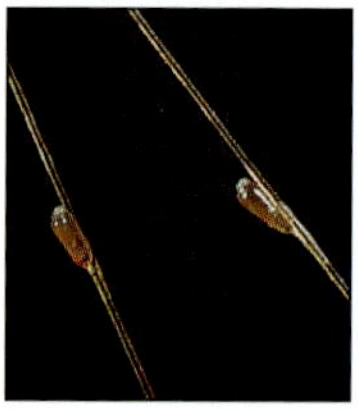

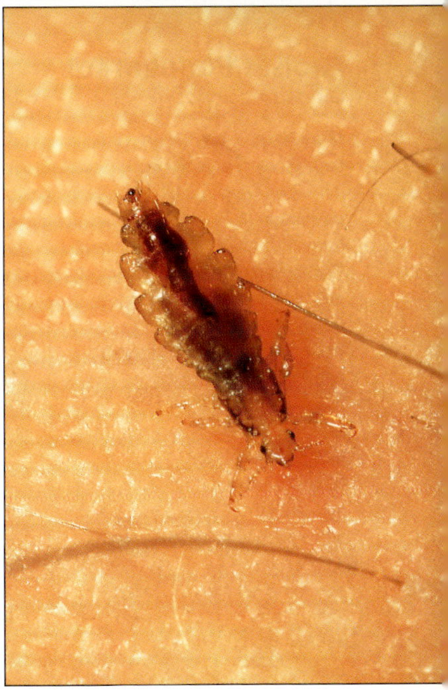

Dunkelblauer Laufkäfer

Carabus intricatus LAUFKÄFER

Merkmale: Körperlänge 24–36 mm; Körperform auffallend schmal und etwas abgeflacht, oberseits leuchtend blau gefärbt, besonders an den Rändern des Halsschilds und der Flügeldecken, letztere mit vielen Kettenstreifen. Ganzjährig.
Vorkommen: In Laubwäldern und Gebüschen, vor allem an wärmeren Stellen im süddeutschen Bergland; nördlich der Mainlinie selten.
Wissenswertes: Beim ♂ (Bild) sind wie bei allen *Carabus*-Arten die Fußglieder der Vorderbeine verbreitert und mit Hafthaaren besetzt. Bei dieser Art ist zudem das letzte Glied des Kiefertasters dreieckig erweitert. Beides steht vermutlich im Zusammenhang mit dem Paarungsverhalten. **§!**

Ähnlich: Der etwas größere, rein schwarze **Lederlaufkäfer** *C. coriaceus* hat einheitlich gerunzelte Flügeldecken. **§!**

Schluchtwald-Laufkäfer

Carabus irregularis LAUFKÄFER

Merkmale: Körperlänge 19–30 mm; Körperform breit und abgeflacht; Oberseite kupferbraun, Flügeldecken mit unregelmäßig verteilten, metallisch glänzenden Punktgruben. Ganzjährig.
Vorkommen: In feuchten Bergwäldern, insbesondere in Schluchtwäldern; im südlichen und mittleren D im Bergland nicht selten.
Wissenswertes: Der S. besitzt asymmetrisch gebaute Kiefer; der rechte Oberkiefer ist an der Außenseite beulenartig erweitert. Möglicherweise ernährt er sich v. a. von Gehäuseschnecken, die mit den sehr kräftigen Kiefern geknackt werden. **§!**

Ähnlich: Beim seltenen **Uferlaufkäfer** *Carabus clathratus* sind die Punktgruben auf den Flügeldecken in regelmäßigen Längsreihen angeordnet. Er lebt in Feuchtgebieten und kann sogar tauchen. **RL, §!**

Großer Puppenräuber

Calosoma sycophanta LAUFKÄFER

Merkmale: Körperlänge 18–28 mm; auffallend breit gebaut; Flügeldecken grün und rot schillernd, mit feinen Längsrippen. Ganzjährig.
Vorkommen: In warmen, lichten Laubwäldern, besonders in Eichenwäldern, selten.
Wissenswertes: Der G. P. ist zwar ein Laufkäfer, aber anders als die *Carabus*-Arten durchaus flugfähig. Vorzugsweise hält er sich im Gebüsch, an Baumstämmen und im Kronenbereich der Bäume auf. Hier macht er Jagd auf andere Insekten, insbesondere auf die Raupen von Nachtfaltern. Bei Massenvermehrungen etwa des Schwammspinners oder der Nonne (⇨ S. 346) ist er meist schnell zur Stelle und kann sich dann seinerseits stark vermehren. Er dringt selbst in die von fast allen anderen Tieren gemiedenen Nester der Prozessionsspinnerraupen (⇨ S. 340) ein und zieht zwischen den mit Brennhaaren gespickten Gespinstfäden seine Opfer heraus. Ein einziger Käfer kann im Jahr an die 400 Raupen vertilgen. G. P. erreichen ein Lebensalter von bis zu 4 Jahren. **RL, §!**

Großer Bombardierkäfer

Brachinus crepitans LAUFKÄFER

Merkmale: Körperlänge 6–10 mm; Flügeldecken metallisch grün oder blau gefärbt, übriger Körper einschließlich der Beine gelbrot. Ganzjährig.
Vorkommen: An warmen, offenen Stellen, vor allem auf lückigen Trockenrasen, nur im südlichen und mittleren D; gebietsweise ziemlich häufig.
Wissenswertes: Der Käfer kann sich sehr wirksam mit einer richtigen Knallgasreaktion verteidigen. Er erzeugt in Hinterleibsdrüsen ein Gemisch aus Hydrochinon, Methylhydrochinon u. Wasserstoffperoxid, das er bei Gefahr in einer „Brennkammer" mit Enzymen zusammenführt und so zur Explosion bringt. Die bei der deutlich hörbaren chemischen Reaktion entstehenden Chinone treten als kleine Dampfwolke an der Hinterleibsspitze aus und können z. B. andere Käfer oder Ameisen in die Flucht schlagen. Auch Kröten spucken geschnappte Bombardierkäfer in aller Regel gleich wieder aus.
Ähnlich: Der **Kleine Bombardierkäfer** *Brachinus explodens* bleibt mit 5–7 mm Körperlänge etwas kleiner, vermag aber ebenso zu „schießen".

Goldlaufkäfer *Carabus auratus*

LAUFKÄFER

Merkmale: Körperlänge 17–30 mm; Körperoberfläche grüngolden bis kupferfarben glänzend, Flügeldecken mit je 3 glatten, ebenso gefärbten Längsrippen, die Fühlerglieder 1–4 gelb oder rot getönt. Ganzjährig.

Vorkommen: Auf offenen Flächen, z. B. an Wegrändern, auf Trockenrasen und in Gärten; in den meisten Gegenden nicht selten.

Wissenswertes: Der G. ist im Gegensatz zu den meisten übrigen *Carabus*-Arten vorwiegend tagaktiv. Der fertig entwickelte Käfer kann ein Alter von mehreren Jahren erreichen. Während der heißen Sommermonate legt er jeweils eine Ruhepause ein, im Herbst zieht er sich unter Steine oder unter am Boden liegende Holzstücke zurück, wo er sich zur Überwinterung eine ovale Höhle gräbt. Im Frühjahr schreiten die Käfer zur Fortpflanzung. Die schwärzliche Larve benötigt für ihre Entwicklung 2–3 Monate. Sie ernährt sich gleichfalls von Bodentieren und verpuppt sich im Sommer in einer Bodenhöhle.

Der flugunfähige Käfer macht am Boden Jagd auf andere Insekten und ihre Larven; er verschmäht dabei auch nicht die Larven von Kartoffelkäfern. Eine bevorzugte Beute sind offenbar Regenwürmer. Die Beute wird mit Verdauungssekret beträufelt, dadurch schon vor dem Mund verflüssigt und schließlich aufgesogen.

Feld-Sandlaufkäfer *Cicindela campestris*

LAUFKÄFER

Merkmale: Körperlänge 10–18 mm; Oberseite leuchtend grün bis blaugrün, Flügeldecken am Rand und kurz hinter der Mitte mit kleinen, gelbweißen Flecken gezeichnet. Ganzjährig.

Vorkommen: An Wegrändern oder auf Trockenrasen; überall ziemlich häufig.

Wissenswertes: Im Gegensatz zu den meisten übrigen Sandlaufkäfer-Arten begnügt sich der F. mit sehr kleinen offenen Flächen. Dort findet man die wie ausgestanzt wirkenden, knapp bleistiftdicken Wohnröhren seiner Larven (kleines Bild). Diese besitzen einen abgeplatteten, halbkreisförmigen Kopf, der zusammen mit dem ebenso geformten Halsschild eine kreisrunde Einheit bildet,

die die Röhrenmündung wie ein Deckel verschließt. Sobald ein kleineres Insekt, etwa eine Ameise, darüber läuft, wird sie mit den nach oben gerichteten Kiefern ergriffen und zum Verspeisen in die Röhre gezogen. Die Larven lassen sich bei der leichtesten Erschütterung, etwa durch Schritte, sofort in ihrer Röhre nach unten rutschen. Wartet man eine Weile, sieht man die Tiere nach und nach wieder auftauchen. **§!**

Dünen-Sandlaufkäfer *Cicindela hybrida*

LAUFKÄFER

Merkmale: Körperlänge 11–19 mm; Färbung dunkelbraun mit Kupferglanz, manchmal etwas grünlich, Flügeldecken mit weißen Randflecken und weißer Zackenbinde, das 1. Fühlerglied mit wenigen Haaren. Ganzjährig.

Vorkommen: An offenen, sandigen Stellen, insbesondere auf Sanddünen und in Sandgruben; gebietsweise ziemlich häufig, vor allem im nördlichen Teil von D.

Wissenswertes: Die Käfer sind wie alle Sandlaufkäfer sehr scheu und daher schwer zu beobachten. Bei der leichtesten Störung fliegen sie davon, um meist erst nach 10–20 m wieder zu landen. Sie ernähren sich von anderen Insekten, die sie mit ihren scharf gezähnten Kiefern ergreifen und zerkleinern. Gegen Abend graben sie sich flach in den Sandboden hinabführende Röhren, in denen sie übernachten, nicht selten zu mehreren dicht beieinander. **§!**

Ähnlich: Der **Wald-Sandlaufkäfer** *Cicindela sylvatica* besitzt als einziger Sandlaufkäfer eine schwarze Oberlippe. Er kommt ziemlich selten in lichten Kiefernwäldern vor. **RL, §!**

Gelbrandkäfer *Dytiscus marginalis*

SCHWIMMKÄFER

Merkmale: Körperlänge 27–35 mm; Oberseite schwarzgrün, Außenseiten der Flügeldecken und Halsschild ringsum gelb gerandet; Flügeldecken beim ♂ (Bild) glatt, beim ♀ mit tiefen Längsfurchen; die Fußglieder 1–3 der Vorderbeine beim ♂ schildförmig erweitert, unterseits mit 2 großen und zahlreichen kleinen Saugnäpfen. Ganzjährig.
Vorkommen: In stehenden, pflanzenreichen Gewässern meist nicht selten.
Wissenswertes: Der G. ernährt sich von kleineren Wassertieren, auch von Aas. Zur Paarung heftet sich das ♂ mit seinen Saugnäpfen am Halsschild des ♀ fest. Dieses versenkt mit seinem Legebohrer die Eier in Stängel und Blätter von Wasserpflanzen. Die langgestreckte, auffallend großköpfige Larve besitzt lange, säbelförmige Kiefer, mit denen sie Beutetiere (z. B. Amphibien- und Insektenlarven) ergreift und durch ein Verdauungssekret tötet. Die aufgelösten Bestandteile werden anschließend durch einen Saugkanal in den Kiefern aufgesogen.

Teichschwimmer *Colymbetes fuscus*

SCHWIMMKÄFER

Merkmale: Körperlänge 16–17 mm; Körper schmal gebaut, Flügeldecken mit dichtem Muster feiner, dunkler Querriefen; Unterseite am Rand gelb, sonst schwarz, Beine braun. VII–V.
Vorkommen: In kleineren stehenden Gewässern, oft in Gesellschaft des Furchenschwimmers; fast überall häufig.
Wissenswertes: Beim ♂ sind die Fußglieder der Vorderbeine nur wenig verbreitert. Sie tragen auf der Unterseite zahlreiche kleine, dazwischen aber keine großen Saugnäpfe.

Ähnlich: Der etwas größere und dunklere *Colymbetes paykulli* hat eine ganz schwarze Unterseite und schwarze Beine. Er kommt nur im nördlichen D vor und lebt in Moorgewässern.

Furchenschwimmer *Acilius sulcatus*

SCHWIMMKÄFER

Merkmale: Körperlänge 15–18 mm; ziemlich breit und flach gebauter Schwimmkäfer; Flügeldecken fein marmoriert, beim ♂ (Bild) glatt, beim ♀ mit 3 ausgeprägten, behaarten Längsfurchen; Hinterbeine mit breiten Borstensäumen. Ganzjährig.
Vorkommen: In meist kleineren stehenden Gewässern; überall häufig.
Wissenswertes: Das ♂ besitzt wie beim Gelbrandkäfer verbreiterte, unterseits mit Saugnäpfen besetzte Vorderfüße, mit denen es sich zur Paarung am ♀ festheftet. Die Larve (kl. Bild) hat einen stark verschmälerten Vorderkörper und einen auffallend kleinen Kopf mit kurzen Saugzangen. Sie schwimmt mit ihren Ruderbeinen sehr behände, kann aber auch mit ruckartigen Schlägen des Hinterleibs sprungartig durchs Wasser schnellen.

Gefleckter Flussschwimmer *Platambus maculatus*

SCHWIMMKÄFER

Merkmale: Körperlänge 7–9 mm; Halsschild vorn und hinten mit schwarzer, dazwischen mit weißer und brauner Querbinde; Flügeldecken auf gelbbraunem Grund mit schwarzem, meist zusammenhängendem Fleckenmuster. Ganzjährig.
Vorkommen: Im Gegensatz zu fast allen übrigen Schwimmkäfern immer in bewegtem Wasser, sowohl in Berg- und Tieflandbächen als auch in der Uferzone größerer Seen; in den meisten Gegenden ziemlich häufig.
Wissenswertes: Der Käfer variiert sehr stark im Zeichnungsmuster seiner Flügeldecken. Im Extremfall kann die schwarze Zeichnung auf einen Längsstreifen entlang der Flügelnaht und einen in der Flügelmitte reduziert oder die helle Grundfärbung fast völlig zurückgedrängt sein. Die Art ist aber schon allein durch ihren Lebensraum leicht von ähnlichen Schwimmkäfern zu unterscheiden. Die langgestreckte Larve ist nach hinten verschmälert und trägt zwischen den Augen eine geschwungene, dunkle Querbinde.

Taumelkäfer *Gyrinus substriatus*

Merkmale: Körperlänge 5–7 mm; Körper stromlinienförmig, nach hinten etwas zugespitzt, Oberseite glatt und unbehaart; Vorderbeine lang, Mittel- und Hinterbeine sehr kurz. Ganzjährig.
Vorkommen: An der Oberfläche stehender und langsam fließender Gewässer; ziemlich häufig.
Wissenswertes: Die Mittel- und Hinterbeine des T. stellen sehr effektive Ruderorgane dar. Die Fußglieder sind zu schmalen Plättchen umgewandelt, die sich bei der Vorwärtsbewegung fächerförmig übereinander legen, bei der Rückwärtsbewegung aber auseinander spreizen. Dabei wird 84 % der aufgewendeten Kraft in Vortrieb umgewandelt (bei einem Schaufelrad dagegen nur 55 %). Die Facettenaugen sind zweigeteilt, die eine Hälfte liegt im, die andere über dem Wasser.

Ähnlich: Der **Bachtaumelkäfer** *Orectochilus villosus* hat eine behaarte Körperoberseite.

Stachelwasserkäfer *Hydrochara caraboides*

Merkmale: Körperlänge 14–19 mm; schwarz mit leichtem Erzglanz, Unterseite des Hinterleibs flach, Hinterbrust unterseits mit kurzem, nach hinten gerichtetem Dorn; Fühler nur sehr kurz, kolbenförmig, dafür die Kiefertaster fühlerartig verlängert. VIII–VI.
Vorkommen: In pflanzenreichen, stehenden Gewässern; im Allgemeinen nicht selten.
Wissenswertes: Der S. schwimmt mit alternierenden Bewegungen seiner Hinterbeine weit unbeholfener als die Schwimmkäfer (die stets mit synchronen Hinterbeinbewegungen rudern).
Das ♀ legt im Fühjahr seine Eier in einem weißen, an der Wasseroberfläche treibenden Seidenkokon ab, der an der Seite einen langen „Schornstein" zur Atmung trägt und oberseits fast immer mit einem alten Laubblatt bedeckt ist (kleines Bild). Während sich die Imago ausschließlich von Wasserpflanzen ernährt, frisst die Larve (rechtes Bild) andere kleine Wassertiere, z. B. Würmer und Insektenlarven. Sie hebt ihre Beute über den Wasserspiegel hinaus, beträufelt sie mit Verdauungssaft, der das Gewebe zersetzt, und saugt sie dann auf. Unter Wasser würde sie ihr buchstäblich vor dem Mund zerfließen.

Großer Kolbenwasserkäfer *Hydrophilus piceus*

Merkmale: Ähnlich dem Stachelwasserkäfer, doch mit 34–50 mm Körperlänge wesentlich größer; Unterseite des Hinterleibs dachförmig gekielt, Unterseite der Hinterbrust nach hinten in einen langen, spitzen Dorn auslaufend. Ganzjährig.
Vorkommen: In pflanzenreichen, stehenden Gewässern; in D fast überall selten geworden, im Mittelmeergebiet noch gebietsweise häufig.
Wissenswertes: Der imposante Käfer wurde früher als Fischereischädling verfolgt, da man seinen Stachel für eine Waffe hielt, mit der er Fische erbeuten würde („Karpfenstecher"). Tatsächlich aber ernährt er sich von Wasserpflanzen und Aas. Die mitgeführte Atemluft speichert er außer unter den Flügeldecken auch in der Behaarung seiner Körperunterseite, wo sie als silbrig glänzende Schicht gut zu erkennen ist. Zum Luftwechsel schiebt er die Oberseite von Kopf und Halsschild über den Wasserspiegel hinaus und stellt zwischen Augenhinterrand und Halsschild eine Art Röhre her, durch die der Luftaustausch stattfindet. Das ♀ spinnt im Frühjahr einen ähnlichen Eikokon wie der Stachelwasserkäfer. Die bis zu 7 cm lange, plumpe Larve (kl. Bild) ernährt sich von Wasserschnecken. **RL, §!**

Bunter Kurzflügler *Staphylinus caesareus*

KURZFLÜGLER

Merkmale: Körperlänge 17–25 mm; Oberseite schwarz mit rotbraunen Flügeldecken und goldglänzenden Haarflecken auf dem Halsschild und den Rückenplatten des Hinterleibs. V–VIII.

Vorkommen: In offenem Gelände, im mittleren und südlichen D nicht selten.

Wissenswertes: Wie auch die meisten anderen Kurzflügler-Arten vermag der B. K. trotz seiner stark verkürzten Flügeldecken recht gut zu fliegen. Die häutigen Hinterflügel liegen in Ruhe mehrfach zusammengefaltet unter den Flügeldecken verborgen, können aber bei Bedarf blitzschnell entfaltet werden. Beim Zusammenfalten werden sie mit schnellen Schwenkbewegungen der Hinterleibsspitze wieder unter die Deckflügel zurückgeschoben.

Der auffallende B. K. ist anders als die meisten Vertreter seiner Familie vorwiegend tagaktiv. Der voll entwickelte Käfer ernährt sich ebenso wie seine Larve räuberisch von anderen Insekten sowie von Würmern und Schnecken.

Totengräber *Necrophorus vespillo*

AASKÄFER

Merkmale: Körperlänge 12–22 mm; Flügeldecken nicht ganz bis zur Hinterleibsspitze reichend, schwarz mit 2 gelbroten Querbinden, Halsschild am Rand mit gelblichem Haarpelz. Ganzjährig.

Vorkommen: An Waldrändern und in offenem Gelände fast überall häufig, auch in Gärten und Parks; fliegt auch Lichtquellen an.

Wissenswertes: Der T. entwickelt sich in kleineren Tierleichen. Wenn das ♂ z. B. eine tote Maus oder einen Singvogel entdeckt hat, steigt es daneben an einem Halm empor, streckt seinen Hinterleib hoch und lockt durch abgegebene Duftstoffe ein ♀ herbei. Das Paar versenkt den Kadaver durch gemeinsame Arbeit in den Boden, indem es ihn untergräbt, und formt in einer kleinen Höhle daraus eine Kugel. Dann legt das ♀ in einem Seitengang seine Eier ab. Später füttert es, auf der Aaskugel sitzend, die regelrecht bettelnden Junglarven mit vorverdauter Nahrung von Mund zu Mund. Erst in ihrem letzten Häutungsstadium gehen die Larven zur selbstständigen Nahrungsaufnahme über.

Kleines Glühwürmchen *Lamprohiza splendidula*

LEUCHTKÄFER

Merkmale: Körperlänge 8–10 mm; ♂ normal geflügelt, an einen Weichkäfer (⇨ S. 280) erinnernd, Halsschild mit durchscheinendem Fenster, der Kopf mit den großen Augen darunter verborgen; ♀ larvenartig, weißlich, mit winzigen Flügelstummeln. VI–VII.

Vorkommen: In etwas feuchten Wäldern und Gebüschen; im südlichen D ziemlich häufig, nach N zu seltener.

Wissenswertes: Beide Geschlechter können in besonderen Leuchtorganen, die beim ♂ unterseits kurz vor der Hinterleibsspitze (linkes großes Bild), beim ♀ (kleines Bild oben) darüber hinaus an den Seiten weiterer Hinterleibsringe liegen, ein grünliches Leuchten erzeugen. Das Licht entsteht, wenn die Tiere die beiden in ihrem Körper gebildeten Stoffe Luciferin und Luciferase zusammenbringen. Sie leuchten, unabhängig vom Wetter, jeweils von der späten Dämmerung bis kurz nach Mitternacht. Die am Boden sitzenden ♀ locken auf diese Weise die emsig umherfliegenden ♂ herbei. Diese lassen sich aus dem Flug auf ihre Partnerin fallen und es kommt unverzüglich zur Paarung. Auch die kurz nach der Paarung abgelegten Eier leuchten ein wenig. Die asselförmigen, dunkelgrau gefärbten Larven ernähren sich hauptsächlich von Schnecken und zeigen ebenfalls ein leichtes Leuchten. Die fertigen Käfer nehmen keine Nahrung mehr zu sich.

Ähnlich: Beim **Großen Leuchtkäfer** *Lampyris noctiluca* leuchtet nur das ziemlich dunkel gefärbte, ungeflügelte ♀ (Bild). Seine Leuchtorgane beschränken sich auf die Unterseite der letzten Hinterleibsringe.

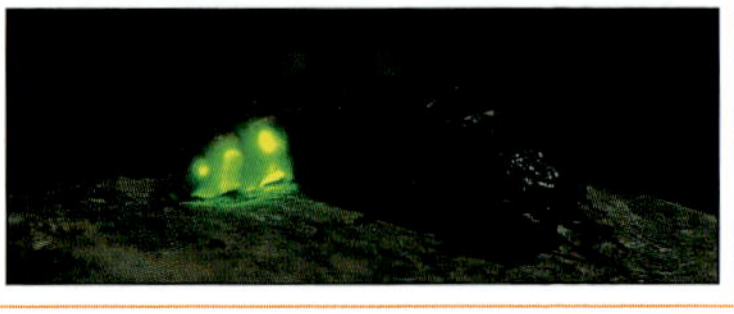

Stutzkäfer *Hister quadrimaculatus*

STUTZKÄFER

Merkmale: Körperlänge 7–11 mm; Körper sehr breit und auffallend fest gepanzert, kurzbeinig; die Flügeldecken deutlich vor der Hinterleibsspitze endend, schwarz, jeweils mit gebogenem, rotem Streifen, der auch in 2 einzelne Flecke aufgelöst sein kann. Ganzjährig.
Vorkommen: In offenem Gelände, vor allem an wärmeren Orten; nicht selten.
Wissenswertes: Der Käfer ist vorzugsweise an Dung, insbesondere an Kuhfladen und Pferdeäpfeln, zu finden. Er ernährt sich räuberisch von den am Dung lebenden Insekten und ihren Larven, vor allem von Fliegenmaden.

Kammhorn-Schnellkäfer *Ctenicera* sp.

SCHNELLKÄFER

Merkmale: Körperlänge 12–18 mm; Körper schmal, erzglänzend oder grünmetallisch; ♂ (Bild) mit deutlich gekämmten Fühlern. V–VIII.
Vorkommen: Auf sonnigen Bergwiesen und Trockenrasen; im Bergland stellenweise nicht selten.
Wissenswertes: Der Käfer verfügt über einen besonderen Klickmechanismus, mit dem er sich aus der Rückenlage weit emporschnellen und so wieder auf die Beine kommen kann. Ein Zapfen zwischen Vorder- und Mittelbrust, der in „Hohlkreuz"-Haltung in eine Grube gedrückt ist, wird dabei plötzlich entarretiert. Der Mechanismus funktioniert aber auch in der Bauchlage.

Marienprachtkäfer *Chalcophora mariana*

PRACHTKÄFER

Merkmale: Körperlänge 24–30 mm; Körper breit und flach, nach hinten deutlich verschmälert; schwarz mit starkem Kupferglanz, oberseits mit grau beschuppten Längsfurchen. V–VIII.
Vorkommen: In Kiefernwäldern, besonders auf Sandböden; ziemlich selten.
Wissenswertes: Dieser größte heimische Prachtkäfer sonnt sich gern auf frisch gefällten Kiefernstämmen. Bei warmem Wetter verhält er sich ausgesprochen scheu und flugaktiv. Die Larve entwickelt sich unter Kiefernrinde. Zum Schluss ihrer Entwicklung erweitert sie das Ende des Fraßgangs zu einer ovalen Puppenwiege. **RL, §!**

Brauner Weichkäfer *Rhagonycha fulva*

WEICHKÄFER

Merkmale: Körperlänge 7–10 mm; Körper weich, Färbung rostrot mit gelbbraunen, an den Spitzen schwarz gefleckten Flügeldecken. VI–VIII.
Vorkommen: An Waldrändern und in offenem Gelände überall sehr häufig.
Wissenswertes: Der B.W. ist überall der häufigste Weichkäfer und zugleich einer der häufigsten Käfer überhaupt. Die Tiere sitzen oft scharenweise auf Doldenblüten und anderen blühenden Pflanzen. Sie ernähren sich hier offensichtlich vom Blütenstaub, sollen aber auch andere Insekten erbeuten. Die Paarung (Bild) erstreckt sich über mehrere Stunden.

Zottiger Bienenkäfer *Trichodes alvearius*

BUNTKÄFER

Merkmale: Körperlänge 10–17 mm; Oberseite blauschwarz, Flügeldecken leuchtend rot mit 3 schwarzen Querbinden. V–VII.
Vorkommen: An warmen, trockenen Orten, vor allem auf Trockenwiesen; nicht häufig.
Wissenswertes: Der auffallende Käfer ist regelmäßig auf den Blüten verschiedenster Pflanzen anzutreffen, wo er sich von Pollen ernährt, offenbar aber auch kleineren Insekten nachstellt. Seine Larve entwickelt sich in den Nestern von Wildbienen und ernähren sich von der Bienenbrut; der Käfer wird daher auch als „Bienenwolf" bezeichnet. **RL, §!**

Glänzender Eckschild-Prachtkäfer *Anthaxia nitidula*

PRACHTKÄFER

Merkmale: Körperlänge 5–7 mm; ♂ meist einheitlich metallisch grün gefärbt, ♀ (Bild) mit rotem Kopf und Halsschild. V–VII.
Vorkommen: Im süd- und mitteldeutschen Bergland stellenweise nicht selten, im norddeutschen Flachland hingegen fast fehlend.
Wissenswertes: Dieser flinke, kleine Prachtkäfer ist im Gegensatz zu den meisten seiner Verwandten regelmäßig beim Blütenbesuch zu beobachten, v. a. auf gelben Blüten. Seine Larve entwickelt sich unter der Rinde von Schlehen und Obstbäumen. **§!**
Ähnlich: Mehrere weitere Arten dieser Gattung sind ähnlich gebaut, aber verschieden gefärbt.

Siebenpunkt *Coccinella septempunctata*

MARIENKÄFER

Merkmale: Körperlänge 5–8 mm; Flügeldecken rot, mit insgesamt 7 schwarzen Punkten. Ganzjährig.
Vorkommen: Überall häufig, dringt regelmäßig auch in Häuser und Wohnungen ein.
Wissenswertes: Der S. ist als Blattlausvertilger allgemein beliebt. Nicht nur der Käfer selbst, sondern auch seine blaugraue, mit gelben Flecken gezeichnete Larve (kleines Bild) ernährt sich fast ausschließlich von Blattläusen. Sie benötigt für ihre Entwicklung etwa 600 ihrer Beutetiere. Allerdings kann sie nicht alle Blattlausarten vertilgen; so erweist sich z.B. die Holunderblattlaus *Aphis sambuci* für sie als tödlich giftig.
Ähnlich: Der ebenso häufige und verbreitete, nur ein wenig kleinere **Zweipunkt-Marienkäfer** *Adalia bipunctata* ist lediglich mit 2 schwarzen Punkten gezeichnet.

Spanische Fliege *Lytta vesicatoria*

ÖLKÄFER

Merkmale: Körperlänge 9–21 mm; leuchtend metallisch grün gefärbter, ziemlich weicher Käfer; Hinterleibsspitze die Flügel ein wenig überragend. VI–VII.
Vorkommen: An sehr warmen Orten im Gebüsch; in D selten, im Mittelmeergebiet häufiger.
Wissenswertes: Der Käfer ernährt sich von Laub, insbesondere von Eschenblättern. Seine Larve durchläuft eine ähnlich komplizierte parasitische Entwicklung in Wildbienennestern wie die des Maiwurms.
Wie auch andere Arten dieser Käferfamilie enthält die S.F. in ihrem Blut Cantharidin, ein starkes Gift. Früher wurden die Käfer deswegen in südlichen Ländern gesammelt und zu einem Aphrodisiakum, gelegentlich auch zu einem hochwirksamen Gifttrunk verarbeitet. Merkwürdigerweise werden bestimmte Mücken- und Käferarten stark vom Blut dieser Tiere angezogen. Sie eilen sofort herbei, wenn ein Ölkäfer zertreten wurde, und laben sich am ausfließenden Saft.

Violetter Maiwurm *Meloe violaceus*

ÖLKÄFER

Merkmale: Körperlänge 10–32 mm; Körper weichhäutig, blauviolett; Flügel stark verkürzt, Hinterleib v.a. beim ♀ (Bild) stark angeschwollen. IV–VI.
Vorkommen: An sonnigen, trockenen oder etwas feuchten Stellen, z.B. in lichten Wäldern; selten.
Wissenswertes: Der V.M. kriecht träge umher und ernährt sich von krautigen Pflanzen. Das ♀ legt mehrere tausend Eier im Erdboden ab. Die sehr beweglichen Junglarven steigen an Pflanzen empor und sammeln sich z.B. auf Blüten. Von dort lassen sie sich von einer Wildbiene ins Nest tragen. Hier häuten sie sich kurz darauf zu fast unbeweglichen Maden, die sich im Bienennest vom eingetragenen Pollen und Nektar ernähren. **RL, §!**

Scharlachroter Feuerkäfer *Pyrochroa coccinea*

FEUERKÄFER

Merkmale: Körperlänge 14–18 mm; Körper deutlich abgeflacht, Kopf schwarz, Halsschild und Flügeldecken leuchtend scharlachrot. VI–VII.
Vorkommen: An Waldrändern und auf Waldlichtungen ziemlich häufig.
Wissenswertes: Der markante Käfer ist im Sommer oft auf Doldenblüten zu beobachten. Seine stark abgeflachte, hellgelblich gefärbte Larve (kleines Bild) trägt an der Hinterleibsspitze 2 kräftige, schwarze Dorne. Man findet sie regelmäßig unter der Rinde abgestorbener Bäume, wo sie sich räuberisch von anderen Insektenlarven ernährt. Bei Nahrungsmangel dezimieren sich die Tiere oft auch gegenseitig. Ihre Entwicklung erstreckt sich über 2–3 Jahre.

Ähnlich: Der etwas kleinere und viel seltenere **Rotköpfige Feuerkäfer** *Pyrochroa serraticornis* ist auch am Kopf rot.

Junikäfer *Amphimallon solstitialis*

BLATTHORNKÄFER

Merkmale: Körperlänge 14–18 mm; Färbung einheitlich gelbbraun, am ganzen Körper in der gleichen Färbung behaart. VI–VII.
Vorkommen: An Waldrändern, in Gärten und Parkanlagen ziemlich häufig.
Wissenswertes: Der J. fliegt in der Abenddämmerung und kann dabei dichte Schwärme bilden. Die dem Engerling des Maikäfers ähnlichen Larven entwickeln sich an Pflanzenwurzeln und können, z. B. an Zierrasen, Schäden anrichten.

Ähnlich: Beim **Schwarzbraunen Brachkäfer** *Amphimallon atrum* ist das ♀ gelbbraun wie der Junikäfer, das ♂ (Bild) hingegen schwarzbraun gefärbt. Die seltene Art lebt auf Trockenrasen und schwärmt nur vormittags. **RL**

Gartenlaubkäfer *Phyllopertha horticola*

BLATTHORNKÄFER

Merkmale: Körperlänge 8–12 mm; Körper dicht behaart, schwarz mit grünem Metallglanz, Flügeldecken rotbraun. VI–VII.
Vorkommen: An Waldrändern, auf Wiesen und in Gärten überall häufig.
Wissenswertes: Der G. ist oft scharenweise auf blühenden Pflanzen (besonders Rosen) anzutreffen, bei denen er die Staubgefäße benagt. Die bis 3 cm lange Larve entwickelt sich in 1–2 Jahren unterirdisch an Pflanzenwurzeln.

Ähnlich: Der **Mehlige Laubkäfer** *Hoplia farinosa* ist ebenfalls schwarzgrün mit braunen Flügeldecken. Sein ganzer Körper ist aber zunächst mit hellgrünen Schuppen bedeckt, die sich im Lauf der Zeit teilweise abreiben.

Rosenkäfer *Cetonia aurata*

BLATTHORNKÄFER

Merkmale: Körperlänge 14–20 mm; ganzer Käfer leuchtend goldgrün, Flügeldecken mit einem feinen Muster weißer Querlinien. V–X.
Vorkommen: An sonnigen Waldrändern und auf Trockenwiesen in den meisten Gegenden nicht selten; tritt auch in Gärten auf.
Wissenswertes: Der auffallende Käfer ist regelmäßig auf blühenden Sträuchern, besonders auf Rosen, anzutreffen, wo er sich von den Staubgefäßen ernährt. Er kann sehr gut fliegen, klappt dabei aber anders als fast alle übrigen Käfer die Flügeldecken nicht auseinander. Diese zeigen an ihrem Außenrand eine schmale Aussparung, durch die die häutigen Hinterflügel herausgeschoben werden können. Auf diese Weise ist der Käfer offenbar besonders schnell startklar, denn er fliegt bei Störungen meist viel plötzlicher davon, als man dies von seinen Verwandten kennt. Seine recht plumpe Larve entwickelt sich in morschem Holz oder im Boden an zerfallenden Pflanzenresten. Regelmäßig findet man sie auch in Komposthaufen. **§!**

Nashornkäfer *Oryctes nasicornis*

BLATTHORNKÄFER

Merkmale: Körperlänge 20–40 mm; ♂ (Bild) mit langem, gebogenem Horn auf dem Kopf und kräftigem Quergrat im hinteren Teil des Halsschilds; ♀ nur mit kleinem Kopfhöcker. VI–VIII.
Vorkommen: Bei uns vorwiegend in Gärten und Parkanlagen oder in Sägewerken, ziemlich selten; in S-EU unter anderem in lichten Wäldern, hier gebietsweise recht häufig.
Wissenswertes: Der vorwiegend nachtaktive Käfer wird oft von Straßenlampen und anderen Lichtquellen angezogen und umschwirrt diese dann mit lautem Brummton. Nicht selten stößt er dabei gegen ein Hindernis, stürzt zu Boden, fällt auf den Rücken und hat große Schwierigkeiten, wieder auf die Beine zu kommen. Die bis über 10 cm lange Larve wächst in 3–5 Jahren meist in Sägemehl- oder Komposthaufen heran, wo durch Gärprozesse die für ihre Entwicklung nötige Wärme entsteht. Sie verpuppt sich in einer mit Sekret verfestigten Erdkapsel, die in Form und Größe etwa einem Hühnerei entspricht. **§!**

Feldmaikäfer *Melolontha melolontha*

BLATTHORNKÄFER

Merkmale: Körperlänge 20–30 mm; Halsschild meist schwarz, Flügeldecken braun, Hinterleibsseiten mit dreieckigen, weißen Haarflecken; Fühler beim ♂ (beide Bilder) mit einem großen, immer 7-blättrigen Fächer, beim ♀ mit nur 6 kurzen Blättchen; Hinterleibsspitze zu einem parallelseitigen, zungenförmigen Anhang ausgezogen. V–VI.

Vorkommen: An Waldrändern, auf Wiesen und in sonstigem offenem Gelände in manchen Jahren häufig bis sehr häufig.

Wissenswertes: Die Larve, der allbekannte Engerling, frisst unterirdisch an Pflanzenwurzeln und erweist sich bei Massenvermehrungen oft als Schädling an Kulturpflanzen. Da sie 3–4 Jahre für ihre Entwicklung benötigt, tritt die Art alle 3 oder 4 Jahre häufiger auf („Maikäferjahre"). Dann richten vielfach auch die ausgewachsenen Käfer Schäden durch Kahlfraß an Bäumen an.

Nachdem der Käfer kurz nach dem Zweiten Weltkrieg intensiv mit dem Insektenvernichtungsmittel DDT bekämpft wurde, gingen die Bestände stark zurück, gleichzeitig wurden aber auch ihre Feinde, z. B. die Fledermäuse, empfindlich geschädigt. Nach dem DDT-Verbot (in D 1979) nahm der Käfer zahlenmäßig zwar wieder zu, trat aber nicht mehr im gleichen Maße wie früher schädigend in Erscheinung.

Ähnlich: Der etwas seltenere **Waldmaikäfer** *Melolontha hippocastani* weist meist einen braunen Halsschild auf. Auch ein knopfartig erweiterter Fortsatz an der Hinterleibsspitze unterscheidet ihn vom Feldmaikäfer.

Walker *Polyphylla fullo*

BLATTHORNKÄFER

Merkmale: Körperlänge 25–36 mm; Grundfärbung schwarz- oder rotbraun, Flügeldecken mit dichtem Muster weißer Filzflecke; Fühler des ♂ (Bild) mit sehr großem Fächer. VII–VIII.

Vorkommen: In lockeren, sandigen Kiefernwäldern und auf mit Kiefern bewachsenen Sanddünen; fast überall selten, im Mittelmeergebiet etwas häufiger als in M.-EU.

Wissenswertes: Der schöne und auffallende Käfer wird auch dort, wo er zahlreich vorkommt, wegen seiner überwiegend nächtlichen Lebensweise nur selten beobachtet. Das ♂ trägt seine riesigen Fühlerblätter immer dicht übereinander liegend und spreizt sie nicht, wie etwa ein Maikäfer dies öfter tut, fächerartig auseinander. Die Larve entwickelt sich über mehrere Jahre unterirdisch an Graswurzeln. Der fertige Käfer ernährt sich ausschließlich von Kiefernnadeln und nur die ♀ kehren später noch zur Eiablage zum Erdboden zurück. Gelegentlich umkreisen die Käfer aber künstliche Lichtquellen, z. B. Straßenlampen. **RL, §!**

Waldmistkäfer *Geotrupes stercorosus*

BLATTHORNKÄFER

Merkmale: Körperlänge 12–19 mm; kurz und breit gebauter Blatthornkäfer mit hoch gewölbtem Körper, schwarz gefärbt mit leicht blauem Glanz, Flügeldecken mit Längsfurchen. IX–VII.

Vorkommen: In Wäldern und an Waldrändern überall häufig.

Wissenswertes: Die überwiegend tagaktiven Käfer leben zur Fortpflanzungszeit (im Frühjahr und Sommer) in Einehe. Sie spüren nach der vom Wind verbreiteten Duftfahne einen Kothaufen auf und beginnen in gemeinsamer Arbeit dicht daneben einen Stollen ins Erdreich zu graben. Es entsteht ein schräger Hauptstollen von etwa 10 cm Tiefe, von dem eine Reihe von Seitengängen abzweigen. Diese werden auf jeweils etwa 10 cm Länge mit Kot vollgestopft und mit je 1 Ei belegt. Die daraus schlüpfenden Larven fressen von dem Kotvorrat. Im Herbst arbeiten sich die Jungkäfer zur Bodenoberfläche empor, wo sie sich von Kot, aber auch von faulenden Pilzen oder Tierleichen ernähren.

Hirschkäfer *Lucanus cervus*

Merkmale: Mit 25–75 mm Körperlänge der größte heimische Käfer; schwarz mit rotbraunen Flügeldecken, Fühler gekniet, letzte Glieder zu einem Fächer erweitert; ♂ (großes Bild) mit geweihförmig vergrößerten, ♀ (kleines Bild oben) mit normalen Oberkiefern. V–VIII.

Vorkommen: In Eichenwäldern und Parkanlagen; heute fast überall selten geworden.

Wissenswertes: Vor allem die ♂ dieses Käfers beeindrucken durch ihre Größe und die zu mächtigen Zangen entwickelten Oberkiefer. Diese werden als Waffen im Kampf um die ♀ verwendet, taugen aber nicht mehr zur Nahrungsaufnahme. Die Käfer ernähren sich von austretenden Baumsäften (besonders gern von Eichen), die mit den pinselförmig umgebildeten übrigen Mundteilen aufgeleckt werden. Nur die ♀ können ihre Kiefer noch dazu verwenden, etwa Wunden an Baumstämmen zu vergrößern, um so den Saftfluss zu verbessern. Nicht selten gesellen sich sofort ♂ zu ihnen, um an der nun reicher sprudelnden Quelle teilzuhaben.

Das ♀ gräbt sich nach der Paarung in den Boden ein und legt seine Eier an die Wurzeln morscher Eichen, seltener auch anderer Laubbäume. Die Larvenentwicklung dauert 5–8 Jahre, wobei die engerlingsähnliche Larve eine Länge von 12 cm erreichen kann. Sie verpuppt sich in einer bis zu faustgroßen Höhlung im Erdreich. In S-EU entstehen in einer wesentlich kürzeren Entwicklungszeit deutlich kleinere Käfer als in M.-EU, was besonders bei den ♂ auffällt, die dort auch viel kleinere Kiefer tragen. **RL, §!**

Balkenschröter *Dorcus parallelepipedus*

Merkmale: Körperlänge 19–32 mm; Färbung tiefschwarz, Kopf beim ♂ (Bild) kaum schmäler als das Halsschild, mit großen Oberkiefern, beim ♀ Kopf schmäler und mit kleineren Kiefern. V–VIII.

Vorkommen: In meist etwas feuchten Laubwäldern; gebietsweise nicht selten.

Wissenswertes: Die bis zu 6 cm lange, rotköpfige Larve (kleines Bild unten) entwickelt sich in weißfaulem, morschem Holz verschiedener Laubbäume, vor allem in solchem von Buchen, Eichen, Birken und Obstbäumen. Wie alle Hirschkäferlarven besitzt sie ein Stridulationsorgan, mit dem sie zirpende Töne erzeugen kann. Es setzt sich aus einer Reibplatte an der Rückseite des Hüftglieds vom Mittelbein und einer gezähnten Leiste vorn am Schenkelring des Hinterbeins zusammen. Ein derartiges Organ fehlt den ansonsten sehr ähnlichen Engerlingen der Blatthornkäfer. **§!**

Rehschröter *Platycerus caraboides*

Merkmale: Körperlänge 9–13 mm; metallisch grün oder blau, an einen Laufkäfer erinnernd, doch an der typischen Fühlerform (mit 4-gliedrigem Fühlerfächer) gut als Hirschkäfer zu erkennen. V–VII.

Vorkommen: Vor allem in Laubwäldern, daneben aber auch in Parks und Gärten; in den meisten Gegenden nicht selten.

Wissenswertes: Die Larve entwickelt sich in morschem Holz, z. B. in Stümpfen oder am Boden liegenden Ästen von Laubbäumen, seltener auch von Nadelbäumen. **§!**

Ähnlich: Der seltene, vor allem als ♀ (Bild) ähnliche **Rindenschröter** *Ceruchus chrysomelinus* hat einen nur 3-gliedrigen Fühlerfächer. Das ♂ besitzt stark vergrößerte Kiefer. Die Larve des R. entwickelt sich in rotfaulem Laub- und Nadelholz. **RL, §!**

Kleiner Schmalbock

Strangalia melanura BOCKKÄFER

Merkmale: Körperlänge 6–9 mm; auffallend schmal, Flügeldecken beim ♂ gelbbraun mit schwarzem Mittelstreifen und schwarzer Spitze, beim ♀ (Bild) rot, ebenso gezeichnet. V–IX.

Vorkommen: An Waldrändern und auf Waldlichtungen überall recht häufig.

Wissenswertes: Dieser kleine Bockkäfer ist oft auf blühenden Pflanzen, z. B. auf Doldengewächsen oder Brombeersträuchern, zu beobachten. Seine Larve entwickelt sich meist in dürren, am Boden liegenden Zweigen von Laub- oder Nadelbäumen. Die Entwicklung bis zum fertigen Käfer dauert 2 Jahre.

Gewöhnlicher Widderbock

Clytus arietis BOCKKÄFER

Merkmale: Körperlänge 7–14 mm; Flügeldecken schwarz mit leuchtend gelber Bindenzeichnung, darunter im vorderen Teil jederseits ein nach Art eines Widderhorns gebogener Streifen; Fühler braun mit dunklen, etwas verdickten Spitzen. V–VII.

Vorkommen: An Waldwegen und Waldrändern überall ziemlich häufig.

Wissenswertes: Der recht scheue Käfer ist oft auf Totholz oder blühenden Pflanzen zu beobachten. Seine Larve lebt vorzugsweise in abgestorbenen Buchenzweigen.

Ähnlich: Bei dem deutlich selteneren *Clytus rhamni* sind die Fühler ganz hellbraun gefärbt.

Erdbock *Dorcadion fuliginator*

BOCKKÄFER

Merkmale: Körperlänge 10–15 mm; Flügeldecken einfarbig hellgrau oder braun mit grauen Streifen (Bild) oder aber ganz schwarz. IV–VI.

Vorkommen: In lückig mit Gras bewachsenen Lebensräumen, vor allem auf stark beweideten Trockenrasen; nur im südlichen D bis Thüringen, aber auch dort überall selten.

Wissenswertes: Der flugunfähige E. hält sich stets am Boden auf. Seine Larve entwickelt sich unterirdisch an Graswurzeln. Die 3 verschiedenen Färbungsformen des Käfers können am gleichen Fundort nebeneinander auftreten, meist dominiert aber jeweils eine Färbungsvariante. **RL, §!**

Gefleckter Schmalbock

Strangalia maculata BOCKKÄFER

Merkmale: Körperlänge 14–20 mm; sehr schmal gebaut, Flügeldecken gelb, vorn mit schwarzen Flecken, dahinter mit schwarzen Querbinden, Fühler gelb geringelt. V–VIII.

Vorkommen: Auf blumenreichen Waldlichtungen und an Waldrändern fast überall häufig; eine der häufigsten Bockkäfer-Arten.

Wissenswertes: Der Käfer besucht regelmäßig blühende Sträucher und Doldenblüten, wo er sich von Pollen und Blütenteilen ernährt. Die Larve entwickelt sich vor allem in morschen Baumstümpfen, vorzugsweise von Laub-, seltener auch von Nadelbäumen.

Eichenwidderbock *Plagionotus arcuatus*

BOCKKÄFER

Merkmale: Körperlänge 8–20 mm; Gestalt kräftig, Beine und Fühler gelbrot gefärbt, ansonsten am ganzen Körper leuchtend gelbe Bindenzeichnungen. V–VII.

Vorkommen: Hauptsächlich an lichten Stellen in Eichenwäldern; in den meisten Gegenden durchaus nicht selten.

Wissenswertes: Der auffallende, aber ziemlich scheue Käfer besucht keine Blüten, sondern ist nur an seinen Brutbäumen zu beobachten. Er entwickelt sich fast ausschließlich in Eichenholz, besonders in liegenden, noch berindeten Stämmen. Bei der Eiablage wird das ♀ vom ♂ begleitet (Bild).

Kleiner Pappelbock *Saperda populnea*

BOCKKÄFER

Merkmale: Körperlänge 9–15 mm; Fühler etwa körperlang, grau-schwarz geringelt, Flügeldecken jeweils mit 4–5 in einer Längsreihe angeordneten, gelblichen Flecken. V–VI.

Vorkommen: An Waldrändern und Waldwegen.

Wissenswertes: Das ♀ nagt vor der Eiablage eine hufeisenförmige Schnittfigur (Bild) in einen Pappelzweig und schiebt in dessen Mitte ein Ei unter die Rinde. Die Verwundung der Rinde führt zur Bildung von Wundkallus, der der Larve als erste Nahrung dient. Später bohrt sich die Larve tiefer in das Holz hinein; ihre Fraßtätigkeit bewirkt eine knotenförmige Anschwellung des Zweigs.

Moschusbock *Aromia moschata*

BOCKKÄFER

Merkmale: Körperlänge 13–35 mm; Grundfärbung grün, blau oder kupfern metallisch, Halsschild mit Höckern und jederseits einem spitzen Dorn, Fühler knapp körperlang. VI–VIII.
Vorkommen: In Feuchtgebieten mit Weidengebüschen oder Kopfweidenbeständen, auch an Trockenstandorten mit alten Weiden; früher überall ziemlich häufig, inzwischen vielerorts selten.
Wissenswertes: Der schöne Käfer ist manchmal in größerer Anzahl an seinen Brutbäumen, vor allem alten Kopfweiden, zu finden. Gelegentlich besucht er auch Doldenblüten. Aus Drüsen im Bereich der Hinterbrust kann er ein stark nach Moschus riechendes Sekret absondern.
Die Larven leben im Stamm oder in den Ästen meist älterer Weiden, ausnahmsweise auch in Pappeln oder Erlen. Sie benötigen mehrere Jahre für ihre Entwicklung. Da die Art vorzugsweise lebendes Holz befällt, galt sie früher als Schädling. Angesichts ihrer Seltenheit ist der Schaden allerdings inzwischen zu vernachlässigen. **§!**

Schrot-Zangenbock *Rhagium mordax*

BOCKKÄFER

Merkmale: Körperlänge 13–22 mm; Halsschild beidseits mit spitzem Seitendorn, Fühler für einen Bockkäfer ziemlich kurz, Oberseite gelblich grau mit feiner, dunkler Fleckung, in der Mitte der Flügeldecken je ein schwärzlicher Fleck, davor und dahinter eine undeutliche, gelbe Querbinde. V–VIII.
Vorkommen: An Waldrändern und Lichtungen fast überall ziemlich häufig.
Wissenswertes: Der Käfer ist oft beim Blütenbesuch zu beobachten. Seine Larve entwickelt sich unmittelbar unter der Rinde abgestorbener Bäume, vorwiegend an Laub-, seltener auch an Nadelbäumen. Am Ende der 2-jährigen Entwicklung verpuppt sie sich in einer geräumigen Puppenkammer, die ringsum von Nagespänen umgeben ist und an ein Vogelnest erinnert (kleines Bild). Der fertige Käfer schlüpft noch im Herbst und überwintert erst einmal in dieser Kammer.

Hausbock *Hylotrupes bajulus*

BOCKKÄFER

Merkmale: Körperlänge 8–22 mm; Körperform relativ breit und flach, Oberseite dunkelbraun mit mehr oder weniger dichter, grauer Behaarung, die auf den Flügeldecken 2 (oft undeutliche) Querbinden bildet. VI–VII.
Vorkommen: In Nadelwäldern nicht selten, inzwischen aber viel häufiger im Gebälk von Häusern.
Wissenswertes: Der H. ist der wirtschaftlich bedeutendste Schädling unter den Bockkäfern. Seine Larve entwickelt sich in totem, trockenem Nadelholz, vor allem in solchem, das bereits verarbeitet ist, z. B. im Dachstuhl von Häusern. Sie stellt im Lauf ihrer Entwicklung dicht unter der Holzoberfläche einen langen, gewundenen Fraßgang her, über dem eine manchmal nur papierdünne Holzschicht unangetastet bleibt. Die geschlüpften, ganz und gar unauffälligen Käfer werden im Haus meist nicht besonders registriert und können sich dadurch oft unerkannt weiter vermehren, bis eines Tages schlimmstenfalls der Dachstuhl zusammenbricht.

Kleiner Kurzdeckenbock *Molorchus minor*

BOCKKÄFER

Merkmale: Körperlänge 6–16 mm; Flügeldecken stark verkürzt, braun mit weißlichem, kommaförmigem Streifen, Hinterflügel weitgehend freiliegend; Schenkel deutlich keulenförmig verdickt; Fühler beim ♂ (Bild) viel länger, beim ♀ nur ein wenig länger als der Körper. V–VII.
Vorkommen: Auf Waldlichtungen, entlang von Waldwegen und an Waldrändern nicht selten.
Wissenswertes: Der recht gut fliegende Käfer hält sich im Gebüsch oder auf blühenden Pflanzen auf. Seine Larve entwickelt sich ausschließlich in totem Nadelholz, meist in dürren Ästen oder im Stamm abgestorbener Jungpflanzen. Sie stellt ihren Fraßgang dicht unter der Rinde her.

Ähnlich: Der sehr seltene **Große Wespenbock** *Necydalis major* besitzt ebenfalls stark verkürzte Flügeldecken, jedoch ohne weiße Zeichnung. Außerdem wird er deutlich größer (bis 32 mm). Die Larve entwickelt sich im Holz verschiedener Laubbäume. **RL! §!**

Mulmbock *Ergates faber*

BOCKKÄFER

Merkmale: Mit 25–60 mm Körperlänge der größte heimische Bockkäfer; dunkelbraun, Halsschild seitlich mit mehreren Zähnchen, Fühler beim ♂ mehr als körperlang, beim ♀ (Bild) etwa bis zur Flügelmitte reichend. VII–IX.

Vorkommen: In Kiefernwäldern, meist an etwas offenen Stellen; überall selten, nur im östlichen M.-EU etwas häufiger.

Wissenswertes: Der gewöhnlich nur in der Dämmerung und nachts aktive Käfer hält sich tagsüber meist in den Fraßgängen seiner Larven verborgen. Diese entwickeln sich vorzugsweise in kräftigen, schon etwas verwitterten Kiefernstümpfen, manchmal auch in Fichten, niemals jedoch in lebenden Bäumen. Man erkennt die Brutstätten dieses Käfers leicht an den etwa daumendicken, senkrecht-ovalen Schlupflöchern. Die Entwicklung der bis zu 10 cm langen Larven erstreckt sich über mehrere Jahre. Die Puppe ruht schließlich am Ende des Fraßgangs dicht unter der Holzoberfläche. **RL, §!**

Alpenbock *Rosalia alpina*

BOCKKÄFER

Merkmale: Körperlänge 15–38 mm; mit dichtem, blaugrauem bis leuchtend hellblauem Haarfilz, der auf den Flügeldecken schwarze Flächen freilässt; Fühler beim ♂ (großes Bild) fast doppelt so lang wie der Körper, beim ♀ (kleines Bild oben) ungefähr körperlang. VII–IX.

Vorkommen: In Bergwäldern der Alpen und der Schwäbischen Alb; überall sehr selten.

Wissenswertes: Die Larve entwickelt sich fast ausnahmslos in Buchenholz. Das ♀ legt seine Eier gern in liegende Stämme oder Holzklafter. Wegen der mehrjährigen Entwicklung haben die Larven dort aber kaum Überlebenschancen. **RL, §!**

Heldbock *Cerambyx cerdo*

BOCKKÄFER

Merkmale: Körperlänge 24–53 mm; schwarzbraun mit helleren Spitzen der Flügeldecken; Halsschild stark runzelig skulpturiert, seitlich mit spitzem Dorn, Körper nach hinten deutlich verschmälert; Fühler beim ♂ (Bild) deutlich mehr als körperlang, beim ♀ etwa so lang wie dieser. V–VIII.

Vorkommen: In Wäldern und Parkanlagen mit alten Eichen, besonders in Auwäldern, überall in der letzten Zeit sehr selten geworden.

Wissenswertes: Dieser imposante Käfer gehört zu den eindrucksvollsten heimischen Käfergestalten. Er hält sich tagsüber meist in den Fraßgängen seiner Larven verborgen und verlässt diese erst in der späten Dämmerung. Zur Nahrungsaufnahme sucht er vorzugsweise blutende Eichenstämme auf, deren Saft er aufleckt. Man kann den Käfer relativ leicht mit stark riechenden alkoholischen Mixturen (z. B. mit einem Gemisch aus Rotwein und Zucker) anlocken, die man auf die Stämme streicht.

Die Larven entwickeln sich im Lauf von 3–5 Jahren in den Stämmen starker, alter Eichen, deren Holz sie durch ihre Fraßgänge weitgehend unbrauchbar machen. Die befallenen Eichen sterben aber gewöhnlich nicht ab, sondern sind über Jahrzehnte als „Heldbockeichen" gezeichnet. Da sie von den Käfern immer wieder benutzt werden, entstehen z. T. völlig durchlöcherte Baumveteranen, die oft schon von weitem zu erkennen sind. **RL, §!**

Ähnlich: Der deutlich kleinere (17–28 mm) **Buchenspießbock** *Cerambyx scopolii* ist tiefschwarz. Er entwickelt sich in verschiedenen Laubbäumen, oft auch in Obstbäumen. **§!**

Kartoffelkäfer *Leptinotarsa decemlineata*

BLATTKÄFER

Merkmale: Körperlänge 7–11 mm; Kopf und Halsschild orange mit schwarzen Flecken, Flügeldecken gelb mit schwarzen Längsbinden. Ganzjährig.
Vorkommen: Auf Ackerland und in Gärten zeitweise sehr häufig.
Wissenswertes: Der K. war ursprünglich in den Rocky Mountains heimisch, wo er an einem Nachtschattengewächs lebte. Erst mit dem aufkommenden Kartoffelanbau entdeckte er diese Nutzpflanze für sich und breitete sich schnell über den ganzen nordamerikanischen Kontinent aus. Ab 1877 trat er dann auch in M.-EU auf, konnte sich hier aber zunächst aufgrund intensiver Bekämpfungsmaßnahmen nicht recht ausbreiten. Erst in den 30er-Jahren des 20. Jh. begann er bei uns seinen Siegeszug, kurz nach dem 2. Weltkrieg war er bis ins östlichste Deutschland vorgedrungen. Der K. erscheint jährlich in 1–2 Generationen. Die rötlichen Larven fressen die Kartoffelblätter. Bei massivem Befall können sie gemeinsam mit den Käfern ganze Kartoffeläcker kahl fressen.

Ameisen-Sackkäfer *Clytra laeviuscula*

BLATTKÄFER

Merkmale: Körperlänge 7–11 mm; Körper glänzend schwarz, Flügeldecken gelbrot mit schwarzem Punkt und breiter, in der Mitte unterbrochener Querbinde. V–VIII.
Vorkommen: An sonnigen Waldrändern und auf Trockenrasen nicht selten.
Wissenswertes: Der Käfer ernährt sich von Blättern krautiger und strauchiger Pflanzen. Das ♀ verpackt seine Eier einzeln in ein aus Kotschüppchen geformtes, tannenzapfenartiges Gebilde (Bild) und lässt dieses in der Nähe eines Waldameisennests fallen. Die Ameisen halten es offenbar für geeignetes Baumaterial und tragen es zum Nesthaufen. Die kurz darauf schlüpfende Larve fertigt sich aus den Kotpartikeln ein festes Gehäuse (kleines Bild)

und ernährt sich von der Ameisenbrut. Bei Gefahr zieht sie sich in ihr Gehäuse zurück und verschließt die Öffnung durch ihre gepanzerte Kopfkapsel.

Schildkäfer *Cassida rubiginosa*

BLATTKÄFER

Merkmale: Körperlänge 6–8 mm; Halsschild und Flügeldecken gemeinsam zu einem flachen Schild verbreitert, unter dem der Körper weitgehend verborgen bleibt; oberseits leuchtend grün mit unscharf begrenzten, bräunlichen Flecken um das Schildchen. VI–VIII.
Vorkommen: Auf Wiesen und an Wegrändern überall ziemlich häufig, besonders an etwas feuchten Stellen.
Wissenswertes: Der S. lebt, bestens getarnt, auf Disteln und anderen krautigen Pflanzen. Zur Fortbewegung schiebt er Beine und Fühler unter dem Schild hervor, bei Gefahr zieht er sie aber sofort wieder zurück. Seine stark bestachelte, hellgrüne

Larve (kl. Bild) stellt sich aus ihren Häutungsresten und Kotpartikeln eine „Tarnkappe" her, die sie ständig auf der nach vorn geklappten Schwanzgabel mit sich umherträgt.

Fallkäfer *Cryptocephalus* sp.

BLATTKÄFER

Merkmale: Körperlänge 4–6 mm; stark goldgrün glänzend, Gestalt durch den unter das Halsschild zurückgezogenen Kopf buckelig wirkend. V–VIII. Zahlreiche schwer unterscheidbare Arten, einige auch mit gelben oder roten, teilweise gefleckten Flügeldecken.
Vorkommen: Auf blumenreichen Trockenwiesen , an Feldrainen und Wegrändern ziemlich häufig.
Wissenswertes: Die Käfer sind oft zu mehreren auf gelben Korbblütlern anzutreffen. Schon bei der leichtesten Erschütterung lassen sie sich fallen und sind dann im Gras nicht mehr zu finden. Das ♀ umhüllt die Eier bei der Ablage mit kleinen

Kotblättchen. Die Larve fertigt aus diesem Kot ein festes Gehäuse, das sie später durch eigene Kotpartikel weiter vergrößert (kleines Bild). Sie ernährt sich von welkenden Pflanzenteilen.

Buchdrucker *Ips typographus*

BORKENKÄFER

Merkmale: Körperlänge 4–5 mm; dunkelbraun und deutlich behaart, Körperform zylindrisch, Kopf schräg nach unten gerichtet, am Hinterende eine schräg abgestutzte, jederseits von 4 Zähnen begrenzte Fläche. V–VII.

Vorkommen: In Fichtenwäldern mit kränkelnden Bäumen meist häufig.

Wissenswertes: Der B. gehört zu den besonders gefürchteten Forstschädlingen. Er brütet allerdings so gut wie ausschließlich in bereits stark geschädigten oder schon abgestorbenen Fichten, seltener auch in Kiefern. Das ♂ nagt sich im Frühjahr durch die Rinde hindurch und stellt darunter einen kurzen Gang her, der sich am Ende zur geräumigen „Rammelkammer" erweitert. Anschließend lockt es durch Absonderung besonderer Duftstoffe (Pheromone) 1–3 ♀ herbei, mit denen es sich in der Rammelkammer paart. Danach nagt jedes ♀ von der Rammelkammer aus einen bis zu 15 cm langen Muttergang, nach Möglichkeit in Faserrichtung des Holzes. Bei 2 ♀ kommt es daher zu 2 entgegengesetzten, bei 3 zu etwa y-förmig angeordneten Muttergängen. Jeder Muttergang hat 2–4 „Luftlöcher", durch die das anfallende Bohrmehl ausgeworfen wird. Jedes ♀ legt über seinen Muttergang verteilt 30–60 Eier einzeln in Nischen ab. Die Larven fressen sich, von ihren Einischen ausgehend, durch die Bastschicht und vermeiden dabei, die Gänge der benachbarten Larven zu berühren (rechtes kleines Bild). Auf diese Weise entsteht schließlich das ornamentale, für den Baum aber bei stärkerem Befall meist tödliche Fraßbild (linkes kleines und rechtes großes Bild). Pro Jahr entwickeln sich 2, unter günstigen Bedingungen auch 3 Käfergenerationen.

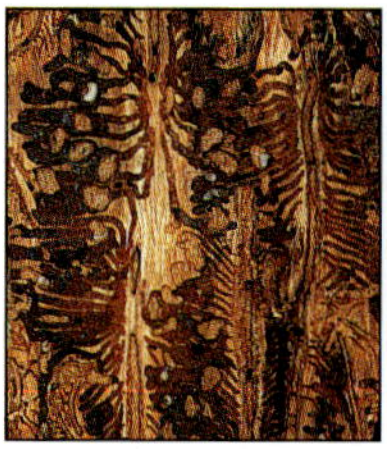

Haselnussbohrer *Curculio nucum*

RÜSSELKÄFER

Merkmale: Körperlänge 6–9 mm; Rüssel sehr dünn, beim ♀ (Bild) fast so lang wie der restliche Körper, beim ♂ deutlich kürzer. V–VII.

Vorkommen: In Laubwäldern, vor allem aber in Gärten weit verbreitet und meist nicht selten.

Wissenswertes: Der fast haardünne Rüssel stellt kein Stechwerkzeug dar, sondern gewissermaßen eine nasenartige Verlängerung des Kopfes, die an ihrer Spitze winzige beißende Mundwerkzeuge trägt. Im Frühsommer ist der Käfer regelmäßig auf Haselnusssträuchern zu beobachten. Zur Nahrungsaufnahme kann er seinen Bohrer in wenigen Sekunden bis zum Anschlag in eine noch weiche, unreife Haselnuss hineintreiben, um so Teile des Kerns zu verzehren. Zur Eiablage bohrt das ♀ eine Nuss an und legt meist nur 1 Ei in das Bohrloch. Die Larve frisst einen großen Teil des Kerns. Die befallene Nuss fällt vorzeitig zu Boden, und wenig später wird sie von der Larve durch ein seitliches Bohrloch verlassen. Die Larve gräbt sich ins Erdreich ein und überwintert.

Großer Pestwurzrüssler *Liparus glabrirostris*

RÜSSELKÄFER

Merkmale: Körperlänge 14–19 mm; glänzend schwarz mit gelblichen Haarflecken, an den Halsschildseiten in Form eines „Y". V–VII.

Vorkommen: An feuchten Waldrändern und im Uferbereich von Bächen; im Bergland, vor allem in den Alpen, stellenweise nicht selten.

Wissenswertes: Der flugunfähige Käfer ist vor allem bei feuchtem Wetter oft bei der Überquerung von Wegen zu beobachten. Seine Larve entwickelt sich im Wurzelstock von Pestwurz-Arten.

Ähnlich: Dem noch etwas größeren *Liparus dirus* (Körperlänge bis 20 mm) fehlen die gelben Haarflecke. Die sehr wärmeliebende Art kommt in M.-EU nur in ausgesprochenen Wärmegebieten (z. B. im Elsass) vor und entwickelt sich als Larve am Laserkraut. **RL**

Kiefernbestandsrüssler
Pissodes pini RÜSSELKÄFER

Merkmale: Körperlänge 6–9 mm; dunkelbraun mit gelben Haarflecken; Flügeldecken kräftig punktiert, mit 2 schrägen Querbinden aus gelben Haarschuppen. Ganzjährig.
Vorkommen: In Kiefernwäldern häufig.
Wissenswertes: Der K. legt seine Eier in kleinen Häufchen meist in der Kronenregion älterer Kiefern ab. Die einzelnen Larven fressen unter der Rinde sternförmig auseinander strebende Gänge, an deren Ende später die mit einem Spanpolster ausgekleideten Puppenwiegen liegen. Die Schadwirkung ist aber meist gering.

Ähnlich: Der **Große Braune Rüsselkäfer** *Hylobius abietis* wird 8–14 mm groß. Die Schuppenhaare auf den Flügeldecken sind bei ihm zu unregelmäßigen Flecken und Binden angeordnet.

Grünrüssler *Phyllobius* sp.
RÜSSELKÄFER

Merkmale: Körperlänge 5–10 mm; Flügeldecken vorn mit deutlichen Schulterecken, ganze Oberfläche dicht mit blaugrünen, hellgrünen oder golden-kupfernen Schuppenhaaren bekleidet. IV–VII. Zahlreiche schwer unterscheidbare Arten.
Vorkommen: Im Innern und am Rand von Wäldern und Gebüschen fast überall häufig.
Wissenswertes: Die einzelnen Arten dieser Gattung befressen als Käfer die Blätter verschiedener Laubbäume oder Kräuter, einige auch Nadelbäume. Die Larven entwickeln sich zumeist an Wurzeln, sie können Jungbäume unter Umständen zum Absterben bringen.

Ähnlich: Der **Gelbrandrüssler** *Chlorophanus viridis* zeichnet sich durch gelbgrün abgesetzte Körperseiten aus. Der Käfer frisst oft an Pestwurzblättern.

Birkenblattroller *Deporaus betulae*
BLATTROLLER

Merkmale: Körperlänge 3–5 mm; schwarz, manchmal mit bläulichem Schimmer, Rüssel ungefähr so lang wie der Rest des Kopfes. IV–VII.
Vorkommen: An Waldrändern häufig.
Wissenswertes: Der B. bevorzugt Birken, ist aber auch an anderen Laubbäumen zu finden. Vor der Eiablage nagt das ♀ zunächst auf einer Blattseite nahe der Blattbasis eine s-förmig gebogene Schnittlinie bis zur Mittelrippe in die Blattspreite und anschließend auf der anderen Blattseite eine deutlich flachere, geschwungene Kurve wieder bis zum Blattrand zurück. Dann formt es aus dem äußeren Teil der Blattspreite einen tütenförmigen Wickel (kleines Bild) und legt darin 1–6 Eier ab. Die Larven entwickeln sich in der anschließend welkenden Blatttüte.

Zigarrenwickler *Bytiscus betulae*
BLATTROLLER

Merkmale: Körperlänge 5–7 mm; Färbung metallisch grün, blau oder kupferrot, stark glänzend, Rüssel deutlich länger als der Rest des Kopfes. IV–IX.
Vorkommen: An Wald- und Wegrändern in den meisten Gebieten nicht selten.
Wissenswertes: Der Z. hinterlässt seine Spuren an den verschiedensten Laubbäumen und Sträuchern, etwa an Pappeln, Weiden, Buchen oder – wie im Bild unten – an Himbeersträuchern. Das ♀ nagt zunächst einen Blattstiel an, sodass dieser abknickt, und rollt dann die Blattspreite zu einer Art Zigarre zusammen. Bei kleinen Blättern verarbeitet es gelegentlich auch mehrere, die dann geschickt übereinander gelegt werden. In einer solchen Blattrolle, für deren Herstellung der Käfer etwa 1 1/2 bis 5 Stunden benötigt, können sich bis zu 15 Larven entwickeln.

Kamelhalsfliege *Raphidia* sp.

Merkmale: Flügelspannweite 10–40 mm; Kopf lang und schmal, mit weit vorn liegenden Augen, Vorderbrust halsartig verlängert, sehr beweglich an der übrigen Brust eingelenkt. IV–VIII.
Etwa 15 nur schwer unterscheidbare heimische Arten, die von Fachleuten neuerdings auf 9 verschiedene Gattungen verteilt werden, basierend v. a. auf Unterschieden im Muster der Flügeladern.
Vorkommen: An Waldrändern und in Gärten im Allgemeinen nicht selten.
Wissenswertes: Die tagaktiven Fliegen halten sich mit Vorliebe auf Bäumen und Sträuchern auf; manche Arten bevorzugen dabei Laubbäume, andere findet man ausschließlich auf Nadelhölzern. Sie ernähren sich von kleineren Insekten, vorzugsweise von Blatt- und Schildläusen, die sie mit den Mundwerkzeugen ergreifen und dann von der Unterlage „abpflücken".
Die ♀ besitzen einen langen, biegsamen Legebohrer, mit dem sie ihre Eier in Rindenritzen hineinschieben. Die langgestreckten, deutlich abge-

flachten, großköpfigen Larven der meisten Arten (oberes kleines Foto) leben unter Baumrinde und jagen dort nach anderen Insekten, etwa nach Borkenkäfern und deren Larven. Manche findet man auch am Boden unter Sträuchern. Die Larvenentwicklung dauert meist 2–3 Jahre. Vor der letzten Überwinterung richtet sich die Larve unter Rinde oder am Boden einen Hohlraum her, in dem sie sich im folgenden Frühjahr verpuppt.
Die Puppe (kleines Bild unten) ruht zunächst, wird aber kurz vor der Häutung zur Imago sehr mobil,

verlässt die Puppenhöhle und sucht sich am Baumstamm einen Häutungsplatz, wo sie sich festkrallt, bis das fertige Insekt schließlich schlüpft.

Schlammfliege *Sialis* sp.

SCHLAMMFLIEGEN

Merkmale: Flügelspannweite 23–35 mm; schwärzlich mit dunkelbraun getönten, dachförmig getragenen Flügeln, diese mit deutlich hervortretendem, schwarzem Adernetz. Flugzeit V–VIII.
3 schwer unterscheidbare heimische Arten.
Vorkommen: An stehenden und langsam fließenden Gewässern *(Sialis fuliginosa)* bzw. an sauberen Fließgewässern *(Sialis lutaria)*, beide ziemlich häufig.
Wissenswertes: Die ausgewachsene Schlammfliege nimmt offenbar kaum Nahrung auf (wurde aber schon auf Blüten beobachtet). Die mit langen,

fadenförmigen Tracheenkiemen an den Hinterleibsseiten ausgestattete Larve (kleines Bild) entwickelt sich im schlammigen Gewässergrund und ernährt sich räuberisch von anderen kleinen Wasserinsekten. Sie verpuppt sich am Ufer in einer Erdhöhle einige Zentimeter unter der Oberfläche.

Bachhaft *Osmylus fulvicephalus*

BACHHAFTE

Merkmale: Flügelspannweite 40–52 mm; Flügel relativ breit, schwarz und weiß gefleckt, Kopf leuchtend rot. Flugzeit V–VII.
Vorkommen: An Bachufern, vor allem an schattigen Stellen; nicht häufig.
Wissenswertes: Der B. ist vorwiegend dämmerungsaktiv. Das ♂ klammert sich zur Paarungszeit dicht neben dem Wasser an der Unterseite eines Blatts fest, krümmt den Hinterleib etwas ein und lässt kurz vor dessen Spitze zwei schlauchförmige Drüsen austreten (Bild). Diesen entströmt ein Duft, der das ♀ anlockt. Die Eier werden nach der Paarung an Uferpflanzen abgelegt. Die schmale Larve lebt außerhalb des Wassers unter Steinen. Zur Nahrungssuche steigt die räuberische Larve

jedoch ins Wasser, sticht mit ihren Saugzangen weichhäutige Insektenlarven an und zieht sie zum Aussaugen ans Ufer (kleines Bild).

Gewöhnl. Ameisenjungfer
Myrmeleon formicarius AMEISENJUNG.

Merkmale: Mit einer Flügelspannweite von 70–80 mm auffallend großes, an eine Libelle erinnerndes Insekt, anders als diese aber mit gut sichtbaren, am Ende keulig verdickten Fühlern. V–VIII.
Vorkommen: Vor allem an sonnigen Wegrändern; nicht häufig.
Wissenswertes: Viel leichter als das fertige Insekt findet man seine Larve, den „Ameisenlöwen" (kl. Bild). Er lebt vorzugsweise auf lockersandigen, besonnten Flächen, die vor Regen geschützt sind, etwa an überhängenden Böschungen, und stellt einen Trichter her, indem er mit dem Kopf ständig Sand nach draußen wirft, während er sich rückwärts immer tiefer eingräbt. An der Trichterböschung kommen Ameisen und andere Bodentiere leicht ins Rutschen. Am Trichtergrund werden sie dann vom Ameisenlöwen mit den Zangen ergriffen und ausgesaugt. **RL, §!**

Gewöhnliche Florfliege
Chrysoperla carnea FLORFLIEGEN

Merkmale: Flügelspannweite 15–30 mm; meist hellgrün mit dicht geäderten, in Ruhe dachförmig getragenen Flügeln, Augen kugelig, in allen Regenbogenfarben schillernd. Ganzjährig.
Vorkommen: An Waldrändern, in Gärten und offenem Gelände überall sehr häufig.
Wissenswertes: Die G. F. bringt im Jahr meist mehrere Generationen hervor. Die Herbsttiere wandern zur Überwinterung oft in Gebäude ein und färben sich nach Braun um; im Frühjahr werden sie dann wieder grün. Nach der Paarung legt das ♀ in der Nähe von Blattlauskolonien seine lang gestielten Eier an Pflanzenstängeln ab. Die mit Saugzangen ausgerüsteten Larven ernähren sich fast ausschließlich von Blattläusen und erweisen sich damit für den Gärtner als ausgesprochen nützlich. Daher werden sie auch gewerbsmäßig zur biologischen Blattlausbekämpfung eingesetzt. Die ausgewachsenen Tiere leben dagegen vorwiegend vom Honigtau, also den zuckerhaltigen Ausscheidungen der Blattläuse.

Blattlauslöwe *Drepanepteryx phalaenoides*
BLATTLAUSLÖWEN

Merkmale: Flügelspannweite 22–32 mm; Flügel nach Art eines vertrockneten Blatts gemustert, vor der Spitze mit bogenförmigem, gezähntem Ausschnitt. Ganzjährig.
Vorkommen: An Wald- und Wegrändern, auch im Siedlungsbereich verbreitet, meist nicht selten.
Wissenswertes: Dieser dämmerungs- und nachtaktive Netzflügler lebt vorzugsweise auf Laubbäumen und Sträuchern, wird leicht durch künstliches Licht angelockt und kann daher oft an erleuchteten Fenstern beobachtet werden. Er imitiert durch Form, Färbung und Zeichnung seiner Flügel in perfekter Weise ein dürres Blatt. In der Ruhehaltung zieht er außerdem Kopf und Vorderbrust nach unten ein, sodass dieser Eindruck noch verstärkt wird (kleines Bild). Die Larve betätigt sich ebenso wie das erwachsene Insekt als eifriger Blattlausvertilger.

Libellen-Schmetterlingshaft
Libelloides coccajus SCHMETTERLINGSH.

Merkmale: Flügelspannweite 42–55 mm; Flügel mit flächig gelber (selten weißer) und schwarzer Zeichnung, Fühler etwa körperlang. V–VII.
Vorkommen: An warmen, grasigen oder steinig-felsigen Stellen; nur im südlichen D (z. B. Kaiserstuhl, Schwäbische und Fränkische Alb); selten, im Mittelmeergebiet und in den Südalpen häufiger.
Wissenswertes: Dieser prächtige Netzflügler erinnert an einen Schmetterling, von dem er sich aber u. a. durch die netzförmig geaderten, unbeschuppten Flügel unterscheidet. Das nur bei warmem, sonnigem Wetter aktive Tier ist scheu und entfernt sich bei der geringsten Störung. Es setzt sich gern dicht über dem Boden an Grashalme und lässt seine geöffneten Flügel von der Sonne bescheinen. Ansonsten werden die Flügel dachförmig übereinander getragen. Die länglichen Eier werden in 2 Reihen an Pflanzenstängel geklebt. Die Larve ähnelt einem Ameisenlöwen. Sie verbirgt sich im Geröll oder unter Steinen und macht von dort aus Jagd auf am Boden lebende Insekten. **RL, §!**

Braunwurz-Blattwespe
Allantus scrophulariae BLATTWESPEN

Merkmale: Körperlänge 11–14 mm; Fühler und Beine weitgehend gelb, Hinterleib schwarz-gelb geringelt. Flugzeit V–VIII. Schwer von zahlreichen verwandten Arten zu unterscheiden.

Vorkommen: An Waldrändern und in offenem Gelände ziemlich häufig.

Wissenswertes: Als Vertreterin der Pflanzenwespen fehlt der B. die tiefe Einschnürung im vorderen Teil des Hinterleibs (die so genannte „Wespentaille") ebenso wie ein Wehrstachel. Durch ihre schwarz-gelbe Wespenzeichnung täuscht sie aber eine Wehrhaftigkeit vor.

Das ♀ legt seine Eier mit seinem sägeförmigen Legebohrer in die Blätter verschiedener Pflanzen, z. B. Braunwurz oder Königskerze, an denen sich die raupenähnlichen Larven entwickeln. Von Schmetterlingsraupen kann man diese u. a. an den zahlreichen Hinterleibsbeinen (Raupen besitzen hier höchstens 5 Paar) und dem einfachen Punktaugenpaar an der Kopfkapsel (bei Raupen mehrere auf jeder Seite) unterscheiden.

Riesenholzwespe *Urocerus gigas*
HOLZWESPEN

Merkmale: Mit 15–40 mm Körperlänge oft größer als eine Hornissenkönigin und damit der größte heimische Hautflügler; Fühler, Beine, ein großer Fleck an der Kopfseite sowie der hintere Teil des Hinterleibs gelb gefärbt. Flugzeit VI–VIII.

Vorkommen: In Nadelwäldern, insbesondere Fichtenwäldern; im Allgemeinen nicht selten.

Wissenswertes: Diese bedrohlich wirkende Wespe ist trotz eines deutlichen „Stachels" am Hinterleib des ♀ völlig harmlos. Beim vermeintlichen Stachel handelt es sich um den Legebohrer, der in Ruhelage in einer zweiklappigen Scheide liegt. Er entspringt vorn an der Unterseite des Hinterleibs. Zur Eiablage klappt das ♀ den fast körperlangen Bohrer aus der Scheide heraus und treibt ihn oft bis zu seinem Ansatz ins Holz hinein; anschließend gleitet ein Ei durch einen dünnen, im Innern verlaufenden Kanal und wird im Holz deponiert. Die zylindrisch geformte, nur mit kurzen Beinstummeln ausgerüstete Larve entwickelt sich im Verlauf mehrerer Jahre vorzugsweise in Fichtenholz.

Große Birkenblattwespe
Cimbex femorata KEULENBLATTWESPEN

Merkmale: Körperlänge 17–23 mm; Körperform sehr breit, Fühler am Ende mit knopfförmiger, gelber oder brauner Keule; Grundfärbung schwarz, Hinterleib beim ♂ (Bild) schwarz oder in der Mitte rot, beim ♀ vollständig schwarz, rot oder gelb. Flugzeit V–VIII.

Vorkommen: An Waldrändern oder mit Birken bewachsenen Alleen, nicht häufig.

Wissenswertes: Die auffallend große, aber völlig harmlose Wespe nagt oft Ringfurchen um Birkenzweige, offenbar um den dann austretenden Baumsaft zu trinken.

Ihre raupenähnliche, bis zu 45 mm lange Larve (kleines Bild) ist in der Jugend von einer weiß-

lichen Wachsschicht überzogen, in späteren Stadien aber grün mit dunklem Rückenstreifen. Sie entwickelt sich ausschließlich an Birken. **RL, §!**

Halmwespe *Cephus pygmaeus*
HALMWESPEN

Merkmale: Körperlänge 5–10 mm; Körper schmal zylindrisch, wie bei allen Pflanzenwespen ohne Wespentaille; Färbung schwarz, Hinterleib gelb geringelt. Flugzeit V–VII.

Vorkommen: An Wegrändern und auf Wiesen überall ziemlich häufig.

Wissenswertes: Die H. sieht man im Frühjahr regelmäßig auf blühenden Pflanzen, v. a. auf Hahnenfußblüten. Das ♀ (Bild) besitzt einen kurzen, den Hinterleib etwas überragenden Legebohrer. Damit versenkt es seine Eier in Getreidehalme (vorzugsweise von Weizen, Roggen oder Gerste). Die Larven entwickeln sich im Innern der Halme und haben daher, ebenso wie später die fertigen Wespen, einen schmal zylindrischen Körperbau. Ihre Beine sind stark zurückgebildet, wie es für Larven typisch ist, die im Innern von Pflanzen heranwachsen. Die Verpuppung findet im Halm dicht über dem Boden statt. Die befallenen Halme bilden nur verkrüppelte Ähren aus. Bei stärkerem Auftreten kann die H. daher spürbare Schäden anrichten.

Riesenschlupfwespe *Dolichomitus imperator*

SCHLUPFWESPEN

Merkmale: Körperlänge 20–35 mm; sehr schlanke, schwarze Wespe mit roten Beinen; ♀ (Bild) mit sehr langem Legebohrer. Flugzeit VI–X.
Vorkommen: In Wäldern nicht selten.
Wissenswertes: Diese stattliche Wespenart ist oft an liegenden Baumstämmen zu beobachten. Das ♀ sucht hier mit zitternden Fühlern nach holzbrütenden Käferlarven (meist solchen von Bockkäfern), den Wirtstieren für seinen Nachwuchs. Durch ihren sehr feinen Geruchssinn spürt die Wespe die im Holz arbeitende Larve auf, setzt ihren Legebohrer mit stark gekrümmtem Hinterleib etwa auf Höhe der Fühler an und treibt ihn unter Drehbewegungen des ganzen Körpers langsam ins Holz hinein. Schließlich gleitet ein Ei durch den Bohrer ins Holz. Die sich entwickelnde Larve sieht madenförmig aus und ist knotig gegliedert (kleines Bild).

Blattlauswespe *Praon* sp.

BLATTLAUSWESPEN

Merkmale: Sehr kleine, dunkel gefärbte Wespenart mit einer Körperlänge von 2–3 mm und stark reduziertem Fügelgeäder. Flugzeit IV–IX. (Imago nicht abgebildet.) Schwer von anderen Arten der Familie zu unterscheiden.
Vorkommen: An Wegrändern, auf Wiesen und im Siedlungsbereich überall häufig.
Wissenswertes: Die Wespe ernährt sich vom Honigtau, den zuckerhaltigen Ausscheidungen der Blattläuse. Zugleich dienen ihr die Blattläuse als Wirte für die Larven. Das ♀ biegt zur Eiablage den Hinterleib unter den Beinen hindurch nach vorn, ergreift eine Laus mit ihren zangenförmigen Anhängen und legt mit dem Legebohrer ein Ei in deren Körper. Die Wespenlarve frisst die Blattlaus von innen leer, sodass schließlich nur die äußerlich unversehrte Hülle zurückbleibt. Zuletzt verpuppt sie sich unterhalb dieser Hülle in einem sockelförmigen Kokon (Bild). Die anderen Arten der Familie führen eine ähnliche Lebensweise, ihre Larven verpuppen sich aber im Innern der Blattlaus.

Gestreifte Eichengallwespe *Cynips longiventris*

GALLWESPEN

Merkmale: Körperlänge 3–4 mm; unscheinbar graubraun, Hinterleib seitlich abgeflacht; stets geflügelt. XII–I und V–VI. (Imago nicht abgebildet.)
Vorkommen: In Eichenwäldern nicht selten.
Wissenswertes: Die G. E. bildet jährlich 2 Generationen. Die erste, nur aus ♀ bestehende entwickelt sich in gelben, rot gestreiften Galläpfeln (Bild) an der Unterseite von Eichenblättern. Die Tiere schlüpfen mitten im Winter und legen ihre durch Jungfernzeugung hervorgebrachten Eier in die Blütenknospen von Eichen. Bis zum Frühling bilden sich daraus unauffällige Knospengallen, in denen die zweigeschlechtliche 2. Generation heranwächst.

Ähnlich: Die bis zu 2 cm großen Gallen der **Gewöhnlichen Eichengallwespe** *Cynips quercusfolii* erinnern an kleine, rotbackige Äpfel.

Rosengallwespe *Diplolepis rosae*

GALLWESPEN

Merkmale: Körperlänge 2,5–4 mm; schwarz mit rotem, seitlich zusammengedrücktem Hinterleib. III–V. (Imago nicht abgebildet.)
Vorkommen: An Waldrändern und Hecken; praktisch überall häufig.
Wissenswertes: Die R. weist keinen Generationswechsel auf. Sie vermehrt sich überwiegend durch Jungfernzeugung, ♂ treten nur selten auf. Als Galle erzeugt sie an Rosenzweigen den bekannten „Schlafapfel" (Bild). Diese bis etwa 5 cm große Gallbildung ist außen mit vielen haarförmigen, stark verzweigten Auswüchsen besetzt. Im Innern enthält sie zahlreiche Kammern, in denen jeweils eine Larve heranwächst (kleines Bild). Oft ist jedoch ein erheblicher Anteil der Gallenbewohner von Parasiten befallen, meist durch die metallisch grün und rot gefärbte Erzwespe *Torymus bedeguaris*.

Sandgoldwespe *Hedychrum nobile*

GOLDWESPEN

Merkmale: Körperlänge 7–9 mm; etwas untersetzt gebaute Wespe mit metallisch grün und rotgolden gefärbtem Brustabschnitt und intensiv rot schillerndem Hinterleib. Flugzeit VII–VIII.

Vorkommen: An sandigen Wegen und auf offenen Heideflächen nicht selten.

Wissenswertes: Diese kleine, aber auffallend prächtig gefärbte Wespe entwickelt sich parasitisch in den Bodennestern von Grabwespen, meist in solchen der Sandknotenwespe *Cerceris arenaria*. Daher hält sie sich oft bei den Nestern dieser gesellig nistenden Grabwespe auf. Sie nutzt eine kurze Abwesenheit der Knotenwespe aus, um in deren Nest einzudringen und ihr eigenes Ei neben das Ei der Nestbesitzerin an deren eingetragene Beute zu legen. Die geschlüpfte Goldwespenlarve interessiert sich dann jedoch nicht für die Vorräte ihrer Wirtin, sondern frisst die zwischenzeitlich ebenfalls ausgeschlüpfte Knotenwespenlarve auf.

Ähnlich: Die deutlich kleinere **Rosa Goldwespe** *Hedychridium roseum* hat einen fleischroten, nicht metallisch glänzenden Hinterleib.

Rote Waldameise *Formica rufa*

AMEISEN

Merkmale: Körperlänge 4–11 mm; zwischen Bruststück und Hinterleib eine aufrechte Schuppe („Schuppenameise"); Oberseite von Kopf und Bruststück, Beine und Hinterleib schwarzbraun, übriger Körper rot gefärbt. Ganzjährig.

Vorkommen: An etwas offenen Stellen in Wäldern und an Waldrändern meist nicht selten.

Wissenswertes: Die R. W. lebt in den bekannten, bis über 1 m hohen, kuppelförmigen, überwiegend aus Fichtennadeln aufgebauten Nesthaufen. Die Arbeiterinnen erbeuten als Nahrung für die Brut große Mengen an Insekten und stellen damit eine wichtige „Polizei des Waldes" dar.

Rossameise *Camponotus ligniperda*

AMEISEN

Merkmale: Mit 6–18 mm Körperlänge die größte heimische Ameise; Kopf und Großteil des Hinterleibs schwarz, sonst rotbraun. Ganzjährig.

Vorkommen: Im Bergland an sonnigen Waldrändern nicht selten.

Wissenswertes: Die R., gleichfalls eine Schuppenameise, nistet in Totholz oder unter größeren Steinen. Zwischen V und VI schwärmen die geflügelten Geschlechtstiere. Die ♀ brechen nach der Paarung ihre Flügel ab und begründen auf sich allein gestellt einen neuen Staat. Sie schmelzen ihre Flugmuskulatur ein und füttern mit einem daraus gebildeten Sekret die ersten Larven (Bild).

Gelbe Wegameise *Lasius flavus*

AMEISEN

Merkmale: Körperlänge 2–9 mm; hell gelblich gefärbte Schuppenameise, Geschlechtstiere deutlich dunkler. Ganzjährig.

Vorkommen: In offenem Gelände häufig.

Wissenswertes: Die G. W. baut bis zu 50 cm hohe Erdhügel, die ganz mit Gras u. a. Pflanzen bewachsen sind. Die Tiere leben fast ausschließlich von den Ausscheidungen ihrer in unterirdischen Kammern als „Milchkühe" gehegten Wurzelläuse und kommen daher selten an die Oberfläche. Wie für Schuppenameisen typisch, sind die Puppen in pergamentartige Kokons gehüllt, die der Geschlechtstiere (Bild) viel größer als die der Arbeiterinnen.

Rasenameise *Tetramorium caespitum*

AMEISEN

Merkmale: Körperlänge 2,5–8 mm; zwischen Bruststück und Hinterleib 2 Knötchen („Knotenameise"); dunkelbraun, Hinterecken des Brustabschnitts gezähnt. Ganzjährig.

Vorkommen: In offenem, trockenem Gelände ziemlich häufig.

Wissenswertes: Die R. besitzt wie alle Knotenameisen einen Giftstachel. Ihre Puppen sind nicht von einem Kokon umgeben (im Bild die großen Puppen von Geschlechtstieren). Die Art nistet unter Steinen oder frei im Boden. Frei angelegte Nester sind oft an großen Erdhaufen zu erkennen. Die Geschlechtstiere schwärmen von Mai bis August.

Deutsche Wespe *Vespula germanica*

FALTENWESPEN

Merkmale: Körperlänge 13–19 mm; wie die Gewöhnliche Wespe (⇨ S. 314) zu den so genannten Kurzkopfwespen gehörend; Kopfschild meist mit 3 schwarzen Punkten; Längsbinde an der Seite des Brustabschnitts nach unten hin dreieckig verbreitert. Ganzjährig.

Vorkommen: Überall sehr häufig, fast ebenso häufig wie die Gewöhnliche Wespe.

Wissenswertes: Die D. W. nistet wie die Gewöhnliche Wespe stets an verborgenen Orten, teils ober-, teils unterirdisch. Wie bei dieser erreichen ihre Nester bisweilen fast 1 m Durchmesser, und die Völker können bis zu 7000 Tiere zählen. Im Gegensatz zur Gewöhnlichen Wespe bevorzugt die D. W. aber grau verwittertes, noch nicht morsches Holz als Baumaterial, ihre Nester sind daher zumeist deutlich grau gefärbt.

Sächsische Wespe *Dolichovespula saxonica*

FALTENWESPEN

Merkmale: Körperlänge 11–18 mm; als so genannte Langkopfwespe mit deutlichem Abstand zwischen Auge und Oberkieferbasis; Kopfschild zumeist mit 3-spitziger, ahornblattartiger Zeichnung. Ganzjährig.

Vorkommen: Überall ziemlich häufig.

Wissenswertes: Die S. W. baut ihre grauen Nester oberirdisch an ziemlich offenen Stellen, z. B. unter Brücken oder auch auf Dachböden, dann aber frei im Raum hängend (Bild). Sie erreichen nur etwa 20–30 cm im Durchmesser und eine Volksstärke von 200–300 Tieren.

Ähnlich: Bei der seltenen **Kuckuckswespe** *Dolichovespula adulterina* ist der Streifen an der Brustseite in einen nach unten gerichteten Zipfel ausgezogen. Sie lebt als Parasit im Nest der Sächsischen W.

Französische Feldwespe *Polistes dominulus*

FALTENWESPEN

Merkmale: Körperlänge 12–18 mm; schlanker als die Deutsche Wespe; Fühler einfarbig gelb gefärbt, Kopfschild vollständig gelb oder mit einem schwarzen Fleck. Ganzjährig anzutreffen.

Vorkommen: In offenem, trockenem Gelände; im südlichen D häufig, nach N zu seltener.

Wissenswertes: Die Nester der F. F. bestehen aus einer einzigen, mit einem Stiel an der Unterlage befestigten Wabe (großes Bild). Die Brutzellen sind meist schräg nach unten oder zur Seite gerichtet. Bei der Nestgründung arbeiten oft mehrere Jungköniginnen zusammen; dabei unterdrückt jedoch eine die übrigen und degradiert diese gewissermaßen zu Arbeiterinnen. Die Nester werden meist ziemlich versteckt, z. B. unter Dachziegeln oder in Mauernischen, erbaut.

Ähnlich: Mehrere weitere Arten der Gattung haben oberseits dunkle Fühler.

Schornsteinwespe *Odynerus spinipes*

FALTENWESPEN

Merkmale: Körperlänge 10–13 mm; eine zierliche, ziemlich kleine Faltenwespe, die gelben Zeichnungen nicht sehr ausgedehnt. Flugzeit V–VII.

Vorkommen: An offenen, trockenen Stellen, besonders an lehmigen Steilwänden oder völlig vegetationsfreien Flächen; fast überall recht häufig.

Wissenswertes: Diese interessante Wespe gräbt vorzugsweise in stärker verfestigtem Erdreich, v. a. an senkrechten Flächen, Gänge, die sich verzweigen und jeweils mit einer eiförmigen Brutzelle enden. Das Aushubmaterial klebt sie rings um die Öffnung, sodass schließlich ein immer längerer, nach unten gekrümmter Schornstein entsteht (Bild). In jede Zelle legt sie zunächst ein Ei und trägt danach als Nahrung für den Nachwuchs Larven eines Rüsselkäfers (Gattung *Phytonomus*) herbei, die sie zuvor durch einen Stich gelähmt hat. Gelegentlich siedelt die S. auch auf horizontalen Bodenflächen, z. B. in noch nicht bewachsenen Neubaugebieten. Dort sind die Schornsteine ihrer Baue zur Seite gebogen.

Gewöhnliche Wespe *Vespula vulgaris*

FALTENWESPEN

Merkmale: Körperlänge 11–19 mm; zwischen Auge und Einlenkung der Kiefer nur ein schmaler Zwischenraum („Kurzkopfwespe"), Kopfschild gelb mit schwarzer, T-förmiger Zeichnung; Seitenstreifen an der Brust gleichmäßig schmal. Ganzjährig.
Vorkommen: Überall sehr häufig, in den meisten Gegenden die häufigste Faltenwespe.
Wissenswertes: Die G. W. versorgt ihre Brut vorwiegend mit Fleischnahrung, insbesondere mit Fliegen. Hierdurch macht sie sich durchaus nützlich. Die Wespen selbst können aber nur flüssige Nahrung aufnehmen. Außer Blütennektar naschen sie gern an Süßigkeiten und können dann z. B. an der Kaffeetafel äußerst lästig werden. Diese unangenehme Eigenschaft teilen sie mit der Deutschen Wespe (⇨ S. 312). Die übrigen heimischen Faltenwespen, etwa die Hornisse oder die Sächsische Wespe (⇨ S. 312), treten dagegen niemals als Lästlinge in Erscheinung.
Die Nester der G. W. werden stets an verborgenen, dunklen Orten, z. B. in alten Mäusenestern oder auf Dachböden, gebaut und wie die der Hornisse aus vermodertem Holz hergestellt. Sie zeigen daher eine mehr oder weniger gelbliche Färbung. Falls der verfügbare Platz keine andere Form aufzwingt, besitzen sie eine annähernd kugelige Gestalt. Sie können einen Durchmesser von über 50 cm, in Extremfällen sogar von etwa 1 m aufweisen. Die größten Nester beherbergen an die 7000 Insassen. Wie bei der Hornisse wird der gesamte Staat von einer einzigen Königin (im Bild das deutlich größere Tier) beherrscht; sämtliche anderen Nestbewohner sind deren Nachkommen.

Ähnlich: Die auf Trockenrasen und Sonnenhängen recht häufige **Rote Wespe** *Vespula rufa* zeigt eine sehr ähnliche Kopfzeichnung, ist aber auf den vorderen Hinterleibsringen mehr oder weniger deutlich rot gefärbt.

Hornisse *Vespa crabro*

FALTENWESPEN

Merkmale: Mit einer Körperlänge von 18–35 mm eine auffallend große Wespe, gelb, schwarz und rot gezeichnet. Ganzjährig.
Vorkommen: In Wäldern, an Waldrändern und im Siedlungsbereich im Allgemeinen nicht selten, doch jahrweise in unterschiedlicher Häufigkeit.
Wissenswertes: Die H. knickt wie alle Faltenwespen in Ruhelage ihre Flügel in Längsrichtung zusammen; diese erscheinen daher beim sitzenden Tier sehr schmal (linkes Bild).
Sie baut aus morschen Holzfasern unter Zugabe von Speichel ein kartonartiges Nest. Es besteht aus übereinander angeordneten Waben, die von einer äußeren Hülle umgeben sind (rechtes Bild). Die Öffnungen der Zellen zeigen immer nach unten, die Hülle bleibt unten meist weit geöffnet. Insgesamt kann das Nest eine Höhe von etwa 70 cm erreichen.
Der H.-Staat besteht aus einer Königin und einigen hundert Arbeiterinnen. Erstere legt nur Eier, während die Arbeiterinnen, ebenfalls ♀, sämtliche Fütterungs- und Bautätigkeiten zu erledigen haben. ♂ entwickeln sich im Spätsommer; sie haben einzig und allein die Aufgabe, junge ♀ zu begatten. Im Herbst geht der gesamte Staat zugrunde, nur die begatteten jungen ♀ überleben und suchen zur Überwinterung geschützte Orte auf. Im nächsten Frühjahr begründen sie als Jungköniginnen jeweils einen neuen Staat. Am Anfang sind sie auf sich allein gestellt und müssen alle anfallenden Bau- und Brutfürsorgetätigkeiten selbst erledigen (linkes Bild). **RL, §!**

Ähnlich: Bei der Königin der **Mittleren Wespe** *Dolichovespula media* ist der Brustabschnitt ebenfalls schwarz und rot, der Hinterleib aber nur schwarz und gelb. Mit 18–22 mm Körperlänge ist sie etwa so groß wie eine Hornissenarbeiterin. Den Arbeiterinnen dieser recht seltenen Art fehlt das Rot.

Frühlingswegwespe *Anoplius viaticus*

WEGWESPEN

Merkmale: Körperlänge 8–14 mm; Hinterleib vorn rot mit dunklen Hinterrändern der Rückenplatten, Flügel dunkelbraun getönt. Ganzjährig.

Vorkommen: An sandigen, offenen Stellen ziemlich häufig.

Wissenswertes: Die Wespen schlüpfen im Hochsommer und paaren sich wenig später. Nur das ♀ überwintert sodann in einer selbst gegrabenen Erdhöhle. Im Frühjahr sucht es nach Wolfspinnen, wobei es sich mit seinem Geruchssinn orientiert, und überwältigt diese nach kurzem Kampf durch einen Stich ins Nervensystem. Die Spinne wird sofort bewegungsunfähig, stirbt aber nicht an den Folgen des Stichs. Die Wegwespe schleppt ihre Beute anschließend rückwärts gehend zu einer offenen Sandfläche. Sie greift dabei die Spinne mit ihren Kiefern an einer hinteren Beinhüfte (großes Bild). Am Zielort angekommen, legt sie ihr Opfer kurz ab und beginnt, einen schräg in den Boden führenden Gang zu graben (kleines Bild), der sich an seinem Ende zu einer kleinen Höhle erweitert.

Sie zieht die Spinne hinein, belegt sie mit einem einzigen Ei und scharrt das Nest sorgfältig wieder zu. Die Spinne dient der geschlüpften Larve dann als Nahrung.

Dreiphasen-Sandwespe *Ammophila pubescens*

GRABWESPEN

Merkmale: Körperlänge 13–19 mm; 1. Hinterleibssegment in einen dünnen und langen Stiel verschmälert, vorderer Teil des Hinterleibs rot. Flugzeit VI–IX.

Vorkommen: In Sandgebieten z. T. ziemlich häufig, vor allem im norddeutschen Flachland.

Wissenswertes: Diese Grabwespe fängt, wie die meisten Vertreter ihrer Familie, stets mehrere Beutetiere für einen Nachkommen. Bevor sie zum Beutefang ausfliegt, gräbt sie zunächst einen etwa 5 cm senkrecht in den Boden führenden Gang, der sich zu einer geräumigen Höhle erweitert. Sie verschließt den Eingang mit 3–5 kleinen Steinchen und kommt bald mit einer erbeuteten Raupe, die durch einen Stich bewegungsunfähig gemacht wurde, zum Nest zurück. Nachdem sie die Steinchen beiseite geräumt hat, zieht sie die Raupe ins Nest hinab, legt ein Ei daneben und verschließt die Öffnung wieder mit den gleichen Verschlusssteinen. Nach dieser ersten Phase ihrer Brutpflege widmet sie sich anderen Tätigkeiten. Wenn die Larve nach 2 Tagen geschlüpft ist, trägt sie erneut 1–2 Raupen herbei (2. Phase); dies wiederholt sich nach 1–2 Tagen mit weiteren 3–7 Raupen (3. Phase). Erst danach verschließt sie das Nest endgültig, indem sie lockeren Sand über die mit immer den gleichen Steinchen verschlossene Nestöffnung scharrt. **RL**

Kreiselwespe *Bembix rostrata*

GRABWESPEN

Merkmale: Mit 15–22 mm Körperlänge eine ziemlich große, gelbweiß bis zitronengelb gezeichnete Wespe; Oberlippe schnabelförmig nach unten verlängert. Flugzeit VI–IX.

Vorkommen: Auf meist größeren, lockeren Sandflächen, vor allem auf Binnendünen; fast überall selten geworden.

Wissenswertes: Die K. betreibt wie die Dreiphasen-Sandwespe echte Brutpflege, d. h., sie bekommt direkten Kontakt zu ihren Larven, während bei fast allen übrigen Grabwespen die Versorgung der Brut mit der Eiablage beendet ist (sog. Brutfürsorge). Das ♀ gräbt einen etwa 10 cm langen, schräg in den Boden führenden Gang (kleines Bild), der sich am Ende zu einer Nestkammer erweitert. Nach der Eiablage und später nach dem Schlüpfen der Larve trägt sie zahlreiche erbeutete Fliegen herbei (z. T. mehr als 50 pro Larve! – siehe großes Bild). Bei der Wahl ihrer Beute ist sie wenig wählerisch: Sie fängt kleine Schwebfliegen ebenso wie große Bremsen. Nach jedem Verlassen des Nests scharrt sie

den Eingang sorgfältig zu, sodass er vollkommen unkenntlich wird. Trotzdem findet sie ihn bei der Rückkehr sofort wieder. **RL, §!**

Ackerhummel *Bombus pascuorum*

BIENEN

Merkmale: Körperlänge 9–18 mm; Bruststück gelbrot, Hinterleib vorn grau, hinten gelbrot behaart. Ganzjährig.
Vorkommen: Auf Wiesen und an blütenreichen Waldrändern, überall häufig.
Wissenswertes: Wie bei allen Hummeln überwintert nur die Jungkönigin, die im Frühjahr einen neuen, einjährigen Staat begründet. Sie ist dabei ganz auf sich allein gestellt und baut ober- oder unterirdisch (z. B. in einem alten Mäusenest) zunächst aus Wachs ein Honigtöpfchen, das sie als Reserve für schlechte Zeiten mit Nektar füllt. Dann stellt sie ein wächsernes Einäpfchen her, füllt es mit Pollen und legt etwa 10 Eier hinein. Nach dem

Schlüpfen der Larven fügt sie seitlich an das Einäpfchen Wachstaschen an, die sie ebenfalls mit Pollen füllt (kleines Bild). Die Larven fressen sich durch die Wand in diese Taschen hinein; es entsteht ein immer größeres, blasiges Wachsgebilde, in dem schließlich die Verpuppung stattfindet. Mit dem Schlupf der ersten Arbeiterinnen übernehmen diese sämtliche Brutpflege- und Nestbautätigkeiten. Die Königin legt von diesem Zeitpunkt an nur noch Eier. **§!**

Erdhummel *Bombus terrestris*

BIENEN

Merkmale: Körperlänge 11–23 mm; vorn auf Bruststück und Hinterleib jeweils eine gelbe Binde, Hinterleibsspitze weiß. Ganzjährig.
Leicht mit weiteren, sehr ähnlichen, aber meist deutlich selteneren Arten zu verwechseln.
Vorkommen: Überall häufig.
Wissenswertes: Die E. nistet fast immer in unterirdischen Hohlräumen. Ihre Nester können mit bis zu etwa 600 Einzeltieren die größte Volksstärke von allen heimischen Hummelarten erreichen. Mit ihrem kurzen Rüssel vermag sie den Nektar langsporniger Blüten nur zu erreichen, indem sie die Blüten von hinten aufbeißt. **§!**

Steinhummel *Bombus lapidarius*

BIENEN

Merkmale: Körperlänge 12–22 mm; ganz schwarz mit roter Hinterleibsspitze; ♂ mit gelbem Ring auf dem Bruststück. Ganzjährig. Mehrere sehr ähnliche, allerdings viel seltenere Arten.
Vorkommen: Überall häufig.
Wissenswertes: Die S. nistet ebenso häufig ober- wie unterirdisch, oft z. B. in Vogelnistkästen. Sie umgibt ihre Brutzellen nicht nur mit vorgefundenem Nistmaterial, sondern überdeckt das ganze Nest mit einer dünnen Wachskuppel. Die Arbeiterinnen verhalten sich im Nestbereich recht aggressiv und gehen bei einer gewaltsamen Nestöffnung meist sofort zum Angriff über. **§!**

Zweifarbige Mauerbiene *Osmia bicolor*

BIENEN

Merkmale: Körperlänge 9–11 mm; ♀ (beide Bilder) in der vorderen Körperhälfte schwarz, am Hinterleib leuchtend fuchsrot behaart; ♂ unscheinbar grau, am Hinterleibsende rot behaart. Flugzeit III–VI.
Vorkommen: An sonnigen Waldrändern und auf Trockenrasen im südlichen und mittleren D ziemlich häufig, im N weitgehend fehlend.
Wissenswertes: Die Z. M. baut ihr fast immer einzelliges Nest stets in leere Schneckenhäuser. Zunächst trägt sie in die oberen Windungen Pollen und Nektar ein und legt ein Ei darauf. Dann verschließt sie die Zelle mit einer Wand aus zerkautem Blattmaterial, das unter Zugabe von Speichel einen grünen „Pflanzenzement" ergibt.

Den weiteren Gang des Schneckenhauses füllt sie mit kleinen Steinchen, Erdkrumen u. ä. und stabilisiert das Ganze durch eine weitere Wand aus Pflanzenzement (kl. Bild: geöffnetes Nest). Schließlich zwängt sie sich zwischen das Schneckenhaus und die umgebende Vegetation und dreht das Haus durch strampelnde Beinbewegungen so um, dass es mit der Öffnung nach unten zu liegen kommt. Zuletzt tarnt sie es noch mit locker aufgeschichteten Grashalmen oder Kiefernnadeln (rechtes großes Bild). **§!**

Honigbiene *Apis mellifera*

Merkmale: Körperlänge 11–18 mm; Grundfärbung braun, vordere Hinterleibsringe oft gelb oder rötlich, Oberseite der Hinterleibsringe mit grauen oder hell bräunlichen Filzbinden; Arbeiterin (unfruchtbares ♀) mit Pollensammeleinrichtung an den Hinterbeinen), Königin (fruchtbares ♀) mit stark verlängertem Hinterleib, Drohne (♂) mit deutlich vergrößerten Augen. Ganzjährig.
Vorkommen: Überall sehr häufig.
Wissenswertes: Ein H.-Volk setzt sich aus bis zu 8000 Arbeiterinnen und stets nur einer einzigen Königin zusammen. Die sechseckigen, waagrecht ausgerichteten Brutzellen werden aus Wachsplättchen, die junge Arbeiterinnen an der Unterseite des Hinterleibs abscheiden, gebaut und zu umfangreichen, sehr regelmäßigen Waben aneinandergefügt. Diese Waben werden unter natürlichen Bedingungen (z. B. in Baumhöhlen) unmittelbar nebeneinander angeordnet. Die inneren Zellen der innen liegenden Waben enthalten die Brut, in den äußeren Waben sowie den äußeren Zellen der inneren Waben werden die Nahrungsvorräte, Pollen und Honig, gespeichert. Kehren die Sammlerinnen von einer ergiebigen Trachtquelle zurück, unterrichten sie andere Sammelbienen davon durch eine besondere Tanzsprache. Im späten Frühjahr wachsen in etwas vergrößerten Zellen die Drohnen heran. Gleichzeitig entstehen in den viel größeren Weiselzellen am Rand der Waben Jungköniginnen. Kurz vor dem Schlüpfen einer neuen Königin zieht die alte mit einem Teil des Volks aus. Zunächst bildet sich eine Schwarmtraube (rechtes Bild), bis Kundschafterinnen ein geeignetes Quartier gefunden haben, in das dann der ganze Schwarm einzieht. Die frisch geschlüpfte neue Königin tötet zunächst mit ihrem Stachel die noch nicht geschlüpften Konkurrentinnen in ihren Weiselzellen. Dann tritt sie ihren Hochzeitsflug an und lässt sich dabei meist von mehreren Drohnen begatten. Danach verlässt sie den Stock erst wieder im folgenden Jahr, wenn sie ihrerseits durch eine neue Königin abgelöst wird. Ihre einzige Aufgabe besteht fortan im Eierlegen. Dabei wird sie ständig von ihrem „Hofstaat" (linkes Bild) umhegt.

Weiden-Sandbiene *Andrena vaga*

Merkmale: Körperlänge 10–14 mm; an Kopf und Brustabschnitt dicht grauweiß bepelzt, ansonsten vorwiegend schwarz behaart. Flugzeit III–V.
Vorkommen: In offenen, sandigen Gebieten, insbesondere in Sandgruben, ziemlich häufig.
Wissenswertes: Die W. ist bereits an den ersten wärmeren Tagen des Jahres zu beobachten. Sie bildet keinen Staat, nistet aber in dichten Kolonien von z. T. über 1000 Tieren. Kegelförmige Sandhäufchen von etwa 3 cm Höhe kennzeichnen eine solche Kolonie. Das ♀ gräbt einen oft mehr als 50 cm tiefen Gang, der sich am Ende verzweigt und zu einzelnen Brutzellen führt. Die Zellen werden ausschließlich mit Pollen und Nektar von Weiden gefüllt und dann mit jeweils 1 Ei belegt. Die Larven entwickeln sich bis zum Sommer zur neuen Bienengeneration, die jedoch erst nach der Überwinterung das Nest verlässt. **§!**

Langhornbiene *Eucera tuberculata*

Merkmale: Körperlänge 13–15 mm; am Brustabschnitt dicht goldgelb bepelzt, ♂ (gr. Bild) mit körperlangen und ziemlich dicken, ♀ (kl. Bild) mit normal entwickelten Fühlern, letzteres mit grauweißen Binden auf den Hinterleibsringen. Flugzeit IV–VI.
Vorkommen: An sonnigen Wald- und Wegrändern, besonders in wärmeren Gebieten, auch im Siedlungsbereich; stellenweise ziemlich häufig.
Wissenswertes: Die im männlichen Geschlecht sehr auffällige Biene sucht ihre Nahrung ausschließlich an Schmetterlingsblütlern, mit besonderer Vorliebe an den Blüten der Zaunwicke. Die ♂ besetzen regelrechte Reviere um Gruppen dieser Pflanze und halten dort ständig Ausschau nach Blüten besuchenden ♀. Nur ab und zu setzen sie sich kurz auf den Blüten ab, um Nektar zu tanken. Die ♀ nisten im Boden, zumeist in kleinen Kolonien und ziemlich versteckt im Gras. **§!**

Gelbfühlerige Köcherfliege *Limnephilus flavicornis* KÖCHERFLIEGEN

Merkmale: Flügelspannweite 26–37 mm, ♀ deutlich größer als ♂; ähnlich einem Nachtfalter, jedoch mit behaarten, nicht beschuppten Flügeln, Vorderflügel viel schmaler als die Hinterflügel, am Ende schräg abgestutzt, mit undeutlicher, feiner Fleckenzeichnung, gut körperlange, peitschenartige Fühler. Flugzeit V–X.

Vorkommen: Im Uferbereich pflanzenreicher Teiche und Tümpel; überall ziemlich häufig.

Wissenswertes: Das fertige Insekt ist vorwiegend dämmerungsaktiv, fliegt aber wenig. Da die Mundwerkzeuge wie bei allen Köcherfliegen reduziert sind, erfolgt keinerlei Nahrungsaufnahme mehr. Die Eier werden vom ♀ in gallertigen Klumpen (kleines Bild) unmittelbar am Ufer in der Vegetation abgelegt. Die wasserlebende Larve besitzt einen weichhäutigen, weißlichen Hinterleib mit zahlreichen feinen Kiemenfäden, den sie in einem Gespinstköcher verbirgt. Dieser Köcher wird außen mit Material, das in der Umgebung zu finden ist, maskiert. Je nach Angebot kann es sich dabei z. B. um Wasserlinsen (wie im rechten großen Bild), kleine Holzstücke, Steinchen oder Schneckenhäuschen handeln. Nicht selten baut die Larve sogar lebende Wasserschnecken in ihren Köcher ein. Sie ernährt sich von Wasserpflanzen.

Ähnlich: Die ebenfalls häufige, nahe verwandte **Rautenköcherfliege** *Limnephilus rhombicus* besitzt die gleiche Form der Vorderflügel, trägt hier aber auf hell rotbraunem Grund einen rautenförmigen, weißlichen Fleck, der vorn und hinten etwas dunkler eingefasst ist. Ihre Larve baut einen ähnlich variablen Köcher.

Maskenköcherfliege *Sericostoma personatum* KÖCHERFLIEGEN

Merkmale: Flügelspannweite 20–33 mm; schwarze Köcherfliege mit braunen Flügeln, ♂ mit verbreiterten Kiefertastern, die wie eine Maske wirken. Flugzeit VI–IX. (Imago nicht abgebildet.)

Vorkommen: An schnell fließenden, sandigen oder steinigen Bächen und Flüssen; ziemlich häufig.

Wissenswertes: Die Larve (Bild) baut sich einen leicht gebogenen, nach hinten konisch zulaufenden Köcher, der sehr gleichmäßig mit einer Schicht feinster Sandkörnchen bedeckt ist.

Ähnlich: Die Köcher der Gattung *Potamophylax* sind außen mit einer unebenen Schicht deutlich gröberer Sandkörner bedeckt.

Zweifleckige Köcherfliege *Neureclipsis bimaculata* KÖCHERFLIEGEN

Merkmale: Flügelspannweite 12–21 mm; Flügel grau mit 2 weißgelben Flecken. Flugzeit VII–VIII. (Imago nicht abgebildet.)

Vorkommen: An langsam fließenden Gewässern mit einer gewissen organischen Drift, vorzugsweise unmittelbar an Ausflüssen aus Seen und Fischteichen; nicht häufig.

Wissenswertes: Die sehr schmale, weißliche Larve (kl. Bild unten) besitzt keine Kiemenfäden, sondern atmet über die Haut. Anstelle eines Köchers fertigt sie an Pflanzenstängeln oder zwischen Steinen ein bis zu 10 cm großes Netz mit trompetenförmiger Öffnung (gr. Bild). Sie selbst hält sich im schmalen, umgebogenen Endstück des Netzes auf und lebt von den kleinen Pflanzenteilen, Planktonorganismen u. a. Feinpartikeln, die sich im Netztrichter verfangen.

Vogelfloh *Ceratophyllus* sp.

FLÖHE

Merkmale: Körperlänge 2–3 mm; Färbung dunkelbraun, Körper seitlich stark abgeplattet, Hinterrand des 1. Brustsegments mit einer kammartigen Querreihe schwarzer Dorne. Ganzjährig. Mehrere schwer unterscheidbare Arten.

Vorkommen: Auf verschiedenen Vogelarten (z. B. Singvögeln und Haushühnern), auch nach der Brutzeit in alten Vogelnestern. Auf anderen Warmblütern weitere Flohgattungen.

Wissenswertes: Flöhe ernähren sich ähnlich wie Läuse (⇨ S. 268) ausschließlich vom Blut ihrer Wirtstiere, sind aber anders als letztere weniger an ihren eigentlichen Wirt gebunden. So saugen V. bei entsprechendem Hunger auch an Menschen, können sich dort aber nicht auf Dauer halten. Die langgestreckten, fußlosen Larven (kl. Bild) entwickeln sich in den Nestern der Wirtstiere und leben von Abfallstoffen.

Schneefloh *Boreus westwoodi*

SCHNABELFLIEGEN

Merkmale: Körperlänge um 3,5 mm; Färbung dunkel grünmetallisch, Kopf in einen langen, gelbbraunen „Schnabel" ausgezogen, Flügel zu Stummeln rückgebildet. X–III.

Vorkommen: An Waldrändern und in offenem Gelände auf der Erdoberfläche oder im Schnee; im Bergland meist nicht selten.

Wissenswertes: Der S. gehört zu den wenigen Insekten, die nur im Winterhalbjahr zu finden sind und auch bei Temperaturen nahe dem Nullpunkt mobil bleiben. An milden Wintertagen kann man ihn regelmäßig auf der Schneeoberfläche entdecken. Er ernährt sich offenbar vor allem von Moosen. Zur Paarung ergreift das ♂ mit seinen hakenförmigen Flügelstummeln ein ♀ und befördert es auf seinen Rücken. Später legt dieses die Eier mit dem Legebohrer in den Erdboden.

Skorpionsfliege *Panorpa communis*

SCHNABELFLIEGEN

Merkmale: Flügelspannweite 25–30 mm; Kopf schnabelartig nach unten verlängert, mit beißenden Mundwerkzeugen; letzte Hinterleibsringe beim ♂ (Bild) nach oben gebogen, am Ende mit einer Greifzange, die an einen Skorpionsstachel erinnert, beim ♀ in eine spitze Legeröhre auslaufend. Flugzeit V–VIII.

Vorkommen: An feuchten Wald- und Wegrändern, auch in Gärten und Parks, fast überall häufig.

Wissenswertes: Die S. ernährt sich u. a. von toten Insekten und den zuckerhaltigen Ausscheidungen der Blattläuse. Oft frisst sie auch an in Spinnennetzen gefangenen Beutetieren, ohne dabei von der Spinne angegriffen zu werden. Zur Paarung packt das ♂ mit seiner Hinterleibszange ein ♀ und setzt dann, gleichsam als „Bonbon", einen in den Speicheldrüsen produzierten, zuckerhaltigen Tropfen ab, der vom ♀ gefressen wird.
Die raupenähnlichen, dunkel gefärbten Larven der S. entwickeln sich im Erdreich. Sie überwintern als verpuppungsreife Larve.

Fächerflügler *Stylops* sp.

FÄCHERFLÜGLER

Merkmale: ♂ (oberes Bild) mit 6–10 mm Flügelspannweite, Hinterflügel fächerförmig ausgebreitet, Vorderflügel zu kleinen Kolben rückgebildet; ♀ (unteres Bild) 4–7 mm lang, zu einem nahezu unbeweglichen Tönnchen reduziert. Flugzeit (♂) II–IV.

Vorkommen: In den Nestkolonien von Sandbienen; gebietsweise nicht selten.

Wissenswertes: Der F. entwickelt sich als Larve in der Made einer Sandbiene der Gattung *Andrena* (⇨ S. 320) und verpuppt sich im Hinterleib der fertigen Biene in einem Tönnchen. Von diesem ragt ein rundlicher, schuppenförmiger Zipfel zwischen den Segmenten hervor. Während sich das ♂ zu einem geflügelten Insekt häutet, bleibt das ♀ in diesem Stadium. Das sehr kurzlebige ♂ paart sich auf einer Biene mit einem ♀. Dieses produziert zahlreiche Eier und stirbt. Die winzigen Erstlarven verlassen das Wirtstier, gehen auf eine Blüte über und lassen sich von einer anderen Biene ins Nest tragen, wo der Entwicklungszyklus von neuem beginnt.

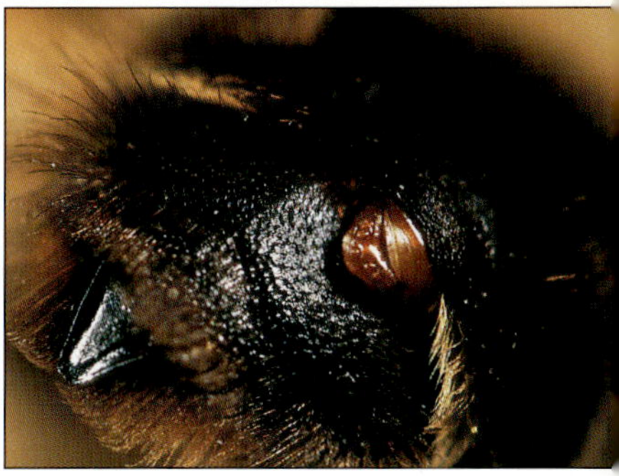

Großer Hopfen-Wurzelbohrer *Hepialus humuli*

WURZELBOHRER

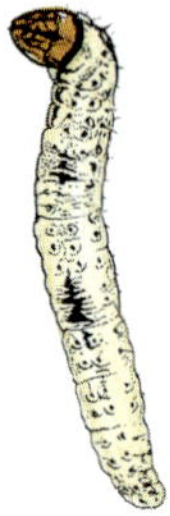

Merkmale: Spannweite 40–70 mm. Geschlechter sehr unterschiedlich gefärbt und gezeichnet: ♂ mit einfarbig weißen, ♀ (Foto) mit gelbbraunen, rötlich gezeichneten Vorderflügeln. Flugzeit V–VIII. Raupe bis zu 5 cm lang, schwach behaart, weißlich mit rotbraunem Kopf.
Vorkommen: Auf Wiesen und an Wegrändern, vor allem an etwas feuchten Stellen; überall häufig.
Wissenswertes: Die ♂ fliegen in der Abenddämmerung in rastlosem Pendelflug vor Gebüschrändern auf und ab und versuchen mit einem ausgestülpten Duftorgan paarungswillige ♀ anzulocken. Die Raupen fressen an den Wurzeln sehr verschiedener Pflanzen, z. B. an Bärenklau, Pestwurz und Ampfer-Arten, aber auch an Hopfen, wo sie gelegentlich durchaus Schäden anrichteten. Die Verpuppung findet in einer mit Gespinst ausgekleideten Erdröhre statt.

Hornissenglasflügler *Sesia apiformis*

GLASFLÜGLER

Merkmale: Spannweite 30–45 mm. Durch Gestalt und Färbung stark an eine Hornisse erinnernd. Flugzeit V–VIII. Raupe bleich mit bräunlichem Kopf.
Vorkommen: An Alleen u. Waldrändern mit älteren Pappeln; recht häufig.
Wissenswertes: Der Eindruck, eine Hornisse vor sich zu haben, wird vom fliegenden Falter noch durch ein brummendes Fluggeräusch verstärkt. Die Vortäuschung von Gefährlichkeit – ein Phänomen, das man als Mimikry bezeichnet – stellt in erster Linie einen Schutz vor möglichen Fressfeinden, insbesondere vor Vögeln dar.
Die Raupe entwickelt sich zweijährig in den Stämmen von Pappeln, seltener auch von Weiden. Vor der Verpuppung treibt sie ihren Fraßgang bis zur Oberfläche vor und verschließt ihn mit Spänen. Zum Schlupf schiebt sich die Puppe aus dem Bohrloch heraus.

Weidenbohrer *Cossus cossus*

HOLZBOHRER

Merkmale: Spannweite 65–80 mm. Flügel grau mit feinem, dunklem Linienmuster. Flugzeit V–VII.
Vorkommen: Vorwiegend in feuchten Wäldern, besonders an Gewässerufern, ziemlich häufig.
Wissenswertes: Trotz seiner beachtlichen Größe wird dieser Falter meist zu den Kleinschmetterlingen gezählt. Er fliegt ausschließlich nachts. Sein Saugrüssel ist zurückgebildet, sodass der fertige Falter keine Nahrung mehr aufnehmen kann.
Die bis zu 10 cm lange, nahezu kahle Raupe des W. entwickelt sich im Lauf von 2 Jahren im Holz verschiedener Laubbäume, insbesondere aber von Weiden und Pappeln. Bei stärkerem Befall können die Fraßbäume, denen dann ein deutlicher Geruch nach Holzessig entströmt, kränkeln oder sogar absterben. Vor der Verpuppung nagt die Raupe einen Gang bis zur Stammoberfläche und verstopft diesen mit Spänen. Damit der Falter nach dem Schlüpfen aus dem Holz gelangen kann, schiebt sich die bewegliche, mit Dornenkränzen bewehrte Puppe etwa zur Hälfte ins Freie.

Traubenkirschen-Gespinstmotte *Yponomeuta evonymella*

Merkmale: Spannweite 22–26 mm. Vorderflügel weiß, mit 5 Längsreihen kleiner, schwarzer Punkte. Flugzeit VII–VIII.
Vorkommen: In Wäldern und offenem Gelände fast überall häufig.
Wissenswertes: Die sehr gesellig lebenden Raupen dieser Gespinstmotte entwickeln sich meist an der Traubenkirsche (⇨ S. 476). Sie überziehen dabei deren Krone mit einem dichten Gespinst, das fast an ein Leichentuch erinnert, zumal das Gehölz nach einiger Zeit oft vollkommen kahlgefressen ist und dann wie eine Baumleiche wirkt. Die Verpuppung erfolgt im Gepinst. Wenn im Juli die neue Faltergeneration schlüpft, beginnt die Traubenkirsche bereits wieder auszutreiben und etwa 1 Monat später steht sie wieder in vollem Laub. Die weiblichen Falter legen ihre Eier an den Knospen ab, wo sie überwintern. Im nächsten Frühjahr schlüpft dann die neue Raupengeneration, und das Geschehen aus dem Vorjahr wiederholt sich. Allerdings kann der Befall stark schwanken.

Laichkrautzünsler *Elophila nymphaeata* ZÜNSLER

Merkmale: Spannweite 22–30 mm. Flügel weiß mit schmalen, braunen Schleifen und Zackenbinden. Flugzeit VI–VIII. Raupe bräunlich.
Vorkommen: An stehenden Gewässern mit Schwimmpflanzen; häufig.
Wissenswertes: Der vorwiegend dämmerungsaktive Falter setzt sich meist kopfunter an Pflanzenstängel oder Blattunterseiten. Seine Raupe entwickelt sich vorzugsweise am Schwimmenden Laichkraut (⇨ S. 792), seltener an anderen Schwimmblattpflanzen. Sie hält sich unter einem ovalen Blattstück auf, das sie an der Unterseite eines Schwimmblatts festspinnt. Die Verpuppung erfolgt in einem luftgefüllten Köcher aus 2 solchen Blattstücken, etwa 5–10 cm unter dem Wasserspiegel. Der geschlüpfte Falter wird durch die ihn umgebende Lufthülle zur Wasseroberfläche emporgetragen.

Dörrobstmotte *Plodia interpunctella* ZÜNSLER

Merkmale: Spannweite 13–20 mm. Flügel rotbraun mit gelber Binde in der Basalhälfte und blauen Zeichnungen. Flugzeit V–X.
Vorkommen: Vorwiegend in Wohnungen und Nahrungsmittelspeichern, doch auch im Freiland; fast überall häufig.
Wissenswertes: Die weißlich oder rötlich gefärbte, dunkelköpfige Raupe lebt im Freiland u. a. in Tiernestern, wo sie sich von den unterschiedlichen Abfallstoffen ernährt. In Wohnungen entwickelt sie sich an verschiedensten Getreideprodukten, Nüssen und Süßwaren, besonders gern an Schokolade. Sie verwebt diese Nahrungsmittel mit ihren Gespinsten und macht sie dadurch unbrauchbar. In den Gespinsten findet auch die Verpuppung statt. Die Verschleppung erfolgt oft durch Waren, die bereits in den Geschäften befallen waren. Für eine Bekämpfung ist es notwendig, alle befallenen Nahrungsmittel zu vernichten und alle übrigen, als Raupennahrung geeigneten Stoffe in dicht schließenden Gefäßen zu lagern.

Brennnesselzünsler *Eurrhypara hortulata* ZÜNSLER

Merkmale: Spannweite 24–28 mm. Körper und Flügelbasis gelblich, Flügel ansonsten weiß mit schwarzen Flecken, die im Spitzenteil zu regelmäßigen, randparallelen Binden angeordnet sind. Flugzeit VI–VIII.
Vorkommen: In Wäldern und Gärten, besonders an etwas feuchten Stellen; überall sehr häufig.
Wissenswertes: Der dämmerungs- und nachtaktive Falter hält sich tagsüber im Gebüsch verborgen, lässt sich aber leicht aufscheuchen. Bei Dunkelheit fliegt er oft künstliche Lichtquellen an und ist dann am nächsten Morgen in deren Nähe zu entdecken.
Die gelb oder grün gefärbte, kaum behaarte Raupe entwickelt sich meist an Brennnesseln, daneben aber auch an Minze, Ziest, Johannisbeere und verschiedenen anderen Pflanzen. In Fraßpausen sitzt sie in einem wie zu einer Zigarre zusammengerollten und innen versponnenen Blatt. Vor der Überwinterung spinnt sie sich am Boden in einen Kokon ein. Die Verpuppung erfolgt dann im Frühjahr.

Federgeistchen *Pterophorus pentadactylus* FEDERMOTTEN

Merkmale: Spannweite 26–34 mm. Ganzes Tier schneeweiß gefärbt; Vorderflügel in 2, Hinterflügel in 3 fein zerfiederte Abschnitte aufgespalten. Flugzeit V–IX in 1–2 Generationen.
Vorkommen: An Wald- und Wegrändern, auch im Siedlungsbereich; im Allgemeinen nicht selten.
Wissenswertes: Der sehr zerbrechlich wirkende, unverwechselbare Falter (die anderen Federmotten sind bräunlich gefärbt) fliegt überwiegend nachts, oft aber auch schon in den Nachmittagsstunden. Er wird durch künstliches Licht angelockt und setzt sich daher gern an erleuchtete Fensterscheiben. Seine grünen, weiß behaarten Raupen entwickeln sich an den Blättern von Winden, besonders an der Acker-Winde (⇨ S. 710).
Bei den ebenfalls als Geistchen bezeichneten, mit den Federmotten jedoch nicht näher verwandten Faltern der Familie *Alucitidae* sind die Flügel in ganz ähnlicher Weise geteilt. Bei ihnen sind Vorder- und Hinterflügel aber gleichmäßig in je 6 federartige Abschnitte aufgefächert.

Bergkronwicken-Widderchen

Zygaena fausta WIDDERCHEN

Merkmale: Spannweite ca. 25 mm. Vorderflügel mit einem mehr oder weniger zusammenhängenden Muster aus roten, gelb umrandeten Flecken; Hinterleib mit breitem, rotem Ring. Flugzeit VII–VIII. Raupe hellgrün mit gelb-weißem Rückenstreif und rötlichem Nackenschild.

Vorkommen: An warmen, sonnigen Waldrändern; in D nur im süddeutschen Bergland, daneben u. a. im Schweizer Jura, im Tiroler Inntal und in den Südalpen; fast überall selten, doch an manchen Fundorten in großer Individuenzahl.

Wissenswertes: Dieses schönste aller heimischen Widderchen ist bei sonnigem, warmem Wetter sehr flugaktiv. Seine Raupe entwickelt sich bei uns hauptsächlich an der Berg-Kronwicke *(Coronilla coronata)*. **RL, §!**

Thymianwidderchen

Zygaena purpuralis WIDDERCHEN

Merkmale: Spannweite 28–35 mm. Vorderflügel mit 3 breiten, roten Streifen, der mittlere nach außen hin deutlich erweitert. Flugzeit VI–VIII.

Vorkommen: An offenen, trockenen Stellen, vor allem im Bergland auf Trockenrasen, im südlichen und mittleren D vielerorts (z. B. auf der Schwäbischen Alb) immer noch eines der häufigsten Widderchen, in manch anderen Gegenden in letzter Zeit stark zurückgegangen.

Wissenswertes: Die gelbe bis bräunliche Raupe hat auf jedem Segment 1 Paar schwarzer Flecke. Sie entwickelt sich hauptsächlich am Feld-Thymian *(Thymus serpyllum)*. **RL, §!**

Ähnlich: Das **Bibernellwidderchen** *Zygaena minos* ist als Falter vom T. nur durch eine Genitaluntersuchung zu unterscheiden. Seine Raupe hingegen unterscheidet sich deutlich von der des T. durch ihre weißliche Färbung sowie durch ihre Futterpflanze, die Kleine Bibernelle *(Pimpinella saxifraga)*. **RL, §!**

Großer Schneckenspinner

Apoda limacodes SCHNECKENSPINNER

Merkmale: Spannweite 20–30 mm. Vorderflügel gelbbraun mit 2 dunklen, schrägen Querbinden, die zwischen ihnen liegende Fläche beim ♂ dunkel, beim ♀ (Bild) in der Grundfarbe. Flugzeit V–VIII. Raupe breit und flach, asselförmig, grün mit gelben Punkten und 2 schmalen, gelben Längsbinden.

Vorkommen: Überwiegend an Waldrändern; überall in EU recht häufig.

Wissenswertes: Die merkwürdige Raupe entwickelt sich an verschiedenen Laubhölzern, meist an Eichen. Sie scheidet ein klebriges, an der Unterlage haftendes Sekret ab, auf dem sie sich wie eine Schnecke kriechend fortbewegt. Im Herbst verpuppt sie sich in einem ziemlich festen Kokon an der Unterseite eines Blatts und lässt sich mit diesem zu Boden fallen.

Wolfsmilch-Ringelspinner

Malacosoma castrensis GLUCKEN

Merkmale: Spannweite 25–35 mm. Vorderflügel beim ♂ (Bild) blass ockergelb mit rötlich brauner, teilweise hell gefüllter Querbinde, beim ♀ rötlich braun mit gelblichen Querbinden. Flugzeit VI–VIII. Raupe blaugrau mit rotgelben und schwarzen Längsstreifen.

Vorkommen: Auf sandigen oder steinigen, lückig bewachsenen Magerrasen; vorwiegend im süddeutschen Bergland, im nördlichen D selten.

Wissenswertes: Das ♀ klebt seine Eier in dichten, ringförmigen Gelegen rings um Pflanzenstängel, wo sie überwintern. Die Raupen leben zunächst gesellig in dichten Gespinsten, sie vereinzeln sich erst später. Sie fressen an Zypressen-Wolfsmilch und anderen krautige Pflanzen. **RL**

Eichenspinner *Lasiocampa quercus*

GLUCKEN

Merkmale: Spannweite etwa 45–75 mm. Vorderflügel beim ♂ dunkelbraun mit weißem, dunkel umrandetem Punkt und gelber Querbinde, beim ♀ deutlich heller und weniger kontrastreich gezeichnet. Flugzeit VI–VIII. Raupe hellbraun behaart, mit schwarzen Segmenteinschnitten und weißen Seitenzeichnungen.

Vorkommen: In lichten Wäldern und an Waldrändern, seltener auch in offenem Gelände; in vielen Gegenden häufig, in den Alpen bis über die Baumgrenze hinauf.

Wissenswertes: Die ♂ fliegen tagsüber auf der Suche nach ihren nachtaktiven Partnerinnen sehr flink umher. Die Raupen ernähren sich von den Blättern vieler verschiedener Holzgewächse, entgegen dem Artnamen jedoch in der Regel nicht von Eichenblättern. **(RL)**

Brombeerspinner *Macrothylacia rubi*

GLUCKEN

Merkmale: Spannweite 40–65 mm, dabei ♂ deutlich kleiner als ♀. Vorderflügel beim ♂ (Bild) rotbraun mit 2 schmalen, hellen Querbinden, beim ♀ mehr graubraun. Flugzeit V–VII. Raupe dunkel rotbraun mit grauen und schwarzen Haarbüscheln, in jüngeren Stadien mit auffallenden, hellen Segmenteinschnitten (Zeichnung).

Vorkommen: Vorwiegend auf feuchtem oder trockenem, grasigem Gelände und an Wegrändern; überall ziemlich häufig, gewöhnlich die häufigste heimische Glucken-Art.

Wissenswertes: Während die ♀ nachtaktiv sind, fliegen die ♂ tagsüber auf der Suche nach Partnerinnen sehr behände umher. Die Raupe ernährt sich von den verschiedensten Gräsern und Holzgewächsen. Sie überwintert ausgewachsen, läuft im Frühjahr nur noch kurz umher und verpuppt sich dann ohne weitere Nahrungsaufnahme.

Birkenspinner *Endromis versicolora*

BIRKENSPINNER

Merkmale: Spannweite 50–60 mm. Flügel beim ♂ dunkelbraun, beim ♀ (Bild) etwas heller, mit weißem und schwarzem Streifenmuster und je 3 dreieckigen Flecken vor der Spitze der Vorderflügel. Flugzeit III–V. Raupe unbehaart, zunächst schwärzlich, später kräftig grün mit gelblich weißen Schrägstreifen.

Vorkommen: In feuchten Wäldern u. Gebüschen mit Birken; nicht häufig, vielerorts zurückgegangen.

Wissenswertes: Die Art zeigt ein ähnliches Flug- und Paarungsverhalten wie die Pfauenspinner. Im Unterschied zu diesen werden die Flügel aber in der Ruhehaltung dachförmig über dem Körper angewinkelt. Die nach vorn etwas verschmälerten Raupen entwickeln sich meist an Birken. Sie leben in der ersten Zeit gesellig in dichten Trauben. Bei einer Störung biegen alle gleichzeitig ihren Vorderkörper zu einem Viertel- bis Halbkreis von der Unterlage weg. Nach der dritten Häutung zerstreuen sie sich. Die Puppe überwintert am Boden in einem Kokon. **(RL), §!**

Kupferglucke *Gastropacha quercifolia*

GLUCKEN

Merkmale: Spannweite 50–90 mm. Flügel rotbraun, oft leicht violett glänzend, Außenränder wellenförmig gebuchtet, auch Körper rotbraun behaart. Flugzeit VI–VIII.

Vorkommen: An Waldrändern und Heckenstreifen, auf verbuschenden Trockenrasen, in Obstwiesen und Gärten; früher regional ziemlich häufig, in letzter Zeit fast überall stark zurückgegangen, gebietsweise ganz verschwunden.

Wissenswertes: Der nachtaktive Falter klappt im Sitzen seine Vorderflügel dachförmig zusammen und schiebt die fast kreisrunden Hinterflügel seitlich darunter hervor. Da Form und Farbe der Flügel trockenes Laub geradezu perfekt imitieren, ist das Tier bei Tage hervorragend getarnt.
Die unscheinbar grau gefärbte Raupe hat eine sehr flache Körperform und trägt an den Seitenrändern lange Haarfransen. Sie schmiegt sich eng an Zweige an und ist dann ebenfalls kaum noch zu entdecken. Sie ernährt sich vom Laub verschiedenster Bäume und Sträucher. **RL, §!**

Nagelfleck *Aglia tau*

PFAUENSPINNER

Merkmale: Spannweite 55–85 mm. Flügel ockergelb mit jeweils einem blau gekernten Augenfleck, der innen eine nagelförmige Zeichnung trägt. Flugzeit IV–VI. Raupe hellgrün, in den ersten Stadien mit 5 rot-weiß geringelten, z. T. am Ende gegabelten Rückendornen, die im letzten Stadium fehlen.
Vorkommen: In Laubwäldern, vor allem solchen mit hohem Buchenanteil; nicht selten.
Wissenswertes: Die ♂ suchen tagsüber in rasantem Flug nach den meist dicht über dem Boden sitzenden, nachtaktiven ♀. Nach der Paarung legt das ♀ seine braunen Eier ringförmig um Zweige der Futterpflanze, meist von Buchen, doch auch anderer Laubbäume wie Birken, Eichen oder Linden. Die Raupen halten sich zwar vorwiegend im Kronenbereich der Bäume auf, fallen aber in Gewitterstürmen oft zu Boden und sind dann manchmal in größerer Zahl zu finden. Im Sommer spinnt sich jede von ihnen am Waldboden einen Kokon, in dem kurz darauf die Verpuppung erfolgt. Die Puppe überwintert. **§!**

Kleines Nachtpfauenauge *Saturnia pavonia*

PFAUENSPINNER

Merkmale: Spannweite 60–85 mm. Vorder- und Hinterflügel mit jeweils einem markanten Augenfleck. Beim ♂ (Bild) Vorderflügel dunkelgrau mit weißen und weinroten Zeichnungen, Hinterflügel dottergelb; beim ♀ Vorder- und Hinterflügel grau. Flugzeit III–VI. Raupe leuchtend grün mit schwarzen Querbinden, in denen gelbe oder rosafarbene, Borsten tragende Warzen liegen.
Vorkommen: In offenem, trockenem wie feuchtem Gelände, z. B. an Waldrändern und Hecken, auf Trockenrasen, in Feuchtheiden und auf Sumpfwiesen; in den meisten Gegenden nicht selten.
Wissenswertes: Während die ♀ nur nachts fliegen, sind die ♂ auf der Suche nach Partnerinnen auch tagsüber in rasantem Flug unterwegs. Die ovalen, braunen Eier werden ringförmig an Zweigen abgelegt. Die Raupe entwickelt sich an den verschiedensten krautigen und holzigen Pflanzen. Zur Verpuppung stellt sie einen kunstvollen, festen Kokon her, der an bodennahen Pflanzenteilen angesponnen ist. Die Puppe überwintert im Kokon. **§!**

Taubenschwänzchen *Macroglossum stellatarum*

SCHWÄRMER

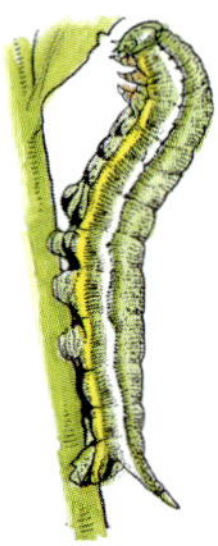

Merkmale: Spannweite 40–50 mm. Körper untersetzt, graubraun mit weißen Flecken an den Seiten des verbreiterten Hinterleibs, der wie ein Schwanz wirkt; Hinterflügel gelborange. Flugzeit ganzjährig. Raupe hellgrün mit weißen Längsstreifen und kurzem Hinterleibshorn.
Vorkommen: An Waldrändern, auf Trockenrasen und in Gärten jahrweise recht häufig.
Wissenswertes: Dieser kleine Schwärmer wandert in günstigen Jahren in großer Zahl aus S-EU über die Alpen zu uns ein und schreitet hier zur Fortpflanzung. Die tagaktiven Falter erregen immer wieder Aufmerksamkeit, wenn sie im Sonnenschein an Blumenbeeten und Balkonkästen nach Art eines Kolibris im Rüttelflug an langröhrigen Blüten saugen. Als Futterpflanzen dienen den Raupen verschiedene Labkraut-Arten.

Kleiner Weinschwärmer *Deilephila porcellus*

SCHWÄRMER

Merkmale: Flügelspannweite 40–45 mm; Vorder- und Hinterflügel bräunlich oliv, nur am Rand mit rotem Saum. Flugzeit V–VIII. Raupe braun, seltener auch grün oder schwärzlich, mit runden Augenflecken.
Vorkommen: Vorwiegend in sonnigem, trockenem Gelände, z. B. auf Trockenrasen und an Wegrändern; überall ziemlich häufig.
Wissenswertes: Der K. W. ist nicht strikt nachtaktiv, oft kann man ihn schon in der Dämmerung beim Blütenbesuch beobachten, manchmal sogar tagsüber. Seine Raupe entwickelt sich offenbar ausschließlich an Labkraut-Arten. Bei Beunruhigung nimmt sie eine schlangenartige Drohhaltung ein.

Wolfsmilchschwärmer *Hyles euphorbiae*

SCHWÄRMER

Merkmale: Spannweite 55–75 mm. Vorderflügel hellbraun mit dunkelbrauner Binde; Hinterflügel rosa mit schwarzer Bindenzeichnung. Flugzeit V–IX. Raupe rot und gelb mit schwarzen Binden und weißen Punkten.

Vorkommen: An warmen, offenen Stellen, z. B. auf Sandtrockenrasen und kurzrasigen Schafweiden; in M.-EU vor allem in Wärmegebieten, in S-EU allgemein verbreitet und meist häufig.

Wissenswertes: Die Raupe entwickelt sich meist an der Zypressen-Wolfsmilch. Beim Fressen der Blätter nimmt sie das in dieser Pflanze enthaltene Gift auf und wird ihrerseits giftig. Ihre grell bunte Färbung soll mögliche Fressfeinde auf diesen besonderen Schutz hinweisen. Auch der Falter enthält noch das Gift. Bei einer Störung nimmt er eine auffallende Schreckhaltung ein, indem er seine Vorderflügel auseinander spreizt und dadurch die grell gefärbten Hinterflügel präsentiert. Dieser Reaktion dürfte die gleiche Bedeutung wie der bunten Färbung der Raupe zukommen. **(RL), §!**

Abendpfauenauge *Smerinthus ocellata*

SCHWÄRMER

Merkmale: Spannweite 70–80 mm. Vorderflügel grau mit größeren, dunklen Flecken; Hinterflügel innen rosa, außen gelb, dazwischen ein schwarzer, blau und schwarz umringter Augenfleck. Flugzeit V–VIII. Raupe grün mit gelblichen Schrägstreifen.

Vorkommen: In feuchten Wäldern und am Ufer von Gewässern, daneben auch in Gärten; fast überall ziemlich häufig.

Wissenswertes: Der Falter besitzt einen verkümmerten Rüssel und kann daher keine Nahrung aufnehmen. Bei Beunruhigung öffnet er ruckartig seine normalerweise geschlossenen Vorderflügel

und präsentiert zur Abschreckung die bunten Hinterflügel mit den bedrohlich wirkenden Augenflecken. Die Raupe lebt zumeist an Weiden und Pappeln, frisst gelegentlich aber auch an Obstgehölzen. **§!**

Ligusterschwärmer *Sphinx ligustri*

SCHWÄRMER

Merkmale: Spannweite 90–120 mm. Vorderflügel rötlich braun mit schwarzbraunem Längsstreifen, Hinterflügel rosa mit 3 schwarzen Binden. Flugzeit V–VIII. Raupe leuchtend grün mit hellerem Rücken, seitlich mit purpurroten und weißen Schrägstreifen; am Körperende ein gelbes Horn mit schwarzer Spitze.

Vorkommen: Am häufigsten in Gärten und Parks, seltener in natürlichen Lebensräumen, z. B. in Auwäldern; in den letzten Jahren vielerorts stark zurückgegangen.

Wissenswertes: Der Falter ist vorwiegend nachtaktiv, fliegt aber zuweilen auch schon in der einsetzenden Dämmerung. Er taucht im Flug seinen langen Rüssel in Blütenkelche und tankt Nektar, ohne sich auf den Pflanzen niederzusetzen. Die Raupe entwickelt sich an Liguster, Esche, Flieder und Forsythie. Bei Bedrohung hebt sie ihren Vorderkörper an und nimmt eine charakteristische „Sphinx"-Haltung ein. Sie verpuppt sich in einer Erdhöhle, in der die Puppe sodann überwintert. **§!**

Totenkopfschwärmer *Acherontia atropos*

SCHWÄRMER

Merkmale: Spannweite 80–120 mm. Vorderflügel schiefergrau mit weißlichen Flecken u. dunklen Zackenbinden, auf dem Bruststück eine totenkopfähnliche Zeichnung. Flugzeit V–X. Raupe fingerdick, bis 13 cm lang, braun, grün oder gelb mit blauen Schrägstreifen an den Seiten und Horn am Ende.

Vorkommen: Vorwiegend auf Kartoffeläckern und in der Nähe von Bienenstöcken; jahrweise in sehr unterschiedlicher Häufigkeit.

Wissenswertes: Der auffallende Falter ist bei uns nicht heimisch, sondern fliegt als typischer Wanderfalter fast alljährlich, vor allem aber in warmen Jahren, aus seinen nordafrikanischen Ursprungsgebieten zunächst über das Mittelmeer und anschließend über die Alpen hinweg nach M.-EU. Zur Nahrungsaufnahme dringt er oft in Bienenstöcke ein und sticht mit seinem nur ca. 5 mm langen Rüssel die Honigwaben an. Die eindrucksvolle Raupe entwickelt sich bei uns am häufigsten an Kartoffelkraut. Die Puppe stirbt in M.-EU meist bei der Überwinterung.

Ampferspanner *Calothysanis griseata*
SPANNER

Merkmale: Spannweite 23–28 mm. Hinterflügel mit scharf vorspringender Ecke in der Mitte des Außenrands; Flügel gelblich grau mit weinrotem Außenrandsaum und ebensolcher schräger Querlinie, die sich bei geöffneten Flügeln ohne Unterbrechung vom Vorder- auf den Hinterflügel fortsetzt. Flugzeit V–X. Raupe grau oder braun mit dunklen Winkelflecken, hinter dem Kopf etwas verdickt.

Vorkommen: In feuchten Wäldern, an Gewässerufern, auf Feuchtheiden, in Parks und Gärten; fast überall häufig.

Wissenswertes: Der Falter fliegt jährlich in 2 Generationen, manchmal auch noch in einer unvollständigen dritten. Die Raupe entwickelt sich vorzugsweise an Ampfer- und Knöterich-Arten. Sie überwintert und verpuppt sich dann im Frühjahr in einem lockeren Gespinst am Boden.

Birkenspanner *Biston betularia*
SPANNER

Merkmale: Spannweite 35–60 mm. Flügel auffallend schmal, weiß mit feinem, schwarzem Fleckenmuster, manchmal auch stark verdunkelt bis fast ganz schwarz. Flugzeit V–VII. Raupe bis 6 cm lang, ziemlich einfarbig braun oder grün mit zweispitzigem Kopf.

Vorkommen: In lichten Wäldern, an Wegrändern und in Mooren; ziemlich häufig.

Wissenswertes: Der tagsüber ruhende Falter ist auf Birkenrinde hervorragend getarnt, die dunkle Färbungsvariante auf dunkler Baumrinde kaum zu erkennen. In Industriegebieten mit stark rußgeschwärzter Umgebung haben dunkle Exemplare offenbar Vorteile gegenüber normal gefärbten Tieren, man spricht daher auch von „Industriemelanismus". Die Raupe lebt an verschiedensten Laubbäumen. Sie verbringt den Tag in starrer Haltung, wobei sie sehr einem dürren Zweig gleicht.

Stachelbeerspanner *Abraxas grossulariata*
SPANNER

Merkmale: Spannweite 35–40 mm. Flügel weiß mit schwarzen, zu Querbinden angeordneten Punkten, Vorderflügel außerdem mit gelber Mittelbinde und gelbem Basalfleck. Flugzeit VI–VIII. Raupe mit ganz ähnlichem Färbungs- und Zeichnungsmuster wie der Falter.

Vorkommen: In feuchten Wäldern, vor allem in Auwäldern; ziemlich selten; früher auch in Gärten, hier aber fast überall verschwunden.

Wissenswertes: Die nachtaktive Raupe entwickelt sich vorzugsweise an Johannis- und Stachelbeersträuchern, daneben bzw. im Wald aber auch an Weißdorn, Schlehe und verschiedenen anderen Pflanzen. Sie überwintert halbwüchsig und verpuppt sich im Frühjahr in einem netzartigen Kokon an der Futterpflanze. Die Puppe ist kontrastreich hell-dunkel geringelt. **(RL)**

Großer Frostspanner *Erannis defoliaria*
SPANNER

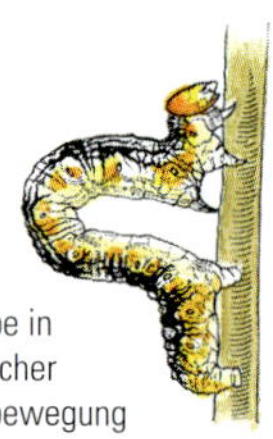

Raupe in typischer Fortbewegung

Merkmale: ♂ (Bild) geflügelt, Spannweite 30–40 mm; beim ♀ Flügel zu kleinen Stummeln rückgebildet, Körper weißlich mit dunkler Fleckung. Flugzeit IX–XII. Raupe gelb- bis rotbraun, unter der Seitenlinie meist gelb mit braunen Flecken.

Vorkommen: In Laubwäldern, Parkanlagen und Obstgärten; überall häufig.

Wissenswertes: Die flugunfähigen ♀ kriechen oft noch nach den ersten Nachtfrösten abends an Baumstämmen empor, um dort den Anflug der ♂ zu erwarten. Die in Rindenritzen abgelegten Eier überwintern. Die Raupen entwickeln sich im Frühjahr an vielen verschiedenen Laubbäumen. Bei gelegentlich auftretenden Massenvermehrungen können sie ganze Wälder entlauben und auch im Obstbau ziemliche Schäden anrichten.

Achateulenspinner *Habrosyne pyritoides*
EULENSPINNER

Merkmale: Spannweite 35–40 mm. Vorderflügel mit einer sehr aparten, zimtbraunen und weißen Zeichnung, die an einen geschliffenen Achat erinnert. Flugzeit V–VIII. Raupe rotbraun mit einem weißen, dunkel umrandeten Fleck an den Seiten des 4. Segments.

Vorkommen: An Waldwegen, auf Lichtungen und an Waldrändern; im Allgemeinen nicht selten.

Wissenswertes: Die unverwechselbare Raupe des A. ist nachtaktiv, tagsüber hält sie sich zwischen Blättern oder am Boden verborgen. Man findet sie daher nur sehr selten. Sie entwickelt sich an Himbeer- und Brombeersträuchern. Schließlich verpuppt sie sich zwischen zusammengesponnenen Blättern. Mit diesen fällt die Puppe im Herbst zu Boden, wo sie den Winter über liegen bleibt, bis im Frühjahr der Falter schlüpft.

Heller Sichelflügler *Drepana falcataria*
SICHELFLÜGLER

Merkmale: Spannweite 27–35 mm. Vorderflügel hellbraun mit dunklen Wellenlinien, außen in eine nach hinten gerichtete Spitze ausgezogen, neben dieser ein violetter Fleck. Flugzeit IV–VIII. Raupe grün mit braunem Rücken, am Hinterende zugespitzt.

Vorkommen: An Waldrändern, in Feuchtgebieten, aber auch in Parks und Gärten allgemein verbreitet, stellenweise durchaus häufig.

Wissenswertes: Der Falter fliegt in 2 Generationen pro Jahr. Die Raupe entwickelt sich meist an Birken, seltener auch an Erlen. Sie klappt den Rand eines Blatts nach oben um, spinnt ihn an der Blattfläche fest und lebt in der so entstandenen Tasche, in der sie sich auch verpuppt. Die Puppe der 2. Generation lässt sich im Herbst mit dem Blatt zu Boden fallen und überwintert.

Pinien-Prozessionsspinner *Thaumetopoea pityocampa*
PROZESS.SP.

Merkmale: Spannweite 40–50 mm. Vorderflügel hellgrau mit schmalen, dunkelbraunen Zackenbinden. Flugzeit VII–IX. Raupe dunkelgrau, am Rücken mit gelblichen und braunen Haarbüscheln.

Vorkommen: In südeuropäischen Pinienwäldern in vielen Gegenden häufig, nordwärts bis Südtirol, in D fehlend.

Wissenswertes: Die Raupen stellen an einem Zweig ein ballonförmiges Gespinst her, in dem sie sich in den Fresspausen aufhalten. Hier findet auch die Überwinterung statt. Beim Weg zu den Fraßplätzen bilden sie lange Karawanen, in denen sie jeweils Kopf an Hinterende Kontakt zueinander halten. Sie besitzen zahlreiche, weniger als 1 mm lange Brennhaare, die sie bei Gefahr „abschießen" können und die bei vielen Menschen erhebliche allergische Reaktionen auslösen.

Buchenspinner *Stauropus fagi*
ZAHNSPINNER

Merkmale: Spannweite 45–60 mm. Flügel heller oder dunkler graubraun mit 2 oft undeutlichen, hellen Zackenbinden. Flugzeit IV–VIII. Raupe mit stark verlängerten Beinen, Hinterende verdickt, in 2 dünne Spitzen auslaufend.

Vorkommen: In Laubwäldern, vor allem in Buchenwäldern; im Allgemeinen nicht selten.

Wissenswertes: Der Falter schiebt im Sitzen seine breiten, runden Hinterflügel seitlich weit unter den Vorderflügeln hervor. Die merkwürdige Raupe entwickelt sich an vielen verschiedenen Laubbäumen, insbesondere aber an der Buche. In den ersten Stadien ist sie sehr schmal und erinnert stark an eine Ameise. Später wird sie zunehmend plumper. Bei Bedrohung nimmt sie die abgebildete Schreckstellung ein, bei der sie Vorder- und Hinterende stark nach oben krümmt.

Mondvogel *Phalera bucephala*

ZAHNSPINNER

Merkmale: Spannweite 42–55 mm. Vorderflügel grau, an der abgestutzten Spitze mit rundem, gelbem Fleck. Flugzeit V–VIII. Raupe gelb mit glänzend schwarzem Kopf und schwarzen Längsbinden.

Vorkommen: In recht verschiedenen Lebensräumen, auch in Gärten und parkartigem Gelände; überall ziemlich häufig.

Wissenswertes: Der Falter ahmt durch Gestalt und Färbung einen abgebrochenen Zweig nach. Als Futterpflanze der Raupe dienen die verschiedensten Laubbäume. Die Jungraupen bilden eine dicht gedrängte Gruppe und befressen als so genannter „Raupenspiegel" zunächst gemeinsam ein Blatt vom Rand her. Erst im letzten Häutungsstadium verteilen sie sich dann über den ganzen Zweig.

Zickzackspinner *Eligmodonta ziczac*

ZAHNSPINNER

Merkmale: Spannweite 40–45 mm. Vorderflügel zimtbraun mit weißlichem, sichelförmigem Fleck in der Flügelmitte. Flugzeit IV–IX. Raupe bräunlich violett bis rosa, im hintersten Körperabschnitt orange-braun gefärbt, auf den Segmenten 5, 6 und 11 je 1 kegelförmiger Höcker.

Vorkommen: Vor allem an etwas feuchten Waldwegen und Straßenrändern, auch in Auwäldern und Parkanlagen; überall ziemlich häufig.

Wissenswertes: Die Falter fliegen in 2 Generationen pro Jahr. Die Raupe nimmt in Fresspausen typischerweise eine stark gekrümmte Körperhaltung ein, in der sie kaum noch als Schmetterlingsraupe erkennbar ist. Möglicherweise wird sie in dieser Gestalt von nahrungssuchenden Vögeln schlichtweg übersehen.

Palpenspinner *Pterostoma palpina*

ZAHNSPINNER

Merkmale: Spannweite 35–55 mm. Unterkiefertaster stark verlängert und dicht behaart, an eine Flaschenbürste erinnernd, werden im Sitzen weit nach vorn ausgestreckt; Vorderflügel gelbbraun mit dreieckigem Zahnfortsatz am Hinterrand. Flugzeit IV–VIII. Raupe hell bläulich grün mit weißlichem Rücken und weißer Seitenlinie.

Vorkommen: Vor allem in etwas feuchten Wäldern, an Wegrändern und in Gärten; häufig.

Wissenswertes: Die Falter fliegen jährlich in 1–2 Generationen. Ihre Raupen entwickeln sich an Weiden- und Pappel-Arten, wobei die Jungraupen zunächst die Blattspitze beiderseits der Mittelrippe befressen und sich dann auf diese setzen. Überwinterungsstadium ist die Puppe.

Großer Gabelschwanz *Cerura vinula*

ZAHNSPINNER

Merkmale: Spannweite 45–70 mm. Vorderflügel weißlich grau, vor dem Außenrand mit mehreren schmalen, dunklen Bogenlinien. Flugzeit IV–VII. Raupe grün mit schwarzbrauner Sattelzeichnung und gabelförmigem Anhang am Hinterende.

Vorkommen: In Gegenden mit Pappel- und Weidenbeständen; recht häufig.

Wissenswertes: Der nachtaktive Falter ist tagsüber oft an Hauswänden oder Baumstämmen zu finden. Futterpflanzen der Raupe sind v. a. Zitter-Pappel und Sal-Weide. Bei Störungen nimmt die Raupe eine geradezu bedrohlich wirkende Haltung ein: Sie zieht ihren Kopf ein, wodurch der Brustabschnitt anschwillt und der rote Ring mit den Augenflecken betont wird. Zugleich biegt sie ihre Schwanzgabel nach oben und lässt an deren Spitzen 2 peitschenförmige rote Fäden hervortreten. **(RL), §!**

Zackeneule *Scoliopteryx libatrix*

EULEN

Merkmale: Spannweite 40–45 mm. Vorderflügel mit gezacktem Außenrand, braun mit rosa Tönung und oranger Zeichnung. Flugzeit ganzjährig.

Vorkommen: In Laubwäldern, besonders an etwas feuchten Stellen; fast überall häufig.

Wissenswertes: Die Art fliegt jährlich in 2 Generationen. Da die Falter sehr langlebig sind, gehen die Generationen ohne zeitliche Trennung ineinander über. Die im Spätsommer geschlüpften Tiere suchen zur Überwinterung gern feuchte Keller und Höhlen auf, wo man sie nicht selten in größeren Ansammlungen antrifft. Oft sind die Falter dabei mit zahlreichen Wassertropfen bedeckt. Die Art besitzt einen besonders entwickelten Saugrüssel, der es ihr ermöglicht, auch reife Früchte (z. B. Brombeeren) anzustechen und auszusaugen.

Die grüne, auffallend schmale Raupe entwickelt sich meist an Weiden, daneben auch an Pappeln und Birken. Sie hält sich vorwiegend an den Zweigspitzen auf und verrät sich durch die abgefressenen Blätter.

Rotes Ordensband *Catocala nupta*

EULEN

Merkmale: Spannweite 65–75 mm. Vorderflügel graubraun, Hinterflügel rot mit schwarzer Mittel- und Saumbinde, erstere wenig ausgezackt und bereits vor dem Flügelrand endend. Flugzeit VI–X. Raupe graubraun, etwas abgeflacht und am Seitenrand mit deutlichen Haarfransen, auf dem 8. Segment mit einem kleinen Höcker.

Vorkommen: In feuchten Wäldern und Gebüschen, auch in Parks und Gärten; nicht selten.

Wissenswertes: Der Falter ist vorwiegend nachtaktiv. Er saugt gern an überreifen, noch an den Zweigen hängenden Früchten. Hin und wieder kann man ihn tagsüber an Hauswänden ruhend vorfinden. Durch seine tarnfarbigen Vorderflügel ist er vor allem auf Baumrinde kaum zu entdecken. Bei Beunruhigung spreizt er seine Flügel auseinander und präsentiert unvermittelt die grellrot gefärbten Hinterflügel. Den damit verbundenen Überraschungseffekt kann er vermutlich oft zur Flucht nutzen. Die ebenfalls gut getarnte Raupe lebt an verschiedenen Weiden- und Pappel-Arten. **§!**

Achateule *Phlogophora meticulosa*

EULEN

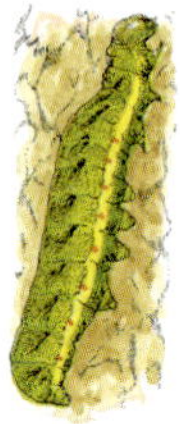

Merkmale: Spannweite 45–50 mm. Vorderflügel mit gezacktem Spitzenrand, in der Mitte mit dreieckiger Winkelzeichnung. Flugzeit ganzjährig. Raupe braun oder grün, mit dunkler, weißlich punktierter Rückenlinie, seitlich mit dunklen Schrägstreifen, unbehaart.

Vorkommen: An Waldrändern, in feuchten Tälern und Moorgebieten, in offenem Gelände und in Gärten; überall häufig.

Wissenswertes: Der nachtaktive Falter legt im Sitzen die Flügel etwas in Falten und erinnert dann sehr an dürres Laub. Er fliegt jährlich meist in 2 Generationen, von denen die 2. im Spätsommer und Herbst deutlich individuenreicher ist.

Die Raupe entwickelt sich an vielen verschiedenen Kräutern und Gehölzen, an denen sie nachts frisst. Die Art überwintert zumeist als Raupe, doch im Siedlungsbereich treten häufig auch im Winter Falter auf.

Gammaeule *Autographa gamma*

EULEN

Merkmale: Spannweite 35–40 mm. Vorderflügel hell graubraun mit dunkelbraunen Flecken und silbriger „Gamma"-Zeichnung. Flugzeit V–X. Raupe grün, seitlich mit einem weißen Streifen, nur 2 Bauchbeinpaare.

Vorkommen: An Wald- und Wegrändern sowie auf Kulturflächen; überall häufig.

Wissenswertes: Die G. ist vorwiegend nachtaktiv, oft aber auch tagsüber unterwegs. Sie fliegt als Wanderfalter alljährlich aus S-EU bei uns ein und bringt hier 2–3 Nachfolgegenerationen hervor. Im Herbst wandern viele Falter wieder in den Süden zurück. Die Art überwintert offenbar aber auch oft in M.-EU, meist als Raupe, daneben aber möglicherweise auch als Puppe oder fertiger Falter.

Die Raupe entwickelt sich an vielen verschiedenen Pflanzen, u. a. an Kopfsalat, Gemüsekohl, Brennnessel und Wilder Möhre. An Kulturpflanzen richtet sie gelegentlich Schäden an. Die Verpuppung erfolgt in einem weißlichen Gespinst zwischen den Blättern der Futterpflanze.

Nonne *Lymantria monacha*

TRÄGSPINNER

Merkmale: Spannweite 30–50 mm. Flügel weiß mit schwarzen Zackenbinden und Punkten, oft stark verdunkelt bis fast ganz schwarz. Flugzeit VI–IX. Raupe dunkelbraun mit bläulichen, lang beborsteten Punktwarzen, auf dem Rücken meist mit einem weißlichen Fleck.

Vorkommen: In M.-EU in Laub- und Nadelwäldern weit verbreitet, besonders in kühleren Gebieten.

Wissenswertes: Die Entwicklung erfolgt an verschiedenen Laub- und Nadelbäumen, auch an niedrigen Sträuchern, vorzugsweise aber an Buchen und Eichen. Massenvermehrungen finden dagegen ausschließlich an Fichten und Kiefern in entsprechenden Monokulturen statt. Hierbei kann es zu großflächigem Kahlfraß kommen. Durch solche Kalamitäten werden aus der Umgebung viele Feinde der N. angelockt, etwa Raupenfliegen, Schlupfwespen und Puppenräuber. Sie räumen gewaltig unter den Raupen auf und sorgen in der Folge für ein Zusammenbrechen der Massenbestände, auch ohne Gifteinsatz.

Schlehenspinner *Orgyia antiqua*

TRÄGSPINNER

Merkmale: Beim ♂ (Bild) Spannweite 25–30 mm, Vorderflügel rostbraun, am Innenwinkel des Flügels ein weißer Fleck; ♀ plump, grau, Flügel zu Stummeln reduziert. Flugzeit VI–X. Raupe blaugrau mit roten Punktwarzen und auffälligen Haarpinseln.

Vorkommen: In Wäldern und offenem Gelände; fast überall häufig.

Wissenswertes: Die ♀ bleiben nach dem Schlüpfen auf dem Kokon sitzen, lassen sich dort begatten und legen auch hier ihre Eier ab. Die Raupen entwickeln sich an verschiedenen Sträuchern und krautigen Pflanzen. Der S. bildet jährlich 2 Generationen aus. Die Eier überwintern.

Schwammspinner *Lymantria dispar*

TRÄGSPINNER

Merkmale: Spannweite 32–55 mm. ♂ mit braunen, ♀ (Bild) mit weißen Vorderflügeln, jeweils mit dunklen Zackenbinden. Flugzeit VI–IX. Raupe sehr variabel, grau mit hellbraunem Kopf und roten bis braunen Rückenflecken, die aber auch fehlen können.

Vorkommen: Vorzugsweise in Laubwäldern, jahrweise in sehr unterschiedlicher Häufigkeit.

Wissenswertes: Die ♂ besitzen sehr große, fein gefiederte Fühler, mit deren Hilfe sie tagsüber nach den meist träge an den Baumstämmen sitzenden ♀ suchen. Diese legen ihre Eier am Stamm ab und bedecken das Gelege mit den abgeriebenen Haaren ihres Hinterleibs (Bild). Die Eier überwintern. Die Raupen fressen an verschiedenen Laubbäumen, v. a. an Eichen. Wenn mehrere warme Jahre aufeinander folgen, kann es zur Massenvermehrung kommen. Dann sind die Raupen weniger wählerisch und fallen über alle erreichbaren Pflanzen, auch z. B. über Nadelbäume, her. Im Extremfall können sie große Gebiete völlig entlauben.

Buchenstreckfuß *Elkneria pudibunda*

TRÄGSPINNER

Merkmale: Spannweite 40–45 mm. Vorderflügel meist hellgrau mit einer unscharf begrenzten, dunkleren Querbinde, oft aber auch mehr oder weniger verdunkelt bis fast schwarz; Beine, besonders die Vorderbeine, auffallend lang und pelzig behaart; Flugzeit IV–VII. Raupe meist hell gelblich grün mit 4 weißen oder gelben Borstenbüscheln auf dem Rücken und einem langen, roten Schwanzpinsel.

Vorkommen: Vor allem in Laubwäldern; überall ziemlich häufig.

Wissenswertes: Die nachtaktiven Falter nehmen tagsüber eine charakteristische Ruhehaltung ein: Sie strecken ihre pelzig behaarten Vorderbeine schräg nach vorn, eine Eigenart, die der Art ihren Namen gab.

Die Raupen entwickeln sich z. B. an Buchen, Eichen oder Birken, insgesamt an über 20 unterschiedlichen Baumarten. Überwinterungsstadium ist die Puppe, die in einem lockeren Gespinst mit eingewobenen Raupenhaaren am Boden liegt.

Schönbär *Callimorpha dominula*

BÄRENSPINNER

Merkmale: Spannweite 45–55 mm. Vorderflügel schwarz mit deutlichem, blaugrünem Metallglanz und weißen, an der Flügelbasis gelben Flecken. Flugzeit VI–VIII.

Vorkommen: An feuchten Stellen in Wäldern, auch auf sumpfigen Wiesen und in Mooren; vorwiegend in bergigen Gegenden des südlichen D, hier gebietsweise ziemlich häufig, im nördlichen D hingegen selten.

Wissenswertes: Die Raupen des S. sind gelb gefärbt mit schwarzen Längsbinden und weißen, Borsten tragenden Warzen. Sie entwickeln sich an zahlreichen verschiedenen krautigen Pflanzen und Holzgewächsen. Die Jungraupen bleiben zunächst in einer dichten Gruppe beieinander und überwintern, noch recht klein, zusammengerollt zwischen trockenen Blättern dicht über dem Boden. Nach der Überwinterung zerstreuen sie sich mehr und mehr; im letzten Raupenstadium leben sie schließlich einzelgängerisch. Gern sitzen sie auf Blättern in der wärmenden Sonne. **§!**

Wegerichbär *Parasemia plantaginis*

BÄRENSPINNER

Merkmale: Spannweite 32–38 mm. Färbung sehr variabel; Vorderflügel schwarzbraun mit weißer oder blassgelber Bindenzeichnung, die in der Flügelspitze meist ein Kreuz bildet; Hinterflügel beim ♂ gelb oder weiß, beim ♀ meist rot, seltener (v. a. im Gebirge) auch gelb mit dunkelbrauner Zeichnung (Bild); vereinzelt auch fast schwarz. Flugzeit V–VII. Raupe in der Mitte fuchsrot, vorn und hinten schwarzgrau behaart.

Vorkommen: In Wäldern an offenen Stellen, auf Feuchtwiesen und an Straßenrändern, besonders aber in den Alpen auf Grasheiden oberhalb der Waldgrenze; im Allgemeinen nicht häufig.

Wissenswertes: Die ♂ dieser Art fliegen tagsüber recht lebhaft umher, die ♀ dagegen sitzen meist träge in der niedrigen Vegetation. Die Raupe ernährt sich von verschiedenen Kräutern. **(RL), §!**

Brauner Bär *Arctia caja*

BÄRENSPINNER

Merkmale: Spannweite 45–65 mm. Vorderflügel dunkelbraun mit weißem Bindenmuster; Hinterflügel rot mit runden schwarzen, blau glänzenden Flecken. Flugzeit VII–IX. Raupe schwarz mit weißen Punktwarzen, vorn und an den Seiten mit langer fuchsroter, weiter hinten mit schwarzer und grauer Behaarung.

Vorkommen: An etwas feuchten, offenen oder halbschattigen Stellen; nicht selten.

Wissenswertes: Der Falter ruht tagsüber meist mit aneinander gelegten Vorderflügeln. Wird er beunruhigt, spreizt er die Vorderflügel auseinander und präsentiert seine leuchtend roten Hinterflügel. Gleichzeitig legt er die Fühler eng aneinander und winkelt den Kopf an; dabei erscheint im Nacken ein sonst nicht sichtbarer, rot behaarter Halsring. Der Name „Bär" bezieht sich nicht auf den Falter, sondern auf die pelzig behaarte Raupe. Diese entwickelt sich u. a. an Himbeeren, Weiden, Heidekraut oder Löwenzahn. Überwinterungsstadium ist die halbwüchsige Raupe. **(RL), §!**

Rotrandbär *Diacrisia sannio*

BÄRENSPINNER

Merkmale: Spannweite 33–45 mm. ♂ (Bild) deutlich größer als das ♀, Vorderflügel hellgelb mit leuchtend rosarotem Fleck und ebenso gefärbtem Hinterrandstreifen, Hinterflügel weißlich mit schwacher, dunkler Fleckung; beim ♀ Vorderflügel gelblich braun mit undeutlicher roter Zeichnung, Hinterflügel gelblich mit scharf abgesetztem, schwarzem Muster. Flugzeit V–VIII.

Vorkommen: Vorzugsweise in feuchtem bis mäßig trockenem, offenem Gelände, z. B. auf Streuwiesen an den Rändern von Mooren, auf Mähwiesen und in lichten Wäldern; in den meisten Gegenden ziemlich häufig.

Wissenswertes: Bei dieser Art findet man die ♀ recht selten. Weitaus häufiger begegnet man den ♂, die sich zwar tagsüber meist im Gras verbergen, aber sehr leicht aufscheuchen lassen. Die ausgesprochen flinke Raupe ist schwarzgrau gefärbt mit einem gelblichen Rückenstreifen und rotbraunen Borsten. Sie ernährt sich von verschiedenen krautigen Pflanzen und überwintert als Jungraupe.

Kleiner Würfeldickkopf
Pyrgus malvae DICKKOPFFALTER

Merkmale: Spannweite 18–22 mm. Flügel oberseits dunkelbraun mit zahlreichen weißen Würfelflecken, unterseits graubraun mit weniger deutlichen Zeichnungen. Flugzeit IV–VIII. Raupe grün oder bräunlich mit schwarzem Kopf.

Vorkommen: Auf feuchten wie auf trockenen Wiesen, ebenso an Waldrändern und auf Magerrasen; fast überall ziemlich häufig.

Wissenswertes: Die Art wird fälschlicherweise oft als Malvendickkopf bezeichnet. Sie entwickelt sich aber ausschließlich an Rosengewächsen, insbesondere an Fingerkräutern und Wald-Erdbeeren. Die Raupe rollt Teile eines Blatts zu einer Tüte zusammen, in der sie sich verbirgt. Später verspinnt sie auch mehrere Blätter miteinander zu einem Versteck. Die Überwinterung erfolgt beim K. W. als Puppe. Meist bringt die Art 1 Generation im Jahr hervor, nur ausnahmsweise auch 2. **(RL), §!**

Segelfalter *Iphiclides podalirius*
RITTERFALTER

Merkmale: Spannweite rund 50–70 mm. Flügel blasser als beim Schwalbenschwanz, mit Streifenmuster, das sich von den Vorderflügeln auf die Hinterflügel fortsetzt. Flugzeit IV–VIII. Raupe kompakt und hochrückig, gelblich oder grün mit schmalen, helleren Schrägstreifen.

Vorkommen: An warmen, sonnigen Stellen, vorzugsweise in Weinbaugebieten; in M.-EU selten geworden, in S-EU noch häufig.

Wissenswertes: Die Falter legen bei der Balz, wie übrigens auch die Schwalbenschwänze, ein typisches „Hilltopping"-Verhalten an den Tag: Sie sammeln sich manchmal in größerer Zahl an niedrigen Bergkuppen und umkreisen sich dort in wildem Flug. Die Raupe entwickelt sich in M.-EU vorzugsweise an der Schlehe. In klimatisch ungünstigeren Gebieten tritt die Art normalerweise nur in 1 Generation pro Jahr (mit Faltern im Frühjahr) auf, am Oberrhein und in anderen besonders warmen Gegenden entwickelt sich regelmäßig eine weitere Faltergeneration im Sommer. **RL, §!**

Gelbwürfeliger Dickkopffalter
Carterocephalus palaemon DICKKOPFF.

Merkmale: Spannweite 22–28 mm. Grundfärbung der Flügeloberseite dunkelbraun mit kontrastreich abgesetzten, gelbroten Würfelflecken, diese auf den Vorderflügeln zahlreicher als auf den Hinterflügeln; Flügelunterseite ockerbraun mit großen gelben Flecken, die eine feine, dunkle Umrandung aufweisen. Flugzeit IV–VII.

Vorkommen: Besonders auf feuchten Waldlichtungen, auch an trockenen Waldrändern, nicht aber in offenem Gelände; fast überall recht häufig.

Wissenswertes: Der bei Sonnenschein sehr aktive Falter fliegt mit schwirrenden Flügelschlägen niedrig über der Bodenvegetation. Seine grüne, hell längsgestreifte Raupe entwickelt sich an Gräsern. Sie rollt das Grasblatt um sich herum zu einer ziemlich offenen Röhre ein und frisst aus der Blattfläche vom Rand her dreieckige Stücke heraus. Schon nach kurzem sucht sie sich bereits ein neues Blatt. Sie überwintert im letzten Stadium in der fester zusammengesponnenen Blattröhre und nimmt dabei eine gelbbraune Färbung an. **(RL)**

Schwalbenschwanz *Papilio machaon*
RITTERFALTER

Merkmale: Spannweite 50–75 mm. Flügel gelb mit dunklem Fleckenmuster, das keine deutlichen Binden bildet. Flugzeit IV–IX. Raupe leuchtend grün mit schwarzen, gelbrot gefleckten Ringen.

Vorkommen: An Waldrändern, in Gärten und offenem Gelände; im südlichen M.-EU ziemlich häufig, nach N zu seltener.

Wissenswertes: Die Raupe entwickelt sich an Doldenblütlern, vor allem an Möhren, Dill und Pastinak. Bei stärkerer Reizung stülpt sie hinter dem Kopf eine schlauchförmige, leuchtend gelbe Nackengabel aus, die einen intensiven, unangenehmen Geruch verströmt. Sie verpuppt sich an einem Pflanzenstängel oder Stein zu einer grünen oder graubraunen Gürtelpuppe. Diese stützt sich mit ihrer nach unten gerichteten Hinterleibsspitze in einem Gespinstpolster ab und wird durch einen um die Körpermitte geschlungenen Faden gehalten. Aus den Puppen der Frühjahrsgeneration entwickeln sich nach etwa zweiwöchiger Puppenruhe die Falter der 2. Jahresgeneration. **(RL), §!**

Roter Apollo *Parnassius apollo*

RITTERFALTER

Merkmale: Spannweite 65–75 mm. Flügel weiß mit transparenten Spitzen, Hinterflügel oberseits meist mit 2, unterseits mit mehreren roten Augenflecken. Flugzeit VI–IX. Raupe schwarz, jederseits mit leuchtend orangefarbener oder (seltener) gelber Punktereihe.
Vorkommen: An trockenen, felsigen oder steinigen Stellen im Gebirge; vor allem in den Alpen, sehr selten auch in den Mittelgebirgen.
Wissenswertes: Die vorwiegend nachtaktive Raupe schlüpft im zeitigen Frühjahr aus dem überwinternden Ei. Sie ernährt sich bei uns ausschließlich von Blättern des Weißen Mauerpfeffers *(Sedum album)*. Der starke Rückgang des auffallend schönen Falters ist weniger auf direkte Nachstellungen durch Sammler als vielmehr auf den deutlichen Rückgang der Futterpflanze zurückzuführen. Diese wird leicht von anderen Pflanzen überwuchert und unterdrückt. Die sehr standorttreuen Falter wandern in einem solchen Fall aber nicht zu anderen geeigneten Standorten ab. **RL! §!**

Zitronenfalter *Gonepteryx rhamni*

WEISSLINGE

Merkmale: Spannweite 50–55 mm. Flügel beim ♂ einheitlich gelb, beim ♀ grünlich weiß, ohne dunkle Zeichnung. Flugzeit ganzjährig. Raupe grün mit weißlichem, nach oben unscharf begrenztem Seitenstreifen.
Vorkommen: In lichten Wäldern, an Waldrändern und in offenem Gelände; in EU fast überall häufig, doch gebietsweise deutlich zurückgehend.
Wissenswertes: Die Falter können die außergewöhnlich lange Lebensdauer von mehr als 12 Monaten erreichen. Hiervon entfallen allerdings mehrere Monate auf die Winterruhe, die die Tiere frei in der Vegetation verbringen, dicht über dem Boden an einem Pflanzenstängel hängend (Bild). Nach der Überwinterung legen die ♀ ihre Eier einzeln oder in kleinen Gruppen an die Blätter von Faulbaum oder Kreuzdorn-Arten ab. Die Raupe befrisst das Blatt von den Rändern her und ruht sich auf der Mittelrippe auf einem lockeren Gespinst aus. Durch ihre grüne Färbung ist sie hier hervorragend getarnt.

Aurorafalter *Anthocaris cardamines*

WEISSLINGE

Merkmale: Spannweite 35–45 mm. Spitze der Vorderflügel beim ♂ (Bild) mit einem großen, orangefarbenen Fleck, der dem ♀ fehlt; Unterseite der Hinterflügel bei beiden Geschlechtern mit olivgrüner Marmorierung. Flugzeit III–VII. Raupe blaugrün, mit einem unscharf begrenzten, weißlichen Seitenstreifen.
Vorkommen: Auf Feuchtwiesen, an blütenreichen Waldrändern und in lichten, etwas feuchten Wäldern; ziemlich häufig.
Wissenswertes: Die Raupe entwickelt sich vorzugsweise am Wiesen-Schaumkraut und an der Knoblauchrauke, aber auch an anderen Kreuzblütengewächsen. Das ♀ legt seine länglichen Eier stets am Blütenstiel ab. Die Raupe ernährt sich von den heranreifenden Früchten; nur in der größten Not geht sie auch an junge Blätter. Die auffallend schmale, überwinternde Gürtelpuppe erinnert sehr an einen Pflanzendorn und ist aufgrund ihrer meist hellbraunen Färbung in der verdorrten Vegetation nur schwer zu entdecken. **§!**

Postillon *Colias crocea*

WEISSLINGE

Merkmale: Spannweite 35–50 mm. Beide Geschlechter zumeist mit leuchtend orange getönter Flügeloberseite, ♂ mit einheitlich dunkler, ♀ mit hell gefleckter Randbinde. Flugzeit IV–X. Raupe grün gefärbt mit weißlicher, rot gefleckter Seitenbinde.
Vorkommen: Vor allem auf kultivierten Flächen, etwa auf Kleeäckern und Wiesen; in M.-EU von Jahr zu Jahr in sehr unterschiedlicher Häufigkeit.
Wissenswertes: Dieser typische, eigentlich im Mittelmeergebiet heimische Wanderfalter taucht immer wieder in M.-EU auf und bringt hier dann z. T. mehrere Nachfolgegenerationen hervor. Ob die Art hier allerdings auch überwintern kann, ist unsicher. Die Raupe entwickelt sich an verschiedenen Schmetterlingsblütengewächsen, so z. B. an Klee-Arten, Luzerne, Kronwicke, Esparsette oder Hufeisenklee. **§!**

Großer Kohlweißling *Pieris brassicae* WEISSLINGE

Merkmale: Spannweite 50–65 mm. Vorderflügel oberseits mit ausgedehntem, schwarzem Spitzenfleck, beim ♀ zusätzlich mit 2 großen, schwarzen Punkten. Flugzeit IV–X. Raupe gelbgrün gefärbt mit dichtem, schwarzem Punktemuster.
Vorkommen: Vorwiegend in Gärten und sonstigen kultivierten Flächen; früher überall sehr häufig, neuerdings viel seltener.
Wissenswertes: Die Raupen entwickeln sich an verschiedenen Kohlsorten, doch ebenso an anderen Kreuzblütengewächsen. Die Falter fliegen bei uns meist in 3 Generationen pro Jahr. Während die Frühlingsfalter nur kleine Gelege von z. T. weniger als 10 Eiern ablegen, heften die im Sommer fliegenden Tiere manchmal mehrere 100 Eier an die Blattunterseite. So besiedeln die Raupen der Sommergenerationen die Pflanzen meist in dichten Scharen. Zur Verpuppung wandern sie oft an Gebäudewänden empor und verwandeln sich dort in weißliche, schwarz gepunktete Gürtelpuppen, die überwintern.

Rotkleebläuling *Polyommatus semiargus* BLÄULINGE

Merkmale: Spannweite 25–30 mm. Flügeloberseite beim ♂ leuchtend himmelblau mit einem deutlichen schwarzen Randsaum, beim ♀ einfarbig schwarzbraun; Unterseite grau mit weiß umringten, schwarzen Punkten. Flugzeit V–IX. Raupe dicklich, grün mit nur schwach entwickelten, helleren Zeichnungen.
Vorkommen: Auf blütenreichen, sowohl feuchten wie auch trockenen Wiesen; in M.-EU weit verbreitet, aber vielerorts selten geworden; im Gebirge bis in über 2000 m Höhe.
Wissenswertes: Die Raupe entwickelt sich offenbar ausschließlich an rotblütigen Klee-Arten. Die Eiablage erfolgt ins Innere der Blütenköpfe und die Raupe frisst zunächst Blüten, später Blätter. Sie stellt das Überwinterungsstadium dar. Der Falter fliegt gewöhnlich jährlich in 2, in höheren Lagen nur in 1 Generation. **(RL), §!**

Schwarzfleckiger Ameisenbläuling *Maculinea arion* BLÄULINGE

Merkmale: Spannweite 28–38 mm. Flügel bei beiden Geschlechtern oberseits hellblau mit schwarzen Rändern und großen, schwarzen Punkten; Unterseite graubraun mit schwarzen, hell umringten Punkten. Flugzeit VI–VIII.
Vorkommen: Vorwiegend auf steinigen oder felsigen Trockenrasen; durchweg selten.
Wissenswertes: Das ♀ legt seine Eier einzeln ab, zumeist an Blüten von Feld-Thymian. Die Raupe frisst zunächst an der Blüte, lässt sich dann zu Boden fallen und von der Knotenameise *Myrmica sabuleti* adoptieren und ins Nest tragen. Sie ernährt sich dort von den Larven und Puppen. Bei Angriffen durch die Ameisen besänftigt sie diese durch Sekrete, die aus speziellen Drüsen abgesondert werden. Bei zu starkem Besatz der Ameisennester mit Raupen dieser Schmetterlingsart können die Ameisenvölker so stark geschädigt werden, dass sie zugrunde gehen – und mit ihnen die Raupen. Der Falter tritt daher immer nur in geringer Populationsdichte auf. **RL, §!**

Silbergrüner Bläuling *Polyommatus coridon* BLÄULINGE

Merkmale: Spannweite 30–35 mm. Unterseite der Hinterflügel in der Mitte mit weißem, herzförmigem Fleck; Flügeloberseite beim ♂ (Bild) mit sehr hellem Blauton, am Rand des Hinterflügels dunkle Punkte; ♀ oberseits dunkelbraun, auch unterseits deutlich dunkler als das ♂. Flugzeit VII–IX. Raupe grün mit gelben Flecken.
Vorkommen: Auf Trockenrasen und trockenem, sonnigem Ödland, nur auf kalkreichem Untergrund; im süddt. Bergland und in den Alpen ziemlich häufig, doch in manchen Gebieten deutlich zurückgehend, nach N bis zu den Mittelgebirgen.
Wissenswertes: Die Raupen entwickeln sich meist am Hufeisenklee. Sie werden fast immer von zahlreichen Ameisen begleitet. Man findet sie am leichtesten, wenn man im Frühjahr die Polster der Futterpflanze etwas anhebt und am Boden nach Ansammlungen von Ameisen sucht. **§!**

Dukatenfalter *Lycaena virgaureae*

BLÄULINGE

Merkmale: Spannweite 27–32 mm. Flügel beim ♂ (Bild) oberseits leuchtend orange mit schmalem, schwarzem Rand und einer Reihe schwarzer Punkte am Rand des Hinterflügels; ♀ oberseits matt orange mit zahlreichen dunklen Flecken; Unterseite der Hinterflügel bei beiden Geschlechtern mit einer markanten, weißen Fleckenreihe. Flugzeit VI–VIII.
Vorkommen: Vor allem im Bergland auf Waldlichtungen und blütenreichen Waldwiesen, überall deutlich zurückgegangen.
Wissenswertes: Die Falter saugen gern auf Korbblüten-, Dolden- und Lippenblütengewächsen. Raupennährpflanzen sind der Große und Kleine Sauerampfer. Die Eier werden einzeln abgelegt, meist an dürren Stängeln der Futterpflanze. Die einfarbig grüne Raupe ist nachtaktiv und daher nur schwer zu finden. Sie überwintert, anders als bei allen übrigen verwandten Feuerfaltern, fertig entwickelt in der Eihülle. Gelegentlich soll sie aber auch bereits vor dem Winter schlüpfen. **RL, §!**

Roter Scheckenfalter *Melitaea didyma*

EDELFALTER

Merkmale: Spannweite 30–40 mm. Flügeloberseite beim ♂ (Bild) feurig rotorange, beim ♀ graubraun verdunkelt, meist Vorderflügel deutlich dunkler als Hinterflügel; Unterseite der Hinterflügel mit cremeweißer Grundfärbung und 2 orangefarbenen Zackenbinden. Flugzeit VI–VIII. Raupe mit ähnlichem Farbmuster wie die Unterseite der Hinterflügel beim Falter.
Vorkommen: An trockenwarmen, offenen Stellen, in Felssteppen und auf Trockenrasen ebenso wie in vegetationsarmen Sandgebieten; im südl. M.-EU gebietsweise nicht selten, im nördl. D fehlend.
Wissenswertes: Dieser kaum verwechselbare, schöne Scheckenfalter fliegt in M.-EU in einer langgezogenen Generation, im Mittelmeergebiet in 2–3 Generationen pro Jahr. Die Raupe entwickelt sich an recht verschiedenen Pflanzen, mit Vorliebe aber am Gewöhnlichen Leinkraut oder am Aufrechten Ziest. Sie überwintert in einem Gespinst an einer Pflanze und verpuppt sich im darauf folgenden Frühsommer. **RL, §!**

Pflaumenzipfelfalter *Satyrium pruni*

BLÄULINGE

Merkmale: Spannweite 25–28 mm. Flügel oberseits dunkelbraun, beim ♀ immer, beim ♂ häufig mit gelbroten Zeichnungen; Unterseite der Hinterflügel mit breiter, orangefarbener Randbinde und sehr schmaler, weißer Zackenbinde. Flugzeit V–VII.
Vorkommen: An Waldrändern, Feldhecken u. in Gärten nicht selten, doch meist nur in geringer Zahl.
Wissenswertes: Die wenig gezeichnete, hellgrüne Raupe entwickelt sich an verschiedenen Gehölzen der Gattung *Prunus*, vorzugsweise an Schlehe und Zwetschge. Die an den Zweigen abgelegten, überwinternden Eier sind bräunlich gefärbt und nur schwer zu entdecken. Die Raupen fressen zunächst an Blütenknospen, später an Blüten und erst danach auch an den Blättern. Die an einem Zweig festgesponnene Puppe (kleines Foto) erinnert an Vogelkot. **(RL), §!**

Kleiner Perlmuttfalter *Issoria lathonia*

EDELFALTER

Merkmale: Spannweite etwa 35–45 mm. Unterseite der Hinterflügel mit auffallend großen, rundlichen Silberflecken. Flugzeit IV–X. Raupe schwarz mit unterbrochener heller Doppellängsbinde in der Rückenmitte und weißlichen, auf hellbraunen Höckern stehenden Dornen.
Vorkommen: Auf Trockenwiesen und an Wegrändern, auf Ödland und Stoppeläckern; gebietsweise nicht selten.
Wissenswertes: Die Falter besuchen besonders gern die Blüten von Flockenblumen. Die Raupen entwickeln sich an verschiedenen Veilchen- und Stiefmütterchen-Arten, vorzugsweise am Acker-Stiefmütterchen. Die Eier werden vom ♀ einzeln an der Blattunterseite der Futterpflanze abgelegt. Die mitteleuropäischen Populationen des K. P. werden von Zeit zu Zeit durch Zuwanderung einzelner Falter aus S-EU aufgefrischt. Neben Raupen und Puppen vermögen offenbar auch fertig entwickelte Falter zu überwintern, nördlich der Alpen allerdings nur ausnahmsweise. **§!**

Kaisermantel *Argynnis paphia*

EDELFALTER

Merkmale: Spannweite 55–65 mm. Flügeloberseite beim ♂ (Bild) mit 4 breiten, dunklen Duftschuppenstreifen; Unterseite der Hinterflügel grünlich mit silbrig weißen, nach hinten verschmälerten Längsstreifen. Flugzeit VI–IX. Raupe graubraun mit gelben Längslinien und zahlreichen gelben Dornen, hinter dem Kopf 2 verlängerte, nach vorn ragende, schwarze Dornen.

Vorkommen: An Waldrändern, Waldwegen und auf Waldlichtungen; in den meisten Gegenden ziemlich häufig.

Wissenswertes: Bei der Balz fliegt das ♂ unter einem ♀ hindurch und sendet dabei wohl Lockstoff aus seinen Duftschuppen aus. Das ♀ landet daraufhin und streckt dem neben ihm landenden ♂ seinen Hinterleib mit ausgestülpten, ebenfalls Lockstoff abgebenden Drüsensäcken zur Paarung entgegen. Raupennährpflanzen sind verschiedene Veilchen-Arten, insbesondere das Wald-Veilchen. Die Jungraupe überwintert, ohne zuvor gefressen zu haben. **§!**

Kleiner Eisvogel *Limenitis camilla*

EDELFALTER

Merkmale: Spannweite 45–52 mm. Flügel oberseits schwarzbraun mit weißer Fleckenbinde, unterseits rot mit 2 Reihen schwarzer Punkte und weißer Binde. Flugzeit VI–VIII. Raupe hellgrün mit weißlicher Seitenlinie und paarigen, braunen Rückendornen.

Vorkommen: An Waldwegen und lichten Laubwäldern, gern an feuchten Stellen; v. a. in Auwäldern.

Wissenswertes: Der Falter scheint sich vorwiegend von Ausscheidungen der Blattläuse, dem Honigtau, zu ernähren. Nicht selten ist er auch an Wegpfützen oder Tierkot zu beobachten. Die Raupe entwickelt sich vorzugsweise an feuchtschattig stehenden Büschen der Roten Heckenkirsche. Im Spätsommer stellt sie ein spezielles Winterquartier (Hibernarium) her. Hierzu schneidet sie mit einer geraden Trennlinie eine Blattspitze ab und spinnt die Blattbasis mitsamt dem Stiel am Zweig fest. Anschließend biegt sie die beiden Blattzipfel über der Mittelrippe zu einer Tüte zusammen und verbirgt sich darin. **RL, §!**

Großer Schillerfalter *Apatura iris*

EDELFALTER

Merkmale: Spannweite 55–65 mm. Flügel des ♂ (Bild) mit je nach Lichteinfall wechselndem Blauschiller, der dem ♀ fehlt. Flugzeit VI–VIII. Raupe grün mit 2 langen, nach vorn gerichteten Kopfhörnern und zugespitztem Hinterende, einer Nacktschnecke nicht unähnlich.

Vorkommen: An Waldwegen und Waldrändern, meist an etwas feuchten Stellen; ziemlich verbreitet, nach N zu seltener.

Wissenswertes: Die schönen Falter halten sich vorwiegend in den Baumwipfeln auf. Vor allem morgens sind die ♂ aber auch auf Waldwegen zu beobachten, wo sie an Pfützen oder Exkrementen saugen. Die ♀ legen ihre Eier einzeln auf Weidenblättern (meist von Sal-Weiden) ab. Die Jungraupe überwintert in einer Zweiggabel oder neben einer Knospe und schmiegt sich eng an den Zweig an. Sie wird mit dem Austreiben der Blattknospen wieder mobil und wächst bis Anfang Juni heran. Dann häutet sie sich zu einer weißlich grünen, am Rücken scharf gekielten Puppe. **(RL), §!**

Landkärtchen *Araschnia levana*

EDELFALTER

Merkmale: Spannweite 28–40 mm. Falter der beiden Generationen sehr verschieden gefärbt: Flügeloberseite im Frühjahr gelbrot mit schwarzer Fleckung (forma *levana*), im Sommer schwarzbraun mit weißlicher Fleckung (forma *prorsa*, Bild); Flügelunterseite mit charakteristischem Linien- und Fleckenmuster, das an eine Landkarte erinnert. Flugzeit IV–IX. Raupe schwarzbraun mit braunen Stacheln; im Gegensatz zu den verwandten Arten auch auf der Kopfkapsel mit 2 Dornen.

Vorkommen: An Wald- und Wegrändern, auch an schattigen Stellen; nicht selten.

Wissenswertes: Die Färbungs- und Zeichnungsunterschiede sind allein auf die unterschiedlichen Umweltbedingungen zurückzuführen, denen die Puppen ausgesetzt waren. Insbesondere Tageslänge und Temperatur spielen hierbei eine Rolle. So schlüpfen die Frühlingsfalter aus überwinterten, die der Sommergeneration aus im Sommer entstandenen Puppen. Raupennährpflanze ist ausschließlich die Brennnessel.

Trauermantel *Nymphalis antiopa*

EDELFALTER

Merkmale: Spannweite 55–75 mm. Flügel dunkelbraun mit blauen Saumflecken und rahmfarbener Randbinde. Flugzeit ganzjährig. Raupe schwarzbraun mit dornartigen Fortsätzen und einer roten Fleckenreihe in der Rückenmitte.

Vorkommen: In Wäldern, an Alleen, in Steinbrüchen und in Obstgärten, gern an etwas feuchten Stellen; in M.-EU ziemlich selten geworden.

Wissenswertes: Die Raupen des T. entwickeln sich meist an Sal-Weiden oder Birken. Sie leben bis zum letzten Stadium gesellig beieinander und können dabei einzelne Zweige völlig kahl fressen. Der starke Rückgang dieser Art ist wohl nicht allein auf Umweltveränderungen zurückzuführen. Offenbar spielen auch spezielle Parasiten (Raupenfliegen und Schlupfwespen) dabei eine wichtige Rolle. **(RL), §!**

Tagpfauenauge *Nymphalis io*

EDELFALTER

Merkmale: Spannweite 50–55 mm. Durch die Augenzeichnung auf Vorder- und Hinterflügeln mit keinem anderen Schmetterling zu verwechseln; Flugzeit ganzjährig. Raupe schwarz mit zahlreichen weißen Punkten.

Vorkommen: In den verschiedensten Lebensräumen; überall sehr häufig.

Wissenswertes: Der Falter bringt im Allgemeinen 2, gelegentlich auch 3 Generationen im Jahr hervor, in klimatisch ungünstigeren Lagen dagegen nur eine. Raupennährpflanze ist bei uns ausschließlich die Große Brennnessel. Die Jungraupen überziehen die Triebe, an denen sie fressen, mit einem gemeinsamen Gespinst. Erst im vorletzten Häutungsstadium trennen sie sich und suchen schließlich verborgene Orte auf, wo sie sich z. B. an einem dürren Zweig zur Verpuppung festheften. Nach 2–3 Wochen schlüpft aus der Stürzpuppe der fertige Falter, der sich kurz darauf wieder fortpflanzt oder sich zur Winterruhe in ein geschütztes Quartier (Dachboden, Höhle, Fuchsbau o. ä.) zurückzieht.

Kleiner Fuchs *Nymphalis urticae*

EDELFALTER

Merkmale: Spannweite rund 40–50 mm. Flügel oberseits gelbrot mit blauen, mondförmigen Randflecken. Flugzeit ganzjährig. Raupe dunkelgrau mit zitronengelben Längsbinden.

Vorkommen: In offenen Lebensräumen überall sehr häufig, einer der häufigsten Tagfalter.

Wissenswertes: Schon im Februar, spätestens im März, verlassen die überwinterten Falter ihre Schlupfwinkel und saugen an den ersten Frühlingsblühern, z. B. gern am Huflattich. Wenig später beginnen die Tiere sich fortzupflanzen. Wie das Tagpfauenauge entwickelt sich auch der K. F. bei uns ausschließlich an der Brennnessel. Die Raupen leben wie die des Tagpfauenauges zunächst gelegeweise zusammen. Zwischen Ende Mai und Mitte Juni erscheinen die ersten Falter der neuen Generation. Sie legen noch im Juni Eier, und ab Anfang Juli, meist aber erst im August, beginnt die nächste Generation zu fliegen. Diese Tiere überwintern. Nur ausnahmsweise entsteht noch eine 3. Faltergeneration.

Distelfalter *Vanessa cardui*

EDELFALTER

Merkmale: Spannweite 45–60 mm. Spitzen der Vorderflügel wie beim Admiral (⇨ S. 362), Flügeloberseite ansonsten gelbbraun bis rosa mit dunklerer Fleckung. Flugzeit ganzjährig. Raupe sehr variabel gefärbt, von grau über ocker- bis dunkelbraun, stets mit feinen, gelblichen Längslinien.

Vorkommen: Vorwiegend in offenen, trockenen Lebensräumen; in den meisten Gegenden häufig, doch in jahrweise stark schwankender Zahl.

Wissenswertes: Der D. ist ebenso wie der Admiral ein ausgesprochener Wanderfalter. Er überwintert wie dieser als Falter, geht aber nördlich der Alpen und offenbar sogar im Mittelmeergebiet während des Winters fast immer zugrunde, da sich die Falter nicht zu einer Winterruhe zurückziehen, sondern aktiv bleiben. Die Populationen bauen sich alljährlich neu aus Tieren auf, die von N-Afrika über das Mittelmeer hinweg eingewandert sind. Die Raupe entwickelt sich meist an Distel-Arten, daneben aber auch an Huflattich, Kletten oder Brennnesseln.

Admiral *Vanessa atalanta*

EDELFALTER

Merkmale: Spannweite 50–60 mm. Vorderflügel mit roter Binde und schwarzer, weiß gefleckter Spitze; Flugzeit ganzjährig. Raupe schwarz mit kontrastreich abgesetzten gelben Seitenflecken oder grau bis braun mit weniger deutlichen, hellen Flecken.

Vorkommen: V. a. an Waldrändern, auf Streuobstwiesen und im Siedlungsbereich; überall häufig.

Wissenswertes: Der Falter ist in Gärten oft an Fallobst, aber auch am Schmetterlingsflieder zu beobachten. Die Raupe entwickelt sich an der Großen Brennnessel. Das ♀ legt die Eier einzeln an sonnig stehende kleinere Pflanzen. Die Raupe ist anhand ihres charakteristischen Verstecks leicht zu finden: Sie benagt ein Brennnesselblatt am Ende des Blattstiels, worauf dieses nach unten abknickt und sich zu einer Art Zelt zusammenrollt. Die Art überwintert als Falter, kann aber bei uns die kalte Jahreszeit nur selten überleben. Alljährlich erfolgt jedoch über die Alpen ein Zuflug neuer Falter aus S-EU und N-Afrika.

Kleiner Waldportier *Hipparchia alcyone*

AUGENFALTER

Merkmale: Spannweite 54–58 mm. Flügel oberseits dunkelbraun mit blass gelblicher Binde, die im Vorderflügel 1–2 Augenflecke einschließt; Unterseite der Hinterflügel in der Basalhälfte schwarzbraun, davor eine scharf abgesetzte, gezackte, weiße Binde. Flugzeit VII–VIII. Raupe bräunlich mit dunklem Rückenstreifen.

Vorkommen: Auf offenen felsigen, steinigen oder sandigen Flächen, v. a. in klimatisch begünstigten Gebieten; überall stark zurückgegangen, vielerorts heute ganz verschwunden.

Wissenswertes: Der Falter setzt sich gern mit geschlossenen Flügeln an Baumstämmen, aber auch am Boden ab. **RL! §!**

Ähnlich: Der kaum größere **Große Waldportier** *Hipparchia fagi* ist nur durch eine Untersuchung präparierter Falter mit Sicherheit vom K. W. zu unterscheiden. **RL! §!**

Schachbrett *Melanargia galathea*

AUGENFALTER

Merkmale: Spannweite 37–52 mm. Durch die schachbrettartig gemusterten Flügel mit keinem anderen heimischen Tagfalter zu verwechseln. Flugzeit VI–VIII. Raupe hellbraun oder grün, heller und dunkler gestreift, stets mit braunem Kopf.

Vorkommen: Auf Trockenwiesen, Waldlichtungen und grasbewachsenen Sandflächen; fast überall häufig und gebietsweise (z. B. im nördlichen D) sogar in Ausbreitung begriffen.

Wissenswertes: Die ♂ führen dicht über dem Boden Suchflüge aus, bei denen sie in den Entwicklungsgebieten der Raupen nach frisch geschlüpften Partnerinnen Ausschau halten. Ältere, Blüten besuchende ♀ üben dagegen auf sie kaum Anziehungskraft aus. Zur Eiablage fliegen die ♀ Grashalme an und lassen dort nach kurzer Rast ein oder wenige Eier fallen. Die Raupe überwintert sehr klein. Zunächst frisst sie tagsüber, später nur noch nachts an Zwenken, Rispengräsern und Trespen-Arten. Zur Verpuppung fertigt sie sich ein kleines Gespinst am Boden. **§!**

Weißband-Mohrenfalter *Erebia ligea*

AUGENFALTER

Merkmale: Spannweite 37–45 mm. Vorderflügel oberseits schwarzbraun mit zusammenhängender roter Binde und meist 4 Augenflecken; Hinterflügel unterseits mit weißer Binde; Flügelränder mit schwarz-weiß gescheckten Fransen. Flugzeit VII–VIII. Raupe graubraun gefärbt mit einem dunkleren Rückenstreifen und zahlreichen kurzen, dunklen Haaren.

Vorkommen: In lichten Wäldern, auf Waldwiesen und an Waldrändern; in den Mittelgebirgen ebenso wie in den Alpen weit verbreitet.

Wissenswertes: Der Falter bevorzugt violette und gelbe Blüten, die so groß sind, dass er sich auf ihnen absetzen kann, z. B. Skabiosen, Flockenblumen und Habichtskräuter. Die Eiablage erfolgt meist an lichten Stellen im Wald. Das ♀ heftet dabei die Eier dicht über dem Boden an dürre oder frische Gräser. Dort überwintert das Gelege. Die Raupe schließlich überwintert vor der Verpuppung noch einmal, sodass sich die gesamte Entwicklung über 2 Jahre erstreckt. **(RL), §!**

Brauner Waldvogel

Aphantopus hyperanthus AUGENFALTER

Merkmale: Spannweite 35–42 mm. Flügel oberseits dunkelbraun, ♂ mit 2 sehr kleinen, ♀ mit 3 deutlichen Augenflecken im Vorderflügel; Unterseite des Hinterflügels bei beiden Geschlechtern mit 5 sehr auffallenden, gelb umringten Augenflecken. Flugzeit VI–VIII. Raupe graubraun getönt mit dunklem Rückenstreifen und heller Seitenlinie.

Vorkommen: In lichten Wäldern, an Waldrändern und auf trockenen wie feuchten Wiesen allgemein verbreitet; überall ziemlich häufig.

Wissenswertes: Der recht anpassungsfähige Falter konnte sich in der herkömmlichen Kulturlandschaft bisher gut behaupten. Mit den immer weiter intensivierten Bewirtschaftungsmethoden in der Landwirtschaft, v. a. durch die verstärkte Ausbringung von Gülle, bekommt aber auch diese Art zunehmend Probleme und zieht sich mehr und mehr aus landwirtschaftlichen Flächen zurück.

Waldbrettspiel *Pararge aegeria*

AUGENFALTER

Merkmale: Spannweite 32–42 mm. In EU 2 verschieden gefärbte Unterarten: in M.-EU *P. aegeria tircis* (Bild) mit dunkelbraunen, blassgelb gefleckten, in S-EU *P. aegeria aegeria* mit gelbrot gezeichneten Flügeln. Flugzeit IV–X. Raupe hellgrün mit dunklerem, hell eingefasstem Streifen in der Rückenmitte.

Vorkommen: V. a. in lichten Laubwäldern u. an Waldrändern; in den meisten Gebieten recht häufig.

Wissenswertes: Die ♂ besetzen Ansitze auf besonnten Blättern und überwachen von dort aus die Umgebung. Sobald sich ein fremdes ♂ nähert, kommt es zu einem kurzen „Luftkampf", aus dem der ursprüngliche Revierinhaber fast immer als Sieger hervorgeht. Das siegreiche Tier kehrt anschließend zu seinem Ansitz zurück, der unterlegene Eindringling verlässt das fremde Revier. Nur selten sind die Falter beim Blütenbesuch zu beobachten. Sie saugen häufiger an ausfließendem Baumsaft, Wasserpfützen oder reifen Früchten. Überwinterungsstadium ist die Puppe.

Kleines Wiesenvögelchen

Coenonympha pamphilus AUGENFALTER

Merkmale: Spannweite 23–33 mm. Unterseite der Vorderflügel mit deutlichem Augenfleck, die der Hinterflügel graubraun mit meist undeutlicher, heller Binde; Flügeloberseite gelbbraun mit unscharf begrenztem, dunklerem Rand. Flugzeit V–IX. Raupe hellgrün mit dunklem Rückenstreifen und gelblichen Seitenstreifen.

Vorkommen: In offenen, grasbewachsenen Lebensräumen, z. B. Magerrasen oder Böschungen, überall recht häufig.

Wissenswertes: Die ♂ warten auf ihren Sitzwarten auf vorbeikommende ♀, die ihre Eier dicht über dem Erdboden einzeln an Grashalme heften. Die Raupen entwickeln sich an vielen verschiedenen Gräsern. Die Falter fliegen meist in 2 ineinander übergehenden Jahresgenerationen. Die Verpuppung erfolgt in Bodennähe. Überwinterungsstadium ist die Jungraupe. **§!**

Mauerfuchs *Lasiommata megera*

AUGENFALTER

Merkmale: Spannweite 35–45 mm. Flügeloberseite orangebraun mit dunkelbrauner, gitternetzartiger Bindenzeichnung; ♂ mit einem schräg über den Vorderflügel ziehenden Duftschuppenfleck, der dem ♀ (Bild) fehlt. Spitze des Vorderflügels mit großem, gekerntem Augenfleck. Flugzeit IV–X. Raupe hellgrün mit gelblichen Längsstreifen.

Vorkommen: In trockenwarmem Gelände mit sandigem, steinigem oder felsigem Untergrund; früher fast überall häufig, heute vielerorts selten.

Wissenswertes: Die ♂ sonnen sich gern auf Felsen, Steinen oder nackten Bodenstellen mit zusammengeschlagenen Flügeln, deren Unterseite sie nach der Sonne ausrichten. Die Raupe lebt wie bei allen Augenfaltern an Gräsern. Sie verhält sich zunächst tagaktiv, mit zunehmender Größe dann vorwiegend dämmerungs- und nachtaktiv. Die Überwinterung erfolgt als fast erwachsene Raupe. Die grüne Stürzpuppe wird im Frühjahr knapp über dem Boden an dürren Pflanzenstängeln oder Steinen angeheftet. **§!**

Kohlschnake *Tipula* sp.

Merkmale: Mit einer Flügelspannweite von rund 25–50 mm auffallend großer, überwiegend grau gefärbter Zweiflügler mit überaus langen Beinen, die im Flug herabhängen. Flugzeit IV–X. Mehrere sehr schwer unterscheidbare Arten.

Vorkommen: Überall sehr häufig.

Wissenswertes: Die vorwiegend dämmerungs- und nachtaktive K. dringt abends oft über geöffnete Fenster in Wohnräume ein und jagt vielen Menschen einen gehörigen Schrecken ein. Dabei ist sie vollkommen harmlos und kann weder stechen noch beißen. Ihre Mundwerkzeuge sind weitgehend zurückgebildet und erlauben ihr höchstens die Aufnahme von Wasser oder offen angebotenem Nektar.

Beim ♀ ist das Hinterleibsende in eine spitze Legeröhre ausgezogen. Nach der Paarung schiebt es damit seine Eier in feuchtes Erdreich. Dabei hüpft es in steil aufrechter Körperhaltung und etwas unbeholfenem Flug auf und ab und stützt sich immer wieder mit den Fußspitzen am Boden ab. Die walzenförmige, fußlose Larve (linkes kleines Bild)

ist grau gefärbt und ernährt sich von Falllaub und anderen Pflanzenresten, aber auch von Pflanzenwurzeln. Bei Massenauftreten können hierdurch Schäden in Pflanzenkulturen entstehen, im Wald spielen die K.-Larven hingegen eine wichtige Rolle für die Humusbildung.

Bemerkenswert ist das „zweite Gesicht" der im Grunde schmucklosen Larve: Die am abgestutzten Hinterende ausmündenden Atemöffnungen sind ringsum von 6 teils fingerförmigen, teils zugespitzten Hautfortsätzen umgeben, die in der Ansicht von hinten das Bild einer „Teufelsfratze" ergeben (rechtes kleines Bild). Die Fortsätze können bei Gefahr nach innen geklappt werden und so die Atemorgane vor Verletzung oder auch vor dem Eindringen von Wasser schützen.

Wintermücke *Trichocera annulata*

WINTERMÜCKEN

Merkmale: Flügelspannweite 11–13 mm; sehr zart mit sehr langen, dünnen Beinen, dadurch wie eine kleine Schnake wirkend. Flugzeit X–IV.

Vorkommen: An Waldrändern, Feldhecken und auch in Gärten überall häufig.

Wissenswertes: Die ausgewachsenen Mücken treten nur in der kalten Jahreshälfte auf und tanzen bereits bei Temperaturen von wenig über dem Gefrierpunkt in Schwärmen, vorzugsweise im Bereich einzelner durch Gesträuch fallender Sonnenstrahlen. Die Larven entwickeln sich am Boden und ernähren sich hier von Falllaub und anderen zerfallenden organischen Stoffen.

Verwandt: Ebenfalls winteraktiv ist die flügellose, aber mit großen Schwingkölbchen ausgerüstete **Schneeschnake** *Chionea belgica.*

Buchengallmücke *Mikiola fagi*

GALLMÜCKEN

Merkmale: Flügelspannweite 9–12 mm; zerbrechlich wirkende Mücke mit sehr dünnen Beinen und rötlichem Hinterleib. Flugzeit III–V.

Vorkommen: In Buchenwäldern und an Waldrändern überall häufig.

Wissenswertes: Die bereits in den ersten warmen Frühlingstagen schwärmende Mücke legt ihre roten Eier an die Blattknospen von Buchen. Die mit dem Blattaustrieb schlüpfenden Larven regen das Pflanzengewebe um sich herum zur Bildung von Wucherungen an. Etwa ab Juni kann man auf der Oberseite der Buchenblätter die tropfenförmigen, nach oben zugespitzten Gallen entdecken (Bild). Sie sind bis zu 10 mm hoch und zunächst grün, werden später aber meist leuchtend rot. Das sehr harte, dickwandige Pflanzengewebe, aus dem sie bestehen, lässt innen einen geräumigen Hohlraum frei. In diesem entwickelt sich die zunächst weiße, später orange gefärbte Larve. Kurz vor dem herbstlichen Blattfall lösen sich die Gallen meist vom Blatt und fallen zu Boden, wo sie überwintern.

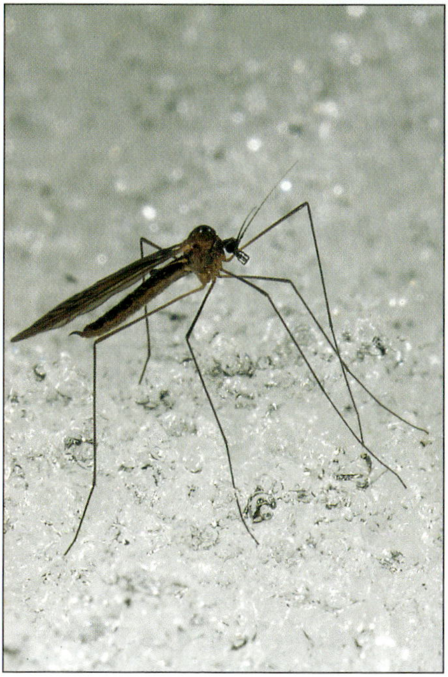

Stechmücke *Aedes* sp.

STECHMÜCKEN

Merkmale: Körperlänge 7–9 mm; Fußglieder meist hell-dunkel geringelt; ♀ (linkes großes Bild) mit langem Stechrüssel, kurzen Lippentastern und zugespitztem Hinterleib. Flugzeit IV–X. Viele schwer unterscheidbare Arten.

Vorkommen: Überall sehr häufig, besonders in feuchten Wäldern.

Wissenswertes: Die ♀ sind äußerst lästige Blutsauger, vor allem bei schwülem Wetter und nachts. Nur wenn sie eine Blutmahlzeit zu sich genommen haben, können ihre Eier heranreifen. Die ♂ hingegen ernähren sich von Pflanzensäften. Die Larven (rechtes großes Bild) besitzen ein schräg abstehendes Atemrohr, mit dem sie am Wasserspiegel hängen. Sie strudeln mit ihren Mundwerkzeugen Schwebteile herbei, die ihnen als Nahrung dienen. Bei Gefahr tauchen sie mit schlängelnden Schwimmbewegungen zum Gewässergrund hinab. Die Puppen (kleines Bild unten) sind annähernd kugelig, mit einem um den Körper geschlungenen Hinterleib.

Kriebelmücke *Simulium* sp.

KRIEBELMÜCKEN

Merkmale: Körperlänge 3–6 mm, etwas buckelig wirkende, fliegenähnliche Mücke mit sehr kurzem, dickem Saugrüssel. Flugzeit V–VIII.

Vorkommen: In der Nähe von Fließgewässern überall häufig.

Wissenswertes: Die ♀ saugen v. a. am Weidevieh, gelegentlich aber auch beim Menschen Blut. Der Stich ist ausgesprochen schmerzhaft. Meist bildet sich an der Stichstelle anschließend eine deutliche Schwellung. Die keulenförmigen Larven heften sich an Wasserpflanzen oder Steinen fest und filtrieren mit ihren fächerförmigen Mundteilen Schwebteilchen aus dem Wasser.

Zuckmücke *Chironomus* sp.

ZUCKMÜCKEN

Merkmale: Körperlänge 10–14 mm; Mundwerkzeuge zurückgebildet; ♂ (Bild) mit beidseitig lang gekämmten Fühlern, ♀ mit einfachen Fühlern. Flugzeit fast ganzjährig.

Vorkommen: An stehenden und fließenden Gewässern aller Art überall häufig.

Wissenswertes: Die ♂ tanzen in dichten Schwärmen. Dringt ein ♀ in den Schwarm ein, wird es an seinem speziellen Fluggeräusch erkannt, von zahlreichen ♂ bedrängt und von einem zur Paarung ergriffen. Die leuchtend roten Larven bauen aus Gespinst und Schlammteilen gewundene Röhren und leben von zerfallenden organischen Substanzen.

Haarmücke *Bibio* sp.

HAARMÜCKEN

Merkmale: Körperlänge 8–10 mm; dicht behaarte, fliegenähnliche Mücke; Färbung tiefschwarz, ♂ (großes Bild und linkes Tier im kleinen Bild) mit großen, halbkugeligen Augen, ♀ (rechtes Tier im kleinen Bild) mit deutlich kleinerem Kopf und nur winzigen Augen. Flugzeit III–V.

Vorkommen: In Wäldern ebenso wie in offenem Gelände, auch in Gärten; fast überall häufig.

Wissenswertes: Die H. tanzt besonders zur Zeit des Blattaustriebs in z.T. dichten Schwärmen. Die ♂ ergreifen im Flug eine Partnerin und vollenden die Paarung dann am Boden oder auf Pflanzen. Zur Eiablage gräbt sich das ♀ im Boden ein und setzt im Erdreich bis zu 3000 Eier ab. Die bis zu 20 mm langen, gelblich weißen Larven sind im ersten Stadium lang behaart und besitzen später kurze, stachelige Fortsätze an den Rückenplatten. Sie ernähren sich von Falllaub und anderen verrottenden Pflanzenteilen. Manchmal treten sie in riesigen Mengen auf und können dann durch Wurzelfraß auch Schäden anrichten.

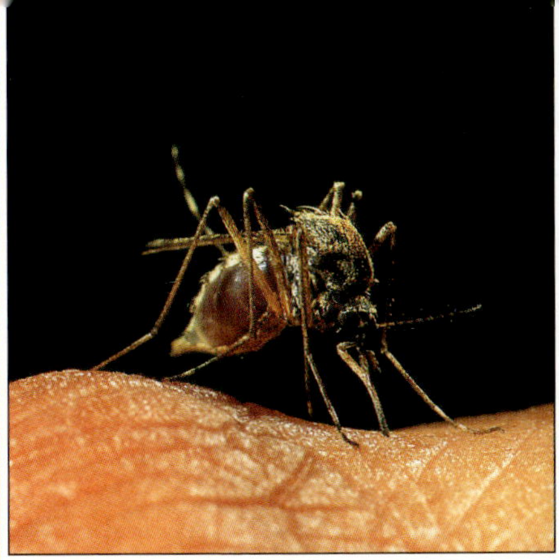

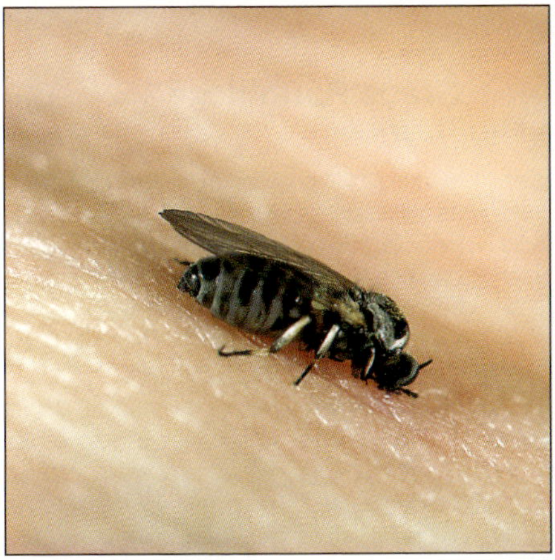

Chamäleonfliege *Stratiomys chamaeleon* WAFFENFLIEGEN

Merkmale: Körperlänge 12–16 mm; Hinterleib stark verbreitert und deutlich abgeflacht, seitlich weit über die Flügel hinausragend, mit leuchtend gelben Zeichnungen. Flugzeit VI–IX.
Vorkommen: In der Nähe stehender Gewässer, gebietsweise nicht selten.
Wissenswertes: Die auffallend große und hübsch gezeichnete Fliege ist oft auf Doldenblüten zu beobachten, wo sie Pollen und Nektar aufnehmen. Ihre spindelförmige, bis zu 5 cm lange Larve entwickelt sich in schlammigen Gewässern. Sie schwimmt unmittelbar unter der Wasseroberfläche und ernährt sich von Schwebteilchen.

Dickkopffliege *Conops flavipes* DICKKOPFFLIEGEN

Merkmale: Körperlänge 9–13 mm; lebhaft gelbschwarz gezeichnete Fliege mit keulenförmig verdicktem Hinterleib und auffallend großem Kopf, Ende des Rüssels schräg nach oben gerichtet, Fühler am Ende gekeult. Flugzeit V–VIII.
Vorkommen: An Waldrändern und in offenem Gelände meist nicht selten.
Wissenswertes: Diese auffallende Fliege ist oft beim Blütenbesuch zu beobachten. Dabei wird der nach oben abgeknickte Rüssel nach unten geklappt. Daneben kann man sie regelmäßig in der Umgebung von Wildbienennestern beobachten. In ihnen entwickeln sich die Larven.

Gewöhnl. Winterschwebfliege *Episyrphus balteatus* SCHWEBFL.

Merkmale: Körperlänge 10–11 mm; Brustabschnitt kupferfarben glänzend, Hinterleib gelb, 3. und 4. Segment mit breiter Hinterrandbinde und davor schmalen, unterbrochenen Querstrichen, das 2. Segment außerdem mit dunklem Kreuz. Flugzeit fast ganzjährig.
Vorkommen: Überall häufig.
Wissenswertes: Die G. W. ist wie die meisten Schwebfliegen eine eifrige Blütenbesucherin. Ihre dunkelgraue, abgeflachte Larve ernährt sich fast ausschließlich von Blattläusen, die sie mit ihren dolchförmig gekrümmten Mundhaken ansticht, von der Pflanze losreißt und aussaugt.

Schnepfenfliege *Rhagio scolopaceus* SCHNEPFENFLIEGEN

Merkmale: Körperlänge 8–14 mm; schlank und langbeinig, Hinterleib gelbbraun getönt, oben mit schwarzen Dreiecken und schwarzer Spitze, Flügel dunkel gefleckt. Flugzeit V–IX.
Vorkommen: An Waldrändern und am Rand von Waldwegen; ziemlich häufig.
Wissenswertes: Die S. lauert gern mit leicht abwärts gerichtetem, aber schräg von der Unterlage abgehobenem Körper auf liegenden Baumstämmen und stürzt sich von dort aus auf vorbeifliegende, kleinere Beuteinsekten. Ihre Larve entwickelt sich im Erdboden. Sie ernährt sich ebenfalls räuberisch z. B. von Insektenlarven.

Graue Raubfliege *Machimus* sp. RAUBFLIEGEN

Merkmale: Körperlänge 16–25 mm; ziemlich kräftig gebaute, graue Fliege mit schmalem, langem Hinterleib, Beine auffallend stark bestachelt; Kopf vorn mit weißem „Knebelbart", darunter ein kurzer, kräftiger Saugrüssel. Flugzeit VII–IX.
Vorkommen: An Wald- und Wegrändern sowie auf trockenen Wiesen überall häufig.
Wissenswertes: Die Fliege lauert im Gebüsch auf vorbeifliegende Beutetiere, die sie in einem kurzen Flug ergreift, um dann mit ihrem Opfer zur Sitzwarte zurückzukehren. Oft reichen die überwältigten Beutetiere fast an ihre eigene Größe heran. Die ebenfalls räuberische Larve entwickelt sich im Boden.

Mistbiene *Eristalis tenax* SCHWEBFLIEGEN

Merkmale: Körperlänge 14–16 mm; breit gebaut, deutlich behaart, 2. Hinterleibssegment mit 2 großen, gelbroten Flecken. Flugzeit fast ganzjährig.
Vorkommen: Überall sehr häufig, wohl die häufigste heimische Schwebfliege.
Wissenswertes: Der allgemein gebräuchliche Name der M. bezieht sich zum einen auf ihre ausgesprochene Bienenähnlichkeit, zum andern auf den Entwicklungsort ihrer Larve. Man findet diese nämlich vorzugsweise in Fäkaliengruben, Jauchepfützen u. a. anrüchigen Gewässern. Sie besitzt ein teleskopartiges Atemrohr, das sie zur Wasseroberfläche emporstreckt.

Gefleckte Tanzfliege *Empis tesselata*

TANZFLIEGEN

Merkmale: Körperlänge 11–13 mm; schlanke, ausgesprochen langbeinige Fliege mit einem langen, rechtwinklig nach unten gerichteten Saugrüssel, Flügel beim ♂ deutlich breiter und dunkler als beim ♀. Flugzeit V–VIII. Mehrere sehr schwer unterscheidbare Arten.

Vorkommen: In lichten Laubmischwäldern sowie an Wald- und Gebüschrändern ziemlich häufig.

Wissenswertes: Die auffallenden Fliegen sind oft beim Blütenbesuch zu beobachten. Bei der Balz tanzen die ♂ mit einem erbeuteten Insekt als „Brautgeschenk" meist in kleinen Schwärmen. Das ♀ fliegt in den Schwarm hinein, greift sich ein Geschenk, lässt sich vom ♂ packen und beide fliegen zur Paarung ins Gebüsch. Hier klammert sich das ♂ mit seinen Vorderbeinen an einem Zweig fest, mit den übrigen Beinen hält es seine mit der Beute beschäftigte Partnerin. Es gibt auch Tanzfliegen-Arten, deren ♂ ihr Brautgeschenk in einem (mit Spinndrüsen in den Vorderfüßen hergestellten) Seidengespinst „verpacken".

Goldaugenbremse *Chrysops relictus*

BREMSEN

Merkmale: Körperlänge 9–11 mm; Flügel in der Ruhelage schräg abgespreizt, in der Mitte mit einer breiten, schwarzen Querbinde; Augen leuchtend grün, mit runden, violetten, teilweise roten Flecken. Flugzeit V–IX.

Vorkommen: In trockenem und feuchtem, mehr oder weniger offenem Gelände ziemlich häufig.

Wissenswertes: Die G. fliegt fast geräuschlos und landet daher oft unbemerkt an unbedeckten Körperpartien von Menschen. Ihr Stich ist wegen der Dicke des Rüssels recht schmerzhaft. Die volkstümliche Bezeichnung „Blinde Fliege" rührt vermutlich daher, dass es – im Vergleich etwa zu Stechmücken – sehr einfach ist, die saugende Bremse zu erschlagen. Doch scheint die G. als Nahrungsquelle Weidevieh zu bevorzugen, denn sie fällt weniger oft den Menschen an als z. B. die Regenbremse. Die gelblich weiße, bis 16 mm lange Larve ist abgeflacht und an beiden Enden verschmälert. Sie entwickelt sich in Kleingewässern und lebt von Insektenlarven und anderen Wassertieren.

Großer Wollschweber *Bombylius maior*

WOLLSCHWEBER

Merkmale: Körperlänge 9–12 mm; pelzig braun behaarte Fliege mit körperlangem, nach vorn gestrecktem Rüssel, Flügel vorn mit breiter, brauner Binde. Flugzeit IV–VI.

Vorkommen: An sonnigen Waldrändern und an offenen Stellen in Wäldern nicht selten.

Wissenswertes: Der gefährlich anmutende, aber völlig harmlose G. W. ist ein eifriger Blütenbesucher. Er taucht nach Schwärmerart im Flug seinen Rüssel tief in Blütenkelche.

Das ♀ sucht zur Eiablage Nestkolonien bodenbrütender Wildbienen (meist Sandbienen ⇨ S. 320) auf. Hier stupft es zunächst seine Hinterleibsspitze mehrfach in den staubigen Boden und pudert dadurch die Eier mit einer tarnenden Staubhülle ein. Anschließend wirft es sie in der Nähe der Nesteingänge der Bienen ab. Die anfangs sehr beweglichen Larven wandern in die Bienennester ein, häuten sich dort zu trägen Maden und leben zunächst von den Futtervorräten, später von den Maden der Bienen.

Regenbremse *Haematopota pluvialis*

BREMSEN

Merkmale: Körperlänge 8–12 mm; Flügel fein grau marmoriert, in Ruhelage dachförmig über dem Hinterleib zusammengelegt; Augen mit bunten Zackenbinden, die fast in allen Regenbogenfarben schillern. Flugzeit V–X.

Vorkommen: Überall häufig, die häufigste heimische Bremsenart.

Wissenswertes: Die R. ist v. a. bei schwülfeuchtem Wetter sehr aktiv, besonders kurz vor einem Gewitter. Sie sticht beim Menschen bevorzugt in die Arme und lässt sich beim Saugen kaum stören.

Verwandt: Die teilweise wesentlich größeren Bremsen der Gattung *Tabanus* (bis 25 mm) haben einfarbige Augen oder, wie die hier gezeigte Art *Tabanus tropicus*, mit geradlinigen Streifen gezeichnete Augen .

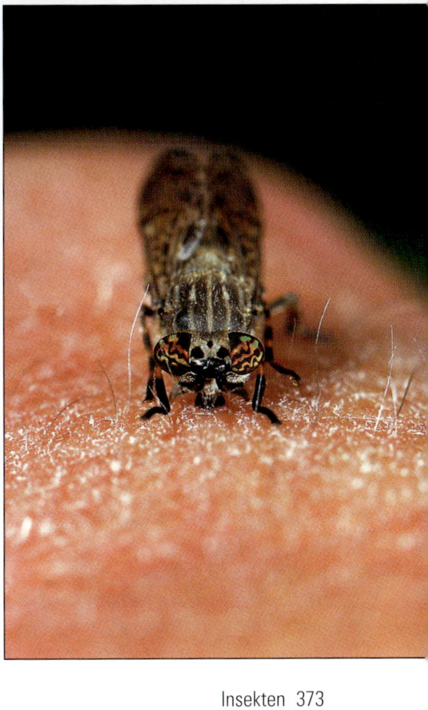

Gewöhnliche Stubenfliege *Musca domestica*

ECHTE FLIEGEN

Merkmale: Körperlänge 6–8 mm; dunkelgrau mit gelbbraunem, oben und am Ende schwarz gezeichnetem Hinterleib. Flugzeit fast ganzjährig.
Vorkommen: Überall sehr häufig, vor allem in Wohnungen.
Wissenswertes: Die G. S. ernährt sich von flüssigen Stoffen, kann sich aber auch feste, wasserlösliche Nahrungsstoffe (z. B. Zucker) erschließen, indem sie sie mit Speichel beträufelt und dann mit ihrem stempelförmigen Rüssel aufsaugt. Ihre Larven, beinlose Maden, entwickeln sich an verwesenden Stoffen, auf Müll- oder Misthaufen. Die G. S. bringt es auf bis zu 5 Generationen pro Jahr.

Dungfliege *Scatophaga stercoraria*

DUNGFLIEGEN

Merkmale: Körperlänge 5–10 mm; ♂ (Bild) mit goldgelber, ♀ mit mehr grünlich gelber, pelziger Behaarung. Flugzeit IV–X.
Vorkommen: Besonders in der Nähe von Rinderweiden überall häufig.
Wissenswertes: Die kaum verwechselbare D. findet man stets auf frischen Kuhfladen. Sie besucht aber auch Blüten oder fängt kleinere Insekten, die sie mit ihrem Rüssel aussaugt. Das ♀ legt seine schmal geflügelten Eier auf die Oberseite von Kuhfladen. Die etwa 10 mm langen, madenförmigen Larven entwickeln sich in seinem Innern und höhlen ihn später fast vollkommen aus.

Igelfliege *Tachina fera*

SCHMAROTZERFLIEGEN

Merkmale: Körperlänge 9–16 mm; große, sehr breit gebaute Fliege; Hinterleib an den Seiten gelbrot, in der Mitte mit schwarzer Längsbinde, hinten mit abstehenden, starken Borsten. Flugzeit IV–X.
Vorkommen: Auf Waldlichtungen und Wiesen im Allgemeinen nicht selten.
Wissenswertes: Die Larven der I. entwickeln sich in verschiedensten Schmetterlingsraupen. Bei Massenauftreten der Nonne, des Schwammspinners u. a. Forstschädlinge stellen sie wichtige Regulatoren dar, die sehr wirksam die Raupenpopulation dezimieren. Ähnliches gilt für viele andere Arten dieser sehr artenreichen Fliegenfamilie.

Wadenstecher *Stomoxys calcitrans*

ECHTE FLIEGEN

Merkmale: Körperlänge 6–8 mm; ähnlich einer Stubenfliege, doch mit grauem, dunkel geflecktem Hinterleib; Mundwerkzeuge zu einem dünnen, gerade nach vorn gestreckten Stechrüssel umgebildet. Flugzeit IV–X.
Vorkommen: Vor allem in der Nähe von Viehweiden und Stallungen häufig.
Wissenswertes: Der W. setzt sich meist mit nach oben gerichtetem Kopf ab, während die Stubenfliege an einer senkrechten Fläche immer den Kopf nach unten ausrichtet. Er saugt vorzugsweise an Pferden Blut, geht aber mitunter auch an Menschen (hier bevorzugt an die Waden).

Graue Fleischfliege *Sarcophaga carnaria*

FLEISCHFLIEGEN

Merkmale: Mit einer Körperlänge von 13–15 mm recht große, grau gefärbte Fliege mit schwarzen Längsstreifen und Würfelflecken. Flugzeit IV–X.
Vorkommen: Überall sehr häufig.
Wissenswertes: Die Larven der G. F. entwickeln sich entgegen landläufiger Meinung offenbar nicht in Fleisch, sondern in Regenwürmern. Das ♀ legt seine Eier am Erdboden neben dem Eingang eines Regenwurmgangs ab. Die frisch geschlüpften Larven kriechen in die Röhre hinein und bohren sich ins Innere des Wurms. Sie töten und verzehren ihn innerhalb weniger Tage. Unmittelbar darauf erfolgt die Verpuppung.

Blaue Schmeißfliege *Calliphora vicina*

SCHMEISSFLIEGEN

Merkmale: Körperlänge 8–12 mm; Färbung metallisch graublau oder schwarzblau, Hinterleib mit dunklen Schillerflecken. Flugzeit III–XI.
Vorkommen: Überall sehr häufig, vor allem im Siedlungsbereich.
Wissenswertes: Die ♀ dieser ziemlich kräftigen Fliegenart dringen oft in Küchen ein und legen ihre weißlichen Eier in dichten Haufen an unabgedecktes rohes oder gekochtes Fleisch. Die Maden entwickeln sich in wenigen Tagen und verwandeln dabei ihre Nahrung in einen übel riechenden Brei. Sie verpuppen sich wie die meisten Fliegen in der letzten Larvenhaut zu einem braunen Tönnchen.

Brauner Steinläufer *Lithobius forficatus*

HUNDERTFÜSSER

Merkmale: Körperlänge 20–32 mm; Färbung meist kräftig rotbraun; Rumpf mit 15 Segmenten und 15 Laufbeinpaaren, Rückenplatten abwechselnd kurz und lang; am Kopf lange, schnurförmige Fühler und jederseits etwa 15 kleine Punktaugen.
Vorkommen: Vor allem unter Baumrinde und Steinen; fast überall häufig.
Wissenswertes: Die Art ist ausschließlich nachtaktiv. Wie bei allen Hundertfüßern ist das 1. Beinpaar zu Beißwerkzeugen umgewandelt. In der Spitze dieser so genannten Maxillipeden münden Giftdrüsen, mit deren Gift die Beutetiere (z. B. kleinere Spinnen oder Insekten) getötet werden. Danach wird die Beute mit den eigentlichen Mundwerkzeugen zerkleinert. Große Exemplare des B. S. sollen auch den Menschen schmerzhaft beißen können. Bei der Paarung spinnt das ♂ mit Spinngriffeln am Hinterende ein kleines Fadengeflecht und setzt darauf einen Samentropfen ab, der vom ♀ mit der Geschlechtsöffnung (ebenfalls am Hinterende) aufgenommen wird.

Spinnenassel *Scutigera coleoptrata*

HUNDERTFÜSSER

Merkmale: Körperlänge 18–26 mm; Färbung hellgrau bis gelblich mit 3 schmalen, schwarzgrauen Längsstreifen; mit 15 außerordentlich langen Laufbeinpaaren, die in der Länge von vorn nach hinten zunehmen, und mehr als körperlangen Fühlern; Kopf mit großen Facettenaugen.
Vorkommen: Unter Steinen und regelmäßig auch in Gebäuden; in M.-EU nur an sehr warmen Stellen (z. B. im Oberrheintal), auch dort selten; im Mittelmeergebiet häufig.
Wissenswertes: Die nachtaktive S. kann außerordentlich schnell laufen. Da sie oft schon bei leichter Berührung einzelne Beine abwirft, ist sie kaum unversehrt zu fangen. Die abgestoßenen Gliedmaßen kann sie mit nur einer Häutung wieder vollständig regenerieren. Die S. ernährt sich vor allem von Fliegen, die mit Beinen oder Fühlern ertastet und dann blitzschnell mit den Maxillipeden (siehe bei Brauner Steinläufer) ergriffen werden. Als geschickter Fliegenfänger wird sie daher vielerorts in S-EU nicht ungern als Hausgast gesehen.

Gewöhnl. Erdläufer *Necrophloeophagus longicornis*

HUNDERTF.

Merkmale: Körperlänge 20–24 mm; Färbung gelblich, Rumpf ausgesprochen lang und schmal, mit 49–57 gleich großen Laufbeinpaaren; Kopf etwas dunkler als der übrige Körper, mit langen, schnurförmigen Fühlern, Augen fehlen.
Vorkommen: Am Erdboden unter Steinen; überall ziemlich häufig.
Wissenswertes: Dieser nachtaktive Hundertfüßer ist recht feuchtebedürftig und hält sich daher bei trockenem Wetter meist tief im Boden verborgen (bis zu 40 cm tief eingegraben). Der dünne Körper wird beim Laufen stark hin und her geschlängelt. Zur Abwehr von Feinden kann der G. E. ein Wehrsekret abgeben. Hierzu rollt sich das Tier mit nach außen gekehrter Bauchseite zusammen (die Drüsenmündungen liegen bauchseits). Die Eier werden in einer Erdhöhle abgelegt und umschlungen, wobei die Bauchseite wiederum nach außen gedreht ist. Der G. E. ernährt sich vor allem von bis 5 cm langen Regenwürmern, die er zum Töten spiralig umschlingt.

Pinselfüßer *Polyxenus lagurus*

DOPPELFÜSSER

Merkmale: Körperlänge 2–4 mm; Rumpf mit 11 Ringen und 13 Beinpaaren; Färbung gelblich oder rötlich grau, Segmentränder mit glänzenden, weißen Haarbüscheln, diese besonders lang und dicht an den Seiten, hinten ein dichter Haarpinsel.
Vorkommen: Vor allem in Wäldern unter Baumrinde, auch unter Steinen und in der Laubstreu, gebietsweise nicht selten.
Wissenswertes: Der P. ernährt sich vorwiegend von Algen, die mit den Mundwerkzeugen von der Unterlage abgeschabt werden. Im größten Teil Mitteleuropas treten nur ♀ auf, die sich durch Jungfernzeugung schnell vermehren können. Hierdurch trifft man die Art an ihren Vorkommensorten oft in großen Scharen an. Weiter nach Süden treten zunehmend ♂ auf. Die seltene geschlechtliche Fortpflanzung geschieht ohne direkten Kontakt der Partner. Das ♂ spinnt dabei lange Fadenstraßen, an denen es – ohne Anwesenheit einer Partnerin – einzelne Spermatropfen absetzt. Die Lebensdauer von P. beträgt mindestens 2 Jahre.

Gerandeter Saftkugler
Glomeris marginata DOPPELFÜSSER

Merkmale: Körperlänge 7–20 mm; Rumpf vergleichsweise kurz und breit, mit 12 hoch gewölbten Rückenplatten, deren erste, das Halsschild, deutlich kleiner ist als die übrigen, Rückenplatten jeweils schwarz mit hellem Hinterrand; 17 Laufbeinpaare.
Vorkommen: Vor allem in Laubwäldern, meist unter Holzstücken; im N und W von M.-EU recht häufig.
Wissenswertes: Der G. S. kann sich bei Gefahr zu einer vollkommen geschlossenen Kugel zusammenrollen. Kopf und Halsschild werden dabei eingeklappt, beides verschwindet völlig im Innern der Kugel. Aus Poren in der Mitte der Segmentränder kann er außerdem Tropfen eines Wehrsekrets absondern (daher der Name „Saft"-Kugler). Das ♂ besitzt am Hinterende 2 zusätzliche zangenartige Anhänge, mit denen es bei der Paarung das ♀ ergreift. Dieses legt später die Eier jeweils einzeln in etwa 2 mm große Kugeln ab, die es aus dem eigenen Kot geformt hat. G. S. können mehr als 5 Jahre alt werden.

Bandfüßer *Polydesmus* sp.
DOPPELFÜSSER

Merkmale: Körperlänge je nach Art 13–28 mm; Färbung braun oder weißlich, Rumpf aus 20 Ringen mit breiten Seitenflügeln, diese vorn abgerundet, nach hinten zugespitzt und an den Seitenrändern fein gezähnt; Augen fehlen. In M.-EU etwa 10 schwer unterscheidbare Arten.
Vorkommen: Vor allem in Wäldern und Gärten unter Holzstücken und Steinen, am häufigsten in Gebieten mit Kalkboden; mehrere Arten davon weit verbreitet und durchaus häufig.
Wissenswertes: B. ernähren sich von lebenden Pflanzen sowie von pflanzlichen Abfällen. Sie können dadurch in Gärten bisweilen ziemlich lästig werden, tragen aber, wie andere Doppelfüßer auch, wesentlich zur Humusbildung bei. Das ♀ formt aus seinem Kot (der letztlich nichts anderes als Humus ist) einen Ringwall, in den es seine Eier ablegt. Anschließend wird der Wall zu einer flachen Kuppel ausgebaut, in deren Mitte sich oben eine schornsteinartige Öffnung für die notwendige Luftzufuhr befindet.

Schnurfüßer *Ommatoiulus sabulosus*
DOPPELFÜSSER

Merkmale: Körperlänge 15–48 mm, in S-EU bis zu 58 mm; 45–58 schwarzbraune Rumpfringe mit 2 gelb oder rot gefärbten, manchmal in Flecke aufgelösten Längsstreifen auf der Rückenmitte.
Vorkommen: Vor allem in sandigem, offenem Gelände, auch auf steinigen Trockenrasen, gebietsweise nicht selten.
Wissenswertes: Die Art zeigt anders als die meisten übrigen Doppelfüßer eine Vorliebe für offenes Gelände und ist öfters auch tagsüber aktiv. Nicht selten klettert ein S. auch in Sträuchern umher. Er ernährt sich wie alle Doppelfüßer von Pflanzen bzw. von zerfallenden pflanzlichen Resten. Zur Abwehr von Fressfeinden benutzen S. ein giftiges Wehrsekret, das eine Blausäureverbindung enthält. Das ♂ besitzt besonders umgebildete Beine am 7. Ring, mit dem es bei der Paarung das Sperma auf die Partnerin überträgt. Diese zieht sich anschließend in eine Erdhöhle zurück und legt die Eier ab. Die Jungtiere schlüpfen mit 7 Körperringen und 3 Beinpaaren aus dem Ei.

Zwergfüßer *Scutigerella immaculata*
DOPPELFÜSSER

Merkmale: Körperlänge 6–8 mm; weiß oder hell gelblich, Rumpf mit 12 Segmenten und 12 Beinpaaren, am Hinterende 1 Paar ungegliederte Schwanzanhänge (Cerci); Kopf mit langen, schnurförmigen Fühlern, Augen fehlen.
Vorkommen: In Wäldern und offenem Gelände, meist im Falllaub oder unter Steinen, überall ziemlich häufig.
Wissenswertes: Der Z. besitzt keinen Verdunstungsschutz und hält sich daher bei trockener Witterung tief im Erdboden verborgen. Er ernährt sich vor allem von weichen Pflanzenteilen, daneben aber auch von tierischen Resten. Die Übertragung des Spermas erfolgt ohne direkten Kontakt der Partner. Die ♂ setzen zahlreiche gestielte Samenkapseln (Spermatophoren) am Boden ab, die von den ♀ zufällig gefunden und dann in den Mund aufgenommen werden. Die Spermien werden in Backentaschen gespeichert und bei der Eiablage (die Eier werden einzeln an Pflanzen geklebt) auf die Eier „gespuckt".

Finsterspinne *Amaurobius fenestralis*

FINSTERSPINNEN

Merkmale: Körperlänge 6–8 mm; Vorderkörper dunkelbraun, Hinterleib vorn mit einem sehr markanten, dunklen, nach hinten etwas verbreiterten und durch eine hellere Längslinie geteilten Rückenfleck, dieser von einer hellen Fläche umgeben; ganzjährig ausgewachsene Exemplare zu finden.
Vorkommen: Vor allem in Wäldern unter der Rinde abgestorbener Bäume, auch in Felsritzen, gelegentlich auch in Gebäuden; überall häufig.
Wissenswertes: Die F. baut trichterförmige, weitmaschige Netze. Sie gehört zu den so genannten cribellaten Spinnen, die ihre Beute nicht mit Klebtröpfchen, sondern mit feinster Kräuselwolle auf ihren Fangfäden erbeuten. Hierzu besitzt sie vor den Spinnwarzen ein Spinnsieb (Cribellum) und an den Hinterbeinen einen besonderen Kamm, das Calamistrum. Die Eiablage erfolgt im Sommer in einem allseits geschlossenen Gespinst. Das ♀ bleibt auf dem Eikokon sitzen. Es stirbt unmittelbar nach dem Schlüpfen der Jungspinnen und dient diesen als erste Nahrung.

Große Zitterspinne *Pholcus phalangioides*

ZITTERSPINNEN

Merkmale: Körperlänge 7–10 mm; Körper schmal, Beine ausgesprochen lang und dünn; ausgewachsene Exemplare ganzjährig anzutreffen.
Vorkommen: Vorwiegend in Wohnungen, besonders in warmen, trockenen Kellern, seltener im Freiland; überall häufig.
Wissenswertes: Die G. Z. baut meist in Raumecken unregelmäßige Gespinstmatten, die oft von mehreren Tieren gemeinsam bewohnt werden. In den Gespinsten werden z. B. Asseln und Insekten erbeutet. Regelmäßig bewerkstelligen es die G. Z. auch, die körperlich scheinbar deutlich überlegenen Hauswinkelspinnen zu überwältigen. Diese werden blitzschnell mit klebrigen Fäden beworfen und dann in ein Bein gebissen. Das Gift scheint außerordentlich wirksam zu sein. Im Sommer tragen die ♀ mit ihren Mundwerkzeugen einen Eikokon umher. Dieser besteht aus rosa gefärbten Eiern, die nur von wenigen Fäden umsponnen sind. Bei Beunruhigung versetzt die G. Z. ihren Körper in eine schnelle, zitternde Bewegung (Name!).

Rote Röhrenspinne *Eresus cinnaberinus*

RÖHRENSPINNEN

Merkmale: Körperlänge des ♂ (Bild) 8–11, des ♀ 10–16 mm; ♂ mit scharlachrotem Hinterleib und 4 schwarzen Punkten, ♀ ganz schwarz, aber oft mit gelblicher Stirn; ♂ vorwiegend VIII–IX, ♀ ganzjährig anzutreffen.
Vorkommen: An warmen, offenen Stellen, vor allem auf Heiden und Trockenrasen; in M.- und S-EU weit verbreitet, nordwärts bis Dänemark; ziemlich selten.
Wissenswertes: Die R. R. gehört wie die Finsterspinne zu den cribellaten Spinnen. Sie baut am Boden einen etwa 5 cm breiten Netzteppich, unter dem sich eine mit Gespinst ausgekleidete Erdröhre befindet. Das ♂ läuft im Spätsommer auf der Suche nach einer Partnerin offen im Gelände umher. Nach der Paarung baut das ♀ erst im nächsten Jahr einen Eikokon. Es füttert die Jungspinnen durch vorverdaute Nahrung, die es aus seiner Mundöffnung hervorwürgt. Einige Zeit später stirbt das ♀ und dient den eigenen Nachkommen dann noch als weitere Nahrung. **RL, §!**

Fettspinne *Steatoda bipunctata*

KUGELSPINNEN

Merkmale: Körperlänge nur 4–7 mm; dunkelbraun, Hinterleib oben oft etwas heller, fettig glänzend; ganzjährig ausgewachsene Exemplare.
Vorkommen: In Wohnungen eine der häufigsten Spinnen, im Freiland vor allem an Baumrinde.
Wissenswertes: Die F. baut z. B. auf Fensterbänken und in Zimmerecken einen unregelmäßigen Netzteppich, von dem mit Klebtröpfchen besetzte Fangfäden nach unten ziehen. Sobald sich eine Beute in den Klebtröpfchen verfängt, reißt der Faden unten ab, und die Beute baumelt hilflos in der Luft. Die F. kommt wie die Große Zitterspinne mit dem trockenen Klima moderner Wohnungen gut zurecht und findet sich daher oft in Neubauten, die ansonsten kaum von Spinnen besiedelt sind. Das ♂ besitzt ein Zirporgan (Rillen hinten am Vorderkörper, über die eine Kante des Hinterkörpers gerieben werden kann). Damit wirbt es bei der Balz um die Gunst des ♀. Dieses baut später einen Kokon mit rosa gefärbten Eiern, den es am Rand des Netzes deponiert (Bild).

Gewöhnl. Baldachinspinne

Linyphia triangularis BALDACHINSPINNEN

Merkmale: Körperlänge 5–7 mm; Vorderkörper oben hellbraun mit stimmgabelförmiger, schwarzer Streifenzeichnung; Hinterkörper oben hell mit dunkler, blattförmiger Zeichnung; ausgewachsene Exemplare von VIII–X.

Vorkommen: In Wäldern und offenem Gelände überall häufig.

Wissenswertes: Die G. B. baut ein typisches Baldachinnetz. Dieses setzt sich zusammen aus einem waagrechten, von unten verspannten Netzteppich und zahlreichen darüber ausgespannten „Stolperfäden", die vom Teppich nach oben ziehen und sich teilweise überkreuzen. Die Spinne sitzt unter dem Teppich und wartet auf fliegende Beute, die durch die „Stolperfäden" zum Absturz gebracht wird, auf den Teppich herabfällt und dort durchs Gespinst hindurch von der Spinne ergriffen wird. Zur Paarungszeit im September halten sich meist mehrere ♂ am Rand der weiblichen Netze auf. Sie führen dort Kämpfe um die günstigsten Wartepositionen aus.

Eichblatt-Radspinne

Aculepeira ceropegia RADNETZSPINNEN

Merkmale: Körperlänge beim ♂ 7–8, beim ♀ 9–14 mm; Grundfärbung des Hinterleibs gelblich, am Rücken eine charakteristische, schwarz umrandete, weißliche Eichblattzeichnung; ausgewachsene Exemplare V–VII.

Vorkommen: In offenem, feuchtem und trockenem Gelände; im nördlichen D selten, im S von D häufig, besonders im Bergland, in den Alpen bis in etwa 2000 m Höhe.

Wissenswertes: Die E. baut ihr Radnetz stets dicht über dem Erdboden. Direkt neben dem Netz befindet sich eine mit dichtem, weißem Gespinst ausgekleidete, oft schon aus größerer Entfernung auffallende Sitzwarte. Die Spinne sitzt tagsüber etwa gleich häufig auf der Nabe in der Netzmitte wie auf ihrer Sitzwarte daneben. Schon bei geringsten Störungen lässt sie sich blitzschnell zu Boden fallen und verbirgt sich dort. Da sie aber zuvor einen Sicherheitsfaden an ihrem Aufenthaltsort verankert hat, kann sie anschließend wieder leicht zurückfinden.

Gartenkreuzspinne *Araneus diadematus*

RADNETZSPINNEN

Merkmale: ♂ mit 5–10 mm, ♀ mit 12–17 mm Körperlänge; Hinterleib heller oder dunkler braun, am Rücken mit typischer weißer Kreuzzeichnung; ausgewachsene Tiere von VIII–X anzutreffen.

Vorkommen: In Wäldern und offenem Gelände fast überall häufig.

Wissenswertes: Die G. baut ein typisches Radnetz, das als vollkommenste Form des Spinnennetzes gilt. Es besteht aus einem Rahmen, in den die Speichen sternförmig eingezogen sind, einer durch ein Maschengeflecht verstärkten Nabe in der Netzmitte sowie einer mit Klebtröpfchen versehenen, eng gewundenen Fangspirale, an der die Beute haften bleibt. Die Spinne sitzt tagsüber teils auf der Nabe, teils neben dem Netz in einem Schlupfwinkel. Hier wird sie durch einen speziellen Signalfaden bei Erschütterungen im Netz sofort alarmiert. Die Entwicklung vom Ei zur geschlechtsreifen Spinne dauert 2 Jahre. Die Überwinterung erfolgt zunächst als Ei im Kokon, im 2. Jahr als halbwüchsige Jungspinne.

Wespenspinne *Argiope bruennichi*

RADNETZSPINNEN

Merkmale: Körperlänge beim ♀ 14–17, beim ♂ dagegen nur 4–6 mm; Vorderkörper silbrig, Hinterleib weiß, gelb und schwarz quer gestreift; ausgewachsene Tiere VII–X.

Vorkommen: In offenem, trockenem und feuchtem Gelände; heute fast überall häufig geworden.

Wissenswertes: Das dicht über dem Boden, meist zwischen Gräsern ausgespannte Radnetz der W. zeichnet sich durch ein weißes Zickzackband ober- und unterhalb der Nabe, das so genannte Stabiliment, aus. Dieses dient aber nicht einer Stabilisierung des Netzes. Vielmehr versetzt die Spinne, die stets auf der Nabe sitzt, bei einer Störung ihr Netz in starke Schwingungen. Das Stabiliment bildet dann zusammen mit der Zeichnung der Spinne ein verschwommenes, hell-dunkles Streifenmuster, das ein Erkennen der Spinne erschwert. Ein anderer Deutungsversuch dieser Struktur geht davon aus, dass das weiße Band im ansonsten unsichtbaren Netz einen Landeplatz vortäuschen soll, der Fluginsekten ins Verderben lockt.

Streckerspinne *Tetragnatha extensa*
STRECKERSPINNEN

Merkmale: Körperlänge beim ♂ 6–9, beim ♀ 10–12 mm; Körper ausgesprochen lang und schmal, Beine bis auf das 3. Paar stark verlängert; ausgewachsene Tiere V–VIII.
Vorkommen: In offenem Gelände an Ufern stehender oder fließender Gewässer, nur ausnahmsweise weiter vom Wasser entfernt; in M.-EU überall ziemlich häufig.
Wissenswertes: Die S. ruht gern an Grashalmen und streckt dabei ihre langen Beine gerade nach vorn und hinten. Mit dem kürzeren 3. Beinpaar hält sie sich an der Unterlage fest und ist jetzt hervorragend getarnt. Sie baut ein Radnetz mit einer offenen Nabe, d. h. einem „Loch" in der Mitte. Das ♂ besitzt besonders lange, stark bezahnte Giftkiefer (Cheliceren). Damit ergreift es während der Paarung die Cheliceren des ♀, blockiert damit dessen Giftklauen und verhindert so, dass es von der Partnerin gefressen wird. Das ♀ legt die Eier in einem Eikokon ab, der meist an einem Grashalm befestigt und von grauen Fadenflocken bedeckt ist.

Labyrinthspinne *Agelena labyrinthica*
TRICHTERSPINNEN

Merkmale: Körperlänge 8–14 mm; schlank und langbeinig, hintere Spinnwarzen auffallend verlängert, Hinterleib oben mit 2 dunklen Längsbinden und einem hellen „Fischgrätenmuster"; ausgewachsene Tiere VII–VIII.
Vorkommen: In offenem, trockenem Gelände; im Allgemeinen nicht selten.
Wissenswertes: Die L. baut zwischen niedrigen Pflanzen ein etwa 50 cm breites Trichternetz, das in der Mitte in eine nach hinten offene Röhre übergeht. Sie lauert in der Röhrenmündung und stürzt sich von dort aus gezielt auf diejenige Stelle im Netz, die durch ein Beutetier in Erschütterung versetzt wurde. Bei zu starken Reizen allerdings flieht sie nach hinten aus der Röhre hinaus und versteckt sich am Erdboden. Nach der Paarung baut sie im Spätsommer einen Eikokon, den sie in der Röhre an sternförmig angeordneten, breiten Fadenbändern befestigt, sodass dieser frei im Raum zu schweben scheint. Die Jungspinnen verlassen diesen Kokon erst im folgenden Frühjahr.

Hauswinkelspinne *Tegenaria atrica*
TRICHTERSPINNEN

Merkmale: Körperlänge 12–18 mm; auffallend langbeinig, Grundfärbung gelbbraun, Vorderkörper mit 2 unscharf begrenzten, dunklen Längsbinden, Hinterkörper oben mit dunklen Winkelflecken; ganzjährig ausgewachsen.
Vorkommen: Vor allem in Wohnungen überall häufig, im Freiland u. a. in Felsgebieten.
Wissenswertes: Die H. baut vorzugsweise hinter Möbelstücken und in Zimmerwinkeln einen weit ausladenden Netzteppich, der in eine weite, nach hinten offene Röhre übergeht. In dieser Röhre lauert sie auf Beutetiere, die den Netzteppich betreten und sich durch die dabei ausgelösten Erschütterungen im Netz verraten. Zwar kann die H. monatelang hungern, doch wenn der Fangerfolg allzu lange auf sich warten lässt, verlässt sie im Allgemeinen durchaus ihr Netz. Dann gerät sie nicht selten in glattwandige Behältnisse (z. B. Waschbecken und Badewannen), aus denen sie sich nicht selbst befreien kann. Ohne solche Pannen können H. 4, gelegentlich bis zu 7 Jahre alt werden.

Wasserspinne *Argyroneta aquatica*
WASSERSPINNEN

Merkmale: Körperlänge beim ♂ 10–15, beim ♀ nur 8–9 mm; dunkelbraun mit fein grau behaartem Hinterkörper, dieser im Wasser durch eine feine Lufthülle silbrig glänzend; ausgewachsene Exemplare ganzjährig zu finden.
Vorkommen: In stehenden, pflanzenreichen, meist moorigen Gewässern; ziemlich selten.
Wissenswertes: Diese einzige ganz im Wasser lebende Spinne baut sich im Wasser „Taucherglocken", in denen sich alle wichtigen Lebensvorgänge wie Nahrungsaufnahme, Häutung, Paarung und Eiablage abspielen. Hierzu webt sie zunächst zwischen Wasserpflanzen einen horizontalen Gespinstteppich und holt dann Luft herbei, indem sie mit der Hinterleibsspitze die Wasseroberfläche durchstößt, dann die Hinterbeine überkreuzt und beim Abtauchen eine Luftblase nach unten zieht, die sie unter dem Gespinst durch Öffnen der Hinterbeine loslässt. Nach immer weiteren Luftportionen bildet sich so eine geräumige, trockene Wohnung. **RL, §!**

Listspinne *Pisaura mirabilis*

RAUBSPINNEN

Merkmale: Körperlänge 10–15 mm; Grundfärbung hellbraun bis lehmgelb oder dunkelbraun, Hinterleib nach hinten zugespitzt, oben mit dunklen Winkelflecken; ziemlich langbeinig; ausgewachsene Exemplare von V–VII anzutreffen.

Vorkommen: Vor allem an Waldrändern und auf Waldwegen, auch in offenem Gelände; in M.-EU fast überall recht häufig.

Wissenswertes: Die L. fängt ähnlich wie die Wolfspinnen ihre Beute, indem sie sie mit dem Gesichtssinn ortet und dann anpirscht, also ohne Netz. Das ♂ fängt vor der Paarung ein Beutetier, wickelt dieses in ein Gespinst und präsentiert es dem ♀ als „Brautgeschenk". Anschließend begattet es die so abgelenkte Partnerin. Das ♀ trägt seinen kugeligen Eikokon mit den Mundwerkzeugen umher. Kurz vor dem Schlüpfen der Jungspinnen baut es ein haubenartiges Gespinst, in dem es den Kokon befestigt. Es bewacht seine Jungen, bis diese sich nach einigen Tagen zerstreuen und auf Beutefang gehen.

Waldwolfspinne *Pardosa lugubris*

WOLFSPINNEN

Merkmale: Körperlänge 5–7 mm; Vorderkörper mit hellem, nach vorn verbreitertem Mittelband, seitlich davon dunkel; ausgewachsene Tiere findet man von IV–IX.

Vorkommen: Vor allem an offenen Bodenstellen, etwa an Wegrändern; in M.-EU weit verbreitet und überall häufig.

Wissenswertes: Die W. besitzt wie alle Wolfspinnen eine charakteristische Augenstellung: Am Vorderrand und an den Seiten des Vorderkörpers liegen 4 in einem Trapez angeordnete große Augen, davor in einer Querreihe an der steil abfallenden Stirn 4 weitere kleine Augen.
Bei der Balz umwirbt das ♂ seine Partnerin mit auffälligen Bewegungen seiner Taster. Das ♀ trägt seinen etwas abgeflachten Eikokon mit den Spinnwarzen. Wenn die Jungspinnen geschlüpft sind, erklettern sie den Hinterleibsrücken ihrer Mutter und lassen sich tragen. Erst nach der ersten Häutung zerstreuen sie sich und gehen selbstständig auf Beutefang.

Gerandete Jagdspinne *Dolomedes fimbriatus*

RAUBSPINNEN

Merkmale: Mit einer Körperlänge von 10–22 mm eine der größten heimischen Spinnen; heller oder dunkler braun mit weißem oder gelblichem Seitenband, das aber auch undeutlich ausgeprägt sein kann; ausgewachsen V–VIII.

Vorkommen: Meist an Gewässerufern, auch in lichten Bruchwäldern und auf Feuchtwiesen; in M.-EU weit verbreitet, aber nicht häufig.

Wissenswertes: Diese eindrucksvolle Spinne kann auf der Wasseroberfläche laufen und sogar tauchen. Sie ernährt sich nicht nur von Fliegen und anderen Insekten, sondern auch von Wassertieren, etwa Kaulquappen und sogar Fischen. Diese greift sie sich vom Wasserspiegel aus, tötet sie durch Giftbiss und zerrt sie zum Verzehr an Land. Etwa 2–3 Wochen nach der Paarung baut das ♀ den ersten von bis zu 4 Eikokons. Es trägt ihn anschließend 2–3 Wochen mit den Cheliceren und befestigt ihn dann in einem haubenförmigen Gespinst. Wie bei der Listspinne werden auch bei dieser Art die Jungspinnen vom ♀ bewacht. **RL, §!**

Grüne Huschspinne *Micrommata rosea*

RIESENKRABBENSPINNEN

Merkmale: Körperlänge beim ♂ 8–10 mm, beim ♀ 12–15 mm; Färbung hellgrün, ♂ mit gelbem, leuchtend rot längsgestreiftem Hinterleib; ausgewachsen V–VIII.

Vorkommen: Vor allem in lockeren Laubwäldern und an sonnigen Waldrändern; in M.-EU weit verbreitet und in den meisten Gebieten nicht selten.

Wissenswertes: Die G. H. jagt ihre Beute ohne Netz, besitzt hierfür aber keine auffallend vergrößerten Augen. Sie ist durch ihre Färbung in der Vegetation hervorragend getarnt, auch das bunte ♂, dessen Hinterleib zwar auffällt, aber sich nicht recht zuordnen lässt, da man die übrige Spinne kaum erkennt. Das ♀ spinnt zur Eiablage einige Blätter (besonders Himbeerblätter) zu einer geräumigen Wohnkammer zusammen und bewacht darin seinen Eikokon. Bei Störungen verhält es sich ausgesprochen aggressiv, zeigt aber offenbar keine nennenswerte Giftwirkung. Die blass gelbbraunen Jungspinnen, die dunkle Längsstreifen tragen, überwintern halbwüchsig am Boden.

Veränderl. Krabbenspinne
Misumena vatia KRABBENSPINNEN

Merkmale: Körperlänge beim ♀ bis 10 mm, beim ♂ höchstens 4 mm; Färbung des ♀ gelb oder weiß, oft mit roten Streifen an den Seiten des Hinterleibs, ♂ mit braun und weiß gestreiftem Hinterkörper; wie alle Krabbenspinnen mit stark verlängertem erstem und zweitem Beinpaar; Beine beim ♂ im Gegensatz zum ♀ stets deutlich hell-dunkel geringelt; ausgewachsene Tiere V–VIII.
Vorkommen: In sonnigem, offenem Gelände; in den meisten Gegenden nicht selten.
Wissenswertes: Die V. K. lauert zumeist mit weit ausgebreiteten Vorderbeinen auf Blüten. Sie greift sich Blüten besuchende Insekten, die sie durch schnellen Giftbiss tötet. Zur Tarnung kann sie ihre Färbung von Gelb nach Weiß (bzw. umgekehrt) ändern und sich so der Blütenfarbe anpassen (Name!). Zur Paarung steigt das winzige ♂ von vorn auf den Hinterleib des ♀, begibt sich dann auf die Unterseite und führt hier sein (wie bei allen Spinnen im Taster liegendes) Begattungsorgan in die weibliche Geschlechtsöffnung ein.

Grüne Krabbenspinne
Diaea dorsata KRABBENSPINNEN

Merkmale: Körperlänge 4–7 mm; Vorderkörper und Beine leuchtend hellgrün, Hinterleib mit brauner, in der Mitte aufgehellter Blattzeichnung, an den Seiten blass gelblich; Augen weiß umrandet; ausgewachsen im V–VII.
Vorkommen: Typische Waldart, die vor allem in lichten Laubwäldern vorkommt, aber auch in Nadelwäldern nicht fehlt; fast überall häufig.
Wissenswertes: Die G. K. überwintert regelmäßig im letzten Jugendstadium unter der Rinde abgestorbener Bäume, oft mehrere Tiere dicht nebeneinander. Im Sommer lebt sie auf Blättern und ist hier durch ihre Tarnfärbung schwer zu entdecken. Zur Paarung seilt sich das ♀ an einem Faden ab und wird dann, am Faden hängend, vom ♂ bestiegen. Die ♂ zeigen untereinander ein sehr interessantes Kampfverhalten. Dabei stehen sie sich mit weit gespreizten Vorderbeinen wenige Millimeter entfernt gegenüber, um dann manchmal stundenlang jeweils vorstoßend und zurückweichend hin und her zu tänzeln.

Zebraspringspinne *Salticus scenicus*
SPRINGSPINNEN

Merkmale: Körperlänge 5–7 mm; Körper, vor allem der Hinterleib, kontrastreich schwarz und weiß quer gebändert; wie für Springspinnen typisch mit 4 stark vergrößerten Augen an der Stirn, daneben 2 nicht ganz so große und 4 kleinere an den Kopfseiten; ausgewachsen IV–X.
Vorkommen: Vor allem an und in Gebäuden, außerdem z. B. an Felsen, Zaunpfählen und Baumstämmen; fast überall häufig.
Wissenswertes: Die Z. kann die Netzhaut ihrer Frontalaugen verschieben und dadurch das Bild eines Beutetieres scharfstellen. Sie schleicht sich bis auf 1–2 cm Abstand an und springt dann blitzschnell zu, nicht ohne sich aber vorher mit einem Sicherheitsfaden am Untergrund verankert zu haben. Auf diese Weise verhindert sie einen Absturz von Vertikalflächen.
Bei der Balz präsentiert das ♂ dem ♀ seine stark vergrößerten Giftkiefer. Der Eikokon wird in einem sackförmigen Gespinst abgelegt, das auch als Schlupfwinkel für das ♀ dient.

Ameisenspringspinne
Myrmarachne formicaria SPRINGSP.

Merkmale: Körperlänge 4–6 mm; ausgesprochen ameisenähnlich, vorderer Teil des Vorderkörpers gegenüber dem hinteren deutlich abgesetzt, der eigentlich zweiteilige Spinnenkörper dadurch dreiteilig erscheinend wie bei Ameisen; ausgewachsene Exemplare IX–VII.
Vorkommen: An offenen, nicht zu trockenen Stellen, gern an Ufern; nicht häufig.
Wissenswertes: Die A. hebt beim Laufen meist das vordere Beinpaar wie Fühler empor und erinnert dadurch noch stärker an eine Ameise. Das ♂ (Bild) besitzt stark vergrößerte Giftkiefer, die in Ruhelage weit nach vorn ragen. Begegnen sich zwei ♂, öffnen sie ihre Kiefer und klappen die dolchförmigen Klauen auseinander. In dieser bedrohlich wirkenden Pose bewegen sie sich jeweils vor und zurück und verhaken sich auch miteinander, bis schließlich das unterlegene Tier das Feld räumt. Die A. überwintert regelmäßig in leeren Schneckenhäusern, oft mehrere Exemplare im gleichen Gehäuse.

Bücherskorpion *Chelifer cancroides*

PSEUDOSKORPIONE

Merkmale: Körperlänge 2,5–4,5 mm; stark abgeflacht, Vorder- und Hinterkörper in voller Breite miteinander verbunden, Taster stark verlängert, am Ende mit großen Scheren; fast ganzjährig ausgewachsene Exemplare anzutreffen.

Vorkommen: An Waldrändern unter Baumrinde, außerdem z. B. in Bienenstöcken und in alten, verstaubten Büchern; nicht häufig.

Wissenswertes: Der B. macht in Spalträumen Jagd auf kleine Tiere, besonders auf Staubläuse. Er ergreift sie mit seinen großen Tasterscheren, in deren Finger Giftdrüsen münden, und injiziert sein Gift. Dann übergibt er die Beute an die recht kleinen Cheliceren, beißt ein Loch in die Körperwand und pumpt Verdauungsflüssigkeit hinein. In den Cheliceren münden Spinndrüsen, mit deren Hilfe der B. flache, runde Gespinstnester herstellt. Darin erfolgen die Häutungen und die Überwinterung. Manchmal finden sich zahlreiche derartige Überwinterungsnester unter Baumrinde dicht nebeneinander.

Weberknecht *Phalangium opilio*

WEBERKNECHTE

Merkmale: Körperlänge 4–7 mm; Vorder- und Hinterkörper zu einer kompakten Einheit verschmolzen, oben darauf ein Augenhügel mit einem Augenpaar, Beine außerordentlich lang und dünn; Grundfärbung hellgrau bis hellbraun, auf der Oberseite mit dunkler Sattelzeichnung, die vor allem bei ♂ deutlich ist; ausgewachsene Tiere VII–XI.

Vorkommen: An Waldrändern und in offenem Gelände, auch in Gärten; ziemlich häufig.

Wissenswertes: Das ♂ (Bild) besitzt recht eigenartig gestaltete Cheliceren. Diese stellen (wie bei allen Weberknechten) gestielte Scheren dar. Die Scherenhand ist nach oben in einen steil aufragenden, spitzen Fortsatz ausgezogen, der länger ist als der Scherenstiel. Offenbar kämpfen die ♂ damit um die ♀. Die Tiere können die Spitzen ihrer langen Beine wie Lassos um Pflanzenstängel schlingen und sich so sicher in der Vegetation verankern. Die Nahrung besteht vorwiegend aus lebenden Insekten, die teilweise sogar im Vorbeiflug blitzschnell aus der Luft gegriffen werden.

Moosskorpion *Neobisium* sp.

PSEUDOSKORPIONE

Merkmale: Körperlänge 2–4 mm; ähnlich dem Bücherskorpion, doch Körper nicht ganz so flach, Cheliceren etwas größer; Färbung schwärzlich, Beine und Taster rot; fast ganzjährig ausgewachsen.

Vorkommen: Vor allem am Waldboden im Falllaub und unter Holzstücken; nicht selten.

Wissenswertes: Der M. jagt vorzugsweise Springschwänze, die mit den verhältnismäßig großen Cheliceren zerkaut werden. Die Samenübertragung erfolgt ohne direkten Kontakt der Partner über gestielte Samenkapseln (Spermatophoren), die von den ♂ scheinbar wahllos am Boden abgesetzt und später von den ♀ aufgenommen werden. (Bei anderen Pseudoskorpionen, so auch beim Bücherskorpion, tanzen die Partner miteinander vor und zurück, bis das ♀ die Spermatophore aufnimmt.) Die Eier werden in einem aus Sekret gebildeten Brutsack unter dem Hinterkörper getragen und hier mit einer Nährflüssigkeit versorgt. Nach 3–4 Wochen schlüpfen aus diesem Brutsack bereits fertig entwickelte Jungtiere.

Brettkanker *Trogulus nepaeformis*

WEBERKNECHTE

Merkmale: Verhältnismäßig kurzbeiniger Weberknecht mit 6–9 mm Körperlänge; Körper schmal eiförmig, vorn mit 2 bogenförmigen Fortsätzen, die zusammen eine Art Kappe bilden und meist wie der ganze Körper stark mit Erde verklebt sind; ausgewachsene Exemplare sind das ganze Jahr über anzutreffen.

Vorkommen: Am Waldboden im Falllaub und unter Holzstücken; nicht häufig.

Wissenswertes: Der B. ist wegen der Verkrustung mit Bodenteilen und seiner trägen Bewegungsweise sehr schwer zu entdecken. Er ist ein spezialisierter Schneckenjäger, der Gehäuseschnecken dank seiner vorn verschmälerten Körperform bis in die hinteren Windungen des Schneckenhauses verfolgt und dieses völlig leer frisst, ohne dabei das Gehäuse zu beschädigen. In die ausgefressenen Schneckenhäuser werden später die Eier abgelegt, jeweils in geringer Zahl über das ganze Sommerhalbjahr verteilt. B. können mehrere Jahre alt werden.

Holzbock, Zecke *Ixodes rizinus*

MILBEN

Merkmale: Körperlänge beim ♂ ca. 2,5 mm, beim ♀ 3–4 mm; Rückenschild beim ♂ den ganzen Körper bedeckend, beim ♀ den stark dehnbaren Hinterleib frei lassend; ganzjährig ausgewachsen.
Vorkommen: Vor allem in Wäldern, doch auch in offenem Gelände; überall häufig.
Wissenswertes: Während das erwachsene ♂ keine Nahrung mehr aufnimmt, lauert das ♀ mit schräg vorgestreckten Vorderbeinen an Zweigspitzen sitzend auf ein Opfer. Bei diesem treibt es seine mit Widerhaken bewehrten Mundteile in die Haut und saugt 1–2 Wochen lang Blut, bis der Hinterleib schließlich auf bis zu 10 mm Länge angeschwollen ist. Danach legt es 1000–3000 Eier am Boden ab. Die sechsbeinigen Larven entwickeln sich über achtbeinige Nymphen in 1–2 Jahren zur ausgewachsenen Zecke. Jedes Stadium sucht sich dabei einen neuen Wirt zur Blutaufnahme. Beim Saugakt können gefährliche Krankheiten, v. a. eine Form der Hirnhautentzündung (FSME) und Borelliose, auf den Menschen übertragen werden.

Wassermilbe *Piona* sp.

MILBEN

Merkmale: Kleinere Arten um 0,5 mm, große bis zu 4 mm lang; oft leuchtend rote, daneben blaue, graue, gelbe und z. T. bunt gescheckte Formen; Körper kugelig bis eiförmig, Beine oft mit langen Schwimmhaaren. Die W. ist nur ein Beispiel aus der Fülle wasserlebender Milbenarten. Eine exakte Bestimmung der einzelnen Arten ist sehr schwierig.
Vorkommen: In stehenden und fließenden Gewässern; viele der Arten häufig.
Wissenswertes: Die erwachsenen Milben ernähren sich räuberisch, z. B. von Kleinkrebsen und Insektenlarven, ihre Larven entwickeln sich parasitisch. Sie schlüpfen 6-beinig, heften sich dann meist an den Beinen von Wasserinsekten fest und wandeln sich hier in ungegliederte, sackförmige Gebilde, die über ein Wurzelgewebe Blutflüssigkeit aufnehmen. Nach einiger Zeit schlüpfen daraus wieder bewegliche, diesmal aber 8-beinige sog. Deutonymphen, die nach einem weiteren unbeweglichen Stadium, der Tritonymphe, schließlich die ausgewachsenen Milben ergeben.

Samtmilbe *Trombidium holosericeum*

MILBEN

Merkmale: Körperlänge 2–4 mm; Körper relativ weich, mit samtartigen, scharlachroten Haaren bedeckt, Augen an langen Stielen; ausgewachsene Tiere insbesondere im Frühjahr.
Vorkommen: Vorzugsweise an Waldrändern, an alten Mauern und auf Trockenrasen; in M.-EU in den meisten Gegenden ziemlich häufig.
Wissenswertes: Die S. sieht man oft im Sonnenschein am Boden umherlaufen. Sie ernährt sich räuberisch von verschiedenen Bodentieren, besonders aber von Insekteneiern. Daneben kann sie aber auch Aas, bei Nahrungsmangel sogar eigene Artgenossen verzehren. Die ebenfalls rot gefärbten Larven leben parasitisch an verschiedenen Insekten, z. B. an Schmetterlingen oder Heuschrecken. Hier saugen sie als weitgehend ungegliederte, sackförmige Gebilde an den Gelenkhäuten Blut. Später wandeln sie sich in frei bewegliche, bereits 8-beinige Nymphen, die wie die erwachsenen Milben einer vorwiegend räuberischen Ernährungsweise nachgehen.

Knopperngallmilbe *Aceria fraxinivora*

MILBEN

Merkmale: Mit nur 0,2 mm Körperlänge einer der kleinsten Gliederfüßer; Körper wurmartig verlängert, weißlich, lediglich die vorderen 2 Beinpaare entwickelt.
Vorkommen: An Eschen nicht selten, teilweise massenhaft.
Wissenswertes: Die winzigen Milben erzeugen an den Fruchtständen der Esche kugelige, zunächst grüne, später dann braune bis schwarze Gallen, die einen Durchmesser von etwa 2–3 cm erreichen. Manchmal sind sämtliche Fruchtstände eines Baums damit durchsetzt. Im Volksmund werden diese auffallenden Gebilde als „Knoppern" bezeichnet. Sie entstehen durch einen Reiz, den das Saugen der Milben auf die heranreifenden Früchte ausübt. Hierdurch bildet sich ein besonderes Gewebe, das den Milben eine komfortable Wohnstätte und zugleich Nahrung bietet.
In M.-EU gibt es etwa 250 Gallmilbenarten, deren Gallen je nach Milben- und Pflanzenart ganz verschieden aussehen können.

Gewöhnlicher Wasserfloh

Daphnia pulex WASSERFLÖHE

Merkmale: ♀ 3–4 mm, ♂ höchstens 1,5 mm lang; Körper mit Ausnahme des Kopfes in eine durchscheinende, zweiklappige Schale eingehüllt, die nach unten in einen Dorn verlängert ist, 1. Antenne beim ♀ winzig, beim ♂ größer, 2. Antenne kräftig, mit langen Ruderborsten, 5 Blattbeinpaare; ♀ III–XI, ♂ vorwiegend im Sommer und Herbst.

Vorkommen: Vor allem in kleineren stehenden Gewässern; häufig.

Wissenswertes: Die ♀ bringen durch Jungfernzeugung so genannte Subitaneier hervor. Das sind Eier, die sich ohne Ruhepause direkt entwickeln. Aus ihnen entstehen im Brutraum am Rücken bereits fertig ausgebildete Wasserflöhe, die sich wiederum durch Subitaneier weiter vermehren. Nach der Paarung mit ♂ bilden sich im Herbst spezielle Dauereier, die so genannten Ephippien, die aus einem Teil der Schale bestehen und jeweils 2 Eier enthalten. Sie werden mit dem Schalenteil abgestoßen und ergeben erst nach einer winterlichen Ruhepause im Frühjahr neue Wasserflöhe.

Hüpferling *Megacyclops viridis*

HÜPFERLINGE

Merkmale: Körperlänge ca. 2 mm; Körper ohne einheitliche Schale, Kopf mit unpaarigem Naupliusauge (ein aus Pigmentbechern zusammengesetztes, primitives Auge ohne Linse) und 2 Antennenpaaren, von denen das 1. länger und kräftiger ist, außerdem mit 3 Paar Mundwerkzeugen; Rumpf mit 11 Segmenten, 1 Paar Kieferfüße und 5 Paar Spaltbeinen, die der hüpfenden Fortbewegung dienen; Hinterkörper verschmälert, ohne Gliedmaßen, am Ende gegabelt und jederseits mit 2 kurzen und 2 langen, gefiederten Endborsten; ausgewachsene Tiere ganzjährig anzutreffen.

Vorkommen: Stehende und langsam fließende Gewässer aller Art; überall häufig.

Wissenswertes: Das ♀ trägt nach der Paarung die Eier in 2 Eisäckchen beidseitig an der Basis des Hinterkörpers. Aus ihnen schlüpfen Larven mit zunächst nur 3 Segmenten (Nauplius-Larven). Sie vergrößern von Häutung zu Häutung ihre Segmentzahl. Eine sichere Artbestimmung ist nur nach mikroskopischer Untersuchung möglich.

Gewöhnl. Seepocke *Semibalanus balanoides*

RANKENFUSSKREBSE

Merkmale: Durchmesser bis 1,5 cm; flach bis steil aufragende Krone aus 6 unregelmäßig gekerbten Platten; in der Mitte 2 miteinander verzahnte Kalkplattenpaare, die die rhombische Öffnung während der Zeit des Trockenfallens verschließen; Wuchsform sehr variabel, Färbung weißlich.

Vorkommen: Auf Felsen und Molen, an Schiffsrümpfen, Krebspanzern, Buhnen und Muschelbänken; von der Gezeitenzone an abwärts.

Wissenswertes: G. S. sind festsitzende Krebse, die sich vollständig an eine standorttreue Lebensweise angepasst haben. Nur die typischen frei schwimmenden Larven verraten ihre direkte Verwandtschaft. Das letzte Larvenstadium ist mit einer Zementdrüse ausgestattet und geht zum festsitzenden Bodenleben über. Sobald die G. S. vom Wasser überspült werden, strecken sie ihre gefiederten Arme heraus und filtrieren mit rhythmischen Bewegungen kleine Partikel aus dem Wasser. Sobald sie trockenfallen, schließen sie ihr Gehäuse und überdauern so tagelang ohne Wasser.

Schlickkrebs *Corophium volutator*

FLOHKREBSE

Merkmale: Schlanker Körper, ♂ bis 9 mm groß, ♀ kleiner; 2 auffällige Antennenpaare, besonders das 2. Paar kräftig entwickelt; Färbung blaugrau, mit brauner Zeichnung.

Vorkommen: In Feinsand- und Schlickböden, besonders häufig im Wattenmeer; von der Gezeitenzone an abwärts.

Wissenswertes: S. leben in 4–8 cm tiefen, u-förmigen und mit Schleim ausgekleideten Röhren. Ihre Nahrung besteht aus organischen Partikeln und Mikroorganismen, die sie mit ihren fein beborsteten Antennen von der Oberfläche des Bodens absammeln. Wenn sie dabei ihre Röhre nicht verlassen, entstehen rund um den Eingang sternförmige Kratzspuren. Außerdem können sie in ihrem Gang einen Wasserstrom erzeugen und die herein gedrifteten Partikel herausfiltrieren. Als Nahrungsquelle für Jungfische und Vögel spielen die S. eine bedeutende Rolle, denn bei günstigen Bedingungen können sie in einer Dichte bis zu 40 000 Individuen/qm auftreten.

Flohkrebs *Gammarus salinus*

FLOHKREBSE

Merkmale: Länge bis 2,7 cm; Körper schlank und seitlich zusammengedrückt; Kopf mit einem Paar nierenförmiger Augen und 2 langen Antennenpaaren; Hinterleib mit 3 Paar rückwärts gerichteter Sprungbeinpaare, die auch zum Schwimmen benutzt werden; Schwanz in einem breiten Fächer endend; Färbung variabel, von gelblich über grün bis bräunlich.
Vorkommen: Atlantikküsten und westl. Ostsee, Mittelmeer; auf Sand- und Felsböden, Muschelbänken, an Algen; von der Gezeitenzone an abwärts.
Wissenswertes: F. kommen wegen ihrer großen Anpassungsfähigkeit in fast allen Lebensräumen unserer Küsten vor. Mehrere Arten, die in ihrer Verbreitung häufig an den Salzgehaltgradienten des Meerwassers gebunden sind, unterscheiden sich äußerlich nur durch winzige Details. Für viele Fische und Wirbellose bilden sie eine wichtige Nahrungsgrundlage. Sie selbst bevorzugen Kieselalgen und essbare Schwebeteilchen als Nahrung. Außerdem knabbern sie an den großen Tangen.

Bachflohkrebs *Gammarus pulex*

FLOHKREBSE

Merkmale: Körperlänge beim ♂ bis 24 mm, beim ♀ bis 15 mm; Kopf mit Komplexaugen und 2 Antennenpaaren, Körper seitlich zusammengedrückt; Vorderkörper mit 7 Paar Laufbeinen, davon die ersten beiden mit Scheren; Hinterkörper mit 6 Paar Spaltbeinen; ausgewachsene Exemplare ganzjährig anzutreffen.
Vorkommen: In sandigen oder steinigen, nicht allzu sauren Fließgewässern, vor allem zwischen dichten Wasserpflanzen; fast überall häufig, in D mehr nördlich der Donau.
Wissenswertes: Das ♂ ergreift das deutlich kleinere ♀ kurz vor einer Reifehäutung und hält sich tagelang auf seinem Rücken. Danach befördert es mit seinen Hinterleibsbeinen Sperma in den unter dem Vorderkörper liegenden Brutraum des ♀. Hier hinein legt anschließend das ♀ seine Eier ab, die sich dort in 3–4 Wochen zu fertig ausgebildeten, kleinen Flohkrebsen entwickeln. Dieser Vorgang kann sich im etwa einjährigen Leben des B. 6- bis 9-mal wiederholen.

Kellerassel *Porcellio scaber*

ASSELN

Merkmale: Körperlänge 17–18 mm; Körper deutlich abgeflacht, Körperoberfläche ziemlich matt, deutlich gekörnt, Antennengeißel (letzter Fühlerabschnitt) 2-gliedrig; Färbung schiefergrau oder braun, oft mit heller Fleckung; ganzjährig ausgewachsene Tiere anzutreffen.
Vorkommen: An feuchten bis mäßig trockenen Stellen, z. B. in Wäldern und Komposthaufen, regelmäßig auch in feuchten Kellern; in EU fast überall sehr häufig, nur im S etwas seltener, in den Alpen bis in über 2000 m Höhe.
Wissenswertes: Die K. atmet über Luftsäcke, die als „weiße Körperchen" an den Außenästen der vorderen beiden Hinterleibsbeinpaare zu erkennen sind. Bei der Paarung setzt sich das ♂ schräg auf den Rücken des ♀, biegt seinen Hinterleib unter den Körper des ♀ und überträgt mit dem Innenast eines der vorderen Hinterleibsbeine das Sperma. Die Eier werden in einen Brutraum unter dem Vorderkörper abgelegt, wo sie mit einer Nährflüssigkeit versorgt werden.

Mauerassel *Oniscus asellus*

ASSELN

Merkmale: Körperlänge 15–18 mm; Körper deutlich breiter und flacher als bei der Kellerassel, stärker glänzend und ausgedehnter hell gezeichnet, Fühlergeißel 3-gliedrig; ganzjährig ausgewachsen.
Vorkommen: Besonders an feuchten, dunklen Orten, etwa unter Baumrinde, im Falllaub oder in Komposthaufen, oft mit der Kellerassel vergesellschaftet; überall häufig.
Wissenswertes: Die M. ernährt sich, wie die meisten Landasseln, vorwiegend von Falllaub und anderen pflanzlichen Abfällen. Sie ist damit entgegen landläufiger Meinung kein Schädling, sondern ähnlich wie viele Doppelfüßer (⇨ S. 378) als Humusbildner durchaus ein Nützling. Sie besitzt, anders als die Kellerassel, keine Luftsäcke an den Hinterleibsbeinen, kann aber dennoch über bestimmte Bezirke dieser Beine Luft atmen. Die Häutung verläuft recht kompliziert: Zunächst wird die hintere Körperhälfte gehäutet, erst 2–3 Tage später auch die vordere Körperhälfte.

Körnige Meerassel *Idotea granulosa*

ASSELN

Merkmale: Länge bis 2 cm; Körper schlank und abgeflacht, nach hinten deutlich verjüngt und in einer einzelnen Spitze auslaufend; Kopf mit 2 Paar Antennen (eines davon sehr klein) und einem Paar rundlicher Augen; Rumpf mit 7 Laufbeinpaaren, Unterseite des Hinterleibs durch 2 Klappen verdeckt zum Schutz der Kiemen; Farbe je nach Algenbewuchs grasgrün bis braun.
Vorkommen: Europ. Atlantikküsten, Nord- und Ostsee; auf Algen und von Tangen bestandenen Muschelbänken; von der Gezeitenzone an abwärts.
Wissenswertes: Meeresasseln ernähren sich von den Algen, auf denen sie leben. Mit ihren Kiefern reißen sie aus der obersten Pflanzenschicht kleine Fetzen heraus und zerkleinern diese, bevor sie sie verschlucken. Ihre starken Klauen sorgen dafür, dass selbst starke Brandung und Strömungen sie nicht vom Untergrund abreißen können.
Ähnlich: In der Gestalt sehr ähnlich ist die Baltische Meerassel (*Idotea baltica,* unteres Bild), deren Hinterende aber 3-spitzig ausläuft.

Edelkrebs *Astacus astacus*

ZEHNFUSSKREBSE

Merkmale: ♂ bis 18, gelegentlich bis 25 cm, ♀ meist unter 15 cm lang; 5 Paar Schreitbeine, von denen das 1. besonders beim ♂ sehr kräftige Scheren trägt, auch das 2. und 3. Beinpaar mit kleinen Scheren, Hinterleib mit Spaltbeinen und 5-blättrigem Schwanzfächer; Färbung rotbraun, grau oder gelblich, Scheren auf der Unterseite rot; ganzjährig ausgewachsene Tiere.
Vorkommen: In sauberen Fließgewässern und größeren Seen; früher in M.-EU weit verbreitet und häufig, heute fast überall selten geworden.
Wissenswertes: Gegen Ende des 19. Jh. wurden die Krebsbestände durch die Krebspest über weite Strecken vollständig ausgelöscht. Diese Pilzkrankheit wurde durch den eingeführten Amerikanischen Flusskrebs, der die Erreger dieser Krankheit in sich tragen kann, aber selbst dagegen immun ist, weit verbreitet. Von dieser Katastrophe hat sich die Art bis heute nicht wieder erholt, zumal sie durch Gewässerverschmutzung weiter dezimiert wurde. **RL! §!**

Sandgarnele, Porre, Granat *Crangon crangon*

ZEHNFUSSKREBSE

Merkmale: Länge bei ♂ 4–5 cm, bei ♀ 5–8 cm, Körper gestreckt, Hinterleib nach hinten verjüngt, Schwanzteil aufgefächert; 8 Laufbeine, 1 Paar zarte, schlanke Scheren; 2 Paar Antennen, eines davon peitschenförmig ausgezogen; Färbung variabel, durch die Pigmentzellen an der Körperoberfläche an den jeweiligen Untergrund angepasst.
Vorkommen: Auf Sandböden in der Gezeiten- und Flachwasserzone, häufig in den Prielen des Wattenmeeres; fast überall an den europäischen Küsten, von der Ostsee bis ins Mittelmeer.
Wissenswertes: Die vorwiegend dämmerungs- und nachtaktiven S. leben als gewandte Beutegreifer am Boden. Mithilfe von Chromatophoren können sie ihre Farbe perfekt an die Umgebung anpassen. Ihrerseits werden die im Volksmund fälschlicherweise als „Krabben" bezeichneten S. mit leichten Grundschleppnetzen gefangen, an Bord der Fangschiffe bereits sortiert und anschließend gekocht. An Land kommen sie dann als „frische Krabben" auf die Fischmärkte.

Amerikanischer Flusskrebs *Orconectes limosus*

ZEHNFUSSKREBSE

Merkmale: Mit einer Körperlänge von bis zu 12 cm deutlich kleiner als der Edelkrebs; Hinterleib oben mit roten Querbinden; ganzjährig ausgewachsen.
Vorkommen: In Bächen, Flüssen, Seen und Kanälen, stellt an die Sauberkeit der Gewässer weniger hohe Ansprüche als der Edelkrebs. Der A. F. wurde 1890 aus N-Amerika bei uns eingeführt und bei Berlin ausgesetzt, wo er sich über das miteinander vernetzte Gewässersystem sehr schnell ausbreitete. Inzwischen findet man ihn im nördlichen, westlichen und östlichen D über weite Strecken sehr häufig.
Wissenswertes: Der A. F. ernährt sich u. a. von Schnecken, Insekten und kleinen Wirbeltieren, außerdem von Wasserpflanzen und Aas. Er paart sich im September oder Oktober. Erst im Frühjahr erfolgt die Eiablage, bei der die Eier an den Spaltbeinen des Hinterleibs festgeklebt werden. 5–6 Wochen später schlüpfen die Larven, die bis auf den fehlenden Schwanzfächer schon sehr den erwachsenen Tieren ähneln.

Baltische Meerassel

Hummer *Homarus gammarus*

ZEHNFUSSKREBSE

Merkmale: Länge bis 50 cm; großer, gestreckter Körper, am Schwanzende mit einem Fächer; 4 Laufbeinpaare und ein mächtiges, asymmetrisches Scherenpaar, ein Paar der Antennen peitschenförmig ausgezogen und etwa so lang wie der Körper; Färbung bräunlich bis tiefblau.

Vorkommen: Atlantikküsten bis ins Mittelmeer, in der Nordsee bei Helgoland; in der Dauerflutzone auf Fels- und Steingründen mit abwechslungs- und nischenreicher Oberfläche.

Wissenswertes: Die größte Krebsart Europas verlässt nachts das sichere Versteck, um auf Beutefang nach Krebsen, Mollusken und Stachelhäutern zu gehen. Mit der schlankeren Greifschere wird die Beute gefasst, um danach mit der kräftigen Knackschere aufgebrochen zu werden. Die ♀ heften bis zu 40 000 Eier an ihre Schwanzunterseite. Die Larven schlüpfen nach etwa 1 Jahr. Erst mit 6 Jahren werden die Jungtiere geschlechtsreif. H. werden in speziellen Körben gefangen. Zum Verzehr kommt das Fleisch des Schwanzes und der Scheren.

Strandkrabbe, Dwarslöper *Carcinus maenas*

ZEHNFUSSKREBSE

Merkmale: Länge bis 6 cm, Breite bis 8 cm; fünfeckiger Rückenpanzer, an der Vorderseite mit gesägtem Rand; Antennen sehr kurz; 4 Paar Laufbeine, 1 Paar kräftige Scheren; Färbung braun bis grünlich, oft gemustert.

Vorkommen: Überall an europ. Küsten; in der Gezeiten- u. Flachwasserzone an Sand- u. Felsküsten.

Wissenswertes: Auf ihren gelenkigen Beinen können die Tiere sehr schnell (auch seitwärts) laufen. Bei Gefahr recken sie dem Angreifer die ausgestreckten Scheren entgegen und schlagen sie, sobald ihnen etwas zu nahe kommt, blitzschnell zusammen. Trotz dieser durchaus wirksamen Abwehrmaßnahme werden sie häufig Opfer von Austernfischern, Möwen und größeren Fischen. Sie selbst sind Allesfresser, die auch Aas verzehren. Die Begattung erfolgt nur dann, wenn die ♀ sich gerade gehäutet haben. Die ♂ „sichern" sich die ♀ bereits einige Tage vorher, indem sie diese auf der Bauchseite mit sich herumtragen. Die Eier werden als orangebraunes Paket umhergetragen.

Chinesische Wollhandkrabbe *Eriocheir sinensis*

ZEHNFUSSKREBSE

Merkmale: Breite bis 7,5 cm, Körper kräftig, fast quadratisch, mit je 4 spitzen Zähnen an der Vorderseite des Panzers; 4 Paar schlanke Laufbeine und 1 kräftiges Scherenpaar, teilweise (besonders beim ♂) stark wollig behaart (Name!); Färbung oberseits bräunlich, unterseits schmutzig weiß.

Vorkommen: An den Küsten vom Ärmelkanal nordwärts bis nach Finnland; auch in den großen Flusssystemen von Rhein, Schelde, Ems, Weser und Elbe (dort bis hinauf nach Dresden).

Wissenswertes: Die W. wurde um das Jahr 1900 als Larve oder Jungtier mit dem Ballastwasser der Schiffe aus SO-Asien nach D eingeschleppt und besiedelt seither alle großen in die Nordsee mündenden Flusssysteme. Zur Fortpflanzung wandern die Tiere ins Meer hinab, nach dem Schlüpfen der Larven aus den umhergetragenen Eiern kehren sie wieder in die Flüsse zurück. Die Nahrung der nachtaktiven Krabbe besteht aus Aas, kleinen Wirbellosen und auch Pflanzen. Vielfach unterminiert die C. W. die Flussufer mit ihren Wohnhöhlen.

Schwimmkrabbe *Liocarcinus holsatus*

ZEHNFUSSKREBSE

Merkmale: Körperbreite bis 4 cm; Körper in etwa fünfeckig, am Vorderrand beiderseits mit 5 Zähnen, zwischen den Augen 3 gleich große Höcker; 1 Paar kräftige, fein gezähnte Scheren mit überkreuzenden Spitzen; 4 Laufbeinpaare, das letzte mit einem blattförmig verbreiterten Ruderfuß; Färbung blaugrau, braun oder grün.

Vorkommen: Auf Sandböden- und Felsgründen an den europäischen Atlantikküsten, ebenso im Mittelmeer, fehlt in der Ostsee östlich vom Kattegat; von der Gezeitenzone bis in eine Tiefe von 300 m.

Wissenswertes: Mithilfe ihrer Ruderbeine kann die S. aktiv in der Wassersäule aufsteigen und über längere Strecken schwimmen. Ihre Nahrung besteht aus kleinen Wirbellosen und Fischen, die sie mit den scharfen, gekreuzten Scheren greift und zerteilt. Die S. selbst wird von Dorschen und anderen Fischen gejagt. In ihrer Entwicklung durchläuft die S. insgesamt 6 Larvenstadien (davon 5 frei schwimmend), bevor sie schließlich zum Bodenleben übergeht.

Taschenkrebs *Cancer pagurus*

ZEHNFUSSKREBSE

Merkmale: Breite bis 30 cm; Körper massig, annähernd doppelt so breit wie lang und am Rand mit zahlreichen Einkerbungen; 4 Paar kurze Laufbeine, ein sehr kräftiges Scherenpaar mit schwarzen Spitzen, sehr kurze Antennen sowie ein gestieltes, in den Panzer eingelassenes Augenpaar; Färbung oberseits braun bis ziegelrot, unterseits weißlich.
Vorkommen: Überall an der Atlantikküste, in der Nordsee besonders häufig bei Helgoland (helgoländisch „Knieper"); auf unterseeischen Felsenküsten und Schiffswracks, an Molen und Spuntwänden in den Häfen.
Wissenswertes: Von sicheren Höhlenverstecken aus gehen die äußerst wehrhaften Krebse zumeist nachts auf Beutezug. Mit ihren starken Zangen zermalmen sie selbst kräftige Muschelschalen und Krebspanzer, auch Aas steht auf ihrem Speisezettel. Ihrerseits werden sie von den Fischern durch Fleischköder angelockt und in Hummerkörben gefangen. In D kommt nur das schmackhafte Fleisch der Scheren in den Handel.

Einsiedlerkrebs *Pagurus bernhardus*

ZEHNFUSSKREBSE

Merkmale: Unverwechselbar durch das Schneckengehäuse, das die Tiere stets mit sich herumtragen. Länge bis 10 cm; am Kopf je ein Paar gestielter Augen, peitschenförmiger Antennen und (ungleicher) Scheren.
Vorkommen: Europäische Atlantikküsten, Mittelmeer; auf Weich- und Felsböden der Dauerflutzone, auch in Prielen und Gezeitentümpeln.
Wissenswertes: Ohne fremde Behausung wären E. verloren: Ihr weicher Hinterleib wäre völlig ungeschützt, was sie zu einem leichten Opfer von räuberischen Fischen und Artgenossen machen würde. Mithilfe der Schale aber sind die Tiere bestens gegen Feinde gewappnet. Allerdings muss das Gehäuse mit jedem Wachstumsschub (= Häutung) gewechselt werden. Größere E. wandern in tieferes Wasser, weil dort größere Schnecken leben, kleine Exemplare bevorzugen wegen der häufigen Strandschnecken die Gezeitenzone als Lebensraum. E. fressen Aas und kleine Wirbellose, filtrieren aber auch Plankton aus dem Wasser.

Muschelwächter *Pinnotheres pisum*

ZEHNFUSSKREBSE

Merkmale: Rückenpanzer rundlich, beim ♀ sehr weich; Körperbreite der Weibchen bis zu 1,3 cm; ♂ deutlich kleiner (siehe Bild oben, das kleine gelbliche Tier rechts) und mit festem Panzer; 4 Paar zarte, verhältnismäßig lange Laufbeine, 1 Paar kleine Scheren; Färbung durchscheinend blassgelb bis braun.
Vorkommen: Europäische Atlantikküsten, Nord- und westliche Ostsee; ziemlich häufig.
Wissenswertes: Die ♀ dieser eigentümlichen, auch Erbsenkrabbe genannten Art leben als Parasiten im Kiemenraum großer Muscheln. Mit ihren zarten Scheren fangen sie die von ihrem Wirt durch die Kiemen abgefilterte und eingeschleimte Nahrung ab und nutzen sie teilweise für sich selbst. Die weichen, abgerundeten ♀ leben ständig in einer Muschel und können ab einer bestimmten Größe ihren Wirt, auch wenn sie es wollten, nicht mehr verlassen. ♂ wandern zwischen ihnen umher und sitzen häufig am Mantelrand der geöffneten Wirtstiere (daher der Name „Wächter").

Schuppiger Furchenkrebs *Galathea squamifera*

ZEHNFUSSKREBSE

Merkmale: Länge bis 3 cm; Körper oval mit einem spitzen Stirnfortsatz sowie beiderseits mit 4 am Rand ansetzenden, rot gefärbten Dornen; 1 Paar sehr lange, schlanke Scheren; am Hinterleib 1 Paar Putzbeine; Färbung braun bis olivgrün, mit schmalen Querstreifen auf dem Rücken.
Vorkommen: Auf nischenreichen Felsgründen an den europäischen Atlantikküsten, ebenso im Mittelmeer, in der Nordsee insbesondere in der Region um Helgoland.
Wissenswertes: S. F. sind überaus wendig und scheu. Bei Gefahr ziehen sie sich blitzschnell durch kräftiges Schlagen ihres Hinterleibs im „Rückwärtsgang" in unzugängliche Ritzen und Höhlen zurück. Sie ihrerseits fressen Aas und kleine wirbellose Tiere.
Ähnlich: Mit bis zu 10 cm Körperlänge deutlich größer ist der nahe verwandte, rot-blau gefärbte Gestreifte Furchenkrebs *(Galathea strigosa)*. Auch unterscheidet er sich vom S. F. durch nur 3 seitliche Dornen am spitzen Stirnfortsatz.

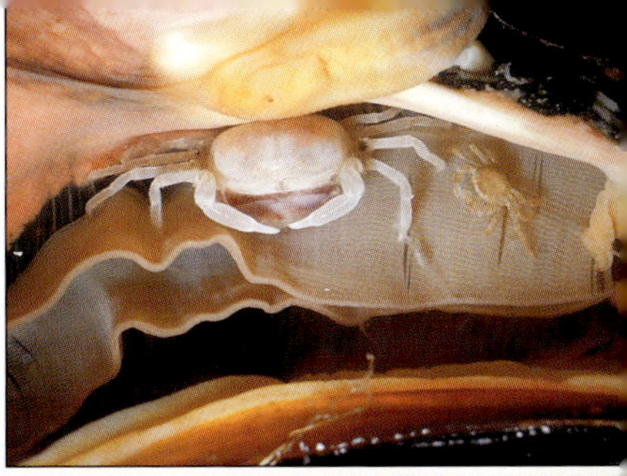

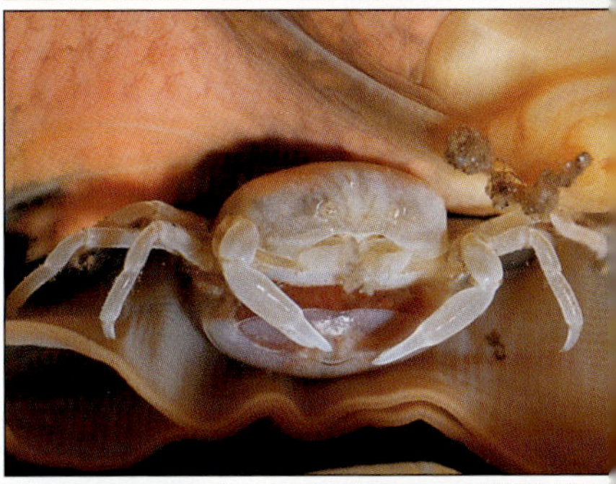

Wandermuschel *Dreissena polymorpha*

DREIKANTMUSCHELN

Merkmale: Schale 25–40 mm lang, am Vorderende zugespitzt, meist mit dunklen Zickzackbinden.
Vorkommen: Vor allem in Gewässern mit Schiffsverkehr, etwa in Seen, Kanälen und Flüssen; in vielen Gebieten häufig.
Wissenswertes: Die W. entwickelt sich über ein frei schwimmendes Larvenstadium, das sich schließlich festsetzt. Sie befestigt sich als einzige heimische Süßwassermuschel mit Sekretfäden an harten Unterlagen, etwa an Steinen, an Teichmuscheln oder auch an Schiffsrümpfen, was ihre Ausbreitung sehr begünstigte. Auf diese Weise kam die ursprünglich in Schwarzmeerzuflüssen heimische Art im 19. Jh. nach Mitteleuropa, wo sie sich sehr schnell ausbreitete. Gebietsweise wurde sie zu einer echten Plage, da die Tiere sich oftmals in mehreren Lagen übereinander festsetzen und so schließlich mehrere Dezimeter dicke Schichten bilden können, die z. B. Durchflussrohre verstopfen. Inzwischen sind die Bestände aber an vielen Orten schon wieder deutlich zurückgegangen.

Flussperlmuschel *Margaritifera margaritifera*

FLUSSPERLMUSCHELN

Merkmale: Schale 12–15 cm lang, eiförmig bis nierenförmig; Wirbel immer stark korrodiert, Schale ausgesprochen dickwandig, schwarzbraun bis schwarz, Schloss mit sehr kräftigen Zähnen.
Vorkommen: Nur in sehr sauberen, kalkarmen Bächen; in M.-EU früher einst weit verbreitet, heute fast überall ausgestorben.
Wissenswertes: Die F. kann in großen Muschelbänken auftreten, in denen die Schalen zu Tausenden wie Pflastersteine dicht nebeneinander gepackt liegen. Solche Verhältnisse gehören heute fast überall der Vergangenheit an, kommen aber durchaus noch vor, so etwa im bayerisch-tschechischen Grenzgebiet. Die parasitischen Larven (Glochidien) können sich nur bei Bachforellen einer bestimmten Größe entwickeln. Dies ist neben der Gewässerverschmutzung ein wichtiger Grund für den Besorgnis erregenden Rückgang dieser Art. Inzwischen gibt es aber sehr gezielte Schutzmaßnahmen, die in einigen Gebieten bereits erste Wirkungen zeigen. **RL! §!**

Gewöhnliche Teichmuschel *Anodonta anatina*

FLUSSMUSCHELN

Merkmale: Schale 12–26 cm lang; Vorderende gleichmäßig abgerundet, Hinterende stufig verschmälert, ziemlich dünnschalig, Schloss (die scharnierförmige Verbindung beider Schalen) ohne Zähne.
Vorkommen: In Seen und Teichen, besonders in den Flussauen; in vielen Gebieten häufig.
Wissenswertes: Die G. T. gräbt sich mit ihrem beilförmigen Fuß so tief in den Bodengrund ein, dass nur noch das Hinterende mit der Ein- und Ausstromöffnung herausschaut. Durch die Einstromöffnung wird den Kiemen frisches Atemwasser zuführt. Zugleich werden an den Kiemenlamellen aber auch feine Schwebstoffe abfiltriert, die der in der Schale liegenden Mundöffnung als Nahrung zugeführt werden. Die Fortpflanzung erfolgt über parasitische Larven, die so genannten Glochidien, die sich an der Haut von Fischen festklammern, sich dort einkapseln und zu kleinen Muscheln entwickeln. Dann lassen sie sich absinken und leben weiter am Gewässergrund. **RL, §!**

Gewöhnl. Kugelmuschel *Sphaerium corneum*

KUGELMUSCHELN

Merkmale: Schale nur 10–14 mm lang, fast glatt, annähernd kugelig und ziemlich dünnschalig; Färbung graubraun bis gelbbraun.
Vorkommen: In stehenden und langsam fließenden Binnengewässern aller Art; in der ganzen nördlichen Hemisphäre verbreitet, bei uns gebietsweise ziemlich häufig.
Wissenswertes: Die G. K. besitzt einen ziemlich langen, zungenförmigen Fuß, mit dem sie z. B. an Wasserpflanzen emporsteigen kann. So kann sie etwa bei Sauerstoffmangel die normalerweise von ihr bewohnte Schlammschicht verlassen. Sie betreibt eine besondere Form der Brutpflege. Zwischen den Kiemen entwickeln sich die Eier zu fertigen Jungmuscheln. Diese haben bei der Geburt bereits etwa 1/6 der Größe des Muttertiers und sind bald darauf schon selbst fortpflanzungsfähig. Kleine Muscheln bringen gleichzeitig 2–3, ausgewachsene bis zu 20 Jungtiere hervor. Die Tiere sind Zwitter, die übrigen Süßwassermuscheln dagegen getrenntgeschlechtig.

Miesmuschel *Mytilus edulis*

MIESMUSCHELN

Merkmale: Bis 10 cm groß; Schalenklappen kräftig und gewölbt, Vorderseite zugespitzt, Hinterseite verbreitert und abgerundet, Oberfläche mit konzentrischen Wachstumsstreifen und Querrillen, oft verwittert; innen weißlich, perlmuttrig glänzend, außen dunkelbraun bis blaugrau.
Vorkommen: Europäische Atlantikküste bis zum Nordpolarmeer, Nord- und Ostsee, Mittelmeer; auf Sand- und Hartböden, an Molen, Spuntwänden, Buhnen und jedem anderen festen Untergrund; von der Gezeitenzone an abwärts.
Wissenswertes: M. bilden besonders im Wattenmeer dichte Muschelbänke. Den Anfang einer Muschelbank macht nur eine einzige leere Schale, an die sich eine erste M. festsetzt. Dazu produziert diese an der Fußwurzel in einer speziellen Byssusdrüse zugfeste, derbe Eiweißfäden, die sie mit der Fußspitze an der Unterlage festklebt. Weitere Muscheln folgen. Auf diese Weise entstehen zunächst lange Muschelketten, anschließend flache Hügel, auf denen in mehreren Etagen nicht selten 2000 Muscheln pro qm sitzen.
Zwei wichtige Veränderungen ergeben sich in der direkten Umgebung der Muscheln. Erstens sedimentiert in den Zwischenräumen ein feiner Schlick (günstig für kleine Würmer und Krebse), und zweitens steht mit den festen Schalen ein Untergrund für Felsbesiedler zur Verfügung. Dies macht sich neben den Seepocken und Strandschnecken besonders der Blasentang *(Fucus vesiculosus)* zunutze, der häufig wie ein grüner Teppich die Muschelbänke bedeckt.
M. vermehren sich sehr rasch. Ein einziges Tier kann bis zu dreimal im Jahr 5–12 Mio. Eier produzieren. Die widerstandsfähigen Muscheln vertragen durchaus auch ein tageslanges Trockenliegen. Während die Tiere aber untergetaucht sind, öffnen sie ihre Schalen und filtrieren Planktonorganismen ein, die sie mit ihren Filterkiemen aus dem vorbeistreichenden Wasserstrom absieben. Manche dieser winzigen Planktonpartikel sind für den Menschen giftig und verursachen nach dem Verzehr der entsprechenden Muscheln die berüchtigte Muschelvergiftung.

Amerikan. Schwertmuschel *Ensis directus*

SCHEIDENMUSCHELN

Merkmale: Bis 16 cm lang und 2,8 cm hoch; leicht gebogene, schwertförmige Schalenklappen, die aber nicht sehr massiv sind; Außenseite von einer braunen, glänzenden Oberhaut überzogen.
Vorkommen: Europäische Atlantikküsten bis nach Dänemark; massenhaft im Wattenmeer; in Sandböden, von der unteren Gezeitenzone an abwärts.
Wissenswertes: Schwimmende Larven dieser Art wurden 1978 mit dem Ballastwasser von Schiffen von Nordamerika ins Wattenmeer eingeschleppt. Die A. S. konnte sich hier ansiedeln, vermehrte sich sogleich stark und breitete sich von dort aus nach W und N aus. Nach starken Stürmen werden A. S. häufig in großen Massen an den Strand gespült. Schwertmuscheln graben sich mit einem kräftigen Fuß senkrecht in den Boden ein und halten den Kontakt zur Oberfläche über 2 kurze Ein- bzw. Ausstromöffnungen. Bei Gefahr vermögen sich die Tiere auch schwimmend fortzubewegen. In Frankreich gelten Schwertmuscheln als ausgesprochene Delikatesse.

Europäische Auster *Ostrea edulis*

AUSTERN

Merkmale: Bis 15 cm groß; Schalenklappen ungleich gewölbt, unverwechselbar in Form und Oberflächenstruktur, die kräftig geschuppt ist (an einen Blätterteig erinnernd); Färbung sehr variabel.
Vorkommen: Europäische Atlantikküste, Nordsee, Mittelmeer; von der unteren Gezeitenzone an abwärts; auf Schillgründen und Felsböden; natürliche Vorkommen selten geworden, leere Schalen häufig im Spülsaum.
Wissenswertes: A. sind eine beliebte Delikatesse und werden an vielen Stellen der europäischen Küsten in Muschelfarmen gezüchtet. Die Jungtiere heften sich dort mit einer Zementdrüse am Untergrund fest und leben standorttreu. Da die Tiere sehr empfindlich auf Umweltveränderungen und Verschmutzungen reagieren, wird heute an vielen Stellen die robustere und etwas schlanker geformte Pazifische Auster *(Crassostrea gigas)* als Ersatz eingeführt (in Deutschland z. B. „Sylter Royal"). Im Wattenmeer hat sie sich auch außerhalb der Farmen bereits weit verbreitet.

Weiße Bohrmuschel

Barnea candida BOHRMUSCHELN

Merkmale: Bis 6 cm lang; Schalenklappen weiß, zart, obere Schale am Hinterrand deutlich übergeschlagen; unter dem nach vorn versetzten Wirbel ein gebogener Dornfortsatz in den Innenraum ragend; Außenseite konzentrisch und radiär gerippt, raspelartige Oberfläche im vorderen Schalenteil.
Vorkommen: Europ. Atlantik, Nord- und Ostsee, Mittelmeer; in Holz, Torf, Mergel, Kreide und Ton bohrend; von oberer Dauerflutzone an abwärts.
Lebensweise: Die W. B. legt durch Raspelbewegungen der Schale in weichen Sedimentgesteinen eine Wohnröhre an, aus der letztlich nur noch die Enden der Siphone herausschauen.
Ähnlich: Zum Verwechseln ähnlich ist die um etwa 1890 in EU eingeschleppte Amerikanische Bohrmuschel (*Petricola pholadiformis*, unteres Bild). Wahrscheinlich wurden ihr Larven im Ballastwasser größerer Schiffe mitgeführt. Im Gegensatz zur W. B. besitzt sie jedoch weder einen umgeschlagenen Schalenrand noch einen Dornfortsatz. Ihre Klappen sind zudem kräftiger und größer.

Kleine Kammmuschel *Aequipecten opercularis*

KAMMMUSCHELN

Typisch: Bis 9 cm lang und hoch; Schalenklappen fast rund und durch bis zu 22 konzentrische Schalenrippen unverwechselbar stark skulpturiert; Innenseite einheitlich weißlich, Ohren am Schloss annähernd gleich groß; linke Klappe stärker gewölbt als die rechte; Außenseite sehr variabel gefärbt, zuweilen auch gefleckt oder gestreift.
Vorkommen: Europäischer Atlantik, Nordsee, Mittelmeer; auf Weich- und Hartböden unterhalb der Gezeitenzone.
Wissenswertes: Im Ruhezustand liegen die Muscheln auf der flacheren Schalenklappe am Boden und filtrieren zur Ernährung mit ihren Kiemen Plankton aus dem Wasser. Kammmuscheln leben nicht standorttreu, sie können sich durch heftig schlagende Bewegungen ihrer Klappen sowohl vorwärts als auch rückwärts schwimmend fortbewegen, um ihrem ärgsten Feind, dem Seestern, zu entkommen. An ihrem Mantelrand befinden sich zahlreiche schillernde Augen und kleine Tentakel, die ihnen auch eine optische Orientierung erlauben.

Krause Bohrmuschel

Zirfaea crispata BOHRMUSCHELN

Merkmale: Länge bis 8 cm; Schalenklappen kräftig, stark gewölbt, am hinteren Ende weit auseinander klaffend, bei beiden Klappen ein leicht gebogener Dornfortsatz, vorderer oberer Schalenrand nach außen umgeklappt; Außenseite kräftig skulpturiert, im vorderen Bereich aufgeraut; Innenseite glatt mit tiefer Mantelbucht; Färbung weißlich bis cremefarben, innen einheitlich weiß.
Vorkommen: Europäischer Atlantik, Nordsee (Helgoland) und westlichen Ostsee; in Holz, Torf, Klei, Mergel, Kreide und Ton bohrend; von der oberen Dauerflutzone bis in etwa 16 m Tiefe.
Wissenswertes: Wie die Weiße Bohrmuschel bohrt auch diese Form blind endende Wohngänge, indem sie sich um ihre Längsachse dreht und mit ihrer Raspelschale Material von den Wänden schabt. So entstehen kreisrunde Bohrgänge von bis zu 30 cm Länge. Der Kontakt zum freien Wasser wird über lange Siphone gehalten. Leere Schalen von Bohrmuscheln finden sich oft in angespülten Kreide- oder Mergelstücken am Strand.

Sägezähnchen, Dreiecksmuschel *Donax vittatus*

DREIECKSM.

Merkmale: Bis 3 cm lang; Schalenklappen kräftig und nur wenig gewölbt, Form gestreckt dreiseitig, Schloss leicht nach vorn versetzt; Außenseite matt und mit feinen, dicht aneinander liegenden Radiärrippen skulpturiert, Außenrand deshalb fein gezähnt (Name!); Innenseite einheitlich glatt; Farbe braun, beige, gelb oder cremefarben, auch gebändert, gefleckt und gestreift, Innenseite einheitlich weiß bis violett.
Vorkommen: Europäischer Atlantik, Nordsee; in Sandböden der Flachwasserzone, von der Gezeitenzone bis in etwa 50 m Tiefe.
Wissenswertes: S. leben direkt unterhalb der Oberfläche stark bewegter und überströmter Sedimente. Mithilfe ihres muskulösen Fußes können sie sich innerhalb weniger Sekunden eingraben, falls sie tatsächlich einmal freigespült werden sollten. An stark wellenbewegten Stränden ist das S. häufig die einzige Muschel, die sich unter solch extremen Bedingungen überhaupt noch ansiedeln kann.

Amerikanische Bohrmuschel

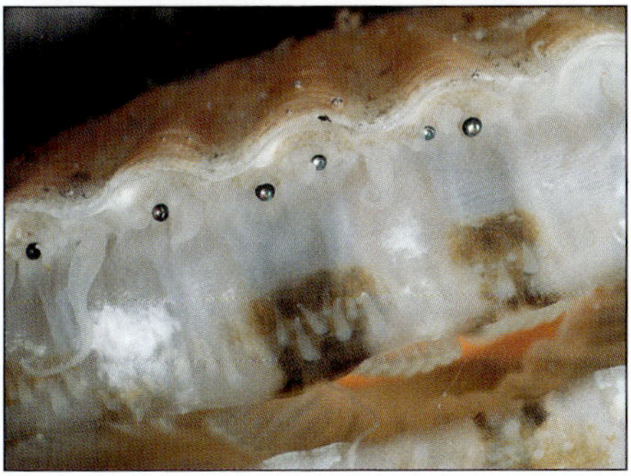

Große Pfeffermuschel

Scrobicularia plana PFEFFERMUSCHELN

Merkmale: Länge bis 6 cm; Schalenklappen flach oval und sehr zerbrechlich, wenig klaffend; Oberfläche konzentrisch gestreift; Farbe weiß bis dunkelgrau, Schale teilweise von einer gelbbraunen Schalenhaut bedeckt.

Vorkommen: Europäischer Atlantik, Nord- und westliche Ostsee, Mittelmeer, häufig im weichen Schlickwatt des Wattenmeeres; in Sand- und besonders Schlickböden strömungsberuhigter Bereiche der Gezeitenzone, etwa Buchten oder der brackigen Gewässer von Flussmündungen.

Wissenswertes: Die G. P. ist ein typischer Bewohner des Schlickwatts. Sie lebt etwa 15 cm tief eingegraben in einer kleinen, mit Wasser gefüllten Höhle und führt von dort zwei weit über körperlange, schlauchförmige und sehr bewegliche Siphone an die Wattoberfläche. Mit dem Einstrom- und zugleich Atemwassersipho pipettiert sie die umliegende Sedimentoberfläche nach organischen Partikeln und Kieselalgen ab, die sodann mit dem Kiemen abgefiltert werden.

Gewöhnliche Herzmuschel

Cerastoderma edule HERZMUSCHELN

Merkmale: Länge bis 5 cm; Schalenklappen sehr kräftig und gewölbt, in der Form fast rund, auf der Außenseite gehen vom Wirbel 22–26 beschuppte Radiärrippen aus; konzentrische Zuwachsstreifen; Innenseite glatt und am Schalenrand gezähnt; Farbe außen zwischen reinweiß, gelblich, cremefarben und braun, Innenseite reinweiß.

Vorkommen: Europäischer Atlantik, Nord- und westliche Ostsee (bis nach Mecklenburg); in Schlick-, Sand- und Grobsandböden, von der Gezeitenzone bis in 10 m Tiefe.

Lebensweise: G. H. leben oberflächlich eingegraben im Sediment. Da sie in stark überströmten Sedimenten häufig freigespült werden, müssen sie sich mit ihrem muskulösen Fuß schnell wieder eingraben können. Bei Veränderungen der Lebensbedingungen vermögen sich Herzmuscheln auf längere Wanderungen zu begeben. Doch sind sie auch in der Lage, erniedrigte oder stark schwankende Salzgehalte sowie eine vorübergehende Sauerstoffarmut zu ertragen.

Sandklaffmuschel *Mya arenaria*

KLAFFMUSCHELN

Merkmale: Länge bis 15 cm; Schalenklappen oval geformt und sehr kräftig, zum Ende hin spitz zulaufend und weit aufklaffend (Name!), linke Klappe ein wenig kleiner als die rechte und am Schloss mit einem löffelartigen Fortsatz; Außenseite durch Zuwachsstreifen konzentrisch skulpturiert; Innenseite einheitlich glatt und matt, Muskelabdrücke und Mantelbucht deutlich sichtbar; Färbung einheitlich weiß bis gelblich.

Vorkommen: Europäische Atlantikküste, von Norwegen bis in die Bretagne, Nord- und westliche Ostsee; massenhaft im Wattenmeer; in Schlick, Sand- und feineren Kiesböden, von der Gezeitenzone an abwärts.

Wissenswertes: S. leben standorttreu bis zu 30 cm tief eingegraben im Sediment. Von dort strecken sie ihre langen und durch eine gemeinsame Pergamenttapete geschützten Siphone bis an die Oberfläche. Kommt es zu tiefen Umwälzungen des Bodens, werden sie freigespült und sterben in großen „Muschelgräbern" an der Oberfläche.

Getupfte Teppichmuschel

Venerupis senegalensis VENUSMUSCH.

Merkmale: Länge bis 6,5 cm; Schalenklappen kräftig und gewölbt, Form in etwa oval und am Hinterrand abgestutzt, Schloss nach vorn verschoben; Außenseite mit konzentrischer und fein radiärer Skulpturierung; Innenseite glatt, Muskelabdrücke und Mantellinie deutlich sichtbar; Färbung stark schwankend, von einfarbig bis zuweilen aufregend gemustert, gefleckt, marmoriert oder gebändert, Innenseite weißlich, im hinteren Bereich auch violett.

Vorkommen: Europäischer Atlantik, Nordsee, Mittelmeer; in stark überströmten Sand- und Kiesböden, auch in den Ritzen felsiger Untergründe, von der Gezeitenzone bis in 50 m Tiefe.

Wissenswertes: G. T. leben dicht unterhalb der Bodenoberfläche. Da die Tiere in strömungsreichen Gewässern ständig Gefahr laufen, mit dem Strudel davongetrieben zu werden, heften sie sich mit zugfesten Byssusfäden an festen Gegenständen (z. B. Steine, Muschelschalen) fest. Mit ihrem Fuß können sie sich auch zügig eingraben.

Gestreifte Venusmuschel
Chamelea striatula VENUSMUSCHELN

Merkmale: Länge bis 4 cm; Schalenklappen im Verhältnis zur Größe sehr kräftig, deutlich gewölbt, Form schief dreieckig; Außenseite kräftig und dicht konzentrisch skulpturiert, Zuwachsstreifen zusätzlich leicht abgehoben; Innenseite glatt mit deutlicher Mantellinie (spitze Mantelbucht) und Muskelabdrücken; Farbe auf der Außenseite schmutzig weiß, gelblich, beige oder cremefarben, häufig mit braunen Radiärstreifen; Innenseite weiß, zwischen Mantellinie und Außenrand auch matt glänzend.
Vorkommen: Europäische Atlantikküste, Nordsee, Mittelmeer; in Schlick- und Sandböden, von der Dauerflutzone bis in über 400 m Tiefe.
Wissenswertes: Die G. V. lebt häufig in großer Zahl dicht unterhalb der Sedimentoberfläche und strudelt über kurze Siphonen umherdriftende winzige Nahrungspartikel und Plankton ein. Ihr schmackhaftes Fleisch kommt vor allem im Winterhalbjahr als „Vòngola" oder „Venusmuschel" auf den Markt.

Ovale Trogmuschel *Spisula solida*
TROGMUSCHELN

Merkmale: Länge bis 6 cm; sehr kräftiges, ovales Gehäuse mit feinen, konzentrischen Wachstumsstreifen; Innenseite glatt, Muskelabdrücke und Mantellinie sehr deutlich sichtbar; Farbe sehr variabel, von weiß über bräunlich rötlich bis tiefgrau, häufig auch gestreift.
Vorkommen: Europ. Atlantik, Nordsee; in grobkörnigen Sandböden der Gezeiten- u. Dauerflutzone.
Wissenswertes: Sehr ähnlich ist die nur bis zu 3 cm lange Gedrungene Trogmuschel (*Spisula subtruncata,* kleines Foto), die im vorderen Schalenbereich spitzer zuläuft. Beide Formen stellen für Grundfische eine wichtige Nahrungsquelle dar. Da die Schalenklappen äußerst kräftig sind, werden sie auch durch die auflaufende Brandung am Strand nicht zerschlagen. Man findet sie deshalb lokal häufig und unversehrt im Angespül.

Strahlenkörbchen *Mactra stultorum*
STRAHLENMUSCHELN

Merkmale: Länge bis 6 cm; Schalenklappen flach oval und sehr zerbrechlich; Außenseite mit feinen Radiärstreifen (Name!), die typischen konzentrischen Farbstreifen (Foto) können auch fehlen; Innenseite glatt; Farbe braun bis graugrün, Streifen braun, rot oder weiß, Innenseite weiß bis violett.
Vorkommen: Europäischer Atlantik von S-Norwegen bis Gibraltar, Nordsee, Mittelmeer; in Sand- und Schlickböden, von der Gezeitenzone bis in geringe Tiefen, häufig im Wattenmeer.
Wissenswertes: S., auch unter der Bezeichnung Bunte Trogmuscheln bekannt, leben dicht unterhalb der Wasseroberfläche. Bei Umschichtungen des Bodens durch Wasserströmungen werden sie deshalb leicht freigespült. Mit ihrem Fuß können sie sich jedoch schnell wieder eingraben oder aber fortbewegen, um günstigere Standorte zu finden. Ihre Fortpflanzung erfolgt wie bei den meisten Meeresmuscheln über Schwimmlarven. Im Angespül findet man die Schalenklappen der S. nur selten unversehrt.

Rote Bohne, Plattmuschel
Macoma balthica TELLMUSCHELN

Merkmale: Länge bis 3 cm; Schale im Verhältnis zur Größe recht kräftig, stark gewölbt, Hinterende deutlich zugespitzt; Außenseite farbenfroh, häufig rot, aber auch rosa oder gelb, mit tönungsintensiven konzentrischen Farbringen; auf der Innenseite der Schale wird die Tönung die Außenstreifen in einheitlicher Färbung wiederholt.
Vorkommen: Europäischer Atlantik von Norwegen bis zur Biskaya, Nordsee und westliche Ostsee; in Sand- und leicht verschlickten Böden im Flachwasser und tiefer, von der Gezeitenzone an abwärts bis in 15 m Tiefe, häufig am Strand im Angespül zu finden.
Wissenswertes: Die Muschel lebt, auf einer Klappe liegend, 3–5 cm tief im Sandboden eingegraben. Die lebenswichtige Verbindung zum Atemwasser stellen zwei lange, schlauchförmige Siphone her, von denen der eine zugleich als Wassereinstrom- und Nahrungspipette (zum Absammeln der umgebenden Oberfläche) und der andere als Ausstromöffnung dient.

Rändel-Käferschnecke

Lepidochitona cinerea KÄFERSCHNECKEN

Merkmale: Länge bis 2 cm; Körper flach, durch 8 fein geschuppte Rückenschilder unverwechselbar; mit einem rundum verlaufenden, fleischigen, gelappten, hell-dunkel gebänderten Mantelrand; Farbe sehr variabel, meist aschfarben, häufig mit Mustern oder Streifen verschiedener Tönung.

Vorkommen: An allen europäischen Küsten, jedoch nicht überall besonders häufig; auf Hartböden, Buhnen und Muschelbänken, von der Gezeitenzone an abwärts.

Wissenswertes: Käferschnecken sind entwicklungsgeschichtlich sehr ursprüngliche Weichtiere. Sie ernähren sich von Algen, die sie mit einer rauen Raspelzunge vom Untergrund ablösen. Sobald sie trockenfallen, suchen sie geschützte Standorte auf und heften sich dann fest an den Untergrund, um möglichst wenig Wasser zu verlieren. Vom Boden sind sie nur mit Gewalt zu lösen, weil sie einen sehr kräftigen Saugfuß besitzen. Zur näheren Beobachtung sollten sie daher keinesfalls losgelöst, sondern nur vor Ort betrachtet werden.

Pantoffelschnecke *Crepidula fornicata*

PANTOFFELSCHNECKEN

Merkmale: Bis 5 cm lang, in der Form unverkennbar, an einen Pantoffel erinnernd, Spiralisierung der Schneckenschale zurückgedrängt zugunsten einer weiten Mündung, in die eine Scheidenwand eingezogen ist; Gehäuse auf der Außenseite mit feinen Zuwachsstreifen, Färbung gelblich weiß bis grüngrau oder bräunlich.

Vorkommen: Europäischer Atlantik, Nordsee, Mittelmeer; auf Felsen, Muschelbänken und Molen, in und unterhalb der Gezeitenzone festhaftend.

Wissenswertes: Diese Art wurde um 1872 aus Nordamerika nach Europa eingeschleppt, 1934 erschien sie auch im Wattenmeer. Da sie standortfest als Filtrierer lebt, stellt sie auf den Muschelbänken eine Konkurrenz für ihre Wirte dar. Typisches Verhalten der Pantoffelschnecken ist es, einander „Huckepack" zu nehmen und so längere „Fortpflanzungsketten" zu bilden. Unten sitzen immer die größeren ♀, darüber die jungen ♂, die sich nach einer sterilen Übergangsstufe ihrerseits zu ♀ entwickeln.

Durchsichtige Napfschnecke

Ansates pellucida NAPFSCHNECKEN

Merkmale: Bis 1,4 cm lang, Gehäuse flach, zart, Oberfläche mit feinen konzentrischen Zuwachsstreifen, bei jungen Tieren auch völlig glatt und glänzend; von der Spitze zahlreiche unterbrochene, blaugrün irisierende Streifen ausgehend, Schale sonst gelblich bis hornfarben schimmernd, im Kopfbereich ein schwarzer Fleck.

Vorkommen: Europäischer Atlantik; Nordsee (Helgoland); in der oberen Dauerflutzone, ausschließlich auf den Spreiten großer Brauntange, besonders *Laminaria*.

Wissenswertes: Auf ihrem breiten Fuß kriechen die auch Strahlenhütchen genannten Tiere über die Algen hinweg und grasen mit ihrer Raspelzunge die oberen Gewebeschichten ab. An ihrer festen, etablierten Ruhestelle bilden sie eine tiefere Mulde (heller als die Umgebung), die sie exakt ihrer Schale anpassen. Die irisierenden Streifen haben unter Wasser eine wirksame Tarnfunktion, da die Brauntange bei Lichteinfall ähnliche irisierende Muster aufweisen.

Gewöhnl. Strandschnecke

Littorina littorea STRANDSCHNECKEN

Merkmale: Höhe bis 4 cm; Gehäuse kräftig gebaut mit bis zu 7 wenig gewölbten Umgängen, letzter Umgang besonders groß; Oberfläche mit feinen Spiralrippen und zarten Zuwachsrippen skulptuiert, beide können jedoch (besonders bei älteren Tieren) von der Brandung abgewetzt sein; Außenlippe der Mündung im flachen Winkel an den Gehäuserand führend; Innenseite glatt; Färbung braun bis schwarz, ocker oder (selten) rot.

Vorkommen: Europ. Atlantik, Nord- und westliche Ostsee (bis Bornholm); auf Felsen und Sandböden, an Ufermauern, Buhnen und auf Muschelbänken; von der Gezeitenzone (häufig) bis in 60 m Tiefe.

Wissenswertes: Die G. S. grast mit ihrer Raspelzunge den Untergrund nach mikroskopisch kleinen Kieselalgen, Algenkeimlingen und festsitzenden Tierlarven ab. Durch ihre Fraßaktivität bestimmt sie maßgeblich das Besiedlungsmuster der Algenvegetation. Bei Trockenheit schließt sie das Gehäuse mit einem Deckel und überdauert so mühelos mehrere Tage.

Wattschnecke *Hydrobia ulvae*

WATTSCHNECKEN

Merkmale: Nur bis 6 mm hoch; Gehäuse zart, leicht durchsichtig und kegelförmig zugeschnitten, Spitze stumpf, 7 Umgänge, Mündungsöffnung rundlich oval; Oberfläche matt glatt, Grundfarbe gelb bis tiefbraun.

Vorkommen: Europäischer Atlantik, Nord- und Ostsee (bis Tallinn), Mittelmeer; auf Sand- und Schlickböden in Ästuaren und weiten Wattgebieten, von der Gezeitenzone bis in 20 m Tiefe; auch in Seegraswiesen und auf Makroalgen.

Wissenswertes: Sobald das Wasser aufläuft und die W. überspült werden, treiben sie mit der Strömung umher und bilden dabei ein Schleimnetz, das planktische Organismen abfängt. Nach Einsetzen der Ebbe sinken die Schnecken zu Boden und grasen dort Kieselalgen von der Wattoberfläche. Wenn der Boden schließlich trockenfällt, graben sich die W. oberflächlich ein und erwarten so die nächste Flut. Bei ungünstigen Strömungsverhältnissen werden die W. auch massenhaft als „Mäusedreck" oder „Gruus" an den Strand gespült.

Gewöhnliche Turmschnecke *Turritella communis*

TURMSCHNECKEN

Merkmale: Höhe bis 5,5 cm; schlank ausgezogene Spindelform mit deutlichen Umgängen, bis zu 20 Windungen, Mündungsöffnung rundoval; auf der Oberfläche spiralig gerippt, Farbe gelblich bis bräunlich oder rötlich.

Vorkommen: Europäischer Atlantik, Nord- und westliche Ostsee; Mittelmeer; auf sandigen Böden in der Dauerflutzone.

Wissenswertes: Turmschnecken haben eine besondere Ernährungsart: Im spitzen Winkel graben sie sich oberflächlich ins Sediment ein und strudeln mithilfe von Flimmerhärchen einen Wasserstrom durch ihre fein aufgespaltenen Kiemen. In diesen bleiben die mikroskopisch kleinen Nahrungspartikel hängen und gelangen über ein Schleimband zum Mund.

Ähnlich ist die nahe verwandte Gewöhnliche Wendeltreppe (*Epitonium clathrus*, kleines Bild).

Wellhornschnecke *Buccinum undatum*

WELLHORNSCHNECKEN

Merkmale: Gehäusehöhe bis 12 cm; Gehäuse kräftig und kegelig zugeschnitten mit bis zu 8 deutlichen Umgängen, Oberfläche intensiv skulpturiert, Mündung rundlich oval, an der Unterseite eine sehr kurze, weit geöffnete Siphonalrinne; Farbe des Gehäuses schmutzig weiß, gelblich, cremefarben braun und rötlich, von Sediment gefärbte Gehäuse auch blau- bis schwarzgrau, Weichkörper einheitlich weiß, mit unregelmäßigen schwarzen Flecken bedeckt.

Vorkommen Europäischer Atlantik, Nord- und westliche Ostsee (bis Rügen), Mittelmeer; auf Sand- und Felsböden, von der oberen Dauerflutzone an abwärts, gelegentlich auch in größeren Gezeitentümpeln.

Wissenswertes: Die W. ernährt sich als Beutegreifer und Aasfresser. Mit ihrem beweglichen Sipho erschmeckt sie die Richtung ihrer Beute. Tote Weichtiere und Krebse fressen die Schnecken mithilfe ihres an der Spitze durch eine Raspelzunge bewehrten Rüssels vollständig aus. Dieses flexible Fressorgan erreicht die doppelte Gehäuselänge! Die W. selbst wird häufig das Opfer von großen Seesternen und Krebsen, besonders von Einsiedlern (*Pagurus bernhardus* ⇨ S. 402), die in ihrem Vorkommen und ihrer Entwicklung unbedingt auf die Gehäuse dieser Schnecken angewiesen sind.

Die ♀ legen im Winter und Frühjahr große Laichballen ab, die aus vielen dreieckig kissenförmigen Kokons zusammengesetzt sind. Aus jedem Kissen schlüpfen rund 30 Jungschnecken von etwa 1,5 mm Höhe. Als Nahrungsreserve dienten ihnen vor dem Ausschlüpfen unbefruchtete Eizellen (bis zu 3000 pro Kissen), die zur Versorgung des Nachwuchses mit eingeschlossen wurden. Das Gelege muss an einem festen Gegenstand befestigt werden. Da es davon auf Weichböden nicht viele gibt, werden häufig mehrere Gelege über- und direkt nebeneinander abgesetzt.

Gehäuse und auch Laichballen findet man häufiger im Angespül. Hält man die Schale ans Ohr, so wirkt der Innenraum wie ein Verstärker, und man kann das Rauschen des Blutes in den eigenen Adern als „Meeresrauschen" wahrnehmen.

Meerzitrone *Doris pseudoargus*

MEERESNACKTSCHNECKEN

Merkmale: Länge bis 12 cm; Körper plump, auf breitem, vom Mantel vollständig bedecktem Fuß, Kopf mit lamellierten Fühlern, die bei Gefahr zurückgezogen werden können, am hinteren Rücken eine rückziehbare Kiemenrosette; Mantel mit zahllosen Warzen bedeckt; Färbung von reingelb bis grün, braun oder rot, dunkel oder bläulich gefleckt.
Vorkommen: Europäischer Atlantik, Nord- und westliche Ostsee, Mittelmeer; auf Felsböden, Schiffswracks, Bojen und anderen harten, gefluteten Gegenständen, von der unteren Gezeitenzone an abwärts, auch in Gezeitentümpeln.
Wissenswertes: Zu den Lieblingsspeisen der M. gehört der Brotkrumenschwamm (⇨ S. 436). Einmal aufgespürt, raspelt die Schnecke große Körperteile aus ihm heraus und hinterlässt typische Fraßspuren. M. selbst werden kaum gefressen, weil ihre Außenhaut bei starker Reizung ein sehr saures Sekret (pH 1–3) abgibt, welches den Angreifer veranlasst, seine vermeintlich leicht gemachte Beute sofort wieder auszuspeien.

Irisierende Faden-Nacktschnecke *Facelina auriculata*

Merkmale: Länge bis 3,8 cm; Körper grazil und gestreckt und in einer weit ausgezogenen Spitze endend, Kopf mit einem Paar fädiger und oberflächlich glatter Fühler, auf dem Kopfrücken ein auffällig lamelliertes Fühlerpaar; auf dem seitlichen Rückenrand beiderseits, jeweils zu Paaren angeordnet, mehrere Gruppen schlanker Rückenanhänge; Körperfarbe blassrosa bis milchig weiß, Rückenanhänge blau bis blaugrün irisierend, die durchscheinenden Darmanhänge rötlich leuchtend.
Vorkommen: Europäischer Atlantik, Nord- und westliche Ostsee, Mittelmeer; an Felsküsten, von der oberen Dauerflutzone an abwärts; auch auf großen Tangen.
Wissenswertes: Faden-Nacktschnecken sind gierige Beutegreifer, die sich rastlos und über den Untergrund hinweg bewegen. Sie greifen besonders die Kolonien von Röhrenpolypen an. In geringerer Wassertiefe begnügen sich die bizarren Meeresnacktschnecken aber auch mit kleineren Polypenstöckchen, die auf den großen Tangen siedeln.

Tintenfisch, Sepia *Sepia officinalis*

KOPFFÜSSER

Merkmale: Länge (ohne Fangarme) bis zu 30 cm; Körper zweigeteilt in einen oberseits abgeflachten Rumpf- und einen Kopfteil; feiner Flossensaum rund um den Rumpf; Kopf mit 2 großen Augen sowie 8 Greif- und 2 sehr langen (meist eingezogenen) Fangarmen, allesamt bewehrt mit Saugnäpfen; Färbung sehr variabel, je nach Untergrund und Stimmung, mithilfe von Pigmentzellen steuerbar.
Vorkommen: Überall an europäischen Küsten; auf Sandböden aller Art, in der oberen Dauerflutzone und tiefer.
Wissenswertes: T. sind Nachtjäger, die sich oberflächlich eingraben und vorbeischwimmende Fische und Kleinkrebse blitzschnell mit ihren beiden langen Fangarmen ergreifen. Anschließend führen die Fangarme die Beute in den Mund, wo sie mit einem sehr kräftigen Kiefer, der einem Papageienschnabel ähnlich sieht, zermalmt wird.
An der Küste wird häufig das Rückgrat des Rumpfteils angespült (rechtes oberes Bild). Der kalkhaltige, poröse Sepia-Schulp steuert mit seinem Gasgehalt das Gleichgewicht und die Schwebefähigkeit des T. Im täglichen Leben finden die Schulpe Verwendung bei der Herstellung von Schmuck (Oberflächenskulpturierung) oder als „Knabberstein“ für Wellensittiche.
Bei der Paarung führt das ♂ einen seiner Fangarme in die Mantelhöhle des ♀ ein und legt dort Spermienpakete ab. Die Eier (rechtes unteres Bild) werden vom ♀ als schwarze Kapseln an Algen und Steinen festgeheftet. Aus ihnen schlüpfen fertig entwickelte Jungtintenfische, die von Anfang an geschickt auf Jagd gehen. Die äußerst anpassungsfähigen Verhaltensweisen der T. sind nur möglich durch eine komplexe Wahrnehmung ihrer Umgebung. Das Gehirn liegt in einer eigenen Knorpelkapsel und besonders die Augen sind hoch entwickelt.
Bei Gefahr können die Tiere aus einem Tintenbeutel eine dunkle Flüssigkeit ins Wasser abgeben, um mögliche Angreifer zu irritieren, während sie hinter der Farbwolke einen Haken schlagen und so meistens entkommen. Die engsten Verwandten der T. sind die im Wasser frei und pfeilschell schwimmenden Kalmare.

Spitzhornschnecke *Lymnaea stagnalis*
SCHLAMMSCHNECKEN

Merkmale: Gehäuse 45–60, manchmal 70 mm hoch; Gewinde spitz zulaufend, letzter Umgang bauchig erweitert, Färbung hell- oder dunkelbraun, Körper grau, Kopf mit flach dreieckigen Fühlern, an deren Basis innen die Augen liegen.
Vorkommen: In stehenden und langsam fließenden, pflanzenreichen Binnengewässern; in EU außer dem S der Mittelmeerhalbinseln; bei uns überall häufig.
Wissenswertes: Die S. besitzt an der rechten Körperseite eine vorstreckbare, kurze Atemröhre, mit deren Hilfe sie die Atemluft in ihrer Lunge an der Wasseroberfläche austauscht. Die Proportionen und die Größe ihres Gehäuses unterliegen je nach Gewässertyp starken Schwankungen. So wird in der Brandungszone großer Seen das Gewinde verkürzt und die Mündung verbreitert, während in Tümpeln des Bayerischen Waldes Zwergformen auftreten, die eine maximale Gehäusehöhe von nur 30 mm erreichen. Die Eier werden in gallertigen Strängen an Wasserpflanzen abgelegt.

Gewöhnl. Tellerschnecke *Planorbis planorbis*
TELLERSCHNECKEN

Merkmale: Gehäuse flach scheibenförmig, 14–17 mm im Durchmesser; letzter Umgang nahe der Unterseite mit fadenartig abgesetztem Kiel, Färbung hornfarben bis dunkelbraun, Körper schwärzlich, Fühler fadenförmig, Augen innen an deren Basis.
Vorkommen: In stehenden und langsam fließenden, pflanzenreichen Gewässern, auch in schlammigen und zeitweise trockenfallenden Tümpeln, überall sehr häufig; in ganz EU und W-Asien.
Wissenswertes: Die G. T. besitzt Hämoglobin im Blut. Damit kann sie die neben der Atmung über die Lunge betriebene Hautatmung noch effektiver nutzen als andere Wasserschnecken, denen dieser Blutfarbstoff fehlt. Die beim Kriechen nach unten gerichtete Seite des Gehäuses entspricht in Wirklichkeit der Gehäusespitze anderer Schneckenhäuser. Das Gehäuse ist somit nicht, wie es den Anschein hat, rechts, sondern links gewunden. Die Eier werden in flach scheibenförmigen, gallertigen Laichballen abgelegt.

Eiförmige Schlammschnecke *Radix ovata*
SCHLAMMSCHNECKEN

Merkmale: Gehäuse 20–25 mm hoch; letzter Umgang erweitert, Mündung deutlich höher als das Gewinde (der Teil des Gehäuses, der über der Mündung liegt), ziemlich dünnschalig, gelbbraun bis rötlich gefärbt.
Vorkommen: In vielen verschiedenen Gewässertypen, z. B. in Tümpeln, Seen und sogar in Bergbächen; überall sehr häufig.
Wissenswertes: Die flach dreieckigen Fühler sind von zahlreichen Blutgefäßen durchzogen und dienen der Hautatmung; sie unterstützen damit die Arbeit der Lunge. Die Art ist wie alle Schlammschnecken ein Zwitter mit 2 getrennten Geschlechtsöffnungen. Die Begattung erfolgt aber immer nur einseitig. Sie kann allerdings gleich anschließend mit umgekehrter Rollenverteilung wiederholt werden. Die Eier werden in langen Laichsträngen an Steine oder Wasserpflanzen geklebt. In diesen durchsichtigen Eigelegen lässt sich die Entwicklung der Embryonen in allen Einzelheiten beobachten.

Spitze Sumpfdeckelschnecke *Viviparus contectus*
SUMPFDECKELSCHN.

Merkmale: Gehäuse kegelförmig mit stufig abgesetzten Windungen, 30–38 mm hoch; Schalenspitze scharf und stechend, Färbung grünlich braun mit 3 dunklen Bändern, oft aber stark verdunkelt, Fühler pfriemenförmig zugespitzt, außen an der Basis die Augen.
Vorkommen: In Tümpeln, Teichen und Altwassern mit schlammigem Grund; im nördlichen D gebietsweise ziemlich häufig, im S selten.
Wissenswertes: Die S. S. gehört zu den ansonsten überwiegend im Meer verbreiteten Vorderkiemerschnecken, die über Kiemen atmen. Als Vertreter dieser Gruppe besitzt sie außerdem hinten am Fuß einen festen, runden Deckel, der genau in die Mündung des Gehäuses passt und dieses bei Gefahr, aber z. B. auch beim Trockenfallen des Gewässers fest verschließt. Die Tiere sind getrenntgeschlechtig. Beim ♂ (Bild) dient der kolbenförmig verdickte rechte Fühler als Begattungsorgan. Die Eier entwickeln sich im Körper des ♀ zu fertigen kleinen Schnecken. **RL**

Weinbergschnecke *Helix pomatia*

SCHNIRKELSCHNECKEN

Merkmale: Gehäuse kugelig mit kegelförmigem Gewinde, 30–50 mm im Durchmesser; hellgrau oder hellbraun getönt mit dunkler, oft undeutlicher Bänderung.

Vorkommen: In Wäldern und offenem Gelände, besonders auf kalkhaltigen Böden; M.- und SO-EU; in vielen Gebieten häufig, doch mancherorts durch Umwelteinflüsse oder das Absammeln für Nahrungszwecke selten geworden.

Wissenswertes: Die W. kriecht auf einem Schleimband, das sie aus einer Schleimdrüse unterhalb des Kopfes absondert. Beim Kriechen werden abwechselnd die Längs- und Quermuskeln der Fußsohle kontrahiert. Hierdurch entstehen Kontraktionswellen, die von hinten nach vorn wandern und die sich z. B. durch eine Glasscheibe gut beobachten lassen.

Die W. genießt vor allem in Frankreich als Speiseschnecke große Wertschätzung. Die jährlich verbrauchte Menge von mehreren tausend Tonnen wird überwiegend in Osteuropa gesammelt. **§!**

Garten-Bänderschnecke *Cepaea hortensis*

SCHNIRKELSCHNECKEN

Merkmale: Gehäuse mit 18–20 mm Durchmesser etwas kleiner als bei der Hain-Bänderschnecke; ähnlich variabel wie diese in Färbung und Zeichnung, aber Mündungsrand immer weißlich.

Vorkommen: Vorwiegend in natürlichen Lebensräumen, z. B. in Wäldern und nicht zu trockenem, offenem Gelände, weniger dagegen in Gärten; die Namen der beiden Bänderschnecken sind somit eigentlich gerade verkehrt herum gewählt.

Wissenswertes: Die verschiedenen Farb- und Zeichnungsvarianten der beiden Bänderschnecken-Arten können in unterschiedlichen Gebieten einen verschieden guten Tarneffekt bewirken, auch unterscheiden sich bestimmte Varianten z. B. hinsichtlich ihrer Fruchtbarkeit oder ihrer Widerstandsfähigkeit gegenüber klimatischen Extremen. Hierdurch kommt es zu einer Auslese, die in einzelnen Gebieten gewissen Varianten Entwicklungsvorteile verschafft, in anderen dagegen Nachteile. So erklärt sich die unterschiedliche Verteilung der einzelnen Farbvarianten.

Hain-Bänderschnecke *Cepaea nemoralis*

SCHNIRKELSCHNECKEN

Merkmale: Gehäuse mit 22–25 mm Durchmesser; Nabel bei ausgewachsenen Schalen vollkommen geschlossen, Färbung und Zeichnung außerordentlich variabel, Grundfärbung gelblich weiß, zitronengelb, rosa, rot, violett oder dunkelbraun, ohne oder mit einem bis mehreren, meist dunkelbraun bis schwarz gefärbten Spiralbändern, die aber auch durchscheinend sein oder miteinander zusammenfließen können, Rand der Mündung aber fast immer dunkelbraun, selten weißlich.

Vorkommen: Vor allem in Kulturgelände, besonders in Gärten, seltener in natürlichen Lebensräumen; in den meisten Gegenden ziemlich häufig.

Wissenswertes: Die unterschiedlichen Färbungsvarianten sind genetisch festgelegt. Sie treten daher in verschiedenen Gebieten in unterschiedlicher Häufigkeit auf. Es gibt aber auch durch Umwelteinflüsse ausgelöste Zeichnungsvarianten, so etwa in Wärmegebieten Tiere, bei denen die dunklen Bänder in ein spiraliges Fleckenmuster aufgelöst sind.

Baumschnecke *Arianta arbustorum*

SCHNIRKELSCHNECKEN

Merkmale: Gehäuse mit 20–25 mm Durchmesser; Färbung meist glänzend dunkelbraun mit hell gelblichen Flecken und schmalem, dunklem Spiralband, kräftig weißer Mündungssaum, Nabel neben der Mündung als schmaler Schlitz erkennbar.

Vorkommen: In Wäldern und leicht feuchtem, offenem Gelände, auch als Kulturfolger in Gärten; überall häufig; in NW- und M.-EU, im Gebirge bis in 2700 m Höhe.

Wissenswertes: Die B. ist außerordentlich variabel in der Gehäuseform und -größe. Sie bildet dabei zahlreiche geographische Rassen und Reaktionsformen auf ökologische Bedingungen aus. Bei der wechselseitigen Begattung schießen die zwittrigen Tiere sich wie alle Schnirkelschnecken gegenseitig einen kalkigen Liebespfeil (der in einem speziellen Liebespfeilsack produziert und bis zu seinem Einsatz aufbewahrt wird) in den Fuß. Er dient der Stimulierung des Begattungspartners. Zusätzlich wird aber noch ein besonderes Reizorgan ausgestülpt.

Riemenschnecke *Helicodonta obvoluta*

LAUBSCHNECKEN

Merkmale: Gehäuse dick scheibenförmig, mit in der Mitte leicht eingesenktem Gewinde, 10–13 mm im Durchmesser, mit zahlreichen, bis 1 mm langen Haaren besetzt, die beim Abbrechen punktförmige Narben hinterlassen; Mündung innen durch 2 wulstige Verdickungen am Außen- und Unterrand dreibuchtig.

Vorkommen: In Wäldern, vor allem im Bergland auf kalkhaltigem Untergrund weit verbreitet und meist häufig; von den Pyrenäen bis Belgien und in die deutschen Mittelgebirge, nach S bis Toskana.

Wissenswertes: Die R. lebt am Boden unter Falllaub, Holzstücken und Steinen. Sie verschließt wie alle Laubschnecken und Schnirkelschnecken vor dem Winter und bei länger anhaltender Trockenheit ihr Gehäuse mit einem dichten, kalkweißen Häutchen, dem Epiphragma, das bei späterer Wiederaufnahme der Aktivität wieder abgestoßen wird. Dieses Epiphragma kann bei manchen Arten, so bei der Weinbergschnecke (⇨ S. 422), als recht massiver Kalkdeckel ausgebildet sein.

Gewöhnl. Bernsteinschnecke *Succinea putris*

BERNSTEINSCHNECKEN

Merkmale: Gehäuse sehr zart und durchscheinend, bei 8–11 mm Breite 16–22 mm hoch, hell bernsteinfarbig.

Vorkommen: Am Ufer von Gewässern, auf feuchten Wiesen und in Auwäldern in den meisten Gegenden ziemlich häufig; fast ganz EU.

Wissenswertes: Die G. B. erinnert mit ihrem ausgesprochen dünnschaligen Gehäuse an eine Wasserschnecke. Die Vertreter ihrer Familie sind auch von allen heimischen Landlungenschnecken am stärksten an Wasser gebunden, gehen jedoch niemals freiwillig ins Wasser. Die Tiere erreichen ein Alter von 1–2 Jahren, werden aber bereits bei etwa halber Endgröße des Gehäuses geschlechtsreif. Die Paarung der zwittrigen Schnecken erfolgt normalerweise wechselseitig, es kann aber auch zu Selbstbefruchtung kommen. Die Eier werden in gallertigen Gelegen abgelegt. Oft entwickelt sich im Körper der G. B. der Saugwurm *Leucochloridium paradoxum* (⇨ S. 428), der ausgewachsen im Darm von Singvögeln parasitiert.

Westliche Heideschnecke *Helicella itala*

LAUBSCHNECKEN

Merkmale: Gehäuse scheibenförmig mit leicht erhobenem Gewinde, 13–16 mm im Durchmesser, weißlich, meist mit braunen Spiralbinden, die aber auch fehlen können.

Vorkommen: An trockenwarmen, grasigen Stellen, insbesondere auf Trockenrasen, vorwiegend im westlichen M.-EU; gebietsweise recht häufig.

Wissenswertes: Die W. H. ist durch ihre helle Färbung, die das Sonnenlicht reflektiert, in der Lage, Lebensräume zu besiedeln, die von fast allen übrigen Schnecken gemieden werden. Bei längeren Trockenperioden steigt sie an Pflanzenstängeln empor und heftet sich dort meist etwa 20–30 cm über dem Boden mit ihrem eintrocknenden Schleimsekret fest. Auf diese Weise entgeht sie den noch höheren Temperaturen der bodennahen Bereiche.

Ähnlich: Weiter im Osten wird die W. H. durch die Östliche Heideschnecke *(Xerolenta obvia)* abgelöst, die ein noch strahlender weißes Gehäuse mit violettbraunen Bändern besitzt. **RL**

Gefleckte Knopfschnecke *Discus rotundatus*

KNOPFSCHNECKEN

Merkmale: Gehäuse 6–7 mm im Durchmesser, umgekehrt schüsselförmig, oberseits mit leicht erhobenem Gewinde, unterseits mit weitem Nabel, der über ein Drittel des Gehäusedurchmessers einnimmt, hell bräunlich mit dunkelbraunem Fleckenmuster, deutlich gerippt.

Vorkommen: In erster Linie in Wäldern unter Holzstücken, auch in offenem Gelände an feuchten, etwas schattigen Stellen; bei uns praktisch überall häufig; von W-EU bis S-Skandinavien und ins Ostbaltikum verbreitet.

Wissenswertes: Die G. K. wird wegen ihrer Körperform auch als Schüsselschnecke bezeichnet. Auch bei erwachsenen Schalen ist die Mundöffnung einfach wie abgeschnitten, also weder nach außen erweitert noch auf der Innenseite mit einer wulstigen Lippe verstärkt. Derartige Bildungen vereinfachen bei vielen anderen Schnecken ein Erkennen ausgewachsener Exemplare. Die Eier der G. K. sind etwas abgeflacht kugelig und außen mit einer Kalkschale überzogen.

Gitterstreifige Schließmundschnecke *Clausilia dubia*

Merkmale: Gehäuse schmal spindelförmig, 12–13 mm hoch, mit Ausnahme der obersten Windungen deutlich erkennbar gerippt; sehr schwer von einigen verwandten Arten zu unterscheiden.
Vorkommen: In Wäldern des mittleren und südlichen D weit verbreitet und meist häufig, im norddeutschen Flachland fast fehlend.
Wissenswertes: Die G. S. besitzt wie alle Schließmundschnecken an ihrem Fuß ein sehr kompliziert geformtes Kalkplättchen, das Clausilium, das beim Rückzug ins Gehäuse dieses verschließt. Die am Rand eingekerbte Form entspricht dabei einem artspezifischen Muster aus Lamellen und Falten im Innern der mündungsnahen Gehäusewand, sodass das Clausilium eine sehr solide Verriegelung des Eingangs sicherstellt. Auf diese Weise wird z. B. verhindert, dass Räuber über die Mündung eindringen können. Die Form des Kalkplättchens und der Lamellen bietet dabei die beste Möglichkeit, die zahlreichen einander sehr ähnlichen Arten von Schließmundschnecken zu unterscheiden.

Märzenschnecke *Zebrina detrita*

VIELFRASSSCHNECKEN

Merkmale: Gehäuse schmal eiförmig mit stumpfer Spitze, ziemlich festwandig und 16–30 mm hoch; Färbung reinweiß mit einem sehr variablen, dunklen Streifenmuster, das auch fehlen kann.
Vorkommen: An trockenen, warmen Orten, besonders auf Trockenrasen und in Felsgebieten; stellenweise ziemlich häufig.
Wissenswertes: Die M. kommt oft zusammen mit den Heideschnecken (⇨ S. 424) vor und klebt sich wie diese bei Trockenheit an Pflanzen fest. Sie teilt sich mit diesen auch die Rolle als Zwischenwirt des Kleinen Leberegels (*Dicrocoelium dendriticum*), der als Parasit in den Gallengängen von Schafen und Rindern, gelegentlich aber auch beim Menschen vorkommen kann. Die Larven entwickeln sich im Darm der Schnecke und werden später von dieser in einem Schleimballen ausgestoßen. Letzterer wird von Ameisen gefressen, die dann durch den Parasiten dazu gebracht werden, sich an einem Grashalm festzubeißen. Hier werden sie dann vom Endwirt mit dem Gras verzehrt.

Rote Wegschnecke *Arion rufus*

WEGSCHNECKEN

Merkmale: Körperlänge 12–15 cm, Färbung orangerot, braun oder schwarz; Schale vollkommen zurückgebildet, als Rest des gewundenen Eingeweidesacks der Gehäuseschnecken vorn mit einem Mantelschild, in dessen vorderer Hälfte auf der rechten Körperseite das Atemloch.
Vorkommen: Vorwiegend in Wäldern und anderem naturnahen Gelände, weniger im Kulturgelände, in den meisten Gegenden häufig.
Wissenswertes: Die R. W. wird nur etwa 1 Jahr alt. Die Tiere paaren sich von Hochsommer bis in den Herbst. Dabei umschlingen sie sich halbkreisförmig, stülpen ihre volumniösen, weißen Geschlechtsvorhöfe aus und übertragen wechselweise eine Samenkapsel. Sie sterben dann kurz nach der Eiablage. In der letzten Zeit wird die R. W. mehr und mehr durch die nur nach dem Bau der Geschlechtsorgane sicher unterscheidbare Spanische Wegschnecke *(Arion lusitanicus)* verdrängt, die aber fast nur im Kulturgelände auftritt und z. B. in Gärten sehr lästig und schädlich werden kann.

Schwarzer Schnegel *Limax cinereoniger*

GROSSSCHNEGEL

Merkmale: Körperlänge 15–20 cm, manchmal auch darüber, graubraun mit dunkleren Streifen oder ganz schwarz, Kriechsohle in der Mitte hell, außen scharf abgesetzt dunkel, Rücken im hinteren Körperabschnitt mit deutlichem Längskiel, Atemloch hinter der Mitte des Mantelschildes.
Vorkommen: In Wäldern überall ziemlich häufig, nicht dagegen in Kulturgelände; in fast ganz EU außer dem äußersten S und N-Skandinavien.
Wissenswertes: Der S. S. ernährt sich vor allem von Algen und Pilzen und tritt damit kaum schädlich in Erscheinung. Er trägt unter seinem Mantelschild noch einen eiförmigen, etwa 5 mm langen Schalenrest. Dieser gibt einen deutlichen Hinweis darauf, dass Nacktschnecken von ursprünglich Schalen tragenden Schnecken abstammen, bei denen die Schale zunächst von Teilen des Weichkörpers überzogen und dann immer weiter reduziert wurde. Am Ende dieser Entwicklungsreihe stehen die Wegschnecken, bei denen auch Reste von Schalen vollkommen fehlen können.

Bachplanarie *Dugesia gonocephala*

PLATTWÜRMER

Merkmale: Abgeflachter, graubrauner bis brauner Wurm mit hellerem Bauch, Körperlänge bis 25 mm; Kopf zugespitzt, mit dreieckigen Seitenlappen, dadurch insgesamt pfeilspitzenförmig, Augen groß, mit hellem Hof; ganzjährig ausgewachsen.
Vorkommen: Kalte, klare Bergbäche mit starker Strömung, empfindlich gegen Gewässerverunreinigung; in den Mittelgebirgen und Alpen weit verbreitet, gebietsweise häufig.
Wissenswertes: Die Mundöffnung der B. befindet sich auf der Bauchseite etwa in der Mitte des Körpers. Von hier zieht ein Ast des verzweigten Darmsystems nach vorn, zwei weitere nach hinten. Die Art ernährt sich von kleineren Wassertieren, z. B. Kleinkrebsen, Würmern und Insektenlarven, die mit dem rüsselartig vorstülpbaren Schlund ergriffen und verschlungen werden. Sie besitzt eine sehr hohe Fähigkeit zur Regeneration. Selbst kleine Stücke können wieder zu vollständigen Tieren heranwachsen. Die Eier werden in dunkelbraunen, kugeligen Kapseln an Steinen abgelegt.

Gewöhnlicher Regenwurm *Lumbricus terrestris*

RINGELWÜRMER

Merkmale: Körperlänge 9–30 cm; aus 110–180 ziemlich gleichförmigen Ringen zusammengesetzt; sattelförmige Verdickung (Clitellum) im Bereich der Ringe 32–37.
Vorkommen: Vor allem in lehmigen Böden weit verbreitet und fast überall häufig.
Wissenswertes: Der G. R. lebt in einem bis in etwa 2 m Tiefe reichenden Gangsystem, aus dem er nachts, bei feuchter Witterung manchmal auch tagsüber, mit dem Vorderende hervorkommt, um Blätter und andere pflanzliche Reste als Nahrung in den Erdboden hinabzuziehen. Durch den Abbau von Falllaub und durch seine Grabtätigkeit trägt er wesentlich zur Humusbildung und Auflockerung des Bodens bei. Zur Eiablage wird vom Clitellum ein erhärtender Schleimgürtel gebildet, der nach vorn geschoben wird. Aus der weiblichen Geschlechtsöffnung (Segment 15) wird meist nur ein Ei in diesen Gürtel hineingelegt, das beim Vorbeigleiten an den Samentaschen (Segment 9 und 10) befruchtet wird.

Bernsteinschnecken-Saugwurm *Leucochloridium paradoxum*

Merkmale: Als Parasit im Körper der Bernsteinschnecke (⇨ S. 424) lebender Plattwurm; bildet weiß-grün oder weiß-braun geringelte Schläuche von etwa 10 mm Länge, die über ein System von Wurzelfäden miteinander in Verbindung stehen. Diese Fäden umspinnen alle inneren Organe der Schnecke, besonders die Leber; erscheint V–VIII.
Vorkommen: An Gewässerufern und in feuchten Wäldern; nicht häufig.
Wissenswertes: Der B. ist das Entwicklungsstadium eines Saugwurms, der im Darm von Vögeln lebt. Die geringelten Schläuche wandern in die Fühler der Schnecke und führen dort pulsierende Bewegungen aus. Pickt ein Vogel nach der vermeintlichen Beute, platzt der Fühler, der Schlauch gleitet heraus und wird verschlungen. Damit nimmt der Vogel die in diesem Schlauch enthaltenen Wurmlarven auf und infiziert sich so mit den Darmparasiten. Die von letzteren abgegebenen Eier kommen mit dem Vogelkot auf Blätter, die ihrerseits von den Schnecken gefressen werden.

Schlamm-Röhrenwurm *Tubifex* sp.

RINGELWÜRMER

Merkmale: 15–50 mm langer, rötlich gefärbter, ziemlich dünner Ringelwurm, im vorderen Abschnitt mit gürtelartigem Wulst (Clitellum). Mehrere schwer unterscheidbare Arten.
Vorkommen: In stehenden und fließenden Gewässern aller Art, auch in stark verschmutzten; überall häufig.
Wissenswertes: Der S. lebt in einem senkrechten Gang im Sand- oder Schlammboden des Gewässers und führt mit dem herausragenden Hinterende pendelnde Bewegung aus, durch die frisches Atemwasser herbeigestrudelt wird. Er frisst Schlammteile und nimmt dabei auch pflanzliche und tierische Abfälle auf. Die Eiablage erfolgt wie beim Regenwurm in einen vom Clitellum abgeschiedenen Sekretgürtel, aus dem sich der Wurm nach rückwärts herausschiebt. Anschließend ziehen sich die freien Ränder dieser Manschette zusammen, sodass ein 1–1,5 mm langer Kokon mit zitronenartiger Form entsteht. Der anspruchslose Wurm wird auch als Zierfischfutter gezüchtet.

Medizinischer Blutegel
Hirudo medicinalis RINGELWÜRMER

Merkmale: Körperlänge 10–15 cm; Färbung dunkelgrün mit 6 roten Längsbinden oder Fleckenreihen, Kopf nicht deutlich abgesetzt, mit 10 kleinen Augen, die oben an den Seiten der vorderen Segmente liegen, Vorder- und Hinterende unten mit einem Saugnapf.
Vorkommen: In moorigen Gewässern, auch in Überschwemmungstümpeln und pflanzenreichen Seen, v. a. im nördlichen D; fast überall selten geworden.
Wissenswertes: Der M. B. ernährt sich als Jungtier von anderen Wassertieren und saugt später Blut bei Fischen und Amphibien. Erwachsene Egel leben ausschließlich von Säugerblut. Sie schneiden mit ihren 3 scheibenförmigen, gesägten Kiefern einen y-förmigen Schlitz in die Haut und träufeln darauf Hirudin, ein gerinnungshemmendes Sekret ihrer Speicheldrüsen. Beim Saugakt werden 10–15 ml Blut aufgenommen; anschließend fließen noch 20–50 ml Blut aus der Wunde. Nach einer Mahlzeit vermag der M. B. bis zu 2 Jahre zu hungern. Er kann etwa 20 Jahre alt werden. **§!**

Fischegel *Piscicola geometra*
RINGELWÜRMER

Merkmale: Sehr schlanker, bis 10 cm langer Egel; Körperquerschnitt rund, Saugnäpfe deutlich breiter als der angrenzende Körperabschnitt, Färbung hell grünlich oder gelblich, mit schwarzen oder braunen Flecken kontrastreich gescheckt, 4 längliche Augen oben auf der vorderen Saugscheibe, in einem schräg gestellten Quadrat angeordnet.
Vorkommen: In pflanzenreichen Bächen, Flüssen, Teichen und Seen; fast überall häufig.
Wissenswertes: Der F. saugt Blut von Fischen. In Ruhephasen heftet er sich mit dem hinteren Saugnapf an Wasserpflanzen. Sein Körper hängt dabei nach unten herab. Sobald aber der Schatten oder die Wasserbewegung eines vorbeischwimmenden Fisches auf ihn trifft, führt er mit seinem Körper kreisende Suchbewegungen aus, bis sein Mundsaugnapf das Opfer ertastet hat und der Egel übersteigen kann. Anschließend bleibt er einige Tage oder Wochen lang auf seinem Wirt. Bei starkem Besatz mit Fischegeln können die befallenen Fische zugrunde gehen.

Pferdeegel *Haemopis sanguisuga*
RINGELWÜRMER

Merkmale: Körperlänge 6–10 cm; Färbung dunkelbraun bis schiefergrau oder schwarz, manchmal mit hellem Seitenband, sonst ohne auffallende Zeichnungen, Augen wie beim Medizinischen Blutegel in 5 Paaren an den Seiten der vorderen Segmente.
Vorkommen: In stehenden und langsam fließenden Gewässern, z. B. in Teichen, Gräben oder Quelltümpeln; überall ziemlich häufig.
Wissenswertes: Der P. hält sich oft außerhalb des Wassers unter Steinen oder Brettern verborgen. Im Wasser kann er sich (wie viele andere Egel auch) mit auf- und abwärts schlängelnden Schwimmbewegungen recht elegant fortbewegen. Er wird oft mit dem deutlich anders gezeichneten Medizinischen Blutegel verwechselt, ist aber kein Blutsauger, sondern ernährt sich räuberisch. Dabei verschlingt er andere Wassertiere wie Insektenlarven, Schnecken und Würmer, aber auch andere Egel. Gelegentlich sind seine Beutetiere größer als er selbst.

Großer Schneckenegel *Glossiphonia complanata*
RINGELWÜRMER

Merkmale: Körperlänge 15–30 mm; Körper auffallend fest und sehr flach, oberseits mit 6 Längsreihen deutlicher Warzen; Färbung grau oder grünlich, meist mit braunen und gelben Flecken bunt gezeichnet; Augen in 3 hintereinander liegenden Paaren.
Vorkommen: In stehenden und fließenden Gewässern; fast überall häufig.
Wissenswertes: Der G. S. saugt vorzugsweise an Wasserschnecken, daneben aber auch an anderen Wassertieren. Bei einer Störung rollt er sich kugelig zusammen. Die Eier werden meist auf Steinen abgelegt und anschließend von der Mutter mit ihrem Körper bedeckt. Von Zeit zu Zeit fächelt sie frisches Atemwasser herbei. Sie verlässt diesen Ort nicht und nimmt keine Nahrung zu sich. Diese Brutfürsorge ist für die Embryonen offenbar notwendig, denn Gelege ohne Muttertier gehen stets zugrunde. Nach dem Schlüpfen heften sich die Jungtiere an den Bauch ihrer Mutter und gehen mit ihr gemeinsam auf Nahrungssuche.

Kleiner Ammenwurm *Autolytus prolifer* VIELBORSTENWÜRMER

Merkmale: Bis zu 2 cm lang; Körper zart und sehr schlank, bis zu 70 einheitlich gegliederte Segmente; Kopfrücken mit je 2 Paar im Trapez angeordneten Augen und Fühlern; dazu ein Stirnfühler; Färbung milchig weiß bis gelbbraun, auch rötlich.
Vorkommen: Europäischer Atlantik, Nord- und westliche Ostsee, Mittelmeer; zwischen Algen und deren Wurzelkrallen, zuweilen auch unter Steinen und auf harten Untergründen; sehr häufig in unmittelbarer Nähe von Hydrozoen-Stöcken, an deren Polypenköpfchen sie fressen; in der unteren Gezeiten- und Dauerflutzone bis 50 m Tiefe.
Wissenswertes: Für diese Art ist ein ungeschlechtliche Fortpflanzung beobachtet worden. Hierbei bilden die erwachsenen Tiere (so genannte „Ammen") im hinteren Teil ihres Körpers Reihen von Jungtieren, die alle aneinanderhängen, sodass sich jeweils der Kopf des einen und das Schwanzende des davor liegenden treffen (Bild). Nach einiger Zeit werden die Jungwürmer abgeschnürt und ins freie Wasser entlassen.

Schwimmender Seeringelwurm *Nereis pelagica* VIELBORSTENW.

Merkmale: Bis 15 cm lang; Körper lang gestreckt, mit bis zu 100 Segmenten; an den einzelnen Gliedern jeweils 1 Paar einander ähnlicher Stummelfüße, die im oberen Bereich von einem schlanken Fühler deutlich überragt werden; am Hinterende 2 Cirren; Färbung gelb, braunrot oder grün.
Vorkommen: Europäischer Atlantik, Nord- und Ostsee, Mittelmeer; auf Weich- und Hartböden; auf Muschelbänken und Riffen Kalkröhren bauender Borstenwürmer, in den Wurzelkrallen großer Tange; von der Gezeitenzone bis in tiefere Bereiche der Dauerflutzone.
Wissenswertes: Der S. S. ernährt sich überwiegend räuberisch von kleinen Wirbellosen, verschmäht aber auch Aas und Tangreste nicht. Zur Fortpflanzungszeit vergrößern sich die hinteren Stummelfüße blattartig. Die Würmer steigen alle gemeinsam in die freie Wassersäule auf und geben dort ihre Geschlechtsprodukte ab. Über Schwimmlarven entstehen anschließend wieder junge Würmer.

Wattwurm, Pierwurm, Köderwurm *Arenicola marina* VIELBORSTENW.

Merkmale: Länge bis 30 cm; plumper Körper, geteilt in 3 Abschnitte; Kopfabschnitt aus 6 walzenförmig verbreiterten Segmenten ohne Anhänge; Mittelabschnitt (13 Segmente) etwas schlanker gebaut und mit 13 Paar mehrfach gefiederten Kiemenbüscheln; dritter Abschnitt schlank und ohne Anhänge; Färbung fleischfarben rotbraun bis fast schwarz, Jungtiere eher gelb bis rosa.
Vorkommen: Europäischer Atlantik, Nord- und Ostsee, Mittelmeer; in Sand- und Schlickböden; von der Gezeitenzone an abwärts.
Wissenswertes: Dieser Wurm gehört, wie sein Name schon andeutet, zu den Charakterformen des Wattenmeeres. Auf den freien Wattflächen kann man überall seine eigentümlichen Lebensspuren entdecken (rechtes Bild), die sich durch seine Lebensweise erklären lassen. Der W. ist ein reiner Substratfresser und lebt in einer U- bis L-förmigen Röhre, deren Schenkel bis zu 25 cm tief in den Boden hinabreichen. Er gräbt diese Röhre mithilfe seines muskulösen Kopfes, indem er diesen durch heftige peristaltische Bewegungen in den Sand hineindrückt und sich so fortschreitend durch das Sediment bohrt. Ein freigefallener W. kann sich binnen weniger Minuten unter die schützende Wattoberfläche begeben und auf diese Weise seinen Feinden entkommen.
Der W. ernährt sich als Substratfresser, indem er den nährstoffreichen Sand, der an einem der beiden Gangschenkel seiner Wohnröhre von der Wattoberfläche nach unten fällt, aufnimmt und die organischen Anteile daraus verdaut. Durch das ständige Hinabsacken von frischen Sedimenten in den Gang entsteht an der Bodenoberfläche ein charakteristischer Trichter. Den ungenießbaren Anteil des Sediments stößt der W. aus, indem er sich mit dem Hinterende den anderen Gangschenkel rückwärts hinaufschiebt und seine Kotsandstränge anschließend direkt an der Oberfläche absetzt, wo sie sich zu kleinen Häufchen ansammeln. Die Wohngänge der W. lassen sich besonders gut am Prallhang einer Prielkurve beobachten. Mit der zurückweichenden Hangfront werden regelmäßig Gänge und Tiere freigespült.

Rasenringelwurm *Pygospio elegans* VIELBORSTENWÜRMER

Merkmale: Länge bis 1,5 cm; Körper schlank, bis zu 60 Segmente, 1 Paar fühlerartig verlängerte Kopfanhänge, auf dem Kopfrücken zwischen 2 und 4 Paar Augen; jedes Segment mit 1 Paar Stummelfüßen, die auffällige, irisierende Borsten tragen; Färbung zwischen gelb, rosa und grün variierend.

Vorkommen: Europäischer Atlantik, Nord- und Ostsee, Mittelmeer; in Grobsand- und Weichböden, von der Gezeitenzone an abwärts.

Wissenswertes: Die Würmer leben in einer senkrecht im Boden sitzenden, bis zu 9 cm langen und mit einer Schleimtapete verkleideten Wohnröhre. Deren Außenseite ist mit feinen Schillpartikeln besetzt, welche zusätzliche Stabilität und Schutz verleihen. Die große Besiedlungsdichte dieser Würmer („Rasen", siehe Bild) wird deutlich, wenn durch Wasserströmungen die Sedimente umgelagert und die Wohnröhren freigespült werden. Die Würmer besitzen ein außerordentlich hohes Regenerationsvermögen. Nur wenige Segmente können bereits ein neues Individuum nachbilden.

Posthörnchenwurm *Spirorbis spirorbis* VIELBORSTENWÜRMER

Merkmale: Länge bis 6,5 mm; Körper unscheinbar, aus 35 Segmenten bestehend; am Kopf eine zweigeteilte und mehrfach gefiederte Tentakelkrone sowie ein auf einem Stiel stehender Verschlussdeckel für das Gehäuse; Wohnröhre kalkig und wie ein Posthorn aufgedreht, Farbe weißlich.

Vorkommen: Europäischer Atlantik, Nord- und westliche Ostsee, Mittelmeer; auf Algen, von der mittleren Gezeitenzone an abwärts.

Wissenswertes: Trotz ihrer geringen Größe stechen P. wegen ihrer auffälligen weißen Wohnröhren, die auf dem dunklen Algenuntergrund deutlich hervortreten, und wegen der hohen Besiedlungsdichte ins Auge. Mit ihrer blassen und dicht bewimperten Tentakelkrone, die als einziger Körperteil aus der Röhre herausschaut, erzeugen sie einen Wasserstrom und filtrieren nahrhafte Partikel und Plankton aus dem Wasser. Bei einer optischen oder mechanischen Störung klappen die Würmer ihre Tentakelkrone blitzschnell zusammen und ziehen sich vollständig in ihre Röhre zurück.

Bäumchenröhrenwurm *Lanice conchilega* VIELBORSTENWÜRMER

Merkmale: Bis zu 30 cm lang, Körper gestreckt, sich zum hinteren Ende hin verjüngend; im Kopfbereich ein Büschel aus vielen, sehr feinen und langen Tentakeln sowie 3 Paar rote, mehrfach gefiederte Kiemenbüsche; Färbung zwischen gelb, rosa und bräunlich schwankend.

Vorkommen: Europäischer Atlantik, Nord- und westliche Ostsee; in gröberen Sandböden, auf Muschelbänken und in Seegraswiesen; von der Gezeitenzone an abwärts.

Wissenswertes: Den Wurm selbst wird man als Wanderer im Freiland (besonders im Wattenmeer) fast nie zu Gesicht bekommen. Viel auffälliger ist die kräftige und deutlich über die Sedimentoberfläche hervortretende Wohnröhre, die mit zahlreichen Schillpartikeln besetzt ist und oben eine aus vielen Ästen bestehende „Bäumchenkrone" trägt. Diese wird immer quer zur Strömungsrichtung gebaut und wirkt so wie ein grobmaschiges Netz. Im Wattenmeer stehen die Röhren häufig als dichte „Rasen" beieinander.

Dreikant-Röhrenwurm *Pomatoceros triqueter* VIELBORSTENWÜRMER

Merkmale: Länge bis 2,5 cm; Körper asymmetrisch, aus ca. 100 Segmenten, Kopf mit 2 Tentakelträgern, die jeweils im Halbkreis gefiederte Äste tragen (Bild); Färbung unscheinbar gelblich, rötlich oder braun, Tentakelkrone weiß mit gelber, blauer, brauner, rosafarbener oder oranger Bänderung; Wohnröhre verkalkt, auf der Oberseite mit deutlichem Kiel; nur die Tentakelkrone und der gestielte Verschlussdeckel schauen daraus hervor.

Vorkommen: Europäischer Atlantik, Nord- und westliche Ostsee, Mittelmeer; auf Felsböden, Molenwänden, Bojen, Schiffsrümpfen, Molluskenschalen und Krebspanzern, von der unteren Gezeitenzone bis in eine Tiefe von 5000 (!) m.

Wissenswertes: An wellengeschützten Felsvorsprüngen bilden die Tiere mit ihren dicht geschichteten Kalkröhren massive Riffe, in deren Nähe sich viele weitere Tierarten ansiedeln. Die Würmer filtrieren aus dem Wasser Nahrungspartikel heraus. Bei Störungen ziehen sie sich in ihre Röhre zurück und schotten sich mit ihrem Deckelverschluss ab.

Brotkrumenschwamm
Halichondria panicea KIESELSCHWÄMME

Merkmale: Gestalt variabel, meist flache Krusten, bis 2 cm dick und 30 cm breit, aber auch aufrecht stehend als unregelmäßig gelappter Klumpen; Krustenformen mit Ausstromöffnungen in Form von flachen Kratern, in besonderen Fällen auch als schlanke Schornsteine; Konsistenz zäh und fest, erst abgestorbene Exemplare verlieren ihre Haltbarkeit und zerbröseln in der Hand wie ein vertrocknetes Brot (Name!); Färbung gelb, grau, braun, grün (manchmal auch nur partiell) oder feuerrot.
Vorkommen: Europäische Atlantikküste, Ärmelkanal, Nord- und westliche Ostsee, Mittelmeer; auf Felsböden, an Molenwänden, Molluskenschalen, Krebspanzern, derben Tangen und an deren Wurzelkrallen; von der Gezeitenzone an abwärts.
Wissenswertes: Der B. ist der häufigste Schwamm unserer Küsten, besonders rund um Helgoland. Sein ärgster Feind ist die Meerzitrone (⇨ S. 418), die ihn trotz abwehrender Schwefelsäure mit ihrer Raspelzunge von der Oberfläche her flächendeckend auffrisst.

Geweihschwamm *Spongilla lacustris*
SÜSSWASSERSCHWÄMME

Merkmale: Bildet grüne, gelbliche oder graue Überzüge auf Wasserpflanzen, Baumwurzeln und anderen untergetauchten Gegenständen, in ruhigem Wasser mit mehr oder weniger deutlichen, geweihförmigen Auswüchsen.
Vorkommen: In stehenden und langsam fließenden Gewässern nicht selten, besonders an Ausflüssen von Seen.
Wissenswertes: Der G. ernährt sich strudelnd von Schwebstoffen. Im Herbst bildet er zahlreiche, etwa 1 mm große, mit einer festen Schale umhüllte Dauerstadien, die Gemmulae, und stirbt danach ab. Die Gemmulae überwintern und keimen im Frühjahr zu neuen Schwämmen aus. Daneben vermehrt er sich auch geschlechtlich: Im Schwammkörper gebildete Eizellen werden durch Spermien befruchtet, die von anderen Schwämmen ins Wasser abgegeben und dann eingestrudelt werden. Die Eizellen entwickeln sich zu schwimmfähigen Larven, die vom Schwamm ausgestoßen werden, sich an einer Unterlage festsetzen und neue Schwämme bilden.

Bohrschwamm *Cliona celata*
KALKSCHWÄMME

Merkmale: Bohrt in verschiedenen Substraten und ist daher kaum zu sehen; im Lebendzustand lediglich durch 3 mm breite Papillen erkennbar, die unregelmäßig zueinander stehen und die Verbindung zur Außenwelt herstellen; eigentlicher Körper als weit verzweigtes Röhren-Schwammgeflecht durch das befallene Substrat ziehend; Farbe der Papillen gelb, grün, blau oder braun.
Vorkommen: Europäische Atlantikküsten, Nord- und westliche Ostsee, Mittelmeer; in Hartsubstraten der Dauerflutzone wie z. B. weiche Kreide oder Muschelkalk, auch in den Schalen von Mollusken (besonders Austern); befallene Gehäuse zerbröseln bei stärkerer mechanischer Beanspruchung.
Wissenswertes: Der B. besiedelt Hartsubstrate, indem er zunächst eine kleine Kammer gräbt, von der aus er netzartig miteinander verbundene Hohlräume schafft. Den Bohrvorgang bewerkstelligen dabei spezielle Ätz-Zellen, die durch bestimmte chemische Prozesse lauter winzige Substratschuppen absprengen.

Wurzelmundqualle
Rhizostoma octopus SCHIRMQUALLEN

Merkmale: Durchmesser bis 90 cm; sehr kräftiger, hoch aufgewölbter Schirm, am Rand wie ausgefranst wirkend, Färbung blassweiß bis tiefblau; 8 Mundlappen dicht beieinander stehend, mit zunehmendem Alter so sehr verwachsend, dass lediglich die unteren Bereiche noch als selbstständige Anteile erhalten bleiben.
Vorkommen: In den Küstengewässern des europäischen Atlantiks, im Ärmelkanal, in Nord- und westlicher Ostsee.
Wissenswertes: Die W. ist eine Warmwasserart, die in der Nordsee ihre nördliche Verbreitungsgrenze findet und deshalb bei uns lediglich sporadische Vorkommen hat. Werden die großen Quallen einmal angeschwemmt, so zersetzt sich der zähe, feste Körper nur sehr langsam. W. ernähren sich von tierischem und pflanzlichem Plankton. Ähnlich wie bei der Ohrenqualle (⇨ S. 438) wird dies bei Berührung der Schirm- und Mundlappenoberfläche genesselt, eingeschleimt und über Wimpernbänder in die Mundöffnungen geführt.

Kompassqualle *Chrysaora hysoscella*

SCHIRMQUALLEN

Merkmale: Runder, flacher Schirm mit fester Konsistenz, bis zu 30 cm breit; Oberfläche in der Regel mit braunrotem Muster mit strahlenförmigen Streifen (Name!), Schirm durchsichtig, blassweiß bis gelb gefärbt; auf der Unterseite mit 4 schlanken, blassbraunen Mundlappen etwa von der Länge des Schirmdurchmessers.
Vorkommen: Küstengewässer des Atlantiks, Ärmelkanal, Nordsee, Mittelmeer.
Wissenswertes: Als typische Nesselqualle ernährt sich die K. von Plankton. Ihre Nesselfäden sind für den Menschen nicht gefährlich. Die kleinen Polypen ähneln sehr denen der Ohrenqualle. Die Quallen machen in ihrer Entwicklung einen Geschlechtswandel durch. Sie entwickeln sich zunächst als ♂, werden dann zwittrig und produzieren schließlich nur noch Eier. Berühmt geworden ist die K. auch als Wappentier: Sie schmückt das Emblem der weltbekannten Biologischen Anstalt Helgoland, eines der weltweit ältesten Meeresbiologischen Institute.

Gelbe Haarqualle, Nesselqualle *Cyanea capillata*

SCHIRMQU.

Merkmale: Schirm rund, flach, bis zu 50 cm breit, meist aber deutlich kleiner, in der Konsistenz weich, ähnlich einem weichen Pudding; Schirmrand von 32 Lappen umstanden, vom Rand auch zahlreiche, zu 8 Gruppen zusammengefasste Randtentakel ausgehend; in der Mitte 4 krausenartig verlängerte Mundlappen herabhängend; Farbvariationen von hellgelb über orange bis tiefrot.
Vorkommen: Küstengewässer des europäischen Atlantiks, Ärmelkanal, Nord- u. westliche Ostsee.
Wissenswertes: Die langen, schlanken Tentakel enthalten dicht gepackte Nesselkapsel-Batterien, die mühelos auch die menschliche Haut durchstoßen und schwere Verbrennungen hervorrufen (Name!). Die mehrere Meter langen Tentakel sind im Wasser nicht sichtbar und für den Schwimmer eine trügerische Falle. Auch frisch angespülte Exemplare nesseln noch und sollten deshalb nicht berührt werden. Die Quallen ernähren sich von größeren Planktonorganismen und kleinen Fischen, die sie mit ihren Nesselfäden einfangen.

Ohrenqualle *Aurelia aurita*

SCHIRMQUALLEN

Merkmale: Schirm relativ fest, farblos mattglasig, bis zu 40 cm breit, meist jedoch kleiner; durch den Schirm 4 ohrenförmige, bei ♂ weiß bis orangefarbene, bei ♀ rotviolette Geschlechtsknospen hindurchschimmernd; Schirmrand in 32 Lappen geteilt, die von kleinen Tentakeln gesäumt sind.
Vorkommen: Küstengewässer des europäischen Atlantiks, Ärmelkanal, Nord- u. westliche Ostsee.
Wissenswertes: Die O. ist die häufigste große Qualle unserer heimischen Gewässer. Im Sommer wird sie nach Stürmen in großer Zahl an die Strände angespült. Ihre Nesselkapseln vermögen die menschliche Haut nicht zu durchstoßen und rufen deshalb keine Verbrennungen hervor. Im Flachwasser lebt die unscheinbare Polypengeneration auf festem Boden. Die kleinen, weißlich bis rosa gefärbten Polypen stehen meist in kleinen Gruppen zusammen. Die Nahrung der O. besteht fast nur aus pflanzlichem und tierischem Mikroplankton, das zuerst genesselt und eingeschleimt, dann in die Mundöffnungen gestrudelt wird.

Pferdeaktinie, Pferderose *Actinia equina*

BLUMENTIERE

Merkmale: Höhe bis 6 cm, meist aber deutlich kleiner; Körper ein breiter Zylinder, um das Mundfeld herum bis zu 200 schlanke, in 6 Reihen angeordnete und vollständig rückziehbare Tentakel; rund um die Fangarme ein ausgebreiteter Kragen, der an der Innenseite eine Reihe tiefblauer bis violetter Randsäckchen verdeckt; Färbung je nach Variation olivgrün, rot (Bild) oder bei der Erdbeer-Varietät mit gelben bis grünen Punkten übersät.
Vorkommen: Europäischer Atlantik, Nord- und westliche Ostsee, Mittelmeer; in Gezeitentümpeln und der Flachwasserzone felsiger Meeresküsten, an Hafenmolen, auf Muschel- und Krebspanzern.
Wissenswertes: Die P. ist geradezu spezialisiert auf den ständigen Wechsel zwischen Wasserbedeckung und der Gefahr auszutrocknen. Sobald sie frei fällt, zieht sie ihre Arme zurück und erscheint dann als schleimiger Klumpen, der fest am Untergrund klebt. Sobald das Wasser jedoch zurückgekehrt ist, streckt die P. ihre Tentakel wieder aus und fängt damit kleine Krebse und Fische.

Wachsrose *Anemonia viridis*

BLUMENTIERE

Merkmale: Körper ein gedrungener Zylinder, bis 7 cm hoch; rund um die Mundscheibe bis zu 200 Fangarme; Durchmesser der Tentakelkrone bis 18 cm; bei Berührung stark nesselnd, hautempfindliche Menschen können Verbrennungen davontragen; Färbung je nach Standort blassgrau bis tiefgrün, Tentakelspitzen meist violett.

Vorkommen: Europäischer Atlantik, in der Nordsee nur sporadisch und dann lokal eng begrenzt, Mittelmeer; von Gezeitentümpeln bis obere Dauerflutzone (bis ca. 6 m Tiefe, je nach Wassertrübung), in Gruppen zusammenstehend.

Wissenswertes: Die W. ernährt sich einerseits, indem sie mit ihren Tentakeln Fische und Krebse fängt. Andererseits lagert sie in die Körperwand symbiontische Algen ein, mit denen sie einen Stoffaustausch eingeht. Die W. versorgt die Algen mit Kohlendioxid und Stickstoffverbindungen aus ihrem Stoffwechsel, während die Algen mithilfe des Lichts Kohlenhydrate, Fette und Eiweiße aufbauen und diese direkt an ihren Wirt weitergeben.

Seestachelbeere *Pleurobrachia pileus*

RIPPENQUALLEN

Merkmale: Körperlänge bis zu 3 cm, im Lebendzustand farblos und durchsichtig; in der Form an eine Stachelbeere erinnernd, Außenseite mit 8 Rippen, die vom Scheitelpol bis in unmittelbare Nähe der Mundregion führen und mit dichten Wimpernbändern besetzt sind; an den Seiten 1 Paar großer Tentakeltaschen, aus der lange, schlanke und mehrfach gefiederte Fangarme herausgezogen und im freien Wasser wie Netze ausgebreitet werden.

Vorkommen: Europäischer Atlantik, Nord- und Ostsee; offenes Meer und Küstengewässer, durch großräumige Strömungen auch verdriftet.

Wissenswertes: S. ernähren sich mithilfe ihrer großen Tentakel, deren lange Fiedern sie wie Netze in die Strömung halten. Vorbeiziehende Ruderfußkrebse werden mit Klebzellen festgehalten und der Tentakel schließlich insgesamt am Mund „abgewischt“. Ihre größte Häufigkeit erreichen die S. im Sommer, kurz nachdem die Planktonkrebse ebenfalls in ihrer größten saisonalen Populationsdichte auftreten.

Gestielter Süßwasserpolyp *Pelmatohydra oligactis*

NESSELTIERE

Merkmale: Körper rötlich grau, schlauchförmig, unten in einen Stiel verschmälert, 1–3 cm lang und ca. 1 mm dick, oben mit durchschnittlich 6 feinen Tentakeln.

Vorkommen: Stehende und langsam fließende Gewässer, ziemlich häufig.

Wissenswertes: Der G. S. heftet sich mit seinem Stiel an Steine oder Wasserpflanzen. Er besitzt auf seinen Tentakeln zahlreiche winzige Nesselkapseln, die bei Berührung explodieren und ein kleines Beutetier (etwa einen Wasserfloh) durch ihr Gift betäuben können. Die Beute wird durch die zwischen den Ansatzstellen der Tentakeln liegende Mundöffnung aufgenommen und im schlauchförmigen Körperhohlraum verdaut. Die Fortpflanzung erfolgt vor allem durch seitliche Knospenbildung. Die Knospen lösen sich später ab und entwickeln sich zu eigenständigen Polypen. Zur geschlechtlichen Fortpflanzung können in seitlichen Anschwellungen Samen- und Eizellen gebildet werden.

Flache Seerinde *Membranipora membranacea*

MOOSTIERCHEN

Merkmale: Bildet großflächige, schmutzig weiße Krustenüberzüge auf großen Tangen; Einzeltiere bis ca. 0,3 mm lang, flach gebaut und streng rechteckig geformt; durch regelmäßige Anordnung der einzelnen Wohngehäuse hat die Kolonie das Aussehen einer gleichmäßigen Gitterskulptur, Oberseite der einzelnen Gehäuse lediglich durch eine durchsichtige Membran geschützt; in einigen Kolonien auch umgewandelte Tiere vertreten, die als Turmzellen bezeichnet werden.

Vorkommen: Europäischer Atlantik, Ärmelkanal, Nord- und Ostsee, Mittelmeer; auf großen, flächigen Algen, im Tanggürtel der Dauerflutzone, somit meist zwischen 3 und 20 m Wassertiefe.

Wissenswertes: Die F. S. bildet auffällige Kolonien von bis zu 30 cm Länge. Diese können bis zu mehrere mm pro Tag wachsen. Häufig überziehen sie fast vollständig große Teile der Wirtsalgen. Diese entledigen sich ihrer „Gäste“, indem sie einmal im Jahr ein neues Blatt bilden und das alte „Laub“ samt den Moostierchen abwerfen.

Pflanzen und Pilze

Weiß-Tanne *Abies alba*

KIEFERNGEWÄCHSE

Merkmale: Immergrüner Nadelbaum mit geradem, kräftigem Stamm, bis 50 m hoch; Krone in der Jugend kegelförmig, im Alter eher abgeflacht, bei frei stehenden Exemplaren bis zum Grund beastet; Äste fast waagrecht oder leicht hängend, nur in der Wipfelregion steil aufrecht.

Nadeln bis zu 3 cm lang, abgeflacht, biegsam, stumpf, oberseits dunkelgrün, auf der Unterseite mit zwei hellen Streifen (Spaltöffnungsreihen), meist 2-zeilig gescheitelt, sitzen den Zweigen mit einem rundlichen Fuß an, Lebensdauer ungefähr 8–10 Jahre.

Blüten einhäusig verteilt; nur im obersten Kronenteil an 2-jährigen Zweigen; Knospen rötlich braun gefärbt, nicht harzend; Blütezeit IV–V.

Zapfen aufrecht, bis 10 cm lang, anfangs grünlich, zur Reifezeit blassbraun. Die Schuppen lösen sich einzeln von der Spindel ab, sodass man niemals vollständige Zapfen unter den Bäumen findet.

Standort: Wichtiger Waldbaum, in Höhen zwischen 400–1000 m zusammen mit Buche, Berg-Ahorn, Wald-Kiefer und Fichte, oft bestandsbildend im Tannen-Buchen-Mischwald bzw. im Tannen-Fichtenwald des Berglands, nur selten in Reinbeständen. Selten als Ziergehölz gepflanzt.

Verbreitung: Heimisch von den Pyrenäen über das französische Zentralmassiv, die Vogesen, den Schwarzwald und die Alpen (mit Ausnahme der Zentralalpen) bis zu den Karpaten und auf die Balkan-Halbinsel in großen, inselartigen Vorkommen, außerdem in einem kleinen Gebiet auf Korsika und im nördlichen Apennin; außerhalb des natürlichen Verbreitungsgebiets auch forstlich kultiviert, jedoch wenig widerstandsfähig gegen Luftschadstoffe, Schädlinge und Klimastress.

Wissenswertes: Tannenholz harzt nicht, ist sehr hell und schwindet beim Trocknen nur wenig. Deshalb stellt es ein ideales Konstruktionsholz dar und wird vielfach auch für den Bau von Musikinstrumenten verwendet, beispielsweise für Orgelpfeifen oder Saiteninstrumente. An den Beständen der W., vor allem denen des Schwarzwalds, wurde man in den 1970er-Jahren erstmals auf (neuartige) Waldschäden und das Phänomen des Baumsterbens aufmerksam, da diese Art gegen Rauchgase und andere Schadstoffe aus der Luft außerordentlich empfindlich ist. W. werden an ihrem natürlichen Standort bis zu 600 Jahre alt und gehören zu den imposantesten heimischen Baumarten – das höchste je vermessene Exemplar maß knapp 70 m.

Die Umgangssprache trennt in der Regel nicht streng zwischen Tanne und Fichte, obwohl die botanischen Unterschiede erheblich sind. Meist wird die Bezeichnung Tanne sogar als Typbegriff für Tannen- und Fichtenarten verwendet. So genannter Tannenhonig geht auf die zuckerreichen, von Bienen eingesammelten Ausscheidungen von Blattläusen zurück, die an den Zweigen und Nadeln dieser Bäume saugen.

Edel-Tanne *Abies procera*

KIEFERNGEWÄCHSE

Merkmale: Immergrüner Nadelbaum bis 60 m Höhe, mit kegel- bis säulenförmiger Krone; Rinde anfangs glatt silbrig grau, später rissig und graubraun.

Nadeln 2–3,5 cm lang, stumpf, dicht spiralig, aufwärts gekrümmt, gescheitelt; grüngrau bis dunkelgrün, beidseits mit hellen Spaltöffnungsbändern.

♂ Blüten anfangs karminrot gefärbt, später zunehmend gelb; Blütezeit V–VI.

Zapfen groß, senkrecht auf stärkeren Ästen im Innern der Krone stehend; in der Reife hellbraun, mit helleren, weit herausragenden, zurückgebogenen Deckschuppen.

Standort: Feuchte Bergwälder in Höhenlagen zwischen 900 und 1800 m.

Verbreitung: Küstengebirge des westlichen N-Amerikas von Washington bis N-Kalifornien.

Wissenswertes: In M.-EU wird die E. selten forstlich, dagegen häufiger als dekoratives Parkgehölz verwendet. Besonders verbreitet ist die mit kräftig blaugrünen Nadeln ausgestattete ‚Glauca'-Form. Die E. entwickelt die größten Zapfen aller Tannen, die zudem durch die weit zwischen den massiven Samenschuppen herausragenden Deckschuppen auffallen. In ihrer Heimat wird diese Art über 600 Jahre alt. Die umgangssprachlich und v. a. auf Weihnachtsmärkten oft als „Edeltanne" bezeichneten Bäume sind selten diese Art, sondern meist blaugrüne Gartenformen versch. Fichten-Arten.

♀

♂

Zapfen-Spindeln

Nordmann-Tanne *Abies nordmanniana*

KIEFERNGEWÄCHSE

Aufrechter Zapfen am Zweig

Merkmale: Immergrüner, bis zu 60 m hoher Nadelbaum mit anfangs schmaler, kegelförmiger, später zunehmend säuliger Krone, aber fast immer spitzem Wipfel; obere Äste weniger steil als bei Weiß-Tanne; Stamm bis über 1 m dick mit dunkler Plattenborke.

Nadeln 2–3 cm lang, vorn gerundet oder gering ausgerandet, oberseits gefurcht und glänzend dunkelgrün, unterseits mit 2 weißen Spaltöffnungsbändern; mit rundlichen Haftscheiben an den Zweigen stehend, schraubig oder undeutlich 2-zeilig angeordnet; beim Zerreiben angenehm duftend.

Blütenknospen nicht harzend; Blütezeit IV–V.

Zapfen zylindrisch, bis 5 cm breit und 20 cm lang, harzig, lange Zeit grünlich, reif mittelbraun; dünne, zipfelige Deckschuppen zwischen den dickeren Samenschuppen vorragend, zurückgeschlagen; Zapfenreife X.

Standort: In Bergwäldern zwischen 900–2000 m Höhe auf feuchten, aber nicht staunassen Böden in Reinbeständen oder zusammen mit anderen Nadel- sowie Laubbaumarten.

Verbreitung: Wichtiger Waldbaum in der nordöstlichen Türkei und im westlichen Kaukasus; in M.-EU zunehmend in Forstkulturen oder als dekorativer Parkbaum angepflanzt.

Wissenswertes: Die nach ihrem Hauptverbreitungsgebiet auch als Kaukasus-Tanne bezeichnete Art wurde um 1840 von dem finnischen Botaniker A. Nordmann entdeckt und zunächst in England kultiviert. Die stattlichen Bäume, die in M.-EU als Parkgehölz oder in Forstkulturen allerdings die 30 m-Marke bisher nicht überschritten haben, sind als Weihnachtsbäume sehr beliebt, da sie das Trockenklima warmer Wohnstuben deutlich besser vertragen als die heimischen Fichten.

Riesen-Tanne *Abies grandis*

KIEFERNGEWÄCHSE

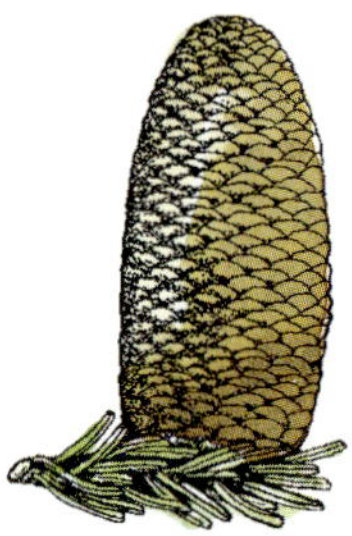

Merkmale: Immergrüner Nadelbaum bis 50 m Höhe, mit schlanker, kegelförmiger Krone und spitzem Wipfel; Äste quirlartig am Stamm angeordnet, waagrecht abstehend, im Alter leicht hängend.

Nadeln mittel- bis dunkelgrün, 2–6 cm lang, flach, schraubig gestellt, regelmäßig 2-zeilig gescheitelt, zweigoberseits kürzer als -unterseits.

Blütenknospen schwach harzend; Blütezeit IV–V.

Zapfen bis zu 4 cm breit und 10 cm lang, Deckschuppen von außen nicht erkennbar.

Standort: In Reinbeständen oder zusammen mit anderen Nadelbaumarten von der Küstenregion bis in Höhenlagen um 1500 m.

Verbreitung: Die Heimat der R. sind die Nadelwälder des westlichen N-Amerikas, vor allem auf Vancouver-Island und im Küstengebirge von British Columbia bis NW-Kalifornien. 1830 kam sie erstmals nach EU, wo sie seither stellenweise forstlich oder als Parkgehölz verwendet wird.

Wissenswertes: Die R. trägt ihren Namen zu Recht, denn sie ist die größte Art ihrer Gattung. In ihrer Heimat erreicht sie knapp 100 m Höhe. Solche Exemplare sind heute jedoch sehr selten und fast nur noch in Nationalparken anzutreffen. Die in M.-EU kultivierten Bäume weisen (bisher) höchstens etwa die Hälfte dieser Wuchshöhe auf. Bemerkenswert ist die dicke, dunkel braungraue, bei alten Bäumen tief gefurchte und in kleine Schuppen aufgelöste Borke. Die recht weichen Nadeln, die am Rand leicht nach unten eingerollt sein können, verströmen beim Zerreiben einen angenehm aromatischen Duft. Angesichts der Größe des Baums bleiben die Zapfen mit ihren 6–8 (10) cm Länge relativ klein. Wie alle Tannen ist auch diese Art einhäusig, d. h., ♂ Blüten und ♀ Blütenstände entwickeln sich auf der gleichen Pflanze. Üblicherweise treten sie jedoch nur im oberen Kronenteil auf, sodass man sie fast nur mit dem Fernglas erkennen kann.

Gewöhnliche Fichte *Picea abies*

Blütenstandsknospen, ♀

Merkmale: Immergrüner Nadelbaum, meist 30–50, ausnahmsweise bis 70 m hoch, mit regelmäßiger Krone und meist hängenden Ästen; Rinde kupferfarben bräunlich, fein geschuppt, löst sich nur wenig vom Stamm ab.
Nadeln 1–2,5 cm lang, starr, spitz, dunkelgrün, schraubig gestellt und meist wenig gescheitelt, im Querschnitt 4-kantig, allseits mit einem feinen, hellen Spaltöffnungsband.
♂ Blüten über die ganze Krone verteilt, erst rot, später gelb; ♀ Blütenstände nur im oberen Kronenbereich, rötlich, stehend; Blütezeit IV–V.
Zapfen hellbraun, herabhängend, bis 15 cm lang.
Standort: An Stellen mit lockerem, humosem, winterkaltem Boden in feuchtem Klima, oft in Reinbeständen oder in gemischten Gesellschaften; Flachwurzler; wichtiger Rohhumusbildner.
Verbreitung: In mehreren Formen von M.-EU bis O-Asien; europäische Rasse im Alpen- und Voralpenraum, Schwarzwald, Harz, Thüringer Wald, Schweizer Jura und Bayerischen Wald sowie in den Karpaten, in Skandinavien und N-Russland beheimatet. Durch forstlichen Anbau ist die G. F. heute auch weit außerhalb ihres natürlichen Areals verbreitet.
Wissenswertes: Die wegen ihrer kupferbraunen Rinde auch Rot-Fichte oder „Rottanne" genannte Art ist heute in M.-EU der am weitesten verbreitete und mit Abstand häufigste Baum sowie einer der wichtigsten Nutzholzlieferanten. Als relativ anspruchslose Art gedeiht er auch auf verarmten Böden. Seine weite Verbreitung verdankt er den umfangreichen Aufforstungen, die man im frühen 18. Jh. auch in den nördlichen Mittelgebirgen unternahm, um die durch Übernutzung ruinierten Wälder durch neue Bestände zu ersetzen. Das helle Fichtenholz verwendet man häufig im Haus- und Möbelbau, die Abfälle für Spanplatten sowie zur Zellstoffgewinnung für die Papierindustrie.
Die G. F. wird meist um die 200 Jahre, in den Alpen auch bis zu 400 Jahre alt. Mit teilweise über 50 m Wuchshöhe gehört sie zu den höchsten heimischen Baumarten. Im O ihres natürlichen Verbreitungsgebiets wird sie von der sehr ähnlichen **Orient-** oder **Kaukasus-Fichte** *Picea orientalis* abgelöst.
Nach dem Abnadeln bleiben bei den Fichten im Unterschied zu den Tannen immer winzige, vorragende Schuppen stehen, sodass sich die kahlen Zweige rau wie eine Feile anfühlen.
Der Fichtenzapfen ist nichts anderes als ein weiblicher Blütenstand. Jede Einzelblüte besteht aus einem flachen Fruchtblatt, das später zur kompakten Samenschuppe verholzt, sowie aus ihrem häutig bleibenden Tragblatt, der Deckschuppe. Sowohl bei den Fichten wie bei den Tannen sind die beiden auch im Reifezustand gut voneinander zu unterscheiden, während sie bei anderen Nadelhölzern (z. B. Kiefern) zu einer einheitlichen Zapfenschuppe verwachsen. Die ausgesprochen fettreichen Samen, die sich aus den Zapfen lösen und mit ihrem häutigen Flügel als Drehschraubenflieger langsam zu Boden sinken, sodass der Wind sie weit verfrachten kann, stellen eine wichtige Nahrung für Waldtiere dar.

Serbische Fichte *Picea omorika*

KIEFERNGEWÄCHSE

Merkmale: Immergrüner, bis etwa 30 m hoher Nadelbaum mit auffallend schlanker, spitzer Krone. Rinde braunorange, fein schuppig gefeldert.
Nadeln flach, 1–2 cm lang, biegsam, spitz, schraubig um die Triebachse gestellt, oberseits dunkelgrün, unterseits mit 2 helleren Spaltöffnungsbändern.
♂ Blüten nur gut 1 cm groß, vor dem Stäuben karminrot, ♀ Blütenstände kaum größer, zunächst hellrot; Blütezeit V.
Zapfen 4–6 cm lang, harzig; unreif blauviolett, reif braun; Schuppen breit gerundet, zumeist dicht anliegend; Zapfenreife noch im 1. Jahr.
Standort: Sommerkühle Gebirgswälder vor allem auf Kalkböden in Höhen von 700–1400 m, oft in Mischbeständen mit Gewöhnlicher Fichte, Weiß-Tanne, verschiedenen Kiefern, Rot-Buche, Berg-Ahorn und anderen Waldbäumen.
Verbreitung: Heimisch nur in einem kleinen Gebiet zwischen Bosnien und Serbien (Tara-Gebirge) sowie in einer weiteren Verbreitungsinsel in Montenegro. Beliebtes Gartengehölz.

Kanadische Hemlock *Tsuga canadensis*

KIEFERNGEWÄCHSE

Merkmale: Immergrüner Nadelbaum bis 30 m Höhe mit unregelmäßiger, breiter Krone; Gipfeltrieb leicht überhängend.
Nadeln flach, zur Spitze verschmälert, 1–2 cm lang, matt dunkelgrün, unterseits mit 2 hellen Spaltöffnungsbändern; an jeder Zweigseite in 2–3 Reihen.
Blüten einhäusig verteilt, ♂ nur 3 mm groß, grünlich gelb; ♀ etwas größer, grünlich; Blütezeit IV–V.
Zapfen eiförmig, etwa 1 cm breit und bis 2,5 cm lang, reif braun; mit wenigen Samenschuppen, Deckschuppen nicht sichtbar; reifen im 1. Jahr, fallen erst im 2. Jahr ab.
Standort: Feuchte, nährstoffreiche Lockerböden von der Ebene bis in etwa 1600 m Höhe.
Verbreitung: Ursprünglich im nordöstlichen N-Amerika von Kanada (Ontario) bis zum nördlichen Georgia; in EU nur gelegentlich forstlich, aber oft als Parkgehölz angepflanzt.
Wissenswertes: Die dekorative, schattenverträgliche K. H. erreicht in ihrer Heimat ein Alter von bis zu 1000 Jahren.

Stech-Fichte *Picea pungens*

KIEFERNGEWÄCHSE

Merkmale: Immergrüner, bis zu 30 m hoher Nadelbaum; Stämme junger Bäume unten immer schräg oder wechselnd gebogen.
Nadeln etwa 1 cm lang, sichelförmig, schraubig gestellt, 4-kantig, im Querschnitt deutlich breiter als hoch (bei der ähnlichen Sitka-Fichte quadratisch), unterseits mit etwa doppelt so vielen Spaltöffnungsbändern wie auf der Oberseite, starr, stechend spitz, bei der Wildform matt grün, bei Gartenformen bläulich weiß.
♂ Blüten gelb; ♀ in aufrechten rötlichen Zäpfchen, nur im Wipfelbereich; Blütezeit V.
Zapfen 7–11 cm lang und bis 4,5 cm dick, hängend, harzend, mit biegsamen, unregelmäßig gezähnelten Schuppen.
Standort: Gebirge, vor allem an Fließgewässern.
Verbreitung: Ursprünglich im SW von N-Amerika, heute in zahlreichen Gartenformen kultiviert.
Wissenswertes: Die helle Färbung der Gartenform, die oft als „Blaufichte" bezeichnet wird, beruht auf einer dicken Wachsauflage der Nadeln.

Küsten-Douglasie *Pseudotsuga menziesii*

KIEFERNGEWÄCHSE

Merkmale: Bis zu 50 m hoher, immergrüner Nadelbaum mit kegelförmiger, regelmäßiger Krone.
Rinde bei jüngeren Bäumen glatt, dunkel- bis grüngrau, mit waagrechten Harzblasen; bei älteren Exemplaren rissig und schwarzbraun.
Nadeln 2–4 cm lang, flach, weich, aber zäh, schlank, kaum zugespitzt, oberseits dunkelgrün, unterseits mit 2 silbrigen Spaltöffnungsreihen; beim Zerreiben nach Orangen duftend.
Blüten einhäusig verteilt; ♂ Blüten in gelblichen Zäpfchen, zu mehreren an den Zweigenden; ♀ Blüten als pinselartige Zäpfchen mit rötlichen Schuppen an den Zweigspitzen; Blütezeit V.
Zapfen hängend, 3 cm breit und bis zu 8 cm lang, in der Reife hellbraun; mit geraden, 3-zipfeligen Deckschuppen, die weit herausragen.
Standort: Nährstoffreiche, feuchte, tiefe Böden.
Verbreitung: Küstennahe Gebirge des pazifischen N-Amerikas, von British Columbia bis S-Kalifornien; in EU forstlich kultiviert sowie in Parks und Gärten als Ziergehölz angepflanzt.

Reife Zapfen

♀

Europäische Lärche *Larix decidua* KIEFERNGEWÄCHSE

Merkmale: Bis zu 40 m hoher, sommergrüner Nadelbaum mit schlanker, anfangs kegelförmiger, später säulenförmiger Krone und ziemlich dichtem, regelmäßigem Geäst; Rinde graubraun getönt, zunächst glatt, im Alter dann tief rissig geschuppt.

Nadeln weich, schlank, unterseits mit vortretender Mittelrippe, 2–3 cm lang; zu 20–40 in Kurztrieben oder einzeln und dicht an den Langtrieben stehend; im Austrieb hellgrün, später dunkler grasgrün; nicht stechend, auf der Unterseite mit 2 helleren Spaltöffnungsbändern.

Blüten einhäusig verteilt; ♂ Blüten zumeist an den 2-jährigen Kurztrieben stehend; ♀ Blütenstände aufrecht, kräftig karminrot gefärbt, erscheinen im Frühjahr bereits vor den Nadeln an mindestens 3-jährigen Kurztrieben; Blütezeit III–IV.

Zapfen bis zu 2,5 cm breit und 5 cm lang, unreif purpurn-grün, Deckschuppen nicht sichtbar, Rand der Samenschuppen wenig oder gar nicht umgebogen; bleiben mehrere Jahre an den Zweigen stehen und fallen dann mit den Zweigen ab.

Standort: Auf kalkhaltigen oder mäßig sauren Böden im winterkalten Klima nahe der Waldgrenze im Hochgebirge.

Verbreitung: Bestandsbildend oder in Mischbeständen in den Zentralalpen, den Sudeten und der Tatra, in O-Polen auch im Tiefland. Durch Forstkultur weit über das natürliche Areal hinaus überall in EU verbreitet.

Wissenswertes: Die Lärche ist der einzige heimische Nadelbaum, der nach herbstlichem Farbenzauber mit kräftigem Goldgelb seine Nadelblätter einzeln abwirft. Außer in Forstkulturen sieht man Lärchen auch sehr häufig als Parkgehölze. Sie vertragen jedoch das von Abgasen belastete Klima der Städte und Industrieregionen nicht.

Das im Kern rötliche Holz der E. L. ist sehr beständig und wurde früher viel im Wasserbau verwendet. Heute sind Lärchenholzfurniere sehr gefragt.

Japanische Lärche *Larix kaempferi* KIEFERNGEWÄCHSE

Merkmale: Sommergrüner, bis zu 40 m hoher Nadelbaum mit geradem Stamm und meist hängenden Ästen.

Rinde schuppig, rötlich braun, an Zweigen und Trieben dunkelbraun bis bräunlich purpurn, grau bereift; ermöglicht auch im Winter eine Unterscheidung von der Europ. Lärche mit ihren strohgelben Trieben.

Nadeln weich, 2–3 cm lang, zu 30–60 in flachen, weit ausgebreiteten Kurztriebbüscheln, oberseits blaugrün, unterseits mit 2 hellgrauen Spaltöffnungsbändern; im Herbst goldgelb.

Blüten einhäusig verteilt; ♀ Blütenstände zahlreich an älteren Kurztrieben; Blütezeit III–IV.

Zapfen in unreifem Zustand gelblich braun, in der Reife dunkelbraun, Deckschuppen nicht sichtbar, Samenschuppen deutlich nach außen umgebogen.

Standort: In Gebirgswäldern auf nährstoffreichen und tiefgründigen Böden.

Verbreitung: Ursprünglich nur in Japan, seit längerem bei uns in erheblichem Umfang forstlich angebaut, häufig auch als Park- und Gartengehölz.

Wissenswertes: Die J. L. ist gegen städtische bzw. industrielle Rauchgase etwas widerstandsfähiger als ihre europäische Verwandte. Sie wird deswegen gern bei der Aufforstung von Deponiegelände und älteren Halden oder bei anderen Rekultivierungsmaßnahmen in Industrieregionen verwendet. Im Holz ist sie der Europäischen Lärche überaus ähnlich. Das äußere Splintholz ist anfangs sehr hell, dunkelt aber rasch nach. Wegen seiner Beständigkeit eignet es sich v. a. als Konstruktionsholz, wird aber auch als Furnier oder Massivholz in der Möbeltischlerei verwendet.

Seit dem frühen 19. Jh. ist aus EU die **Hybrid-Lärche**, ein spontaner Kreuzungsbastard aus J. L. und Europäischer Lärche, bekannt. Sie steht in allen wichtigen Merkmalen zwischen ihren Elternarten.

Wald-Kiefer, Föhre *Pinus sylvestris*

Merkmale: Immergrüner Nadelbaum bis 30 m, selten bis 40 m Höhe; Krone anfangs kegelförmig, später unregelmäßig abgeflacht und schirmartig ausgebreitet; Stamm unter dem Kronenabschnitt gerade, oben oft gekrümmt.
Rinde rot- bis orangebraun, im unteren Stammbereich in größere, dunkel braungraue Platten mit tiefen, schwärzlichen Rissen zerteilt.
Nadeln 3–8 cm lang, blau- oder graugrün, manchmal leicht schraubig gedreht, kurz zugespitzt, nicht besonders steif, am Rande fein gezähnt; je 2 pro Kurztrieb, bleiben meist 2–3 Jahre am Zweig.
Blüten einhäusig verteilt; ♂ Blüten hellgelb, zahlreich in Büscheln beieinander stehend; ♀ Blütenstände hellrot bis purpurrot, meist zu 2 am oberen Ende von Langtrieben; Blütezeit IV–V.
Zapfen bis zu 5 cm breit und 8 cm lang, unreif grünlich, reif (erst im 2. Jahr) dunkelbraun; geöffnet mit zurückgebogenen, weit klaffenden Schuppen.

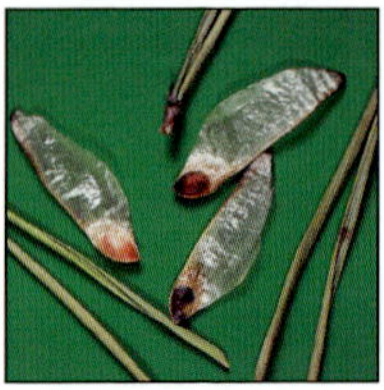

Standort: Vorzugsweise auf mäßig trockenen Lockerböden, auf Lehm-, Sand- und Kalkböden oft bestandsbildend; in den Nordalpen bis in 1600 m, in den Zentralalpen bis in 2200 m Höhe.
Verbreitung: Europ. Hoch- und Mittelgebirge, schottisches Hochland, Skandinavien, N-Türkei, Zentral- und O-Asien; in D v. a. im NO, im Münsterland und Oberrheingebiet; durch forstlichen Anbau weit über ihr natürliches Areal hinaus verbreitet.
Wissenswertes: Die auch Gewöhnliche Kiefer oder Wald-Föhregenannte Art zeigt das größte geschlossene Verbreitungsgebiet ihrer Gattung und lässt zwischen SW-EU und O-Asien mehrere geographische Rassen unterscheiden.

Zirbel-Kiefer, Arve *Pinus cembra*

Merkmale: Immergrüner Nadelbaum, bis 25, selten auch 35 m Wuchshöhe, mit breiter, säulenförmiger, im Alter unregelmäßiger Krone; Äste kurz, gedrungen, Zweige an den Enden steil aufsteigend; Triebe dicht filzig behaart.
Rinde zuerst glatt grüngrau, später bräunlich, längsrissig geschuppt.
Nadeln 5–8 cm lang, spitz, nur etwa 1 mm dick; außen dunkelgrün, auf der Innenseite graugrün, zu je 5 an Kurztrieben.
Blüten einhäusig verteilt; ♂ Blüten beim Stäuben gelb, ♀ Blütenstände rötlich; Blütezeit V–VI.
Zapfen bis zu 7 cm breit und 12 cm hoch, unreif blaugrün, im reifen Zustand rötlich braun; aufrecht auf den Zweigen stehend; Schuppen rundlich, öffnen sich erst im 3. Jahr nach der Blüte.

Standort: Auf sauer-humosen Steinböden in kaltkontinentalem Klima, kaum unter 1700 m Höhe. Lichtholz, d. h. braucht zum Gedeihen viel Licht.
Verbreitung: In EU nur in den Alpen und Karpaten sowie mit einer anderen Unterart vom Ural bis Sibirien; forstlich unbedeutend, in Parks und Gärten nur selten angepflanzt.
Wissenswertes: Die kantigen, ungeflügelten, etwa 1 cm langen Samen der Z. werden als Zirbelnüsse bezeichnet und sind essbar. Sie enthalten etwa 40% fettes Öl. Man erntet sie aus aufgelesenen Zapfen, die man im Backofen mäßig erhitzt und damit zum Klaffen bringt.
Das technisch wertvolle, anfangs helle, später stark nachdunkelnde Arvenholz wurde im Alpenraum häufig zum Hausbau verwendet, eignet sich aber auch als Schnitz- und Drechslerholz. Durch Übernutzung wurde die Z. örtlich stark dezimiert.
Die Z. ist die einzige mitteleuropäische 5-nadelige Kiefer. Von allen heimischen Kiefern erreicht sie mit rund 1000 Jahren das höchste Alter. In den Alpen bildet sie bei etwa 3000 m die Waldgrenze.

Riesen-Lebensbaum *Thuja plicata* ZYPRESSENGEWÄCHSE

Merkmale: Immergrüner, bis zu 50 m hoher Baum mit zunächst schmal kegelförmiger Krone, die zunehmend unregelmäßig und an der Basis recht breit wird; Stamm bei alten Bäumen über 2 m dick; Borke rötlich bis dunkelbraun, löst sich in Längsstreifen oder kleinen Platten ab; Zweige waagrecht abstehend, oberseits glänzend grün, unterseits graugrün, beim Zerreiben nach Ananas duftend.
Blätter um 3 mm lang, schuppenförmig, dicht am Zweig anliegend, stumpf oder mit kurzer Spitze.
Blüten einhäusig verteilt; ♂ Blüten klein, gelblich, sehr zahlreich an den Zweigenden; ♀ Blütenstände grünlich oder zart rötlich; Blütezeit III–IV.
Zapfen auf kurzem, gekrümmtem Stiel, aufrecht, 1–2 cm lang, mit 5–6 Paar elastischer, in eine kurze Spitze auslaufender Schuppen; reif braun.
Standort: Feuchte, nährstoffreiche Böden an Flussufern und Schattenhängen, von der Ebene bis ins Gebirge, im S des Verbreitungsgebiets bis in 2100 m Höhe; selten in großen Reinbeständen.
Verbreitung: Beheimatet im pazifischen N-Amerika von S-Alaska bis N-Kalifornien; in M.-EU gern als Park- und Ziergehölz angepflanzt.
Wissenswertes: In seinem Ursprungsgebiet wird der R. über 500 Jahre alt. Der weitere Artname Westliche Rotzeder bezieht sich auf das im Kern rötliche Holz, das überaus beständig und gut zu bearbeiten ist. Man fertigt daraus z. B. Schindeln, Paneele, Stützbalken und Segelmasten.

Abendländischer Lebensbaum *Thuja occidentalis* ZYPRESSENGEW.

Merkmale: Immergrüner Baum bis 20 m Wuchshöhe mit kegelförmiger, dichter Krone und kurzen, abgespreizten Ästen; oft schon vom Boden an mehrstämmig; Rinde dünn, hell rötlich braun, faserig, mit schmalen Längsrissen; Zweige abgeflacht und horizontal gestellt.
Blätter schuppenartig, an den Haupttrieben bis zu 6 mm lang, an den Seitentrieben etwa 3 mm, stumpf oder leicht zugespitzt, an den Zweigflanken gekielt, auf den Flächen mit auffallender Harzdrüse; oberseits matt dunkelgrün, unterseits gelblich grün; duften beim Zerreiben angenehm nach Äpfeln mit Gewürznelken.
Blüten einhäusig verteilt; ♂ Blüten zahlreich an den Zweigenden, gelblich; ♀ Blütenstände rötlich getönt; Blütezeit III–V.
Zapfen länglich, aufrecht stehend, ledrig, bis zu 1,2 cm lang mit 4–5 Paar gegenständiger, ungleich großer Schuppen; zur Reifezeit braun.
Standort: Tiefgründige Feuchtböden im Gebirge bis etwa 900 m, vielfach in Reinbeständen.
Verbreitung: Östl. N-Amerika, von den großen Seen ostwärts bis Maine u. New York; in EU oft als Friedhofsgehölz oder Gartenhecke angepflanzt.
Wissenswertes: Die in Amerika auch Weißzeder (Northern White Cedar) genannte Art ist vermutlich die erste nordamerikanische Baumart, die man in EU gärtnerisch verwendet hat. Bereits 1536 wurden Exemplare aus Paris bekannt.
Die langsamwüchsigen Lebensbäume erreichen ein Alter von bis zu 400 Jahren. Sie besitzen ein festes, aber leichtes Holz und wurden daher von den Indianern gern für Einbäume verwendet. Die weißen Siedler nutzten das Holz für den Hausbau. Alle Teile der Pflanze sind durch Thujon, einem Bestandteil des ätherischen Öls, überaus giftig. Aus den Zweigen gewann man früher das ätherische Öl für medizinische Zwecke.
In EU sind eine Reihe von Gartenformen mit z. T. von der Wildform abweichender Blattfärbung verbreitet. In Heckenpflanzungen vertragen sie einen regelmäßigen Schnitt. *Thuja*-Hecken bieten der heimischen Tierwelt allerdings nur wenig Nist- und Nahrungsmöglichkeiten.

Reife und junge Zapfen

Junge Zapfen

Gewöhnliche Eibe *Taxus baccata*

Samen mit rotem Samenmantel

Merkmale: Immergrüner Nadelbaum bis zu 15 m Höhe mit anfangs breit kegelförmiger, später dann zunehmend offener und unregelmäßig geformter Krone, frei stehende Bäume häufig schon vom Boden weg mehrstämmig; Rinde tief gefurcht oder fetzenartig zerrissen, mit graubrauner Schuppenborke.

Nadeln 2–4 cm lang und bis zu 3 mm breit, abgeflacht, biegsam, ledrig, spitz, an aufrechten Zweigen schraubig angeordnet, sonst 2-zeilig gescheitelt, oberseits glänzend dunkelgrün, unterseits einheitlich hellgrün, Spaltöffnungsbänder nicht besonders auffällig, vortretende Mittelrippe immer deutlich erkennbar.

Blüten zweihäusig verteilt; ♂ Blüten kugelig bis oval, zahlreich an der Unterseite vorjähriger Zweige, beim Stäuben hellgelb; ♀ Blüten einzeln, unauffällig bräunlich gelb; Blütezeit II–III.

Samen einzeln, zugespitzt, bläulich schwarz, zur Reifezeit von einem fleischigen, leuchtend karminroten Samenmantel umgeben.

Standort: Tiefgründige, lockere, nährstoffreiche Böden; nie im Reinbestand, sondern immer einzeln oder gruppenweise im Unterwuchs von Buchen- und Mischwäldern, von der Ebene bis in etwa 1500 m Höhe.

Verbreitung: Portugal, W-Frankreich, Britische Inseln, S-Skandinavien, Baltikum, mitteleuropäische Mittelgebirge, Alpen, Karpaten, Korsika, Sardinien und nördlicher Balkan, ferner in Verbreitungsinseln im nördlichen Kleinasien sowie im Kaukasus. **RL**, **§!**

Wissenswertes: Alle Teile der Pflanze mit Ausnahme des Samenmantels sind stark giftig: Sie enthalten verschiedene nervenwirksame Alkaloide. Insbesondere für Pferde sind Eibenzweige überaus schädlich, während Rinder und andere Pflanzen fressende Haustiere weniger empfindlich auf das Gift reagieren. Der fleischig schleimige Samenmantel schmeckt süßlich, allerdings mit stark kratzendem Beigeschmack. Von Drosseln und verschiedenen Kleinsäugern wird er dennoch mit Vorliebe verzehrt.

Anders als bei den Zypressen und Lebensbäumen (⇨ S. 456) führen die Nadeln der Eiben keine Harzkanäle und verströmen daher beim Zerreiben auch keinen aromatischen Duft. Die ♀ Blüten enthalten nur eine einzige Samenanlage und sind nicht wie etwa bei den Kieferngewächsen als Blütenstände mit Deck- und Samenschuppen aufgebaut. Streng genommen zählen die Eiben demnach zwar zu den Nadelhölzern, aber nicht zu den Koniferen (Zapfenträgern).

Eiben können über 1000 Jahre alt werden. In den heutigen Wirtschaftswäldern sind sie jedoch überaus selten. Die ältesten Eiben in D finden sich im Allgäu. Auffallend dickstämmige, meist als Naturdenkmäler geschützte Exemplare sind zumeist aus der Verwachsung mehrerer Einzelstämme hervorgegangen. Wesentlich häufiger als in freier Natur sieht man Eiben in Parks und Gärten. Außer den offenkronig wachsenden Formen gibt es auch mehrere Sorten mit kompakter Säulengestalt sowie zwergwüchsige Rassen. Aus dem harten und sehr elastischen Holz fertigte man früher vor allem Armbrüste, Bögen und Speere, später auch Werkzeugstiele und Furniere.

Ginkgobaum *Ginkgo biloba*

Blüten:
links ♂ (Kätzchen),
rechts ♀

Merkmale: Sommergrüner Baum bis 30 m Wuchshöhe mit anfangs schlanker, später zunehmend rundlicher, aber immer sehr offener Krone auf kräftigem, mitunter schon nahe der Basis in mehrere steile Hauptäste geteiltem Stamm; Zweige spitzwinklig abstehend, auffällig in Langtriebe und stark gestauchte, nur etwa 2 cm messende Kurztriebe gegliedert; Rinde braungrau, tiefrissig gefurcht oder mit netzartiger Struktur.

Blätter an den Langtrieben einzeln stehend, an den Kurztrieben in Büscheln, lang gestielt, Spreite bis zu 10 cm lang, flach, weich, fächerförmig, 2-lappig oder 2-spaltig, an den Langtrieben meist tiefer geteilt, mit gabelteiligen Blattnerven, frischgrün, im Herbst vor dem Laubfall goldgelb.

Blüten zweihäusig verteilt; ♂ Blüten in hängenden Kätzchen, ♀ Blüten unscheinbar, zu mehreren in den Blattachseln; Blütezeit III–V.

Samen steinfruchtähnlich (innere Lage der Samenschale verholzt, äußere fleischig), in der Reife goldgelb gefärbt. Der Samenmantel verströmt beim Zerquetschen einen unangenehmen Geruch nach Buttersäure.

Standort: Lockere, tiefgründige, nährstoffreiche Böden; gewöhnlich in Mischbeständen mit anderen Laubhölzern.

Verbreitung: Natürliche Vorkommen in mehreren Verbreitungsinseln in China; weltweit häufig als dekoratives Parkgehölz gepflanzt, in Großstädten zunehmend auch als Straßenbaum.

Wissenswertes: Der deutsche Arzt und Botaniker Engelbert Kämpfer, der im frühen 17. Jh. viele Jahre in Ostasien lebte, dort ausgedehnte Forschungsreisen unternahm und für EU sehr viele Gehölze entdeckte, sah alte Exemplare des seltsamen G. erstmals in Japan an Tempelanlagen. Von diesen stammen fast alle heute in EU angepflanzten Ginkgobäume ab. Die Art ist allerdings in Japan nicht heimisch, wie man inzwischen weiß. Die heute als natürliche Bestände aufgefassten Vorkommen in China wurden jedoch erst viel später entdeckt.

Der G. ist gewissermaßen eine Klasse für sich, der einzige heute noch lebende Vertreter der *Ginkgoopsida*, einer Pflanzenklasse innerhalb der Nacktsamer. Noch im Erdmittelalter waren seine Vorfahren weltweit, d. h. auch in EU und N-Amerika verbreitet, wie Fossilfunde beweisen. Die schon immer flächig entwickelten und nicht nadelförmigen Blätter waren bei den fossilen Formen jedoch häufig stärker geschlitzt. Ein besonders ursprüngliches Merkmal ist ihre ausgeprägte Gabelnervatur, die man sonst bei keinem Vertreter der Laubgehölze, sondern nur bei Farnpflanzen findet. Aufgrund dieses und weiterer urtümlicher Kennzeichen wertet man den G. als so genanntes „lebendes Fossil".

Ähnlich wie die Farnpflanzen und die ebenfalls zu den Nacktsamern gestellten Palmfarne (Cycadeen) kommen beim G. frei bewegliche, begeißelte ♂ Spermazellen vor. Die Bestäubung erfolgt im Frühjahr zur Blütezeit. Die Befruchtung der großen Eizellen in den ♀ Blüten findet jedoch erst im September statt. Eigenartigerweise entwickelt sich der Embryo erst nach dem Abfallen der goldgelb ummantelten Samen. In China und Japan bereitet man aus den frischen oder gerösteten Samen verschiedene Gerichte zu.

Berühmt wurde der G. in EU nicht zuletzt durch ein Gedicht Goethes, das dieser 1815 unter dem Eindruck eines Heidelberger Exemplars schrieb und später in dem Gedichtzyklus „West-östlicher Diwan" veröffentlichte. Neuerdings werden G. auch in D (Oberrheingebiet) in Plantagen kultiviert, da man in ihren Blättern einen Inhaltsstoff entdeckt hat, der arzneilich zur Förderung der Gehirndurchblutung eingesetzt wird.

Silber-Pappel, Weiß-Pappel

Populus alba WEIDENGEWÄCHSE

Merkmale: Sommergrüner Baum bis 30 m Wuchshöhe, mit offener, meist weit ausladender Krone.
Rinde bei jungen Bäumen hellgrau mit rautenförmigen Korkwarzen, bei älteren dunkelgrau mit Leisten und Furchen.
Blätter 6–10 cm lang, ca. 5 cm breit, im Umriss dreieckig mit 3–5 Lappen; zunächst beidseits, später nur noch unterseits weißfilzig behaart (Name!).
Blüten zweihäusig verteilt, vor dem Laubaustrieb erscheinend; ♂ Kätzchen 3–7 cm, hängend, karminrot, beim Stäuben verblassend, ♀ Kätzchen kürzer, grünlich gelb mit roten Narben; Blütezeit III–IV.
Früchte mit weißhaarigen Flugsamen, ab V.
Standort: Feuchte Locker- und Schwemmlandböden in Talauen und an Seeufern.
Verbreitung: Von W-EU bis zum Himalaja; bei uns häufig in Alleen und Parkanlagen gepflanzt.

Zitter-Pappel, Espe

Populus tremula WEIDENGEWÄCHSE

Merkmale: Sommergrüner Baum, bis zu 30 m hoch, mit rundlicher, weit ausladender Krone auf geradem Stamm.
Rinde anfangs grau mit Streifen aus Korkwarzen, später schwarzgrau und längsrissig.
Blätter lang gestielt, im Umriss fast kreisförmig, stumpf gezähnt; nur kurz nach dem Austrieb leicht behaart, sonst kahl; im Herbst goldgelb verfärbt.
Blüten zweihäusig verteilt; ♂ Blüten in schlaff herabhängenden, bis 10 cm langen, purpurroten Kätzchen; ♀ Kätzchen grünlich; Blütezeit III–IV; Fruchtreife ab V.
Standort: Auf nährstoffarmen Schutt- und Rohböden; häufiges Pioniergehölz in Kiesgruben, Steinbrüchen u. a. Lockerböden in sonniger Lage.
Verbreitung: Ganz EU von Portugal bis N-Skandinavien und Kleinasien, außer S-Italien; in M.-EU überall häufig, von der Ebene bis in 1000 m Höhe.

Gewöhnl. Schwarz-Pappel

Populus nigra WEIDENGEWÄCHSE

Reife Fruchtkapseln mit behaarten Samen

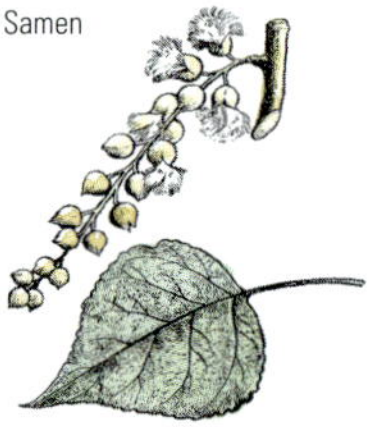

Merkmale: Sommergrüner Baum bis über 30 m Höhe, mit meist sehr breiter Krone auf geradem Stamm.
Rinde im Alter mit tiefrissiger Borke, dunkelgrau bis schwärzlich.
Blätter lang gestielt, im Umriss rautenförmig bis dreieckig mit verlängerter Spitze, am Rand fein gezähnt, glänzend grün.
Blüten zweihäusig verteilt, vor dem Laubaustrieb erscheinend; ♂ Kätzchen schlaff hängend, 5–9 cm lang, mit rötlichen Staubblättern; ♀ Kätzchen kürzer, grünlich; Blütezeit III–IV; Fruchtreife ab V.
Standort: Feuchte, nährstoffreiche Locker- und Schwemmböden der Flussauen.
Verbreitung: Von SW-EU über M.-EU bis Zentralasien; fehlt natürlicherweise im nördl. D und in Skandinavien, auch dort jedoch angepflanzt.

Silber-Weide *Salix alba*

WEIDENGEWÄCHSE

Merkmale: Sommergrüner, bis 20 m hoher Baum mit breiter, offener Krone, Stamm oft schon knapp über dem Boden geteilt.
Blätter kurz gestielt, 5–12 cm lang, bis 2 cm breit, lanzettlich, fein gezähnt und drüsig, oberseits dunkelgrün und fast kahl, unterseits behaart.
Blüten zweihäusig verteilt; ♂ Kätzchen 4–6 cm lang, aufrecht; ♀ Kätzchen 3–5 cm lang, ebenfalls aufgerichtet; Blütezeit IV–V; Fruchtreife ab VI.
Standort: Staunasse Lockerböden von Bächen und Flussauen, vor allem im Tiefland.
Verbreitung: Überall in W- und M.- EU; auch N-Afrika sowie Asien bis zum Kaspischen Meer.
Wissenswertes: An Fließgewässern baut die S. mit der Schwarz-Pappel galerieartige Bestände (Weichholz- bzw. Baumweidenaue) auf. Ihr Wurzelwerk trägt wirksam zum Uferschutz bei.

Flugsamen

Hänge-Birke, Weiß-Birke
Betula pendula BIRKENGEWÄCHSE

Merkmale: Sommergrüner, bis 20 m hoher Baum; Äste kurz, Zweige lang und schleierartig hängend, dunkel rotbraun.
Rinde am Stamm glatt, silbrig weiß, mit dunkleren Querbinden, im Alter an der Stammbasis mit tiefen, schwarzen Rissen.
Blätter wechselständig, lang gestielt, dreieckig mit schlanker Spitze, doppelt gesägt, kahl.
Blüten einhäusig verteilt; ♂ Kätzchen 3–6 cm lang, stäubend hellgelb; ♀ Kätzchen 2–3 cm lang, an den Zweigenden vor den ♂ Blütenständen, grünlich mit dunkelroten Narben; Blütezeit III–V; Nussfrucht 2–3 mm lang, häutig umrandet.
Standort: Lichte Laubgehölze, Gebüsche, Feldholzinseln, Waldlichtungen, Wegränder; anspruchslos, daher auch auf Roh- und Steinböden; in M.-EU eher Begleitart, im N von EU auch bestandsbildend.
Verbreitung: Ganz EU mit Ausnahme des hohen Nordens und der Südränder der mediterranen Halbinseln, in S-EU nur im Gebirge, in den Alpen bis in 1800 m Höhe; häufigste Birkenart in EU.

Moor-Birke *Betula pubescens*
BIRKENGEWÄCHSE

Merkmale: Sommergrüner Baum oder Großstrauch bis 25 m Höhe; Äste aufsteigend, Zweige nicht herabhängend; junge Zweige dicht flaumig.
Rinde glatt, weißgrau bis hellbraun, mitunter silbrig; an der Stammbasis meist ohne Felderung durch schwarze Risse und Leisten.
Blätter gestielt, meist einfach gesägt; rautenförmig; unterseits auf den Blattnerven und in den Nervenwinkeln flaumig behaart.
Blüten einhäusig verteilt, erscheinen mit dem Laub; ♂ Kätzchen ungestielt, schlaff hängend, beim Stäuben hellgelb; ♀ Kätzchen gestielt, aufrecht, grünlich mit roten Narben; Blütezeit IV–V.
Standort: Staunasse, feuchte, mäßig nährstoffreiche Lehm-, Sand- und Moorböden.
Verbreitung: Von W- bis NO-EU; fehlt im Mittelmeergebiet; in den Alpen bis in 2000 m Höhe; im Gebirge meist nur strauchförmig wachsend.
Wissenswertes: Ähnlich wie die Weiden bastardieren auch die Birken sehr stark, wo verschiedene Arten gemeinsam vorkommen.

Schwarz-Erle
Alnus glutinosa BIRKENGEWÄCHSE

Laubblatt mit Einbuchtung am Vorderende; beiderseits der Mittelrippe 5–8 gegenständige Nerven.

Merkmale: Sommergrüner, bis 25 m hoher Baum, oft mehrstämmig wachsend.
Blätter wechselständig, gestielt, breit keilförmig, vorn meist eingebuchtet; oberseits glänzend dunkelgrün, unterseits gelbliche Haarbüschel.
Blüten einhäusig verteilt; ♂ Kätzchen zu 2–3 beieinander, anfangs purpurn, beim Stäuben dann hellgelb, 6–10 cm lang; ♀ Kätzchen purpurn, zu 2–8 unterhalb der ♂ Kätzchen. Blütezeit II–IV.
Fruchtstände zapfenartig, oval.
Standort: Auen- und Lehmböden, auch auf Sand, sowie in Moor- und Nasswiesen; häufiges Saumgehölz an Bachufern.
Verbreitung: Überall in EU mit Ausnahme des nördlichen Skandinaviens; in den Alpen nur selten oberhalb von 1200 m.

Grau-Erle, Weiß-Erle
Alnus incana BIRKENGEWÄCHSE

Fruchtstände

Merkmale: Sommergrüner, 10–20 m hoher Großstrauch oder Baum, gewöhnlich mehrstämmig wachsend.
Blätter wechselständig, gestielt, oval bis rundlich, vorn leicht zugespitzt, am Rand doppelt gesägt, oberseits matt dunkelgrün, unterseits bläulich grün getönt und anfangs grau behaart.
Blüten einhäusig verteilt; ♂ Kätzchen in Gruppen zu 3–5 an den Zweigenden, beim Stäuben bis zu 10 cm lang, hellgelb; ♀ Kätzchen zu 2–8 beieinander stehend, rötlich; Blütezeit III–IV.
Fruchtstände zapfenartig, oval.
Standort: Kalkliebend, auf zeitweilig nassen Kies- und Schotterböden an Fließgewässern, in den Alpen auf Moränenschutt bis in 1600 m Höhe.
Verbreitung: M.-, N- und O-EU, fehlt im nordwestlichen Tiefland.

Hainbuche, Weißbuche *Carpinus betulus* BIRKENGEWÄCHSE

Merkmale: Sommergrüner Baum bis 25 m Höhe mit reich verzweigter, anfangs pyramidaler, im Alter hingegen breiter, rundlicher Krone; Stamm oft mit ovalem Querschnitt und bei älteren Exemplaren stärker gedreht oder auffallend wulstig; Rinde glatt, dunkelgrau getönt, mit flachem, hellerem Netzwerk gefeldert; Winterknospen liegen den Zweigen eng an.
Blätter wechselständig, gestielt, 4–10 cm lang, schmal eiförmig mit kurzer Spitze, doppelt gesägt, Spreite ziehharmonikaartig gefaltet, kahl, beidseits frischgrün, vor dem Laubfall gelblich.
Blüten einhäusig verteilt; mit dem Laub erscheinend; ♂ Kätzchen bis 7 cm lang, schlaff, an Kurztrieben; ♀ Kätzchen an Langtrieben, mit lockeren, bleichgrünen Tragblättern; Blütezeit IV–V.
Früchte als kleine Nussfrüchte ausgebildet, die an der Basis eines 3-lappigen Flugorgans sitzen.
Standort: Vorzugsweise auf frischen, tiefgründigen, nährstoffreichen, humosen Böden.
Verbreitung: Von den Pyrenäen über das gesamte M.-EU und S-Skandinavien bis nach W-Asien; in D vom Tiefland bis auf rund 1000 m im Gebirge.
Wissenswertes: Die manchmal auch Hagebuche genannte H. erträgt regelmäßigen Schnitt und eignet sich daher gut für dichte Heckenpflanzungen. Außerdem regeneriert sie sich leicht durch Stockausschläge und wird deswegen auch in der Niederwaldwirtschaft eingesetzt. Das helle Holz (Weißbuche!) ist sehr schwer, reißt beim Trocknen jedoch stark auf und wird daher kaum als Bauholz oder für die Möbelherstellung verwendet.

Gewöhnlicher Walnussbaum *Juglans regia* WALNUSSGEWÄCHSE

Blatt unpaarig gefiedert, insg. 20–40 cm lang

Merkmale: Sommergrüner Baum bis 25 m Höhe mit breiter, gewölbter Krone; Stamm meist schon in geringer Höhe in mehrere Äste gegabelt; Rinde anfangs glatt und grau, später tiefrissig und braungrau.
Blätter wechselständig, mit 5–9 etwas ledrig derben Fiederblättern, die bis zu 12 cm lang sind und beim Zerreiben unangenehm nach Terpentin riechen.
Blüten einhäusig verteilt; ♂ Blüten in 3–10 cm langen, abwärts gekrümmten, gelbgrünen Kätzchen; ♀ Blüten unauffällig, hellgelb, an den Enden jüngerer Zweige sitzend; Blütezeit IV–V; Reife der grünen Steinfrüchte ab X.
Standort: Vorzugsweise auf tiefgründigen, nährstoffreichen und kalkhaltigen Böden.
Verbreitung: Ursprünglich nur vom Balkan bis SW-Asien; seit der Römerzeit auch nördlich der Alpen weit verbreitet und oft als Zier- oder Fruchtbaum gepflanzt; heute auch in den USA gepflanzt.
Wissenswertes: Botanisch gesehen ist eine Walnuss keine Nuss, sondern der verholzende Kern einer Steinfrucht mit fleischiger, grüner Schale. Der essbare Teil ist der ölreiche Samen. Das braunrote, dunkel gemaserte Holz wird zu Furnieren verarbeitet.

Ähnlich:
Schwarznuss *Juglans nigra*, Blätter lang, mit 9–17 Fiedern, die jeweils 5–11 cm lang und unterseits flaumig behaart sind, Endfieder mitunter fehlend. Heimat östliches N-Amerika; bei uns gelegentlich angepflanzt.

Rot-Buche, Gewöhnliche Buche *Fagus sylvatica* BUCHENGEWÄCHSE

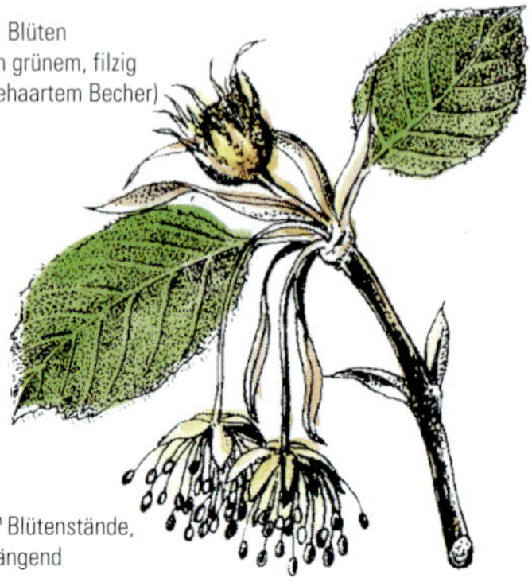

Merkmale: Sommergrüner, 20–30 m hoher Baum mit breiter, rundlicher, ziemlich regelmäßiger Krone. Rinde auch bei alten Exemplaren glatt oder wenig aufgeraut, bleigrau, an den Zweigen dunkel rötlichbraun mit einzelnen helleren Korkwarzen.
Blätter wechselständig, gestielt, länglich elliptisch, 5–10 cm lang, 4–7 cm breit, mit 5–7 starken Seitennerven jederseits der Hauptrippe, an der Basis keilförmig, am Rand leicht gewellt, nach dem Austrieb lang weißlich bewimpert, oberseits glänzend dunkelgrün, unterseits auf den Hauptnerven leicht behaart (Lupe!).
Blüten einhäusig verteilt, mit der Belaubung erscheinend; ♂ Blütenstände lang gestielt, halbkugelig; ♀ Blüten zu jeweils 2 in kurz gestielter, grüner Hülle; Blütezeit IV–V.
Nussfrucht (= Buchecker) rund 2 cm lang, glänzend dunkelbraun, zu 2–4 in einer 4-klappigen, verholzten, stacheligen Hülle sitzend.
Standort: Basische oder mäßig saure, frische, nährstoffreiche, tiefgründige Böden; nicht in Gebieten mit starker sommerlicher Trockenheit; vom Tiefland bis in etwa 1500 m Höhe; Leitart der Buchenwälder.
Verbreitung: Von N-Spanien über das gesamte M.-EU und S-Skandinavien bis zum Schwarzmeergebiet, im südlichen EU überwiegend im Bergland.
Wissenswertes: Im Frühjahr fallen in den Buchenwäldern die Keimpflanzen der R. mit ihren beiden großen, halbrunden Keimblättern auf. Die Bucheckern keimen als Dunkelkeimer nur unter der Laubstreu. Ihr fettes Öl ist reich an ungesättigten Fettsäuren und gilt daher als wertvolles Speiseöl. Das feste, im Unterschied zur helleren Hainbuche leicht rötliche Holz (namengebendes Merkmal) verwendet man traditionell für Möbel, im Hausbau (Treppenstufen, Parkettriegel) und zur Herstellung von Musikinstrumenten (Klavier, Orgel). Früher wurde die R. fast ausschließlich zur Brennholzgewinnung genutzt.
Eine häufig gepflanzte rotlaubige Gartenform ist unter der Bezeichnung „Blutbuche" bekannt. Auf den Blättern finden sich häufig die rötlichen Gallen der Buchengallwespe.

Ess-Kastanie, Edel-Kastanie *Castanea sativa* BUCHENGEWÄCHSE

Merkmale: Sommergrüner, bis über 30 m hoher Baum mit breiter, dichter Krone u. dickem Stamm. Rinde anfangs glatt rötlich grau bis braun, später dunkelbraun mit dichtem Netzwerk starker Leisten.
Blätter wechselständig, häufig auch 2-zeilig ausgebreitet; 10–30 cm lang, länglich lanzettlich, an der Basis breit keilförmig, schlank zugespitzt, mit groben, nach vorn weisenden Zähnen, in die jeweils ein kräftiger Seitennerv ausläuft; oberseits glänzend dunkelgrün, unterseits blasser grün; Blattspreite ledrig, unbehaart.
Blüten einhäusig verteilt; ♂ Blüten hellgelb, in kopfigen Teilblütenständen auf etwa 15 cm langen Kätzchen; ♀ Blütenstände in Gruppen zu 2–3 an der Basis der ♂ Kätzchen, mit dicht beblätterter Hülle, aus der die weißen Narben hervorragen; Blütezeit VI–VII.
Nussfrucht bis zu 3 cm lang, zu 1–3 in spitz und dicht bestacheltem Fruchtbecher aus den Tragblättern der Einzelblüten, öffnet sich mit 4 breiten Zipfeln; Fruchtreife ab IX.
Standort: Lichtliebend, auf lockeren, tiefgründigen, nährstoffreichen, oft kalkhaltigen Lehmböden sommerwarmer Gebieter.
Verbreitung: Ursprünglich nur von Spanien über den Südalpenraum bis zum Balkan und nach Kleinasien, in N-Italien bis in 1400 m Höhe. In wintermilden Gebieten von M.-EU auch in Parks.

Herbstfärbung

Keimlinge

♂
♀

Stiel-Eiche, Sommer-Eiche *Quercus robur* BUCHENGEWÄCHSE

Merkmale: Sommergrüner, bis 40 m hoher Baum mit breiter, unregelmäßiger Krone; Stamm meist schon in geringer Höhe geteilt.
Rinde hellgrau bis braungrau, schon an jüngeren Bäumen in Leisten und Furchen gegliedert.
Blätter kurz gestielt bis fast sitzend, 10–12 cm lang, verkehrt eiförmig, jederseits mit 5–7 etwas ungleich rundlichen Lappen und Buchten, die nicht exakt gegenüberstehen (Unterschied zur Trauben-E.); oberseits matt dunkelgrün, unterseits heller.
Blüten einhäusig verteilt, kurz vor oder zusammen mit den Laubblättern; unscheinbar grünlich; ♂ Kätzchen 2–4 cm lang in Büscheln; ♀ Blüten klein, zu 1–5 in aufrechten Ähren; Blütezeit IV–V.
Früchte (Eicheln) eiförmig, bis zu 2 cm lang; mit dem unteren Drittel in schuppigem, lang gestieltem Fruchtbecher; reif rotbraun, frisch mit feinen, dunkelgrünen oder braunen Längsstreifen.
Standort: Frische, mäßig saure bis kalkhaltige, tiefgründige und lockere Böden vor allem in Flussniederungen, im Tiefland und im Hügelland.
Verbreitung: Von Portugal und N-Spanien über M.- und NW-EU bis S-Skandinavien, außerdem Apennin, nördlicher Balkan, Schwarzmeergebiet, Kaukasus; in D vom Tiefland bis in 1000 m Höhe.
Wissenswertes: Die Namen des Baums gehen auf seine lang gestielten Eicheln bzw. den im Vergleich zur Trauben-Eiche früheren Laubaustrieb zurück. Die S. kann bis etwa 1000 Jahre alt werden.

Trauben-Eiche, Winter-Eiche *Quercus petraea* BUCHENGEWÄCHSE

Merkmale: Sommergrüner Baum, 30–40 m hoch, mit gewölbter, oft etwas unregelmäßiger Krone auf geradem, langschäftigem Stamm, der im Unterschied zur Stiel-Eiche bis in den oberen Kronenbereich zu verfolgen ist.
Rinde zunächst glatt und kahl, mittelgrau bis braungrau getönt, später mit dicker Borke, die sich durch ein dichtes Netzwerk aus Leisten und Rippen auszeichnet.
Blätter wechselständig, bis zu 2,5 cm lang gestielt, Spreite 8–12 cm lang und bis zu 5 cm breit, verkehrt eiförmig, an der Basis keilförmig, vorn rundlich, fast symmetrisch jederseits mit 5–9 rundlichen Lappen und Buchten; oberseits matt dunkelgrün, unterseits heller, kahl.
Blüten einhäusig verteilt, zusammen mit dem Laub erscheinend, jedoch etwa 2 Wochen später als bei der Stiel-Eiche; ♂ Kätzchen schlaff, beim Stäuben gelblich grünt; ♀ Blüten zu 1–5 in sitzenden Blütenständent; Blütezeit V.
Früchte (Eicheln) im Unterschied zu denen der Stiel-E. ohne grünlich braune Längsstreifen; stecken zu etwa einem Viertel bis Drittel in einem ungestielten Fruchtbecher; reifen noch im 1. Jahr.
Standort: Lockere, tief- bis mittelgründige Stein- und Lehmböden wintermilder Gebiete, bildet Rein- oder Mischbestände in der Hügel- und unteren Gebirgsregion bis in etwa 700 m Höhe, in den S-Alpen bis in 1300 m Höhe.
Verbreitung: Von N-Spanien bis zu den Britischen Inseln und S-Skandinavien, Apenninen-Halbinsel sowie Balkan bis Bulgarien, in M.-EU überall häufig; oft als Parkbaum oder forstlich angepflanzt.
Wissenswertes: Die T. und die Stiel-Eiche bilden im gemeinsamen Verbreitungsgebiet fruchtbare Bastarde, die in ihren Merkmalen zwischen den beiden Elternarten stehen.

Rot-Eiche *Quercus rubra*

Herbstlaub

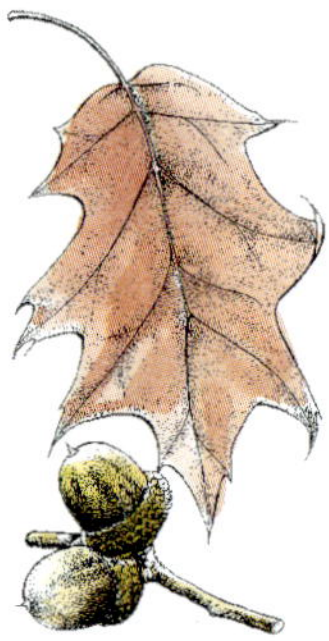

Merkmale: Sommergrüner, bis zu 5 m hoher Baum; Blätter gestielt, 10–25 cm lang, vorne spitz, jederseits mit 3–5 spitzzipfeligen Lappen, die höchstens bis zur Mitte der Spreite eingeschnitten sind, oberseits matt dunkelgrün, unterseits blassgrün mit braunen Haarbüscheln; Blütezeit V; Eicheln dick, in flachem Fruchtbecher.

Standort: Wälder der Hügel- und Bergregion.

Verbreitung: Östliches N-Amerika von Neuschottland bis Texas; in EU vielfach als Forstgehölz oder Parkbaum angepflanzt.

Wissenswertes: Wie fast alle nordamerikanischen Eichen-Arten färbt sich die R. im Gegensatz zu den heimischen Arten im Herbst prächtig karmin- oder zinnoberrot um.

Ähnlich:

Scharlach-Eiche *Quercus coccinea*, Blätter gelappt mit auffallend breiten Buchten, bis 15 cm lang, unterseits mit braunen Haarbüscheln, im Herbst intensiv rot; östliches N-Amerika; in EU Parkbaum.

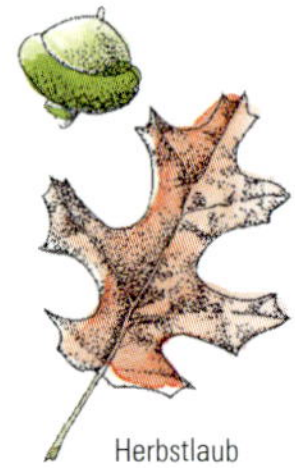

Herbstlaub

Sumpf-Eiche *Quercus palustris*, Blätter 8–15 cm lang, auf jeder Seite mit 2–4 breiten, 3-zipfeligen Lappen, oberseits glänzend dunkelgrün, unterseits mit grauen Haarbüscheln, im Herbst rötlich; östliches u. mittleres N-Amerika; in EU Parkbaum.

Kork-Eiche *Quercus suber*

Merkmale: Immergrüner Baum bis 15 m Wuchshöhe mit unregelmäßiger, offener Krone auf meist krummem Stamm.

Blätter gestielt, 4–7 cm lang, elliptisch bis oval, ganzrandig und seicht gebuchtet bis gewellt oder aber dornig gezähnt, oberseits glatt und dunkelgrün, unterseits grauweiß filzig, ledrig.

Blüten einhäusig verteilt; ♂ Kätzchen bis 4 cm lang, hellgelb in dichten Büscheln, ♀ Kätzchen kurz, aufrecht, unscheinbar; Blütezeit V; Eicheln bis über die Hälfte im Fruchtbecher.

Standort: Auf steinigen, trockenen, mäßig nährstoffreichen Böden in warmen Klimaten.

Verbreitung: Beheimatet im westlichen Mittelmeergebiet. Zur Korkgewinnung wird der frostempfindliche Baum aber auch außerhalb seines ursprünglichen Verbreitungsgebiets im Mittelmeerraum häufig angepflanzt.

Wissenswertes: Zur Gewinnung von Kork werden die natürlichen Bestände der K. ausgelichtet und dann in einem halbnatürlichen Zustand belassen, wobei sich überaus artenreiche Lebensräume entwickeln. Das erste Abschälen der etwa 5–8 cm dicken Korkschicht (Foto unten), die sich außerhalb der eigentlichen Rinde entwickelt, erfolgt an etwa 20-jährigen Bäumen, danach erneut alle 6–12 Jahre. Korkgewebe ist keineswegs eine Sonderbildung der K., bei dieser nur extrastark ausgeprägt. Die Zellwände der Korkzellen sind durch den Stoff Suberin wasserundurchlässig.

Herbstfärbung

Feld-Ulme *Ulmus minor*

ULMENGEWÄCHSE

Merkmale: Sommergrüner, bis über 30 m hoher Baum mit langem, geradem Stamm, gelegentlich auch mehrstämmig.
Rinde graubraun, im Alter dick, tief gefurcht und gefeldert borkig.
Blätter wechselständig, gestielt, an den Zweigen meist flach 2-zeilig angeordnet, Spreite länglich oval, 6–10 cm lang und 5–8 cm breit, jederseits mit 10–12 Seitennerven, spitz, an der Basis schief und daher stark asymmetrisch (der längere Blattgrund weist immer zum Zweig), gesägt; oberseits glänzend dunkelgrün und kahl, unterseits heller getönt, mit bräunlichen Haarbüscheln in den Aderwinkeln und behaarter Mittelrippe.
Blüten vor dem Laub erscheinend; meist zwittrig; in kugeligen, sitzenden Blütenständen; Einzelblüten mit unscheinbarer Blütenhülle; Blütezeit III–IV.
Nussfrüchte breit geflügelt, Flügelrand vorn bis zur Frucht eingeschnitten.
Standort: Auf nährstoffreichen, wechselfeuchten Schwemmlandböden; Leitart der Hartholzaue entlang der größeren Fließgewässer.
Verbreitung: Vom südwestlichen EU bis zum Kaukasus; auch häufig in Parks oder als Straßenbaum angepflanzt.
Wissenswertes: Besonders in Zusammenhang mit ihrem Holz wird die F. auch oft Rot-Rüster genannt, ein älterer wissenschaftlicher Name lautet *Ulmus carpinifolia.* In jüngerer Zeit sind viele Exemplare dieses Baums Opfer einer um 1920 aus N-Amerika in die Niederlande eingeschleppten Pilzerkrankung geworden, die vom Ulmensplintkäfer übertragen wird und die Wachstumszone des Holzes zerstört. Gesunde Bäume können bis zu 600 Jahre alt werden und prägen vielerorts auf Dorf- und Kirchplätzen, als Alleen oder einzeln in freier Flur das Bild der traditionellen Kulturlandschaft, nach Infektion mit dem Erreger sterben die Ulmen jedoch in kurzer Zeit ab. Bisher ist eine Bekämpfung der Erkrankung nicht möglich.
Rüsterholz ist sehr fest und schwindet beim Trocknen kaum. Das Holz der F. gilt dabei als besonders wertvoll. Man fertigte daraus Sportgeräte, Sitzmöbel und Bodenbeläge.

Flatter-Ulme *Ulmus laevis*

ULMENGEWÄCHSE

Merkmale: Sommergrüner Baum, bis 30 m hoch.
Rinde zuerst rotbraun, später graubraun u. borkig.
Blätter wechselständig, sehr kurz gestielt, an den Zweigen 2-zeilig angeordnet; stark asymmetrisch, auf der längeren Spreitenhälfte mit 12–18 Seitennerven, spitz, doppelt gesägt mit einwärts gekrümmten Spitzen; oberseits dunkelgrün, unterseits dicht graugrün behaart, fühlt sich weich an.
Blüten zwittrig; büschelig, lang gestielt und herabhängend (Artname!), lange vor dem Laub erscheinend; Blütezeit III.
Nussfrüchte geflügelt mit bewimpertem Saum, der oben v-förmig eingeschnitten ist.
Standort: Wechselfeuchte, gelegentlich auch staunasse Lehm- und Tonböden in der Hartholzaue der großen Flüsse.
Verbreitung: Von W-EU bis zum Ural, fehlt auf den Britischen Inseln, in Skandinavien sowie auf den großen Mittelmeer-Halbinseln; in D hauptsächlich im Gebiet von Donau und Rhein; gelegentlich auch als Park- oder Straßenbaum angepflanzt.

Berg-Ulme *Ulmus glabra*

ULMENGEWÄCHSE

Merkmale: Sommergrün, wird 30–35 m hoch.
Rinde längsrissig graubraun.
Blätter kurz gestielt, verkehrt eiförmig, 10–16 cm lang, oft breit 3-zipfelig; ungleichmäßig gesägt; oberseits mattgrün, sehr rau, unterseits in den Nervenwinkeln behaart.
Blüten zwittrig; büschelig, vor dem Laub erscheinend, kurz gestielt; Blütezeit III–IV.
Nussfrucht mit breitem Hautsaum.
Standort: Tiefgründige, nährstoffreiche Böden, Schluchten; in den Alpen bis in 1400 m Höhe.
Verbreitung: Von NW-EU bis Ural und südlich der Alpen auf den großen Halbinseln.

von links: Feld-, Flatter-, Berg-Ulme

Blüten

Früchte

Blüten

Blüten

Früchte

Früchte

Vogel-Kirsche, Süß-Kirsche *Prunus avium* ROSENGEWÄCHSE

Merkmale: Sommergrüner, bis 30 m hoher Baum mit schmaler, hoher Krone auf schlankem, langschäftigem Stamm; Rinde glatt, rötlich braungrau, etwas glänzend, mit breiten Querbinden.
Blätter wechselständig, bis 4 cm lang gestielt, verkehrt eiförmig bis länglich oval, spitz, an der Basis 2–4 große rote Nektardrüsen, gezähnt, oberseits glatt, glänzend dunkelgrün, unterseits heller, in den Nervenwinkeln mit Haarbüscheln.
Blüten kurz vor dem Laub erscheinend, lang gestielt, 5 reinweiße Kronblätter; Blütezeit IV–V.
Steinfrucht kugelig, etwa 1 cm dick, hoch- bis dunkelrot, genießbar; Fruchtreife ab VII.

Standort: Auf frischen bis feuchten, nährstoffreichen Böden; oft als Pioniergehölz auf Brachen und Lichtungen sowie an Waldrändern.
Verbreitung: Von N-Spanien bis zum Kaukasus, in M.-EU überall verbreitet und häufig angepflanzt.
Wissenswertes: Die V. ist die Stammform der Süß-Kirsche und von verwilderten Exemplaren der Kultursorten nicht leicht zu unterscheiden. Verglichen mit dem Kulturobst sind ihre Früchte jedoch recht klein und unergiebig. Das Laub der V. färbt im Herbst zu flammendem Karminrot um.

Gewöhnl. Traubenkirsche
Prunus padus ROSENGEWÄCHSE

Merkmale: Sommergrüner, bis 15 m hoher Baum, seltener auch Großstrauch; Rinde schwarz.
Blätter wechselständig, gestielt, elliptisch, zugespitzt, an der Basis rundlich mit 1–3 grünlichen Nektardrüsen, matt dunkelgrün, meist kahl.
Blüten mit dem Laub erscheinend, meist zu 20–40 in 7–12 cm langen, oft hängenden oder abwärts gebogenen Trauben; geöffnet bis zu 2 cm breit, Kronblätter reinweiß, fein gezähnt, Blütezeit IV–V.
Steinfrucht kugelig, etwa 8 mm dick, schwarzrot.
Standort: Feuchtes Schwemmland in Talauen mit tiefen, nährstoffreichen Böden. Schattenholz.
Verbreitung: Fast in ganz EU, stellenweise lückenhaft; ferner in Vorder- und O-Asien; vielfach als Park- und Straßenbaum; im Gebirge (in den Alpen bis 1600 m) meist strauchförmig.
Wissenswertes: Die Früchte schmecken frisch leicht bitter, man kann sie aber als Wildobst zu Marmeladen oder Säften verarbeiten. Schon die Menschen der Steinzeit verzehrten sie, wie Steinkernfunde belegen.

Spätblühende Traubenkirsche
Prunus serotina ROSENGEWÄCHSE

Merkmale: Sommergrüner, bis zu 20 m hoher Baum; Rinde braungrau, anfangs mit schmalen Querbinden, später rissig und gefeldert.
Blätter gestielt, elliptisch, an den Enden verschmälert, am Grund mit 1–2 roten Nektardrüsen bestückt, fein gezähnt mit leicht einwärts gekrümmten Spitzen, ledrig, oberseits glänzend frischgrün bis dunkelgrün, unterseits blasser, kahl.
Blüten nach dem Laub erscheinend, zu 20–40 in bis 15 cm langen, oft hängenden Trauben, reinweiß; Blütezeit V–VI.
Früchte (Steinfrüchte) bis zu 1 cm dick mit glattem Steinkern; in der Reife schwarzrot; essbar.
Standort: Lockere, flach- bis mittelgründige, nicht allzu trockene Böden. Lichtholz.
Verbreitung: Stammt aus dem östlichen N-Amerika; in M.-EU vielfach als Straßenbegleitgrün oder in Industriegelände angepflanzt.
Wissenswertes: Die S. T. war eine der ersten nach EU eingeführten Baumarten aus N-Amerika. Schon 1629 wuchsen einige Exemplare in engl. Gärten.

Eberesche, Vogelbeere
Sorbus aucuparia ROSENGEWÄCHSE

Merkmale: Sommergrüner, meist kleiner Baum bis zu 15 m, selten auch bis 20 m Höhe.
Rinde graubraun, später mit Korkwarzen-Leisten.
Blätter wechselständig, bis zu 3 cm lang gestielt, unpaarig gefiedert, bis zu 20 cm lang und 11 cm breit; 9–17 Fiederblättchen, diese bis zu 6 cm lang und 2 cm breit, nur an der Basis (höchstens im unteren Viertel) ganzrandig, zur Spitze scharf gezähnt, oberseits fast kahl, unterseits oft behaart.
Blüten rund 1 cm breit, zahlreich in flachen Schirmrispen; Kronblätter cremeweiß; Blütezeit V–VI, gelegentlich auch IX.
Früchte ihrem Aufbau nach Apfelfrüchte, kugelig, bis zu 8 mm dick, in der Reife korallenrot; essbar, mitunter jedoch bitter.
Standort: Nährstoffreiche, frische Lehm- und Steinböden; Licht liebendes Gehölz.
Verbreitung: Von N-Spanien bis zum Kaukasus, fehlt in S-EU; in D vom Tiefland bis in die Alpen in etwa 2000 m Höhe; häufig als Ziergehölz in Parks und Gärten oder als Straßenbaum.

Gewöhnliche Mehlbeere
Sorbus aria ROSENGEWÄCHSE

Merkmale: Sommergrüner Baum bis 12 m Höhe.
Blätter wechselständig, ungeteilt, kurz gestielt, Spreite 6–9 cm lang und bis 6 cm breit, länglich oval, an der Basis keilförmig, ungleich doppelt gesägt, oberseits glänzend dunkelgrün, unterseits dicht silbrig behaart.
Blüten bis 1,5 cm breit, reinweiß oder cremeweiß, in Schirmrispen; Blütezeit V–VI.
Früchte dem Aufbau nach Apfelfrüchte; trockenmehlig, bis 1,5 cm lang, eiförmig, hochrot.
Standort: Lockere, trockene, mäßig saure oder kalkhaltige Böden, Gebüsche, lichte Wälder.
Verbreitung: Von N-Afrika über die Iberische Halbinsel bis zum nördl. Balkan; in D in der Mittelgebirgsregion, in den Alpen bis in 1500 m Höhe; häufiger Park- oder Straßenbaum.
Wissenswertes: Die fade schmeckenden Früchte hat man früher getrocknet zu Mehl verarbeitet (Name!). Sie werden von den Vögeln und Kleinsäugern kaum gefressen, bilden aber als so genannte Wintersteher eine wichtige Nahrungsreserve.

Speierling *Sorbus domestica*
ROSENGEWÄCHSE

Merkmale: Sommergrüner, bis 20 m hoher Baum.
Rinde zunächst glatt graubraun, später schuppig.
Blätter wechselständig, bis zu 5 cm lang gestielt, unpaarig gefiedert, bis zu 25 cm lang und 10 cm breit, mit 13–21 Fiedern, diese bis zu 5 cm lang und 2 cm breit, länglich elliptisch, scharf gezähnt, im unteren Drittel immer ganzrandig (Unterschied zur Eberesche); auf der Oberseite frischgrün, kahl, unterseits auf den Hauptnerven behaart.
Blüten um 1,5 cm breit, cremeweiß, in flachen oder kegelförmigen, bis zu 10 cm breiten Schirmrispen; Blütezeit V–VI.
Früchte im botanischen Sinn Apfelfrüchte, lang gestielt, 2–3 cm lang, gelbgrün oder rotbräunlich, dunkler oder heller gepunktet, auf der Sonnenseite jeweils stärker gerötet; essbar.
Standort: Mäßig trockene, meist kalkhaltige, steinige Lehm- oder Tonböden; Lichtholz.
Verbreitung: Von NW-Afrika über die Iberische Halbinsel und den Balkan bis nach Kleinasien; in D vor allem in den Weinbauregionen.

Elsbeere *Sorbus torminalis*
ROSENGEWÄCHSE

Merkmale: Sommergrüner Baum bis zu 20 m Wuchshöhe oder großer Strauch.
Blätter wechselständig, lang gestielt, Spreite breit oval, ahornartig in 6–10 breite, nach vorn kleinere Lappen geteilt und unregelmäßig gezähnt; oberseits glänzend dunkelgrün, unterseits anfangs behaart, später kahl.
Blüten bis zu 1,5 cm breit, cremeweiß, zahlreich in flachen Schirmrispen; Blütezeit V–VI.
Früchte dem Aufbau nach kleine Apfelfrüchte, bis 1,5 cm dick, länglich kugelig, hell bräunlich rot, mit helleren oder dunkleren Korkwarzen; essbar.
Standort: Trockene, flachgründige Böden, Felsgebüsche, lichte Eichenbestände.
Verbreitung: Von NW-Afrika und W-EU bis zum Kaukasus, fehlt in N-EU; in D nur in den Weinbaugebieten; gelegentlich als Ziergehölz oder Straßenbaum gepflanzt.
Wissenswertes: Die E. ist innerhalb der artenreichen Gattung *Sorbus* eine der wenigen Arten, die nicht zur Bastardierung neigt.

Robinie *Robinia pseudoacacia*

Merkmale: Sommergrüner, bis zu 25 m hoher Baum mit offener, lichter Krone.
Rinde anfangs glatt und bräunlich, mit zunehmendem Alter an Stamm und Ästen tiefrissig und wulstig mit gewundenen Längsfurchen.
Blätter wechselständig, rund 3 cm lang gestielt, Spreite bis zu 25 cm lang und 10 cm breit, unpaarig gefiedert; die 11–17 Fiederblätter etwa 3 cm lang, kurz gestielt, oval, ganzrandig, vorn undeutlich eingeschnitten und in eine sehr feine Stachelspitze verlängert, oberseits matt- bis frischgrün, unterseits hell graugrün, kahl; Nebenblätter gewöhnlich zu langen, spitzen Dornen umgebildet. Der Austrieb erfolgt erst im späten Frühjahr, dafür tritt auch das Umfärben (nach Gelb) und der herbstliche Laubfall entsprechend spät ein.
Blüten zahlreich in hängenden, bis 15 cm langen Trauben; Einzelblüten mit gelblichem Kelch und reinweißer Krone, bis zu 2 cm groß, sehr angenehm duftend; Blütezeit VI.
Früchte 5–10 cm lange Hülsen, ledrig, hell- oder dunkelbraun, flach, zwischen den Samen leicht eingeschnürt; bleiben lange an den Zweigen.
Standort: Vorzugsweise auf nährstoffreichen, lockeren, tiefgründigen Böden.
Verbreitung: Ursprünglich im östlichen N-Amerika (Neuengland-Staaten bis Georgia); in vielen Teilen von EU und der übrigen Welt eingebürgert, oft als Parkgehölz oder Straßenbaum gepflanzt.

Gleditschie *Gleditsia triacanthos*

Merkmale: Sommergrüner, bis zu 40 m hoher Baum mit schlanker, nach oben verbreiterter, lichter Krone; Äste relativ dünn, aufsteigend.
Rinde dunkel graubraun, anfangs glatt, später borkig in größere Platten gefeldert, mitunter an älteren Bäumen mit auffallenden Büscheln bis etwa 20 cm langer, sehr starrer, verzweigter Dornen besetzt, die meist in Dreiergruppen stehen.
Blätter wechselständig, einfach oder doppelt gefiedert mit 20–30 bzw. 8–14 Fiedern, diese je 2 cm lang, oval, im vorderen Drittel leicht kerbig gesägt, kahl, glänzend frischgrün.
Blüten ein- oder zweihäusig verteilt, in grünlich gelben, hängenden Trauben; ♂ Blüten gelblich, ♀ Blüten unscheinbar; Blütezeit V–VI.
Früchte (Hülsen) bis zu 40 cm lang und 3 cm breit, ledrig, dunkelbraun, leicht schraubig gedreht.
Standort: Auf feuchten, lockeren, nährstoffreichen Schwemmlandböden an Flussufern.
Verbreitung: Stammt aus dem zentralen N-Amerika (Ontario bis Texas); in EU häufig in großen Parks oder als Straßenbaum angepflanzt, wobei allerdings spezielle dornenlose Gartenformen deutlich bevorzugt werden.
Wissenswertes: Die stattlichen Früchte, nach denen diese Art auch Lederhülsenbaum heißt, enthalten ein süßlich schmeckendes Mark, das im Ursprungsgebiet des Baums gern vom Vieh und von Kleintieren verzehrt wird. Aus den großen Samen fertigte man zeitweilig Perlenketten.

Berg-Ahorn *Acer pseudoplatanus*

Merkmale: Bis zu 40 m hoher, meist stattlicher Baum mit breiter, gewölbter Krone auf kräftigem Stamm; entwickelt sich vor allem im Freistand zu prächtigen Exemplaren.
Blätter gegenständig, mit langen, rötlichen Blattstielen, meist 5-lappig, die vorderen 3 Lappen ungefähr gleich groß, die beiden unteren manchmal nur angedeutet; auf der Oberseite dunkelgrün, auf der Unterseite graugrün, kahl.
Blüten gewöhnlich zwittrig, klein und unscheinbar gelblich grün, in hängenden, etwa 10 cm langen, vielblütigen Rispen, öffnen sich nach dem Laubaustrieb, nektarreich; Blütezeit IV–V.
Früchte 3–5 cm lange, geflügelte Nussfrüchte, die paarweise zusammenhängen und dabei ungefähr einen rechten Winkel einschließen; in einem hängenden Büschel beieinander stehend.
Standort: Meist in Buchenmischwäldern und schattigen Hangwäldern, im Gebirge bis zur Waldgrenze aufsteigend; wichtiger Waldbaum, aber selten in Reinbeständen.
Verbreitung: Überall in EU verbreitet; in mehreren Formen auch im Tiefland als Straßen- oder Parkbaum angepflanzt.

Wissenswertes: Die großflächigen, symmetrisch aufgebauten Blätter verfärben sich im Herbst goldgelb bis karminrot, insbesondere nach einigen kalten Oktobernächten.
Die geflügelten Früchte der Ahorne lösen sich nach der Reife einzeln aus dem Fruchtstand, fallen herab und beginnen dabei eine charakteristische, den freien Fall abbremsende Drehbewegung, weshalb man sie als Schraubenflieger bezeichnet. So können sie leichter vom Wind erfasst und verdriftet werden. Sie keimen im Frühjahr und bilden an Wegrändern oder im Parkrasen oft dichte Bestände. Die beiden einfachen, glattrandigen Keimblätter und das nachfolgende Blattpaar sehen noch völlig anders aus als die handförmigen Folgeblätter (kleines Foto oben).
Der Blütennektar sowie der nach Blattlausbefall reichlich gebildete Honigtau, die zuckerhaltigen Ausscheidungen der Blattläuse, werden von Bienen und Hummeln gern gesammelt.
Das harte, dauerhaft hell bleibende Ahornholz verwendet man unter anderem zu Schnitzereien, für Parkette und im Musikinstrumentenbau (vor allem für Gitarren und Violinen).

Ähnlich: **Rot-Ahorn** *Acer rubrum* (unten), die beiden unteren Blattlappen nur schwach angedeutet, Mittellappen groß; heimisch im atlantischen N-Amerika, in EU vor allem wegen des karminroten Herbstlaubs („Indian summer") gepflanzt.

Griechischer Ahorn *Acer heldreichii* (oben), Blätter tiefer eingeschnitten als beim Berg-Ahorn, unterseits bläulich grün mit dichten, weißlich bräunlichen Haarbüscheln in den Winkeln der Blattnerven; Bergwälder des Balkans.

Herbstfärbung

Feld-Ahorn *Acer campestre*

AHORNGEWÄCHSE

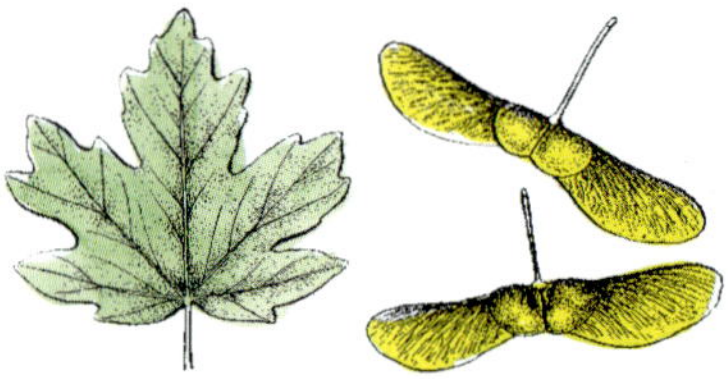

Merkmale: Sommergrüner, kleiner Baum bis zu 10 m Höhe (selten auch höher) mit breiter, rundlicher Krone auf niedrigem, meist gekrümmtem Stamm; mitunter auch mehrstämmiger Großstrauch; Rinde dunkel graubraun, anfangs glatt, später zunehmend rissig gefeldert, Zweige manchmal mit auffälligen Korkleisten; Knospen eiförmig, rötlich braun, vorn fein behaart.
Blätter gegenständig, Blattstiel mit Milchsaft, bis 6 cm lang, grün, Blattspreite 5–9 cm lang und meist etwas breiter, 5-lappig buchtig geteilt, an den Enden abgerundet, am Rand wenig gekerbt oder undeutlich gezähnt; oberseits matt dunkelgrün, unterseits heller, kahl.
Blüten erscheinen mit dem Laub, zu 10–25 in kurzen, abstehenden oder aufrechten Rispen, diese mit eingeschlechtigen oder zwittrigen Einzelblüten, nektarreich, gelblich grün; Blütezeit V.
Spaltfrucht aus 2 geflügelten Nüssen, die Flügel geradlinig zueinander im Winkel von 180 Grad.
Standort: Liebt frische bis feuchte, nährstoffreiche, mittelgründige Lehmböden, meist in Mischwäldern, Feldgehölzen oder Saumgebüschen, an Wegrändern und in Hecken.
Verbreitung: Von N-Afrika bis W-Asien, in M.-EU überall außer im N der Britischen Inseln und in Skandinavien; in D vor allem in der Mittelgebirgsregion, in den Alpen bis in etwa 1000 m Höhe; nur gelegentlich als Ziergehölz gepflanzt.
Wissenswertes: Der F. besitzt eine sehr gute Fähigkeit zum Stockausschlag und ist daher als Flur- oder Heckengehölz verbreitet. Der volkstümliche Name Maßholder (von „maß" = Matte, Wiese) geht darauf zurück. Mittelalterliche Steinmetze verwendeten seinen Blattumriss gern als Schmuckmotiv für Säulenkapitelle.

Spitz-Ahorn *Acer platanoides*

AHORNGEWÄCHSE

Merkmale: Sommergrüner, bis zu 30 m hoher Baum mit rundlicher, dichter Krone auf geradem, schlankem Stamm, oft auch von Grund an mehrstämmig; Rinde dunkel graubraun, anfangs glatt, später rissig mit feinen Leistenmustern, nicht abblätternd; Knospen länglich oval, ziemlich dick.
Blätter gegenständig; Blattstiel 3–20 cm lang, oberseits rötlich, enthält Milchsaft; Blattspreite 10–15 cm lang und ebenso breit, handförmig in 5–7 ungleich große Lappen geteilt, mit weiten Bögen und schlanken Spitzen; oberseits glänzend dunkelgrün, unterseits leicht bläulich, kahl, im Herbst kräftig goldgelb bis rötlich verfärbt.
Blüten lange vor dem Laub erscheinend, eingeschlechtige und zwittrige in der gleichen aufrechten, doldigen Rispe vereint, gelbgrün gefärbt, nektarreich; Blütezeit III–VI.
Früchte (Nussfrüchte) geflügelt, paarweise zusammenhängend, bilden einen stumpfen Winkel.
Standort: Auf frischen bis mäßig feuchten, nährstoffreichen und tiefgründigen Böden in Hang- und Schluchtwäldern; verträgt Halbschatten.
Verbreitung: Von S-Frankreich (Pyrenäen) bis zum Ural, fehlt in Großbritannien und auf den Mittelmeerinseln; in D vom Tiefland bis in etwa 1000 m Gebirgshöhe; außerhalb des natürlichen Verbreitungsgebiets häufig in Parks und Alleen angepflanzt und verwildert.
Wissenswertes: Als Nutzholz hat der S. wenig Bedeutung, als früher und starker Nektarproduzent ist er jedoch hoch geschätzt. Versuchsweise hat man aus den Stämmen wie bei nordamerikanischen Arten im Frühjahr Zuckersaft gewonnen. Die häufigen schwarzen „Tintenklekse" auf den Blättern werden von einem Pilz hervorgerufen.

Blütenstände

Gewöhnliche Rosskastanie *Aesculus hippocastanum*

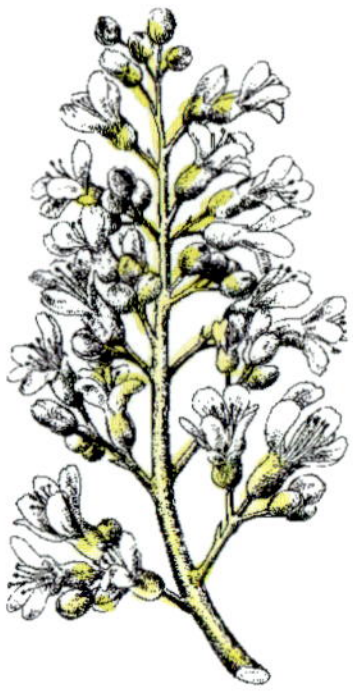

Die Blüten an der Basis des Blütenstands sind zwittrig, die weiter oben rein männlich. Die beiden oberen der 5 weißen Kronblätter zeigen ein dunkleres Farbmal.

Merkmale: Sommergrüner, bis zu 25 m hoher Baum mit hoher, dichter, regelmäßiger Krone auf meist kurzem, gedrungenem, nicht selten etwas gedreht wachsendem Stamm; Rinde anfangs hellbraun und glatt, später zunehmend dunkel- bis schwarzbraun und in gröbere Platten gefeldert; Triebe fast fingerdick, bräunlich, mit helleren Korkwarzen besetzt; Endknospen auffallend groß, vor dem Austrieb stark klebrig.

Blätter gegenständig; Blattstiel bis zu 20 cm lang, grünlich, am Grund stark verbreitert, hinterlässt nach dem Laubfall eine große, dreieckige bis hufeisenförmige Blattnarbe; Spreite bis zu 25 cm lang und fast ebenso breit, handförmig gefiedert, die 5–7 Fiederblätter verkehrt eiförmig, breiteste Stelle im vorderen Drittel (Unterschied zur Rotblühenden Rosskastanie), an der Basis keilförmig, sitzend; oberseits dunkelgrün, im Herbst leuchtend goldgelb, zersetzen sich als Streu sehr rasch.

Blüten zahlreich in aufrecht stehenden, dichten Blütenständen (Scheinrispen); Blütezeit V.

Kapselfrüchte 5–6 cm dick, grünlich, dicht und kräftig bestachelt, mit 1–3 glänzend rotbraunen Samen, den allbekannten Kastanien.

Standort: Auf nährstoffreichen, frischen bis feuchten, lockeren Lehmböden in Bergwäldern.

Verbreitung: Ursprünglich nur im nördlichen Balkan, heute überall in EU sowie in N-Amerika angepflanzt und stellenweise eingebürgert.

Wissenswertes: Die weiß blühende G. R. gelangte um 1570 von Konstantinopel nach Wien. Daher vermutete man lange Zeit die Türkei als Heimat dieser Baumart. Erst 1879 hat man die natürlichen Vorkommen in N-Griechenland entdeckt. Wegen ihrer stattlichen Blütenstände wurde die leicht zu kultivierende und rasch wachsende G.R. schon bald überall in EU als Parkbaum angepflanzt. Sie ist heute das typische Gehölz von Dorfplätzen, Stadtparks, Schulhöfen und Biergärten und damit solchermaßen populär, dass ihre fremdländische Herkunft gar nicht mehr wahrgenommen wird.

Seinen Namen erhielt der Baum nach seiner traditionellen Verwendung als Heilpflanze: In der Türkei sollen damit Hustenerkrankungen von Pferden kuriert worden sein. Reife Kastanien sind leicht giftig. Sie enthalten Saponine und Flavonglykoside, die zur Behandlung von Gefäßerkrankungen eingesetzt werden.

Die auffälligen Blüten zeigen eine interessante blütenökologische Anpassung: Gleich nach dem Aufblühen, solange sie Nektar bilden, weisen sie ein hellgelbes Farbmal auf. An den folgenden Tagen versiegt die Nektarproduktion und zugleich verfärbt sich das Farbmal über Ziegelrot nach Tiefpurpurn. Sobald das Signal gleichsam auf Rot steht, fliegen keine Insekten (meist Bienen oder Hummeln) die Blüten mehr an.

Ähnlich:

Die **Rotblühende Rosskastanie** *Aesculus × carnea* ist eine Kreuzung aus der meist strauchförmig wachsenden, leuchtend rot blühenden nordamerikanischen Pavie *(Aesculus pavia)* und der Gewöhnlichen Rosskastanie. In der Regel dient letztere als Unterlage zur Veredelung.

Knospen grünlich grau, Blätter derb, dunkelgrün, mit kurz gestielten Fiedern, die jeweils in der Mitte am breitesten und am Rand gekerbt sind; Blüten in langen, aufrecht stehenden Rispen, uneinheitlich fleischrot, Blütezeit VI; Fruchtkapseln entweder mit nur ganz wenigen oder überhaupt keinen Stacheln; in EU oft in Parks oder an Straßenrändern angepflanzt.

Sommer-Linde *Tilia platyphyllos*

LINDENGEWÄCHSE

Merkmale: Sommergrüner, bis zu 40 m hoher Baum mit breiter, rundlicher Krone auf langem, geradem Stamm; Rinde anfangs dunkel braungrau mit feinem Netzwerk, später borkig mit dichten Rippen und Leisten.
Blätter wechselständig, 3–5 cm lang gestielt, Blattspreite 7–12 cm lang und fast ebenso breit, leicht herzförmig, mit schlanker Spitze, kerbig gezähnt, oberseits matt frischgrün, unterseits etwas blasser, mit weißen Haarbüscheln in den Winkeln der Hauptnerven (Unterscheidungsmerkmal zur Winter-Linde).
Blüten nach dem Laub erscheinend, zu 2–6 in hängenden Rispen, Achse von der Mitte bis zur Basis mit dem Tragblatt verwachsen; Blütenhülle gelblich weiß, 20–25 Staubblätter; Blütezeit VI.
Früchte (Nussfrüchte) kugelig, um 1 cm dick, derb, graufilzig, mit 3–5 deutlichen Längsrippen.

Standort: Sickerfrische, nährstoff- und basenreiche Böden in krautreichen Schluchtwäldern.
Verbreitung: Von SW- über M.- bis nach SO-EU, fehlt von Natur aus nur auf den Britischen Inseln und in Skandinavien, dort wie in anderen Gebieten eingebürgert; häufig als Forst-, Park- oder Straßenbaum angepflanzt.
Wissenswertes: Die S. bildet keine zusammenhängenden Reinbestände wie Buchen oder Eichen, sondern tritt gewöhnlich nur als Begleitart in verschiedenen Waldgesellschaften auf. Wegen ihrer beeindruckenden Kronenform pflanzt man sie schon lange auf Plätzen und Alleen an. Sie kann bis etwa 1000 Jahre alt werden.
Das gelblich weiße, ziemlich weiche und biegsame Holz ist wegen seiner gleichmäßigen Struktur hervorragend zu bearbeiten und wird deswegen gern für Holzbildwerke, Schnitzarbeiten und den Musikinstrumentenbau herangezogen.
Die Lindenblüten werden in medizinischen Tees als Hausmittel gegen fiebrige Erkältungskrankheiten verwendet.

Winter-Linde *Tilia cordata*

LINDENGEWÄCHSE

Merkmale: Sommergrüner, großer Baum bis 30 m Höhe mit dichter, breiter Krone auf geradem Stamm.
Blätter wechselständig, 2–5 cm lang gestielt, Blattspreite rundlich herzförmig, bis zu 8 cm lang und fast ebenso breit, gesägt; oberseits dunkelgrün, unterseits bläulich, mit bräunlichen Haarbüscheln in den Winkeln der Hauptnerven (Unterscheidungsmerkmal zur Sommer-Linde).
Blüten nach dem Laub erscheinend, zu 4–12 in hängenden Rispen, Kelch- und Kronblätter weißlich, 20–25 Staubblätter; Blütezeit VI–VII, später als bei der Sommer-Linde.
Früchte (Nussfrüchte) kugelig, etwa 6 mm dick, dünnschalig, meist kahl, ohne hervortretende Rippen oder nur schwach kantig.
Standort: Frische, basenreiche, tiefgründige Böden, vor allem in Eichenwaldgesellschaften; gelegentlich in Reinbeständen.

Verbreitung: In EU weit verbreitet, von SW-EU (Pyrenäen) bis zum Ural, in Skandinavien nur im südlichen Teil, fehlt in Irland und Schottland, auf dem S-Balkan und den großen Mittelmeerinseln; in D vom Tiefland bis ins Gebirge, in den Alpen bis in 1500 m Höhe; häufig als Straßen- oder Parkbaum angepflanzt.
Wissenswertes: Das natürliche Areal der W. ist mehr als doppelt so groß wie das der Sommer-Linde und reicht im NO und O weit in kontinentale Klimagebiete hinein. Nur in wenigen Gegenden in D gibt noch es größere Reinbestände, sonst ist sie wirtschaftsbedingt aus unseren Wäldern verdrängt worden. Nur im Freistand entwickelt sie ihre malerische Kronengestalt, im Wald bleibt die Krone eher schmal.
Linden reagieren empfindlich auf Luftverschmutzung und verschwinden daher immer mehr aus dem Bild der Dörfer und Städte – obwohl sie von Natur aus über 1000 Jahre alt werden können. Mit ihrer tief reichenden Herzwurzel ist die Linde gegen Windwurf recht stabil.

Hybrid-Platane *Platanus × hispanica* PLATANENGEWÄCHSE

Merkmale: Sommergrüner, bis zu 30, selten auch 40 m hoher Baum mit breiter, hoher, gewölbter Krone auf dickem Stamm; Rinde graubraun oder hellbraun, löst sich später in handgroßen, dünnen, plattigen Stücken ab und hinterlässt gelbe Flecken.
Blätter wechselständig (Unterschied zu ähnlichen Ahorn-Arten mit gegenständigen Blättern), 5–10 cm lang gestielt, Spreite 15–20 cm lang und bis 25 cm breit, handförmig 3- bis 5-lappig, die vorderen Lappen breit dreieckig, höchstens bis zur Spreitenmitte eingeschnitten, mit ungleich großen, spitzen Zähnen, im Umriss dem Blatt eines Spitz-Ahorns (⇨ S. 484) ähnlich, fest und beinahe ledrig, oberseits dunkelgrün, unterseits zumindest auf den Hauptnerven und in den Nervenwinkeln weißlich behaart, fallen im Herbst ohne besondere Verfärbung ab.
Blüten einhäusig verteilt, mit dem Laub erscheinend, unscheinbar, jedoch zahlreich in je 2 kugeligen, meist lang gestielten, hängenden Teilständen, Blütezeit V; zur Fruchtzeit 3–4 cm dick und 15–20 cm lang gestielt, bleiben lange am Zweig.

Standort: Vorzugsweise auf mittel- bis tiefgründigen, wechselfeuchten Böden.

Verbreitung: In M.-EU überall häufig in Parks und an Straßen gepflanzt.

Wissenswertes: Dieser auch Ahornblättrige P. genannte Baum wird als Kreuzung aus der Morgenländischen und der Abendländischen Platane *Platanus orientalis* und *P. occidentalis* angesehen. Eventuell handelt es sich dabei nur um eine Kulturvarietät einer dieser beiden Arten. Für die Hybridnatur spricht jedoch, dass die Blüten- bzw. Fruchtstandkugeln überwiegend paarweise angelegt werden, während es bei den mutmaßlichen Elternarten jeweils nur 1 bzw. 3 Kugeln sind.
Im Stadtklima erweist sich die H. als recht wüchsig. Hier ist sie mit ihrem großflächigen, dichten Laub als sommerlicher Schattenspender sehr beliebt. Regional erzieht man die Krone durch Stutzen zu flachen Schirmen. Das austreibende Laub wird gelegentlich von einem Pilz infiziert und vertrocknet dann fahlbraun. Die aus Reserveknospen austreibenden Ersatzblätter entfalten sich normal.

Gewöhnliche Esche *Fraxinus excelsior* ÖLBAUMGEWÄCHSE

Merkmale: Sommergrüner, bis zu 40 m hoher Baum. Rinde anfangs hellgrau und glatt, später borkig und längsrissig; Winterknospen spitz, tiefschwarz gefärbt. Blätter gegenständig, unpaarig gefiedert, die 9–13 Fiedern oval länglich, spitz, gezähnt, oberseits mattgrün, unterseits heller und entlang der Mittelrippe rotbraun behaart. Blüten ein- oder zweihäusig verteilt, vor dem Laub erscheinend, zwittrig oder eingeschlechtig, unscheinbar grünlich, in Rispen; Blütezeit IV. Nussfrüchte schmal geflügelt, hellbraun, als Wintersteher lange am Baum, vom Wind als Drehschraubenflieger verdriftet.

Standort: Sickerfrische, nährstoffreiche Böden in Bach- und Flussauen sowie in Schluchtwäldern; Lichtholz.

Verbreitung: Fast in ganz EU außer in großen Teilen der Iberischen Halbinsel und Skandinaviens, im S nur im Gebirge, im O bis zum Schwarzen Meer; häufig als Park- oder Straßenbaum.

Wissenswertes: Das helle Holz verarbeitet man zu Furnieren, Sportgeräten und Biegeformteilen.

Götterbaum *Ailanthus altissima* BITTERESCHENGEWÄCHSE

Merkmale: Sommergrüner, bis 25 m hoher Baum. Blätter wechselständig, 40–70 cm lang, Blattspindel rötlich, unpaarig gefiedert, die 11–19 Fiedern je etwa 5–15 cm lang, länglich oval, glattrandig, an der Basis keilförmig oder mit 2–4 ungleich großen Zähnen mit je 1 großen Drüse; glänzend dunkelgrün; beim Zerreiben unangenehm riechend. Blüten ♂ oder zwittrig, klein, grünlich gelb, zahlreich in 15–20 cm langen, lockeren Rispen; Blütezeit VI–VII.
Nussfrüchte 2-seitig geflügelt, etwa 4 cm lang.

Standort: Lockere, mäßig nährstoffreiche Böden in Wärmegebieten; Lichtholz.

Verbreitung: Ursprünglich in Auenwäldern und auf Schwemmlandböden in O-Asien (China); vielfach als Park- und Straßenbaum angepflanzt und heute vielerorts in EU und in N-Amerika eingebürgert; in D bisher fast nur im Bereich größerer Städte.

Wissenswertes: Der G. ist bemerkenswert widerstandsfähig gegen Abgasbelastung und sommerliche Trockenheit.

Tulpen-Magnolie *Magnolia × soulangiana* MAGNOLIENGEWÄCHSE

Merkmale: Sommergrüner kleiner Baum oder großer Strauch bis zu 6 m Wuchshöhe mit ausladender Krone auf kurzem, zumeist krummem Stamm; Rinde anfangs glatt, braungrau, später feinrissig.
Blätter wechselständig, kurz gestielt, verkehrt eiförmig bis elliptisch mit kurzer Spitze, 12–20 cm lang und bis zu 6 cm breit, ledrig, glattrandig; oberseits matt frischgrün, unterseits heller und wenig behaart.
Blüten schon vor dem Laub erscheinend, aufrecht, glockig, innen reinweiß, außen rötlich, an der Basis mitunter rotviolett; Blütezeit IV–V.
Kapselfrucht mit leuchtend roten Samen, die in der Reife an langen Samenstielchen heraushängen (Zeichnung oben).

Standort: Meist auf wasserdurchlässigen, mäßig nährstoffreichen und leicht sauren Lockerböden.

Verbreitung: Ausschließlich aus der Gartenkultur bekannt, heute in M.-EU die am weitesten verbreitete Magnolie mit einem sehr umfangreichen Sortenbild.

Wissenswertes: Die T. entstand um 1820 im Park von Soulange-Bodin als Kreuzung der chinesischen Yulan-Magnolie *(M. denudata)* und der ebenfalls aus O-Asien stammenden Purpur-Magnolie *(M. liliiflora).* Als Kulturvarietäten sieht man häufig die nach dem rheinischen Gartenkünstler des 19. Jh. Peter Joseph Lenné benannten Sorten 'Lennéi' (Blüten außen dunkel purpurrot) oder die reinweiße 'Lennéi Alba'. Auch die beiden dekorativen Eltern-Arten werden gelegentlich in Parkanlagen angepflanzt.
Magnolien sind heute in EU nicht mehr heimisch, ihre Vorfahren starben hier während der letzten Eiszeit aus. Die als Gartenformen oder Kreuzungseltern verwendeten Arten stammen alle entweder aus O-Asien oder aus N-Amerika.

Tulpenbaum *Liriodendron tulipifera* MAGNOLIENGEWÄCHSE

Merkmale: Sommergrüner, bis zu 40 m hoher Baum mit breiter, dichter Krone; Rinde grau bis bräunlich, an älteren Exemplaren borkig mit regelmäßigem Netzmuster.
Blätter wechselständig, 10–12 cm lang gestielt, Spreite 10–15 cm lang und 12–20 cm breit, in 4 Lappen geteilt, vorn gerade abgeschnitten oder leicht ausgerandet, an der Basis breit gerundet; auf der Oberseite frischgrün getönt, unterseits etwas heller, kahl, im Herbst prächtig goldgelb oder orangerot verfärbt.
Blüten nach dem Laub erscheinend, die 6 Blütenhüllblätter außen an Basis und Spitze bläulich grün getönt, dazwischen hellgelb, innen am Grund mit einem kräftig orangegelben Farbmal, zahlreiche hellgelbe Staubblätter; Blütezeit IV–V.
Fruchtstände hellbraun, zapfenartig.

Standort: Auf feuchten, aber wasserdurchlässigen, mittel- bis tiefgründigen und nährstoffreichen Böden an Berghängen.

Verbreitung: Ursprünglich im östlichen N-Amerika von den Neuenglandstaaten bis N-Florida, von der Ebene bis ins Gebirge, in den Appalachen bis in 1200 m Höhe. In EU häufig in Parks oder großen Gärten angepflanzt.

Wissenswertes: Die Blüten des T. erinnern an eine gelbe Tulpe. Wie bei dieser ist die Blütenhülle nicht in Kelch- und Kronblätter gegliedert, sondern besteht aus gleichartigen Hüllblättern. Die Blütenteile sind jedoch nicht in einzelnen Kreisen angeordnet, sondern bilden an der Blütenachse Spiralen – eine Anordnung, die als entwicklungsgeschichtlich sehr ursprüngliches Merkmal gilt.

Berg-Kiefer, Latschen-Kiefer *Pinus mugo* ssp. *mugo* KIEFERNGEW.

Nadeln zu je 2

Merkmale: Formenreicher, immergrüner Nadelstrauch, ein- oder (häufiger) mehrstämmig, 1–5 m hoch, als Baum bis 25 m; Rinde rötlich grau bis grauschwarz mit kleinen Schuppen; Äste liegend oder aufsteigend, unregelmäßig angeordnet und ungleich lang.
Nadeln steif und gerade oder leicht sichelförmig, nicht oder kaum gedreht, 2–8 cm lang und 2–3 mm breit, beiderseits leicht glänzend dunkelgrün, am Rand rau, zu je 2 in einer 1 cm langen, aschgrauen Nadelscheide; bleiben jeweils etwa 8–10 Jahre lang an den Zweigen.
Blüten einhäusig verteilt, ♂ Blüten hellgelb als dichte, gedrängte Manschette an der Basis der neuen Jahrestriebe, mit zahlreichen, spiralig angeordneten Staubblättern; ♀ Blütenstände karminrot, um 1 cm lang, fleischig, zu 1–4 unmittelbar unterhalb der Langtriebspitzen; Blütezeit VI.
Zapfen geschlossen bis 3 cm, geöffnet etwa 6 cm breit und fast ebenso lang; reifen erst im 2. Jahr.
Standort: Auf flach- oder tiefgründigen, basischen oder mäßig sauren, nährstoffarmen und meist etwas feuchten Böden der oberen Gebirgsstufe; gewöhnlich in Reinbeständen.
Verbreitung: Gebirge von M.- und S-EU (Abruzzen, Balkan), im N bis zum Fichtel-, Erz- und Riesengebirge, im bayerischen Alpenvorland stellenweise auch unter 500 m Höhe; steigt in den Nordalpen bis auf 2200 m und im schweizerischen Graubünden bis 2450 m hoch, bildet in der alpinen Region oberhalb des Waldgürtels die sog. Krummholzregion. Gärtnerisch ist die B. auch außerhalb ihres natürlichen Areals weit verbreitet.

Wissenswertes: Die B. ist eine außerordentlich vielgestaltige Art, zu der auch in Baumgestalt wachsende Formen wie die Haken-Kiefer gehören. Auch innerhalb der als Leg-Föhre, Latsche, Knieholz oder Krummholz (regional und lokal sind weitere Namen üblich) bezeichneten Strauchformen mit ihrem bemerkenswert elastischen Astwerk werden mehrere geographische Sippen unterschieden, von denen sich wiederum zahlreiche Gartenformen mit unklarer Merkmalsabgrenzung ableiten. Außerhalb des Hochgebirges angepflanzt, verlieren die Latschen-Kiefern ihre charakteristische Gestalt mit liegenden Ästen und entwickeln statt dessen Gestalten mit nahezu senkrecht wachsenden Stämmen. Die Wildformen sind mit ihren elastischen Ästen gegen Schneebedeckung bestens gewappnet, tragen auf Steilhängen wirksam zur Bodenbefestigung bei und schützen das Terrain zudem vor Steinschlag und Lawinenabgängen. Man pflanzt sie daher als Erosionsschutz auch gern in tiefer gelegenen Bereichen an. An ihren alpinen Standorten ist die B. eine Kalk liebende Art, die besonders reichlich auf den harten Wetterstein- und Dachsteinkalken sowie auf Dolomit vorkommt. Andererseits ist sie jedoch nicht unbedingt an die basische Reaktion des Bodens gebunden. Immerhin wurde sie ebenso auf den sauren, mageren Heideböden im Norden von Deutschland sowie in den Dünengebieten Jütlands vielfach zur Aufforstung verwendet. Zudem besiedeln einige ihrer zahlreichen Formen auch die sauren Moorböden des Alpenraums, sofern dort eine Konkurrenz durch rascher wachsende Gehölze fehlt. Aus den aromatisch duftenden Nadeln der B. gewinnt man durch Destillation das Latschenkiefernöl für verschiedene kosmetisch-medizinische Produkte.

Gewöhnlicher Wacholder *Juniperus communis* ZYPRESSENGEWÄCHSE

Merkmale: Immergrüner, aufrecht säulenförmig oder breitbuschig wachsender, meist mehrstämmiger Nadelstrauch von 1–5 m Höhe, selten auch mehrstämmiger und bis zu 15 m hoher Baum; Rinde dünn, längsstreifig, bräunlich.
Blätter einheitlich nadelförmig in abstehenden 3-zähligen Wirteln, 1–2 cm lang und 1–2 mm breit, am Grund breit, sehr steif, stechend spitz; oberseits rinnenförmig, graugrün getönt mit breitem, hellerem Mittelband; unterseits leicht gekielt und glänzend grün.
Blüten zweihäusig, nur ausnahmsweise auch einhäusig verteilt, in den Nadelachseln vorjähriger Zweige; ♂ Blüten gelblich, mit zahlreichen Staubblättern; ♀ Blüten mit mehreren Wirteln von Schuppenblättern, von denen die 3 obersten bei der Reife fleischig werden und einen saftigen Beerenzapfen bilden; Blütezeit IV–VI.
Beerenzapfen kurz gestielt, 5–6 mm dick, reifen im 2. oder 3. Jahr nach der Blüte, rotschwarz und fast immer stark bläulich bereift, beim Zerreiben aromatisch duftend; Zapfenreife ab VII–IX.
Standort: Licht liebendes Gehölz auf nährstoffarmen, flachgründigen, mäßig sauren oder kalkhaltigen Böden in Heiden, Magerweiden, Halbtrockenrasen und im Saum lichter Wälder. Der G.W. gilt als ausgesprochen genügsame Art, die tiefe Kälte und anhaltende Sommerhitze gleichermaßen gut erträgt und außerdem eine denkbar große Bandbreite von Bodeneigenschaften von sandig bis flachgründig-steinig akzeptiert.
Verbreitung: In EU von der Ebene bis ins Gebirge weit verbreitet, von der Iberischen Halbinsel bis nach Skandinavien, ostwärts bis zur Türkei, im Mittelmeerraum auch auf dem Peloponnes und auf Sizilien; häufig und in vielen Sorten als Ziergehölz in Parks und Gärten verwendet.

Wissenswertes: Die einstige Weidewirtschaft vor allem mit Schafen hat den G. W. in seiner Verbreitung stark gefördert, denn die stachelspitzigen Zweige werden von den Weidetieren kaum verbissen. An offenen Standorten ist diese Art daher gegenüber allen anderen Holzpflanzen klar im Konkurrenzvorteil, kümmert aber, sobald sie bei nachlassender oder fehlender Beweidung von rascher wachsenden Gehölzen buchstäblich in den Schatten gestellt wird. In Gebieten mit historisch stark verbreiteter Weidewirtschaft, in denen eine sonstige landwirtschaftliche Nutzung aus klimatischen Gründen oder wegen der Nährstoffarmut der Böden nicht möglich war, wurde der G. W. zur Leitart der traditionellen Schafhutungen. Damit stellt er ein eindrucksvolles wirtschaftsgeschichtliches Dokument dar, das ganze Kulturlandschaften geprägt hat, etwa das Münsterland, die Lüneburger Heide oder Hoge Veluwe (Niederlande), aber auch viele Regionen der Mittelgebirge (Eifel, Bergisches Land, Schwäbische Alb, Westerwald). Als Kennart solcher Heidegebiete nannte man die Art häufig auch einfach Heide-Wacholder. Derartige Heidegebiete weisen oftmals viele seltene Pflanzen- und Kleintierarten auf. Daher wurden viele von ihnen als Naturschutzgebiete ausgewiesen, die in ihrem Artengefüge jedoch nur zu erhalten sind, wenn der ursprüngliche Beweidungsrhythmus beibehalten bzw. wieder aufgenommen wird.
Die reifen Beerenzapfen des G. W. sind in sehr kleinen Mengen durchaus genießbar, in größeren dagegen gesundheitsschädlich. Sie werden medizinisch sowie als Aromatisierungsmittel verwendet, z. B. in Spirituosen. Die Produktbezeichnungen Gin (engl.) und Genever (niederl.) leiten sich vom Gattungsnamen *Juniperus* ab.

Gewöhnliche Waldrebe *Clematis vitalba* HAHNENFUSSGEWÄCHSE

Merkmale: Sommergrüner, dicht verzweigter Kletterstrauch (Liane) mit langen, biegsamen, linkswindenden Ästen, klettert bis über 10 m hoch und bildet dichte, lang herabhängende Schleier; Stämme bis 2 cm dick; Rinde hell graubraun, löst sich in langen, schmalen Streifen ab; junge Zweige regelmäßig sechskantig und längsstreifig.
Blätter bis zu 25 cm lang, gegenständig, lang gestielt, unpaarig gefiedert, die 5–7 Fiederblättchen weit voneinander entfernt, jeweils bis zu 5 cm lang, glattrandig oder gesägt, kahl, auf der Oberseite matt dunkelgrün, unterseits heller getönt.
Blüten (kleines Foto) zu mehreren in blattachselständigen, lockeren Rispen, lang gestielt, mit 4 schmalen, cremeweißen, kronblattartigen Hüllblättern; Blütezeit VI–IX.
Bei der Reife der Früchte (ab X, großes Foto) entwickelt sich der Griffel der vormaligen Blüte zu einem silbrig weißen, fedrig behaarten Flugorgan, das der Windverbreitung der sehr leichten Nussfrüchte dient.
Standort: Häufig in so genannten Schleiergesellschaften an Bach- und Flussufern, Waldsäumen, Feldgebüschen und Bahndämmen.
Verbreitung: In W- und M.-EU weit verbreitet, vom Tiefland bis in Höhen über 1500 m.
Wissenswertes: Die G. W. ist eine der wenigen heimischen Lianen und eine der seltenen Holzpflanzen innerhalb der Hahnenfußgewächse. Ihre gegenständigen Fiederblätter sind eher untypisch für diese Familie. Die silbrigen Fruchtstände sehen besonders im Gegenlicht recht dekorativ aus. Dichte Gebüsche der G. W. bieten Kleinvögeln ausgezeichnete Nist- und Versteckmöglichkeiten.

Alpen-Waldrebe *Clematis alpina* HAHNENFUSSGEWÄCHSE

Merkmale: Sommergrüner, linkswindender Kletterstrauch mit dünnen, nach Lianenart seilförmigen und biegsamen Stämmen und Ästen, klettert meist nur 2–3 m hoch.
Blätter lang gestielt, unpaarig gefiedert, einfach bis doppelt 3-zählig; Fiedern kurz gestielt oder sitzend, bis zu 5 cm lang und 2 cm breit, lanzettlich, zugespitzt, am Grund keilförmig, grob gesägt, unterseits wenig behaart; Blattstiele starr und oft rankenförmig um die Wuchsunterlage gekrümmt.
Blüten auffallend groß, 2–4 cm breit, lang gestielt, hängend, einzeln an Kurztrieben in den Blattachseln der Zweigenden, Blütenhülle mit 4 (selten 5) glockig gewölbten oder sternförmig ausgebreiteten Hüllblättern, hellblau oder violett, selten auch weiß; Blütezeit V–VII. Griffel zur Zeit der Fruchtreife (ab IX) fedrig behaart (kleines Foto).
Standort: Auf sauren, kalkfreien Böden in halbschattigen, krautreichen Bergwäldern, in Alpenrosen- und Latschengebüschen sowie auf Steinschutthalden mit dichten Hochstauden.
Verbreitung: In den Alpen und Karpaten bis in ungefähr 2400 m Höhe, selten als so genannter Abschwemmling auch im Alpenvorland; ferner in N-EU (hier jedoch mit gelblichen bis blassblauen Blütenblättern). **RL, §!**
Wissenswertes: Innerhalb der blauen Blütenhülle befindet sich ein Kreis mit etwa 10 weißen, tütenförmigen Nektarblättern, die umgewandelte Staubblätter darstellen. Im Unterschied zur häufigeren Gewöhnlichen Waldrebe sind die Blüten der A. also nicht nur eine ergiebige Pollen-, sondern auch eine attraktive Nektarquelle, die gern von Hautflüglern, etwa Bienen oder Wespen, sowie von Schmetterlingen besucht wird.

Gewöhnliche Berberitze *Berberis vulgaris*

BERBERITZENGEWÄCHSE

Merkmale: Sommergrüner, bedornter Strauch mit aufrechten Stämmchen und bogig überhängenden Ästen, 1–3 m; Triebe kantig-längsstreifig; Rinde älterer Äste hell grüngrau. Blätter gestielt, büschelig angeordnet und daher manchmal scheinbar gegenständig, länglich elliptisch, am Grund lang keilförmig, vorn gerundet oder zugespitzt, scharf dornig gezähnt, oberseits dunkelgrün, unterseits heller, kahl, bis 4 cm lang, mit kräftiger Mittelrippe.
Blüten mit hellgelben Kelch- und Kronblättern, halbkugelig gewölbt, in hängenden, vielblütigen Trauben; stark duftend; Blütezeit IV–VI.
Früchte (Beeren) länglich, bis 1 cm groß, leuchtend rot, sehr sauer schmeckend; Fruchtreife ab IX.
Standort: Gebüsche, Flurhecken, Waldsäume, Lichtungen und Trockenhänge; gern auf kalkhaltigen, sonnigen Magerböden.
Verbreitung: Fehlt in N-EU, im übrigen EU weit verbreitet, vom Tiefland bis in etwa 2000 m Höhe.
Wissenswertes: Die Blätter der Langtriebe sind in mehrteilige, bis 2 cm lange Dornen umgewandelt, in deren Achsel die Kurztriebe stehen. Die 6 gelben Staubblätter krümmen sich nach Berührung ihrer Basis schlagartig zur Blütenmitte.
Als Zwischenwirt des Getreideschwarzrosts hat man die G. B. in vielen Gegenden ausgerottet. Für Kleintiere ist sie ökologisch besonders wertvoll.

Verwandt: **Julianes Berberitze** *Berberis julianae* stammt aus China, ist immergrün und trägt 3-teilige Blattdornen; häufiges Ziergehölz.

Thunbergs Berberitze *Berberis thunbergii*

BERBERITZENGEWÄCHSE

Merkmale: Sommergrüner, dicht verzweigter Zierstrauch, ca. 1–1,5 m hoch; Zweige kantig, braunrot berindet; Blätter büschelig in den Achseln langer, einfacher Blattdornen, oval bis spatelförmig, bis zu 3 cm lang, wenig gezähnt, bei der Wildform frischgrün mit bläulicher Unterseite, bei der am häufigsten verwendeten Gartenvarietät purpurrot überlaufen, im Herbst prächtig scharlachrot. Blüten gelb, halbkugelig, in hängenden Trauben, Kelchblätter auf der Außenseite oft rötlich; Blütezeit V–VI. Früchte (Beeren) länglich oval, bis 1 cm groß, scharlachrot, ungenießbar; ab VII.
Standort: Lichte Wälder und Gebüsche.
Verbreitung: Heimisch in O-Asien (Japan); bei uns häufig als Ziergehölz in Parks und Gärten.
Wissenwertes: Die T. B. erträgt Industrie- und Verkehrsabgase schadlos, ist sehr frosthart und schnittverträglich, wird daher oft zu Hecken geformt.

Mahonie *Mahonia aquifolium*

BERBERITZENGEWÄCHSE

Merkmale: Immergrüner, unbedornter, mäßig verzweigter Zierstrauch, 0,5–1,5 m hoch. Blätter lang gestielt, unpaarig gefiedert, mit 5–9 elliptischen Fiedern, 4–8 cm lang, die Seitennerven in scharfe, dornige Blattrandzähne auslaufend, ledrig derb, oberseits glänzend dunkelgrün, unterseits matt hellgrün. Blüten bis zu 1 cm breit, goldgelb, in aufrechten Trauben; Blütezeit IV–V. Früchte (Beeren) reif blauschwarz und bereift, Fruchtreife ab IX.
Standort: Schattige, luftfeuchte Gebüsche und Bergwälder im nordwestlichen N-Amerika.
Verbreitung: Oft als Ziergehölz verwendet, zunehmend in Gebüschen verwildert und eingebürgert.

Gagelstrauch, Torf-Gagel
Myrica gale GAGELGEWÄCHSE

Merkmale: Sommergrüner, stark verzweigter Strauch, 0,5–1 m hoch; Zweige duften beim Abstreifen intensiv aromatisch. Blätter kurz gestielt, 2,5–6 cm lang, etwas ledrig, länglich oval, vorne dornig gezähnt, zugespitzt, am Grund keilförmig, oberseits glänzend grün, unterseits grasgrün. Blüten zweihäusig verteilt, in aufrechten Kätzchen, öffnen sich lange vor dem Laubaustrieb; Blütezeit III–V. Steinfrucht bräunlich, unauffällig. Alle Teile der Pflanze sind giftig!
Standort: Nasse, moorige Sand- und Torfböden, Feuchtheiden, Saum von Nieder- u. Hochmooren.
Verbreitung: Atlantisches W- und N-EU von Portugal bis Norwegen, atlantisches und pazifisches N-Amerika; in D nur im nördlichen Tiefland. **RL**
Wissenswertes: Im N von D aromatisierte man mit dem G. früher das Bier. Die toxischen Inhaltsstoffe erhöhten dessen berauschende Wirkung. In Irland hängt man die Zweige gegen Ungeziefer auf. Von den Knospen des G. ernähren sich im Winter die Birkhühner (⇨ S. 92).

Grün-Erle *Alnus viridis*
BIRKENGEWÄCHSE

Merkmale: Sommergrüner Strauch, 0,5–2,5 m hoch, selten kleiner Baum. Blätter wechselständig, lang gestielt, 5–8 cm lang, oval, zugespitzt, am Grund breit keilförmig oder abgerundet, scharf doppelt gesägt, oberseits kahl, anfangs klebrig. Blüten einhäusig verteilt, öffnen sich mit dem Laubaustrieb; ♂ Kätzchen weißlich behaart, 3–6 cm lang; ♀ Kätzchen um 1 cm lang, rötlich; Blütezeit IV–V. Fruchtstand zapfenförmig, reif schwarzbraun, holzig.
Standort: Lawinenbahnen in der subalpinen Höhenstufe, Rieselfluren, Bachläufe, in tieferen Lagen auch an Waldrändern und in Auen.
Verbreitung: Hochgebirge in EU (Alpen, Karpaten, Balkan) bis in 2400 m Höhe, stellenweise als Abschwemmlinge im Alpenvorland.
Wissenswertes: Die G. stabilisiert Hangrutschflächen und verringert den Bodenabtrag. Sie kann auch den Abgang von Lawinen einschränken (vor allem bei geringer Schneehöhe), allerdings nicht grundsätzlich verhindern.

Zwerg-Birke *Betula nana*
BIRKENGEWÄCHSE

Merkmale: Sommergrüner Zwergstrauch, meist um 50 cm hoch. Blätter wechselständig, kurz gestielt, fast kreisrund, um 1 cm breit, kahl, grob gekerbt. Blüten einhäusig, in aufrechten, kugeligen Kätzchen, ♂ Kätzchen 0,5–1,5 cm lang, ♀ Kätzchen hellbraun, 7–10 mm lang; Blütezeit IV–V.
Standort: Staunasse Torfböden von Hoch- und Niedermooren, Moorwiesen, Erlenbrücher.
Verbreitung: Arktische Tundra von Norwegen bis Sibirien, ferner Schottland, in M.-EU vereinzelt im nördlichen Tiefland, im Harz, Böhmerwald und Erzgebirge sowie selten im Alpenvorland. **RL, §!**
Wissenswertes: Die Z. ist ein Beispiel für arktisch-alpine Verbreitung. Vor der nacheiszeitlichen Wiederbewaldung entwickelte sich zwischen der nordischen Eisrandlage und den europäischen Hochgebirgen ein breiter Zwergbirkengürtel. Später wurde dieser in Teilareale aufgespalten.
In Finnland kommt eine strauchige, bis zu 3 m hohe Form vor, die als Kreuzung der Z. mit der Hänge- oder Weiß-Birke (⇨ S. 464) gilt.

Strauch-Birke *Betula humilis*
BIRKENGEWÄCHSE

Merkmale: Sommergrüner Strauch, 0,5–2 m hoch. Blätter wechselständig, 2–5 mm lang gestielt, breit oval oder rundlich, 1–3,5 cm lang, stumpf oder kurz zugespitzt, grob gesägt, an der Basis breit keilförmig. Blüten einhäusig verteilt, in grünlichen Kätzchen; Blütezeit IV–V. Einsamige Nussfrüchte, schmal geflügelt; Fruchtreife IX–X.
Standort: Moorwiesen, Moorrandgebüsche, Weiden-Erlen-Bruchwälder, torfige Gräben.
Verbreitung: In M.-EU nur an wenigen Stellen im Alpenvorland sowie isoliert im nördlichen Tiefland; ferner in weit getrennten Verbreitungsinseln von NO-EU bis zum Ural und Altai. **RL, §!**
Wissenswertes: Die S. wurde von dem bayerischen Botaniker Franz von Schrank in einem Moor bei Trauchgau entdeckt und 1789 als „Morastbirke“ beschrieben. Von jüngeren Exemplaren der verwandten Arten Hänge-Birke und der Moor-Birke (beide ⇨ S. 464) ist sie durch ihre rundlichen, nicht schlank zugespitzten Blätter leicht zu unterscheiden.

♀

unreife Fruchtstände

unreife Fruchtstände

Gewöhnliche Hasel, Wald-Hasel *Corylus avellana* BIRKENGEWÄCHSE

Merkmale: Großer, meist recht breitwüchsiger Strauch, 2–6 m hoch, Triebe feinfilzig und rotbraun drüsig behaart; Rinde älterer Äste glänzend dunkelbraun mit helleren Korkwarzen.

Blätter wechselständig, kurz gestielt, 7–10 cm lang und bis zu 6 cm breit, im Umriss rundlich bis verkehrt-oval, mit schlanker Spitze und leicht schiefem Blattgrund, doppelt gesägt und schwach gelappt, unterseits besonders auf den Hauptnerven behaart.

Blüten einhäusig verteilt, erscheinen lange vor dem Laubaustrieb, ♂ Blüten zahlreich in hellgelben, 3–8 cm langen Kätzchen, ♀ Blüten in wenig verdickten Knospen verborgen, mit 1–2 mm langen, intensiv karminroten Narben; Blütezeit I–IV.

Nussfrüchte in einer anliegenden, bleichgrünen Hülle, die kaum länger ist als die Nuss selbst; Fruchtreife ab IX.

Standort: Mäßig trockene Stellen im Saum von Wäldern, in Gebüschen, Feldgehölzen und entlang von Fließgewässern, vom Tiefland bis in etwa 1400 m Höhe in den Alpen, im Schwarzwald nur bis 1350 m. Die früher allgemein üblichen forstwirtschaftlichen Betriebsformen der Nieder- und Mittelwaldbewirtschaftung haben die Verbreitung der Art stark gefördert.

Verbreitung: In EU von Skandinavien und den Orkney-Inseln bis zum Balkan weit verbreitet; häufig angepflanzt und auch gärtnerisch verwendet, u. a. als Korkenzieher-Hasel mit bizarr gewundenen Zweigen (Strahlenmutante).

Wissenswertes: Haselnüsse spielten, wie Funde ausweisen, schon bei den Menschen der Steinzeit eine bedeutende Rolle. Später verwendete man Haselzweige als Wünschelrute oder als Schutz gegen Blitzschlag. Haselnussöl ist ein wertvolles Speiseöl, das reich an ungesättigten Fettsäuren ist. Außerdem nimmt man es gern zum Anrühren von Malfarben, da es nach dem Aushärten nicht nachdunkelt.

Als Frühestblüher ist die G. H. eine wichtige Bienenfutterpflanze, die große Mengen proteinreicher Pollen liefert. Die Bienen fliegen an wärmeren, sonnigen Wintertagen allerdings nur die ♂ Kätzchen an und leisten keine Bestäubung. Die Pollenübertragung auf die ♀ Blüten, die weder duften noch Nektar anbieten, übernimmt in jedem Fall der Wind. Die G. H. ist zudem bedeutsam als Nistgehölz und Nahrungslieferant für Vögel und Kleinsäuger. Eichelhäher, Tannenhäher und Eichhörnchen verbreiten die Art durch ihre vergessenen Depots. Die Nuss bleibt nur bis zum folgenden Frühjahr keimfähig. Ihre Keimung erfolgt unterirdisch, der Samen sprengt dabei die harte Schale.

Ähnlich: Die in SO-EU und Kleinasien beheimatete **Lamberts-Hasel** oder **Lambertsnuss** *Corylus maxima* trägt bis zu 15 cm lange und fast ebenso breite, nur kurz gestielte Blätter. Ihre ♂ Kätzchen erreichen 10 cm Länge. Die bis zu 2,5 cm lange Nussfrucht steckt in einer samtig behaarten, röhrenförmigen, tütenartig geschlossenen und vorn verengten Fruchthülle. Sie liefert die marktüblichen und in mehreren Fruchtsorten angebotenen Haselnüsse und ist auch in M.-EU an vielen Stellen in Kultur. In Parks und Gärten sieht man häufig eine als **Blut-Hasel** bezeichnete Varietät (*C. maxima* var. *purpurea*, siehe Bild) mit dekorativen, tief schwarzroten Blättern.

Sal-Weide *Salix caprea*

WEIDENGEWÄCHSE

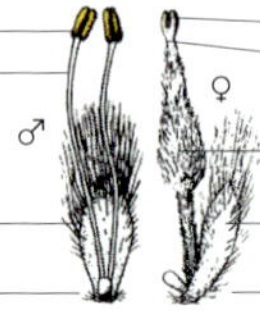

Die Organe aller ♂ und ♀ Weidenblüten eignen sich – unter einer Lupe betrachtet – als Bestimmungshilfen.

Merkmale: Sommergrüner Großstrauch bis etwa 5 m Höhe oder kleiner Baum bis etwa 10 m Höhe. Blätter wechselständig, gestielt, 4–12 cm lang und bis 6 cm breit, breit elliptisch, am Grund rundlich, vorn spitz, gewellt bis unregelmäßig gezähnt, oberseits dunkelgrün und etwas runzelig, auf der Unterseite graugrün getönt und bleibend dicht flaumig behaart.

Blüten zweihäusig verteilt, erscheinen lange vor den Laubblättern; ♂ Kätzchen oval, bis 3 cm lang, zunächst silbrig fellhaarig (Weiden-„kätzchen"), beim Stäuben hellgelb, mit 1 Nektardrüse; ♀ Kätzchen unscheinbar grünlich, Fruchtknoten behaart; Blütezeit III–IV, Fruchtreife ab V.

Standort: Häufiges und bemerkenswert raschwüchsiges Pioniergehölz auf Brachflächen, an Weg- und Waldrändern, in Steinbrüchen oder auf Ruinen, häufig auch in Gesellschaft anderer Baum- und Strauchweiden im Saum von Stillgewässern; Lichtholz mit rascher Jugendentwicklung.

Verbreitung: Ganz EU außer Portugal, in den Alpen bis in etwa 2000 m Höhe, in S-EU nur in Gebirgslagen; außerdem in W- und NO-Asien.

Wissenswertes: Wenngleich die S. nur recht unscheinbare Blüten hat, ist sie doch auf Insektenbestäubung eingerichtet. Sowohl die ♂ wie die ♀ Blüten besitzen nämlich eine Nektardrüse und bieten den Besuchern Flüssignahrung an. Bei den ♂ Blüten sind zusätzlich die proteinreichen Pollen zu sammeln, die klebrig sind und nicht vom Wind verbreitet werden. In der Nähe der S. findet man am Boden häufig die Neströhren von Weiden-Sandbienen (*Andrena vaga* ⇨ S. 320), die zur Aufzucht ihrer Brut auf den Pollen und Nektar der S. angewiesen sind.

Öhrchen-Weide *Salix aurita*

WEIDENGEWÄCHSE

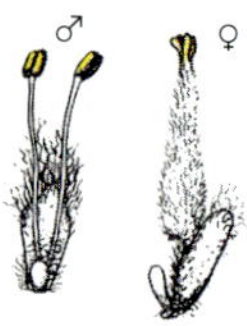

Merkmale: Sommergrüner, sparrig verzweigter, ziemlich gedrungener Strauch mit aufrechten oder abstehenden Ästen, etwa 1–3 m hoch. Blätter 1 cm lang gestielt, oval, in der Vorderhälfte am breitesten, 2–5 cm lang, mit schlanker, zur Seite gedrehter oder zurückgebogener Spitze, am Rand gewellt, zunächst beidseits behaart, oberseits etwas runzlig, unterseits bläulich grün filzig, zuletzt kahl; am Blattstiel mit kennzeichnenden, nierenförmigen, gezähnten Nebenblättern (namengebendes Merkmal). Blüten zweihäusig verteilt, erscheinen schon vor den Blättern in sitzenden, 0,5–3 cm langen Kätzchen; Blütezeit III–V.

Standort: Ufer, Grabenränder, Nasswiesen, Niedermoore, vom Tiefland bis ins Gebirge.

Verbreitung: Von EU bis W-Asien weit verbreitet und stellenweise häufig. Gärtnerisch wird die Ö. nur wenig verwendet.

Kriech-Weide *Salix repens*

WEIDENGEWÄCHSE

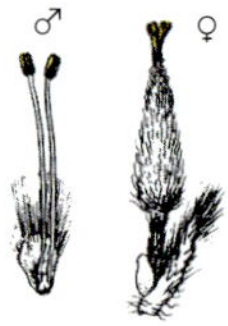

Merkmale: Sommergrüner, dichtbuschiger und formenreicher Kleinstrauch mit kriechendem Stamm und liegenden bis aufsteigenden Ästen, meist 0,5–1 m hoch. Blätter etwa 3 mm lang gestielt, elliptisch oder lanzettlich, bis 5 cm lang, spitz, am Grund rundlich, mit 4–6 Seitennerven, graugrün, später nur unterseits dicht seidig behaart, ganzrandig. Blüten zweihäusig verteilt, Kätzchen öffnen sich kurz vor dem Laubaustrieb, ♂ bis 1,5 cm lang, ♀ um 1 cm; Blütezeit IV–V.

Standort: Niedermoore, Streu-, Nass- und Magerwiesen, Küstendünen (Graudünen).

Verbreitung: N-, W- und M.-EU, ferner Vorderasien und Sibirien, im Gebirge bis in 1700 m Höhe; außerhalb der Küstendünen heute selten.

Wissenswertes: Die K. erträgt ohne weiteres die Übersandung durch Wanderdünen und wächst dann mit unterirdischem Stamm weiter.

♂

Öhrchen-Weide

Purpur-Weide *Salix purpurea*

WEIDENGEWÄCHSE

Merkmale: Sommergrüner, reich verzweigter Großstrauch, bis zu 6 m hoch, seltener auch kleiner Baum; Zweige dünn und biegsam, Rinde glänzend, auf der Lichtseite meistens purpurrot oder dunkelgelb überlaufen. Blätter 5–10 cm lang, lanzettlich, breiteste Stelle oberhalb der Mitte, oberseits matt dunkelgrün, unterseits bläulich. Blüten zweihäusig verteilt, Kätzchen um 5 cm lang, vor dem Laubaustrieb erscheinend; Blütezeit III–IV.

Standort: Entlang von Gewässern und in Auengehölzen, eignet sich bestens für Uferbefestigungen in Hochwassergebieten.

Verbreitung: M.- und S-EU; Vorder- bis O-Asien.

Wissenswertes: Die Rinde weist einen hohen Gehalt an Salicinsäure auf und wurde früher arzneilich genutzt (als Acetylsalicylsäure = Aspirin).

Korb-Weide *Salix viminalis*

WEIDENGEWÄCHSE

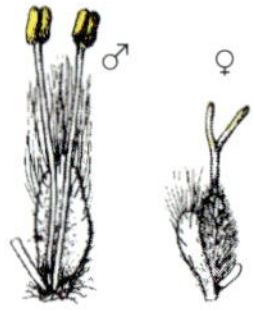

Merkmale: Sommergrüner Großstrauch mit aufrechten, schlanken Ästen und Zweigen, bis 6 m hoch, gelegentlich auch baumförmig wachsend. Blätter gestielt, schmal lanzettlich, 5–15 cm lang und bis zu 1,5 cm breit, lang zugespitzt, Blattrand nach unten eingerollt, Spreite oberseits mattgrün, unterseits dicht seidig behaart und silbrig glänzend. Blüten zweihäusig verteilt, Kätzchen bis 3 cm lang, vor dem Laubaustrieb; Blütezeit III–IV.

Standort: Auf Schwemmböden an Ufern und Gräben in der Ebene und in der Hügelregion.

Verbreitung: Ursprünglich vor allem in O-EU, durch Anbau auch nach M.- und W-EU gebracht.

Wissenswertes: Die gelbbraunen Zweige der K. sind überaus biegsam und wurden früher in großem Umfang als Flechtmaterial verwendet. Für forstliche Zwecke existieren zahlreiche Anbaurassen und Bastarde.

Grau-Weide, Asch-Weide *Salix cinerea*

WEIDENGEWÄCHSE

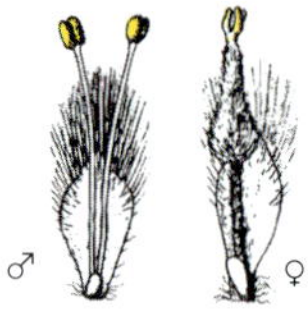

Merkmale: Sommergrüner, dichter, sparrig verzweigter, meist halbkugelig abgeflachter oder kuppelförmiger Strauch mit derben Zweigen, meist 3–5 (6) m hoch; Triebe bis zum 2. Jahr dicht graufilzig. Blätter mit kurzen, weichhaarigen, gelben Blattstielen, Spreite länglich oval, bis 10 cm lang und 4 cm breit, vorne rund, anfangs stark graufilzig, später verkahlend, oberseits graugrün, unterseits bläulich, Nebenblätter nierenförmig. Blüten zweihäusig verteilt, Kätzchen ähnlich der Sal-W. (⇨ S. 506), sitzend, aufrecht, bis 5 cm (♂) bzw. 9 cm (♀) lang, erscheinen vor dem Laub; Blütezeit III–IV.

Standort: Staunässezeiger an Gräben, in Quellsümpfen, Feuchtwiesen und Erlenbrüchen mit sauren bis basenreichen Böden, vom Tiefland bis etwa 700 m Höhe im Gebirge.

Verbreitung: EU, Vorderasien und N-Afrika.

Wissenswertes: Wie fast alle Weiden neigt auch

die G. zur Bastardierung mit anderen Arten und bildet auf diese Weise schwer durchschaubare Formenschwärme. Häufig wird sie zur Uferbefestigung an stehenden Gewässern angepflanzt, seltener als Ziergehölz. Ihre reichlich produzierten Flugsamen (unteres kleines Foto) gehen oft schon vor der Laubentfaltung auf die Luftreise.

Kraut-Weide, Zwerg-Weide

Salix herbacea WEIDENGEWÄCHSE

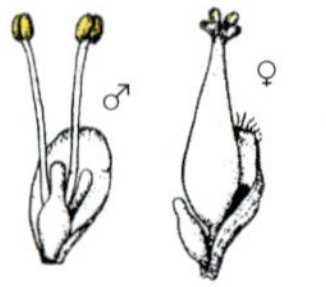

Merkmale: Sommergrüner Spalierstrauch mit kriechenden, meist unterirdischen Stämmchen und liegenden bis aufsteigenden Ästen, nur 2–5 cm hoch. Blätter gestielt, fast kreisrund oder oval, 8–20 mm lang, kerbig gesägt, beidseits kahl und glänzend mittelgrün, besonders auf der Unterseite netznervig. Blüten zweihäusig verteilt, Kätzchen wenigblütig, erscheinen mit oder nach den Blättern, ♂ kugelig, um 5 mm groß, ♀ kopfig, wenigblütig und bis 1 cm lang; Blütezeit VII–VIII.

Standort: Auf sickerfeuchten, kalkfreien Böden in Schneetälchen, bis in etwa 3300 m Höhe.

Verbreitung: Rein arktisch-alpine Pflanze: N-EU, Schottland, Grönland, Spitzbergen, Island, Alpen, Jura, Riesengebirge, Pyrenäen und französisches Zentralmassiv.

Wissenswertes: Von den Trieben dieses Gehölzes ragen meist nur die Blätter über den Boden.

Stumpfblättrige Weide

Salix retusa WEIDENGEWÄCHSE

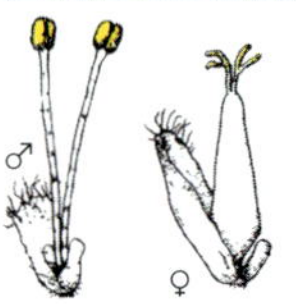

Merkmale: Sommergrüner, rasenbildender Spalierstrauch mit oberirdisch kriechenden Stämmchen und liegenden, wurzelnden Ästen, bis 30 cm lang; Triebe kahl und olivbraun. Blätter kurz gestielt, 8–20 mm lang und bis 8 mm breit, länglich bis breit oval, an der Spitze oft eingekerbt, im Herbst intensiv goldgelb. Blüten zweihäusig verteilt, Kätzchen vor oder mit dem Laub erscheinend, 1,5–2 cm lang; Blütezeit VI–VIII.

Standort: Kalkhaltige Stein- und Schuttböden mit langer Schneebedeckung, auch auf blankem Fels (Spaltenwurzler), bis in etwa 3000 m Höhe.

Verbreitung: Europäische Hochgebirge, d. h. Pyrenäen, Alpen, Apennin, Karpaten und Balkan.

Wissenswertes: Die zwergwüchsigen alpinen Weiden bilden eine Pflanzengesellschaft, die man als Gletscherweidenspalier bezeichnet. Oft wirken sie hier mit ihrem dicht verwundenen Zweigwerk auch als Schuttstauer.

Netz-Weide *Salix reticulata*

WEIDENGEWÄCHSE

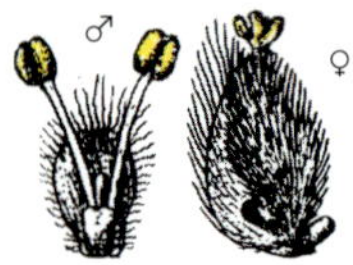

Merkmale: Sommergrüner Spalierstrauch mit am Boden kriechenden Stämmchen und liegenden, wurzelnden Ästen, 5–15 cm hoch; Triebe dick, olivbraun, schwach behaart. Blätter gestielt, 2–5 cm lang, rundlich, derb, oberseits dunkelgrün und auffällig runzelig, unterseits graugrün, mit stark vortretendem Adernetz und weißgrauer Behaarung; Nebenblätter fehlen. Blüten zweihäusig verteilt, Kätzchen wenigblütig, bis zu 3 cm lang, purpurn; Blütezeit VII–VIII.

Standort: Arktisch-alpine Pflanze in den Hochgebirgen der Nordhalbkugel oberhalb der Waldgrenze bis in 2800 m Höhe.

Verbeitung: Alpen, Pyrenäen, Jura, Schottland, Balkan; Hochgebirge Asiens und N-Amerikas.

Wissenswertes: Blattfunde in eiszeitlichen Ablagerungen zeigen, dass die N. während der Kaltzeiten auch in den Niederungen von M.-EU vorkam.

Quendelblättrige Weide

Salix serpyllifolia WEIDENGEWÄCHSE

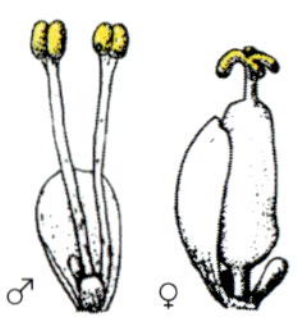

Merkmale: Sommergrüner Spalierstrauch mit kriechenden Stämmchen und reich verzweigten, der Unterlage dicht angedrückten Ästen. Blätter wechselständig, aber an den Sprossenden rosettenartig gehäuft, bis 1 cm lang und nur 4 mm breit, oval oder elliptisch, ledrig, meist kahl, oberseits glänzend dunkelgrün; Nebenblätter fehlen. Blüten zweihäusig verteilt, Kätzchen etwa 5 mm lang, erscheinen nach dem Laubaustrieb, ♂ Kätzchen kugelig mit höchstens 7 Blüten, ♀ Kätzchen meist 3- bis 5-blütig; Blütezeit VII–VIII.

Standort: Polster- bzw. rasenbildende Pionierpflanze auf basenreichen, humusarmen Rohböden, Graten und Kalkschutthalden, bis etwa 3100 m.

Verbreitung: Ausschließlich in den Kalkalpen.

Wissenswertes: Die Q. W. ähnelt der Stumpfblättrigen W. und wurde lange als deren Unterart angesehen, unterscheidet sich aber in den Blättern.

Eingriffeliger Weißdorn *Crataegus monogyna* ROSENGEWÄCHSE

Merkmale: Sommergrüner, dicht verzweigter, mittelgroßer, bedornter Großstrauch von 3–5 m Höhe oder auch kleiner Baum; junge Triebe braungrün bis rotbraun, filzig behaart, im Lauf des Sommers zunehmend kahl und grau; Sprossdornen gerade, bis zu 2 cm lang.

Blätter lang gestielt, im Umriss rautenförmig, tief 3- bis 7-lappig, die Einschnitte reichen weit über die Spreitenmitte hinaus, die einzelnen Spreitenlappen spitz, nur im vorderen Bereich fein gesägt, oberseits dunkelgrün, kahl, unterseits bläulich, in den Nervenwinkeln mit Haarbüscheln.

Blüten weiß, 8–15 mm breit, zu je 5–6 in Schirmrispen, etwas unangenehm nach Fisch riechend, Kelchblätter behaart, zahlreiche Staubblätter mit roten Staubbeuteln, Fruchtknoten mit nur einem einzigen langen Griffel; Blütezeit V–VI.

Frucht eine Apfelfrucht, etwa erbsengroß, mit Steinkern, rot, ungenießbar; Fruchtreife ab IX.

Standort: Hecken, Gebüsche, Flurgehölze, Waldsäume, felsige Hänge, von der Ebene bis etwa 1500 m Höhe im Gebirge.

Verbreitung: M.- und S-EU, südliches Skandinavien, Vorderasien, N-Afrika; häufig als Ziergehölz angepflanzt.

Wissenswertes: Extrakte aus Blättern, Blüten und Früchten werden medizinisch als herzstärkende Mittel und gegen Bluthochdruck eingesetzt. Das relativ harte Holz wurde früher oft zu Werkzeugstielen und Drechselarbeiten verwendet.

Mit der folgenden Art bildet der E. W. fruchtbare Hybriden, die in ihren (Blatt-)Merkmalen zwischen den Elternarten stehen.

Zweigriffeliger Weißdorn *Crataegus laevigata* ROSENGEWÄCHSE

Merkmale: Sommergrüner, sparrig verzweigter Großstrauch oder kleiner Baum bis etwa 10 m Höhe; Sprossdornen bis zu 2,5 cm lang.

Blätter verkehrt eiförmig, 3–5 cm lang, im vorderen Teil unregelmäßig 3- bis 5-lappig oder nur tief gekerbt, Lappen reichen kaum bis zur Spreitenmitte, oberseits kahl, dunkelgrün, unterseits bläulich, nur anfangs auf den Nerven behaart.

Blüten gestielt, reinweiß, mit unangenehmem Duft, zahlreich in Doldenrispen, stets mit 2–3 langen Griffeln; Blütezeit V–VI.

Frucht eine Apfelfrucht, scharlachrot, mit mindestens 2 Steinkernen; Fruchtreife ab VIII.

Standort: Hecken, Gebüsche, Laub- und lichte Nadelwälder, Flurgehölze, Gärten.

Verbreitung: NW-, NO- und M.-EU, südlich bis zum Balkan und zum Apennin; häufig als Ziergehölz angepflanzt.

Wissenswertes: Eine beliebte Gartenform des Z. W. ist der Rotdorn. Er zeichnet sich durch gefüllte, pollensterile Blüten aus, deren üppig vermehrte Kronblätter karminrot sind und die in sehr reichhaltigen Doldenrispen beieinander stehen.

Beide Weißdorn-Arten sind hervorragende Heckengehölze, die auch Schnitt sehr gut vertragen. Mit ihrem üppigen Blüten- und Fruchtschmuck wirken sie nicht nur dekorativ, sondern sind auch ein bedeutsamer Nahrungsspender und Lebensraum für zahlreiche heimische Kleintiere. Die meist reichlich entwickelten Früchte werden von den Tieren im Herbst oft noch nicht geerntet, sondern bleiben als Wintersteher am Geäst und stellen dann im Frühjahr eine willkommene Nahrung dar.

Gewöhnliche Felsenbirne
Amelanchier ovalis ROSENGEWÄCHSE

Merkmale: Sommergrüner Strauch, 1–3 m hoch. Blätter wechselständig, lang gestielt, 2,5–5 cm lang, breit oval, an beiden Enden abgerundet, oberseits mattgrün, unterseits gelblich. Blüten zu 3–6 in endständigen Trauben, erscheinen vor dem Laubaustrieb, 5-zählig, mit schmalen, reinweißen Kronblättern; Blütezeit IV–VI. Früchte Apfelfrüchte, blauschwarz bereift, mit ausgebreiteten Kelchblattresten, essbar; Fruchtreife ab VIII.
Standort: Felsgebüsche, sonnige, trockene Steilhänge, Säume von Halbtrockenrasen, lichte Eichen- und Kiefernwälder.
Verbreitung: M.-, S- und O-EU, in den S-Alpen bis auf 2000 m Höhe, in D nördlich bis zum Mittelgebirgsrand; Mittelmeergebiet und Kleinasien.
Wissenswertes: Die G. F. zählt zu den wertvollen Vogelgehölzen (Nahrung und Nistraum). Ihre bläulich bereiften Früchte wirken für Vogelaugen äußerst anziehend. Die Früchte verzehrenden Vögel, allen voran Drosseln, tragen wirksam zur Verbreitung der Art bei.

Kupfer-Felsenbirne *Amelanchier lamarckii* ROSENGEWÄCHSE

Merkmale: Sommergrüner Großstrauch oder mehrstämmiger Baum bis etwa 10 m Wuchshöhe. Blätter wechselständig, Blattstiel bleibend behaart, Spreite 4–10 cm lang, länglich elliptisch, an der Basis rundlich oder schwach herzförmig, fein gesägt, im Austrieb kupferrot, später matt dunkelgrün. Blüten in meist hängenden Trauben, Kronblätter reinweiß, 9–14 mm lang; Blütezeit IV–V. Als Früchte typische Apfelfrüchte, um 1 cm dick, tief purpurn bis blauschwarz, bereift, essbar, Kelchblattreste aufrecht, Fruchtreife ab VI.
Standort: Wälder und Gebüsche, Saumgehölze auf lockeren, mäßig trockenen bis frischen und nährstoffreichen Böden.
Verbreitung: Ursprünglich N-Amerika; in M.-EU als Ziergehölz angepflanzt, im NW von D verwildert.
Wissenswertes: Die Unterscheidung von der ähnlichen **Kanadischen Felsenbirne** *A. canadensis* ist unsicher. Sie gründet sich u. a. auf die unbehaarten Triebe sowie den elliptischen Umriss und die geringere Größe der Blätter (nur 3–5 cm lang).

Felsen-Zwergmispel *Cotoneaster integerrimus* ROSENGEWÄCHSE

Merkmale: Sommergrüner, kleiner und dicht verzweigter Strauch mit aufrechten und abstehenden Zweigen, bis zu 1 m hoch; junge Triebe filzig behaart. Blätter wechselständig, annähernd 2-zeilig angeordnet, 2–5 cm lang und meist nur halb so breit, an beiden Enden verschmälert, oberseits dunkelgrün und kahl, unterseits weiß- bis graufilzig behaart. Blüten 5-zählig, ziemlich klein, glockig, einzeln oder zu wenigen in endständigen Trauben, mit blassroten, rundlichen Kronblättern; Blütezeit IV–V. Früchte etwa erbsengroß, scharlachrot, rundlich, kahl, ungenießbar; Fruchtreife ab VIII.
Standort: Felsen, steinige Hänge, trockene Böden und Geröllhalden in sonniger Lage.
Verbreitung: Von SW-EU bis zum Kaukasus und zum Schwarzen Meer, in den Alpen bis in rund 2000 m Höhe.

Filz-Zwergmispel *Cotoneaster tomentosa* ROSENGEWÄCHSE

Merkmale: Sommergrüner, aufrecht wachsender, ästiger Strauch mit überhängenden und abstehenden Zweigen, ungefähr 0,5–2 m hoch. Blätter wechselständig, kurz gestielt, 2–6 cm lang und bis 4 cm breit, oval, stumpf abgerundet, glattrandig, oberseits anfangs filzig, später nur noch schwach behaart, unterseits bleibend grünlich graufilzig behaart. Blüten gestielt, 5-zählig, zu wenigen in Doldentrauben, Kronblätter weißlich; Blütezeit IV–V. Früchte etwa erbsengroß, hochrot, leicht glänzend oder auch schwach behaart, ungenießbar; Fruchtreife ab IX.
Standort: Waldränder, Gebüschstreifen, strauchreiche Laubmischbestände in trockenen, warmen Lagen, meist auf Kalkuntergrund.
Verbreitung: S-EU und südliches M.-EU, Alpen, Apennin, Balkan; mitunter auch angepflanzt.

Chinesische Scheinquitte *Chaenomeles speciosa*

ROSENGEWÄCHSE

Merkmale: Sommergrüner, aufrechter, dicht buschig verzweigter Zierstrauch, 1–2 m hoch, oft sehr breit und ausladend; junge Triebe kahl.
Blätter wechselständig, kurz gestielt, 3–8 cm lang, elliptisch, scharf gesägt, an beiden Enden zugespitzt, oberseits glänzend grün, auch unterseits kahl; auffällige Nebenblätter, bis zu 4 cm breit, nierenförmig.
Blüten einzeln oder zu mehreren an Kurztrieben stehend, 3–4 cm breit, weit geöffnet, 5 Kronblätter, breit gerundet, scharlachrot, Staubblätter goldgelb, sehr zahlreich, 5 Griffel, am Grund verwachsen; Blütezeit III–IV.
Früchte typische Apfelfrüchte, rundlich-länglich, grünlich gelb, wohlriechend; Fruchtreife ab VI.

Standort: Wälder und Gebüsche auf nährstoffreichen, lockeren Böden.
Verbreitung: Ursprünglich nur in China; in Japan eingebürgert, in EU ausschließlich in Gartenkultur und in vielen Sorten angepflanzt.
Wissenswertes: Die rechts abgebildete Sorte 'Eximia' zeichnet sich gegenüber der kräftiger gefärbten Wildform durch rosafarbene Kronblätter aus. Daneben existieren Gartenformen mit karmin- und dunkelroten sowie mit cremeweißen, gelegentlich auch halb gefüllten Blüten. Neben der Chinesischen Scheinquitte, die mitunter auch Zierquitte genannt wird, findet man in Parks und Gärten häufig auch die **Japanische Scheinquitte** *C. japonica*, deren Triebe stets zottig behaart sind. Außerdem zeichnet sie sich durch warzige Zweige sowie breiter ovale, grob kerbig gesägte Blätter aus. Die Blüten sind ziegelrot, die duftenden Früchte werden im Ursprungsland verzehrt. Als Zierform gibt es auch eine Kreuzung der beiden Arten, die in ihren Merkmalen zwischen den Elternarten steht.

Quitte *Cydonia oblonga*

ROSENGEWÄCHSE

Merkmale: Sommergrüner Großstrauch oder Baum bis 8 m Höhe mit sparrigen Ästen; junge Triebe filzig. Blätter wechselständig, elliptisch, an der Basis abgerundet, stumpf, 7–10 cm lang und bis 7 cm breit, glattrandig, oberseits dunkelgrün, unterseits filzig. Blüten zu 1–2, bis zu 6 cm breit, weiß oder rosa geadert; Blütezeit V–VI. Früchte (Scheinfrüchte) grünlich gelb, dunkler punktiert, angenehm duftend; roh ungenießbar, enthalten viele Steinzellen; Fruchtreife IX–X.
Standort: Gebüsche auf kalkhaltigem, lockerem Boden in warmem Klima.
Verbreitung: Ursprünglich W-Asien; in der Türkei und N-Afrika eingebürgert, in M.-EU v. a. in der Weinbauregion kultiviert, nur selten verwildert.
Wissenswertes: Die Q. verwendet man auch als Pfropfunterlage für Birnensorten, die als Nieder- oder Halbstämme gezogen werden sollen.

Mispel *Mespilus germanica*

ROSENGEWÄCHSE

Merkmale: Sommergrüner, 3–5 m hoher Strauch oder kleiner Baum; junge Triebe filzig behaart, Rinde anfangs graubraun, glatt. Blätter wechselständig, kurz gestielt bis sitzend, 5–12 cm lang, länglich oval bis elliptisch, an der Basis keilförmig, kurz zugespitzt, glattrandig oder fein gezähnt, leicht runzelig, oberseits glänzend dunkelgrün, unterseits filzig. Blüten weiß, bis zu 6 cm breit; Blütezeit V. Früchte (Scheinfrüchte) ähnlich kleinen Äpfeln oder Birnen; Fruchtreife IX–X.
Standort: Nährstoffreiche, tiefgründige, lockere Böden in Gebüschen und an Waldrändern.
Verbreitung: Von W-Asien bis nach S-Europa; in M.-EU als dekoratives Obstgehölz kultiviert und stellenweise verwildert.
Wissenswertes: Wegen ihres hohen Gerbstoffgehalts wurden die unreifen Früchte früher auch zum Ledergerben verwendet. Die als „Mespile" gehandelten Früchte stammen von der verwandten ostasiatischen **Wollmispel** *Eriobotrya japonica*, die im Mittelmeergebiet häufig angebaut wird.

Wild-Birne, Holz-Birne *Pyrus pyraster* ROSENGEWÄCHSE

Merkmale: Sommergrüner Großstrauch bis zu 7 m Wuchshöhe oder kleinerer Baum mit ziemlich sparrigen Ästen und Zweigen, Kurztriebe häufig in längeren Sprossdornen endend; junge Triebe feinfilzig behaart oder nahezu kahl; Rinde anfangs glatt graubraun, bei älteren Exemplaren schuppig gefeldert.

Blätter wechselständig, bis zu 7 cm lang gestielt, Spreite breit elliptisch, kurz gespitzt, an der Basis abgerundet oder herzförmig, fein gesägt, oberseits glänzend dunkelgrün, unterseits leicht bläulich.

Blüten lang gestielt auf dicht filzigen Stielen, zu 3–7 in Trugdolden an den Zweigenden, geöffnet etwa 3 cm breit, Kronblätter weiß oder leicht rosa, 5 Griffel, bis zur Basis frei; Blütezeit IV–V.

Früchte holzige, gelblich braune, bis zu 4 cm lange Birnen (im botanischen Sinn handelt es sich um aus Achsengewebe hervorgehende Apfelfrüchte); Fruchtreife IX–X.

Standort: Sonnige Lagen, oft in lockeren Mischbeständen mit anderen Laubgehölzen, vom Tiefland bis in etwa 1000 m Höhe.

Verbreitung: In EU mit Ausnahme des N weit verbreitet, aber nirgendwo häufig; oft als Wildäsung angepflanzt, sonst nur selten verwendet.

Wissenswertes: Die heimische W. lässt sich anhand der besonders dünnstieligen und recht kleinen, wenig schmackhaften Früchte von verwilderten Exemplaren der Kultursorten unterscheiden. Die Früchte der Wildform sind jedoch i. A. rundlicher und kompakter als kleine Kulturbirnen. Die W. gehört zu etwa 30 *Pyrus*-Arten, die von EU bis nach O-Asien vorkommen. An den modernen Birnensorten sind davon mit Sicherheit mehrere Arten mit ihrem Erbgut beteiligt.

Wild-Apfel, Holz-Apfel *Malus sylvestris* ROSENGEWÄCHSE

Merkmale: Sommergrüner Großstrauch bis 7 m Wuchshöhe oder kleiner Baum, die nicht blühenden Zweige meist in Sprossdornen endend; Rinde anfangs graubraun und glatt, später borkig, rissig und unregelmäßig gefeldert.

Blätter wechselständig, 2–4 cm lang gestielt, breit oval bis beinahe rundlich, 4–10 cm lang und bis 6 cm breit, vorn spitz, an der Basis abgerundet oder breit keilförmig, gekerbt bis fein gezähnt, direkt nach dem Austrieb noch dicht behaart, später nur noch auf den Blattnerven der Unterseite ein wenig Behaarung.

Blüten zu mehreren endständig an Kurztrieben, gestielt, bis 4 cm breit, Kronblätter außen tiefrosa, innen reinweiß oder zartrosa, 5 Griffel, an der Basis miteinander verwachsen; Blütezeit IV–V.

Apfelfrüchte 2–4 cm dick, kugelig, grüngelblich, auf der Sonnenseite etwas gerötet, holzig und säuerlich; Fruchtreife IX–X.

Standort: Nährstoffreiche, lockere Lehm- und Steinböden in besonnten Lagen.

Verbreitung: Von EU bis W-Asien weit verbreitet, in D zerstreut von der Ebene bis auf etwa 1000 m Höhe in den Alpen; nirgendwo häufig.

Ähnlich: **Reichblütiger Apfel** *Malus floribunda*, sommergrüner Zierstrauch, 2–3 m hoch; Blätter bis zu 3 cm lang, elliptisch, zugespitzt; Blüten 5-zählig, zahlreich in einfachen Dolden an Kurztrieben; als Knospe tiefrot, nach der Entfaltung außen tiefrosa und innen fast reinweiß; Apfelfrucht nur etwa 1 cm dick, orangerot, ungenießbar; Wildform unbekannt, wurde in EU bereits als Kulturpflanze aus Japan eingeführt.

Schlehe, Schwarzdorn *Prunus spinosa*

Merkmale: Sommergrüner, sehr dichtästiger und sparrig verzweigter Wildstrauch, 1–4 m hoch, selten auch höher, die abstehenden oder aufrechten Äste und Zweige mit bis zu 5 cm langen, kräftigen Kurztriebdornen besetzt; junge Triebe zunächst behaart, später kahl und rötlich; Rinde an stärkeren Ästen und am Stamm schwarzbraun bis schwarz (namengebendes Merkmal!), zerreißt im Alter in schmale Längsstreifen.

Blätter 1–2 cm lang gestielt, wechselständig, aber an den Kurztriebenden büschelig gehäuft, 3–4 cm lang und bis zu 2 cm breit, elliptisch bis verkehrt eiförmig, zugespitzt oder stumpf, am Grund keilförmig, fein gesägt bis gekerbt, nur spärlich und sehr kurz behaart, oberseits matt dunkelgrün, runzelig, unterseits anfangs stärker behaart, später weitgehend kahl und hell graugrün, an der Spreitenbasis mit kleinen, unauffälligen Nektardrüsen.

Blüten 5-zählig, erscheinen geraume Zeit vor dem Blattaustrieb einzeln an den zahlreichen Kurztrieben, der Strauch erscheint daher überaus reichblütig; Kelchblätter dreieckig, drüsig gezähnt, Krone 1–1,5 cm breit, Kronblätter reinweiß, länglich oval, stumpf, ungefähr 20 Staubblätter mit gelben oder rötlichen Staubbeuteln, Fruchtknoten am Grund eines becherförmigen Achsengebildes; Blütezeit III–IV.

Früchte kugelige Steinfrüchte, 1–1,5 cm groß, anfangs bläulich grün, zuletzt blauschwarz, stark bereift, Fruchtfleisch grünlich, essbar, aber vor den ersten strengeren Frösten sehr gerbstoffreich und wenig angenehm, nach dem Gefrieren erfrischend säuerlich; Fruchtreife ab X.

Standort: Am Saum von Wäldern und Gebüschen, in Feldgehölzen und Flurhecken, am Rand von Weinbergen, an Wegrändern und in nicht allzu feuchten Flussauen.

Verbreitung: In EU von Portugal bis zum mittleren Skandinavien; ferner in N-Afrika und Vorderasien; vom Tiefland bis in mittlere Gebirgslagen um die 1500 m Höhe.

Wissenswertes: S. fassen als Pioniergehölze auf Trockenrasen sehr rasch Fuß, sobald die regelmäßige Beweidung der Grasfluren aussetzt. Weil sie sich nicht nur über die Samen, sondern auch über Wurzelsprosse vermehren, drängen sie die krautige Vegetation stark zurück. Da Trockenrasen zahlreiche seltene Pflanzenarten beherbergen (darunter auch viele heimische Orchideen-Arten) und oft als Naturschutzgebiete ausgewiesen sind, versucht man hier durch vorsichtige Biotoppflege, die Ansiedlung von S. unter Kontrolle zu halten. Ansonsten sind S. in der Kulturlandschaft wertvolle Gehölze, weil sie vielen Kleintieren Nahrung und Schutz gewähren. Bereits im Frühjahr bieten die zahlreichen Blüten eine ergiebige Tracht für Bienen und Hummeln, obwohl die pro Blüte abgegebenen Nektar- und Pollenmengen relativ gering sind. Außerdem leben an S. beispielsweise die Raupen des selten gewordenen Segelfalters. Das dichte Gezweig ist Nistraum für viele Vogelarten. Drosseln ernten ab Spätherbst die reifen Früchte. Teilweise bleiben diese auch als so genannte Wintersteher bis zum nachfolgenden Frühjahr am Geäst und dienen dann den heimkehrenden Sommervögeln als willkommene Nahrung.

Die Früchte der S. sind offenbar schon von den Menschen der mittleren Jungsteinzeit gesammelt und verzehrt worden, denn die charakteristischen Steinkerne fand man vielfach in deren Pfahlbausiedlungen rund um die Alpen. Das besondere Aroma der Schlehenfrüchte entfaltet sich erst, wenn die Gerbstoffe chemisch gebunden sind. Die dazu notwendigen Frostnächte kann man mit der Tiefkühltruhe simulieren: Beim Gefrieren werden die Safträume im Fruchtfleisch zerstört und die darin enthaltenen Gerbstoffe freigesetzt. Durch Anschlussreaktionen mit den übrigen Zellbestandteilen werden sie gebunden – der Fruchtgeschmack verliert an Herbheit. Schlehenfrüchte verwendet man in Fruchtschnäpsen, als Saft und zu Wildbeerenkompotts.

Medizinisch nutzt man die abführende sowie harntreibende Wirkung der getrockneten Blüten.

Hecken-Rose, Hunds-Rose

Rosa canina ROSENGEWÄCHSE

Merkmale: Sommergrüner, kletternder Wildstrauch, 1–3 m hoch. Blätter gestielt, 8–12 cm lang, 5- bis 7-zählig gefiedert, Fiedern dünn, oval, 2–4 cm lang, 2 cm breit. Blüten zu 1–3, 4–6 cm breit, blassrosa oder rötlich, schwach duftend; Blütezeit VI–VII. Früchte (Hagebutten) bis zu 2,5 cm lang, korallenrot, essbar (ohne die mit Widerhaken besetzten Kerne); Fruchtreife ab IX.

Standort: Wegränder, Gebüsche, Feldgehölze, Hecken, Magerweiden.

Verbreitung: In M.-EU die häufigste Wildrose, EU mit Ausnahme des nördlichen Skandinaviens, ferner in N-Afrika und W-Asien.

Wissenswertes: Die Hagebutten sind Sammelscheinfrüchte. Das vitaminreiche Fruchtfleisch entsteht aus dem verdickten Achsenbecher des Blütenbodens. Die darin eingebetteten „Kerne" sind Nussfrüchtchen.

Runzel-Rose, Kartoffel-Rose

Rosa rugosa ROSENGEWÄCHSE

Merkmale: Sommergrüner Zier- und Wildstrauch, 1–1,5 m hoch. Blätter gestielt, 5- bis 9-zählig unpaarig gefiedert, Fiedern elliptisch bis oval, grob gesägt, derb, oberseits durch eingesenkte Blattnerven runzelig; Nebenblätter breit, gesägt, mit abgespreizten Öhrchen. Blüten zu 1–3, tiefrosa oder purpurrosa, mitunter reinweiß, bis 8 cm breit, Kelchblätter kahl, aufgerichtet; Blütezeit V–VIII. Früchte (Hagebutten) 2–3 cm groß, kugelig, fleischig, scharlachrot, essbar (ohne Kerne); Fruchtreife ab VIII.

Standort: Gebüsche, Wegränder, Braundünen.

Verbreitung: Stammt aus O-Asien; in M.-EU vielfach als Zierstrauch angepflanzt und regional verwildert bzw. bereits eingebürgert, beispielsweise auf Küstendünen oder -heiden.

Wissenswertes: Die R. wurde um 1850 nach M.-EU eingeführt. Als ausgesprochen windfestes Gehölz wird sie auch in Schutzpflanzungen verwendet. Sie zählt zu den für die heimischen Kleintiere besonders wertvollen Gehölzen.

Acker-Rose *Rosa agrestis*

ROSENGEWÄCHSE

Merkmale: Sommergrüne, 1–2 m hoch wachsende Wildrose mit dünnen, rutenförmig verlängerten Zweigen, Stacheln sehr kräftig. Blätter mit behaartem Blattstiel, 5- bis 7-zählig unpaarig gefiedert, Fiedern 1,5–5 cm lang und 1–2 cm breit, elliptisch bis oval, an beiden Enden verschmälert, fein gezähnt, glänzend grün, unterseits mit hellbraunen Drüsen, die beim Zerreiben ein feines Apfelaroma verströmen. Blüten einzeln oder zu 2–5, blassrosa bis weiß, 3–4 cm breit; Blütezeit VI.
Früchte (Hagebutten) bis zu 1,5 cm lang, kugelig oder länglich, ledrig, orangerot; ab VIII.

Standort: Gebüsche, Ackerränder, Wegsäume; erträgt Halbschatten, benötigt aber Wärme.

Verbreitung: Von N-Afrika und der Iberischen Halbinsel bis Irland, in D vor allem in den Kalkgebieten verbreitet, aber nicht häufig.

Feld-Rose *Rosa arvensis*

ROSENGEWÄCHSE

Merkmale: Sommergrüne, kletternde Wildrose mit bogig überhängenden Trieben, 0,5–2 m. Blätter unpaarig gefiedert, mit 5–7 elliptischen Fiedern, oberseits glänzend und kahl, unterseits matt, einfach bis doppelt gesägt. Blüten einzeln, lang gestielt mit kahlen Blütenstielen, 3–5 cm breit, ohne besonderen Duft, immer reinweiß, Kelchblätter breit oval, zurückgeschlagen, bald nach der Blüte abfallend; Blütezeit VI–VIII.
Früchte (Hagebutten) kugelig oval, bis 2 cm lang, hellrot; Fruchtreife ab IX.

Standort: Unterwuchs von naturnahen Laubwäldern, Waldsäume, Gebüsche, Wegränder, gern auf tiefgründigen Lehm- und Kalkböden.

Verbreitung: S-, W- und M.-EU, von Spanien bis zum Balkan, im N bis Irland, im Gebirge bis in etwa 1500 m Höhe; selten als Ziergehölz angepflanzt.

Hecht-Rose *Rosa glauca*

ROSENGEWÄCHSE

Merkmale: Aufrechte, sommergrüne Wildrose mit schlanken, auffallend rötlich bis hechtblau bereiften Trieben, nur wenig bestachelt, meist nur an der Basis der Langtriebe, 1–3 m hoch. Blätter 7–12 cm lang, 7- bis 9-zählig unpaarig gefiedert, Fiedern elliptisch, gezähnt, 1,5–4,5 cm lang und bis 2,5 cm breit, kahl, bläulich grün, nicht selten purpurrot überlaufen. Blüten bis 3,5 cm breit, karminrosa, zum Zentrum hin weißlich, mit schwachem Duft, Kronblätter 1,5 cm lang, kürzer als die vorwiegend ungefiederten Kelchblätter; Blütezeit VI–VII. Früchte (Hagebutten) länglich kugelig, tief orange- bis scharlachrot; Fruchtreife ab IX.
Standort: Gebüsche, Schutt- und Geröllfluren.
Verbreitung: Gebirge in M.- und S-EU, von den Pyrenäen, Alpen und Karpaten bis zum Balkan (Albanien), auch Jura und Vogesen; häufig in Parks und Gärten als Zierstrauch verwendet. **RL**

Apfel-Rose *Rosa villosa*

ROSENGEWÄCHSE

Merkmale: Sommergrüne, dicht verzweigte Wildrose, meist mit langen Ausläufern, junge Triebe oft samtig, Zweige mit schlanken, geraden Stacheln, Wuchshöhe 0,8–2 m. Blätter 8–9 cm lang, 5- bis 7-zählig gefiedert, Fiedern 3–5 cm lang, elliptisch, oberseits graugrün, unterseits filzig und mit harzig duftenden Drüsen. Blüten zu 1–3 auf stacheligen, drüsenborstigen Stielen, 3–6 cm breit, kräftig rosa bis karminrot; Blütezeit VI–VII. Früchte (Hagebutten) bis 2,5 cm lang, weichstachelig; Fruchtreife ab VIII.
Standort: Felsige Hänge, Hecken, Gebüsche, bevorzugt auf kalkhaltigem Boden.
Verbreitung: In EU fast überall verbreitet; vor allem in Großbritannien oft als Ziergehölz gepflanzt.

Bibernell-Rose, Dünen-Rose

Rosa spinosissima ROSENGEWÄCHSE

Merkmale: Sommergrüne, kleinstrauchige Wildrose, Zweige dicht mit geraden Stacheln, Wuchshöhe um 50 cm. Blätter gestielt, 4–6 cm lang, unpaarig gefiedert, mit 5–11 Fiedern, diese nur etwa 1 cm lang, rundlich-elliptisch, einfach gesägt, stumpf, kahl. Blüten einzeln, lang gestielt, 4–6 cm breit, cremeweiß, in der Mitte gelblich; Blütezeit V–VI. Früchte (Hagebutten) kugelig, um 1 cm groß, tiefschwarz oder schwarzbraun; Fruchtreife ab VIII.
Standort: Trockene, lockere oder steinige Böden; Trockengebüsche, lichte Wälder, Braundünen, Zwergstrauchbestände.
Verbreitung: EU, Mittelmeergebiet, W-Asien; in D in den Dünengebieten der Nordseeinseln sowie in den sommerwarmen Felsgebüschen der Weinbauregion, in den Alpen stellenweise bis in 2000 m Höhe; in großwüchsigen Sorten angepflanzt.
Wissenswertes: Die B. ist eine der kleinsten heimischen Wildrosen und die einzige mit schwarzen Hagebutten. In den Küstendünen ist sie Kennart der Braundüne.

Mai-Rose, Zimt-Rose

Rosa majalis ROSENGEWÄCHSE

Merkmale: Sommergrüne Wildrose mit zahlreichen Ausläufern und langen, rutenförmigen, braunroten, oft auch unbestachelten Trieben, Wuchshöhe 1–1,5 m. Blätter 4–9 cm lang, mit flaumigem Blattstiel, 5- bis 7-zählig unpaarig gefiedert, Fiedern 2–3 cm lang, 1–1,5 cm breit, elliptisch, dünn, einander genähert und teilweise überdeckend, oberseits stumpf- bis leicht bläulich grün und anliegend behaart, unterseits graugrün und dichthaarig. Blüten einzeln, rosaweiß bis karminrot, bis 6 cm breit, Blütezeit V–VI. Früchte (Hagebutten) kugelig, dunkelrot; Fruchtreife ab VIII.
Standort: Auengehölze, Gebüsche an Ruinen.
Verbreitung: Von S-Skandinavien bis zum nördlichen Balkan; in D vor allem an den Alpenflüssen, Reliktvorkommen im Harz.
Wissenswertes: Die Art wurde von weißen Siedlern im östlichen N-Amerika eingebürgert.

Gewöhnliche Brombeere *Rubus fruticosus*

ROSENGEWÄCHSE

Merkmale: Sommer- und teilweise auch wintergrüner, kräftiger Strauch mit kantigen, bogig überhängenden, bis zu 2 m langen, bestachelten Ästen. Sprossenden, die Bodenkontakt erhalten, bilden erneut Wurzeln.

Blätter lang gestielt, meist 5-zählig gefiedert, Fiedern 5–10 cm lang, gestielt, breit elliptisch, vorn zugespitzt, am Grund abgerundet, grob und ungleichmäßig gezähnt, oberseits matt oder leicht glänzend dunkelgrün, unterseits hellgrün, Blattstiele und Mittelrippe bestachelt.

Blüten 5-zählig, weiß oder hellrosa, zahlreich in endständigen Rispen an den vorjährigen Zweigen stehend; Blütezeit VI–VIII.

Früchte (Brombeeren) sind Sammelsteinfrüchte, saftig, schwarzrot, lösen sich leicht mitsamt der Blütenachse ab, essbar; Fruchtreife ab VII.

Standort: Wald- und Wegränder, Brachland, Hecken, Gebüsche, Kahlschläge, Feldgehölze, v. a. in wintermilden Gebieten.

Verbreitung: Überall in EU häufig mit Ausnahme des äußersten Nordens; in mehreren großfrüchtigen Sorten auch gärtnerisch und im Erwerbsobstbau verwendet.

Wissenswertes: Die G. B. ist eine so genannte Sammelart, die sich nach verschiedenen Feinmerkmalen allein in M.-EU in mehrere hundert Sippen untergliedern lässt. Zu den Unterscheidungsmerkmalen gehört beispielsweise auch, ob die Pflanzen im Herbst eine lebhafte Laubumfärbung zeigen (Foto rechts). Die genauere Bestimmung der Kleinarten, die sich aufgrund natürlicher Entwicklungsvorgänge offenbar in weiterer Aufspaltung befinden, ist meist schwierig.

Kratzbeere, Acker-Brombeere

Rubus caesius ROSENGEWÄCHSE

Merkmale: Sommergrüner Strauch mit bläulichen Trieben, um 1 m hoch. Blätter zumeist 3-zählig gefiedert, Fiedern bis zu 9 cm lang und 5 cm breit. Blüten 2,5 cm breit, weiß, in wenigblütigen Doldentrauben, Kelchblätter grauweiß; Blütezeit V–VI. Früchte (Brombeeren) sind Sammelsteinfrüchte, saftig, aus nur wenigen (manchmal nur 2) relativ großen Einzelfrüchten bestehend, bläulich bereift, essbar; Fruchtreife ab VIII.

Standort: Waldränder, Hecken, Gebüsche, Brachen, Ufer, Staudenfluren; erträgt längere Staunässe und bildet oft undurchdringliche Dickichte.

Verbreitung: In EU weit verbreitet und überall häufig, ferner in N-Asien bis zum Altaigebirge, fehlt in Kleinasien.

Wissenswertes: Triebspitzen, die den Boden berühren, bewurzeln sich und bilden den Ausgangspunkt einer neuen Pflanze. So entwickeln sich mit der Zeit unübersichtliche, große Gebüsche. Häufig kommt es zur Bastardierung mit Kleinarten der Gewöhnlichen Brombeere.

Himbeere *Rubus idaeus*

ROSENGEWÄCHSE

Merkmale: Sommergrüner Strauch mit rutenförmigen, aufrechten (einjährigen) sowie bogig überhängenden (zweijährigen) Trieben, Wuchshöhe 0,5–1,5 m. Blätter meist 3-zählig gefiedert, Fiedern 5–10 cm lang, Endfieder am größten, alle oberseits kahl, unterseits weißfilzig. Blüten weiß, in lockeren Trauben; Blütezeit V–VII.

Früchte (Himbeeren) sind Sammelsteinfrüchte aus zahlreichen rundlichen Einzelfrüchten, fleischrot (selten gelblich), samtig behaart, lösen sich leicht von der kegelförmigen Blütenachse, essbar; Fruchtreife ab VII.

Standort: Lichte Wälder, Gebüsche, Waldschläge, Hochstaudenfluren, Böschungen, Ufer, Felsschutt.

Verbreitung: Fast überall in EU häufig, fehlt im äußersten N und SW; ferner im gemäßigten Asien; im östlichen N-Amerika eingebürgert, häufig in ertragreichen Fruchtsorten angepflanzt.

Wissenswertes: Am Sortenbild der Kultur-Himbeeren sind auch verschiedene nordamerikanische Wild-Himbeeren beteiligt.

Alpen-Johannisbeere *Ribes alpinum*

STACHELBEERGEWÄCHSE

Merkmale: Sommergrüner Strauch, 1–2 m hoch; Triebe hellgrau, kahl, ohne Stacheln oder Dornen. Blätter wechselständig, gestielt, Spreite dreieckig bis rundlich, 3–5 cm breit, 3- bis 5-lappig, grob gezähnt, oberseits mattgrün, unterseits etwas glänzend, kahl. Blüten überwiegend zweihäusig verteilt, grünlich gelb, 4- oder 5-zählig, 5–9 mm breit, in aufrechten, unscheinbaren, gelbgrünen Trauben; Blütezeit IV–V. Beerenfrüchte kugelig, scharlachrot, ziemlich fade schmeckend; Fruchtreife ab VIII.
Standort: Gebüsche, Wälder, Schluchten, Waldsäume, Auenwälder des Tieflands, steinige Abhänge der Gebirge, auf lockeren, feuchten Böden.
Verbreitung: M.- und N-EU, Gebirge von SW- und S-EU, ferner N- und O-Asien. **RL**
Wissenswertes: Die A. erträgt Halbschatten und auch Abgase gut. In verschiedenen, teils kleinwüchsigen Sorten wird sie daher oft für Heckenpflanzungen im Straßenbegleitgrün von Großstädten und Industriegebieten verwendet.

Rote Johannisbeere *Ribes rubrum*

STACHELBEERGEWÄCHSE

Merkmale: Sommergrüner Strauch, 1–2 m hoch; Triebe kahl, ohne Stacheln oder Dornen. Blätter wechselständig, lang gestielt, 3- bis 5-lappig, am Grund herzförmig oder gestutzt, bis 7 cm breit, grob gesägt. Blüten grünlich gelb oder rötlich, zu 10–20 in Trauben; Blütezeit IV–V. Früchte kugelige, erbsengroße Beerenfrüchte, scharlachrot, essbar; Fruchtreife ab VI.
Standort: Au- und Schluchtwälder, Ufergebüsche.
Verbreitung: W- und westliches M.-EU, fehlt im Tiefland weitgehend; in Gartensorten angebaut.
Wissenswertes: Die R. J., auch Garten-Johannisbeere genannt, umfasst mehrere Kleinarten, zu der auch die westeuropäische **Wald-Johannisbeere** *Ribes sylvestris* sowie die in Skandinavien und in O-EU vorkommende **Ährige** oder **Nordische Johannisbeere** *R. spicatum* gehören. Beide haben ihr Erbgut zu den rotfrüchtigen Kultur-Sorten beigetragen. Deren häufig verwilderte Exemplare lassen sich nicht sicher von den echten Wildformen unterscheiden.

Felsen-Johannisbeere *Ribes petraeum*

STACHELBEERGEWÄCHSE

Merkmale: Sommergrüner Strauch, Wuchshöhe 1–2 m; Triebe ohne Stacheln oder Dornen. Blätter wechselständig, lang gestielt, rundlich, bis 10 cm breit, mit 3 großen und 2 kleineren Lappen, gesägt, unterseits wenig behaart, am Rand bewimpert. Blüten überwiegend 5-zählig, 4–9 mm breit, durchwegs zwittrig, zu 10–15 in dichten Trauben, rötlich; Blütezeit IV–V. Beerenfrüchte kugelig, rot, essbar, jedoch sehr sauer; Fruchtreife ab VI.
Standort: Bergwälder, Bachschluchten, Blockhalden, Hochstaudenfluren; meist auf sickerfeuchten, lockeren, schwach sauren Böden.
Verbreitung: Pyrenäen, Alpen, Karpaten, Balkanhalbinsel, ferner in N-Afrika (Atlas) und ostwärts bis O-Sibirien; in den Mittelgebirgen und im Tiefland sehr selten, in den Alpen stellenweise bis in über 2000 m Höhe.
Wissenswertes: Die F. ist vermutlich an vielen Zuchtsorten der Garten-Johannisbeeren beteiligt. In den höheren nördlichen Mittelgebirgen (Vogesen, Schwarzwald) gilt die F. als Eiszeitrelikt.

Schwarze Johannisbeere *Ribes nigrum*

STACHELBEERGEWÄCHSE

Merkmale: Sommergrüner Strauch ohne Stacheln oder Dornen, 1–2 m hoch; alle Teile riechen beim Zerreiben unangenehm. Blätter wechselständig, lang gestielt, bis zu 10 cm breit, rundlich oder eckig. Blüten unscheinbar grünlich gelb, meist 5-zählig, 4–9 mm breit, zu 4–10 in Trauben; Blütezeit IV–V. Früchte bis zu 1 cm große, kugelige Beerenfrüchte, schwarz, saftig, essbar; Fruchtreife ab VI.
Standort: Auen, Bruchwälder, Ufergebüsche.
Verbreitung: M.- und O-EU, ferner N- und O-Asien, in N- und NW-EU eingebürgert; in Gartensorten als Obstgehölz gepflanzt, gelegentlich verwildert.
Wissenswertes: Wegen ihres starken, oft als unangenehm empfundenen Geruchs wird die S. J. auch als Wanzenbeere bezeichnet. Sie ist seit dem 16. Jh. in Kultur. Verwilderte Gartenexemplare lassen sich kaum von der Wildform unterscheiden.

Faulbaum, Pulverholz

Frangula alnus KREUZDORNGEWÄCHSE

Merkmale: Sommergrüner, dornenloser, 1–3 m hoher Strauch oder kleiner Baum bis 6 m Höhe. Blätter wechselständig, gestielt, oval bis elliptisch, im vorderen Drittel am breitesten, kurz zugespitzt, mit 7–8 Paar Seitennerven. Blüten 5-zählig, unscheinbar, grünlich weiß, zu 1–3 in den Blattachseln; Blütezeit V–VI. Früchte kugelige Steinfrüchte, zunächst grün, dann gelb, rot und zuletzt glänzend schwarz, giftig; Fruchtreife ab VIII.
Standort: Waldwege, Gehölzsäume, Ufer, Auengebüsche, auf staunassen, sauren Böden.
Verbreitung: In EU weit verbreitet, vom Tiefland bis in 1500 m Höhe im Gebirge.
Wissenswertes: Die Blätter des F. sind die Nahrung der Raupen von Zitronenfalter und Faulbaumbläuling, die nektarreichen Blüten ernähren Bienen, Fliegen und Käfer, die Steinfrüchte vor allem Drosseln. Die abgelagerte Rinde wird medizinisch verwendet. Aus dem Holz stellte man früher Holzkohle her, die Bestandteil von Spreng- und Schießpulver (Schwarzpulver) war.

Alpen-Kreuzdorn *Rhamnus alpina*

KREUZDORNGEWÄCHSE

Merkmale: Sommergrüner, dornenloser Wildstrauch, 1–3 m hoch; junge Triebe fein behaart bis kahl. Blätter wechselständig, bis zu 10 cm lang, elliptisch bis breit oval, fein gezähnt, oberseits dunkelgrün, mit 7–20 Paaren Seitennerven. Blüten meist zweihäusig verteilt, 4-zählig, grünlich gelb, büschelig in den Blattachseln; Blütezeit V–VII. Früchte blauschwarze Steinfrüchte, giftig; Fruchtreife ab VII.
Standort: Waldränder, Gehölzsäume an Fließgewässern, sonnige Felshänge.
Verbreitung: Gebirge in NW-Afrika und S-EU von den Pyrenäen bis zum Balkan, fehlt im deutschen Alpengebiet; manchmal als Ziergehölz gepflanzt.
Wissenswertes: Der Gattungsname Kreuzdorn geht auf die bei vielen Arten vorkommenden Sprossdornen zurück. Diese bilden mit den geraden Ästen ein rechtwinkliges Kreuz.

Purgier-Kreuzdorn *Rhamnus cathartica*

KREUZDORNGEWÄCHSE

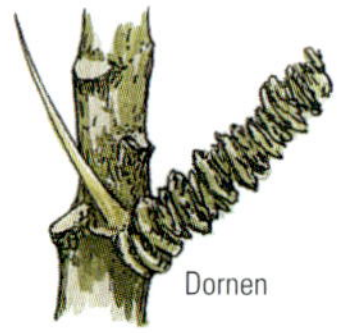

Merkmale: Sommergrüner, mittelgroßer Wildstrauch bis 3 m Höhe oder kleiner Baum bis 8 m; Zweige nahezu rechtwinklig abstehend, enden in langen Sprossdornen. Blätter gegenständig (beim Faulbaum wechselständig!), lang gestielt, elliptisch mit kurzer Spitze, an der Basis gerundet, 2–7 cm lang, bis 5 cm breit, etwas gewellt, fein gesägt (beim Faulbaum glattrandig!). Blüten 4-zählig, nur um 5 mm breit, unscheinbar grünlich bis gelblich, zu 2–7 büschelig, angenehm duftend; Blütezeit IV–VI. Früchte etwa erbsengroße Steinfrüchte, schwarz, schwach glänzend, giftig; Fruchtreife ab IX.
Standort: Auengehölze, Gebüsche, Laubwälder, Flurhecken, im Gebirge bis in etwa 1300 m Höhe.
Verbreitung: EU von der Iberischen Halbinsel bis Norwegen, ferner Balkan und Eurasien bis W-Sibirien; gelegentlich Ziergehölz.

Felsen-Kreuzdorn *Rhamnus saxatilis*

KREUZDORNGEWÄCHSE

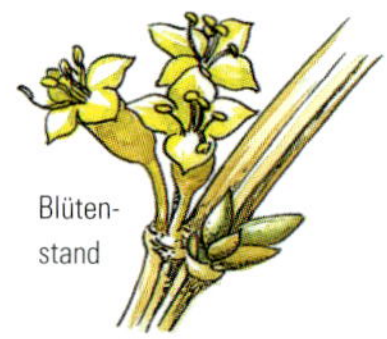

Merkmale: Sommergrüner, sparrig verzweigter, bedornter, meist klein bleibender Wildstrauch, 0,5–2 m hoch; junge Triebe fein behaart, Rinde braunrot. Blätter (fast) gegenständig, 1–3 cm lang (d. h. deutlich kleiner als beim Purgier-K.), elliptisch, zugespitzt, oberseits hellgrün, leicht glänzend. Blüten 4-zählig, hellgelb, büschelig in den Blattachseln; Blütezeit IV–V. Früchte glänzend schwarze Steinfrüchte, giftig; Fruchtreife VII–IX.
Standort: Felsige Hänge, Schotterböden alpiner Flüsse, Gebüsche, Waldränder, lichte Kiefernwälder.
Verbreitung: Europäischer Faltengebirgsgürtel von den Pyrenäen bis zum Balkan, stellenweise auch Alpenvorland, Hegau und Schwäbische Alb.

Echte Weinrebe *Vitis vinifera*

Merkmale: Sommergrüner, mithilfe verzweigter Ranken (= umgebildete Blütenstände) kletternder Strauch, Wuchshöhe 10–20 m; junge Triebe behaart; Ranken oder Blütenstände an jedem 3. Sprossknoten fehlend.
Blätter lang gestielt, im Umriss rundlich bis herzförmig, 3- bis 5-lappig, scharf gezähnt, oberseits kahl, unterseits dicklich behaart, im Herbst je nach Sorte goldgelb oder intensiv rot.
Blüten unscheinbar, grünlich gelb, schwach duftend, zahlreich in aufrechten oder bogig abstehenden Rispen (= Gescheine) an der Basis jüngerer Triebe, Kelch- und Kronblätter sehr frühzeitig abfallend; Blüten der Wildform eingeschlechtig (zweihäusig verteilt), bei Kulturreben überwiegend zwittrig; Blütezeit VI.
Früchte kugelige bis längliche Beeren, bei der Wildform nur ungefähr erbsengroß und schwärzlich blau, von saurem Geschmack, bei den Kulturreben sortenabhängig gelbgrün, rotbraun oder blauviolett; Fruchtreife ab IX.
Standort: Die Wildform der E. W. ist eine auch im Halbschatten gedeihende Liane in strukturreichen Auenwäldern und bevorzugt tiefgründige, basenreiche Lehm- und Tonböden.
Verbreitung: SO- und südliches M.-EU, vor allem Mittelmeergebiet, in D als Wildpflanze sehr selten, nur im Oberrheingebiet und an der Donau; ansonsten in zahlreichen Kultursorten angebaut. Für die heimische Wildform gilt: **RL, §!**
Wissenswertes: Die häufig auch als eigene Art aufgefasste und dann als *V. sylvestris* bezeichnete Wildform ist heute nördlich der Alpen extrem selten geworden, weil zum einen ihre natürlichen Standorte verschwunden sind, zum anderen die im 19. Jahrhundert von N-Amerika eingeschleppten Schädlinge (Mehltau-Pilze, Reblaus) auch die wild vorkommenden Restpopulationen beeinträchtigt haben.
Schon die Menschen der Jungsteinzeit sammelten und verwerteten die Beeren, wie Traubenkernfunde in entsprechenden Siedlungshorizonten selbst im nördlichen M.-EU beweisen. Die heimische Rebe ist eine der wichtigsten Stammarten

im heutigen komplexen Sortenbild der Kulturreben, die in veredelter Form schon seit der frühen Vorantike angebaut werden, beispielsweise in Kleinasien. Im Vergleich zur Wildrebe entwickeln die Kulturreben, die meist als Unterarten aufgefasst werden, dickere Zweige, stärker behaarte Blätter und vor allem größere, saftreichere Beeren in vielen Farbnuancen. In den heutigen Weinbaulandschaften hat fast jedes Anbaugebiet seine bewährten Leitreben, etwa Riesling, Sylvaner, Müller-Thurgau, Gutedel, Trollinger, Portugieser oder Spätburgunder.

Verwandt: **Fuchs-Weinrebe** *Vitis labrusca*, junge Triebe auffallend flockig behaart, Blattranken bzw. Blütenstände ohne Unterbrechung an mehreren aufeinander folgenden Sprossknoten, Blätter im Umriss rundlich, bis 16 cm breit, undeutlich 3- bis 5-lappig bis 3-zipfelig, fein gezähnt, an der Basis mit enger Stielbucht, oberseits matt dunkelgrün, unterseits zunächst grau-, zuletzt braunfilzig; Früchte dunkelviolett, bei manchen Kulturformen auch grünlich. Die F. ist eine als Kreuzungspartner wichtige Wildrebe aus dem östlichen N-Amerika, in Sorten ist sie heute weltweit verbreitet und wird auch in EU gelegentlich angepflanzt.

Dreispitzige Jungfernrebe *Parthenocissus tricuspidata* WEINREBENGEW.

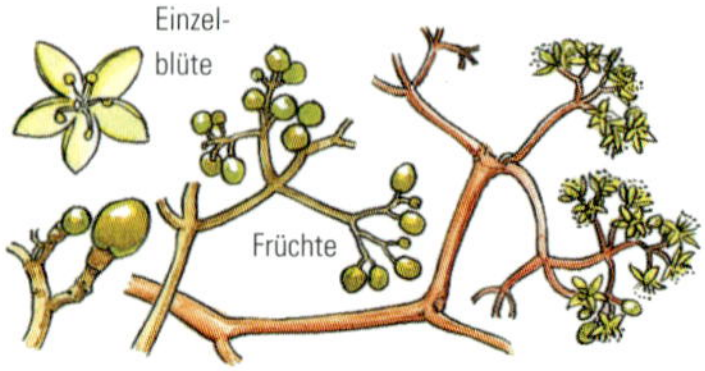

Merkmale: Sommergrüner Kletterstrauch, erreicht an senkrechten Mauern oder Wänden Wuchshöhen bis über 20 m; Ranken nur 2–3 cm lang, verzweigt, mit jeweils 6–10 an der Unterlage befestigten Haftscheiben.

Blätter lang gestielt, 10–20 cm lang, entweder ungeteilt und breit eiförmig, oder vorn 3-lappig mit spitz zulaufenden, grob gezähnten Lappen oder aber 3-zählig mit kurz gestielten Fiedern, wovon die beiden seitlichen schief oval sind, die mittlere einen verkehrt-eiförmigen Umriss aufweist; Spreiten oberseits glänzend, kahl, unterseits mattgrün und lediglich auf den Blattnerven ein wenig behaart, im Austrieb zunächst bronzefarben bis rötlich grün, im Herbst dann prächtig orangegelb bis intensiv scharlachrot gefärbt.

Blüten klein, unscheinbar, in Schirmrispen end- oder achselständig an wenigblättrigen Kurztrieben, grünlich getönt; Blütezeit VII–VIII.

Früchte bis 8 mm dicke Beerenfrüchte, in der Reife blauschwarz, bläulich bereift, ungenießbar; Fruchtreife ab X.

Standort: Auengebüsche, flussbegleitende Gehölze, feuchte Bergmischwälder.

Verbreitung: Heimisch in O-Asien (Japan, China, Korea); häufig in Sorten zur Fassadenbegrünung angepflanzt, gedeiht auch in Großstädten gut.

Wissenswertes: Bei den aus Aussaat heranwachsenden Pflanzen sind nur die Primärblätter 3-zählig gefingert, während alle Folgeblätter gelappt oder (sortenabhängig) ungelappt sind. Obwohl die Pflanzen an ihren Standorten im Siedlungsraum reichlich fruchten und die Früchte vor allem von Singvögeln verzehrt werden, kommt es nur relativ selten zur Verwilderung oder gar Einbürgerung dieser Art.

Gewöhnliche Jungfernrebe *Parthenocissus inserta* WEINREBENGEW.

Merkmale: Sommergrüner Kletterstrauch, erreicht meist nur 6–10 m Höhe, Ranken mit jeweils 2–5 verlängerten, windenden Seitenzweigen, ohne oder nur mit sehr schwach entwickelten Haftscheiben. Die dünnen Verzweigungsenden verkrallen sich in feine Unebenheiten der Wuchsunterlage oder schwellen darin geringfügig an, wodurch eine belastbare Verbindung hergestellt wird.

Blätter wechselständig, 5-zählig fingerförmig gefiedert, Fiedern sehr kurz oder undeutlich gestielt, bis zu 10 cm lang, 3 cm breit, elliptisch, lang zugespitzt, an der Basis keilförmig verschmälert, grob bis kerbig gesägt, kahl, beidseits glänzend, oberseits stumpfgrün, unterseits etwas bläulich, im Herbst leuchtend karminrot.

Blüten unscheinbar, grünlich; Blütezeit VI–VII.

Früchte erbsengroße Beerenfrüchte, blauschwarz, bereift, wegen größerer Mengen an Oxalsäure ungenießbar und leicht giftig; Fruchtreife X.

Standort: In Schleiergesellschaften an Waldsäumen, Flussufern und Bahndämmen, ferner an Mauern und in Ruinengelände.

Verbreitung: Stammt aus dem westlichen N-Amerika; als Zierpflanze verwendet und in Auen verwildert, stellenweise eingebürgert.

Wissenswertes: Die reifen Früchte werden gern von Singvögeln (Drosseln) und Tauben verzehrt.

Ähnlich: Die **Selbstkletternde Jungfernrebe** *P. quinquefolia*, eine im östl. N-Amerika beheimatete Kleinart, wird häufig in verschiedenen Varietäten als deckender Fassadenkletterer angepflanzt. Die 5–12 Verzweigungen ihrer Blattranken sind regelmäßig 2-zeilig angeordnet und tragen meist gut entwickelte Haftscheiben, die Blätter sind oberseits etwas rau, unterseits mattgrün. Gelegentlich wird die S. J. mit der oft nur schwer unterscheidbaren Gewöhnl. J. zu einer Sammelart **Fünfblättrige J.** (*P. quinquefolia* i. w. S.) zusammengefasst.

Schmalblättrige Ölweide *Elaeagnus angustifolia* ÖLWEIDENGEWÄCHSE

Laubblatt

Früchte

Merkmale: Sommergrüner, mittelgroßer bis großer, dicht sparrig verzweigter und bedornter Strauch oder kleiner Baum mit meist breiter Krone, Wuchshöhe 2–5 m (selten auch höher); junge Triebe und Knospen dicht schülfrig mit silbrigen Schildhaaren besetzt; Zweige und Äste dünn berindet, rötlich braun gefärbt, mit verdornten Kurzsprossen.

Blätter wechselständig, kurz gestielt, schmal lanzettlich, etwa 4–8 cm lang und bis 2 cm breit, vorn spitz oder stumpf gerundet, am Grund keilförmig, ganzrandig, ledrig, oberseits graugrün getönt und kahl, unterseits silbergrau und dicht mit weißlichen Sternhaaren besetzt.

Blüten bis ungefähr 1 cm breit, zwittrig oder rein männlich, Kronblätter fehlen, Kelchblätter innen hellgelb, außen silbrig behaart, angenehm nach Leder duftend, kurz gestielt, einzeln oder zu jeweils 2–4 in den Blattachseln im unteren Bereich der Zweige; Blütezeit V–VII.

Früchte 1–2 cm lange, ovale bis zylindrische Scheinbeeren, hellgelb, mehlig, essbar, Geschmack sehr aromatisch; Fruchtreife ab VII.

Standort: Ufergehölze an Seen und Flüssen, Waldsäume, Gebüsche sonniger Hänge, bevorzugt auf lockeren, etwas feuchten Böden.

Verbreitung: Heimisch im zentralen Asien, im 17. Jh. in den Mittelmeerraum eingeführt und dort heute weit verbreitet; in M.-EU oft als Parkgehölz verwendet und stellenweise verwildert.

Wissenswertes: Die S. Ö. erträgt formenden Schnitt, bildet dann sehr dichte Hecken und eignet sich insofern hervorragend als Windschutz. Für Bienen und andere Hautflügler sind die Blüten eine ergiebige Tracht. Im Orient werden die getrockneten, nussartig schmeckenden Früchte der S. Ö. als Nahrungsmittel verzehrt.

Sanddorn *Hippophae rhamnoides* ÖLWEIDENGEWÄCHSE

Merkmale: Sommergrüner, 2–3 m hoher Wildstrauch, seltener auch kleiner Baum bis 6 m Höhe; zahlreiche Kurztriebe als 3–6 cm lange Dornen.

Blätter wechselständig, kurz gestielt, schmal lanzettlich, bis zu 7 cm lang, höchstens 1 cm breit, spitz oder abgestumpft, am Grund keilförmig, oberseits graugrün, unterseits silbrig grau, beidseits mit großen Sternhaaren.

Blüten eingeschlechtig, zweihäusig verteilt, unauffällig grünlich braun, erscheinen vor dem Laubaustrieb, ♂ Blüten mit 2 länglichen, etwa 3 mm breiten Kelchblättern und 4 Staubblättern, ♀ Blüten mit röhrenförmigem Kelchbecher, Windbestäubung; Blütezeit (III) IV–V.

Scheinfrüchte zur Reifezeit leuchtend orangegelb, beerenartig saftig, mit großem Steinsamen (der die eigentliche Frucht, eine Nuss, darstellt), essbar; Fruchtreife ab IX.

Standort: Schotterauen alpiner Fließgewässer und Felsgrushalden, in den Alpen bis in 1900 m Höhe, außerdem Binnen- und Küstendünen (Braundünen, Dünentäler).

Verbreitung: Küsten von Nord- und Ostsee, ferner Alpen, N-Italien, Balkan, Kaukasus, Vorderasien; in reich fruchtenden Sorten häufig als Ziergehölz verwendet, wegen seiner Salzverträglichkeit auch in Straßenbegleitpflanzungen (z. B. an Autobahnen).

Wissenswertes: Der S. weist in M.-EU ein eigenartig zweigeteiltes Verbreitungsareal auf, wobei sich die jeweiligen Wildformen im Aussehen etwas unterscheiden: Die in den Alpen und im Alpenvorland als Pioniere auf Bachschotterfluren vorkommenden Exemplare sind nur schwach bedornt und recht locker verzweigt, während die an den Küsten vorkommende (und hier auch Seebeere genannte) Form kräftiger wird und außerdem stark bedornt ist. Die Pflanze gehört zu den windhärtesten heimischen Gehölzen und ist ausgesprochen lichtbedürftig. Eine Beschattung durch höherwüchsige Bäume erträgt sie nicht.

Die säuerlichen Sanddorn-„Beeren" duften ein wenig nach Buttersäure. Sie entwickeln sich nicht aus dem Fruchtknoten, sondern ausnahmsweise aus dem Blütenkelch.

Flügelginster *Chamaespartium sagittale* SCHMETTERLINGSBLÜTENGEW.

Merkmale: Dornenloser, teppichbildender Zwergstrauch mit kriechenden, wurzelnden Ästen und aufrechten, unverholzten Stängeln, bis 25 cm hoch, Stängel breit geflügelt, durch Einkerbungen in 3–6 Abschnitte gegliedert. Blätter spärlich, wechselständig, sitzend, einfach, rundlich oval oder leicht zugespitzt, bis zu 2 cm lang und um 6 mm breit, frühzeitig abfallend; Blüten goldgelb, bis 1,5 cm lang, zahlreich in endständigen, aufrechten Trauben; Blütezeit V–VII. Früchte zusammengedrückte, bis 2 cm lange, bräunliche Hülsen; ab VIII.

Standort: Magerrasen, Trockenwiesen, Heiden, Wegränder, lichte Gebüsche und Wälder.

Verbreitung: S-EU und südliches M.-EU; in D nordwärts nur bis zum Mittelrhein.

Wissenswertes: Die breit geflügelten, z. T. wintergrünen Stängel übernehmen statt der meist fehlenden Blätter die Aufgabe der Photosynthese.

Besenginster *Cytisus scoparius* SCHMETTERLINGSBLÜTENGEWÄCHSE

Merkmale: Sommergrüner Strauch mit kantigen, grünen, rutenförmigen Zweigen, 1–2 m hoch. Blätter wechselständig oder in Kurztriebbüscheln, 3-zählig gefiedert, Fiedern etwa 1 cm lang, oval-lanzettlich, anliegend behaart, z. T. schon frühzeitig abfallend. Blüten 1 cm lang gestielt, goldgelb, bis 2,5 cm lang, zu 1–2 in den Blattachseln; Blütezeit V–VII. Früchte bis zu 5 cm lange, abgeflachte Hülsen, reif schwarz; Fruchtreife ab VII.

Standort: Wegränder, Böschungen, Säume, Steinbrüche; fehlt auf Kalk; Säureanzeiger.

Verbreitung: W- und M.-EU, von der Iberischen Halbinsel bis zum Balkan, in D in den atlantisch beeinflussten westlichen Landesteilen.

Wissenswertes: Der B. friert in strengen Wintern zurück und regeneriert sich aus Sämlingen. Die rutenförmigen Zweige verwendete man früher als Besen. Die Staubblätter dieser Art sind uhrfederartig zusammengerollt. Drückt ein Insekt das Schiffchen herab, springen sie vor und tragen ihren Pollen auf dessen Körper auf.

Gewöhnlicher Stechginster *Ulex europaeus* SCHMETTERLINGSBLÜTENG.

Merkmale: Immergrüner, dicht sparriger Strauch mit starren Sprossdornen, 0,5–2 m hoch. Laubblätter nur an Keimpflanzen, spätere Blätter zu stechenden, biegsamen, etwa 1 cm langen Blattdornen umgewandelt. Blüten goldgelb, kurz gestielt, bis zu 2 cm lang, zu 1–3; Blütezeit (II) III–VII. Früchte ovale, schwarzbraune Hülsen, bis 2 cm lang, dicht behaart; Fruchtreife VII–VIII.

Standort: Bestandsbildend in küstennahen Heidegebieten, lichten Laubwäldern, an Säumen, Abhängen, auf wärmeren Sand- und Steinböden.

Verbreitung: Atlantisches W-EU, von N-Spanien über Frankreich bis zu den Britischen Inseln, in D auf den Nordseeinseln vermutlich nur eingebürgert; mancherorts als Windschutz oder zur Dünenbefestigung angepflanzt.

Wissenswertes: Die glänzend braunen Samen weisen ein zitronen- bis goldgelbes, fetthaltiges Anhängsel auf. Ameisen sammeln und verschleppen die Samen wegen dieser Leckerbissen und tragen so zur Verbreitung der Art bei.

Dornige Hauhechel *Ononis spinosa* SCHMETTERLINGSBLÜTENGEW.

Merkmale: Sommergrüner, kleiner Strauch mit liegenden oder aufsteigenden, bedornten Ästen, 20–60 cm hoch; Zweige im mittleren Teil meist 2-reihig, weiter oben allseitig behaart, rötlich braun. Blätter wechselständig, kurz gestielt oder sitzend, 3-zählig gefiedert, im oberen Stängelbereich auch einfach, Fiedern bis zu 3 cm lang, vorn rundlich oder spitz, gezähnt. Blüten kurz gestielt, bis zu 1,5 cm breit, zu 1–3 an verdornten Kurztrieben, Kronen rosarot, Fahne dunkler geadert, Schiffchen sichelförmig aufgebogen; Blütezeit VI–VIII. Früchte (Hülsen) 1 cm lang, ab VIII.

Standort: Magerwiesen, Halbtrockenrasen, extensiv genutzte Weiden, Wegränder.

Verbreitung: In EU vor allem in den Mittelgebirgen verbreitet; ferner in N-Afrika und W-Asien.

Wissenswertes: Die einzelnen Kleinarten innerhalb dieser formenreichen Sippe sind oft nur schwer unterscheidbar.

Erbsenstrauch *Caragana arborescens* SCHMETTERLINGSBLÜTENGEW.

Merkmale: Sommergrüner, ästiger, aufrechter Strauch, 4–6 m hoch; Triebe anfangs noch fein behaart, später kahl; Rinde olivgrün bis braungrau. Blätter wechselständig, an Kurztrieben büschelig, 8- bis 12-zählig paarig gefiedert, Fiedern 1–2,5 cm lang, elliptisch, mit kurzer Stachelspitze, anfangs beidseitig behaart, später oberseits kahl, gelbgrün; Nebenblätter klein, mitunter verdornt. Blüten bis zu 5 cm lang gestielt, hellgelb, zu 1–4 büschelig an den Kurztrieben, bis 2,2 cm lang; Blütezeit V–VI.
Früchte (Hülsen) bis 5 cm lang, wenig behaart; Fruchtreife ab VIII. Sämtliche Teile der Pflanze sind schwach giftig!
Standort: Waldsäume, lichte Gebüsche.
Verbreitung: Stammt aus dem nordöstlichen Asien (Sibirien, Mandschurei); häufig in Sorten als Parkgehölz oder im Straßenbegleitgrün gepflanzt.

Gewöhnlicher Goldregen *Laburnum anagyroides* SCHMETTERL.G.

Merkmale: Sommergrüner Strauch oder (mehrstämmiger) Baum mit auffallend glatter, grüner, längsstreifiger Rinde, 3–7 m hoch; junge Triebe auffallend seidig behaart. Blätter an Langtrieben wechselständig, an Kurztrieben büschelig, lang gestielt, 3-zählig gefiedert, Fiedern bis 8 cm lang, länglich oval, oberseits matt dunkelgrün, unterseits graugrün und anfangs anliegend behaart. Blüten hellgelb, bis 2 cm groß, zahlreich in hängenden, 10–25 cm langen Trauben; Blütezeit V–VI.
Früchte abgeflachte Hülsen, hellbraun, zwischen den Samen eingeschnürt; Fruchtreife ab VIII. Sämtliche Pflanzeteile stark giftig!
Standort: Sonnige Felsen, Eichengebüsche.
Verbreitung: Von SO-Frankreich über die Südalpen bis zum Balkan; in D wohl nur eingebürgert; häufig in Gärten angepflanzt.

Alpen-Goldregen *Laburnum alpinum* SCHMETTERLINGSBLÜTENGEWÄCHSE

Merkmale: Sommergrüner Strauch mit aufrechten Ästen und später überhängenden Zweigen, 1–5 m (in Kultur bis zu 8 m) hoch; junge Triebe anfangs spärlich behaart, bald völlig kahl. Blätter wechselständig, an Kurztrieben büschelig, lang gestielt, 3-zählig gefiedert, Fiedern bis 7 cm lang, oval-elliptisch, vorn rundlich mit kurzer Stachelspitze, hellgrün und etwas glänzend, anfangs seidig, später nur noch unterseits auf dem Mittelnerv behaart, ohne Nebenblätter. Blüten gestielt, goldgelb, angenehm süßlich duftend, 1,5 cm groß, Unter- und Oberlippe des Kelchs gleich lang (beim Gewöhnl. G. Unterlippe länger); zahlreich (zu 20–40) in hängenden, etwa 30 cm langen Trauben; Blütezeit V–VII. Früchte (Hülsen) bis 6 cm lang und 1 cm breit, hellbraun, kahl, deutlich gekielt; ab VIII.
Standort: Sonnige Hänge, lichte Wälder, Kahlschläge, Wegränder, Säume, gewöhnlich auf steinigen, etwas feuchten und lockeren Böden.
Verbreitung: Südliches M.-EU und Gebirge in S-EU vom Schweizer Jura bis zu den Karpaten und zum Balkan, in den Alpen bis etwa 2000 m Höhe; häufig angepflanzt und gelegentlich verwildert.
Wissenswertes: Wie alle Goldregen enthält der A. starke Giftstoffe, vor allem in den Samen!

Ähnlich: **Bastard-Goldregen** *Laburnum × watereri*, fruchtbarer Kreuzungsbastard zwischen dem Gewöhnl. Goldregen und dem Alpen-Goldregen mit aufstrebenden Ästen und schmaler Krone; Blattstiele bis 10 cm lang, Blattunterseiten und Blütenstiele spärlich behaart; Blüten in auffallend reichblütigen, bis über 40 cm langen, hängenden Trauben.
Dieser Bastard bildet die Grundlage für die starkwüchsigen und neben den Elternarten sehr häufig verwendeten Gartensorten. Verwilderte Exemplare sind von den Elternarten oder deren Gartensorten nur schwer unterscheidbar, zumal fruchtbare Rückkreuzungen vorkommen.

Chinesischer Blauregen, Glyzinie *Wisteria sinensis* SCHMETT.

Merkmale: Sommergrüner, linkswindender Schlingstrauch (Liane) bis über 10 m Höhe. Blätter wechselständig, lang gestielt, bis 30 cm lang, 7- bis 13-zählig gefiedert, Fiedern 5–8 cm lang, glattrandig, kurz gestielt, Endfieder wenig größer als die Seitenfiedern. Blüten an Kurztrieben, vor dem Laubaustrieb erscheinend, 1–2 cm lang, angenehm duftend, Krone hellblau bis blauviolett getönt (bei Sorten auch in abweichender Färbung), zahlreich in hängenden Trauben; Blütezeit V-VI. Früchte derbe Hülsen, samtig grau behaart, zwischen den Samen verengt; Fruchtreife VII–VIII.
Standort: Auenwälder, Ufergebüsche.
Verbreitung: Stammt aus O-Asien (China); häufig zur Bekleidung von Mauern, Fassaden oder Pergolen angepflanzt.
Wissenswertes: Der Windungssinn der Pflanzen ist genetisch festgelegt: Die wachsende Sprossspitze führt in Wachstumsrichtung kreisende Bewegungen gegen den Uhrzeigersinn aus (Linkswinder). Der C. B. enthält in allen Teilen Giftstoffe.

Essigbaum, Hirschkolben-Sumach *Rhus typhina* SUMACHGEW.

Merkmale: Sommergrüner, wenig verzweigter Strauch oder kleiner Baum, 3–5 m hoch; junge Zweige dicht samtig behaart (Unterschied zum ähnlichen **Kahlen Sumach** *R. glabra*). Blätter wechselständig, lang gestielt, 30–60 cm lang, 11- bis 31-zählig gefiedert, Fiedern 5–12 cm lang, spitz, sattgrün, unterseits hellgrau, im Herbst karmin- bis scharlachrot. Blüten unscheinbar, grünlich, in bis 20 cm langen, kolbenartigen Rispen; Blütezeit VI–VII. Früchte (Steinfrüchte) rot behaart; Fruchtreife ab IX.
Standort: Waldsäume, Wegränder, Offenland.
Verbreitung: Stammt aus dem östlichen N-Amerika; in EU häufig gepflanz und oft verwildert, Bahndämme, Schuttplätze, Krautfluren.
Wissenswertes: Der E. wird in Europa schon seit dem 17. Jh. als Ziergehölz angepflanzt. Heute gibt es Gartenformen mit tief fiederschnittigen, farnartig zerteilten oder zerschlitzten Fiederblättchen. Der Blütenstand kann von tief eingeschnittenen Hochblättern durchsetzt sein.

Perückenstrauch *Cotinus coggygria* SUMACHGEWÄCHSE

Merkmale: Sommergrüner Mittelstrauch, 2–5 m hoch. Blätter wechselständig, 3–8 cm lang gestielt, 3–7 cm lang und bis 6 cm breit, dünn, glattrandig, oberseits hell- oder kräftig grün, unterseits bläulich, beidseits kahl, im Herbst rötlich bis purpurrot. Blüten 5-zählig, etwa 2–4 mm breit, unscheinbar, zwittrig oder eingeschlechtig, größtenteils steril, gelblich weiß, zahlreich in lockeren, bis 20 cm langen Rispen; Blütezeit V–VII.
Standort: Sonnige Felsgebüsche, Trockenwälder, meist auf kalkhaltigen, steinigen, trockenen Böden.
Verbreitung: Vom östlichen Mittelmeergebiet und der Balkanhalbinsel bis nach Zentralchina; häufig in Sorten mit abweichender Laubfärbung als Ziergehölz angepflanzt.
Wissenswertes: Im Herbst sind die Blütenstiele dicht fiederig behaart, sodass der Fruchtstand wie eine kleine Perücke aussieht.
Das Holz verwendete man zur Gewinnung von Farbstoffen für Seide und Wolle. Dazu wurde der P. im Elsass und in S-Tirol eigens angebaut.

Gewöhnlicher Seidelbast *Daphne mezereum* SEIDELBASTGEWÄCHSE

Merkmale: Sommergrüner, nur wenig verzweigter Kleinstrauch, 0,4–1,5 m hoch. Blätter wechselständig, kurz gestielt, an den Zweigenden büschelig, 3–8 cm lang, länglich-lanzettlich, stumpf oder leicht zugespitzt, oberseits lebhaft grün, unterseits graugrün oder bläulich. Blüten büschelig, vor dem Laubaustrieb erscheinend, duften stark; Krone fehlt, statt dessen kronblattartige Kelchblätter, rosapurpurn bis karminrot; Blütezeit II–IV. Steinfrüchte korallenrot; Fruchtreife ab VI.
Standort: Schattige Gebüsche, Laubmischwälder.
Verbreitung: EU, vor allem in höheren Mittelgebirgen, in den Alpen bis in 2000 m Höhe, fehlt im Tiefland; auch in Sorten als Ziergehölz. **§!**
Wissenswertes: Alle Teile der Pflanze sind stark giftig! Die Giftstoffe wirken aber nur bei Säugetieren, für Vögel sind sie ungefährlich.

Herbstfärbung

Lorbeer-Seidelbast
Daphne laureola SEIDELBASTGEWÄCHSE

Merkmale: Immergrüner, wenig verzweigter Kleinstrauch mit aufrechten Ästen, bis 1 m hoch. Blätter wechselständig, gestielt, 3–10 cm lang, ledrig, lanzettlich, zugespitzt, kahl, oberseits matt dunkelgrün, unterseits gelblich, mit kräftigem Mittelnerv. Blüten gelblich grün, schwach duftend, büschelig in hängenden, kurz gestielten Trauben in den Blattachseln nahe der Zweigspitze; Blütezeit II–V. Steinfrüchte eiförmig, blauschwarz; Fruchtreife ab VII. In allen Pflanzenteilen sehr giftig!
Standort: Lichte Mischwälder und Gebüsche, meist auf kalkhaltigen, mäßig trockenen Lockerböden, im Bergland nur bis in etwa 1000 m Höhe.
Verbreitung: W- und S-EU, Mittelmeergebiet, N-Afrika; in D lediglich im S-Schwarzwald sowie am Mittelrhein natürlich vorkommend; gelegentlich gärtnerisch in Steingartenpflanzungen verwendet, selten verwildert. **RL!**

Rosmarin-Seidelbast, Steinröschen *Daphne cneorum*

Merkmale: Immergrüner, locker verzweigter, oft sehr breiter Kleinstrauch von nur 10–30 cm Höhe; Triebe anliegend grau behaart; Blätter wechselständig, an den Zweigenden schopfig gehäuft, sitzend, 1–2 cm lang und 3–5 mm breit, länglich bis spatelförmig, ledrig, kahl, oberseits dunkelgrün, unterseits bläulich. Blüten zu mehreren in endständigen Köpfen, stark nach Nelken duftend; ohne Kronblätter, statt dessen kronblattartige, leuchtend rosarote Kelche mit ausgebreiteten Zipfeln; Blütezeit IV–V. Steinfrüchte gelb oder rötlich; Fruchtreife VIII. Alle Pflanzenteile sind sehr giftig!
Standort: Kalk liebende Art in Gebüschen, Kiefernwälder, Trockenrasen und Felsfluren.
Verbreitung: Gebirge in M.- und S-EU, von den Pyrenäen bis zum Balkan; häufig in Sorten als Steingartenpflanze verwendet. **RL, §!**

Alpen-Seidelbast, Berg-Seidelbast *Daphne alpina* SEIDELBASTGEW.

Merkmale: Sommergrüner, reich verzweigter, dichter Kleinstrauch mit liegenden bis bogig aufsteigenden Ästen, 20–50 cm hoch; Triebe behaart, Äste mit vereinzelten Korkwarzen. Blätter wechselständig, an den Zweigenden büschelig gehäuft, 1–4 cm lang und bis zu 2 cm breit, verkehrt eiförmig, nicht ledrig, oberseits graugrün, unterseit etwas heller. Blüten kurz gestielt, bis 1,8 cm breit, zu 6–10 büschelig in den oberen Blattachseln, angenehm nach Vanille duftend, Kelchröhre bis 1 cm lang, außen seidig, Kelchzipfel ebenso lang und weit zurückgeschlagen, weiß; Blütezeit V–VI. Früchte (Steinfrüchte) rotorange; Fruchtreife ab VIII. Alle Teile der Pflanze, vor allem das Holz und die Samen, enthalten starke Giftstoffe!
Standort: Felsgrate, Felsspalten, Steinfluren, Grobschutt, auch Mauern; auf Kalk.
Verbreitung: Europäische Hochgebirge, von den Pyrenäen bis zu den Karpaten, ferner N-Afrika; in den Alpen bis in 1900 m Höhe, fehlt in D; in Steingartenpflanzungen gärtnerisch verwendet.
Wissenswertes: Wie bei allen Seidelbast-Arten ist die Blütenhülle nur einfach, die Kronblätter fehlen. Die Werbewirkung übernehmen in diesem Fall die kronblattartig gestalteten Kelchblattzipfel.

Verwandt: **Ölbaum-Seidelbast** *Daphne oleoides*, immergrüner, sparriger Strauch, bis zu 50 cm hoch, Blätter 2–3 cm lang, ledrig, spatelig, unterseits schwarz punktiert, Blüten gelblich weiß, gehäuft an den Zweigenden, Kelchröhre außen behaart; Felsfluren, steinige Hänge; in den Gebirgen des Mittelmeergebiets, selten auch als Ziergehölz angepflanzt.

Gewöhnl. Spindelbaum, Pfaffenhütchen *Euonymus europaea*

Merkmale: Sommergrüner Strauch oder kleiner Baum, dicht und sparrig verzweigt, 2–6 m hoch; Triebe grünlich, rundlich oder etwas kantig, mitunter mit schmalen Korkleisten. Blätter gegenständig, gestielt, 5–8 cm lang, oval-lanzettlich, zugespitzt, kahl, glattrandig oder schwach gekerbt, im Herbst kupferrot verfärbt. Blüten unauffällig, 4-zählig, grünlich, um 1 cm breit, lang gestielt, zu 3–9 traubig in den Blattachseln, schwach duftend; Blütezeit V–VI. Früchte (Kapseln) 4-klappig, in der Reife karminrot, Samen groß, weißlich, in der Kapsel von einem fleischigen, kontrastreich orangeroten Samenmantel umgeben; Fruchtreife ab IX. Alle Pflanzenteile sind giftig!

Standort: Feldgehölze, Wald- und Wegränder.
Verbreitung: In EU weit verbreitet.
Wissenswertes: Das gelbliche Holz wurde früher zu hochwertiger Zeichenkohle und verschiedenen Drechslerprodukten (etwa zu Spindeln oder Instrumentenbauteilen) verarbeitet. Die Früchte werden von Elstern, Staren (Foto unten), Drosseln, Rotkehlchen und anderen Singvögeln gern verzehrt – die darin enthaltenen Alkaloide wirken nur auf Säugetiere giftig, für Vögel sind sie ungefährlich.

Breitblättriger Spindelbaum *Euonymus latifolia* SPINDELBAUMGEW.

Merkmale: Sommergrüner Strauch mit aufrechten, etwas sparrigen, aschgrau berindeten Ästen, bis 5 m hoch; Äste und Zweige glatt und rutenförmig, rund oder leicht zusammengedrückt. Blätter gegenständig, kurz gestielt, länglich oval, fein zugespitzt, 6–12 cm lang, bogennervig, dunkelgrün, sehr fein gesägt. Blüten 5-zählig, bis 1 cm breit, Kronblätter grünlich, an den Rändern rot; Blütezeit V–VI. Früchte (Kapseln) 5-klappig, kantig mit schmalem Flügelsaum, Samen weiß, mit orangerotem Samenmantel; Fruchtreife ab IX. Pflanze giftig!
Standort: Krautreiche Mischwälder, Säume, schattige Gebüsche, Kahlschläge.
Verbreitung: Gebirge M.-EU, Pyrenäen, Alpen, Apennin, Cevennen, Balkan, ferner Karpaten und Kaukasus; nicht selten auch angepflanzt.

Warzen-Spindelbaum *Euonymus verrucosa* SPINDELBAUMGEWÄCHSE

Merkmale: Sommergrüner Strauch, bis 2 m hoch; Triebe dicht mit großen, dunkelbraunen Korkwarzen besetzt. Blätter bis 6 cm lang, oval-lanzettlich, zugespitzt. Blüten grünlich, 4-zählig, 6–10 mm breit, zu 2–3 in lang gestielten Trauben; Blütezeit V–VI. Früchte (Kapseln) gelbrot, Samen schwarz, nur unvollständig vom roten Samenmantel umhüllt; Fruchtreife ab IX. Ganze Pflanze giftig!
Standort: Felsgebüsche, Wälder, Säume.
Verbreitung: O-EU und südöstl. M.-EU, von Polen bis zum Ural, oft auch als Zierstrauch angepflanzt.

Ähnlich: **Flügel-Spindelbaum** *Euonymus alata*, bis 4 m hoher Strauch, die Zweige mit je 4 schmalen, flügelartigen Korkleisten, die Blätter elliptisch; ursprünglich in O-Asien, häufig angepflanzt.

Laubholz-Mistel *Viscum album*

MISTELGEWÄCHSE

Merkmale: Immergrüner, meist sehr reich und regelmäßig gabelig verzweigter, kugeliger Strauch, bis 1 m Durchmesser, parasitiert auf Laubbäumen; Zweige gelblich grün, biegsam, kahl, rundlich.
Blätter gegenständig, sitzend, um 5 cm lang und bis 1 cm breit, ledrig derb, länglich-zungenförmig, vorn gerundet, beidseitig gleichfarben gelblich grün, nach etwa 15 Monaten „Betriebsdauer" ohne Umfärben abfallend.
Blüten zweihäusig verteilt, unscheinbar, gelblich, einzeln oder zu 3–5 in den Achseln winziger Hochblätter an den Sprossenden; Blütezeit III–V.
Früchte weißliche, kugelige, erbsengroße Scheinbeeren mit einem stark klebrigen Fruchtfleisch und mehreren darin eingebetteten Samen mit der eigentlichen Fruchthülle; Fruchtreife ab XI.
Die Pflanze enthält in allen Teilen Giftstoffe!
Standort: Geäst von Pappeln, Weiden, Birken, Hainbuchen, Robinien, Kastanien und Obstgehölzen (besonders auf Apfelbäumen), nicht dagegen auf Buchen oder Eichen.
Verbreitung: M.- und S-EU, nördlich bis Skandinavien, ferner bis Vorderasien; vom Tiefland bis ins Bergland, dort bis in etwa 1300 m Höhe.
Wissenswertes: Die L. ist ein Halbparasit, der seiner Wuchsunterlage lediglich Wasser und die darin gelösten Mineralsalze entnimmt, nicht dagegen organische Baustoffe aus der Produktion der Wirtspflanze. Die Schädigung des Trägerbaums hält sich daher meist in Grenzen. Nur massiver Befall ist problematisch. Die Verbreitung der Samen erfolgt gewöhnlich durch Vögel (Misteldrossel!). Darüber hinaus können die Samen sich am extrem klebrigen Fruchtfleich regelrecht abseilen und sich auf tiefer gelegenen Ästen ansiedeln. Die Keimung verläuft jedoch sehr langsam.

Nadelholz-Mistel *Viscum laxum*

MISTELGEWÄCHSE

Merkmale: Immergrüner, kugeliger Strauch bis zu 1 m Durchmesser, in allen wichtigen Merkmalen der Laubholz-Mistel sehr ähnlich. Giftig!
Standort: Im Geäst heimischer Nadelbaum-Arten, vor allem Tanne und Wald-Kiefer.
Verbreitung: In mittleren und höheren Gebirgslagen in EU weit verbreitet.
Wissenswertes: Im Unterschied zur Laubholz-M. lassen sich die Nadelholz bewohnenden Misteln in 2 verschiedene Unterarten von ausgeprägter Wirtsspezifität trennen: Tannen-Misteln besetzen nahezu ausschließlich die Weiß-Tanne. Ihre weißen Früchte sind länglich-eiförmig. Die Kiefern-Mistel hingegen entwickelt kleinere, gelbliche Früchte und kommt vor allem auf der Wald-Kiefer vor. Die Europäische Lärche bleibt stets mistelfrei, die in EU forstlich kultivierte Japanische Lärche kann dagegen beide Formen der N. tragen. Nur selten finden sich Exemplare auch auf Fichten. Manche Fachleute vereinen die Nadelholz- mit der Laubholz-Mistel in einer Art.

Riemenblume, Eichenmistel *Loranthus europaeus*

MISTELGEWÄCHSE

Blattlänge 2–4 cm

Merkmale: Sommergrüner Strauch auf Laubbäumen mit braunen, gabelig verzweigten, leicht brüchigen Ästen und Zweigen, 20–50 cm hoch. Blätter gegenständig, kurz gestielt, verkehrt eiförmig, an der Basis schmal keilförmig, glattrandig, dünn, dunkelgrün. Blüten zwittrig oder eingeschlechtig, in endständigen Trauben; Blütezeit V–VI. Beerenartige Scheinfrüchte kugelig, gelb, 1 cm dick; Fruchtreife ab IX.
Standort: Fast ausschließlich auf verschiedenen Eichen-Arten, vor allem auf Flaum- und Zerr-Eiche, seltener auch auf Edel-Kastanie und Ölbaum.
Verbreitung: SO-EU, westlich bis Italien, im N bis ins östliche D (Sachsen).
Wissenswertes: Ähnlich wie die verwandten Misteln entzieht auch die R. als Halbparasit ihrem Wirtsbaum nur Wasser und Nährsalze, während die Blätter eigenständig Photosynthese betreiben.

Rostblättrige Alpenrose *Rhododendron ferrugineum* HEIDEKRAUTGEW.

Frucht = Kapsel ▽

Merkmale: Immergrüner, reich verzweigter Kleinstrauch mit kräftigen, aufrecht stehenden Ästen und Zweigen, bis zu 1,3 m hoch; junge Triebe rotbraun beschuppt, Äste und Stämme mit graubrauner Rinde.

Blätter wechselständig, zu den Zweigenden hin gehäuft, 2–4 cm lang und etwa 1 cm breit, länglich lanzettlich, vorn zugespitzt bis stachelspitzig, ledrig, fest, am leicht umgeschlagenen Blattrand fein gezähnt, oberseits glänzend dunkelgrün und kahl, unterseits dicht rostrot schuppenhaarig, nur etwa 2 Jahre am Strauch bleibend.

Blüten 5–8 mm lang gestielt, zu mehreren in gedrängten, endständigen Trauben, Kelchblätter verwachsen, Krone tiefrosa bis kräftig rot, bis 2 cm lang und ebenso breit, trichterförmig geöffnet, innen kurz behaart, 10 Staubblätter, die Krone nicht überragend, am Grund wollig behaart; Blütezeit V–VII.

Früchte holzige Kapseln, bräunlich, Samen extrem leicht, werden vom Wind verfrachtet; ab VIII.

Standort: Lichte Gebüsche und Wälder, Zwergstrauchbestände an Gebirgshängen (dort oft dominant), meidet kalkhaltigen Untergrund, kommt daher nur auf sauren und silikatischen Böden vor; wichtiger Rohbodenpionier.

Verbreitung: Pyrenäen, Alpen, Jura, Apennin, Karpaten, Balkangebirge, bis in etwa 2800 m Höhe, gelegentlich auch außerhalb des natürlichen Verbreitungsgebiets in Gartenkultur. **§!**

Wissenswertes: Die R. A. kommt aufgrund der unterschiedlichen Bodenbedürfnisse fast nie mit der folgenden Art zusammen vor, bildet damit aber gelegentlich Bastarde.

Behaarte Alpenrose *Rhododendron hirsutum* HEIDEKRAUTGEWÄCHSE

Frucht = Kapsel ▹

Merkmale: Immergrüner, dicht verzweigter und stark buschiger Strauch mit aufrechten, kräftigen Ästen und Zweigen, um 1 m hoch; junge Triebe zerstreut behaart und nur wenig beschuppt.

Blätter wechselständig, kurz gestielt, 1–3 cm lang und bis 1,5 cm breit, ledrig, im Aussehen etwas an Lorbeer erinnernd, oberseits glänzend hellgrün und kahl, auf der Unterseite zerstreut mit Drüsenschuppen besetzt, am Rand ebenso wie auf dem Blattstiel lang und etwas borstig bewimpert.

Blüten bis zu 1,5 cm lang gestielt, an den Zweigenden in kopfig gedrängten Trauben, Kronen glockig-trichterförmig, leuchtend hellrot, bis 1,5 cm lang und fast ebenso breit, außen mit Drüsenschuppen, innen behaart, Staubblätter ungleich lang und am Grund behaart; Blütezeit V–VII (X).

Früchte ovale, holzige Kapseln, die von der Spitze her mit 5 Klappen aufspringen und zahlreiche sehr kleine, hellbraune Samen freigeben; Fruchtreife je nach Höhelage ab VIII.

Standort: Latschengürtel und andere Gebüsche im Bereich der Waldgrenze, felsige Hänge, Geröllhalden, in tieferen Lagen auch feuchte Schluchten, in erster Linie auf Kalkgestein.

Verbreitung: Nördliche und südliche Ostalpen, in den Bergketten der Zentralalpen nur stellenweise; außerhalb des natürlichen Verbreitungsgebiets angepflanzt, aber kaum eingebürgert. **§!**

Rauschbeere *Vaccinium uliginosum*

HEIDEKRAUTGEWÄCHSE

Merkmale: Sommergrüner, verzweigter Zwergstrauch mit liegenden Stämmchen und aufrechten Zweigen, Höhe bis 75 cm. Blätter wechselständig, gestielt, bis 2,5 cm lang und um 1 cm breit, länglich oval, oberseits mattgrün, unterseits blaugrün. Blüten 4- oder 5-zählig, Kronen glockig-krugförmig, cremeweiß, am Grund intensiv rötlich, zu 1–5 in den oberen Blattachseln; Blütezeit V–VII. Beeren bis 1 cm groß, kugelig, mit farblosem Saft, blau bereift, essbar, aber wenig schmackhaft; Fruchtreife ab VIII.

Standort: Hochmoore, Moorwälder, lichte Nadelwälder, Zwergstrauchheiden.

Verbreitung: Gebirge in N- und M.-EU.

Wissenswertes: In größeren Mengen sollen die auch Moor- oder Trunkelbeeren genannten Früchte eine leicht berauschende Wirkung haben.

Heidelbeere *Vaccinium myrtillus*

HEIDEKRAUTGEWÄCHSE

Merkmale: Sommergrüner, reich verzweigter Zwergstrauch, bis 50 cm hoch; Äste nur an der Basis verholzt, Zweige biegsam, kantig, grün. Blätter wechselständig, kurz gestielt, 2–3 cm lang, länglich oval, zugespitzt, fein gesägt, matt hellgrün, im Herbst oft prächtig goldgelb bis karminrot. Blüten 4- oder 5-zählig, glockig, grünlich weiß oder rötlich, zu 1–2 in den oberen Blattachseln; Blütezeit V–VI. Beeren saftig, blauschwarz, heller bereift, essbar; Fruchtreife ab VII.

Standort: Lichte Nadelwälder, Heiden, Moore.

Verbreitung: M.- und N-EU, im S nur in den Gebirgen, ferner arktische Tundren.

Wissenswertes: Die Art wird auch Blaubeere oder Bickbeere genannt. Für die Gartenkultur wird die aus N-Amerika stammende, bis 2 m hohe **Strauch-Heidelbeere** *V. corymbosum* angeboten.

Preiselbeere *Vaccinium vitis-idaea*

HEIDEKRAUTGEWÄCHSE

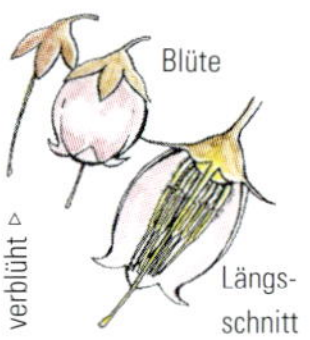

Merkmale: Immergrüner Zwergstrauch mit kriechenden Sprossachsen und aufsteigenden, mäßig verzweigten Ästen, bis 30 cm hoch. Blätter wechselständig, mitunter 2-zeilig, kurz gestielt, bis 2 cm lang, elliptisch bis oval, glattrandig, oberseits glänzend dunkelgrün, unterseits hellgrün mit dunkleren Punkten. Blüten 4- oder 5-zählig, zahlreich in hängenden Trauben, Krone krugförmig, cremeweiß, rosa überlaufen; Blütezeit V–VII. Beeren kugelig, bis 1 cm groß, zuerst weißlich, reif scharlachrot, essbar; Fruchtreife ab VIII.

Standort: Moorränder und lichte Nadelwälder, Zwergstrauchheiden.

Verbreitung: N- und M.-EU, stellenweise auf dem Apennin und Balkan, außerdem Kauskasus, Grönland, N-Amerika von Neufundland bis Alaska.

Wissenswertes: Regional wird die P. auch oft Kronsbeere genannt.

Gewöhnliche Moosbeere

Vaccinium oxycoccos HEIDEKRAUTGEW.

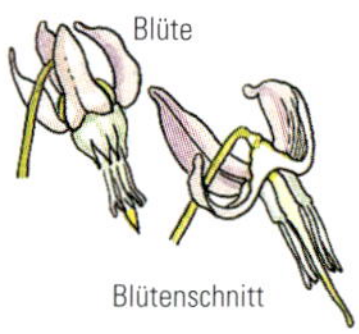

Merkmale: Immergrüner, kriechender Zwergstrauch mit fadendünnen Ästen, bis 80 cm lang. Blätter wechselständig, kurz gestielt, 10 mm lang, oval, eingerollt, oberseits dunkelgrün und glänzend, unterseits blaugrün bereift. Blüten zu 1–5 in endständigen Trauben, 4-zählig, Kronen blassrosa oder kräftiger rötlich, Kronzipfel bis zum Grund frei, weit zurückgeschlagen; Blütezeit V–VII. Beeren bis 1 cm dick, gelb- oder hochrot, saftig, essbar; Fruchtreife ab VIII.

Standort: Auf Torfmoospolstern in Hochmooren.

Verbreitung: N- und M.-EU, selten im SW, von der Niederungslandschaft bis etwa 1300 m. **RL**

Ähnlich: Die **Großfrüchtige M.** oder **Krannbeere** *V. macrocarpon* hat bis zu 2 cm dicke Beeren. Sie stammt aus N-Amerika und wurde in M.-EU mancherorts eingeschleppt (Nordseeinseln, Schwarzwald, Bayern, Schweiz).

Besenheide, Heidekraut

Calluna vulgaris HEIDEKRAUTGEWÄCHSE

Merkmale: Immergrüner, dichter Zwergstrauch, 20–50 cm hoch. Blätter 1–3 mm lang, etwa 1 mm breit, dunkelgrün, im Winter bronzefarben. Blüten 4-zählig, etwa 4 mm lang, rosa oder hellviolett, in 5–15 cm langen Trauben; Blütezeit VII–VIII.

Standort: Lichte Wälder, Heiden, Magerwiesen, Braundünen, auf nährstoffarmen, sauren Böden.

Verbreitung: EU von N-Norwegen bis nach Kleinasien, fehlt größeren Gebieten der Mittelmeerregion, in den Alpen bis in 2600 m Höhe.

Wissenswertes: Die B. stellt eine ergiebige Nektarquelle für Bienen dar. Frühere Schafbeweidung hat in Gebieten mit ertragsarmen Böden die B. stark gefördert und große Heidelandschaften entstehen lassen (z. B. Lüneburger Heide).

Schnee-Heide *Erica carnea*

HEIDEKRAUTGEWÄCHSE

Merkmale: Immergrüner, kriechender Zwergstrauch, 25 cm hoch. Blätter zu 3–4 in Wirteln, linealisch, bis 1 cm lang und 1 mm breit, dunkelgrün, im Winter schmutzig grün bis braunrot. Blüten fleischfarben, selten weiß, in endständ. Trauben; Blütezeit III–V, in günstigen Lagen schon ab XII.

Standort: Sonnige Latschengebüsche, lichte Nadelwaldsäume, Felshänge, Flussauen; meist auf kalkreichen Böden.

Verbreitung: Südliches M.-EU, S-EU, ferner Alpenvorland, Fichtelgebirge, Böhmen, in den Alpen bis in 2400 m Höhe; vielfach in Sorten gepflanzt.

Wissenswertes: Die S. ist eine wichtige Nahrungspflanze von Bienen und anderen Insekten. Die Blüten werden im Spätsommer angelegt, halten aber bis zum Frühjahr Knospenruhe.

Glocken-Heide *Erica tetralix*

HEIDEKRAUTGEWÄCHSE

Merkmale: Immergrüner, liegender oder aufrechter Zwergstrauch, 20–60 cm hoch; Zweige dünn und anfangs dicht graufilzig behaart. Blätter jeweils zu 4 in Wirteln, kurz gestielt, bis zu 6 mm lang, nadelförmig linealisch, zumeist behaart, Ränder umgerollt. Blüten 4-zählig, hellrosa, mit bauchiger Krone und kurzen, zurückgeschlagenen Zipfeln, zu mehreren in kopfig gedrängten, endständigen, einseitswendigen Trauben oder Dolden, verfärben sich beim Abblühen auffällig rostbraun; Blütezeit VII–VIII.

Standort: Feuchtheiden, Hochmoore und saure, feuchte Kiefernwälder.

Verbreitung: Atlantisches EU von Portugal bis zum Baltikum, in D nur im NW bis Schleswig-Holstein, südlich bis zur Niederrheinischen Bucht; selten auch mit Forstkulturen anderweitig verschleppt, gärtnerisch häufig in mehreren Sorten für Heidegärten verwendet.

Alpen-Krähenbeere *Empetrum hermaphroditum*

KRÄHENBEERENGEWÄCHSE

Merkmale: Immergrüner Zwergstrauch mit liegenden, nicht wurzelnden Ästen und Zweigen, Wuchshöhe 20–30 cm. Blätter wechselständig oder in unregelmäßigen Wirteln, kurz gestielt, bis 8 mm lang und 2- bis 4-mal so lang wie breit, kahl, glänzend dunkelgrün, stumpf, weich, nicht stechend. Blüten zwittrig, unscheinbar, grünlich rot; Blütezeit V–VI. Früchte beerenartige Steinfrüchte, kugelig, bis 8 mm groß, schwarz, glänzend; genießbar; Fruchtreife ab VIII.

Standort: Lichte Felsgebüsche, Steinschutt, Moränen, Zwergstrauchheiden.

Verbreitung: Gebirge in EU, von den Pyrenäen bis zum Kaukasus, in den Alpen bis in 2200 m Höhe, ferner Sibirien, nördliches N-Amerika, Grönland.

Wissenswertes: Die A. ist Teil einer formenreichen Sammelart und wird von Fachleuten häufig nur als Unterart aufgefasst.

Gelber Hartriegel, Kornelkirsche *Cornus mas* HARTRIEGELGEWÄCHSE

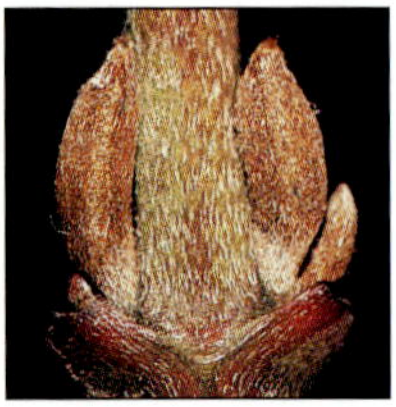

Merkmale: Sommergrüner, sparrig verzweigter Strauch von 3–6 m Höhe oder kleiner Baum bis 8 m; Triebe grün, anliegend behaart, später kahl und bräunlich; Borke schuppig abblätternd.
Blätter gegenständig, bis zu 1 cm lang gestielt, 8–10 cm lang und bis zu 5 cm breit, oval bis elliptisch, an der Basis breit keilförmig bis rundlich, schlank zugespitzt, glattrandig, kahl, beidseits gleichfarben, oberseits glänzend, unterseits nur in den Nervenwinkeln behaart, mit zumeist 3–4 Bogennerven beidseits der Mittelrippe.
Blüten öffnen sich lange vor den Blättern, etwa 5 mm lang gestielt, zahlreich in gedrängten Dolden mit 4 gelblich grünen Hüllblättern, Kelchblätter kurz, spitz, Kronblätter 2–3 mm lang, lanzettlich, hellgelb bis goldgelb; Blütezeit II–IV.
Früchte (Steinfrüchte) sehen Kirschen ähnlich, aber etwas länglich, herabhängend, in der Reife glänzend scharlachrot, essbar, von süßsaurem Geschmack; Fruchtreife ab VII.
Standort: Lichte, trockene Laubwälder, Waldränder, Säume, Flurhecken, Gebüsche.
Verbreitung: M.- und S-EU, in D nördlich bis zum Rheinland, ferner Kleinasien bis Kaukasus; häufig als Straßen- und Fruchtgehölz oder wegen des frühen Blühtermins in Parks angepflanzt.
Wissenswertes: Die zunächst noch bleibenden, bis 1 cm langen, gelben Knospenschuppen verleihen den sonst unscheinbaren Blütenständen ihre Attraktivität. Regional nennt man den G. H. auch Herlitze oder Dürlitze. Das außerordentlich feste Holz (Name Hartriegel!) verwendete man früher für Schäfte, Speere und Werkzeugstiele. Die Früchte sind genießbar, wenn sie von selbst zu fallen beginnen. Vorher schmecken sie aufgrund ihres hohen Gerbstoffgehalts sehr herb.

Roter Hartriegel *Cornus sanguinea* HARTRIEGELGEWÄCHSE

Merkmale: Sommergrüner, mittelgroßer Strauch oder kleiner Baum, bis 5 m hoch; Triebe dicht behaart; Lichtseite der Zweigrinde gerötet. Blätter 4–8 cm lang, elliptisch, zugespitzt, mit meist 3 Bogennervenpaaren, glattrandig, im Herbst weinrot. Blüten erscheinen nach dem Blattaustrieb, reinweiß, in dichten Schirmrispen; Blütezeit V–VI. Steinfrüchte kugelig, matt schwarzblau, weißlich punktiert, ungenießbar; Fruchtreife ab IX.
Standort: Flurhecken, Auengebüsche, Laubwälder, Straßenbegleitgrün, Steinböden. Ziergehölz.
Verbreitung: Von N- bis S-EU weit verbreitet.
Wissenswertes: Die Lichtseite der Zweigrinde ist – vor allem im Winter – stark gerötet.

Tatarischer Hartriegel *Cornus alba* HARTRIEGELGEWÄCHSE

Merkmale: Sommergrüner, dichtlaubiger Strauch bis 3 m Höhe; Zweige straff aufrecht, mit blutroter, glatter Rinde. Blätter gegenständig, 1–2,5 cm lang gestielt, mit 5–6 Paar Bogennerven, elliptisch-oval, glattrandig, oberseits kräftig grün, unterseits bläulich. Blüten klein, gelblich weiß, zahlreich in 3–5 cm breiten Schirmrispen, Blütezeit V–VI. Steinfrüchte hellblau oder weißlich, ungenießbar; Fruchtreife ab VII.
Standort: Artenreiche Mischwälder.
Verbreitung: Stammt aus O-Asien (Sibirien bis N-Korea), in N-EU eingebürgert; vielfach in Sorten mit panaschierten (= hell gezeichneten) Blättern oder abweichend gefärbter Rinde gepflanzt.
Wissenswertes: Der T. H. fällt durch einen frühzeitigen Laubaustrieb und eine eindrucksvolle Herbstfärbung der Blätter auf.

Stechpalme, Hülse *Ilex aquifolium*

STECHPALMENGEWÄCHSE

Merkmale: Immergrüner, meist stark verzweigter und dichtlaubiger Strauch mit aufrechten Ästen und Zweigen, 1–5 m hoch, seltener auch Baum bis 10 m Wuchshöhe; Triebe grün, kahl, längs gerieft; Rinde an Ästen und Stämmen glatt, grau gefärbt.
Blätter wechselständig, gestielt, 5–9 cm lang, ledrig derb, länglich oval, an jeder Seite mit 5 oder mehr langen, dornigen Stachelspitzen, dazwischen seicht oder tief gebuchtet (bei alten Pflanzen Wellung und Wehrhaftigkeit oft abnehmend), vorn spitz, am Grund abgerundet, oberseits glänzend dunkelgrün, Unterseite matt hellgrün.
Blüten zweihäusig verteilt, 4-zählig, unauffällig, mit weißer, mitunter auch rötlich überlaufener Krone; Blütezeit V–VI.
Früchte erbsengroße, kugelige Steinfrüchte, scharlachrot, mehrsamig, giftig; Fruchtreife ab X.
Standort: Lichte Laubwälder und Gebüsche.
Verbreitung: Atlantisches W-EU, westliches und zentrales Mittelmeergebiet, N-Afrika, Vorderasien; in D im Bereich des Mittelgebirgsgürtels vor allem westlich des Rheins, im nördlichen Tiefland und im Alpenvorland auch weiter östlich. **§!**
Häufig in Sorten mit abweichender Blattform als Ziergehölz in Parks und Gärten angepflanzt
Wissenswertes: In M.-EU ist die S. das einzige heimische immergrüne Laubgehölz. Die Baumform entwickelt sich meist nur im Freistand. Die Blüten liefern Nektar für Hautflügler, die Früchte werden gern von Drosseln verzehrt. Trotz seiner Wehrhaftigkeit wird das feste Laub vor allem im Winter oft vom Wild verbissen.
Das dichte, schwere, aber gut polierfähige Holz wurde früher zu Messerfurnieren, Intarsien oder Druckstöcken für Holzschnitte verarbeitet, manchmal auch zu Musikinstrumenten oder Spazierstöcken. In der Feintischlerei diente es als Ebenholzersatz, da es dunkle Lacke sehr gut annimmt. Die Zweige der S. werden in der Kranzbinderei und als weihnachtlicher Raumschmuck verwendet.

Gewöhnlicher Liguster *Ligustrum vulgare*

ÖLBAUMGEWÄCHSE

Merkmale: Sommer- und teils wintergrüner Strauch bis 3 m (max. bis 7 m) Höhe; junge Triebe spärlich behaart, später kahl; Zweige rutenförmig, biegsam.
Blätter gegenständig, kurz gestielt, etwas ledrig, glattrandig, oberseits dunkelgrün, unterseits heller, mit kräftiger Mittelrippe.
Blüten 4-zählig, zahlreich in lockerer, kegelförmiger, bis zu 8 cm langer, aufrechter Rispe an den Zweigenden, Kronzipfel länger als die Kronröhre, weiß, angenehm duftend; Blütezeit VI–VII.
Früchte beerenartige, glänzend schwarze Steinfrüchte, ungenießbar und giftverdächtig; Fruchtreife ab VIII.
Standort: Flurhecken, Feldgehölze, Waldsäume, Ufer, Auengebüsche, Mauern, Ruinen.
Verbreitung: In EU weit verbreitet, ferner in N-Afrika und W-Asien; in D vor allem im mittleren und südlichen Teil, häufig (auch in Sorten) angepflanzt und vielfach verwildert.
Wissenswertes: Der G. L., verbreitet auch Rainweide genannt, ist ein wertvolles Nist-, Deckungs- und Nahrungsgehölz für Singvögel.

Ähnlich: **Wintergrüner Liguster** *Ligustrum ovalifolium*, wintergrüner, durch Schnitt stark verdichteter und häufig in Hecken verwendeter Zierstrauch, 1–3 m; Blätter eiförmig-elliptisch, 3–8 cm lang, oberseits glänzend dunkelgrün, kahl; Blüten cremeweiß, in gedrungenen, bis zu 10 cm langen, endständigen Rispen, Blütezeit VI–VII; stammt aus O-Asien (Japan, Korea).

Flieder *Syringa vulgaris*

ÖLBAUMGEWÄCHSE

Merkmale: Sommergrüner Großstrauch oder kleiner Baum, 2–6 m hoch; Zweige rundlich, Rinde grau oder braungrün, glatt, an Ästen und am Stamm längsrissig. Blätter gegenständig, 1–3 cm lang gestielt, 5–12 cm lang, herzförmig, lang zugespitzt, glattrandig. Blüten 4-zählig, in dichten, endständigen Rispen, Krone trichterförmig, blau, violett, rötlich oder weiß, stark duftend; Blütezeit IV–V. Früchte (Kapseln) 2-klappig, bräunlich, holzig; Fruchtreife ab IX.

Standort: Lichte Wälder und Gebüsche.

Verbreitung: SO-EU und Vorderasien; häufig in zahlreichen Gartensorten angepflanzt, vielfach an Felshängen oder Bahndämmen eingebürgert.

Wissenswertes: Der F. ist schon seit 1560 in M.-EU bekannt. Seine Blüten können nur von langrüsseligen Insekten ausgebeutet werden.

Winter-Jasmin *Jasminum nudiflorum*

ÖLBAUMGEWÄCHSE

Merkmale: Sommergrüner Kletterstrauch mit kantigen, überhängenden, dunkelgrünen Zweigen, 1–3 m hoch. Blätter gegenständig, 3-zählig gefiedert, Fiedern 1–3 cm lang, tiefgrün, bewimpert. Blüten einzeln in den Blattachseln, lange vor dem Laub erscheinend, Kronen hellgelb, bis 3 cm breit, mit langer, schlanker Kronröhre und 5 ausgebreiteten Zipfeln, wenig duftend; Blütezeit XII–IV.

Standort: Auengehölze, lichte Gebüsche.

Verbreitung: Heimisch in N-China; bei uns seit langem als auffälliger Winterblüher in Kultur.

Ähnlich: Der aufrecht wachsende **Strauch-Jasmin** *J. fruticans* blüht ebenfalls gelb. Seine Blätter sind jedoch wechselständig und immergrün. Er ist im Mittelmeerraum weit verbreitet, in den Südalpen (Tessin, Südtirol) stellenweise verwildert.

Forsythie, Goldglöckchen

Forsythia × intermedia ÖLBAUMGEW.

Merkmale: Sommergrüner Strauch mit hohlen Ästen und gekammertem Mark, 2–5 m hoch. Blätter gegenständig, ungeteilt, länglich oval bis lanzettlich, 8–10 cm lang, glattrandig oder fein gesägt. Blüten 4-zählig, Kronen kräftig gelb, bis zu 4 cm breit; Blütezeit IV.

Standort: Artenreiche Laubgehölze.

Verbreitung: Durch Kreuzung aus den ostasiatischen Arten Hänge-F. *F. suspensa* und Grüne F. *F. viridissima* hervorgegangen; in EU häufig angepflanzt, von anderen Arten oder hybriden Gartenformen nur schwer unterscheidbar.

Wissenswertes: Die Wildformen der F. bilden 2 verschiedene Blütentypen mit unterschiedlicher Griffellänge aus (Narbe überragt Staubbeutel oder umgekehrt). Die Gartenformen tragen entweder nur lang- oder nur kurzgriffelige Blüten.

Gewöhnl. Pfeifenstrauch

Philadelphus coronarius HORTENSIENG.

Merkmale: Sommergrüner Strauch mit aufrechten Ästen und rutenförmigen Zweigen, 1–3 m hoch; Winterknospen nicht sichtbar. Blätter gegenständig, kurz gestielt, 4–8 cm lang, oval, lang zugespitzt, unregelmäßig gezähnt, oberseits dunkelgrün und kahl, unterseits heller und auf den Nerven behaart. Blüten 4-zählig, gestielt, zu 5–7 in achselständigen, aufrechten Trauben beieinander stehend; Kronen reinweiß, 3–4 cm breit; Blütezeit V–VI.

Standort: Waldränder, Wärme liebende, lichte Gebüsche, besonnte Berghänge.

Verbreitung: S-EU, vom Gardaseegebiet und der Toskana bis nach W-Asien; vielfach als Ziergehölz angepflanzt, aber nur selten verwildert.

Wissenswertes: Die vor allem gegen Abend intensiv duftenden Blüten haben der Pflanze den Namen Falscher Jasmin eingetragen.

Efeu *Hedera helix*

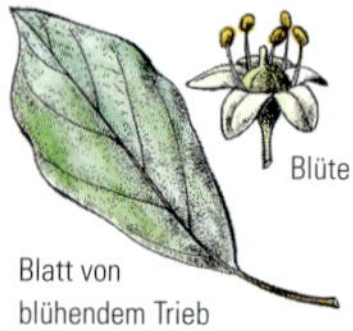

Merkmale: Immergrüner, kriechender oder an Mauern und Bäumen mit Haftwurzeln emporkletternder Strauch, Wuchshöhe bis etwa 20 m; Triebe mit 4- bis 12-strahligen Sternhaaren; häufig mit klar erkennbarem Hauptstamm, sonst buschig mit überhängenden Zweigen.
Blätter an nicht blühenden Trieben 3- bis 5-lappig, am Grund herzförmig, oberseits glänzend dunkelgrün mit weißlichem Adernetz, an blühenden Trieben dagegen rautenförmig bis elliptisch, leicht gewellt, spitz, am Grund keilförmig, glänzend dunkelgrün, im Winter unterseits rötlich.
Blüten 5-zählig, klein und unscheinbar, zahlreich in kopfigen, gestielten Dolden zusammenstehend, Kronen gelblich grün, zwischen Staubblättern und Griffel ein breiter Ring, der reichlich Nektar absondert; Blütezeit IX–X.
Früchte kugelige Beeren, vorn abgeplattet, mattschwarz, giftig; Fruchtreife im folgenden Frühjahr.
Standort: Wälder und Gebüsche, Auengehölze, Steinbrüche und Ruinen, Friedhöfe und Gärten.
Verbreitung: In W-, M.- und S-EU von der Ebene bis in mittlere Gebirgslagen (etwa 1800 m) weit verbreitet, im Norden nur bis S-Schweden.
Wissenswertes: Der E. verfügt über zweierlei Wurzeln: Das übliche Wurzelwerk besorgt die mineralische Ernährung und Wasseraufnahme aus dem Boden, während die Kletterwurzeln sprossbürtige Sonderentwicklungen darstellen.
Der ungewöhnlich späte Blühtermin sichert den Insekten auch im Herbst eine ergiebige Tracht. Die für den Menschen giftigen Früchte werden gern von Singvögeln verzehrt. E. kann ein Alter von über 400 Jahren erreichen.

Sommerflieder, Schmetterlingsstrauch *Buddleja davidii* BUDDL.

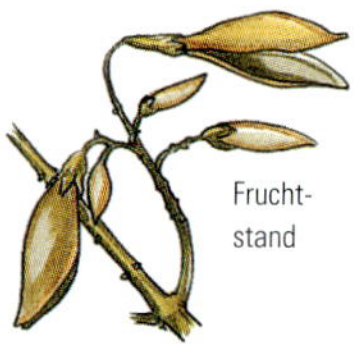

Merkmale: Sommergrüner, mittelgroßer, im Freistand breiter, dicht und buschig wachsender Strauch mit aufrechten Ästen und Zweigen, bis zu 4 m hoch; junge Triebe behaart, rutenförmig, später leicht bogig überhängend.
Blätter gegenständig, gestielt, 6–25 cm lang und 2–7 cm breit, fiedernervig, elliptisch bis lanzettlich, spitz, schwach gezähnt, oberseits matt dunkelgrün, unterseits grau- oder weißfilzig.
Blüten 4-zählig, mit etwa 1 cm langer, enger Kronröhre und ausgebreiteten Kronzipfeln, im Bereich des Röhreneingangs kräftig gelb, sonst bei der Wildform blaulila, bei den Gartenformen sortenabhängig blauviolett oder rötlich getönt, seltener auch reinweiß; zahlreich in endständigen, aufrechten, 10–30 cm langen Rispen; Blütezeit VII–IX.
Früchte bräunliche Kapseln; Fruchtreife ab IX.
Standort: Lockere Auengehölze und lichte, offene Felsgebüsche auf trockenem Boden.
Verbreitung: Ursprünglich nur in O-Asien (China und Japan); überall in EU in zahlreichen Gartensorten angepflanzt, auf Schuttgelände, Brachen und entlang von Bahnanlagen sowie Flussufern verwildert; auch in den USA eingebürgert.
Wissenswertes: Die engröhrigen, stark und angenehm duftenden Blüten werden vor allem von Tagfaltern (Admiral, Tagpfauenauge, Kleiner Fuchs, Distelfalter) besucht, die das reiche Nektarangebot nutzen. Der S. kann in strengeren Winter stärker zurückfrieren, treibt aber nach kräftigem Rückschnitt immer wieder neu aus.
Die Art ist nach dem englischen Geistlichen Adam Buddle (1660–1715) sowie nach dem französischen Missionar Armand David (1826–1900) benannt.

Gewöhnl. Schneeball, Wasser-Schneeball *Viburnum opulus*

Merkmale: Sommergrüner, ziemlich buschiger Wildstrauch aus der Familie der Geißblattgewächse, Äste ausgebreitet und etwas überhängend, Wuchshöhe 1–4 m; Triebe graubraun, stumpfkantig bis rinnig, kahl.
Blätter gegenständig, 2–3 cm lang gestielt, im Umriss breit oval, 3- bis 5-lappig, bis zu 10 cm lang und 8 cm breit, ungleichmäßig gezähnt, oberseits dunkelgrün und kahl, unterseits graugrün und schwach behaart, im Herbst tief weinrot verfärbt. Blüten zahlreich in endständigen, bis 10 cm breiten Schirmrispen, Randblüten mit großer, sternförmiger, bis zu 2,5 cm breiter Krone und steril, Zentralblüten kleiner mit glockiger, nur 3–4 mm breiter Krone und fruchtbar; Blütezeit V–VI.
Früchte (Steinfrüchte) kugelig, bis 10 mm groß, leuchtend rot, schwach giftig; Fruchtreife ab VIII.
Standort: Frische bis feuchte, überwiegend nährstoff- und basenreiche Lehm- und Tonböden (Feuchtezeiger); halbschattige Gebüsch- und Wegsäume, Waldränder, Auengebüsche, Bachufer.
Verbreitung: In EU weit verbreitet, vom Tiefland bis in die Gebirgsstufe, in den Alpen bis in 1700 m Höhe, ferner N-Afrika, N- und W-Asien; häufig in verschiedenen Sorten in Gärten und im Straßenbegleitgrün angepflanzt, gerade für Städte und Industriegebiete geeignet, da ziemlich rauchfest.
Wissenswertes: Die großen, sterilen Randblüten der Wildform lassen den Blütenstand als Superblume erscheinen, die für Blütenbesucher besonders attraktiv aussehen soll. Die Blütenstände der üblichen Gartensorten bestehen ausschließlich aus solchen sterilen Blüten; nur für sie gilt streng genommen die volkstümliche Gattungsbezeichnung Schneeball. An den Blattstielen fallen große, etwas wulstige, grüne Nektardrüsen auf. Die Blattspreiten werden häufig von den Larven des Schneeball-Blattkäfers löchrig zerfressen. Die Früchte bleiben als so genannte Wintersteher oft bis zum nächsten Frühjahr am Geäst.

Wolliger Schneeball *Viburnum lantana*

GEISSBLATTGEWÄCHSE

Merkmale: Sommergrüner, kräftiger Strauch mit aufrechten Ästen, Wuchshöhe 1–4 m; Triebe braun, durch Sternhaare dicht filzig. Blätter gegenständig, 1–3 cm lang gestielt, 5–12 cm lang und bis zu 6 cm breit, dicklich, aber weich, scharf gesägt, mattgrün, unterseits graufilzig. Blüten cremeweiß, zahlreich in 5–10 cm breiten, meist 7-strahligen, filzigen, leicht gewölbten Schirmrispen ohne vergrößerte Randblüten, etwas unangenehm duftend; Blütezeit IV–VI. Steinfrüchte anfangs leuchtend rot, reif glänzend schwarz, giftig; Fruchtreife ab IX.
Standort: Lichte Laubwälder, Gebüsche, Wegränder; gern auf mäßig trockenen Kalkböden.
Verbreitung: In M.- und S-EU, von den Britischen Inseln bis ins Mittelmeergebiet; fehlt in D im nordwestlichen Tiefland; häufig auch entlang von Straßen angepflanzt.

Wald-Geißblatt *Lonicera periclymenum*

GEISSBLATTGEWÄCHSE

Merkmale: Sommergrüner, rechtswindender, dichtästiger Schlingstrauch, 4–5 m hoch. Blätter 4–6 cm lang, spitz oder leicht gerundet, länglich oval, am Grunde ohne gegenseitige Verwachsungen, oberseits dunkelgrün, unterseits bläulich. Blüten zu mehreren in endständiger Dolde, Krone 2-lippig, bis zu 6 cm lang, vor der Öffnung rötlich, nach dem Aufblühen gelb, mit der Bestäubung merklich nachdunkelnd; Blütezeit V–VIII. Früchte (Beeren) dicht stehend, kugelig, oft ungleich groß, hochrot, glänzend, schwach giftig; ab VIII.
Standort: Hecken, Gebüschsäume, Waldränder, Schlagfluren, Heiden.
Verbreitung: In EU von S-Skandinavien bis in den Mittelmeerraum (N-Afrika) weit verbreitet; häufig angepflanzt.
Wissenswertes: Die Triebspitzen winden rechts herum, d. h. im Uhrzeigersinn. Besonders gegen Abend duften die Blüten des W. intensiv und werden vorzugsweise von langrüsseligen Nachtfaltern (insbesondere von Schwärmer-Arten) besucht.

Herbstfärbung

Schwarzer Holunder *Sambucus nigra*

Merkmale: Sommergrüner, breitbuschig wachsender Großstrauch, 3–7 m hoch, seltener auch kleiner Baum mit krummem, rauborkigem Stamm bis 9 m Höhe; Äste und Zweige aufrecht oder bogig nach außen überhängend; Triebe graubraun, kahl, Zweige mit zahlreichen, großen, länglichen Korkwarzen (Rindenporen, auch Lentizellen genannt) und weißem Mark.

Blätter gegenständig, lang gestielt, 10–25 cm lang, an der Basis mit länglichen, von Nebenblättern abzuleitenden, grünen Nektardrüsen, 5- bis 7-zählig unpaarig gefiedert, Fiedern fast sitzend, bis zu 8 cm lang und 3,5 cm breit, elliptisch, lang zugespitzt, gesägt, auf der Oberseite mattgrün, unterseits zuletzt kahl und heller grün, beim Zerreiben aromatisch duftend.

Blüten klein, scheibenförmig flach, cremeweiß, sehr zahlreich in großen, flach ausgebreiteten, bis zu 8 cm messenden Schirmrispen, mit starkem, sehr angenehmem Duft; Blütezeit V–VI.

Früchte kugelige Steinfrüchte (in Norddeutschland Fliederbeeren genannt), 3–4 mm dick, auf hellroten Fruchtstielen, schwarzrot mit purpurrotem Saft, essbar; Fruchtreife ab VIII.

Standort: Waldränder, Feldgehölze, Ufer und Zäune, Feldscheunen, Ruinen- und Abraumgelände, Bahndämme, Böschungen; Siedlungsfolger, insofern auch zuverlässiger Stickstoffzeiger.

Verbreitung: In EU weit verbreitet, ferner Kleinasien und Kaukasus; in den Alpentälern bis in etwa 1200 m Höhe; vielfach auch in Fruchtsorten gepflanzt, außerdem als Ziergehölz mit abweichender gelbgrüner Blattfärbung sowie in einer extrem schmalblättrigen Form oder mit geschlitzten bzw. doppelt gefiederten Blättern; in der Normalform nicht selten in Parks und Gärten.

Wissenswertes: Der S. H. hat große Bedeutung als Heilpflanze und als Fruchtstrauch. Seine getrockneten Blüten und Früchte werden nach wie vor gegen Katarrhe und sonstige Beschwerden der Atemwege sowie gegen Fieber verwendet. Bereits die Menschen der Jungsteinzeit sammelten die schmackhaften Früchte, wie man an den Samenfunden in ausgegrabenen Siedlungen feststellen konnte. Auch mancherlei Geschichten ranken sich um den S. H. Judas soll sich nach biblischer Überlieferung daran erhängt haben, wovon angeblich der strenge Geruch der Blätter herrührt. Eine fast nur auf Holunder wachsende Pilzart heißt danach auch Judasohr (⇨ S. 864). Den Germanen war der Strauch besonders heilig, als Hausstrauch sollte er die bösen Geister bannen. Sein Name ehrt Frau Holle (die der nordischen Göttin Freya entspricht), was auch in der mundartlichen Bezeichnung Hollerbusch deutlich wird.

Die duftenden Blüten werden in erster Linie von Fliegen und kleinen Käfern bestäubt, die auf den flachen Schirmrispen umherlaufen. Holunderpollen werden jedoch großteils auch vom Wind verfrachtet und sind bekanntermaßen Mitauslöser von Pollenallergien. Die Winterknospen weisen eigenartigerweise keine schützenden Knospenhüllen auf. Daher stehen die bereits im Frühherbst fertigen Blattanlagen während der kalten Jahreszeit halb geöffnet im Freien. Die reifen Früchte werden sehr gern von Vögeln geerntet. Vögel besorgen auch die Verbreitung der Art, indem sie die Samen mit dem Kot wieder ausscheiden.

Ähnlich: Der **Kanadische Holunder** *S. canadensis* unterscheidet sich vom Schwarzen Holunder durch seine bis zu 25 cm breiten Doldenrispen und die nur wenigen, dafür aber deutlich größeren Lentizellen an den Zweigen. Er wird gelegentlich als Fruchtgehölz in Plantagen gezogen.

Trauben-Holunder, Roter Holunder *Sambucus racemosa* GEISSBLATTG.

Merkmale: Sommergrüner, locker belaubter Strauch, 1–4 m hoch; Triebe kahl; Rinde hell braungrau, mit großen Korkwarzen; Mark der Zweige immer rostbraun. Blätter gegenständig, lang gestielt, 10–25 cm lang, meist 5-zählig unpaarig gefiedert, Fiedern schmal lanzettlich, 5–8 cm lang, schlanker als beim verwandten Schwarzen H. (⇨ S. 566), oberseits matt dunkelgrün, unterseits bläulich und nur wenig flaumig behaart, im Austrieb oft rötlich purpurn, im Herbst bleichgelb; riechen beim Zerreiben etwas unangenehm.
Blüten klein, hellgelb, zusammen mit den Blättern erscheinend, angenehm duftend, sehr zahlreich in gedrungenen, rundlichen, ca. 5–8 cm langen Rispen stehend; Blütezeit IV–V.
Früchte kugelige Steinfrüchte, etwa erbsengroß, leuchtend scharlachrot, saftig; Fruchtreife ab VII.
Standort: Liebt sonnige bis halbschattige Standorte auf nährstoffreichen Lockerböden oder in Steinfluren; lichte Gebüsche und Nadelforste, Nadelwälder, Schlagfluren, Säume, Flurgehölze und Wegränder. Gelegentlich als Ziergehölz in Naturgärten angepflanzt.
Verbreitung: M.- und S-EU, in Skandinavien nur aus Kulturen verwildert; ferner Vorderasien bis N-China; meist in den unteren und höheren Mittelgebirgslagen, in den Alpen bis in 1400 m Höhe.
Wissenswertes: Regional wird der T. auch Berg-Holunder oder Hirsch-Holunder genannt. Das Fruchtfleisch ist nur nach Erhitzen essbar. Man verwendet es meist lediglich zur Farbverschönerung von Säften und Kompott. Die Steinkerne sollte man nicht verzehren, denn sie sind wie die übrigen Pflanzenteile leicht giftig und können Brechreiz hervorrufen. Vögeln hingegen macht das Gift nichts aus und viele Arten tun sich an den reifen Früchten des T. gütlich. Insofern ist die Art ein wichtiges Vogelschutzgehölz.
Die 3. heimische H.-Art, der Zwerg-H. oder Attich *S. ebulus*, ist kein Gehölz, sondern eine Staude.

Chinesischer Bocksdorn
Lycium chinense NACHTSCHATTENGEW.

Blüte

Merkmale: Sommergrüner, ästiger Strauch mit überhängenden Zweigen, bis 4 m hoch; klettert gelegentlich als Spreizklimmer. Blätter wechselständig, kurz gestielt, an Kurztrieben in Büscheln, 10–14 cm lang, lanzettlich. Blüten bis 1,5 cm breit, Kelch 3- bis 5-zähnig, Krone trichterig, purpurrot; Blütezeit VI–IX. Früchte ovale, bis zu 2,5 cm lange Beeren, scharlachrot; Fruchtreife ab VIII. Ganze Pflanze giftig!
Standort: Trockengebüsche, Böschungen.
Verbreitung: Heimisch in N-China; in M.-EU gelegentlich als Zierstrauch angepflanzt, in S- und W-EU an vielen Stellen eingebürgert.
Ähnlich: **Gewöhnlicher Bocksdorn** *Lycium barbarum*, Blätter nur 3–5 cm lang, Blütenkronen purpurviolett mit dunkler geaderten Zipfeln; Hecken, Gebüsche; heimisch in China, in M.-EU als Ziergehölz eingebürgert und vielerorts verwildert.

Bittersüßer Nachtschatten
Solanum dulcamara NACHTSCHATTENG.

Blüten

Merkmale: Sommergrüner Halbstrauch mit liegendem, aufsteigendem oder kletterndem Stängel, zumindest im unteren Drittel verholzt, 0,5–4 m hoch; Triebe und Zweige rundlich, manchmal undeutlich kantig. Blätter wechselständig, lang gestielt, einfach lanzettlich oder an der Basis mit 1–2 fiederartigen Lappen, kahl. Blüten 1–2 cm breit, Krone blauviolett, mit 5 zurückgeschlagenen Zipfeln, Staubblätter chromgelb, kegelig zusammengeneigt; Blütezeit VI–VIII. Beeren 0,7–1 cm lang, anfangs grünlich, dann gelborange, reif scharlachrot, giftig; Reife ab VII.
Standort: Ufer, feuchte Waldlichtungen, lichte Gebüsche; fehlt in Gegenden mit Sandböden.
Verbreitung: In EU weit verbreitet.
Wissenswertes: Vom B. N. sind Rassen bekannt, die sich im Giftgehalt der anfangs süßlich, dann sehr bitter schmeckenden Beeren unterscheiden.

Weiße Seerose *Nymphaea alba*

SEEROSENGEWÄCHSE

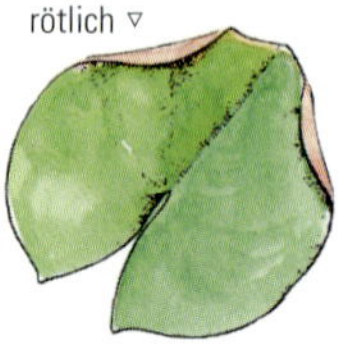

Merkmale: Ausdauernde Schwimmblattpflanze; Blätter rundlich, mit bis zu 3 m langen Stielen, am Stielansatz mit tiefer Kerbe, Blattnerven am Rand miteinander verbunden, Hauptnerven der Basallappen fast gerade, oberseits glänzend dunkelgrün, unterseits rötlich, kahl; Blüten 9–12 cm breit, mit 4 Kelch- und 15–25 weißen Kronblättern, Narbenscheibe flach mit 14–24 Strahlen, Blütezeit VI–VIII.

Standort: Stehende und langsam fließende Gewässer, Altarme von Flüssen.

Verbreitung: Fast überall in EU; in D vom Tiefland bis ins Gebirge; auch angepflanzt. **§!**

Wissenswertes: Die Kronblätter der W. S. zeigen in ihrer Gestalt fließende Übergänge zu den gelben Staubblättern. Die Blüten öffnen sich jeweils am Morgen weit und schließen sich am späten Nachmittag wieder.

Kleine Seerose *Nymphaea candida*

SEEROSENGEWÄCHSE

Merkmale: Ausdauernde Schwimmblattpflanze; Blätter bis zu 1,6 m lang gestielt, in den Basallappen mit stärker gebogenen Hauptnerven als bei der Weißen Seerose; Blüten 6–8 cm breit, öffnen sich meist nur halb, Kronblätter etwas kürzer als die Kelchblätter, Narbenscheibe deutlich gewölbt, mit 6–12 Strahlen, Blütezeit VI–VIII.

Standort: In stehenden Gewässern, meist in sauren, nährstoffarmen Moorseen.

Verbreitung: Vor allem N- und O-EU, jedoch selten; in D an der SW-Grenze ihres natürlichen Verbreitungsgebiets; wird nur sehr selten angepflanzt. **RL, §!**

Wissenswertes: Bei der K. S. sind die Pollensäcke der inneren Staubblätter oval, bei der Weißen Seerose dagegen immer linealisch. Neben Insekten- kommt auch Selbstbestäubung vor.

Ähriges Christophskraut

Actaea spicata HAHNENFUSSGEWÄCHSE

Merkmale: Mehrjährig, bis zu 60 cm hoch mit aufrechtem, wenig verzweigtem Stängel; Blätter wechselständig, lang gestielt, doppelt 3-zählig, riechen beim Zerreiben unangenehm nach abgebrannten Zündhölzern; Blüten 4-zählig, klein, weiß, in dichten, gedrängten Trauben, bestehen aus 4 frühzeitig abfallenden Blütenhüllblättern und 4 schmalen, kronblattartig gestalteten Nektarblättern, Blütezeit V–VII; Beeren in der Reife glänzend schwarz, schwach giftig.

Standort: Schattige, grundfeuchte Schlucht- und Hangwälder sowie Hochstaudenfluren.

Verbreitung: M.- und S-EU; in D im Mittelgebirge und in den Alpen, fehlt im N.

Wissenswertes: Das Ä. C. ist die einzige europäische Art der Gattung, die mit weiteren Arten in N-Amerika und Asien vorkommt. Die Früchte werden durch Vögel verbreitet.

Busch-Windröschen *Anemone nemorosa*

HAHNENFUSSGEWÄCHSE

Merkmale: Mehrjährig, 5–20 cm hoch; grundständige Blätter gestielt, handförmig geteilt, Stängel mit 3-zähligem Hochblattquirl; Blüten einzeln, 2–4 cm breit, reinweiß oder hellrosa, mit 6 (–8) Kronblättern, Blütezeit II–IV.

Standort: Humusreiche Laubwälder, Gebüsche, Auen, Bergwiesen, bevorzugt frische, nährstoffreiche Böden.

Verbreitung: In EU weit verbreitet, im S nur im Gebirge; in D häufig, stellenweise sogar massenhaft.

Wissenswertes: Die Pflanze gehört zu den bekanntesten Frühblühern. Sie überwintert als Geophyt mit kriechendem Rhizom, in dem ihre Stoffvorräte gespeichert sind. Als Waldbodenpflanze schließt das B. seine Entwicklung ab, wenn sich das Kronendach belaubt und es dadurch am Standort zu dunkel wird. Nachts oder bei kühler Witterung sind die Blüten geschlossen.

Wasser-Hahnenfuß *Ranunculus aquatilis*

HAHNENFUSSGEWÄCHSE

Merkmale: Mehrjährige, formenreiche Pflanze, deren flutende Stängel bis zu 2 m Länge erreichen; zweierlei Blätter: Schwimmblätter (Zeichnung) 3-teilig, Wasserblätter in dünne Zipfel zerteilt; Blüten einzeln in den oberen Blattachseln, bis zu 1,5 cm breit und bis 3 cm lang gestielt, weiße, kronblattartige Nektarblätter mit gelbem Saftmal, Blütezeit V–VIII.
Standort: Schwimmblattpflanzengürtel stehender oder träge fließender Gewässer.
Verbreitung: In ganz EU mit Ausnahme des N.

Eisenhutblättriger Hahnenfuß *Ranunculus aconitifolius*

HAHNENF.G.

Merkmale: 30–120 cm hohe Staude mit verzweigtem Stängel; Blätter am Grund lang gestielt, tief 3- bis 7-teilig; Blattabschnitte rautenförmig, unregelmäßig gezähnt; Stängelblätter sitzend; Blüten 1–2 cm breit, Kronblätter weiß, Kelchblätter rötlich überlaufen; Blütezeit V–VIII.
Standort: Quell- u. Hochstaudenfluren, Almwiesen, bis 2600 m, auf feuchten Böden oft massenhaft.
Verbreitung: Alpen; Gebirge von M.- und S-EU.

Pyrenäen-Hahnenfuß *Ranunculus pyrenaeus*

HAHNENFUSSG.

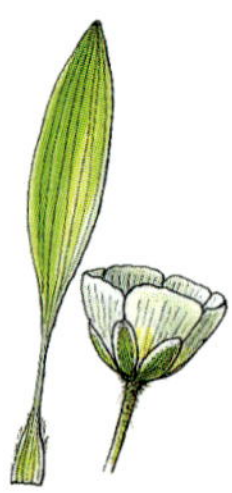

Merkmale: 5–20 cm hohe Staude mit meist einfachem Stängel; Blätter schmal lanzettlich, ganzrandig, annähernd parallelnervig; Blüten 2–3 cm breit, weiß, Kronblätter eiförmig-rund, deutlich länger als die Kelchblätter; Blütezeit V–VII.
Standort: Feuchte Matten, kalkarm, bis in 3000 m Höhe.
Verbreitung: Seealpen bis Kärnten, vor allem Zentralalpen; außerdem Gebirge in SW-EU.

Flutender Hahnenfuß *Ranunculus fluitans*

HAHNENFUSSGEWÄCHSE

Merkmale: Mehrjährig, mit flutenden Stängeln, die bis zu 5 m lang werden können; Blätter alle untergetaucht, mehrfach zipfelig geteilt, die fadenartig dünnen Endabschnitte bis zu 10 cm lang; Blüten etwa 2 cm breit, mit 5–12 weißen, am Grund gelben Nektarblättern, Blütezeit VI–VIII.
Standort: Kühle, nicht allzu schnell fließende Bäche und Flüsse; vorwiegend mit kiesigem Grund, selten auch in Schlammfluren.
Verbreitung: In M.- und W-EU ziemlich häufig.

Gletscher-Hahnenfuß *Ranunculus glacialis*

HAHNENFUSSGEWÄCHSE

Merkmale: Niederliegende bis aufsteigende, kahle Staude, 5–20 cm hoch; Blätter fleischig, glänzend, am Grund gestielt, am Stängel sitzend; Blüten zuerst weiß, später rosa bis dunkelrot; Krone und rostbraun behaarter Kelch beim Verblühen nicht abfallend, Blütezeit VII–VIII.
Standort: Bis über 4200 m; kalkarmer Schutt, Moränen, Fels.
Verbreitung: Alpen (vor allem zentrale Kette), Pyrenäen, Karpaten; Arktis.

Weißer Alpenmohn *Papaver sendtneri*

MOHNGEWÄCHSE

Merkmale: 5–20 cm hohe, milchende Pflanze mit behaarten, einblütigen Stängeln; Blätter grundständig, gestielt, unpaarig gefiedert, mit lanzettlichen, behaarten Fiedern; Blüten bis 5 cm breit, erst nickend, dann aufrecht, mit 4 weißen, am Grund gelbgrünlichen Kronblättern; 2 hinfällige Kelchblätter; Blütezeit VII–VIII.
Standort: Auf beweglichem Kalkschutt, Geröll, Kalkfels oder Dolomit; in rund 1300–2600 m Höhe.
Verbreitung: N-Alpen (Pilatus bis Dachstein). **§!**

Niederliegendes Mastkraut
Sagina procumbens NELKENGEWÄCHSE

Merkmale: Mehrjährig, mit liegendem, verzweigtem, 1–5 cm langem Stängel; Blätter gegenständig, bis 1,5 cm lang und um 1 mm breit, schmal linealisch, kahl; Blüten um 2 mm breit, 4- oder 5-zählig, Kelchblätter größer als die Kronblätter, Blütezeit V–X.
Standort: Nährstoffreiche, kalkarme Böden von Pflasterfugen, Äckern, Wegen und Gärten.
Verbreitung: In M.- und S-EU häufig.

Quendelblättriges Sandkraut
Arenaria serpyllifolia NELKENGEWÄCHSE

Merkmale: Ein- bis zweijährig wachsende, stark verzweigte, bis zu 20 cm hohe Pflanze; Blätter gegenständig, sitzend, breit eiförmig, spitz, höchstens 1 cm lang, am Rand gewimpert; Blüten 5-zählig, 6–8 mm breit, mit schmalen, weißen Kronblättern, Blütezeit V–IX.
Standort: Sandige, steinige Böden, Dämme, Gleiskörper, Wege, Plätze und Binnendünen.
Verbreitung: In D wie in ganz EU weit verbreitet.

Vogel-Sternmiere *Stellaria media*
NELKENGEWÄCHSE

Merkmale: Einjährig, Stängel 10–30 cm lang, liegend, verzweigt, zwischen den Blattknoten mit einzelner Haarleiste; Blätter eiförmig, spitz, kurz gestielt bis sitzend; Blüten 4–7 mm breit, Kronblätter weiß, tief 2-spaltig, so lang wie Kelchblätter, Blütezeit I–XII.
Standort: Nährstoffreiche Böden von Hackfruchtäckern, Gärten, Parkrasen und Rebfluren.
Verbreitung: Die auch als Vogelmiere bekannte Pflanze ist fast überall in EU sehr häufig.

Große Sternmiere *Stellaria holostea*
NELKENGEWÄCHSE

Merkmale: Mehrjährig, 10–40 cm hoch, mit 4-kantigem, ästigem Stängel; Blätter gegenständig, starr, 3–7 cm lang, schmal lanzettlich; Blüten bis 2 cm breit, lang gestielt zu 6–15 in einem mehrfach gabelteiligen Blütenstand, Kronblätter weiß, tief 2-spaltig, Blütezeit IV–VI.
Standort: Sandig-lehmige, mäßig saure Böden in Laub- und Mischwäldern, auf Waldlichtungen, in Gebüschen.
Verbreitung: Überall in EU häufig.

Hain-Sternmiere *Stellaria nemorum*
NELKENGEWÄCHSE

Merkmale: Mehrjährig, 20–50 cm hoch, Stängel aufrecht, ringsum behaart, mit Ausläufern; Blätter gegenständig, länglich herzförmig, am Rand bewimpert; Blüten 1–2 cm breit, zu wenigen an den Stängelenden, Kronblätter tief eingeschnitten, Blütezeit V–IX.
Standort: Feuchte, schattige Hangwälder.
Verbreitung: In EU weit verbreitet, aber weniger häufig als die Große Sternmiere.

Acker-Hornkraut *Cerastium arvense*
NELKENGEWÄCHSE

Merkmale: Mehrjährig, an den Knoten wurzelnd, mit aufrechten, bis 30 cm hohen Blütentrieben und kürzeren sterilen Sprossen, dicht kurzhaarig; Blätter länglich, in den Achseln oft mit ganzen Blattbüscheln; Blüten bis 2 cm breit, zu 5–15 in einem gabeligen Blütenstand, Kronblätter weiß, zu 1/4 eingekerbt, Blütezeit IV–IX.
Standort: Äcker, Wegränder, Trockenwiesen, Dünen, Dämme und Mauern.
Verbreitung: In EU fast überall häufig.

Einblütiges Hornkraut *Cerastium uniflorum*
NELKENGEWÄCHSE

Merkmale: 5–10 cm hohe, in dichten Polsterrasen wachsende Staude; Blätter wechselständig, spatelig bis eiförmig-lanzettlich, behaart; Blüten weiß, 2–3 cm breit, an behaarten Stielen; Kronblätter tief eingeschnitten, bis doppelt so lang wie die eiförmigen Kelchblätter; Blütezeit VII–IX; Fruchtkapsel gekrümmt.
Standort: Kalkarme, steinige Böden, Schutt, Fels, Pionierrasen; 1900–3400 m.
Verbreitung: Zentralalpen, Karpaten, Balkan.

Ähnlich: **Langstieliges H.** *C. pedunculatum* mit schmalen, behaarten Blättern und langen Blütenstielen; W-Alpen bis Tauern.

Breitblättriges Hornkraut *Cerastium latifolium*
NELKENGEWÄCHSE

Merkmale: Bis 10 cm hohe, lockerrasig wachsende Staude mit wenigen sterilen Trieben; Blätter bis zu 35 mm lang, eiförmig bis lanzettlich, meist unterhalb der Mitte am breitesten, kurz behaart; Blüten weiß, bis zu 35 mm breit, an aufrechten Stielen, mit krautigen Tragblättern; Kronblätter nur leicht ausgerandet, mehr als doppelt so lang wie die eiförmigen Kelchblätter; Blütezeit VII–VIII; Fruchtkapsel kaum gekrümmt.
Standort: Steinige Böden, Schutt, Geröll, Fels; in 1700–3500 m Höhe, nur auf Kalk.
Verbreitung: W-Alpen (See-Alpen bis N-Tirol).
Wissenswertes: Der Name Hornkraut rührt von den zumeist hornartig gekrümmten Fruchtkapseln dieser Pflanzen her. Das B. H. löst auf kalkreichen Böden das Einblütige Hornkraut der Silikat-Bergketten ab.

Gewöhnliches Seifenkraut *Saponaria officinalis*
NELKENGEWÄCHSE

Merkmale: Mehrjährige, kräftige Pflanze mit liegenden bis aufrechten Stängeln, bis 60 cm hoch; Blätter gegenständig, lanzettlich bis breit elliptisch, 5–10 cm lang; Blüten zahlreich in endständigen Büscheln, bis 3 cm breit, Kronblätter weißlich oder rosa, Blütezeit VII–IX.
Standort: Brachland, Wegränder, Flussauen, Ufer, Kiesbänke, gern auf nährstoffreichen, meist frischen Strömen.
Verbreitung: In M.- und S-EU weit verbreitet, vor allem in den großen Stromtälern.
Wissenswertes: Der Wurzelstock enthält so genannte Saponine, die ähnlich oberflächenaktiv sind wie Seife (Name!) und früher als Reinigungsmittel verwendet wurden. Heute nur noch als schleimlösende Arzneidroge bedeutsam.

Weiße Lichtnelke *Silene latifolia*
NELKENGEWÄCHSE

Merkmale: Mehrjährige, bis zu 100 cm hohe Pflanze mit aufrechtem, verzweigtem Stängel; Blätter breit lanzettlich; zweihäusig, Blüten bis zu 2 cm breit, weiß oder leicht rosa, öffnen sich erst abends, werden von Nachtfaltern bestäubt (Pflanze daher auch Nachtnelke genannt), Blütezeit VI–IX.
Standort: Äcker, Wegränder, Gebüsche, Säume, auf mäßig trockenen Böden.
Verbreitung: In EU weit verbreitet und häufig.
Wissenswertes: Der wissenschaftliche Gattungsname leitet sich von Silen, dem dickbäuchigen Begleiter des Weingottes Bacchus, ab. Die Vorlage liefert der auffallend aufgeblähte Kelch. Außer zwittrigen Pflanzen kommen durch Unterdrückung des jeweils anderen Geschlechts auch rein ♀ sowie rein ♂ Individuen vor. Nur bei Blüten mit Fruchtknoten sind die Kelche aufgebläht.

Nickende Lichtnelke *Silene nutans*

NELKENGEWÄCHSE

Merkmale: Mehrjährig, bis 50 cm hoch, mit unverzweigtem, meist klebrig behaartem Stängel; Grundblätter spatelig, Stängelblätter lanzettlich; Blüten nickend, Kronblätter weiß oder hellrosa, schmal, tief 2-spaltig, Blütezeit VI–VIII.
Standort: Trockene Magerrasen, Felsfluren, lichte Eichenwälder, vor allem auf kalkhaltigen Böden.
Verbreitung: In EU weit verbreitet; in D vor allem im S häufiger, auch in den Alpen.
Wissenswertes: Wegen des klebrigen Stängels wird die Pflanze auch Nickendes Leimkraut genannt. Ihre Blüten öffnen sich erst abends und beginnen dann intensiv zu duften.

Weißer Gänsefuß *Chenopodium album*

GÄNSEFUSSGEWÄCHSE

Merkmale: Einjährige, formenreiche, bis zu 2 m hohe, ästig verzweigte Pflanze mit aufrechtem oder aufsteigendem Stängel; Blätter wechselständig, rautenförmig bis lanzettlich, oft buchtig gelappt, bläulich grün, mehlig überlaufen; Blüten unscheinbar weißlich grün, sehr zahlreich in Rispen, Blütezeit VII–IX.
Standort: Äcker, Gärten, Wegränder, Bahndämme, Brachen, Schuttstellen; Stickstoff-Anzeiger.
Verbreitung: In EU nahezu überall häufig.

Buchweizen *Fagopyrum esculentum*

KNÖTERICHGEWÄCHSE

Merkmale: Einjährige, bis 60 cm hohe Pflanze mit meist rötlichem Stängel; Blätter pfeilförmig mit herzförmiger Basis, Nebenblätter tütenförmig verwachsen; Blüten in Schirmtrauben, weiß oder rosa, Blütezeit VII–X.
Standort: Äcker, Schuttstellen, Wegränder.
Verbreitung: In M.- und S-EU verbreitet.
Wissenswertes: Die stärkereichen, kantigen Nussfrüchte dieser alten Kulturpflanze sind heute noch in vielen Ländern ein wichtiges Nahrungsmittel.

Felsen-Leimkraut *Silene rupestris*

NELKENGEWÄCHSE

Merkmale: 10–30 cm hohe, kahle, blaugrüne Staude mit aufsteigenden, gabelig verzweigen Stängeln; Blätter gegenständig, lanzettlich, bis 20 mm lang; Blüten weiß bis rosa, in endständigen, wenigblütigen und lockeren Blütenständen; Kronblätter bis doppelt so lang wie der Kelch, ausgerandet, mit kleinen Schlundschuppen; 3 Griffel; Kelch 4–10 mm lang, grün, 5-zähnig, kaum klebrig; Blütezeit VI–VIII.
Standort: 800–2800 m; kalkarme, offene Rasen, steinige Böden, Schutt und Felshänge.
Verbreitung: Zentral- und S-Alpen (Silikatketten); Spanien bis Skandinavien.

Tellerkraut *Claytonia perfoliata*

PORTULAKGEWÄCHSE

Hochblatt mit Früchten

Merkmale: Einjährig, bis 20 cm hoch; Grundblätter lang gestielt, rosettig, länglich-eiförmig, zugespitzt, direkt unterhalb der Blütenstände mit paarweise verwachsenen Hochblättern; Blüten unscheinbar grünlich weiß, bis 8 mm breit, in Rispen, Blütezeit V–VI.
Standort: Gärten, Baumscheiben, Friedhöfe.
Verbreitung: Stammt aus dem pazifischen N-Amerika und wurde früher bei uns als Salatpflanze kultiviert („Kubaspinat").

Japan. Staudenknöterich *Reynoutria japonica*

KNÖTERICHGEW.

Merkmale: Mehrjährige, bis 3 m hohe Pflanze mit kräftigen, verzweigten Stängeln; Blätter gestielt, höchstens 20 cm lang, breit oval, vorn spitz, Blattstiele oft rötlich; Blüten weiß, zahlreich in Rispen in den Blattachseln und am Stängelende, Blütezeit VII–IX.
Standort: Waldsäume, Gräben, Ufer, Brachen.
Verbreitung: Stammt aus O-Asien; um 1825 als Zier- und Bienenpflanze sowie zur Wildäsung bei uns eingeführt, breitet sich seit 1950 stark aus.

Knöllchen-Knöterich *Bistorta vivipara*
KNÖTERICHGEWÄCHSE

Merkmale: 5–25 cm hohe, kahle Staude mit einfachen Stängeln; Blätter unten lang gestielt, oben sitzend, lanzettlich, 2–8 cm lang, am Rand umgerollt, oberseits dunkelgrün, unterseits graugrün; Blüten weiß bis hellrosa, mit 5-blättriger Hülle, in dünner, endständiger Ähre, im unteren Teil mit rotbraunen, sitzenden Brutknöllchen, die zum Teil noch auf der Pflanze auskeimen; Blütezeit VI–VIII.
Standort: 1000–3000 m; Rasen, Weiden, Moore.
Verbreitung: EU, Asien und N-Amerika.

Ähnlich: **Wiesen-** oder **Schlangen-Knöterich** *B. officinalis* (⇨ S. 688), bis 120 cm hoch, mit rosa Blüten in dichtährigem, bis 2 cm dickem Blütenstand.

Alpen-Knöterich *Polygonum alpinum*
KNÖTERICHGEWÄCHSE

Merkmale: 30–80 cm hohe Staude mit kurzem, unterirdisch kriechendem Wurzelstock, der an den Knoten wurzelt, und aufrechten, zumeist verzweigten, längsrilligen Stängeln; Blätter im unteren Teil der Pflanze kurz gestielt, die oberen sitzend, lanzettlich, bis 15 cm lang, oberseits dunkelgrün, unterseits heller, an Rand und Nerven bewimpert; Blüten 3–5 mm breit, gelblich weiß oder hellrosa, in lockeren Rispen; 3 Griffel mit roten Narben; Blütezeit VI–VIII.
Standort: 700–2400 m; auf kalkarmen, sauren und feuchten Böden, in Fettwiesen, Erlengebüschen.
Verbreitung: Vor allem W- und S-Alpen, selten in Österreich; Gebirge in S-EU, O-EU, W-Asien.
Wissenswertes: Der Name Knöterich bezieht sich gleichermaßen auf die typisch knotig gegliederten Stängel wie auf die knotigen Wurzelstöcke.

Knoblauchrauke *Alliaria petiolata*
KREUZBLÜTENGEWÄCHSE

Merkmale: Einjährige oder einjährig überwinternde, bis zu 100 cm hohe Pflanze mit aufrechtem, kantigem, unverzweigtem Stängel, der an der Basis abstehend behaart ist; Blätter wechselständig, lang gestielt, beim Zerreiben nach Knoblauch duftend; Blüten in endständiger Traube, Kronen bis zu 6 mm breit, 4-zählig, reinweiß, Blütezeit IV–VI.
Standort: Waldränder, Waldlichtungen, Parkanlagen, Hecken, Gebüsche, Schuttstellen.
Verbreitung: In EU mit Ausnahme der Mittelmeerländer weit verbreitet; in D in den meisten Gebieten ziemlich häufig.
Wissenswertes: Das typische Aroma der auch als Lauchhederich bezeichneten Pflanze geht auf Senfölglykoside zurück und ist mit den Inhaltsstoffen des Knoblauchs nicht identisch. Man verwendet die K. als Wildgemüse und -salat.

Echte Brunnen-Kresse *Nasturtium officinale*
KREUZBLÜTENGEW.

Merkmale: Mehrjährige Pflanze mit oft liegenden oder untergetauchten, 50–80 cm langen Stängeln; Blätter wechselständig, etwas dicklich, mit meist 2–3 Paar rundlicher Fiedern und größerer Endfieder, ganzrandig oder leicht gekerbt, dunkelgrün, auch im Winter grün bleibend; Blüten ca. 9 mm breit, reinweiß mit gelben Staubbeuteln, Blütezeit V–VIII.
Standort: Kleinere Flüsse, Bäche, Quellfluren, Gräben, gewöhnlich nicht in stehenden Gewässern; gelegentlich in Gartenkultur.
Verbreitung: In EU weit verbreitet, fehlt jedoch in D außerhalb der Kalkgebiete weitgehend.
Wissenswertes: Die E. B. ist eine alte Heilpflanze mit verdauungsfördernder Wirkung. Sie wird auch als vitaminreicher, pikant schmeckender Wildsalat gesammelt oder kultiviert.

Hirtentäschelkraut *Capsella bursa-pastoris* KREUZBLÜTENGEWÄCHSE

Merkmale: Formenreiche, ein- oder zweijährige Pflanze mit aufrechtem, nur wenig verzweigtem, behaartem Stängel, 20–40 cm hoch; Blätter der Rosette buchtig gelappt, Stängelblätter lanzettlich mit pfeilförmigem Grund; Blüten bis zu 5 mm breit, Krone weiß, gestielt, in lockerer, endständiger Traube, Blütezeit II–X, z. T. ganzjährig; Schötchen herzförmig, sitzen mit der Spitze dem Stiel an.
Standort: Lichtpflanze; Gärten, Äcker, Brachen, Schuttstellen, Wegränder; Kulturbegleiter des Menschen seit der Jungsteinzeit.
Verbreitung: Überall in EU verbreitet und selbst mitten in Großstädten häufig.
Wissenswertes: Das H. ist eine alte Heilpflanze, die heute vor allem in der Homöopathie eingesetzt wird. In manchen Gegenden wird das H. auch als Zutat zu Wildsalaten verwendet.

Acker-Hellerkraut *Thlaspi arvense* KREUZBLÜTENGEWÄCHSE

Merkmale: Einjährige, kahle, bis 40 cm hohe Pflanze mit wenig verzweigtem, aufrechtem, kantigem Stängel; Grundblätter gestielt, Stängelblätter sitzend mit pfeilförmiger Basis, Spreite verkehrt eiförmig, unregelmäßig grob gezähnt, beim Zerreiben charakteristischer lauchähnlicher Geruch; Blüten bis 5 mm breit, weiß, zahlreich in endständiger Traube, Blütezeit V–IX; Schötchen breit geflügelt, etwa münzgroß.
Standort: Äcker, Gärten, Weinberge, Wegränder, Brachflächen, vor allem auf Kalkböden.
Verbreitung: In EU mit Ausnahme des SO fast überall verbreitet; in D häufig, fehlt nur in den höheren Mittelgebirgen.
Wissenswertes: Die ersten, im Blütenstand ganz unten stehenden Früchte des A. sind bereits ausgereift, wenn der Blütenstand an seinem oberen Ende noch immer neue Blüten anlegt.

Echtes Löffelkraut *Cochlearia officinalis* KREUZBLÜTENGEWÄCHSE

Merkmale: Einjährige, bis zu 50 cm hohe Pflanze mit verzweigtem, kantigem Stängel; untere Blätter in einer Rosette, lang gestielt, obere sitzend, ansatzweise stängelumfassend, Spreite rundlich bis keilförmig, glattrandig oder gebuchtet; Blüten bis 9 mm breit, weiß, zahlreich in kopfig gedrängter Traube, angenehm duftend, Blütezeit V–VII; Schötchen nach dem Aussamen löffelförmig.
Standort: Salzhaltige Böden im Außendeichbereich, Wattwiesen, Salzstellen im Binnenland.
Verbreitung: An allen westeurop. Küsten von N-Spanien bis zu den Nord- und Ostseeküsten.

Ähnlich: **Dänisches Löffelkraut** *Cochlearia danica*, bis 25 cm hoch, auch Stängelblätter gestielt, Blüten bis 5 mm breit; in Salzwiesen, auch entlang von Straßen.

Gewöhnliche Pfeilkresse *Cardaria draba* KREUZBLÜTENGEWÄCHSE

Merkmale: Mehrjährige, bis zu 50 cm hohe Pflanze mit aufrechtem, nach oben stärker verzweigtem Stängel; Blätter länglich eiförmig, buchtig gezähnt, an der Basis herzförmig und stängelumfassend, meist kahl, hellgrün; Blüten bis zu 6 mm breit, weiß, zahlreich in doldig abgeflachten Trauben, Blütezeit VI–VII.
Standort: Stein- und Geröllfluren, Schotter, Wegränder, Dämme, Böschungen, Brachen, fast immer auf trockenen Böden; Rohbodensiedler.
Verbreitung: Stammt aus Vorderasien und SO-EU; in D vor allem in den Kalkgebieten weit verbreitet und fest eingebürgert.
Wissenswertes: Die G. P. ist in unserer heimischen Flora ein sog. Neophyt: Sie wanderte erst im 18. Jh. nach M.-EU ein, v. a. entlang großer Verkehrswege. Stellenweise wird sie als Einsaat zur Befestigung von Straßenbanketten verwendet.

Acker-Hederich *Raphanus raphanistrum*

KREUZBLÜTENGEWÄCHSE

Merkmale: Einjährige, bis 60 cm hohe Pflanze mit aufrechtem, meist rau behaartem Stängel; untere Blätter gefiedert, obere ungeteilt; Blüten bis zu 2 cm breit, Kronblätter weiß oder schwefelgelb, immer dunkel geadert, Kelchblätter in der geöffneten Blüte immer anliegend, Blütezeit IV–IX.
Standort: Äcker, Gärten und Schuttstellen, bevorzugt auf nährstoffreichen, frischen, jedoch kalkarmen Böden.
Verbreitung: In EU weit verbreitet, in gemäßigten Breiten weltweit eingebürgert.
Wissenswertes: Der im Mittelmeergebiet beheimatete A. ist Kulturbegleiter seit der Jungsteinzeit (Archäophyt). Er ist die Wildform der beiden Kulturpflanzen Rettich und Radieschen. Die gelb blühende Form ist im nördlichen M.-EU häufiger. In S-EU ist eine hellviolette Form verbreitet.

Bitteres Schaumkraut *Cardamine amara*

KREUZBLÜTENGEWÄCHSE

Merkmale: Mehrjährige, bis zu 40 cm hohe Pflanze mit aufrechtem, kantigem Stängel; Blätter mit 3–5 Fiederpaaren, bitter schmeckend; Blüten bis 1,2 cm breit, Krone immer weiß, Staubbeutel rotviolett (Unterschied zur sonst recht ähnlichen Brunnen-Kresse, deren Staubbeutel zumindest in frischen Blüten gelb sind, ⇨ S. 580), Blütezeit IV–VI.
Standort: Quellfluren, Gräben, Nasswiesen und Feuchtwälder; verträgt Schatten gut, in den Alpen bis gegen 2000 m Höhe.
Verbreitung: Fast ganz EU, im S nur in den Gebirgen, in M.-EU weit verbreitet.
Wissenswertes: Die Pflanze enthält sehr viel Vitamin C und wurde früher als kräftig schmeckendes Wildkraut gegen Vitaminmangelzustände (Skorbut) empfohlen.

Kugelschötchen *Kernera saxatilis*

KREUZBLÜTENGEWÄCHSE

Merkmale: 10–40 cm hohe, zierliche Staude mit dünnen, aufrechten, kantigen und spärlich beblätterten Stängeln; Blätter am Grund in Rosetten, kurz gestielt, spatelförmig, ganzrandig, seltener gezähnt, rauhaarig; Stängelblätter kleiner, sitzend, kahl; Blüten weiß, gestielt, in lockeren, wenigblütigen Trauben; Kronblätter verkehrt eiförmig, bis 4 mm lang, nach der Blüte abfallend; Kelchblätter 2 mm lang, kahl; Früchte (Schötchen) bis zu 3 mm breit, kugelig (Name!, links in der Zeichnung); Blütezeit V–VII.
Standort: 1200–2700 m, auf Kalk; steinige Rasen, Fels und Schutt.
Verbreitung: Kalkketten der Alpen; Pyrenäen, Jura, Apennin, Karpaten, Balkan.
Wissenswertes: Der wissenschaftliche Name dieser Pflanze ehrt den deutschen Botaniker J. S. Kerner (1755–1830).

Meerkohl *Crambe maritima*

KREUZBLÜTENGEWÄCHSE

Frucht

Merkmale: Mehrjährige, kahle Pflanze mit aufrechtem, reich verzweigtem, kräftigem Stängel, bis zu 70 cm hoch; Blätter lang gestielt, Spreite 30–50 cm lang, lappig gebuchtet bis ungleichmäßig gezähnt, am Rand wellig, bläulich bereift; Blüten bis zu 1,2 cm breit, reinweiß, Kronblätter an der Basis in einen grünlichen Abschnitt verschmälert, Kelchblätter hellhäutig umrandet, Blütezeit V–VII; Schote abgeflacht, im unteren Teil stielartig dünn, im oberen kugelig mit nur 1 Samen.
Standort: Spülsäume, Vordünen; vorwiegend auf salz- und stickstoffhaltigen Böden.
Verbreitung: Küstengebiete von W- und NW-EU, an der Nordsee fast fehlend, an der Ostsee selten.
Wissenswertes: M. wurde früher in den Küstengegenden von W-EU als Wildgemüse verzehrt.

Wald-Erdbeere *Fragaria vesca*

ROSENGEWÄCHSE

Merkmale: Mehrjährige, etwa 5–25 cm hohe Pflanze mit langen, oberirdischen Ausläufern, die an den Knoten wurzeln; Blätter lang gestielt, 3-zählig, gezähnt, oberseits kahl; Blüten bis zu 1,5 cm breit, zu wenigen in einer endständigen Rispe, Kronblätter weiß, überdecken sich am Rand ein wenig, Blütezeit V–VI.

Standort: Lichte Wälder, Gebüsche, Säume.

Verbreitung: In EU weit verbreitet und auch in D fast überall ziemlich häufig.

Wissenswertes: Die essbare Frucht ist eine Sammelnussfrucht, deren Einzelfrüchte durch eine fleischige, beerenartige Wucherung der Blütenachse verbunden sind. Die kleinen Nüsschen werden durch Schnecken und Vögel verbreitet. Sog. Monatserdbeeren sind eine spezielle Kulturform dieser Art. Aus den Blättern wird Tee zubereitet.

Erdbeer-Fingerkraut *Potentilla sterilis*

ROSENGEWÄCHSE

Merkmale: Mehrjährig, wintergrün, 5–10 cm hoch, mit kurzen Ausläufern; Blätter lang gestielt, 3-zählig, leicht bläulich grün, grob gezähnt, den Blättern der Wald-Erdbeere täuschend ähnlich; Blüten bis zu 1,5 cm breit, Kronen weiß, Kronblätter berühren sich an ihren Rändern nicht (Unterschied zur Wald-Erdbeere!), Blütezeit III–V.

Standort: Lichte Laubwälder, grasige Waldränder, offene Säume, Gebüsche; meidet Kalkböden.

Verbreitung: In EU weit verbreitet und auch in D mit Ausnahme des NW häufig.

Wissenswertes: Weil sich an dieser Pflanze nicht die typischen erdbeerähnlichen Früchte entwickeln, nannte man sie in der frühen Neuzeit zunächst *Fragaria sterilis*, die unfruchtbare Erdbeere. Die unauffälligen, 1-samigen Nüsschen stehen beim E. auf einer nahezu unverdickten Blütenachse.

Echtes Mädesüß *Filipendula ulmaria*

ROSENGEWÄCHSE

Merkmale: Mehrjährige, kräftige Pflanze mit aufrechtem, verzweigtem, kantigem Stängel, 1–1,5 m hoch; Blätter abwechselnd mit großen und kleinen, grob gezähnten Fiedern; Blüten nur 6–9 mm breit, gelblich weiß, zahlreich in vielstrahligen, unregelmäßigen Scheindolden, duften stark (Name!), Blütezeit VI–VIII.

Standort: Feucht- und Nasswiesen, Gräben, Niedermoore, Bachauen, schattige Wegränder, Flussufer und Feuchtwälder.

Verbreitung: Fast überall in N- und M.-EU verbreitet; in D häufig, im Bergland nur bis etwa 1200 m.

Wissenswertes: Inhaltsstoffe des E. M. haben harn- und schweißtreibende Wirkung, die Pflanze fand und findet daher in der Volksmedizin Verwendung. Früher wurde sie auch zur Aromatisierung von Met und Bier verwendet.

Weiße Fetthenne *Sedum album*

DICKBLATTGEWÄCHSE

Merkmale: Mehrjährige, in lockeren Rasen wachsende Pflanze mit aufsteigenden oder aufrechten Stängeln, 5–20 cm hoch; Blätter 6–12 mm lang, rundlich walzenförmig mit stumpfem Ende, grasgrün oder kräftig rötlich bis braunrot getönt; Blüten bis zu 9 mm breit, zahlreich in rispigen, zu Scheindolden abgeflachten Blütenständen zusammengefasst, Kronen reinweiß, seltener hellrosa, Blütezeit VI–IX.

Standort: Sonnig trockene und offene Stellen, Mauern, Bahndämme, Felsbänder, Dächer, Halbtrockenrasen, Steinböden.

Verbreitung: In M.- und S-EU weit verbreitet, in D vor allem in den Weinbauregionen häufig und das Bild der Vegetation bestimmend.

Wissenswertes: Die W. F. ist die alleinige Futterpflanze für die Raupen des seltenen, geschützten Apollofalters (⇨ S. 352).

Sumpf-Herzblatt *Parnassia palustris*
HERZBLATTGEWÄCHSE

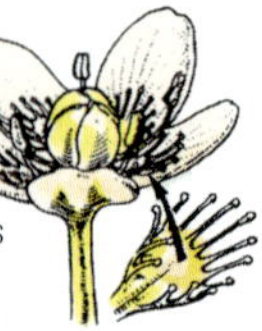

Merkmale: Mehrjährige, zierliche Pflanze, bis zu 40 cm hoch; die grundständigen Blätter lang gestielt, 1–4 cm lang und fast ebenso breit, herzförmig; das einzige Stängelblatt im unteren Drittel des leicht kantigen Stängels sitzend; Blüten einzeln endständig auf langem Stiel, bis zu 3 cm breit, Kronblätter weiß, grünlich gestreift, 5 fruchtbare und 5 gelbe sterile Staubblätter mit Drüsenköpfen, die aber keinen Nektar absondern, Blütezeit VII–IX.
Standort: Niedermoore, Sumpfwiesen, lichte Quellfluren, auch trockenere Kalkmagerrasen.
Verbreitung: In N- und M.-EU weit verbreitet; in D nur zerstreut, in den Alpen bis in 2500 m. **RL, §!**
Wissenswertes: Die sterilen Staubblätter sehen wie reiche Pollen- und Nektarquellen aus; die meisten Blütenbesucher (vor allem Käfer und Fliegen) lassen sich davon täuschen.

Langblättriger Sonnentau *Drosera anglica*
SONNENTAUGEWÄCHSE

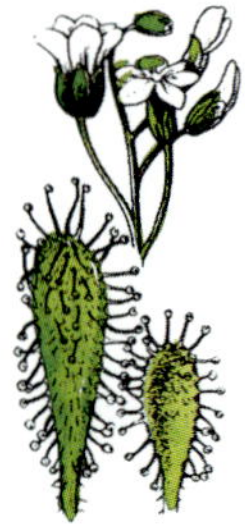

Merkmale: Mehrjährig; Blätter in grundständiger Rosette, lang gestielt, meist aufgerichtet; Blüten auf einem 10–30 cm hohen Schaft, der in der Rosettenmitte entspringt, Kronen weiß, 3–7 mm breit, Blütezeit VI–VIII.
Standort: Nieder- und Hochmoore, auch auf zeitweise überschwemmten Böden.
Verbreitung: N- und M.-EU; in D fast überall selten, im Alpenvorland zerstreut. **RL! §!**
Wissenswertes: Sonnentau gehört zu den sog. Fleisch fressenden Pflanzen. An den glitzernden Klebtropfen seiner Blätter bleiben überwiegend auf dem Boden laufende Kerbtiere hängen. Zu deren Verdauung rollt sich das Blatt ein und besondere Drüsen der Blattoberseite (nicht die klebrigen Fangtentakel!) geben spezielle Enzyme ab, welche die Eiweißstoffe der Beute zerlegen.

Knöllchen-Steinbrech *Saxifraga granulata*
STEINBRECHGEWÄCHSE

Merkmale: Mehrjährige Pflanze mit aufrechtem, schlankem, kaum beblättertem und behaartem Stängel, etwa 20–50 cm hoch; die grundständigen, in einer Rosette angeordneten Blätter gestielt, rundlich nierenförmig, unregelmäßig gekerbt bis gezähnt, 1–3 cm breit und fast ebenso lang; Blüten bis zu 2,5 cm breit, zu mehreren in einer endständigen, lockeren Rispe, Kelchblätter abstehend behaart, Blütezeit IV–VI.
Standort: Trockene, magere Wiesen, Säume, Gebüsche, Waldränder; meidet Kalkböden.
Verbreitung: In EU weit verbreitet; in D überwiegend in den Mittelgebirgen, fehlt im NW von D sowie in den Alpen. **§!**
Wissenswertes: Die Brutknöllchen am Stängelgrund, die der Pflanze ihren Namen gaben, dienen der vegetativen Vermehrung.

Dreifinger-Steinbrech *Saxifraga tridactylites*
STEINBRECHGEWÄCHSE

Merkmale: Einjährige, zierliche Pflanze von nur 2–15 cm Höhe mit aufrechtem, drüsig behaartem, nur im Blütenstand verzweigtem Stängel, der oft rötlich getönt ist; Blätter überwiegend in grundständiger Rosette, an der Basis keilförmig verschmälert, vorn schmal 3-lappig (namengebendes Merkmal), zur Blütezeit gewöhnlich bereits vertrocknet, Stängelblätter sitzend und größtenteils einfach; Blüten 5–8 mm breit, Kronen weiß, zu wenigen in einer lockeren Rispe stehend, Blütezeit IV–VI.
Standort: Mauerkronen, Felsfluren, Dünen, Bahnanlagen, Flachdächer mit Kiesschüttung.
Verbreitung: In EU weit verbreitet; in D meist zerstreut vorkommend und nur stellenweise häufig.
Wissenswertes: Der D. ist die einzige einjährige Art seiner Gattung und eine der wenigen, die auch außerhalb der Alpen auftreten.

Zungen-Steinbrech *Saxifraga callosa*

STEINBRECHGEWÄCHSE

Merkmale: 20–60 cm hohe Staude mit bogig herabhängenden Stängeln und rispig verzweigtem, reichblütigem, oft einseitswendigem Blütenstand; Rosettenblätter graugrün, linealisch bis linealisch-lanzettlich, bis zu 10 cm lang, am Rand gekerbt, mit Kalkgrübchen; Kronblätter weiß, bis zu 9 mm lang, schmal oval, 3-nervig, am Grund oft mit roten Punkten; Blütezeit V–VII.

Standort: 500–2500 m; an Kalkfelsen.

Verbreitung: Seealpen, Apennin bis Sizilien. **§!**

Moos-Steinbrech *Saxifraga bryoides*

STEINBRECHGEWÄCHSE

Merkmale: 2–10 cm hohe, in dichten Polstern wachsende Staude mit aufrechten, meist einfachen und einblütigen Stängeln; Rosettenblätter schmal lanzettlich, bis 6 mm lang, deutlich einwärts gebogen, mit Stachelspitze und bewimpertem Rand; Stängelblätter wechselständig; Kronblätter eiförmig, bis zu 6 mm lang, weiß, am Grund mit orangegelben Punkten; Blütezeit VII–VIII.

Standort: 2000–4200 m; Silikatfelsen, Schutt.

Verbreitung: Pyrenäen, Alpen bis Balkan. **§!**

Blaugrüner Steinbrech *Saxifraga caesia*

STEINBRECHGEWÄCHSE

Merkmale: 2–15 cm hohe, in flachen Polstern wachsende Staude; Rosettenblätter bis 6 mm lang, spatelig, dicklich, vom Grund an zurückgebogen, blaugrün, mit 5–7 Kalk ausscheidenden Grübchen, oft von einer grauen Kalkkruste überzogen; Stängel kaum beblättert, mit 1–5 weißen Blüten; Kronblätter eiförmig, 5-nervig; Blütezeit VII–IX.

Standort: 800–3000 m; Kalkfels und -schutt.

Verbreitung: Alpen; Pyrenäen bis Balkan. **§!**

Wissenswertes: „Wenn man des krautes wurzel nimt in wein, so pricht sie den stain in den platern (Harnblase)." Das war den Medizinern schon im 15. Jh. bekannt, daher der Name Steinbrech.

Trauben-Steinbrech *Saxifraga paniculata*

STEINBRECHGEWÄCHSE

Merkmale: 5–40 cm hohe, oben rispig verzweigte Staude mit flachen Rosettenpolstern; Rosettenblätter graugrün, fleischig, bis zu 3 cm lang, länglich ei- bis spatelförmig, am Rand knorpelig gezähnt, mit kalkausscheidenden Grübchen; Blüten zu 1–3 je Rispenast, Kronblätter rundlich bis eiförmig, 6–8 mm lang, weiß, oft mit roten Punkten; Blütezeit V–VIII.

Standort: Bis 3400 m; Felsen, Schutt, Rasen.

Verbreitung: Alpen, Gebirge in Eurasien. **§!**

Mannsschild-Steinbrech *Saxifraga androsacea*

STEINBRECHGEW.

Merkmale: 2–10 cm hohe Staude; Grundblätter in Rosetten, lanzettlich bis spatelig, 5–25 mm lang, ganzrandig, abstehend drüsenhaarig; Blüten zu 1–3 an aufrechtem, drüsenhaarigem Stängel; Kronblätter weiß, 5–7 mm lang, verkehrt eiförmig, abgerundet bis ausgerandet, 3-nervig, doppelt so lang wie der Kelch; Blütezeit VI–VIII.

Standort: 1400–3400 m; feuchter Kalkschutt, steinige Rasen, Schneetälchen.

Verbreitung: Alpen, Pyrenäen bis Balkan. **§!**

Rundblättriger Steinbrech *Saxifraga rotundifolia*

STEINBRECHGEW.

Merkmale: 10–50 cm hohe, verzweigte und reich blühende Staude; Grundblätter in Rosetten, lang gestielt, bis 5 cm breit, rundlich bis nierenförmig mit herzförmigem Grund, grob kerbzähnig, zerstreut weichhaarig; obere Stängelblätter sitzend; Blüten lang gestielt in lockeren Rispen mit drüsenhaarigen Ästen; Kronblätter bis 10 mm lang, weiß, mit roten und gelben Punkten; Blütezeit VI–IX.

Standort: 600–2500 m, schatten- und feuchtigkeitsliebend; Bachufer, Hochstauden, Blockfluren, Grünerlengebüsche, Schluchtwälder.

Verbreitung: Alpen; Gebirge in M.- und S-EU, Pyrenäen bis Kaukasus. **§!**

Weiß-Klee, Kriech-Klee *Trifolium repens* SCHMETTERLINGSBLÜTENG.

Merkmale: Formenreiche, mehrjährige Pflanze mit weit kriechenden, an den Knoten wurzelnden Stängeln; Blätter 3-zählig gefiedert, breit oval, fein gezähnt; Blüten 1 cm lang, weiß, duftend, in eiförmigen, 1–2 cm breiten Köpfen, Kronen nach dem Abblühen braun und herabhängend, Blütezeit V–IX.
Standort: Fettweiden, Wiesen, Parkrasen, Äcker; vorzugsweise auf stickstoffhaltigem, nährstoffreichem und verdichtetem Lehm- oder Tonboden.
Verbreitung: Überall in EU häufig, in den Alpen bis über 2500 m, dort jedoch steril.
Wissenswertes: Wintergrüne Trittpflanze, dient durch Bindung von Luftstickstoff in den Wurzelknöllchen der Bodenverbesserung. Wertvolle Bienenweide. Ausgeprägte vegetative Vermehrung durch lange Ausläufer. Gilt neben Löwenzahn als Kennart von Intensivweiden.

Schweden-Klee *Trifolium hybridum* SCHMETTERLINGSBLÜTENGEW.

Merkmale: Formenreich, mehrjährig, mit aufsteigendem, nicht wurzelndem Stängel, 20–40 cm hoch; Blätter 3-zählig gefiedert, Fiedern breit oval; Blüten um 1 cm lang, zahlreich in länglich kugeligen, bis zu 2,5 cm langen, kurz gestielten Köpfen, Kronen anfangs weiß, dann rosa, im Verblühen bräunlich, Kelch 5-nervig, fast kahl, Blütezeit V–VIII.
Standort: Fett- und Nasswiesen, Wegränder, Uferböschungen; auf nährstoffreichen, lehmigen oder tonigen Böden.
Verbreitung: In EU weit verbreitet; oft auch zusammen mit anderen Arten als Viehfutter angebaut.
Wissenswertes: Obwohl der S. in seinem Erscheinungsbild zwischen Rot- und Weiß-Klee steht, ist er kein Bastard, wie man zeitweilig annahm, sondern eine selbstständige Art. Insofern ist der wissenschaftliche Artname irreführend.

Weißer Steinklee *Melilotus alba* SCHMETTERLINGSBLÜTENGEWÄCHSE

Merkmale: Zweijährige, bis zu 1,2 m hohe Pflanze mit verzweigtem, aufrechtem Stängel; Blätter wechselständig, 3-zählig gefiedert, Fiedern kurz gestielt, grob gezähnt, kahl; Blüten bis zu 7 mm lang, Kronen weiß, zahlreich in 5–8 cm langer, schlanker, aufrechter Traube, Blütezeit V–VIII.
Standort: Brachflächen, trockene Böschungen, Bahndämme, Kiesgruben, Wegränder, lückige Rasen, Säume; auf nährstoffreichen, leicht kalkhaltigen und steinigen Böden.
Verbreitung: In ganz EU weit verbreitet, in D beinahe überall häufig.
Wissenswertes: Beim Trocknen entwickeln die Steinklee-Arten das Waldmeister-Aroma Cumarin, welches dem Heu dann seinen typischen süßlichen Duft verleiht. In größeren Mengen ist diese Substanz giftig – auch für Weidetiere.

Wiesen-Lein, Purgier-Lein *Linum catharticum* LEINGEWÄCHSE

Merkmale: Einjährige, zarte Pflanze mit gabelig verzweigtem, schlankem Stängel, 5–20 cm hoch; Blätter im unteren Stängelbereich gegenständig, im Blütenstand wechselständig, sitzend, schmal linealisch, etwa 1 cm lang, 1-nervig; Blüten lang gestielt, in lockerer Rispe, als Knospen nickend, Kronen weiß, 5–9 mm breit, 5-zählig, Kronblätter am Grund mit gelbem Fleck, Blütezeit V–VIII. Leicht giftig!
Standort: Halbtrockenrasen, Feucht- und Moorwiesen, Niedermoore, Sandfluren, lichte Gebüsche; vorzugsweise auf dichtem, kalkhaltigem Boden, gilt als Anzeiger für Böden mit Tongehalt.
Verbreitung: In EU weit verbreitet, in D meist im Bergland, in den Alpen bis in 2300 m Höhe.
Wissenswertes: Der W. ist eine alte Heilpflanze, die früher als Abführmittel (zweiter Name!) sowie gegen Wurmbefall verwendet wurde.

Gewöhnliches Hexenkraut
Circaea lutetiana NACHTKERZENGEW.

Merkmale: Mehrjährige, eher zierliche Pflanze mit aufrechtem, unverzweigtem, im oberen Teil flaumig behaartem Stängel, etwa 20–50 cm hoch; Blätter gegenständig, kurz gestielt, oval bis breit lanzettlich, an der Basis abgerundet oder angedeutet herzförmig, gezähnt, mattgrün, auf den Blattnerven behaart; Blüten 4–7 mm breit, zahlreich in lockeren, verlängerten Trauben, Kronen weiß oder hellrosa, mit nur 2 verkehrt herzförmigen, vorn tief eingekerbten Kronblättern, die eine 4-Zähligkeit vortäuschen, Kelchblätter drüsig behaart, Blütezeit VI-VII; kleine Nussfrüchte mit borstigen Hakenhaaren (Klettverbreitung).

Standort: Feuchte Laub- und Mischwälder, Auengebiete, vor allem im Bergland.

Verbreitung: In EU weit verbreitet; in D häufig.

Wissenswertes: Nach altem Aberglauben gilt das G. H. als Zauberpflanze – mit unsicherer Wirkung.

Diptam *Dictamnus albus*
KREUZBLUMENGEWÄCHSE

Merkmale: Mehrjährige, zumeist sehr stattliche Pflanze mit aufrechtem, verzweigtem, bis über 1 m hohem, dicht drüsig behaartem Stängel; Blätter wechselständig, unpaarig gefiedert, Fiedern durchscheinend punktiert, gezähnt, duften beim Abstreifen aromatisch nach Zitrone; Blüten 2–3 cm breit, 2-seitig symmetrisch, zu mehreren in endständiger, lockerer Traube, Kronblätter ungleich groß, weißlich, purpurn bis violett geädert, Blütezeit V–VI.

Standort: Lichte Trockenwälder, Gebüsche, Waldsäume, Felsfluren und Halbtrockenrasen; vorwiegend auf Kalk.

Verbreitung: In S-EU sowie im südlichen M.-EU; in D sehr zerstreut, nordwärts nur bis zum Mittelrhein- und Moselgebiet. **RL, §!**

Wald-Sauerklee *Oxalis acetosella*
SAUERKLEEGEWÄCHSE

Merkmale: Mehrjährige, zarte Pflanze von 5–15 cm Höhe; Blätter allesamt grundständig, lang gestielt, kleeähnlich 3-zählig gefiedert, Fiedern falten und senken sich bei Dunkelheit (Zeichnung), saurer Geschmack; Blüten einzeln, lang gestielt, Kronen weiß mit dunkleren Streifen, Blütezeit IV–V.

Standort: Frische bis feuchte Laub- und Mischwälder, Gebüsche; Schattenpflanze.

Verbreitung: In EU fast überall verbreitet, in den Alpen bis in 1700 m Höhe.

Wissenswertes: Der W. ist die schattenverträglichste heimische Blütenpflanze und gedeiht noch bei etwa 1/150 des vollen Lichtangebots. Die Blüten absorbieren und reflektieren sehr stark UV-Licht – sie erscheinen den Insektenaugen daher zweifarbig. Ameisen verbreiten ihre Samen. Nach dem wissenschaftlichen Gattungsnamen ist die Oxalsäure benannt.

Buchsblättrige Kreuzblume
Polygala chamaebuxus KREUZBLUMENG.

Merkmale: 5–30 cm hoher, reich verzweigter Halbstrauch mit im unteren Teil verholzten, niederliegenden bis aufsteigenden Trieben; Blätter immergrün, ledrig, gestielt, schmal eiförmig, mit kurzem Spitzchen und nach unten umgerolltem Rand; Blüten schmetterlingsartig, kurz gestielt, zu 1–3 in den Blattachseln; Krone rinnenförmig verwachsen, mit 3 ungleichen, an der Basis weißen, vorn gelben Blütenblättern, die beim Verblühen bräunlich werden; 8–10 unten verwachsene Staubblätter; sehr ungleiche Kelchblätter; Blütezeit IV–VII.

Standort: Von Tallagen bis in 2500 m Höhe, auf Kalk; trockene, steinige Rasen, Felshänge, lichte Wälder.

Verbreitung: Alpen, Pyrenäen bis Balkan.

Wissenswertes: Vor allem in den S-Alpen wächst eine größerblütige Form, deren Blüten bis auf das gelbe Schiffchen purpurrosa gefärbt sind.

Wald-Sanikel *Sanicula europaea*

DOLDENBLÜTENGEWÄCHSE

Merkmale: Mehrjährige, bis zu 50 cm hohe, kahle Pflanze; grundständige Blätter lang gestielt, rundlich, fest, immergrün, tief handförmig geteilt; Blüten klein, in kopfigen Döldchen, Kronen weiß oder rosa, außen meist rein ♂, innen überwiegend zwittrige Blüten, Blütezeit V–VII.
Standort: Krautreiche Laub- und Mischwälder.
Verbreitung: In EU weit verbreitet; in D zerstreut, im N von D selten.

Hecken-Kälberkropf *Chaerophyllum temulum*

DOLDENBLÜTENGEW.

Merkmale: Zweijährige Pflanze, 30–150 cm hoch, mit rundem, steifhaarigem, im unteren Teil rot geflecktem Stängel; Blätter doppelt gefiedert, Fiedern gekerbt, graugrün; Blüten weiß, in zusammengesetzten Dolden, Blütezeit V–VII.
Standort: Parks, Gebüsche, Gärten, Waldränder.
Verbreitung: In EU weit verbreitet; in D vor allem im Tiefland, im Bergland nur bis in 600 m.
Wissenswertes: Die Pflanze ist in allen Teilen giftig, nicht nur für den Menschen, sondern auch für Weidetiere. Beim Verzehr ruft sie Lähmungen hervor, worauf ihr weiterer Name Taumel-Kälberkropf Bezug nimmt.

Gift-Wasserschierling *Cicuta virosa*

DOLDENBLÜTENGEWÄCHSE

Merkmale: Mehrjährig, bis zu 120 cm hoch, kahl; Blätter 2- bis 3-fach gefiedert, Fiedern gezähnt, bis zu 8 cm lang; Blüten weiß, Dolden mit wenigen Hüll- und vielen Hüllchenblättern, Blütezeit VI–VIII.
Standort: Gräben, Ufer, Röhrichte, Sümpfe, Altarme von Flüssen; auf staunassen Böden.
Verbreitung: M.- und N-EU; in D nur zerstreut.
Wissenswertes: Der G. gehört zu den giftigsten heimischen Pflanzenarten!

Große Sterndolde *Astrantia major*

DOLDENBLÜTENGEWÄCHSE

Merkmale: Mehrjährige Pflanze, 30–100 cm hoch, mit wenig verzweigtem Stängel; Blätter 5- bis 7-teilig, Grundblätter lang gestielt, 10–20 cm breit, Stängelblätter kleiner; Blüten weißlich, in lang gestielter Dolde, Hüllblätter lanzettlich bis oval, grünlich oder rötlich, Blütezeit VII–VIII.
Standort: Bergwiesen, Gebüsche, Staudenfluren.
Verbreitung: Im südlichen M.- sowie in S-EU; fehlt in D im N und NW des Landes.

Gefleckter Schierling *Conium maculatum*

DOLDENBLÜTENGEWÄCHSE

Merkmale: Ein- oder zweijährig, 1–2 m hoch, Stängel fein gerillt, bläulich bereift, unten rotbraun gefleckt; Blätter 2- bis 4-fach gefiedert, beim Zerreiben unangenehm riechend; Blüten bis zu 2 mm breit, weiß, in Dolden mit 8–20 Döldchen, Blütezeit VI–VIII.
Standort: Brachen, Hecken, Gärten, Wegränder.
Verbreitung: In EU, nordwärts bis S-Skandinavien.
Wissenswertes: Alle Pflanzenteile des G. S. sind tödlich giftig!

Hundspetersilie *Aethusa cynapium*

DOLDENBLÜTENGEWÄCHSE

Merkmale: Einjährig, 20–100 cm hoch, Stängel bläulich bereift und oft rötlich überlaufen; Blätter 2- bis 3-fach gefiedert, mit zipfeligen Abschnitten, oberseits glänzend dunkelgrün (bei der Garten-Petersilie matt); Blüten weiß, Dolde mit 10–20 Strahlen, ohne Hüllblätter, Blütezeit VI–X.
Standort: Brachen, Hackfruchtäcker, Weinberge, Gärten, Schuttstellen.
Verbreitung: In M.-EU weit verbreitet; in D nur stellenweise häufig.
Wissenswertes: Alle Teile sind sehr giftig! Eine Verwechslung mit glattblättrigen Sorten der Garten-Petersilie kann zu tödlichen Vergiftungen führen.

Wiesen-Kerbel *Anthriscus sylvestris* DOLDENBLÜTENGEWÄCHSE

Merkmale: Formenreiche, zwei- oder mehrjährige Pflanze, 50–150 cm hoch, der aufrechte, verzweigte Stängel gerillt, nur an der Basis rau behaart und niemals rötlich gefleckt; Blätter 2- bis 3-fach gefiedert, Fiedern lanzettlich, oberseits glänzend dunkelgrün, unterseits hellgrün, kahl; Blüten weiß, zahlreich in zusammengesetzten Dolden, (meist) ohne Hülle, Döldchen mit 4–8 schmalen Hüllchenblättern, Blütezeit IV–VII.
Standort: Waldränder, Gebüsche, Säume, Böschungen, Brachen; v. a. auf nährstoffreichen Böden, auf überdüngten Wiesen oft massenhaft.
Verbreitung: In M.- und N-EU weit verbreitet, in S-EU selten; in D überall sehr häufig.
Wissenswertes: Der Hautkontakt mit frisch geschnittenen Pflanzenteilen kann die so genannte Wiesendermatitis auslösen.

Große Bibernelle *Pimpinella major* DOLDENBLÜTENGEWÄCHSE

Merkmale: Mehrjährige, 40–90 cm hohe Pflanze mit aufrechtem, kantig gefurchtem und bis oben beblättertem Stängel; Blätter unpaarig einfach gefiedert, Fiedern bis zu 4 cm lang, gezähnt, Endfieder eventuell schwach gelappt; Blüten weiß oder hellrosa, zahlreich in einer 3–6 cm breiten, zusammengesetzten Dolde mit 10–15 dünnen Strahlen und ohne Hüll- und Hüllchenblätter, Blütezeit VI–IX.
Standort: Hochstaudenfluren, Wiesen, Gebüsche, Waldsäume; meist auf feuchten und nährstoffreichen, aber nicht überdüngten Lehmböden.
Verbreitung: In EU weit verbreitet; fehlt in D im nordwestl. Tiefland, sonst fast überall häufig.
Wissenswertes: Die G. B. enthält in allen Teilen ätherisches Öl und scharf schmeckende Stoffe, die auch medizinisch genutzt werden.

Wiesen-Bärenklau *Heracleum sphondylium* DOLDENBLÜTENGEWÄCHSE

Frucht

Merkmale: Mehrjährige, kräftige Pflanze, 80–160 cm hoch, mit aufrechtem, borstig steif behaartem, kantig gefurchtem Stängel; Blätter grob gefiedert oder stark gelappt, oberseits dicht steifhaarig, grob gezähnt, ziemlich derb, mit auffälliger, gestreifter Blattscheide; Blüten weiß, zahlreich in 5–15 cm breiten, zusammengesetzten Dolden mit fehlender oder höchstens 6-teiliger Hülle und zahlreichen Hüllchenblättern, Blütezeit VI–IX.
Standort: Fettwiesen, Wegränder, Gebüsche, Schuttstellen, Brachflächen, Gärten.
Verbreitung: Überall in EU verbreitet; in D in den meisten Gebieten sehr häufig.
Wissenswertes: Die Randblüten der Dolde sind nach außen hin stark vergrößert und lassen den Blütenstand als übergroße Blume erscheinen.

Riesen-Bärenklau *Heracleum mantegazzianum* DOLDENBLÜTENGEW.

Merkmale: Stattliche, zwei- bis mehrjährige Pflanze, 1–3,50 m hoch, mit aufrechtem, kantig gefurchtem, am Grund armdickem Stängel; Blätter sehr groß, Grundblätter mit Stiel bis über 2 m lang, Stängelblätter mit auffälliger Blattscheide, tief 3- bis 5-teilig mit fiederteiligen, spitzen Abschnitten, unterseits kurz behaart; Blüten weiß, in 10–50 cm breiten Dolden mit 50–100 Strahlen ohne Hülle, aber mit zahlreichen Hüllchenblättern, Blütezeit VI–IX.
Standort: Weg- und Waldränder, Staudenfluren, Böschungen, Brachflächen, Gärten.
Verbreitung: Stammt aus dem Kaukasus, wurde als Bienenweide und Zierpflanze nach M.-EU eingeführt, inzwischen vielerorts eingebürgert.
Wissenswertes: Der Saft aus Stängel und Blättern des R. enthält Giftstoffe, die bei Hautkontakt, v. a. mit anschließender Sonnenbestrahlung, schwere, schmerzhafte Entzündungen mit brandblasenähnlichen Symptomen oder zumindest dunkle, lange bleibende Verfärbungen der Haut hervorrufen.

Wiesen-Kümmel *Carum carvi*

DOLDENBLÜTENGEWÄCHSE

Merkmale: Zweijährige Pflanze mit ästigem, im oberen Teil deutlich kantigem Stängel, 30–80 cm hoch; Blätter 2- bis 3-fach gefiedert mit schmalen Zipfeln, beim Zerreiben aromatisch duftend; Blüten weiß oder leicht rötlich, je etwa 3 mm breit, zahlreich in zusammengesetzten Dolden mit ungleich langen Strahlen, meist ohne Hülle und Hüllchen, Blütezeit IV–VI.

Standort: Wiesen, Weiden, Wegränder, benötigt tiefgründige, humusreiche Lehm- oder Tonböden. Stellenweise auch im Feldanbau.

Verbreitung: In EU nahezu überall verbreitet; in D nur im Tiefland selten, im Mittelgebirge häufig, in den Alpen bis 1800 m.

Wissenswertes: Das vielfach verwendete Kümmel-Aroma wird aus dem ätherischen Öl der reifen, sichelförmigen Früchte gewonnen. Man verwendet zum Aromatisieren auch ganze Früchte.

Wilde Möhre *Daucus carota*

DOLDENBLÜTENGEWÄCHSE

Merkmale: Zweijährige, bis zu 90 cm hohe Pflanze mit aufrechtem, borstigem Stängel; Blätter mehrfach gefiedert mit schmalen Endzipfeln, beim Zerreiben charakteristisch nach Mohrrübe duftend; zentrale Blüte oft schwarzpurpurn, die übrigen weiß, zahlreich in zusammengesetzten Dolden mit schmal fiederteiligen Hüll- und Hüllchenblättern, Blütezeit V–IX.

Standort: Wiesen, Halbtrockenrasen, Raine, Böschungen, steinige Abhänge.

Verbreitung: M.- und S-EU; in D häufig.

Wissenswertes: Die eigenartige dunkle „Mohrenblüte" in der Doldenmitte hat vermutlich die Aufgabe, eine Fliege vorzutäuschen und weitere Fliegen als Bestäuber einzuladen. Die Früchte tragen Hakenstacheln und werden durch Kletthaftung an vorbeistreifenden Tieren verbreitet. Die Art ist sehr formenreich und v. a. in S-EU stark vertreten.

Giersch, Geißfuß *Aegopodium podagraria*

DOLDENBLÜTENGEWÄCHSE

Merkmale: Mehrjährige, bis zu 1 m hohe Pflanze mit kantigem, verzweigtem, hohlem Stängel; Blätter doppelt 3-zählig gefiedert, Fiedern oval, gezähnt, bis zu 4 cm breit und 10 cm lang, Stängelblätter mit breiter Scheide, riechen beim Zerreiben leicht nach Mohrrübe; Blüten weiß in zusammengesetzten Dolden mit 12–18 Döldchen, ohne Hülle und Hüllchen, Blütezeit V–VII.

Standort: Waldränder, Gebüsche, Zäune; gern auf nährstoffreichen, frischen Böden, z. B. in Gartenbeeten. Bemerkenswert schattenverträglich.

Verbreitung: Überall in EU; in D fast überall sehr häufig, in den Alpen bis 1800 m.

Wissenswertes: Der G. bildet lange unterirdische Ausläufer und tritt daher fast immer in dichten Beständen auf. Die jungen Blätter kann man als vitaminreiches Wildgemüse zubereiten.

Wald-Engelwurz *Angelica sylvestris*

DOLDENBLÜTENGEWÄCHSE

Merkmale: Stattliche, zweijährige Pflanze mit aufrechtem, rundem, meist weißlich bereiftem Stängel; Blätter bis zu 3-fach gefiedert, mit großer, bauchiger Blattscheide, Fiedern oval, gezähnt; Blüten weiß oder rötlich, in großen, zusammengesetzten Dolden ohne Hülle, aber mit vielzähligem Hüllchen, Blütezeit VII–IX.

Standort: Wälder, Auen, Nasswiesen, Ufer, auf nährstoffreichen Böden.

Verbreitung: Fast überall in EU; in D weit verbreitet, im Bergland bis in etwa 1700 m Höhe.

Wissenswertes: Eigentlich müsste der deutsche Artname „Wilde Engelwurz" lauten, denn der wissenschaftliche Artzusatz *sylvestris* ist mit „Wald" unzutreffend übersetzt. Bei empfindlichen Personen kann der frische Saft aus Blättern und Wurzeln im Licht heftige Hautentzündungen hervorrufen.

Gewöhnliche Zaunwinde
Calystegia sepium WINDENGEWÄCHSE

Merkmale: Mehrjährige Kletterpflanze mit 1–3 m langem, windendem Stängel; Blätter wechselständig, bis zu 15 cm lang; Blüten weiß, Kronen bis zu 5 cm lang und breit, schließen sich nachts und bei trübem Wetter, Kelchblätter klein, 2 grüne, herzförmige Vorblätter, Blütezeit VI–IX.
Standort: Hecken, Zäune, Gärten, Gebüsche.
Verbreitung: In EU verbreitet; in D häufig.

Wiesen-Labkraut *Galium album*
RÖTEGEWÄCHSE

Merkmale: Mehrjährig, 30–100 cm hoch, mit kantigem, kahlem, aufsteigendem Stängel; Blätter im mittleren Stängelbereich zu je 6–9 in Wirteln, linealisch; Blüten 2–4 mm breit, weiß, zahlreich in lockeren, endständigen Rispen beieinander stehend, Kronzipfel spitz, ausgebreitet, Blütezeit V–IX.
Standort: Fettwiesen, Gebüsche, Wald- und Wegränder.
Verbreitung: Überall in EU, so auch in D häufig.

Waldmeister *Galium odoratum*
RÖTEGEWÄCHSE

Merkmale: Mehrjährig, 10–30 cm hoch, mit aufrechten, dünnen, glatten Stängeln aus einem kriechenden Wurzelstock; Blätter 1-nervig, bis zu 4 cm lang, fein gezähnt, beim Welken intensiv duftend; Blüten zahlreich in endständigen Scheindolden, Krone weiß, trichterförmig, bis zu 5 mm breit, Blütezeit IV–V; Früchte mit Hakenhaaren.
Standort: Krautreiche Laub- und Mischwälder.
Verbreitung: In M.- und W-EU weit verbreitet.

Europäische Seide *Cuscuta europaea*
SEIDENGEWÄCHSE

Merkmale: Kletternde parasitische Pflanze mit fadendünnen, bis zu etwa 1 m langen, gelblichen bis rötlichen Stängeln, ohne Wurzeln; Blätter schuppenförmig, bleich; Blüten winzig, weißlich bis rötlich, zahlreich in rund 1 cm großen, kugeligen Köpfchen beieinander stehend, Blütezeit VI–IX.
Standort: Schmarotzt meist auf Brennnesseln, Weiden oder Beifuß an Ufern und in Hecken.
Verbreitung: In EU weit verbreitet; in D meist nur zerstreut, in den Alpen bis in 1200 m Höhe.

Kletten-Labkraut, Klebkraut
Galium aparine RÖTEGEWÄCHSE

Merkmale: Einjährig, 30–150 cm hoch, mit kantigem, rauem, aufsteigendem oder spreizklimmendem Stängel; Blätter linealisch, stachelspitzig, meist zu 6–8 in Wirteln; Blüten unscheinbar grünlich weiß, zu 2–7 rispig in den oberen Blattachseln, Blütezeit V–X; Früchte kugelig, mit Hakenhaaren besetzt.
Standort: Äcker, Brachen, Schuttplätze, Wegränder, Gärten, Gebüsche, Wälder, Weinberge.
Verbreitung: In EU überall häufig.

Echter Baldrian, Arznei-B.
Valeriana officinalis BALDRIANGEWÄCHSE

Merkmale: Mehrjährige, stattliche Pflanze mit aufrechtem, etwas gefurchtem Stängel, bis zu 1,50 m hoch; Blätter gegenständig, unpaarig gefiedert, Fiedern glattrandig oder gesägt; Blüten zahlreich in dichten, halbkugeligen, rispigen Scheindolden am Stängelende oder in den oberen Blattachseln, Kronen 2–4 mm breit, entweder weiß oder rosa getönt, Blütezeit VI–VIII.
Standort: Wiesen, Waldränder, Gebüsche, Ufer, Gräben, vorzugsweise auf feuchten Böden.
Verbreitung: In EU weit verbreitet, so auch in D.
Wissenswertes: Neben Pflanzen mit normal zwittrigen Blüten kommen auch rein ♀ Individuen vor.

Schwarzer Nachtschatten

Solanum nigrum NACHTSCHATTENGEW.

Merkmale: Einjährig, 20–80 cm hoch, Stängel aufrecht, im Gegensatz zu dem des verwandten Bittersüßen Nachtschattens (*S. dulcamara* ⇨ S. 568) auch an der Basis krautig; Blätter wechselständig, breit lanzettlich, glattrandig oder buchtig, 3–8 cm lang; Blüten zu 5–10 in doldigen Trauben in den oberen Blattachseln; Krone weit ausgebreitet, weiß, um die 1,5 cm breit, 5-strahlig, Staubblätter satt goldgelb, als zentraler Kegel aufgestellt, Blütezeit VI–X; Beeren kugelig, etwa 1 cm dick, in der Reife glänzend schwarz.

Standort: Hackfruchtäcker, Brachflächen, Gärten, Schuttstellen, Ruinengelände, Siedlungen.

Verbreitung: In EU fast überall verbreitet und stellenweise, auch in D, ziemlich häufig.

Wissenswertes: Die noch unreifen Früchte enthalten größere Mengen giftiger Alkaloide.

Stechapfel *Datura stramonium*

NACHTSCHATTENGEWÄCHSE

Merkmale: Einjährige, 30–120 cm hohe Pflanze mit aufrechtem, kahlem, einfachem oder ästigem Stängel; Blätter wechselständig, gestielt, meist sehr ungleich groß, 4–15 cm lang und fast ebenso breit, oval bis rundlich, an der Basis unsymmetrisch keilförmig, grob buchtig gezähnt; Blüten gestielt, einzeln in den oberen Blattachseln, Krone trichterförmig, 6–10 cm lang, mit 5 lang auslaufenden Zipfeln, weiß, Blütezeit VI–X; Kapselfrucht oval, derb bestachelt, 4–5 cm lang.

Standort: Brachflächen, Abfall- und Schuttstellen, Gärten, Wegränder, Siedlungen.

Verbreitung: In EU weit verbreitet; in D eher zerstreut und nur unbeständig.

Wissenswertes: Der überaus giftige S. stammt ursprünglich aus Mittelamerika (Mexiko) und ist heute auch im Mittelmeerraum ziemlich häufig. Von dort wird er gelegentlich eingeschleppt. Die in allen Pflanzenteilen, v. a. aber in den Samen enthaltenen Giftstoffe sind nervenwirksam und können bei Verzehr schon in kleinen Mengen tödlich wirken.

Gewöhnlicher Beinwell

Symphytum officinale RAUBLATTGEW.

Merkmale: Mehrjährig, 40–100 cm hoch, rau behaart, mit aufrechtem, kantigem Stängel; Blätter schmal lanzettlich, die unteren bis zu 25 cm lang, die oberen kleiner und mit der Basis am Stängel herablaufend; Blüten in Scheindolden, Kronen cremeweiß, rötlich oder bläulich bis tiefviolett, Blütezeit V–IX.

Standort: Wiesen, Ufer, Gräben, Wegränder.

Verbreitung: Fast überall in EU verbreitet.

Wissenswertes: Der Eingang zur Kronröhre wird durch breite Schlundschuppen verschlossen, die allerdings für langrüsselige Hautflügler kein ernstes Hindernis darstellen. Kurzrüsselige Arten beißen die Kronröhre kurzerhand an der Basis auf und stehlen hier den nahrhaften Nektar unter Umgehung der Bestäubung. Die alte Heilpflanze wurde früher unter anderem bei Knochenbrüchen und Wunden eingesetzt.

Gewöhnlicher Augentrost

Euphrasia rostkoviana BRAUNWURZG.

Merkmale: Formenreich, gewöhnlich einjährig, mit aufrechtem, verzweigtem Stängel, 5–25 cm hoch, im oberen Teil drüsig behaart; Blätter gegenständig, Spreite etwa 1 cm lang, länglich oval, grob gezähnt; Blüten in beblätterten Trauben an den Zweigenden, Kronen 0,8–1,2 cm lang, vielzipfelig, mit dottergelbem Schlund und violetten Streifen. Die Krone verlängert sich während der Blühphase und überragt zuletzt den Kelch deutlich. Blütezeit IV–IX.

Standort: Bergwiesen, Halbtrockenrasen, Raine, Wegränder, Gebüsche.

Verbreitung: In EU weit verbreitet; fehlt in D im Tiefland, in südl. Landesteilen stellenweise sehr häufig, in den Alpen bis in 2500 m Höhe.

Wissenswertes: Der kräftig gelbe Fleck und die Streifen auf den Kronzipfeln sind ein wichtiges Signal für die bestäubenden Insekten. Sie finden dadurch rascher den Eingang zur Kronröhre.

Weiße Taubnessel *Lamium album*

LIPPENBLÜTENGEWÄCHSE

Merkmale: Mehrjährige, bis zu 50 cm hohe Pflanze mit aufrechtem, einfachem, 4-kantigem Stängel; Blätter gegenständig, gestielt, grob gezähnt wie bei der Brennnessel, kurz behaart, daher leicht graugrün erscheinend, beim Abstreifen etwas unangenehm riechend; Blüten zu mehreren in Scheinquirlen in den oberen Blattachseln, Kronen 2–2,5 cm lang, cremeweiß bis reinweiß, Kronröhre aufgebogen, auf der Innenseite mit einem deutlichen Haarring, Oberlippe stark gewölbt, Blütezeit IV–VIII.

Standort: Gebüsche, Hecken, Wegränder, Wiesen, Staudenfluren, Abfallstellen, Brachflächen; vorzugsweise auf nährstoffreichen Lehmböden.

Verbreitung: In EU überall verbreitet.

Wissenswertes: Um an den Nektar in der Tiefe der Blüte zu gelangen, beißen Hummeln mit zu kurzem Rüssel die Kronröhre oft „von hinten" an.

Ährige Teufelskralle *Phyteuma spicatum*

GLOCKENBLUMENGEWÄCHSE

Merkmale: Mehrjährige, bis zu 60 cm hohe Pflanze mit aufrechtem, unverzweigtem Stängel; grundständige Blätter lang gestielt, herzförmig, am Rand gesägt, Stängelblätter schmaler, die oberen sitzend; Blüten zahlreich und dicht in einer walzenförmigen Ähre, Kronen cremeweiß, selten hell bläulich, krallenförmig gebogen, Blütezeit V–VII.

Standort: Krautreiche Wälder, Gebüsche, Bergwiesen, bevorzugt auf frischen, nährstoffreichen Lehmböden.

Verbreitung: M.-EU; in D westlich des Rheins nur zerstreut, sonst häufig; in den Alpen bis 2100 m.

Wissenswertes: Der deutsche Artname bezieht sich auf die krallenartig aufgebogenen Einzelblüten. Zur Blütenöffnung müssen sich die Kronblätter durch Aufreißen von unten nach oben trennen. Erst dann können sich die 5 Narbenäste entfalten.

Ufer-Wolfstrapp *Lycopus europaeus*

LIPPENBLÜTENGEWÄCHSE

Merkmale: Mehrjährige, 30–100 cm hohe, kaum oder wenig verzweigte Pflanze mit aufrechtem, kantigem, leicht behaartem Stängel; Blätter gegenständig, 6–10 cm lang, im Umriss breit lanzettlich, grob gezähnt, an der Basis mitunter fiederspaltig, hellgrün; Blüten in dichten, halbkugeligen Scheinquirlen in den Achseln der oberen Stängelblätter, Kronen weiß, um die 5 mm lang, undeutlich 2-lippig, angedeutet 4-zipfelig, wie auch die übrigen Teile ohne besonderen Duft, Kelch behaart, mit langen Zähnen besetzt, Blütezeit VII–IX.

Standort: Sumpf- und Nasswiesen, Ufer, Gräben, Röhrichte langsam fließender oder stehender Gewässer, vorzugsweise auf nassen, nährstoffreichen Schlamm- oder Torfböden.

Verbreitung: In EU weit verbreitet und regional häufig; in D nahezu überall.

Gänseblümchen *Bellis perennis*

KORBBLÜTENGEWÄCHSE

Merkmale: Mehrjährig, alle Blätter grundständig, spatelförmig bis verkehrt eiförmig, Stängel behaart, 5–10 cm hoch; Blütenkörbchen außen mit weißen, an den Spitzen rötlichen Zungenblüten, innen mit gelben Röhrenblüten, Blütezeit II–XII, hauptsächlich aber III–VI.

Standort: Lückige, kurzgrasige Fettwiesen, Weiden, Zierrasen, im Gebirge bis in über 2000 m Höhe.

Verbreitung: Überall in EU sehr häufig.

Wissenswertes: Bei Dunkelheit und bei kühler, regnerischer Witterung schließen sich die Blütenköpfe oder bleiben geschlossen, wobei die Schließbewegung durch einseitig stärkeres Wachstum der grünen Hüllblätter erfolgt. Der Schließvorgang lässt sich auch leicht durch mehrfaches Anstoßen der weißen Zungenblüten mit dem Finger auslösen.

Echte Kamille *Matricaria recutita*

KORBBLÜTENGEWÄCHSE

Merkmale: Einjährig, 15–45 cm hoch, Stängel aufrecht, verzweigt; Blätter wechselständig, mehrfach gefiedert; Blütenkörbchen am Rand mit weißen Zungen-, innen mit goldgelben Röhrenblüten, Körbchenboden kegelig, hohl (wichtiges Unterscheidungsmerkmal zu ähnlichen Arten!), Blütezeit V–IX.

Standort: Getreideäcker, Wegränder, Schuttstellen, bevorzugt auf kalkfreiem, frischem Lehmboden.

Verbreitung: Fast überall in EU häufig.

Wissenswertes: Die ursprünglich nur im Mittelmeergebiet beheimatete Pflanze ist nördlich der Alpen Kulturbegleiter seit der Jungsteinzeit. Schon im Altertum war sie als Heilpflanze bekannt und geschätzt. Als Tee bzw. Wasserdampfauszug wirkt sie entzündungshemmend. Ihre Früchte bleiben im Boden bis über 100 Jahre keimfähig.

Strandkamille *Tripleurospermum maritimum*

KORBBLÜTENGEWÄCHSE

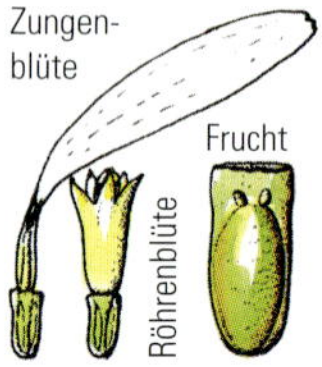

Merkmale: Ein- oder zweijährige, 10–40 cm hohe Pflanze, Stängel liegend oder aufsteigend; Blätter wechselständig, mehrfach gefiedert; Blütenkörbchen 2–5 cm breit, halbkugelig, nicht hohl, Zungenblüten weiß, Röhrenblüten goldgelb, beim Zerreiben geruchlos, Blütezeit VI–X.

Standort: Salzwiesen, Spülsäume, Dünen, Schuttstellen mit salzhaltigem Boden.

Verbreitung: Küsten von W- und NW-EU.

Wissenswertes: Die flachen, innen markig ausgefüllten Blütenkörbchen unterscheiden diese Art eindeutig von der Echten Kamille. Auch fehlt ihr das typische Kamillenaroma. Die S. wird oft nur als Kleinart der mehr aufrecht wachsenden und nur wenig verzweigten Geruchlosen Kamille *(T. inodorum)* angesehen, die auf Äckern und an Wegrändern häufig ist.

Acker-Hundskamille *Anthemis arvensis*

KORBBLÜTENGEWÄCHSE

Merkmale: Ein- oder gelegentlich auch zweijährig wachsende, 10–50 cm hohe Pflanze mit verzweigten, ausgebreiteten oder aufrechten Stängeln; Blätter wechselständig, mehrfach gefiedert, beim Zerreiben ohne besonderen Duft; Blütenkörbchen nur flach gewölbt, 2–3,5 cm breit, außen weiße Zungenblüten, im Inneren gelbe Röhrenblüten, Blütezeit VI–IX.

Standort: Äcker, Brachflächen, Wegränder; besonders auf kalkfreien, sauren Lehm- und Tonböden. Versauerungszeiger. Kulturbegleiter.

Verbreitung: In D wie fast überall in EU häufig.

Wissenswertes: Von der sehr ähnlichen Echten Kamille sowie der Geruchlosen Kamille ist die A. am besten dadurch zu unterscheiden, dass ihr Blütenkorb lanzettlich schmale Spreublätter (Tragblätter der Einzelblüten) enthält.

Wiesen-Wucherblume, Margerite *Leucanthemum vulgare*

Merkmale: Mehrjährig, 20–90 cm hoch, Stängel aufrecht, meist unverzweigt, leicht kantig, kahl oder unter dem Körbchen kurz rauhaarig; Blätter wechselständig, spatelförmig, zur Basis hin grob gezähnt; Blütenkörbchen 4–6 cm breit, einzeln endständig, flach, Zungenblüten weiß, ♀, etwa 20–25, Röhrenblüten goldgelb, zwittrig, ca. 350, Blütezeit V–IX.

Standort: Wiesen, Halbtrockenrasen, Wegränder, Brachen, Gebüsche, Böschungen mit Neusaaten, Gärten, gern auf mäßig trockenen, nährstoffreichen Böden.

Verbreitung: In EU weit verbreitet; in D überall häufig.

Wissenswertes: Ursprünglich war die W. eine Felspflanze. Sie hat sich erst im Kulturland mit verschiedenen Ökotypen auch zur Wiesenpflanze entwickelt.

Gewöhnliche Schafgarbe
Achillea millefolia KORBBLÜTENGEW.

Merkmale: Mehrjährige Pflanze mit aufrechtem Stängel, 15–60 cm hoch; Blätter wechselständig, doppelt fiederteilig mit feinen, zipfeligen Abschnitten; Blütenkörbchen etwa 6–8 mm breit, zahlreich in Doldenrispen, Zungenblüten weiß oder rötlich, Röhrenblüten cremefarben, Blütezeit VI–X.
Standort: Wiesen, Wegränder.
Verbreitung: In EU weit verbreitet; in D fast überall häufig, im Gebirge bis in 2500 m Höhe.

Edelweiß *Leontopodium alpinum*
KORBBLÜTENGEWÄCHSE

Merkmale: 5–20 cm hohe, weißfilzig behaarte Staude; Blätter schmal lanzettlich; Blütenköpfchen mit weißgelben Röhrenblüten, zu 2–12 in dichtem Blütenstand, umgeben von 5–15 weißwolligen Hochblättern (Scheinblüte); Blütezeit VII–VIII.
Standort: 1000–3400 m, meist kalkreiche Böden in warmen Lagen; steinige Rasen, selten Fels.
Verbreitung: Alpen; Pyrenäen bis Balkan. **§!**
Wissenswertes: Die alpine Symbolblume ist erst nach der Eiszeit aus den innerasiatischen Steppen in die Alpen eingewandert. Es handelt sich also nicht um eine typische Felspflanze. Hauptbestäuber des E. sind Fliegen.

Alpen-Maßlieb *Aster bellidiastrum*
KORBBLÜTENGEWÄCHSE

Merkmale: 5–25 cm hoch; Stängel behaart, blattlos (Unterschied zu anderen Astern-Arten!); Blätter in Grundrosette, spatelförmig, gezähnt, kraushaarig; Blütenköpfe einzeln, 20–40 mm breit; Hüllblätter 2-reihig; Zungenblüten (♀) weiß, Röhrenblüten (zwittrig) gelb; Früchtchen mit Borsten; Blütezeit V–VII.
Standort: Tallagen bis 2800 m; kalkhaltige, feuchte Böden, Bachufer, Flachmoore.
Verbreitung: Alpen bis Balkan, Mittelgebirge.

Sumpf-Schafgarbe *Achillea ptarmica*
KORBBLÜTENGEWÄCHSE

Merkmale: Mehrjährige Pflanze mit aufrechtem, kantigem, behaartem Stängel, 30–90 cm hoch; Blätter linealisch lanzettlich, sitzend, fein gezähnt; Blütenkörbchen flach, um 1,5 cm breit, zu mehreren in Doldenrispen, am Rand je 5–12 weiße Zungenblüten, innen weißliche Röhrenblüten, Blütezeit VII–IX.
Standort: Ufer, Gräben, Nasswiesen, Auen und Flachmoore.
Verbreitung: M.-EU; in D verbreitet bis zerstreut.

Silberdistel *Carlina acaulis*
KORBBLÜTENGEWÄCHSE

Merkmale: Bis zu 30 cm hohe, meist einköpfige Staude; Blätter bis zum Mittelnerv buchtig fiederschnittig, stachelig gezähnt; Blütenkopf groß, mit weißlichen bis rötlichen Röhrenblüten, umgeben von derben, silberweißen inneren Hüllblättern (= Scheinblüte!); Blütezeit VII–IX.
Standort: Tallagen bis 2800 m, Kalk liebend; steinige Hänge, Magerrasen, trockene Weiden.
Verbreitung: Alpen, Gebirge in M.- und S-EU. **§!**
Wissenswertes: Die S. reagiert auf Witterungsumschwünge, ist also eine so genannte Wetterdistel: Bei zunehmender Luftfeuchtigkeit schließen sich ihre weißen Hüllblätter nach oben hin.

Alpen-Wucherblume *Leucanthemopsis alpina*
KORBBLÜTENGEW.

Merkmale: 5–15 cm, kahl bis anliegend behaart, oft rasig wachsend; Stängel einköpfig; Grundblätter gestielt, verkehrt eiförmig, kammförmig fiederschnittig; Stängelblätter sitzend, linealisch, ganzrandig; Blütenkopf 20–40 mm breit, Röhrenblüten gelb, Zungenblüten weiß; Hüllblätter dunkelbraun gerandet; Blütezeit VII–VIII.
Standort: 1800–3900 m, Kalk meidend; feuchte, steinige Böden, Weiden, Geröll, Schneetälchen.
Verbreitung: Alpen; Pyrenäen bis N-Balkan.

Kanadisches Berufskraut

Conyza canadense KORBBLÜTENGEW.

Merkmale: Einjährig, ziemlich vielgestaltig, je nach Standort 1–100 cm hoch, Stängel aufrecht, zumeist unverzweigt; Blätter schmal lanzettlich, um 1 cm breit, kurz gestielt bis sitzend; Blütenkörbchen nur 2 mm breit, zahlreich in einer Rispe, Zungenblüten schmutzig weiß, Röhrenblüten gelb, Blütezeit VI–IX.

Standort: Brachflächen, Wegränder, Mauerkronen, Pflasterfugen, Schuttstellen.

Verbreitung: Stammt aus N-Amerika; seit der Mitte des 17. Jh. fast überall in EU eingebürgert und häufig, so auch in D.

Wissenswertes: Der deutsche Gattungsname leitet sich von dem latein. Wort für berufen, beschwören ab und verweist darauf, dass man den Arten dieses Verwandtschaftskreises früher besondere Zauberkräfte zuschrieb. Zeitweilig wurde das K. B. gegen Durchfallerkrankungen verwendet.

Einköpfiges Berufskraut

Erigeron uniflorus KORBBLÜTENGEW.

Merkmale: 2–20 cm hohe, stets einköpfige Staude mit aufsteigendem bis aufrechtem, behaartem Stängel; Grundblätter länglich zungenförmig, in einen langen Stiel verschmälert, stumpf oder leicht ausgerandet, obere Blätter lanzettlich, sitzend; Hüllschuppen dachziegelartig angeordnet, meist leicht abstehend, lanzettlich, weißwollig behaart, oft purpurn überlaufen; Röhrenblüten gelb, Zungenblüten weiß, rosa oder lila; Blütezeit VII–IX.

Standort: 1500–3500 m, kalkarme Böden in windexponierten Lagen; Weiden, Schuttfluren.

Verbreitung: Alpen; Pyrenäen bis Balkan, Karpaten, Kaukasus, Ural, arktische Region.

Wissenswertes: Nach altem Volksglauben sollte das Kraut gegen das „Berufen" (= Verhexen, Verzaubern) schützen. Besonders kleinen Kindern wurde es in die Wiege gelegt.

Kleinblütiges Franzosenkraut

Galinsoga parviflora KORBBLÜTENGEW.

Merkmale: Einjährig, Stängel aufrecht, verzweigt, kahl oder nur im oberen Abschnitt sehr zerstreut und anliegend behaart, 20–60 cm hoch; Blätter gegenständig, oval, spitz, gezähnt, kahl oder nur auf den Hauptnerven wenig behaart; Blütenkörbchen 3–5 mm breit, in lockeren Doldentrauben, die jeweils 5 Zungenblüten weiß, die Röhrenblüten gelb, Blütezeit VI–X.

Standort: Hackfruchtäcker, Gärten, Brachen, Wegränder, Abfallstellen, meist auf frischen, nährstoffreichen Böden. Lichtkeimer. Wärmezeiger.

Verbreitung: Stammt aus M.- und S-Amerika; seit dem frühen 19. Jh. aus Botanischen Gärten mehrfach verwildert, seither vor allem in W-EU überall eingebürgert und verbreitet.

Wissenswertes: Obwohl die Pflanzen recht klein sind, kann jede in einer Saison etwa 300 000 Früchte produzieren.

Behaartes Franzosenkraut

Galinsoga ciliata KORBBLÜTENGEWÄCHSE

Merkmale: Einjährige, 10–70 cm hohe Pflanze, Stängel aufrecht, verzweigt, im oberen Teil abstehend und dicht zottig behaart; Blätter gegenständig, länglich oval, vorn spitz, am Rand gezähnt, oberseits zerstreut, unterseits dichter abstehend behaart, 2–3 cm lang gestielt; Blütenkörbchen mit 2 Hüllblattreihen, um 5 mm breit, mit gelben Röhrenblüten und 4–5 weißen Zungenblüten, Blütenstiele mit roten Drüsen besetzt, Blütezeit IV–X.

Standort: Äcker, Gärten, Brachflächen, Plätze, auf kalkarmen, nährstoffreichen Böden

Verbreitung: Stammt aus M.- und S-Amerika; in D wie in fast ganz EU seit etwa 1850 eingebürgert.

Wissenswertes: Die 5 randlichen Zungenblüten sind ♀, die zentralen Röhrenblüten immer zwittrig. Die beiden Blütentypen bringen unterschiedlich aussehende Früchte hervor.

Dolden-Milchstern *Ornithogalum umbellatum*

LILIENGEWÄCHSE

Merkmale: Mehrjährige, formenreiche Zwiebelpflanze, 10–30 cm hoch; Blätter grundständig, schmal linealisch, nur 2–3 mm breit, rinnig, mit hellem Mittelstreifen; Blüten 2–3,5 cm breit, weiß, außen mit grünlichem Streifen, zu 3–12 in einer Doldentraube, Blütezeit V–VI.

Standort: Wiesen, Weinberge, Gebüsche, Böschungen, Parks.

Verbreitung: S- und M.-EU; in D hauptsächlich in den Mittelgebirgen und im NW des Landes.

Wissenswertes: Neuerdings wird die Gattung auch in eine eigene Familie Hyazinthengewächse *(Hyacinthaceae)* gestellt. Neben zwittrigen Exemplaren kommen auch funktional weibliche mit verkümmerten Staubblättern vor. Verbreitungsschwerpunkt der Art ist das westliche Mittelmeergebiet.

Bär-Lauch *Allium ursinum*

LILIENGEWÄCHSE

Merkmale: Mehrjährige Zwiebelpflanze, 20–40 cm hoch; 2 grundständige Blätter, elliptisch lanzettlich, glattrandig, dunkelgrün, sämtliche Pflanzenteile nach Knoblauch duftend; Blüten 1–2 cm breit, weiß, 6-strahlig, zahlreich in einer endständigen Scheindolde beieinander stehend, Blütezeit IV–VI.

Standort: Lichte Laubwälder, feuchte Gebüsche, Auen, Bachufer; auf tiefgründigen, kalkhaltigen Böden.

Verbreitung: In D wie fast überall in EU außer in Skandinavien verbreitet.

Wissenswertes: Nach der Neugliederung der ehemaligen Liliengewächse wird der B. auch in eine eigene Familie Lauchgewächse *(Alliaceae)* gestellt. Seine schwarzen, glänzenden Samen werden von Ameisen verschleppt. Eine sehr empfehlenswerte Art für Wildpflanzengärten.

Schattenblume *Maianthemum bifolium*

LILIENGEWÄCHSE

Merkmale: Mehrjährige Rhizompflanze, 5–20 cm hoch, Stängel geknickt aufrecht; zur Blütezeit nur mit 2 wechselständigen, horizontal ausgebreiteten, breit herzförmigen Blättern, sonst nur mit 1 Blatt; Blüten als Ausnahme in der Familie 4-zählig, um 5 mm breit, weiß, zahlreich in einer lockeren Rispe, Blütezeit IV–V.

Standort: Schattige Laub- und Mischwälder, im Küstengebiet auch in Dünen. Schattenpflanze.

Verbreitung: In EU fast überall verbreitet, im Gebirge (alpine Matten) bis in 1800 m Höhe.

Wissenswertes: Früher wurde die S. in die uneinheitliche Familie Liliengewächse gestellt. Ihre eher unauffälligen kleinen Blüten werden vor allem von Fliegen bestäubt. Die vegetative Vermehrung erfolgt durch unterirdische Ausläufer. Die erbsengroßen, kugeligen Früchte sind eigenartig rötlich marmoriert und bleiben oft bis in den Winter stehen. Alle Teile der Pflanze sind giftig!

Maiglöckchen *Convallaria majalis*

LILIENGEWÄCHSE

Merkmale: Mehrjährige Rhizompflanze, 5–20 cm hoch, Stängel unbeblättert, Blätter grundständig, meist nur 2, aufrecht, breit lanzettlich, glattrandig, entfalten sich erst gegen Ende der Blütezeit; Blüten glockig, um 5 mm breit, weiß, zu 3–9 in einer lockeren, einseitswendigen Traube, stark duftend, Blütezeit V–VI.

Standort: Lichte Laubwälder, Gebüsche.

Verbreitung: In EU weit verbreitet, im Gebirge (alpine Matten) bis in etwa 1800 m Höhe.

Wissenswertes: Die dünnen Wurzeln am unterirdisch kriechenden Wurzelstock sind auf die Zusammenarbeit mit bestimmten Wurzelpilzen angewiesen. Die Blütenbesucher, vor allem Bienen, halten sich an den rückwärts gekrümmten Zipfeln der glockenförmigen Krone fest. Dabei rieselt Pollen auf sie herab. Alle Teile der Pflanze sind stark giftig!

Quirlblättrige Weißwurz
Polygonatum verticillatum LILIENGEW.

Merkmale: Mehrjährig, 30–80 cm hoch, Stängel aufrecht, kräftig, deutlich kantig, oft leicht rötlich gefleckt, endet durch Unterdrückung des Längenwachstums immer mit einem Blattschopf; Blätter schmal lanzettlich, glattrandig, kahl, zu 3–8 quirlständig, oberseits dunkelgrün, unterseits bläulichgrau; Blüten um 1 cm lang, weiß mit grünlichen Marken, Blütenblätter zu schmaler, schlanker Glocke verwachsen, zu 2–6 an kurzen, hängenden Stielen in den Blattachseln, Blütezeit V–VI.
Standort: Schattige Laub-, Misch- und Nadelwälder; oft auf kalkhaltigem Lehmboden.
Verbreitung: In EU weit verbreitet; in D meist nur oberhalb von 500 m Höhe, in den Alpen bis 2000 m.
Wissenswertes: Alle grünen Teile sowie die zuerst roten, dann dunkelblauen Beeren sind giftig.

Ähnlich: **Wohlriechende Weißwurz** *Polygonatum odoratum*, nur 30–40 cm hoch, Stängel deutlich kantig, jeweils nur 1–2 Blüten in den Blattachseln.

Vielblütige Weißwurz *Polygonatum multiflorum*
LILIENGEWÄCHSE

Merkmale: Mehrjährige Pflanze mit unterirdisch kriechendem Wurzelstock, 30–80 cm hoch, mit drehrundem Stiel; Blätter oval, spitz, 2-reihig wechselständig, oberseits dunkel- oder frischgrün, unterseits bläulichgrau; Blüten engglockig, bis 1,5 cm lang, weiß, am offenen Ende mit grünlichen Marken, zu 2–5 den Blattachseln entspringend, Blütezeit V–VI.
Standort: Schattige Laub- und Mischwälder, Gebüsche; auf etwas feuchten, nährstoffreichen, lehmigen Böden.
Verbreitung: In D wie im übrigen EU weit verbreitet, aber meist nur zerstreut, in den Alpen kaum über 1800 m.
Wissenswertes: Der weitere NameSalomonssiegel rührt von den Stängelnarben am Wurzelstock her, die an Siegelabdrücke erinnern. Vor allem die etwa 1 cm dicken, blauschwarzen Beeren enthalten starke Giftstoffe!

Ästige Graslilie *Anthericum ramosum*
LILIENGEWÄCHSE

Merkmale: Mehrjährig, 30–90 cm hoch, mit aufrechtem, im Blütenstand rispig verzweigtem Stängel; Blätter wechselständig, grasartig, dunkelgrün, 2–6 mm breit; Blüten weiß, 1,5–2,5 cm breit, die 3 inneren Blütenblätter deutlich breiter als die 3 äußeren, Staubbeutel gelb, Blütezeit VI–VIII.
Standort: Trockenrasen, lichte Wälder, vor allem auf kalkhaltigen Böden.
Verbreitung: M.- und S-EU; in D nur zerstreut.
Wissenswertes: Der Verbreitungsschwerpunkt dieser Art ist die Mittelmeerregion. Einzelne Vorkommen reichen jedoch noch bis nach S-Schweden. Hauptsächliche Besucher der Blüten sind Schwebfliegen. Verwechslungen mit der sehr ähnlichen Astlosen Graslilie *(A. liliago)* sind möglich. Deren Blütenblätter sind bis 2,5 cm lang.

Weißer Germer *Veratrum album*
LILIENGEWÄCHSE

Merkmale: 50–150 cm hohe, kräftige Staude mit aufrechtem, einfachem Stängel, wechselständig beblättert; Blätter schraubig angeordnet, die untersten breit oval, bis zu 20 cm lang, die oberen lanzettlich, alle tief gefurcht und den Stängel umfassend; Blüten in einer dichten, verzweigten Rispe; Blütenhüllblätter 10–20 mm breit, je nach Unterart weißlich mit grünen Nerven (*V. a.* ssp. *album*) oder gelblich grün mit dunkler grünen Nerven (*V. a.* ssp. *lobelianum*, kleines Foto); Blütezeit VI–VIII.
Standort: Bis 2700 m; feuchte Wiesen, Weiden, Läger, Hochstauden, Flachmoore.
Verbreitung: Alpen und Vorland, Apennin, O-EU.
Wissenswertes: Die Pflanze ist stark giftig, ein Verzehr auch geringer Mengen führt ohne ärztliche Hilfe innerhalb weniger Stunden zum Tod. Vom Vieh wird sie gewöhnlich gemieden.

Schneeglöckchen *Galanthus nivalis* NARZISSENGEWÄCHSE

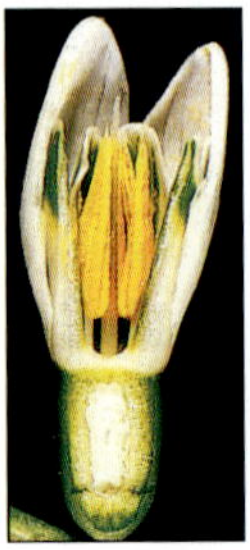

Merkmale: Mehrjährige Zwiebelpflanze, 5–20 cm hoch; Blätter bis zu 10 cm lang, schmal, bläulich bereift; Blüte einzeln, hängend, die 3 äußeren Blütenblätter um 1,5 cm lang, die 3 inneren um 1 cm, mit grünem Farbmal, Blütezeit II–III.
Standort: Laubmischwälder und Auengebüsche.
Verbreitung: M.- und S-EU; in D nur noch wenige natürliche Vorkommen. **RL, §!**
Wissenswertes: Die inneren Blütenhüllblätter des S. duften stärker als die äußeren und dienen so der Orientierung der Blütenbesucher. Durch UV-Reflexion sind sie auch bei Schnee sichtbar. In vielen Gebieten ist das S. aus Gartenkultur verwildert. Zunehmend findet man in Gärten bzw. in deren Nähe verwildert auch das in allen Teilen größere, aber sonst sehr ähnliche Kaukasische Schneeglöckchen *(Galanthus elwesii)*.

Frühlings-Knotenblume *Leucojum vernum* NARZISSENGEWÄCHSE

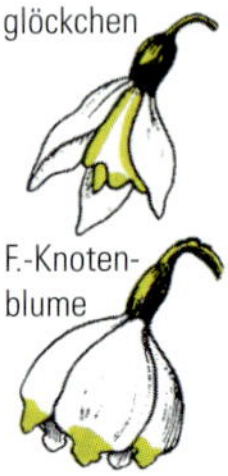

Merkmale: Mehrjährige Zwiebelpflanze, 10–30 cm hoch, Stängel etwas zusammengedrückt; Blätter etwa 1 cm breit, unbereift, dunkelgrün; Blüten gewöhnlich einzeln, selten zu 2, einem schmalen Tragblatt entspringend, hängend, 1–1,5 cm lang, alle 6 Blütenblätter an der Spitze mit einem gelbgrünen Farbmal, Blütezeit II–IV.
Standort: Laubmisch- und Auenwälder, Bergwiesen, auf sickerfeuchten, humushaltigen und lockeren Lehmböden.
Verbreitung: M.-EU, in D nur zerstreut. **RL, §!**
Wissenswertes: Die auch Märzenbecher genannte Art bildet an ihren wenigen Wildvorkommen bemerkenswert individuenreiche Bestände. Einige Vorkommen dürften aber auch auf Verwilderung von Gartenexemplaren zurückgehen. Die Pflanze ist in allen Teilen giftig!

Frühlings-Krokus *Crocus vernus* ssp. *albiflorus* SCHWERTLILIENGEWÄCHSE

Merkmale: 5–15 cm hohe, einblütige Staude; Blätter grundständig, grasartig schmal, mit weißem Mittelnerv und nach unten gerollten Rändern, zur Blütezeit noch nicht voll entwickelt; Blüte mit häutigem Hochblatt, aufrecht, weiß, hellviolett oder weiß mit violetten Streifen; Blütenhüllblätter am Grund lang röhrig verwachsen, über dem Boden 2–5 cm lange, freie Abschnitte, die einen Trichter bilden; 3 Staubblätter mit gelbem Blütenstaub sowie 3 kürzere Narben, leuchtend gelbrot; Blütezeit III–VI.
Standort: In 600–2700 m Höhe, oft in dichten Rasen auf feuchten Böden, Wiesen und Weiden.
Verbreitung: Alpen, Pyrenäen bis Balkan.
Wissenswertes: Mit „krokos" bezeichneten die Griechen den Echten Safran *Crocus sativus*, der zum Färben, als Gewürz und Arznei verwendet wurde.

Weißes Waldvöglein *Cephalanthera damasonium* KNABENKRAUTG.

Merkmale: Mehrjährige Pflanze mit aufrechtem, leicht kantigem, im Blütenstand etwas geschlängeltem Stängel, 20–50 cm hoch; Blätter länglich oval, spitz, glattrandig; Blüten mit Tragblättern, bis zu 3 cm breit, cremeweiß, ohne Sporn, zu 3–8 in einer lockeren Traube vereint, Blütezeit V–VI.
Standort: Lichte Laubwälder, hauptsächlich Buchenwälder, gelegentlich auch Gebüsche auf Halbtrockenrasen; vorzugsweise auf Kalkböden.
Verbreitung: M.- und S-EU; in D im mittleren und südlichen Teil des Landes zerstreut, sonst ziemlich selten. **RL!**
Wissenswertes: Die Blüten bleiben in der Regel geschlossen und sind somit auf Selbstbestäubung angewiesen. Mitunter finden sich nahezu blattgrünfreie Exemplare dieser Pflanzenart.

Zweiblättrige Waldhyazinthe
Platanthera bifolia KNABENKRAUTGEW.

Merkmale: Mehrjährig, 20–60 cm hoch, mit aufrechtem, leicht kantigem Stängel; am Grund 2 breit ovale, glänzende Blätter, weiter oben einige kleine, schmal lanzettliche Stängelblätter; Blüten zahlreich in verlängerter, lockerer Ähre, 1,5–3 cm breit, cremeweiß, angenehm duftend, Sporn etwa doppelt so lang wie der gedrehte Fruchtknoten, Lippe ungeteilt, Staubblätter stehen parallel und eng nebeneinander, Blütezeit V–VII.
Standort: Vorzugsweise lichte Laubmischwälder, aber auch Magerrasen, Heiden, Flachmoore, in den Alpen bis über 2000 m Höhe.
Verbreitung: In EU weit verbreitet; in D größtenteils aber nur zerstreut. **RL, §!**

Ähnlich: **Berg-Waldhyazinthe** *Platanthera chlorantha*, Blüten grünlich weiß, kaum duftend, Sporn sackartig verdickt; in Nadelwäldern. **RL, §!**

Gewöhnl. Froschlöffel *Alisma plantago-aquatica*
FROSCHLÖFFELGEW.

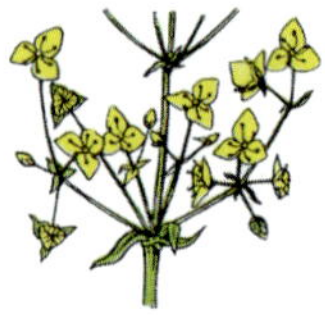

Merkmale: Mehrjährig, 30–100 cm hoch, mit aufrechtem, rundem Stängel; Blätter unterschiedlich: Schwimm- und Jugendblätter sitzend, löffelförmig, solche über der Wasseroberfläche lang gestielt, oval oder herzförmig; Blüten zahlreich in pyramidaler Rispe, 0,7–1,3 cm breit, weiß, mitunter rötlich, in der Mitte mit gelbem Fleck, Blütezeit VI–IX.
Standort: Röhrichte, See- und Teichufer, Gräben, Bäche, in nährstoffreichen Nassböden.
Verbreitung: In EU fast überall häufig, auch in D.
Wissenswertes: Die Art ist kosmopolitisch verbreitet. Die stärkereichen Wurzelstöcke werden in O-Asien verzehrt. In EU kommen zwei Formen vor, von denen eine nur vormittags, die andere nachmittags aufblüht. Der brennend scharf schmeckende Saft gilt als giftig und soll für Weidetiere gefährlich sein.

Gewöhnliches Pfeilkraut
Sagittaria sagittifolia FROSCHLÖFFELGEW.

Merkmale: Mehrjährige, 20–100 cm hohe Pflanze mit aufrechtem, 3-kantigem Stängel; alle Blätter grundständig, unter Wasser bandförmig, auf der Wasserfläche kreisförmig, über Wasser gestielt und mit pfeilförmiger Spreite; Blüten einhäusig verteilt, in lockerer Rispe, ♂ oben, ♀ unten, 1,5–2,5 cm breit, die 3 Blütenblätter weiß, an der Basis rötlich, Blütezeit VI–VIII.
Standort: Ufer stehender Gewässer, Teiche. Schlammwurzler bis in 2 m Tiefe.
Verbreitung: Überall in EU verbreitet.
Wissenswertes: Diese amphibische Pflanze kann sowohl auf dem Festland als auch im Wasser leben. Kompasspflanze: An sonnigen Standorten weisen die Spitzen der pfeilförmigen Blätter mittags nach S. Die Blüten sind durch Unterdrückung des jeweils anderen Geschlechts funktional entweder ♀ oder ♂.

Froschbiss *Hydrocharis morsus-ranae*
FROSCHBISSGEWÄCHSE

Merkmale: Mehrjährige Schwimmpflanze mit langen Ausläufern, sieht wie eine kleine Version der Seerose aus; Blätter in Rosetten, lang gestielt, rundlich, an der Basis herzförmig, unbenetzbar; Blüten zweihäusig verteilt, ♂ zu 1–5, ♀ einzeln stehend, 2–4 cm breit, weiß, Blütezeit V–VIII.
Standort: Auf stehenden und langsam fließenden Gewässern frei schwimmend.
Verbreitung: M.-EU; in D vor allem im nördlichen Tiefland, sonst nur selten. **RL**
Wissenswertes: Die sehr kleinen Wurzeln dienen nur noch der Mineralsalzaufnahme aus dem Wasser. Der eigenartige deutsche Name erklärt sich daraus, dass Frösche nach Insekten schnappen, die auf den Schwimmblättern sitzen. Naive Beobachter deuteten das Schnappen dahingehend, dass die Frösche die Blattränder zerbeißen.

Gelbe Teichrose *Nuphar lutea*

SEEROSENGEWÄCHSE

Merkmale: Ausdauernde Schwimmblattpflanze; Blätter bis 2,50 m lang gestielt, Spreite bis zu 40 cm lang, Blattstiel im oberen Teil 3-kantig, Blattnerven gabelig verzweigt, strahlenförmig zum Blattrand laufend, dort im Gegensatz zur Weißen Seerose (⇨ S. 570) unverbunden; Blüten 4–6 cm breit, erheben sich 5–20 cm über die Wasserfläche, mit 5 gelben Blütenblättern und zahlreichen Nektarblättern, Narbenscheibe mit 15–20 Strahlen, Blütezeit VI–VIII.
Standort: Stehende u. langsam fließ. Gewässer.
Verbreitung: Überall in EU außer dem SW und dem hohen N, stellenweise durchaus häufig; in D von der Ebene bis ins Gebirge. **§!**
Wissenswertes: Schwebfliegen und Käfer bestäuben die duftenden Blüten. Die reifen Früchte sind schwimmfähig, die Samen werden aber auch von Wasservögeln verbreitet.

Sumpf-Dotterblume *Caltha palustris*

HAHNENFUSSGEWÄCHSE

Merkmale: Mehrjährig, bis zu 40 cm hoch, Stängel verzweigt und dicht beblättert, dick, hohl, kahl, gelegentlich leicht rötlich überlaufen, wurzelt an den Knoten mit Bodenkontakt; Blätter herz- bis nierenförmig, matt glänzend dunkelgrün, unregelmäßig gezähnt; Blüten einzeln oder zu 2–3 an den Stängelenden, 2–3 cm breit, mit 5 dottergelben, außen grünlichen, kronblattähnlichen Nektarblättern und zahlreichen Staubblättern, Blütezeit IV–V.
Standort: Sumpfwiesen, Quellfluren, Bachauen und Auenwälder, auf mäßig sauren, nährstoffreichen und nassen Lehmböden, im Gebirge bis in 2400 m Höhe.
Verbreitung: Außer dem S überall in EU.
Wissenswertes: Die für unsere Augen einheitlich gelb erscheinende Blüte besitzt ein im UV-Bereich stark absorbierendes Zentrum. Insekten nehmen dieses als kontrastreich abgesetzten Bereich wahr (Zielscheibensignal). Bei Regen bleiben die Blüten geöffnet und füllen sich mit Wasser, wobei Selbstbestäubung möglich ist.

Zwerg-Teichrose *Nuphar pumila*

SEEROSENGEWÄCHSE

Merkmale: Ausdauernde Schwimmblattpflanze, die jedoch stets auch Unterwasserblätter aufweist; Blätter bis zu 1,50 m lang gestielt, Spreite 5–12 cm lang, Blattstiel im oberen Teil 2-kantig; Blüten nur 1–3 cm breit, leicht duftend, Narbenscheibe sternförmig, flach, mit 8–10 Strahlen, Blütezeit VI–IX.
Standort: Stehende, kalte, nährstoffarme Moor- und Gebirgsseen, meist mit sauren Torfschlammböden; in den Alpen bis in 1000 m Höhe.
Verbreitung: Nördliches EU; in D sehr selten und nur in den Gebirgen sowie im Alpenraum. **RL, §!**
Wissenswertes: Die Z. ist eine nordisch-arktisch verbreitete Art und gilt an ihren wenigen Fundorten in M.-EU als ein Eiszeitrelikt. In Gebieten, in denen sie gemeinsam mit der Gelben Teichrose vorkommt, finden sich auch Bastarde zwischen den beiden Arten.

Europäische Trollblume *Trollius europaeus*

HAHNENFUSSGEW.

Merkmale: Mehrjährig, bis zu 50 cm hoch mit unverzweigtem Stängel; Blätter wechselständig, meist sitzend, untere handförmig (mehrfach) geteilt, die oberen zunehmend einfacher gebaut; Blüten 3–5 cm breit, mit 5–15 Kronblättern, die sich zu einer Kugel zusammenneigen, goldgelb, außen mitunter bräunlich, Blütezeit V–VI.
Standort: Nasswiesen, Niedermoore, Staudenfluren im Bergland, Quellbereiche, bevorzugt nasse, kühle Lehmböden.
Verbreitung: M.- und NO-EU; in D ausschließlich östlich des Rheins, zunehmend seltener, in den Alpen bis gegen 2300 m Höhe. **RL**
Wissenswertes: Zwischen den Kron- und den zahlreichen Staubblättern befinden sich schmale, linealische, tütenförmige Nektarblätter. Die kugelig zusammenneigenden Blütenhüllblätter lassen nur einen kleinen Eingang frei. Kleinere Insekten wie Fliegen beziehen dort ihr Nachtquartier und vollziehen dabei die Bestäubung. Vom Weidevieh wird die leicht giftige Pflanze gemieden.

Frühlings-Adonisröschen
Adonis vernalis HAHNENFUSSGEWÄCHSE

Merkmale: Mehrjährig, bis zu 40 cm hoch; Stängel an der Basis mit bräunlichen Schuppen; Blätter mehrfach gefiedert mit feinen, zipfeligen Endabschnitten; Blüten 4–7 cm breit, mit 10–20 goldgelben Kronblättern, Blütezeit IV–V.
Standort: Trocken- und Steppenrasen, Kiefernwälder auf kalkhaltigen Böden.
Verbreitung: Südöstliches EU und W-Asien; in D sehr selten und an der NW-Grenze seiner Verbreitung; gelegentlich angepflanzt. **RL, §!**
Wissenswertes: Das F. enthält in allen Pflanzenteilen Giftstoffe! Seine Samen werden von Ameisen verbreitet.

Gelbes Windröschen *Anemone ranunculoides* HAHNENFUSSGEWÄCHSE

Merkmale: Mehrjährig, 10–20 cm hoch; grundständige Blätter erst nach der Blüte erscheinend, Stängelblätter zu 3 quirlständig, tief 3-teilig mit grob gezähnten Abschnitten; Blüten zu 1–2 gleich oberhalb des Blattquirls, Blütezeit III–V.
Standort: Auenwälder, feuchte Gebüsche, tiefgründig humusreiche Laubwälder.
Verbreitung: In M.-EU weit verbreitet, im S jedoch nur im Gebirge; in D ziemlich selten.

Gelbe Wiesenraute *Thalictrum flavum* HAHNENFUSSGEWÄCHSE

Merkmale: Mehrjährig, bis zu 120 cm hoch, mit aufrechtem, verzweigtem Stängel; Blätter mehrfach gefiedert; Blüten zahlreich in endständigen Rispen mit kopfigen Büscheln, Staubblätter hellgelb, nicht keulig verdickt, wohlriechend, Blütezeit VI–VIII.
Standort: Moorwiesen, Gräben, Auengebüsche, typische Stromtalpflanze, die auf nassen Böden wächst.
Verbreitung: In EU weit verbreitet; in D selten und fast nur in den großen Flusstälern.

Winterling *Eranthis hyemalis*
HAHNENFUSSGEWÄCHSE

Merkmale: Mehrjährige Pflanze, 5–15 cm hoch; grundständige Blätter meist erst nach der Blüte erscheinend, 5- bis 7-teilig, rundlich, außerdem 3 handförmig geteilte Stängelblätter, die dicht unterhalb der Blüte einen Quirl bilden; Blüte becherförmig, 2–4 cm breit, mit gestielten, röhrigen Nektarblättern zwischen den kräftig gelben Blütenhüllblättern und den zahlreichen Staubblättern, Blütezeit II–III.
Standort: Gebüsche, Obstwiesen, Wälder.
Verbreitung: Stammt ursprünglich aus S-EU, insbesondere SO-EU; in D meist nur in Parks und Gärten oder – selten – verwildert anzutreffen.

Scharbockskraut *Ranunculus ficaria* HAHNENFUSSGEWÄCHSE

Merkmale: Mehrjährig, 5–15 cm hoch, mit liegendem Stängel; Blätter gestielt, herzförmig, gekerbt; Blüten 3–5 cm breit, 3 kelchartige Hüllblätter, 8–12 kronblattartige Nektarblätter, Blütezeit III–V; oft steril, Vermehrung durch Brutknospen in Blattachseln (kl. Bild).
Standort: Auenwälder, Feuchtwiesen, Bachufer, Gräben, Obstgärten und Hecken.
Verbreitung: Überall in EU häufig; in D vom Tiefland bis ins Gebirge, in den Alpen bis 1400 m.

Kleine Wiesenraute *Thalictrum minus* HAHNENFUSSGEWÄCHSE

Merkmale: Mehrjährig, bis zu 130 cm hoch, mit aufrechtem, ästigem Stängel; Blätter mehrfach gefiedert mit rundlichen bis keilförmigen Abschnitten, bläulich grün bereift; Blüten hellgelb, zahlreich in lockeren Rispen mit abstehenden Ästen, Blütezeit V–VI.
Standort: Sonnige Gebüsche, Waldränder, in lichten Eichenbeständen, meist auf Kalk.
Verbreitung: Im südlichen M.-EU sowie in S-EU; in D ziemlich selten. **RL**

Berg-Hahnenfuß *Ranunculus montanus*

HAHNENFUSSGEWÄCHSE

Merkmale: 5–40 cm hohe Staude mit beblättertem, oft mehrblütigem Stängel; Blätter am Grund gestielt, glänzend, kahl oder schwach behaart, tief 3-teilig, mit unregelmäßig eingeschnittenen bis gezähnten Abschnitten; Stängelblätter sitzend, 3- bis 7-teilig; Blüten an runden, ungefurchten Stielen, 2–3 cm breit, mit 5 goldgelben Kronblättern; Blütezeit V–IX.

Standort: Bis 2800 m, Kalk liebend; Rasen, Matten, Niedermoore, Schutt.

Verbreitung: In verschiedenen Unterarten im gesamten Alpenraum; Jura.

Wissenswertes: Die Hahnenfuß-Arten sind alle mehr oder weniger giftig. Beim Trocknen zu Heu wird jedoch das giftige Protoanemonin in ungiftiges Anemonin umgewandelt, sodass das Heu vom Vieh gefahrlos gefressen werden kann.

Kriechender Hahnenfuß *Ranunculus repens*

HAHNENFUSSGEW.

Merkmale: Mehrjährig, 15–40 cm hoch, mit langen Ausläufern; Grundblätter 3-zählig mit lang gestieltem Endabschnitt; Blüten goldgelb, glänzend, auf langen, gefurchten Stielen, Blütezeit V–VIII.

Standort: Äcker, Brachen, Gartenland, Wegränder; Anzeiger für Lehmböden und Bodenverdichtung.

Verbreitung: Überall in EU; in den gemäßigten Breiten durch Verschleppung heute weltweit häufig.

Wissenswertes: Die fettglänzenden Blütenblätter sind wie bei allen Hahnenfuß-Arten trotz ihres dekorativen Aussehens keine Kronblätter, sondern kronblattartige spezialisierte Honigblätter, deren Nektardrüse unter einer Schuppe an der Basis sitzt. Die eigentliche Blütenhülle besteht aus 5 grünlichen, kelchblattartigen Gebilden. Frischer Pflanzensaft des K. H. kann zu Hautreizungen führen.

Scharfer Hahnenfuß *Ranunculus acris*

HAHNENFUSSGEWÄCHSE

Merkmale: Mehrjährig, 30–120 cm hoch; Stängel wenig behaart oder kahl, Grundblätter lang gestielt, 3- bis 7-teilig tief gespalten, Stängelblätter sitzend, einfacher; Blüten goldgelb, auf runden Stielen in lockerer Rispe, Blütezeit V–VII (X).

Standort: Nährstoffreiche Wiesen (Düngungsanzeiger), Gebüsche, Wegränder.

Verbreitung: In EU weit verbreitet; in D beinahe überall häufig, in den Alpen bis in etwa 2500 m.

Wissenswertes: Die frische Pflanze enthält Alkaloide, die die Haut reizen und recht scharf schmecken (Name!), weswegen sie auch vom Vieh gemieden wird. Beim Trocknen verliert sich der scharfe Geschmack. Alle Teile gelten deswegen als giftig. Die auf Fettwiesen meist in großen Beständen auftretende Art prägt das Bild des Grünlandes vor allem im Mai.

Brennender Hahnenfuß *Ranunculus flammula*

HAHNENFUSSGEW.

Merkmale: Mehrjährige, formenreiche Pflanze, 20–30 cm hoch, mit liegenden oder im Bogen aufsteigenden Stängeln; grundständige Blätter lanzettlich, ungeteilt, allmählich in den Blattstiel verschmälert, Stängelblätter sitzend, schmal; Blüten bis 1,5 cm breit, einzeln oder in sehr lockerer Rispe, fallen in dichten Beständen kaum auf, Blütezeit V–IX. Giftig.

Standort: Ufer, Niedermoore, Sumpfwiesen, Röhrichte; auf nährstoffreichen, kalkarmen Böden.

Verbreitung: In D wie im ganzen übrigen EU weit verbreitet.

Wissenswertes: Die Art ist Erstbesiedler und Kriechpionier in Sumpfwiesen und an schlammigen Ufern. Ihre schwimmfähigen Früchte bzw. Samen werden überwiegend vom Wasser oder durch Wasservögel verbreitet.

Gold-Hahnenfuß *Ranunculus auricomus*

HAHNENFUSSGEWÄCHSE

Stängelblätter

Grundblatt

Merkmale: Mehrjährige, formenreiche Pflanze, 30–50 cm, meist kahl, grundständige Blätter lang gestielt, wenig geteilt, rundlich nierenförmig, Stängelblätter schmal; Blüten bis 2,5 cm breit, in lockeren Rispen auf runden, behaarten Stielen, 5 oder weniger kronblattartige, goldgelbe Nektarblätter, die eventuell schon frühzeitig abfallen, Blütezeit III–V.

Standort: Auenwälder, lichte Laubwälder, Bergwiesen, Parks und Gärten.

Verbreitung: In D wie in ganz EU weit verbreitet; fehlt in Mittelgebirgen und Alpen gebietsweise.

Wissenswertes: Einzelne Kleinarten des G. vermehren sich apomiktisch, d. h., ihre Frucht- und Samenbildung erfolgt eigenartigerweise ohne Befruchtung. Entsprechend groß ist die Formenvielfalt innerhalb dieser Sammelart.

Wolfs-Eisenhut *Aconitum lycoctonum*

HAHNENFUSSGEWÄCHSE

Merkmale: 50–150 cm hohe Staude mit aufrechtem Stängel; Blätter tief handförmig 5- bis 7-teilig, mit grob gesägten Abschnitten; Blüten hellgelb, in locker- bis dichtblütiger Traube; Helm doppelt so lang wie breit, darunter 2 Nektarblätter mit hakenförmigem Sporn; Blütezeit VI–VIII.

Standort: Bis in 2400 m Höhe; Auenwälder, Hochstaudenfluren, feuchte Wiesen.

Verbreitung: Alpen und Vorland, Jura, Vogesen, Schwarzwald; Karpaten, Balkanhalbinsel. **§!**

Wissenswertes: Alle Eisenhut-Arten sind hochgiftig. Mit ihrem Gift Aconitin wurden früher Köder versehen, um Wölfe und Füchse zu töten.
Bei diesen Arten beißen oft kurzrüsselige Raubhummeln die Helme von der Seite durch, um an den Nektar zu gelangen. Nur langrüsselige Hummeln sorgen für eine Bestäubung.

Schwefel-Küchenschelle *Pulsatilla alpina* ssp. *apiifolia*

HAHNENFUSSG.

Merkmale: 20–50 cm hohe, behaarte Staude mit aufrechtem, einblütigem Stängel; Blätter zur Blütezeit kaum entwickelt, dann gestielt, doppelt 3-teilig, fiederteilige Abschnitte der Teilblätter mit zugespitzten Zipfeln; unterhalb der Blüte 3 ähnliche Hochblätter; Blüten endständig, bis 6 cm breit, meist mit 6 gelben Blütenblättern, außen oft bläulich überlaufen; Früchte etwas weniger behaart als bei der Alpen-Küchenschelle; Blütezeit V–VIII.

Standort: 1200–2700 m, saure Böden; Rasen, Matten, Zwergstrauchheiden.

Verbreitung: Silikatmassive der Alpen, seltener in den Kalkalpen; Pyrenäen, Gebirge Spaniens. **§!**

Wissenswertes: Die S. vertritt auf sauren Böden die weiß blühende, aber sonst sehr ähnliche Alpen-Küchenschelle *P. alpina* ssp. *alpina*, die kalkhaltigen Untergrund bevorzugt.

Schöllkraut *Chelidonium majus*

MOHNGEWÄCHSE

Merkmale: Mehrjährig, 30–70 cm hoch, mit behaarten, verzweigten Stängeln; Blätter wechselständig, ungleich gelappt bis gefiedert, unterseits bläulich; Blüten zu 2–6 in lockeren Dolden, bis zu 2 cm breit, 4-zählig, Kelchblätter behaart, Narbe 2-lappig, Blütezeit V–IX; Frucht eine dünne, bis zu 5 cm lange Kapsel, Samen schwarz mit weißem, ölhaltigem Anhängsel zur Verbreitung durch Ameisen; alle Pflanzenteile mit orangegelbem Milchsaft.

Standort: Nährstoffreiche Böden, Gebüsche, Hecken, Wegränder, Gärten, Mauern, auf nährstoffreichen, meist frischen Böden. Stickstoffzeiger.

Verbreitung: Fast überall in EU häufig.

Wissenswertes: Die Pflanze gehört zu den so genannten Alteinwanderern, die seit dem Beginn der Ackerbaukulturen in M.-EU als Kulturbegleiter auftreten. Der kräftig gelbe Milchsaft enthält mehr als 2 Dutzend verschiedene Alkaloide. Die schwarz glänzenden Samen tragen ein fetthaltiges Anhängsel, das von Ameisen verzehrt wird.

Gelber Alpenmohn *Papaver aurantiacum*

MOHNGEWÄCHSE

Merkmale: 5–20 cm hohe, milchende Staude in kleinen Horsten; Blätter grundständig, gestielt, einfach gefiedert, Fiedern breit lanzettlich, mehrlappig, oft behaart; Blüten zuerst orange, dann goldgelb; Fruchtknoten mit 5–8 herablaufenden Narbenstrahlen; 2 braunhaarige, hinfällige Kelchblätter; Blütezeit VI–VIII.
Standort: In 1800–3000 m Höhe; auf beweglichem Schutt und Moränen.
Verbreitung: S-Alpen, O-Pyrenäen, Balkan. **§!**

Gelber Lerchensporn *Pseudofumaria lutea*

ERDRAUCHGEWÄCHSE

Merkmale: Mehrjährige Pflanze, 10–30 cm hoch mit verzweigtem Stängel und ohne unterirdische Knolle; Blätter 2- bis 3-fach gefiedert, grasgrün, kahl; Blüten zu jeweils 8–15 in end- und seitenständigen Trauben, Kronen goldgelb, Blütezeit V–IX.
Standort: Kalkhaltige, sickerfrische Böden, auch Mauerspalten, Ruinen und Säume.
Verbreitung: Aus S-EU stammende Zierpflanze, in D in wintermilden Gebieten verwildert.

Färber-Waid *Isatis tinctoria*

KREUZBLÜTENGEWÄCHSE

Merkmale: Zweijährig wachsende Pflanze, 50–130 cm hoch, Blätter stängelumfassend, lanzettlich, bläulich grün; Blüten chromgelb, in lockeren, doldigen Rispen, Blütezeit V–VI.
Standort: Mauern, Weg- und Straßenränder, Steinbrüche, Dämme, Weinberge, Magerrasen.
Verbreitung: Fast ganz EU, meist aus Kulturen verwildert; in D in vielen Gebieten eingebürgert.
Wissenswertes: Aus F. gewann man früher den Farbstoff Indigo (Bluejeans!).

Gelber Hornmohn *Glaucium flavum*

MOHNGEWÄCHSE

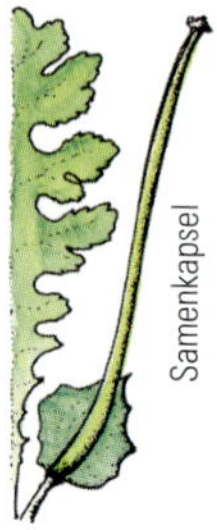

Merkmale: Zweijährig, bis 80 cm hoch, mit aufrechtem, ästigem Stängel; Blätter dicklich, grundständige bis zu 30 cm lang, fiederteilig, am Stängel kleiner mit umfassendem Grund, bläulich, alle Teile mit gelbem Milchsaft; Blüten bis zu 6 cm breit, Blütezeit VI–VII; Kapsel bis zu 25 cm lang.
Standort: Küstennahe Dünen, Kiesstrände, obere Spülsäume, auch Wegränder.
Verbreitung: Küstengebiete in W- und S-EU.

Gewöhnliche Osterluzei *Aristolochia clematitis*

OSTERLUZEIGEW.

Merkmale: Mehrjährig, 30–80 cm hoch, unverzweigt; Blätter wechselständig, lang gestielt, herzförmig; Blüten zu mehreren in den Blattachseln, Krone hellgelb, 3–5 cm lang, tütenförmig, an der Basis bauchig, Blütezeit V–VI.
Standort: Auen, Gebüsche, Weinberge, Mauern.
Verbreitung: Stammt aus dem Mittelmeerraum; in D in den Weinbauregionen verwildert.
Wissenswertes: Die röhrige Blüte ist innen sehr glatt und mit einer Haarreuse versehen. Sie stellt eine Kesselfalle dar für Pollen transportierende Fliegen. Nach der Bestäubung welkt die Blüte rasch, sodass die Besucher wieder freikommen.

Echtes Barbarakraut *Barbarea vulgaris*

KREUZBLÜTENGEWÄCHSE

Merkmale: Zweijährig, bis zu 90 cm hoch; untere Blätter gestielt, mit 5–9 Paar Fiedern, obere sitzend und tief eingeschnitten; Blüten kräftig gelb, bis zu 12 mm breit, in dichten Trauben, Blütezeit IV–VII.
Standort: Hecken, Wegränder, Schuttplätze, Böschungen, Ufer, Sandbänke.
Verbreitung: In EU weit verbreitet.

Acker-Senf *Sinapis arvensis*

KREUZBLÜTENGEWÄCHSE

Merkmale: Einjährige, 30–70 cm hohe Pflanze mit aufrechtem, rau behaartem Stängel; Blätter wechselständig, im Umriss oval, tief eingeschnitten oder gefiedert mit grob gezähnten Endlappen; Blüten bis 1,5 cm breit, schwefelgelb, die gelbgrünen Kelchblätter stehen in der geöffneten Blüte waagrecht ab, Blütezeit V–IX.

Standort: Hackfruchtäcker, Wegsäume, Schuttplätze; gilt als Lehmanzeiger.

Verbreitung: Ursprünglich nur im Mittelmeergebiet, kam mit dem Ackerbau als Kulturbegleiter zu uns, heute überall in EU verbreitet.

Wissenswertes: Die für unsere Augen einheitlich gelben Blüten reflektieren in der Blütenmitte intensiv die UV-Anteile des Lichts und sehen so für Bestäuberinsekten sehr einladend aus. Die Schoten haben vorn einen samenfreien Abschnitt.

Wild-Kohl *Brassica oleracea*

KREUZBLÜTENGEWÄCHSE

Merkmale: Zwei- oder mehrjährige Pflanze mit kräftigem, aufrechtem, im oberen Teil ästigem, am Grund leicht verholztem Stängel, bis zu 2 m hoch; Blätter kahl, fleischig, blaugrün bis leicht rötlich, 20–40 cm lang, am Rand wellig, unregelmäßig gebuchtet, die unteren gestielt, die oberen sitzend; Blüten bis zu 2 cm breit, Kronblätter schwefelgelb, vorn verbreitert, an der Basis schmal, Kelchblätter aufrecht, Blütezeit V–X; Schoten reif hellbraun, bis zu 12 cm lang, mit glänzenden, schwarzen Samen.

Standort: Vom Meerwasser beeinflusste Ruderalstellen, Klippen, Küstenfelsen.

Verbreitung: Küsten des westlichen Mittelmeeres, Atlantikküsten bis Frankreich u. Großbritannien; in D nur auf Helgoland, fehlt an der Ostsee.

Wissenswertes: Der W. ist die Stammart sämtlicher kultivierter Kohlsorten.

Weg-Rauke *Sisymbrium officinale*

KREUZBLÜTENGEWÄCHSE

Merkmale: Einjährig wachsende Pflanze, bis 60 cm hoch, mit steif aufrechtem, sparrigem Stängel; Blätter tief fiederteilig; Blüten unscheinbar, 2–4 mm breit, blassgelb, zahlreich in langen, endständigen Trauben, Blütezeit V–X; Schoten dem Stängel eng anliegend.

Standort: Wegränder, Brachflächen, Schuttstellen, Bahndämme, Mauern; gilt als Stickstoff-Anzeiger.

Verbreitung: In EU weit verbreitet; in D fast überall häufig, fehlt aber im Bergland; durch Verschleppung in gemäßigten Breiten heute weltweit.

Wissenswertes: Die Samen lösen sich bei der Reife erst sehr spät aus den Schoten. Die Verbreitung erfolgt mit der vertrockneten Pflanze, die der Herbstwind über offene Fluren verdriftet – ähnlich wie bei vielen Steppenpflanzen. Früher wurde die W. als herzstärkende Heilpflanze verwendet.

Gelbe Resede, Gelber Wau *Reseda lutea*

RESEDENGEWÄCHSE

Merkmale: Ein- bis mehrjährige, bis 50 cm hohe Pflanze mit aufrechtem, meist wenig verzweigtem, reich beblättertem Stängel; Blätter fiederspaltig oder doppelt gefiedert, mit schmal geflügelten Stielen, Abschnitte am Rand gewellt; Blüten klein, hellgelb, mit jeweils 6 Kelch- und Kronblättern, ohne besonderen Duft, zahlreich in dichtblütigen, schlanken Trauben, Blütezeit VI–IX.

Standort: Sonnige, warme Trockenrasen, Mauern, Wege, Brachen, Bahndämme.

Verbreitung: Stammt aus dem südöstlichen Mittelmeergebiet; heute überall in M.-EU.

Wissenswertes: Die Staubblätter öffnen sich in festgelegter Reihenfolge nacheinander und zeigen Wachstumsbewegungen. In Gärten wird gern die aus N-Afrika stammende Duft-Resede *(R. odorata)* mit weißlichen bis rötlichen Blüten angepflanzt.

Aurikel *Primula auricula*

PRIMELGEWÄCHSE

Merkmale: 5–25 cm hohe, mehlig bestäubte oder kahle Staude; Blätter in grundständiger Rosette, derb, fleischig, mit Knorpelrand, 5–10 cm lang, eiförmig bis lanzettlich, ganzrandig oder entfernt gezähnt; Blüten gestielt, in einseitswendiger Dolde; Krone bis 25 mm breit, leuchtend gelb, duftend, mit ausgebreiteten Kronzipfeln; Kelch glockig, knapp halb so lang wie die Kronröhre; Blütezeit IV–VI.
Standort: Von Tallagen bis 2900 m, auf Kalk; steinige Rasen, Fels, Schutt.
Verbreitung: N- und S-Kalkalpen, S-EU. **§!**
Wissenswertes: Wo Kalk- und Urgestein aufeinandertreffen, findet man oft fruchtbare Kreuzungen zwischen A. und Behaarter Primel (⇨ S. 692) = *Primula* × *pubescens* (kleines Foto). Diese als Weichhaarige Primel bezeichnete Form ist Stammart vieler Gartenprimeln.

Stängellose Schlüsselblume *Primula vulgaris*

PRIMELGEWÄCHSE

Blütenschnitt

Merkmale: Mehrjährige Pflanze; Blätter alle in einer grundständigen Rosette, Spreite oberseits kahl, unterseits behaart, verkehrt eiförmig, zur Basis hin allmählich verschmälert, ohne deutlichen Blattstiel; Blüten lang gestielt, bis zu 3,5 cm breit, Kronen hellgelb, flach ausgebreitet, zahlreich auf einem sehr kurzen, zottig behaarten Schaft stehend oder direkt der Blattrosette entspringend; Blütezeit III–IV.
Standort: Lichte Wälder, Gebüsche, Obst- und Baumwiesen, Gärten.
Verbreitung: Vor allem in W- und SW-EU; selten in Schleswig-Holstein und Mecklenburg, in den S-Alpen bis in 1400 m Höhe. **RL**
Wissenswertes: Die S. S. ist eine der Stammarten der in zahlreichen Farben und Blütenformen gezüchteten Gartenprimeln.

Duftende Schlüsselblume *Primula veris*

PRIMELGEWÄCHSE

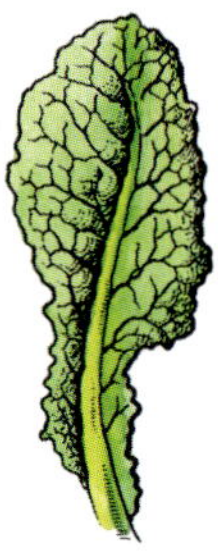

Merkmale: Auch als Wiesen-Primel bekannte, mehrjährige Pflanze; alle Blätter in grundständiger Rosette, 2–8 cm breit und 6–20 cm lang, vorn breit, plötzlich in den breit geflügelten Blattstiel verschmälert, oberseits dunkelgrün, runzelig, unterseits heller und nur auf den Blattnerven behaart; Blüten intensiv duftend, zahlreich in endständiger Dolde auf einem 10–20 cm langen Schaft, Kronen dottergelb, um 1 cm breit, mit orangefarbenem Schlundfleck, Kelch bauchig, Blütezeit IV–V.
Standort: Kalkmagerrasen, magere Bergwiesen, Waldränder, Gebüsche.
Verbreitung: EU, im N bis Mittelschweden, im Mittelmeerraum weitgehend fehlend, in D nördlich der Mittelgebirge ziemlich selten.
Wissenswertes: Die dunkleren Schlundflecken sind eine Orientierungshilfe für Blütenbesucher.

Hohe Schlüsselblume *Primula elatior*

PRIMELGEWÄCHSE

Merkmale: Auch Wald-Primel genannte, mehrjährige Pflanze mit grundständiger Blattrosette; Blätter 2–8 cm breit und bis zu 20 cm lang, rasch in den nur wenig geflügelten Blattstiel verschmälert, oberseits dunkelgrün, runzelig, unterseits auf den Blattnerven wenig behaart; Blüten bis 2 cm breit, zu 5–20 in deutlich einseitswendiger Dolde auf 5–20 cm langem Schaft, Kronen hellgelb, ohne dunklere Schlundflecken, Blütezeit III–V.
Standort: Lichte, krautreiche Wälder, Wiesen mit lehmigem, nährstoffreichem (nicht gedüngtem!) Boden, Auengebüsche.
Verbreitung: In EU weit verbreitet und häufig; fehlt in D im NW; in den Alpen bis 2400 m.
Wissenswertes: Im gemeinsamen Verbreitungsgebiet mit der Duftenden Schlüsselblume finden sich mitunter schwer abgrenzbare Bastarde.

Gewöhnl. Gilbweiderich
Lysimachia vulgaris PRIMELGEWÄCHSE

Merkmale: Mehrjährige, bis 1,3 m hohe Pflanze mit flaumig behaartem Stängel; Blätter gegenständig oder zu 3–4 in Wirteln, unterseits dicht behaart; Blüten bis zu 2,5 cm breit, zahlreich in endständigen Rispen, Kronen goldgelb, kahl, Kelchzipfel rötlich umrandet, Blütezeit VI–VIII.
Standort: Bruchwälder, Hochstaudenfluren an Gewässern, Lichtungen, Gräben, Feuchtwiesen.
Verbreitung: Ganz EU; in D fast überall häufig.
Wissenswertes: Die Blüten bieten den Bestäubern anstelle von Nektar fette Öle als Nahrung an.

Ähnlich: **Drüsiger Gilbweiderich** *Lysimachia punctata*, Stängel schmal geflügelt, Kronblattzipfel drüsig bewimpert, Kelchzipfel grün; SO-EU, bei uns Gartenpflanze, vielfach verwildert.

Straußblütiger Gilbweiderich
Lysimachia thyrsiflora PRIMELGEW.

Merkmale: Mehrjährig wachsende Pflanze mit aufrechtem, meist unverzweigtem, mitunter rötlich überlaufenem Stängel, 40–70 cm hoch; Blätter gegenständig, sitzend, schmal lanzettlich, die oberen deutlich größer als die unteren; Blüten bis zu 9 mm breit, gelb, zahlreich in dichten, gestielten Trauben in der Achsel der mittleren Stängelblätter, Blütezeit V–VII.
Standort: Großseggenrieder, Bruchwälder, Moore, Uferstauden nährstoffarmer stehender oder langsam fließender Gewässer.
Verbreitung: Vor allem in M.- und N-EU; in D im Alpenvorland sowie im nördlichen Tiefland, in den übrigen Gebieten selten. **RL**
Wissenswertes: Die goldgelben, schmal linealischen Kronblätter tragen an der Spitze dunkelrote Drüsenpunkte.

Hain-Gilbweiderich *Lysimachia nemorum*
PRIMELGEWÄCHSE

Merkmale: Mehrjährige Pflanze mit kriechendem oder schwach aufsteigendem, bis zu 25 cm langem Stängel, der an den Blattansatzstellen wurzelt; Blätter gegenständig, Spreite breit eiförmig, 2–3 cm lang, leicht zugespitzt, meist alle in eine Ebene gedreht, kahl; Blüten lang gestielt, einzeln den oberen Blattachseln entspringend, Kronen goldgelb, bis zu 1,5 cm breit, Blütezeit V–VII.
Standort: Auf feuchten, kalkarmen Lehm- und Tonböden in Auenwäldern, Bachgebüschen, Berg- und Schluchtwäldern.
Verbreitung: In EU weit verbreitet; fehlt in D weitgehend im Tiefland und in den trockeneren Gebieten der Mittelgebirge, sonst eher zerstreut.
Wissenswertes: Die dem menschlichen Auge nur leicht dunkler gelb erscheinende Blütenmitte sticht für Insektenaugen kontrastreich hervor.

Pfennigkraut *Lysimachia nummularia*
PRIMELGEWÄCHSE

Merkmale: Mehrjährige Pflanze mit 30–50 cm langen kriechenden Stängeln; Blätter gegenständig, münzartig rundlich, drüsig punktiert, 1,5–3 cm breit, am Grund leicht herzförmig, meist einheitlich flach in einer Ebene ausgerichtet, verfärben sich im Herbst kupferbraun; Blüten lang gestielt, einzeln oder zu wenigen in den vorderen Blattachseln der Triebe, bis zu 2,5 cm breit, Kronen goldgelb, innen durch dunkelrote Drüsen leicht punktiert, Blütezeit V–VIII.
Standort: Wiesen, Gebüsche, Gärten, Auenwälder; auf lehmigem, feuchtem, kalkhaltigem Boden.
Verbreitung: In EU mit Ausnahme des Mittelmeergebiets weit verbreitet; in D fast überall häufig.
Wissenswertes: Die Pflanze bildet nur selten Früchte aus, hauptsächlich vermehrt sie sich vegetativ durch bewurzelte Triebe.

Tüpfel-Johanniskraut *Hypericum perforatum*
HARTHEUGEWÄCHSE

Merkmale: Auch Tüpfel-Hartheu genannte, formenreiche, mehrjährige Pflanze mit aufrechtem, deutlich 2-kantigem, 30–80 cm hohem Stängel; Blätter gegenständig, sitzend, breit oval bis linealisch, durchscheinend weiß punktiert, am Rand mit schwärzlichen Drüsen; Blüten bis zu 2,5 cm breit, goldgelb, zahlreich in lockerer, pyramidenförmiger Rispe, Kronblätter leicht unsymmetrisch, gezähnt, beim Zerreiben dunkelrot, Staubblätter in 3 Büscheln, Blütezeit VI–VIII.

Standort: Wegränder, Böschungen, Brachen, Magerrasen, Trockenhänge, Waldränder.

Verbreitung: In EU weit verbreitet, in D überall ziemlich häufig.

Wissenswertes: Alte Heilpflanze. Die Gattung umfasst weitere, zum Teil recht ähnliche Arten.

Geflecktes Johanniskraut *Hypericum maculatum*
HARTHEUGEW.

Merkmale: 25–60 cm hohe Staude mit holziger, kriechender Grundachse und 4-kantigen, beblätterten Stängeln; Blätter sitzend, bis zu 4 cm lang, schmal bis breit eiförmig, am Rand schwarzdrüsig punktiert; Blüten goldgelb, in vielblütiger Rispe beieinander stehend; 5 Kronblätter, 9–10 mm lang, schwarz gefleckt (Name!), zwei- bis dreimal so lang wie die ovalen Kelchblätter; bis zu 100 büschelig gruppierte Staubblätter; Blütezeit VI–VIII.

Standort: 500–2600 m; feuchte Böden, Fettwiesen, Hochstaudenfluren, Waldlichtungen.

Verbreitung: Alpen; EU und Asien.

Wissenswertes: Blühbeginn der Pflanze ist um den Johannistag (24. Juni), daher der Name. Johanniskräuter enthalten Wirkstoffe, die nervenberuhigend und entzündungshemmend wirken und bis heute in der Medizin verwendet werden.

Acker-Stiefmütterchen *Viola arvensis*
VEILCHENGEWÄCHSE

Merkmale: Einjährig wachsende Pflanze, 5–20 cm hoch, mit verzweigtem, kahlem oder wenig behaartem Stängel; Blätter oval bis spatelig, Nebenblätter groß, krautig, mit schmaler Endfieder; Blüten höchstens 1–1,5 cm groß, hellgelb, Blütezeit V–XI; kann mit dem Wilden Stiefmütterchen (⇨ S. 740) bastardieren.

Standort: Hackfruchtäcker, Wegränder, Schuttplätze, verkrautete Gärten, Brachflächen; auf nährstoffreichem Boden.

Verbreitung: In ganz EU häufig. Heute weltweit verschleppt.

Wissenswertes: Das A. ist vermutlich seit der Jungsteinzeit ein Kulturbegleiter des Menschen. Die Samen tragen ein ölreiches Anhängsel, werden deshalb von Ameisen gesammelt und auf diese Weise verbreitet. Alte Heilpflanze.

Zweiblütiges Veilchen *Viola biflora*
VEILCHENGEWÄCHSE

Merkmale: 5–20 cm hohe, rasig wachsende Staude mit aufrechten, kahlen und beblätterten, 1- bis 2-blütigen Stängeln; Grundblätter nierenförmig, bis 4 cm breit, kerbrandig, gestielt wie die kleineren Stängelblätter; Nebenblätter klein, ganzrandig, frei; Blüten etwa 15 mm lang, gelb, seitliche Kronblätter aufwärts gerichtet, ebenso wie das untere mit braunen Strichen; sehr kurzer Sporn; Kelchblätter lanzettlich, mit Anhängseln; Blütezeit V–VII.

Standort: Von Tallagen bis 3000 m, meist auf Kalk; luftfeuchte Lagen, Schutt- und Karfluren.

Verbreitung: Alpen, Gebirge in EU, Arktis, Asien.

Wissenswertes: Das Z. V. ist ein licht- und hitzescheues Veilchen, das gern im Schatten von Felsen oder gar Höhlen wächst. Die geringe Spornlänge von lediglich 1–3 mm lässt nur kurzrüsselige Fliegen als Bestäuber zu.

Sonnenwend-Wolfsmilch

Euphorbia helioscopia WOLFSMILCHGEW.

Merkmale: Einjährig wachsende Pflanze, Stängel aufrecht, 10–40 cm hoch, weißer Milchsaft; Blätter wechselständig, von unten nach oben größer, verkehrt eiförmig, im vorderen Drittel am Rand gesägt; Blüten in einer 5-strahligen Scheindolde, Hochblätter grün, gelblich grüne Nektardrüsen des Hüllbechers rundlich oval, Blütezeit IV–XI.

Standort: Äcker, Gärten, Brachflächen, Säume.

Verbreitung: In EU weit verbreitet; in D fast überall häufig, nur in den Alpen selten.

Wissenswertes: Die S. ist ein Kulturbegleiter seit der Jungsteinzeit. Ihre Blütenstände richten sich durch Wachstumsbewegungen zur Sonne aus (Name!). Der Milchsaft ist wie bei allen Arten dieser Gattung giftig und wirkt bei empfindlichen Personen stark hautreizend.

Zypressen-Wolfsmilch

Euphorbia cyparissias WOLFSMILCHGEW.

Merkmale: Mehrjährig, bis 40 cm hoch; Blätter wechselständig, schmal linealisch, bis zu 3 cm lang; Blüten in vielstrahligen Scheindolden, Hüllblätter zunächst goldgelb, später kräftig rot, Nektardrüsen 2-hörnig, goldgelb, Blütezeit IV–VII.

Standort: Trockenrasen, steinige Böschungen, lichte Gebüsche, Säume, Wegränder, vor allem auf basenreichen Böden.

Verbreitung: In M.- und S-EU häufig; fehlt in D im nordwestlichen Tiefland.

Wissenswertes: Die in allen Pflanzenteilen enthaltenen ungegliederten Milchröhren, die den so genannten Milchsaft enthalten, stehen unter Druck; daher tritt bei Verletzung sofort der weiße Milchsaft aus. Bei Befall durch den Erbsenrostpilz ist die Pflanze stark missgestaltet.

Garten-Wolfsmilch *Euphorbia peplus*

WOLFSMILCHGEWÄCHSE

Merkmale: Zarte, meist einjährig wachsende, in wintermilden Gebieten aber auch gelegentlich überwinternde Pflanze mit aufrechtem, etwa 5–30 cm hohem Stängel, führt weißen Milchsaft; Blätter wechselständig, verkehrt eiförmig, vorn stumpf und glattrandig; Blüten in 3-strahligen Scheindolden (deutlicher Unterschied zur ähnlichen Sonnenwend-Wolfsmilch), Nektardrüsen halbmondförmig, grünlich, in 2 schlanke Hörner mit hellen Spitzen auslaufend, Blütezeit VI–X.

Standort: Äcker, Brachen, Gärten, Weinberge. Kulturbegleiter seit der Jungsteinzeit.

Verbreitung: In EU fast überall häufig.

Wissenswertes: Die Samen tragen ein gelbliches, fetthaltiges Anhängsel, das Ameisen als begehrte Nahrung dient. Auf diese Weise werden sie weit verschleppt.

Esels-Wolfsmilch *Euphorbia esula*

WOLFSMILCHGEWÄCHSE

Merkmale: Formenreiche mehrjährige Pflanze mit aufrechtem, 15–30 cm hohem Stängel; Blätter linealisch, 3–7 mm breit, 3–6 cm lang, in der vorderen Hälfte am breitesten, mit stumpfer Spitze; Blüten in mehrstrahligen, grünlichen Scheindolden, Hüllblätter gelblich grün, Nektardrüsen 2-hörnig, Blütezeit V–VII.

Standort: Trockene Wiesen, Schuttplätze, Flussufer, Brachen, Böschungen, bevorzugt nährstoffreiche Lehm- und Tonböden.

Verbreitung: In EU weit verbreitet; in D vor allem in den großen Stromtälern.

Wissenswertes: Der weiße Milchsaft der E. gilt als besonders giftig. Er kann bei empfindlichen Personen stärkere Hautreizungen hervorrufen. Die angebliche Wirksamkeit gegen Warzen ist sehr umstritten.

Großblütiges Sonnenröschen

Helianthemum nummularium ROS.

Merkmale: Unterart *H. n.* ssp. *grandiflorum*: 10–40 cm hoher, unten verholzter Halbstrauch mit aufsteigenden bis aufrechten, oben behaarten Stängeln; Blätter gegenständig, nicht ledrig (beim Gewöhnl. Sonnenröschen *H. n.* ssp. *nummularium* ledrig), schmal elliptisch, 2- bis 4-mal so lang wie breit, mit meist flachen Rändern, behaart bis kahl, kurz gestielt, am Grund mit 2 Nebenblättern; Blüten gelb, sehr hinfällig, in wenigblütigen Trauben in den Blattachseln; Kronblätter 10–15 mm lang, verkehrt eiförmig; Kelch grünlich bis weiß behäutet, mit 3 großen und 2 kleineren, behaarten Kelchblättern; zahlreiche Staubblätter, die den Griffel nicht überragen; Blütezeit VI–VIII.

Standort: In 1500–2500 m Höhe; trockene Böden, Rasen, Zwergstrauchgebüsche.

Verbreitung: Ziemlich häufig in den Alpen; ferner Pyrenäen, Jura, Apennin, Karpaten, Balkan.

Echte Nelkenwurz *Geum urbanum*

ROSENGEWÄCHSE

Merkmale: Mehrjährige, 20–60 cm hohe Pflanze mit aufrechtem, behaartem Stängel; grundständige Blätter lang gestielt, unpaarig gefiedert mit sehr großer, fiederteiliger Endfieder; Stängelblätter 3-zählig oder einfach, gezähnt, mit großen Nebenblättern; Blüten einzeln, lang gestielt in den oberen Blattachseln oder in lockerer Rispe, Kronen bis zu 2,5 cm breit, goldgelb, Blütezeit V–VIII.

Standort: Vorzugsweise auf nährstoff-, vor allem stickstoffreichen, mäßig feuchten Böden; Gebüsche, Hecken, Säume, Waldränder, Mauern, Brachen, Böschungen und Gärten.

Verbreitung: Fast überall in EU häufig.

Wissenswertes: Die bleibenden Griffel krümmen sich an den reifenden Früchten, sodass diese an Tieren hängen bleiben und so verbreitet werden.

Gewöhnlicher Odermennig

Agrimonia eupatoria ROSENGEWÄCHSE

Merkmale: Mehrjährige, zur Blütezeit bis zu 60 cm, fruchtend bis zu 100 cm hohe Pflanze mit aufrechtem, rauhaarigem, meist unverzweigtem Stängel; Blätter abwechselnd mit großen und kleinen Fiedern, diese grob gezähnt und unterseits weißfilzig; Blüten bis zu 1 cm breit, Kronen hellgelb, zahlreich in schlanker, verlängerter Traube, Blütezeit VI–IX.

Standort: Trockengebüsche, Feldraine, Waldränder, Halbtrockenrasen, Magerwiesen; bevorzugt auf trockenen, kalkhaltigen Böden.

Verbreitung: Fast überall in EU außer im tiefen S verbreitet und häufig, bis in 1800 m Höhe.

Wissenswertes: Der G. O. ist eine alte Heilpflanze gegen Magen-, Darm- und Galleleiden. Sein längs gestreifter Kelch wird zur Reifezeit borstig und dient durch Kletthaftung der Fruchtverbreitung.

Blutwurz, Tormentill *Potentilla erecta*

ROSENGEWÄCHSE

Merkmale: Mehrjährig, 10–30 cm hoch, mit liegendem oder aufsteigendem Stängel und kriechendem Wurzelstock; Blätter der Rosette lang gestielt, 3-zählig gefiedert, Fiedern grob gezähnt, Stängelblätter ähnlich, aber sitzend und meist 5-zählig gefiedert; Blüten bis 1 cm breit, Krone gelb, ausnahmsweise 4-zählig, einzeln lang gestielt in den Blattachseln, Blütezeit V–X.

Standort: Lichte Mischwälder, Heiden, Magerwiesen, Niedermoore; auf mäßig versauerten Böden.

Verbreitung: Überall in EU häufig.

Wissenswertes: Der Name bezieht sich auf den Wurzelstock, der sich beim Anschneiden rötlich verfärbt und früher als Farbstofflieferant diente. Alte Arzneipflanze, vor allem wegen des hohen Gerbstoffgehalts verwendet. Die meisten übrigen Arten der Gattung tragen 5-zählige Blüten.

Gänse-Fingerkraut *Potentilla anserina*
ROSENGEWÄCHSE

Merkmale: Mehrjährig, mit kriechenden, wurzelnden, bis zu 50 cm langen Stängeln und über 1 m langen Ausläufern; Blätter rosettig, vielpaarig gefiedert, abwechselnd mit großen und kleinen Fiedern, gezähnt, unterseits seidig behaart; Blüten einzeln, lang gestielt, bis zu 2,5 cm breit, goldgelb, Blütezeit V–VIII.
Standort: Brachen, Wegränder, Gänseweiden (Name!), Ufer, Graudünen, erträgt Salz im Boden; bevorzugt auf nährstoffreichen, meist verdichteten Böden. Trittfest.
Verbreitung: In EU mit Ausnahme des NW und des SO verbreitet, in den meisten Gegenden häufig.
Wissenswertes: Die einheitlich gelb erscheinenden Kronblätter absorbieren an ihrer Basis das UV-Licht und sehen daher für Insektenaugen völlig anders aus als für uns.

Kriechendes Fingerkraut *Potentilla reptans*
ROSENGEWÄCHSE

Merkmale: Mehrjährig, mit kriechenden, bis zu 1 m langen, meist rötlichen Stängeln, die an den Knoten wurzeln und hier neue Blattrosetten anlegen; Blätter in grundständiger Rosette, lang gestielt, handförmig 5- bis 7-zählig, grob gezähnt, fast kahl; Blüten lang gestielt, einzeln auf langen Stielen in den Blattachseln, je 5 äußere und innere Kelchblätter, Kronen bis zu 2,5 cm breit, 5 Kronblätter goldgelb, vorne herzförmig, Blütezeit V–VIII.
Standort: Lückige Rasen, Wegränder, Raine, Böschungen, Brachen, Schuttstellen, benötigt nährstoffreiche Lehm- und Tonböden.
Verbreitung: Überall in EU verbreitet, in den Alpen bis in etwa 1500 m Höhe.
Wissenswertes: Früher fand das K.F. wegen des Gerbstoffgehalts der Blätter als Heilpflanze Verwendung. Die Früchte werden von Ameisen verbreitet.

Scharfer Mauerpfeffer *Sedum acre*
DICKBLATTGEWÄCHSE

Merkmale: Mehrjährige Pflanze mit kriechenden oder aufsteigenden, 5–15 cm langen Stängeln; Blätter bis zu 4 mm lang, im Umriss dreieckig, fleischig, schmecken pfefferartig scharf; Blüten bis 1,5 cm breit, zu wenigen in dichten Scheindolden, Kronen goldgelb, Blütezeit VI–VIII.
Standort: Mauern, Bahnschotter, lückige Rasen, Kiesdächer.
Verbreitung: Mit Ausnahme des hohen N überall in EU, im Bergland bis in 2300 m Höhe.

Ähnlich: **Felsen-Fetthenne** *Sedum rupestre*, formenreich, Blätter bis zu 2 cm lang, vorn mit Stachelspitze, an der Basis gespornt; Blüten zitronengelb; Trockenrasen, Mauern, Felsen.

Wechselblättriges Milzkraut *Chrysosplenium alternifolium*

Merkmale: Wenig auffällige, mehrjährige Pflanze aus der Familie der Steinbrechgewächse mit aufrechten, 5–10 cm hohen, 3-kantigen Stängeln; Blätter nierenförmig, wenig gekerbt, borstig behaart, Grundblätter lang gestielt, Stängelblätter wechselständig; Blüten bis zu 4 mm breit, zu wenigen in kurzen Dolden, von gelblich grünen, becherartigen Hochblättern umgeben, Kronblätter fehlen, Blütezeit IV–VI.
Standort: Bachufer, Sümpfe, Quellfluren, feuchte Staudenfluren, Schluchtwälder.
Verbreitung: In EU in Kalkgebieten weit verbreitet; in D im N selten, sonst zerstreut.

Ähnlich: **Gegenblättriges Milzkraut** *Chrysosplenium oppositifolium*, Stängel 4-kantig, Blätter gegenständig, unterseits kahl; bevorzugt auf Silikatböden.

Echter Steinklee *Melilotus officinalis* SCHMETTERLINGSBLÜTENGEW.

Merkmale: Zweijährige, bis zu 1,20 m hohe Pflanze mit verzweigtem Stängel; Blätter 3-zählig gefiedert, Fiedern gezähnt, Nebenblätter glattrandig; Blüten 5–7 mm lang, zahlreich in lang gestielten, schlanken Trauben in den oberen Blattachseln, Kronen goldgelb, Fahne und Flügel deutlich länger als das Schiffchen, Blütezeit VI–IX.
Standort: Brachen, Bahndämme, Steinbrüche, Wegränder; bevorzugt an sonnigen Stellen.
Verbreitung: Überall in EU verbreitet und häufig.

Ähnlich: **Hoher Steinklee** *Melilotus altissimus*, Fahne, Flügel und Schiffchen gleich lang, Fruchtknoten und Hülse anliegend behaart, runzelig; feuchte Standorte.

Bärenschote, Süß-Tragant *Astragalus glycyphyllos* SCHMETTERL.

Blatt und Hülse

Merkmale: Mehrjährige Pflanze mit liegenden, an den Enden aufsteigenden, verzweigten, bis zu 1,50 m langen Stängeln; Blätter bis zu 20 cm lang, unpaarig gefiedert, die 9–15 Fiedern 2–4 cm lang, glattrandig; Blüten bis zu 1,5 cm lang, zu mehreren in gestielten, dichten Trauben in den Blattachseln, Kronen gelblich grün, Blütezeit V–VII; Hülse mit dünnem Schnabelfortsatz.
Standort: Waldränder, lichte Gebüsche, Kahlschläge; gewöhnlich auf kalkhaltigen Lehmböden.
Verbreitung: Vor allem in M.-EU verbreitet, fehlt in weiten Gebieten von S-EU; in D nur zerstreut, im NW des Landes ganz fehlend.
Wissenswertes: In ihren Blättern und Wurzeln enthält die B. süß schmeckende Stoffe, die auch Bestandteil von Lakritze sind.

Gewöhnlicher Hornklee *Lotus corniculatus* SCHMETTERLINGSBL.

Merkmale: Mehrjährige, tief wurzelnde Pflanze mit liegendem oder aufsteigendem Stängel, bis zu 30 cm hoch; Blätter 3-zählig, mit sehr großem Nebenblattpaar, erscheint daher 5-zählig gefiedert, kahl; Blüten bis zu 1,3 cm lang, zu 3–8 in halbkugeligen Köpfchen, Kronen goldgelb, Schiffchenspitze rechtwinklig nach oben gebogen und rötlich überlaufen, Blütezeit V–VIII.
Standort: Trockenrasen, Fettwiesen, Waldränder, Gebüschsäume; Lehm anzeigende Pflanze.
Verbreitung: Überall in EU verbreitet.
Wissenswertes: Der deutsche Artname bezieht sich auf das hornförmige Schiffchen. Darauf landende Besucherinsekten quetschen durch ihr Eigengewicht den Pollen wie aus einer Injektionsspritze aus und verteilen ihn am Bauch. Die schwarzbraunen Hülsen öffnen sich bei der Reife schlagartig.

Alpen-Hornklee *Lotus alpinus* SCHMETTERLINGSBLÜTENGEWÄCHSE

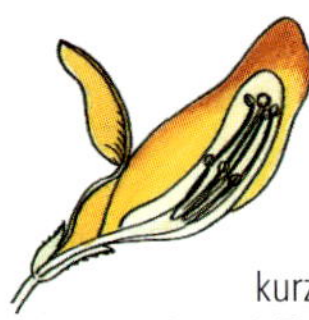

Merkmale: 5–10 cm hohe, meist kahle Staude mit niederliegenden bis aufsteigenden, kantigen Stängeln; Blätter 5-zählig, die 3 oberen kurz gestielt, die beiden unteren sitzend, Teilblättchen höchstens 10 mm lang, lanzettlich, oft mit Randwimpern; Blüten 12–18 mm lang, zu 1–3 an den Enden der Triebe, gelb, beim Abblühen oft orangerot; Schiffchen hornartig aufwärts gekrümmt (Name!), geschnäbelt, an der Spitze purpurrot; Kelchzähne vor dem Aufblühen zusammenneigend; Früchte (Hülsen) gerade, bis zu 3 cm lang; Blütezeit VI–IX.
Standort: 1800–2700 m; steinige Böden, Rasen, Schutthalden, Anschwemmungen.
Verbreitung: Alpen.
Wissenswertes: Der Gewöhnliche Hornklee unterscheidet sich vom A. deutlich durch längere Teilblätter und einen 3- bis 8-blütigen Blütenstand und hat beim Abblühen gelbe Schiffchenspitzen.

Gewöhnlicher Wundklee
Anthyllis vulneraria SCHMETTERLINGSBL.

Merkmale: Formenreiche, mehrjährige Pflanze mit aufsteigendem Stängel, 15–50 cm hoch; Blätter mit 1–6 Paar länglich elliptischer, nach vorn vergrößerter Seitenfiedern, Endfieder mitunter größer als das ganze übrige Blatt; Blüten 1–2 cm lang, in kugeligen Köpfen, Kronen gelb, orange oder rötlich, Kelch dicht zottig behaart, nach der Blüte bauchig aufgetrieben, Blütezeit V–IX.
Standort: Magerrasen, Böschungen, Steinbrüche, Trockenhänge, Gebüsche, Wegränder, vorzugsweise auf kalkhaltigem Boden.
Verbreitung: In EU außer dem äußersten N weit verbreitet; im NW von D selten.

Hopfenklee, Gelbklee *Medicago lupulina*
SCHMETTERLINGSBLÜTENG.

Merkmale: Ein- bis mehrjährige Pflanze mit liegenden oder aufsteigenden, bis zu 30 cm langen Stängeln; Blätter 3-zählig gefiedert, Fiedern vorn meist leicht ausgerandet, mit kurzem Spitzchen; Blüten etwa 3 mm lang, in kleinen Köpfchen, Kronen gelb, Blütezeit V–IX.
Standort: Wiesen, Wegränder, Trockenrasen, Gebüsche, Äcker, im Bergland bis in 1500 m Höhe.
Verbreitung: In fast ganz EU weit verbreitet, in ganz D häufig.

Zwerg-Klee, Faden-Klee
Trifolium dubium SCHMETTERLINGSBL.

Merkmale: Einjährig, 10–20 cm hoch, mit liegenden, dünnen Stängeln; Blätter 3-zählig, Fiedern bläulich grün, bis zu 1 cm lang, vorn buchtig gezähnt, Endfieder länger gestielt als die seitlichen; Blüten zu 5–10 in 5–8 mm großen Köpfen, Kronen hellgelb, später hellbraun, Blütezeit V–X.
Standort: Parkrasen, Wiesen, Weiden und Wege.
Verbreitung: Überall in EU ziemlich häufig.
Wissenswertes: Alle Klee-Arten haben Wurzelknöllchen mit Stickstoff bindenden Bakterien.

Acker-Klee, Feld-Klee
Trifolium campestre SCHMETTERLINGSBL.

Merkmale: Einjährig wachsende Pflanze mit liegenden, 5–30 cm langen Stängeln; Blätter 3-zählig, Endfieder deutlich länger gestielt als die seitlichen Fiedern; Blüten rund 5 mm lang, zu 20–30 in bis zu 1,2 cm langen Köpfchen, Kronen goldgelb, nach dem Abblühen hellbraun, Blütezeit VI–IX.
Standort: Wiesen, Äcker, Brachen, Waldwege.
Verbreitung: In EU weit verbreitet; in D vor allem in den tieferen Lagen.

Gold-Klee *Trifolium aureum*
SCHMETTERLINGSBLÜTENGEWÄCHSE

Merkmale: Einjährige Pflanze mit aufrechtem, 10–40 cm hohem Stängel; Blätter 3-zählig, Fiedern schmal oval, alle gleich lang gestielt; Blüten um die 6 mm lang, zu 20–40 in eiförmigen Köpfen beieinander stehend, Kronen goldgelb gefärbt, nach dem Abblühen hellbraun, Blütezeit VI–VIII.
Standort: Heiden, Halbtrockenrasen, Weg- und Waldränder, Säume, Böschungen.
Verbreitung: In EU fast überall häufig.

Braun-Klee *Trifolium badium*
SCHMETTERLINGSBLÜTENGEWÄCHSE

Merkmale: 10–25 cm hohe Staude mit niederliegenden bis aufrechten, meist einfachen Stängeln; Blätter gestielt, 3-zählig; Teilblätter breit oval, fein gezähnt, mit paarigen Nerven; Nebenblätter lanzettlich; Blüten in vielblütigen Köpfchen, 6–9 mm lang, goldgelb, nach dem Verblühen dunkelbraun; Fahne deutlich länger als das Schiffchen; Blütezeit VI–VIII.
Standort: Kalkböden, Weiden; in 600–3000 m.
Verbreitung: Alpen; N-Spanien bis Balkan.

Hufeisenklee *Hippocrepis comosa* SCHMETTERLINGSBLÜTENGEW.

Merkmale: Mehrjährige Pflanze mit liegenden oder aufsteigenden, kahlen oder schütter behaarten Stängeln, 10–30 cm hoch; Blätter lang gestielt, unpaarig gefiedert, mit 9–15 ovalen, etwa 1 cm langen, sehr kurz gestielten Fiedern, bläulich grün; Blüten 1 cm lang, zu 4–10 in kopfigen, lang gestielten Dolden, Kronen goldgelb, Blütezeit V–IX; Frucht (Hülse) gegliedert, mit hufeisenförmigen Abschnitten.
Standort: Trockenrasen, Steinbrüche, lichte Laubwälder; vorzugsweise auf kalkhaltigen Lehm- und Lössböden.
Verbreitung: W-, M.- und S-EU; in D relativ selten, am ehesten in südlichen und mittleren Landesteilen, auch in den Alpen.
Wissenswertes: Die Stielabschnitte der Blütenkronenteile Fahne, Flügel und Schiffchen sind bei dieser Art deutlich länger als der Kelch.

Wiesen-Platterbse *Lathyrus pratensis* SCHMETTERLINGSBLÜTENGEW.

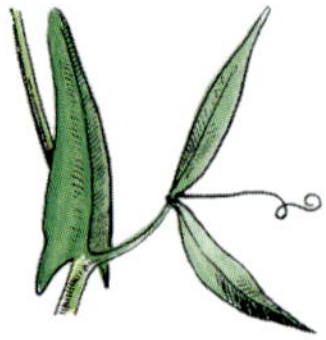

Merkmale: Mehrjährig, mit kantigem, meist liegendem Stängel, 20–90 cm lang; Blätter mit nur 1 Fiederpaar und 1 Endranke, die durch Umwandlung einer Blattfieder entsteht, Nebenblätter pfeilförmig; Blüten 1–2 cm lang, zu 3–12 in lockeren Trauben, Kronen goldgelb, Blütezeit VI–VIII.
Standort: Fett- und Nasswiesen, Ufer, Gebüsche, Wälder, Waldlichtungen, Staudenfluren, gern auf nährstoffreichen, frischen Böden.
Verbreitung: In EU fast überall häufig; auch in D verbreitet, stellenweise aber selten oder fehlend.
Wissenswertes: Der deutsche Gattungsname bezieht sich auf die abgeflachten Hülsen. Da sie zur Reifezeit schwarzbraun sind, können sie besonders gut Wärme aufnehmen und austrocknen. Nach Trocknung öffnen sie sich durch plötzliches Aufreißen und schleudern die Samen aus.

Alpen-Wundklee *Anthyllis vulneraria* ssp. *alpestris* SCHMETTERLINGSBL.

Merkmale: 5–20 cm hohe Staude; Grundblätter lanzettlich, gestielt, ganzrandig; Stängelblätter unpaarig gefiedert, mit großem Endteilblatt; Hochblätter fingerartig unter kopfigem Blütenstand; Krone goldgelb, 15–20 mm lang; Kelch 12–18 mm, häutig, weißzottig behaart, nach der Blüte aufgeblasen; Früchte (Hülsen) einsamig, in den Kelch eingeschlossen; Blütezeit VI–IX.
Standort: 1000–3000 m; kalkreiche Böden, offene Rasen, auch Geröll und Fels.
Verbreitung: Alpen; N-Spanien bis Balkan.
Wissenswertes: In der Volksmedizin wird die Pflanze als Wundheilkraut verwendet (Name!).

Ähnlich: **Berg-Wundklee** *A. montana*, dicht behaart, polsterasig, mit gefiederten Blättern und rosa bis purpurnen Blüten.

Echtes Springkraut *Impatiens noli-tangere* BALSAMINENGEWÄCHSE

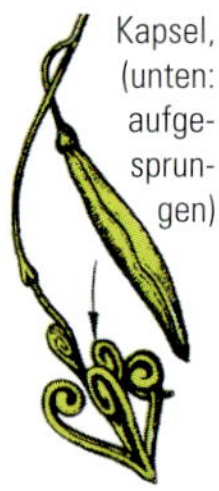

Merkmale: Einjährige, 30–100 cm hohe Pflanze mit aufrechtem, glasig erscheinendem Stängel; Blätter bis zu 10 cm lang; Blüten an langen Stielen, Kronen 2–3 cm lang, gelb, innen weinrot gepunktet, mit langem, gekrümmtem Sporn, Blütezeit VI–X; reife Kapselfrucht springt bei Berührung explosionsartig auf und schleudert dabei die Samen weit heraus.
Standort: Feuchte Laub- und Nadelwälder.
Verbreitung: In EU fast überall häufig.

Ähnlich: **Kleinblütiges Springkraut** *Impatiens parviflora*, bis 60 cm hoch, Blüten etwa 1 cm lang, blassgelb, mit geradem Sporn; in Parks und Hecken.

Gewöhnliche Nachtkerze
Oenothera biennis NACHTKERZENGEW.

Merkmale: Zweijährige Pflanze mit meist unverzweigtem, aufrechtem, 50–150 cm hohem Stängel; grundständige Blätter in einer Rosette, Stängelblätter sitzend, lanzettlich, glattrandig oder fein gezähnt, unbehaart; Blüten 3–6 cm breit, einzeln in der Achsel der oberen Blätter, öffnen sich gegen Abend mit vernehmlichem Knistern, verwelken im Lauf des Folgetags, Blütezeit VI–IX.
Standort: Steinbrüche, Bahndämme, Brachen, Wegränder, Böschungen, Gärten.
Verbreitung: Stammt aus N-Amerika, fast überall in EU verwildert, in D außer in Gebirgen häufig.

Ähnlich: **Kleinblütige Nachtkerze** *Oenothera parviflora*, Blüten bis 4 cm breit; Sandfluren, Dünen; in D vor allem im NW häufig.

Aufrechter Sauerklee *Oxalis fontana*
SAUERKLEEGEWÄCHSE

Merkmale: Ein-, seltener auch mehrjährige Pflanze mit aufrechtem, ästigem Stängel, 15–40 cm hoch; Blätter 3-zählig gefiedert; Blüten in lockerer Traube, bis zu 1,5 cm breit, Kronen gelb, Blütezeit IV–X.
Standort: Hackfruchtäcker, Gärten, Parks, Wegränder, bevorzugt in wärmeren Lagen.
Verbreitung: Stammt aus N-Amerika; im 17. Jh. nach EU gebracht, in D seit dem frühen 19. Jh. an vielen Stellen fest eingebürgert.
Wissenswertes: Die reifen Kapseln schleudern die Samen bei Berührung explosiv aus, da sie unter enormem Saftdruck (etwa 16 Bar) stehen. Die Pflanze ist bemerkenswert regenerationsfähig – sogar einzelne abgetrennte und fast vertrocknete Blätter kann man in etwas Wasser wieder relativ leicht bewurzeln. Die Art wird auch als Europäischer Sauerklee bezeichnet.

Pastinak *Pastinaca sativa*
DOLDENBLÜTENGEWÄCHSE

Merkmale: Zweijährige Pflanze, 30–100 cm hoch, mit aufrechtem, kantig gefurchtem, behaartem Stängel und fleischiger Wurzelrübe; Blätter unpaarig gefiedert, Fiedern bis zu 2 cm breit und 5 cm lang, gekerbt, beim Zerreiben aromatisch duftend, obere Stängelblätter oft nur scheidig ausgebildet; Blüten gelb, stark duftend, in zusammengesetzten Dolden ohne Hülle oder Hüllchen, Blütezeit VII–IX.
Standort: Wiesen, Wegränder, Brachflächen, gern auf lockeren, tiefgründigen Lehm- und Tonböden.
Verbreitung: In EU weit verbreitet; in D fast überall häufig.
Wissenswertes: Seit dem Altertum als Wurzelgemüse kultiviert, in weiten Teilen von D noch bis ins 18. Jh., heute in Vergessenheit geraten. Vermutlich gehen viele heutige Vorkommen auf Verwilderung zurück.

Seekanne *Nymphoides peltata*
FIEBERKLEEGEWÄCHSE

Merkmale: Mehrjährige Wasserpflanze mit kriechender Grundachse im Bodenschlamm und langen (im Unterschied zu Teich- oder Seerose) flutenden Stängeln; Schwimmblätter lang gestielt, rundlich, ähneln denen einer Seerose, aber nur 4–8 cm breit, unterseits drüsig punktiert; Blüten bis zu 3 cm breit, lang gestielt, meist zu 2–3 in den Blattachseln, Kronen kräftig gelb, innen bärtig gewimpert, Blütezeit VII–IX.
Standort: Nährstoffreiche, stehende oder langsam fließende Gewässer, sommerwarme Altarme, bis höchstens 1,5 m Wassertiefe.
Verbreitung: Wintermildes N- und M.-EU; in D selten. Manchmal in Gartenteichen gepflanzt. **RL, §!**
Wissenswertes: Die flachen Samen enthalten Luftgewebe und sind schwimmfähig. Sie werden zudem durch Anheften an das Gefieder von Wasservögeln verbreitet.

Echtes Labkraut *Galium verum*

RÖTEGEWÄCHSE

Merkmale: Mehrjährige, meist etwa 15–50 cm hohe Pflanze mit aufrechtem, festem, stumpfkantigem Stängel; Blätter zu 8–12 in Wirteln stehend, linealisch, bis zu 2,5 cm lang, aber nur 2 mm breit; Blüten zahlreich in endständigen Rispen, zitronengelb, Krone um die 3 mm breit, angenehm duftend, Blütezeit VI–IX.

Standort: Trocken- und Magerrasen, Gebüsche, Dünen, gerne auf Kalk.

Verbreitung: Fast überall in EU verbreitet; in D gebietsweise allerdings nur zerstreut, sonst häufig.

Wissenswertes: Die schmal nadelförmigen, an den Rändern nach unten umgerollten Blätter sind eine besondere Anpassung an gelegentlichen Wassermangel. Beim Trocknen entwickelt sich ein angenehmes Waldmeisteraroma, das man zeitweilig zum Aromatisieren von Getränken verwendet hat.

Bilsenkraut *Hyoscyamus niger*

NACHTSCHATTENGEWÄCHSE

Merkmale: Einjährige, 30–80 cm hohe Pflanze mit aufrechtem, stumpfkantigem, einfachem oder verzweigtem Stängel; Blätter wechselständig, oval, buchtig gezähnt bis fiederteilig, auf den Nerven behaart; Blüten einzeln in den Achseln der mittleren und oberen Blätter, Krone glockig, 1–3 cm lang und bis 2 cm breit, undeutlich 2-lippig, trübgelb, violett geädert, im Schlund dunkelviolett, Blütezeit VI–IX.

Standort: Brachflächen, Schuttstellen, Siedlungen, Mauern; meist auf nährstoffreichen Böden.

Verbreitung: Vor allem in S- und M.-EU, in D jedoch ziemlich selten und meist nur unbeständig.

Wissenswertes: Das B. riecht ziemlich unangenehm. Es ist durch Alkaloide stark giftig und wurde früher sogar für Giftmorde verwendet (siehe im „Hamlet").

Kreuzlabkraut *Cruciata laevipes*

RÖTEGEWÄCHSE

Merkmale: Mehrjährige, 20–50 cm hohe Pflanze mit aufrechtem, 4-kantigem, dicht behaartem Stängel; Blätter elliptisch, zu je 4 im Wirtel, 3-nervig, hellgrün, etwa 3–8 mm breit und 1–2 cm lang; Blüten in Scheinquirlen in den Blattachseln, angenehm duftend, Kronen zitronengelb bis grünlich gelb, Kronröhre extrem kurz, Blütezeit IV–VI.

Standort: Wälder, lichte Auen, feuchte Gebüsche, Hecken, Zäune, Ufer, Brachflächen, auf frischen, nährstoffreichen, humushaltigen Lehmböden.

Verbreitung: In EU weit verbreitet; in D stellenweise häufig, im N von D jedoch nur in den großen Flusstälern.

Wissenswertes: In den Südalpen kommt das ähnliche Frühlings-Kreuzlabkraut *(C. glabra)* vor, dessen Stängel aber unbehaart sind. Auf der gleichen Pflanze finden sich zwittrige und ♂ Blüten.

Gewöhnliches Leinkraut

Linaria vulgaris BRAUNWURZGEWÄCHSE

Merkmale: Mehrjährig, 20–60 cm hoch, mit aufrechten, verzweigten, kahlen Stängeln; Blätter dem Lein (⇨ S. 592) ähnlich (daher der 2. Name der Pflanze: Frauenflachs), überwiegend wechselständig, linealisch, 2–8 cm lang und nur 1–5 mm breit, oberseits graugrün und kurz behaart; Blüten gestielt, zahlreich in einer dichten, endständigen Traube, Krone 2–3,5 cm lang, hellgelb, mit langem, geradem Sporn und orangegelbem Fleck, Blütezeit VI–IX.

Standort: Trockene, sonnige, sandige und steinige Böden, z. B. Bahndämme, Schotterfluren, Steinbrüche, Brachflächen, Abfallstellen.

Verbreitung: In EU weit verbreitet; in D häufig.

Wissenswertes: Nur große Hautflügler wie Hummeln können die Rachenblüte des G. L. öffnen, um zu den Nektarvorräten im Sporn vorzudringen.

Großblütige Königskerze

Verbascum densiflorum BRAUNWURZG.

Merkmale: Zweijährig wachsende, meist stattliche Pflanze bis über 1,50 m Höhe mit kräftigem, aufrechtem, dicht wollig behaartem Stängel; Blätter länglich oval, vorn spitz, gekerbt, am Stängel herablaufend, wodurch dieser geflügelt aussieht; Blüten gestielt, zahlreich in einer langen, ährenartigen Traube, 2–4 cm breit, Kronen hellgelb, etwas unangenehm riechend, Blütezeit VII–IX.

Standort: Brachflächen, Bahngelände, Schotterfluren, Steinbrüche, Waldlichtungen.

Verbreitung: Hauptsächlich M.-EU, daneben auch S-EU; in D vor allem in südlichen Landesteilen weit verbreitet, gegen N zu hingegen seltener; auch oft angepflanzt.

Wissenswertes: Die dichte Behaarung der Staubblattstielchen täuscht den bestäubenden Insekten ein enormes Pollenangebot nur vor.

Schwarze Königskerze *Verbascum nigrum*

BRAUNWURZGEWÄCHSE

Merkmale: Zweijährige, 50–120 cm hohe Pflanze mit aufrechtem, meist unverzweigtem Stängel; Blätter nicht am Stängel herablaufend, Spreite an der Basis herzförmig, gekerbt, unterseits filzig behaart; Blüten kurz gestielt, zahlreich in einer schlanken, ährenartigen Traube, Kronen 1,5–2,5 cm breit, gelb, Staubbeutel orange, Staubblattstielchen violett behaart, Blütezeit V–IX.

Standort: Wegränder, Böschungen, Brachen, Waldsäume, Trockenwiesen; auf lockeren Böden.

Verbreitung: Vor allem in M.-EU weit verbreitet; in D fast überall, aber meist nur zerstreut; gelegentlich als Zierpflanze in Gärten verwendet.

Wissenswertes: Lange Zeit wurden die Haare an den Staubblättern als zusätzliche Insektennahrung angesehen. Tatsächlich dienen sie wohl lediglich als Pollenattrappe.

Großblütiger Fingerhut

Digitalis grandiflora BRAUNWURZGEW.

Merkmale: Zwei- bis mehrjährige Pflanze mit 40–120 cm hohem, aufrechtem, meist unverzweigtem, kahlem Stängel; Blätter länglich elliptisch bis lanzettlich, glatt, oberseits glänzend, fein gesägt, am Rand und auf den Hauptnerven fein behaart; Blüten zahlreich in schlanker, langer, einseitswendiger Traube, Kronen glockig, bis zu 4 cm lang, schwefelgelb, innen bräunlich gefleckt oder geädert, Blütezeit VI–IX.

Standort: Sonnige Waldsäume, Schläge, Lichtungen; bevorzugt auf kalkhaltigem Boden.

Verbreitung: W- und M.-EU; in D zerstreut in der Mittelgebirgsregion bis in etwa 1500 m Höhe. **§!**

Wissenswertes: Wie alle Fingerhut-Arten enthält auch der G. F. starke Giftstoffe. Er wird aber im Gegensatz zu seinen Verwandten nicht medizinisch genutzt.

Gelber Fingerhut *Digitalis lutea*

BRAUNWURZGEWÄCHSE

Merkmale: Mehrjährige Pflanze mit aufrechtem, meist unverzweigtem, 50–100 cm hohem, kahlem Stängel; Blätter schmal lanzettlich, glänzend dunkelgrün, mit glatter Oberfläche; Blüten bis zu 2,5 cm lang, zahlreich in dichten, schlanken, endständigen Trauben, Kronen röhrenförmig, hellgelb, innen ohne auffällige Zeichnung, Oberlippe spitz 2-zipfelig, Blütezeit VI–VIII. Alle Teile der Pflanze stark giftig!

Standort: Lichte Laub- und Mischwälder, Kahlschläge, Gebüsche, Wegränder, v. a. auf Kalk.

Verbreitung: Südliches M.-EU und S-EU; in D eher vereinzelt, fehlt im Tiefland. **§!**

Wissenswertes: Früher wurde der G. F. wie sein rot blühender Verwandter als Heilpflanze verwendet. Heute gewinnt man die wertvollen Arzneistoffe vor allem aus dem Wolligen Fingerhut *(Digitalis lanata)*, der im Balkan beheimatet ist.

Gelber Enzian *Gentiana lutea*

ENZIANGEWÄCHSE

Merkmale: 50–140 cm hohe, graugrüne, kräftige Staude mit einfachen, aufrechten Stängeln; Blätter kreuzweise gegenständig, mit 5–7 bogenförmigen, kräftigen Nerven, breit lanzettlich; Blüten zu 3–10 büschelig in den oberen Blattachseln; Krone trichter- bis sternförmig ausgebreitet, goldgelb, mit schmalen Zipfeln; Blütezeit VI–VIII.

Standort: Von Tallagen bis in 2500 m Höhe, Kalk liebend; Weiden, Hochstaudenfluren, Blockhalden und Karfluren.

Verbreitung: Gebirge in M.- und S-EU. **§!**

Wissenswertes: Der G. E. wächst sehr langsam, blüht erst mit 10 Jahren und wird bis zu 60 Jahre alt. Aus seiner bis zu 1 m langen Pfahlwurzel, die appetitanregende und verdauungsfördernde Bitterstoffe (Glykoside) enthält, werden Magenbitter und Enzianschnäpse hergestellt.

Punktierter Enzian *Gentiana punctata*

ENZIANGEWÄCHSE

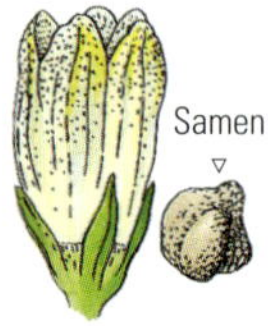

Merkmale: 20–60 cm hohe, kahle Pflanze mit einfachem, beblättertem Stängel; Blätter lanzettlich, meist 5-nervig, glänzend grün, kreuzweise gegenständig; Blüten zu 1–3 in den oberen Blattachseln sitzend oder kopfig gehäuft am Stängelende; Krone glockenförmig, bis 35 mm lang, blassgelb mit dunklen Punkten (Name!), mit 5–8 stumpfen, aufrechten Zipfeln; Kelch fast bis zur Mitte 5- bis 8-teilig unregelmäßig eingeschnitten; Blütezeit VI–IX.

Standort: Im Gebirge in etwa 1300–3100 m Höhe, auf kalkarmen Böden; Weiden, Rasen, Zwergstrauchgebüsche, Kare.

Verbreitung: Alpen, Karpaten, Balkan. **§!**

Wissenswertes: Weltweit gibt es etwa 500 Enzian-Arten, besonders in den Gebirgen der nördlichen Halbkugel, Asiens und in den Anden. In den Alpen wachsen knapp 40 Arten.

Buntes Läusekraut *Pedicularis oederi*

BRAUNWURZGEWÄCHSE

Merkmale: 5–15 cm hohe Staude; Stängel aufrecht, kantig, oben behaart, im unteren Teil kahl; Blätter meist grundständig, gestielt, 3–8 cm lang, lanzettlich, fiederschnittig mit fein gezähnten Fiedern; Blüten in kurzer, endständiger Traube; Krone 20–25 mm lang, gelb, Oberlippe vorn braunrot, ohne Schnabel und Zähne, Schlund offen; Kelch langhaarig, ungleich gezähnt; Blütezeit VI–VIII.

Standort: In 1500–2700 m Höhe; kalkhaltige Böden, Magerrasen, Zwergstrauchgebüsche.

Verbreitung: Zerstreut in den Alpen, Karpaten, vor allem in arktischen Regionen. **§!**

Wissenswertes: Die Gattung Läusekraut gehört zu den artenreichsten Gattungen in der Familie der Braunwurzgewächse. Weltweit gibt es rund 600 Läusekraut-Arten, die meisten in asiatischen Gebirgen.

Alpenrachen *Tozzia alpina*

BRAUNWURZGEWÄCHSE

Merkmale: 10–50 cm hohe Halbschmarotzer-Staude mit aufrechten, verzweigten, 4-kantigen Stängeln; Blätter gegenständig, sitzend, eiförmig zugespitzt, mit 1–3 groben Sägezähnen; Blüten in kurzen Trauben, einzeln in den Achseln von Tragblättern; Krone 5–9 mm lang, gelb, mit rotbraun punktierter, 3-lappiger Unterlippe und aufrechter, 2-lappiger Oberlippe; Kelch glockig, 4-zähnig; Blütezeit VI–VIII.

Standort: 800–2600 m, Kalk liebend; feuchte, nährstoffreiche Böden, Hochstaudenfluren.

Verbreitung: Kalkalpen, Pyrenäen bis Balkan. **§!**

Wissenswertes: Im 1. Jahr seines Wachstums ernährt sich der A. als Vollparasit von großblättrigen Stauden, etwa dem Alpendost (⇨ S. 722), ab dem 2. Jahr als Halbschmarotzer teils über die Wirtspflanzen, teils über die eigene Assimilation.

Zottiger Klappertopf *Rhinanthus alectorolophus*

BRAUNWURZGEW.

Merkmale: Formenreiche, einjährige, 10–50 cm hohe Pflanze mit einfachem oder verzweigtem, dicht zottig behaartem Stängel; Blätter gegenständig, länglich-lanzettlich, gekerbt; Blüten in der Achsel der oberen Stängel- und bleichgrüner, zottig behaarter Tragblätter, Krone 1,8–2,5 cm lang, hellgelb, Oberlippe mit blauviolettem Zahn, Kelch kraus behaart, Blütezeit V–IX.
Standort: Trockene Wiesen, bevorzugt auf lockeren, mageren Kalkböden.
Verbreitung: M.-EU; in D nach S zu häufiger.

Ähnlich: **Kleiner Klappertopf** *Rhinanthus minor*, Blüten höchstens 1,6 cm lang, Oberlippenzahn weißlich blau; Wiesen, Niedermoore, meidet Kalk.

Salbei-Gamander *Teucrium scorodonia*

LIPPENBLÜTENGEWÄCHSE

Merkmale: Mehrjährige Pflanze mit 30–70 cm hohem, 4-kantigem, aufrechtem, meist verzweigtem Stängel, am Grund mit Ausläufern; Blätter gegenständig, gestielt, herzförmig, 1–2 cm breit und 3–6 cm lang, leicht runzelig, weich behaart, am Rand gekerbt, beim Abstreifen unangenehm riechend; Blüten zahlreich in einer schlanken, einseitswendigen Scheinähre, Kronen blass grünlich gelb, um 1 cm lang, ohne deutliche Oberlippe, Kelch helmförmig, Blütezeit VII–IX.
Standort: Eichenwälder, Heiden, Waldsäume, Wege; vorzugsweise auf sauren Böden.
Verbreitung: M.- und S-EU, in D vor allem im Mittelgebirge verbreitet.
Wissenswertes: Der S. benötigt, um optimal zu gedeihen, eine relativ hohe Luftfeuchtigkeit.

Goldnessel *Galeobdolon luteum*

LIPPENBLÜTENGEWÄCHSE

Merkmale: Formenreiche, mehrjährige Pflanze, 20–60 cm hoch, mit spärlich behaartem Stängel und oberirdischen Ausläufern; Blätter gegenständig, breit eiförmig bis lanzettlich, grob gezähnt oder gekerbt; Blüten zu 6–10 als Scheinquirle in den oberen Blattachseln, Kronen goldgelb, 1,5–2,5 cm lang, Unterlippe 3-zipfelig, bräunlich gefleckt, Blütezeit IV–VI.
Standort: Laubwälder, Gebüsche, Säume, Hochstaudenfluren; vorzugsweise auf lockeren, tiefgründigen, humusreichen Böden.
Verbreitung: In EU weit verbreitet; in D nahezu überall häufig.
Wissenswertes: Die G. stellt eine sog. Kleinartengruppe dar, wobei die genaue gegenseitige Abgrenzung und Benennung der verschiedenen Formen zurzeit noch nicht eindeutig feststeht.

Bunter Hohlzahn *Galeopsis speciosa*

LIPPENBLÜTENGEWÄCHSE

Merkmale: Einjährig, bis zu 1 m hoch, mit aufrechtem, nur an den Knoten abstehend behaartem Stängel; Blätter gegenständig, gestielt, länglich eiförmig, 3–12 cm lang, am Rand gesägt; Blüten zu mehreren quirlartig gehäuft in den Achseln der oberen Blätter, Kronen 2–3,5 cm lang, gelb, nur der Mittellappen der 3-zipfeligen Unterlippe violett gezeichnet oder ganz violett, Kelch mit borstigen Zipfeln, Blütezeit VI–X.
Standort: Wälder, Lichtungen, Gebüsche, Hecken, Säume, Äcker, Brachen, Schuttstellen.
Verbreitung: In EU weit verbreitet; in D im NW ausgesprochen selten, sonst nur zerstreut.
Wissenswertes: Die Gattung Hohlzahn umfasst mehrere gelb oder rötlich blühende Arten. Alle sind gekennzeichnet durch 2 zahnartige Ausstülpungen der Unterlippe.

Strauß-Glockenblume *Campanula thyrsoides* GLOCKENBLUMENGEW.

Merkmale: In der Regel zweijährige, 10–50 cm hohe, rauhaarige Pflanze mit einfachem, kantigem, vor allem unten dicht beblättertem Stängel; Blätter steifhaarig, ganzrandig, meist mit welligem Rand; Grundblätter länglich lanzettlich, Stängelblätter auch zungenförmig, sitzend; Blüten zu 1–3 in den oberen Blattachseln, zahlreich (bis zu 200) in dichter Ähre; Krone 15–25 mm lang, blassgelb, glockig bis trichterförmig, behaart; Kelch mit spitzen Buchten; Blütezeit VI–VIII.

Standort: 1000–2700 m, Kalk liebend; steinige Rasen, Felsbänder, Wegränder, sonnige Lagen.

Verbreitung: Alpen, Jura, Balkan. **§!**

Wissenswertes: In neueren Untersuchungen wurde festgestellt, dass das Heranwachsen der Blattrosetten bis zur Blütenreife an manchen Standorten nicht 2, sondern 5–10 Jahre dauert. Jede Fruchtkapsel enthält etwa 120–180 Samen; bei einer Pflanze mit 100 Blüten sind das bis zu 18 000 Samen, die durch den Wind verbreitet werden.

Strahlenlose Kamille *Matricaria discoidea* KORBBLÜTENGEWÄCHSE

Blütenkopf

Merkmale: Einjährig, 5–30 cm hoch, Stängel kräftig, zäh, aufrecht, reich verzweigt; Blätter mehrfach gefiedert, mit schmalen Zipfeln; Blütenkörbchen oval, ohne Zungenblüten, nur mit grüngelben Röhrenblüten, beim Zerreiben aromatisch duftend, Blütezeit VI–VIII.

Standort: Äcker, Brachen, Wegränder, Schuttstellen, Trittrasen.

Verbreitung: Stammt ursprünglich aus NO-Asien, erstmals 1852 in Berlin als Gartenflüchtling beobachtet, seither rasche Ausbreitung entlang der Schienenwege, heute überall in EU häufig.

Wissenswertes: Die bemerkenswert trittfeste Pflanze verströmt beim Zerreiben den typischen Kamillengeruch. Sie ist aber medizinisch nicht als Ersatz für die Echte Kamille zu verwenden, denn ihrem ätherischen Öl fehlt das Chamazulen, das für die Heilwirkung verantwortlich ist.

Färber-Hundskamille *Anthemis tinctoria* KORBBLÜTENGEWÄCHSE

filzig, grau, behaart

Merkmale: Zwei- oder mehrjährig, 20–70 cm hoch, Stängel fest, aufrecht, verzweigt; Blätter wechselständig, doppelt fiederspaltig; Blütenkörbchen 2–4 cm breit, mit weiblichen Zungen- und zwittrigen Röhrenblüten, leuchtend gelb, Blütezeit VI–IX.

Standort: Trockenrasen, Gebüsche, Felsfluren, Brachen, Bahndämme, benötigt basische oder allenfalls mäßig saure, leicht sandig-steinige Böden.

Verbreitung: Hauptsächlich in M.- und S-EU; in D in milden Lagen vor allem im S; im Gebirge höchstens bis in 1200 m Höhe.

Wissenswertes: Aus den Blüten der auch als Färberkamille bezeichneten Art wurde früher ein gelber Textilfarbstoff zum Färben von Wolle gewonnen. Die Staubblattstiele ziehen sich bei Berührung zusammen.

Saat-Wucherblume *Chrysanthemum segetum* KORBBLÜTENGEW.

Merkmale: Einjährig, 20–60 cm hoch, Stängel aufrecht, kräftig, einfach oder im oberen Teil wenig verzweigt, kahl, bläulich; Blätter wechselständig, eiförmig, grob gesägt bis fiederspaltig, oberseits dunkel bläulich grün, untere gestielt, obere sitzend; Blütenkörbchen 2–5 cm breit, flach, Zungenblüten ♀, Röhrenblüten zwittrig, beide goldgelb, Blütezeit VII–IX.

Standort: Hackfruchtäcker, Schuttplätze, Wege, Brachflächen; meidet Kalk, gern auf sandigen Lehmböden.

Verbreitung: In M.- und S-EU verbreitet, in D vor allem in Gebieten südlich des Mains.

Wissenswertes: Durch Saatgutreinigung und Herbizide ist die S. auch in ihren traditionellen Verbreitungsgebieten selten geworden. Eine empfehlenswerte Art für Wildpflanzengärten; Kulturbegleiter des Menschen seit der Jungsteinzeit.

Rainfarn *Tanacetum vulgare*

KORBBLÜTENGEWÄCHSE

Merkmale: Mehrjährige Pflanze mit aufrechtem, kräftigem, gerilltem Stängel, 60–120 cm hoch, beim Zerreiben kampferartiger Geruch; Blätter fiederteilig, Fiedern gesägt; Blütenkörbchen 0,5–1 cm breit, zu mehreren in einer Doldenrispe, Zungenblüten fehlen, zwittrige Röhrenblüten ca. 100, gelb, Blütezeit VII–IX.

Standort: Brachflächen, Wegränder, Hecken, Schuttflächen, Dämme, Ufer.

Verbreitung: In ganz EU weit verbreitet u. häufig.

Wissenswertes: Der R. gilt als Kompasspflanze – die Blätter werden im vollen Sonnenlicht ziemlich genau nach Süden ausgerichtet und senkrecht gestellt. An seinen Standorten bildet der R. durch unterirdische Ausläufer zuweilen umfangreiche Gestrüppe. Die Pflanze enthält in allen Teilen Giftstoffe!

Huflattich *Tussilago farfara*

KORBBLÜTENGEWÄCHSE

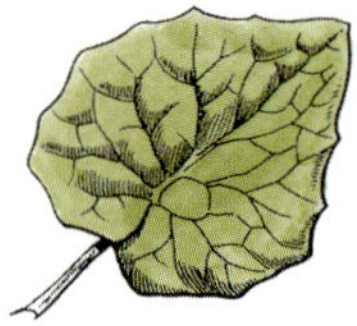

Merkmale: Mehrjährig; alle Blätter grundständig, rundlich herzförmig, 10–30 cm lang, unterseits graufilzig behaart, erscheinen erst nach der Blüte; Blütenschaft 5–15 cm hoch, Körbchen 2–2,5 cm breit, randliche Zungenblüten ca. 300, ♀, zentrale Röhrenblüten etwa 30–40, ♂, alle Blüten einheitlich gelb, Blütezeit II–IV.

Standort: Brachen, Wegränder, Schuttstellen, Bahndämme, Kiesgruben, lichte Wälder. Rohbodenpionier, Staunässezeiger.

Verbreitung: In D wie fast überall in EU häufig.

Wissenswertes: Die Geschlechterverteilung in den Korbblüten des H. ist ungewöhnlich. Üblicherweise sind in dieser Familie die zentralen Röhrenblüten nicht ♂, sondern zwittrig. Der H. ist zwar eine bewährte Heilpflanze bei Husten, wirkt jedoch bei Langzeitgebrauch leberschädigend.

Echte Goldrute *Solidago virgaurea*

KORBBLÜTENGEWÄCHSE

Merkmale: Mehrjährige, bis zu 80 cm hohe Pflanze mit aufrechtem, nur wenig verzweigtem, kahlem oder zerstreut behaartem Stängel; Blätter wechselständig, länglich elliptisch, zugespitzt, gekerbt, verschmälern sich an der Basis in den schwach geflügelten Blattstiel, die oberen Blätter sitzend und zunehmend glattrandig; Blütenkörbchen 1–2 cm breit, gelb, zahlreich in schlanker Traube oder Rispe, meist mit 6–12 ausgebreiteten Zungenblüten, Blütezeit VII–X.

Standort: Gebüsche, lichte Wälder, Böschungen, Weiden, Bergwiesen; vorzugsweise auf trockenem Boden.

Verbreitung: In EU mit Ausnahme des Mittelmeerraums weit verbreitet; in D gebietsweise nur zerstreut, im Bergland bis in etwa 2500 m Höhe.

Kanadische Goldrute *Solidago canadensis*

KORBBLÜTENGEWÄCHSE

Merkmale: Mehrjährige, stattliche Pflanze bis zu 2,50 m Höhe mit aufrechtem, einfachem, im oberen Teil kurzhaarigem, erst im Blütenstand verzweigtem Stängel; Blätter wechselständig, lanzettlich, 7–15 cm lang, im vorderen Drittel gesägt; Blütenkörbchen goldgelb, etwa 5 mm lang, zylindrisch, zahlreich in einseitswendigen, mehr oder weniger aufrecht abstehenden Rispenästen, die unscheinbaren Zungenblüten ungefähr so lang wie die Röhrenblüten, Blütezeit VII–X.

Standort: Flussauen, Gebüsche, Brachen, Schuttstellen, Waldränder, Gartenland.

Verbreitung: Stammt ursprünglich aus N-Amerika, ist bei uns aus Gartenkultur verwildert; in den meisten Gebieten von EU inzwischen eingebürgert und auch in D vom Tiefland bis ins Gebirge ziemlich häufig.

Arnika *Arnica montana*

KORBBLÜTENGEWÄCHSE

Merkmale: 20–60 cm hoch; 1–3 gegenständige Stängelblätter; Grundblätter in Rosetten, oval bis lanzettlich, ganzrandig, behaart; Blütenköpfe 4–6 cm breit, dottergelb; Blütezeit VI–VIII.
Standort: Tallagen bis 2800 m, Kalk meidend; Zwergstrauchheiden, Magerweiden, Torfböden.
Verbreitung: Alpen, Pyrenäen bis Balkan, im N bis S-Skand. **§!**
Wissenswertes: Allheilmittel bei Blutergüssen, Muskel- u. Gelenkbeschwerden und Abszessen.

Gold-Pippau *Crepis aurea*

KORBBLÜTENGEWÄCHSE

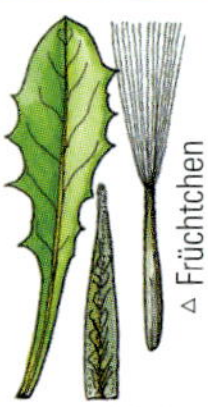

Merkmale: 5–30 cm hohe, einköpfige Staude mit Milchsaft; Stängel einfach, blattlos oder mit 1–2 kleinen Blättern, oben wie die Hülle schwarz behaart; Grundblätter oval bis lanzettlich, gezähnt bis fiederteilig; Hülle glockig; Blütenköpfchen mit orangegelben bis -roten Zungenblüten; Blütezeit VI–VIII.
Standort: In 1000–2900 m Höhe; nährstoffreiche Böden, Fettwiesen, Weiden, Schneeböden.
Verbreitung: Jura und Alpen bis Kleinasien.

Großblütige Gämswurz *Doronicum grandiflorum*

KORBBLÜTENG.

Merkmale: 10–50 cm hohe, drüsenhaarige Staude mit meist einköpfigem Stängel; Grundblätter deutlich gestielt, breit eiförmig, grob buchtig gezähnt; Stängelblätter wechselständig, eiförmig bis lanzettlich, den Stängel zur Hälfte umfassend; Blütenköpfchen 4–6 cm breit, mit gelben Zungen- und Röhrenblüten; Blütezeit VII–VIII.
Standort: 1400–3400 m; feuchter, lange vom Schnee bedeckter Kalkschutt, Geröll, Karfluren.
Verbreitung: Alpen, Pyrenäen, N-Balkan.
Wissenswertes: Die G. G. wird gern von Gämsen und Hirschen gefressen, weil Wurzel, Kraut und Blüten einen Süßstoff enthalten.

Alpen-Greiskraut *Senecio alpinus*

KORBBLÜTENGEWÄCHSE

Merkmale: 30–100 cm hohe Staude mit kantigem, beblättertem Stängel; Blätter gestielt, ei- bis herzförmig, ungleich grob gezähnt, oberseits dunkelgrün, unterseits graufilzig bis fast kahl; Blütenköpfe lang gestielt, zu 6–20 in doldiger Rispe; Zungen- und Röhrenblüten goldgelb; Blütezeit VII–IX.
Standort: Im Bergland von 500–2200 m Höhe; feuchte, nährstoffreiche Böden, Weiden, Hochstauden- und Lägerfluren.
Verbreitung: O-Alpen (westwärts bis Savoyen).
Wissenswertes: Das A. ist ein bestandsbildendes Weideunkraut, das vom Vieh gemieden wird, denn es enthält v. a. im Frischzustand giftige Alkaloide.

Orangerotes Habichtskraut *Hieracium aurantiacum*

KORBBLÜTENG.

Merkmale: 20–50 cm hoch, mit Ausläufern; Stängel, Blätter und Hülle mit langen, dunklen Haaren; Stängel 2- bis 12-köpfig, mit wenigen, kleinen Blättern; Grundblätter rosettig, länglich, stumpf; Blütenköpfchen in dicht gedrängten Doldentrauben; Zungenblüten gelborange bis orangerot; Hüllblätter stumpf, schwärzlich; Blütezeit VI–VIII.
Standort: 1000–3000 m, saure, nährstoffarme Böden; Zwergstrauchheiden, Magerrasen, Mähwiesen, Weiden.
Verbreitung: Gebirge in S-, M.- und N-EU.
Wissenswertes: Außeralpine Bestände des O. H. sind durch Verwilderung aus Gärten entstanden.

Echte Edelraute *Artemisia umbelliformis*

KORBBLÜTENGEWÄCHSE

Merkmale: 5–15 cm hohe, aromatisch duftende, seidenhaarige Staude, kurzrasig wachsend; Blätter gestielt, Grundblätter doppelt 3-teilig, Stängelblätter gefingert; gelbe Röhrenblüten in 3–5 mm großen, rundlichen Köpfchen in einer lockeren, beblätterten Traube; innere Hüllblätter mit dunkelbraunem, häutigem Rand; Blütezeit VII–IX.
Standort: 1300–3700 m, neutrale bis saure Böden in sonnigen Lagen; Fels, Schutt, Moränen.
Verbreitung: Gebirge in M.- und SW-EU. **§!**

Gletscher-Edelraute *Artemisia glacialis*

KORBBLÜTENGEWÄCHSE

Merkmale: 5–15 cm hohe, rasig wachsende und aromatisch duftende Staude mit weißgrauer, filziger Behaarung; Blätter gestielt, die unteren handförmig geteilt, mehrfach 3-spaltig; Blütenköpfe halbkugelig, 4–6 mm lang, zu 3–10 am Stängelende in gedrängten Knäueln, nur die unteren Köpfchen länger gestielt; Köpfchen mit jeweils 30–40 goldgelben, kahlen Röhrenblüten; Blütezeit VII–VIII.
Standort: 2000–3300 m; kalkarmer Fels, Schutt.
Verbreitung: W-Alpen (Seealpen bis Wallis). **§!**
Wissenswertes: Der Gattungsname *Artemisia* rührt von der griechischen Göttin Artemis her, die in einer ihrer Erscheinungsformen Göttin der Frauen war. Verwandte Arten wurden als Heilmittel bei Frauenleiden eingesetzt. Die ätherischen Öle und Bitterstoffe der Edelrauten waren wichtig zur Appetitanregung, zur Förderung des Gallenflusses und der Verdauung sowie zur Wundheilung. Bis heute finden sie auch Verwendung bei der Herstellung bekannter Kräuterliköre.

Fuchssches Greiskraut *Senecio ovatus*

KORBBLÜTENGEWÄCHSE

Merkmale: Mehrjährig, formenreich, 50–150 cm hoch, Stängel kantig; Blätter wechselständig, 5–20 cm lang, oberseits kahl, unterseits meist behaart, gezähnt; Blütenkörbchen 2,5–3 cm breit, zahlreich in einer breiten, ebenen Doldenrispe, gelb, mit 5, seltener bis zu 8 Zungenblüten und zahlreichen Röhrenblüten, werden im Abblühen braun, Blütezeit VII–IX.
Standort: Wälder, Gebüsche, Lichtungen, auf sickerfeuchten, nährstoffreichen Lehmböden.
Verbreitung: In M.- und S-EU; in D vor allem in den Mittelgebirgen häufig.
Wissenswertes: Die früher als Hain-Kreuzkraut bezeichnete Art ist zu Ehren des Tübinger Botanikers Leonhart Fuchs (1501–1568) benannt. Der ebenfalls gebräuchliche Gattungsname Kreuzkraut leitet sich von missverstandenem „Greiskraut" ab. Alle Teile der Pflanze sind giftig!

Nickender Zweizahn *Bidens cernua*

KORBBLÜTENGEWÄCHSE

Merkmale: Einjährig, Stängel kahl, aufrecht, 15–80 cm hoch; Blätter gegenständig oder zu 3 in Wirteln, ungeteilt, oval-lanzettlich, gezähnt; Blütenkörbchen endständig, 2,5–4 cm breit, kugelig, anfangs aufrecht, später nickend, mit 6–9 gelben Zungenblüten und braungelben Röhrenblüten, Blütezeit VII–IX.
Standort: Ufer, Gräben, Niedermoore, Teichränder, auf schlammig-tonigen, staunassen Böden.
Verbreitung: In EU mit Ausnahme des S weit verbreitet; in D meist nur vereinzelt oder zerstreut, vor allem im Tiefland.
Wissenswertes: Wie bei den nahe verwandten Arten der Gattung kommen auch innerhalb dieser Art Exemplare ohne Randblüten vor. Der Name Zweizahn bezieht sich auf die beiden widerhakigen Borsten an den Früchten.

Jakobs-Greiskraut *Senecio jacobaea*

KORBBLÜTENGEWÄCHSE

Merkmale: Ein- bis mehrjährig, 30–120 cm hoch, Stängel kantig, oft bräunlich; Blätter wechselständig, tief fiederteilig mit zipfeligen Öhrchen, unterseits behaart; Blütenkörbchen 1,7–2 cm breit, gelb, zahlreich in flacher Doldenrispe, 11–15 Zungenblüten, Scheibenblüten im Abblühen bräunlich, Blütezeit VI–X.
Standort: Trockenwiesen, Gebüsche, Wegränder, auf trockenen, mäßig nährstoffreichen Lehm- und Tonböden.
Verbreitung: In D wie in ganz EU fast überall häufig, fehlt auf Sandböden.
Wissenswertes: Das auf Magerrasen vorkommende, überaus ähnliche Raukenblättrige Greiskraut *(S. erucifolius)* wird mit dieser Art sehr häufig verwechselt. Es blüht aber durchweg erst 2 Monate später.

Gewöhnliches Greiskraut
Senecio vulgaris KORBBLÜTENGEWÄCHSE

Merkmale: Einjährig, 10–40 cm hoch, Stängel aufrecht, verzweigt, anfangs flockig behaart; Blätter wechselständig, buchtig gelappt bis fiederteilig, unterseits wie mit Spinnweben überzogen; Blütenkörbchen um 5 mm breit, gelb, ohne Zungenblüten, häufig nickend, Außenhülle schwarzgrün, Blütezeit III–X.
Standort: Äcker, Gärten, Schuttstellen, auf stickstoffreichen, lockeren Böden.
Verbreitung: In D wie überall in EU sehr häufig.

Klebriges Greiskraut *Senecio viscosus*
KORBBLÜTENGEWÄCHSE

Merkmale: Einjährige Pflanze, 15–60 cm hoch, Stängel aufrecht bzw. hin- und hergebogen, verzweigt, klebrig behaart; Blätter wechselständig, tief fiederteilig, drüsig-klebrig behaart, anfangs wie mit Spinnweben überzogen; Blütenkörbchen in einer unebenen Doldenrispe, mit 11–15 gelben Zungenblüten, Außenhülle locker, Blütezeit VI–X.
Standort: Bahndämme, Felsschutt, Wegränder.
Verbreitung: In EU weit verbreitet; in D häufig.

Schmalblättriges Greiskraut
Senecio inaequidens KORBBLÜTENGEW.

Merkmale: Mehrjährig, Stängel aufrecht, stark verzweigt, etwas kantig, 30–100 cm hoch; Blätter wechselständig, 2–6 cm lang, schmal lanzettlich, ungleichmäßig gezähnt (lateinischer Artname: Ungleichzähniges Greiskraut); Blütenkörbchen gelb, 1–1,5 cm breit, zahlreich in Doldenrispen, Blütezeit VII–XII.
Standort: Bahngelände, Kiesgruben, Wegränder.
Verbreitung: Aus S-Afrika in EU eingebürgert; im Weser- und Rheingebiet stellenweise häufig.

Topinambur, Erdbirne *Helianthus tuberosus*
KORBBLÜTENGEWÄCHSE

Merkmale: Mehrjährige, 1–3 m hohe Pflanze mit aufrechtem, verzweigtem, rau behaartem Stängel, Ausläufer bildend; Wurzelknollen (kl. Foto) gekocht essbar; Blätter gegenständig oder zu 3, oval, gezähnt, rau, dunkelgrün; Blütenkörbchen 5–8 cm breit, gelb, mit 12–20 sterilen Zungenblüten, Blütezeit VIII–XI.
Standort: Flussufer, Brachflächen, Waldränder.
Verbreitung: Aus N-Amerika in EU eingebürgert, regional verwildert; in D v. a. in großen Flusstälern.

Kohl-Gänsedistel *Sonchus oleraceus*
KORBBLÜTENGEWÄCHSE

Merkmale: Ein- oder zweijährig, bis zu 1 m hoch, Stängel verzweigt, alle Teile mit viel Milchsaft; Blätter weich, grob gesägt, stachelig gezähnt, bläulich grün, an der Basis geöhrt; Blütenkörbchen 2–2,5 cm breit, hellgelb, Blütezeit VI–X.
Standort: Äcker, Gärten, Brachflächen, Wegränder.
Verbreitung: Fast überall in EU und auch in D ziemlich häufig; früher als Gemüse genutzt.

Dornige Gänsedistel *Sonchus asper*
KORBBLÜTENGEWÄCHSE

Merkmale: Einjährig, Stängel aufrecht, verzweigt, 30–120 cm hoch; Blätter derb, dunkelgrün, leicht glänzend, meist ungeteilt oder wenig fiederspaltig, stachelig gezähnt, an der Basis mit rundlichen, ebenfalls gezähnten Öhrchen; Blütenkörbchen bis 2,5 cm breit, nur mit Zungenblüten, sattgelb, Blütezeit VI–X.
Standort: Äcker, Gärten, Brachflächen, Wege.
Verbreitung: In EU weit verbreitet, in D häufig.

Acker-Gänsedistel *Sonchus arvensis*
KORBBLÜTENGEWÄCHSE

Merkmale: Formenreich, mehrjährig, 50–120 cm hoch, Stängel aufrecht, meist einfach, im oberen Teil drüsig; Blätter wechselständig, tief buchtig, stachelig gezähnt; Blütenkörbchen nur mit Zungenblüten, gelb, 3–4,5 cm breit, zu mehreren in einer lockeren Doldenrispe, nur bei sonnigem Wetter geöffnet, Blütezeit VII–X.

Standort: Äcker, Gärten, Weinberge, Wegränder, Schuttplätze und Dünen.

Rauer Löwenzahn *Leontodon hispidus*
KORBBLÜTENGEWÄCHSE

Merkmale: Mehrjährig, 10–50 cm hoch, Stängel unverzweigt, aufrecht, schwach behaart, blattlos; Blätter in grundständiger Rosette, buchtig bis fiederteilig, kahl bis wenig behaart; Blütenkörbchen einzeln endständig, gelb, 2,5–3,5 cm breit, vor dem Aufblühen nickend, Blütezeit VII–IX.

Standort: Nährstoffreiche Wiesen, Weiden, Parkrasen, auch Feldwege; oft auf Ton- und Lehmböden.

Verbreitung: In EU weit verbreitet; in D jedoch nur stellenweise häufig.

Wiesen-Pippau *Crepis biennis*
KORBBLÜTENGEWÄCHSE

Merkmale: Zweijährig, Stängel aufrecht, verzweigt, mit Milchsaft, 30–120 cm hoch; Blätter wechselständig, tief buchtig gezähnt bis fiederteilig, an der Basis verschmälert; Blütenkörbchen 2–3,5 cm breit, gelb, nur mit Zungenblüten, in lockerer Rispe, Hülle behaart, Blütezeit V–IX.

Standort: Fettwiesen, Weiden, Wegränder, Äcker.

Verbreitung: In ganz EU verbreitet und häufig, so auch überall in D.

Golddistel *Carlina vulgaris*
KORBBLÜTENGEWÄCHSE

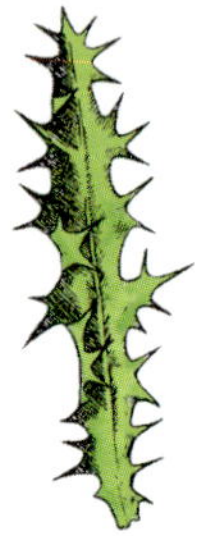

Merkmale: Vorwiegend zweijährig, 20–70 cm hoch, Stängel aufrecht, verzweigt, starr, stachelig; Blätter wechselständig, ungeteilt oder schwach gelappt, stachelig; Blütenkörbchen 2,5–4 cm breit, nur mit braungelben Röhrenblüten, die äußeren Hüllblätter strohgelb, Blütezeit VII–IX.

Standort: Trockenrasen, lichte Wälder, Gebüsche; meist auf Kalk.

Verbreitung: In EU weit verbreitet; in den meisten Gegenden von D nur zerstreut vorkommend.

Kohl-Kratzdistel *Cirsium oleraceum*
KORBBLÜTENGEWÄCHSE

Merkmale: Mehrjährig, Stängel aufrecht, verzweigt, 30–150 cm hoch; Blätter wechselständig, weich, die unteren fiederspaltig, die oberen einfach, stachelig umrandet, nicht am Stängel herablaufend; Blütenkörbchen von bleichen Hochblättern umgeben, 3–4 cm breit, ausschließlich mit gelblichen Röhrenblüten, Blütezeit VI–IX.

Standort: Nasswiesen, Bachufer, Auen, Gräben.

Verbreitung: Vor allem in M.-EU verbreitet.

Wiesen-Bocksbart *Tragopogon pratensis*
KORBBLÜTENGEWÄCHSE

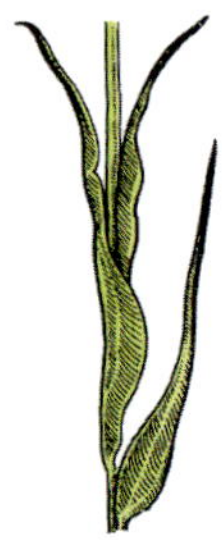

Merkmale: Ein- bis mehrjährig, formenreich, 30–70 cm, Stängel aufrecht, verzweigt; Blätter wechselständig, bläulich grün, glattrandig, schmal lanzettlich, kahl; Blütenkörbchen 3,5–5 cm breit, flach, nur mit gelben Zungenblüten, die nur vormittags aufblühen, Blütezeit V–VIII.

Standort: Fettwiesen, Brachen.

Verbreitung: In EU weit verbreitet; in manchen Gegenden von D allerdings nur zerstreut, z. B. in Heidesandgebieten selten.

Löwenzahn, Kuhblume
Taraxacum officinale KORBBLÜTENGEW.

Merkmale: Mehrjährige, sehr formenreiche Pflanze, alle Teile mit Milchsaft; sämtliche Blätter in einer grundständigen Rosette, gelappt, grob gesägt, fiederspaltig oder gezähnt, kahl; Blütenkörbchen 3–6 cm breit, einzeln endständig auf einem 10–50 cm hohen, rötlichen, hohlen Schaft, gelb, Blütezeit IV–VI.
Standort: Fettwiesen, Weiden, Wegränder, Äcker, alpine Matten.
Verbreitung: In D ebenso wie im ganzen übrigen EU überall sehr häufig.

Mauerlattich *Mycelis muralis*
KORBBLÜTENGEWÄCHSE

Merkmale: Mehrjährig, Stängel aufrecht, rundlich, im oberen Teil verzweigt, 25–150 cm hoch, alle Teile mit Milchsaft; Blätter wechselständig, buchtig fiederteilig mit eckigen End- und Seitenlappen, dünn, bläulich grün; Blütenkörbchen um 1,5 cm breit, nur mit 5 (manchmal 7) blassgelben Zungenblüten, Blütezeit VII–IX.
Standort: Feuchte Mischwälder, Gebüsche, Schutthalden, Mauern.
Verbreitung: In D wie in ganz EU überall häufig.

Kleines Habichtskraut *Hieracium pilosella*
KORBBLÜTENGEWÄCHSE

Merkmale: Mehrjährig, 5–20 cm hoch, formenreich, Ausläufer bildend; Blätter allesamt grundständig, schmal oval, oberseits langhaarig, unterseits graufilzig behaart, mit Milchsaft; Blütenkörbchen einzeln endständig, 2–3 cm breit, nur mit schwefelgelben Zungenblüten, diese außen oft rot gestreift, Blütezeit V–X.
Standort: Trockenrasen, Mauern, Felsfluren, Wegränder.
Verbreitung: In D wie in ganz EU überall häufig.

Rainkohl *Lapsana communis*
KORBBLÜTENGEWÄCHSE

Merkmale: Einjährige, 30–120 cm hohe Pflanze mit aufrechtem, verzweigtem Stängel, alle Teile mit Milchsaft; Blätter wechselständig, gestielt, weit buchtig bis fiederteilig mit großem Endlappen; Blütenkörbchen 1,5–2 cm breit, nur mit hellgelben Zungenblüten, zahlreich in lockeren Rispen beieinander stehend, Blütezeit V–IX.
Standort: Äcker, Brachen, Gärten, Gebüsche.
Verbreitung: In D wie fast überall in EU häufig.

Wald-Habichtskraut *Hieracium sylvaticum*
KORBBLÜTENGEWÄCHSE

Merkmale: Mehrjährig, 20–50 cm hoch, überaus formenreich, Stängel aufrecht, ganz ohne oder höchstens unten mit 1–2 kleinen Blättern; Grundblätter in einer Rosette, länglich oval, unregelmäßig gezähnt; Blütenkörbchen 2,5–3 cm breit, nur mit gelben Zungenblüten, zu mehreren in Doldenrispe, Blütezeit V–IX.
Standort: Laub- u. Mischwälder, Gebüsche, schattige Mauern.
Verbreitung: In EU fast überall häufig.

Wiesen-Gelbstern *Gagea pratensis*
LILIENGEWÄCHSE

Merkmale: Mehrjährige Zwiebelpflanze, 5–20 cm hoch, meist nur mit 1 grundständigen, gekielten und bewimperten Blatt von etwa 4 mm Breite, an der Basis oft rötlich; je 1–5 Blüten, 2–3 cm breit, mit 6 gelben, außen grünlichen Blütenblättern, Blütezeit III–IV.
Standort: Äcker, Wiesen, Gebüsche; meist auf lockerem Lehm- und Lößboden.
Verbreitung: In M.-EU zerstreut auftretend; in D nur relativ selten.

Röhriger Gelbstern *Gagea fistulosa*

LILIENGEWÄCHSE

Merkmale: 5–15 cm hohe Staude mit jeweils 2 von einer gemeinsamen Haut umschlossenen Zwiebeln; Stängel einfach, aufrecht, beblättert; Grundblätter meist 2, schmal linealisch, röhrig-hohl (Name!), halbrund, den Blütenstand überragend; Hochblätter meist 2, fast gegenständig, breit lanzettlich, den Blütenstand kaum überragend; Blüten zu 1–5 in einer lockeren Dolde an flaumhaarigen Stielen, mit 6 freien, gelben, sternförmig ausgebreiteten, 10–15 mm langen Blütenhüllblättern; Blütezeit V–VII.

Standort: 1200–2800 m; Weiden, Läger, feuchte, nährstoffreiche, überdüngte Böden, oft in der Nähe von Alphütten.

Verbreitung: Gebirge in M.- und S-EU, Krim.

Wissenswertes: Benannt ist die Art zu Ehren von Sir Thomas Gage, 1761–1829, einem großen Förderer der Naturwissenschaften.

Kleine Simsenlilie *Tofieldia pusilla*

LILIENGEWÄCHSE

Merkmale: 5–15 cm hohe Staude mit aufrechtem, blattlosem Stängel; Grundblätter steif, 2-zeilig, kurz zugespitzt, 3- bis 5-nervig; Blüten weißgelblich, kurz gestielt, zu 1–3 in den Achseln von Tragblättern, ohne kelchartiges Vorblatt, in einem 5–10 mm langen Blütenkopf; Tragblatt unter dem Blütenstiel 2- bis 3-teilig; 6 freie oder am Grund verwachsene Blütenhüllblätter; Blütezeit VII–VIII.

Standort: In Höhen von 1600–2700 m, über Kalk oder Silikat, auf humosen und feuchten Böden; Schneetälchen, Flach- und Quellmoore, sandig-kiesige Böden.

Verbreitung: Alpen; arktische Region. **§!**

Ähnlich: **Kelch-Simsenlilie** *T. calyculata* mit gelbgrünen Blüten in 1–6 cm langer Traube, 3-lappiges Vorblatt unterhalb der Blüte.

Beinbrech, Moorlilie *Narthecium ossifragum*

LILIENGEWÄCHSE

Merkmale: Mehrjährig, 10–30 cm hoch, mit kriechendem Wurzelstock und aufrechten Stängeln; Blätter überwiegend grundständig, grasartig, etwas gebogen; Blüten bis zu 1,5 cm breit, in lockerer Traube, Blütenblätter innen goldgelb, außen grünlich, Staubblätter wollig behaart, Blütezeit VII–VIII.

Standort: Nasswiesen, Feuchtheiden, Moore, mäßig oder stärker saure, schlammige Torfböden.

Verbreitung: W- und NW-EU; in D nur bis zum nördlichen Mittelgebirge. **RL, §!**

Wissenswertes: Die Stielchen der kleinen Staubblätter sind dicht wollig behaart und täuschen Besucherinsekten somit wesentlich größere Pollenmengen vor, als tatsächlich zu holen sind. Der Name bezieht sich auf den alten Aberglauben, dass die Knochen des Viehs brüchig werden, nachdem es diese Pflanze gefressen hat.

Allermannsharnisch *Allium victorialis*

LILIENGEWÄCHSE

Merkmale: 30–60 cm hohe Staude mit dicht netzfaserigen, länglichen Zwiebeln und aufrechten, kräftigen, unten runden, oben kantigen Stängeln; Stängelblätter breit lanzettlich, in einen kurzen Stiel verschmälert; Blüten zahlreich in dichten, kugeligen Dolden, ohne Brutzwiebeln; Blütenhüllblätter grüngelblich bis gelbweißlich, stumpf, sternartig ausgebreitet, von Staubblättern überragt; Blütezeit VI–VIII.

Standort: In Höhen von 1000–2600 m; grasige und felsige Hänge, Bergwiesen, Hochstaudenfluren.

Verbreitung: Alpen und Mittelgebirge; Gebirge von Spanien bis zum Balkan, Kaukasus, Asien. **§!**

Wissenswertes: Der A. ist eine uralte Zauberpflanze, deren netzfaserige Zwiebelhüllen dem Träger im Kampf einen kettenhemdartigen Schutz versprachen und ihn hieb- und stichfest zum Sieg führen sollten.

Wilde Tulpe *Tulipa sylvestris*

LILIENGEWÄCHSE

Merkmale: Mehrjährige Zwiebelpflanze mit rundlichem, aufrechtem, unverzweigtem, kahlem Stängel, meist leicht gebogen und in der unteren Hälfte wenig beblättert, 30–60 cm hoch; Blätter schmal lanzettlich, graugrün, flach, 1–2 cm breit und bis zu 30 cm lang, bläulich grün, kahl; Blüten einzeln endständig, Blütenblätter gelb, spitz, die inneren an der Basis behaart, Blütezeit IV–V.
Standort: Gebüsche, Hecken, (aufgelassene) Weinberge; auf lockeren, warmen Böden.
Verbreitung: M.- und S-EU; in D selten, durch Herbizideinsätze stark gefährdet. **RL, §!**
Wissenswertes: Die Heimat dieser attraktiven Art ist die Mittelmeerregion. Von dort gelangte sie im 17. Jh. in die Gebiete nördlich der Alpen und verbreitete sich als Gartenflüchtling aus Schloss- und Klostergärten. Ihre Vorkommen werden leicht übersehen, da die Pflanzen mehrere Jahre lang nur ein Laubblatt entwickeln. Die Vermehrung erfolgt auch vegetativ durch neue Zwiebeln am Ende von Ausläufern.

Gelbe Narzisse *Narcissus pseudonarcissus*

NARZISSENGEWÄCHSE

Merkmale: Mehrjährig, 15–40 cm hoch, alle Blätter grundständig, 1–2 cm breit, im Querschnitt rinnig, blaugrün; Blüten einzeln endständig, nickend, 5–7 cm breit, Blütenblätter hellgelb, an der Basis röhrenförmig verwachsen, Nebenkrone dottergelb, kraus, Blütezeit III–IV.
Standort: Feuchtwiesen, Waldränder, Auen, Bachufer, Bergwiesen, gern auf schwach sauren, feuchten Lehm- und Tonböden.
Verbreitung: W-EU; in D nur in den nordwestlichen Mittelgebirgen (Eifel, Hunsrück) und in den südlichen Gebirgen bis in 2000 m Höhe. **RL!**
Wissenswertes: Die Blütenhülle besteht aus einer verwachsenen Basis, 6 abstehenden Blütenblattzipfeln und einer röhrigen, dunkelgelben Nebenkrone, an deren Grund aus Drüsen der Nektar abgesondert wird.

Sumpf-Schwertlilie, Gelbe S. *Iris pseudacorus*

SCHWERTLILIENGEW.

Merkmale: Mehrjährige, 50–150 cm hohe Pflanze mit aufrechtem Stängel; Blätter bis zu 90 cm lang, 1–3 cm breit, grün, mit deutlicher Mittelrippe; Blüten bis zu 10 cm breit und hoch, gelb, nicht bärtig, die äußeren Blütenblätter dunkler geadert und größer als die inneren, Blütezeit V–VII. Giftig!
Standort: Gräben, Sümpfe, Ufer, Röhrichte.
Verbreitung: In EU außer in den Hochgebirgen weit verbreitet; in D nur stellenweise häufig. **§!**
Wissenswertes: Jede Blüte besteht aus 3 getrennten Funktionseinheiten, die sich wie Einzelblüten verhalten. Sie besteht außen aus 3 breiten herabgebogenen Blütenhüllblättern, 3 aufrechten schmalen Blättern (auch Domblätter genannt) und 3 kronblattartigen Griffelästen mit einer unterseitigen Schuppe, auf der die Pollenkörner abgeladen werden können.

Frauenschuh *Cypripedium calceolus*

KNABENKRAUTGEWÄCHSE

Merkmale: Mehrjährig, 20–70 cm hoch, Stängel aufrecht, rund, wenig beblättert und behaart; Blätter breit oval, glattrandig, kahl, spitz; Blüten zu 1–4, der zentrale Teil als gelbe, aufgeblähte, bis zu 4 cm breite Lippe mit schwachen Längsstreifen ausgebildet, die äußeren Blütenblätter braunviolett bis rotbraun, schmal, meist etwas verdreht, Blütezeit V–VI.
Standort: Lichte Laubwälder, Gebüsche; bevorzugt auf kalkreichem Lockerboden.
Verbreitung: Vor allem in M.-EU, fehlt im Mittelmeerraum weitgehend; in D von der Mittelgebirgsregion südwärts nur zerstreut. **RL! §!**
Wissenswertes: Der große, auffällige Lippenteil der Blüte wirkt als Fliegenkesselfalle: Die Besucher stürzen ab, können nur an Staubgefäßen und Narben vorbei entkommen und sichern damit die Bestäubung.

Alpen-Wiesenraute *Thalictrum alpinum*

HAHNENFUSSGEWÄCHSE

Merkmale: 5–10 cm hohe, zierliche Staude mit aufrechtem, meist unbeblättertem Stängel; Blätter in grundständiger Rosette, gestielt, ein- bis zweifach gefiedert, mit rundlichen, grob gekerbten Teilblättchen; Blüten in einfacher, endständiger Traube, lang gestielt, zuletzt nickend; Blütenhüllblätter klein, abstehend, rötlich; Staubblätter mit violetten Fäden und gelben Staubbeuteln; Blütezeit VI–VIII.

Standort: Moorige Wiesen und steinige Rasen in der alpinen Stufe von 1900–2800 m Höhe.

Verbreitung: Alpen (SW- und O-Alpen), Pyrenäen, Karpaten; NW- und N-EU, Arktis.

Wissenswertes: Die zierliche Pflanze, die leicht zu übersehen ist, produziert keinen Nektar. Sie ist windblütig, d. h., die Pollen aus den lang herabhängenden Staubgefäßen werden vom Wind weiter verbreitet.

Akeleiblättrige Wiesenraute *Thalictrum aquilegifolium*

HAHNENF.G.

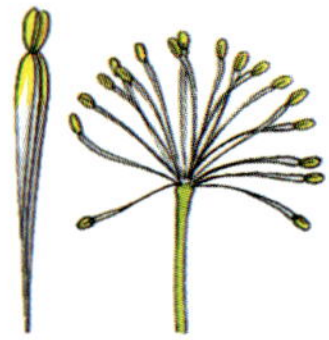

Merkmale: 40–120 cm hohe Staude mit aufrechtem, verzweigtem Stängel; Blätter an die Blätter der Akelei-Arten (⇨ S. 736) erinnernd, ein- bis dreifach gefiedert, Stielansatz mit knorpeligen Auswüchsen; Blüten in reich verzweigter Rispe, mit unscheinbaren und zudem früh abfallenden Hüllblättern. Der Eindruck einer Blüte wird erzeugt von zahlreichen rötlichen oder violetten, seltener weißen, büschelig vereinigten Staubfäden, die unterhalb der gelben Staubbeutel deutlich verdickt sind. Blütezeit V–VII.

Standort: Auwälder, Hochstaudenfluren, Grünerlengebüsche, feuchte Wiesen bis 2300 m Höhe.

Verbreitung: Alpen und Vorland, EU bis O-Asien.

Wissenswertes: Wenngleich ohne Nektar, ist die A. W. doch insektenblütig. Sie lockt mit ihrem Schauapparat eine Reihe von Insekten an und sichert dadurch die Bestäubung.

Sommer-Adonisröschen *Adonis aestivalis*

HAHNENFUSSGEW.

Merkmale: Einjährig, 25–50 cm hoch, Stängel kahl, oben wenig verzweigt; Blätter mehrfach gefiedert mit schmalen Zipfeln, die oberen sitzend; Blüten einzeln endständig, 1–3 cm breit, mit 5–8 roten (selten hellroten oder auch blassgelben) Blütenblättern, im Zentrum dunkles Farbmal, Blütezeit V–VII. Alle Teile der Pflanze sind giftig.

Standort: Getreidefelder und Hackfruchtäcker auf sommerwarmen Löß- und Lehmböden in den Kalkgebieten.

Verbreitung: Südöstl. EU; in D an der NW-Grenze der Verbreitung, fehlt im nördl. Tiefland. **RL**

Wissenswertes: Hauptverbreitungsgebiet der Pflanze ist der Mittelmeerraum. Seit dem Beginn des Ackerbaus nördlich der Alpen ist sie auch in M.-EU Kulturbegleiter. Durch veränderte Anbautechnik und Herbizideinsatz sind die meisten ehemaligen Vorkommen unterdessen wieder erloschen. Das dunkle Farbmal leitet blütenbesuchende Insekten nach dem Zielscheiben-Prinzip zum reichlich vorhandenen Pollen.

Klatsch-Mohn *Papaver rhoeas*

MOHNGEWÄCHSE

Kapsel

Merkmale: Einjährig, 30–80 cm hoch, mit aufrechtem, ästigem, borstig und abstehend behaartem Stängel; Blätter wechselständig, fiederteilig bis gefiedert; Blüten endständig, bis zu 8 cm breit, feuerrot, am Grund oft mit dunklen Flecken, Kelchblätter fallen frühzeitig ab, Blütezeit V–VII; Frucht eine breit eiförmige Kapsel (Zeichnung).

Standort: Wegränder, Gärten, Ackerland, Schuttstellen, Rohböden; vorzugsweise auf nährstoffreichen Böden.

Verbreitung: S- und M.-EU; in D häufig.

Wissenswertes: Mit Ausnahme der schwarzgrauen Samen enthalten alle Pflanzenteile mehrere Alkaloide, die jedoch im Unterschied zu den Inhaltsstoffen des Schlaf-Mohns (⇨ S. 682) kaum wirksam sind. Bienen sehen die Blüten wegen der starken UV-Reflexion bläulich. Die zahlreichen schwarzen Staubblätter produzieren zusammen etwa 2,5 Mio. Pollenkörner.

Sand-Mohn *Papaver argemone*
MOHNGEWÄCHSE

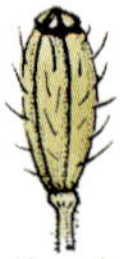
Kapsel

Merkmale: Einjährig, 10–40 cm hoch, mit anliegend borstig behaartem Stängel; Blätter wechselständig, mehrfach fiedrig geteilt; Blüten lang gestielt, bis zu 5 cm breit, Kronblätter dunkelrot, vergleichsweise schmal, sodass sie sich meist nicht berühren, Pollensäcke nach oben keulig verdickt, Blütezeit V–VII; Samenkapsel viel länger als breit, borstig behaart, deutlich gerippt.
Standort: Wegränder, Getreide- und Hackfruchtäcker, Brachland.
Verbreitung: Ursprünglich im Mittelmeergebiet; in D regional verbreitet bis selten.

Bastard-Mohn *Papaver hybridum*
MOHNGEWÄCHSE

Kapsel

Merkmale: Einjährig, 20–60 cm hoch, mit ästigem, abstehend steif behaartem Stängel; Blätter mehrfach fiederteilig; Blüten 2,5–4,5 cm breit, ziegel- bis weinrot, im Zentrum mit schwarzem Fleck, auf anliegend behaarten Stielen, Staubbeutel bläulich, Pollensäcke nach oben nicht verdickt, Blütezeit V–VII; Kapsel eiförmig, dicht mit gelblichen Borsten besetzt.
Standort: Sandige Getreideäcker, Brachland, Schuttstellen, Wegränder.
Verbreitung: M.- und S-EU; in D durch Saatgutreinigung und Herbizide relativ selten geworden.

Schlaf-Mohn *Papaver somniferum*
MOHNGEWÄCHSE

Kapsel

Merkmale: Einjährige Pflanze, 40–120 cm hoch, meist kahl, mit ästigem, aufrechtem Stängel; Blätter bis zu 12 cm lang, buchtig bis tief eingeschnitten, bläulich bereift; Blüten bis zu 10 cm breit, violett, rosa oder weiß, Blütezeit VI–VIII; Kapsel kugelig bis eiförmig, bis 5 cm lang. Giftig!
Standort: An Wegrändern und auf Brachland, meist aus dem Anbau (Ölpflanze) verwildert.
Verbreitung: Stammt vermutlich aus dem Mittelmeerraum; in D gelegentlich in Gärten.

Gewöhnlicher Erdrauch *Fumaria officinalis*
ERDRAUCHGEW.

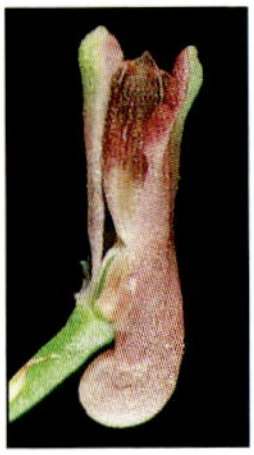

Merkmale: Einjährig, 10–30 cm, mit ästigem, dünnem, oft ausgebreitetem Stängel; Blätter doppelt gefiedert, kahl, beidseits bläulich grün; Blüten zu 20–40 in aufrechten Trauben, Kronen dunkelrot mit grünem Kiel, gespornt, 6–8 mm lang, Blütezeit IV–X. Schwach giftig.
Standort: Nährstoffreiche, lehmige Böden, Hackfruchtäcker, Gärten, Wegsäume, Schuttstellen.
Verbreitung: In EU mit Ausnahme des hohen N weit verbreitet; in D überall häufig.

Hohler Lerchensporn *Corydalis cava*
ERDRAUCHGEWÄCHSE

Merkmale: Mehrjährig wachsende Pflanze, bis zu 20 cm hoch; Blätter doppelt 3-zählig, kahl, bläulich grün; Blüten zu 10–20 in einer aufrechten Traube, Kronen purpurn, häufig auch weiß, seltener gelblich, Hochblätter zwischen den Blüten ungeteilt, Blütezeit III–V.
Standort: Humusreiche Laubwälder und Auen.
Verbreitung: In M.- und S-EU weit verbreitet, im nordwestlichen D selten, nach S zu häufiger.

Gefingerter Lerchensporn *Corydalis solida*
ERDRAUCHGEWÄCHSE

Merkmale: Mehrjährig wachsende Pflanze, 15–30 cm hoch; Blätter ähnlich wie beim Hohlen Lerchensporn; Blüten in einer aufrechten Traube, Kronen meist kräftig purpurn gefärbt, selten hellrot oder weiß, mit geradem Sporn, Hochblätter zwischen den Blüten fingerförmig geteilt, Blütezeit III–V.
Standort: Gebüsche, Hecken, Auenwälder.
Verbreitung: In M.-EU weit verbreitet, in N-EU meist nur eingebürgert.

Kuckucks-Lichtnelke *Lychnis flos-cuculi*

NELKENGEWÄCHSE

Merkmale: Mehrjährig, etwa 30–80 cm hoch, mit aufrechtem, verzweigtem Stängel; grundständige Blätter spatelförmig, Stängelblätter linealisch; Blüten bis zu 4 cm breit, Kelch rötlich, Kronblätter fleischfarben, tief 4-spaltig, Blütezeit IV–VI.
Standort: Wiesen, Waldränder, Gräben, fehlt zumeist in den Kalkgebieten.
Verbreitung: In ganz EU mit Ausnahme des S.

Rote Lichtnelke *Silene dioica*

NELKENGEWÄCHSE

Merkmale: Mehrjährig, bis 100 cm hoch; Blätter gegenständig, schmal eiförmig, behaart; zweihäusig, Blüten bis 2,5 cm breit, in gabeligem Blütenstand, Krone rot oder rosa, Nebenkrone weiß, Blütezeit IV–IX.
Standort: Gebüsche, Waldränder, Wiesen, Ufer.
Verbreitung: In EU fast überall häufig, fehlt im SO.
Wissenswertes: Anders als die weiß blühenden Arten ist die R. L. ein Tagblüher und wird nicht von Nachtfaltern, sondern von Hautflüglern bestäubt.

Kartäuser-Nelke *Dianthus carthusianorum*

NELKENGEWÄCHSE

Kelchschuppen lang

Merkmale: Mehrjährige, bis 50 cm hohe Pflanze mit dünnem, kahlem Stängel; Blätter an der Basis scheidig verwachsen; Blüten bis 2,5 cm breit und 2–3 cm lang, zu 5–10 in endständigen Büscheln, umgeben von schuppenartigen Hochblättern, Kronblätter am Rand gezähnt, Blütezeit VI–IX.
Standort: Trockengebüsche, Halbtrockenrasen und Böschungen.
Verbreitung: In ganz M.-EU weit verbreitet.

Gewöhnliche Lichtnelke *Silene vulgaris*

NELKENGEWÄCHSE

Merkmale: Mehrjährig, bis 50 cm hoch, mit aufrechtem, nicht klebrigem Stängel; Blätter bläulich grün, kahl, länglich eiförmig bis lanzettlich; Blüten mit stark aufgeblasenem, netzadrigem, rötlichem Kelch (daher auch Taubenkropf-Leimkraut oder Aufgeblasenes Leimkraut genannt), Kronblätter weiß, tief 2-spaltig, Blütezeit VI–VIII.
Standort: Trockenrasen, Felsen, Böschungen, Gebüsche und Wegränder.
Verbreitung: Nahezu überall in EU anzutreffen.

Korn-Rade *Agrostemma githago*

NELKENGEWÄCHSE

Merkmale: Einjährig, bis 100 cm hoch, Stängel locker verzweigt; Blätter gegenständig, linealisch-lanzettlich, grau behaart; Blüten einzeln, lang gestielt, bis 4 cm breit, Kronblätter purpurrot gefärbt, von Zipfeln der Kelchblätter überragt, Blütezeit VI–IX.
Standort: Getreideäcker, Brachland, Wegränder, Säume.
Verbreitung: Früher in Äckern häufig, durch Herbizideinsatz stark zurückgedrängt.

Heide-Nelke *Dianthus deltoides*

NELKENGEWÄCHSE

2 Kelchschuppen

Merkmale: Mehrjährige, bis zu 40 cm hohe Pflanze mit verzweigtem, kurz behaartem Stängel; Blätter am Rand rau; Blüten lang gestielt, bis zu 1,8 cm breit, Außenkelch aus 2 bräunlichen Schuppen, Kronblätter purpurrot, vorn gezähnt, mit weißen Flecken, Blütezeit VI–IX.
Standort: Trockenwiesen, Magerrasen, Heiden, auf Sandböden.
Verbreitung: In EU verbreitet, in D jedoch meist zerstreut bis selten.

Raue Nelke, Büschel-Nelke
Dianthus armeria NELKENGEWÄCHSE

Merkmale: Zweijährige, bis zu 60 cm hohe, verzweigte Pflanze; Blätter schmal lanzettlich, ebenso wie Stängel rau behaart; Blüten bis 1 cm breit, zu 2–10 kurz gestielt in endständigen Büscheln, Kronblätter purpurn getönt, dunkler gepunktet, Blütezeit VI–VII.
Standort: Waldsäume, Trockengebüsche, Magerrasen; meidet Kalkböden.
Verbreitung: In M.- und S-EU, insbesondere in den Mittelgebirgen; fehlt im NW von D.

Pracht-Nelke *Dianthus superbus*
NELKENGEWÄCHSE

Merkmale: Mehrjährige, bis 60 cm hohe Pflanze mit wenig verzweigtem Stängel; Blätter gegenständig, linealisch-lanzettlich, kahl; Blüten bis zu 6 cm breit, Kronblätter rosa bis hellviolett, bis über die Mitte in lauter schmale, unregelmäßige Zipfel zerschlitzt, Blütezeit VI–IX.
Standort: Heiden, Moorwiesen, lichte Wälder, v. a. auf mäßig saurem Boden, im Gebirge bis in 2400 m.
Verbreitung: In M.-EU zerstreut; fehlt in D nördlich der Mainlinie weitgehend.

Pfingst-Nelke *Dianthus gratianopolitanus*
NELKENGEWÄCHSE

Merkmale: Mehrjährige, in dichten Rasen wachsende Pflanze, bis 25 cm hoch; Blätter gegenständig, blaugrün, spitz; Blüten lang gestielt, einzeln, bis 2,5 cm breit, Kronblätter hellpurpurn bis rosa, vorn gezähnt, Blütezeit VI–VIII.
Standort: Felsgebüsche, Trockenhänge, lichte Kiefernwälder, auf Kalk- und Silikatfels.
Verbreitung: M.-EU, jedoch selten; im nordwestlichen D bis zum Ahrtal. **RL**

Gletscher-Nelke *Dianthus glacialis*
NELKENGEWÄCHSE

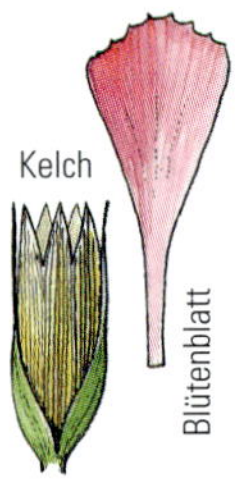

Merkmale: 2–5 cm hohe, rasig wachsende Staude mit einblütigen Stängeln und vielen sterilen Trieben; Blätter linealisch, stumpf, die Stängel oft überragend; Blüten endständig, purpurrosa, 15–20 mm breit; Kronblätter am Schlund mit dunkleren Strichen oder Punkten; Kelch röhrenförmig, kahl, mit lanzettlichen Schuppen, 2 Griffel; Blütezeit VII–VIII.
Standort: Steinige Böden, Grate; 1900–2900 m.
Verbreitung: O-Zentralalpen, Karpaten. **§!**

Stein-Nelke *Dianthus sylvestris*
NELKENGEWÄCHSE

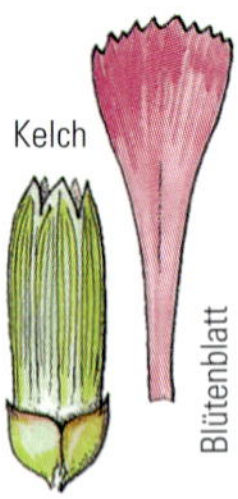

Merkmale: 10–30 cm hohe Staude mit zahlreichen sterilen Blattrosetten; Blätter grasartig, gekielt; Blüten einzeln, 1,5–3 cm breit, rosa; Kronblätter vorn gezähnt, ohne Zeichnung; Kelch röhrig, 15–20 mm lang, blassgrün oder rötlich; 2–4 kurze, ovale Kelchschuppen; Blütezeit VI–VIII.
Standort: Steinige Böden in warmen Lagen, Felsen, Schutt, in 1000–2800 m Höhe.
Verbreitung: Alpen; Spanien bis Balkan. **§!**

Rotes Seifenkraut *Saponaria ocymoides*
NELKENGEWÄCHSE

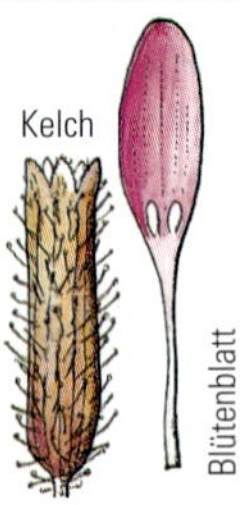

Merkmale: Niedrige, rasenbildende Staude mit verzweigten, kurzhaarigen Stängeln; Blätter gegenständig, verkehrt eiförmig; Blüten kurz gestielt, 8–12 mm breit, hell- bis purpurrot; 5 längliche Kronblätter mit 2 Schlundschuppen; Kelch rotbraun, röhrig verwachsen, drüsig behaart; 2 Griffel; Blütezeit V–X.
Standort: Kalkreiche, steinige Böden in warmen Lagen, Wegränder; von Tallagen bis über 2000 m.
Verbreitung: Alpen; Pyrenäen bis N-Balkan.

Stängelloses Leimkraut
Silene acaulis NELKENGEWÄCHSE

Merkmale: In dichten, flachen Polstern wachsende Staude mit dachziegelartig beblätterten Stängeln; Blätter linealisch, ledrig; Blüten einzeln, kurz gestielt, blass- bis purpurrot; Kronblätter leicht ausgerandet, im Schlund mit 2-höckrigen Schuppen; 3 Griffel; Kelch am Grund verschmälert, mit 5 Zähnen; Blütezeit VI–VIII.
Standort: Felsspalten, Schutt, steinige Rasen; in 1800–3700 m Höhe, auf allen Gesteinsarten.
Verbreitung: In Unterarten über die ganzen Alpen verbreitet; Spanien bis Balkan, Arktis. **§!**
Wissenswertes: Aufgrund der Wuchsform wird das S. L. auch oft Polsternelke genannt.

Vogel-Knöterich *Polygonum aviculare*
KNÖTERICHGEWÄCHSE

Merkmale: Einjährige Pflanze mit 10–50 cm langen, liegenden oder wenig aufgerichteten, dunkel gestreiften Stängeln; Blätter wechselständig, sitzend, elliptisch, 1–3 cm lang, bis 7 mm breit; Blüten zu wenigen in den Blattachseln, rötlich, Blütezeit VI–X.
Standort: Äcker, Gärten, Wege, Schuttstellen, Pflasterfugen; Leitpflanze der so genannten Trittvegetation.
Verbreitung: In EU häufig, heute weltweit.

Wiesen-Knöterich *Bistorta officinalis*
KNÖTERICHGEWÄCHSE

Merkmale: Mehrjährig, 50–120 cm hoch, mit aufrechtem Stängel; Grundblätter gestielt, länglich, Stängelblätter sitzend, mit herzförmiger Basis; Blüten zahlreich in walzenförmiger, bis 5 cm langer Scheinähre, Kronblätter rötlich weiß, Blütezeit V–VII.
Standort: Bach- und Grabenränder, Feucht- und Nasswiesen, Niedermoore, Staudenfluren.
Verbreitung: M.-EU, jedoch fast nur im Bergland.

Wasser-Knöterich *Polygonum amphibium*
KNÖTERICHGEWÄCHSE

Merkmale: Mehrjährig, bis zu 70 cm hoch, im Wasser mit flutendem, an Land mit aufrechtem Stängel; Wasserblätter bis zu 15 cm lang, schmal oval, kahl, Landblätter bis 10 cm, lanzettlich und behaart; Blüten in dichten, aufrechten Scheinähren, Kronen rosa, Blütezeit VI–IX.
Standort: Stehende Gewässer, Nasswiesen, Röhricht.
Verbreitung: Fast überall in EU verbreitet.

Floh-Knöterich *Polygonum persicaria*
KNÖTERICHGEWÄCHSE

Merkmale: Einjährige, bis zu 75 cm hohe Pflanze mit verzweigtem, liegendem oder aufsteigendem Stängel; Blätter mit borstig bewimperter Scheide, lanzettlich, auf der Oberseite oft dunkel gefleckt; Blüten in gestielter Scheinähre, rosa, Blütezeit VII–X.
Standort: Äcker, Gärten, Wegränder, Gräben, Brachland; gilt als Stickstoff-Anzeiger.
Verbreitung: Fast überall in EU häufig.

Schild-Sauerampfer *Rumex scutatus*
KNÖTERICHGEWÄCHSE

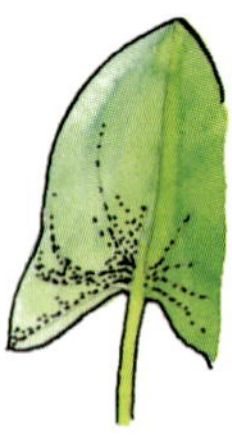

Merkmale: Mehrjährige Pflanze mit liegendem oder reich verzweigtem Stängel, 20–40 cm hoch; Blätter rundlich, 2–6 cm lang, an der Basis mit 2 breiten Spießecken; zweihäusig, Blüten gestielt, ohne Tragblätter, rötlich grün, zu wenigen in lockerer Rispe, Blütezeit V–VIII.
Standort: Offene, besonnte, feinerdearme Steinschutt- und Geröllböden, Mauern, Wegränder.
Verbreitung: In EU weit verbreitet, aber zerstreut, im südlichen Bergland bis in über 2000 m Höhe.

Strand-Grasnelke *Armeria maritima*

BLEIWURZGEWÄCHSE

Merkmale: Formenreiche, mehrjährige Pflanze, die in dichten, horstartigen Polstern wächst; Blätter grasartig, linealisch, ledrig dicklich, dunkelgrün, zahlreich in dichter Rosette; Blütenstand kopfig, auf langem, blattlosem Schaft, bis zu 30 cm lang, unter der Blütenregion mit 2 häutigen Hüllblättern, Köpfchen kugelig, bis zu 3 cm breit, Kronen trichterförmig, rosarot, Blütezeit V–IX.

Standort: Graudünen, Strandrasen und Salzwiesen, Klippen an der Küste; auf sandigem oder salzig-schlickigem Boden; bildet oft ausgedehnte Bestände und prägt zur Blütezeit das Erscheinungsbild großer Küstenabschnitte.

Verbreitung: Im Küstenraum in EU weit verbreitet und häufig. In den Alpen sowie auf Schwermetallböden kommen eigene, jedoch sehr ähnlich aussehende Sippen dieser Pflanzenart vor.

Wiesen-Schaumkraut *Cardamine pratensis*

KREUZBLÜTENGEWÄCHSE

Merkmale: Mehrjährig, 20–40 cm hoch, mit rundem, unverzweigtem Stängel, oft mit den schaumigen Hüllen von Zikadenlarven (Name); Grundblätter rosettig, Stängelblätter wechselständig, schmal gefiedert; Blüten bis zu 2 cm breit, Kronblätter rosa oder hellviolett, selten weiß, Kelchblätter mit hellem Hautsaum, Blütezeit IV–V, mitunter ein zweites Mal im IX.

Standort: Feuchte, lehmige Böden; Wiesen, Weiden, Brachen und Böschungen.

Verbreitung: Überall in EU häufig, prägt im April das Grünland.

Wissenswertes: An den Fiedern der Grundblätter entstehen Brutpflänzchen, wenn diese längere Zeit feucht bleiben (etwa zwischen dem Moos in Parkrasen). Auf diese Weise verbreitet sich die Art auch vegetativ.

Alpen-Grasnelke *Armeria alpina*

BLEIWURZGEWÄCHSE

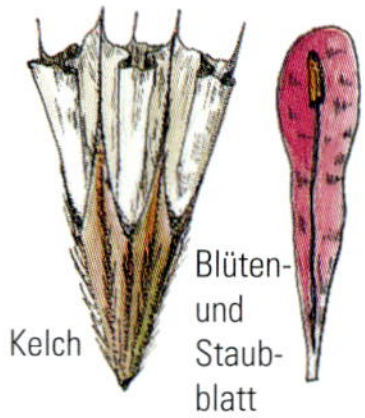

Merkmale: 5–30 cm hohe, kahle, in dichten Polstern wachsende Staude mit aufrechten, unbeblätterten Stängeln; Blätter grasartig schmal, etwas fleischig, 1- bis 3-nervig, in grundständiger Rosette; Blüten in den Achseln weißhäutiger Tragblätter, zahlreich in einem endständigen, 2–3 cm breiten, kopfigen Blütenstand, umgeben von trockenhäutigen Hochblättern, die den Stängel scheidenartig umhüllen; 5 rosarote, zungenförmige Kronblätter, am Grund verwachsen; Kelch dicht behaart; Blütezeit VI–IX.

Standort: Steinige Böden, offene Rasen, Schutt, Felsspalten; in Höhenlagen von 1500–3000 m.

Verbreitung: Alpen (vor allem S-Alpen), Gebirge von N-Spanien bis zum Balkan. **§!**

Wissenswertes: In Südtirol wird die A. auch als Schlernhexe bezeichnet.

Zwiebel-Zahnwurz *Dentaria bulbifera*

KREUZBLÜTENGEWÄCHSE

Merkmale: Mehrjährige, 40–70 cm hohe Pflanze mit unverzweigtem, aufrechtem Stängel; Blätter unpaarig gefiedert, Fiedern gesägt, in den Blattachseln anstelle von Seitentrieben einzelne, dunkelviolette Brutknospen (kleines Foto); Blüten bis zu 2,5 cm breit, Krone rosa bis violett, Blütezeit IV–V.

Standort: Lichte Laubwälder (Buchenwälder) auf lockeren, humusreichen Lehmböden, vor allem in Kalkgebieten.

Verbreitung: In M.-EU zerstreut, fehlt in einigen Gebieten; im N bis S-Skandinavien.

Wissenswertes: Die reifen Schoten öffnen sich explosionsartig und schleudern dabei die Samen aus. Die Z. bringt in M.-EU nur wenige keimfähige Samen hervor. Die Hauptverbreitung erfolgt über die schwarzroten Brutknospen (Bulbillen), die von Ameisen verschleppt werden.

Meersenf *Cakile maritima*

KREUZBLÜTENGEWÄCHSE

Merkmale: Einjährige, reich verzweigte Pflanze mit aufrechten oder ausgebreiteten Stängeln, 10–40 cm hoch; Blätter wechselständig, 3–6 cm lang, dicklich fleischig, die unteren doppelt fiederspaltig, die oberen meist ungeteilt, hellgrün, leicht glänzend; Blüten bis zu 1 cm breit, Kronen rosa oder lila, selten auch weiß, zahlreich in einer kopfigen, oben abgeflachten Traube beieinander stehend, angenehm duftend, Blütezeit VII–IX; Schote 1–2,5 cm lang, 2-teilig, in der Reife gelblich, mit einem einzelnen Samen im oberen, leicht abbrechenden Teil.

Standort: Spülsäume, Weißdünen, vom Meerwasser beeinflusste Ruderalflächen.

Verbreitung: An allen europäischen Küsten häufig zu finden.

Wissenswertes: Wie alle im unmittelbaren Einflussbereich des Meeres vorkommenden Blütenpflanzen zeigt der M. das Phänomen der Salzsukkulenz: Die Blätter werden dicklich bei gleichzeitiger Verkleinerung der Oberfläche.

Mehl-Primel *Primula farinosa*

PRIMELGEWÄCHSE

Merkmale: Zierliche, mehrjährige Pflanze; Blätter in grundständiger Rosette, 0,5–2 cm breit und 2–8 cm lang, allmählich in den kurzen, leicht geflügelten Blattstiel verschmälert, fast glattrandig, oberseits kahl und dunkelgrün, unterseits durch feine Behaarung mehlig bepudert (Name); Blüten bis zu 1,5 cm breit, Kronen tief purpurrosa, selten auch weißlich, ausgebreitet, im Schlund gelb, zahlreich auf einem 5–20 cm hohen Schaft, Blütezeit V–VII.

Standort: Feucht- und Nasswiesen, Niedermoore, Steinmatten, Quellfluren.

Verbreitung: Skandinavien, Pyrenäen, Alpen, Teile von SO-EU; fehlt in D nördlich des Mains. **RL, §!**

Wissenswertes: Das heutige Verbreitungsbild der M. lässt stark vermuten, dass die Art erst während der letzten Eiszeiten nach M.-EU eingewandert ist.

Dolden-Winterlieb *Chimaphila umbellata*

WINTERGRÜNGEWÄCHSE

Merkmale: Mehrjährige, immergrüne Pflanze mit aufsteigendem oder aufrechtem kantigem Stängel, 10–20 cm hoch, am Grunde leicht verholzt; Blätter lanzettlich oval, ziemlich ledrig, gesägt, kurz gestielt, oberseits glänzend dunkelgrün, am Stängel jahrgangsweise in aufeinander folgenden Wirteln angebracht; Blüten bis zu 1,5 cm breit, Krone hellrosa bis weiß, flach glockenförmig, Blüten zu mehreren in einer endständigen Dolde zusammengefasst, abwärts gebogen, Kelchblätter sehr kurz, Blütezeit VI–VIII. Alle Teile sind giftig!

Standort: Lichte Misch- und Nadelwälder, vor allem in Kiefernbeständen, gern auf kalkhaltigen, sandig-lehmigen Böden.

Verbreitung: Vor allem in N- und M.-EU, erreicht hier die Westgrenze der natürlichen Verbreitung, fast überall selten, fehlt im NW von D. **RL**

Behaarte Primel *Primula hirsuta*

PRIMELGEWÄCHSE

Merkmale: 3–10 cm hohe Staude mit Stängeln, die zumeist kürzer als die Blätter sind; Blätter in einer grundständigen Rosette angeordnet, eiförmig bis rundlich, grob gezähnt, dicht mit klebrigen, hellen Drüsenhaaren besetzt (Name!); Blüten in einer wenigblütigen Dolde beieinander stehend; Krone rosa bis purpurrot, mit weißem Schlund, 15–25 mm breit, mit ausgerandeten Kronzipfeln; Kelch glockig; Blütezeit IV–VI.

Standort: Im Gebirge bis in 3600 m Höhe, auf Silikat; steinige Rasen, Felsspalten, Schutt.

Verbreitung: Alpen (von den Grajischen Alpen bis zu den Hohen Tauern); Pyrenäen. **§!**

Ähnlich: **Inntaler Primel** *P. daonensis*, rotdrüsig behaart, Stängel länger als die Blätter, 1600–2800 m, Bergamasker A. bis Ortler. **§!**

Zwerg-Primel *Primula minima*
PRIMELGEWÄCHSE

Merkmale: Bis zu 4 cm hohe, rasig wachsende, scheinbar kahle Staude, jedoch fast überall drüsenhaarig; Blätter in kleinen, gedrängten Rosetten, glänzend, ungestielt, 15 mm lang, keilförmig, vorn abgestutzt, mit großen, spitzen Zähnen; Blüten meist einzeln auf einem 2–8 mm langen Schaft, mit 1–2 lanzettlichen Tragblättern; Krone leuchtend rot, 15–30 mm breit, mit weißem, drüsenhaarigem Schlund und keilförmigen, tief eingeschnittenen Kronzipfeln; Kelch 5–8 mm lang, Kelchzähne eiförmig; Blütezeit VI–VII.
Standort: Auf kalkarmen Böden in 1500–3000 m.
Verbreitung: O-Alpen (bis Bayern und Tonale). **§!**
Wissenswertes: Im Flachland wachsen durchweg gelb blühende Primel-Arten, in den Alpen überwiegend rot blühende Arten. Letztere werden vor allem von Tagfaltern und -schwärmern besucht.

Strand-Milchkraut *Glaux maritima*
PRIMELGEWÄCHSE

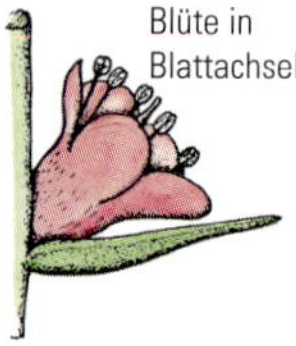

Merkmale: Mehrjährige, 5–25 cm hohe Pflanze mit meist ausgebreiteten, nur an den Enden aufsteigenden Stängeln, die an den Blattknoten wurzeln; Blätter gegenständig, ausgesprochen dicht stehend, glattrandig, elliptisch bis verkehrt eiförmig, um 1 cm lang, dicklich, dunkel graugrün, kahl; Blüten kurz gestielt, bis 6 mm breit, einzeln in den Blattachseln stehend, Kronblätter fehlen völlig, Kelch hingegen kronblattartig, übernimmt Schaufunktion, weinrot, kräftig rosa oder weißlich gefärbt, am Grund glockig verwachsen mit 5 freien Zipfeln; Blütezeit V–VIII.
Standort: Vom Meerwasser beeinflusste Außendeichbereiche, Salz- und Wattwiesen.
Verbreitung: Nordwest- und nordeuropäische Küsten von der Biskaya bis zur mittleren Ostsee, selten auch an Salzstellen im Binnenland; fehlt am Mittelmeer weitgehend.

Roter Gauchheil *Anagallis arvensis*
PRIMELGEWÄCHSE

Merkmale: Einjährig, Stängel liegend, an den Enden aufsteigend, bis 30 cm lang, verzweigt; Blätter eiförmig, sitzend, 1,5–2 cm lang, unterseits mit dunklen Drüsenpunkten; Blüten gestielt, einzeln in den oberen Blattachseln, Kronen ziegelrot, selten auch bläulich, Blütezeit VI–X.
Standort: Äcker, Brachen, Gärten, Wegränder, bis 1600 m.
Verbreitung: In EU fast überall verbreitet; in D im nordwestl. Tiefland zerstreut, sonst recht häufig.

Ähnlich: **Blauer Gauchheil** *Anagallis coerulea*, Blüten dunkelblau bis blauviolett mit rötlichem Schlundring; fehlt im Tiefland.

Weg-Malve, Käsepappel *Malva neglecta*
MALVENGEWÄCHSE

Merkmale: Ein- bis mehrjährige Pflanze mit liegendem bis aufsteigendem Stängel von 10–50 cm Länge; Blätter gestielt, im Umriss rundlich, undeutlich handförmig mit 3–5 (–7) ungleich großen Lappen; Blüten gestielt, einzeln in den Blattachseln, Kronen bis zu 2,5 cm breit, hellrosa oder fast weiß, Kelchblätter nur halb so lang wie die Kronblätter, Blütezeit VI–IX (manchmal XI).
Standort: Auf stickstoffhaltigen, nährstoffreichen Böden, bevorzugt Lehmböden (können auch stark verdichtet sein); Wegränder, Schuttstellen, Bahnanlagen, Mauern, Böschungen, Gärten.
Verbreitung: Fast überall in EU verbreitet, in D stellenweise zerstreut, sonst häufig.
Wissenswertes: Die W. kommt auch mitten in Städten vor und siedelt sich hier mitunter sogar in Gehweg- und Pflasterfugen an.

Wilde Malve, Rosspappel *Malva sylvestris*

MALVENGEWÄCHSE

Merkmale: Ein- bis mehrjährige Pflanze, 40–120 cm hoch, mit verzweigtem, aufsteigendem oder aufrechtem Stängel; Blätter gestielt, handförmig in 5–7 ungleich große Lappen geteilt, die oberen tief bis zur Basis eingeschnitten; Blüten gestielt, zu mehreren in den oberen Blattachseln; Kronen bis zu 4 cm breit, kräftig rosarot, dunkler gestreift, Kelchblätter nur etwa 1/4 so lang wie die Kronblätter, bis zur Mitte verwachsen, Blütezeit V–IX.

Standort: Schuttstellen, Brachen, Wegränder, Böschungen, Mauern, Gärten; meist auf nährstoffreichen, trockenen Böden.

Verbreitung: Fast überall in M.- und S-EU; in D im nordwestlichen Tiefland selten.

Wissenswertes: Zusätzlich zum Kelch haben Malvenblüten noch einen 3-gliedrigen Außenkelch.

Bach-Nelkenwurz *Geum rivale*

ROSENGEWÄCHSE

Merkmale: Mehrjährig, 20–60 cm hoch, Stängel nur wenig verzweigt, im oberen Teil drüsig behaart; Grundblätter abwechselnd mit großen und kleinen Fiedern sowie 3-teiliger Endfieder, grob gezähnt, Stängelblätter gelappt oder einfach; Blüten einzeln oder zu wenigen in endständiger Traube, glockig, bis zu 1,5 cm lang, Kronblätter innen blassgelb, außen rötlich, dunkler geadert, Kelchblätter und Stiele bräunlich rot, Blütezeit IV–VII.

Standort: Feuchtwiesen, Niedermoore, Staudenfluren an Bächen, Feuchtwälder.

Verbreitung: In N- und M.-EU; in D vor allem im Bergland, nach W hin seltener.

Wissenswertes: Hummeln beißen die Blütenglocken oft von von hinten an, um Nektar zu ernten. So werden die Blüten jedoch nicht bestäubt.

Großer Wiesenknopf *Sanguisorba officinalis*

ROSENGEWÄCHSE

Merkmale: Mehrjährig, 50–90 cm hoch; Blätter unpaarig gefiedert, Fiedern länglich oval, gezähnt, unterseits bläulich grün; Blüten 1–3 mm breit, dunkelrot, zahlreich in 1–3 cm langen, eiförmigen Köpfchen, Kronblätter fehlen, Blütezeit VI–IX.

Standort: Feucht- und Nasswiesen, Gräben, Ufer, Niedermoore, Bergwiesen bis in 1200 m Höhe.

Verbreitung: In M.-EU weit verbreitet.

Ähnlich: **Kleiner Wiesenknopf** *Sanguisorba minor*, 20–70 cm hoch, Blattfiedern eher rundlich; Blüten unscheinbar grünlich rot, Blütezeit V–VII.

Große Fetthenne *Sedum telephium*

DICKBLATTGEWÄCHSE

Merkmale: Formenreiche, mehrjährige Pflanze mit kräftigen, aufrechten, bis zu 50 cm hohen Stängeln; Blätter 2–7 cm lang, grasgrün oder bläulich, dickfleischig, flächig, länglich oval, sitzend, ungleichmäßig wenig gezähnt oder glattrandig, stumpf oder leicht glänzend; Blüten 5–8 mm breit, Kronen blassgelb bis purpurrot, zahlreich in flachen bis halbkugeligen, dicht gedrängten Scheindolden, Blütezeit VI–IX.

Standort: Hecken, Gebüsche, lichte Wälder, Magerrasen, Mauern, Gesteinsschutt, gern auf sandigen Böden, im Bergland bis in 900 m Höhe.

Verbreitung: In EU weit verbreitet; in D nur im nordwestlichen Tiefland selten, sonst zerstreut.

Wissenswertes: Nach ihrer Blütenfarbe wird die G. F. auch oft Purpur-Fetthenne genannt. In der Natur stellt sie eine wertvolle Trachtpflanze für Hautflügler und Falter dar.

Berg-Hauswurz *Sempervivum montanum* DICKBLATTGEWÄCHSE

Merkmale: 5–20 cm hohe Staude mit erst kugeligen, dann ausgebreiteten Rosetten; Rosettenblätter lanzettlich, überall dicht drüsenhaarig wie Stängelblätter und Stängel; Blüten 20–30 mm breit, mit meist 12 violettroten, schmal lanzettlichen Kronblättern; Blütezeit VII–VIII.
Standort: Auf Silikatböden in 1500–3400 m Höhe.
Verbreitung: Alpen; Pyrenäen bis Karpaten. **§!**
Wissenswertes: Die B. speichert nachts Kohlendioxid in Form von organischen Säuren, um in der Tageshitze mit geschlossenen Spaltöffnungen die Photosynthese durchführen zu können. Das verringert den Wasserverlust durch Verdunstung.

Spinnweben-Hauswurz *Sempervivum arachnoideum* DICKBL.G.

Merkmale: 5–15 cm hohe Staude mit kleinen, halbkugeligen, meist geschlossenen Rosetten; Rosettenblätter lanzettlich, am Rand drüsenhaarig, an der Spitze mit langen, weißen Haaren, die die Blätter spinnwebartig überziehen (Name!); Blüten 10–20 mm breit, mit 8–12 karminroten Kronblättern; Blütezeit VI–VIII.
Standort: Auf kalkarmen Böden in 1000–3100 m.
Verbreitung: Alpen, Pyrenäen bis Karpaten. **§!**
Wissenswertes: Die spinnwebartige Behaarung der S. verringert die Verdunstung. Oft lösen sich Tochterrosetten von der Pflanze ab, rollen weiter und wurzeln wieder.

Bunte Kronwicke *Coronilla varia* SCHMETTERLINGSBLÜTENGEWÄCHSE

Merkmale: Mehrjährig, Stängel liegend, verzweigt, bis über 1 m lang; Blätter unpaarig gefiedert, die 11–25 Fiederblättchen schmal oval, bis 2 cm lang; Blüten 1,2 cm lang, zu 12–30 in halbkugeligen Köpfen, Fahne rosa, Schiffchen und Flügel weißlich, Schiffchen mit violetter Spitze, Blütezeit V–VI. Giftig!
Standort: Trockenrasen, Gebüsche, Säume und Böschungen; vor allem auf Kalkböden.
Verbreitung: Insbesondere in M.-EU verbreitet.

Futter-Esparsette *Onobrychis viciifolia* SCHMETTERLINGSBLÜTENGEW.

Merkmale: Mehrjährige Pflanze mit verzweigtem Stängel, 30–70 cm hoch; Blätter unpaarig gefiedert, die 13–27 schmal linealischen Fiedern mit kurzer Stachelspitze; Blüten bis 1,5 cm lang, zahlreich in lang gestielten Trauben, Kronen hellrot, dunkler geadert, Schiffchen so lang wie Fahne, Flügel kürzer als der Kelch, Blütezeit V–VII.
Standort: Trockenwiesen, Böschungen, Wegränder, lichte Gebüsche; bevorzugt tiefgründigen, kalkhaltigen Boden.
Verbreitung: Stammt aus SO-EU, im übrigen EU aus Futteranbau verwildert; in D zerstreut in den Wärmegebieten.

Wiesen-Klee, Rot-Klee *Trifolium pratense* SCHMETTERLINGSBL.G.

Merkmale: Formenreiche, mehrjährige Pflanze mit aufsteigenden Stängeln; Blätter lang gestielt, 3-zählig gefiedert, Fiedern oval, glattrandig, heller oder purpurn gefleckt; Blüten purpurn oder rosa, in 2–3 cm breiten, kugeligen Köpfchen, diese meist zu 2, Kelch 10-nervig, behaart, Blütezeit V–VIII.
Standort: Weiden, Fettwiesen, Wegsäume.
Verbreitung: In EU weit verbreitet und häufig; vielfach als Futterpflanze angebaut.

Hasen-Klee *Trifolium arvense* SCHMETTERLINGSBLÜTENGEWÄCHSE

Merkmale: Einjährige Pflanze, 5–30 cm hoch, mit aufrechtem, verzweigtem Stängel; Blätter 3-zählig, Fiedern linealisch, graugrün, bis zu 3 cm lang; Blüten etwa 3 mm lang, zahlreich in walzenförmig gestreckten, 1–2 cm langen Köpfen beieinander stehend, Kronen anfangs weiß, später rosa getönt, Kelch dicht und lang behaart, Blütezeit V–VII.
Standort: Offene Sandfluren, Graudünen, Wegränder, Hackfruchtäcker, Brachflächen.
Verbreitung: Fast überall in EU häufig.

Alpen-Klee *Trifolium alpinum*

SCHMETTERLINGSBLÜTENGEWÄCHSE

Merkmale: 5–20 cm hohe, stängellose, kahle Staude; Blätter grundständig, gestielt, mit 3 schmal lanzettlichen, langen Teilblättern; Blüten gestielt, 18–25 mm lang, fleischrosa bis purpurrot, wohlriechend, in vielblütigen Köpfen; Krone deutlich länger als der Kelch; die Fahne überragt Schiffchen und Flügel; Blütezeit VI–VIII.
Standort: Kalkarme Böden in 1400–3100 m Höhe.
Verbreitung: Silikatketten der Zentral- und S-Alpen; Pyrenäen bis Apennin.

Alpen-Süßklee *Hedysarum hedysaroides*

SCHMETTERLINGSBLÜTENG.

Merkmale: 10–30 cm hohe Staude mit aufrechten, beblätterten Stängeln; Blätter unpaarig gefiedert, mit 9–21 sitzenden, lanzettlichen Teilblättern; Nebenblätter häutig, verwachsen; Blüten nickend, zu 10–50 in einseitswendiger Traube; Krone 15–20 mm lang, rotviolett; Kelch glockig; Früchte flache Gliederhülsen, die in einzelne Scheiben zerfallen; Blütezeit VI–VIII.
Standort: Kalkhaltige Böden, sonnige Magerrasen, Felsbänder in 1000–3000 m Höhe.
Verbreitung: Alpen, Pyrenäen bis Karpaten.
Wissenswertes: Der A. ist eine wertvolle Alpen-Futterpflanze mit hohem Eiweiß- und Fettgehalt.

Alpen-Tragant *Astragalus alpinus*

SCHMETTERLINGSBLÜTENGEWÄCHSE

Merkmale: 5–30 cm hohe, zerstreut behaarte Staude mit niederliegenden bis aufsteigenden Stängeln; Blätter unpaarig gefiedert, mit 15–25 ovalen Teilblättern; Blüten abstehend oder nickend in lang gestielten, vielblütigen Trauben; Krone weiß-lila mit blauviolettem Schiffchen, Flügel kürzer, weißlich; Blütezeit VI–VIII.
Standort: Steinige Kalkböden in 1500–3100 m.
Verbreitung: Pyrenäen bis Kaukasus; Arktis.

Berg-Spitzkiel *Oxytropis jacquinii*

SCHMETTERLINGSBLÜTENGEWÄCHSE

Merkmale: 5–25 cm hohe, behaarte Staude mit sehr kurzen, niederliegenden bis aufsteigenden Stängeln; Blätter unpaarig gefiedert, mit 25–41 lanzettlichen Teilblättern; Blüten zu 5–15 in kopfiger, lang gestielter Traube; Krone rot- bis blauviolett, Schiffchen bespitzt (Name!), Blütezeit VI–VIII; Hülsen aufgeblasen, gestielt (kl. Bild).
Standort: Kalkschutt, Rasen; in 1500–3000 m.
Verbreitung: Vorwiegend Kalkketten der O-Alpen.

Berg-Esparsette *Onobrychis montana*

SCHMETTERLINGSBLÜTENGEW.

Merkmale: 10–40 cm hohe Staude mit niederliegenden bis aufsteigenden Stängeln; Blätter unpaarig gefiedert, mit 11–17 länglich eiförmigen Teilblättern; Blüten in kurzen, später verlängerten Trauben; Krone karminrosa mit dunkelroten Streifen; Fahne kürzer als das Schiffchen, Flügel so lang wie der Kelch; Hülse eiförmig, mit Stacheln; Blütezeit VI–VIII.
Standort: Kalkhaltige Böden in 1000–2500 m Höhe.
Verbreitung: Alpen; Apennin bis Balkan.

Saat-Wicke *Vicia sativa*

SCHMETTERLINGSBLÜTENGEWÄCHSE

Merkmale: Einjährige Pflanze mit aufrechtem oder aufsteigendem Stängel, 30–70 cm hoch; Blätter mit meist 5 Fiederpaaren; Blüten zu 1–2 in den oberen Blattachseln, bis 2,5 cm lang, Fahne rotviolett, Flügel satt purpurn getönt oder gleichfarbig mit der Fahne, Blütezeit V–VII.
Standort: Gärten, Äcker, Brachen, Wegränder. Gelegentlich als Futterpflanze angebaut.
Verbreitung: In EU weit verbreitet.

Berg-Platterbse *Lathyrus linifolius* SCHMETTERLINGSBLÜTENGEWÄCHSE

Merkmale: Mehrjährige, nicht rankende Pflanze, 15–30 cm hoch, Stängel schmal geflügelt, liegend oder aufsteigend; Blätter ohne Ranken, mit 2–3 Fiederpaaren, unterseits bläulich; Blüten zu 4–6 in lang gestielten, lockeren Trauben, Kronen anfangs hellpurpurn, dann zunehmend trüb blau, zuletzt hellbraun gefärbt, Blütezeit IV–VI.

Standort: Lichte Laubwälder, Heiden, Magerrasen, gern auf kalk- und nährstoffarmen Lehmböden.

Verbreitung: In ganz M.-EU weit verbreitet, fehlt in größeren Gebieten im nördlichen Tiefland von D sowie im Bayerischen Wald, im Alpenvorland und in den Nord- und Zentralalpen.

Wissenswertes: Die pfeilförmigen Nebenblätter sind nur etwa halb so lang wie die untersten Fiedern. Der Wurzelstock treibt knollig verdickte unterirdische Ausläufer.

Frühlings-Platterbse *Lathyrus vernus* SCHMETTERLINGSBLÜTENGEWÄCHSE

Merkmale: Mehrjährig, mit aufrechtem Stängel, 30–80 cm hoch; Blätter gefiedert, Fiedern breit oval, spitz, anstelle der Endfieder häufig nur eine schlanke Grannenspitze; Blüten bis zu 2 cm lang, in lockerer Traube, Kronen anfangs rot, dann violett und zuletzt weißlich mit grünlich blauem Ton oder kräftig blauviolett verblühend, Blütezeit IV–V.

Standort: Lichte Laub- und Mischwälder, bevorzugt auf kalkhaltigem, nährstoffreichem Humus- bzw. Lehmboden, im Bergland bis in 1900 m Höhe.

Verbreitung: Fast überall in EU verbreitet, fehlt jedoch im N und NW von D.

Wissenswertes: Der eigenartigen Umfärbung der Kronblätter während der Blütezeit liegen komplizierte chemische Abläufe in den Zellen zugrunde, an denen der Säuregrad des Zellsaftes sowie bestimmte Mineralstoffe beteiligt sind.

Wald-Platterbse *Lathyrus sylvestris* SCHMETTERLINGSBLÜTENGEW.

Merkmale: Formenreiche, mehrjährige Pflanze, Stängel bis zu 2 m lang, breit geflügelt; Blätter mit 1 Paar lanzettlicher, bis zu 12 cm langer Fiedern und 1 (verzweigten) Ranke, Blattstiele geflügelt; Blüten bis 2 cm lang, zu 3–10 in lockeren, einseitswendigen Trauben, Fahnen hellpurpurn gefärbt, Flügel dunkler, Schiffchen cremeweiß, Blütezeit VII–IX.

Standort: Laub- und Mischwälder, Hecken, Wegränder, auf kalkhaltigen, steinigen Lehmböden.

Verbreitung: In EU weit verbreitet.

Wissenswertes: Die Breitblättrige Platterbse *(Lathyrus latifolius)* aus SO-EU hat sehr ähnliche, nur ein wenig größere Blüten. Sie wird bei uns als Zierpflanze verwendet und verwildert leicht. Ihre Blätter tragen ebenfalls nur jeweils 2 Fiedern, die Blattstiele sind bis 12 mm breit geflügelt.

Drüsiges Springkraut *Impatiens glandulifera* BALSAMINENGEWÄCHSE

Merkmale: Mehrjährige, stattliche Pflanze mit aufrechtem, fleischigem Stängel (kleines Foto), bis zu 2,5 m hoch; Blätter 10–25 cm lang, gegenständig oder zu 3 wirtelig, eiförmig lanzettlich, scharf gezähnt, an den Zähnen und am Blattstiel mit zahlreichen rötlichen Drüsen; Blüten 2,5–4 cm lang, hängen an langen Stielen in lockeren Trauben, Kronen mit kurzem Sporn, Blütezeit VI–X.

Standort: Bachbegleitende Gebüsche, Auenwälder, Brachen, Waldwege, Lichtungen; meist auf nährstoffreichen, feuchten Böden.

Verbreitung: In M.-EU weit verbreitet.

Wissenswertes: Das D. S. stammt aus SW-Asien (Himalaja-Gebiet), ist um 1920 vermutlich im südlichen D aus Gartenkultur verwildert und hat sich seither vielerorts eingebürgert. Es ist immer noch in Ausbreitung begriffen.

Kleinblütiges Weidenröschen

Epilobium parviflorum NACHTKERZENG.

Merkmale: Mehrjährige, 20–80 cm hohe Pflanze mit aufrechtem, nur im oberen Teil wenig ästigem, kurz behaartem Stängel; Blätter im unteren Stängelteil gegenständig, weiter oben wechselständig, sehr kurz gestielt oder sitzend, lanzettlich, 1–2,5 cm breit und 4–7 cm lang, umfassen mit ihrer Basis den Stängel nicht und laufen daran auch nicht herab, am Rand mit wenigen Drüsen; Blüten lang gestielt in den Achseln der oberen Blätter, 1–1,8 cm breit, Kronen tiefrosa bis rotviolett, zur Mitte hin dunkler, vorn herzförmig ausgerandet, etwas trichterförmig, Blütezeit VI–IX.

Standort: Gräben, Ufer, Bachauen, vernässte Waldwege, zumeist auf feuchten Lehm- oder Tonböden.

Verbreitung: In EU weit verbreitet und fast überall häufig, so auch in D.

Zottiges Weidenröschen

Epilobium hirsutum NACHTKERZENGEW.

Merkmale: Mehrjährige Pflanze mit reich verzweigtem, aufrechtem, dicht behaartem Stängel, 50–150 cm hoch; Blätter wechselständig, teilweise auch angenähert gegenständig, sitzend und halb stängelumfassend oder mit der Basis am Stängel leicht herablaufend, lanzettlich, 1–2 cm breit und 6–12 cm lang, scharf gesägt; Blüten 2–4 cm breit, lang gestielt in den Achseln der oberen Blätter, Kronen 4-zählig, rosenrot, Narben hellrosa, mit 4 weit ausgebreiteten Ästen, Blütezeit VII–VIII.

Standort: Hochstaudenfluren an Gewässern, Nasswiesen, Auenwälder, Gräben, Ufer.

Verbreitung: In EU mit Ausnahme des N weit verbreitet; in D im nördlichen Tiefland zerstreut, in den Alpen bis in 1250 m Höhe.

Wissenswertes: Das Z. W. wurde früher in Bauerngärten oft als Zierpflanze kultiviert.

Fleischers Weidenröschen

Epilobium fleischeri NACHTKERZENGEW.

Merkmale: 10–30 cm hohe, rasig wachsende Staude mit zahlreichen niederliegenden bis bogig aufsteigenden, im unteren Teil leicht holzigen Stängeln; Blätter wechselständig, sitzend, linealisch-lanzettlich, drüsig gezähnt, dicklich; Blüten lang gestielt, zu 5–10 in einer Traube; Krone bis zu 3 cm breit, mit 4 rosaroten Kronblättern und tiefroten, schmalen Kelchblättern; Blütezeit VII–IX.

Standort: Erstbesiedler auf Kies, Geröll, Moränen und feuchtem Schutt; von Tallagen bis 2700 m.

Verbreitung: Nur Alpen (besonders W-Alpen). **§!**

Wissenswertes: Dieses Weidenröschen ist ein ausgesprochener Rohbodenpionier. Mit zahlreichen Ausläufern und den dank ihres Haarschopfs flugtüchtigen Samen erobert es rasch Schutt- und Geröllflächen. Mit seinen auffallenden Blüten, die bestäubende Insekten anlocken, kann es sogar das Risiko der Selbststerilität eingehen.

Schmalblättriges Weidenröschen *Epilobium angustifolium*

Merkmale: Mehrjährige Pflanze mit aufrechtem, unverzweigtem Stängel, 50–150 cm hoch; Blätter wechselständig, im oberen Stängelteil oft angenähert gegenständig, kurz gestielt, Spreite schmal lanzettlich, 9–12 cm lang, spitz, oberseits dunkel-, unterseits bläulich grün, am Rand umgebogen; Blüten 2–3 cm breit, zahlreich in endständigen, lockeren Trauben, Kronen 4-zählig, purpurrot, Blütezeit VI–VIII; Kapseln schlank.

Standort: Waldränder, Gebüsche, Böschungen, Brachflächen, Bahnschotter, Felsschutt.

Verbreitung: Überall in EU verbreitet und meist sehr häufig, tritt gewöhnlich truppweise auf.

Wissenswertes: Wie auch bei den übrigen Weidenröschen enthalten die dünnen Samenkapseln eine enorme Zahl winziger Samen mit weißen Flughaaren, die der Windverbreitung dienen.

Stinkender Storchschnabel

Geranium robertianum STORCHSCHN.G.

Merkmale: Ein- oder überwinternd zweijährig, mit aufrechtem, verzweigtem, meist karminrotem, dicht behaartem Stängel, Höhe 10–50 cm; Blätter 3- bis 5-zählig gefiedert, beim Zerreiben unangenehm riechend; Blüten 1–2 cm breit, lang gestielt, Kronen rosa mit hellen Streifen, Blütezeit V–X.

Standort: Gebüsche, Zäune, Mauern, Wälder.

Verbreitung: In EU fast überall häufig.

Wissenswertes: Die auch Ruprechtskraut genannte Pflanze ist bemerkenswert schattenverträglich und gedeiht noch bei etwa 1/40 des normalen Freilandlichtangebotes. Früher verwendete man sie als Heilpflanze gegen Blutungen, regional wegen des starken Geruchs auch gegen Motten. Durch Austrocknung lösen sich die nussähnlichen Fruchtteile kraftvoll von der langen Mittelsäule und werden bis 6 m weit weggeschleudert.

Schlitzblättriger Storchschnabel *Geranium dissectum*

Merkmale: Einjährige, bis zu 50 cm hohe Pflanze mit aufrechtem, ästigem, rückwärts behaartem Stängel; Blätter gestielt, Spreite bis zur Basis tief zipflig geteilt mit linealischen Abschnitten; Blüten meist zu 2 in den oberen Blattachseln, etwa 1 cm breit, Kronblätter rot, ausgerandet, Kelchblätter überragen die Krone wenig, Blütezeit V–X.

Standort: Wegränder, Äcker, Schuttstellen, bevorzugt auf lückigen, nährstoffreichen Lehmböden.

Verbreitung: Stammt aus dem Mittelmeergebiet; in EU weithin eingebürgert, in D nach S zu häufiger, in den Alpen nur bis etwa 800 m.

Wissenswertes: Diese Art ist nördlich der Alpen erst mit dem beginnenden Ackerbau in der Jungsteinzeit heimisch geworden. Solche frühzeitig eingeschleppten Arten nennt man Alteinwanderer oder Archäophyten.

Weicher Storchschnabel

Geranium molle STORCHSCHNABELGEW.

Merkmale: Ein- bis zweijährige Pflanze mit liegenden bis aufsteigenden, reich verzweigten, bis zu 30 cm hohen, weich und zottig behaarten Stängeln; Blätter im Umriss rundlich, bis zur Mitte 5- bis 9-teilig, weich behaart; Blüten zu jeweils 2 in den oberen Blattachseln, bis zu 1,5 cm breit, Kronblätter hellrot oder rosa bis hellviolett, schmal herzförmig, tief ausgerandet, Kelchblätter kürzer als die Krone, Blütezeit V–IX.

Standort: Wegränder, besonnte Mauern, Halbtrockenrasen, Schuttstellen, bevorzugt auf lockeren, steinigen, nährstoffreichen Böden.

Verbreitung: Fast überall in EU häufig, fehlt jedoch in Höhen über 800 m weitgehend.

Wissenswertes: Der W.S. ist formenreich und umfasst mehrere Kleinarten, die überwiegend in S-EU vorkommen. Die einem Storchenschnabel ähnlichen Früchte sind kahl.

Gewöhnl. Reiherschnabel

Erodium cicutarium STORCHSCHNABELG.

Merkmale: Formenreiche einjährige Pflanze mit 15–30 cm langen, meist liegenden, oft rot überlaufenen Stängeln; Blätter unpaarig gefiedert bzw. bis zur Mittelrippe fiederteilig, Fiedern oval, tief fiederspaltig; Blüten zu 3–8 in einer offenen Dolde, Kronen bis 2 cm breit, blasslila, rotviolett oder rosa, an der Basis dunkler, Kelchblätter kaum kürzer als die Kronblätter, abstehend behaart, Blütezeit IV–X.

Standort: Äcker, Wegränder, Brachflächen, Dünen, Trockenwiesen, Weinberge, Parkrasen.

Verbreitung: In EU weit verbreitet; in D eher selten, nur in manchen Gegenden häufig.

Wissenswertes: Viele Formen aus der Sammelgruppe des G.R. kommen im Küstenraum auf Salzböden vor. Die einem schlanken Reiherschnabel ähnliche Frucht wird bis zu 4 cm lang.

Blut-Weiderich *Lythrum salicaria*

WEIDERICHGEWÄCHSE

Merkmale: Mehrjährige Pflanze mit 4-kantigem, aufrechtem, meist unverzweigtem, 50–150 cm hohem, im oberen Teil behaartem Stängel; Blätter gegenständig, seltener auch zu 3 in Wirteln, bis zu 10 cm lang, lanzettlich, an der Basis leicht gerundet; Blüten um 2 cm breit, zahlreich in dichter, endständiger Ähre, Kronblätter meist 6, weinrot bis kräftig purpurviolett, Blütezeit VI–IX.

Standort: Gräben, Ufer, Nasswiesen, Röhrichte, Bruchwälder; erträgt Überflutung.

Verbreitung: In fast ganz EU mit Ausnahme des hohen N verbreitet; in D stellenweise häufig.

Wissenswertes: Vom B. gibt es 3 verschiedene Varianten, die sich äußerlich in der Länge der Staubblätter und der Griffel sowie in der Pollengröße und -farbe unterscheiden. Eine erfolgreiche Bestäubung und Befruchtung ist nur zwischen den jeweils passenden Typen möglich.

Alpen-Mutterwurz *Ligusticum mutellina*

DOLDENGEWÄCHSE

Merkmale: 10–50 cm hohe, aromatisch duftende Staude mit aufrechten, meist einfachen und wenig beblätterten Stängeln; Blätter im Umriss dreieckig, 2- bis 3-fach gefiedert, Blattstiel am Grund mit bauchiger, oft rötlicher Scheide; Blüten weiß bis rosa oder rot, Dolden ohne Hüllblätter, 7- bis 15-strahlig, Döldchen reichblütig, mit lanzettlichen Hüllblättchen; Blütezeit VI–VIII.

Standort: Frische Böden, Weiderasen, Schneetälchen, Feinschutt in 1100–3000 m Höhe.

Verbreitung: Alpen, Gebirge in S- und M.-EU.

Wissenswertes: Die A. ist eine der besten Futterpflanzen für das Weidevieh. Mancherorts war sie früher Bestandteil von Kräuterkäse, auch in der Küche wurde sie als Würzkraut verwendet. Ihr ätherisches Öl soll appetitanregende Wirkung haben, weshalb sie früher auch in der Volksmedizin Verwendung fand.

Echtes Tausendgüldenkraut *Centaurium erythraea*

ENZIANGEW.

Merkmale: Zweijährige Pflanze mit aufrechtem, 10–40 cm hohem, nur im oberen teil reichästigem, kantigem Stängel; Rosettenblätter elliptisch eiförmig, Stängelblätter länglich lanzettlich, 5-nervig; Blüten zahlreich in lockerer, endständiger Scheindolde, Kronen rosarot, Blütezeit VII–IX.

Standort: Sonnige Halbtrockenrasen, lichte, grasige Waldränder, offene Gebüsche, vorzugsweise auf lehmigen Kalkböden.

Verbreitung: Fast überall in EU verbreitet, in D jedoch meist nur zerstreut bis selten. **§!**

Wissenswertes: Die hübschen Blüten öffnen sich erst am späteren Vormittag und sind nur bis zum mittleren Nachmittag geöffnet. Früher wurde die heute eher seltene Pflanze als Bitterstoffdroge für Kräuterschnäpse bei Magenbeschwerden und vergleichbare Zubereitungen verwendet.

Purpur-Enzian *Gentiana purpurea*

ENZIANGEWÄCHSE

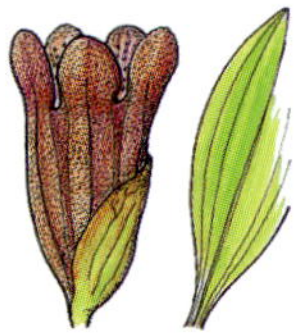

Merkmale: 20–60 cm hohe Staude mit einfachen, kräftigen Stängeln, dem Punktierten Enzian ähnlich (⇨ S. 658); Blätter eiförmig-lanzettlich, 5-nervig; Blüten sitzend, einzeln in den oberen Blattachseln oder gehäuft am Stängelende; Krone glockenförmig, bis zu 40 mm lang, purpurrot mit dunklen Punkten, innen gelb getönt, 5- bis 8-teilig, mit breit ovalen, aufrechten Zipfeln; Kelch häutig, mit 2 Zipfeln, auf einer Seite bis zum Grund aufgeschlitzt; Blütezeit VII–IX.

Standort: Weiden, Hochstauden, Zwergstrauchheiden, Grünerlengebüsche, Karfluren; in 1200–2800 m Höhe, auf kalkarmen Böden.

Verbreitung: W-Alpen (bis zum Arlberg), Apennin, Norwegen. **§!**

Wissenswertes: Als Bestäuber fungieren im Frühstadium der Blüte vor allem Hummeln, später ist auch Selbstbestäubung möglich.

Strand-Zaunwinde *Calystegia soldanella*

WINDENGEWÄCHSE

Merkmale: Mehrjährige Pflanze mit liegendem, 10–50 cm langem Stängel; Blätter rundlich nierenförmig, etwas fleischig, dunkelgrün; Blüten 2–5 cm lang gestielt, einzeln oder zu wenigen in den Blattachseln, Blütenstiele 4-kantig, Kronen rosa mit weißen Streifen, bis 5 cm lang und ebenso breit, unterhalb des Kelchs mit 2 Vorblättern, Blütezeit VII–VIII.

Standort: Weißdünen, Strandwälle, auf lockeren, sandigen, salzhaltigen Böden.

Verbreitung: Mittelmeer- und Atlantikküste, an der Nordsee sehr selten. **RL! §!**

Wissenswertes: Die Standorte der Pflanze werden bei Sturmfluten vom Meerwasser erreicht und mit Salz imprägniert. Pflanzen solcher Standorte, die mit dem Umweltfaktor Salz leben können, nennt man Halophyten. Sie zeichnen sich durch relativ kleinflächige und dicke Blätter aus.

Rote Spornblume *Centranthus ruber*

BALDRIANGEWÄCHSE

Merkmale: Mehrjährige Pflanze mit aufrechtem, rundem, kahlem, unverzweigtem Stängel, 20–70 cm hoch; Blätter gegenständig, am Grund gestielt, am Stängel sitzend, Spreite 1–4 cm breit und 3–8 cm lang, bläulich grün, glattrandig oder undeutlich gezähnt; Blüten zahlreich in dichten rispigen, in mehreren Etagen angeordneten Blütenständen, Kronen rosarot, selten auch weiß, in 5 etwas ungleich große, 2–3 mm lange Zipfel geteilt, Kronröhre sehr eng, mit einem 2 mm langen Sporn, Blütezeit V–VII.

Standort: Felsspalten, Mauern und Steinschuttfluren sowie Gärten.

Verbreitung: Stammt aus S- und W-EU; in D meist aus Gartenkultur verwildert und in den Weinbauregionen stellenweise eingebürgert.

Wissenswertes: Aus dem Kelch entwickelt sich der fedrige Flugapparat der Früchte.

Acker-Winde *Convolvulus arvensis*

WINDENGEWÄCHSE

Merkmale: Mehrjährige, linkswindende Kletterpflanze mit 20–100 cm langem, meist kriechendem Stängel; Blätter wechselständig, pfeil- bis spießförmig; Blüten gestielt in den Blattachseln, Kronen 2,5–4 cm breit, weiß mit rosa Streifen, blühen nur 1 Tag, Vorblätter unter dem Kelch klein, Blütezeit VI–IX.

Standort: Nährstoffreiche Äcker, Gärten, Weinberge, Brachen, auf Lehm- oder Tonböden. Lichtpflanze und Wärmezeiger.

Verbreitung: Fast in ganz EU; in D außerhalb der Gebirge recht häufig, in den Alpen bis Waldgrenze.

Wissenswertes: Vermutlich kam diese Art erst mit der Einführung des Ackerbaus aus dem Mittelmeerraum in die Gebiete nördlich der Alpen. Früher wurde sie als Heilpflanze verwendet. Bei der Bodenbearbeitung zerteilte Rhizomstücke wachsen zu kompletten Pflanzen heran.

Blauroter Steinsame *Lithospermum purpurocaeruleum*

RAUBL.G.

Merkmale: Mehrjährige, etwa 30–60 cm hohe Pflanze aus der Familie der Raublattgewächse, mit aufrechten, wenig verzweigten und blühenden Stängeln sowie sterilen niederliegenden Stängeln, stark behaart; Blätter wechselständig, lanzettlich, bis 8 cm lang; Blüten zu 2–12 in Wickeln, Kronen bis 1,5 cm breit, anfangs rötlich, später tiefblau, Blütezeit IV–V; Früchte glänzend weiß.

Standort: Lichte, trockene Laubwälder, Gebüsche.

Verbreitung: S- und M.-EU; in D selten, überhaupt nur in den Wärmegebieten (Weinbauregion).

Wissenswertes: Dem auffälligen Farbwechsel, der bei vielen Arten der Familie vorkommt, liegen besondere chemische Vorgänge in den Zellen der Kronblätter zugrunde, unter anderem Veränderungen des Säurewertes.

Echte Hundszunge *Cynoglossum officinale*

RAUBLATTGEWÄCHSE

Merkmale: Zweijährige Pflanze mit aufrechtem, verzweigtem Stängel, 30–80 cm hoch; Blätter wechselständig, bis zu 15 cm lang, die unteren elliptisch, die oberen lanzettlich und sitzend, dünn graufilzig behaart; Blüten zu mehreren in lang gestielten Wickeln in den oberen Blattachseln, Kronen 1–1,5 cm lang, zunächst bräunlich rot, später dunkel braunviolett, am Eingang zur Kronröhre mit 5 dunklen Schlundschuppen, Blütezeit V–IX. V. a. die Samen giftig!

Standort: Wegränder, Brachflächen, Böschungen; auf kalkarmen, trockenen Lehm- und Sandböden.

Verbreitung: In M.-EU weit verbreitet, aber meist nur vereinzelt, im Gebirge bis in 1200 m Höhe.

Wissenswertes: Die Schlundschuppen versperren den Blüteneingang, sodass nur langrüsselige Hautflügler und Schmetterlinge die Nektarvorräte erreichen können.

Tollkirsche *Atropa belladonna*

NACHTSCHATTENGEWÄCHSE

Merkmale: Mehrjährige, strauchartig wachsende Pflanze mit reich verzweigtem, aufrechtem, stumpfkantigem Stängel, 60–180 cm hoch; Blätter wechselständig, drüsig behaart, breit lanzettlich, in der Blütenregion scheinbar gegenständig; Blüten auf gebogenen Stielen, einzeln in den oberen Blattachseln, Krone glockig, 5-zipfelig, außen braunviolett, innen grünlich gelb mit dunkleren Adern, Blütezeit VI–VIII; Beerenfrucht kugelig, bis zu 1,5 cm dick, saftig, in der Reife tiefschwarz glänzend.

Standort: Waldränder, Lichtungen; nur auf nährstoffreichen Lehmböden.

Verbreitung: Insbesondere S- und M.-EU; fehlt in D im Tiefland, im Gebirge bis in 1600 m Höhe.

Wissenswertes: Die Früchte enthalten stark giftige Alkaloide von lähmender Wirkung. Für Kinder können wenige verzehrte Früchte tödlich sein.

Roter Zahntrost *Odontites rubra*

BRAUNWURZGEWÄCHSE

Merkmale: Formenreiche, einjährige, bis zu 40 cm hohe Pflanze mit aufrechten, verzweigten Stängeln; Blätter gegenständig, um 1 cm breit und 2–4 cm lang, schmal oval, grob gezähnt; Blüten in einseitswendigen, beblätterten Trauben an den Zweigenden, etwa 1 cm lang, Krone fleisch- oder weinrot bis purpurrosa, 2-lippig, filzig behaart, Oberlippe helmförmig, Blütezeit VII–X.

Standort: Lichtungen, Gebüsche, Weiden, Wege, Sandtrockenrasen, Äcker, Salzwiesen; vorzugsweise auf Tonböden.

Verbreitung: In M.-EU weit verbreitet; in D eher zerstreut vorkommend.

Wissenswertes: Der R. Z. gehört, wie z. B. auch der Augentrost (⇨ S. 604), zu den Halbschmarotzern; mit seinen Wurzeln zapft er das Wurzelwerk seiner Wirtspflanzen an, ernährt sich aber sonst mit seinen grünen Blättern völlig selbstständig. Da er seiner Wirtspflanze nur Wasser und die darin gelösten mineralischen Stoffe entnimmt, hält sich deren Schädigung in Grenzen.

Roter Fingerhut *Digitalis purpurea*

BRAUNWURZGEWÄCHSE

Merkmale: Zweijährige, bis zu 1,50 m hohe Pflanze mit meist unverzweigtem, aufrechtem, graufilzig behaartem Stängel; grundständige Blätter in einer Rosette, 20–30 cm lang, gestielt, lanzettlich, oberseits flaumig behaart, Stängelblätter meist sitzend, runzelig; Blüten in schlanker, einseitswendiger Traube, Kronen bis zu 5 cm lang, purpurrot, seltener auch rosa oder weiß, innen mit langen Haaren und zahlreichen dunklen, weißlich umrandeten Flecken, Blütezeit VI–VIII.

Standort: Kahlschläge, Waldränder, Lichtungen, Gebüsche; meidet Kalkböden.

Verbreitung: Hauptsächlich W- und S-EU; in D vor allem in den Mittelgebirgen, fehlt in den Alpen.

Wissenswertes: Der hochgiftige R. F. enthält stark herzwirksame Glykoside, die arzneilich verwendet werden.

Sumpf-Läusekraut *Pedicularis palustris* BRAUNWURZGEWÄCHSE

Merkmale: Formenreiche, zweijährige Pflanze mit 30–50 cm hohen, aufrechten, meist unverzweigten, kahlen Stängeln; Blätter wechselständig, sitzend, bis zur Mittelrippe tief fiederteilig, 2–4 cm lang, unbehaart; Blüten in kopfig gedrängten Ähren, die sich im Lauf der Zeit etwas strecken, Kronen bis zu 2,2 cm lang, hell purpurn, Oberlippe sichelförmig gebogen, an der Spitze mit 2 stumpfen, abgewinkelten Zähnen, Kelch tief 2-teilig, Blütezeit V–VI.
Standort: Nasswiesen, Feuchtheiden, Nieder- und Zwischenmoore; erträgt Überflutung.
Verbreitung: Vor allem in M.- und dem südlichen N-EU; in D nur in den Moorgebieten verbreitet, zumeist jedoch sehr selten. **RL, §!**
Wissenswertes: Das S. ist ein Halbschmarotzer auf Riedgrasgewächsen und entnimmt deren Wurzeln mineralische Nährstoffe.

Kopfiges Läusekraut *Pedicularis rostratocapitata* BRAUNWURZGEW.

Merkmale: 5–20 cm hohe Staude, Stängel bogig aufsteigend; Blätter meist in grundständiger Rosette, aber auch wechselständig am Stängel, lanzettlich, einfach gefiedert, mit gesägten Fiedern; Blüten duftend, zu 3–12 in kopfiger Traube; Krone rosapurpurn, 12–25 mm lang, Oberlippe mit langem Schnabel, Unterlippe 3-teilig, am Rand bewimpert; Kelch unregelmäßig 5-teilig, mit blattartigen, gekerbten Zipfeln. Blütezeit VI–VIII.
Standort: Steinige Rasen in 1200–2800 m Höhe, stets auf kalkhaltigem Untergrund.
Verbreitung: O-Alpen (zerstreut bis häufig von Graubünden und den Bergamasker Alpen an ostwärts), Karpaten, N-Balkan. **§!**
Wissenswertes: Alle Läusekraut-Arten sind Halbschmarotzer, die mit Saugorganen den Wurzeln von Wirtspflanzen Wasser und Nährsalze entziehen. Weitere Nährstoffe werden durch eigene Photosynthese gewonnen. Der Gattungsname rührt daher, dass früher ein Absud des Krauts als Mittel gegen Läuse beim Vieh verwendet wurde.

Fleischrotes Läusekraut *Pedicularis rostratospicata* BRAUNW.G.

Merkmale: 15–40 cm hohe Staude; Stängel aufsteigend bis aufrecht, mehrblättrig, unten kahl oben flaumig bis wollig zottig behaart; Blätter lanzettlich, einfach gefiedert, mit gesägten Fiedern; Blüten in langährigem Blütenstand; Krone fleischrosa bis purpurn, bis 16 mm lang, Oberlippe lang geschnäbelt; Kelch wie Tragblätter spinnwebartig behaart. Blütezeit VII–VIII.
Standort: Auf kalkreichen, steinigen Weiden in Höhen von 1500–2700 m.
Verbreitung: Seealpen bis Karawanken. **§!**
Wissenswertes: Alpine Läusekraut-Arten sind Hummel-Blumen. Die stabile Unterlippe dient als Anflugplatz. Mit Gewalt zwängen sich die Hummeln durch den Spalt zwischen Ober- und Unterlippe. Dabei wird mitgebrachter Blütenstaub an der aus der Oberlippe hervorragenden Narbe abgestreift und der Rücken des Insekts mit neuem Pollen bepudert.

Quirlblättriges Läusekraut *Pedicularis verticillata* BRAUNWURZGEW.

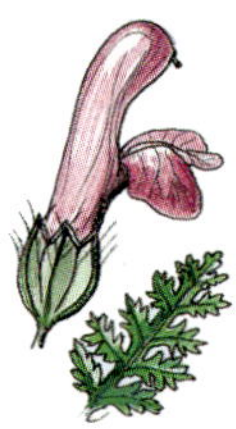

Merkmale: 5–20 cm hohe Staude mit behaartem Stängel; Blätter fiederschnittig mit fein gezähnten Fiedern, zu 3–4 in Quirlen am Stängel; Blüten in dichtem, endständigem Blütenstand; Krone purpurn, 12–18 mm lang, mit gestutzter, ungeschnäbelter Oberlippe; Kelch aufgeblasen, an den Nerven behaart, kurzzähnig; Blütezeit VI–VIII.
Standort: Weiden, Quellmoore, in 900–2800 m Höhe; auf feuchten Kalkböden.
Verbreitung: Kalkketten der Alpen; spanische Gebirge bis Balkan, arktische Gebiete. **§!**
Wissenswertes: Das Q. L. schmarotzt mit Vorliebe auf Blaugras. Es entzieht diesem vor allem Wasser und kann daher auch auf trockenen Standorten gedeihen. Losgelöst von seiner Wirtspflanze welkt es rasch dahin, da es keinen eigenen Verdunstungsschutz besitzt.

Gestutztes Läusekraut *Pedicularis recutita* BRAUNWURZGEWÄCHSE

Merkmale: 20–50 cm hohe Staude; Stängel aufrecht, kahl, mit zahlreichen, wechselständigen Blättern; Blätter einfach gefiedert mit gesägten Abschnitten, die oberen oft violett überlaufen; Blüten in dichter, walzenförmiger Traube; Krone braunrot gefärbt, 15–20 mm lang, mit kurzer, helmförmiger und ungeschnäbelter Oberlippe, länger als die Unterlippe; Kelch kahl, tief 5-spaltig, Blütezeit VI–VII.

Standort: Feuchte Rasen, Hochstauden- und Quellfluren; in 1000–2700 m Höhe, Kalk liebend.

Verbreitung: O-Alpen, selten in den W-Alpen. **§!**

Wissenswertes: Der Artname rührt daher, dass sowohl das obere Ende des Blütenstandes wie auch die Oberlippe der Blüte wie gestutzt aussehen (lateinisch: recutitus). Das G. L. kommt praktisch nur in den Alpen vor und schmarotzt besonders gern an Gräsern.

Acker-Wachtelweizen *Melampyrum arvense* BRAUNWURZGEWÄCHSE

Merkmale: Einjährige, bis 30 cm hohe, wenig verzweigte Pflanze mit aufrechtem Stängel; Blätter gegenständig, schmal lanzettlich, die unteren glattrandig, zum Blütenstand hin etwas breiter und mit langen Zähnen, die obersten purpurn überlaufen; Blüten zu mehreren in zylindrischer Ähre, Kronen etwa 2 cm lang, im Lippenbereich und an der Basis der Kronröhre überwiegend purpurrot, sonst weißlich oder gelb, Oberlippe helmförmig, Blütezeit V–VIII.

Standort: Äcker, Wegränder, Brachflächen, Halbtrockenrasen, Offenland; vorzugsweise auf basen- und kalkreichem Boden.

Verbreitung: In EU weit verbreitet, in D fast nur in der Mittelgebirgsregion.

Wissenswertes: Durch Veränderung der Anbaumethoden und Herbizideinsatz ist der A. stark zurückgegangen. Er zählt zu den Halbschmarotzern, da er die Wurzeln von Getreide u. Gräsern anzapft.

Schuppenwurz *Lathraea squamaria* BRAUNWURZGEWÄCHSE

Merkmale: Mehrjährige Pflanze ohne Blattgrün, mit liegenden, an den Enden aufsteigenden, fleischigen Stängeln, 10–25 cm hoch; Blätter wechselständig, schuppenförmig klein, bleich; Blüten in dichter, einseitswendiger Ähre, Krone rund 1 cm lang, hellrosa bis weißlich violett, Unterlippe stets etwas heller, Blütezeit III–V.

Standort: Auenwälder, Ufergebüsche.

Verbreitung: In EU weit verbreitet; in D fast überall nur zerstreut.

Wissenswertes: Die S. schmarotzt auf den Wurzeln von Haselsträuchern, Pappeln und Erlen, selten auch auf anderen Bäumen, und entwickelt einen mehrere Kilogramm schweren Wurzelstock. Als Vollparasit entnimmt sie mit besonderen Saugwurzeln ihrer jeweiligen Wirtspflanze sämtliche mineralischen und organischen Nährstoffe, die sie zum Wachstum benötigt.

Gamander-Sommerwurz *Orobanche teucrii* SOMMERWURZGEW.

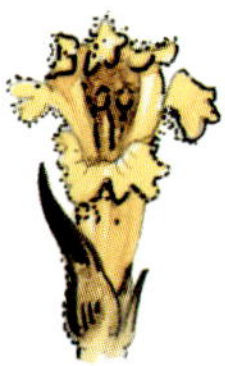

Merkmale: Ein- bis mehrjährige Pflanze ohne Blattgrün, mit aufrechtem, unverzweigtem, ziemlich gedrungenem Stängel, 10–30 cm hoch; Blätter schuppenförmig, dreieckig, bleich, drüsig behaart, 0,5–1,5 cm lang; Blüten in einer nach oben dichter werdenden Ähre, Kronen 2–3 cm lang, 2-lippig, weißlich, gelbbräunlich, mitunter rötlich überhaucht, drüsig behaart, Oberlippe tief 2-spaltig mit abstehenden Zipfeln, Blütezeit VI–VIII.

Standort: Lückige Trockenrasen, lichte Gebüsche; vorzugsweise auf kalkhaltigen Löß- und Lehmböden ohne Stickstoffanreicherung.

Verbreitung: Vor allem S-EU; in D vereinzelt im Oberrheingebiet und in der Pfalz.

Wissenswertes: Die G. ist ein Vollschmarotzer, der ausschließlich auf Gamander-Arten (⇨ S. 718) lebt. Die Gattung umfasst in M.-EU etwa 20 größtenteils nur sehr schwer unterscheidbare Arten.

Echter Gamander, Edel-G.

Teucrium chamaedrys LIPPENBLÜTENG.

Merkmale: Mehrjährige, 15–30 cm hohe Pflanze mit liegenden oder aufsteigenden, an der Basis leicht verholzenden Stängeln und unterirdischen Ausläufern; Blätter gegenständig, gestielt, Spreite 1–2,5 cm lang, breit oval, an der Basis keilförmig, am Rand grob gekerbt, auf der Unterseite mit stark hervortretenden Nerven; Blüten zu jeweils 1–6 in den oberen Blattachseln, meist einseitswendig, Kronen bis zu 1,5 cm lang, rosa bis purpurn, ohne deutliche Oberlippe, Kelch abstehend behaart, Blütezeit VII–IX.

Standort: Trockenrasen, Felsgebüsche, lichte Wälder; bevorzugt auf Kalkböden.

Verbreitung: S- und M.-EU; in D fast überall ziemlich selten; auch als Gartenpflanze kultiviert.

Wissenswertes: Von den jährlich aus dem Wurzelstock austreibenden Stängeln entwickelt nur die zweite Staffel Blüten.

Gefleckte Taubnessel *Lamium maculatum*

LIPPENBLÜTENGEWÄCHSE

Merkmale: Formenreiche, mehrjährige Pflanze mit aufrechtem, 4-kantigem Stängel; Blätter gegenständig, lang gestielt, breit oval, zugespitzt, grob gezähnt; Blüten zu 2–8 in Scheinquirlen in den oberen Blattachseln, bilden hier 3–8 Etagen, Kronen 2–2,5 cm lang, tiefrosa bis purpurn, Kronröhre aufgebogen, Oberlippe helmförmig, Unterlippe 3-zipfelig, mit auffälligem Fleckenmuster, Blütezeit IV–IX.

Standort: Wälder, Gebüsche, Hecken, Zäune, Gärten, Böschungen, Ufer; auf stickstoffangereicherten, nährstoffhaltigen, meist frischen Böden.

Verbreitung: Fast überall in EU häufig, im Bergland bis in etwa 2000 m Höhe.

Wissenswertes: Die Samen (Klausen) werden gewöhnlich von Ameisen verschleppt, die gern deren nahrhafte Anhängsel verzehren, und dadurch wirkungsvoll verbreitet.

Rote Taubnessel *Lamium purpureum*

LIPPENBLÜTENGEWÄCHSE

Merkmale: Einjährige, 15–30 cm hohe Pflanze mit aufsteigenden oder aufrechten Stängeln; Blätter gegenständig, im oberen Stängeldrittel gehäuft, runzelig, weichhaarig; Blüten in Scheinquirlen, Kronen 1–1,5 cm lang, tiefrosa bis purpurn, Unterlippe dunkler gezeichnet, Blütezeit III–X, mitunter bis XII.

Standort: Äcker, Gärten, Weinberge, Brachen.

Verbreitung: In D wie fast überall in EU häufig.

Ähnlich: **Stängelumfassende Taubnessel** *Lamium amplexicaule*, Stängelblätter rundlich, sitzend, Kronen schlank, hellpurpurn; in D nicht allzu häufig.

Wald-Ziest *Stachys sylvatica*

LIPPENBLÜTENGEWÄCHSE

Merkmale: Mehrjährige, 30–100 cm hohe Pflanze mit behaartem, aufrechtem, im oberen Teil verzweigtem Stängel; Blätter gegenständig, gestielt, die oberen sitzend, 4–9 cm lang, breit oval, grob gezähnt, ähneln denen einer Brennnessel, beim Abstreifen unangenehm riechend; Blüten meist zu 6 in den Achseln der obersten Blätter, bilden zusammen mit diesen eine Scheinähre, Kronen 1–1,3 cm lang, dunkel- bis weinrot gefärbt, Oberlippe nur wenig gewölbt, Unterlippe 3-zipfelig mit helleren Flecken, Blütezeit VI–VIII.

Standort: Waldwege, Lichtungen, Ufer, Säume, Gebüsche, Staudenfluren; bevorzugt auf feuchten, basenreichen, tiefgründigen Böden.

Verbreitung: In EU weit verbreitet; in D vor allem in der Mittelgebirgsregion häufig, im westlichen Tiefland selten.

Acker-Minze *Mentha arvensis*

LIPPENBLÜTENGEWÄCHSE

Merkmale: Formenreiche, mehrjährige Pflanze mit 10–40 cm hohem Stängel; Blätter elliptisch bis oval, wenig gekerbt, beim Zerreiben aromatisch duftend; Blüten in dichten, etagenartig angeordneten Scheinquirlen im oberen Stängelbereich, der jedoch mit einem Blattschopf endet, Kronen 5 mm lang, rosa bis helllila, Blütezeit VII–IX.
Standort: Gräben, nasses Brachland, Ackerränder, Wegsäume und Waldlichtungen.
Verbreitung: M.-EU; in D fast überall häufig.

Ähnlich: **Wasser-Minze** *Mentha aquatica*, Blüten in Etagen und einem endständigen Schopf, stark duftend. **Ross-Minze** *Mentha longifolia* (Bild), Stängel zottig behaart, Blätter länglich, Blüten in langen zylindrischen Blütenständen.

Schwarznessel *Ballota nigra*

LIPPENBLÜTENGEWÄCHSE

Merkmale: Mehrjährige, 50–120 cm hohe Pflanze mit verzweigtem, aufrechtem, 4-kantigem Stängel, meist dicht behaart und rötlich überlaufen; Blätter gegenständig, überwiegend kurz gestielt, Spreite bis zu 8 cm lang, breit lanzettlich bis oval, vorn zugespitzt, an der Basis gestutzt, runzelig; Blüten zu wenigen in den Achseln der oberen Blätter, Kronen 1–1,5 cm lang, trübrot, Oberlippe flach gewölbt, auf der Außenseite dicht behaart, Unterlippe heller geadert, mit eingekerbtem Mittellappen, Blütezeit VI–VI.
Standort: Siedlungsnahes Brachland, Wegränder, Gebüsche, Zäune; bevorzugt auf nährstoff- und stickstoffangereicherten Böden.
Verbreitung: M.- und S-EU; in D von W nach O zunehmend häufig, in vielen Gebieten nur zerstreut, in den Alpen bis etwa 1200 m Höhe.

Echter Dost *Origanum vulgare*

LIPPENBLÜTENGEWÄCHSE

Merkmale: Mehrjährige, 40–70 cm hohe Pflanze mit festem, aufrechtem, oft verzweigtem Stängel; Blätter gegenständig, kurz gestielt, oval, behaart, glattrandig oder schwach gezähnt, Tragblätter im Bereich des Blütenstands meist rötlich überlaufen, beim Abstreifen würzig nach Pizza duftend; Blüten zahlreich in endständigen Doldenrispen, Kronen um 6 mm lang, blassrosa, Unterlippe 3-zipfelig, Kelch purpurn, Blütezeit VII–IX.
Standort: Halbtrockenrasen, Wegränder, Dämme, Böschungen, Mauern, Gebüsche.
Verbreitung: In EU weit verbreitet; in D vor allem in den Wärmeregionen häufig.
Wissenswertes: Der auch als Wilder Majoran bezeichnete E. D. wird oft als Würzpflanze in Gärten kultiviert. Er lockt viele Schmetterlinge an.

Wasserdost, Wasserhanf

Eupatorium cannabinum KORBBLÜTENG.

Merkmale: Mehrjährige Pflanze mit aufrechtem, unverzweigtem, rundlichem, dicht behaartem Stängel, der bis oben beblättert und oft rötlich überlaufen ist, 70–150 cm hoch; Blätter fast gegenständig, kurz gestielt, handförmig 3- bis 5-teilig, die mittlere Fieder am größten, schmal lanzettlich, unregelmäßig grob gezähnt, 8–15 cm lang; Blütenkörbchen klein, nur mit 4–6 Röhrenblüten, Zungenblüten fehlen, Kronen an der Basis weißlich, nach oben hin hellrosa, Blütezeit VII–IX.
Standort: Feuchte Wälder, Ufer, Auengebüsche, Hochstaudenfluren, Gräben.
Verbreitung: In EU weit verbreitet; in D häufig, meist in großen Beständen auftretend.
Wissenswertes: Der Name Wasserhanf bezieht sich auf die Laubblätter der Pflanze, die denen des Hanfs (⇨ S. 774) ähneln.

Rote Pestwurz *Petasites hybridus*
KORBBLÜTENGEWÄCHSE

Merkmale: Mehrjährig, alle Blätter grundständig und lang gestielt, Spreiten bis zu 60 cm breit und 100 cm lang, oberseits graugrün, unterseits graufilzig behaart, erscheinen erst nach der Blüte; Blütenkörbchen 0,5–1 cm breit, zahlreich in einer dichten Traube, Kronen purpurn bis blassrosa, Blütezeit II–V.
Standort: Gräben, Bachufer, Feuchtwälder, auf sickerfeuchten, basischen Lehm- oder Tonböden.
Verbreitung: Vor allem in M.- und S-EU; in D nahezu überall verbreitet.
Wissenswertes: Die Einzelblüten sind der Anlage nach zwittrig, jedoch sind in den Blüten des gleichen Individuums entweder nur die Staubblätter oder nur die Fruchtknoten funktionstüchtig. Diese Erscheinung nennt man unvollständige Zweihäusigkeit. Von alters her als Heilpflanze verwendet, neuerdings zur Krampflösung eingesetzt.

Alpen-Pestwurz *Petasites paradoxus*
KORBBLÜTENGEWÄCHSE

Merkmale: Zur Blütezeit 10–30 cm, später bis zu 60 cm hohe Staude mit rotbraun bis violett überlaufenen, schuppenförmigen Blättern, die den Stängel umfassen; Grundblätter erscheinen erst gegen Ende der Blütezeit, dreieckig bis herzförmig, buchtig gezähnt, unterseits weißfilzig; Blütenköpfe in dichter Traube, mit weißrötlichen Röhrenblüten; Hülle rötlich; Früchte mit weißer Haarkrone; Blütezeit IV–VI.
Standort: Steinige Hänge, Bachschotter, Felsschutt, von Tallagen bis in 2700 m Höhe, ausschließlich auf kalkhaltigem Untergrund.
Verbreitung: Alpen; Pyrenäen bis Balkan.

Ähnlich: **Weiße Pestwurz** *P. albus*, Grundblätter breit nierenförmig, Röhrenblüten weiß; bis 2000 m, Bachufer, Hochstauden.

Grauer Alpendost *Adenostyles alliariae*
KORBBLÜTENGEWÄCHSE

Merkmale: 60–150 cm hohe Staude mit aufrechtem, kräftigem Stängel; Grundblätter lang gestielt, herz- bis nierenförmig, grob gezähnt, unterseits graufilzig (Name!), Behaarung abwischbar; Stängelblätter wechselständig, mit breitem Grund oder stängelumfassend sitzend; Blüten röhrenförmig, zu 3–6 in kleinen Köpfchen, die ihrerseits in einer doldenartigen Rispe stehen; Röhrenblüten meist 4-zipfelig, rosa bis rotlila; Blütezeit VI–IX.
Standort: Hochstaudenfluren und Bachufer, von Tallagen bis in 2900 m Höhe, vorzugsweise auf eher kalkarmen Böden.
Verbreitung: Alpen, Gebirge in S- und M.-EU.

Ähnlich: **Kahler Alpendost** *A. glabra*, Blätter unterseits fast kahl, Blattstiele nicht geöhrt; auf Kalkschutt, in Hochstaudenfluren.

Weißfilziger Alpendost *Adenostyles leucophylla*
KORBBLÜTENGEW.

Merkmale: 10–40 cm hohe Staude mit aufrechten, nur im Blütenstand verzweigten Stängeln; Blattunterseite, Hüllblätter und Stängel dicht weißfilzig behaart (Name!); Blätter dreieckig, herz- bis nierenförmig, regelmäßig gezähnt, alle gestielt, die obersten mit kleinen Öhrchen Stängel umfassend; Röhrenblüten rosa bis purpurn, zu 12–24 in Köpfchen, die ihrerseits in dichten Doldentrauben stehen; meist 8 rote Hüllschuppen; Blütezeit VII–VIII.
Standort: Kalkarme, steinige Böden, Felsschutt, Geröllfelder; in Höhenlagen von 1900–3100 m.
Verbreitung: W-Alpen.
Wissenswertes: Mit der roten Farbe seiner Röhrenblüten und der erhöhten Schauwirkung durch die dicht gepackten Blütenstände lockt die Art insbesondere Schmetterlinge, aber auch Fliegen als Bestäuber an.

Alpenlattich *Homogyne alpina*

KORBBLÜTENGEWÄCHSE

Einzelblüte △

Merkmale: 10–30 cm hohe Staude mit aufrechtem, rotbraunem, behaartem und einköpfigem Stängel mit meist 2 kleinen Schuppenblättern; Grundblätter lang gestielt in Rosetten, nierenförmig, buchtig gezähnt, derb, glänzend dunkelgrün; Röhrenblüten rosarot mit purpurnen Zipfeln, zu 30–40 in einem endständigen Köpfchen; die Randblüten weiblich, mit weit herausragenden Narbenlappen, ohne Nektar, die inneren Blüten zwittrig; Hüllblätter einreihig, braunrot; Blütezeit V–VII.

Standort: Weiden, lange schneebedeckte Stellen, Zwergstrauchheiden; von Tallagen bis 3200 m.

Verbreitung: Alpen; Pyrenäen bis Balkan.

Wissenswertes: Früher glaubte man, dass der A. die Milchleistung des Viehs erhöhe, heute wird er als Unkraut ohne großen Futterwert eingestuft.

Acker-Kratzdistel *Cirsium arvense*

KORBBLÜTENGEWÄCHSE

Merkmale: Mehrjährig, Stängel aufrecht, stark verzweigt, nicht geflügelt, 50–150 cm hoch; Blätter wechselständig, buchtig gezähnt oder ungeteilt, zumeist gewellt, nicht am Stängel herablaufend; Blütenkörbchen zu 1–5 in lockeren Rispen, 1 cm breit, mit etwa 100 blassrosa gefärbten Röhrenblüten, Hüllblätter mit schwarzer Spitze, Blütezeit VII–IX.

Standort: Äcker, Gärten, Brachflächen, Böschungen, Wegränder, auf frischen, nährstoffreichen, steinigen Lehmböden.

Verbreitung: In D wie überall in EU sehr häufig.

Wissenswertes: Die extrem leichtgewichtigen Früchte sind Schirmchenflieger und können bei nur mäßigem Aufwind bis über 10 km weit fliegen. Daraus erklären sich die beachtlichen Verbreitungserfolge dieser Art.

Sumpf-Kratzdistel *Cirsium palustre*

KORBBLÜTENGEWÄCHSE

Merkmale: Ein- oder zweijährige, 30–180 cm hohe Pflanze, Stängel aufrecht, durch weit herablaufende Blattränder stachelig geflügelt; Blätter wechselständig, fiederlappig, wie mit feinen Spinnweben überzogen; Blütenkörbchen zu 2–8 in kopfartigen Doldenrispen, um 1,5 cm lang, dunkelpurpurn gefärbt, sämtliche Blüten röhrenförmig, Blütezeit VII–IX.

Standort: Nass- und Streuwiesen, Niedermoore, Gräben, Ufer, auf staunassen Böden. Vernässungszeiger.

Verbreitung: In D wie in ganz EU weit verbreitet.

Wissenswertes: Die Pflanze erinnert im nichtblühenden Zustand an die Krause Distel *(Carduus crispus)*. Unterscheidungsmerkmal der Gattung *Cirsium* ist der immer gefiederte Haarkranz an Blüten und Früchten.

Gewöhnliche Kratzdistel *Cirsium vulgare*

KORBBLÜTENGEWÄCHSE

Merkmale: Zweijährige, kräftige, formenreiche Pflanze, 60–120 cm hoch, Stängel aufrecht, durch herablaufende Blattränder stachelig kraus geflügelt; Blätter wechselständig, unterseits graufilzig, grob buchtig, enden jeweils mit einem langen, gelben Stachel; Blütenkörbchen kopfig, bis 4 cm breit und 8 cm lang, purpurn bis violettrot, nur Röhrenblüten, Blütezeit VII–X.

Standort: Brachflächen, Wegränder, Böschungen, gerne auf trockenen, lockeren Lehmböden. Stickstoffanzeiger.

Verbreitung: Überall in EU verbreitet; in den Alpen bis gegen 1700 m Höhe.

Wissenswertes: Die auch als Lanzett-Kratzdistel bezeichnete Art bildet im ersten Jahr ihres Wachstums bemerkenswert dekorative, bodenanliegende Blattrosetten aus.

Wollköpfige Kratzdistel

Cirsium eriophorum KORBBLÜTENGEW.

Merkmale: Zweijährig, 50–150 cm hoch, Stängel kräftig, verzweigt, dicht wollig behaart; Blätter steif, meist fiederschnittig, mit kräftigen, gelben Stacheln, Ränder umgerollt, unterseits weißfilzig; Blütenköpfchen einzeln, 4–7 cm breit, mit purpurnen Röhrenblüten; Hülle kugelig, dicht spinnwebartig-wollig behaart (Name!), Hüllblätter weinrot, mit langen Stachelspitzen; Blütezeit VII–IX.
Standort: Wegränder, sonnige, steinige Böden, Weiden, Läger, Kahlschläge; bis in 2300 m Höhe, über Kalk, aber auch auf sauren Böden.
Verbreitung: Alpen; von England bis zum Apennin, von den Pyrenäen bis zum N-Balkan.

Ähnlich: **Stängellose Kratzdistel** *C. acaule*, Blüten purpurn, Blütenkopf meist einzeln in grundständiger Blattrosette sitzend.

Große Klette *Arctium lappa*

KORBBLÜTENGEWÄCHSE

bis zu 50 cm lang

Merkmale: Zweijährig, 50–150 cm hoch, Stängel aufrecht, verzweigt, kantig, oft rötlich überlaufen; Blätter gestielt, herzförmig, unterseits filzig behaart; Blütenkörbchen 3–4 cm breit, rötlich, Hüllblätter kahl, nur mit Röhrenblüten, Blütezeit VII–IX.
Standort: Wegränder, Brachen, Schuttstellen, auf frischen, nährstoffreichen, lockeren Lehmböden.
Verbreitung: Fast überall in EU verbreitet.
Wissenswertes: Die Früchte der G. K. und weiterer sehr ähnlicher Kletten-Arten werden durch Tiere verbreitet, an deren Fell oder Federn sie mithilfe von Widerhaken haften bleiben. Im Gebiet kommen weitere, z. T. recht ähnliche Kletten-Arten vor, die untereinander fruchtbare Bastarde bilden können, was die genauere Unterscheidung sehr erschwert. Früher fand die G. K. als Heilpflanze Verwendung, u. a. zur Förderung des Gallenflusses.

Krause Distel *Carduus crispus*

KORBBLÜTENGEWÄCHSE

Merkmale: Zweijährige Pflanze, 50–120 cm hoch, Stängel aufrecht, verzweigt, breit kraus und stachelig geflügelt; Blätter wechselständig, fiederspaltig, stachelig, unterseits filzig behaart; Blütenkörbchen um 1,5 cm breit, zu 3–5 endständig in kopfigen Rispen, hellrosa bis purpurn, nur mit Röhrenblüten, Blütezeit VI–IX.
Standort: Auenwälder, Ufer, Gräben, Gebüsche, Wege, auf frischen, nährstoffreichen Sand- oder Lehmböden.
Verbreitung: In M.-EU verbreitet; im N von D nur zerstreut, nach S hin häufiger.
Wissenswertes: Die *Carduus*-Arten unterscheiden sich von den Disteln der Gattung *Cirsium* zuverlässig durch den einfachen, nicht gefiederten Pappus (Haarkranz) an Blüten und Früchten.

Schachblume *Fritillaria meleagris*

LILIENGEWÄCHSE

Merkmale: Mehrjährige Zwiebelpflanze, 20–30 cm hoch, mit rundem, einfachem Stängel; Blätter wechselständig, schmal lanzettlich, graugrün; Blüten einzeln endständig, 3–4 cm lang, nickend, die 6 Blütenhüllblätter purpurbraun, fleckig gescheckt, mitunter auch heller oder gar ganz weiß, Staubblätter deutlich kürzer als die Blütenhüllblätter, Blütezeit IV–V.
Standort: Feuchtwiesen, Niedermoore, Gräben, v. a. in breiten Flusstälern, bevorzugt auf nährstoffreichen, durch spätwinterliche Überschwemmung aufgedüngten Lehm- oder Gleyböden.
Verbreitung: In M.- und SO-EU sehr zerstreut; in D nur noch in wenigen Flusstälern, auch dort nur in kleinen Beständen. **RL, §!**
Wissenswertes: Viele Standorte dieser attraktiven Art sind durch so genannte Wiesenmelioration (Trockenlegung) vernichtet worden.

Herbst-Zeitlose *Colchicum autumnale*
LILIENGEWÄCHSE

Merkmale: Mehrjährige Pflanze mit tief sitzender Knolle; Blätter breit lanzettlich, glänzend grün, kahl, glattrandig, etwas fleischig; Blüten 3–5 cm lang mit bis zu 25 cm langer Röhre, lila, Blütezeit VIII–X, d. h. lange vor dem Laubaustrieb im folgenden Frühjahr; Kapselfrüchte im Hochsommer. Ganze Pflanze stark giftig!
Standort: Feuchtwiesen, grasige Hänge.
Verbreitung: Vor allem in M.-EU; in D stellenweise recht selten (geworden).

Schnittlauch *Allium schoenoprasum*
LILIENGEWÄCHSE

Merkmale: 10–40 cm hohe, oft in Horsten wachsende Staude mit länglichen, dünnhäutigen Zwiebeln und runden, unten beblätterten Stängeln; Blätter röhrig, rund, glatt, bis 35 cm lang; bis zu 30 Blüten in einer dichten, kugeligen Dolde mit weißer bis rötlicher, häutiger Hülle; Einzelblüten glockig, karminrot bis violett; Blütezeit V–VIII.
Standort: Quellmoore, feuchte Wiesen, steinige Hänge; von Tallagen bis 2600 m, Kalk liebend.
Verbreitung: Gebirge in EU, Asien, N-Amerika.

Sumpf-Siegwurz *Gladiolus palustris*
SCHWERTLILIENGEWÄCHSE

Merkmale: Mehrjährige Knollenpflanze, 30–70 cm hoch, Stängel aufrecht, mit 2–3 Blättern; Grundblätter schmal linealisch, 4–9 mm breit; Blüten 3 cm lang, hellpurpurn, mit hellen und dunklen Längsstreifen auf den unteren Blütenblättern, zu 2–6 in einer einseitswendigen Ähre aufgereiht, Blütezeit V–VII.
Standort: Nass- und Moorwiesen, Niedermoore; bevorzugt auf kalkhaltigem Boden.
Verbreitung: M.- und SO-EU; in D zerstreut bis selten, in den Alpen bis in 1700 m Höhe. **RL! §!**

Gekielter Lauch *Allium carinatum*
LILIENGEWÄCHSE

Merkmale: Mehrjährige Zwiebelpflanze, 30–60 cm hoch; Blätter linealisch, 2–4 mm breit, flach, rinnig, am Rand gerippt, unterseits gekielt; Blüten mit lilapurpurnen Blütenblättern, Blütenstiele 4- bis 6-mal so lang wie diese, Staubblätter weit aus der Blüte ragend, zahlreiche Blüten in Scheindolden, fast immer mit Brutzwiebeln, Blütezeit VI–VII.
Standort: Halbtrockenrasen, Moorwiesen.
Verbreitung: S- und M.-EU; in D nur zerstreut.

Türkenbund-Lilie *Lilium martagon*
LILIENGEWÄCHSE

Merkmale: Mehrjährig, 30–100 cm hoch, Stängel aufrecht, unverzweigt, rund, meist rotfleckig; Blätter bis zu 15 cm lang, in der Stängelmitte zu 5–9 quirlständig, sonst wechselständig, schmal oval, glattrandig, kahl; Blüten 3–6 cm breit, trübrosa, dunkler gepunktet, Blütenblätter zurückgekrümmt, Staubblätter zimtbraun, Blütezeit VI–VIII.
Standort: Tiefgründige, humushaltige Böden in lichten Laubwäldern, erträgt jedoch auch Schatten; nur im Bergland in Grasfluren und auf Wiesen. Auch in Gartenkultur sieht man sie oft.
Verbreitung: M.- und SO-EU; in D zerstreut, fehlt im Norddeutschen Tiefland völlig. **RL, §!**

Rotes Waldvögelein *Cephalanthera rubra*
KNABENKRAUTGEWÄCHSE

Merkmale: Mehrjährig, 20–60 cm hoch; Blätter wechselständig, breit oval, 2–3 cm breit und 5–12 cm lang, glattrandig, spitz; Blüten zu 2–7 in einer lockeren Traube, Lippe ohne Sporn, rosaviolett, mit gelblichen Längsleisten, Blütezeit VI–VII.
Standort: Laub- und Nadelmischwälder, gern auf Kalk.
Verbreitung: M.-, O- und Teile von S-EU; in D v. a. in Mittelgebirgen und Alpenvorland. **RL, §!**

Mücken-Händelwurz *Gymnadenia conopsea* KNABENKRAUTGEW.

Merkmale: Mehrjährig, 20–60 cm hoch, Stängel rund, aufrecht; grundständige Blätter 0,5–3 cm breit, bis zu 20 cm lang, hellgrün, rinnig gefaltet, ohne Flecken, Stängelblätter schmal lanzettlich, kurz; Blüten zahlreich in einer walzenförmigen, dichten Ähre, 1–1,5 cm breit, rosa bis hell purpurviolett, seltener weiß, duften wenig angenehm, Lippe breit 3-lappig, Sporn dünn, abwärts gebogen, Blütezeit VI–VIII.

Standort: Lichte Laub- und Kiefernwälder, Trockenwiesen, Heiden; stets auf Kalk.

Verbreitung: In EU weit verbreitet; im nördl. D sehr selten, nach S zu zerstreut, in den Alpen bis in 2400 m Höhe. **RL, §!**

Wissenswertes: Die Blüten der auch Große Händelwurz genannten Art werden überwiegend von langrüsseligen Insekten besucht.

Geflecktes Knabenkraut *Dactylorhiza maculata* KNABENKRAUTG.

Merkmale: Mehrjährig, formenreich, 20–60 cm hoch, Stängel im oberen Teil manchmal rötlich, unter dem Blütenstand kantig und mit mindestens 5 Stängelblättern; Blätter lanzettlich, zugespitzt, dunkel gefleckt, 5–10 cm lang und 2–4 cm breit; Blüten zu 20–60 in einer pyramidalen, später walzenförmigen Ähre, 1–2 cm breit, hellpurpurn bis hellviolett, Lippe dunkel gezeichnet, schwach 3-lappig, Blütezeit VI–VIII.

Standort: Nass- und Bergwiesen, Gebüsche, lichte Wälder, meist auf nährstoffarmem, aber feuchtem Lehmboden.

Verbreitung: In EU verbreitet; in D regional häufig.

Wissenswertes: Während der Entwicklung dreht sich die Blüte um 180 Grad – die breite Unterlippe ist somit eigentlich die Oberlippe. Wie alle Orchideen ist auch diese Art auf einen speziellen Wurzelpilz angewiesen.

Breitblättriges Knabenkraut *Dactylorhiza majalis* KNABENKRAUTG.

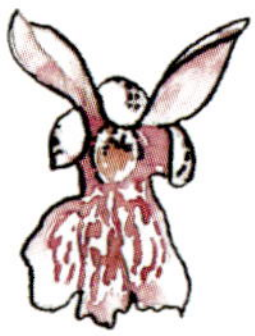

Merkmale: Mehrjährig, formenreich, mit aufrechtem, kräftigem, bis oben beblättertem Stängel, 20–60 cm hoch; Blätter breit lanzettlich, fast immer purpurn gefleckt; Blüten zu 10–40 in einer mäßig dichten Ähre, 1,2–2 cm breit, tief purpurn bis purpurviolett, Lippe breit, 3-lappig, Seitenlappen gezähnt, nach unten weisend, dunkler gezeichnet, Blütezeit V–VI.

Standort: Nasswiesen, Niedermoore, Gräben, Auenbereiche, auf mäßig nährstoffreichen, gerne auch kalkhaltigen Böden.

Verbreitung: In EU und D verbreitet. **RL, §!**

Wissenswertes: Umfasst eine Anzahl schwer unterscheidbarer Kleinarten, die bei manchen Autoren auch als selbstständige Arten bewertet werden. Die Bestäubung erfolgt überwiegend durch Bienen, die die am Kopf festgeklebte Pollenmasse auf andere Blüten übertragen.

Fleischfarbenes Knabenkraut *Dactylorhiza incarnata* KNABENKRAUTG.

Merkmale: Mehrjährige, 20–60 cm hohe Pflanze mit aufrechtem, kräftigem Stängel, unter dem Blütenstand kantig; Blätter grundständig, hellgrün, spitz, immer ungefleckt, stehen aufrecht, reichen bis zum Blütenstand empor und sind im unteren Drittel am breitesten; Blüten zu 20–50 in einer dichten Ähre, 1,2–1,7 cm breit, fleischrot, selten auch gelblich, Lippe schwach 3-lappig, dunkler gezeichnet, Blütezeit VI–VII.

Standort: Nasswiesen, Niedermoore, gelegentlich auch in lichten Wäldern; auf basenreichem, lehmigem Boden.

Verbreitung: M.- und N-EU; in D zerstreut; in den Alpen bis gegen 2000 m. **RL, §!**

Wissenswertes: Im Alpenvorland kommen stellenweise auch gelb blühende Exemplare vor. Die dunkelroten Strichmale auf den Blütenblättern sind Wegmarkierungen für die Blütenbesucher.

Purpur-Knabenkraut *Orchis purpurea*
KNABENKRAUTGEWÄCHSE

Merkmale: Mehrjährige, 30–80 cm hohe Pflanze, Stängel oben purpurn überlaufen; Blätter länglich oval, oberseits glänzend, immer ungefleckt, überwiegend zu einer Rosette angeordnet; Blüten zu 20–70 in einer dichten Ähre, 2–3 cm breit, die 5 obersten Blütenblätter neigen sich zu einem außen braunroten Helm zusammen, Lippe hellrosa, mit violetten oder braunroten Flecken, Mittellappen breit 2-teilig, Sporn kurz, Blütezeit V–VI.
Standort: Wälder und Gebüsche auf humushaltigem, lockerem Kalkboden.
Verbreitung: S- und M.-EU; in D zerstreut. **RL, §!**
Wissenswertes: Im gemeinsamen Verbreitungsgebiet mit dem verwandten Helm-Knabenkraut *(O. militaris)* kommt es zu Bastardierungen, wobei die Blüten der Hybriden aber mehr denen des Purpur-Knabenkrauts ähneln.

Braunrote Stendelwurz
Epipactis atrorubens KNABENKRAUTG.

Merkmale: Mehrjährig, 20–70 cm hoch, Stängel schlank, nur im unteren Teil beblättert, mitunter rotviolett überlaufen, im oberen Teil flaumig behaart; Blätter breit lanzettlich, zugespitzt, steif abstehend, umfassen an der Basis den Stängel; Blüten zu 3–20 in einer lockeren Ähre, etwa 1,5 cm breit, dunkel purpurrot bis violettbraun, Lippe 2-gliedrig, Blütezeit VI–VIII.
Standort: Lichte Wälder, Waldränder, Gebüsche, Dünen im Küstenbereich, meist auf kalkhaltigen Sand- und Lehmböden.
Verbreitung: Fast überall in M.- und S-EU, aber gewöhnlich nur sehr zerstreut. **RL, §!**
Wissenswertes: Nach ihrem (früheren) Vorkommen in Graudünen und dem charakteristischen Blütenduft wird die B. S. auch häufig Strandvanille genannt.

Stattliches Knabenkraut
Orchis mascula KNABENKRAUTGEW.

Merkmale: Mehrjährige, 20–50 cm hohe Pflanze mit kräftigem, aufrechtem Stängel, unter dem Blütenstand kaum kantig und violett überlaufen; Blätter breit linealisch, oft mit feinen purpurnen Punkten und Strichen gefleckt; Blüten zu 15–30 in einer lockeren Ähre, um 2 cm breit, hellrosa bis rotviolett, 2 Blütenblätter helmförmig zusammengeneigt, 3 abstehend, Lippe (undeutlich) 3-lappig, dunkel gepunktet, immer etwas schmaler als lang, Blütezeit V–VI.
Standort: Bergwiesen, lichte Wälder, erträgt Schatten.
Verbreitung: S- und M.-EU; im südlichen D zerstreut, im übrigen D selten. **RL, §!**
Wissenswertes: Die formenreiche Art umfasst mehrere Kleinarten. Am Stängel stehen nur 2–3 scheidige Blätter, die den Blütenstand nicht oder kaum erreichen.

Schwarzes Kohlröschen
Nigritella nigra KNABENKRAUTGEWÄCHSE

Merkmale: Mehrjährig, 5–25 cm hoch, mit intensiv nach Vanille duftenden Blüten in kugel- bis eiförmigem Blütenstand, dunkel rotbraun, Lippe aufrecht; Blütezeit VI–VIII.
Standort: Saure Böden, Weiden; 1500–2600 m.
Verbreitung: Europäische Gebirge. **§!**
Wissenswertes: Der tief dunkelrote Blütenstand wirkt insgesamt als Scheinblüte, die hauptsächlich Schmetterlinge als Bestäuber anlockt. Die Lippe ist bei Orchideenblüten meist nach unten gerichtet. Bei den Kohlröschen-Blüten jedoch entfällt die übliche Drehung des Fruchtknotens, sodass die Lippe in der Blüte oben sitzt und nach aufwärts gerichtet ist.

Ähnlich: **Rotes Kohlröschen** *N. rubra* mit kegeligem bis zylindrischen Blütenstand, Blüten hellrot, mit tütenförmiger Lippe. **§!**

Fliegen-Ragwurz *Ophrys insectifera*

KNABENKRAUTGEWÄCHSE

Merkmale: Mehrjährige, schlanke, 20–40 cm hohe Pflanze mit aufrechtem, dünnem Stängel; Blätter lanzettlich, leicht bläulich grün, nach oben kürzer und schmaler; Blüten zu 3–10 in einer lockeren, gestreckten Ähre, 5–8 mm breit, 1,2–1,8 cm lang, samtig behaart, rotbraun, mit graublauem Fleck auf der Unterlippe, äußere Blütenblätter grün, Blütezeit V–VI.

Standort: Trockenrasen, Trockengebüsche; bevorzugt auf kalkhaltigem, lockerem Boden.

Verbreitung: M.-EU; in D selten. **RL, §!**

Wissenswertes: Die Blüte gleicht einem Insekt und funktioniert auch als Weibchenattrappe: Die Lippe stellt den Insektenkörper dar, 2 der inneren Blütenblätter die Fühler. Zusätzlich gibt die Blüte den Sexuallockstoff bestimmter Insektenarten ab. Adressaten sind allerdings keine Fliegen, sondern männliche Hautflügler (kleines Bild).

Bienen-Ragwurz *Ophrys apifera*

KNABENKRAUTGEWÄCHSE

Merkmale: Mehrjährige, 20–50 cm hohe Pflanze mit schlankem Stängel; Blätter lanzettlich, lang zugespitzt, die oberen scheidenartig den Stängel umfassend; Blüten zu 2–7 in lockerer, einseitswendiger Ähre, 2–2,5 cm breit und fast ebenso lang, äußere Hüllblätter oval, blass bis intensiv rosa, Lippe mit 2 gewölbten, außen behaarten Höckern und gelblich grüner Fleckenzeichnung sowie gebogenem, gelbgrünem Anhängsel, Blütezeit V–VII.

Standort: Trockenrasen und Gebüsche, fast nur auf lockeren, sonnigen Kalkböden.

Verbreitung: Vor allem in S-EU; in D wie im übrigen M.-EU nur sehr zerstreut. **RL!, §!**

Ähnlich: **Hummel-Ragwurz** *Ophrys holosericea*, Lippe mit dreiteiligem, nach oben gerichtetem, gelblichem Anhängsel. **RL!, §!**

Hundszahn-Lilie *Erythronium denscanis*

LILIENGEWÄCHSE

Merkmale: 10–30 cm hohe Staude mit weißen Zwiebeln und kahlem, einblütigem Stängel; 2 breit lanzettliche, gegenständige Blätter unterhalb der Stängelmitte, bis zu 10 cm lang, dunkelgrün, bräunlich oder hell gefleckt, in einen kurzen Stiel verschmälert, der den Stängel umfasst; Blüten nickend, endständig; 6 freie, lanzettliche Blütenhüllblätter, 30 mm lang, rosa bis rotviolett, mit gelb geflecktem, kurz röhrigem Grund, oben weit abstehend oder stark zurückgebogen, die inneren am Grund beidseits mit einem kleinen Zahn; die 6 Staubblätter kürzer als die Blütenhülle, Staubbeutel bläulich; Griffel 3-spaltig; Blütezeit III–V.

Standort: Laubwälder, Gebüsche, Bergwiesen, auch Geröll; von Tallagen bis in 2000 m Höhe.

Verbreitung: In den Alpen nur auf der S-Seite; Gebirge in S-EU und Asien. **§!**

Wissenswertes: Die weißen Zwiebeln dieser Art sind zahnartig gespalten und gleichen damit in Form und Farbe dem Reißzahn eines Hundes. Die Art ist in EU die einzige Vertreterin ihrer Gattung.

Schwanenblume *Butomus umbellatus*

SCHWANENBLUMENGEWÄCHSE

Merkmale: Mehrjährige, 50–180 cm hohe Pflanze mit aufrechtem, rundem, unverzweigtem Stängel; Blätter grundständig, grasartig, bis zu 1 m lang, rinnig, 3-kantig, an der Basis als Scheide; Blüten zahlreich in ebenen Dolden, die 6 Blütenblätter rosa und dunkler geadert, die 3 äußeren oft grünlich, duften stark nach Honig, Blütezeit VI–VIII.

Standort: Röhrichte, Ufer stehender oder langsam fließender Gewässer.

Verbreitung: In ganz M.-EU zerstreut bis selten. Gelegentlich zur Uferbefestigung angepflanzt.

Wissenswertes: Bei größerer Wassertiefe bildet die Pflanze ausschließlich flutende, schmal bandartige Blätter, die untergetaucht bleiben. Im Flachwasser sind ihre Überwasserblätter scharfschneidig 3-kantig. Weltweit ist die S. die einzige Art dieser Pflanzenfamilie.

Gewöhnliche Akelei *Aquilegia vulgaris*
HAHNENFUSSGEWÄCHSE

Merkmale: Mehrjährig, bis zu 80 cm hoch; Blätter doppelt 3-teilig mit rundlichen Abschnitten; Blüten blauviolett, hängend, bis 5 cm lang, alle 5 Blütenblätter (= kronblattartige Nektarblätter) nach hinten zu gekrümmten Spornen verlängert, Blütezeit V–VII.
Standort: Gern auf kalkhaltigen Böden; Bergwiesen, Gebüsche, lichte Wälder, trockene Hänge; auch in Gärten.
Verbreitung: In M.-EU weit verbreitet, in Großbritannien und Skandinavien eingebürgert, im N von D meist nur aus Gartenkultur verwildert. **§!**
Wissenswertes: Die reifen Balgfrüchte springen bei Trockenheit explosionsartig auf und schleudern ihre Samen weit aus. Üblicherweise werden die Blüten von langrüsseligen Hummeln besucht. Kurzrüsselige Arten beißen die Nektar führenden Sporne auf und umgehen damit die Bestäubung.

Dunkle Akelei *Aquilegia atrata*
HAHNENFUSSGEWÄCHSE

Merkmale: 30–90 cm hohe Staude mit aufrechtem Stängel; Blätter am Grund gestielt, doppelt 3-teilig, Fiederblättchen mit unregelmäßig gezacktem Rand; Stängelblätter wechselständig, sitzend; Blüten 4–6 cm breit, braunviolett, äußere Blütenblätter länglich, zugespitzt, dazwischen 5 innere Blütenblätter (Nektarblätter) mit deutlich gebogenem Sporn; Staubblätter weit aus der Blüte herausragend; Blütezeit V–VII.
Standort: Wälder, Gebüsche, Wiesen, Hochstaudenfluren; bis in 2000 m Höhe, gern auf Kalk.
Verbreitung: Alpen mit Vorland, Mittelgebirge, SW-EU; häufig. **§!**
Wissenswertes: Akeleien werden als Revolverblumen bezeichnet, weil den blütenbesuchenden Hummeln der Nektar über 5 kreisförmig angeordnete Öffnungen, den Sporneingängen, zugänglich ist.

Blauer Eisenhut *Aconitum napellus*
HAHNENFUSSGEWÄCHSE

Merkmale: 50–150 cm hohe Staude mit einfachem Stängel; Blätter handförmig, 5- bis 7-teilig, mit linealischen Zipfeln; Blüten blau bis violett, in dichtblütiger Traube; das oberste Blütenblatt einen Helm bildend (meist breiter als hoch), der wie bei anderen Eisenhut-Arten 2 Nektarblätter einschließt; Blütezeit VI–IX.
Standort: Feuchte Wiesen, überdüngte Böden, Hochstauden-, Kar- und Lägerfluren, Schluchtwälder, Bachufer; bis in 2500 m Höhe.
Verbreitung: In versch. Formen in EU und Asien. **§!**
Wissenswertes: Alle Eisenhut-Arten sind Hummel-Blumen, weil es nur kräftigen und langrüsseligen Insekten wie Hummeln gelingt, an die Nektarblätter unter dem Helm zu kommen. Die Verbreitung von Eisenhut-Arten und Hummeln auf der nördlichen Halbkugel deckt sich daher.

Feld-Rittersporn *Consolida regalis*
HAHNENFUSSGEWÄCHSE

Merkmale: Einjährig, selten auch mit Rosette überwinternd, 20–50 cm hoch; Blätter mehrfach geteilt mit schmalen Zipfeln; Tragblätter der Blüten kürzer als die Blütenstiele; Blüten rückwärts mit einfachem, etwa 2 cm langem Sporn, zu wenigen in lockeren Trauben, Blütezeit V–VIII.
Standort: Nährstoffreiche Getreideäcker, Wegsäume, Trockenplätze, gern auf kalkhaltigen Lehmböden. Stellenweise auch in Gartenkultur.
Verbreitung: In M.-EU weit verbreitet; früher eine recht häufige und vertraute Begleitart in der Feldflur, jedoch durch zunehmenden Herbizideinsatz im Getreideanbau stark zurückgegangen und meist nur noch in Gebieten mit dem Ackerrandstreifen-Schutzprogramm zu sehen. **RL**
Wissenswertes: Der Nektar im langen Sporn des obersten Blütenblattes ist nur Hummeln mit mindestens 15 mm langem Rüssel zugänglich. Die reife Balgfrucht öffnet sich beim Trocknen und schleudert dabei ihre Samen aus. Alle Teile der Pflanze sind leicht giftig.

Leberblümchen *Hepatica nobilis* HAHNENFUSSGEWÄCHSE

Merkmale: Mehrjährig, 10–15 cm hoch (ohne Stängel); Blätter grundständig, 3-lappig, erscheinen nach den Blüten, mitunter wintergrün; Blüten einzeln auf langen Stielen, 3 kelchartige Hochblätter, 6–10 blaue, selten rosa oder weiße Kronblätter, Blütezeit III–IV.
Standort: Gebüsche, Laubwälder, auf Kalk.
Verbreitung: M.-EU; in D westlich des Rheins fehlend; ferner O-Asien und N-Amerika.

Hallers Küchenschelle *Pulsatilla halleri* HAHNENFUSSGEWÄCHSE

Merkmale: 5–30 cm hohe Staude mit weißzottig behaartem Stängel; Blätter nicht überwinternd, entwickeln sich erst mit Blütenbeginn, seidenhaarig, Grundblätter mit 5–7 fiederteiligen, spitzzipfeligen Teilblättern; Blüten einzeln, endständig, glockig bis ausgebreitet, hell- bis blauviolett, außen behaart, meist mit 6 zugespitzten Blütenblättern; Blütezeit V–VII.
Standort: Subalpin und alpin, bis 3000 m, kalkhaltige Böden; Rasen, Geröll, Felsspalten.
Verbreitung: Seealpen bis Wallis, Steiermark. **§!**
Wissenswertes: Die federhaarigen Griffel bilden einen Haarschopf.

Hunds-Veilchen *Viola canina* VEILCHENGEWÄCHSE

Merkmale: Mehrjährig, 5–15 cm hoch, mit aufsteigenden, wenig behaarten Stängeln; Blätter lang gestielt, nicht rosettig gestellt, mit herzförmiger Spreite; Blüten blauviolett mit hellgelbem Sporn, Blütezeit IV–VI.
Standort: Magerrasen und lichte Wälder; meidet kalkhaltige Böden.
Verbreitung: Fast überall in EU mit Ausnahme des SO weit verbreitet, stellenweise aber sehr zerstreut, in den Alpen bis in 1800 m Höhe.

Gewöhnliche Küchenschelle *Pulsatilla vulgaris* HAHNENFUSSGEW.

Merkmale: Mehrjährig, 5–40 cm hoch; Blätter nach der Blüte erscheinend, mehrfach gefiedert mit schmalen, etwa 4 mm breiten Abschnitten, anfangs seidig behaart, später kahl; Blüten glockenförmig, aufrecht, 4–6 cm lang gestielt, blauviolett, Blütezeit III–IV; Nussfrüchte mit langem Federschweif, der sowohl der Verbreitung durch den Wind wie auch durch Tiere dient.
Standort: Magerrasen, Trockenwiesen, lichte Gebüsche, Kiefernwälder, meist auf Kalkböden.
Verbreitung: In M.-EU weit verbreitet, insgesamt jedoch selten, wo sie auftritt, aber gesellig; durch Rückgang offener Schafweiden gefährdet. **RL, §!**

Strandflieder *Limonium vulgare* BLEIWURZGEWÄCHSE

Merkmale: Bis 50 cm hoch, mehrjährig; Blätter alle in grundständiger Rosette, immergrün, ledrig, oval, spatelig in den Blattstiel verschmälert, 2–4 cm breit, 5–20 cm lang; Blüten in zahlreichen kleinen Knäueln, diese in einseitswendiger Rispe, Kronen blauviolett, 3–8 mm lang, Blütezeit VII–IX.
Standort: Salz- und Wattwiesen; Salzwiesen nahe der Hochwassermarke.
Verbreitung: An der Nordsee zerstreut, an der Ostsee selten. **RL, §!**
Wissenswertes: In Nordfriesland wird die Pflanze Halligflieder genannt. Ihre Blätter scheiden über spezielle Drüsen aktiv Salz aus.

März-Veilchen *Viola odorata* VEILCHENGEWÄCHSE

Merkmale: Mehrjährig, bis zu 10 cm hoch, mit wurzelnden Ausläufern; Blätter rundlich nierenförmig, in grundständiger Rosette; Blüten dunkelviolett mit dunklem Sporn, selten auch rosa oder weiß, intensiv duftend, Blütezeit III–IV.
Standort: Gebüsche, Hecken, Waldränder; auf nährstoffreichen, etwas feuchten Lehmböden.
Verbreitung: Ursprünglich nur in S-EU, durch Verwilderung aus Gartenkultur heute auch in M.-EU fast überall verbreitet.

Sumpf-Veilchen *Viola palustris*

VEILCHENGEWÄCHSE

Merkmale: Mehrjährig, bis zu 15 cm hoch, mit unterirdischen Ausläufern; Blätter in grundständiger Rosette, rundlich bis breit herzförmig; Blüten rötlich oder blassviolett, selten auch weiß, unterstes Kronblatt dunkler gestreift, Blütezeit VI–VII.
Standort: Nasswiesen, Niedermoore, Sümpfe, feuchte Gräben, Bruchwälder, Ufer.
Verbreitung: Fast überall in EU verbreitet; in D nicht sehr häufig, durch Biotopzerstörung gefährdet.

Wildes Stiefmütterchen *Viola tricolor*

VEILCHENGEWÄCHSE

Merkmale: Ein- oder mehrjährig, 10–30 cm hoch; Blätter länglich herzförmig, Nebenblätter gefiedert; Blüten bis zu 2,5 cm breit, weiß, gelb oder 3-farbig mit Violett, die beiden oberen Kronblätter fast immer dunkler bis tiefviolett, Blütezeit V–X.
Standort: Äcker, Wiesen (im Bergland bis in 1000 m Höhe), Brachland, Wegränder, Graudünen.
Verbreitung: Fast überall in EU; fehlt in D stellenweise, andernorts hingegen häufig.

Vielblättrige Lupine *Lupinus polyphyllus*

SCHMETTERLINGSBLÜTENGEW.

Merkmale: Mehrjährig, Stängel aufrecht, unverzweigt, bis zu 1,20 m hoch; Blätter lang gestielt, Spreite handförmig 9- bis 17-teilig, Fiedern lanzettlich, bis zu 15 cm lang, ungestielt, glattrandig, behaart; Blüten bis 1,5 cm lang, in dichter Traube, Krone blau oder blauviolett, Blütezeit VI–IX.
Standort: Böschungen, Waldlichtungen, Säume.
Verbreitung: Stammt aus dem westlichen N-Amerika, als Rohbodenpionier oder Wildäsung angesät, eingebürgert.
Wissenswertes: Mithilfe von Bakterien in ihren Wurzelknöllchen wandelt die V. L. Luftstickstoff in mineralischen Pflanzennährstoff um.

Wald-Veilchen *Viola reichenbachiana*

VEILCHENGEWÄCHSE

Merkmale: Mehrjährig, bis zu 20 cm hoch, mit aufrechtem oder aufsteigendem, beblättertem Stängel; Blätter länglich herzförmig, die grundständigen rosettig gestellt; Blüten violettblau mit dunkelviolettem, schlankem Sporn (dieser beim sonst sehr ähnlichen **Hain-Veilchen** *V. riviniana* dick und hell), Blütezeit IV–VI.
Standort: Laub- und Mischwälder; auf lockerem, kalkhaltigem Boden.
Verbreitung: M.- und S-EU; in D häufig.

Echtes Alpenglöckchen *Soldanella alpina*

PRIMELGEWÄCHSE

Merkmale: 5–15 cm hoch, mit 2- bis 3-blütigem Stängel; Blätter grundständig, dicklich, ledrig, immergrün, rundlich bis nierenförmig, ganzrandig; Blüten gestielt, schräg aufrecht oder nickend; Krone 10–15 mm lang, blauviolett, trichterförmig, bis zur Mitte oder tiefer zerschlitzt, mit Schlundschuppen, Griffel länger als Krone; Kelch tief geteilt, schmalzipfelig; Blütezeit IV–VII.
Standort: Alpine Rasen, Schneetälchen; auf Kalk.
Verbreitung: Alpen, Pyrenäen bis Balkan, bis in 3000 m Höhe. **§!**
Wissenswertes: Die Blätter sind rund wie Münzen (lat.: solidus), daher auch der Name Soldanelle.

Saat-Luzerne *Medicago sativa*

SCHMETTERLINGSBLÜTENGEWÄCHSE

Merkmale: Mehrjährige, 30–90 cm hohe Pflanze mit verzweigtem Stängel; Blätter 3-zählig gefiedert, Fiedern gezähnt, mit Stachelspitze; Blüten bis zu 1,2 cm lang, in gestielten kopfigen Trauben, Kronen lila, violett oder violettpurpurn gefärbt, Blütezeit VI–IX.
Standort: Äcker, Wiesen, lichte Gebüsche, Wegränder, vom Tiefland bis in mittlere Gebirgslagen.
Verbreitung: Stammt aus Vorderasien, in EU schon seit der Antike angebaut, vielfach verwildert.
Wissenswertes: Bildet mit der gelb blühenden **Sichel-Luzerne** *Medicago falcata* Bastarde, deren Blüten mischfarbig violettgrün sind.

Zaun-Wicke *Vicia sepium*

SCHMETTERLINGSBLÜTENGEWÄCHSE

Merkmale: Mehrjährige Pflanze mit liegenden oder aufsteigenden, bis über 1 m langen Stängeln, klettert oft auch an anderen Pflanzen hoch; Blätter gestielt, mit 4–7 Paar glattrandiger, länglich ovaler, weich behaarter Fiedern, Endfiedern zu verzweigten Ranken umgebildet; Blüten 1–1,5 cm lang, zu 2–6 in kurz gestielten Trauben in den oberen Blattachseln, Kronen schmutzig bläulich violett, Blütezeit V–VII.
Standort: Gebüsche, Wegränder, Gärten, Zäune, Waldsäume, Fettwiesen.
Verbreitung: In EU nahezu überall verbreitet, in D vom Tiefland bis ins Gebirge häufig.
Wissenswertes: Die Nebenblätter tragen auf ihrer Unterseite in dunkelpurpurnen Vertiefungen Nektardrüsen, die vor allem bei feuchtwarmem Wetter eine zuckerhaltige Flüssigkeit ausscheiden. Diese wird gern von Ameisen eingesammelt.

Ausdauernder Lein *Linum perenne*

LEINGEWÄCHSE

Merkmale: Formenreiche, mehrjährige, etwa 30–70 cm hohe Pflanze mit aufrechten, schlanken, wenig verzweigten Stängeln; Blätter wechselständig, lanzettlich, graugrün, etwa 2–4 mm breit und um 2 cm lang, am Rand leicht rau; Blüten bis 3 cm breit, zahlreich in lockeren Trauben, kurzlebig, Kronen himmelblau, Kronblätter decken sich am Rand, Kelchblätter stumpf, die inneren breiter und länger als die äußeren, Blütezeit VI–VIII.
Standort: Lichte Kiefernwälder, Trockenrasen, Steinfluren; gelegentlich auch in Gartenkultur.
Verbreitung: Hauptsächlich in SO- und M.-EU; in D nur sehr zerstreut. **RL, §!**
Wissenswertes: Die Blüten des A. L. zeigen die Erscheinung der Heterostylie – sie entwickeln entweder lange Staubblätter und kurze Griffel oder umgekehrt. Anders als der einjährige **Saat-Lein** oder **Flachs** *Linum usitatissimum*, der als alte Kulturpflanze sowohl Flachsfasern als auch Leinsamen und Leinöl liefert, wird der A. L. bei uns als Zierpflanze für naturnahe Gärten eingesetzt.

Vogel-Wicke *Vicia cracca*

SCHMETTERLINGSBLÜTENGEWÄCHSE

Merkmale: Formenreiche, mehrjährige Pflanze mit dünnen, verzweigten, bis über 1 m langen, kantigen Stängeln; Blätter kahl oder anliegend behaart, 6–10 Paar Fiedern je 2–4 mm breit und bis zu 3 cm lang, die vorderen fast immer zu langen Ranken umgebildet, Nebenblätter mit abstehenden Zipfeln; Blüten um 1 cm lang, zahlreich in lang gestielten, verlängerten, einseitswendigen, bis 10 cm langen Trauben in den Blattachseln, Kronen blauviolett, Blütezeit VI–VIII.
Standort: Wälder, Wegränder, Getreideäcker, Gebüsche, Zäune; vor allem auf tiefgründigen, nährstoffreichen Lehmböden.
Verbreitung: In EU weit verbreitet und in den meisten Gegenden ziemlich häufig.
Wissenswertes: In Getreidefeldern gilt die V. als lästiges Wildkraut. Ihre Samen sind schwach giftig.

Gewöhnl. Kreuzblümchen *Polygala vulgaris*

KREUZBLUMENGEW.

Merkmale: Mehrjährige, formenreiche Pflanze mit aufrechtem oder aufsteigendem, ästigem Stängel, meist 10–25 cm hoch; Blätter wechselständig, kurz gestielt, schmal elliptisch bis linealisch, etwas ledrig; Blüten um 8 mm lang, zu mehreren in endständiger Traube, kronblattartige Kelchblätter sowie Kronen dunkelblau bis violett, selten auch weiß oder rötlich, Blütezeit V–VIII.
Standort: Hecken, Böschungen, Sandfluren, Halbtrockenrasen, Wiesen, Heiden, auf sandigen, nährstoffarmen Lehmböden.
Verbreitung: In weiten Teilen von EU verbreitet, in den meisten Gegenden von D zerstreut.

Ähnlich: **Bitteres Kreuzblümchen** *Polygala amara*, untere Blätter rosettenartig, schmecken beim Zerkauen stark bitter; Steinfluren.

Wiesen-Storchschnabel
Geranium pratense STORCHSCHNABELG.

Merkmale: Mehrjährig, bis zu 60 cm hoch, mit aufrechtem, verzweigtem, behaartem Stängel; Blätter handförmig 5- bis 7-teilig, bis fast zur Blattbasis eingeschnitten, im oberen Teil des Stängels gegenständig, oberseits kurzborstig, unterseits nur auf den Nerven schräg abstehend behaart; Blüten 2–4 cm breit, in Rispen, Kronen blauviolett, dunkler geadert, Kelch und Blütenstiele dicht kurzhaarig, Blütezeit VI–VIII, abgeblühte Stiele senken sich abwärts.

Standort: Nährstoffreiche, feuchte Wiesen, Gebüsche; v. a. auf nährstoffreichen Kalkböden.

Verbreitung: M.- und O-EU; in D nur im N selten; erreicht im Gebiet die Westgrenze seiner Verbreitung, die im O bis nach Japan reicht.

Wissenswertes: In der Blüte öffnen sich zuerst die Staubblätter und erst Tage später die Narbenäste.

Wald-Storchschnabel
Geranium sylvaticum STORCHSCHNABELG.

Merkmale: Mehrjährig, 30–60 cm hoch, mit aufrechtem, behaartem, wenig beblättertem Stängel; Blätter nicht ganz bis zur Spreitenbasis handförmig geteilt, nur auf der Oberseite schütter und sehr kurz behaart; Blüten bis zu 3,5 cm breit, kräftig rotviolett, Kronblätter zur Basis etwas heller und mitunter fast weißlich, Kelch und Blütenstiele dicht anliegend behaart, Blütezeit VI–VII, Blütenstiele bleiben nach dem Abblühen aufrecht.

Standort: Wald- und Gebüschsäume, Bergwiesen, Staudenfluren, Mischwälder; nährstoffreiche, mäßig saure, sickerfeuchte u. humushaltige Böden.

Verbreitung: In EU weit verbreitet; in D vor allem im Bergland, sonst nur zerstreut.

Wissenswertes: Beim Aufplatzen der getrockneten Fruchtstände werden die schnabelförmigen Teilfrüchte bis fast 3 m weit ausgeschleudert.

Feld-Mannstreu
Eryngium campestre DOLDENBLÜTENGEWÄCHSE

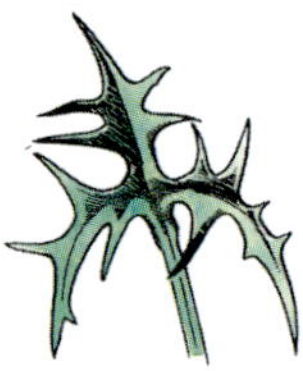

Merkmale: Mehrjährige, sparrig verzweigte Pflanze mit aufrechten oder ausgebreiteten Stängeln, 15–70 cm hoch; Blätter ungeteilt oder handförmig fiederteilig, am Rand mit dornigen Spitzen, die unteren gestielt, die oberen sitzend, ledrig derb, weißlich grün; Blüten weiß oder grünlich, zahlreich in bis zu 1,5 cm breiten kugeligen Köpfchen beieinander stehend, diese mit lanzettlichen, dornigen Hüllblättern, Blütezeit VII–IX.

Standort: Trockenrasen, Felsfluren, Wegränder, sonnige Gebüsche, Kiesgruben; meist auf kalkhaltigen Lehm- oder Lößböden.

Verbreitung: M.- und S-EU; in D nur zerstreut.

Wissenswertes: Mit seiner Disteltracht ist der F. ein ungewöhnlicher Vertreter der Familie. Seine trockenen Fruchtstände werden vom Wind als so genannte „Steppenhexen" verdriftet.

Stranddistel
Eryngium maritimum DOLDENBLÜTENGEWÄCHSE

Merkmale: Zwei- bis mehrjährige, sparrig verzweigte, bis zu 60 cm hohe Pflanze, oft als halbkugeliger Busch wachsend; grundständige Blätter lang gestielt, Stängelblätter sitzend, Spreite derb, starr, im Umriss rundlich nierenförmig bis lappig gebuchtet, am Rand mit langen dornigen Spitzen, grauweiß, meist graublau überlaufen; Blüten klein, zahlreich in dichten, von bläulichen Hochblättern umgebenen Köpfchen, diese zu mehreren in lockeren, wenigstrahligen Scheindolden, Blütezeit VI–X.

Standort: Weiß- und Graudünen an der Küste oberhalb der Hochwasserlinie.

Verbreitung: Küsten vom Mittelmeer bis zur Ostsee, stellenweise selten; fehlt im Binnenland. **RL! §!**

Wissenswertes: Die derben Blätter der S. ertragen problemlos den feinen Flugsand, der am Standort wie ein Sandstrahlgebläse wirkt.

Clusius-Enzian *Gentiana clusii*

ENZIANGEWÄCHSE

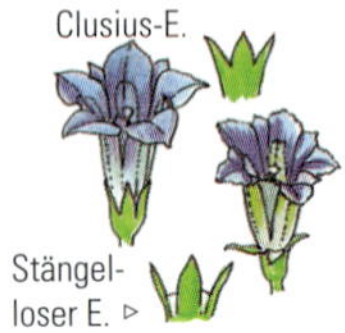

Merkmale: 5–10 cm hohe Staude mit einfachem, kurzem, einblütigem Stängel; Grundblätter in Rosetten, bis zu 5 cm lang, lanzettlich, ledrig steif, meist 3-nervig; Stängelblätter kleiner, gegenständig; Blüten mit 5–6 cm langer, blauer, tief glockenförmiger Krone, innen ohne grünliche Streifen, mit 5 ausgebreiteten, dreieckigen Zipfeln, dazwischen je 1 stumpfer Zahn; Kelch mit 5 zugespitzten, aufrechten Zähnen; Buchten zwischen den Kelchzipfeln spitz, ohne oder nur mit undeutlicher Verbindungshaut; Blütezeit V–VIII.
Standort: Flachmoore, steinige Rasen, Geröll- und Schuttfluren, Felsspalten; nur auf kalkhaltigem Untergrund, düngerempfindlich.
Verbreitung: O- und Zentralalpen mit Vorland, Apuanische Alpen, Karpaten, N-Balkan, von Tallagen bis in 2800 m Höhe. **§!**

Stängelloser Enzian *Gentiana acaulis*

ENZIANGEWÄCHSE

Merkmale: Ähnlich wie Clusius-Enzian, aber Grundblätter verkehrt eiförmig, bis 10 cm lang, kaum ledrig; Blütenkelch mit grünlichen Streifen und Flecken; Kelchzähne stumpf oder kurz zugespitzt, meist eingeschnürt und abstehend; Buchten zwischen den Kelchzähnen breit, mit weißer Verbindungshaut; Blütezeit V–VIII.
Standort: 1000–3000 m, auf kalkarmen Böden.
Verbreitung: Alpen; Pyrenäen bis Balkan. **§!**
Wissenswertes: Die Glocken der stängellosen Enzian-Arten schließen sich sowohl bei Erschütterungen, etwa durch Regen oder Hagel, wie auch bei sinkenden Temperaturen.

Ähnlich: **Alpen-Enzian** *Gentiana alpina*, Grundblätter nur 1–2 cm lang, ledrig; Krone bis 3 cm lang, innen grün gestreift; W- und S-Alpen. **§!**

Schnee-Enzian *Gentiana nivalis*

ENZIANGEWÄCHSE

Merkmale: Einjährige, 5–15 cm hohe, zierliche Pflanze mit verzweigten, oft vielblütigen Stängeln; Grundblätter in Rosetten, eiförmig, stumpf; Stängelblätter lanzettlich; Blüten kurz gestielt an Zweig- und Stängelenden; Krone tiefblau, 8–15 mm breit, Kronröhre bis zu 15 mm lang, mit 5 sternförmig ausgebreiteten, lanzettlichen Zipfeln, die oft propellerartig gedreht sind; Kelch kantig, der Kronröhre anliegend, mit schmal lanzettlichen, gekielten Zähnen; Blütezeit VI–VIII.
Standort: Steinige Böden, offene Rasen, Grate.
Verbreitung: Gebirge in S- und M.-EU, in 1300–3000 m Höhe, auch Arktis. **§!**
Wissenswertes: Der S. reagiert überaus empfindlich auf Temperaturschwankungen. Schon ein Wolkenschatten kann genügen, um das Schließen der Blüte auszulösen.

Frühlings-Enzian *Gentiana verna*

ENZIANGEWÄCHSE

Merkmale: 5–15 cm hohe, lockerrasig wachsende Staude mit dicht beblätterten, sterilen Trieben; Grundblätter der Blütentriebe 2–3 cm lang, breit lanzettlich, steif, 1- bis 3-nervig, in Rosetten, deutlich größer als die gegenständigen Stängelblätter; Blüten einzeln an kurzen, kantigen Stielen; Krone 20–30 mm, tiefblau, mit 5 sternförmig ausgebreiteten Zipfeln, dazwischen je ein 2-teiliges Anhängsel mit weißer Mittellinie; Kelch schmal geflügelt, spitzzähnig; Blütezeit III–VIII.
Standort: Weiden, offene Rasen, Zwergstrauchheiden, Flachmoore; auf Kalk- und Silikatböden.
Verbreitung: Gebirge in EU und Asien, von Tallagen bis in 3000 m Höhe. **§!**
Wissenswertes: Der F., der im Volksmund auch Schusternagerl heißt, blüht im Herbst nicht selten ein 2. Mal.

Bayerischer Enzian *Gentiana bavarica*

ENZIANGEWÄCHSE

Merkmale: 5–15 cm hohe Staude mit dicht beblätterten sterilen Trieben und aufsteigenden, einblütigen Stängeln; Blätter eiförmig bis spatelig, glänzend, weich, die unteren oft kleiner als die oberen, Stängelblätter in 3–4 Paaren; Blütenkrone bis zu 30 mm lang, tiefblau, mit enger Röhre und stumpfen Zipfeln; Kelch halb so lang wie die Kronröhre, kaum geflügelt; Blütezeit VII–IX.
Standort: Alpine Schneetälchen, Feinschutt.
Verbreitung: Alpen, in 1300–3600 m (in Hochlagen oft mit rundlichen, dicht gedrängten Blättern). **§!**

Ähnlich: **Rostans Enzian** *Gentiana rostani*, die unteren Blätter nicht in Rosetten, schmal oval, matt; 1600–2600 m, auf Feuchtwiesen; in den W-Alpen. **§!**

Feld-Enzian *Gentianella campestris*

ENZIANGEWÄCHSE

Merkmale: Formenreiche zweijährige Pflanze mit ästigem, aufrechtem, bis zu 35 cm hohem Stängel; Blätter spatelförmig bis oval, 1–3 cm lang; Blüten bis zu 3 cm lang, Krone 4-zipfelig, in ihrem Schlund bärtig gefranst, lila gefärbt, selten auch weiß, Kelchzipfel sehr ungleich groß, die beiden breiten äußeren bedecken die beiden schmalen inneren weitgehend, Blütezeit V–X.
Standort: Magerrasen, Trockenwiesen, Heiden, Gebüschsäume; oft auch auf Silikatböden.
Verbreitung: Fast überall in EU; in D von den Mittelgebirgen bis in die Alpen. **§!**
Wissenswertes: Bei verschiedenen Individuen unterscheiden sich die Längen von Griffeln und Staubblättern: Kurzgriffelige Exemplare können nur vom Pollen aus Pflanzen mit langstieligen Staubblättern bestäubt und anschließend befruchtet werden sowie umgekehrt (Heterostylie).

Gefranster Enzian *Gentianella ciliata*

ENZIANGEWÄCHSE

Merkmale: Mehrjährige, 8–20 cm hohe Pflanze mit kantigem, meist unverzweigtem, aufsteigendem Stängel; Blätter überwiegend wechselständig, schmal lanzettlich, 1-nervig; Blüten zumeist einzeln, 2–4,5 cm lang, Krone dunkelblau, Kronzipfel in der unteren Hälfte am Rand eingeschnitten bis lang gefranst, Blütezeit VII–X.
Standort: Trockenrasen, Gebüsche, lichte Wälder; meist auf lockeren Kalkböden, im Gebirge bis in über 2200 m Höhe.
Verbreitung: M.- und S-EU; in D selten, fehlt hier nördlich der Mittelgebirge. **RL, §!**
Wissenswertes: Die Blüten des G. E. zeigen eine ausgesprochen starke UV-Reflexion und erscheinen den blütenbesuchenden Insekten, die ja UV-Licht sehen können, daher völlig anders als unseren Augen. Zusätzlich locken sie ihre Bestäuber durch ein intensives Veilchenaroma an.

Himmelsleiter *Polemonium coeruleum*

HIMMELSLEITERGEWÄCHSE

Merkmale: Mehrjährig, 30–80 cm hoch, mit aufrechtem, kantig gefurchtem Stängel; Blätter unpaarig gefiedert, Fiedern lanzettlich, bis zu 4 cm lang, aber nur bis zu 5 mm breit; Blüten bis zu 3 cm breit, Kronen himmelblau gefärbt, seltener weiß, Staubblätter weit daraus vorragend, mit orangefarbenen Staubbeuteln, Blütenstiele stark drüsig behaart, Blütezeit VI–IX.
Standort: Feuchtwiesen, Niedermoore, Erlengebüsche, Schuttfluren, Gärten, vorzugsweise auf steinigen, kalkhaltigen und nährstoffreichen Lehmböden.
Verbreitung: N- und M.-EU; in D ausschließlich im Bergland, westwärts nur bis zum Rhein.
Wissenswertes: Die schmucke H. war früher eine recht beliebte Bauerngartenpflanze und ist stellenweise aus der Gartenkultur verwildert.

Phacelie *Phacelia tanacetifolia*

WASSERBLATTGEWÄCHSE

Merkmale: Auch unter den dt. Namen Büschelschön, Rainfarn-Phacelie oder Bienenfreund bekannte einjährige Pflanze, 50–70 cm hoch, mit aufrechtem Stängel; Blätter wechselständig, behaart, gestielt, fiederschnittig; Blüten in vielblütigen Wickeln, Kelch tief 5-zipfelig, borstig behaart, Kronen 5-zipfelig, hellblau, Kronröhre dunkler, Staubblätter stahlblau, weit vorragend, Blütezeit VI–X.

Standort: Äcker, Gärten, Schuttstellen, auf lehmigen, sommerwarmen Böden.

Verbreitung: Stammt aus dem westl. N-Amerika.

Wissenswertes: Die zunächst als Zierpflanze eingeführte Pflanze wurde im letzten Jh. zunehmend als Bienenfutter, Gründünger oder zur Hangbefestigung angesät. Sie verwilderte stellenweise aus der Kultur, bleibt in der Wildflur bisher aber nur unbeständig erhalten.

Acker-Witwenblume *Knautia arvensis*

KARDENGEWÄCHSE

Merkmale: Mehrjährig, etwa 30–100 cm hoch, mit aufrechtem, wenig verzweigtem, behaartem Stängel; Grundständige Blätter einfach, Stängelblätter dagegen tief fiederteilig, graugrün; Blüten in lang gestielten, halbkugeligen, bis zu 4 cm breiten Köpfen, Kronen hell- bis blauviolett, Randblüten mit stark vergrößerten Zipfeln, Blütezeit V–IX.

Standort: Wiesen, Trockenrasen, Raine, gerne auf nährstoffreichen Böden. Lehmzeiger.

Verbreitung: In EU fast überall verbreitet, in D gebietsweise häufig.

Wissenswertes: Der ungewöhnliche Gattungsname wurde nach dem verdienten Arzt und Botaniker Christian Knaut (1654–1716) aus Halle gewählt. Die körbchenartigen Blütenstände sind eine Parallelentwicklung zu den Korbblütengewächsen.

Wilde Karde *Dipsacus fullonum*

KARDENGEWÄCHSE

Merkmale: Zweijährig, stattlich, mit aufrechtem, kräftig bestacheltem Stängel, 80–180 cm hoch; grundständige Blätter rosettig, Stängelblätter gegenständig und an der Basis tütenförmig verwachsen; Blüten lila, zahlreich in einer eiförmigen, dichten Ähre, ringweise aufblühend, Blütezeit VII–VIII.

Standort: Brachflächen, Wegränder, Böschungen.

Verbreitung: M.- und S-EU, in D nur ziemlich zerstreut, fehlt im Tiefland weitgehend.

Wissenswertes: Das Aufblühen der Einzelblüten geht bei der W. K. ausnahmsweise von der Mitte des Blütenstandes in zwei auseinander driftenden Ringen aus. Der Nektar ist nur für langrüsselige Bestäuber zugänglich. Die getrockneten Fruchtstände hat man früher zum Aufrauen von Textilgewebe verwendet, daher wird die Art auch Weberkarde genannt.

Teufelsabbiss *Succisa pratensis*

KARDENGEWÄCHSE

Merkmale: Mehrjährige, bis 1 m hohe Pflanze mit aufrechtem oder aufsteigendem Stängel; Blätter gegenständig, glattrandig, oval-elliptisch bis lanzettlich; Blüten in kugeligen, bis zu 2 cm breiten Köpfchen, Randblüten nicht strahlend, Kronen blauviolett, gelegentlich auch rosa oder weiß, Blütezeit VII–IX.

Standort: Wiesen, Niedermoore, Heiden, vor allem im Bergland auf mäßig saurem Boden bis in 1400 m Höhe.

Verbreitung: In EU weit verbreitet, in D allerdings stellenweise selten.

Wissenswertes: Den seltsamen Namen vergab die Volksbotanik deswegen, weil die Hauptwurzel am unteren Ende wie abgebissen aussieht. Neben Pflanzen mit normal zwittrigen Blüten gibt es auch rein weibliche Individuen.

Tauben-Skabiose *Scabiosa columbaria*

KARDENGEWÄCHSE

Merkmale: Formenreiche, mehrjährige, sehr tief wurzelnde und 20–60 cm hohe Pflanze mit aufrechtem, verzweigtem, wenig behaartem Stängel; Blätter gegenständig, fiederteilig; Blüten in flachen 2–3,5 cm breiten Köpfchen, Kronen lila, 5-zipfelig (bei der ähnlichen Witwenblume immer 4-zipfelig!), bei randlichen Blüten strahlenförmig vergrößert, Kelchborsten schwarz, Blütezeit VI–X.

Standort: Trockenrasen, Wiesen, Kiefernwälder, Gebüsche, Dämme.

Verbreitung: M.- und S-EU; in D vor allem im südlicheren Teil, im N von D selten.

Wissenswertes: In älteren Pflanzendarstellungen ist mit Skabiose meist die nahe verwandte und recht ähnliche Witwenblume gemeint. Neben Pflanzen mit normal zwittrigen Blüten kommen im gleichen Bestand auch rein weibliche Individuen vor. Eine Selbstbestäubung ist nicht möglich.

Echtes Lungenkraut *Pulmonaria officinalis*

RAUBLATTGEWÄCHSE

Merkmale: Formenreiche, mehrjährige Pflanze mit aufrechtem, 15–30 cm hohem Stängel; Blätter borstig behaart, meist mit helleren Punkten, bei manchen Kleinarten auch einheitlich hell graugrün oder samtweich behaart; die Grundblätter lang gestielt, oval bis herzförmig, an der Basis plötzlich verschmälert, die Stängelblätter sitzend; Blüten zu mehreren in Wickeln, Kronen anfangs rosarot, später violettblau, daher im gleichen Blütenstand verschiedenfarbig getönte Blüten, Blütezeit III–V.

Standort: Krautreiche Laub- und Laubmischwälder, Gebüsche, Auen; vorzugsweise auf nährstoffreichen, kalkhaltigen Lehmböden.

Verbreitung: Fast überall in EU verbreitet; in D nach N zu recht häufig, im S ziemlich selten.

Wissenswertes: Die hier als so genannte Kleinarten aufgefassten Formen des E. L. mit unterschiedlicher Ausbildung der Blätter werden von Fachleuten mitunter auch als selbstständige Arten aufgelistet. Ihre genauere gegenseitige Abgrenzung ist schwierig.

Gewöhnlicher Natternkopf *Echium vulgare*

RAUBLATTGEWÄCHSE

Merkmale: Zweijährige, 60–90 cm hohe Pflanze mit kräftigem, aufrechtem Stängel, an allen oberirdischen Teilen starr borstig behaart; Blätter wechselständig, länglich lanzettlich; Blüten zahlreich in lockerer, beblätterter Traube, Kronen trichterförmig 2-lippig, 1–2 cm lang, anfangs rot, später blau, selten auch weiß, Blütezeit VI–IX.

Standort: Böschungen, Bahndämme, Mauern, Trockenrasen, Steinbrüche, Schotter- und Felsfluren, Brachflächen, Wegränder.

Verbreitung: In EU weit verbreitet; in D fast überall vorkommend, nur regional seltener, im Tiefland gebietsweise fehlend.

Wissenswertes: Zunächst ragen nur die Staubblätter aus der Krone, nach wenigen Tagen auch der 2-spaltige Griffel. In diesem Zustand erinnert die Blüte an einen Schlangenkopf (Name!).

Wald-Vergissmeinnicht *Myosotis sylvatica*

RAUBLATTGEWÄCHSE

Merkmale: Ein- oder mehrjährige, meist reichästige Pflanze mit ausgebreiteten oder aufrechten Stängeln, 15–45 cm hoch; Blätter wechselständig, Rosettenblätter gestielt, Stängelblätter sitzend, kurz behaart; Blüten jeweils zu mehreren in aufrechten Scheinrispen, Kronen anfangs rötlich violett, später himmelblau, Eingang zur Kronröhre durch gelbe Schlundschuppen verengt; Kelchblätter mit 1 mm langen, abstehenden Haaren, Blütezeit IV–IX.

Standort: Waldränder, verkrautete Säume, Bergwiesen, Staudenfluren.

Verbreitung: In EU weit verbreitet; in D vor allem im südlichen Teil häufig; auch als Zierpflanze in Gärten verwendet.

Wissenswertes: Die leuchtend gelben Schlundschuppen sind eine wichtige Orientierungshilfe für anfliegende Bestäuber.

Purpur-Königskerze *Verbascum phoeniceum* BRAUNWURZGEWÄCHSE

Merkmale: Formenreiche, zweijährige Pflanze mit aufrechtem, meist unverzweigtem, 30–90 cm hohem Stängel, der im unteren Teil dicht wollig, im oberen drüsig behaart ist; grundständige Blätter gestielt, 4–16 cm lang, eiförmig, weitbuchtig gezähnt, oberseits kahl, dunkelgrün, Stängelblätter sitzend; Blüten lang gestielt, einzeln in den Achseln von kleinen Tragblättern in einer lockeren Traube, Kronen dunkelviolett bis dunkelpurpurn, Staubblätter violett wollig behaart, Blütezeit V–VII.

Standort: Trockenrasen, Trockengebüsche, Säume; auf kalkhaltigen, sonnigen Lehmböden.

Verbreitung: Vor allem S- und SO-EU; in D nur zerstreut in den östlichen Bundesländern; häufiger als Zierpflanze in Kultur.

Wissenswertes: Die Art stammt aus Vorderasien und verwildert in M.-EU gelegentlich aus Gärten.

Mauer-Leinkraut, Zimbelkraut *Cymbalaria muralis* BRAUNWURZGEW.

Merkmale: Mehrjährige, kleine Pflanze mit dünnen, 5–25 cm langen, ausgebreiteten oder hängenden Stängeln, die an den Knoten wurzeln; Blätter wechselständig, gestielt, im Umriss herzförmig, grob 5- bis 7-zähnig oder andeutungsweise gelappt; Blüten lang gestielt, einzeln in den Blattachseln, Krone 2-lippig, Oberlippe lila, Unterlippe mit 2 großen gelben Flecken, Blütezeit VI–VIII.

Standort: Bevorzugt auf kalkhaltigem, lockerem, sickerfeuchtem Boden, in Mauerfugen und Felsfluren; außerdem in Steingärten angepflanzt.

Verbreitung: Ursprünglich im Mittelmeergebiet; an vielen Stellen in M.-EU eingebürgert.

Wissenswertes: Die reifenden Kapseln wenden sich vom Licht ab und dringen in Spalten im Untergrund ein. Auf diese Weise werden die Samen optimal platziert.

Gamander-Ehrenpreis *Veronica chamaedrys* BRAUNWURZGEWÄCHSE

Merkmale: Mehrjährig, mit Ausläufern, Stängel 15–30 cm hoch, 2-zeilig behaart; Blätter bis 3,5 cm lang und 2,5 cm breit, gegenständig, kurz gestielt bis sitzend, oval, gekerbt, behaart; Blüten in lang gestielten, bis 10 cm langen Trauben in den oberen Blattachseln, Kronen bis 1,2 cm breit, tiefblau, selten auch rosa oder ganz weiß, dunkler geadert, ausnahmsweise mit nur 4 Kronblättern und 2 Staubblättern, Blütezeit IV–VI.

Standort: Gebüsche, lichte Wälder, Wiesen; meist auf lockerem, nährstoffreichem Lehmboden.

Verbreitung: Fast überall in EU häufig, in den Alpen bis in 2100 m Höhe.

Wissenswertes: Der Volksmund nennt die Ehrenpreis-Arten wegen der nach dem Abpflücken sehr rasch abfallenden Blüten auch Männertreu. Der deutsche Gattungsname Ehrenpreis greift die erwiesene Heilwirkung einiger Arten auf.

Faden-Ehrenpreis *Veronica filiformis* BRAUNWURZGEWÄCHSE

Merkmale: Mehrjährig, Stängel dünn, liegend oder an den Enden aufsteigend, wurzelt an den Knoten, abstehend 2-zeilig behaart, 5–30 cm lang; Blätter gestielt, rundlich, gekerbt, nur an nichtblühenden Trieben gegenständig; Blüten lang gestielt, einzeln in den Blattachseln, Kronen um 1 cm breit, blass blaulila, dunkler geadert, oberes Kronblatt breiter als die übrigen 3, Blütezeit IV–V.

Standort: Wiesen, Parkrasen, Friedhöfe.

Verbreitung: Stammt aus Vorderasien; kam als Zierpflanze (Grabschmuck) nach EU, in D und im übrigen M.-EU seit etwa 1930 an vielen Stellen eingebürgert.

Wissenswertes: Das F. bildet z. T. ausgedehnte teppichartige Bestände. Der deutlich hellere Schlundbereich der Krone signalisiert den Blütenbesuchern den Eingang zu den Nektarvorräten.

Wald-Ehrenpreis *Veronica officinalis*

BRAUNWURZGEWÄCHSE

Merkmale: Mehrjährig, 15–20 cm hoch, mit liegendem, behaartem Stängel und aufrechtem Blütenstand; Blätter gegenständig, kurz gestielt, kurz und rau behaart, verkehrt eiförmig, am Rand gekerbt, vorn gezähnt, bis zu 2,5 cm breit und 4 cm lang; Blüten in dichten, lang gestielten Trauben in den Blattachseln, Kelch behaart, Kronen hellviolett, bis zu 8 mm breit, unteres Kronblatt deutlich schmaler als die beiden seitlichen, Blütezeit VI–VIII.

Standort: Trockene Wälder, Gebüsche, Säume, wenig genutzte Weiden, bevorzugt auf mäßig sauren, sandig-steinigen, humosen Silikatböden.

Verbreitung: In EU weit verbreitet, so auch in D, in den Alpen bis zur Waldgrenze.

Wissenswertes: Die alte Heilpflanze, auch Echter Ehrenpreis genannt, wird vor allem als Gerbstoff-, Aucubin- und Bitterstoffdroge verwendet.

Efeublättriger Ehrenpreis *Veronica hederifolia*

BRAUNWURZGEW.

Merkmale: Einjährige, formenreiche, 5–20 cm hohe Pflanze mit liegenden oder aufsteigenden, vor allem im oberen Teil behaarten, von der Basis an verzweigten Stängeln; Blätter nahezu gegenständig, zum Blütenstand hin zunehmend wechselständig, fast sitzend, breit oval, gekerbt; Blüten lang gestielt, einzeln in den oberen Blattachseln, etwa 3–7 mm breit, Kronen hell lilablau, Blütezeit III–V.

Standort: Lichte Laubwälder und Gebüsche, auch Hackfruchtäcker, Brachen, Gärten. Nährstoffzeiger.

Verbreitung: In ganz M.- und S-EU recht häufig.

Wissenswertes: Die Samen tragen ein ölreiches Anhängsel (Elaiosom), das von Ameisen gern verzehrt wird. Dabei verschleppen diese die Samen und tragen so wirksam zur Verbreitung der Pflanze bei. Daneben kommt auch Verbreitung als Regenschwemmling vor.

Persischer Ehrenpreis *Veronica persica*

BRAUNWURZGEWÄCHSE

Merkmale: Einjährige, 10–40 cm hohe Pflanze mit liegendem oder aufsteigendem, behaartem, oft rötlichem Stängel; Blätter gestielt, bis 2,5 cm lang, eiförmig, grob gekerbt; Blüten einzeln gestielt in den oberen Blattachseln, Kelch kahl, Kronen um 1 cm breit, himmelblau, dunkler geadert, im Schlundbereich hellgelb, oberes Kronblatt nur wenig breiter als die seitlichen, Blütezeit III–XII.

Standort: Äcker, Brachen, Gärten, Weinberge, bevorzugt auf nährstoffreichen Lehmböden.

Verbreitung: Die Pflanze stammt aus Vorderasien; heute fast überall in EU eingebürgert und beinahe die häufigste Art der Gattung.

Wissenswertes: Zunächst als Gartenpflanze eingeführt, verwilderte die Art um 1805 aus dem Botanischen Garten Karlsruhe. Gleichzeitig erfolgte offenbar eine Einwanderung über den Balkan.

Bachbungen-Ehrenpreis *Veronica beccabunga*

BRAUNWURZG.

Merkmale: Mehrjährige, 10–50 cm hohe, kahle Pflanze mit aufsteigenden, an den Knoten wurzelnden Stängeln; Blätter gegenständig, etwas fleischig, 1–2,5 cm breit und bis 5 cm lang, gekerbt; Blüten in lockeren, lang gestielten Trauben in den Blattachseln, Kronen 5–7 mm breit, blass- oder dunkelblau, geadert, nur bei Sonne ausgebreitet, Blütezeit V–IX.

Standort: Gräben, Bachufer, Quellsümpfe, langsam fließende Bäche; oft auch als Uferpflanze an Gartenteichen verwendet.

Verbreitung: Fast überall in EU verbreitet.

Wissenswertes: Die Blüten öffnen sich nur bei voller Besonnung. Bestäuber des B. sind vor allem Schwebfliegen. Die vegetative Vermehrung erfolgt durch lange oberirdische Ausläufer. Die vor der Blüte gesammelten Sprossenden eignen sich als Zutat zu Wildpflanzensalaten.

Alpen-Leinkraut *Linaria alpina*

BRAUNWURZGEWÄCHSE

Merkmale: 5–15 cm hohe, kahle Staude, die mit zahlreichen niederliegenden bis aufsteigenden Trieben den Schutt überkriecht; Blätter schmal lanzettlich, fleischig, blaugrün bereift; Blüten in kurzen, endständigen Trauben; Krone bis zu 25 mm lang, blauviolett, mit langem Sporn, 2-lippig; Unterlippe 3-lappig, mit orangefarbenen Wülsten am Schlund, Blütezeit VI–IX.

Standort: Schotter, Schutt, Geröll, vorzugsweise auf Kalk, gelegentlich auch auf sauren Böden.

Verbreitung: Gebirge in S- und M.-EU, von Tallagen bis in 4200 m Höhe.

Wissenswertes: Nur kräftige Insekten können die Unterlippe des A. herabdrücken, dadurch die Blüte öffnen und mit ihren langen Saugrüsseln den Nektar aus dem Sporn holen. Daher wird die Bestäubung vor allem von Erdhummeln geleistet.

Gewöhnliche Braunelle

Prunella vulgaris LIPPENBLÜTENGEW.

Merkmale: Mehrjährige, meist kleine Pflanze von 10–25 cm Höhe mit verzweigtem, aufrechtem Stängel und oberirdischen Ausläufern; Blätter gegenständig, gestielt, länglich oval, überwiegend glattrandig; Blüten in einer kopfigen Scheinähre unmittelbar oberhalb des obersten Blattpaars, Kronen bis zu 2 cm lang, blauviolett, mit gewölbter Ober- und flacher Unterlippe, Kelch tief 2-lippig, Tragblätter der Blütenquirle lang bewimpert und bräunlich violett, Blütezeit V–X.

Standort: Wiesen, Rasen, Wegränder, lichte Wälder, v. a. auf nährstoffreichen, frischen Lehmböden.

Verbreitung: Überall in EU ziemlich häufig.

Wissenswertes: Die hübschen Lippenblüten werden hauptsächlich von Hummeln angeflogen. Das Kraut wurde früher arzneilich verwendet, die jungen Blätter schmecken in Kräutersuppen gut.

Kriechender Günsel *Ajuga reptans*

LIPPENBLÜTENGEWÄCHSE

Merkmale: Mehrjährige, 15–30 cm hohe Pflanze mit aufrechtem Stängel und langen oberirdischen Ausläufern; grundständige Blätter als Rosette, spatelig, mit geflügeltem Blattstiel, Stängelblätter gegenständig, länglich oval, fast glattrandig, dunkelgrün; Blüten zu 2–6 in den oberen Blattachseln in dichten Scheinähren, Kronen blau, seltener rosa oder weiß, Oberlippe fehlt, Unterlippe ziemlich lang, 3-zipfelig, Blütezeit V–VII.

Standort: Feuchte Wiesen, Gebüsche, lichte Wälder, Säume, Wegränder, Gärten; auf Lehmböden.

Verbreitung: Im südlichen N- sowie in M.-EU fast überall verbreitet; in D häufig.

Wissenswertes: Die Tragblätter der Blüten sind an ihrer Basis meist blauviolett verfärbt und verstärken so die optische Wirkung des Blütenstands.

Wiesen-Salbei *Salvia pratensis*

LIPPENBLÜTENGEWÄCHSE

Merkmale: Mehrjährige, 30–80 cm hohe Pflanze mit hohlem, ästig verzweigtem Stängel; Blätter gegenständig, gestielt, bis 12 cm lang, breit oval, an der Basis herzförmig, grob und unregelmäßig gezähnt bis gelappt, runzelig; Blüten zahlreich in endständiger, lockerer Ähre, Kronen 2–2,5 cm lang, blauviolett, selten hellblau oder rosa, Oberlippe sichelförmig, Blütezeit V–VIII.

Standort: Halbtrockenrasen, Dämme, Böschungen, meist auf kalkhaltigem Boden.

Verbreitung: Vor allem in M.-EU verbreitet, nordwärts bis zum nördlichen D und England.

Wissenswertes: Wenn Bienen oder Hummeln mit ihrem Rüssel in die Kronröhre vordringen, stoßen sie an die gelenkig aufgehängten Staubblätter, die daraufhin herunterklappen und den Pollen auf den pelzigen Insektenrücken abladen.

Gundermann, Gundelrebe
Glechoma hederacea LIPPENBLÜTENG.

Merkmale: Mehrjährige Pflanze mit kriechenden, 30–80 cm langen, an den Knoten wurzelnden Stängeln, die sich nur in der Blütenregion bis zu 20 cm hoch aufrichten; Blätter gegenständig, gestielt, im Umriss rundlich, 1–2 cm groß, am Rand gekerbt, glänzend dunkelgrün, mitunter rötlich überlaufen; Blüten zu 1–3 einseitswendig in den Achseln der oberen Blätter, Kronen 1–2 cm lang, blau bis blauviolett, Oberlippe kurz, Unterlippe breit, 3-zipfelig mit großem, geflecktem Mittelteil, Blütezeit IV–VI.

Standort: Wiesen, Auenwälder, Gärten, Mauern, vorzugsweise auf stickstoffreichen Böden.

Verbreitung: In EU überall ziemlich häufig.

Wissenswertes: Der G. ist eine alte Heilpflanze, die heute noch in der Homöopathie verwendet wird. In der Küche machen sich seine frischen Blätter gut als Gewürz und in Salaten.

Alpen-Steinquendel *Acinos alpinus*
LIPPENBLÜTENGEWÄCHSE

Merkmale: 10–20 cm hohe, behaarte, nach Minze riechende Staude mit am Grund verholzten Stämmchen und niederliegenden bis aufsteigenden oder aufrechten Stängeln; Blätter kreuzgegenständig, kurz gestielt, oval bis elliptisch, ganzrandig oder vorn gezähnt; Blüten kurz gestielt, zu 3–8 quirlig in den oberen Blattachseln, mit kürzeren Tragblättern; Krone röhrenförmig,10–20 mm lang, rotviolett, mit weißen Flecken auf der 3-lappigen Unterlippe; Kelch bräunlich, röhrenförmig, in der Mitte verengt, deutlich 2-lippig; Blütezeit VI–IX.

Standort: Steinige Rasen, Felshänge; auf Kalk.

Verbreitung: Gebirge in M.- und S-EU sowie von N-Afrika bis nach Kleinasien, von Tallagen bis in 2700 m Höhe.

Wissenswertes: Die Pflanze wird von Bienen, Hummeln und Tagfaltern bestäubt.

Bärtige Glockenblume *Campanula barbata*
GLOCKENBLUMENGEW.

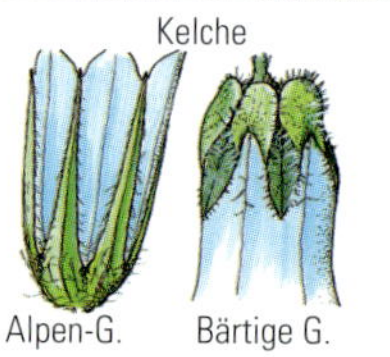

Merkmale: 10–40 cm hohe Staude mit aufrechtem, rauhaarigem Stängel; Grundblätter in Rosetten, länglich lanzettlich, ganzrandig; Blüten nickend, kurz gestielt in 2- bis 12-blütiger, einseitswendiger Traube; Krone glockig, 15–30 mm lang, hellblau bis blauviolett, Zipfel innen bärtig behaart; zwischen den Kelchzipfeln ein herabgeschlagenes, herzförmiges Anhängsel; Blütezeit VI–VIII.

Standort: In 1000–2700 m Höhe, auf sauren Böden.

Verbreitung: Alpen, Karpaten, Norwegen.

Ähnlich: **Alpen-Glockenblume** *C. alpina*, 5–20 cm hoch, Kelch mit linealischen, fast blütenlangen Zipfeln; O-Alpen.

Scheuchzers Glockenblume
Campanula scheuchzeri GLOCKENBL.G.

Merkmale: 5–40 cm hohe, lockerrasig wachsende Staude mit aufrechtem, meist kahlem Stängel; Grundblätter lang gestielt, rundlich bis herzförmig, kerbzähnig; Stängelblätter länglich eiförmig bis linealisch-lanzettlich; Blüten an dünnen Stielen, einzeln oder in wenigblütiger, lockerer Traube, aufrecht oder leicht nickend; Krone 15–25 mm lang, glockig, blauviolett; Knospen nickend; Kelch ohne Anhängsel, mit abstehenden Zipfeln; Blütezeit VII–VIII.

Standort: Magere Gebirgsrasen, steinige Matten, auf leicht sauren Böden.

Verbreitung: Gebirge in M.- und S-EU, vorzugsweise in 1000–3200 m Höhe.

Wissenswertes: Die nach dem Schweizer Naturforscher J. J. Scheuchzer (1672–1733) benannte Art ist eng verwandt mit der Rundblättrigen Glockenblume tieferer Lagen (⇨ S. 762).

Zierliche Glockenblume *Campanula cochlearifolia* GLOCKENBL.G.

Merkmale: 5–15 cm hohe, oft rasig wachsende Staude mit aufsteigenden Stängeln und sterilen Rosetten; Stängel unten dicht, oben spärlich beblättert; grundständige Blätter gestielt, breit eiförmig bis rundlich, kerbzähnig; Stängelblätter länglich, die obersten linealisch; Blüten einzeln oder in wenigblütigen Trauben, nickend; Krone 10–20 mm lang, glockig, hellblau bis blaulila; Kelch kahl, mit pfriemlichen Zipfeln, ohne Anhängsel; Blütezeit VI–IX.

Standort: Alpiner Schutt, Felsspalten, Bachschotter, Rasen; auf kalkhaltigem Untergrund.

Verbreitung: Alpen, vor allem in den Kalkketten, außerdem Pyrenäen bis Balkan; von Tallagen bis in 3000 m Höhe.

Wissenswertes: Botanisch wurde die Z. G. nach der Form der Grundblätter benannt, die denen des Löffelkrauts (*Cochlearia*, ⇨ S. 582) ähneln.

Wiesen-Glockenblume *Campanula patula* GLOCKENBLUMENGEWÄCHSE

Merkmale: Formenreich, zweijährig, Stängel aufrecht, wenig beblättert, 20–60 cm hoch; grundständige Blätter schmal oval, 3–5 cm lang, kurz gestielt, Stängelblätter wechselständig, schmal lanzettlich, sitzend; Blüten zu 3–10 schräg aufrecht in einer lockeren Rispe, Kelch tief in 5 schmale Zipfel geteilt, Krone 1,5–2,5 cm lang, helllila bis blauviolett getönt, etwa zur Hälfte in 5 breite Zipfel geteilt, Blütezeit V–VIII.

Standort: Wiesen, Wegränder, lichte Laubwälder, Gebüsche, benötigt kalkarme, nicht zu feste Lehm- und Tonböden.

Verbreitung: In EU fast überall; in D nur im nördlichen Tiefland selten, sonst häufig, im Bergland bis in etwa 1500 m Höhe.

Wissenswertes: Die Blüten sind sonnenwendig und werden während ihrer Entwicklung zur Haupteinfallsrichtung des Lichts orientiert.

Rundblättrige Glockenblume *Campanula rotundifolia* GLOCKENBL.G.

Merkmale: Mehrjährig, 10–30 cm hoch, Stängel aufrecht; nur die grundständigen Blätter der Rosette sind im Umriss rundlich (Name!), zur Blütezeit sind sie meist nicht mehr vorhanden, bleibende Stängelblätter dagegen schmal linealisch; Blüten 1,5–2 cm lang, zu 2–8 in lockeren Rispen, blauviolett, Blütezeit VI–IX.

Standort: Magerrasen, Felsfluren, Dämme, Mauerspalten, lichte Wälder, Dünen.

Verbreitung: In EU fast überall häufig.

Wissenswertes: Die Art vermehrt sich außer durch Samen auch über dünne unterirdische Ausläufer. Glockenblumen sind ein Paradebeispiel für sog. sekundäre Pollenpräsentation: Schon in der Knospe wird der klebrige, bläuliche Pollen am Griffel abgelegt, und von dort (nicht aus den Staubbeuteln) sammeln ihn die Blütenbesucher ab.

Pfirsichblättrige Glockenblume *Campanula persicifolia*

Merkmale: Mehrjährige Pflanze mit aufrechtem Stängel, 50–80 cm hoch; grundständige Blätter länglich oval, Stängelblätter wechselständig, lanzettlich, um 1 cm breit; Blüten zu 3–8 in einer lockeren Traube, Kronen 2,5–4 cm lang, weitglockig, blau bis blauviolett, selten auch reinweiß, die 5 Kronzipfel breit dreieckig, Blütezeit VI–VIII.

Standort: Lichte Wälder, Gebüschsäume, auf kalkhaltigen, steinig-sandigen Lehmböden.

Verbreitung: In EU weit verbreitet, so auch in D; häufig auch in Gartenkultur.

Wissenswertes: Die P. G. entwickelt die größten Glockenblüten aller heimischen Arten der Gattung. Übertroffen wird sie lediglich von den bis zu 5 cm langen Blüten der Marien-Glockenblume *(C. medium)*, die aus dem westlichen Mittelmeergebiet stammt.

Nesselblättrige Glockenblume *Campanula trachelium*

Merkmale: Mehrjährig, mit kantigem, borstig behaartem Stängel, 30–90 cm hoch; Blätter wechselständig, grob und unregelmäßig gezähnt, die unteren lang gestielt, die oberen sitzend, alle Blätter unterseits lang und oft steif behaart; Blüten zu 5–12 in einer lockeren, einseitswendigen Traube, Kronen 3–4 cm lang, blauviolett bis blaulila getönt, Kronzipfel am Rand bewimpert, Blütezeit VII–IX.
Standort: Lichte Wälder, Säume, Gebüsche; vorzugsweise auf frischem, kalkhaltigem Boden.
Verbreitung: Fast überall in EU.
Wissenswertes: Die Früchte sind hängende Porenkapseln, aus denen die extrem kleinen und leichtgewichtigen Samen nach dem Salzstreuerverfahren ausgeschüttet werden. Die Samen gehören zu den Frostkeimern – sie keimen nur nach winterlicher Kälteeinwirkung.

Schwarze Teufelskralle
Phyteuma nigrum GLOCKENBLUMENGEW.

Merkmale: Mehrjährig, Stängel 20–80 cm hoch, unverzweigt, im oberen Drittel nahezu blattlos; Blätter länglich herzförmig, grob gezähnt, die unteren lang gestielt, die oberen ziemlich klein und schmal; Blüten zahlreich in einer dichten Ähre, vor dem Aufblühen gekrümmt, Kronen dunkelviolett, an der Spitze mitunter grünlich getönt, Blütezeit V–VII.
Standort: Wälder, Gebüsche, Bergwiesen bis in 1200 m Höhe, nur auf kalkfreiem Untergrund. Lehmanzeiger.
Verbreitung: M.-EU nördlich der Alpen, östliche Grenze in Niederösterreich; in D vor allem in den Mittelgebirgen, im Tiefland seltener.
Wissenswertes: Die S. T. ist eine der wenigen in M.-EU endemischen Blütenpflanzenarten. Der Blütenstand ist zunächst eiförmig und streckt sich dann zu einem zylindrisch-walzenförmigen Gebilde.

Schopfige Teufelskralle *Physoplexis comosa* GLOCKENBLUMENGEW.

◁Einzelblüte

Merkmale: 5–15 cm hohe, kahle Staude mit aufsteigenden bis hängenden Trieben; Blätter glänzend dunkel- bis blaugrün, Grundblätter lang gestielt, nierenförmig bis oval, grob gezähnt, Stängelblätter verkehrt eiförmig bis lanzettlich, gesägt; Blüten zu 10–30 in dichtem, halbkugeligem Blütenschopf, Kronen 15–20 mm lang, unten blassviolett, in einen dunkelvioletten Schnabel auslaufend, der vom 2-narbigen Griffel weit überragt wird; Blütezeit VI–VIII.
Standort: Feuchte, schattige Felsspalten, auf Kalk.
Verbreitung: Alpen, vom Comer See bis zu den Karawanken, in 300–2000 m Höhe. **§!**
Wissenswertes: Die Art wuchs in den Alpen schon vor Beginn der Eiszeit, die viele Standorte vernichtete. Daher rühren die heutigen Verbreitungslücken auch in den S-Alpen.

Halbkugelige Teufelskralle
Phyteuma hemisphaericum GLOCK.G.

Halbkugelige T.

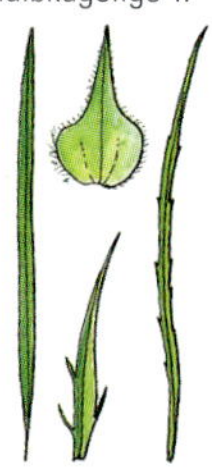

Rätische T.

Merkmale: 5–30 cm hohe Staude; Grundblätter grasartig, ganzrandig, nur bis zu 2 mm breit, Stängelblätter linealisch; Blüten in vielblütigem Kopf, zur Mitte gebogen; Hüllblätter eiförmig zugespitzt, etwa so lang wie der Blütenkopf; Griffel 3-narbig; Blütezeit VII–VIII.
Standort: Alpine Rasen, Felsspalten, auf sauren Böden.
Verbreitung: Alpen und andere Gebirge in S- und M.-EU, zumeist in 1500–3600 m Höhe.

Ähnlich: **Rätische T.** *P. hedraianthifolium*, Blätter entfernt gezähnt, Hüllblätter den Kopf weit überragend; Zentral- und S-Alpen.

Salz-Aster *Aster tripolium*

KORBBLÜTENGEWÄCHSE

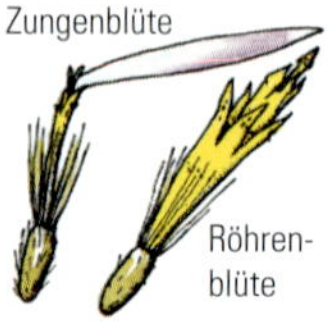

Merkmale: Zweijährig wachsende, 15–70 cm hohe Pflanze mit aufrechtem, kräftigem Stängel, der leicht gerillt und oft rötlich ist; Blätter lanzettlich, glattrandig, ziemlich fleischig, sitzend; Blütenkörbchen flach, 2–3 cm breit, zahlreich in lockeren Doldenrispen beieinander stehend, randliche Zungenblüten ♀, etwa 30, hellblau bis lilablau, die Röhrenblüten zwittrig, meist über 100, gelb, Blütezeit VI–IX.
Standort: Strandwiesen und Prielränder.
Verbreitung: Fast alle Küstengebiete von EU, selten auch an Salzstellen des Binnenlands.
Wissenswertes: Die auch Strand-Aster genannte Art entwickelt auch manchmal Blütenköpfe ohne randliche Zungenblüten. Die auffallende Dickfleischigkeit der Blätter ist eine Anpassung an den Salzgehalt des Standorts und wird als Halosukkulenz bezeichnet.

Echte Alpenscharte *Saussurea alpina*

KORBBLÜTENGEWÄCHSE

Merkmale: 5–30 cm hohe Staude mit locker filzig behaartem, beblättertem Stängel; Blätter lanzettlich, ganzrandig, allmählich in den Stiel verschmälert, die oberen sitzend, unterseits spinnwebig behaart; Blütenköpfchen 15–20 mm lang, behaart, zu 3–8 in einem dichten, kopfigen Blütenstand; Blüten alle röhrenförmig, zwittrig, violett; Hüllblätter dachziegelartig angeordnet, schwärzlich überlaufen; Früchtchen teilweise mit Fiederhaaren; Blütezeit VII–IX.
Standort: Alpine Rasen, Schutt, auf schwach sauren Böden in windexponierten Lagen.
Verbreitung: Alpen, Pyrenäen bis Balkan, in 1500–3100 m Höhe; auch N-EU. **§!**
Wissenswertes: Der Gattungsname erinnert an N. T. de Saussure (1767–1845), Schweizer Naturforscher und Alpinist, Besteiger des Mont Blanc.

Alpen-Aster *Aster alpinus*

KORBBLÜTENGEWÄCHSE

Merkmale: 5–20 cm hohe Staude mit meist einfachem und einköpfigem Stängel, behaart wie die Blätter; grundständige Blätter spatelförmig bis lanzettlich, in den Stiel verschmälert, ganzrandig; Stängelblätter schmal lanzettlich, sitzend; Blütenköpfe 30–45 mm breit, mit goldgelben, zwittrigen Röhrenblüten und strahlig ausgebreiteten, rotlila bis blauvioletten weiblichen Zungenblüten; Früchtchen abstehend borstig behaart; Blütezeit VI–VIII.
Standort: Bergweiden, Matten, steinige Böden in wärmeren Lagen, Felsbänder; oft auf Kalk.
Verbreitung: Alpen und Mittelgebirge; Pyrenäen bis Balkan und Asien, von Tallagen bis 3100 m. **§!**
Wissenswertes: Die Pflanze ist ein sog. Wintersteher. Erst im Winter reifen die Früchte nach und werden dann durch den Wind verbreitet.

Kornblume *Centaurea cyanus*

KORBBLÜTENGEWÄCHSE

Merkmale: Einjährig, 50–80 cm hoch, mit kantigem, weich behaartem Stängel; Blätter wechselständig, lanzettlich, die untersten an der Basis fiederspaltig, graugrün; Blütenkörbchen 2–3,5 cm breit, flach, mit tiefblauen, am Rand vergrößerten Röhrenblüten, Blütezeit VI–IX.
Standort: Getreideäcker, Brachen, Wegränder, Gärten; vorwiegend auf nährstoffreichen Böden.
Verbreitung: In EU fast überall verbreitet, jedoch seit Jahren stark zurückgehend.
Wissenswertes: Seit der Jungsteinzeit ist die K. ein Kulturbegleiter. Zusammen mit dem Klatsch-Mohn (⇨ S. 680) prägte sie das Bild sommerlicher Getreideäcker. Durch Herbizideinsatz wurde die Art weitgehend zurückgedrängt und überlebt heute fast nur noch durch besondere Schutzmaßnahmen.

Gewöhnl. Flockenblume
Centaurea jacea KORBBLÜTENGEWÄCHSE

Merkmale: Auch Wiesen-Flockenblume genannte, mehrjährige, 30–70 cm hohe Pflanze mit aufrechtem, verzweigtem Stängel; Blätter wechselständig, lanzettlich, meist glattrandig, rau behaart; Blütenkörbchen 2–4 cm breit, nur mit violetten Röhrenblüten, von denen die randlichen stark vergrößert und steril sind, Blütezeit VI–X.
Standort: Trockenwiesen, Magerrasen, Feldraine.
Verbreitung: In EU fast überall verbreitet, vom Tiefland bis etwa zur Laubwaldgrenze.

Ähnlich: **Skabiosen-Flockenblume** *Centaurea scabiosa*, Blätter tief fiederspaltig, Hüllblätter mit schwärzlichem Rand; Standorte und Verbreitung wie die Gewöhnl. F.

Berg-Flockenblume *Centaurea montana*
KORBBLÜTENGEWÄCHSE

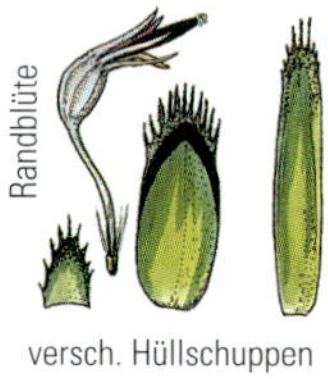

Merkmale: 20–70 cm hohe, graufilzige Staude mit meist einköpfigem Stängel; Blätter oval bis lanzettlich, meist ganzrandig, am Stängel herablaufend; Hüllblätter grün, mit schwarzem Anhängsel, beidseits schwarzfransig bis zum Grund herablaufend; Blütenköpfchen mit roten Innenblüten und blauen, strahligen Randblüten; Blütezeit V–VIII.
Standort: Fettwiesen, Hochstaudenfluren.
Verbreitung: Gebirge in M.- u. S-EU, 500–2200 m.

Ähnlich: **Voralpen-F.** *C. alpestris*, Blätter fiederteilig, Blüten purpurn, Anhängselfransen verdecken die Hüllblätter; bis in 2200 m Höhe.

Alpen-Milchlattich *Cicerbita alpina*
KORBBLÜTENGEWÄCHSE

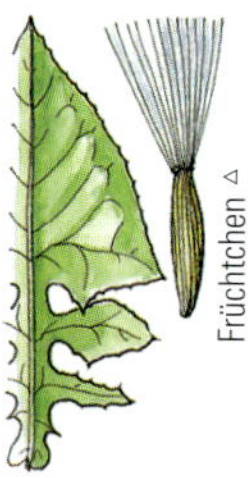

Merkmale: 60–200 cm hohe, Milchsaft führende Staude; Stängel im oberen Teil braunrot drüsenhaarig; Blätter leierförmig fiederschnittig mit großem, dreieckigem Endabschnitt; Grundblätter gestielt, die oberen kleiner, mit herzförmigem Grund den Stängel umfassend; Blütenköpfchen 2–3 cm breit, zahlreich in verlängerter Traube, seltener Rispe; Blüten blauviolett, nur zungenförmig; Hülle 10–15 mm lang, mit abstehenden, braunroten Drüsenhaaren; Blütezeit VII–VIII.
Standort: Feuchte Bergwälder, Hochstaudenfluren, auf Kalk- wie auf Silikatgestein.
Verbreitung: Gebirge in ganz EU; Pyrenäen, Alpen bis Balkan u. Skandinavien, in 700–2400 m Höhe.
Wissenswertes: Der A. wird von Bauern als Weidepflanze geschätzt, weil er angeblich die Milchleistung der Kühe steigert.

Blauer Lattich *Lactuca perennis*
KORBBLÜTENGEWÄCHSE

Merkmale: Mehrjährige Pflanze mit 40–70 cm hohem, im oberen Teil verzweigtem, kahlem Stängel; Blätter wechselständig, tief fiederteilig, bläulich grün, mit viel Milchsaft, die oberen sitzend, mit der Basis den Stängel umfassend; Blütenkörbchen 2,5–4 cm breit, flach, zu mehreren in endständigen Rispen, nur mit 12–20 hellblauen, seltener blaulila Zungenblüten, Blütezeit V–VII.
Standort: Trockenrasen, Mauern, sonnige, trockene Felsfluren, Böschungen, Weinberge; vorzugsweise auf kalkhaltigen Böden.
Verbreitung: V. a. im südl. M.- und in S-EU; in D fast nur in den Wärmegebieten, bis in 1700 m Höhe.
Wissenswertes: Der B. L. gehört zur selben Gattung, der auch die Kulturpflanzen Kopfsalat, Eissalat und Römischer Salat entstammen.

Wegwarte *Cichorium intybus*
KORBBLÜTENGEWÄCHSE

Merkmale: Mehrjährige, 30–150 cm hohe Pflanze mit aufrechtem, sparrig verzweigtem Stängel; Grundblätter rosettig, Stängelblätter wechselständig, grob gesägt bis fiederteilig, die oberen zunehmend schmaler und nur noch wenig geteilt; Blütenkörbchen 3–4 cm breit, hellblau, seltener rosa oder weißlich, nur mit Zungenblüten, Blütezeit VII–IX.

Standort: Wegränder, Brachen, Wiesen, Schuttstellen; bevorzugt auf trockenem Boden.

Verbreitung: In EU weit verbreitet; im N von D nur zerstreut, fehlt außerdem in den Alpen.

Wissenswertes: Die Blütenköpfe öffnen sich nur bei sonnigem Wetter und sind sehr kurzlebig. Bereits am frühen Nachmittag des Aufblühtages verwelken sie wieder. Die W. ist die Stammpflanze von (Kaffee-)Zichorie und Chicorée.

Schopfige Traubenhyazinthe *Muscari comosum*
LILIENGEWÄCHSE

Merkmale: Mehrjährige Zwiebelpflanze, 30–70 cm hoch, Stängel aufrecht, einfach; nur 2–4 grundständige Blätter, 1–2,5 cm breit; Blüten zahlreich in einer verlängerten Traube beieinander stehend, diese oben mit einem Schopf glockiger, tiefblauer, steriler Blüten, die unteren Blüten hingegen bräunlich und abstehend, Blütezeit V–VI.

Standort: Weinberge, Magerrasen, Steppen.

Verbreitung: S-EU; in D selten. **RL, §!**

Wissenswertes: Neuerdings werden die Hyazinthen auch in eine eigene Familie Hyazinthengewächse (Hyacinthaceae) gestellt. Verbeitungsschwerpunkt der S. T. und weiterer in M.-EU vorkommender Arten ist das Mittelmeergebiet. Vor der routinemäßigen Herbizidanwendung war die S. T. in Wärmegebieten ein weit verbreitetes Wildkraut auf Äckern und in Weinbergen.

Zweiblättriger Blaustern *Scilla bifolia*
LILIENGEWÄCHSE

Merkmale: Formenreiche, mehrjährige Zwiebelpflanze, 10–20 cm hoch; nur 1 Stängel je Zwiebel und 2 grundständige Blätter, bis zu 10 cm lang, schmal lanzettlich, den Blütenstandsschaft umfassend; Blüten um 1,5 cm breit, hell- bis leuchtend blau, seltener auch rosa oder weiß, Blütezeit III–IV.

Standort: Lichte Laubwälder, Auen, Hangwälder, Gebüsche, vielfach auch als Frühblüher in Ziergärten, bevorzugt tiefgründige Lehmböden.

Verbreitung: M.- und S-EU; in D zerstreut im SW; an den Standorten oft individuenreiche Bestände. **§!**

Wissenswertes: Das natürliche Hauptverbreitungsgebiet der Art liegt im Mittelmeerraum und in SO-EU. In D erreicht sie im Rheinland die Westgrenze ihres Areals. Daneben bestehen stellenweise Vorkommen von verwilderten Gartenflüchtlingen, auch von weiteren Arten dieser Gattung.

Sibirische Schwertlilie *Iris sibirica*
SCHWERTLILIENGEWÄCHSE

Merkmale: Mehrjährige, 40–80 cm hohe Pflanze mit aufrechtem, rundem, wenig beblättertem Stängel; die grundständigen Blätter bis zu 60 cm lang, 2–6 mm breit, bläulich grün; Blüten lang gestielt, zu 1–4 (meist 2) endständig, blauviolett, an der Basis weißlich und dunkel geadert, Blütezeit V–VI.

Standort: Sumpfwiesen, Ufer, Röhrichte, Auen, Gräben, bevorzugt auf nassen oder zumindest zeitweilig überschwemmten Tonböden. Auch für die Gartenkultur geeignet.

Verbreitung: Südliches M.- und S-EU; in D nur zerstreut bis selten, nur gelegentlich größere Bestände (z. B. Bodenseegebiet). **RL, §!**

Wissenswertes: Durch Trockenlegung von Nasswiesen hat diese attraktive Art im 20. Jh. viele ihrer früheren Standorte eingebüßt.

Stinkende Nieswurz *Helleborus foetidus* HAHNENFUSSGEWÄCHSE

Merkmale: Mehrjährig, winter- bzw. immergrün, 20–80 cm hoch; Blätter matt dunkelgrün, gestielt, handförmig geteilt mit 7–11 gezähnten Abschnitten; Blüten 1–2 cm lang, hellgrün, vorn rot umrandet, leicht unangenehm riechend, glockig, nickend, zu mehreren in lockerer, einseitswendiger Rispe, Blütezeit II–V.
Standort: Trockene, steinige Hänge, Gebüsche, lichte Wälder, überwiegend auf kalkhaltigem Untergrund. Halbschattenpflanze.
Verbreitung: W- und SW-EU, in D an der O-Grenze seiner Verbreitung, nach N zunehmend seltener; gelegentlich als Zierpflanze verwendet.
Wissenswertes: Die in allen Teilen leicht giftige Pflanze ist nur zur Blütezeit auffällig. In der vegetativen Region kann man eindrucksvoll den gleitenden Übergang vom normalen Laubblatt über bleiche Hochblätter bis zu den eigentlichen Blütenhüllblättern beobachten. Die glänzend schwarzen Samen tragen ein für Ameisen nahrhaftes Anhängsel und werden von ihnen verschleppt.

Grüne Nieswurz *Helleborus viridis* HAHNENFUSSGEWÄCHSE

Merkmale: Mehrjährig, bis zu 60 cm hoch, Stängel bis zum Blütenstand unbeblättert, einfach oder verzweigt; Blätter sommergrün, tief handförmig geteilt, mit gesägten Abschnitten; Blüten zu 2–3, hell- bis gelbgrün, 4–5 cm breit, becherförmig, ohne rötliche Umrandung, flach ausgebreitet, ohne unangenehmen Geruch, Blütezeit III–IV.
Standort: Tiefgründige, humusreiche, kalkhaltige, leicht feuchte Böden in lichten Wäldern und Gebüschen.
Verbreitung: Südliches und westliches (M.-)EU, nördlich bis Großbritannien, östlich bis W-Österreich; in D zerstreut vom Tiefland bis in die Gebirgsregionen, in den Alpen bis in ca. 1000 m. **RL!**
Wissenswertes: Die leicht giftige G. N. wurde früher als Heilpflanze kultiviert und ist aus dieser Zeit stellenweise verwildert. Der Verzehr der Pflanzenteile löst heftiges Erbrechen aus. In der Gattung kommen außerdem stark wirksame Herzgifte vor. Diese Giftwirkung war den Griechen schon im Altertum bekannt.

Haselwurz *Asarum europaeum* OSTERLUZEIGEWÄCHSE

Merkmale: Mehrjährig, 5–10 cm hoch, mit dickem, kriechendem, behaartem Stängel; je Trieb nur 2 Blätter, nierenförmig, oberseits glänzend, wintergrün, werden im Frühjahr ersetzt; Blüten einzeln, oft dem Boden aufliegend, Krone urnenförmig, außen bräunlich, innen purpurn, Kelch 3-zipfelig, Blütezeit III–V.
Standort: Laub- und Mischwälder, Auen, vorzugsweise auf Kalkböden.
Verbreitung: In M.- und O-EU weit verbreitet; fehlt in D nur westlich des Rheins.
Wissenswertes: Die H. ist der einzige heimische Vertreter einer sonst nur in den Tropen beheimateten, recht artenreichen Pflanzenfamilie. Früher mischte man den gepulverten Wurzelstock dem Schnupftabak bei. Außerdem verwendete man Zubereitungen der H. in der Volks- und Tierheilkunde als Brechmittel.

Gewöhnlicher Hopfen *Humulus lupulus* HANFGEWÄCHSE

Merkmale: Mehrjährige, bis zu 6 m hohe Kletterpflanze (Rechtswinder); Blätter 3- bis 5-teilig gelappt, rau; zweihäusig, ♂ Blüten unscheinbar, in 5–10 cm langen Rispen in den Blattachseln, ♀ Blüten in lang gestielten, hellgrünen, 2–3 cm langen, zapfenähnlichen Scheinähren („Hopfendolden"), Blütezeit VII–VIII.
Standort: Vorzugsweise auf nährstoffreichen, sickerfeuchten, lockeren Böden in Auenwäldern und Ufergebüschen.
Verbreitung: In EU weit verbreitet, in D vor allem in den großen Flusstälern; regional auch in Stangenkulturen angebaut (nur ♀ Pflanzen).
Wissenswertes: Auf der Innenseite der Tragblätter der ♀ Blütenstände befinden sich Harzdrüsen, welche die Hopfenbitterstoffe bilden. Die Fruchtstände oder deren Extrakte dienen seit dem Mittelalter zur geschmacklichen Abrundung des Biers.

Hanf *Cannabis sativa*

HANFGEWÄCHSE

Merkmale: Einjährige, 50–220 cm hohe Pflanze mit aufrechtem, kurz behaartem Stängel; Blätter gegenständig, die unteren lang gestielt, die oberen sitzend, fingerförmig geteilt mit lanzettlichen, gesägten Abschnitten; zweihäusig verteilt, Blüten unscheinbar, ♂ in endständigen Rispen, ♀ in dichten Scheinähren, Blütezeit VII–VIII.

Standort: Äcker, Schuttstellen und Brachland.

Verbreitung: Stammt aus Asien, in D wieder zunehmend als Kulturpflanze angebaut, gelegentlich auch unbeständig verwildert.

Wissenswertes: Hanf ist eine technisch vielseitig verwendbare Pflanze, die wegen Missbrauchs als Rauschdroge zu Unrecht in Verruf geraten ist. Zum Anbau zugelassen sind in D nur nahezu rauschgiftfreie Sorten, die entweder zur Öl- oder zur Fasergewinnung genutzt werden.

Aufrechtes Glaskraut *Parietaria officinalis*

BRENNNESSELGEWÄCHSE

Merkmale: Mehrjährig, bis 90 cm hoch, mit einfachem oder wenig verzweigtem Stängel; Blätter wechselständig, gestielt, glattrandig, eiförmig rundlich, vorn spitz, 3–12 cm lang, oberseits dunkelgrün, ohne Brennhaare, meist kahl; Blüten eingeschlechtig ♀ oder zwittrig, unscheinbar grünlich rot, zu kugeligen Büscheln zusammengefasst, Blütezeit VI–X.

Standort: Sonnige, aber sickerfeuchte, humus- und nährstoffreiche Mauerfugen und Mauerfüße, Auenwälder, Flussufer im Siedlungsraum.

Verbreitung: In S- und SW-EU beheimatet, in D in den Wärmegebieten seit langem eingebürgert, im unteren Neckar-, Mittelrhein- und Moseltal stellenweise häufig, sonst ziemlich selten.

Wissenswertes: Das A. G. ist vermutlich ein Alteinwanderer aus der Römerzeit, könnte aber auch aus Gartenkultur verwildert sein.

Große Brennnessel *Urtica dioica*

BRENNNESSELGEWÄCHSE

Merkmale: Mehrjährig, 30–200 cm hoch, mit aufrechtem, unverzweigtem, 4-kantigem, faserigem Stängel; Blätter gegenständig, länglich oval, grob gesägt, wie der Stängel mit langen Brennhaaren besetzt; Pflanze zweihäusig, Blüten unscheinbar, grünlich, zahlreich in hellgrünen, aus den Blattachseln herabhängenden Rispen, Pollen werden aus explodierenden Staubbeuteln in kleinen Wolken freigesetzt, Blütezeit VI–X.

Standort: Wegränder, Brachland, Hecken, Schuttstellen, Wälder, Ufer. Stickstoff-Zeigerpflanze.

Verbreitung: Überall in EU sehr häufig, in gemäßigten Breiten heute durch Verschleppung weltweit verbreitet.

Wissenswertes: Die G. B. ist ein vielseitig verwendbares Gewächs: Man nutzt(e) sie als Wildgemüse, Heil- und Faserpflanze. Die Zellen der aus den Stängelleitbündeln gewonnenen Fasern sind mit bis zu mehr als 7 cm die längsten aller heimischen Pflanzen. Früher stellte man daraus nach Verspinnen und Verweben „Nessel"tuch her. Die langen, schlanken Brennhaare sind im Prinzip einzellig, jedoch mit ihrer bauchig erweiterten Basis in einen mehrzelligen Höcker aus grünem Blattgewebe eingelassen. Nach dem Abbrechen der bemerkenswert spröden Köpfchenspitze wirkt das Brennhaar wie eine Injektionskanüle und spritzt hochwirksame Stoffe (u. a. Acetylcholin und Histamin) in die obersten Hautschichten, die dort die üblichen Entzündungssymptome mit Rötung, Schwellung, Erwärmung und Schmerz hervorrufen. Brennnesseln vermehren sich an ihren Standorten überaus erfolgreich auch vegetativ durch verzweigte Rhizome.

Ähnlich: **Kleine Brennnessel** *Urtica urens*, einjährig, Blätter elliptisch bis eiförmig, mit Brennhaaren; einhäusig, Blütenstände bis 2 cm lang. Brennhaare noch wirksamer als bei der Großen B.

Strand-Salzmelde *Atriplex portulacoides*

GÄNSEFUSSGEWÄCHSE

Merkmale: Mehrjährige, bis zu 50 cm hohe Pflanze mit aufsteigenden, am Grund verholzten Stängeln; Blätter silbrig graugrün, dicklich, unten gegen-, weiter oben wechselständig, eiförmig, bis 5 cm lang; Blüten unscheinbar grünlich rot (kleines Bild), eingeschlechtig, zahlreich in knäueligen Trauben, Blütezeit VII–X.

Standort: Salzige Böden, Salzwiesen, Prielränder.

Verbreitung: NW-Europa; in D nur an der Nordsee.

Wissenswertes: Wegen der verholzten Stängelbasis ist die Pflanze ein so genannter Halbstrauch. Sie nimmt in den Salzwiesen ungefähr die Wuchsorte ein, die an tropischen Küsten von den Gezeitenwäldern der Mangrove besiedelt werden. Während der Niedrigwasserzeit sind die dichten Bestände Versteck für viele Gezeitentiere. Ihre Samen sind schwimmfähig.

Strand-Melde *Atriplex littoralis*

GÄNSEFUSSGEWÄCHSE

Merkmale: Einjährige, bis zu 70 cm hohe, stark verzweigte Pflanze mit liegenden oder aufsteigenden Stängeln; Blätter anfangs grauschuppig, später kahl, linealisch-lanzettlich, fleischig, fast glattrandig; Blüten unscheinbar, eingeschlechtig, in grünlichen, dichten Knäueln, Blütezeit VII–IX; Früchte nur bis zu 1 mm groß, einsamig.

Standort: Spülsäume, salzige Schlickböden.

Verbreitung: An der Nord- und Ostseeküste, sehr selten auch an Binnensalzstellen.

Wissenswertes: Fast alle Vertreter dieser Familie bevorzugen Wuchsplätze, die reich an Stickstoffverbindungen sind. Da im Spülsaum der Gezeitenküsten in großen Mengen organisches Totmaterial angeschwemmt wird und hier eine lebhafte Stoffumsetzung abläuft, findet die Art hier trotz Salzbelastung ideale Bedingungen.

Spieß-Melde *Atriplex prostrata*

GÄNSEFUSSGEWÄCHSE

Merkmale: Einjährige, etwa 30–90 cm hohe Pflanze mit meist liegendem oder seltener aufrechtem Stängel; Blätter wechselständig, dreieckig spieß- bzw. pfeilförmig, glattrandig oder gezähnt; Blüten eingeschlechtig, grünlich, sehr zahlreich in einer knäueligen Ährenrispe, Blütezeit VI–IX.

Standort: Brachland, Schuttstellen, Müllplätze, Gräben, Spülsäume an der Küste; Stickstoff-Anzeiger.

Verbreitung: Fast überall in EU häufig.

Wissenswertes: Diese Art wurde früher unter dem wissenschaftlichen Namen *Atriplex hastata* aufgeführt. Sie besteht jedoch nach neuerer Ansicht aus einem unübersichtlichen Formenschwarm; die ursprünglich als Typ angesehene Form gehört einer ganz anderen Art an.

Queller *Salicornia europaea*

GÄNSEFUSSGEWÄCHSE

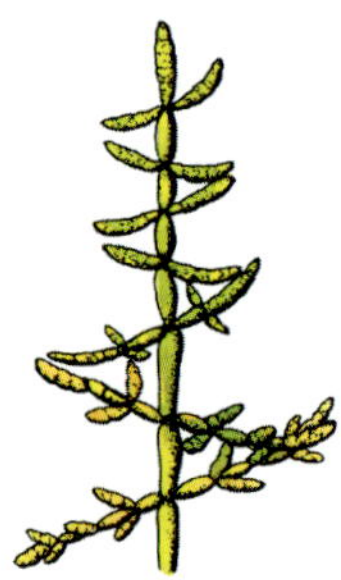

Merkmale: Vielgestaltige, einjährige Pflanze mit verzweigten, liegenden oder aufrechten, dickfleischigen Stängeln, die ab dem Spätsommer prächtig blut- bis karminrot gefärbt sind; Blätter zu kleinen Schuppen reduziert; Blüten unscheinbar und winzig, in kleinen Vertiefungen am Spross versteckt sitzend, Blütezeit VIII–X.

Standort: Stark salzhaltige Schlickböden.

Verbreitung: Meeresküsten von EU, Salzquellen.

Wissenswertes: Der Q. besiedelt einen schwierigen Standort, wo er seinen Wasserhaushalt gegen die Konzentration des Meerwassers bewältigen muss. Die notwendige Salzaufnahme kann er jedoch nicht regulieren – und stirbt daher im Herbst ab, nachdem er sich eindrucksvoll verfärbt hat.

Strand-Sode *Suaeda maritima*

GÄNSEFUSSGEWÄCHSE

Merkmale: Einjährig, etwa 10–30 cm hoch, mit liegenden oder an den Enden aufsteigenden Stängeln; Blätter sitzend, meist wechselständig, linealisch, dickfleischig, 1–4 cm lang, spitz, auf der Oberseite abgeflacht, unten gewölbt, blaugrün; Blüten winzig und unscheinbar, zu wenigen in den Blattachseln, Blütezeit VII–X.
Standort: Salzhaltige Schlick- oder Sandböden.
Verbreitung: Meeresküsten von EU, insbesondere Nord- und Ostseeküste.

Stumpfblättriger Ampfer *Rumex obtusifolius*

KNÖTERICHGEW.

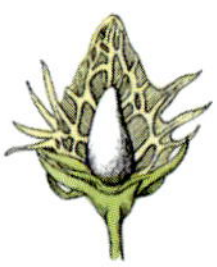

Merkmale: Mehrjährige, bis zu 1,20 m hohe Pflanze mit aufrechtem Stängel; Blätter an der Basis herzförmig und vorn stumpf gerundet, bis zu 40 cm lang; Blütenstand ohne Blätter, Blüten unscheinbar grünlich, Blütenhüllblätter fransig gezähnt (Zeichnung), Blütezeit VI–VIII.
Standort: Brachland, Schuttplätze, Wegränder, Gräben, auch vernässte Äcker und Weiden, vorzugsweise auf stickstoffreichen Lehmböden.
Verbreitung: In EU weit verbreitet und beinahe überall ziemlich häufig.

Kleiner Sauerampfer *Rumex acetosella*

KNÖTERICHGEWÄCHSE

Merkmale: Mehrjährige, bis zu 30 cm hohe Pflanze mit aufrechtem, wenig verzweigtem Stängel; Blätter schmal lanzettlich mit meist aufwärts gebogenen Spießecken; zweihäusig, Blüten klein, grünlich rot, in schlanken Rispen, Blütezeit V–VII.
Standort: Trockene Sandfluren, Dünen, Trockenwiesen, Wegränder, Mauern, meidet Kalkböden.
Verbreitung: In EU weit verbreitet; in D überall ziemlich häufig.

Knäuel-Ampfer *Rumex conglomeratus*

KNÖTERICHGEWÄCHSE

Merkmale: Mehrjährige, bis zu 80 cm hohe Pflanze mit aufrechtem, verzweigtem Stängel; Blätter länglich oval, Grundblätter gestielt, bis zu 25 cm lang, obere Stängelblätter sitzend; Blüten unscheinbar grünlich (Zeichnung: Einzelblüte), in quirlständigen, dichten Knäueln mit jeweils einem eigenen Tragblatt, Blütezeit VII–IX.
Standort: Waldlichtungen, Wegränder, Gräben, auf stickstoffreichen, frischen Böden.
Verbreitung: In EU weit verbreitet, aber nicht besonders häufig, fehlt im Bergland.

Wiesen-Sauerampfer *Rumex acetosa*

KNÖTERICHGEWÄCHSE

Merkmale: Mehrjährig, bis zu 1,20 m hoch; Grundblätter gestielt, Stängelblätter sitzend, Spreiten mit abwärts gerichteten Spießecken; zweihäusig, Blüten rötlich grün in schlanken Rispen, Blütezeit V–VI.
Standort: Wiesen, Weiden, Brachflächen, Wegränder.
Verbreitung: Überall in EU häufig.
Wissenswertes: Die Blätter werden als Wildgemüse verwendet, sie schmecken aufgrund ihres Oxalsäuregehalts säuerlich.

Krauser Ampfer *Rumex crispus*

KNÖTERICHGEWÄCHSE

Merkmale: Formenreich, mehrjährig, 50–120 cm hoch, mit verzweigtem Stängel; Blätter gestielt, ledrig, 6–8 cm breit, bis zu 30 cm lang, zugespitzt, am Rand wellig kraus; Blüten in dichten Knäueln, grün, Blütezeit VI–VIII.
Standort: Gärten, Äcker, Wegränder; auf feuchten, nährstoffreichen, dichten Lehm- und Tonböden; so genannter Rohbodenpionier.
Verbreitung: In EU weit verbreitet, in D fast überall häufig, stellenweise lästiges Wildkraut.

Schnee-Ampfer *Rumex nivalis*

KNÖTERICHGEWÄCHSE

Merkmale: 10–30 cm hohe Staude mit dickem Wurzelstock und mehreren bogig aufsteigenden bis aufrechten, oft blattlosen und einfachen Stängeln; Blätter meist grundständig, lang gestielt, die ersten im Frühling oval mit abgerundeter Spitze, die später erscheinenden spießförmig, oft mit wenig deutlichen Zipfeln; Blüten eingeschlechtig oder zwittrig, rot, in lockerem, meist unverzweigtem Blütenstand; zur Fruchtzeit die 3 äußeren Blütenhüllblätter zurückgebogen und dem Blütenstiel anliegend, die inneren rundlich, ganzrandig, mit kleiner Schwiele; Fruchtklappen rot, am Grund herzförmig; Blütezeit VII–VIII.
Standort: Schneetälchen, steinige Wiesen, alpiner Schutt; auf kalkhaltigen, feuchten Böden in 1600–2700 m Höhe.
Verbreitung: In D nur in den Allgäuer Alpen, ansonsten von den O-Alpen bis Albanien.

Zurückgekrümmter Fuchsschwanz *Amaranthus retroflexus*

Merkmale: Einjährige, bis 1,50 m hohe Pflanze mit aufrechtem, flaumig behaartem Stängel; Blätter wechselständig, gestielt, Spreite rhombisch, bis 10 cm lang, unterseits auf den Blattnerven behaart; Blüten unscheinbar grünlich, zahlreich in dichten, endständigen Ähren, Blütezeit VII–IX.
Standort: Wegränder, Brachen, Schuttstellen, Bahn- und Hafengelände.
Verbreitung: Stammt aus Nordamerika, in den Wärmegebieten des südlichen M.-EU weit verbreitet, aber meist nur unbeständig.
Wissenswertes: Neben der auch unter dem Namen Amarant bekannten Pflanze aus der Familie der Fuchsschwanzgewächse kommen in M.-EU noch weitere Fuchsschwanz-Arten vor, die meist erst im 19. Jh. aus N-Amerika oder dem Mittelmeerraum eingeschleppt wurden.

Alpen-Ampfer *Rumex alpinus*

KNÖTERICHGEWÄCHSE

Merkmale: Bis über 1 m hohe, kräftige Staude mit aufrechten, im oberen Teil verzweigten Stängeln; Blätter am Grund bis zu 50 cm lang, herzförmig, mit welligem Rand, lang gestielt wie die lanzettlichen Stängelblätter; Blüten dicht quirlig in einem verzweigten Blütenstand; Hüllblätter 6-blättrig, grünlich; zur Fruchtzeit innere Hüllblätter (ohne Schwielen) zu rotbraunen, ganzrandigen Fruchtklappen vergrößert; Blütezeit VI–VIII.
Standort: Oft in dichten Beständen auf feuchten, nitratreichen Böden, gern um Almhütten herum, meist in rund 1200–2600 m Höhe.
Verbreitung: Gebirge in M.- und S-EU, zerstreut.
Wissenswertes: Der A. verträgt sehr gut die vom Vieh verursachte hohe Stickstoffzufuhr in der Läger- oder Mistflora um Almhütten herum sowie an Melk- und Weideplätzen.

Rotbeerige Zaunrübe *Bryonia dioica*

KÜRBISGEWÄCHSE

Merkmale: Mehrjährige Pflanze mit kletterndem, dünnem Stängel, bis zu 3 m lang, hält sich mit Ranken an der Unterlage fest; Blätter gestielt, handförmig 5-lappig, glattrandig; zweihäusig, Blüten grünlich weiß, einzeln oder zu wenigen in den Blattachseln, Blütezeit VI–IX; Beeren in der Reife scharlachrot. Stark giftig!
Standort: Hecken, Gebüsche und Waldränder, auf frischen, nährstoffreichen Böden.
Verbreitung: In S- und M.-EU weit verbreitet.
Wissenswertes: Die Ranken führen kreisförmige Suchbewegungen aus, bis die Spitze eine Unterlage berührt. Daraufhin erfolgt innerhalb weniger Minuten eine Einkrümmung durch starkes Wachstum der Gegenseite. Die stark abführend wirkenden und ziemlich übel riechenden Wurzeln werden heute nur noch in der Homöopathie verwendet.

Wald-Bingelkraut *Mercurialis perennis*
WOLFSMILCHGEWÄCHSE

Merkmale: Mehrjährige, 15–35 cm hohe Pflanze mit aufrechtem, unverzweigtem Stängel ohne Milchsaft; Blätter gegenständig, im oberen Stängelbereich gedrängt, lanzettlich, dunkelgrün, beim Zerreiben unangenehm duftend; Blüten zweihäusig verteilt, unscheinbar grünlich, Blütezeit IV–VI.
Standort: Humusreiche, tiefgründige Laub- und Mischwälder.
Verbreitung: Fast überall in EU verbreitet.

Einjähriges Bingelkraut *Mercurialis annua*
WOLFSMILCHGEW.

Merkmale: Einjährig, mit ästigem, 4-kantigem Stängel, ohne Milchsaft, 20–40 cm hoch, auf ganzer Länge beblättert; Blätter hellgrün, lanzettlich; zwei- oder einhäusig, Blüten unscheinbar grünlich, Blütezeit VI–X.
Standort: Gärten, Hackfruchtäcker, Brachen, Wegränder; auf nährstoffreichen, mäßig trockenen Böden.
Verbreitung: Heimat S-EU; in gemäßigten Breiten weltweit verschleppt; in D v. a. in Weinbauregionen.

Gewöhnlicher Frauenmantel *Alchemilla vulgaris*
ROSENGEWÄCHSE

Merkmale: Formenreiche, mehrjährige, meist 15–50 cm hohe Pflanze; Blätter handförmig rund, 7- bis 11-lappig, entlang der Hauptrippen gefaltet, am Rand gezähnt, weichhaarig oder kahl; Blüten unscheinbar grünlich gelb, höchstens 4 mm breit, ohne Kronblätter, Blütezeit V–IX.
Standort: Wiesen, Weiden, Waldränder, Gebüsche, überwiegend im Bergland.
Verbreitung: Fast überall in EU verbreitet.

Wasserfalle *Aldrovanda vesiculosa*
SONNENTAUGEWÄCHSE

Merkmale: Mehrjährige Wasserpflanze, die ohne Wurzeln dicht unter der Wasseroberfläche schwimmt; Stängel 10–20 cm hoch; Blätter zu 6–9 quirlständig, 0,2–1 cm breit, randlich mit langen Fühlborsten; Blüten unscheinbar grünlich, 5–8 mm breit, auf langen Stielen, Blütezeit VII–VIII.
Standort: Nährstoffreiche, stehende Gewässer.
Verbreitung: Von W-EU über Indien bis O-Asien; in M.-EU nur an wenigen Stellen. **RL! §!**
Wissenswertes: Bei Berührung durch kleine Wassertiere klappen die beiden Blatthälften schlagartig zusammen. Verdauungsenzyme zerlegen die gefangene Beute.

Wassernuss *Trapa natans*
WASSERNUSSGEWÄCHSE

Merkmale: Einjährige Schwimmpflanze mit Rosetten von rautenförmigen, vorn grob gezähnten Blattspreiten, Blattstiele blasig aufgetrieben, oft rötlich überlaufen; Blüten einzeln in den Blattachseln, 4 Kronblätter, Kelch mit 4 hornförmigen Fortsätzen, Blütezeit VI–VIII; Schwimmfrucht (kl. Bild).
Standort: Warme, stehende Gewässer, Altarme; wird gelegentlich für Gartenteiche gehandelt.
Verbreitung: Weltweit; in D sehr vereinzelt. **RL, §!**

Ähriges Tausendblatt *Myriophyllum spicatum*
TAUSENDBLATTGEW.

Merkmale: Mehrjährige Wasserpflanze mit verzweigten, untergetauchten oder flutenden Stängeln, bis zu 1,20 m lang; Blätter zu 4 in Quirlen, Spreiten 2–5 cm lang, mit zahlreichen, borstenartigen Seitenfiedern; Blüten winzig, unscheinbar, in einer aus dem Wasser ragenden Ähre, Blütezeit VI–VIII.
Standort: Stehende oder langsam fließende, meist nährstoffreiche Gewässer.
Verbreitung: In M.- und S-EU; in D recht verbreitet.

Tannenwedel *Hippuris vulgaris*

TANNENWEDELGEWÄCHSE

Merkmale: Mehrjährige Wasser- oder Sumpfpflanze mit 20–50 cm langen, bogig aus dem Wasser aufsteigenden und aufragenden Stängeln; Blätter zu 4–20 quirlständig, steif abstehend, linealisch, höchstens 3 mm breit und bis zu 2 cm lang; Blüten unscheinbar, einzeln in den Blattachseln an den aus dem Wasser ragenden Sprossteilen, Blütezeit VI–VIII.

Standort: Röhrichte nährstoffreicher, stehender oder langsam fließender Gewässer.

Verbreitung: In EU weit verbreitet; in D meist nur zerstreut, manchmal in Gartenteichen angepflanzt, in den Alpen stellenweise bis über 1500 m.

Wissenswertes: Diese Art ist der einzige Vertreter der Familie. Der wissenschaftliche Gattungsname heißt wörtlich übersetzt Pferdeschwanz und stammt bereits aus der griechischen Antike.

Knotige Braunwurz *Scrophularia nodosa*

BRAUNWURZGEWÄCHSE

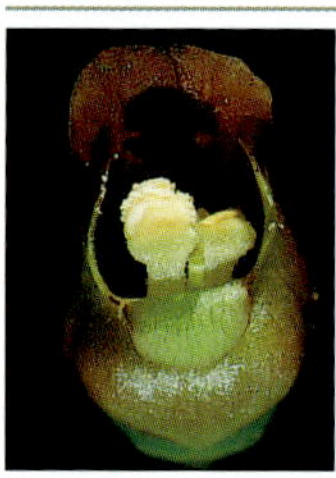

Merkmale: Mehrjährige, bis zu 120 cm hohe Pflanze mit kantigem, ungeflügeltem, aufrechtem Stängel; Blätter gegenständig, gestielt, oval, spitz, an der Basis herzförmig, grob gezähnt, dunkelgrün, kahl; Blüten zu mehreren in einer lockeren Rispe, Kronen um 1 cm lang, an der Basis grünlich, vorn braunrot, mit gelben Staubblättern am Eingang der Kronröhre, Blütezeit VI–VIII.

Standort: Krautreiche Laub- und Mischwälder, Lichtungen, Gebüsche, Hecken, Staudenfluren, auf feuchten, nährstoffreichen, kalkarmen Böden.

Verbreitung: In EU weit verbreitet, fehlt in N-Skandinavien und S-Italien; in D fast überall häufig.

Wissenswertes: In M.-EU kommen weitere, zum Teil recht ähnliche Arten vor. Die ziemlich unauffälligen Blüten werden überwiegend von Fliegen und Wespen bestäubt.

Moschuskraut *Adoxa moschatellina*

MOSCHUSKRAUTGEWÄCHSE

Merkmale: Zarte, mehrjährige Pflanze, 5–15 cm hoch, mit aufrechtem, rundem Stängel; grundständige Blätter lang gestielt, am Stängel etwa in der Mitte 1 gegenständiges Blattpaar, Spreite 3-zählig, hellgrün, beim Zerreiben schwacher Moschusduft; Blüten zu 5 in einem würfelförmigen Köpfchen, Gipfelblüte mit 4-teiliger Krone und 2-teiligem Kelch, Kronen der Seitenblüten 5-teilig über einem 3-teiligen Kelch, grünlich, Blütezeit III–V.

Standort: Humusreiche, lockergründige Laub- und Mischwälder, Auengebüsche; vorzugsweise auf nährstoffreichen, lehmigen Böden.

Verbreitung: In EU weit verbreitet; in D nur gebietsweise häufig.

Wissenswertes: Die Familie Moschuskrautgewächse umfasst weltweit nur 3 Arten.

Großer Wegerich, Breit-W. *Plantago major*

WEGERICHGEWÄCHSE

Merkmale: Mehrjährig, 10–40 cm hoch; alle Blätter in einer grundständigen Rosette, kahl, Spreite im Umriss breit oval, 10–15 cm lang, mit 3–9 deutlichen parallelen Nerven, plötzlich verschmälert in den kräftigen Stiel; Blüten unscheinbar grünlich, zahlreich in einer schlanken, bis 15 cm langen Ähre, Blütezeit VI–X.

Standort: Wege, Wegränder, Plätze, Abfallstellen, auf verdichteten Lehm- und Tonböden.

Verbreitung: Überall in EU häufig.

Wissenswertes: Die Blätter der erstaunlich trittfesten Rosette schließen einen Winkel von jeweils 135 Grad ein und überlappen sich nur minimal – 8 Blätter ergeben somit 3 komplette Umgänge. Die dicken Hauptblattnerven verlaufen parallel wie sonst bei den Einkeimblättrigen. Die Samen sind bei Feuchtigkeit klebrig und werden so durch Anheften an Tiere verbreitet.

Mittlerer Wegerich *Plantago media*
WEGERICHGEWÄCHSE

Merkmale: Mehrjährige, 15–40 cm hohe Pflanze; alle Blätter kurz gestielt, locker behaart und in grundständiger Rosette, Spreite länglich oval; Blüten weißlich mit hellpurpurnen Staubblättern, zahlreich in einer 2–6 cm langen, walzenförmigen, dichten Ähre, Blütezeit V–IX.
Standort: Magerwiesen, Halbtrockenrasen, Wegränder.
Verbreitung: In EU weit verbreitet; in D stellenweise, aber durchaus selten.

Spitz-Wegerich *Plantago lanceolata*
WEGERICHGEWÄCHSE

Merkmale: Mehrjährig, 10–50 cm hoch; alle Blätter grundständig, zerstreut behaart, schmal lanzettlich, 2–4 cm breit und 10–30 cm lang; Blüten bräunlich, mit langen Staubfäden, zahlreich in zylindrisch ovaler Ähre auf 5-kantigem Schaft, ringweise aufblühend, Blütezeit IV–X.
Standort: Wiesen, Weiden, Wegränder, Säume, Schuttplätze.
Verbreitung: In ganz EU weit verbreitet; in D überall sehr häufig, im Gebirge bis in rund 1750 m Höhe.

Strand-Wegerich *Plantago maritima*
WEGERICHGEWÄCHSE

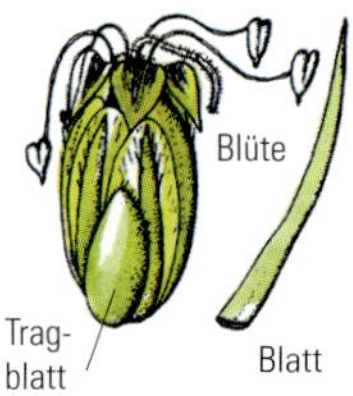

Merkmale: Mehrjährig, 15–30 cm hoch, alle Blätter grundständig, schmal linealisch, 5–15 cm lang, dickfleischig, oberseits mit Rinne, fein gezähnt; Blüten bräunlich, mit hellgelben Staubblättern, zahlreich in schlanker Ähre, diese länger als ihr Schaft, Blütezeit VII–VIII.
Standort: Salzwiesen, Deichvorland, Felsspalten in der Spritzwasserzone.
Verbreitung: Sämtliche Küstengebiete in EU.

Krähenfuß-Wegerich *Plantago coronopus*
WEGERICHGEWÄCHSE

Merkmale: Ein- bis mehrjährig, 4–25 cm hoch; Blätter alle in flacher Rosette, Spreite 4–8 cm lang, tief fiederspaltig mit linealischen Zipfeln, behaart; Blüten unscheinbar bräunlich, zahlreich in schlanker, 3–8 cm langer Ähre, Tragblatt mit langer Spitze, Blütezeit VI–IX.
Standort: Salzwiesen, Deichgrünland, Klippen oberhalb der Spritzwasserzone.
Verbreitung: Sämtliche Küstengebiete in EU.

Sand-Wegerich *Plantago indica*
WEGERICHGEWÄCHSE

Merkmale: Einjährig, 20–40 cm hoch, Stängel einfach oder verzweigt; Blätter nicht in grundständigen Rosetten wie bei den übrigen Wegerich-Arten, sondern gegenständig am Stängel, schmal linealisch, kaum gezähnt; Blüten unscheinbar grünlich, in lang gestielten, kugeligen Ähren in den Achseln der oberen Blätter, Blütezeit VI–IX.
Standort: Dünen, Sandwege, Bahnschotter.
Verbreitung: In EU zerstreut; in D vor allem östlich der Elbe sowie am Rhein.

Alpen-Wegerich *Plantago alpina*
WEGERICHGEWÄCHSE

Merkmale: 5–15 cm hohe Staude mit blattlosem, behaartem Ährenstiel; Blätter in grundständiger Rosette, linealisch-lanzettlich, ganzrandig, 3-nervig (der sehr ähnliche Berg-Wegerich *P. atrata* hat lanzettliche, bis zu 7-nervige Blätter); Blüten in kurzer, zylindrischer Ähre; Krone außen behaart, mit 4 weißlichen Zipfeln; Staubblätter gelb; Blütezeit V–VIII.
Standort: Kalkarme Böden in 1000–3300 m Höhe.
Verbreitung: Gebirge in S- und M.-EU, selten im O.

Gewöhnlicher Beifuß *Artemisia vulgaris*

KORBBLÜTENGEWÄCHSE

Merkmale: Mehrjährig, bis zu 1,50 m hoch, Stängel aufrecht, starr, etwas kantig, meist braunrot überlaufen; Blätter wechselständig, grob gezähnt bis fiederteilig mit schmalen, spitzen Zipfeln, oberseits dunkelgrün, unterseits dicht grauweiß behaart, die unteren lang gestielt, die oberen sitzend; Blütenkörbchen nur 2–3 mm breit, unscheinbar grünlich- bis gelbbraun, zahlreich in langen Rispen, ausschließlich mit Röhrenblüten, Blütezeit VII–IX.

Standort: Brachflächen, Wegränder, Böschungen; zeigt nährstoffreichen Lehmboden an.

Verbreitung: Fast überall in EU verbreitet und ziemlich häufig.

Wissenswertes: Der G. B., früher wie heute als Würz- und Heilpflanze genutzt, enthält Bitterstoffe und aromatisch duftendes ätherisches Öl.

Stachlige Kratzdistel *Cirsium spinosissimum*

KORBBLÜTENGEWÄCHSE

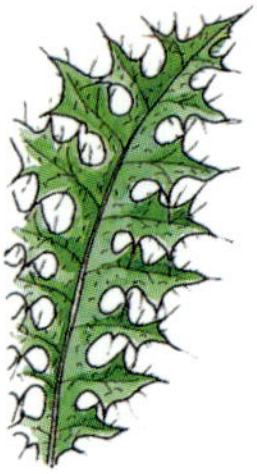

Merkmale: 20–50 cm hohe, abstehend behaarte Staude mit dicken Stängeln; Blätter steif, stechend, tief buchtig fiederteilig mit stachelzähnigen Abschnitten; Blütenköpfe endständig in dichten Knäueln, von stacheligen, weißgelblichen Hochblättern umgeben; Blütezeit VII–IX.

Standort: Feuchte, steinige, stickstoffreiche Böden, Weiden, Hochstauden in 1200–3000 m Höhe.

Verbreitung: Nur in den Alpen.

Ähnlich: **Klebrige Kratzdistel** *Cirsium erisithales*, Stängel klebrig, Blüten blassgelb, Köpfe meist einzeln, nickend, ohne Hochblätter.

Einbeere *Paris quadrifolia*

EINBEERENGEWÄCHSE

Merkmale: Mehrjährige, 10–30 cm hohe Rhizompflanze mit aufrechtem, unverzweigtem Stängel; Blätter (meist) zu 4 quirlständig, seltener auch zu 5 oder 6, netznervig; Blüten lang gestielt, endständig, 2–3 cm breit, die 4 äußeren Blütenblätter hellgrün, die 4 inneren kürzer und gelblich, Blütezeit V–VI. Alle Teile der Pflanze, besonders aber die Beeren giftig!

Standort: Lichte Wälder; auf nährstoffreichem, humosem, lockerem Boden.

Verbreitung: Fast ganz EU, v. a. aber in M.-EU.

Wissenswertes: Für die weitaus meisten Einkeimblättrigen sind parallel- bzw. streifennervige Blätter typisch, für die Zweikeimblättrigen dagegen netznervige. Insofern stellt die (einkeimblättrige) E. eine bemerkenswerte Ausnahme innerhalb ihrer Klasse dar. Die Pollenkörner werden auch durch den Wind verbreitet.

Nestwurz *Neottia nidus-avis*

KNABENKRAUTGEWÄCHSE

Merkmale: Mehrjährige, 20–40 cm hohe Pflanze mit aufrechtem, unverzweigtem, rundem Stängel, gesamte Pflanze bleichbraun, ohne erkennbares Blattgrün; sämtliche Laubblätter zu bleichen Schuppen zurückgebildet; Blüten zahlreich in einer dichten, allseitswendigen Ähre, bis zu 1,5 cm groß, bräunlich, seltener strohgelb, ohne Sporn, Blütezeit V–VI.

Standort: Hauptsächlich in Buchenwäldern.

Verbreitung: In M.-EU weit verbreitet; in ganz D zerstreut vorkommend. **§!**

Wissenswertes: Die auf den ersten Blick einer Sommerwurz-Art (z. B. ⇨ S. 716) sehr ähnliche N. ernährt sich mithilfe eines großen, nestähnlichen Wurzelgeflechts, das Kontakt zu den Wurzelpilzen von Rotbuchen unterhält. Diese beziehen ihrerseits die organischen Nährstoffe aus den Wurzeln der Baumpartner.

Großes Zweiblatt *Listera ovata*

KNABENKRAUTGEWÄCHSE

Merkmale: Mehrjährige, 20–60 cm hohe Pflanze mit aufrechtem, behaartem, unverzweigtem Stängel, im Erscheinungsbild sehr unauffällig; gewöhnlich nur 2 gegenständige Blätter, breit oval, ziemlich derb, am Stängel kurz oberhalb des Bodens sitzend; Blüten bis zu 2 cm lang, grünlich, Lippe grünlich gelb, bis zur Hälfte gespalten und mit eingetiefter Nektarrinne, ohne Sporn, Blütezeit V–VI.

Standort: Laub- und Auenwälder, Feuchtwiesen, Gebüsche, in Mittelgebirgen gelegentlich auch in Trockenrasen; vorzugsweise auf nährstoffreichem und kalkhaltigem Lehmboden.

Verbreitung: Fast überall in EU verbreitet; in D vom Tiefland bis ins Gebirge, in den Alpen bis in etwa 1600 m Höhe.

Wissenswertes: Die unscheinbar grünlichen Blüten werden vor allem von Fliegen bestäubt.

Breitblättrige Stendelwurz

Epipactis helleborine KNABENKRAUTG.

Merkmale: Mehrjährige, 30–90 cm hohe Pflanze mit kräftigem, rundem, aufrechtem, unverzweigtem Stängel; Blätter wechselständig, sitzend, breit oval, nach oben eher lanzettlich, zugespitzt, dunkelgrün, glattrandig, kahl; Blüten zu 20–70 in einer lockeren, verlängerten Ähre beieinander stehend, 2–2,5 cm breit, ohne Sporn, Blütenblätter abstehend, eher unauffällig grünlich, in den meisten Fällen jedoch leicht rötlich überlaufen, Lippe spitz herzförmig, rötlich oder leicht hellviolett, Blütezeit VI–IX.

Standort: Laubwälder, Gebüsche, Parkanlagen, Friedhöfe, in den Alpen bis in etwa 1500 m Höhe; schattenverträgliche Pflanze.

Verbreitung: In EU weit verbreitet, in D die häufigste Art unter den heimischen Orchideen, gebietsweise jedoch fehlend. **RL, §!**

Bocks-Riemenzunge *Himantoglossum hircinum*

KNABENKRAUTGEW.

Merkmale: Mehrjährige, auffällige Pflanze mit 30–90 cm hohem, kräftigem, beblättertem Stängel; Blätter breit lanzettlich, bis zu 15 cm lang, glattrandig, bläulich grün, beginnen bereits zur Blütezeit zu welken; Blüten zu 20–60 in langer Ähre, Einzelblüten 5–7 cm lang, blass grünlich, z. T. rötlich überlaufen, wenig angenehm duftend (Bocksgeruch!), mit kurzem, sackartigem Sporn, Lippe tief 3-teilig, Seitenlappen kraus, Mittellappen sehr lang und mehrfach gedreht, Blütezeit V–VII.

Standort: Trockenrasen, lichte Gebüsche; meist auf lockerem, kalkhaltigem Lößboden.

Verbreitung: Vor allem in S-EU; in D sehr vereinzelt, erreicht hier ihre Nordgrenze. **RL, §!**

Wissenswertes: Die B. blüht nicht jedes Jahr. Die Gründe dafür sind noch unbekannt.

Alpen-Zwergknabenkraut

Chamorchis alpina KNABENKRAUTGEW.

Merkmale: Mit 5–15 cm Wuchshöhe eine der kleinsten und unauffälligsten Alpin-Orchideen; Blätter grundständig, grasartig, rinnig gefaltet, schräg aufwärts stehend, teilweise den 5- bis 10-blütigen, locker ährigen Blütenstand überragend; Blüten klein, gelbgrün bis rotbraun, Lippe abwärts gerichtet, gelb mit grünlichem Mittelteil, mit zurückgebogenen Rändern, ungeteilt oder schwach 3-lappig, restliche Blütenhüllblätter helmartig zusammenneigend, ohne Sporn; Blütezeit VII–VIII.

Standort: Windexponierte Grate und Hänge, offene, steinige Magerrasen, in 1700–2700 m Höhe, nur auf Kalk; oft in Gesellschaft von Silberwurz *(Dryas octopetala)*, Polsterseggen und Blaugras.

Verbreitung: Kalkgebiete der Alpen, Karpaten, Tatra, Balkan, Skandinavien. **§!**

Schwimmendes Laichkraut
Potamogeton natans LAICHKRAUTGEW.

Merkmale: Mehrjährige Schwimmblattpflanze, 50–200 cm lang, mit flutendem Stängel; schwimmende Blätter lang gestielt, Spreite länglich oval, zugespitzt, 2–7 cm breit und 4–12 cm lang, an der Basis leicht herzförmig; untergetauchte Blätter linealisch, zur Blütezeit verfault; Blüten unscheinbar grünlich, ohne Blütenhülle, in aufrechter, dichter Ähre, Blütezeit V–VIII.
Standort: Stehende, nährstoffreiche Gewässer.
Verbreitung: In EU weit verbreitet; in D recht häufig.

Zwergwasserlinse *Wolffia arrhiza*
WASSERLINSENGEWÄCHSE

Merkmale: Mehrjährige Schwimmpflanze ohne Wurzel, nur mit sprossendem, blattähnlichem Schwimmglied, etwa 1 mm breit und lang, unterseits leicht gewölbt und weißlich, oberseits grasgrün; gilt als kleinste Blütenpflanze der Welt, Vermehrung jedoch überwiegend vegetativ.
Standort: Stehende, sommerwarme Gewässer.
Verbreitung: In M.-EU selten im Tiefland.

Kalmus *Acorus calamus*
ARONSTABGEWÄCHSE

Merkmale: Mehrjährige, 50–150 cm hohe Pflanze mit dickem, aromatisch duftendem Wurzelstock und aufrechtem, unverzweigtem Stängel; Blätter schwertförmig, am Rand fein gewellt; der vom Tragblatt überragte, kolbenförmige Blütenstand scheinbar seitenständig, weil das Tragblatt wie ein fortgesetzter Stängel erscheint, Einzelblüten klein, grünlich, Blütezeit VI–VII.
Standort: Röhricht stehender Gewässer; früher oft als Aromapflanze in Bauerngärten kultiviert.
Verbreitung: Stammt aus SW-Asien; durch Alexander d. Gr. nach Kleinasien gebracht, gelangte von dort nach M.-EU, heute vielerorts eingebürgert.

Kleine Wasserlinse *Lemna minor*
WASSERLINSENGEWÄCHSE

Merkmale: Mehrjährige Schwimmpflanze mit rundlichen, blattähnlichen, 2–3 mm breiten Gliedern und einfacher, fädiger Wurzel, meist 2–5 Exemplare zusammenhängend; Blüten unscheinbar, sehr einfach, häufig ganz fehlend, Blütezeit V–VIII; Vermehrung überwiegend vegetativ, Verbreitung geschieht durch Wasservögel.
Standort: Nährstoffreiche Stillgewässer.
Verbreitung: Fast überall in EU häufig, auch in D.

Aronstab *Arum maculatum*
ARONSTABGEWÄCHSE

Merkmale: Mehrjährig, 15–50 cm hoch; sämtliche Blätter grundständig, lang gestielt, Spreite pfeilförmig, netznervig, glänzend dunkelgrün, mit schwarzroten Flecken; kolbenförmiger Blütenstand in bleichgrünem Hochblatt, ♀ Blüten oberhalb der ♂, Blütezeit III–V; Früchte rot. Alle Teile giftig!
Standort: Laubwälder, Gebüsche und Auen.
Verbreitung: M.- und S-EU; in D vor allem im Mittelgebirgsraum.
Wissenswertes: Das Hochblatt bildet eine Kesselfalle, deren Ausgang mit Reusenborsten versperrt ist. Schmetterlingsfliegen stürzen hinein und kommen erst nach erfolgter Bestäubung wieder frei.

Drachenwurz *Calla palustris*
ARONSTABGEWÄCHSE

Merkmale: Mehrjährige, 10–40 cm hohe Pflanze mit kriechendem Wurzelstock; Blätter lang gestielt, aufrecht, herzförmig, glänzend dunkelgrün, etwas ledrig; Blüten grünlich, an dickem, 2–4 cm langem Kolben, von weißem Hochblatt umschlossen, oben mit ♂, unten mit zwittrigen Blüten, Blütezeit V–VII. Giftig, brennend scharfer Geschmack!
Standort: Bruchwälder, Waldsümpfe, Moore.
Verbreitung: N- und M.-EU; in D zerstreut. **RL, §!**

Breitblättriger Rohrkolben
Typha latifolia ROHRKOLBENGEWÄCHSE

Merkmale: Grasähnliche Wasser- oder Uferpflanze, 1–2,5 m hoch; gehört in eine eigene Pflanzenfamilie. Blätter breit linealisch, blaugrün, nicht glänzend, 1–2 cm breit und bis 1,5 m lang, den Blütenstand häufg überragend, am Grunde mit offener, häutiger, oben leicht geöhrter Blattscheide, oberseits flach, unterseits leicht gewölbt und von schwammigem Mark angefüllt. Blüten eingeschlechtig; zahlreiche ♀ Blüten bilden einen massiven, oft über 20 cm langen, braunschwarzen Kolben („Zylinderputzer"), darüber und deutlich abgesetzt schließen sich direkt die ♂ Blüten an; ♀ Einzelblüten aus einem gestielten Fruchtknoten mit dichtem Haarkranz bestehend, ♂ Blüten zu je 3 auf verzweigtem Stielchen sitzend, mit Staubblättern, die von wenigen Haaren umgeben sind; Blütezeit VII–VIII.
Standort: Moore, Gräben, Nasswiesen, Uferröhricht von Seen oder langsam fließenden Flüssen.
Verbreitung: Alle Kontinente der Nordhalbkugel, regional auch in den Tropen.

Sand-Segge *Carex arenaria*
SAUERGRÄSER

Merkmale: Ausdauernd, 15–50 cm hoch, mit langen, kriechenden, unterirdischen Ausläufern, die sich auch verzweigen; Pflanzen daher in geraden Zeilen hintereinander stehend; Stängel aufrecht, zuletzt überhängend, im Querschnitt deutlich 3-kantig, im oberen Teil rau. Blätter mit braunen Blattscheiden, Blattspreiten starr, rinnig, bis etwa 4 mm breit, aber häufig in Längsrichtung gefaltet. Blütenstand ährig, zunächst aufrecht, später meist überhängend, 3–6 cm lang, mit 5–15 etwa 1 cm langen, jeweils mehrblütigen Ähren, die unteren nur mit ♀, die oberen nur mit ♂ Blüten; Spelzen schmal, spitz, gelblich; Fruchtschläuche etwas länger als die Spelzen, 2-zähnig geschnäbelt; Blütezeit V–IX.
Standort: Küsten- und Binnendünen, Pionierpflanze auf Weißdünen, offene, bewegte Sandfluren, lichte Kiefernwälder und Trockenheiden. Am gleichen Standort kommen auch noch weitere, ähnliche Seggen-Arten vor.
Verbreitung: Ganz EU mit Ausnahme des S, in N-Amerika eingeschleppt.

Schmalblättriges Wollgras
Eriophorum angustifolium SAUERGRÄSER

Merkmale: Ausdauernd, 20–70 (90) cm hoch, meist in lockeren Rasen mit langen Ausläufern; Stängel aufrecht, rund und nur im oberen Teil stumpf 3-kantig, glatt, wenig beblättert. Blattscheide des obersten Stängelblatts nur wenig aufgeblasen; Blattspreiten linealisch, leicht rinnig, etwa 2–6 mm breit, nur an der Spitze 3-kantig, an den Rändern rau, graugrün, oft rötlich überlaufen. Blütenstand mit meist 3–5 anfangs sitzenden bis aufrechten, später hängenden Ährchen; jedes Ährchen 10–20 mm lang, mit bis zu 50 Einzelblüten, zur Blütezeit eher unauffällig, zur Fruchtreife weithin auffallend; Ährchenachsen glatt; Spelzen braun, spitz, mit Hautrand; Wollhaare zur Fruchtreife 4–5 cm lang; Blütezeit III–V, in höheren Lagen auch deutlich später; Fruchtreife ab V.
Standort: Schlammige Böden von Nasswiesen, Quellmoore, Gräben, Uferbereiche von Moorseen, Niedermoore. Oft in Massenvorkommen.
Verbreitung: EU, nördliches Asien, N-Amerika, in den Alpen bis in über 2000 m Höhe.

Behaarte Segge *Carex hirta*
SAUERGRÄSER

Merkmale: Ausdauernd, 20–50 cm hoch, am Wurzelstock mit langen Ausläufern; Stängel aufrecht, beblättert, stumpf 3-kantig. Blätter mit bräunlichen, netzfaserigen, behaarten Blattscheiden; Blattspreiten 3–6 mm breit, graugrün, allmählich in die Spitze verschmälert, flach oder leicht rinnig, behaart, am Rande rau; Tragblätter im Blütenstand überragen ihre Ähren. Blütenstand locker, mit 3–9 sitzenden oder gestielten Ähren; obere 1–3 Ähren ♂, schlank zylindrisch, bräunlich, untere ♀, länglich oval, grünlich; Spelzen braun, grün gekielt; Fruchtschläuche stehen schräg ab, gelblich grün bis braun, rundum behaart, bis 8 mm lang; Blütezeit IV–VI.
Standort: Nährstoffreiche, sandige, meist humusarme Böden, Waldwege, Böschungen, lückige Wiesen, Grabenränder.
Verbreitung: EU mit Ausnahme des hohen N, N-Afrika, Vorderasien, in N-Amerika eingeschleppt.
Wissenswertes: Insgesamt kommen in M.-EU etwa 80 Seggen-Arten vor, die z. T. nur sehr schwer zu unterscheiden sind.

Flatter-Binse *Juncus effusus*

BINSENGEWÄCHSE

Merkmale: Ausdauernd, bis 75 cm hoch (selten noch höher), kräftig grün, in sehr dichten Rasen wachsend; Stängel aufrecht, drehrund, glatt, seltener leicht gestreift, von lockerem Mark (Luftgewebe, Aerenchym) gefüllt. Nur 1 Blatt, rundlich, den Blütenstand deutlich überragend, gerollt, am Grunde mit gelblich brauner Blattscheide. Blütenstand wegen des stängelartigen Tragblatts scheinbar seitenständig, locker, aber büschelig, spirrig verzweigt, vielblütig; Einzelblüten mit 6 gleichförmigen Blütenblättern, die äußeren etwas länger, grünlich, mit breitem Hautrand, eiförmig und zugespitzt; 3-kantige Kapselfrucht, oben verbreitert und leicht eingedellt, Griffel in der Vertiefung, glänzend braun; Blütezeit VI–VIII.
Standort: Weit verbreitet und häufig an feuchten Wegen, Gräben, in Feucht- und Nasswiesen und an Ufern. Am gleichen Standort kommen noch eine Reihe weiterer, ähnlicher Binsen-Arten vor.
Verbreitung: Ganz EU mit Ausnahme der arktischen Gebiete.

Wald-Haimsimse *Luzula sylvatica*

BINSENGEWÄCHSE

Merkmale: Ausdauernd, 30–90 cm hoch, grasgrün, einzeln oder lockerrasig wachsend; Stängel aufrecht, kräftig, drehrund. Grundständige Blätter grasartig, glänzend, lang zugespitzt, über 10 mm breit, am Rand gewöhnlich dicht bewimpert; obere Stängelblätter deutlich kürzer als der Blütenstand. Blütenstand endständig, groß, locker spirrig, Äste dünn, aufrecht oder abstehend; Einzelblüten in Gruppen zu je 4–5; Blütenblätter gleichförmig, etwa 4 mm lang, lanzettlich, fein zugespitzt, bräunlich mit weißem Hautrand; Griffel mit 3 langen, meist aufrechten, weißlichen Narben. Frucht 3-kantig, kegelförmig, lang zugespitzt, glänzend kastanienbraun, etwa so lang wie die Blütenblätter; Samen mit hellem, nährstoffreichem Anhängsel (Ameisenverbreitung); Blütezeit IV–V.
Standort: Schattenverträglich auf humosen, lockeren Böden in Mulden von Laub- und Nadelwäldern, bevorzugt im Mittelgebirge, in den Alpen bis in etwa 2000 m Höhe.
Verbreitung: Besonders in W- und S-EU.

Knäuel-Binse *Juncus conglomeratus*

BINSENGEWÄCHSE

Merkmale: Ausdauernd, 50–80 cm hoch, meist in dichten Rasen oder lockeren Horsten; Wurzelstock kurz, vielstängelig, ohne Ausläufer; Stängel aufrecht, unverzweigt, drehrund, leicht graugrün, glatt, nur unterhalb des Blütenstands leicht längsstreifig, innen mit lockerem Mark (Luftgewebe). Blätter gerollt, stängelartig, zäh, mit kräftiger Blattscheide, überragt den Blütenstand weit, dieser deshalb scheinbar seitenständig. Blütenstand kompakt, kopfig zusammengezogen, annähernd kugelig; Blütenblätter 6, fast gleich groß, lang zugespitzt, bräunlich und etwas hautrandig, wenig länger als die Kapselfrucht, diese nach oben verbreitert und etwas eingedellt, glänzend braun; Blütezeit V–VI, in höheren Lagen auch später.
Standort: Kalkarme, leicht staunasse Böden; Niedermoore, nasse Streuwiesen, feuchte Waldlichtungen, Gräben; in den Alpen bis 1600 m.
Verbreitung: Ganz EU mit Ausnahme der arktischen Gebiete; am gleichen Standort gewöhnlich weitere ähnliche Binsen-Arten.

Busch-Hainsimse *Luzula luzuloides*

BINSENGEWÄCHSE

Merkmale: Ausdauernd, 30–70 cm hoch, einzeln oder häufiger in lockeren bis büscheligen Rasen, formenreich (auch Weißliche Hainsimse genannt); Stängel aufrecht oder aufsteigend, dünn, drehrund. Grundständige Blätter grasartig, bis 4 mm breit, am Rand dicht weißlich bewimpert; oberstes Stängelblatt den Blütenstand überragend; Blütenstand locker spirrig, mit aufrechten bis schrägen, zur Fruchtzeit überhängenden Ästen; Einzelblüten in Grüppchen zu je 2–8; Blütenblätter um 4 mm lang, lanzettlich, spitz, etwa gleich groß, weißlich oder bräunlich; Griffel mit 3 aufrechten weißlichen Narben; Frucht 3-kantig, kegelförmig zugespitzt, glänzend kastanienbraun, so lang wie die Blütenblätter; Samen glänzend braun, mit nahrhaftem Anhängsel (Ameisenverbreitung); Blütezeit VI.
Standort: Kalkarme, humose, lockere Lehmböden, schattenverträgliche Art; Misch- und Nadelwälder, dort oft die häufigste Art in der Krautschicht; in den Alpen bis in 2000 m Höhe.
Verbreitung: M.- und S-EU, v. a. im Bergland.

Einjähriges Rispengras

Poa annua SÜSSGRÄSER

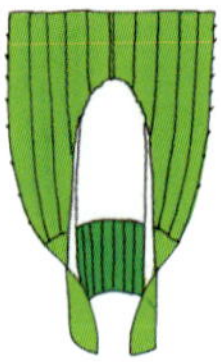

Blatthäutchen (weiß)

Merkmale: Häufiges, 1- bis 2-jähriges, bisweilen ausdauerndes Gras, anspruchslos, bildet dichte Horste, von wenigen cm bis 30 cm groß, aufrecht bis niederliegend; gesamte Pflanze kahl. Blätter grün; Blattscheiden beidseitig gekielt, leicht zusammengedrückt, glatt; Blatthäutchen etwa 2 mm lang; Blattspreiten bis 15 cm lang und 5 mm breit, jung oft wellig gefältelt, tief v-förmig, Blattspitze bootsbugförmig. Blütenstand eine Rispe, bis 8 cm lang, schmal dreieckig bis pyramidal, einseitswendig; Rispenäste glatt, ausgebreitet; Ährchen 3–4 mm lang; untere Hüllspelzen 1-, obere 3-nervig; Deckspelzen 5-nervig, gekielt; Blütezeit I–XII.

Standort: Auf frischen und nährstoffreichen Böden von Trittrasen, Wegen und Plätzen, in Pflasterritzen, Gärten und Äckern.

Verbreitung: Heutzutage weltweit verschleppt.

Gewöhnliche Quecke *Elytrigia (Agropyron) repens*

SÜSSGRÄSER

Merkmale: Ausdauernd, mit weithin kriechender, bleicher Grundachse und Ausläufern, in Gruppen oder Herden wachsend, 20–150 cm hoch, aufrecht, an der Basis bisweilen gebogen, glatt. Blätter mattgrün, manchmal blaugrün (abwischbar); Blattöhrchen kurz, bewimpert, halmumfassend, spitz; Blatthäutchen kürzer als 1 mm; Blattspreiten zugespitzt, bis 30 cm lang und 10 mm breit, schlaff, oberseits kurz behaart und rau. Blütenstand eine Ähre, etwa 10 cm lang, aufrecht oder gebogen; Ährchen locker bis dicht, 10–20 mm lang, 3- bis 8-blütig, elliptisch, flach, breite Seite der Ährenspindel zugewandt; Hüllspelzen lanzettlich, bis 12 mm lang, 3- bis 7-nervig, gekielt, aufwärts rau, mit Spitze; Deckspelzen bis 13 mm lang, 5-nervig, oft mit kurzer, grannenartiger Spitze; Vorspelzen mit 2 rauen Kielen; Blütezeit VI–VIII.

Standort: Feld-, Weg- und Straßenränder, Brachen, Gärten, Äcker, auf Lehmböden.

Verbreitung: Sehr häufig; EU, N-Amerika, gemäßigtes Asien.

Wiesen-Rispengras

Poa pratensis SÜSSGRÄSER

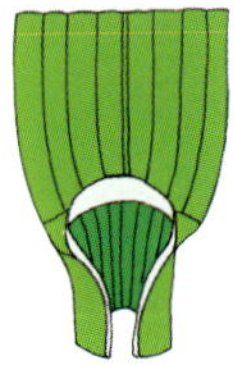

Blatthäutchen (weiß)

Merkmale: Ausdauernd, mit kriechenden Ausläufern dichte Rasen bildend, formenreich; Halme 10–50 cm hoch. Blattscheiden der Blätter auf dem Rücken abgerundet, kahl, seltener fein behaart; oberste Blätter kürzer als ihre Blattscheiden, bis 30 cm lang, 2–4 mm breit, gefaltet, an der Spitze bootsbugförmig. Blütenstand eine reichblütige Rispe; Ährchen zusammengedrückt, bis 6 mm lang; alle Spelzen gekielt, unbegrannt; Hüllspelzen zugespitzt, die untere 1- bis 3-, die obere 3-nervig; Deckspelzen meist stumpf, auf dem Kiel und den randlichen Nerven schwach behaart; Blütezeit I–XII.

Standort: Frische, nährstoffreiche Lehmböden. Hochwertiges Futtergras auf Wiesen und Weiden, ferner Wegränder und Böschungen.

Verbreitung: EU, gemäßigtes Asien, N-Afrika sowie Australien.

Englisches Weidelgras, Ausdauernder Lolch *Lolium perenne*

Merkmale: Ausdauerndes Süßgras, dunkelgrün glänzend, auch mit nichtblühenden Trieben, lockerhorstig oder in Rasen, oft wintergrün, aber etwas frostempfindlich; Halme glatt, mit wenigen Knoten, aufrecht bis locker ausgebreitet oder bogig aufsteigend, 10–70 cm. Blätter wie die Sprossachse kahl; Blattspreiten 2–4 mm breit, oberseits mit längs verlaufenden Riefen und rau, unterseits glatt, zugespitzt; Öhrchen an der Blattspreitenbasis deutlich, aber kurz; Blatthäutchen etwa 1 mm, stumpf. Blüten-Ährchen steif aufrecht, zusammengedrückt, 7–20 mm lang, länglich-elliptisch, wechselständig, mit der schmalen Flanke der Achse zugewandt; Ähre insgesamt flach; Hüllspelzen stumpf, wenig länger als die etwas zugespitzten Deckspelzen, alle Spelzen unbegrannt, auf ihrer Rückseite abgerundet; Blütezeit V–VIII.

Standort: Fettweiden, Wegränder, Brachen, Trittrasen, gern auf nährstoffreichen Lehmböden.

Verbreitung: Heute durch Ansaat weltweit verbreitet. Zahlreiche Handelssorten.

Wiesen-Fuchsschwanz

Alopecurus pratensis SÜSSGRÄSER

Merkmale: Ausdauernd, in lockeren oder dichteren Horsten, Halme aufrecht oder bogig aufsteigend, auffallend wenige Knoten, 30–120 cm hoch. Blätter mit gestutztem Blatthäutchen, bis 2,5 mm lang, ganzrandig; Blattscheiden glatt, aufgespalten und leicht aufgeblasen, glatt; Blattspreiten unbehaart, kräftig grün, leicht rau oder glatt, schmal zugespitzt, flach, 3–10 mm breit und 5–40 cm lang. Blüten in Ährenrispen, diese sehr dicht, zylindrisch, vorne stumpf, sehr weich, 3–12 cm lang und bis 10 mm breit, trübgrün oder leicht purpurn überlaufen; Ährchenstiele sehr kurz, aufrecht; Ährchen um 5 mm lang, länglich-elliptisch, 1-blütig, Hüllspelzen 3-nervig und auf dem Kiel behaart; Deckspelzen wenig länger als die Hüllspelzen, gekielt; Blütezeit IV–VII.
Standort: Feuchte Wiesen, Baumgärten, Uferfluren. Nässezeiger, schattenverträglich. Auf landwirtschaftlichen Flächen ertragreiches Gras von gutem Futterwert.
Verbreitung: EU, in N-Amerika eingeführt.

Gewöhnliches Kammgras

Cynosurus cristatus SÜSSGRÄSER

Merkmale: Mehrjähriges, aber frostempfindliches Untergras, in Horsten, selten auch sehr kurzen Ausläufern; Halme dünn, glatt, fest und steif, 20–60 cm hoch. Blätter in Knospenlage gefaltet, später gerollt; Blattscheiden auf dem Rücken gerundet, unbehaart; Blatthäutchen nur ca. 1 mm lang, stumpf; Blattspreiten bis 15 cm lang, 2–3 mm breit, flach oder rinnig, oberseits fein gerieft, zur Spitze rau. Blüten-Rispen ährenförmig, einseitswendig, 5–10 cm lang, 0,5–1 cm breit, Achse rau bis fein behaart; Ährchen sehr dicht, an jedem Seitenast der Ährenrispe stets ein fruchtbares und ein unfruchtbares Ährchen miteinander verbunden; fruchtbare Ährchen 3- bis 5-blütig, ihre Deckspelzen kurz begrannt; sterile Ährchen die fruchtbaren überdeckend, flach, mit 10 oder mehr haarkammartig zusammenstehenden Spelzen; Blütezeit VI–VII.
Standort: Frische, lehmige Böden, trockene Wiesen und Weiden, Wegränder und Böschungen.
Verbreitung: EU und gemäßigtes W-Asien.

Wiesen-Lieschgras, Timotheusgras *Phleum pratense*

SÜSSGRÄSER

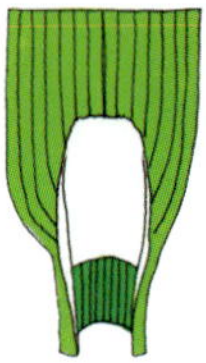

Merkmale: Ausdauerndes, locker- bis dichthorstig wachsendes Gras, Halme aufrecht oder bogig aufsteigend, 40–150 cm hoch, ziemlich kräftig, mit 3–6 Knoten, glatt, unterste Internodien verdickt und ziemlich kurz. Blätter mit stumpfem, bis 6 mm langem Blatthäutchen; Blattscheiden glatt, rund, später flach, zugespitzt, rau, bis 9 mm breit und 40 cm lang. Blüten in Ährenrispen, diese sehr dicht, zylindrisch, graugrün, 6–15 cm lang und bis 1 cm breit; Ährchen immer 1-blütig; Hüllspelzen an den Seiten häutig, mit 1–2 mm langer Granne, Deckspelzen deutlich kürzer; Blütezeit VI–VIII.
Standort: Häufig in Fettwiesen und -weiden auf frischen, nährstoffreichen Lehm- und Tonböden. Gilt als gutes Futtergras, wird in vielen Sorten mit unterschiedlichem Wuchs angesät.
Verbreitung: EU mit Schwerpunkt in M.-, W- und südlichem N-EU.

Zittergras *Briza media*

SÜSSGRÄSER

Merkmale: Ausdauernd, mit kurzen, unterirdischen Ausläufern in lockeren Rasen, Halme aufrecht, dünn, glatt, bis 40 cm hoch (Untergras). Blätter mit geschlossenen, glatten Blattscheiden; Blattspreiten mit dünner, kurzer Spitze, bis 15 cm lang und 2–4 mm breit, glatt, nur an den Rändern wenig rau; Blatthäutchen ca. 1 mm lang, stumpf, gestutzt. Blüten-Rispen weit ausgebreitet, locker, schmal dreieckig bis breit pyramidal, Rispenäste oft geschlängelt, glatt, zunächst aufrecht, später waagrecht abstehend; Ährchen herzförmig, seitlich zusammengedrückt, 3- bis 12-blütig, 4–7 mm lang; Ährchenstiele oft geschlängelt, dünn, Ährchen daher leicht zitternd; Hüllspelzen 3-nervig, 3 mm lang, gekielt, waagrecht abstehend; Deckspelzen 5-nervig, ca. 4 mm lang, ebenfalls abstehend; Vorspelzen doppelt gekielt; Blütezeit V–VI.
Standort: Magere Wiesen und Weiden, Böschungen, Trockenstandorte.
Verbreitung: Von der Ebene bis ins Gebirge in ganz EU und im gemäßigten Asien.

Land-Reitgras *Calamagrostis epigejos*

SÜSSGRÄSER

Blatthäutchen (weiß)

Merkmale: Stattliches, ca. 60–150 cm hohes Gras mit unterirdisch kriechenden, sehr langen Ausläufern, bildet deshalb ausgedehnte Reinbestände; Halme kräftig. Blätter kahl; Blattspreiten flach, an den Rändern betont rau, bis 70 cm lang und 2 cm breit; Blatthäutchen groß, bis 9 mm lang, leicht gefranst. Blüten-Rispen schmal, aufrecht, dicht- und reichblütig, bleichgrünlich, mitunter leicht rötlich überlaufen; Rispenäste rau, dick, ca. 10 cm lang; Ährchen 5–7 mm lang, 1-blütig, gebüschelt; Hüllspelzen ca. 5 mm lang, grannenartig bespitzt, Deckspelzen an der Basis seidig behaart; Granne in der Bucht des 2-spitzigen Spelzenendes entspringend; Blütezeit VI–VIII.

Standort: Wegränder, Kahlschläge, Brachen, meist auf lockeren und sandig-lehmigen Böden.

Verbreitung: Ganz EU, W-, N- und O-Asien. Im Gebiet weitere ähnliche Arten.

Glatthafer *Arrhenatherum elatius*

SÜSSGRÄSER

Merkmale: Ausdauernd, in lockeren Horsten, 50–150 cm hoch, Halme aufrecht, mit 3–5 dicken Knoten. Blattscheiden der Blätter auf der Rückseite rund, glatt oder locker behaart; Blatthäutchen 1–3 mm lang, meist ganzrandig; Blattspreiten 5–10 mm breit und bis 40 cm lang, schmal zugespitzt, flach, locker behaart oder völlig kahl, aber leicht rau. Blüten in Rispen, diese im Umriss länglich-lanzettlich, aufrecht oder etwas überhängend, glänzend grün oder leicht purpurn überlaufen, bis 30 cm lang, Rispenäste ungleich lang, in Büscheln, rau; Ährchen um 10 mm lang, meist 2-blütig; Hüllspelze häutig, spitz, untere 1-nervig, obere 3-nervig, Deckspelzen bis 10 mm lang, unterste 10–16 mm lang begrannt; Blütezeit VI–IX.

Standort: Häufig in Grasbeständen an Gräben, Hecken, Dämmen, Böschungen, auf mäßig trockenen, nährstoffreichen Böden. Landwirtschaftlich ein wertvolles Futtergras.

Verbreitung: Ganz EU, von der Ebene bis in mittlere Gebirgslagen (in den Alpen bis 1400 m).

Wolliges Honiggras *Holcus lanatus*

SÜSSGRÄSER

Merkmale: Ausdauernd, in dichten Horsten, kriechender Wurzelstock, Halme aufrecht oder aufsteigend, 20–100 cm hoch, überall flaumig behaart. Blätter mit gerundeten Blattscheiden mit zurückgeschlagenen Haaren; Blattspreiten flach, dicht behaart, daher graugrün bis weißlich, etwas schlaff, 3–10 mm breit und bis 20 cm lang. Blüten-Rispen im Umriss oval, nur zur Blütezeit locker, sonst dicht zusammengezogen, weißlich, blassgrün oder leicht purpurn überlaufen, Rispenäste behaart; Ährchen bis 6 mm lang, leicht zusammengedrückt, 2-blütig; Hüllspelzen fast so lang wie Ährchen, mit kurzer Granne, Deckspelzen bis 2,5 mm lang, die obere auf dem Rücken mit gebogener, 2 mm langer Granne; Blütezeit VI–VIII.

Standort: Ziemlich häufig in feuchten Wiesen und Weiden, an Gräben, im Saum lichter Gebüsche und in Niedermooren, auch auf nährstoffarmen Böden, von der Ebene bis auf 1800 m Höhe.

Verbreitung: Ganz EU, gemäßigtes Asien, N-Afrika, in N-Amerika eingeführt.

Knäuelgras *Dactylis glomerata*

SÜSSGRÄSER

Merkmale: Mehrjähriges Obergras, 50–120 cm hoch, graugrün, in oft dichten und vitalen Horsten, Halme kräftig, aufrecht, ohne Ausläufer. Blätter graugrün; Blattscheiden zunächst geschlossen, rau oder glatt, auf Bauch- und Rückennaht scharf zweischneidig gekielt; Blattspreiten in der Knospenlage gefaltet, später flach, aber unterseits gekielt, bis 45 cm lang und 2–14 mm breit, zugespitzt, ohne Öhrchen; Blatthäutchen 3–5 mm lang, gezähnelt und meist zerschlitzt. Blütenstand eine große, einseitswendige Ährenrispe, im Umriss dreieckig, mit dicht stehenden, geknäuelten Ährchen, unterste Rispenäste fast waagrecht, rau; Ährchen 5–9 mm lang, 3- bis 5-blütig, zusammengedrückt; Hüllspelzen 1- bis 3-nervig, spitz, mit 1,5 mm langer Granne; Blütezeit VI–IX.

Standort: Mäßig trockene bis feuchte, nährstoffreiche Böden; Grünland, Wegränder, Schuttplätze. Stickstoffzeiger.

Verbreitung: Von der Ebene bis ins Gebirge (Alpen bis 1950 m). EU, außerdem weltweit verschleppt.

Wiesen-Schwingel *Festuca pratensis*
SÜSSGRÄSER

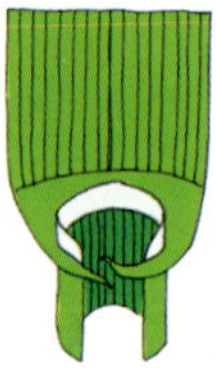
Blatthäutchen (weiß)

Merkmale: Ausdauerndes, locker rasiges oder horstiges Gras, Halme aufrecht bis bogig aufsteigend, ca. 30–120 cm hoch. Blätter dunkelgrün; Blattscheiden bis zur Basis offen, kahl; Blattspreiten um 5 mm breit und bis 20 cm lang, schlaff, unterseits glänzend, allmählich zugespitzt; Blattöhrchen kahl, spitz; Blatthäutchen weniger als 1 mm lang. Blüten-Rispen aufrecht bis leicht überhängend, etwa 15 cm lang, einseitswendig; Ährchen meist 7- bis 8-blütig, schmal elliptisch, hellgrün bis violett; Hüllspelzen lanzettlich, gestutzt, Deckspelzen ungekielt und meist unbegrannt; Blütezeit VI–VII.
Standort: Frischwiesen, Weiden, Wege, Grasplätze, auf nährstoffreichen Böden; häufig. Wertvolles Futtergras (Obergras) im Wirtschaftsgrünland.
Verbreitung: EU, gemäßigtes Asien, in N-Amerika eingeschleppt.

Strandhafer *Ammophila arenaria*
SÜSSGRÄSER

Merkmale: Ausdauernd, mit reich verzweigten unterirdischen Trieben, Halme kräftig, weißlich graugrün, 60–100 cm hoch. Blattscheiden der Blätter glatt, mit überlappenden Rändern, im Gegensatz zum Strandroggen ohne Blattöhrchen; Blatthäutchen 25–30 mm lang, von der Spitze bis fast zum Grund tief gespalten; Blattspreiten steif, meist eingerollt, bis 60 cm lang, 4–6 mm breit, zugespitzt, oberseits auf den Blattnerven fein behaart, unterseits kahl, glatt. Blüten-Rispen bis 15 cm lang, allseitswendig, stets zusammengezogen, walzlich, nach oben hin schmaler; Ährchen dicht, 1-blütig, bis 16 mm lang; Hüllspelzen ausdauernd, lanzettlich, zugespitzt, die untere 1-nervig, die obere 3- bis 5-nervig, Deckspelzen lanzettlich, mit doppelter Spitze, an der Basis behaart; Blütezeit VI–VII.
Standort: Pionierpflanze auf leicht bewegten Sanddünen. Oft als Sandbefestiger auf den windzugewandten Dünenflanken angepflanzt.
Verbreitung: An allen europäischen Küsten, ferner in N-Amerika.

Pfeifengras, Besenried *Molinia caerulea*
SÜSSGRÄSER

Merkmale: Ausdauernd, in dichten, rundlichen Horsten mit kurzen Ausläufern; Halme aufrecht, dünn, glatt, besitzen nur einen Knoten unmittelbar über dem Grund, sonst unbeblättert. Blätter bläulich grün, Blattscheiden auf der Rückseite rund; Blatthäutchen durch dichten Kranz sehr kurzer Haare ersetzt; Blattspreite etwas steif, flach, bis 40 cm lang und 3–10 mm breit, mit weißlichem Mittelstreif, bei trockenem Wetter halb eingerollt, oberseits manchmal etwas behaart und in der Vorderhälfte am Rand rau, im Spätherbst von den bleibenden Blattscheiden abfallend. Blüten in aufrechten, bis 40 cm langen, schmalen, recht zusammengezogenen Rispen; Ährchen 4–9 mm lang, 1- bis 4-blütig, lanzettlich, ohne Grannen, Staubbeutel purpurn; Blütezeit VII–IX.
Standort: Bestandsbildend in Moor- und Streuwiesen, auf Heiden sowie in Wäldern auf nährstoffarmen Böden. Magerkeitszeiger.
Verbreitung: Fast ganz EU mit Ausnahme des untersten Südens.

Strandroggen, Blauer Helm *Elymus arenarius*
SÜSSGRÄSER

Merkmale: Ausdauernd, sehr robust, in dichten Horsten, mit langen Rhizomen; Halme 60–200 cm hoch, aufrecht oder wenig ausgebreitet, kahl. Blätter bläulich grau; Blattscheiden kahl, am oberen Ende mit schmalen Öhrchen; Blatthäutchen um 1 mm lang; Blattspreiten scharf zugespitzt, steif, 20–60 cm lang und 7–20 mm breit, flach oder wenig eingerollt, oberseits mit vortretenden Blattnerven. Blüten-Ähren aufrecht, bis 30 cm lang und 2,5 cm breit, dicht, starr; Ährchen fast ungestielt, paarweise im Wechsel auf gegenüberliegenden Seiten, bis 3 cm lang, 3- bis 6-blütig, etwas abgeflacht; Hüllspelzen gekielt, Deckspelzen innerhalb des Ährchens nach oben kleiner, spitz, 7-nervig, fein behaart; Blütezeit VI–VIII.
Standort: Lockere Dünensande, auch im oberen Randbereich von Spülsäumen. Charakterart der Weißdüne, aber weniger übersandungsfest als der Strandhafer.
Verbreitung: Küstendünen in M.- und N-EU, fehlt im Mittelmeergebiet. Selten auch im Binnenland.

Schilf, Schilfrohr *Phragmites australis*

SÜSSGRÄSER

Merkmale: Ausdauernd, größte mitteleuropäische Süßgrasart; Halme starr, aufrecht, 1,5–3 m hoch, mit zahlreichen Knoten und dicht mit Blattscheiden umhüllt, kahl, bis 2,5 cm dick. Blätter beidseits oder nur auf der Unterseite bläulich grün; Blatthäutchen durch dichten, kurzen Haarkranz ersetzt; Blattspreite spitz, etwa 35–50 cm lang und bis 30 mm breit, zäh und fest, flach. Blüten-Rispen aufrecht oder (später) auch überhängend, 15–40 cm lang, andeutungsweise einseitswendig, Rispenäste rau, spiralig, am Grund seidig behaart; Ährchen lanzettlich, 10–15 mm lang, 2- bis 6-blütig; ohne Grannen; Blütezeit VIII–X.
Standort: Bestandsbildend im Röhricht stehender oder sehr langsam fließender Gewässer bis etwa 1 m Wassertiefe, dazu auch in Quellmooren, auf Nasswiesen, in Weidenauen und Erlenbrüchen. In Wiesen Grundwasserzeiger.
Verbreitung: Von der Ebene bis in mittlere Gebirgslagen (blüht aber in höheren Lagen nicht). Kosmopolit.

Mäuse-Gerste *Hordeum murinum*

SÜSSGRÄSER

Merkmale: Einjährig, überwinternd, in lockeren Horsten; Halme dünn, steigen knickig auf, 30–60 cm hoch. Blätter hellgrün, Blattscheiden auf dem Rücken abgerundet, meist kahl, die oberste oft aufgeblasen und den unteren Teil der Ähre umhüllend; Blatthäutchen als schmaler Saum, kürzer als 1 mm; Blattspreiten bis 20 cm lang und 8 mm breit, rau, kahl oder locker behaart. Blüten in bis 10 cm langen, dichten Ähren; Ährchen bis 13 mm lang, 1-blütig, jeweils zu 3 an einem Spindelansatz, mittleres Ährchen zwittrig, die randlichen ♂ oder steril; Hüllspelzen lanzettlich, rau begrannt, Deckspelzen auf dem Rücken gerundet, 5-nervig, bis 30 mm lang begrannt; Blütezeit VI–X.
Standort: Mauern, Wegränder, Baumscheiben, Schuttplätze in Städten und Dörfern, in lückigen Grünlandgesellschaften auf nährstoffreichen, sommertrockenen, sandigen, durchlässigen, durch Störungen offen gehaltenen Böden.
Verbreitung: M.- und S-EU, übriger Mittelmeerraum, ferner N-Amerika.

Weiche Trespe *Bromus hordeaceus*

SÜSSGRÄSER

Merkmale: Formenreich, 1- bis 2-jährig, nur mit wenigen Halmen, häufig auch einzeln; Halme nur auf den 2–5 Knoten samtig behaart, sonst kahl, 20–60 cm hoch, aufrecht. Blätter graugrün mit kurz und dicht samtig behaarter Blattscheide; Blattspreiten weich behaart, 2–7 mm breit und bis 20 cm lang, schlaff, ohne Öhrchen; Blatthäutchen 1–2 mm lang, schwach gezähnelt. Blüten in dichten, aufrechten Rispen, diese wenig verzweigt, reif zusammengezogen und leicht nickend, auf sehr trockenen Standorten bisweilen als Hungerform mit nur einem Ährchen, Rispenäste feinhaarig; Ährchen länglich oval, rundlich-bauchig, 1–2 cm lang, 5- bis 9-blütig; untere Hüllspelze länglich-eiförmig, Deckspelze dünnhäutig, auf dem Rücken mit 7–9 starken Nerven, mit 5–10 mm langer rauer Granne; Blütezeit V–VII.
Standort: Nährstoffreiche sandige Lehmböden, Wegränder, Plätze, Säume, Äcker.
Verbreitung: Ganz EU, W-Asien, in N- und S-Amerika sowie Australien eingeführt. Häufig.

Saat-Gerste *Hordeum vulgare*

SÜSSGRÄSER

Merkmale: Einjährig oder überwinternd; Halme 80–120 cm hoch. Blätter hell grasgrün; Blattscheiden eng anliegend, am Spreitenübergang mit großen, übereinander greifenden Öhrchen; Blatthäutchen 1,5 mm lang, gestutzt; Blattspreite flach, bis 18 mm breit und 40 cm lang. Blüten in einer aufrechten, erst zur Reife leicht hängenden Ähre; Hüllspelzen etwa so lang wie das Ährchen, Deckspelze breit, stumpf, Grannen bis 15 cm lang; Blütezeit VI.
Standort: Anbau auf frischen, mäßig sauren sandigen Lehmböden. In Gebieten mit kurzer Vegetationsdauer als Sommer-, sonst als Wintergetreide.
Verbreitung: EU, gemäßigtes Asien u. N-Amerika.
Wissenswertes: S. wurde bereits in den ältesten jungsteinzeitlichen Ackerbaukulturen angebaut. Ursprünglich ist die S. 2-zeilig, später bevorzugte man 4- und mehrzeilige Sorten. Aus mehrzeiligen Sorten stellt man in M.-EU Tierfutter oder Graupen, Grütze oder Malzkaffee her. 4-zeilige Sorten werden heute als Braugerste angebaut.

Roggen *Secale cereale*

SÜSSGRÄSER

Merkmale: Einjährig oder überwinternd, 60–200 cm hoch, Halme oben dicht behaart. Blätter mit gestutztem, 1,5 mm langem Blatthäutchen; Blattscheide mit kurzen Öhrchen; Blattspreite flach, kahl, durch wachsigen Überzug bläulich. Blüten-Ähren 5–20 cm lang, 4-kantig, ohne Gipfelährchen, reif leicht überhängend; Ährchen meist 2-blütig; Hüllspelzen schmal-lanzettlich, 1-nervig, bis 10 mm lang, mit kurzer Grannenspitze, gekielt, Deckspelzen bis 18 mm lang, 3-nervig, bis zur Basis gekielt, Granne 2–8 cm lang; Blütezeit V–VI.
Standort: Anbau auf mäßig frischen, basenarmen, neutralen oder nur mäßig sauren Sand- oder sandigen Lehmböden. Verträgt keine Staunässe. Meist nur als Winterroggen angebaut.
Verbreitung: Ursprüngl. W-Asien, heute weltweit.
Wissenswertes: Wichtiges Brotgetreide. Jede Roggenähre produziert mehrere Millionen Pollenkörner. Manche Menschen sind dagegen allergisch und reagieren auch noch in größerer Entfernung vom nächsten Feld enorm empfindlich darauf.

Saat-Hafer *Avena sativa*

SÜSSGRÄSER

Merkmale: Einjährig, 60–150 cm hoch. Blätter graugrün; Blatthäutchen kurz, oval, gezähnt; Blattscheiden kahl, etwas klaffend; Blattspreiten beidseits am Rand rau, bis 16 mm breit und 30 cm lang, zugespitzt. Blütenstand eine lockere, allseitswendige, 15–30 cm lange Rispe; Rispenäste ungleich lang, waagrecht abstehend; Ährchen hängend, meist 2-blütig; Hüllspelzen 7- bis 11-nervig, Ährchenachsen behaart, Deckspelze gelblich weiß bis bräunlich, rot oder schwärzlich, grannenlos oder nur an der oberen Blüte begrannt; Blütezeit VI–VIII.
Standort: Angebaut oder Begleitart in Brachen, auf mäßig sauren, sandig-lehmigen Böden. Frostempfindlich, in M.-EU nur als Sommergetreide.
Verbreitung: Anbaufähig von der Ebene bis in etwa 1400 m Höhe (Alpen).
Wissenswertes: Einzige Getreideart mit Körnern, die nicht in Ähren, sondern in lockeren Rispen stehen. Nach dem Dreschen bleiben die Haferfrüchte bespelzt und müssen daher in der Mühle von den Spelzen befreit werden.

Saat-Weizen *Triticum aestivum*

SÜSSGRÄSER

Merkmale: Einjährig oder überwinternd; Halme hohl, 60–120 cm, vor Einführung der Kurzstrohrassen auch bis 150 cm. Blätter mit kurzem, gestutztem Blatthäutchen; Blattscheiden anliegend, mit bewimperten, lang übergreifenden Öhrchen; Blattspreiten kahl oder schwach behaart, dunkelgrün bis dunkel bläulich grün. Blüten in einer bis 10 cm langen, 4-kantigen, dichten Ähre; Ährenspindel zäh, zerbricht nicht; Ährchen 2- bis 5-blütig, etwa so lang wie breit, leicht zusammengedrückt; Hüllspelzen länglich oval, mit kurzem Zahn, im oberen Teil gekielt, Deckspelzen je nach Sorte mit langer Granne oder unbegrannt; Blütezeit VI.
Standort: Als Winter- oder Sommergetreide auf sommerwarmen, mäßig trockenen, meist basen- und nährstoffreichen Lehm- und Lößböden.
Verbreitung: Weltweit verbreitet und angebaut.
Wissenswertes: S. zählt zu den so genannten Nacktgetreiden. Beim Dreschen oder im Mähdrescher lösen sich die reifen Früchte (Weizenkörner) leicht aus den Spelzen.

Mais *Zea mays*

SÜSSGRÄSER

Merkmale: Einjährig, sehr stattlich, mit einfachem Stängel, dieser glatt, aufrecht, markhaltig, 150–250 cm hoch und am Grunde bis 5 cm dick, mit zahlreichen Knoten. Blätter mit glatten Blattscheiden; Blatthäutchen bis 5 mm lang, zerschlitzt; Blattspreiten bandartig, 4–10 cm breit und über 100 cm lang, dunkelgrün. ♂ Blüten in endständiger, bis etwa 50 cm langer Rispe, ♀ Blütenstände (Kolben) zu 1–3 als seitliche Kurztriebe in Blattachseln in grünlichen Hüllblättern (Lieschen), mit Büscheln vertrockneter Griffel; Blütezeit VII–IX.
Standort: Anbau auf nährstoffreichen Lockerböden.
Verbreitung: Heute weltweit verbreitet.
Wissenswertes: Die Wildform des M. ist nicht bekannt, vermutete Heimat ist M.- und S-Amerika. Wahrscheinlich entstand er aus einem heute nicht mehr vorhandenen Wildmais. M., ein bemerkenswert produktives Getreide, zählt ebenso wie Hirse und Zuckerrohr zu den so genannten tropischen Hochleistungspflanzen, die einen besonders wirkungsvollen Photosynthese-Typ aufweisen.

Keulenbärlapp, Kolbenbärlapp

Lycopodium clavatum BÄRLAPPGEW.

Merkmale: Mehrjährige Pflanze mit weithin und abschnittweise auch unterirdisch kriechenden, bis über 1 m langen Stängeln; Stängelblätter glattrandig oder wenig gezähnt, lanzettlich, fellartig dicht, an der Spitze in ein langes, farbloses, zuletzt gekräuseltes Haar auslaufend; nur die fruchtbaren Sprosse aufrecht, bis 25 cm hoch, endständig mit 2–3 abgesetzten Sporangienähren auf locker beblättertem, gelbgrünem Stiel; Sporophylle innerhalb der Ähre rundlich, ebenfalls mit farblosem Borstenhaar, etwa doppelt so lang wie die rundlichen Sporenbehälter; Sporenreife VII–VIII.
Standort: Auf kalkfreien, nährstoffarmen, frischen Böden, meist in lichten Nadelwäldern und auf Heiden sowie Magerrasen, seltener in Laubwäldern, oft zusammen mit Heidekraut oder Heidelbeere.
Verbreitung: Ganz EU außerhalb des Mittelmeergebiets. **RL!**
Wissenswertes: Das staubfeine, hellgelbe Sporenpulver wurde früher zur Wundbehandlung und als Pillenüberzug verwendet.

Acker-Schachtelhalm *Equisetum arvense*

SCHACHTELHALMGEWÄCHSE

Merkmale: Ausdauernde Pflanze mit rötlich schwarzem, kriechendem Wurzelstock; fruchtbare Sprosse aufrecht, 5–30 cm hoch, unverzweigt, 3–5 mm dick, bleich hellbraun, erscheinen im Frühjahr; endständige Sporangienähre 2–3,5 cm lang, bräunlich; Sporenreife III–IV; unfruchtbare Sprosse kräftig grün und stark verzweigt, mit abstehenden Ästen, am Sprossende ein weit überragender unverzweigter Gipfelteil; sämtliche grünen Teile kräftig gerippt; Scheiden der Stängelglieder bis 12 mm lang, mit 2–6 mm langen, spitz dreieckigen Zähnen; Achsen durch Silikateinlagerung spröde.
Standort: Gern auf nährstoffreichen, grundfeuchten Lehm- und Tonböden (Zeiger für Lehm und Unterbodenfeuchte); Äcker, Gärten, Wegränder, Gräben.
Verbreitung: In gemäßigten Klimaten überall auf der Nordhalbkugel häufig.

Tannen-Teufelsklaue

Huperzia selago BÄRLAPPGEWÄCHSE

Merkmale: Mehrjährige Pflanze, ungefähr 5–15 cm hoch, ohne lange Ausläufer oder kriechende Hauptsprosse; Sprossachsen einfach oder gabelig verzweigt, aufrecht oder aufsteigend in dichten Büscheln; Blätter linealisch-nadelförmig wie Fichtennadeln, dicht spiralig gestellt, aufrecht oder abstehend, glattrandig oder schwach gezähnt, dunkel- bis gelblich grün; an den Triebspitzen gelegentlich mit kleinen Brutsprossen, die bei Berührung leicht abfallen; Sporenbehälter rundlich bis leicht abgeflacht, hellgelb, stehen nicht in langen Sporangienähren, sondern eher unauffällig einzeln in der Achsel gewöhnlicher Stängelblätter, meist in der Mitte der Jahrestriebe; Sporenreife VII–X.
Standort: Vorzugsweise auf feuchten, torfig-humosen Böden; in lichten Nadelwäldern, auf Heiden und Blockhalden.
Verbreitung: Weltweit verbreitet, in nördlichen Breiten eher im Tiefland, in den Tropen in den Hochgebirgen; in M.-EU vor allem im höheren Bergland (Alpen), in D nicht besonders häufig.

Riesen-Schachtelhalm *Equisetum telmateja*

SCHACHTELHALMGEW.

Merkmale: Ausdauernde Pflanze mit kriechender Grundachse; fruchtbare Sprosse 25–30 cm hoch und bis 15 mm dick, elfenbeinfarben bis hellbraun, selten auch blass grünlich, durch 10–12 einander genäherte Scheiden gegliedert, jede mit 20–40 Rippen, die sich in haarfeine Zähne mit Mittelstreifen fortsetzen; Sporangienähre 4–8 cm lang; Sporenreife III–IV. Nach der Sporenreife sterben die fruchtbaren Achsen ab. Unfruchtbare Sprosse bis 2 cm dick und 50–150 cm hoch, bleich, im mittleren und oberen Abschnitt ästig; Äste dunkelgrün, unverzweigt, abstehend, 4-rippig.
Standort: Nährstoffreiche, kalkhaltige, sickerfeuchte Böden; Quellfluren, Bachufer, Auen.
Verbreitung: Mit Ausnahme des nordöstl. Tieflands in M.-EU weit verbreitet, ferner N-Afrika und N-Amerika. Größte heimische Art der Gattung.

Gewöhnliche Natternzunge *Ophioglossum vulgatum* NATTERNZ.GEW.

Merkmale: Ausdauernde Pflanze, 5–30 cm hoch, entspricht nicht dem üblichen Bild eines Farns, mit kurzem, kriechendem Erdspross, entwickelt jährlich nur 1 grundständiges Blatt. Dieses besteht aus 2 gestaltlich völlig unterschiedlichen Teilen: Der vordere Blattteil entwickelt sich zu einer lang gestielten Ähre, die wie die Fortsetzung einer Sprossachse aussieht und dicht stehende, gelbgrüne Sporenbehälter trägt. Der hintere Abschnitt, von dem die Ähre abzweigt, ist zungenförmig, glattrandig, an der Basis scheidenförmig, mit netzig verzweigten Blattadern; Sporenreife VI–VIII.
Standort: Nasse Moorwiesen, feuchte Waldwiesen, wechselfeuchte, lückige Magerwiesen, bevorzugt kalkhaltigen oder nur mäßig sauren Untergrund. Oft mit Herbst-Zeitlose und Händelwurz vergesellschaftet.
Verbreitung: Im größten Teil von EU, ferner Asien sowie N-Amerika; nur stellenweise (noch) häufig, durch Lebensraumzerstörung (Wiesenaufdüngung) stark im Rückgang. **RL!**

Wald-Rippenfarn *Blechnum spicant* RIPPENFARNGEWÄCHSE

Merkmale: Pflanze ausdauernd, mit kurzem, gestauchtem Wurzelstock und daher rosettig angeordneten Blättern, diese bis 50 cm lang, Blattspreite einfach fiederteilig, beidseits je 30–60 Fiederabschnitte, wechselständig, schmal, glattrandig, mit stumpfer Spitze, randlich leicht eingerollt, ungefähr rechtwinklig von der Hauptachse abstehend; unfruchtbare Blätter tief dunkelgrün, oberseits glänzend, weit überhängend oder als bodenanliegende Rosette, grün überwinternd; fruchtbare Blätter in der Mitte der Rosette, aufrecht, ausschließlich sommergrün, im Winter dunkelbraun, mit weitständigen, schmaleren Fiedern und 2 dichten, zu einem Band zusammenfließenden Sporangienreihen; Sporenreife VII–IX.
Standort: Dunkle Nadelwälder, Schluchten; auf nährstoff- und basenarmen, moderig-humosen, steinigen Böden. Verträgt tiefen Schatten.
Verbreitung: In den Waldgebieten von EU weit verbreitet; meist oberhalb 800 m, mit Forstpflanzen jedoch weit verschleppt.

Echte Mondraute *Botrychium lunaria* NATTERZUNGENGEWÄCHSE

Merkmale: Pflanze ausdauernd, 5–30 cm hoch, mit unterirdischem Wurzelstock und davon aufsteigenden, einzelnen Blättern mit sterilem und fertilem Abschnitt, Blattstiel bis 15 cm lang und bis 5 mm dick; Sporangien tragender Abschnitt zweigt etwa in der Mitte des Laubblattanteils ab, 2- bis 3-fach gefiedert und daher rispig organisiert; unfruchtbarer Blattabschnitt flächig, gelbgrün, einfach gefiedert; beidseits 2–9 sich randlich überdeckende Fiedern, im Umriss halbmondförmig bis keilförmig, vorne gerundet oder leicht gestutzt, gabelnervig, ohne klare Mittelrippe; Sporenreife V–VIII.
Standort: Wegraine, Böschungen, Magerwiesen; bevorzugt kalkarme, mäßig saure, humose, nicht allzu nährstoffreiche Lehmböden. Lichtpflanze, erträgt keine Beschattung durch Gehölze oder höhere Stauden.
Verbreitung: Kosmopolitisch; in D von den Nordseeinseln bis in die alpine Region; durch Lebensraumzerstörung stark im Rückgang begriffen. **RL!**

Adlerfarn *Pteridium aquilinum* ADLERFARNGEWÄCHSE

Merkmale: Mehrjährige, stattliche Pflanze (größte heimische Farnart) mit langem, weithin kriechendem Wurzelstock, der jährlich nur 1 großen, bis 2 m hohen Wedel entwickelt; Blattstiel bis 1 cm dick, gelblich, auf der Unterseite rinnig; Wedel im Umriss breit dreieckig, 2- bis 4-fach gefiedert und in einer Ebene ausgebreitet, hell- bis frischgrün, im Herbst goldgelb, bogig überhängend; Fiederblättchen schmal länglich, in dichter Folge, spitz, mit eingerolltem Rand; Sporenbehälter in zusammenhängender Linie auf der Blattunterseite entlang des Blattrandes; Sporenreife VIII–IX.
Standort: Häufig und bestandsbildend in lichten Eichen- und Kiefernwäldern, auf aufgelassenen Weiden und in Heidegebieten, meist auf basenarmen, sauren, sandig-humosen Lehmböden; erträgt zeitweilige Wasserstauung.
Verbreitung: Kosmopolitischer Waldfarn. Im Gebirge bis auf etwa 1700 m.
Wissenswertes: Für Weidetiere giftig! Auf Waldlichtungen unterdrückt der A. die Naturverjüngung.

Milzfarn *Ceterach officinarum*

STREIFENFARNGEWÄCHSE

Merkmale: Ausdauernder Farn mit kurzer Grundachse und büscheligen, meist ausgebreiteten Blättern, insgesamt etwa 5–20 cm hoch; Blätter wintergrün, werden erst im Lauf der neuen Saison ersetzt, kurz gestielt, im Umriss länglich lanzettlich, regelmäßig fiederteilig, beidseits mit je etwa 9–12 Fiederabschnitten, diese halbkreisförmig oder oval, stumpf, glattrandig, durch weite Buchten getrennt, wechselständig angeordnet, oberseits matt graugrün und kahl, unterseits dicht mit rostbraunen Spreuhaaren besetzt, Sporangiengruppen länglich; Laub bei Trockenheit stark eingerollt, wobei die nach außen gekehrte Unterseite einen wirksamen Verdunstungsschutz bietet; Sporenreife VI–VIII.

Standort: Trockenwarme, besonnte Felsen oder sonnenexponierte Mauern in wintermilden Gebieten; ausgeprägter Spaltenwurzler.

Verbreitung: Mittelmeergebiet, entlang der Atlantikküste bis Irland, in D bis ins Rheinland, ferner Kaukasus und Himalaja. In D relativ selten, **RL!**

Brauner Streifenfarn *Asplenium trichomanes*

STREIFENFARNGEWÄCHSE

Merkmale: Mehrjähriger, kleiner und zierlicher Farn mit kurzer, kräftiger Grundachse und büschelig-rasenartig bis rosettig angeordneten, aufrechten oder ausgebreiteten Blättern, diese etwa 5–25 cm lang; Blattspreite einfach gefiedert, Fiedern gegenständig, beidseits je 15–30, an der Basis und im vorderen Teil des Blattes relativ klein, in der Mitte am größten, im Umriss rechteckig oder rundlich, frisch- bis dunkelgrün, wintergrün, Fiedern fallen jedoch nach und nach ab, duften beim Zerreiben leicht aromatisch, Mittelrippe (Rhachis) glänzend dunkelbraun, zäh, dünn; Sporangiengruppen länglich, blattunterseits; Sporenreife VII–X. Formenreiche Art, bastardiert gelegentlich mit anderen heimischen Streifenfarnen.

Standort: Lichte, besonnte Kalk- oder Silikatfelsen, Mauerfugen, Baumwurzeln, erträgt jedoch auch Schatten. Kulturfolger, im Siedlungsraum wesentlich häufiger als in der Naturlandschaft.

Verbreitung: Kosmopolit, in EU vom Tiefland bis in etwa 2000 m Höhe.

Hirschzunge *Phyllitis scolopendrium*

STREIFENFARNGEWÄCHSE

Merkmale: Mehrjährige Pflanze mit aufsteigendem Wurzelstock und einem Büschel trichterförmig gestellter Blätter; diese 15–45 cm lang, aufrecht oder leicht überhängend, mit etwa fingerlangem Blattstiel, an der Basis herzförmig eingeschnitten, sonst länglich-zungenförmig und immer ungeteilt, nach vorn allmählich zugespitzt, glattrandig oder mit leicht gewelltem Rand, oberseits glänzend hellgrün, später dunkler und ziemlich ledrig; in vielen Gebieten wintergrün. Von der kräftigen Mittelrippe zweigen gabelig geteilte Seitennerven ab. Sporangiengruppen gerade, stets über den Seitennerven entwickelt, häufig kürzere und längere Sporangienstreifen im Wechsel; Sporenreife VII–IX.

Standort: Schluchtwälder, feuchte Hangwälder, aufgelassene Steinbrüche; auf sickerfeuchten, meist kalkhaltigen, humosen Steinböden; schattenverträglich. Oft auch als Zierpflanze angepflanzt.

Verbreitung: In EU weit verbreitet, in D jedoch nur lückenhaft im W. **RL!**

Mauerraute *Asplenium ruta-muraria*

STREIFENFARNGEWÄCHSE

Merkmale: Ausdauernder kleiner Farn mit büschelig-rosettig angeordneten Blättern, 3–10 cm hoch; Blätter aufrecht oder ausgebreitet zurückgebogen, Blattstiel nur an der Basis dunkelbraun, sonst grün, Blattspreite fest, etwas ledrig, mattgrün bis kräftig grün, gelegentlich (vor allem im Winter) auch leicht bräunlich, anfangs behaart, später kahl, im Umriss dreieckig, 2- bis 3-fach in einer Ebene gefiedert, Fiedern zu 4–5 beidseits der Fiederachse, rundlich bis rautenförmig, an der Basis keilförmig verschmälert, glattrandig, vorn fein gekerbt oder schwach gezähnt bis fransig; Sporangiengruppen unterseits, streifenförmig, fließen später zusammen; Sporenreife VII–IX.

Standort: Spalten und Schichtfugen lichter und besonnter Kalk- und Silikatfelsen, seltener auch direkt auf dem Boden; als Kulturfolger häufig in Mörtelfugen und Ritzen alter Mauern, selbst im Zentrum größerer Städte. Erträgt auch länger andauernde Trockenheit.

Verbreitung: Überall in EU häufig.

Nördlicher Streifenfarn *Asplenium septentrionale* STREIFENFARNGEW.

Merkmale: Ausdauernder zierlicher Farn mit kurzer, kriechender Grundachse und zahlreichen, büschelig-rosettig angeordneten, etwa 5–15 cm langen Blättern; Blattstiel nur an der Basis bräunlich, sonst grün, geht im oberen Teil allmählich in die unregelmäßig gabelteilige Blattspreite über; Spreite ledrig, wintergrün, schwach glänzend, beidseits gleichfarben, ungleich gabelig oder 3-zählig fiederschnittig mit schmal keilförmigen, länglich-linealischen Fiedern; im späteren Sommer unterseits fast vollständig von den Sporangiengruppen bedeckt; Sporenreife VII–VIII.
Standort: Typischer Felsspaltenbesiedler in Ritzen und Schichtfugen kalkfreier, silikatischer Felsen an besonnten, offenen, trockenwarmen Stellen; im Unterschied zu seinen nächsten Verwandten kaum als Kulturfolger in Mauerfugengesellschaften. Bastarde mit Braunem Streifenfarn (⇨ S. 814).
Verbreitung: In EU außerhalb der Kalkgebirge weit verbreitet, fehlt allerdings im Tiefland; in den Alpen bis etwa 1800 m.

Straußenfarn *Matteuccia struthiopteris* WIMPERFARNGEWÄCHSE

Merkmale: Kräftiger, ausdauernder Farn mit kurzem Wurzelstock und zahlreichen unterirdischen Ausläufern; unfruchtbare Blätter eine aufrechte, dichte Trichterrosette von 50–150 cm Höhe bildend; Blattspreite hellgrün, im Umriss länglich oval, im vorderen Teil kurz und plötzlich zugespitzt, zur Basis hin allmählich verschmälert, einfach gefiedert, Fiedern in dichter Folge, wechselständig, sitzend, spitz, ihrerseits fiederteilig, jederseits der Blattspindel zu 30–70; fruchtbare Blätter im Zentrum der Trichterrosette, kürzer als die sterilen Wedel, einfach gefiedert, anfangs grünlich, zuletzt dunkelbraun und straußenfederartig eingerollt; Sporangiengruppen in dichten Bändern; Sporenreife ab VI. Die fruchtbaren Blätter bleiben im Winter stehen, während die sterilen Wedel vergehen.
Standort: Offene, allenfalls halbschattige Stellen an Bachufern und in Auen.
Verbreitung: Östl. M.-EU, westlich bis zum Rhein. In Gärten und auf Friedhöfen angepflanzt. **RL!**

Zerbrechlicher Blasenfarn *Cystopteris fragilis* WIMPERFARNGEWÄCHSE

Merkmale: Ausdauernder, kleiner bis mittelgroßer Farn mit rosettig-büschelig gestellten, 10–30 cm hohen, aber nicht allzu zahlreichen Wedelblättern an kurzem, geradem Wurzelstock; Blattstiel zart, nur an der Basis glänzend rotbraun, weiter oben gleich grün wie die Blattspreite, oberseits mit tiefer Rinne, auffallend zerbrechlich (Name!); Blattspreite im Umriss länglich oval, hellgrün, länger als der Blattstiel, locker doppelt gefiedert, unterstes Fiederpaar kürzer als das folgende und von der übrigen Spreite etwas abgerückt; Sporangiengruppen rundlich, mit zartem, zuletzt zurückgeschlagenem Schleier; Sporenreife VII–IX.
Standort: Vorzugsweise auf kalkhaltigem Boden in Felsspalten, auf Steinschutt, an schattigen Ruinen und in Mauerfugen.
Verbreitung: Kosmopolitisch, von der gemäßigten Zone bis in die Tropen; in D vor allem in den Mittelgebirgen ziemlich häufig, aber auch im Tiefland im Siedlungsraum zu finden; in den Alpen bis in über 2500 m Höhe.

Wald-Frauenfarn *Athyrium filix-femina* WIMPERFARNGEWÄCHSE

Merkmale: Mehrjähriger Farn mit 30–100 cm hohen, aufrechten Wedelblättern, die zu wenigen in Trichtern oder Rosetten zusammenstehen; Blattspreiten elliptisch, schlank zugespitzt, weich, gelblich- bis hellgrün, 2- bis 3-fach gefiedert; Fiedern wechselständig, der Blattspindel direkt ansitzend, aus breitem Grund in eine feine, schlanke Spitze auslaufend, Fiedern 2. Ordnung aufwärts gekrümmt, spitz gesägt; Sporangiengruppen länglich, von bewimpertem Schleier bedeckt; Sporenreife VII–IX.
Standort: In krautreichen Laub- und Nadelwäldern auf kalkarmen, mäßig sauren, grundwassernahen Lehm-, Mull- oder Tonböden; halbschatten- und schattenverträglich.
Verbreitung: Einer der häufigsten heimischen Waldfarne; vom Tiefland bis 2000 m. Kosmopolit.
Wissenswertes: Der wissenschaftliche Namenszusatz *filix-femina* stammt aus einer Zeit, als man diese Pflanze für den weiblichen, den Wurmfarn (*Dryopteris filix-mas*, ⇨ S. 818) für den männlichen Teil der gleichen Art hielt.

Gewöhnlicher Wurmfarn
Dryopteris filix-mas WURMFARNGEWÄCHSE

Merkmale: Ausdauernder, großer, formenreicher Farn mit rosettig am Wurzelstock ansetzenden Wedelblättern, bis 1,20 m hoch; Blattstiel kräftig, gelblich, oberseits schwach rinnig, spärlich mit bleichen Schuppen besetzt; Blattspreite länglich lanzettlich, zur Basis wenig, zur Spitze stärker verschmälert, einfach gefiedert, bis zum Wintereinbruch grün, danach bräunlich und rasch vergehend; Fiedern schlank, ihrerseits fiederteilig; Fiederabschnitte elliptisch, zur Spitze zunehmend wechselständig, grob gezähnt; Sporangiengruppen rundlich, anfangs mit nierenförmigem Schleier; Sporenreife VII–IX.
Standort: Krautreiche Wälder.
Verbreitung: Vom Tiefland bis ins Gebirge häufig. In EU mehrere weitere sehr ähnliche Arten.
Wissenswertes: Mit Extrakten aus dem Wurzelstock dieses Farns bekämpfte man früher Bandwurmbefall. Der G. W. ist ein stabiler Artbastard aus dem sehr seltenen Kleinen Wurmfarn *(D. oreades)* und einer osteuropäisch-asiatischen Art.

Eichenfarn *Gymnocarpium dryopteris*
WURMFARNGEWÄCHSE

Merkmale: Mehrjähriger, mittelgroßer Farn mit langem, kriechendem Wurzelstock und daher einzeln stehenden, aufrechten und überhängenden Wedelblättern, oft in dichten Beständen, bis etwa 40 cm hoch; Blattstiel strohgelb, etwa doppelt so lang wie die Spreite, kahl, ohne Drüsenhaare; Blattspreite im Umriss nahezu gleichseitig dreieckig, hell- bis lebhaft grün, matt, dünn, mehrfach gefiedert; Fiedern 1. Ordnung gegenständig, jede ungefähr so groß wie der Spreitenrest, die nach unten weisende deutlich größer als die übrigen; Fiederchen gestielt; fruchtbare und unfruchtbare Wedel gestaltlich gleich; Sporangiengruppen randlich, klein, ohne Schleier; Sporenreife VII–VIII.
Standort: Krautreiche Laub- und Laubmischwälder auf sickerfrischen, nährstoffreichen, kalkarmen Böden, im Gegensatz zum Namen am häufigsten in Buchenwäldern.
Verbreitung: In N- und M.-EU weit verbreitet und häufig, im N eher im Tief- und Hügelland, im S vor allem im Gebirge.

Dorniger Wurmfarn, Dornfarn
Dryopteris carthusiana WURMFARNGEW.

Merkmale: Ausdauernder, formenreicher, großer Waldfarn mit gestauchtem Wurzelstock und rosettig gestellten, bis 1,50 m hohen Wedelblättern; Blattstiel höchstens halb so lang wie die Spreite, nur spärlich mit bleichen Schuppen besetzt; Blattspreite im Umriss länglich dreieckig, aufrecht, nicht überhängend, hellgrün bis gelblich, oft wintergrün, drüsenlos, 2- bis 3-fach gefiedert; unterste Fieder stark asymmetrisch (das zur Blattbasis gerichtete Fiederchen deutlich größer als sein nach oben weisendes Gegenüber); Fiedern nur an der Spreitenbasis gegenständig, oft schräg oder horizontal ausgerichtet; Fiederchen stachelspitzig oder kurzdornig, jedoch nicht lang zugespitzt; Sporangiengruppen rundlich, klein, anfangs mit nierenförmigem Schleier; Sporenreife VII–VIII.
Standort: Lichte, artenarme Eichen- und Kiefernwälder auf kalkfreien, mäßig sauren Böden, Heiden, Moor- und Grabenränder.
Verbreitung: Vom Tiefland bis in höhere Gebirgslagen (um 2500 m) ziemlich häufig.

Ruprechtsfarn, Storchschnabelfarn *Gymnocarpium robertianum* WURMF.

Merkmale: Mehrjähriger, mittelgroßer Farn, etwa 10–50 cm hoch, mit kriechendem Wurzelstock und daher einzeln erscheinenden Wedelblättern; Blattstiel etwa so lang wie die Blattspreite, spärlich mit Spreuschuppen besetzt; Blattspreite breit drei-eckig und 2- bis 3-fach gefiedert, lebhaft grün bis gelblich, fest, mit Drüsenhaaren; unterste Fiedern deutlich größer als die übrigen, jedoch kleiner als der Spreitenrest (Unterschied zum ähnlichen Eichenfarn), ziemlich exakt gegenständig; fruchtbare und unfruchtbare Wedel gestaltlich nicht verschieden; Sporangiengruppen rundlich, fließen zu größeren Gruppen zusammen, ohne Schleier; Sporenreife VII–VIII.
Standort: Beschattete, humose, sickerfrische kalkreiche Steinschuttböden und Halden, Mauern, Ruinen. Rieselschutt-Zeigerart. Durch die Kalkstetigkeit vom ähnlichen Eichenfarn unterschieden.
Verbreitung: In den südlichen Kalkgebieten zwischen 400 und 2100 m, in der Mittelgebirgsregion selten; ferner W-Asien und N-Amerika.

Buchenfarn *Phegopteris connectilis*

SUMPFFARNGEWÄCHSE

Merkmale: Mehrjähriger, kleiner bis mittelgroßer Farn mit weit kriechendem Wurzelstock und 15–40 cm hohen Wedelblättern, einzeln oder truppweise, nicht in Rosetten; Blattstiel etwa so lang wie die Spreite, gelblich, gebogen, durch Verlängerung der untersten Fiederabschnitte leicht geflügelt; Blattspreite oberseits und am Rand zerstreut lang behaart, unterseits dicht kurzhaarig, einfach gefiedert, im Umriss schmal dreieckig, mit verlängerter, schlanker Spitze; unterstes Fiederpaar charakteristisch schwalbenschwanzartig zurückgebogen (kommt sonst bei keinem weiteren heimischen Farn vor); Sporenreife VI–VIII.
Standort: Krautreiche Buchen-, Tannen- oder Nadelmischwälder auf kalkarmen, nährstoffreichen, frischen und mäßig sauren Böden in regenreichen Gebieten. Häufig vergesellschaftet mit dem Eichenfarn (⇨ S. 818). Mullbodenzeiger und Schattenpflanze.
Verbreitung: In EU weit verbreitet, in D vor allem im südlichen Teil, in den Alpen bis etwa 1600 m.

Schwimmfarn *Salvinia natans*

SCHWIMMFARNGEWÄCHSE

Merkmale: Einjähriger, kleiner Wasserfarn mit 3–20 cm langem, aber nur 2–3 mm dickem und wenig verzweigtem, horizontal schwimmendem Wurzelstock; Blätter an den Stängelknoten in 3-zähligen Wirteln; die beiden oberen laubblattartig und als dickliche Schwimmblätter entwickelt, im Umriss elliptisch, 10–15 mm lang, oberseits mit dichtem Besatz aus Papillen und verzweigten Haaren, daher unbenetzbar, innen mit Luftkammern; das in das Wasser eintauchende Blatt ist in zahlreiche haarförmige Abschnitte zerteilt, übernimmt die Aufgaben der fehlenden Wurzel; Sporangienbehälter unauffällig, in Gruppen von 3–8 zusammenstehend; Sporenreife VIII–IX.
Standort: Gesellig in Schwimmdecken mit Wasserlinsen auf ruhigen, sommerwarmen, windgeschützten Altwassern sowie zwischen Röhricht.
Verbreitung: Eurasiatische Steppenseen, erreicht in D die NW-Grenze seiner natürlichen Verbreitung; selten in den Altwassern von Rhein, Elbe und Oder; häufig in Gartenteichen verwendet.

Tüpfelfarn, Engelsüß *Polypodium vulgare*

TÜPFELFARNGEWÄCHSE

Merkmale: Mehrjähriger, bis 45 cm hoher, formenreicher Farn mit kriechendem Wurzelstock, an dem jährlich einzelne, aufrechte oder ausgebreitete Blätter erscheinen; Blattstiele etwa so lang wie die Blattspreite; Spreite im Umriss zungenförmig mit schlanker Spitze, ledrig fest, kahl, oberseits kräftig mattgrün, unterseits wenig heller, tief fiederteilig; Fiederabschnitte beidseits der grünen Mittelrippe wechselständig angeordnet, glattrandig oder unauffällig gezähnelt; Sporangiengruppen rundlich, sehen aus wie Tüpfel (Name!); Sporenreife VII–IX.
Standort: Lichte Laubwälder, Heiden, Böschungen, Mauern, Ruinen; bevorzugt mäßig trockene, offene bis halbschattige Stellen auf nährstoffarmen, flachgründigen, steinigen Lehm- und Sandböden, gern in wintermilden und luftfeuchten Lagen. Moderhumuszeiger.
Verbreitung: In EU weit verbreitet und häufig. In W- und S-EU nahe verwandte und gestaltlich recht ähnliche Arten der gleichen Gattung.

Großer Algenfarn *Azolla filiculoides*

ALGENFARNGEWÄCHSE

Merkmale: Ein- oder mehrjähriger (in D meist zweijähriger) Wasserfarn von moosähnlichem Aussehen; Stängel auf dem Wasser schwimmend, 1–3 (10) cm lang und unregelmäßig gabelig verzweigt; Blätter schuppenförmig klein, 2-zeilig, überdecken sich dachziegelartig, bläulichgrün, an den Rändern mit weißlichem Hautsaum, im Spätsommer und Herbst auch rötlich, durch feine Behaarung nicht benetzbar; Wurzeln unscheinbar; Sporangienbehälter unscheinbar; Sporenreife VIII–X.
Standort: Schwimmdecken in ruhigen Altwassern oder auf extrem langsam fließenden, nährstoffreichen, sommerwarmen Gewässern.
Verbreitung: Ursprünglich nur im pazifisch-subtropischen Amerika, heute weltweit eingebürgert; in D vor allem im Gebiet des Oberrheins. Gelegentlich in Gartenteichen verwendet.
Wissenswertes: In M.-EU kommt eine weitere Form vor, die bisher als *Azolla caroliniana* aufgefasst wurde, aber möglicherweise nur eine Unterart von *A. filiculoides* ist.

Brunnenlebermoos
Marchantia polymorpha LEBERMOOSE

Merkmale: Lager breit bandförmig und gabelig geteilt; Bänder um 1 cm breit, liegen der Wuchsunterlage flach an oder steigen an den Lappenenden wenig auf, überlagern sich teilweise, am Rand leicht gekräuselt, dunkelgrün, leicht glänzend; Oberfläche zellig gegliedert, an den Enden der Lagerlappen gelegentlich mit 1–2 cm hohen Schirmchen, die stark eingekerbten sternförmigen mit ♀ Gametenbehältern, die weniger stark gegliederten scheibenähnlichen mit ♂; häufig mit tassenförmigen Brutbechern, in denen linsenförmige Brutkörper für die vegetative Vermehrung abgegliedert werden. Die reifen Brutkörper werden durch auftreffende Regentropfen ausgeschleudert. Formenreiche, schattenverträgliche Art.
Standort: An feuchten Stellen in Brunnenschächten oder feuchten Gebäudewinkeln, an Grabenrändern und Bachufern sowie in Nasswiesen; häufig auch in Gewächshäusern. Vorzugsweise auf nährstoffreichen Böden.
Verbreitung: In den gemäßigten Breiten weltweit.

Gewöhnliches Beckenmoos
Pellia epiphylla LEBERMOOSE

Merkmale: Oft in großflächigen Beständen bis fast 1 qm wachsend, dunkelgrün, an besonnten Standorten gelegentlich auch bräunlichrot überlaufen, in den Randbereichen dünn und durchscheinend; Lager lappig, bis 1 cm breit, ohne deutlichen Mittelstreifen, etwas wellig, an den Enden herzförmig eingeschnitten, überlagern sich gegenseitig; Gametangien an den Thallusenden in taschen- bzw. beckenartigen Hüllen eingesenkt; Sporenträger mit weißlichem, glasigem, bis 5 cm hohem Stiel und kugeliger, gelbgrüner Kapsel, die sich 4-klappig öffnet. Die Sporen werden meist vom Wind verbreitet.
Standort: Kalkmeidende Art auf dauerfeuchten, lehmigen oder sandig-lehmigen Böden; Bachufer, Feuchtgräben, Moore, schattige Waldwege. Am gleichen Standort weitere ähnliche Arten. Lässt sich für Entwicklungsstudien relativ einfach auf Blumentöpfen kultivieren.
Verbreitung: Auf der Nordhalbkugel weit verbreitet und stellenweise massenhaft.

Mondbechermoos *Lunularia cruciata*
LEBERMOOSE

Merkmale: Lager bandförmig, wenig gegliedert, mit rundlichen Lappen, um 1 cm breit und bis 5 cm lang, beidseits hellgrün und nur wenig glänzend, liegen der Wuchsunterlage flach an, am Rand nicht gekräuselt; Oberfläche zellig gegliedert; Brutbecher halbmondförmig, meist in der Lagermitte, entwickeln zahlreiche linsenförmige Brutkörper, die der vegetativen Vermehrung dienen und gewöhnlich vom Niederschlagswasser verbreitet werden. Die in M.-EU vorkommenden Exemplare entwickeln keine Gametangienträger.
Standort: Bevorzugt feuchte, nährstoffreiche, basische (kalkhaltige) Böden, gern auf Friedhöfen, auf größeren Blumentöpfen in Gartencentern sowie entlang schattiger Parkwege, gelegentlich an Bachufern oder auf überrieselten Felsen.
Verbreitung: Ursprünglich nur im Mittelmeergebiet. Wurde im frühen 19. Jh. mit Topfpflanzen eingeschleppt und seither zunehmend auch im Freiland beobachtet. Unterdessen haben sich auch frostresistente Linien herausgebildet.

Zweizähniges Kammkelchmoos *Lophocolea bidentata* LEBERM.

Merkmale: Blättriges, formenreiches Lebermoos mit etwa 2–3 cm langen und bis 4 mm breiten Achsen zwischen anderen Moosen oder in kleinen Reinbeständen, die sich der Wuchsunterlage flach anlegen; Flankenblättchen hellgrün und durchscheinend, mitunter leicht rötlich bräunlich überlaufen, 2-zeilig gestellt, 2-lappig mit schlanken Spitzen, Unterblätter mit 2 größeren Lappen und 2 kleineren Randzipfeln; Brutkörper werden nicht ausgebildet. Nur die einhäusige Form vermehrt sich geschlechtlich, die zweihäusige ist steril.
Standort: Park- und Zierrasen, Böschungen mit niedrigem Bewuchs, Nadelwälder; bevorzugt nährstoffreiche, beschattete und dauerfeuchte Wuchsplätze; gehört in M.-EU außerhalb der höheren Gebirgslagen zu den häufigsten Lebermoosen. Wächst gut in Aquarien-Moosgärten oder großen Gläsern, sofern diese nicht dem direkten Sonnenlicht ausgesetzt sind.
Verbreitung: Auf der Nordhalbkugel weit verbreitet, vom Tiefland bis in die subalpine Stufe.

Sumpf-Torfmoos *Sphagnum palustre*

LAUBMOOSE

Merkmale: Formenreiches Moos mit dünnem Stämmchen und palmartiger Krone aus beblätterten, etwa 2 cm langen Seitenästen und wesentlich kürzeren, fast knospenförmigen Gipfeltrieben, im feuchten Zustand kräftig grün und zuweilen leicht bräunlich, nach Austrocknung bleich hellgrün und leicht bläulich. Die Blättchen bestehen aus einem Netzwerk von grünen Zellen, dazwischen liegen durchsichtige, mit Spangen verstärkte und löchrig durchbrochene Wasserspeicherzellen (nur mit starker Lupe oder im Mikroskop sichtbar). Die Wasserspeicherfähigkeit ist beachtlich – ein *Sphagnum*-Polster kann sich vollsaugen wie ein trockener Schwamm. Sporenkapseln kugelig.
Standort: Kalkmeidende Art in feuchten bis nassen Wäldern, in Wegrandgräben und auf Sumpfwiesen; fehlt dagegen weitgehend in Mooren, daher geringe Verwechslungsgefahr mit einer der ähnlichen weiteren *Sphagnum*-Arten dieser Standorte.
Verbreitung: In den gemäßigten Regionen weltweit verbreitet.

Schönes Widertonmoos *Polytrichum formosum*

LAUBMOOSE

Merkmale: Pflanzen 5–15 cm hoch, wachsen aufrecht in dichten, dunkelgrünen Hochrasen, die große Flächen überdecken können; Blättchen um 1 cm lang, schmal lanzettlich, durch parallele Lamellen fein längsstreifig (Lupenmerkmal), in eine lange, schlanke Spitze auslaufend, im feuchten Zustand zurückgebogen bzw. fast waagrecht abstehend, nach Austrocknung achsenanliegend und eingekrümmt; zweihäusige Art: ♂ Pflanzen bilden an den Spitzen zahlreiche Gametangien aus, die schüsselförmig von einer Hülle umgeben sind, ♀ Pflanzen tragen reif eine 3–5 cm lang gestielte, von einer haarigen Haube bedeckte Kapsel (daher auch oft Frauenhaarmoos genannt).
Standort: Saure, nährstoffarme Waldböden, an schattigen und an besonnten Stellen.
Verbreitung: In gemäßigten Klimaten weltweit.
Wissenswertes: Der eigenartige deutsche Gattungsname leitet sich ab von „wider das Antun": Die Moose galten früher als Mittel gegen angebliche Verhexungen.

Weißmoos, Ordenskissenmoos *Leucobryum glaucum*

LAUBM.

Merkmale: Pflanzen 10–20 cm hoch, wachsen meist in halbkugeligen, fellartig dichten Polstern bis 20 cm Durchmesser oder gelegentlich noch größer, im feuchten Zustand hellgrün, ausgetrocknet bleichgrün bis weißlich; Blättchen lanzettlich, ganzrandig, an der Spitze röhrig zusammengerollt, ähnlich wie die Torfmoose mit besonderen Wasserzellen zur Wasserspeicherung bis zum 15-fachen des Trockengewichts; zweihäusige Art, geschlechtliche Vermehrung dennoch sehr selten; vegetative Vermehrung über abbrechende Blättchen und damit verbundene Achsenteile. Neben den normalen auch zwergwüchsige Formen bekannt.
Standort: Wächst vorzugsweise auf sauren, kalkfreien, nährstoffarmen und zumindest zeitweilig vernässten Böden, gern auf Rohhumus in Nadelwäldern. Wird regional als Dekorationsmaterial für Grabschmuck gesammelt, ist wegen seiner ökologischen Bedeutung für den Wasserhaushalt der Wälder in D aber geschützt.
Verbreitung: Ganz EU, Kanarische Inseln, N-Afrika.

Gabelzahnmoos, Besenmoos *Dicranum scoparium*

LAUBMOOSE

Merkmale: Pflanzen bis 8 cm hoch, in grünen bis bräunlichen, meist lockeren, gelegentlich auch dichten Hochrasen; Blättchen auch im feuchten Zustand sichelförmig gekrümmt, schräg aufrecht, auffallend einseitswendig, bis 8 mm lang, in eine lange, schlanke Spitze ausgezogen, nach Trocknung stark kraus; ♂ Pflanzen meist sehr klein, wachsen oft unerkannt zwischen dem Stängeldickicht der deutlich größeren ♀ Exemplare; Sporenkapsel schlank, spitz, oft leicht gekrümmt, glatt, um 1 cm lang, etwa 3–5 cm lang gestielt auf dem Gipfel beblätterter Stängel; vegetative Vermehrung durch abbrechende Blättchen bzw. Stängelteile.
Standort: Gern auf nährstoffarmem, aber nicht zu trockenem Rohhumus, auf Gestein oder Baumrinden; ziemlich häufig. Am gleichen Standort jedoch weitere, z. T. schwer unterscheidbare Arten der gleichen Gattung.
Verbreitung: In den gemäßigten Breiten vom Tiefland bis hinauf in den alpinen Bereich. EU, N-Asien und N-Amerika.

Silber-Birnmoos *Bryum argenteum*

LAUBMOOSE

Merkmale: Pflanzen selten über 1–1,5 cm hoch, bilden niedrige, silbrig schimmernde Polster oder Rasen, feucht grün, nach Austrocknung eher weißlich; Stämmchen an sonnigen Standorten dicht und eng dachziegelartig beblättert, an Schattenplätzen lockerer; Blättchen breit oval, zugespitzt, flach, glattrandig, mit deutlicher Mittelrippe; gelegentlich mit winzigen Brutknospen zur vegetativen Vermehrung. Der silbrige Glanz entsteht durch chlorophyllfreie, glasklare Zellen in der Spitzenregion der Blättchen. Kapseln reif hängend, eiförmig, an rotbraunen oder braungrünen Stielen. Formenreiche Art.

Standort: Gern auf nährstoffreichen, wechselfeuchten, lichten und besonnten Böden; als Kulturfolger im Siedlungsbereich sehr häufig zwischen Dachziegeln, in Mauerritzen und Pflasterfugen; in der siedlungsfernen Naturlandschaft fast nur auf Fels an Vogelsitzplätzen. Nitratzeiger.

Verbreitung: Heute durch Verschleppung in vielen Klimaten weltweit verbreitet.

Mauer-Drehzahnmoos *Tortula muralis*

LAUBMOOSE

Merkmale: Pflanzen bis etwa 1 cm hoch, in dichten, etwas filzigen Rosetten oder Kurzrasen, im feuchten Zustand hellgrün, nach Austrocknung grauweiß; Blättchen feucht aufrecht abstehend, trocken gefaltet und um das Stämmchen gedreht, etwa 2 mm lang, zungenförmig, mit kräftiger Mittelrippe, die in ein langes, farbloses Glashaar ausläuft; Sporenkapseln fast immer reichlich vorhanden, etwa 1 cm lang gestielt, schlank, zylindrisch. Formenreiche Art mit vielen Ökotypen. Verwechslung mit dem ähnlich aussehenden und recht häufigen Polsterkissenmoos *(Grimmia pulvinata)* möglich, bei dem die Kapseln jedoch sehr kurz gestielt sind.

Standort: Sehr häufig an besonnten Mauern, an Straßenrändern und auf (Kalk-)Felsen.

Verbreitung: Heute durch Verschleppung weltweit verbreitet.

Wissenswertes: Die langen, farblosen Glashaare gelten als Schutz gegen die intensive Sonnenbestrahlung; sie dienen ferner der Wasseraufnahme direkt aus der feuchten Luft.

Gewelltblättriges Sternmoos *Plagiomnium undulatum*

LAUBMOOSE

Merkmale: Pflanzen bis über 10 cm lang, einzeln, in Gruppen oder in ausgedehnten Hochrasen; Stängel aufrecht oder ausgebreitet; Blättchen zungenförmig, bis über 1 cm lang und 1–2 mm breit mit kräftiger Mittelrippe, deutlich quer gewellt, am Rande gezähnt. Die Pflänzchen erinnern im Aussehen unverkennbar an einen kleinen Farn. Sie sind zweihäusig, die ♂ Gametangien von sternförmig gestellten Blättchen umgeben. Die Sporenkapseln entwickeln sich an der Spitze bäumchenartig verzweigter Pflanzen mit rosettig gestellten Blättchen auf einem bis zu 3 cm langen Stiel.

Standort: Schattige, dauerfeuchte, humus- und nährstoffreiche Böden in Wäldern, ferner in Park- und Gartenrasen. An vergleichbaren Standorten finden sich auch weitere, z. T. nicht leicht unterscheidbare Arten der gleichen Gattung. Eignet sich zur Anzucht in Aquarien-Moosgärten.

Verbreitung: Mit Ausnahme der Trockengebiete in ganz EU sowie in Asien vom Tiefland bis ins Gebirge verbreitet.

Sparriges Kranzmoos *Rhytidiadelphus squarrosus*

LAUBMOOSE

Merkmale: Pflanzen bis 10 cm lang, liegend oder bogig aufsteigend, in dichten Hochrasen; Stängel rötlich; Blättchen um 3 mm lang, hell- bis gelbgrün, im Spitzenteil allseitig abwärts gebogen, mit langer, schlanker Spitze, oft etwas rinnig in Längsrichtung gefaltet; Kapsel eiförmig, auf langem, bogig gekrümmtem Stiel, steht daher waagrecht ab; effektive vegetative Vermehrung über Stängelstücke.

Standort: Nährstoffreiche, dauerfeuchte Böden, gern an beschatteten Stellen von Park- und Zierrasen, ferner in Wiesen und auf Waldlichtungen. Empfindlich gegen Luftverschmutzung.

Verbreitung: Durch Verschleppung heute weltweit verbreitet.

Wissenswertes: In häufig und sehr kurz gemähten Zierrasen ist das S. K. konkurrenzstärker als die Rasengräser. Eine Bekämpfung mit chem. Mitteln ist aber unangebracht, da die Art sich im Rasen nur im Winter gut entwickelt und dann eher dekorativ wirkt. In Japan in Ziergärten eigens angepflanzt.

Echte Pflaumenflechte, Eichenmoos *Evernia prunastri* STRAUCHFL.

Merkmale: Lager bis 10 cm groß, allseitig strauchig verzweigt; Äste bis 5 mm breit, abstehend oder leicht hängend, je nach Rasse gelbgrün oder gelbgrau, unterseits hell bis weißlich oder gleichfarben mit der Oberseite, brechen an den Rändern mehlig-körnig auf (so genannte Soralen) – die staubfeinen abgelösten Partikel dienen der vegetativen Vermehrung und Verbreitung durch den Wind. Scheibenförmige Vermehrungseinrichtungen (Apothecien) selten.
Standort: Selten auf Gestein, wesentlich häufiger an Baumrinden oder im Astwerk lichter Sträucher.
Verbreitung: Von N-EU bis ins Mittelmeergebiet, in S-EU stellenweise sehr häufig, vor allem auf Eichen; in D nur gelegentlich häufiger. **RL**
Wissenswertes: In Frankreich werden diese Flechten gesammelt und nach aufwändiger Aufbereitung als Duftstofflieferanten („mousse odorante") bei der Parfumherstellung verwendet. Im alten Ägypten fanden sie bei der Einbalsamierung der Pharaonen Verwendung.

Islandflechte, Isländisches Moos *Cetraria islandica* STRAUCHFL.

Merkmale: Lager strauchig, mit aufrechten bis aufsteigenden, nur wenig verzweigten, gabelig-geweihartigen, bis 6 mm breiten Ästen, an den Endabschnitten flach, zur Basis hin rinnenförmig gerollt; Oberseite glänzend nuss- bis olivbraun, unterseits deutlich heller, mit hellen Flecken; scheibenförmige Vermehrungseinrichtungen selten.
Standort: Lichte Wälder, offene Zwergstrauchheiden, Magerrasen auf sandig-steinigen Böden, Trockenrasen über Kalkgestein, nur selten auf der Rinde von Strauchwerk.
Verbreitung: Von den Tundren in N-EU bis in die höheren Lagen des Mittelmeerraumes; in D nur stellenweise, in den Alpen bis weit oberhalb der Baumgrenze. Schützenswert!
Wissenswertes: Diese Flechte diente in Island früher als Nahrungsmittel (Mehlersatz) und wurde zeitweilig wegen ihrer antibiotischen Wirkung auch in Schiffszwieback verarbeitet. Bis heute wird sie arzneilich verwendet in Hustenpastillen und Arzneitees gegen Atemwegserkrankungen.

Falsche Pflaumenflechte *Pseudevernia furfuracea* STRAUCHFLECHTEN

Merkmale: Lager bis 12 cm groß, mit bandförmigen, flachen, unregelmäßig gabelig bis geweihartig geteilten Ästen, diese 1–10 mm breit; Oberseite grau bis dunkel graubraun oder graugrün, mitunter durch Algenbelag auch stärker grünlich, abschnittsweise mit stiftförmigen Erhebungen (sog. Isidien zur vegetativen Vermehrung) besetzt und dann etwas stachelig aussehend; Unterseite anfangs rosa, später schwärzlich bis tiefschwarz, mit hellen, umgeschlagenen Rändern; scheibenförmige Vermehrungseinrichtungen selten.
Standort: Meist auf Rinde von Nadelbäumen, in den Fichtenwäldern des Berglands oft dominierend, auch auf Laubbäumen (Birke).
Verbreitung: In kühl gemäßigten Klimaten weltweit; in EU häufig, mit Ausnahme des hohen N.
Wissenswertes: Die F. P., auch Kleienflechte genannt, wird wie die Echte P. zur Gewinnung von Duftstoffen verwendet (Baummoos = mousse des arbres), im Altertum wurde sie zur Einbalsamierung und Mumifizierung der Toten benützt.

Becherflechte *Cladonia pyxidata* STRAUCHFLECHTEN

Merkmale: Lager graugrün, bei feuchter Witterung stärker grünlich, aus einer dichten, vielschuppigen Matte bestehend, die die Wuchsunterlage vollständig überzieht; davon ragen gestielte Becher (Podetien) auf, die zumindest im unteren Teil ebenfalls schuppig sind; Becherorgane bis 2 cm hoch und um 10 mm breit; Stielabschnitt allmählich in den etwas verbreiterten Becherteil übergehend, Becherrand mit kleinen, dunkelbraunen Punkten; scheibenförmige Vermehrungseinrichtungen (Apothecien) nicht besonders häufig.
Standort: Offener Boden, morsches Holz, zerfallende Baumstubben und mit Moos bewachsene Stammbasis von Laub- und Nadelbäumen.
Verbreitung: In EU weit verbreitet und vor allem in den Waldgebieten recht häufig.
Wissenswertes: Die Gattung *Cladonia* ist außerordentlich artenreich und allein in M.-EU mit ungefähr 70 Arten vertreten, deren genaue Zuordnung oft sehr schwierig ist, zumal sie in der Wuchsform recht variabel sein können.

Blasenflechte, Schüsselflechte
Hypogymnia physodes BLATTFLECHTEN

Merkmale: Lager flach rosettenförmig, 5–10 cm breit, mit tief gabelig geteilten Abschnitten, der Wuchsunterlage dicht, aber locker anliegend, mit zunehmendem Alter hohl; Endabschnitte der bis 2 cm langen und 3 mm breiten Lagerlappen im Alter lippenartig aufgewölbt, brechen staubfein auf (= Lippensorale) und geben feine Teilchen zur vegetativen Vermehrung frei; Oberseite hell graugrün bis leicht bläulich, bei feuchter Witterung kräftiger grünlich, Unterseite dunkelbraun bis schwarz.
Standort: Wenig auf silikatischem Gestein, häufiger auf der Rinde von Nadelbäumen und auf manchen Laubhölzern (Birke, Eiche, Schwarz-Erle).
Verbreitung: Von der Arktis bis ins Mittelmeergebiet; in den meisten Regionen von M.-EU eine der häufigsten Blattflechten.
Wissenswertes: Diese Flechte gilt als Zeigerart für mäßige Säureimmissionen (saure Niederschläge). In Gegenden mit intensiver landwirtschaftlicher Nutzung und übermäßiger Stickstoffdüngung (Basenbildung) ist sie im Rückgang.

Gelbe Wandflechte *Xanthoria parietina*
BLATTFLECHTEN

Merkmale: Lager bis etwa 10 cm im Durchmesser, mit 1–5 mm breiten, nach vorn verbreiterten und abgerundeten Lappen, kräftig gelb bis orangefarben, nur an schattigen Standorten auch leicht grünlich. Die Lappen bzw. Äste überdecken sich randlich und liegen der Wuchsunterlage eng und schlecht ablösbar an. Scheibenförmige, bis 4 mm breite Vermehrungseinrichtungen (Apothecien) fast immer in größerer Zahl vorhanden, dunkler orangegelb als das Lager, mit hellerem Lagerrand.
Standort: Gern auf nährstoffreichen, staubgedüngten Rinden frei stehender Bäume, häufig auch auf Mauern, Dachziegeln und anstehendem Gestein; an Küstenfelsen oft bestandsbildend. Am gleichen Standort weitere und z. T. recht ähnliche Arten. Auch in Gebieten mit reichlicher Stickstoffdüngung aus der Intensivlandwirtschaft häufig.
Verbreitung: In ganz EU häufig, außer im hohen N.
Wissenswertes: Früher wurde die G. W. versuchsweise als Fiebermittel sowie zum Färben von Textilien verwendet.

Gewöhnliche Dotterflechte
Candelariella vitellina KRUSTENFLECHTEN

Merkmale: Lager einheitlich dünnkrustig, dicht feinkörnig bis leicht schuppig gefeldert, Lagerkörnchen abgeflacht, etwa 0,3 mm breit, hellgelb bis kräftig dottergelb, nur gelegentlich leicht bräunlich überflogen, bei feuchter Witterung farbintensiver; scheibenförmige, rundliche oder längsoval-eckige Vermehrungseinrichtungen (Apothecien) fast immer zahlreich vorhanden, einzeln oder in kleineren Gruppen, 0,5–1,5 mm breit, etwas dunkler schmutzig gelb als das übrige Lager oder noch dunkler.
Standort: Meist auf silikatischem Gestein, meidet kalkhaltigen Untergrund, an besonnten oder halbschattigen, nährstoffreichen Stellen; häufig an Mauerwerk, auf Grabsteinen und Denkmälern, nicht selten auch auf verbautem Holz; typische Siedlungsflechte. Am gleichen Standort weitere und z. T. recht ähnliche und schwer unterscheidbare Arten der gleichen oder anderer Gattungen.
Verbreitung: Überall in EU, vom Tiefland bis ins Gebirge sehr häufig. Kosmopolit.

Landkartenflechte *Rhizocarpon geographicum*
KRUSTENFLECHTEN

Merkmale: Lager vielgestaltig und oft großflächig entwickelt, unregelmäßig eckig gefeldert, erinnert daher an eine Landkarte, gelb bis gelbgrün; Lagerränder einheitlich tiefschwarz, bleiben bestehen, wenn mehrere Lager durch flächiges Wachstum aneinander grenzen, betonen den Landkarteneindruck; scheibenförmige Vermehrungseinrichtungen (Apothecien) im Randbereich der Felder gewöhnlich vorhanden, schwarz, flach oder wenig gewölbt, eckig, meist in Gruppen, bis etwa 1,5 mm breit.
Standort: Meist auf silikatischem Gestein an lichtoffenen Stellen; Charakterart der Silikatgebirge.
Verbreitung: In EU in den Silikatgebieten überall verbreitet, vom Tiefland bis weit über die Baumgrenze. Kosmopolit.
Wissenswertes: Die L. wächst an ihren Rändern jährlich nur etwa 0,1 mm. Ihre Lager können bis zu 1000 Jahre alt werden und dienen Wissenschaftlern in bestimmten Gegenden zur Datierung geologischer Ereignisse wie historischer Bergstürze oder Gletscherabschmelzen.

Goldgelber Lärchenröhrling
Suillus grevillei **essbar**

Merkmale: Hut bis zu 10 cm breit, feucht schleimig-schmierig, trocken kahl und glänzend, hellgelb bis gelbbraun, oft mit dunklerer Mitte, jung durch ein gelbliches Velum mit dem Stiel verbunden, das später als Ringzone erkennbar ist. Poren eng, bei älteren Pilzen weiter und unregelmäßig verzogen; zunächst gelb, später dann gelbbraun; Röhren angewachsen, ein wenig herablaufend. Stiel gelblich, braunfaserig, mit wulstig-kantiger, außen schmieriger Ringzone, die bei Trockenheit manchmal verkümmert. Fleisch weich, oft durchfeuchtet, gelb; Geruch fruchtartig, Geschmack etwas säuerlich.
Speisewert: Nur für Mischgerichte geeignet.
Vorkommen: Mykorrhizapilz der Lärche; in M.-EU weit verbreitet, aber vorwiegend in montanen bis subalpinen Lagen. VII–X.
Wissenswertes: Die Lärchenröhrlinge sind im natürlichen Verbreitungsareal der Lärche zu finden. Mit den Anpflanzungen dieser Bäume im Flachland kann man sie nun auch dort antreffen.

Butterpilz *Suillus luteus*
essbar

Merkmale: Hut bis 13 cm breit, jung halbkugelig, älter polsterförmig gewölbt bis ausgebreitet, bei Feuchtigkeit schmierig, eingewachsen faserig, trocken glänzend, hell rotbraun bis dunkel kastanienbraun. Huthaut abziehbar. Poren und Röhren jung sehr eng, gelblich, älter olivgelb, oft mit milchigen Tröpfchen besetzt. Stiel weißgelblich, oben dunkler punktiert, unterhalb des häutigen Rings bräunlich violett. Fleisch weißgelblich, weich; Geruch schwach obstartig, Geschmack mild, leicht säuerlich.
Speisewert: Möglicherweise individuell unverträglich, vereinzelt wird von allergischen Reaktionen berichtet, dann ist vom Genuss abzuraten.
Vorkommen: Mykorrhizapilz der Kiefern auf sandigen, nährstoffarmen Böden, meidet Kalk. Weit verbreitet und örtlich sehr häufig. VII–X.
Wissenswertes: Der Butterpilz wird oft mit dem Ringlosen Butterpilz *(S. collinitus)* und dem Körnchenröhrling verwechselt, die auch unter Kiefern wachsen. Beide essbaren Pilze haben keinen Ring.

Grauer Lärchenröhrling
Suillus viscidus **essbar**

Merkmale: Hut bis 10 cm breit, feucht schleimig-schmierig, trocken kahl und matt, grau bis olivgrau, Hutrand jung durch ein weißliches Velum mit dem Stiel verbunden, das später als Ringzone erkennbar ist. Poren eng, älter weiter, grau, später graubräunlich; Röhren angewachsen. Stiel mit mehr oder weniger ausgeprägter Ringzone, etwas blasser als der Hut. Fleisch weiß bis blassgrau, im Anschnitt manchmal etwas graugrün oder blaugrün verfärbend; Geruch fruchtartig, Geschmack säuerlich.
Speisewert: Nicht besonders schmackhaft, nur für Mischgerichte geeignet. Einzelgerichte aus dieser Pilzart sind sehr schleimig.
Vorkommen: Mykorrhizapilz der Lärche auf kalkhaltigen Böden. Der G. L. wächst einzeln bis gesellig, ist weit verbreitet, aber vorwiegend in montanen bis subalpinen Lagen zu finden. VII–X.
Wissenswertes: Der G. L. (lat. auch *S. aeruginascens*) kann aufgrund seiner grauen Farben und seines Standorts unter Lärchen eigentlich nicht mit anderen Röhrlingen verwechselt werden.

Körnchenröhrling *Suillus granulatus*
essbar

Merkmale: Hut bis 10 cm, jung halbkugelig, älter polsterförmig ausgebreitet, jung ist die Oberfläche feucht und sehr schmierig, älter trocken und glatt, Huthaut abziehbar, gelbbraun bis rotbraun. Poren jung sehr eng, gelb, älter olivgelblich, jung mit milchigen Tröpfchen besetzt. Stiel gelb, Spitze weißlich, fein dunkel punktiert. Fleisch bei älteren Exemplaren weich, weißgelblich; Geruch leicht obstartig, Geschmack etwas säuerlich.
Speisewert: Möglicherweise individuell unverträglich, vereinzelt wird von heftigen Magen- und Darmbeschwerden berichtet.
Vorkommen: Mykorrhizapilz von 2-nadeligen Kiefernarten auf kalkhaltigen Böden. Meistens gesellig, häufig. VI–XI.
Ähnlich: Der **Zirbenröhrling** *Suillus plorans* ist durchwegs dunkler gefärbt und sein olivgelblicher Stiel ist mit dunkelbräunlichen Drüsenpünktchen überzogen. Er wächst nur unter 5-nadeligen Kiefern der alpinen Zone. Die Art ist selten und sollte geschont werden; essbar.

Maronenröhrling *Xerocomus badius* **essbar**

Merkmale: Hut bis 10 (15) cm breit, gewölbt, polsterförmig, trocken feinfilzig, wildlederartig, glatt, bei feuchtem Wetter etwas schmierig, hell rötlich braun bis dunkel kastanienbraun. Poren und Röhren jung eng, älter mäßig weit, eckig, blassgelb, älter olivgelblich bis schmutzig olivgrün, bei Berührung grünbläulich verfärbend. Stiel bis zu 12 cm lang, schwach bauchig bis zylindrisch, 1–4 cm dick, gelblich braun, häufig dunkler eingewachsen längsfaserig, die Stielspitze oft gelblich und die Basis vom Myzel oft weißlich striegelig. Fleisch weißgelblich, unter der Huthaut etwas bräunlich, verfärbt sich am Anschnitt mehr oder weniger stark blau; Geruch unbedeutend, Geschmack mild.

Speisewert: Guter Speisepilz. Aufgrund seines mancherorts massenhaften Auftretens ist der M. auch ein ergiebiger Speisepilz, der sich zudem zum Trocknen eignet. Um Enttäuschungen daheim zu vermeiden empfiehlt sich ein Durchschneiden der Fruchtkörper bereits im Wald. Besonders in den warmen Sommermonaten wird der Pilz nämlich sehr gern von Larven befallen.

Vorkommen: Der M. wächst in Nadelwäldern, vor allem in sauren, moosigen Fichtenwäldern, seltener in reinen Laubwäldern. Er ist in EU weit verbreitet, mancherorts ein regelrechter Massenpilz, und vom Flachland bis in die montane Höhenstufe anzutreffen. VI–XI.

Wissenswertes: Dieser Filzröhrling gehört zu den Pilzarten, die radioaktives Cäsium in besonders großen Mengen in ihre Zellen aufnehmen. Auf einen übermäßigen Genuss, d. h. mehr als ein reines Maronen-Gericht pro Woche, sollte daher aus gesundheitlichen Gründen verzichtet werden.

Ähnlich: Der Maronenröhrling wird von Anfängern manchmal mit Steinpilzen verwechselt. Diese haben jedoch eine Netzzeichnung am Stiel und verfärben sich an keinen Stellen blau. Verwechslungen mit dem ebenfalls essbaren **Rotfußröhrling** *Xerocomus chrysenteron,* dessen Stiel aber meist kräftig rot überzogen ist, sowie einem jungen, sehr bitter schmeckenden Gallenröhrling (⇨ S. 836) sind ebenso möglich.

Fichtensteinpilz *Boletus edulis* **essbar**

Merkmale: Hut bis 20 (25) cm breit, jung beinahe halbkugelig, festfleischig, älter polsterförmig und weich, in trockenem Zustand fast glatt erscheinend, feucht wenig bis stark schmierig, jung oft cremeweiß, später hell bis dunkelbraun gefärbt. Poren zunächst sehr eng und weiß, später weiter und leicht gelb bis gelbgrün, bei älteren Exemplaren olivgrün; Röhren wie die Poren gefärbt. Stiel kräftig, bis zu 20 cm lang und 2–7 cm breit, keulig, bauchig, jung weißlich bis blass bräunlich, von der Stielspitze abwärts mit einem mehr oder weniger ausgeprägten, erhabenen weißen Netz überzogen. Fleisch weiß, nur unter der Huthaut etwas blass rosa-rötlich getönt; Geruch angenehm, Geschmack mild.

Speisewert: Guter Speisepilz. Im Sommer sind Steinpilze allerdings sehr oft von Maden befallen. Es empfiehlt sich, die Funde bereits im Wald zu putzen und durchzuschneiden.

Vorkommen: Mykorrhizapilz der Fichte, in Nadel- und Mischwäldern, vor allem in der Nadelstreu unter Fichten, auch auf mit Fichten durchsetzten Almweiden, auf nährstoffarmen, sauren Sand- und Silikatböden, aber ebenso auf Kalkböden mit versauerten Oberflächen. Der F. ist in EU weit verbreitet und häufig. Man kann ihn vom Flachland bis in höhere Gebirgslagen antreffen. VIII–X.

Wissenswertes: Dieser Steinpilz wird immer wieder mit dem sehr bitter schmeckenden Gallenröhrling (⇨ S. 836) verwechselt, der aber rosa Poren und ein olivfarbenes Stielnetz aufweist. Nicht selten ist der F. mit Fliegenpilzen (⇨ S. 854), die ähnliche Standortansprüche haben, vergesellschaftet.

Beim Fichtensteinpilz bildet sich die weißliche Netzzeichnung der Stieloberfläche nicht immer so deutlich aus wie auf dem hier gezeigten Exemplar. Oft reicht sie nur bis zur Stielmitte oder man kann sie bloß an der Stielspitze erkennen.

Gallenröhrling *Tylopilus felleus* — **ungenießbar**

Merkmale: Hut bis 15 cm breit, jung halbkugelig, später polsterförmig bis ausgebreitet, Oberfläche matt, feinsamtig, hell kartonbraun, graubraun, mit oliven Tönen. Poren jung blassrosa, älter deutlich rosa. Röhren um den Stiel fast frei, gleichfarben. Stiel bis 12 cm lang, 1–4 cm dick, keulenförmig, manchmal auch bauchig, relativ stämmig, wie der Hut gefärbt und bis zur Basis mit einem charakteristischen, weitmaschigen, erhabenen, olivfarbenen Netz überzogen. Fleisch eher weich, weißlich, unter der Huthaut etwas braunoliv gefärbt; Geruch unauffällig, Geschmack meist sehr bitter.
Speisewert: Wegen seines außerordentlich bitteren Geschmacks ungenießbar. Es gibt aber auch Exemplare, die nur wenig bitter schmecken. Schon ein einziger Pilz dieser Art kann eine ganze Mahlzeit völlig verderben sowie Magen- und Darmbeschwerden hervorrufen.
Vorkommen: Mykorrhizapilz in sauren, nährstoffarmen Nadelwäldern, aber auch in entsprechenden Laubwäldern. In M.-EU weit verbreitet, fast überall häufig und vom Tiefland bis in höhere Lagen anzutreffen. VII–X.
Wissenswertes: Der Gallenröhrling ist der klassische Verwechslungspartner des Fichtensteinpilzes (⇨ S. 834), der ähnliche Standortansprüche hat. Unerfahrene Pilzsucher verwechseln ihn auch mit dem Maronenröhrling (⇨ S. 834).

Birkenpilz *Leccinum scabrum* — **essbar**

Merkmale: Hut bis zu 15 cm breit, jung halbkugelig, später polsterförmig, matt, fast glatt, hell graubraun bis dunkelbraun in allen Abstufungen. Poren beim jungen Pilz eng, rund, erst weißlich, später schmutzig weiß; Röhren nach unten vorgewölbt, am Stiel ausgebuchtet, leicht vom Hutfleisch ablösbar, wie die Poren getönt, verfärben sich am Anschnitt nicht. Stiel bis etwa 12 (17) cm lang, 1–2,5 (3) cm dick, schlank, oben etwas verjüngt, faserig hart, auf weißlichem Grund mit graubraunen bis schwärzlichen, rauen Schuppen besetzt, im oberen Teil manchmal längsstreifig-netzig. Fleisch weißlich, bei Bruch in der Farbe unveränderlich, jung relativ fest, aber im Hut bald schwammig, im Stiel faserig hart; Geruch unauffällig und Geschmack mild.
Speisewert: Der B. ist nur jung essbar, älter wird er sehr schnell weich und nimmt viel Wasser auf. In der Zubereitung wird er dadurch stark schmierig-schleimig. Seine Stiele sind holzig.
Vorkommen: Mykorrhizapilz der Birken, auf eher trockenen Standorten, auch in Laub- und Nadelwäldern, aber immer unter Birken, einzeln bis gesellig wachsend. In M.-EU weit verbreitet, fast überall häufig. VI–X.
Wissenswertes: Von Raustielröhrlingen *Leccinum* sind über 40 Arten bekannt, die Bestimmung der mit Birken wachsenden Arten ist nicht immer leicht.

Eichenrotkappe *Leccinum quercinum* — **essbar**

Merkmale: Hut bis zu 12 (18) cm breit, jung halbkugelig, später polsterförmig gewölbt, Oberfläche matt, leicht gerunzelt, hell ziegelrot bis rostbraun. Huthaut am Rand etwas überstehend. Poren zumindest beim jungen Pilz eng, rund, erst weißlich, dann blass lederbraun, auf Druck etwas bräunlich fleckend; Röhren am Stiel fast frei, ebenso wie die Poren gefärbt. Stiel bis etwa 15 (20) cm lang, 2–3 (4) cm dick, schlank, oben etwas verjüngt, faserig hart, auf blassem Grund mit rötlich braunen, später dunkel rotbraunen, im Alter beinahe schwarzen, rauen bis flockigen Schuppen besetzt. Fleisch fest, cremeweiß, am Anschnitt rosa bis weinrötlich anlaufend, dann dunkler werdend; Geruch unauffällig und Geschmack recht mild.
Speisewert: Sehr guter Speisepilz, aufgrund seiner Seltenheit jedoch schonenswert.
Vorkommen: Mykorrhizapilz der Eichen an wärmeren Standorten, in Eichen-Hainbuchen-Buchenwäldern, aber auch auf Wiesen unter allein stehenden Eichen, auf eher neutralen Böden. In M.-EU weit verbreitet, aber nirgends in größeren Mengen vorkommend. VII–IX. **RL**
Wissenswertes: Die Bestimmung der E. ist relativ einfach, wenn man auf den Standort achtet, auf den schon der Artname hinweist. Andere, ähnlich aussehende Rotkappenarten wachsen unter anderen Bäumen. Sie sind allesamt essbar.

Flockenstieliger Hexenröhrling *Boletus erythropus* **essbar**

Merkmale: Hut bis zu etwa 20 cm breit, gewölbt, polsterförmig, feinfilzig-samtig, trocken matt, nur bei Feuchtigkeit schwach schmierig, dunkel kastanienbraun, bisweilen olivgrün überhaucht und manchmal mit etwas hellerer Randzone. Poren jung sehr eng, rundlich, dunkelrot, an Druckstellen sich blau verfärbend; Röhren blass olivgelb, später olivgrünlich, ebenfalls auf Druck blau werdend. Stiel bis zu 15 cm lang, 2–4 cm dick, keulig-knollig, auf gelbem Grund dicht feinflockig, rötlich punktiert, an Druckstellen blau anlaufend. Fleisch fest, gelb bis sattgelb und feucht etwas marmoriert, am Anschnitt sofort blauschwarz anlaufend; Geruch angenehm und Geschmack mild.

Speisewert: Sehr guter Speisepilz, auch zum Trocknen gut geeignet.

Vorkommen: Mykorrhizapilz von Fichten und Tannen, seltener auch von Laubbäumen, bevorzugt saure, kalkfreie oder zumindest oberflächenversauerte Böden, vom Flachland bis in subalpine Höhenlagen anzutreffen. In M.-EU zwar weit verbreitet, aber nur gebietsweise häufig. V–IX.

Wissenswertes: Die kräftige Blauverfärbung des Fleisches, eine Reaktion mit dem Luftsauerstoff, führte zum Namen Hexenröhrling und erschreckt manche Speisepilzsammler. Eine Verfärbung des Fleisches gibt jedoch grundsätzlich keinen Hinweis auf die Genießbarkeit eines Pilzes.

Ähnlich: Der **Netzstielige Hexenröhrling** *Boletus luridus* (rechtes unteres Bild) unterscheidet sich vom F. H. durch seinen rötlich genetzten Stiel. Außerdem wächst er im Laubwald auf kalkhaltigen Böden; **essbar**.
Der **Glattstielige Hexenröhrling** *Boletus queletii* ist mehr gelboliv bis olivbraun, manchmal mit rötlichen Tönen. Sein Stiel ist oben gelblich, abwärts rötlich getönt und feinpunktiert bis glatt, die Poren sind jung gelborange bis rötlich. Das blass gelbliche, in der unteren Stielhälfte rötliche Fleisch verfärbt sich am Anschnitt mäßig schmutzig blau. Der G. H. bevorzugt wärmebegünstigte Eichen-Hainbuchenwälder auf Kalk; **bedingt essbar**. VII–X. **RL**

Satanspilz *Boletus satanas* **giftig**

Merkmale: Hut bis 25 cm breit, kompakt, gewölbt, polsterförmig, jung feinstfilzig-haarig, älter verkahlt, besonders in feuchtem Zustand etwas schmierig-klebrig, jung grauweißlich, schottersteinfarben, älter mehr ocker-lederfarben, mit schmutzig grauen Zonen, manchmal schwach rosa überhaucht. Poren nur bei ganz jungen Pilzen gelb, aber sehr bald rötlich überhaucht und schließlich lebhaft rot; Röhren blassgelb, schließlich grüngelb, schwach blaugrün anlaufend. Stiel kräftig, bis etwa 12 cm lang, knollig-bauchig, oft fast kugelig, 4–10 cm dick, im oberen Teil deutlich mit einem engmaschigen, roten Netz auf gelbem Grund überzogen, abwärts oft dunkel blutrot gefärbt. Fleisch bei älteren Pilzen relativ weich (Hut lässt sich mit Fingerkuppe leicht eindrücken), weißlich, im Stiel gelb bis hellocker, sich am Anschnitt nur mäßig blau verfärbend; Geruch bei jungen Pilzen schwach, bei älteren unangenehm nach nassen Lappen oder aasartig, Geschmack mild.

Speisewert: Besonders in rohem Zustand giftig, verursacht heftige Magen-Darmbeschwerden.

Vorkommen: Mykorrhizapilz von Laubbäumen, v. a. unter alten Buchen auf kalkhaltigen Böden, in Parks, an Straßenrändern, besonders an wärmebegünstigten Standorten. In M.-EU nur vereinzelt, mit deutlicher südlicher Tendenz. VIII–IX. **RL**

Ähnlich: Der Stiel des **Rosahütigen Röhrlings** *Boletus rhodoxanthus* trägt ein durchgehendes, erhabenes, rotes Stielnetz auf gelben Grund und weist ein kräftig gelbes Fleisch auf; **giftig**.

Rote Poren kennzeichnen den Satanspilz.

Netzstieliger Hexenröhrling

Kahler Krempling *Paxillus involutus* giftig!

Merkmale: Hut bis 15 (20) cm breit, beim jungen Pilz flach gewölbt mit nach unten gebogenem, breit eingerolltem, oft gekerbtem Rand, beim älteren Pilz flacher ausgebreitet mit leicht eingedrückter Mitte, manchmal auch trichterförmig, in trockenem Zustand matt-filzig, bei feuchtem Wetter glatt bis leicht schmierig, älter verkahlend; ockerbraun, lehmfarben, schmutzig olivgraubraun, bei älteren Exemplaren rötlich braun, Druckstellen rötlich ockerfarben. Lamellen relativ eng, dünn, am Stiel herablaufend, teilweise gegabelt und queraderig verbunden, jung blass ockerfarben, holzgelblich, später olivocker, bei Druck rotbraun fleckend. Stiel bis etwa 8 cm lang, 1,5 (2,5) cm dick, abwärts verjüngt, blass ockerfarben, rotbraun fleckend. Fleisch weißgelblich, im Schnitt rost-ockerlich verfärbend; Geruch und Geschmack etwas säuerlich.
Speisewert: Vom Genuss ist dringend abzuraten! Der regelmäßige Verzehr dieses Pilzes kann eine tödliche Unverträglichkeitsreaktion mit Zerstörung der roten Blutkörperchen auslösen.
Vorkommen: Mykorrhizapilz fast aller Waldgesellschaften, bevorzugt feuchte, saure Standorte. In M-EU weit verbreitet und häufig. VI–X.
Wissenswertes: Der K.K. wird auch heute noch, besonders in O-EU, zu Speisezwecken verwendet, obwohl von dort immer wieder Berichte über schwere Verdauungsbeschwerden vorliegen. Erst in jüngerer Zeit wurde das Paxillus-Syndrom, eine Art allergischer Schock, entdeckt.

Ähnlich: Der **Erlenkrempling** *Paxillus rubicundulus (= P. filamentosus)* wächst unter Erlen. Von seinem Genuss ist ebenso dringend abzuraten; **giftig!**

Samtfußkrempling *Tapinella atrotomentosa* bedingt essbar

Merkmale: Hut bis zu15 (20) cm breit, beim jungen Pilz polsterförmig gewölbt mit breit eingerolltem Rand, beim älteren flacher ausgebreitet, manchmal auch muschel- oder trichterförmig, der Rand aber auch bei den reifen Exemplaren deutlich eingerollt und wellig bleibend; in trockenem Zustand fein samtig, ältere Exemplare feucht etwas verkahlend, dunkel ockerbraun bis rostbraun. Lamellen dünn, relativ dicht stehend, oft gegabelt und durch Querwände verbunden, am Stiel herablaufend, blassgelb bis hell ockerfarben. Stiel kräftig, relativ kurz, bis zu 9 cm lang, 2,5–4 cm dick, manchmal seitlich versetzt, samtig, dunkelbraun. Fleisch blassgelb, in der Basis leicht bräunlich, meist sehr wässrig; Geruch und Geschmack etwas säuerlich, oft bitter.
Speisewert: Der S. kommt als Speisepilz kaum in Frage, obwohl er sehr fleischig und kompakt ist. Erst längeres Kochen macht ihn genießbar, aber selbst dann ist er nicht besonders schmackhaft.
Vorkommen: Meist mit mehreren Fruchtkörpern am Grund lebender Stämme, auf bemoosten Wurzeln und an Stümpfen von Nadelbäumen, nur selten an Laubholz. In M.-EU weit verbreitet und ziemlich häufig, nur im NW von D seltener. VI–X.
Wissenswertes: Junge S. werden im ersten Moment gern mit dem Maronenröhrling (⇨ S. 834) verwechselt. Am umgedrehten Pilz fällt aber sofort der samtige, dunkelbraune Stiel auf, der einen starken Farbkontrast zu den hellen Lamellen bildet.

Verwandt: Früher wurde der Samtfußkrempling zur Gattung der eigentlichen Kremplinge *Paxillus* gezählt, neuerdings gilt er als verwandt mit dem **Muschelkrempling** *Tapinella panuoides* (Bild unten); **ungenießbar**.

Echter Pfifferling *Cantharellus cibarius* **essbar**

Merkmale: Hut bis etwa 10 cm breit, jung gewölbt, bald unregelmäßig trichterförmig, Rand mehr oder weniger wellig verbogen, glatt matt, dottergelb, hin und wieder heller oder auch nur sehr blass gelblich gefärbt. Leisten weit am Stiel herablaufend, unregelmäßig, wellig, gegabelt, am Grund queraderig verbunden, wie der Hut gefärbt. Stiel bis etwa 6 cm lang, bis 2 cm dick, voll, oben konisch erweitert, in den Hut übergehend, blassgelb. Fleisch kompakt, im Stiel ziemlich faserig, blassgelb; Geruch kräftig würzig, Geschmack mild bis leicht pfefferig scharf.
Speisewert: Bekannter und begehrter Speisepilz; wegen seines würzigen Geschmacks vielseitig verwendbar, als Einzel- oder im Mischgericht. Getrocknet und anschließend zu Pilzpulver zerrieben oder gemahlen eignet er sich besonders gut zum Würzen von Soßen und Fleischgerichten.
Vorkommen: Mykorrhizapilz in Laub- und Nadelwäldern, wächst einzeln bis gesellig zwischen Laub- und Nadelstreu, gern zwischen Heidelbeeren, an moosigen und grasigen Stellen. In EU weit verbreitet und örtlich häufig, mancherorts aber in den Beständen rückläufig. VI–IX. **RL**
Wissenswertes: Eine Unsitte ist es, winzige, kaum 1 cm große Pilzchen auszureißen. Jedes Jahr kommen etliche Tonnen dieses klassischen Speisepilzes auf den Markt, v. a. aus dem östlichen Ausland (Polen). Die Züchtung des E. P. und seiner Verwandten ist nicht möglich, da alle Pfifferlingsarten mit Bäumen in Symbiose leben.gerne

Ähnlich: Der **Samtige Leistling** *Cantharellus friesii* ist zarter beschaffen und deutlich orange gefärbt. Er wächst gerne auf nährstoffarmen, sauren Böden in Laubwäldern; **essbar**. **RL**

Falscher Pfifferling *Hygrophoropsis aurantiaca* **ungenießbar**

Merkmale: Hut bis etwa 8 cm breit, zunächst gewölbt, später ausgebreitet mit niedergedrückter Mitte, mitunter deutlich trichterförmig, Hutrand nach unten gebogen, manchmal aber auch flatterig, wellig verbogen, trocken, fein samtig bereift, schön orangegelb bis fuchsartig rotbraun. Lamellen dünn, schmal, dicht stehend, mit kürzeren Zwischenlamellen untermischt, oft gegabelt, weich, am Stiel weit herablaufend; orange bis fuchsartig rotbraun. Stiel bis zu etwa 6 cm lang, nur 0,5–1 cm dick, oft gebogen und zur Stielbasis hin verjüngt, feinsamtig, wie der Hut gefärbt. Fleisch weich, etwas zäh, biegsam, gelborange getönt; Geruch manchmal schwach krautartig, Geschmack unbedeutend.
Speisewert: Der F. P. ist zu Speisezwecken nicht zu empfehlen. Er ist zwar nicht ausgesprochen giftig, verursacht aber dennoch mitunter Verdauungsbeschwerden.
Vorkommen: Dieser Pilz wächst meist gesellig und in größerer Anzahl in der Nadelstreu, gern auch auf Holzresten, zwischen Reisighaufen und auf morschen und bemoosten Baumstümpfen. Er ist in M.-EU weit verbreitet, stellenweise sehr häufig und kommt vom Tiefland bis in höhere Lagen vor. VIII–XI.
Wissenswertes: Von der Gattung der Afterleistlinge *Hygrophoropsis* sind insgesamt 4 Arten beschrieben. Ihre Hutoberflächen sehen stets feinfilzig aus, der Hutrand ist bei jungen Exemplaren eingerollt und die Lamellen sind dünn, gegabelt bis leicht aderig; das Sporenpulver ist weiß.

Ähnlich: Der Anfänger hält den F. P. häufig für den essbaren **Echten Pfifferling,** aber auch für den **Ölbaumpilz** *Omphalotus illudens* ist er schon gehalten worden. Diese Art ist besonders im Mittelmeerraum verbreitet. In D kommt sie nur sehr selten vor und ist auf klimatisch begünstigte Gebiete beschränkt; **giftig!**
Der ebenfalls sehr seltene **Duftende Afterleistling** *Hygrophoropsis morganii* hat fleischrosa bis ockergelbe Hutfarben, weißgelbliche Lamellen und riecht aromatisch süßlich nach Fruchtbonbons; er ist **ungenießbar**.

Totentrompete *Craterellus cornucopioides* essbar

Merkmale: Hut bis etwa 10 cm breit und etwa ebenso hoch, bereits beim jungen Pilz tief trichterförmig und in der Mitte in den Stiel hinein trompetenartig hohl, ziemlich dünnfleischig, Rand mehr oder weniger wellig-flatterig verbogen, Oberfläche eingewachsen feinfaserig bis fast samtig-schuppig, graubraun bis schwarzbraun. Unterseite beinahe glatt erscheinend, ein wenig runzelig oder undeutlich längsaderig, braungrau bis aschgrau, älter schwärzlich. Stiel kurz, oben konisch erweitert, in den Hut übergehend, hohl, wie der Hut gefärbt. Fleisch sehr dünn, zerbrechlich, grau bis grauschwarz; Geruch kaum wahrnehmbar, Geschmack mild, etwas würzig.

Speisewert: Die T. wird von manchen Speisepilzsammlern sehr geschätzt. Sie eignet sich sowohl für Einzel- wie für Mischgerichte. Getrocknet und zerrieben (zermahlen) ergeben die Fruchtkörper ein würziges Pilzpulver.

Vorkommen: Mykorrhizapilz in Laubwäldern, auf kalkhaltigen Böden, besonders unter Buchen und Eichen, steht einzeln oder büschelig, meist in großer Zahl, gern in Laubstreu. In M.-EU weit verbreitet, gebietsweise häufig. IX–XI.

Wissenswertes: Der Pilz zeigt nicht die gewohnte Gliederung in Hut und Stiel, sondern bildet einen kompletten, nach unten meist spitz zulaufenden Trichter.

Semmelstoppelpilz *Hydnum repandum* essbar

Merkmale: Hut 10 (15) cm breit, gewölbt, bald unregelmäßig ausgebreitet, verbogen, matt, feinfilzig, blassgelb bis semmelgelb. Stacheln bisweilen am Stiel ein wenig herablaufend, ungleichmäßig lang, vom Hut ablösbar, weißgelblich. Stiel bis 8 cm lang, bis 3 cm dick, voll, schmutzig weißgelblich, ein wenig bräunend. Fleisch fest, brüchig, weißlich; Geruch schwach fruchtig, Geschmack mild, manchmal etwas scharf.

Speisewert: Eignet sich nur jung zu Mischgerichten, ältere Exemplare sind bitter.

Vorkommen: Mykorrhizapilz sowohl in Laub- wie auch in Nadelwäldern, auf mehr oder weniger kalkhaltigen Böden, meist in Gruppen wachsend. In EU weit verbreitet und ziemlich häufig. VII–XI.

Wissenswertes: In der Gattung der Stoppelpilze *Hydnum* sind insgesamt 3 Arten beschrieben, die man auch nur als Varietäten ansehen könnte.

Ähnlich: Der **Rotgelbe Stoppelpilz** *H. repandum* var. *rufescens* ist stärker orangerötlich gefärbt und sein weißes Fleisch rötet mehr oder weniger stark. Er ist in Nadel- und Laubwäldern zu finden; **essbar**.

Habichtspilz *Sarcodon imbricatus* essbar

Merkmale: Hut 20–30 cm, jung gewölbt, ausgebreitet, alt fast trichterförmig, abstehend schuppig; rehbraun bis dunkelbraun, alt schwarzbraun. Stacheln am Stiel herablaufend, jung weißbräunlich, älter graubraun. Stiel 8 cm lang, 2,5 cm dick, voll; weißbräunlich. Fleisch fest, bräunlich; Geruch würzig, Geschmack mild, im Alter bitter.

Speisewert: Der H. eignet sich nur in jungem Zustand zu Mischgerichten.

Vorkommen: Mykorrhizapilz der montanen Fichten- und Kiefernwälder, einzeln bis gesellig. Weit verbreitet, örtlich häufig. VIII–XI. **RL**

Wissenswertes: Die Gattung der Stachelinge *Sarcodon* gehört mit 15 Arten zur Familie der Warzenpilze *Thelephoraceae*, deren Fleisch eine leder- oder korkartige Konsistenz aufweist. .

Ähnlich: Der seltene **Gallenstacheling** *Sarcodon scabrosus* ähnelt dem H. sehr, hat aber eine blaugrüne Stielbasis, wächst in Laubwäldern und schmeckt sehr bitter; **ungenießbar**. **RL**
Der **Scharfe Korkstacheling** *Hydnellum peckii* (kl. Bild) scheidet typische rote, wässrige Tropfen aus. Sehr scharf; **ungenießbar**.

Austernseitling *Pleurotus ostreatus* essbar

Merkmale: Hut bis zu 20 cm breit, muschel- oder halbkreisförmig, glatt, seidenmatt, violettbraun bis schiefergraublau. Lamellen teilweise gegabelt und am Stiel herablaufend, cremefarben. Stiel kurz, seitlich stehend, weiß. Fleisch weiß, faserig; Geruch etwas fischartig, Geschmack mild.
Speisewert: Guter Speisepilz.
Vorkommen: An totem Laubholz. In M.-EU weit verbreitet und örtlich häufig. X–III.
Wissenswertes: In der Gattung *Pleurotus* sind etwa 10 Arten und Varietäten beschrieben. Der Austernseitling ist ein überaus beliebter und verbreiteter Zucht- und Marktpilz.

Gewöhnl. Orangeseitling *Phyllotopsis nidulans* ungenießbar

Merkmale: Hut bis 10 cm breit, halbrund oder muschelförmig, Rand jung eingerollt, dünn, feinfilzig-samtig, frisch kräftig orangegelb, trocken verblassend. Lamellen zum Stiel zulaufend, schmal, orange-rostgelb. Stiel nur angedeutet, Hut meist seitlich am Substrat angeheftet. Fleisch elastisch; Geruch kohlartig, Geschmack mild.
Speisewert: Ungenießbar.
Vorkommen: Meist dicht beisammen, in feuchten, montanen Nadelwäldern, an morschen Bäumen und Stümpfen von Fichten, selten an Laubholz. In M.-EU weit verbreitet, aber immer nur stellenweise vorkommend. II–IV und VIII–XI. **RL**

Aniszähling *Lentinellus cochleatus* ungenießbar

Merkmale: Hut 5 (7) cm breit, trichter- oder tütenförmig, oft einseitig halbiert, flatterig verbogen, glatt, mehr oder weniger braunrötlich. Lamellen weit am Stiel herablaufend, schmal, Schneiden gesägt, eingerissen, weiß bis blass bräunlich. Stiel oft exzentrisch, rippig, hutfarben. Fleisch zäh, elastisch, weiß; Geruch anisartig, Geschmack mild.
Speisewert: Ungenießbar, sehr zäh.
Vorkommen: Meist dicht gedrängt und büschelig an morschem Laub-, selten Nadelholz. In M.-EU weit verbreitet und häufig. VIII–XI.
Wissenswertes: Es gibt vom A. eine Varietät *inolens*, der der charakteristische Anisgeruch fehlt.

Kräuterseitling *Pleurotus eryngii* essbar

Merkmale: Hut bis zu 10 (15) cm breit, flach gewölbt, oft niedergedrückt, am Rand zunächst eingerollt, feinfilzig matt, bei jungen Exemplaren weißlich, später braungrau. Lamellen teilweise gegabelt und am Stiel herablaufend, weißlich grauockerfarben getönt. Stiel stämmig, häufig exzentrisch, manchmal nur schwach ausgebildet, schmutzig weiß getönt. Fleisch weißlich, faserig; Geruch und Geschmack eher unbedeutend.
Speisewert: Sehr guter Speisepilz.
Vorkommen: Meist in offenem Gelände, an den Wurzeln von Doldenblütlern. In N-EU selten, in S-EU unter Riesen-Fenchel, häufig. VII–XI. **RL**

Ohrförmiger Seitling *Phyllotus porrigens* giftig

Merkmale: Hut bis 7 cm breit, halbrund, spatel- oder ohrförmig, flatterig wellig, Rand jung nach unten gebogen, älter scharf, dünn, glatt, matt, an der Anwachsstelle etwas filzig, weißlich. Lamellen einseitig zusammenlaufend, schmal, Schneiden glatt, weiß, später cremefarben. Stiel fehlend, Hut meist seitlich am Substrat angeheftet. Fleisch elastisch; Geruch und Geschmack unauffällig.
Speisewert: Giftig.
Vorkommen: Meist gesellig und dachziegelartig an morschem, bemoostem Fichtenholz in feuchten, montanen Nadelwäldern. In M.-EU nur gebietsweise häufiger vorkommend. VIII–XI. **RL**

Keulenpfifferling, Schweinsohr *Gomphus clavatus* essbar

Merkmale: Fruchtkörper bis etwa 6 cm breit und 10 cm hoch, kreiselförmig, abgestutzt keulenförmig, bisweilen auch einseitig ohrförmig ausgezogen, ockergelblich mit leicht violettem Ton. Stiel nur andeutungsweise zu erkennen. Leisten weit herablaufend, gabelig verbunden, fleischfarben-violettlich. Fleisch weißlich, wässrig marmoriert; Geruch unbedeutend, Geschmack mild.
Speisewert: Guter Speisepilz.
Vorkommen: In montanen bis subalpinen Nadelwäldern, oft büschelig und gesellig. VIII–IX. **RL**
Wissenswertes: In den letzten Jahren stark zurückgegangen, an manchen Standorten verschollen.

Gelbfleisch. Granatsaftling
Hygrocybe splendidissima **ungenießb.**

Merkmale: Hut 7 (10) cm breit, jung fast kegelförmig, älter flach gewölbt, glatt, matt glänzend, lebhaft scharlachrot bis karminrot, verblassend. Lamellen aufsteigend bis ausgebuchtet, breit, stark bauchig, mit verschieden langen Lamellen untermischt, jung rosa, älter orange bis rotorange, Schneiden leicht gesägt, gelblich. Stiel bis 10 cm lang, 1–2 cm dick, schlank, Basis bisweilen zugespitzt, lebhaft gelborange bis rot, abwärts stärker gelb. Fleisch dünn, gelb, im Stiel stark faserig hellgelb bis fast weiß; Geruch honigartig, besonders in der Stielbasis, bisweilen fehlend.
Speisewert: Saftlinge sind generell für Speisezwecke ungeeignet.
Vorkommen: Einzeln bis gesellig auf naturbelassenen Wiesen und Weiden, Streuwiesen und kurzgrasigen Heideflächen. In M.-EU nur vereinzelt vorkommend. IX–X. **RL!**
Wissenswertes: Die Gattung der Saftlinge *Hygrocybe* enthält rund 70 Arten, überwiegend farbenfrohe Pilze, alle mit wachsartigen Lamellen.

Märzschneckling, Schneepilz
Hygrophorus marzuolus **essbar**

Merkmale: Hut bis zu 20 cm breit, dickfleischig, gewölbt, meist verbogen, glatt bis eingewachsen faserig-filzig, in feuchtem Zustand etwas klebrig; fleckig weiß bis grauschwarz gefärbt. Lamellen angewachsen, wachsartig dick, bisweilen am Grund aderig verbunden, jung weiß, älter schmutzig grau. Stiel oft sehr kurz, fest, voll, anfangs weiß, manchmal grau überhaucht. Fleisch fest; weiß, unter der Huthaut grau durchgefärbt; Geruch angenehm, Geschmack mild.
Speisewert: Sehr guter, fleischiger Speisepilz.
Vorkommen: Mykorrhizapilz in Laub- und Nadelwäldern, besonders unter Weißtannen, häufig in kleinen Gruppen. In M.-EU ist der M. weit verbreitet. III–V. **RL**
Wissenswertes: Der M. wächst oft schon während der Schneeschmelze, hin und wieder sogar in Wärmeperioden des Winters, manchmal auch erst zum Laubaustrieb. Er bildet seine Fruchtkörper im tiefen Rohhumus aus und erscheint oft nur wenig oder mit Humus bedeckt an der Oberfläche.

Nebelgrauer Trichterling *Clitocybe nebularis* **bedingt essbar**

Merkmale: Hut bis zu 15 (20) cm breit, anfangs polsterförmig gewölbt, dann flacher ausgebreitet, nur selten im Alter trichterförmig, Rand leicht eingerollt, Oberfläche glatt, matt seidig glänzend, einheitlich bräunlich aschgrau, selten reinweiß. Lamellen angewachsen oder am Stiel mit Bogen kurz herablaufend, mit kürzeren Lamellen untermischt, dicht stehend, vom Hutfleisch ablösbar, jung weißlich, älter cremefarben. Stiel bis etwa 15 cm lang und 2–5 cm dick, manchmal zylindrisch, aber auch keulig verdickt, voll, blass graubraun, längsfaserig. Fleisch kompakt, bei älteren Exemplaren weich, manchmal schwammig, weißlich; Geruch unangenehm süßlich, aber auch schwach gasartig, bisweilen fehlend, Geschmack mild.
Speisewert: Von manchen Menschen wird der Pilz nicht vertragen; von mehr oder weniger starken Verdauungsstörungen, die vermutlich auf unzureichendes Erhitzen zurückzuführen sind, wird immer wieder berichtet.
Vorkommen: In Laub- und Nadelwäldern, Parkanlagen, oft gesellig, in Reihen oder Ringen wachsend. Auf der Nordhalbkugel weit verbreitet und praktisch überall häufig. VIII–XI.

Ähnlich: Der **Buchsblättrige Trichterling** *C. alexandri* zeichnet sich durch eher schmutzig kartonbraune Farben aus. Er wächst in wärmebegünstigten, grasigen Laubwäldern; **essbar**. Der **Keulenfußtrichterling** *C. clavipes* (Bild unten) hat einen flach trichterförmigen, braungrauen Hut, cremegelbe Lamellen und einen typisch keulenförmigen Stiel. Er ist in Laub- und Nadelwäldern auf sauren Böden häufig; **ungenießbar**.

Violetter Lacktrichterling
Laccaria amethystea **essbar**

Merkmale: Hut bis 5 cm breit, anfangs halbkugelig, dann flach gewölbt mit vertiefter Mitte, feucht fast glatt, trocken faserig, auch filzig-schuppig; jung kräftig violett, älter bräunlich violett, sehr hell ausbleichend. Lamellen angewachsen, mit kürzeren Lamellen untermischt, weit auseinander stehend, etwas dick, violett. Stiel bis 6 (10) cm lang, 0,5 (1) cm dick, schlank, hohl, längsfaserig, wie der Hut gefärbt. Fleisch dünn, blassviolett; Geruch unbedeutend, Geschmack mild.

Speisewert: Essbar, für Mischgerichte geeignet und aufgrund seiner violetten Farbe attraktiv.

Vorkommen: In Laub- und Nadelwäldern, oft auf Rohböden, in Laub- und Nadelstreu, im Moos oder auf modrigem Holz. In M.-EU weit verbreitet und fast überall häufig anzutreffen. VII–XI.

Wissenswertes: Bei der Gattung der Lacktrichterlinge *Laccaria*, die in M.-EU mit etwa 10 Arten vertreten ist, handelt es sich um kleine bis mittelgroße, dünnfleischige, rötlich bis violett gefärbte Arten. Alle Arten gelten als essbar.

Dunkler Hallimasch *Armillaria ostoyae*
essbar

Merkmale: Hut bis 8 (10) cm breit, jung gewölbt, Rand eingerollt, bald ausgebreitet, auf braunem bis violettbraunem Grund dunkelbraun schuppig. Lamellen am Stiel angeheftet, dicht stehend, cremeweiß, rotbraun fleckend. Stiel bis 10 cm lang, 1–2 cm dick, zylindrisch, Basis bisweilen verdickt, oberhalb des häutig-filzigen, braunrandigen Rings weiß, abwärts bräunlich, faserig-flockig schuppig. Fleisch dünn, jung weiß, älter rosabräunlich; Geruch angenehm, Geschmack mild.

Speisewert: In rohem Zustand giftig! Ungenügend gekocht kann der D. H. heftige Magen-Darmbeschwerden hervorrufen. Ergiebiger Speisepilz, von dem aber nur die jungen Hüte gesammelt werden.

Vorkommen: In dichten Büscheln an totem und lebendem Nadelholz. In M.-EU weit verbreitet, häufig. IX–XI.

Wissenswertes: Zur Gattung Hallimasch *Armillaria* werden neuerdings 7 Arten gezählt. Ihre Fruchtkörper mit bräunlich-gelben, faserig-schuppigen Hüten wachsen stets büschelig an Holz.

Violetter Rötelritterling
Lepista nuda **essbar**

Merkmale: Hut bis12 (15) cm breit, anfangs gewölbt, später abgeflacht, Rand bisweilen eingerollt, Oberfläche glatt, kahl, kräftig violettblau bis braunviolett, trocken verblassend. Lamellen am Stiel ausgebuchtet angewachsen, eng stehend, mit kürzeren Lamellen untermischt, jung violett, älter lilabräunlich. Stiel bis 8 (10) cm lang, 1–3 cm dick, zylindrisch, längsfaserig, heller als der Hut gefärbt. Fleisch jung violett, feucht marmoriert. Geruch aromatisch, Geschmack mild.

Speisewert: Ergiebiger Speisepilz, für Mischgerichte gut geeignet.

Vorkommen: In humusreichen Laub- und Nadelwäldern, meist gesellig, seltener einzeln. In M.-EU weit verbreitet und überall häufig. VIII–XI.

Wissenswertes: Die ca. 10 Arten umfassende Gattung der Rötelritterlinge/Röteltrichterlinge *Lepista* unterscheidet sich in erster Linie durch cremerosa bis rosabräunliches Sporenpulver und fein- bis grobwarzige Sporen von den Trichter- bzw. Ritterlingen.

Stahlblauer Rötling *Entoloma nitidum*
ungenießbar

Merkmale: Hut etwa 2- 5 cm breit, jung glockig, später ausgebreitet und schwach gebuckelt, Oberfläche eingewachsen fasrig, kräftig dunkelblau bis violettgrau, später ausblassend, seidig matt glänzend. Lamellen am Stiel ausgebuchtet angewachsen, breit, jung weißlich, älter schmutzig rosa. Stiel etwa 7 cm lang, bis zu 1 cm dick, zylindrisch, längsfaserig, bisweilen verdreht, zerbrechlich, hutfarben, Basis oft striegelig weiß. Fleisch zerbrechlich, dünn, weißlich; Geruch mehlartig, unangenehm.

Speisewert: Gilt neuerdings als giftverdächtig.

Vorkommen: Meist gesellig in moosigen Nadel- und Mischwäldern auf sauren Böden. In M.-EU weit verbreitet, häufig, vorzugsweise in bergigen Lagen. VIII–X.

Ähnlich: Der **Blaue R.** *E. bloxamii (= E. madidum)* wächst an grasigen Stellen auf Kalk. **RL**

Ein einheitliches Merkmal aller Rötlinge ist das mehr oder weniger rosafarbige Sporenpulver. Die meisten sind giftverdächtig oder giftig.

Fichtenzapfen-Nagelschwamm
Strobilurus esculentus **essbar**

Merkmale: Hut nur 2,5 (3,5) cm breit, gewölbt bis ausgebreitet, dünn, kahl, glatt, in feuchtem Zustand dunkelbraun bis braungrau, in trockenem Zustand heller. Lamellen relativ dicht stehend, dünn, weiß bis blassgrau. Stiel etwa 6 cm lang, 0,3 cm dünn, schlank, ausgesprochen zerbrechlich, gelbbräunlich, mit striegelig wurzelnder Basis. Fleisch dünn; Geruch ebenso wie der Geschmack unbedeutend.
Speisewert: Essbar, aber mühselig zu sammeln.
Vorkommen: Auf herabgefallenen und eingegrabenen Fichtenzapfen. In M.-EU weit verbreitet, häufig. Bereits im zeitigen Frühjahr, III–V.

Knoblauchschwindling
Marasmius scorodonius **essbar**

Merkmale: Hut 2 (3) cm, glatt bis rippig-riefig, feucht hell ockerbräunlich, trocken blasser. Lamellen entfernt stehend, dünn, weißlich. Stiel 4 (6) cm lang, nur 0,1–0,2 cm dünn, zäh, rotbraun, abwärts dunkler schwarzbraun. Fleisch ledrig; Geruch und Geschmack intensiv knoblauchartig.
Speisewert: Sehr begehrter Würzpilz.
Vorkommen: In Nadelwäldern, meist sehr gesellig in Nadelstreu. In M.-EU weit verbreitet. VIII–X.
Wissenswertes: Der K. heißt auch Mousseron. Der auf Nadeln wachsende **Nadelschwindling** *Micromphale perforans* ist ähnlich, riecht aber unangenehm, etwas kohlartig; **ungenießbar**.

Rosa Rettichhelmling
Mycena rosea **giftig**

Merkmale: Hut bis 6 cm breit, stumpf gebuckelt, dünnfleischig, glatt, feucht durchscheinend gerieft, schön rosafarben, trocken blasser. Lamellen dünn, weiß bis hellrosa. Stiel bis zu 10 cm lang, 0,5–1 cm dick, starr, im Alter hohl, glatt, weiß bis blassrosa. Fleisch weiß; Geruch u. Geschmack rettichartig.
Speisewert: Enthält das starke Gift Muscarin!
Vorkommen: In Laubwäldern auf kalkhaltigen Böden; meist gesellig in feuchter Laubstreu. In M.-EU weit verbreitet, örtlich häufig. VIII–X.
Wissenswertes: Die Helmlinge *Mycena* umfassen über 100 meist kleine, helmhütige, verschiedenfarbige Arten. Ihr Sporenpulver ist weiß.

Nelkenschwindling
Marasmius oreades **essbar**

Merkmale: Hut 4 (6) cm breit, gewölbt bis ausgebreitet, mit stumpfem Buckel, kahl, Rand oft gefurcht, bei Feuchtigkeit blass orangebraun gefärbt, trocken cremebeige. Lamellen entfernt stehend, untermischt, weiß bis blass cremefarben. Stiel etwa 8 cm lang, 0,5 cm dick, schlank, zäh, beige bis bräunlich getönt. Fleisch dünn, blass; Geruch angenehm, nach frischen Sägespänen, Geschmack leicht würzig.
Speisewert: Essbar, guter Würzpilz, auch zum Trocknen geeignet.
Vorkommen: In grasigen Flächen, oft in Reihen und Ringen. In M.-EU weit verbreitet, häufig. V–IX.

Langstieliger Knoblauchschwindl.
Marasmius alliaceus **ungenießbar**

Merkmale: Hut 4 (5) cm, dünnhäutig, etwas runzelig, milchig weiß bis bräunlich. Lamellen entfernt stehend, schmutzig weiß. Stiel 10 (15) cm lang, 0,1–0,3 cm dünn, zäh, Spitze braun, abwärts schwarzbraun, matt bereift. Fleisch ledrig; Geruch stark knoblauchartig.
Speisewert: Der Verzehr des L. K. kann Verdauungsbeschwerden verursachen.
Vorkommen: In Buchenwald, in Laubstreu und auf modrigem Holz. In M.-EU weit verbreitet. VIII–X.
Ähnlich: Der **Große Knoblauchschwindling** *M. querceus* hat einen purpurbraunen Stiel und schmeckt brennend scharf; **ungenießbar**.

Rettichhelmling *Mycena pura*
giftig

Merkmale: Hut bis etwa 5 cm, dünnfleischig, glatt, feucht durchscheinend gerieft, lilaviolett bis braungrauviolettlich, trocken stark verblassend. Lamellen weißlich grauviolett. Stiel bis 8 cm lang, 0,5–1 cm dick, wie der Hut gefärbt. Fleisch wässrig; Geruch und Geschmack rettichartig.
Speisewert: Enthält das Gift Muscarin, das binnen kurzem schwere Vergiftungssymptome hervorruft!
Vorkommen: Sowohl in Nadel- wie in Laubwäldern. In M.-EU weit verbreitet, sehr häufig. VIII–X.
Ähnlich: Der **Duftende Rettichhelmling** *M. diosma* ist dunkler konzentrisch gefärbt, riecht zedernholzartig und wächst in Laubstreu; **giftig**.

Zweifarbiger Scheidenstreifling *Amanita battare* **essbar**

Merkmale: Hut bis etwa 10 cm breit, jung gewölbt, älter flacher, bisweilen etwas gebuckelt, glatt, oliv- bis graubraun, meist dunkler ringförmig gezont, Rand heller und deutlich gerieft. Lamellen am Stiel frei, dicht stehend, dünn, weiß, Schneiden oft dunkelbraun gefärbt. Stiel etwa 12 cm lang, 1–1,5 cm dick, an der Spitze zart flockig, abwärts graubräunlich genattert, die Basis steckt in einer häutigen, blass bräunlichen Scheide. Fleisch brüchig, blass; geruchlos.
Speisewert: Essbar, roh jedoch unbekömmlich.
Vorkommen: Mykorrhizapilz in Bergnadel-, seltener in Laubwäldern, auf eher sauren Böden, oft an krautigen Stellen. In M.-EU weit verbreitet, im Flachland nur vereinzelt vorkommend. VIII–X.
Ähnlich: Der **Grauhäutige Scheidenstreifling** *A. submembranacea* sieht nicht nur ähnlich aus, er wächst auch an gleichen Standorten wie der Z. S. Seine Hutmitte ist häufig mit größeren, grauweißlichen Hüllresten bedeckt, die Lamellenschneiden sind weiß; **essbar**.

Grauer Scheidenstreifling *Amanita vaginata* **essbar**

Merkmale: Hut bis etwa 8 cm breit, jung fast halbkugelig glockig, älter flach ausgebreitet, mit schwachem Buckel, glatt, hell- bis dunkelgrau, seltener mit bräunlichen Tönen, Rand deutlich gerieft. Lamellen am Stiel frei, dicht stehend, dünn, weiß. Stiel etwa 12 cm lang und 1 (1,5) cm dick, schlank, älter hohl, an der Spitze zart flockig; weißlich, abwärts schwach grau genattert, die Basis steckt in einer häutigen, schmutzig weißlichen Scheide, die oft am Stiel anliegt. Fleisch sehr brüchig, weißlich; geruchlos.
Speisewert: In zubereiteter Form essbar, in rohem Zustand hingegen unbekömmlich.
Vorkommen: Mykorrhizapilz in Laub-, seltener in Nadelwäldern, einzeln bis gesellig. In M.-EU weit verbreitet und örtlich häufig. VIII–X.
Ähnlich: Der **Silbergraue Scheidenstreifling** *A. mairei* sieht sehr ähnlich aus und kann nur mikroskopisch mit Sicherheit vom G. S. unterschieden werden. Er bevorzugt krautreiche Laubwälder auf kalkhaltigen Böden; **essbar**. **RL**

Roter Fliegenpilz *Amanita muscaria* **giftig**

Merkmale: Hut bis zu 15 (20) cm breit, jung von einer weißen Gesamthülle umschlossen, später halbkugelig, bei älteren Pilzen gewölbt bis fast ausgebreitet, am Rand gerieft, Färbung leuchtend rot oder orangerot, manchmal zu orangegelblich verblassend, Oberfläche mit weißen, flockigen Hüllresten besetzt, die manchmal infolge von Regen fehlen. Lamellen am Stiel frei, relativ dicht stehend, untermischt, weiß. Stiel bis etwa 15 cm lang, 1,5–3 cm dick, mehr oder weniger zylindrisch, Oberfläche weißlich, seidig flockig, mit herabhängendem, lappig-häutigem, gerieftem Ring, Basis knollig und von einem bis mehreren warzigen Gürteln umgeben. Fleisch dick, weiß, unter der Huthaut orangegelblich; Geruch und Geschmack unbedeutend.
Speisewert: Giftig! Bereits 1/2 bis 2 Stunden nach dem Verzehr des R. F. treten psychische, rauschartige Veränderungen mit Schwindel, Mattigkeit und Gehstörungen auf. In der Regel klingt diese Vergiftung nach etwa 10 Stunden wieder ab.
Vorkommen: Mykorrhizapilz in dichten wie lichten Nadel- und Laubwäldern, gern unter Birken, v. a. auf sauren Böden; einzeln bis gesellig. In M.-EU weit verbreitet, fast überall häufig. VIII–X.
Wissenswertes: Der **Königsfliegenpilz** *A. regalis* hat eine umbrabraune Huthaut mit gelben bis graugelblichen Hüllresten. Er ist in den östlichen Bergnadelwäldern wie dem Bayerischen Wald häufiger zu finden und ebenso **giftig**. **RL**

Nach Regenfällen können die weißen, flockigen Hüllreste auf dem Hut des Fliegenpilzes auch fehlen. Die reinweißen Lamellen und der Warzengürtel an der knolligen Stielbasis sind dann kennzeichnend für die Art.

Grüner Knollenblätterpilz *Amanita phalloides* giftig!

Merkmale: Hut bis zu 15 (18) cm breit, jung fast eiförmig, von einer weißen, häutigen Gesamthülle umschlossen, älter gewölbt bis ausgebreitet, glatt, olivgrün bis gelbgrünlich, bei f. *alba* weiß, fein eingewachsen radialfaserig, trocken seidig glänzend, selten mit weißen Hüllresten besetzt. Lamellen am Stiel frei, relativ dicht stehend, mit kürzeren untermischt, weiß. Stiel bis 12 (15) cm lang, 1,5–2,5 cm dick, voll bis pelzig ausgestopft, gelblich bis grünlich, typisch natternartig gezeichnet; Ring häutig, hängend, manchmal abfallend, schwach gerieft; Stielbasis knollig verdickt, in einer meist offenen, abstehenden, weißen Scheide steckend. Fleisch weiß; Geruch honigartig.
Speisewert: Tödlich giftig! Vergiftungssymptome siehe Kegelhütiger Knollenblätterpilz.
Vorkommen: Mykorrhizapilz der Laubwälder, insbesondere unter Eichen, Buchen sowie Esskastanien wachsend, selten in reinen Nadelwäldern; einzeln bis gesellig wachsend. In M.-EU weit verbreitet und örtlich häufig anzutreffen. VII–X.
Wissenswertes: Verwechslungen des an und für sich leicht zu erkennenden G. K. sind auf grobe Unkenntnis und Leichtsinn zurückzuführen.

Ähnlich: Der **Grünling** *Tricholoma equestre* besitzt gelbliche, am Stiel ausgebuchtet angewachsene Lamellen; **giftig!**
Der **Grasgrüne Täubling** *Russula aeruginea* hat weiße bis gelbliche, angewachsene Lamellen; **essbar**. Beide Arten sind ringlos, ihnen fehlt auch der knollige Stielgrund mit der sackförmigen, weißen Scheide.
Der **Zitronengelbe K.** *A. citrina* (Bild u.) hat eine rundknollige Basis mit abgesetzter Kante, er riecht kartoffelartig; **ungenießbar**.

Kegelhütiger Knollenblätterpilz *Amanita virosa* giftig!

Merkmale: Hut bis 10 cm breit, kegelförmig, im Alter auch gewölbt, jung von einer weißen, häutigen Gesamthülle umschlossen, feucht klebrig, trocken kahl und glatt, seidig glänzend, weiß bis cremefarben, selten mit weißen Hüllresten besetzt. Lamellen am Stiel frei, relativ dicht stehend, untermischt, weiß bis elfenbeinfarben, Schneiden flockig. Stiel bis 14 (18) cm lang, 1–2 cm dick, voll bis pelzig ausgestopft, zerbrechlich; Ring hängend, vergänglich, etwas gerieft, weiß, faserig-fransig; Stielbasis knollig verdickt, in einer schlaffen, meist anliegenden, weißen Scheide, oft tief im Boden steckend. Fleisch weich, weiß; Geruch jung rettichartig, älter süßlich.
Speisewert: Tödlich giftig! Erste Vergiftungssymptome (Übelkeit, Bauchschmerzen, Erbrechen, Durchfälle) treten in der Regel 6–12 Stunden nach dem Verzehr auf. Im weiteren Verlauf kommt es zu schweren Leberschäden. Die Überlebenschancen hängen u. a. von der zugeführten Giftmenge ab, 50 g Frischpilze können tödlich sein. Nach Auftreten der ersten Symptome ist eine sofortige Klinikeinweisung erforderlich.
Vorkommen: Mykorrhizapilz eher montaner Nadelwälder. In M.-EU weit verbreitet. VII–X.
Wissenswertes: Knollenblätterpilze gehören zu den Wulstlingen *Amanita*, einer Gattung mit über 40 Arten. Deren wichtigste Merkmale sind: Hüte mit oder ohne Hüllreste, freie, weiße bis gelbe Lamellen, Stiele mit Ring, Basis knollig oder mit einer häutigen Scheide; Sporenpulver weiß.

Ähnlich: Der gleichfalls weiße **Frühlings-Knollenblätterpilz** *A. verna*, der in der Form eher dem Grünen K. ähnlich sieht, wächst im Frühsommer in warmen Laubwäldern; **giftig!**
Verwechslungen mit weißhütigen Champignon-Arten beruhen auf Unkenntnis und sind grob fahrlässig. Champignons (⇨ S. 858) besitzen jung blass rosafarbene Lamellen, die sich sehr bald schokoladenbraun verfärben.

Pantherpilz *Amanita pantherina*
giftig!

Merkmale: Hut 10 (12) cm breit, jung halbkugelig, älter ausgebreitet, Rand meistens gerieft, hell- bis dunkelbraun, mit kleinen, meist regelmäßig angeordneten, weißen Hüllresten besetzt, die bisweilen fehlen können. Lamellen am Stiel frei, dicht stehend, weiß. Stiel bis12 cm lang, 1–2 cm dick, weiß, mit häutigem, ungerieftem, Ring, Basis rundknollig, mit rundem Rand, zuweilen über der Knolle mehrere wulstige Zonen erkennbar. Fleisch ziemlich dünn, weiß; Geruch und Geschmack rettichartig.
Speisewert: Sehr giftig! Bereits 1/2 bis 3 Stunden nach dem Verzehr treten schwere psychische, rauschartige Veränderungen auf.
Vorkommen: Mykorrhizapilz eher wärmebegünstiger Nadel- und Laubwälder, in sauren, sandigen Kiefern-, Eichen- und Buchenwäldern. VIII–X.
Wissenswertes: Der P. ist an seinen weißen, regelmäßig angeordneten Hüllresten und der rundlich gerandeten Knolle, die wie eine am Bein nach unten gerollte Socke aussieht, leicht zu erkennen.

Wiesenchampignon *Agaricus campestris*
essbar

Merkmale: Hut bis 12 cm breit, halbkugelig, später ausgebreitet, glatt bis leicht schuppig, weiß. Lamellen am Stiel frei, breit, jung zart bis kräftig rosa, älter schwarzbraun. Stiel bis 10 cm lang, bis 2 cm dick, zylindrisch, an der Basis verjüngt; weiß, mit hängendem, häutigem, weißem Ring. Fleisch dick, weiß. Geruch und Geschmack angenehm.
Speisewert: Essbar.
Vorkommen: In Wiesen und Weiden, auf nährstoffreichen Böden, einzeln oder büschelig, nach warmen, trockenen Perioden mit nachfolgenden Regenfällen oft massenhaft. In EU weit verbreitet und fast überall vorkommend. VI–X.
Wissenswertes: Verwechslungen mit den giftigen weißen Knollenblätterpilzen (⇨ S. 856) sind auf Unkenntnis und Fahrlässigkeit zurückzuführen.
Die Gattung der Egerlinge *Agaricus* umfasst etwa 75 Arten, überwiegend mit weißen, gelblichen oder braunen Hutfarben. Das weiße Fleisch verfärbt sich bei einigen Arten bei Verletzung rot, braun oder gelb. Einige Egerlingarten sind giftig.

Perlpilz *Amanita rubescens*
essbar

Merkmale: Hut bis 15 cm breit, halbkugelig, älter gewölbt bis ausgebreitet, blass rosabraun, gelbbraun, rötlichbraun, mit warzigen, abwischbaren, weißlich-graubraunen bis rotbraunen Hüllresten besetzt. Lamellen frei, weiß, im Alter rosafleckig. Stiel weiß bis rötlichbraun, mit hängender, häutiger, geriefter, weißer Manschette, Basis knollig verdickt, mit flockigen Gürteln. Fleisch weich, weiß, unter der Huthaut und an Fraßstellen rötlich gefärbt; Geruch und Geschmack oft erdartig.
Speisewert: Essbar, in rohem Zustand aber unbekömmlich; der manchmal ausgeprägt erdige Geschmack sagt nicht jedermann zu.
Vorkommen: Mykorrhizapilz in Nadel- und Laubwäldern. In EU weit verbreitet. VI–XI.
Wissenswertes: Der P. kann mit dem giftigen Pantherpilz oder dem essbaren **Grauen Wulstling** *Amanita excelsa* verwechselt werden. Zuverlässige Erkennungsmerkmale sind beim P. die rötliche Färbung unter der abgezogenen Huthaut sowie die rötlichen Fraßstellen.

Parasol, Riesenschirmling *Macrolepiota procera*
essbar

Merkmale: Hut bis 30 cm breit, jung kugelförmig, älter gewölbt bis ausgebreitet, jung bräunlich, später auf cremeweißem Grund braunschuppig. Lamellen am Stiel frei, breit, weiß. Stiel bis 40 cm lang, bis 2 cm dick, Ring dickhäutig, verschiebbar. Basis knollig. Fleisch weiß, weich, im Stiel längsfaserig, hohl. Geruch und Geschmack mild, nussartig.
Speisewert: Guter Speisepilz, der meist paniert und gebacken wird. Nur die Hüte ernten, der Stiel ist holzig. Junge, noch paukenschlegelartige Pilze stehen lassen, da sie sich aufgrund ihrer Konsistenz weniger zum Verzehr eignen.
Vorkommen: In Laub- und Nadelwäldern, meistens einzeln In EU weit verbreitet und fast überall anzutreffen. VII–X.
Wissenswertes: Die Gattung der Riesenschirmlinge *Macrolepiota* umfasst etwa 15 mittelgroße bis große Arten mit schuppigen, weißen, ockerfarbenen oder braunen Hüten und freien, weißen Lamellen. Der lange Stiel trägt eine knollige Basis und einen beweglichen Ring.

Stockschwämmchen *Kuehneromyces mutabilis* — essbar

Merkmale: Hut bis 5 (8) cm breit, gewölbt, glatt, feucht fettig glänzend, gelb- bis zimtbraun, trocken von der Mitte her verbleichend, Rand schwach gerieft und feucht länger dunkel bleibend, jung bisweilen mit Velumresten behangen. Lamellen am Stiel mit Zahn herablaufend, jung hellocker, später rostbraun. Stiel bis etwa 8 cm lang und 0,7 cm dick, oft gebogen, zäh, hohl, Spitze hell gelblich, unterhalb des nach unten hängenden, faserhäutigen, oft vergänglichen Rings bräunlich sparrig schuppig. Fleisch cremefarben bis blassbräunlich, im Stiel braun und holzig; Geruch angenehm pilzartig, Geschmack mild.
Speisewert: Ausgesprochen wohlschmeckend.
Vorkommen: An morschen Laub- und Nadelholzstämmen und Stümpfen oder vergrabenem Holz, meist büschelig wachsend. In M.-EU dicht verbreitet und fast überall vorkommend. VI–XI.

Der faserhäutige Ring des Stockschwämmchens wird durch herabfallendes Sporenpulver bräunlich gefärbt.

Gifthäubling *Galerina marginata* — giftig!

Merkmale: Hut bis etwa 4 cm breit, dünnfleischig, jung gewölbt, älter abgeflacht, Mitte schwach gebuckelt bis leicht vertieft, kahl, glatt, feucht ocker- bis honigbraun, mit schwach gerieftem Rand, trocken zu hellem Gelbbraun verblassend. Lamellen am Stiel angewachsen, eher weit stehend, mit kürzeren untermischt, beim jungen Pilz hell ockerfarben, später rostbraun. Stiel bis etwa 6 cm lang und 0,6 cm dick, älter hohl, Spitze hell honigfarben, fein weißlich bereift; Ring hell, bald jedoch durch Sporenstaub bräunlich getönt, am Stiel aufsteigend befestigt, faserhäutig, oft vergänglich; Stiel abwärts auf bräunlichem Grund weißfaserig überzogen, Basis weißfilzig. Fleisch zart ockerfarben getönt; Geruch nach feuchtem Mehl, Geschmack mehlartig.
Speisewert: Sehr giftig! Enthält ähnliche Giftstoffe (Amatoxine) wie der Kegelhütige und der Grüne Knollenblätterpilz (⇨ S. 856).
Vorkommen: Meist an Nadelholz, besonders im Flachland aber auch an Laubholz, vergrabenen Ästen oder Holzhäckseln, einzeln bis gesellig wachsend. In M.-EU weit verbreitet. VIII–XI.
Wissenswertes: Der G. ist der klassische giftige Doppelgänger des essbaren **Stockschwämmchens** (siehe oben). Sein mehlartiger Geruch sowie der faserige, nicht häutige Ring sind jedoch gute Erkennungsmerkmale des G.

Orangefuchsiger Raukopf *Cortinarius (Leprocybe) orellanus* — giftig!

Merkmale: Hut 6 (8) cm breit, gewölbt, später flacher, fein filzig bis angedrückt schuppig, orangefuchsig bis rostbräunlich. Lamellen am Stiel angewachsen bis ausgebuchtet; zimtorange bis rostbräunlich. Stiel 8 cm lang, 0,5–1,5 cm dick, zylindrisch, Basis spitz zulaufend, messingfarben, rotbräunlich überfasert. Fleisch gelblich. Geruch schwach rettichartig, Geschmack mild.
Speisewert: Tödlich giftig! Sehr lange Latenzzeit von 2 bis zu 17 Tagen, schädigt die Nieren.
Vorkommen: Mykorrhizapilz von Laubbäumen, besonders von Buchen und Eichen. In Laub- und Nadelmischwäldern vorkommend, in wärmebegünstigten Gebieten häufiger. VIII–X. **RL**

Ähnlich: Der **Spitzbuckelige Raukopf** *C. rubellus (= C. speciosissimus)*, eine häufige Art saurer Bergnadelwälder, ist spitz gebuckelt, sein Stiel natternartig gezeichnet; **giftig!**

Gewöhnlicher Speitäubling *Russula emetica* var. *emetica* giftig

Merkmale: Hut bis 10 cm breit, jung stark gewölbt, bald flacher, glatt, feucht schmierig, hell blut- bis kirschrot, Huthaut weit abziehbar. Lamellen am Stiel angewachsen, weich, weiß. Stiel bis 7 cm lang, 1–1,5 cm dick, zylindrisch, zerbrechlich, ausgestopft, weiß. Fleisch brüchig, weiß; Geruch obstartig, Geschmack brennend scharf.

Speisewert: Giftig. Verursacht heftige Magen- und Darmbeschwerden.

Vorkommen: Mykorrhizapilz in Nadelwäldern, unter Fichten, auf nassen, sauren und moorigen Böden, oft zwischen Torfmoosen. In M.-EU weit verbreitet. Varietäten der Art auch in trockeneren Nadel- und Laubwäldern. VII–XI.

Wissenswertes: Vom G. S. sind einige Varietäten beschrieben, die sich hauptsächlich durch verschiedene Standortansprüche unterscheiden, so der **Birkenspeitäubling** *R. emetica* var. *betularum*, eine sehr zarte Art mit hellerem Hut, sowie der **Kiefernspeitäubling** *R. emetica* var. *silvestris*, eine häufige Art in Kiefernwäldern.

Frauentäubling *Russula cyanoxantha* essbar

Merkmale: Hut bis 15 cm breit, gewölbt, älter ausgebreitet bis niedergedrückt, glatt, feucht etwas schmierig, meist verschiedenfarbig, blau- und grünlila, grauviolett, Huthaut abziehbar, darunter violettlich. Lamellen am Stiel angewachsen, mäßig gedrängt stehend, weich, biegsam (!), weißlich; Sporenpulver weiß. Stiel zylindrisch, weiß, bisweilen lila überhaucht. Fleisch weiß; Geschmack mild.

Speisewert: Guter Speisepilz.

Vorkommen: Mykorrhizapilz in Laub- und Nadelwäldern, besonders aber unter Buchen und Eichen, auf kalkigen, lehmigen Böden. In M.-EU weit verbreitet. VIII–X.

Wissenswertes: Der F. gehört zu den wenigen Täublingen mit weichen, weißen, anschmiegsamen Lamellen.

Der meist unter Birken wachsende **Grasgrüne Täubling** *R. aeruginea* ist oliv- bis grasgrün gefärbt, feucht auffallend glänzend und er hat ebenso weiche, cremegelbliche, manchmal scharf schmeckende Lamellen. **Bedingt essbar**.

Birkenmilchling *Lactarius torminosus* ungenießbar

Merkmale: Hut bis 12 cm breit, gewölbt mit eingerolltem Rand, bei älteren Exemplaren trichterförmig niedergedrückt, mit zottigen Haaren bedeckt, Randzone flaumig behängt, fleischrosa. Lamellen am Stiel angewachsen, eng stehend, weiß, älter blassrosa, reichlich milchige Tröpfchen ausscheidend. Stiel bis 7 cm lang und 1–3 cm dick, glatt, bisweilen etwas grubig, hohl, karminrosa. Fleisch weiß, im Hut rosa; Geruch etwas fruchtig, Geschmack nach wenigen Sekunden scharf, Milch sofort brennend scharf.

Speisewert: Der Verzehr kann Brechreiz und Magen-Darm-Beschwerden hervorrufen.

Vorkommen: Mykorrhizapilz der Birke, auf sauren, sandigen, lehmigen Böden, auch an trockeneren Standorten, einzeln bis gesellig wachsend. In M.-EU weit verbreitet, häufig. VIII–X.

Wissenswertes: Der B. wird fälschlicherweise auch oft Birkenreizker genannt. Echte Reizker, wie z. B. der Fichtenreizker, scheiden jedoch eine rötliche Flüssigkeit aus.

Fichtenreizker *Lactarius deterrimus* essbar

Merkmale: Hut bis 10 cm breit, jung gewölbt mit eingebogenem Rand, später flacher, alt oft trichterförmig, glatt, bei Feuchtigkeit schmierig, hell orange- bis safranfarben, meist konzentrisch gezont, grünlich bis graugrünlich verfärbend. Lamellen am Stiel angewachsen, dicht stehend, orangefarben, dunkelgrün fleckend. Stiel bis 5 cm lang, 1–1,5 cm dick, bei älteren Exemplaren hohl, wie der Hut gefärbt, sich grünlich verfärbend. Fleisch brüchig, weißlich, unter der Huthaut und in der Stielrinde orange, bei alten Pilzen grünend; Geruch fruchtartig, Geschmack mild; Milch orangerot, mild bis leicht bitter schmeckend.

Speisewert: Guter Speisepilz. Als Einzelgericht, am besten in der Pfanne gebraten, schmeckt der F. angenehm würzig.

Vorkommen: Mykorrhizapilz unter Fichten, besonders unter jungen Bäumen. In EU weit verbreitet und fast überall häufig. VIII–XI.

Wissenswertes: Die 7 europäischen Echten Reizker besitzen eine orange- bis weinrote Milch.

Schwefelgelbe Koralle
Ramaria flava **essbar**

Merkmale: Fruchtkörper bis 20 cm hoch, 10–20 cm breit, korallenförmig. Aus einem dicken, weißlichen, oben schwefelgelb überhauchten Strunk wachsen dicht stehende, mehrfach verzweigte Äste, die in 2 oder mehr stumpfen Spitzen enden. Sie sind blassgelb, hellgelb bis zitronengelb gefärbt, mit der Sporenreife verblassen sie und werden ockergelblich bis bräunlich, nur die Spitzen bleiben länger gelb. Das weißliche Fleisch ist zerbrechlich. Geruch angenehm, Geschmack mild.
Speisewert: Essbar.
Vorkommen: Mykorrhizapilz in Laubwäldern, unter Buchen auf kalkhaltigen Böden. VIII–X. **RL**

Echter Zunderschwamm
Fomes fomentarius **ungenießbar**

Merkmale: Fruchtkörper mehrjährig; konsolenförmig, dick polsterig, hellbraun mit wellenförmigen Bändern, älter grau, frische Zuwachskante weißlich. Poren fein, weißgrau, auf Druck fleckend, älter bräunlich; Röhren mehrschichtig. Fleisch korkig zähfaserig, bräunlich gezont.
Speisewert: Ungenießbar.
Vorkommen: Parasitisch an Laubhölzern, vor allem an Buche, Weißfäuleerzeuger. In M.-EU dicht verbreitet, häufig. I–XII.
Ähnlich: Der auch an Laubholz wachsende **Graue Feuerschwamm** *Phellinus igniarius* ist holzig, hart, schwer, grau verkrustet, mit braunen Poren.

Holunder-Judasohr *Hirneola auricula-judae* **essbar**

Merkmale: Fruchtkörper gallertartig, knorpelig, muschel- oder ohrförmig, schüsselartig, gelappt und verdreht, fein flaumig, rot- oder olivbraun gefärbt, ältere Exemplare mit violettgrauen Tönen; Innenseite der „Ohren“ glatt, glänzend, häufig etwas geadert, die Fruchtschicht tragend. Fleisch gelatinös, wabbelig, oft von Maden befallen.
Speisewert: Essbar.
Vorkommen: Vor allem an Holunder, seltener an anderen Laubhölzern. In EU weit verbreitet und sehr häufig; witterungsabhängig I–XII.
Wissenswertes: In der Literatur wird das H. auch unter den Ohrlappenpilzen *Auricularia* geführt.

Krause Glucke *Sparassis crispa* **essbar**

Merkmale: Fruchtkörper bis 20 cm hoch, 15–40 cm breit; weißer Strunk, aus dem sich enge Verästelungen entwickeln; weißrosa bis rosabräunlich, alte Exemplare braun. Fleisch elastisch, cremefarben. Geruch angenehm, Geschmack mild.
Speisewert: Guter Speisepilz.
Vorkommen: Die K. G. ist ein Wurzelparasit der Kiefer, sie kann erhebliche Schäden im Kernholz des unteren Stammteils anrichten. In M.-EU weit verbreitet, in älteren Kiefernbeständen des Flachlands und in Berglagen bis ca. 1000 m Höhe. VIII–IX.
Wissenswertes: Die Gattung der Gluckenpilze *Sparassis* hat nur 2 Arten.

Schwefelporling *Laetiporus sulphureus* **bedingt essbar**

Merkmale: Fruchtkörper einjährig; flach fächerförmig, oft mehrfach übereinander angeordnet, am Stamm miteinander verwachsen, orange- bis schwefelgelb gefärbt. Poren fein, leuchtend gelb; Röhrenschicht kurz, gelb. Fleisch weich, saftig, im Alter trocken, mürbe und brüchig, gelb getönt. Geruch aromatisch, Geschmack mild, bei älteren Exemplaren bitter.
Speisewert: Nicht jedermanns Sache ist die Zubereitung junger Fruchtkörper des S., die man wie Wiener Schnitzel paniert.
Vorkommen: Parasitisch an Laubhölzern; Braunfäuleerzeuger. In EU weit verbreitet. V–IX.

Gallertiger Zitterling *Pseudohydnum gelatinosum* **bedingt essbar**

Merkmale: Fruchtkörper gallertartig, muschel-, konsolen- bis zungenförmig, fein körnig-samtig, matt, milchweiß, bisweilen auch braun mit violetten Tönen; Fruchtschicht dicht mit 2–4 mm langen, zugespitzten Stacheln besetzt, weiß. Fleisch gelatinös, ziemlich wabbelig und wässrig.
Speisewert: Bedingt essbar.
Vorkommen: Saprophytisch, meist büschelig gedrängt an morschem, feuchtem Nadelholz. In EU weit verbreitet und örtlich häufig; VII–XI.
Ähnlich: Ebenfalls an morschem Holz wächst der **Fleischrote Gallerttrichter** *Tremiscus helvelloides*, dessen fein samtige Fruchtschicht hell ist.

Birnenstäubling *Lycoperdon pyriforme* **essbar**

Merkmale: Fruchtkörper birnenförmig, mehr oder weniger buckelig, feinkörnig, rau, weiß, im Alter bräunlich, an der Basis dicke, weißliche Myzelstränge (kleines Bild) sichtbar. Fruchtmasse weich, weiß, bei der Reife olivbräunlich, zu Pulver zerfallend; Geruch etwas unangenehm.
Speisewert: Essbar, solange innen weiß.
Vorkommen: An Laub- und Nadelholz, auf Holzhäckseln; oft dichtgedrängt; sehr häufig. VII–XI.

Rötender Erdstern *Geastrum rufescens* **ungenießbar**

Merkmale: Fruchtkörper entwickelt sich kugelförmig in der Erde; Außenhülle fleischig, innen rosabräunlich, reißt oben auf, biegt sich sternförmig nach unten, dann kugeliger, häutiger graubrauner Sporenbehälter sichtbar.
Speisewert: Ungenießbar, wie alle Erdsterne.
Vorkommen: Meist in Nadelwäldern. In EU weit verbreitet und örtlich häufig. VIII–X.
Ähnlich: Kleiner als der R. E. ist der **Gewimperte Erdstern** *Geastrum sessile* (kleines Bild oben).

Speisemorchel *Morchella esculenta* **essbar**

Merkmale: Fruchtkörper bis 20 cm hoch. Hut rundlich oval, unregelmäßig wabenartig gekammert, ockergelb, oft rostfleckig. Stiel weiß, etwas runzelig, kleiig, innen hohl. Fleisch brüchig.
Speisewert: Guter Speisepilz.
Vorkommen: In Auwäldern unter Eschen, an grasigen und krautreichen Stellen. In M.-EU weit verbreitet, in vielen Gegenden häufig. IV–V.
Wissenswertes: Von dieser Morchel sind einige Varietäten beschrieben, die z. T. auch als eigenständige Arten aufgefasst werden. So ist z. B. die meist kleinere **Braune Speisemorchel** *M. esculenta* var. *umbrina* dunkel rotbraun gefärbt; **essbar**.

Flaschenstäubling *Lycoperdon perlatum* **essbar**

Merkmale: Fruchtkörper an eine umgedrehte dickbauchige Flasche erinnernd, Oberfläche mit kleinen, spitzen, abwischbaren Warzen überzogen, weiß, ältere Exemplare graubraun getönt, netzartig gemustert. Fruchtmasse weich, jung weiß, in der Reife zu feinem, braunem Pulver zerfallend; Geruch angenehm.
Speisewert: Essbar, solange innen weiß.
Vorkommen: In Laub- und Nadelwäldern, oft büschelig. In EU weit verbreitet, häufig. VII–XI.
Wissenswertes: Bei den über 15 Arten von Stäublingen *Lycoperdon* werden die Sporen im Kopfteil des Fruchtkörpers gebildet, der Stielteil ist steril.

Igelstäubling *Lycoperdon echinatum* **ungenießbar**

Merkmale: Fruchtkörper oval-kugelförmig, hellbräunlich, dicht mit pyramidenförmigen, zusammengesetzten, bis 5 mm lange Stacheln besetzt. Wenn diese später abfallen, erkennt man ein netzartiges Muster. Fruchtmasse jung weiß, später olivbraun, reif dunkelbraun pulverig zerfallend.
Speisewert: Ungenießbar, jung bedingt essbar.
Vorkommen: Besonders in Laubwäldern, gern in Laubstreu, unter Buchen, auf Kalkböden. In EU weit verbreitet, örtlich häufig. VII–XI.
Ähnlich: Der **Braune Stäubling** *L. umbrinum* besitzt nur dünne, bis zu 1 mm hohe Stacheln, der Sporenbehälter ist papierartig; unter Fichten.

Spitzmorchel *Morchella conica* **essbar**

Merkmale: Fruchtkörper bis 20 (35) cm hoch, Hut kegelförmig, länglich oval, Scheitel spitz bis abgerundet, wabenartig gekammert, Rippen senkrecht durchlaufend, mit Stegen waagrecht verbunden, jung hell graubräunlich, später olivbraun bis schwarz. Stiel weißkleiig, innen hohl. Fleisch brüchig, fast geruchlos.
Speisewert: Guter Speisepilz.
Vorkommen: In Fichtenwäldern auf Kalk, an Wegrändern und Holzlagerplätzen, auf Rindenmulch. In M.-EU weit verbreitet, relativ häufig. IV–V.
Wissenswertes: Die 4 essbaren Morchelarten sind an ihrer wabenartigen Struktur gut zu erkennen.

Register

Bei den deutschen Namen wurden im Register die Gattungsnamen vorangestellt.
Beispiele: Die Hunds-Rose ist unter „Rose, Hunds-" zu finden, der Europäische Igel unter „Igel, Europäischer".

Bildquellen

Fotos: Die Ziffer vor dem Punkt bedeutet die Seite im Buch, die Ziffer nach dem Punkt die Bildposition auf der Seite. Die Zählung läuft wie die Artenfolge der linken Textseiten von links nach rechts und von oben nach unten.

Beispiel der Bildzählung ▷

1	2
3	4
5	6

Umschlagfotos vorne: Zwergmaus: Biosphoto/J.-L. Klein & M.-L. Hubert Umschlagrückseite oben: Alfred Limbrunner, Mitte: Manfred Pforr, unten: Helmut Grünert. S. 24/25: iStockphoto/Hendrik Fuchs; S. 442/443: iStockphoto/Marcus Lindström.

A. Bärtels: 445.5, 447.4, 447.5, 448.1, 457.2, 459.3, 461.1, 461.3, 475.7, 477.1, 479.3, 481.1, 481.2, 481.4, 493.2; **Dr. H. Bellmann**: 3, 193.1, 193.3, 197.2, 197.5, 201.1, 201.2, 201.4, 205.2, 207.4, 236.1, 237.1, 237.2, 237.3, 237.4, 238.1, 239.1, 239.2, 239.3, 239.4, 240.1, 240.2, 240.3, 241.1, 241.2, 241.3, 242.1, 242.2, 242.3, 243.1, 243.2, 243.3, 243.4, 245.1, 245.2, 245.3, 245.4, 246.1, 247.1, 247.2, 247.3, 247.4, 247.5, 249.1, 249.2, 249.3, 249.4, 249.5, 249.6, 250.1, 250.2, 250.3, 250.4, 251.1, 251.2, 251.3, 252.1, 252.2, 252.3, 252.4, 253.1, 253.2, 253.3, 255.1, 255.2, 255.3, 255.4, 256.1, 257.1, 257.2, 257.3, 258.1, 259.1, 259.2, 259.3, 259.4, 261.1, 261.2, 261.3, 261.4, 261.5, 261.6, 263.1, 263.2, 263.3, 263.4, 263.5, 263.6, 264.1, 264.2, 264.3, 265.1, 265.2, 265.3, 265.4, 267.1, 267.2, 267.3, 267.4, 267.5, 267.6, 268.1, 268.2, 269.1, 269.2, 269.3, 269.4, 270.1, 270.2, 271.1, 271.2, 271.3, 271.4, 272.1, 272.2, 273.1, 273.2, 273.3, 274.1, 274.2, 275.1, 275.2, 275.3, 275.4, 276.1, 276.2, 276.3, 277.1, 277.2, 277.3, 277.4, 278.1, 278.2, 279.1, 279.2, 279.3, 279.4, 281.1, 281.2, 281.3, 281.4, 281.5, 281.6, 282.1, 282.2, 282.3, 283.1, 283.2, 283.3, 283.4, 284.1, 284.2, 285.1, 285.2, 285.3, 285.4, 286.1, 286.2, 287.1, 287.2, 287.3, 288.1, 288.2, 288.3, 289.1, 289.2, 289.3, 291.1, 291.2, 291.3, 291.4, 291.5, 291.6, 292.1, 293.1, 293.2, 293.3, 293.4, 294.1, 294.2, 295.1, 295.2, 295.3, 296.1, 296.2, 296.3, 297.1, 297.2, 297.3, 297.4, 298.1, 298.2, 298.3, 299.1, 299.2, 299.3, 299.4, 300.1, 300.2, 300.3, 301.1, 301.2, 301.3, 301.4, 302.1, 302.2, 302.3, 302.4, 303.1, 303.2, 303.3, 304.1, 305.1, 305.2, 305.3, 305.4, 306.1, 307.1, 307.2, 307.3, 307.4, 308.1, 308.2, 308.3, 309.1, 309.2, 309.3, 309.4, 310.1, 311.1, 311.2, 311.3, 311.4, 311.5, 312.1, 312.2, 312.3, 313.1, 313.2, 313.3, 313.4, 314.1, 314.2, 315.1, 315.2, 315.3, 316.1, 316.2, 317.1, 317.2, 317.3, 318.1, 318.2, 319.1, 319.2, 319.3, 319.4, 319.5, 319.6, 320.1, 320.2, 321.1, 321.2, 321.3, 321.4, 322.1, 322.2, 322.3, 322.4, 323.1, 323.2, 323.3, 323.4, 324.1, 324.2, 325.1, 325.2, 325.3, 325.4, 325.5, 327.1, 327.2, 327.4, 328.1, 329.1, 329.2, 329.3, 329.4, 330.1, 330.2, 330.3, 331.1, 331.2, 331.3, 331.4, 334.1, 335.1, 335.2, 335.4, 337.1, 337.2, 338.1, 339.2, 339.3, 339.4, 340.1, 341.1, 341.2, 341.4, 342.1, 343.1, 343.2, 345.1, 345.4, 346.1, 347.1, 347.2, 347.3, 347.4, 349.2, 349.3, 351.1, 351.2, 351.3, 351.4, 353.1, 353.3, 355.2, 355.3, 355.4, 356.1, 357.2, 357.3, 359.4, 361.2, 361.4, 363.1, 363.2, 363.4, 365.1, 365.2, 365.3, 366.1, 366.2, 366.3, 367.1, 367.2, 367.3, 369.1, 369.2, 369.3, 369.4, 369.5, 371.1, 371.2, 371.3, 371.4, 371.5, 371.6, 372.1, 373.1, 373.2, 373.3, 373.4, 375.1, 375.2, 375.3, 375.4, 375.5, 375.6, 377.1, 377.2, 377.3, 377.4, 379.1, 379.2, 379.3, 379.4, 381.1, 381.2, 381.3, 381.4, 383.1, 383.2, 383.3, 383.4, 385.1, 385.2, 385.3, 385.4, 387.1, 387.2, 387.3, 387.4, 389.1, 389.2, 389.3, 389.4, 391.1, 391.2, 391.3, 391.4, 393.1, 393.2, 393.3, 393.4, 395.1, 395.2, 397.2, 397.3, 397.4, 399.5, 399.6, 405.1, 405.2, 405.3, 405.4, 421.1, 421.2, 421.3, 421.4, 423.1, 423.2, 423.3, 423.4, 423.5, 425.1, 425.2, 425.3, 425.4, 427.1, 427.2, 427.3, 427.4, 429.1, 429.2, 429.3, 429.4, 431.1, 431.2, 431.3, 431.4, 437.3, 441.2, 575.1, 595.2, 621.4, 627.4, 643.4, 647.3, 653.4, 663.3, 665.2, 681.3, 691.4, 703.2, 711.1, 711.2, 727.4, 731.4, 733.1, 749.2, 753.1, 757.3, 771.2, 777.4, 795.1, 795.2, 795.3, 795.4, 797.1, 797.2, 797.4, 799.2, 801.1, 801.4, 803.1, 803.2, 803.3, 803.4, 805.1, 805.2, 805.4, 807.1, 807.2, 807.3, 807.4, 809.1, 809.2, 809.3, 809.4, 810.1, 810.2, 811.1, 811.2, 811.3, 811.4, 813.1, 813.2, 813.3, 813.4, 815.1, 815.2, 815.3, 815.4, 817.1, 817.2, 817.3, 817.4, 819.1, 819.2, 819.3, 819.4, 821.1, 821.2, 821.3, 821.4, 823.1, 823.2, 823.3, 823.4, 825.1, 825.2, 825.3, 825.4, 827.1, 827.2, 827.3, 827.4, 829.1, 829.2, 829.3, 829.4, 831.1, 831.2, 831.3, 831.4; **G. Bethge**: 83.2, 101.5, 105.2, 111.1, 113.1, 119.6, 137.4, 147.3, 185.4, 191.2; **P. Buchner**: 104.1, 105.4, 107.4, 153.4, 177.4; **M. Danegger**: 39.2, 49.1, 53.4, 59.2, 61.2, 93.1, 93.5, 125.3, 129.3, 175.3, 187.2; **Dr. G. Ewald:** 469.5, 471.4, 475.2, 489.2, 573.2, 575.4, 585.2, 595.1, 603.2, 609.2, 615.3, 616.1, 625.4, 647.1, 669.4, 697.2, 699.3, 713.4, 731.2, 751.2, 753.2, 755.3, 777.1, 777.3, 778.1, 779.3, 785.1, 791.3, 793.4; **X. Finkenzeller**: 573.3, 573.4, 573.5, 573.6, 576.1, 577.1, 577.2, 579.2, 580.1, 581.1, 581.2, 585.3, 591.1, 591.2, 591.3, 591.4, 591.5, 591.6, 595.4, 611.3, 611.4, 611.5, 611.6, 612.1, 613.2, 616.2, 617.4, 619.3, 627.1, 629.2, 629.3, 631.1, 634.1, 635.1, 639.2, 639.4, 643.1, 647.4, 649.6, 650.1, 651.3, 659.1, 659.2, 659.3, 659.4, 663.1, 667.1, 667.2, 667.3, 667.4, 667.5, 667.6, 669.1, 676.2, 677.1, 677.3, 677.4, 681.1, 681.2, 687.4, 687.5, 687.6, 689.1, 691.2, 692.1, 693.4, 694.1, 695.1, 699.1, 699.2, 700.1, 701.1, 701.2, 701.3, 701.4, 701.5, 705.3, 709.3, 715.2, 715.3,

715.4, 717.1, 722.1, 722.2, 723.2, 723.3, 723.4, 725.1, 726.1, 727.1, 729.3, 732.1, 733.4, 735.3, 737.2, 737.3, 739.3, 741.4, 746.1, 747.1, 747.2, 747.3, 747.4, 748.1, 749.1, 759.1, 760.1, 760.2, 761.2, 761.3, 761.4, 763.1, 764.1, 765.3, 765.4, 766.1, 767.2, 767.3, 768.2, 769.2, 769.3, 780.1, 781.1, 781.2, 787.6, 788.2, 789.2, 790.2, 791.4; **H. J. Fünfstück**, 123.4; **E. Grimmberger**: 31.3, 45.1; **H. Grünert**: 833.1, 833.2, 833.3, 833.4, 833.5, 833.6, 834.1, 835.1, 835.2, 837.1, 837.2, 837.3, 838.1, 839.1, 839.2, 839.3, 839.4, 840.1, 840.2, 841.1, 841.2, 843.1, 843.2, 844.1, 844.2, 845.1, 845.2, 845.3, 847.1, 847.2, 847.3, 847.4, 847.5, 847.6, 848.1, 849.1, 849.2, 849.3, 851.1, 851.2, 851.3, 851.4, 853.1, 853.2, 853.3, 853.4, 853.5, 853.6, 854.1, 855.1, 855.2, 855.3, 856.1, 856.2, 857.1, 857.2, 857.3, 857.4, 857.5, 857.6, 859.1, 859.2, 859.3, 859.4, 859.5, 859.6, 860.1, 861.1, 861.2, 861.3, 863.1, 863.2, 863.3, 863.4, 865.1, 865.2, 865.3, 865.4, 865.5, 865.6, 866.1, 866.2, 867.1, 867.2, 867.3, 867.4, 867.5, 867.6; **G. Hau**: 57.3; **F. Hecker**: 27.1, 27.2, 41.4, 65.1, 69.4, 109.1, 115.2, 115.4, 115.5, 119.5, 123.2, 125.2, 138.1, 143.2, 151.2, 151.3, 153.3, 177.1, 189.4, 195.4, 401.1, 719.3; **F. Hecker/blickwinkel/A. Jagel**: 719.2; **E. Hortig**: 67.1, 89.2, 128.1, 185.1, 193.4; **E. Hüttenmoser**: 51.3, 125.4, 171.2; **Dr. K. Janke**: 233.1, 233.2, 233.3, 233.4, 233.5, 235.1, 235.2, 235.3, 235.4, 235.5, 235.6, 395.3, 395.4, 397.1, 399.1, 399.2, 399.3, 399.4, 401.2, 401.3, 401.4, 401.5, 401.6, 403.1, 403.2, 403.3, 403.4, 403.5, 403.6, 407.1, 407.2, 407.3, 409.1, 409.2, 409.3, 409.4, 409.5, 409.6, 411.1, 411.2, 411.3, 411.4, 412.1, 413.1, 413.2, 413.3, 413.4, 415.1, 415.2, 415.3, 415.4, 416.1, 417.1, 417.2, 417.3, 417.4, 419.1, 419.2, 419.3, 419.4, 419.5, 433.1, 433.2, 433.3, 433.4, 435.1, 435.2, 435.3, 435.4, 437.1, 437.2, 437.4, 439.1, 439.2, 439.3, 439.4, 441.1, 441.3, 441.4, 441.5, 507.5, 507.6, 525.2; **Dr. R. König**: 195.3, 447.3, 457.1, 465.1, 467.5, 469.4, 473.2, 477.3, 483.3, 491.4, 571.1, 578.1, 579.4, 579.5, 579.6, 582.2, 585.4, 605.3, 613.1, 614.1, 620.1, 625.2, 651.4, 656.1, 663.2, 673.4, 675.5, 678.1, 693.1, 694.2, 695.2, 733.3, 741.5, 745.4, 749.4, 767.1, 779.1, 779.5, 782.2, 783.2, 785.2, 785.4, 787.3, 793.3; **Dr. B. P. Kremer**: 494.2, 494.3, 496.2, 518.3, 520.1, 526.1, 527.2, 533.1, 533.4, 549.1, 556.1, 557.5, 562.1, 576.2, 594.1, 600.1, 604.1, 612.2, 618.1, 632.1, 634.2, 671.3, 676.1, 677.2, 682.1, 704.1, 710.1, 738.1, 754.1, 758.1, 758.2, 778.2, 782.1, 784.1, 792.1; **H. E. Laux**: 511.1, 547.3, 549.5, 555.4; **Liersch/M. Schrempp**: 549.6; **A. Limbrunner**: 27.4, 27.5, 28.1, 29.1, 29.2, 29.3, 29.4, 29.5, 29.6, 29.7, 29.8, 31.1, 31.2, 31.4, 31.5, 33.1, 33.2, 33.3, 33.4, 33.5, 35.1, 35.2, 35.3, 35.4, 35.5, 35.6, 35.7, 36.1, 37.1, 37.2, 37.3, 37.5, 37.6, 39.1, 39.4, 41.1, 41.2, 41.3, 41.5, 43.1, 43.2, 43.3, 43.4, 45.3, 47.1, 47.2, 47.3, 47.4, 49.2, 51.2, 53.2, 53.3, 55.2, 55.3, 55.4, 59.3, 61.1, 61.3, 61.4, 63.2, 63.3, 63.4, 63.5, 65.2, 65.3, 65.4, 67.2, 67.3, 67.4, 69.1, 69.2, 69.3, 71.1, 71.2, 71.3, 71.4, 71.5, 73.1, 73.2, 73.3, 73.4, 73.5, 75.1, 75.2, 75.3, 75.4, 75.5, 77.1, 77.2, 77.3, 77.4, 77.5, 77.6, 79.1, 79.2, 79.3, 79.4, 81.1, 81.2, 81.3, 81.4, 83.1, 83.3, 83.4, 83.5, 84.1, 85.1, 85.2, 85.3, 85.4, 85.5, 87.1, 87.2, 87.3, 87.4, 87.5, 89.1, 89.3, 91.1, 91.2, 91.3, 91.4, 91.5, 93.2, 93.3, 93.4, 95.1, 95.3, 95.4, 97.1, 97.2, 97.3, 97.5, 99.1, 99.2, 99.3, 99.4, 99.5, 101.1, 101.2, 101.3, 101.4, 102.1, 103.1, 103.3, 103.5, 107.1, 107.2, 107.3, 109.2, 109.3, 109.4, 111.3, 111.4, 113.2, 113.3, 113.4, 113.5, 115.1, 115.3, 117.1, 117.2, 117.3, 117.6, 117.7, 121.1, 121.2, 121.3, 121.4, 123.1, 123.3, 125.1, 127.1, 127.2, 127.3, 129.1, 129.2, 131.1, 131.2, 131.3, 131.4, 133.2, 133.3, 133.4, 133.6, 135.1, 135.2, 135.3, 135.4, 139.1, 139.2, 139.3, 141.1, 141.2, 141.3, 141.4, 141.5, 141.7, 143.3, 143.4, 145.1, 145.2, 145.3, 145.5, 147.1, 147.2, 147.4, 147.5, 149.2, 149.3, 151.1, 151.4, 153.1, 155.1, 155.2, 155.3, 155.4, 155.5, 157.2, 157.3, 157.4, 157.5, 159.1, 159.3, 159.4, 161.1, 163.2, 163.4, 165.2, 165.3, 167.1, 167.2, 167.3, 167.4, 169.3, 169.4, 171.1, 171.3, 173.1, 173.2, 173.3, 173.4, 175.1, 175.2, 175.4, 176.1, 177.3, 179.1, 179.2, 179.3, 179.4, 179.5, 181.1, 181.2, 181.3, 181.4, 181.5, 183.1, 183.3, 183.4, 183.5, 185.3, 187.1, 187.3, 187.4, 189.1, 189.2, 189.3, 191.1, 191.3, 191.4, 193.2, 195.1, 195.2, 197.3, 197.4, 197.6, 199.1, 199.2, 201.3, 203.1, 203.2, 203.3, 203.4, 205.1, 205.3, 205.4, 207.1, 207.2, 207.3, 467.1, 493.1, 615.4, 617.2, 621.2, 671.4, 673.2, 703.4, 729.5, 743.2, 787.2, 788.3; **A. Limbrunner/D. Forsman**: 63.1; **A. Limbrunner/F. Hecker**: 53.1, 199.3; **A. Limbrunner/Köhler**: 199.4; **A. Limbrunner/M. Waitzmann**: 197.1; **A. Maywald**: 57.1, 57.2, 57.4; **Münker**: 587.4, 685.3, 709.2, 735.1, 793.5; **M. Pforr**: 445.1, 445.2, 445.4, 447.1, 449.1, 449.2, 451.1, 451.3, 451.4, 451.5, 453.1, 453.2, 453.3, 453.4, 453.5, 455.1, 455.3, 455.5, 458.1, 459.2, 463.4, 465.2, 465.3, 467.2, 467.4, 467.6, 469.1, 469.2, 469.3, 471.1, 471.2, 473.1, 474.1, 475.4, 475.5, 476.1, 477.4, 481.3, 485.1, 485.2, 485.3, 485.4, 487.1, 489.4, 491.1, 491.2, 491.3, 492.1, 494.1, 495.1, 495.2, 495.3, 496.1, 497.1, 497.2, 497.3, 498.1, 498.2, 499.1, 499.2, 500.1, 500.2, 501.1, 501.2, 501.3, 501.4, 501.5, 503.1, 503.2, 503.3, 503.4, 504.1, 504.2, 505.1, 505.2, 505.3, 505.4, 507.1, 507.2, 507.3, 507.4, 508.1, 508.2, 508.3, 509.1, 509.2, 509.3, 509.4, 511.2, 511.3, 511.4, 511.5, 511.6, 512.1, 512.2, 513.1, 513.2, 513.3, 513.4, 513.5, 514.1, 515.1, 515.2, 515.3, 515.4, 515.5, 516.1, 517.1, 517.2, 517.3, 517.4, 517.5, 518.1, 518.2, 519.1, 519.2, 519.3, 519.4, 521.1, 521.2, 521.3, 522.1, 523.1, 523.2, 523.3, 523.4, 523.5, 523.6, 524.1, 525.1, 525.3, 525.4, 525.5, 525.6, 525.7, 526.2, 527.1, 527.3, 527.4, 527.5, 527.6, 527.7, 529.1, 529.2, 529.3, 529.4, 531.1, 531.2, 531.3, 531.4, 532.1, 532.2, 533.2, 533.3, 534.1, 535.1, 535.2, 535.3, 535.4, 535.5, 535.6, 537.1, 537.2, 537.3, 537.4, 539.1, 539.2, 539.3, 539.4, 541.1, 541.2, 542.1, 543.1, 543.2, 543.3, 543.4, 544.1, 545.1, 545.2, 545.3, 545.4, 546.1, 546.2, 546.3, 546.4, 547.1, 547.2, 547.4, 548.1, 549.2, 549.3, 549.4, 550.1, 550.2, 551.1, 551.2, 552.1, 552.2, 553.1, 553.2,

553.3, 553.4, 553.5, 553.6, 554.1, 554.2, 555.1, 555.2, 555.3, 556.2, 557.1, 557.2, 557.3, 557.4, 557.6, 557.7, 558.1, 559.1, 559.2, 559.3, 559.4, 560.1, 560.2, 561.1, 561.2, 561.3, 561.4, 562.2, 563.1, 563.2, 563.3, 563.4, 564.1, 564.2, 565.1, 565.2, 565.3, 565.4, 565.5, 566.1, 566.2, 566.3, 567.1, 567.2, 567.3, 569.1, 569.2, 569.3, 569.4, 569.5, 569.6 571.2, 573.1, 575.3, 575.5, 575.6, 577.3, 577.4, 579.1, 583.2, 587.1, 587.3, 589.3, 592.1, 593.1, 593.2, 599.1, 599.2, 599.3, 599.4, 601.1, 601.3, 603.3, 603.4, 605.5, 607.1, 607.2, 607.4, 611.1, 613.4, 615.1, 617.1, 617.3, 619.1, 619.2, 623.4, 625.5, 631.3, 633.4, 635.3, 636.1, 637.3, 639.1, 641.3, 642.1, 645.1, 649.1, 649.4, 651.1, 651.2, 652.1, 653.3, 655.1, 655.3, 655.4, 657.1, 657.2, 657.3, 661.4, 663.4, 665.4, 670.1, 671.5, 673.1, 675.1, 675.4, 679.1, 679.3, 679.4, 683.3, 683.4, 683.5, 683.6, 685.6, 687.1, 687.2, 689.3, 689.5, 695.3, 695.4, 696.2, 696.3, 697.1, 697.3, 697.4, 699.4, 699.6, 705.4, 707.4, 713.3, 715.1, 717.4, 721.3, 725.4, 727.2, 731.1, 731.3, 733.2, 734.2, 735.4, 739.2, 739.5, 741.6, 743.4, 745.1, 745.2, 749.3, 751.1, 751.3, 751.4, 753.4, 754.2, 755.1, 755.2, 759.3, 763.4, 767.4, 768.1, 769.1, 771.1, 772.2, 773.1, 773.4, 774.3, 775.1, 775.3, 783.3, 783.6, 785.3, 789.1, 789.4, 790.1, 791.1, 792.2, 793.2, 797.3, 799.1, 805.3, ; **S. Pfützke**: 103.4, 117.4, 137.3, 163.3; **H. Reinhard**: 39.3, 49.3, 51.1, 55.1, 59.1, 59.4, 61.5, 451.2, 457.3, 459.1, 461.2, 475.1, 483.1, 483.2, 491.5, 579.3, 581.4, 583.3, 587.2, 589.2, 597.1, 605.1, 605.2, 605.4, 609.1, 621.3, 623.3, 627.2, 631.4, 637.1, 641.1, 641.2, 647.2, 671.1, 673.5, 675.3, 689.6, 691.3, 696.1, 711.4, 713.1, 713.2, 721.1, 727.3, 729.1, 729.6, 737.1, 759.2, 769.4, 771.3, 771.4, 773.2, 779.4, 781.3, 783.5, 787.4, 791.2, 793.6, 799.3, 799.4, 801.2, 801.3; **J. Schimmitat**: 739.6, 741.1, 741.3; **R. Schmidt**: 95.2, 111.2, 133.1, 133.5, 137.1, 143.1, 145.4, 153.2, 159.2, 161.2, 161.3, 165.4, 169.2, 183.2; **H. Schrempp**: 445.3, 447.2, 449.3, 454.1, 455.2, 455.4, 463.1, 463.2, 463.3, 465.4, 466.1, 467.3, 471.3, 472.1, 475.3, 475.6, 477.2, 479.2, 479.4, 479.5, 480.1, 489.3, 493.3, 571.3, 575.2, 583.4, 585.1, 589.1, 589.4, 593.4, 597.2, 597.3, 597.4, 597.5, 597.6, 601.4, 602.1, 609.3, 611.2, 613.3, 615.2, 621.1, 623.1, 623.2, 624.1, 629.1, 630.1, 631.5, 633.2, 635.4, 641.4, 643.2, 643.3, 649.2, 649.3, 649.5, 653.2, 655.2, 660.1, 661.2, 665.3, 671.2, 673.3, 675.2, 675.6, 682.2, 682.3, 683.1, 685.5, 687.3, 688.1, 690.1, 693.2, 693.3, 703.3, 705.1, 707.1, 707.2, 707.3, 718.1, 719.1, 720.1, 721.2, 721.4, 729.2, 730.1, 734.1, 735.2, 739.4, 742.1, 743.1, 745.3, 757.1, 757.2, 761.1, 765.1, 772.1, 773.3, 774.1, 774.2, 775.2, 776.1, 777.2, 779.2, 779.6, 780.2, 781.4, 783.4, 787.1, 787.5, 788.1, 789.3; **A. Schulze**: 137.2, 148.1, 149.1, 157.1, 163.1, 169.1; **K. Schwammberger**: 27.3, 45.2, 45.4, 46.1; **S. Seidl**: 531.5, 541.3; **G. Steinbach**: 449.4, 479.1, 482.1, 489.1, 571.4, 582.1, 593.3, 595.3, 601.2, 603.5, 603.6, 633.3, 637.2, 637.4, 645.2, 653.1, 657.4, 669.3, 671.6, 673.6, 684.1, 685.1, 691.1, 702.1, 703.1, 709.1, 712.1, 717.2, 719.4, 723.1, 725.3, 728.1, 729.4, 755.4, 757.4, 783.1, 793.1; **F. Wendler**: 209.1, 209.2, 209.3, 209.4, 211.1, 211.2, 211.3, 211.4, 213.1, 213.2, 213.3, 213.4, 215.1, 215.2, 215.3, 215.4, 217.1, 217.2, 217.3, 217.4, 219.1, 219.2, 219.3, 219.4, 221.1, 221.2, 221.3, 221.4, 223.1, 223.2, 223.3, 223.4, 225.1, 225.2, 225.3, 225.4, 227.1, 227.2, 227.3, 227.4, 229.1, 229.2, 229.3, 229.4, 231.1, 231.2, 231.3, 231.4; **J. Werner**: 165.1; **K. Wothe**: 37.4, 97.4, 117.5, 119.2, 141.6, 143.5, 177.2, 185.2; **P. Zeininger**: 584.1, 603.1, 609.4, 619.4, 625.1, 625.3, 625.6, 627.3, 639.3, 645.3, 645.4, 661.1, 661.3, 665.1, 669.2, 699.5, 705.2, 717.3, 739.1, 741.2, 743.3, 759.4, 763.2, 763.3, 765.2; **P. Zeininger/M. Kühn**: 581.3, 583.1, 629.4, 633.1, 635.2, 650.2, 681.4, 689.2, 689.4, 725.2, 753.3; **W. Zepf**: 327.3, 333.1, 333.2, 333.3, 333.4, 335.3, 336.1, 337.3, 337.4, 339.1, 341.3, 342.2, 343.3, 343.4, 345.2, 345.3, 349.1, 349.4, 353.2, 353.4, 355.1, 357.1, 357.4, 359.1, 359.2, 359.3, 361.1, 361.3, 363.3, 365.4, 607.3, 631.2, 679.2, 683.2, 685.2, 685.4, 701.6, 711.3, 737.4; **J. L. Zimmermann**: 103.2, 105.1, 105.3, 119.1, 119.3, 119.4

Die Illustratoren

Hans Held, Reinhild Hofmann, Steffen Walentowitz, Fritz Wendler

Die Autoren

Dr. Heiko Bellmann: An Land und im Süßwasser lebende Wirbellose (Insekten, Tausendfüßer, Spinnentiere, Krebstiere, Weichtiere, Würmer, Schwämme, Nesseltiere)
Xaver Finkenzeller: Alpenblumen (innerhalb der Wildblumen)
Helmut und Renate Grünert: Pilze
Uwe Hartmann: Süßwasser- und Meeresfische
Dr. Klaus Janke: Im und am Meer lebende Wirbellose (Stachelhäuter, Krebstiere, Weichtiere, Würmer, Schwämme, Nesseltiere, Moostierchen, Rippenquallen)
Dr. Bruno P. Kremer: Bäume, Sträucher, Wildblumen (außer Alpenblumen), Gräser, Farnpflanzen, Moose, Flechten
Anne Puchta: Wasservögel
Dr. Klaus Richarz: Säugetiere, Landvögel, Reptilien, Amphibien

Zeichen und Abkürzungen

A, B	Art ist in Anhang A bzw. B der EG-Verordnung Nr. 338/97 enthalten (Schutzstatus)
D	Deutschland
EU	Europa
FS	Flügelspannweite (bei Fledermäusen)
G	Gewicht in Gramm (g) oder Kilogramm (kg)
KRL	Kopf-Rumpf-Länge (bei Säugetieren, siehe Zeichnung S. 6)
M.-EU	Mitteleuropa
N, S, O, W	Nord-, Süd-, Ost-, West-
I-XII	römische Ziffern für Monate, z. B. für die Blütezeit
RL!	Art der Roten Liste, Kategorie 0 und 1: „ausgestorben oder verschollen" und „vom Aussterben bedroht"
RL	Art der Roten Liste, Kategorie 2 und 3: „stark gefährdet" und „gefährdet"
(RL)	Art der Roten Liste, Kategorie R und P: „extrem selten" und „potenziell gefährdet"
SH	Schulterhöhe
SL	Schwanzlänge
UL	Unterarmlänge (bei Fledermäusen)
V	Vorwarnliste der Roten Liste
♂	männlich, z. B. Männchen bei Tieren oder männliche Blüte
♀	weiblich, z. B. Weibchen bei Tieren oder weibliche Blüte
§!	In Deutschland geschützt nach Bundesartenschutzverordnung (BVAO)
⇨	siehe (Verweis auf andere Seite)

Bibliografische Information der Deutschen Bibliothek
Die Deutsche Bibliothek verzeichnet diese Publikation in der Deutschen Nationalbibliografie; detaillierte bibliografische Daten sind im Internet über http://dnb.ddb.de abrufbar.

Das Werk einschließlich aller seiner Teile ist urheberrechtlich geschützt. Jede Verwertung außerhalb der engen Grenzen des Urheberrechtsgesetzes ist ohne Zustimmung des Verlages unzulässig und strafbar. Das gilt insbesondere für Vervielfältigungen, Übersetzungen, Mikroverfilmungen und die Einspeicherung und Verarbeitung in elektronischen Systemen.

© 2013 Eugen Ulmer KG
Wollgrasweg 41, 70599 Stuttgart (Hohenheim)
E-Mail: info@ulmer.de
Internet: www.ulmer.de
Projektleitung: Ina Vetter
Textredaktion: Dr. Helga Hofmann
Umschlaggestaltung: red.sign, Stuttgart
Herstellung: Silke Reuter
XML-Workflow und Satz: pagina GmbH, Tübingen
Druck und Bindung: Offizin Andersen Nexö, Zwenkau
Printed in Germany

ISBN: 978-3-8001-7864-3

Bildquellen 895

Naturführer für Kinder

Mit diesem Naturführer können Kinder unsere Vögel spielend bestimmen. Dazu erfahren Neugierige eine Menge über das Leben der Tiere.

Vögel.

Entdecken, kennen lernen, erforschen.
F. Hecker, K. Hecker. 2010. 96 S.,
95 Farbf., 80 Zeichn., kart. + PVC-Hülle,
ISBN 978-3-8001-5826-3.

Mit diesem Naturführer können Kinder unsere Blumen und Getreidesorten spielend bestimmen. Viele Fotos und Zeichnungen helfen dabei.

Blumen.

Entdecken, kennenlernen, erforschen.
F. Hecker, K. Hecker. 2010. 96 S.,
95 Farbf., 80 Zeichn., kart. + PVC-Hülle,
ISBN 978-3-8001-5827-0.

Ulmer **www.ulmer.de**